饲料法规文件
（2023）

农业农村部畜牧兽医局
中国饲料工业协会 编

中国农业科学技术出版社

图书在版编目(CIP)数据

饲料法规文件. 2023 / 农业农村部畜牧兽医局，中国饲料工业协会编. --北京：中国农业科学技术出版社，2023.12

ISBN 978－7－5116－6523－2

Ⅰ.①饲… Ⅱ.①农…②中… Ⅲ.①饲料工业-法规-汇编-中国②饲料工业-文件-汇编-中国 Ⅳ.①D922.49

中国国家版本馆CIP数据核字(2023)第209546号

责任编辑	张 羽	张国锋
责任校对	贾若妍	李向荣
责任印制	姜义伟	王思文

出 版 者	中国农业科学技术出版社
	北京市中关村南大街12号 邮编：100081
电 话	(010) 82109705 (编辑室) (010) 82109702 (发行部)
	(010) 82109709 (读者服务部)
网 址	https://castp.caas.cn
经 销 者	各地新华书店
印 刷 者	北京中科印刷有限公司
开 本	185 mm×260 mm 1/16
印 张	64
字 数	1 588 千字
版 次	2023年12月第1版 2023年12月第1次印刷
定 价	398.00元

━━━━◆ 版权所有·翻印必究 ◆━━━━

编委会

主　任： 黄保续　魏宏阳　王宗礼
副主任： 辛国昌　杨劲松　马　莹　汪飞杰　张军民
主　编： 辛国昌
副主编： 黄庆生　梁海军　樊　霞　谷　旭　饶正华　刘晓露
参　编（按姓氏笔画排序）：
丁　健　丁浩轩　王　刚　王　荃　王　峻　王建华
王晓红　王继彤　文　虹　甘文斌　卢春香　田　静
田双喜　史　梅　付文波　付师一　冯三令　冯大兴
冯玉超　边中生　朱英才　朱国兴　伍宏凯　刘双鸣
刘占通　刘芊麟　刘鸿鹤　刘维华　闫奎友　关　龙
许力干　严　华　严　明　苏晓鸥　杜　伟　杨　信
杨迎康　杨晓伟　李　云　李　胜　李大鹏　李庆霞
李松励　李研东　李俊玲　李竞前　李海龙　李润娴
李祥明　李跃龙　李燕松　张　军　张　茹　张　娜
张　莉　张　璐　张亦菲　张艳梅　张雪芹　陆泳霖
陈　帅　陈　勇　陈玉艳　陈宝明　陈海燕　陈瑞清
陈楚楷　武晋孝　林海丹　罗　军　罗晶璐　周　琳
郑振华　单丽燕　赵　贵　赵　晔　赵立军　赵洪山
胡　晗　胡　深　胡广东　胡翊坤　柏　凡　战余铭
饶　辉　姜加华　姚　婷　贾　铭　贾书静　徐　杨
徐晓伟　徐理奇　高云峰　高庆军　郭　萍　唐　煜
黄　勇　黄士新　黄宏源　黄莉莉　黄家莺　曹　峰
康志勇　章厉劫　彭　强　葛莉莉　韩　立　粟胜兰
程广燕　焦京琳　储瑞武　谢有志　谢秀兰　谢怀东
谢荣国　雷　浩　雷晓军　管殿彪　潘　川　潘荣辉
薛晓峰

前　言

　　党的二十大作出了全面推进乡村振兴、加快建设农业强国的战略部署。习近平总书记强调，保障粮食和重要农产品稳定安全供给始终是建设农业强国的头等大事。饲料是养殖业最重要的投入品，饲料产业是链接种养、融合工农的纽带，饲料产业发展事关保障国家粮食安全、保障动物产品有效供给和质量安全。

　　近年来，特别是党的十八大以来，农业农村部深入贯彻落实《饲料和饲料添加剂管理条例》，发布5个配套部门规章，出台20余个规范性文件，制修订600余项国家标准或行业标准，构建了相对完善的饲料质量安全监管制度体系，为鼓励引导饲料企业研发创制新产品、加强饲料质量安全监管、促进饲料产业高质量发展发挥了重要作用。

　　编辑出版《饲料法规文件（2023）》，旨在帮助饲料和养殖行业全面了解我国饲料管理法律法规制度体系，便于各级饲料管理人员开展工作。本书包括四个部分：第一部分收录了《饲料和饲料添加剂管理条例》。第二部分收录了截至2023年11月由党中央、国务院及农业农村部等部门出台的饲料行业有关规范性文件，涉及饲料粮减量替代、新产品审定、生产许可、进口登记及出口服务、使用管理、宠物饲料管理、监督执法、"瘦肉精"监管等工作，以及税收政策、行业规划等文件。第三部分收录了畜牧法、农产品质量安全法等法律，以及兽药、转基因、水产养殖管理方面的行政法规和规范性文件。第四部分收录了《饲料标签》《饲料卫生标准》等国家标准，并整理列出了饲料工业标准目录。

　　本书编辑过程中，得到了全国畜牧总站、中国饲料工业协会、中国农业科学院农业质量标准与检测技术研究所［国家饲料质量监督检验中心（北京）］、中国农业科学院饲料研究所、中国农业科学院北京畜牧兽医研究所、各省级饲料行政管理部门及质检机构的大力支持和帮助。在此一并表示衷心感谢！

　　由于编辑工作量大，校对时间紧，难免有疏漏之处，敬请读者批评指正。

编委会
2023年12月

目　录

一、法　规

饲料和饲料添加剂管理条例
　　中华人民共和国国务院令 2011 年第 609 号 ………………………………………… 3

二、制度文件

（一）新产品审定 ……………………………………………………………………… 15

新饲料和新饲料添加剂管理办法
　　中华人民共和国农业部令 2012 年第 4 号 …………………………………………… 15
关于新饲料和新饲料添加剂证书核发标准的公告
　　中华人民共和国农业部公告第 2197 号 ……………………………………………… 18
关于新饲料添加剂申报材料要求的公告
　　中华人民共和国农业农村部公告第 226 号 ………………………………………… 20
关于申请饲料原料和饲料添加剂审批咨询服务的公告
　　中华人民共和国农业农村部公告第 227 号 ………………………………………… 29
关于确定 25 家有能力承担饲料和饲料添加剂有效性试验机构和 9 家毒理学评价
　　试验机构的公告
　　中华人民共和国农业农村部公告第 279 号 ………………………………………… 30
饲料添加剂稳定性试验指南（试行） …………………………………………………… 39
饲料和饲料添加剂畜禽靶动物有效性评价试验指南（试行） ………………………… 46
饲料和饲料添加剂畜禽靶动物耐受性评价试验指南（试行） ………………………… 54
饲料和饲料添加剂评价数据由主要畜禽物种向次要畜禽物种外推的技术指南
　　（试行） ………………………………………………………………………………… 62
饲料和饲料添加剂水产靶动物有效性评价试验指南（试行） ………………………… 65
饲料和饲料添加剂水产靶动物耐受性评价试验指南（试行） ………………………… 72
饲料和饲料添加剂评审工作规范 ………………………………………………………… 79
直接饲喂微生物和发酵制品生产菌株鉴定及其安全性评价指南
　　农办牧〔2021〕43 号 ………………………………………………………………… 82
植物提取物类饲料添加剂申报指南
　　农办牧〔2023〕2 号 …………………………………………………………………… 101

（二）生产许可 ... 110

饲料和饲料添加剂生产许可管理办法
    中华人民共和国农业部令 2012 年第 3 号 ... 110

饲料添加剂产品批准文号管理办法
    中华人民共和国农业部令 2012 年第 5 号 ... 114

饲料质量安全管理规范
    中华人民共和国农业部令 2014 年第 1 号 ... 116

农业部关于全面实施《饲料质量安全管理规范》的意见
    农牧发〔2015〕8 号 ... 124

国务院关于取消和下放一批行政许可事项的决定
    国发〔2019〕6 号 ... 127

农业农村部办公厅关于实施添加剂预混合饲料和混合型饲料添加剂产品备案管理的通知
    农办牧〔2019〕32 号 ... 129

饲料生产企业许可条件
    中华人民共和国农业部公告第 1849 号 ... 130

混合型饲料添加剂生产企业许可条件
    中华人民共和国农业部公告第 1849 号 ... 134

关于饲料添加剂生产许可申报材料要求的公告
    中华人民共和国农业部公告第 1867 号 ... 137

关于混合型饲料添加剂生产许可申报材料要求的公告
    中华人民共和国农业部公告第 1867 号 ... 148

关于添加剂预混合饲料生产许可申报材料要求的公告
    中华人民共和国农业部公告第 1867 号 ... 158

关于浓缩饲料、配合饲料、精料补充料生产许可申报材料要求的公告
    中华人民共和国农业部公告第 1867 号 ... 168

关于单一饲料生产许可申报材料要求的公告
    中华人民共和国农业部公告第 1867 号 ... 178

关于养殖者自行配制饲料的有关规定的公告
    中华人民共和国农业农村部公告第 307 号 ... 188

农业部办公厅关于饲料和饲料添加剂生产许可证核发范围和标示方法的通知
    农办牧〔2012〕42 号 ... 189

农业部办公厅关于贯彻落实饲料行业管理新规推进饲料行政许可工作的通知
    农办牧〔2012〕46 号 ... 192

农业部办公厅关于饲料添加剂和添加剂预混合饲料生产企业审批下放工作的通知
    农办牧〔2013〕38 号 ... 195

关于以猪血为原料的饲用血液制品生产企业设施设备和环境消毒规范的公告
    中华人民共和国农业农村部公告第 91 号 ... 197

国务院关于发布实施《促进产业结构调整暂行规定》的决定
    国发〔2005〕40 号 ... 202

（三）进口登记和出口服务 208

进口饲料和饲料添加剂登记管理办法
  中华人民共和国农业部令2014年第2号 208
关于进口饲料和饲料添加剂登记申请材料要求的公告
  中华人民共和国农业部公告第2109号 212
关于进口饲料和饲料添加剂登记标准的公告
  中华人民共和国农业部公告第2197号 226
进出口饲料和饲料添加剂检验检疫监督管理办法
  海关总署令第262号 229
质检总局关于修订进出口饲料和饲料添加剂风险级别及检验检疫监管方式的公告
  国家质检总局公告〔2015〕第144号 238
关于防止疯牛病的公告
  中华人民共和国农业部、国家出入境检验检疫局公告第143号 240
关于防止疯牛病的公告
  中华人民共和国农业部、国家出入境检验检疫局公告第144号 241
关于禁止进出口莱克多巴胺和盐酸莱克多巴胺的公告
  中华人民共和国商务部、中华人民共和国海关总署公告2009年第110号 242
关于进口鱼粉级别变更的公告
  中华人民共和国农业部公告第1935号 243
海关总署关于明确进口饲料添加剂归类的通知
  署法〔2000〕374号 244
农业农村部办公厅关于办理饲料和饲料添加剂产品自由销售证明的通知
  农办牧〔2020〕36号 246

（四）使用管理 250

饲料原料目录 250
饲料添加剂品种目录 308
饲料添加剂安全使用规范
  中华人民共和国农业部公告第2625号 319
关于停止生产、进口、经营、使用部分药物饲料添加剂的公告
  中华人民共和国农业农村部公告第194号 348
关于废止的药物饲料添加剂质量标准目录
  中华人民共和国农业农村部公告第246号 349
禁止在饲料和动物饮用水中使用的药物品种目录
  农业部、卫生部、国家药品监督管理局公告第176号 351
关于禁止在饲料中人为添加三聚氰胺和饲料中三聚氰胺限量规定的公告
  中华人民共和国农业部公告第1218号 355
关于停止将二脲作为饲料添加剂生产和使用的公告
  中华人民共和国农业部公告第1282号 356

关于禁止在饲料和动物饮水中使用的物质名单的公告
  中华人民共和国农业部公告第 1519 号 ································ 357
食品动物中禁止使用的药品和其他化合物清单
  中华人民共和国农业农村部公告第 250 号 ······························ 358
停止在食品动物中使用洛美沙星等 4 种原料药的各种盐、脂及各种制剂的公告
  中华人民共和国农业部公告第 2292 号 ································ 360
关于禁止非泼罗尼及相关制剂用于食品动物的公告
  中华人民共和国农业部公告第 2583 号 ································ 361
关于停止在食品动物中使用喹乙醇、氨苯胂酸、洛克沙胂等 3 种兽药的公告
  中华人民共和国农业部公告第 2638 号 ································ 362
（五）宠物饲料管理 ·· 363
关于宠物饲料管理的公告
  中华人民共和国农业农村部公告第 20 号 ······························· 363
（六）监督执法 ·· 413
农业农村部办公厅关于印发《2023 年饲料质量安全监管工作方案》的通知
  农办牧〔2023〕1 号 ·· 413
农业农村部关于印发饲料质量安全监督抽查检测工作要求及 2019 年工作方案的通知
  农牧发〔2019〕22 号 ··· 425
农业部立法工作规定
  中华人民共和国农业部令第 25 号 ····································· 442
农业农村部行政许可实施管理办法
  中华人民共和国农业农村部令 2021 年第 3 号 ·························· 447
农业综合行政执法管理办法
  中华人民共和国农业农村部令 2022 年第 9 号 ·························· 451
农业行政执法证件管理办法
  中华人民共和国农业部令 1998 年第 1 号 ······························ 457
农业部行政许可网上投诉举报处理暂行办法 ······································ 459
规范农业行政处罚自由裁量权办法
  中华人民共和国农业农村部公告第 180 号 ······························ 461
农业农村部关于印发《农业综合行政执法事项指导目录（2020 年版）》的通知
  农法发〔2020〕2 号 ·· 465
农产品质量安全监测管理办法
  中华人民共和国农业部令 2012 年第 7 号 ······························ 474
农业部关于加强农产品质量安全监督抽查工作的通知
  农质发〔2012〕5 号 ·· 478
农业部办公厅关于印发《农业部农产品质量安全监督抽查实施细则》的通知
  农办市〔2007〕21 号 ··· 480
农业农村部关于印发《农业农村部产品质量检验测试中心管理规定》的通知
  农质发〔2023〕4 号 ·· 484

农业部开展随机抽查监督检查事项清单
  中华人民共和国农业部公告第 2600 号 ·············· 487
农业部办公厅关于认定违法所得问题意见的函
  农办政函〔2005〕12 号 ·············· 493
关于认定经营假劣饲料产品违法所得问题的复函
  农办政函〔2005〕91 号 ·············· 494
关于认定违法所得问题的复函
  农办政函〔2006〕3 号 ·············· 495
农业部关于印发《农业行政处罚案件信息公开办法》的通知
  农政发〔2014〕6 号 ·············· 496
关于清查金刚烷胺等抗病毒药物的紧急通知
  农医发〔2005〕33 号 ·············· 498
农业部办公厅关于饲料原料法律适用问题的函
  农办政函〔2015〕26 号 ·············· 499
农业部办公厅关于加强饲料添加剂氯化钠监管的通知
  农办牧〔2016〕31 号 ·············· 500
农业部办公厅关于饲料企业生产冒充其他企业的产品如何处罚的复函
  农办政函〔2016〕92 号 ·············· 501
农业部办公厅关于切实加强蛋禽养殖质量安全管理工作的通知
  农办牧〔2017〕43 号 ·············· 502
农业农村部办公厅关于公布饲料和饲料添加剂检测任务承检机构名单等有关事宜的通知
  农办牧〔2018〕23 号 ·············· 503
农业行政许可听证程序规定
  中华人民共和国农业部令第 35 号 ·············· 505
农业行政处罚程序规定
  中华人民共和国农业农村部令 2021 年第 4 号 ·············· 509
农业部关于加强农业行政执法与刑事司法衔接工作的实施意见
  农政发〔2011〕2 号 ·············· 522
饲料中风险物质的筛查与确认导则　液相色谱-高分辨质谱法
  中华人民共和国农业农村部公告第 312 号 ·············· 524
饲料中风险物质的目标物筛查与确认　液相色谱-高分辨质谱法
  中华人民共和国农业农村部公告第 676 号 ·············· 530
最高人民法院　最高人民检察院关于办理危害食品安全刑事案件适用法律若干问题的解释
  法释〔2021〕24 号 ·············· 559

（七）税收政策 ·············· 564

国家税务总局关于"公司+农户"经营模式企业所得税优惠问题的公告
  国家税务总局公告 2010 年第 2 号 ·············· 564
国家税务总局关于精料补充料免征增值税问题的公告
  国家税务总局公告 2013 年第 46 号 ·············· 565

国家税务总局关于修订"饲料"注释及加强饲料征免增值税管理问题的通知
　　国税发〔1999〕39号 ………………………………………………………………………… 566
财政部 国家税务总局关于饲料产品免征增值税问题的通知
　　财税〔2001〕121号 ………………………………………………………………………… 567
财政部 国家税务总局关于豆粕等粕类产品免征增值税政策的通知
　　财税〔2001〕30号 …………………………………………………………………………… 568
国家税务总局关于宠物饲料征收增值税问题的批复
　　国税函〔2002〕812号 ………………………………………………………………………… 569
国家税务总局关于饲用鱼油产品免征增值税的批复
　　国税函〔2003〕1395号 ……………………………………………………………………… 570
国家税务总局关于取消饲料产品免征增值税审批程序后加强后续管理的通知
　　国税函〔2004〕884号 ………………………………………………………………………… 571
国家税务总局关于矿物质微量元素舔砖免征增值税问题的批复
　　国税函〔2005〕1127号 ……………………………………………………………………… 572
国家税务总局关于饲料级磷酸二氢钙产品增值税政策问题的通知
　　国税函〔2007〕10号 ………………………………………………………………………… 573
财政部 国家税务总局关于发布享受企业所得税优惠政策的农产品初加工范围（试行）的通知
　　财税〔2008〕149号 ………………………………………………………………………… 574
财政部 国家税务总局关于黑大豆出口免征增值税的通知
　　财税〔2008〕154号 ………………………………………………………………………… 578
国家税务总局关于部分饲料产品征免增值税政策问题的批复
　　国税函〔2009〕324号 ………………………………………………………………………… 579
国家税务总局关于取消20项税务证明事项的公告
　　国家税务总局公告2018年第65号 …………………………………………………………… 580
国家税务总局关于粕类产品征免增值税问题的通知
　　国税函〔2010〕75号 ………………………………………………………………………… 593
关于享受企业所得税优惠的农产品初加工有关范围的补充通知
　　财税〔2011〕26号 …………………………………………………………………………… 594

（八）瘦肉精监管 ……………………………………………………………………………… 596

关于查处非法生产、销售和使用盐酸克仑特罗等药品的紧急通知
　　农业部　国家药品监督管理局　农牧发〔2000〕4号 ……………………………………… 596
关于严厉打击非法生产经营和使用盐酸克仑特罗等药品违法行为的通知
　　农办牧〔2001〕14号 ………………………………………………………………………… 598
最高人民法院　最高人民检察院关于办理非法生产、销售、使用禁止在饲料和动物饮用水中使用的药品等刑事案件具体应用法律若干问题的解释
　　法释〔2002〕26号 …………………………………………………………………………… 601
农业部关于印发《农业部瘦肉精等违禁药品中毒事件应急预案》的通知
　　农牧发〔2004〕31号 ………………………………………………………………………… 604

农业部关于进一步加强瘦肉精等违禁药品专项整治工作的通知
  农牧发〔2005〕8号 ·· 607
国家食品药品监督管理局关于加强盐酸克仑特罗管理的通知
  国食药监安〔2005〕255号 ·· 609
农业部办公厅关于严厉打击非法生产销售和使用瘦肉精行为的紧急通知
  农办牧〔2009〕13号 ·· 610
中央机构编制委员会办公室关于进一步加强"瘦肉精"监管工作的意见
  中央编办发〔2010〕105号 ·· 612
农业部关于进一步加强生猪"瘦肉精"监管工作的紧急通知
  农明字〔2011〕第12号 ··· 613
国务院食品安全委员会办公室关于印发《"瘦肉精"专项整治方案》的通知
  食安办〔2011〕14号 ·· 614
国家食品药品监督管理局关于开展严厉打击食品非法添加和滥用食品添加剂专项工作
  的紧急通知
  国食药监食〔2011〕188号 ·· 618
工业和信息化部关于贯彻落实《"瘦肉精"专项整治方案》的通知
  工信部原函〔2011〕216号 ·· 623
国家食品药品监督管理局办公室关于印发餐饮服务环节"瘦肉精"专项整治实施方案的
  通知
  食药监办食〔2011〕78号 ·· 624
农业部办公厅关于开展生猪定点屠宰环节"瘦肉精"部级专项监督检测工作的通知
  农办医〔2011〕40号 ·· 628
国家食品药品监督管理局关于停止生产、销售和使用盐酸克仑特罗片剂的通知
  国食药监办〔2011〕432号 ·· 631
关于禁止生产和销售莱克多巴胺的公告
  工业和信息化部 农业部 商务部 卫生部 国家工商行政管理总局
  国家质量监督检验检疫总局公告2011年第41号 ······································· 632
关于开展"瘦肉精"和含"瘦肉精"饲料清查收缴工作的通知
  农质发〔2011〕9号 ·· 634
关于"瘦肉精"和含"瘦肉精"饲料清查收缴工作的公告
  农业部 公安部 工业和信息化部公告 国家工商行政管理总局
  国家食品药品监督管理局联合公告第1682号 ·· 637
关于印发《"瘦肉精"涉案线索移送与案件督办工作机制》的通知
  农质发〔2011〕10号 ·· 638
农业部关于深入推进"瘦肉精"专项整治工作的意见
  农牧发〔2011〕12号 ·· 641
国家食品药品监管总局办公厅关于严厉打击经营含"瘦肉精"牛羊肉违法行为的通知
  食药监办食监二〔2016〕129号 ·· 645

最高人民法院关于审理走私、非法经营、非法使用兴奋剂刑事案件适用法律若干问题的解释
　　法释〔2019〕16号 ·················· 647
农业农村部办公厅关于开展"瘦肉精"专项整治行动的通知
　　农办牧〔2021〕18号 ·················· 649
农业部办公厅关于加强对反刍动物养殖环节瘦肉精监管的通知
　　农办牧〔2009〕33号 ·················· 653
动物毛发中克仑特罗、莱克多巴胺、沙丁胺醇和苯乙醇胺A的测定　液相色谱-串联质谱法
　　中华人民共和国农业农村部公告第600号 ·················· 654

（九）行业规划和政策 ·················· 661

中共中央　国务院关于做好2023年全面推进乡村振兴重点工作的意见 ·················· 661
中共中央办公厅　国务院办公厅印发《粮食节约行动方案》 ·················· 669
农业农村部关于印发《"十四五"全国饲草产业发展规划》的通知
　　农牧发〔2022〕7号 ·················· 673
农业农村部办公厅关于印发《饲用豆粕减量替代三年行动方案》的通知
　　农办牧〔2023〕9号 ·················· 681
农业农村部办公厅关于公布饲料中豆粕减量替代典型案例的通知
　　农办牧〔2022〕24号 ·················· 685
国务院办公厅转发农业部关于促进饲料业持续健康发展若干意见的通知
　　国办发〔2002〕42号 ·················· 690
国务院办公厅关于稳定生猪生产促进转型升级的意见
　　国办发〔2019〕44号 ·················· 694
关于印发《全国农业可持续发展规划（2015—2030年）》的通知
　　农计发〔2015〕145号 ·················· 699
农业农村部关于印发《"十四五"全国畜牧兽医行业发展规划》的通知
　　农牧发〔2021〕37号 ·················· 713
关于促进农业产业化联合体发展的指导意见
　　农经发〔2017〕9号 ·················· 730
农业部办公厅关于加快推进饲料散装散运工作的意见
　　农办牧〔2017〕66号 ·················· 735

三、相关法律法规文件

（一）中华人民共和国畜牧法 ·················· 739
（二）中华人民共和国农产品质量安全法 ·················· 750
（三）国务院关于加强食品等产品安全监督管理的特别规定 ·················· 762
（四）兽药管理 ·················· 767
兽药管理条例
　　中华人民共和国国务院令2004年第404号 ·················· 767

新兽药研制管理办法
  中华人民共和国农业部令第55号 ·················· 778
兽药注册办法
  中华人民共和国农业部令第44号 ·················· 782
兽药注册评审工作程序 ································· 787
兽药产品批准文号管理办法
  中华人民共和国农业部令2015年第4号 ·············· 791
兽药标签和说明书管理办法
  中华人民共和国农业部令第22号 ·················· 797
兽药标签和说明书编写细则
  中华人民共和国农业部公告第242号 ················ 800
兽药生产质量管理规范
  中华人民共和国农业农村部令2020年第3号 ············ 804
兽药经营质量管理规范
  中华人民共和国农业部令2010年第3号 ·············· 835
兽用生物制品经营管理办法
  中华人民共和国农业农村部令2021年第2号 ············ 840
兽药进口管理办法
  2007年7月31日农业部、海关总署令第2号 ············ 842
关于发布《进口兽药管理目录》的公告
  2022年1月28日农业农村部、海关总署公告第507号 ······ 846
兽药质量监督抽查检验管理办法
  农业农村部公告第645号 ·························· 850
兽用处方药和非处方药管理办法
  中华人民共和国农业部令2013年第2号 ·············· 858
兽医处方格式及应用规范
  中华人民共和国农业部公告第2450号 ··············· 860
关于兽药严重违法行为从重处罚情形的公告
  中华人民共和国农业农村部公告第97号 ·············· 863
农业农村部关于印发《全国兽用抗菌药使用减量化行动方案（2021—2025年）》的通知
  农牧发〔2021〕31号 ····························· 865
农业农村部办公厅关于开展规范畜禽养殖用药专项整治行动的通知
  农办牧〔2023〕7号 ····························· 870
农业农村部办公厅关于建立兽药行政许可联络员制度的通知
  农办牧〔2023〕27号 ···························· 873
（五）转基因管理 ·································· 875
农业转基因生物安全管理条例
  中华人民共和国国务院令2001年第304号 ············· 875

农业部办公厅关于《农业转基因生物安全管理条例》有关规定解释意见的函
　　农办政函〔2008〕21号 ··· 882
农业转基因生物安全评价管理办法
　　中华人民共和国农业部令2002年第8号 ··································· 883
农业转基因生物加工审批办法
　　中华人民共和国农业部令第59号 ·· 892
农业转基因生物进口安全管理办法
　　中华人民共和国农业部令2002年第9号 ··································· 894
农业转基因生物标识管理办法
　　中华人民共和国农业部令2002年第10号 ·································· 897
进出境转基因产品检验检疫管理办法
　　海关总署令第262号 ··· 899
农业转基因生物（植物、动物、动物用微生物）安全评价指南
　　农办科〔2017〕5号 ··· 901

（六）水产养殖管理 ·· 927
水产养殖质量安全管理规定
　　中华人民共和国农业部令2003年第31号 ·································· 927
农业农村部关于加强水产养殖用投入品监管的通知
　　农渔发〔2021〕1号 ·· 930
实施水产养殖用投入品使用白名单制度工作规范（试行）
　　农办渔〔2021〕8号 ·· 933

四、标准及标准目录

饲料标签
　　GB 10648—2013 ·· 940
饲料卫生标准
　　GB 13078—2017 ·· 949
饲料加工系统粉尘防爆安全规程
　　GB 19081—2008 ·· 960
全国一体化政务服务平台　电子证照　饲料和饲料添加剂进口登记证
　　C 0273—2021 ··· 968
饲料产品标准和检测方法标准目录 ··· 984

一、法　规

饲料和饲料添加剂管理条例

中华人民共和国国务院令 2011 年第 609 号

（1999 年 5 月 29 日中华人民共和国国务院令第 266 号发布。根据 2001 年 11 月 29 日《国务院关于修改〈饲料和饲料添加剂管理条例〉的决定》第一次修订，2011 年 10 月 26 日国务院第 177 次常务会议修订通过。根据 2013 年 12 月 7 日《国务院关于修改部分行政法规的决定》第二次修订。根据 2016 年 2 月 6 日《国务院关于修改部分行政法规的决定》第三次修订。根据 2017 年 3 月 1 日《国务院关于修改和废止部分行政法规的决定》第四次修订。）

第一章 总 则

第一条 为了加强对饲料、饲料添加剂的管理，提高饲料、饲料添加剂的质量，保障动物产品质量安全，维护公众健康，制定本条例。

第二条 本条例所称饲料，是指经工业化加工、制作的供动物食用的产品，包括单一饲料、添加剂预混合饲料、浓缩饲料、配合饲料和精料补充料。

本条例所称饲料添加剂，是指在饲料加工、制作、使用过程中添加的少量或者微量物质，包括营养性饲料添加剂和一般饲料添加剂。

饲料原料目录和饲料添加剂品种目录由国务院农业行政主管部门制定并公布。

第三条 国务院农业行政主管部门负责全国饲料、饲料添加剂的监督管理工作。

县级以上地方人民政府负责饲料、饲料添加剂管理的部门（以下简称饲料管理部门），负责本行政区域饲料、饲料添加剂的监督管理工作。

第四条 县级以上地方人民政府统一领导本行政区域饲料、饲料添加剂的监督管理工作，建立健全监督管理机制，保障监督管理工作的开展。

第五条 饲料、饲料添加剂生产企业、经营者应当建立健全质量安全制度，对其生产、经营的饲料、饲料添加剂的质量安全负责。

第六条 任何组织或者个人有权举报在饲料、饲料添加剂生产、经营、使用过程中违反本条例的行为，有权对饲料、饲料添加剂监督管理工作提出意见和建议。

第二章 审定和登记

第七条 国家鼓励研制新饲料、新饲料添加剂。

研制新饲料、新饲料添加剂，应当遵循科学、安全、有效、环保的原则，保证新饲料、新饲料添加剂的质量安全。

第八条 研制的新饲料、新饲料添加剂投入生产前，研制者或者生产企业应当向国务院农业行政主管部门提出审定申请，并提供该新饲料、新饲料添加剂的样品和下列资料：

（一）名称、主要成分、理化性质、研制方法、生产工艺、质量标准、检测方法、检验报告、稳定性试验报告、环境影响报告和污染防治措施；

（二）国务院农业行政主管部门指定的试验机构出具的该新饲料、新饲料添加剂的饲喂效果、残留消解动态以及毒理学安全性评价报告。

申请新饲料添加剂审定的，还应当说明该新饲料添加剂的添加目的、使用方法，并提供该饲料添加剂残留可能对人体健康造成影响的分析评价报告。

第九条 国务院农业行政主管部门应当自受理申请之日起 5 个工作日内，将新饲料、新饲料添加剂的样品和申请资料交全国饲料评审委员会，对该新饲料、新饲料添加剂的安全性、有效性及其对环境的影响进行评审。

全国饲料评审委员会由养殖、饲料加工、动物营养、毒理、药理、代谢、卫生、化工合成、生物技术、质量标准、环境保护、食品安全风险评估等方面的专家组成。全国饲料评审委员会对新饲料、新饲料添加剂的评审采取评审会议的形式，评审会议应当有 9 名以上全国饲料评审委员会专家参加，根据需要也可以邀请 1 至 2 名全国饲料评审委员会专家以外的专家参加，参加评审的专家对评审事项具有表决权。评审会议应当形成评审意见和会议纪要，并由参加评审的专家审核签字；有不同意见的，应当注明。参加评审的专家应当依法公平、公正履行职责，对评审资料保密，存在回避事由的，应当主动回避。

全国饲料评审委员会应当自收到新饲料、新饲料添加剂的样品和申请资料之日起 9 个月内出具评审结果并提交国务院农业行政主管部门；但是，全国饲料评审委员会决定由申请人进行相关试验的，经国务院农业行政主管部门同意，评审时间可以延长 3 个月。

国务院农业行政主管部门应当自收到评审结果之日起 10 个工作日内作出是否核发新饲料、新饲料添加剂证书的决定；决定不予核发的，应当书面通知申请人并说明理由。

第十条 国务院农业行政主管部门核发新饲料、新饲料添加剂证书，应当同时按照职责权限公布该新饲料、新饲料添加剂的产品质量标准。

第十一条 新饲料、新饲料添加剂的监测期为 5 年。新饲料、新饲料添加剂处于监测期的，不受理其他就该新饲料、新饲料添加剂的生产申请和进口登记申请，但超过 3 年不投入生产的除外。

生产企业应当收集处于监测期的新饲料、新饲料添加剂的质量稳定性及其对动物产品质量安全的影响等信息，并向国务院农业行政主管部门报告；国务院农业行政主管部门应当对新饲料、新饲料添加剂的质量安全状况组织跟踪监测，证实其存在安全问题的，应当撤销新饲料、新饲料添加剂证书并予以公告。

第十二条 向中国出口中国境内尚未使用但出口国已经批准生产和使用的饲料、饲料添加剂的，由出口方驻中国境内的办事机构或者其委托的中国境内代理机构向国务院农业行政主管部门申请登记，并提供该饲料、饲料添加剂的样品和下列资料：

（一）商标、标签和推广应用情况；

（二）生产地批准生产、使用的证明和生产地以外其他国家、地区的登记资料；

（三）主要成分、理化性质、研制方法、生产工艺、质量标准、检测方法、检验报告、稳定性试验报告、环境影响报告和污染防治措施；

（四）国务院农业行政主管部门指定的试验机构出具的该饲料、饲料添加剂的饲喂效果、残留消解动态以及毒理学安全性评价报告。

申请饲料添加剂进口登记的，还应当说明该饲料添加剂的添加目的、使用方法，并提供该饲料添加剂残留可能对人体健康造成影响的分析评价报告。

国务院农业行政主管部门应当依照本条例第九条规定的新饲料、新饲料添加剂的评审程序组织评审，并决定是否核发饲料、饲料添加剂进口登记证。

首次向中国出口中国境内已经使用且出口国已经批准生产和使用的饲料、饲料添加剂的，应当依照本条第一款、第二款的规定申请登记。国务院农业行政主管部门应当自受理申请之日起 10 个工作日内对申请资料进行审查；审查合格的，将样品交由指定的机构进行复核检测；复核检测合格的，国务院农业行政主管部门应当在 10 个工作日内核发饲料、饲料添加剂进口登记证。

饲料、饲料添加剂进口登记证有效期为 5 年。进口登记证有效期满需要继续向中国出口饲料、饲料添加剂的，应当在有效期届满 6 个月前申请续展。

禁止进口未取得饲料、饲料添加剂进口登记证的饲料、饲料添加剂。

第十三条 国家对已经取得新饲料、新饲料添加剂证书或者饲料、饲料添加剂进口登记证的、含有新化合物的饲料、饲料添加剂的申请人提交的其自己所取得且未披露的试验数据和其他数据实施保护。

自核发证书之日起 6 年内，对其他申请人未经已取得新饲料、新饲料添加剂证书或者饲料、饲料添加剂进口登记证的申请人同意，使用前款规定的数据申请新饲料、新饲料添加剂审定或者饲料、饲料添加剂进口登记的，国务院农业行政主管部门不予审定或者登记；但是，其他申请人提交其自己所取得的数据的除外。

除下列情形外，国务院农业行政主管部门不得披露本条第一款规定的数据：

（一）公共利益需要；

（二）已采取措施确保该类信息不会被不正当地进行商业使用。

第三章 生产、经营和使用

第十四条 设立饲料、饲料添加剂生产企业，应当符合饲料工业发展规划和产业政策，并具备下列条件：

（一）有与生产饲料、饲料添加剂相适应的厂房、设备和仓储设施；

（二）有与生产饲料、饲料添加剂相适应的专职技术人员；

（三）有必要的产品质量检验机构、人员、设施和质量管理制度；

（四）有符合国家规定的安全、卫生要求的生产环境；

（五）有符合国家环境保护要求的污染防治措施；

（六）国务院农业行政主管部门制定的饲料、饲料添加剂质量安全管理规范规定的其他条件。

第十五条 申请从事饲料、饲料添加剂生产的企业，申请人应当向省、自治区、直辖市人民政府饲料管理部门提出申请。省、自治区、直辖市人民政府饲料管理部门应当自受理申请之日起 10 个工作日内进行书面审查；审查合格的，组织进行现场审核，并根据审核结果在 10 个工作日内作出是否核发生产许可证的决定。

生产许可证有效期为 5 年。生产许可证有效期满需要继续生产饲料、饲料添加剂的，应当在有效期届满 6 个月前申请续展。

第十六条 饲料添加剂、添加剂预混合饲料生产企业取得生产许可证后，由省、自治区、直辖市人民政府饲料管理部门按照国务院农业行政主管部门的规定，核发相应的产品批准文号。

第十七条 饲料、饲料添加剂生产企业应当按照国务院农业行政主管部门的规定和有关标准，对采购的饲料原料、单一饲料、饲料添加剂、药物饲料添加剂、添加剂预混合饲料和用于饲料添加剂生产的原料进行查验或者检验。

饲料生产企业使用限制使用的饲料原料、单一饲料、饲料添加剂、药物饲料添加剂、添加剂预混合饲料生产饲料的，应当遵守国务院农业行政主管部门的限制性规定。禁止使用国务院农业行政主管部门公布的饲料原料目录、饲料添加剂品种目录和药物饲料添加剂品种目录以外的任何物质生产饲料。

饲料、饲料添加剂生产企业应当如实记录采购的饲料原料、单一饲料、饲料添加剂、药物饲料添加剂、添加剂预混合饲料和用于饲料添加剂生产的原料的名称、产地、数量、保质期、许可证明文件编号、质量检验信息、生产企业名称或者供货者名称及其联系方式、进货日期等。记录保存期限不得少于2年。

第十八条 饲料、饲料添加剂生产企业，应当按照产品质量标准以及国务院农业行政主管部门制定的饲料、饲料添加剂质量安全管理规范和饲料添加剂安全使用规范组织生产，对生产过程实施有效控制并实行生产记录和产品留样观察制度。

第十九条 饲料、饲料添加剂生产企业应当对生产的饲料、饲料添加剂进行产品质量检验；检验合格的，应当附具产品质量检验合格证。未经产品质量检验、检验不合格或者未附具产品质量检验合格证的，不得出厂销售。

饲料、饲料添加剂生产企业应当如实记录出厂销售的饲料、饲料添加剂的名称、数量、生产日期、生产批次、质量检验信息、购货者名称及其联系方式、销售日期等。记录保存期限不得少于2年。

第二十条 出厂销售的饲料、饲料添加剂应当包装，包装应当符合国家有关安全、卫生的规定。

饲料生产企业直接销售给养殖者的饲料可以使用罐装车运输。罐装车应当符合国家有关安全、卫生的规定，并随罐装车附具符合本条例第二十一条规定的标签。

易燃或者其他特殊的饲料、饲料添加剂的包装应当有警示标志或者说明，并注明储运注意事项。

第二十一条 饲料、饲料添加剂的包装上应当附具标签。标签应当以中文或者适用符号标明产品名称、原料组成、产品成分分析保证值、净重或者净含量、贮存条件、使用说明、注意事项、生产日期、保质期、生产企业名称以及地址、许可证明文件编号和产品质量标准等。加入药物饲料添加剂的，还应当标明"加入药物饲料添加剂"字样，并标明其通用名称、含量和休药期。乳和乳制品以外的动物源性饲料，还应当标明"本产品不得饲喂反刍动物"字样。

第二十二条 饲料、饲料添加剂经营者应当符合下列条件：

（一）有与经营饲料、饲料添加剂相适应的经营场所和仓储设施；

（二）有具备饲料、饲料添加剂使用、贮存等知识的技术人员；

（三）有必要的产品质量管理和安全管理制度。

第二十三条 饲料、饲料添加剂经营者进货时应当查验产品标签、产品质量检验合格证和相应的许可证明文件。

饲料、饲料添加剂经营者不得对饲料、饲料添加剂进行拆包、分装，不得对饲料、饲料添加剂进行再加工或者添加任何物质。

禁止经营用国务院农业行政主管部门公布的饲料原料目录、饲料添加剂品种目录和药物饲料添加剂品种目录以外的任何物质生产的饲料。

饲料、饲料添加剂经营者应当建立产品购销台账，如实记录购销产品的名称、许可证明文件编号、规格、数量、保质期、生产企业名称或者供货者名称及其联系方式、购销时间等。购销台账保存期限不得少于2年。

第二十四条 向中国出口的饲料、饲料添加剂应当包装，包装应当符合中国有关安全、卫生的规定，并附具符合本条例第二十一条规定的标签。

向中国出口的饲料、饲料添加剂应当符合中国有关检验检疫的要求，由出入境检验检疫机构依法实施检验检疫，并对其包装和标签进行核查。包装和标签不符合要求的，不得入境。

境外企业不得直接在中国销售饲料、饲料添加剂。境外企业在中国销售饲料、饲料添加剂的，应当依法在中国境内设立销售机构或者委托符合条件的中国境内代理机构销售。

第二十五条 养殖者应当按照产品使用说明和注意事项使用饲料。在饲料或者动物饮用水中添加饲料添加剂的，应当符合饲料添加剂使用说明和注意事项的要求，遵守国务院农业行政主管部门制定的饲料添加剂安全使用规范。

养殖者使用自行配制的饲料的，应当遵守国务院农业行政主管部门制定的自行配制饲料使用规范，并不得对外提供自行配制的饲料。

使用限制使用的物质养殖动物的，应当遵守国务院农业行政主管部门的限制性规定。禁止在饲料、动物饮用水中添加国务院农业行政主管部门公布禁用的物质以及对人体具有直接或者潜在危害的其他物质，或者直接使用上述物质养殖动物。禁止在反刍动物饲料中添加乳和乳制品以外的动物源性成分。

第二十六条 国务院农业行政主管部门和县级以上地方人民政府饲料管理部门应当加强饲料、饲料添加剂质量安全知识的宣传，提高养殖者的质量安全意识，指导养殖者安全、合理使用饲料、饲料添加剂。

第二十七条 饲料、饲料添加剂在使用过程中被证实对养殖动物、人体健康或者环境有害的，由国务院农业行政主管部门决定禁用并予以公布。

第二十八条 饲料、饲料添加剂生产企业发现其生产的饲料、饲料添加剂对养殖动物、人体健康有害或者存在其他安全隐患的，应当立即停止生产，通知经营者、使用者，向饲料管理部门报告，主动召回产品，并记录召回和通知情况。召回的产品应当在饲料管理部门监督下予以无害化处理或者销毁。

饲料、饲料添加剂经营者发现其销售的饲料、饲料添加剂具有前款规定情形的，应当立即停止销售，通知生产企业、供货者和使用者，向饲料管理部门报告，并记录通知情况。

养殖者发现其使用的饲料、饲料添加剂具有本条第一款规定情形的，应当立即停止使用，通知供货者，并向饲料管理部门报告。

第二十九条 禁止生产、经营、使用未取得新饲料、新饲料添加剂证书的新饲料、新饲料添加剂以及禁用的饲料、饲料添加剂。

禁止经营、使用无产品标签、无生产许可证、无产品质量标准、无产品质量检验合格证的饲料、饲料添加剂。禁止经营、使用无产品批准文号的饲料添加剂、添加剂预混合饲料。禁止经营、使用未取得饲料、饲料添加剂进口登记证的进口饲料、进口饲料添加剂。

第三十条 禁止对饲料、饲料添加剂作具有预防或者治疗动物疾病作用的说明或者宣传。但是，饲料中添加药物饲料添加剂的，可以对所添加的药物饲料添加剂的作用加以说明。

第三十一条 国务院农业行政主管部门和省、自治区、直辖市人民政府饲料管理部门应当按照职责权限对全国或者本行政区域饲料、饲料添加剂的质量安全状况进行监测，并根据监测情况发布饲料、饲料添加剂质量安全预警信息。

第三十二条 国务院农业行政主管部门和县级以上地方人民政府饲料管理部门，应当根据需要定期或者不定期组织实施饲料、饲料添加剂监督抽查；饲料、饲料添加剂监督抽查检测工作由国务院农业行政主管部门或者省、自治区、直辖市人民政府饲料管理部门指定的具有相应技术条件的机构承担。饲料、饲料添加剂监督抽查不得收费。

国务院农业行政主管部门和省、自治区、直辖市人民政府饲料管理部门应当按照职责权限公布监督抽查结果，并可以公布具有不良记录的饲料、饲料添加剂生产企业、经营者名单。

第三十三条 县级以上地方人民政府饲料管理部门应当建立饲料、饲料添加剂监督管理档案，记录日常监督检查、违法行为查处等情况。

第三十四条 国务院农业行政主管部门和县级以上地方人民政府饲料管理部门在监督检查中可以采取下列措施：

（一）对饲料、饲料添加剂生产、经营、使用场所实施现场检查；

（二）查阅、复制有关合同、票据、账簿和其他相关资料；

（三）查封、扣押有证据证明用于违法生产饲料的饲料原料、单一饲料、饲料添加剂、药物饲料添加剂、添加剂预混合饲料，用于违法生产饲料添加剂的原料，用于违法生产饲料、饲料添加剂的工具、设施，违法生产、经营、使用的饲料、饲料添加剂；

（四）查封违法生产、经营饲料、饲料添加剂的场所。

第四章　法律责任

第三十五条 国务院农业行政主管部门、县级以上地方人民政府饲料管理部门或者其他依照本条例规定行使监督管理权的部门及其工作人员，不履行本条例规定的职责或者滥用职权、玩忽职守、徇私舞弊的，对直接负责的主管人员和其他直接责任人员，依法给予处分；直接负责的主管人员和其他直接责任人员构成犯罪的，依法追究刑事责任。

第三十六条 提供虚假的资料、样品或者采取其他欺骗方式取得许可证明文件的，由发证机关撤销相关许可证明文件，处 5 万元以上 10 万元以下罚款，申请人 3 年内不得就同一事项申请行政许可。以欺骗方式取得许可证明文件给他人造成损失的，依法承担赔偿责任。

第三十七条 假冒、伪造或者买卖许可证明文件的，由国务院农业行政主管部门或者县级以上地方人民政府饲料管理部门按照职责权限收缴或者吊销、撤销相关许可证明文件；构成犯罪的，依法追究刑事责任。

第三十八条 未取得生产许可证生产饲料、饲料添加剂的，由县级以上地方人民政府饲料管理部门责令停止生产，没收违法所得、违法生产的产品和用于违法生产饲料的饲料原料、单一饲料、饲料添加剂、药物饲料添加剂、添加剂预混合饲料以及用于违法生产饲料添加剂的原料，违法生产的产品货值金额不足1万元的，并处1万元以上5万元以下罚款，货值金额1万元以上的，并处货值金额5倍以上10倍以下罚款；情节严重的，没收其生产设备，生产企业的主要负责人和直接负责的主管人员10年内不得从事饲料、饲料添加剂生产、经营活动。

已经取得生产许可证，但不再具备本条例第十四条规定的条件而继续生产饲料、饲料添加剂的，由县级以上地方人民政府饲料管理部门责令停止生产、限期改正，并处1万元以上5万元以下罚款；逾期不改正的，由发证机关吊销生产许可证。

已经取得生产许可证，但未取得产品批准文号而生产饲料添加剂、添加剂预混合饲料的，由县级以上地方人民政府饲料管理部门责令停止生产，没收违法所得、违法生产的产品和用于违法生产饲料的饲料原料、单一饲料、饲料添加剂、药物饲料添加剂以及用于违法生产饲料添加剂的原料，限期补办产品批准文号，并处违法生产的产品货值金额1倍以上3倍以下罚款；情节严重的，由发证机关吊销生产许可证。

第三十九条 饲料、饲料添加剂生产企业有下列行为之一的，由县级以上地方人民政府饲料管理部门责令改正，没收违法所得、违法生产的产品和用于违法生产饲料的饲料原料、单一饲料、饲料添加剂、药物饲料添加剂、添加剂预混合饲料以及用于违法生产饲料添加剂的原料，违法生产的产品货值金额不足1万元的，并处1万元以上5万元以下罚款，货值金额1万元以上的，并处货值金额5倍以上10倍以下罚款；情节严重的，由发证机关吊销、撤销相关许可证明文件，生产企业的主要负责人和直接负责的主管人员10年内不得从事饲料、饲料添加剂生产、经营活动；构成犯罪的，依法追究刑事责任：

（一）使用限制使用的饲料原料、单一饲料、饲料添加剂、药物饲料添加剂、添加剂预混合饲料生产饲料，不遵守国务院农业行政主管部门的限制性规定的；

（二）使用国务院农业行政主管部门公布的饲料原料目录、饲料添加剂品种目录和药物饲料添加剂品种目录以外的物质生产饲料的；

（三）生产未取得新饲料、新饲料添加剂证书的新饲料、新饲料添加剂或者禁用的饲料、饲料添加剂的。

第四十条 饲料、饲料添加剂生产企业有下列行为之一的，由县级以上地方人民政府饲料管理部门责令改正，处1万元以上2万元以下罚款；拒不改正的，没收违法所得、违法生产的产品和用于违法生产饲料的饲料原料、单一饲料、饲料添加剂、药物饲料添加剂、添加剂预混合饲料以及用于违法生产饲料添加剂的原料，并处5万元以上10万元以下罚款；情节严重的，责令停止生产，可以由发证机关吊销、撤销相关许可证明文件：

（一）不按照国务院农业行政主管部门的规定和有关标准对采购的饲料原料、单一饲料、饲料添加剂、药物饲料添加剂、添加剂预混合饲料和用于饲料添加剂生产的原料进行查验或者检验的；

（二）饲料、饲料添加剂生产过程中不遵守国务院农业行政主管部门制定的饲料、饲料添加剂质量安全管理规范和饲料添加剂安全使用规范的；

（三）生产的饲料、饲料添加剂未经产品质量检验的。

第四十一条 饲料、饲料添加剂生产企业不依照本条例规定实行采购、生产、销售记录制度或者产品留样观察制度的，由县级以上地方人民政府饲料管理部门责令改正，处 1 万元以上 2 万元以下罚款；拒不改正的，没收违法所得、违法生产的产品和用于违法生产饲料的饲料原料、单一饲料、饲料添加剂、药物饲料添加剂、添加剂预混合饲料以及用于违法生产饲料添加剂的原料，处 2 万元以上 5 万元以下罚款，并可以由发证机关吊销、撤销相关许可证明文件。

饲料、饲料添加剂生产企业销售的饲料、饲料添加剂未附具产品质量检验合格证或者包装、标签不符合规定的，由县级以上地方人民政府饲料管理部门责令改正；情节严重的，没收违法所得和违法销售的产品，可以处违法销售的产品货值金额 30% 以下罚款。

第四十二条 不符合本条例第二十二条规定的条件经营饲料、饲料添加剂的，由县级人民政府饲料管理部门责令限期改正；逾期不改正的，没收违法所得和违法经营的产品，违法经营的产品货值金额不足 1 万元的，并处 2 000 元以上 2 万元以下罚款，货值金额 1 万元以上的，并处货值金额 2 倍以上 5 倍以下罚款；情节严重的，责令停止经营，并通知工商行政管理部门，由工商行政管理部门吊销营业执照。

第四十三条 饲料、饲料添加剂经营者有下列行为之一的，由县级人民政府饲料管理部门责令改正，没收违法所得和违法经营的产品，违法经营的产品货值金额不足 1 万元的，并处 2 000 元以上 2 万元以下罚款，货值金额 1 万元以上的，并处货值金额 2 倍以上 5 倍以下罚款；情节严重的，责令停止经营，并通知工商行政管理部门，由工商行政管理部门吊销营业执照；构成犯罪的，依法追究刑事责任：

（一）对饲料、饲料添加剂进行再加工或者添加物质的；

（二）经营无产品标签、无生产许可证、无产品质量检验合格证的饲料、饲料添加剂的；

（三）经营无产品批准文号的饲料添加剂、添加剂预混合饲料的；

（四）经营用国务院农业行政主管部门公布的饲料原料目录、饲料添加剂品种目录和药物饲料添加剂品种目录以外的物质生产的饲料的；

（五）经营未取得新饲料、新饲料添加剂证书的新饲料、新饲料添加剂或者未取得饲料、饲料添加剂进口登记证的进口饲料、进口饲料添加剂以及禁用的饲料、饲料添加剂的。

第四十四条 饲料、饲料添加剂经营者有下列行为之一的，由县级人民政府饲料管理部门责令改正，没收违法所得和违法经营的产品，并处 2 000 元以上 1 万元以下罚款：

（一）对饲料、饲料添加剂进行拆包、分装的；

（二）不依照本条例规定实行产品购销台账制度的；

（三）经营的饲料、饲料添加剂失效、霉变或者超过保质期的。

第四十五条 对本条例第二十八条规定的饲料、饲料添加剂，生产企业不主动召回的，由县级以上地方人民政府饲料管理部门责令召回，并监督生产企业对召回的产品予以无害化处理或者销毁；情节严重的，没收违法所得，并处应召回的产品货值金额 1 倍以上 3 倍以下罚款，可以由发证机关吊销、撤销相关许可证明文件；生产企业对召回的产品不予以无害化处理或者销毁的,由县级人民政府饲料管理部门代为销毁,所需费用由生产企业承担。

对本条例第二十八条规定的饲料、饲料添加剂,经营者不停止销售的,由县级以上地方人民政府饲料管理部门责令停止销售;拒不停止销售的,没收违法所得,处1 000元以上5万元以下罚款;情节严重的,责令停止经营,并通知工商行政管理部门,由工商行政管理部门吊销营业执照。

第四十六条 饲料、饲料添加剂生产企业、经营者有下列行为之一的,由县级以上地方人民政府饲料管理部门责令停止生产、经营,没收违法所得和违法生产、经营的产品,违法生产、经营的产品货值金额不足1万元的,并处2 000元以上2万元以下罚款,货值金额1万元以上的,并处货值金额2倍以上5倍以下罚款;构成犯罪的,依法追究刑事责任:

(一)在生产、经营过程中,以非饲料、非饲料添加剂冒充饲料、饲料添加剂或者以此种饲料、饲料添加剂冒充他种饲料、饲料添加剂的;

(二)生产、经营无产品质量标准或者不符合产品质量标准的饲料、饲料添加剂的;

(三)生产、经营的饲料、饲料添加剂与标签标示的内容不一致的。

饲料、饲料添加剂生产企业有前款规定的行为,情节严重的,由发证机关吊销、撤销相关许可证明文件;饲料、饲料添加剂经营者有前款规定的行为,情节严重的,通知工商行政管理部门,由工商行政管理部门吊销营业执照。

第四十七条 养殖者有下列行为之一的,由县级人民政府饲料管理部门没收违法使用的产品和非法添加物质,对单位处1万元以上5万元以下罚款,对个人处5 000元以下罚款;构成犯罪的,依法追究刑事责任:

(一)使用未取得新饲料、新饲料添加剂证书的新饲料、新饲料添加剂或者未取得饲料、饲料添加剂进口登记证的进口饲料、进口饲料添加剂的;

(二)使用无产品标签、无生产许可证、无产品质量标准、无产品质量检验合格证的饲料、饲料添加剂的;

(三)使用无产品批准文号的饲料添加剂、添加剂预混合饲料的;

(四)在饲料或者动物饮用水中添加饲料添加剂,不遵守国务院农业行政主管部门制定的饲料添加剂安全使用规范的;

(五)使用自行配制的饲料,不遵守国务院农业行政主管部门制定的自行配制饲料使用规范的;

(六)使用限制使用的物质养殖动物,不遵守国务院农业行政主管部门的限制性规定的;

(七)在反刍动物饲料中添加乳和乳制品以外的动物源性成分的。

在饲料或者动物饮用水中添加国务院农业行政主管部门公布禁用的物质以及对人体具有直接或者潜在危害的其他物质,或者直接使用上述物质养殖动物的,由县级以上地方人民政府饲料管理部门责令其对饲喂了违禁物质的动物进行无害化处理,处3万元以上10万元以下罚款;构成犯罪的,依法追究刑事责任。

第四十八条 养殖者对外提供自行配制的饲料的,由县级人民政府饲料管理部门责令改正,处2 000元以上2万元以下罚款。

第五章 附 则

第四十九条 本条例下列用语的含义：

（一）饲料原料，是指来源于动物、植物、微生物或者矿物质，用于加工制作饲料但不属于饲料添加剂的饲用物质。

（二）单一饲料，是指来源于一种动物、植物、微生物或者矿物质，用于饲料产品生产的饲料。

（三）添加剂预混合饲料，是指由两种（类）或者两种（类）以上营养性饲料添加剂为主，与载体或者稀释剂按照一定比例配制的饲料，包括复合预混合饲料、微量元素预混合饲料、维生素预混合饲料。

（四）浓缩饲料，是指主要由蛋白质、矿物质和饲料添加剂按照一定比例配制的饲料。

（五）配合饲料，是指根据养殖动物营养需要，将多种饲料原料和饲料添加剂按照一定比例配制的饲料。

（六）精料补充料，是指为补充草食动物的营养，将多种饲料原料和饲料添加剂按照一定比例配制的饲料。

（七）营养性饲料添加剂，是指为补充饲料营养成分而掺入饲料中的少量或者微量物质，包括饲料级氨基酸、维生素、矿物质微量元素、酶制剂、非蛋白氮等。

（八）一般饲料添加剂，是指为保证或者改善饲料品质、提高饲料利用率而掺入饲料中的少量或者微量物质。

（九）药物饲料添加剂，是指为预防、治疗动物疾病而掺入载体或者稀释剂的兽药的预混合物质。

（十）许可证明文件，是指新饲料、新饲料添加剂证书，饲料、饲料添加剂进口登记证，饲料、饲料添加剂生产许可证，饲料添加剂、添加剂预混合饲料产品批准文号。

第五十条 药物饲料添加剂的管理，依照《兽药管理条例》的规定执行。

第五十一条 本条例自 2012 年 5 月 1 日起施行。

# 二、制度文件

（一）新产品审定

新饲料和新饲料添加剂管理办法

中华人民共和国农业部令 2012 年第 4 号

（2012 年 5 月 2 日农业部令 2012 年第 4 号公布，2016 年 5 月 30 日农业部令 2016 年第 3 号、2022 年 1 月 7 日农业农村部令 2022 年第 1 号修订。）

第一条 为加强新饲料、新饲料添加剂管理，保障养殖动物产品质量安全，根据《饲料和饲料添加剂管理条例》，制定本办法。

第二条 本办法所称新饲料，是指我国境内新研制开发的尚未批准使用的单一饲料。

本办法所称新饲料添加剂，是指我国境内新研制开发的尚未批准使用的饲料添加剂。

第三条 有下列情形之一的，应当向农业农村部提出申请，参照本办法规定的新饲料、新饲料添加剂审定程序进行评审，评审通过的，由农业农村部公告作为饲料、饲料添加剂生产和使用，但不发给新饲料、新饲料添加剂证书：

（一）饲料添加剂扩大适用范围的；

（二）饲料添加剂含量规格低于饲料添加剂安全使用规范要求的，但由饲料添加剂与载体或者稀释剂按照一定比例配制的除外；

（三）饲料添加剂生产工艺发生重大变化的；

（四）新饲料、新饲料添加剂自获证之日起超过 3 年未投入生产，其他企业申请生产的；

（五）农业农村部规定的其他情形。

第四条 研制新饲料、新饲料添加剂，应当遵循科学、安全、有效、环保的原则，保证新饲料、新饲料添加剂的质量安全。

第五条 农业农村部负责新饲料、新饲料添加剂审定。

全国饲料评审委员会（以下简称评审委）组织对新饲料、新饲料添加剂的安全性、有效性及其对环境的影响进行评审。

第六条 新饲料、新饲料添加剂投入生产前，研制者或者生产企业（以下简称申请人）应当向农业农村部提出审定申请，并提交新饲料、新饲料添加剂的申请资料和样品。

第七条 申请资料包括：

（一）新饲料、新饲料添加剂审定申请表；

（二）产品名称及命名依据、产品研制目的；

（三）有效组分、理化性质及有效组分化学结构的鉴定报告，或者动物、植物、微生物的分类（菌种）鉴定报告，微生物发酵制品还应当提供生产所用菌株的菌种鉴定报告；

（四）适用范围、使用方法、在配合饲料或全混合日粮中的推荐用量，必要时提供最高限量值；

（五）生产工艺、制造方法及产品稳定性试验报告；

（六）质量标准草案及其编制说明和产品检测报告；有最高限量要求的，还应提供有效组分在配合饲料、浓缩饲料、精料补充料、添加剂预混合饲料中的检测方法；

（七）农业农村部指定的试验机构出具的产品有效性评价试验报告、安全性评价试验报告（包括靶动物耐受性评价报告、毒理学安全评价报告、代谢和残留评价报告等）；申请新饲料添加剂审定的，还应当提供该新饲料添加剂在养殖产品中的残留可能对人体健康造成影响的分析评价报告；

（八）标签式样、包装要求、贮存条件、保质期和注意事项；

（九）中试生产总结和"三废"处理报告；

（十）对他人的专利不构成侵权的声明。

第八条 产品样品应当符合以下要求：

（一）来自中试或工业化生产线；

（二）每个产品提供连续3个批次的样品，每个批次4份样品，每份样品不少于检测需要量的5倍；

（三）必要时提供相关的标准品或化学对照品。

第九条 有效性评价试验机构和安全性评价试验机构应当按照农业农村部制定的技术指导文件或行业公认的技术标准，科学、客观、公正开展试验，不得与研制者、生产企业存在利害关系。

承担试验的专家不得参与该新饲料、新饲料添加剂的评审工作。

第十条 农业农村部自受理申请之日起5个工作日内，将申请资料和样品交评审委进行评审。

第十一条 新饲料、新饲料添加剂的评审采取评审会议的形式。评审会议应当有9名以上评审委专家参加，根据需要也可以邀请1至2名评审委专家以外的专家参加。参加评审的专家对评审事项具有表决权。

评审会议应当形成评审意见和会议纪要，并由参加评审的专家审核签字；有不同意见的，应当注明。

第十二条 参加评审的专家应当依法履行职责，科学、客观、公正提出评审意见。

评审专家与研制者、生产企业有利害关系的，应当回避。

第十三条 评审会议原则通过的，由评审委将样品交农业农村部指定的饲料质量检验机构进行质量复核。质量复核机构应当自收到样品之日起3个月内完成质量复核，并将质量复核报告和复核意见报评审委，同时送达申请人。需用特殊方法检测的，质量复核时间可以延长1个月。

质量复核包括标准复核和样品检测，有最高限量要求的，还应当对申报产品有效组分在饲料产品中的检测方法进行验证。

申请人对质量复核结果有异议的，可以在收到质量复核报告后15个工作日内申请复检。

第十四条 评审过程中,农业农村部可以组织对申请人的试验或生产条件进行现场核查,或者对试验数据进行核查或验证。

第十五条 评审委应当自收到新饲料、新饲料添加剂申请资料和样品之日起 9 个月内向农业农村部提交评审结果;但是,评审委决定由申请人进行相关试验的,经农业农村部同意,评审时间可以延长 3 个月。

第十六条 农业农村部自收到评审结果之日起 10 个工作日内作出是否核发新饲料、新饲料添加剂证书的决定。

决定核发新饲料、新饲料添加剂证书的,由农业农村部予以公告,同时发布该产品的质量标准。新饲料、新饲料添加剂投入生产后,按照公告中的质量标准进行监测和监督抽查。

决定不予核发的,书面通知申请人并说明理由。

第十七条 新饲料、新饲料添加剂在生产前,生产者应当按照农业农村部有关规定取得生产许可证。生产新饲料添加剂的,还应当取得相应的产品批准文号。

第十八条 新饲料、新饲料添加剂的监测期为 5 年,自新饲料、新饲料添加剂证书核发之日起计算。

监测期内不受理其他就该新饲料、新饲料添加剂提出的生产申请和进口登记申请,但该新饲料、新饲料添加剂超过 3 年未投入生产的除外。

第十九条 新饲料、新饲料添加剂生产企业应当收集处于监测期内的产品质量、靶动物安全和养殖动物产品质量安全等相关信息,并向农业农村部报告。

农业农村部对新饲料、新饲料添加剂的质量安全状况组织跟踪监测,必要时进行再评价,证实其存在安全问题的,撤销新饲料、新饲料添加剂证书并予以公告。

第二十条 从事新饲料、新饲料添加剂审定工作的相关单位和人员,应当对申请人提交的需要保密的技术资料保密。

第二十一条 从事新饲料、新饲料添加剂审定工作的相关人员,不履行本办法规定的职责或者滥用职权、玩忽职守、徇私舞弊的,依法给予处分;构成犯罪的,依法追究刑事责任。

第二十二条 申请人隐瞒有关情况或者提供虚假材料申请新饲料、新饲料添加剂审定的,农业农村部不予受理或者不予许可,并给予警告;申请人在 1 年内不得再次申请新饲料、新饲料添加剂审定。

以欺骗、贿赂等不正当手段取得新饲料、新饲料添加剂证书的,由农业农村部撤销新饲料、新饲料添加剂证书,申请人在 3 年内不得再次申请新饲料、新饲料添加剂审定;以欺骗方式取得新饲料、新饲料添加剂证书的,并处 5 万元以上 10 万元以下罚款;涉嫌犯罪的,及时将案件移送司法机关,依法追究刑事责任。

第二十三条 其他违反本办法规定的,依照《饲料和饲料添加剂管理条例》的有关规定进行处罚。

第二十四条 本办法自 2012 年 7 月 1 日起施行。农业部 2000 年 8 月 17 日发布的《新饲料和新饲料添加剂管理办法》同时废止。

关于新饲料和新饲料添加剂证书核发标准的公告

中华人民共和国农业部公告第 2197 号

根据《中华人民共和国行政许可法》和有关法律法规规章的规定,以及《农业部行政审批服务标准化建设行动方案》《农业部行政审批服务标准化建设试点项目实施方案》的安排要求,我部编制了《进口饲料和饲料添加剂登记标准》《新饲料和新饲料添加剂证书核发标准》(农业部第十六批行政审批服务标准),现予公告。自本公告发布之日起,农业部第 517 号公告中相应事项的办事指南废止。

附件:1. 进口饲料和饲料添加剂登记标准(略)
   2. 新饲料和新饲料添加剂证书核发标准

农业部
2014 年 12 月 24 日

附件 2

NY/XZSPTG 302.56—2014

新饲料和新饲料添加剂证书核发标准

1 项目类型

前审后批。

2 审批内容

2.1 产品是否属于新饲料或新饲料添加剂审批范围。
2.2 产品是否符合相关法律法规、产业政策的要求。
2.3 产品的安全性、有效性、质量可控性和对环境的影响。

3 审批依据

3.1 《饲料和饲料添加剂管理条例》。
3.2 《新饲料和新饲料添加剂管理办法》。
3.3 新饲料、新饲料添加剂申报材料要求。

4 办事条件

4.1 需提供以下申请材料：
 a）新饲料、新饲料添加剂审定申请表；
 b）产品名称及命名依据、产品研制目的；
 c）有效组分、化学结构的鉴定报告及理化性质，或者动物、植物、微生物的分类鉴定报告；微生物产品或发酵制品，还应当提供农业部指定的国家级菌种保藏机构出具的菌株保藏编号；
 d）适用范围、使用方法、在配合饲料或全混合日粮中的推荐用量，必要时提供最高限量值；
 e）生产工艺、制造方法及产品稳定性试验报告；
 f）质量标准草案及其编制说明和产品检测报告；有最高限量要求的，还应提供有效组分在配合饲料、浓缩饲料、精料补充料、添加剂预混合饲料中的检测方法；
 g）农业部指定的试验机构出具的产品有效性评价试验报告、安全性评价试验报告（包括靶动物耐受性评价报告、毒理学安全评价报告、代谢和残留评价报告等）；申请新饲料添加剂审定的，还应当提供该新饲料添加剂在养殖产品中的残留可能对人体健康造成影响的分析评价报告；
 h）标签式样、包装要求、贮存条件、保质期和注意事项；
 i）中试生产总结和"三废"处理报告；
 j）对他人的专利不构成侵权的声明。
 申请材料具体要求见新饲料、新饲料添加剂申报材料要求。
4.2 提供连续3个批次（每个批次4份）的产品样品。

5 办理程序

5.1 农业部行政审批办公大厅畜牧窗口负责接收材料。
5.2 农业部畜牧业司（全国饲料工作办公室）对申请材料进行形式审查和初审。
5.3 全国饲料评审委员会对受理的申请材料进行技术评审，必要时进行现场核查。
5.4 申请人按照要求提供产品样品并由农业部指定的饲料质量检验机构进行质量复核。
5.5 全国饲料评审委员会结合质量复核结果出具评审结论。
5.6 农业部畜牧业司（全国饲料工作办公室）根据评审结论提出审批方案，报经部长审批后办理批件。

6 承诺时限

15个工作日（专家评审和质量复核检验时间不超过9个月，需由申请人补充相关试验资料的，评审时间可以延长3个月；其中质量复核检验时间不超过3个月，需用特殊方法检测的，可以延长1个月）。

7 收费标准

不收费。

关于新饲料添加剂申报材料要求的公告

中华人民共和国农业农村部公告第 226 号

为进一步规范新饲料添加剂审定工作,根据《饲料和饲料添加剂管理条例》及其配套规章规定,我部修订了《新饲料添加剂申报材料要求》《新饲料添加剂申报材料格式》《新饲料添加剂申请表》,现予公布,自 2019 年 12 月 4 日起施行。原农业部 2014 年 6 月 5 日发布的第 2109 号公告中有关《新饲料添加剂申报材料要求》的内容同时废止。

附件:1. 新饲料添加剂申报材料要求
   2. 新饲料添加剂申报材料格式
   3. 新饲料添加剂申请表

农业农村部
2019 年 11 月 4 日

附件 1

新饲料添加剂申报材料要求

申请新饲料添加剂证书、申请扩大饲料添加剂适用范围、申请生产含量规格低于《饲料添加剂安全使用规范》等规范性文件要求的饲料添加剂品种(由饲料添加剂与载体或者稀释剂按照一定比例配制的产品除外)、申请生产工艺发生重大变化的饲料添加剂、申请进口含有我国尚未批准使用的饲料添加剂的产品,应当按照本要求规定准备相关材料。

一、申报材料摘要

围绕安全性、有效性、质量可控性以及对环境的影响等方面对申报品种进行简要概述。摘要内容应可公开。

二、产品名称及命名依据、类别

(一)产品通用名称及命名依据

通用名称应反映饲料添加剂产品真实属性,并在申报材料中统一使用该名称。

通用名称应符合国内相关标准(例如:药典、国家标准和行业标准)或国际组织(例如:国际纯粹化学和应用化学联合会(IUPAC))相关标准的命名原则。有美国化学文摘(CAS)登录号的应予提供。

微生物饲料添加剂（包括直接饲喂微生物、生产发酵饲料所使用的微生物），应提供包括微生物来源、种名（包括中文名、拉丁名、俗名或别名等）、菌株编号及其他必要信息。细菌和真菌的命名应分别符合原核生物国际命名法规和国际藻类、真菌和植物命名法规要求。

饲用酶制剂，应参照国际生物化学和分子生物学联合会（IUBMB）酶学委员会（EC）的命名原则命名，并用括号注明生产菌种名称及菌株编号。

其他采用发酵工艺生产的饲料添加剂，应用括号注明生产菌种名称及菌株编号。

饲料添加剂为提取物的，依据其来源（包括动、植物的中文名、拉丁名、俗名或别名、部位）命名，并注明主要成分；也可以依据提取物的主要成分命名，并注明来源。

（二）产品的商品名称

商品名称为产品在市场销售时拟采用的名称，没有的可不提供。

（三）产品类别

根据产品的功能，参照《饲料添加剂品种目录》设立的类别名称填写。超出目录现有类别范围的，根据产品实际功能提出分类建议。

三、产品研制目的

重点阐述产品研制背景、研究进展、研制目标、产品功能、国内外在饲料及相关行业批准使用情况、产品的先进性和应用前景等。

四、产品组分及其鉴定报告、理化性质及安全防护信息

（一）产品组分

提供产品全部或主要组成成分，包括有效组分及其他组分。

1. 有效组分及其含量

有效组分为化学上可定义的物质，应给出通用名称、化学名称、CAS 登录号、分子式、化学结构式和分子量；含量以％、g/kg、mg/kg、IU/g 等国际通用单位表示。

有效组分不能以单一化学式描述或组分不能被完全鉴定的混合物，应给出特征主成分或类组分，含量以％、g/kg、mg/kg、IU/g 等国际通用单位表示。

微生物饲料添加剂应以每克或每毫升产品中活菌数表示，即 CFU/g、CFU/mL。

饲用酶制剂应以每克或每毫升中的酶活力表示。

2. 其他组分及其含量

应说明除有效组分外的其他组分及其含量。添加载体的，应提供名称及其配方量。

提取物等其他组分不能以单一化学式描述或组分不能被完全鉴定的混合物，应说明除有效组分外的其他组分类别，可不提供具体组分含量。

（二）鉴定报告

化学上可定义物质：应准确鉴定申报产品的有效组分，并说明确认实验所用主要仪器和测试方法，例如，红外光谱、紫外光谱、质谱、核磁共振、化学官能团的特征反应等。

饲用酶制剂：应提供能够证明酶制剂的来源与结构的鉴定报告。

微生物饲料添加剂：应通过菌株的形态学、生理生化特性、分子生物学特性等方法，提供鉴定至少到种或亚种的报告。基因工程菌株需要提供农业转基因生物安全证书。生产饲料添加剂所用微生物菌种也应提供上述报告。

植物提取物：应提供包含前述有效组分和其他组分的特征图谱。

（三）外观与物理性状

固体产品应提供颜色、气味、粒径分布、密度或容重等数据；液体产品应提供颜色、气味、粘度、密度、表面张力等数据。

（四）有效组分理化性质

根据产品的性质，提供有效组分的沸点、熔点、密度、蒸汽压、折光率、比旋光度、常见溶媒中的溶解性、对光或热的稳定性、电离常数、电解性能、pKa 等数据。相关信息可来自国际机构（如 CAS、IUPAC 等）公开发布的数据或由申请人实测数据。

（五）产品安全防护信息

根据产品的性质，提供危害描述、泄露应急处理、操作处置与储存、接触控制与个体防护、急救措施、废弃处置等信息。

五、产品功能、适用范围和使用方法

产品功能应说明其作用，阐述作用机制，并以试验数据或公开发表的文献资料作为支撑。

适用范围和使用方法应说明产品适用的动物种类、生产阶段、推荐用量及注意事项，必要时应提供产品在配合饲料或全混合日粮中添加的最高限量建议值，相关内容应有安全性和有效性评价试验数据的支撑。

六、生产工艺、制造方法及产品稳定性试验报告

（一）生产工艺和制造方法

提供产品生产工艺流程图和工艺描述。流程图应以设备简图的方式表示，详细体现产品生产全过程；工艺描述应与流程图一一对应，重点描述原料、设备、生产过程各步骤所使用的方法和技术参数（化学合成应有温度、压力、反应时间、pH 等，提取物应有提取溶剂、提取时间、提取次数、分离材料或设备等），有中间产品控制指标的也应一并提供。

微生物及其发酵制品还应当提供生产用菌株的传代培养情况及遗传稳定性、培养基成分、保存和必要的复壮方法等材料。

对于采取诱变方式实施改良的菌株，应提供诱变条件和步骤。

（二）产品稳定性试验报告

稳定性试验包括影响因素试验、加速试验和长期稳定性试验。应提供按照农业农村部相关技术指南开展的稳定性试验的报告。

七、产品质量标准草案、编制说明及检验报告

（一）产品质量标准草案：应按照《标准化工作导则　第 1 部分：标准的结构和编写》（GB/T 1.1）和《标准编写规则　第 10 部分：产品标准》（GB/T 20001.10）的要求进行编写。

（二）编制说明：应说明质量标准中的指标设置依据。指标的设置应符合相关法规标准要求，并与实际检测情况一致。对引用的国际标准应提供其原文和中文译文，国内其他行业标准提供原文。

（三）对新建检测方法，应提供至少三家具备检验资质的第三方机构出具的验证报告。

（四）检验报告：由申请人自行检测或委托具备检验资质的机构出具的三个批次产品检验报告。检测项目应与质量标准一致，并采用其规定的检测方法。

（五）有最高限量要求的产品，应根据其适用对象，提供有效组分在配合饲料、浓缩饲料、精料补充料或添加剂预混合饲料中的检测方法。

八、安全性评价材料要求

包括靶动物耐受性评价报告、毒理学安全评价报告、代谢和残留评价报告、菌株安全性评价报告。评价试验应按照农业农村部发布的技术指南或国家、行业标准进行。农业农村部暂未发布指南或暂无国家、行业标准的，可以参照世界卫生组织（WHO）、经济合作与发展组织（OECD）等国际组织发布的技术规范或指南进行。靶动物耐受性评价报告、毒理学安全评价报告、代谢和残留评价报告应由农业农村部指定的评价试验机构出具。评价报告出具单位不得是申报产品的研制单位、生产企业，或与研制单位、生产企业存在利害关系。

（一）靶动物耐受性评价报告。

（二）毒理学安全评价报告。包括急性毒性试验、遗传毒性试验（致突变试验）、28天经口毒性试验、亚慢性毒性试验、致畸试验、繁殖毒性试验、慢性毒性试验（包括致癌试验）等毒性评价。评价方法参照农业农村部技术指南或国家、行业标准的规定。

（三）代谢和残留评价报告。化合物应进行代谢和残留评价，但以下情形除外：

——在饲用物质中天然存在并具有较高含量；

——化合物或代谢残留物是动物体液或组织的正常成分；

——可被证明是原形排泄或不被吸收；

——是以体内化合物的生理模式和生理水平被吸收；

——农业农村部技术指南、国家或行业标准规定的数据外推情形。

（四）菌株安全性评价报告。对于饲用微生物添加剂和生产饲料添加剂所用微生物菌种，应进行菌株安全性评价。通过微生物表型试验、分子生物学试验和全基因组序列（WGS）分析，结合相关文献资料，对拟评价菌株的致病性、有毒代谢产物产生能力（用微生物发酵生产的饲料添加剂应对终产品中由生产菌株产生的有毒代谢产物进行测定）及抗菌药物耐药性等进行综合评价。

（五）提供国内外权威机构就该产品的安全性评价报告，国内外权威刊物公开发布的就该产品安全性的文献资料，其他可证明该产品安全性的报告或文献资料。

九、有效性评价材料要求

（一）提供由农业农村部指定的有效性评价试验机构出具的试验报告；靶动物有效性试验应按照农业农村部发布的技术指南或国家、行业标准进行。农业农村部技术指南、国家或行业标准规定的可以进行数据外推的情形除外。

（二）根据产品用途，提供依据技术规范或公认的方法测定的特性效力的试验报告，如抗氧化剂效力和防霉剂效力测试等。试验应选取申报产品适用饲料类别中的代表性产品进行。试验报告应由省部级以上高等院校、科研单位或检测机构等出具。

（三）提供国内外权威机构就该产品靶动物有效性或特性效力的试验报告或评价报告，

国内外权威刊物公开发布的就该产品靶动物有效性或特性效力的文献资料，其他可证明该产品靶动物有效性或特性效力试验的报告或文献资料。

评价报告的出具单位不得是申报产品的研制单位和发表文献的署名单位、生产企业，或与研制单位、生产企业存在利害关系。

十、对人体健康可能造成影响的分析报告

应根据安全性、有效性和代谢、残留等数据和文献资料以及相关产品信息，参照风险评估的方法就饲料添加剂对人体健康可能造成的影响进行评估分析，形成报告。

十一、标签式样、包装要求、贮存条件、保质期和注意事项

标签式样应符合《饲料和饲料添加剂管理条例》和《饲料标签》标准（GB 10648）的规定。

包装要求、贮存条件、保质期的确定应以稳定性试验的数据为依据。

十二、中试生产总结和"三废"处理报告

（一）中试生产总结

包括中试的时间和地点，生产产品的批数（至少连续5批）、批号、批量，每批中试产品的详细生产和检验报告，中试中发现的问题和处置措施等。

（二）"三废"处理报告

应说明生产过程中产生的"三废"及处理措施。

十三、联合申报协议书

由两个或两个以上单位联合申报的（申报单位应是共同参与产品研发的研制单位或生产企业），应提供由所有联合申报单位共同签署的联合申报协议书，明确知识产权归属、申请人排序、责任划分等，并承诺不就同一产品进行重复申报。协议由各单位法定代表人签字并加盖单位公章。

十四、其他材料

其他应提供的证明性文件和必要材料。例如，需进一步证明申报产品安全性的试验报告。

十五、参考资料

提供产品研究、开发和生产中参考的主要参考文献，并在引用处进行标注，重要文献应附全文。注明参考材料中提到的有效组分与所申请的饲料添加剂品种是否一致，并说明相关信息的详细来源，如数据库、标准、研究报告、期刊和书籍等。

附件 2

新饲料添加剂申报材料格式

一、申报材料的格式

（一）申报材料包括《新饲料添加剂申请表》及《新饲料添加剂申报材料要求》中的相关内容。

（二）《新饲料添加剂申请表》应当从农业农村部网站下载，不得随意改变字体大小和表格结构。

（三）申报材料正文应当使用小四号宋体（英文和数字为 Times New Roman 字体），A4 规格纸张打印。除签名外，所有材料不得手写。

（四）检测、试验、鉴定报告应加盖报告出具单位公章，由负责人和检测试验人员签名，并提供原件。外文材料应同时提交中文翻译件。

（五）申报材料一式两份（原件一份，复印件一份，复印件采用双面复印）。材料按照预审意见规定的内容顺序编排目录，例如"1—1，1—2，…2—1…"，每章独立编排页码，按目录顺序活页装订，各章应用口取纸或其他明显标记予以划分。材料装订完成后，应在整本材料侧面加盖申报单位骑缝章。

（六）在提交书面申报材料的同时，还应提交内容与书面材料一致的 CD 光盘两份。每章节应制成独立的 PDF 格式文件，文档名称以章号和章标题命名。

二、相关表格填写

（一）通用名称：填写与正文内容一致的通用名称。

（二）产品类别：填写与正文内容一致的产品类别，若为"其他类型"，还应在后附横线上予以说明。

（三）申请类型：将相应类型的方框涂黑（■）。

（四）申请人名称：填写具有法人地位的单位名称，可以是研制者或者生产企业，并加盖公章。由多个申请人联合申报的，填写第一申请人相关信息。

（五）法定代表人：填写申请人的法定代表人姓名。由多个申请人联合申报的，填写第一申请人相关信息。

（六）申请人注册地址及邮政编码：填写法人注册地址及邮政编码。由多个申请人联合申报的，填写第一申请人相关信息。

（七）申请人通讯地址及邮政编码：填写申请人的通讯地址及邮政编码。由多个申请人联合申报的，填写第一申请人相关信息。

（八）联系人、传真、固定电话、手机、电子邮箱：填写申请单位负责办理审定申请的人员姓名及相应联系方式。联合申报的，由申请人确定一名联系人及其联系方式。

（九）申报日期：填写申请人报出材料的时间。

（十）通用名称：填写与正文一致的通用名称。

（十一）外观与物理性状：说明产品的颜色、气味、性状（粉末、颗粒、结晶、块状、半固态、液态等）。

（十二）商品名称：填写与正文一致的商品名称，没有的应填写"无"。

（十三）产品类别：填写与正文一致的产品类别。

（十四）是否转基因产品：将相应的方框涂黑（■）。

（十五）保质期：填写与正文一致的保质期。

（十六）成分、化学式或描述、含量、检测方法："成分"栏，逐一填写各有效组分及其他组分的名称；"化学式或描述"栏，化学上可定义物质应填写化学式，其他应填写描述；"含量"栏，有效组分填写典型分析值；其他组分应填写除有效组分外的其他组分含量；添加载体的，应提供载体名称及其配方量；对于提取物等其他组分不能以单一化学式描述或不能被完全鉴定的混合物，应填写有效组分外的组分类别，可不提供具体组分含量；"检测方法"栏，采用现行国家标准或行业标准进行检测的，可填写标准名称和编号，否则应填写检测方法简称（如"高效液相色谱法"），在配合饲料或全混合日粮中有最高限量要求的，还应提供在饲料产品中相应成分的检测方法。

（十七）适用范围、在配合饲料或全混合日粮中的推荐添加量和最高限量、使用注意事项：填写产品适用的动物种类、生产阶段及其在配合饲料或全混合日粮中的推荐添加量；有最高限量要求的，应填写在配合饲料或全混合日粮中的最高限量；使用过程中有特殊要求的，应填写使用注意事项。

（十八）生产工艺简述：填写主要生产工艺，不超过150个字。

（十九）申请人名称及地址：按申请人排序逐一填写单位名称、通信地址和邮编，在性质栏内将相应的方框涂黑（■），并由各单位法定代表人签字并加盖公章。

附件 3

新饲料添加剂申请表

通用名称：_____

产品类别：_____

申请类型：□申请新饲料添加剂证书　□申请扩大饲料添加剂适用范围　□申请生产含量规格低于《饲料添加剂安全使用规范》等规范性文件要求的饲料添加剂品种　□申请生产工艺发生重大变化的饲料添加剂　□申请进口含有我国尚未批准使用的饲料添加剂的产品　□农业农村部规定的其他情形_____

申请人名称：_____（公章）

法定代表人：_____

申请人注册地址：_____

邮政编码：_____

申请人通讯地址：_____

邮政编码：_____

联系人：_____　传真：_____

固定电话：_____　手机：_____

电子邮件：_____

申报日期：_____年_____月_____日

中华人民共和国农业农村部　制

二〇_____年

通用名称			外观与物理性状		商品名称	
产品类别			是否转基因产品	□是 □否	保质期	
成分			化学式或描述	含量	检测方法	在配合饲料中的检测方法（适用时）
有效组分	1					
	...					
其他组分	1					
	...					
适用范围			在配合饲料或全混合日粮中的推荐添加量	在配合饲料或全混合日粮中的最高限量	使用注意事项	
适用范围1						
适用范围2						
……						
生产工艺简述（150字以内）						
申请人信息			（第一申请人）	（第二申请人）	……	
单位名称						
地　　址						
性　　质			□研制者 □生产企业	□研制者 □生产企业	……	
法定代表人签字及盖章						

关于申请饲料原料和饲料添加剂审批咨询服务的公告

中华人民共和国农业农村部公告第 227 号

为深入贯彻行政审批制度改革精神，进一步落实"放管服"要求，鼓励饲料、饲料添加剂新品种开发和研制，帮助饲料企业和有关技术机构（以下简称申请人）提高研发能力，根据各方面的建议，我部建立饲料原料和饲料添加剂审批咨询服务工作机制。现就有关事项公告如下。

一、咨询服务范围

申请人拟申请新饲料和新饲料添加剂证书，拟申请扩大饲料添加剂适用范围，拟申请生产含量规格低于《饲料添加剂安全使用规范》等规范性文件要求的饲料添加剂品种（由饲料添加剂与载体或者稀释剂按照一定比例配制的产品除外），拟申请生产工艺发生重大变化的饲料添加剂，拟申请进口含有我国尚未批准使用的饲料原料和饲料添加剂的产品，以及拟申请将原料或者添加剂品种纳入《饲料原料目录》或者《饲料添加剂品种目录》，可以按照本公告规定申请咨询服务。

二、咨询材料要求

申请人应当向农业农村部畜牧兽医局提出书面申请并提交以下材料：产品通用名称、产品类别、产品研制目的、产品组分、外观与物理性状、产品功能、适用范围、使用方法、生产工艺和制造方法，产品在国内外相关行业应用的基本情况，以及已收集到的能够证明其安全性、有效性的相关科学文献、报告或者试验结果等资料。申请人可参考《新饲料添加剂申报材料要求》（农业农村部公告第 226 号）准备相关材料。

三、咨询服务程序

农业农村部畜牧兽医局收到书面申请和相关材料后，在 5 个工作日内对咨询材料进行核对，不需要补充材料的，组织全国饲料评审委员会召开咨询会，由咨询委员会对申请事项进行专家评议并提出咨询意见和建议。农业农村部畜牧兽医局在收到咨询意见和建议后，5 个工作日内书面告知申请人。

咨询服务由申请人自愿提出，不收取任何费用。咨询服务不作为行政审批的前置程序，咨询意见不作为做出行政审批决定的依据。申请过程中如有问题，请联系农业农村部畜牧兽医局（电话 010-59192853）或全国畜牧总站（电话 010-59194438）。

农业农村部
2019 年 11 月 4 日

关于确定 25 家有能力承担饲料和饲料添加剂有效性试验机构和 9 家毒理学评价试验机构的公告

中华人民共和国农业农村部公告第 279 号

为进一步规范新饲料和新饲料添加剂审定工作，落实"放管服"要求，增加行政审批相对人的选择余地，我部委托全国饲料评审委员会对有关评价机构进行了评估，确定了 25 家有能力承担饲料和饲料添加剂有效性和耐受性评价试验机构和 9 家毒理学评价试验机构，现予公布，即日起施行。

附件：1. 饲料和饲料添加剂有效性和耐受性评价试验机构名单
　　　2. 饲料和饲料添加剂毒理学评价试验机构名单

农业农村部
2020 年 3 月 18 日

附件 1

饲料和饲料添加剂有效性和耐受性评价试验机构名单

序号	省市	试验机构名称	试验报告签发机构名称	试验报告人签发	机构类型	动物种类	试验场地名称	试验场地地址	机构联系电话
1	北京市	农业农村部饲料效价与安全监督检验测试中心（北京）	农业农村部饲料效价与安全监督检验测试中心（北京）	张丽英	☑有效性 ☐耐受性	猪、鸡	中国农业大学动物科学技术学院代谢室	北京市海淀区圆明园西路2号	010-62731272
2	北京市	动物营养学国家重点实验室（中国农业大学）	中国农业大学动物科学技术学院	呙于明		肉鸡、蛋鸡	中国农业大学丰宁试验基地	河北省承德市丰宁满族自治县汤河乡	010-62733900
				周振明		肉牛	中国农业大学涿州试验基地	河北省涿州市东城坊镇	010-62731268
				李胜利	☑有效性 ☐耐受性	奶牛	中国农业大学肉牛试验示范基地（北京）	北京市房山区窦店镇	
							中国农业大学奶牛营养创新团队试验基地（金银岛基地）	北京市大兴区庞各庄镇	
							中国农业大学奶牛营养创新团队试验基地（延庆基地）	北京市延庆区延庆镇	010-62734080
3	天津市	天津市畜牧兽医研究所	天津市畜牧兽医研究所	王文杰	☑有效性 ☐耐受性	奶牛、肉鸡、生长育肥猪	天津市现代畜牧业科技创新基地	天津市武清区下伍旗镇	022-83726967
4	辽宁省	沈阳农业大学畜牧兽医学院	沈阳农业大学畜牧兽医学院	杨建成	☑有效性 ☐耐受性	肉鸡、蛋鸡	沈阳农业大学科研种鸡场	辽宁省沈阳市沈河区东陵路120号	024-88487156
5	黑龙江省	东北农业大学动物营养研究所	东北农业大学动物营养研究所	单安山	☑有效性 ☐耐受性	猪	东北农业大学动物营养研究所动物实验基地	黑龙江省哈尔滨市阿城区	0451-55191585
6	上海市	上海市农业科学院农产品质量标准与检测技术研究所	上海市农业科学院农产品质量标准与检测技术研究所	赵志辉	☑有效性 ☐耐受性	鸡、蛋鸡	上海市农业科学院庄行试验站	上海市奉贤区叶庄路888号	021-62207544

(续表)

序号	省市	试验机构名称	试验报告签发机构名称	试验报告签发人	机构类型	动物种类	试验场名称	试验场地地址	机构联系电话
7	江苏省	南京农业大学动物科技学院	南京农业大学动物科技学院	王恬	□有效性 □耐受性	猪、鸡、蛋鸡	南京农业大学白马教学科研基地	江苏省南京市溧水区白马镇	025-84396483
									025-84395106
8		南京农业大学无锡渔业学院	南京农业大学无锡渔业学院	毛胜勇		绵羊	南京农业大学科研示范基地（与泰州市海伦羊业有限公司共建）	江苏省泰州市姜堰区大伦镇	
				谢骏	□有效性 □耐受性	淡水鱼类	南京农业大学无锡渔业研究中心雪浪南泉科研实验基地	江苏省无锡市滨湖区雪浪街道王港社区薛家里69号	0510-85556566
					□有效性 □耐受性	淡水虾蟹类	南京农业大学无锡渔业学院宜兴大浦科研实验基地	江苏省无锡市宜兴市丁蜀镇	
9		扬州大学动物营养与饲料工程技术研究中心	扬州大学动物营养与饲料工程技术研究中心	赵国琦（奶牛、绵羊、山羊）、杨海明（鹅）	□有效性 □耐受性	奶牛、山羊、鹅	扬州大学实验农牧场	江苏省高邮市卸甲镇八桥片区	0514-87997195
10		扬州大学兽医学院	扬州大学兽医学院	刘宗平	□耐受性	奶牛、绵羊、山羊、鹅	扬州大学实验农牧场	江苏省高邮市卸甲镇八桥片区	0514-87997275
11		江苏省家禽科学研究所	江苏省家禽科学研究所	施寿荣	□有效性 □耐受性	肉鸡、蛋鸡	江苏省家禽科学研究所试验基地	江苏省仪征市谢集乡	0514-85599075
12	浙江省	浙江大学奶业科学研究所	浙江大学奶业科学研究所	刘建新	□有效性 □耐受性	奶牛	浙江大学奶业试验牧场	浙江省杭州市临安市板桥镇	0571-88982097
13		浙江大学饲料科学研究所	浙江大学饲料科学研究所	汪以真	□有效性 □耐受性	淡水水产动物	浙江大学实验基地（与上虞科强水产养殖有限公司共建）	浙江省绍兴市上虞市海涂九六三丘	0571-88982128
				余东游	□有效性 □耐受性	蛋鸡、鸡	浙江大学饲料科学研究所试验基地	浙江省杭州市余杭区瓶窑镇	0571-88982107

（续表）

序号	省市	试验机构名称	试验报告签发机构名称	试验报告人签发	机构类型	动物种类	试验场名称	试验场地地址	机构联系电话
14	浙江省	浙江省农业科学院畜牧兽医研究所	浙江省农业科学院畜牧兽医研究所	徐子伟	☑有效性 ☐耐受性	猪	浙江农业科学院海宁科技牧场	浙江省海宁市许村镇	0571-86404398
15		中挪海水养殖鱼类营养与饲料联合实验室	浙江省海洋水产研究所	邵庆均	☑有效性 ☐耐受性	海水鱼类、海水虾	浙江海洋水产研究所西轩岛试验场	浙江省舟山市西轩岛	0571-88982200
16	江西省	江西农业大学江西省动物营养重点实验室	江西农业大学江西省动物营养重点实验室	瞿明仁	☑有效性 ☐耐受性	肉牛	江西农业大学高安肉牛试验基地（与高安裕丰农牧有限公司共建）	江西省高安村村前镇	0791-83813503
17	河南省	河南农业大学牧医工程学院	河南农业大学牧医工程学院	王志祥	☑有效性 ☐耐受性	肉鸡、蛋鸡	河南农业大学试验站	河南省原阳县福宁集镇	0371-56990161
18	湖北省	中国科学院水生生物研究所	中国科学院水生生物研究所	解绶启	☑有效性 ☐耐受性	淡水鱼类、甲壳类、爬行类、两栖类、水产养殖亲本	中国科学院水生生物研究所室内养殖系统	湖北省武汉市武昌东湖南路7号	027-68780667
19	湖南省	湖南农业大学动物科学技术学院	湖南农业大学动物科学技术学院	方热军	☑有效性 ☐耐受性	猪	湖南农业大学动物科学研究科教学基地（佳和）猪场	湖南省长沙市长沙县干杉镇	0731-84618176
20		中国科学院亚热带农业生态研究所	中国科学院亚热带农业生态研究所	印遇龙	☑有效性 ☐耐受性	哺乳仔猪、断奶仔猪 生长育肥猪、繁殖母猪、泌乳母猪	中国科学院亚热带农业研究所动物实验楼 新五丰永安实验基地	湖南省长沙市芙蓉区远大二路644号 湖南省浏阳市永安镇	0731-84619767

(续表)

序号	省市	试验机构名称	试验报告签发机构名称	试验报告签发人	机构类型	动物种类	试验场地名称	试验场地地址	机构联系电话
21	广东省	农业农村部华南动物营养与饲料重点实验室	广东省农业科学院动物科学研究所	蒋宗勇（猪）蒋守群（肉鸡）郑春田（蛋鸭）	☑ 有效性 ☑ 耐受性	哺乳仔猪、断奶仔猪、生长育肥猪、肉鸡哺乳仔猪、断奶仔猪、生长育肥猪、繁殖母猪、肉鸡、蛋鸭	广东省农业科学院动物科学研究所肉间养试验场 广东省农业科学院动物科学研究所白云试验基地	广东省广州市天河区五山大丰一街1号 广东省广州市白云区钟落潭镇广从九路1号	020-61368811
22	四川省	四川农业大学动物营养研究所	四川农业大学动物营养研究所	余冰（猪）张克英（肉鸡、蛋鸡）王之盛（肉牛）田刚（兔）周小秋（淡水鱼类）	☑ 有效性 ☑ 耐受性	猪、肉鸡、蛋鸡、肉牛、兔、淡水鱼类	四川农业大学动物营养研究所白养研究所试验基地	四川省雅安市雨城区新康路46号	028-86290922
23		四川省畜牧科学研究院	四川省畜牧科学研究院	邹成义	☑ 有效性	兔	四川省畜牧科学研究院试验兔场	四川省大邑县韩场镇	028-84519528
24	陕西省	西北农林科技大学动物科技学院	西北农林科技大学动物科技学院	姚军虎（奶牛、肉牛、山羊）杨小军（肉鸡、蛋鸡）	☑ 有效性	奶牛、肉牛、山羊、肉鸡、蛋鸡	西北农林科技大学畜禽生态养殖场 现代牧业（宝鸡）有限公司	陕西省杨凌示范区梁大道35号 陕西省宝鸡市眉县横渠镇	029-87092102
25	甘肃省	兰州大学草地农业科技学院	兰州大学草地农业科技学院	李发弟	☑ 有效性 ☑ 耐受性	绵羊	兰州大学草地农业科技学院民勤试验站 兰州大学草地农业科技学院民勤县德福农科技有限公司共建）	甘肃省武威市民勤县勤锋滩	0931-8914266

附件 2

饲料和饲料添加剂毒理学评价试验机构名单

序号	省市	报告签发机构	报告签发人	可承担的评价项目	机构联系电话
1	北京市	中国农业大学国家兽药安全评价中心	沈建忠	急性毒性试验（包括：经口染毒和注射途径染毒的急性毒性试验） 遗传毒性试验（致突变试验）（包括：Ames试验、哺乳动物骨髓细胞微核试验、哺乳动物骨髓细胞染色体畸变试验、哺乳动物精子畸形试验、哺乳动物生殖细胞染色体畸变试验） 28天经口毒性试验 亚慢性毒性试验 致畸性试验 繁殖毒性试验 慢性毒性试验（包括致癌试验） 其他（包括：代谢动力学试验、局部刺激试验、残留试验、药（毒）代试验）	010-62734255
2		国家食品安全风险评估中心	李宁	急性毒性试验（包括：急性经口毒性试验） 遗传毒性试验（致突变试验）（包括：Ames试验、哺乳动物红细胞微核试验、小鼠精原细胞或精母细胞染色体畸变试验、体外哺乳类细胞TK基因突变试验、体外哺乳类细胞染色体畸变试验、哺乳动物骨髓细胞染色体畸变试验、体外哺乳类细胞HGPRT基因突变试验、DNA损伤修复（非程序性DNA合成）试验、啮齿类动物显性致死试验） 28天经口毒性试验 亚慢性毒性试验 致畸性试验 繁殖毒性试验 慢性毒性试验（包括致癌试验） 其他（包括：急性经皮毒性试验、急性吸入毒性试验、眼刺激试验、皮肤刺激试验、皮肤致敏试验）	010-67776153

(续表)

序号	省市	报告签发机构	报告签发人	可承担的评价项目	机构联系电话
3	黑龙江省	黑龙江省疾病预防控制中心	高眠之	急性毒性试验（包括：急性经口毒性试验）	0451-55153652
				遗传毒性试验（致突变试验）（包括：Ames试验、哺乳动物骨髓细胞微核试验、小鼠精原细胞或精母细胞染色体畸变试验）	
				28天经口毒性试验	
				亚慢性毒性试验	
				致畸试验	
				其他（包括：眼刺激试验、皮肤刺激试验、皮肤致敏试验）	
4	江苏省	扬州大学兽医学院	刘宗平	急性毒性试验（包括：急性经口毒性试验）	0514-87979275
				遗传毒性试验（致突变试验）（包括：Ames试验、哺乳动物骨髓细胞微核试验、哺乳动物骨髓细胞染色体畸变试验）	
				28天经口毒性试验	
				亚慢性毒性试验	
				致畸试验	
				繁殖毒性试验	
				慢性毒性试验（包括致癌试验）	
				其他（包括：代谢动力学试验）	
5	上海市	上海市兽药饲料检测所	黄士新	急性毒性试验（包括：急性经口毒性试验）	021-6295763
				28天经口毒性试验	

（续表）

序号	省市	报告签发机构	报告签发人	可承担的评价项目	机构联系电话
6	江苏省	苏州大学卫生与环境技术研究所	李建祥	急性毒性试验（包括：急性经口毒性试验） 遗传毒性试验（致突变试验）（包括：Ames 试验，哺乳动物骨髓细胞微核试验，哺乳动物骨髓细胞染色体畸变试验，哺乳动物生殖细胞染色体畸变试验，哺乳动物细胞基因突变试验） 28 天经口毒性试验 亚慢性毒性试验 致畸试验 慢性毒性试验 其他（包括：眼刺激试验，皮肤刺激试验，皮肤致敏试验）	0512-6582617
7	广东省	国家兽药安全评价（环境评估）实验室	曾振灵	急性毒性试验（包括：急性经口毒性试验） 28 天经口毒性试验 亚慢性毒性试验 慢性毒性试验（包括致癌试验） 其他（包括：代谢试验、代谢动力学试验）	020-85281204
8	陕西省	西安交通大学医学实验动物中心	刘恩岐	急性毒性试验（包括：急性经口毒性试验） 遗传毒性试验（致突变试验）（包括：Ames 试验，哺乳动物骨髓细胞微核试验，哺乳动物骨髓细胞染色体畸变试验） 28 天经口毒性试验 亚慢性毒性试验 其他（包括：眼刺激试验，皮肤刺激试验，皮肤致敏试验）	029-8655362

(续表)

序号	省市	报告签发机构	报告签发人	可承担的评价项目	机构联系电话
9	甘肃省	中国农业科学院兰州畜牧与兽药研究所	严作廷	急性毒性试验（包括：急性经口毒性试验）	0931-21155195
				遗传毒性试验（致突变试验）（包括：Ames试验、哺乳动物骨髓细胞微核试验、哺乳动物骨髓细胞染色体畸变试验、哺乳动物生殖细胞染色体畸变试验、哺乳细胞基因突变试验）	
				28天经口毒性试验	
				亚慢性毒性试验	
				致畸试验	
				慢性毒性试验	
				其他（包括：眼刺激试验、皮肤刺激试验、皮肤致敏试验）	

饲料添加剂稳定性试验指南（试行）

饲料添加剂的稳定性是指饲料添加剂保持其物理、化学、生物学和微生物学性质的能力。稳定性试验的目的是考察饲料添加剂的性质在温度、湿度、光照等条件的影响下随时间变化的规律，为饲料添加剂的生产、包装、贮存、运输条件和有效期的确定提供科学依据，以确保上市饲料添加剂安全有效。

稳定性试验是饲料添加剂质量控制研究的主要内容之一，与饲料添加剂质量研究和质量标准的建立紧密相关。稳定性试验具有阶段性特点，贯穿饲料添加剂研究与开发的全过程，上市后还应继续进行稳定性研究。

本指南为一般性原则，具体的试验设计和评价应具体问题具体分析。

一、产品分类

为了便于理解和叙述饲料添加剂的稳定性试验，将饲料添加剂分为饲料添加剂Ⅰ类产品和饲料添加剂Ⅱ类产品。

饲料添加剂（Ⅰ类）产品包括：

1. 利用微生物发酵、化学和物理方法直接生产的饲料添加剂产品。
2. 在原料生产工艺中同时得到两种或两种以上混合成分的产品，如维生素 A/D_3。
3. 在单一微生物发酵工艺中同时产生两种或两种以上的酶，经加工生产的稳定的复合酶制剂。
4. 在单一培养工艺中可共同生长的两种或两种以上微生物菌种，经加工生产的稳定的复合微生物制剂。

饲料添加剂（Ⅱ类）产品包括：

1. 通过改变饲料添加剂（Ⅰ类）产品浓度而生成的饲料添加剂产品。
2. 将饲料级氨基酸、酶制剂、微生物添加剂、抗氧化剂、防腐剂、电解质平衡剂、着色剂、调味剂或香料等同一类多品种饲料添加剂混合配制的饲料添加剂产品。
3. 通过对饲料添加剂（Ⅰ类）产品进行精制、脱水、包被等工艺处理而生成的饲料添加剂产品。

二、稳定性试验设计的要点

稳定性试验的设计应根据不同的试验目的，结合饲料添加剂的理化性质、产品类别和具体的工艺条件等进行。

（一）样品的准备

1. 样品的批次和规模

一般地，影响因素试验（配合饲料制粒试验除外）采用一批样品进行，配合饲料制粒试验、加速试验和长期试验采用三批样品进行。

供稳定性试验的样品应从以一定规模生产的批量产品中抽取，以能够代表规模生产条件下的产品质量。饲料添加剂Ⅰ类产品的生产工艺路线、方法、步骤应与生产规模一致；饲料添加剂Ⅱ类产品的配方、制备工艺也应与生产规模一致。

稳定性试验中，饲料添加剂的批量应达到中试规模的要求。特殊品种、特殊类型所需数量，视具体情况而定。

2. 包装及处置条件

稳定性试验要求在一定的温度、湿度、光照条件下进行，处置条件的设置应充分考虑到饲料添加剂在贮存、运输及使用过程中可能遇到的环境因素。

饲料添加剂Ⅰ类产品应在影响因素试验结果基础上选择合适的包装。加速试验和长期试验中的包装应与拟上市包装一致。如果拟上市产品包装过大，不方便试验，也可采用模拟小包装，所用材料和封装条件应与大包装一致。

稳定性试验中应对各项试验条件要求的环境参数进行控制和监测。

3. 样品的采集

样品的采集可参照 GB/T 14699.1《饲料 采样》的规定进行。对于影响因素试验，采集的样品量应满足完成一次所有考察项目的检验需要。对于加速试验和长期试验，每个批次采集的份数应满足完成各个考察时间点检验的需要，每份样品量同影响因素试验。

（二）考察时间点

由于稳定性试验目的是考察饲料添加剂质量随时间变化的规律，因此试验中一般需要设置多个时间点考察样品的质量变化。

考察时间点应基于对饲料添加剂性质的认识、稳定性趋势评价的要求而设置。如长期试验中，总体考察时间应涵盖所预期的有效期，中间取样点的设置要考虑饲料添加剂的稳定性特点和类型特点。对某些环境因素敏感的饲料添加剂，应适当增加考察时间点。

（三）考察项目

稳定性试验的考察项目应选择在饲料添加剂保存期间易于变化、并可能影响饲料添加剂质量、安全性和有效性的项目，以便客观、全面地反映饲料添加剂的稳定性。根据饲料添加剂特点和质量控制的要求，尽量选取能灵敏反映饲料添加剂稳定性的指标。

饲料添加剂根据物理性状大体可分为固体和液体两类。乳状饲料添加剂可参照液体饲料添加剂的考察项目进行考察。一般地，考察项目可分为物理、化学、生物学和微生物学等几个方面。具体考察项目设置可以参考表1。

表 1 建议饲料添加剂稳定性试验考察的项目

类别	建议考察项目
固体产品	性状、色泽、外观、主成分含量、水分以及根据所含组分或成分特性和要求设置的考察项目。
液体产品	性状、色泽、外观、含量、pH值、澄清度、混悬度以及根据所含组分或成分特性和要求设置的考察项目。

稳定性研究中如样品发生了显著变化，则应改变条件再进行试验。一般来说，饲料添

加剂Ⅰ类产品的"显著变化"应包括：

1. 性状，如颜色、熔点、溶解度、比旋度超出标准规定，晶型、水分等超出标准规定。
2. 主成分含量测定值超出标准规定，或者不能达到生物学或者微生物学的效价指标。
3. 结晶水发生变化。
4. 有害微生物或生物毒素等指标超出标准规定。
5. pH值超出标准规定。

一般来说，饲料添加剂Ⅱ类产品的"显著变化"应包括：

1. 含量测定发生5%的变化（特殊情况应加以说明）；或者不能达到生物学或者微生物学的效价指标。
2. 性状、物理性质以及特殊类别的功能性试验（如颜色、相分离、再混悬能力、结块、硬度等）超出标准规定。
3. 有害微生物或生物毒素等指标超出标准规定。
4. pH值超出标准规定。

（四）分析方法

评价指标所采用的分析方法应经过充分的验证，能满足试验的要求，具有一定的专属性、准确性、重现性、灵敏度和精密度。

三、稳定性试验方法和要求

根据研究目的不同，稳定性试验方法分为影响因素试验、加速试验、长期试验和上市后的稳定性考察。

饲料添加剂Ⅰ类产品需要进行影响因素试验、加速试验和长期试验；饲料添加剂Ⅱ类产品需要进行加速试验和长期试验，必要时，应进行部分影响因素试验。在进行饲料添加剂Ⅱ类产品稳定性试验之前，应先查阅饲料添加剂Ⅱ类产品所涉及的各组成成分稳定性的有关资料，尤其是温度、湿度、光照等对饲料添加剂Ⅱ类产品各组成成分稳定性的影响，在此基础上再进行试验。如果饲料添加剂Ⅱ类产品所涉及的各组成成分没有稳定性资料，应进行影响因素试验。一般情况下，加速试验应达到6个月以上，长期试验应达到18个月以上。

在饲料添加剂通过审批获准上市后，还应进行上市后的稳定性考察。

（一）影响因素试验

影响因素试验是在剧烈条件下进行的，目的是了解影响稳定性的因素及其影响程度，为饲料添加剂产品的工艺筛选、包装材料和容器的选择、贮存条件的确定以及是否适合于配合饲料湿热调质、制粒等热加工提供依据；同时为加速试验和长期试验应采用的温度和湿度等条件提供依据，还可为分析方法的选择提供依据。

影响因素试验一般包括高温、高湿、光照试验和配合饲料制粒试验。一般将供试品置于适宜的容器中（如称量瓶或培养皿），摊成≤5mm厚的薄层，结构疏松的供试品摊成≤10mm厚的薄层进行试验。如试验结果不明确，应加试两个批次的样品。

1. 高温试验

供试品置于密封洁净容器中，在60℃条件下放置10天，于第0天、第5天和第10天取样，检测有关指标。如供试品发生显著变化，则在 40℃ 下同法进行试验。如 60℃ 无显著变化，则不必进行 40℃ 试验。

2. 高湿试验

供试品置恒湿密闭容器中，于 25℃、RH90%±5% 条件下放置 10 天，于第 0 天、第 5 天和第 10 天取样检测。检测项目应包括吸湿增重项。若吸湿增重 5% 以上，则应在 25℃、RH75%±5% 下同法进行试验；若吸湿增重 5% 以下，且其他考察项目符合要求，则不再进行此项试验。

液体饲料添加剂可不进行此项试验。

恒湿条件可采用恒温恒湿箱或通过在密闭容器下部放置饱和盐溶液来实现。根据不同的湿度要求，选择 NaCl 饱和溶液（15.5℃～60℃，RH75%±1%）或 KNO_3 饱和溶液（25℃，RH90%）。

3. 光照试验

供试品置于光照箱或其他适宜的光照容器内，于照度 4 500Lx±500Lx 条件下放置 10 天，于第 0 天、第 5 天和第 10 天取样检测。对于光敏感而要求避光保存的饲料添加剂，可不进行此项试验。

以上为影响因素稳定性研究的一般要求。根据饲料添加剂的性质必要时可以设计其他试验，如考察 pH 值、氧、低温等因素对饲料添加剂稳定性的影响。

4. 配合饲料制粒试验

将供试品于混合机上按比例加入粉状配合饲料中混合均匀，在饲料制粒机中调质、制粒，调质器内试验饲料的出机温度应达到 85℃±5℃，调质后水分含量在 16%～17%，经制粒机挤压、切割制成颗粒，于冷却器下取样，测定供试样品中试验添加剂的检测指标。同时应记录所用压模孔径和模孔的长径比、出压模颗粒饲料的温度等。

（二）加速试验

加速试验是在超常条件下进行的，目的是通过加快市售包装中饲料添加剂的化学或物理性质变化速度来考察其稳定性，对饲料添加剂在运输、保存过程中可能会遇到的短暂超常条件下的稳定性进行模拟考察，并初步预测样品在规定的贮存条件下的长期稳定性。

加速试验一般取拟上市包装的三批样品进行，建议在比长期试验放置温度至少高 15℃ 的条件下进行。一般可选择 40℃±2℃、RH75%±5% 条件下进行 6 个月试验。在试验期间第 0、1、2、3、6 个月末取样检测考察指标。如在 6 个月内供试品经检测不符合质量标准要求或发生显著变化，则应在中间条件 30℃±2℃、RH65%±5% 同法进行 6 个月试验。

在对采用不可透过性包装的含有水性介质的饲料添加剂，如液体或乳状饲料添加剂等的稳定性试验中可不要求相对湿度。对采用半通透性的容器包装的饲料添加剂，如塑料软袋装、塑料瓶装的液体饲料添加剂，加速试验应在 40℃±2℃、RH20%±5% 的条件下进行。

对温度敏感的饲料添加剂（需在冰箱中 4～8℃ 冷藏保存）的加速试验可在 25℃±2℃、RH60%±5% 条件下同法进行。需要冷冻保存的饲料添加剂可不进行加速试验。

（三）长期试验

长期试验是在上市饲料添加剂规定的贮存条件下进行，目的是考察其在运输、贮存、使用过程中的稳定性，能直接地反映饲料添加剂稳定性特征，是确定有效期和贮存条件的最终依据。

取三批样品在 25℃±2℃、RH60％±10％条件进行试验，取样时间点在第一年一般为每 3 个月末一次，第二年每 6 个月末一次，以后每年末一次。

对温度敏感的饲料添加剂，其长期试验可在 6℃±2℃条件下进行试验；对采用半通透性的容器包装的饲料添加剂，长期试验应在 25℃±2℃、RH40％±10％的条件下进行，取样时间同上。

（四）饲料添加剂上市后的稳定性考察

饲料添加剂在审批阶段进行的稳定性试验，一般并不是实际生产产品的稳定性，具有一定的局限性。在饲料添加剂获准生产上市后，应采用实际规模生产的饲料添加剂继续进行长期试验。根据继续进行的稳定性试验的结果，对包装、贮存条件和有效期进行进一步的确认。

饲料添加剂在获得上市批准后，可能会因各种原因而申请对制备工艺、配方组成、规格、包装材料等进行变更，一般应进行相应的稳定性试验，以考察变更后饲料添加剂的稳定性趋势，并与变更前的稳定性试验资料进行对比，以评价变更的合理性。

四、稳定性试验的结果

通过对影响因素试验、加速试验、长期试验获得的饲料添加剂稳定性信息进行系统的分析，确定饲料添加剂的贮存条件、包装材料/容器和有效期。

（一）贮存条件的确定

应综合影响因素试验、加速试验和长期试验的结果，同时结合饲料添加剂在流通过程中可能遇到的情况进行综合分析。选定的贮存条件应采用规范术语描述。

（二）包装材料/容器的确定

一般先根据影响因素试验结果，初步确定包装材料和容器，结合加速试验和长期试验的稳定性研究的结果，进一步验证采用的包装材料和容器的合理性。

（三）有效期的确定

饲料添加剂的有效期应综合加速试验和长期试验的结果，进行适当的统计分析得到，最终有效期的确定一般以长期试验的结果来确定。

由于试验数据的分散性，一般应按 95％可信限进行统计分析，得出合理的有效期。如三批统计分析结果差别较小，则取其平均值为有效期；如差别较大，则取其最短的为有效期。若数据表明测定结果变化很小，提示饲料添加剂是很稳定的，则可以不做统计分析。

五、名词解释

有效期：在规定的贮存条件下放置，能保证饲料添加剂质量符合注册质量标准要求的期限。

批次：指按相同的生产工艺在一次生产过程中生产的一定数量的饲料添加剂，其产品质量具有均一性。

上市包装：上市销售饲料添加剂的内包装和其他层次包装的总称。

六、参考文献

[1] ICH. Guidance for Industry Q1A (R2) Stability Testing of New Drug Substances and Products[Z]. 2003.

[2] Food and Drug Administration, USA. Guidance for Industry Stability Testing of New Veterinary Drug Substances and Medicinal Products (Revision) VICH GL3 (R)[Z]. 2007.

[3] Food and Drug Administration, USA. Guidance for Industry Stablity Testing for medicted Premixe VICH GL8[Z]. 2000.

[4] ICH. Q1C Stability Testing for New Dosage Forms. 1996.

[5] ICH. Q1B Photostability Testing of New Drug Substances and Products. 1997.

[6] 中华人民共和国农业部. 兽药稳定性试验指导原则[Z]. 中国兽药药典. 2005.

[7] 中华人民共和国卫生部. 原料药与药物制剂稳定性试验指导原则[Z]. 中国药典. 2005.

[8] 国家食品药品监督管理局. 中药、天然药物稳定性研究技术指导原则[Z]. GPH5-1. 2006.

[9] 国家食品药品监督管理局. 化学药物稳定性研究技术指导原则[H]. GPH6-1. 2005.

[10] Daniel LIU. 药物稳定性实验方案设计研究的国际化规范[J]. 中国药科大学学报. 2005. 36(3): 284-288.

[11] 陈振生, 王庆喜. ICH最新动向[J]. 中国医药导刊. 2007. vol9(1): 78.

[12] 中华人民共和国国务院. 国务院令第327号 饲料添加剂管理条例[Z]. 2001.

[13] 中华人民共和国农业部. 饲料行政许可申报材料要求[Z]. 中华人民共和国农业部公告第611号, 2006.

七、附录

（一）国际气候带

稳定性长期试验所采用的一般条件是根据国际气候带制定的。将全球分为Ⅰ、Ⅱ、Ⅲ、Ⅳ四个国际气候带，温带主要有英国、北欧、加拿大、俄罗斯；亚热带有美国、日本、西欧（葡萄牙-希腊）；干热带有伊朗、伊拉克、苏丹；湿热带有巴西、加纳、印度尼西亚、尼加拉瓜、菲律宾。

具体条件见表2。

表2 不同气候带的温湿度

气候带	计算数据			推算数据	
	温度[①]	MKT[②]	湿度	温度	湿度
Ⅰ温带	20.0	20.0	42	21	45
Ⅱ地中海气候，亚热带	21.6	22.0	52	25	60

(续表)

气候带	计算数据			推算数据	
	温度①	MKT②	湿度	温度	湿度
Ⅲ 干热带	26.4	27.9	35	30	25
Ⅳ 湿热带	26.7	27.4	76	30	70

①记录温度；②平均热力学温度

在这四种气候带中，对于饲料添加剂的质量保证而言，条件最苛刻的是第四种气候带，即高温又高湿的环境。中国总体来说属于亚热带，推荐长期试验采用温度湿度条件为：$25℃\pm2℃$，$60\%RH\pm10\%RH$。

（二）稳定性试验报告的一般内容

一般地，稳定性试验部分的申报资料应包括以下内容：

1. 供试饲料添加剂的品名、规格、剂型、批号、生产者、原料来源、生产日期和试验开始时间。并应明确给出稳定性考察中各个批次饲料添加剂的批产量。

2. 各稳定性试验的条件，如温度、光照强度、相对湿度、容器等。应明确包装/密封系统的性状，如包材类型、形状和颜色等。

3. 稳定性试验中各质量检测方法和指标的限度要求。

4. 在稳定性试验起始和试验中间的各个取样点获得的实际分析数据，一般应以表格的方式提交，并附相应的图示；利用仪器给出的图谱进行含量测定的还应附测试图谱。

5. 检测的结果应如实申报数据，不宜采用"符合要求"等表述。检测结果应用含有效成分标示量的百分数表述，并给出其与开始时间的检测结果的百分比。如果在某个时间点进行了多次检测，应提供所有的检测结果及其相对标准偏差（RSD）。

6. 应对试验结果进行分析并得出初步的结论。

饲料和饲料添加剂畜禽靶动物有效性评价试验指南（试行）

1 适用范围

1.1 本指南规定了饲料原料和饲料添加剂畜禽靶动物有效性评价试验的基本原则、试验方案、试验方法和试验报告等要求。

1.2 本指南适用于为新饲料和饲料添加剂、进口饲料和饲料添加剂申报以及已经批准使用的饲料和饲料添加剂再评价而进行的畜禽靶动物体内有效性评价试验。

1.3 畜禽饲料产品的靶动物体内有效性评价试验可参照本指南的要求进行。

2 基本原则

2.1 应根据我国的养殖业生产实际开展靶动物有效性评价试验，以保证评价结果的科学性、客观性。

2.2 靶动物有效性评价试验应对受试物所适用的每一种靶动物分别进行评价，本指南 4.2.2 以及其他另有规定的特殊情况除外。

2.3 靶动物有效性评价试验应由具备一定专业知识和试验技能的专业人员在适宜的试验场所、使用适宜的设备设施、按照规范的操作程序进行，并且由试验机构指定的负责人负责。用于产品申报的，评价机构和人员的要求另行规定。

2.4 试验动物应健康并且具有相似的遗传背景；饲养环境不应对试验结果造成影响；受试物和试验日粮不得受到污染。

2.5 在符合靶动物有效性评价试验相关要求的前提下，靶动物有效性评价试验可与靶动物耐受性试验合并进行。

2.6 试验应证明受试物最低推荐用量的有效性，一般通过设定负对照和选择敏感靶指标进行。必要时设正对照。

2.7 当有效性评价试验的目的是证明受试物能为靶动物提供营养素时，应设置一个该营养素水平低于动物需求、但又不至严重缺乏的对照日粮。

2.8 应采用梯度剂量设计，为推荐用量或用量范围的确定提供依据。

有效性评价试验的梯度水平不得少于 3 个；但作为产品申报的，奶牛试验的梯度水平不得少于 4 个，其他动物不得少于 5 个。

2.9 由于试验条件和受试物特性的限制，可以进行多个有效性评价试验以证明受试物的有效性。当试验次数超过 3 次时，建议采用整合分析法（meta-analysis）进行数据统计，但每次试验应采用相似的设计，以保证试验数据的可比性。

3 试验方案

试验开始前,应根据受试物和靶动物的特点,对试验进行系统设计,形成试验方案。试验方案应包括试验目的、试验方法、仪器设备、详细的动物品种和类别、动物数量、饲养和饲喂条件等,并由试验负责人签字确认。具体要求如下:

3.1 试验动物:品种、年龄、性别、生理阶段和一般健康状况;

3.2 试验条件:动物来源和种群规模、饲养条件、饲喂方式;预饲期的条件要求;

3.3 试验分组:试验组和对照组数量、每组重复数和每个重复的动物数(必须满足统计学要求)、统计方法;

3.4 试验日粮:描述日粮的加工方法、日粮组成及相关的营养成分含量(实测值)和能量水平;注意根据受试物特点和使用方法配制日粮,使用的原料应符合我国法规和相关标准要求,各试验处理组试验因子以外的其他因素(如:料型、粒度、加工工艺等)应一致;

3.5 受试物的测定:受试物及其有效成分的通用名称、生产厂家、规格、生产批号、有效成分含量的测试方法及测试结果、测试机构、受试物有效成分在试验日粮中的含量;

3.6 观测项目和时间:检测和观察项目名称、实施和持续的确切时间;

3.7 疾病治疗和预防措施:不应干扰受试物的作用模式并逐一记录;

3.8 突发状况处理:动物个体和各试验组发生的所有非预期的突发状况,都应记录其发生的时间和范围。

4 试验方法

4.1 受试物

4.1.1 对于申请产品审定或登记的受试物,应与拟上市(或拟进口)的产品完全一致。产品应由申报单位自行研制并在中试车间或生产线生产,同时提供产品质量标准和使用说明。

4.1.2 试验机构应将受试物样品送国家或农业部认可的质检机构对其有效成分的含量进行实际测定。

4.2 有效性评价试验的基本类型

受试物的靶动物有效性评价试验一般分为长期有效性评价试验和短期有效性评价试验。消化率或氮、磷减排等指征明确的指标可通过短期有效性评价试验进行测定,生长性能、饲料转化效率、产奶量、产蛋性能、胴体组成和繁殖性能等一般性指标必须通过长期有效性评价试验进行测定。

4.2.1 短期有效性评价试验

4.2.1.1 生物有效性、生物等效性、消化和平衡试验均属于短期有效性评价试验。必要时,也可进行其他短期有效性评价试验。短期有效性评价试验应遵循公认的方法进行。

4.2.1.2 生物有效性是指活性物质或代谢产物被吸收、转运到靶细胞或靶组织并表现出的典型功能或效应。生物有效性应通过可观察或可测量的生物、化学或功能性特异指标进行评价。

4.2.1.3 生物等效性试验用于评价可能在靶动物体内具有相同生物学作用的两种受试物。

如果两种受试物所有相关效果均相同，则可认为具有生物等效性。

4.2.1.4 消化试验可用于评价受试物对靶动物体内某种营养素消化率（如表观消化率、真消化率、回肠消化率）的影响。

4.2.1.5 平衡试验还可获得营养素在靶动物体内沉积和排出数量等额外数据。

4.2.2 长期有效性评价试验

4.2.2.1 应针对受试物适用的靶动物，按照规定的试验期、试验重复数和动物数量的要求开展长期有效性评价试验。具体要求见附录A。试验分组应遵循随机和局部控制的原则。

4.2.2.2 附录A中没有列出的其他动物品种，长期有效性评价试验应参照生理和生产阶段相似物种的要求进行。

4.2.2.3 如果受试物仅适用于动物的特定生长阶段并且短于附录A中规定的试验期，试验时间应根据具体情况进行调整，但不得少于28天，而且应考察相关的特异性指标。

4.2.2.4 长期有效性评价试验的必测指标包括：试验开始和结束体重、饲料采食量、死亡率和发病率。

其他指标根据动物品种和受试物的特殊功效确定。如果需要测定产奶或产蛋性能，则应分别提供有关奶成分和蛋品质的数据。

4.2.2.5 在评价受试物对养殖产品质量的影响时，长期有效性评价试验也可用来采集相关样品。

4.3 观察与检测

4.3.1 应根据受试物的作用特点和用途，增加相应的特异性观测指标和敏感性功能指标。

4.3.2 应按照国家标准、国际认可方法或经确证的文献报道方法确定检测方法。如果采用文献报道方法或新建方法，应提供方法确证的数据资料，说明其合理性。

4.4 数据记录

4.4.1 在试验实施过程中，试验方案所涉及的内容均应逐一记录。数据记录应真实、准确、完整、规范、清晰，并妥善保管。

4.4.2 数据的有效位数以所用仪器的精度为准，采用国家法定计量单位和国家推荐使用的单位。

4.5 统计分析

4.5.1 以重复为单位，根据不同的试验设计采用相应的统计分析方法进行数据分析。

4.5.2 统计显著性差异水平至少应达到$P<0.05$。

5 试验报告

5.1 试验报告应提供试验获取的所有数据，包括所有试验动物和试验重复。统计分析中未采用的数据或由于数据缺乏、数据丢失而无法评价的情况也应报告，并说明在各组别中的分布情况。

5.2 每个靶动物有效性评价试验必须单独形成最终报告。每个试验最终报告中应包含试验概述（见附录B）和报告正文。

5.3 试验报告正文至少应包括：

　　A. 试验名称；

B. 摘要；

C. 试验目的；

D. 受试物；

E. 试验时间和地点；

F. 试验材料和方法；

G. 结果与讨论；

H. 结论；

I. 原始数据及相关的图表和照片；统计分析中未采用的数据或由于数据缺乏、数据丢失而无法评价的情况应具体说明；

J. 参考文献；

K. 试验机构和操作人员，包括试验机构的名称、试验操作人员、试验负责人和报告签发人的签名，报告签发时间，加盖签发机构的单位公章或专门的分析测试章；委托检测的数据应提供检测机构出具的检测报告。

5.4 应对试验报告每页进行编码，格式为"第×页，共×页"，并加盖试验机构骑缝章，确保报告的完整性。

6 资料存档

最终报告、原始记录、图表和照片、试验方案、受试物样品及其检测报告等原始资料应存档备查，保存时间一般不得少于 5 年，作为产品申报的，保存时间至少为 10 年。

附录 A

试验期和动物数量

表 1 猪

类别	试验阶段*（体重或日龄）			最短试验期	最少试验重复和动物数量
	起始	结束日龄	结束体重（kg）		
哺乳仔猪	出生	21～42	6～11	14 天	每个处理 6 个有效重复，每个重复 6 头，性别比例相同
断奶仔猪	21～42 日龄	120	35	28 天	
哺乳和断奶仔猪	出生	120	35	42 天	
生长育肥猪	≤35kg	120～250（或根据当地习惯）	80～150（或根据当地习惯直到屠宰体重）	70 天	
繁殖母猪	初次受精			受精至断奶，至少两个繁殖周期	每个处理 20 个有效重复，每个重复 1 头
泌乳母猪				分娩前两周至断奶	

注：* 试验阶段：指试验用动物所处的生长阶段，最短试验期应处于所对应的试验阶段

表 2 家禽

类别	试验阶段（体重或日龄）			最短试验期	最少试验重复和动物数量
	起始	结束日龄	结束体重（kg）		
肉仔鸡	出壳	35 天	1.6～2.4	35 天	每个处理 6 个有效重复，每个重复 15 只，性别比例相同
蛋用雏鸡	出壳	16（20）周龄		112 天*	
产蛋鸡	16～21 周龄	13（18）月龄		168 天	
肉鸭	出壳	35 天		35 天	
产蛋鸭	25 周龄	50 周龄		168 天	
育肥用火鸡	出壳	母：4（20）周龄 公：16（24）周龄	母：7～10 公：12～20	84 天	
种用火鸡	开始产蛋（30 周龄）	60 周龄		6 个月	
后备种用火鸡	出壳	30 周龄	母：15 公：30	全程**	

注：* 仅当肉仔鸡的有效性评价试验数据无法提供时进行
　　** 仅当育肥用火鸡的有效性评价试验数据无法提供时进行

表 3 牛（包括水牛）

类别	试验阶段（体重或日龄）			最短试验期	最少试验重复和动物数量
	起始	结束日龄	结束体重（kg）		
犊牛	出生或者 60～80kg	4 月龄	145	56 天	每个处理 15 个有效重复，每个重复 1 头，性别比例相同
生产小牛肉的肉用犊牛	出生	6 月龄	180（250）或直到屠宰体重	84 天	
育肥牛	瘤胃发育完全（至少完全断奶）	10～36 月龄	350～700	126 天	
泌乳奶牛				84 天*	
繁殖母牛	初次受精			受精至断奶，至少两个繁殖周期**	

注：* 需报告整个泌乳期情况
　　** 仅当需要测定繁殖指标时进行

表 4 绵羊

类别	试验阶段（体重或日龄）			最短试验期	最少试验重复和动物数量
	起始	结束日龄	结束体重（kg）		
育成羔羊	出生	3月龄	15～20	56天	每个处理15个有效重复，每个重复1只，性别比例相同
育肥羔羊	出生	6月龄或以上	40或直到屠宰体重	56天	
泌乳奶绵羊				49天*	
繁殖绵羊	初次受精			受精至断奶，至少两个繁殖周期**	
育肥绵羊	6月龄			42天	

注：* 需报告整个泌乳期情况
　　** 仅当需要测定繁殖指标时进行

表 5 山羊

类别	试验阶段（体重或日龄）			最短试验期	最少试验重复和动物数量
	起始	结束日龄	结束体重（kg）		
育成羔羊	出生	3月龄	15～20	56天	每个处理15个有效重复，每个重复1只，性别比例相同
育肥羔羊	出生	6月龄或以上	40或直到屠宰体重	56天	
泌乳奶山羊				84天*	
繁殖山羊	初次受精			受精至断奶，至少两个繁殖周期**	
育肥山羊	6月龄			42天	

注：* 需报告整个泌乳期情况
　　** 仅当需要测定繁殖指标时进行

表 6 家兔

类别	试验阶段（体重或日龄）		最短试验期	最少试验重复和动物数量
	起始	结束日龄		
哺乳和断奶兔	出生后一周		56天	每个处理6个有效重复，每个重复4只，性别比例相同
育肥兔	断奶后	8～11周	42天	
繁殖母兔	从受精开始		受精至断奶，至少为两个繁殖周期*	
泌乳母兔	第一次受精		分娩前2周至断奶	

注：* 仅当需要测定繁殖指标时进行

附录 B

试验概述表

试验编号：		第 1 页，共 ___ 页	
受试物	受试物通用名称：	有效成分：	
	有效成分标示值：	有效成分实测值：	
	产品类别：	外观性状：	
	生产单位：	生产日期及批号：	
	样品数量及包装规格：	保质期：	
	收（抽）样日期：	送（抽）样人：	
	抽样地点：（适用时）	抽样基数：（适用时）	
试验动物	试验动物品种：		
	性别：	生理阶段：	
	起始日龄：	起始体重：	
	健康状况：		
	动物来源和种群规模：	饲喂方式：	
	饲养条件：		
时间与场所	试验起始时间：	试验持续时间：	
	试验场所：		
设计与分组	分组设计方法：		
	试验组数量（含对照组）：	每组重复数：	
	每个重复动物数：	试验动物总数：	
		日粮中有效成分添加量	日粮中有效成分含量
	试验组 1		
	试验组 2		
	试验组 3		
	……		
	对照物质名称：（适用时）	对照物质在日粮中添加量	对照物质在日粮中含量

试验编号：			第 2 页，共 ___ 页	
试验日粮	日粮组成（营养素和能值）			
		计算值	实测值	
	成分1			
	成分2			
	成分3			
	……			
	日粮形态	粉料□　颗粒□　膨化□　其他___		
检测项目和实施时间				
治疗和预防措施（原因、时间、种类、持续时间等）				
数据统计分析方法				
突发状况的处理、不良后果发生的时间及发生范围：				
结论				
原始记录保管				
备注				
试验人员：		项目负责人：		报告签发人及签发时间：

饲料和饲料添加剂畜禽靶动物耐受性评价试验指南（试行）

1 适用范围

1.1 本指南规定了饲料原料和饲料添加剂畜禽靶动物耐受性评价试验的基本原则、试验方案、试验方法和试验报告等要求。

1.2 本指南适用于为新饲料和饲料添加剂、进口饲料和饲料添加剂申报以及已经批准使用的饲料和饲料添加剂再评价而进行的畜禽靶动物耐受性评价试验。

1.3 畜禽饲料产品的靶动物体内耐受性评价试验可参照本指南的要求进行。

2 基本原则

2.1 靶动物耐受性评价试验的目的是为饲料和饲料添加剂（以下简称为"受试物"）对靶动物的短期毒性提供有限评价；当受试物使用剂量超出推荐用量时，也可用来确立受试物的安全范围。

2.2 应根据中国的养殖业生产实际开展靶动物耐受性评价试验，以保证评价结果的科学性、客观性。

2.3 靶动物耐受性评价试验应对受试物所适用的每一种靶动物分别进行评价，本指南4.3以及其他另有规定的特殊情况除外。

2.4 靶动物耐受性评价试验应由具备一定专业知识和试验技能的专业人员在适宜的试验场所、使用适宜的设备设施、按照规范的操作程序进行，并且由试验机构指定的负责人负责。用于产品申报的，评价机构和人员的要求另行规定。

2.5 试验动物应健康并且具有相似的遗传背景；饲养环境不应对试验结果造成影响；受试物和试验日粮不得受到污染。

2.6 在符合靶动物耐受性评价试验相关要求的前提下，靶动物耐受性评价试验可与靶动物有效性评价试验合并进行。

2.7 靶动物耐受性评价试验应充分考虑实验动物毒理学研究的结果。

3 试验方案

试验开始前，应根据受试物和靶动物的特点，对试验进行系统设计，形成试验方案。试验方案应包括试验目的、试验方法、仪器设备、详细的动物品种和类别、动物数量、饲养和饲喂条件等，并由试验负责人签字确认。具体要求如下：

3.1 试验动物：品种、年龄、性别、生理阶段和一般健康状况；

3.2 试验条件：动物来源和种群规模、饲养条件、饲喂方式；预饲期的条件要求；

3.3 试验分组：试验组和对照组数量、每组重复数和每个重复的动物数（必须满足统计学要求）、统计方法；

3.4 试验日粮：描述日粮的加工方法、日粮组成及相关的营养成分含量（实测值）和能量水平；注意根据受试物特点和使用方法配制日粮，使用的原料应符合我国法规和相关标准要求，各试验处理组试验因子以外的其他因素（如：料型、粒度、加工工艺等）应一致；

3.5 受试物的测定：受试物及其有效成分的通用名称、生产厂家、规格、生产批号、有效成分含量的测试方法及测试结果、测试机构，受试物有效成分在试验日粮中的含量；

3.6 观测项目和时间：检测和观察项目名称、实施和持续的确切时间；

3.7 疾病治疗和预防措施：不应干扰受试物的作用模式并逐一记录；

3.8 突发状况处理：动物个体和各试验组发生的所有非预期的突发状况，都应记录其发生的时间和范围。

4 试验方法

4.1 受试物

4.1.1 对于申请产品审定或登记的受试物，应与拟生产（或拟进口）的产品完全一致。产品应由申报单位自行研制并在中试车间或生产线生产，同时提供产品质量标准和使用说明。

4.1.2 试验机构应将受试物样品送国家或农业部认可的质检机构对其有效成分的含量进行实际测定。

4.2 剂量与分组

4.2.1 试验分组：靶动物耐受性评价试验至少要包括三个组，即对照组、有效剂量组、多倍剂量组。

4.2.2 试验剂量

对照组通常不应含有受试物，但是，对于某些动物机体的必需营养素（如氨基酸、维生素、微量元素等），可以添加，但添加量应维持在最低必需水平。

一般情况下，有效剂量组应该选用最高限量。如果没有最高限量，应选用最高推荐剂量。如果没有最高推荐量，应根据受试物的自身特性，选择最低推荐剂量的 2～5 倍作为有效剂量。

多倍剂量组一般选用上述有效剂量的 10 倍。

如果受试物的耐受剂量低于有效剂量的 10 倍，耐受性评价试验应能通过尸检、组织病理学以及其他适宜的试验方法提出反映受试物毒性的特异性指标，并计算出受试物的安全系数。

4.2.3 试验重复数：各试验组和对照组的试验重复数（或动物数）必须满足数据统计分析的要求。一般情况下，每组重复数不能少于 6 个，其中猪、羊、牛等家畜 1 个动物即可为 1 个重复，而小动物（如家禽、兔等）则要求每个重复的动物数不能少于 10 只。性别比例应相同。

4.3 试验期

4.3.1 猪：哺乳仔猪的试验应在出生14天之后至断奶前进行，生长育肥猪试验开始体重应不大于35kg。如果哺乳仔猪和断奶仔猪均需要进行耐受性评价试验，采用一个组合试验即可，试验期为断奶前14天到断奶后28天。如果已进行了断奶仔猪的耐受性评价试验，则不必再进行生长育肥猪的耐受性评价试验。

4.3.2 家禽：肉仔鸡、蛋用雏鸡和育肥用火鸡的试验一般选用1日龄雏禽。肉仔鸡获得的靶动物耐受性评价试验数据可以外推至蛋用和种用雏鸡，肉用火鸡的数据也可外推至蛋用和种用火鸡。产蛋家禽的试验一般选择在前1/3产蛋期进行。

4.3.3 牛：生产小牛肉的肉用犊牛的试验应选用体重不超过70kg的犊牛。如果犊牛和育肥牛均需要进行靶动物耐受性评价试验，开展一个组合试验即可，每个阶段各28天。

4.3.4 家兔：如果哺乳期和断奶期的家兔都需进行耐受性评价试验，试验应自仔兔出生后1周开始，试验时间不少于49天，并且母兔应与仔兔一同饲养直至断奶。

4.3.5 其他

4.3.5.1 靶动物耐受性评价试验需要的最短试验期取决于适用动物的种类和生长阶段，具体要求见附录A。对于附录A中未列出的动物，生长期动物的试验期至少为28天，成年动物至少为42天。

4.3.5.2 如果受试物仅适用于动物的特定生长阶段并且短于附录A中规定的试验期，试验时间应根据具体情况进行调整，但不得少于28天，而且应考察相关的特异性指标（如：若在妊娠母猪上使用，应考察产活仔数；若在泌乳母猪上使用，则应考察断奶仔猪的体重和断奶成活率等）。

4.4 观察与检测

4.4.1 临床观察

试验期内应每天观察试验动物临床表现、采食和饮水情况、生长情况以及相关动物产品的产量和特性。也应详细观察和记录不良反应。对试验中出现的不明原因的死亡应进行尸检，如果可能，最好进行组织学分析。

4.4.2 血液学检测

试验开始和试验结束（必要时增加试验中期）时每组随机抽检一定数量的动物，性别比例适当，分别采集血样进行血液常规、生化指标及其他与受试物相关的各种生理参数的检测。

血液常规指标主要包括白细胞计数（WBC）、红细胞计数（RBC）、血红蛋白（HGB）、红细胞压积（HCT）、血小板计数（PLT）等指标；生化指标主要指谷氨酸氨基转移酶（ALT）、天门冬氨酸氨基转移酶（AST）、碱性磷酸酶（ALP）、总蛋白（TPRO）、白蛋白（ALB）、尿素氮（UN）、肌酐（CRE）、血糖（GLU）、总胆红素（TBILI）等指标。

4.4.3 组织病理学检查

4.4.3.1 尸体解剖学检查：试验结束时，各组屠宰一定数量的试验动物（性别比例适当），进行系统尸体解剖学检查，为进一步的组织学检查提供依据。

4.4.3.2 脏器系数测定：试验结束时，各组随机屠宰一定数量动物（性别比例适当），剖检取心、肝、脾、肺、肾等脏器称重，并计算各器官与体重的比值。

4.4.3.3 组织病理学检查：试验结束时，对多倍剂量组及尸检异常动物的主要器官进行系统的组织病理学检查，详细检查的器官和组织包括：心、肝、脾、肺、肾、胸腺、胰腺、胃、十二指肠、回肠、直肠、淋巴结、骨髓等组织。

4.4.4 其他特异性观测指标

根据受试物的作用特点和用途，增加相应的特异性观测指标和敏感性功能指标。

4.5 数据记录

4.5.1 在试验实施过程中，试验方案所涉及的内容均应逐一记录。数据记录应真实、准确、完整、规范、清晰，并妥善保管。

4.5.2 数据的有效位数以所用仪器的精度为准，采用国家法定计量单位和国家推荐使用的单位。

4.6 统计分析

4.6.1 以重复为单位，根据不同的试验设计采用相应的统计分析方法进行数据分析。

4.6.2 统计显著性差异水平至少应达到 $P<0.05$。

5 试验报告

5.1 试验报告应提供试验获取的所有数据，包括所有试验动物和试验重复。未纳入统计分析的数据或由于数据缺乏、数据丢失而无法评价的情况也应报告，并说明在各组别中的分布情况。

5.2 每个靶动物耐受性评价试验必须单独形成最终报告。每个试验最终报告中应包含试验概述（见附录B）和报告正文。

5.3 试验报告正文至少应包括：

    A. 试验名称；

    B. 摘要；

    C. 试验目的；

    D. 受试物；

    E. 试验时间和地点；

    F. 试验材料和方法；

    G. 结果与讨论；

    H. 结论；

    I. 原始数据及相关的图表和照片；未纳入统计分析的数据或由于数据缺乏、数据丢失而无法评价的情况应具体说明；

    J. 参考文献；

    K. 试验机构和操作人员，包括试验机构的名称、试验操作人员、试验负责人和报告签发人的签名，报告签发时间，加盖签发机构的单位公章或专门的分析测试章；委托检测的数据应提供检测机构出具的检测报告。

5.4 应对试验报告每页进行编码，格式为"第×页，共×页"，并加盖骑缝章，确保报告的完整性。

6 资料存档

最终报告、原始记录、图表和照片、试验方案、受试物样品及其检测报告等原始资料应存档备查,保存时间一般不得少于 5 年,作为产品申报的,保存时间至少为 10 年。

附录 A

试验期

表 1 猪

类别	试验阶段* (体重或日龄)			最短试验期
	起始	结束日龄	结束体重 (kg)	
哺乳仔猪	14 日龄	21~42	6~11	14 天
断奶仔猪	21~42 日龄	120	35	28 天
哺乳和断奶仔猪	14 日龄	120	35	42 天
生长育肥猪	≤35kg	120~250(或根据当地习惯)	80~150(或根据当地习惯)	42 天**
繁殖母猪	初次受精			受精至断奶,至少一个繁殖周期
泌乳母猪				分娩前两周至断奶

注:* 试验阶段:指试验用动物所处的生长阶段,最短试验期应处于所对应的试验阶段
　　** 如果已有断奶仔猪的耐受性评价试验数据,则不必再进行生长育肥猪的耐受性评价试验

表 2 家禽

类别	试验阶段(体重或日龄)			最短试验期
	起始	结束日龄	结束体重 (kg)	
肉仔鸡	出壳	35 天	1.6~2.4	35 天
蛋用雏鸡	出壳	16 (20) 周龄		35 天*
产蛋鸡	16~21 周龄	13 (18) 月龄		56 天**
育肥用火鸡	出壳	母:14 (20) 周龄 公:16 (24) 周龄	母:7~10 公:12~20	42 天
种用火鸡	开始产蛋 (30 周龄)	60 周龄		56 天
后备种用火鸡	出壳	30 周龄	母:15 公:30	42 天***

注:* 仅当肉仔鸡的耐受性评价试验数据无法提供时进行
　　** 最好在开产后的前 1/3 产蛋期进行
　　*** 仅当育肥用火鸡的耐受性评价试验数据无法提供时进行

表 3 牛（包括水牛）

类别	试验阶段（体重或日龄）			最短试验期
	起始	结束日龄	结束体重（kg）	
犊牛	出生或 60~80kg	4 月龄	145	42 天
生产小牛肉的肉用犊牛	<70kg	6 月龄	180（250）	28 天
育肥牛	瘤胃发育完全（至少完全断奶）	10~36 月龄	350~700	42 天
泌乳奶牛				56 天
繁殖母牛	初次受精			受精至断奶，至少一个繁殖周期

表 4 绵羊

类别	试验阶段（体重或日龄）			最短试验期
	起始	结束日龄	结束体重（kg）	
育成羔羊	出生	3 月龄	15~20	28 天
育肥羔羊	出生	6 月龄或以上	40	28 天
泌乳奶绵羊				42 天
繁殖绵羊	初次受精			受精至断奶，至少一个繁殖周期

表 5 山羊

类别	试验阶段（体重或日龄）			最短试验期
	起始	结束日龄	结束体重（kg）	
育成羔羊	出生	3 月龄	15~20	28 天
育肥羔羊	出生	6 月龄或以上	40	28 天
泌乳奶山羊				42 天
繁殖山羊	初次受精			受精至断奶，至少一个繁殖周期

表 6 家兔

类别	试验阶段（体重或日龄）		最短试验期
	开始	结束日龄	
哺乳和断奶兔	出生后一周		49 天
育肥兔	断奶后	8~11 周	28 天
繁殖母兔	从受精开始		受精至断奶，至少一个繁殖周期
泌乳母兔	第一次受精		分娩前两周至断奶

附录 B

试验概述表

试验编号：		第1页，共___页	
受试物	受试物通用名称：	有效成分：	
	有效成分标示值：	有效成分实测值：	
	产品类别：	外观性状：	
	生产单位：	生产日期及批号：	
	样品数量及包装规格：	保质期：	
	收（抽）样日期：	送（抽）样人：	
	抽样地点：（适用时）	抽样基数：（适用时）	
试验动物	试验动物品种：		
	性别：	生理阶段：	
	起始日龄：	起始体重：	
	健康状况：		
	动物来源和种群规模：	饲喂方式：	
	饲养条件：		
时间与场所	试验起始时间：	试验持续时间：	
	试验场所：		
设计与分组	分组设计方法：		
	试验组数量（含对照组）：	每组重复数：	
	每个重复动物数：	试验动物总数：	
		日粮中有效成分添加量	日粮中有效成分含量
	试验组1		
	试验组2		
	试验组3		
	……		
	对照物质名称：（适用时）	对照物质在日粮中添加量	对照物质在日粮中含量

试验编号：			第 2 页，共___页	
试验日粮	日粮组成（营养素和能值）			
		计算值	实测值	
	成分 1			
	成分 2			
	成分 3			
	……			
	日粮形态	粉料□　颗粒□　膨化□　其他_____		
检测项目和实施时间				
治疗和预防措施（原因、时间、种类、持续时间等）				
数据统计分析方法				
突发状况的处理、不良后果发生的时间及发生范围：				
结论				
原始记录保管				
备注				
试验人员：		项目负责人：	报告签发人及签发时间：	

饲料和饲料添加剂评价数据由主要畜禽物种向次要畜禽物种外推的技术指南（试行）

1 总则

1.1 本指南规定了在主要畜禽物种上获取的饲料和饲料添加剂安全性和有效性评价数据向次要畜禽物种外推的基本原则和方法。

1.2 本指南适用于为新饲料和新饲料添加剂、进口饲料和进口饲料添加剂申报以及已经批准使用的饲料和饲料添加剂再评价而进行的安全性和靶动物有效性评价。

1.3 本指南所称主要物种指猪、肉鸡、蛋鸡、火鸡、肉牛、奶牛、肉用绵羊等食源性动物。

本指南所称次要物种指除上述主要物种所列动物之外的食源性动物品种。

2 基本原则

2.1 只有当申请的饲料、饲料添加剂已被许可用于主要物种上时，方可允许将评价数据由主要物种向次要物种外推。如果在主要物种上获得的评价结果显示为正效应，也适用于主要物种和次要物种许可的同时申报。否则，次要物种的许可申报应按照对主要物种的相同要求开展具体的评价试验。

2.2 如果主要物种和次要物种在生理学上具有相似性，原则上可将相关数据由主要物种外推至次要物种。判断物种间的生理学相关度主要依据胃肠道功能，其次考虑代谢相似性。表1列出了可认为具有生理学相似性的主要物种和与之对应的次要物种。

表 1 生理学相似的主要物种和与之对应的次要物种

主要物种	次要物种
育肥牛或育肥绵羊	所有其他生长期反刍动物（如：山羊、水牛）
犊牛	其他幼龄反刍动物（如：山羊羔、绵羊羔）
奶牛	其他奶用反刍动物（如：奶山羊、奶水牛）
肉鸡或肉用火鸡	其他用于肥育的家禽（如：鸭、鹅、鸽子）
产蛋鸡	其他产蛋家禽（如：鸭、鹅、鹌鹑、火鸡）
猪	各种类型猪

3 安全性评价数据的外推

3.1 靶动物安全性

如果饲料、饲料添加剂在生理学相似的主要物种上表现出的安全阈值大于或等于 10[①]，则不需要进行次要物种的耐受性试验。

如果饲料、饲料添加剂在包括单胃哺乳动物、反刍动物以及家禽在内的三类靶动物上表现出的安全阈值均大于或等于 10，则不需要对非生理学相似的次要物种（如：马、兔）再进行耐受性试验。

如果不能满足以上要求，则需要对次要物种进行耐受性试验。农业部指导性文件规定可以免除耐受性试验的特殊情况除外。

3.2 消费者安全性

对饲料、饲料添加剂的所有适用次要物种均应进行消费者安全性评价。但是，由主要物种获得的残留和代谢试验数据可以外推至次要物种。

3.2.1 代谢和残留试验

3.2.1.1 代谢试验

如果饲料、饲料添加剂已经被许可用于主要物种，则生理学相似的次要物种可不再进行代谢试验。

如果缺少生理学相似的主要物种的数据，应获取饲料、饲料添加剂在次要物种体内的代谢转归数据。通过在拟申请许可的次要物种上获得的体外代谢试验（利用肝脏匀浆/切片、分离肝细胞或培养肝细胞并通过活性物质标记的方法）数据与已被许可的主要物种的已有数据进行比较，其结果可以推断二者之间的代谢相似性。如果可以推断主要物种和次要物种间具有代谢相似性，则可以将代谢试验结果由主要物种外推至次要物种。

3.2.1.2 残留试验

如果饲料、饲料添加剂在次要物种和主要物种饲料中的添加水平相似，则在以下情况下对次要物种可不进行残留试验：

（1）当表 1 所列的次要物种与主要物种具有代谢相似性时；

（2）当饲料、饲料添加剂在一种主要反刍动物和猪体内的残留模式和分布具有相似性时，可不进行其在马体内的残留试验；

（3）当牛（或绵羊）、猪和鸡（或家禽）等代表不同代谢能力和组织结构的主要物种残留模式和分布具有可比性时，其他所有食源性动物（包括兔）可不进行残留试验。

如果饲料、饲料添加剂在次要物种饲料中的添加量明显高于主要物种，应提供可食组织和产品中残留标示物的定量分析数据。

除上述以外的其他任何情况均应进行完整的残留评价试验。

3.2.2 最高残留限量（MRLs）的建议值

如果饲料、饲料添加剂在次要物种和主要物种饲料中的添加水平基本相同，则不同可食组织和产品中的 MRLs 值可在以下情况下外推：

（1）表 1 所列的生理学相似的次要物种。不限制根据实际开展的残留试验结果制定比

[①] 主要物种可以至少耐受受试物最高推荐水平 10 倍剂量而不出现任何不良反应。

主要物种更低的最高残留限量；

（2）当一种作为主要物种的反刍动物和猪的最高残留限量已存在时，可外推至马；

（3）当牛（或绵羊）、猪和鸡（或家禽）的最高残留限量一致时，也可将该结果外推至其他食源性次要物种（包括兔）。

3.3 环境安全性

如果饲料、饲料添加剂在次要物种饲料中添加水平比主要物种小，则以下情况的环境风险评价结论可由主要物种外推至次要物种：

（1）次要物种与主要物种生理学相似；

（2）对于马，当一种主要反刍动物的数据存在时。

对于兔，则应对每一类别或功能团的饲料、饲料添加剂进行全面的环境风险评估。评估时可参照主要物种尤其是猪的评价数据。

4 有效性评价数据的外推

4.1 当饲料、饲料添加剂在主要物种上的作用模式已经研究清楚，并且有证据证明与其对应的次要物种（如表1所示）具有相同的作用模式，则以下情况的有效性结论可以外推：

（1）当对主要物种的作用模式被普遍认可、并且能够合理推断在次要物种上具有与之相同的作用模式时，可直接推断在次要物种上的有效性，不再需要开展更多的具体试验。如多数酶制剂和微生物添加剂的有效性数据外推；

（2）在主要物种上的作用模式被普遍认可、但没有或只有很少证据可证明在次要物种上具有相同的作用方模式，若能提供一个在次要物种上具有相同作用模式的研究证据，则可以将有效性的结论外推至次要物种。

4.2 如果不存在上述关系，即：作用模式不明确或主要物种与次要物种的作用模式存在差异，应对饲料、饲料添加剂在次要物种上开展独立的有效性试验，以证明其有效性。

4.3 当有效性是由生理学相似的主要物种外推取得，并且对于次要物种的有效性是根据相同的作用模式推断的，如果最低有效剂量对生理学相似的主要物种的作用已经得到证明，则该最低有效剂量同样适用于次要物种。

4.4 通过试验获得的低于主要物种的最低有效剂量，单胃动物梯度试验结果的显著性水平应满足 $P \leqslant 0.05$，反刍动物梯度试验结果的显著性水平应满足 $P \leqslant 0.1$。

4.5 由外推获得的在次要物种上的最高推荐添加量不得超过与其生理相似的主要物种，除非提供新的研究资料证明其安全性。

饲料和饲料添加剂水产靶动物有效性评价试验指南（试行）

1 适用范围

1.1 本指南规定了饲料原料和饲料添加剂水产靶动物有效性评价试验的基本原则、试验方案、试验方法和试验报告等要求。

1.2 本指南适用于为新饲料和饲料添加剂、进口饲料和饲料添加剂申报以及已经批准使用的饲料和饲料添加剂再评价而进行的水产靶动物体内有效性评价试验。

1.3 水产饲料产品的靶动物体内有效性评价试验可参照本指南的要求进行。

2 基本原则

2.1 应根据我国的水产养殖业生产实际开展靶动物有效性评价试验，以保证评价结果的客观性。

2.2 靶动物有效性评价试验应对受试物所适用的每一种靶动物分别进行评价，本指南4.2.2以及其他另有规定的特殊情况除外。

2.3 靶动物有效性评价试验应由具备一定专业知识和试验技能的专业人员在适宜的试验场所、使用适宜的设备设施、按照规范的操作程序进行，并且由试验机构指定的负责人负责。用于产品报批的，评价机构和人员的要求另行规定。

2.4 试验动物应健康并且具有相似的遗传背景；饲养环境不应对试验结果造成影响；受试物和试验饲料不得受到污染。

2.5 在符合靶动物有效性评价试验相关要求的前提下，靶动物有效性评价试验可与靶动物耐受性试验合并进行。

2.6 试验应证明受试物最低推荐用量的有效性，一般通过设定负对照和选择敏感靶指标进行。必要时设正对照。

2.7 当有效性评价试验的目的是证明受试物能为靶动物提供营养素时，应额外设置一个该营养素水平低于动物需求量，但又不至严重缺乏的对照饲料。

2.8 应采用梯度剂量设计，并以此为依据确定推荐用量或用量范围。

有效性评价试验的梯度水平不得少于5个。

2.9 由于试验条件的限制，可以根据受试物的特性进行多个有效性评价试验以证明受试物的有效性。当试验次数超过3次时，建议采用整合分析法（meta-analysis）进行数据统计，但每次试验应采用相似的设计，以保证试验数据的可比性。

3 试验方案

试验开始前,应根据受试物和靶动物的特点,对试验进行系统设计,形成试验方案。试验方案应包括试验目的、试验方法、仪器设备、详细的动物类别和品种、动物数量、饲养和投喂条件等,并由试验负责人签字确认。具体要求如下:

3.1 试验动物:类别、品种或品系(通用名称后以斜体注明拉丁文名称)、年龄、体重、生理阶段和健康状况。必要时注明体长和性别;

3.2 试验条件:明确动物来源、饲养条件、投喂方式;养殖设施的形状、规格、水体体积、光照条件、水质和水温;预饲期的条件要求;

3.3 试验分组:试验组和对照组数量、每组重复数和每个重复的动物数、统计方法;

3.4 试验饲料:描述饲料的加工方法、饲料配方及相关的营养成分含量(实测值)和能量水平;应根据受试物特点和使用方法配制饲料,使用的原料应符合我国饲料法规和相关标准要求,同一试验保证所有原料来源和批次一致,各试验处理组试验因子以外的其他因素(如:料型、粒度、加工工艺等)也应一致;

3.5 受试物的测定:受试物及其有效成分的通用名称、生产厂家、规格、生产批号、有效成分含量的测试方法及测试结果、测试机构,受试物有效成分在试验饲料中的添加量和实测值(可能的情况下);

3.6 观测项目和时间:检测和观察项目名称、实施和持续的确切时间;

3.7 疾病治疗和预防措施:不应干扰受试物的作用并逐一记录,例如疾病类型、解剖观察结果(如照片等)及其发生时间;

3.8 突发事件处理:动物个体和各试验组发生的所有非预期的突发事件,都应记录其发生的时间和范围。

4 试验方法

4.1 受试物

4.1.1 对于申请产品审定或登记的受试物,应与拟上市(或拟进口)的产品完全一致。产品应由申报单位自行研制并在中试车间或生产线生产,同时提供产品质量标准和使用说明。

4.1.2 试验机构应将受试物样品送国家或农业部认可的质检机构对其有效成分的含量进行实际测定。

4.2 有效性评价试验的基本类型

受试物的靶动物有效性评价试验一般分为长期有效性评价试验和短期有效性评价试验。消化率、氮或磷的减排等指征明确的指标可通过短期有效性评价试验进行测定,生长性能、饲料转化效率、体组成和繁殖性能等一般性指标必须通过长期有效性评价试验进行测定。

4.2.1 短期有效性评价试验

4.2.1.1 生物利用率、生物等效性、消化和平衡试验均属于短期有效性评价试验。必要时,也可进行其他短期有效性评价试验。短期有效性评价试验应遵循公认的方法进行。

4.2.1.2 生物利用率是指活性物质或代谢产物被吸收、转运到靶细胞或靶组织并表现出的典型功能或效应。生物利用率应通过可观察或可测量的生物、化学或功能性特异指标进行评价。

4.2.1.3　生物等效性试验用于评价可能在靶动物体内具有相同生物学作用的两种受试物。如果两种受试物所有相关效果均相同，则可认为具有生物等效性。

4.2.1.4　消化试验可用于评价受试物在靶动物体内的消化率或其对某种营养素消化率（如表观消化率、真消化率）的影响。

4.2.1.5　平衡试验还可获得营养素在靶动物体内沉积和排出数量等额外数据。

4.2.2　长期有效性评价试验

4.2.2.1　应针对受试物适用的靶动物，按照规定的试验周期、试验重复数和动物数量的要求开展长期有效性评价试验。具体要求见附录A。试验动物分组、试验组分布应符合统计学试验设计原则。

4.2.2.2　附录A中没有列出的其他动物品种，长期有效性评价试验应参照生理和生产阶段相似物种的要求进行。

4.2.2.3　长期有效性评价试验的必测指标包括：试验开始和结束体重、饲料采食量、死亡率和发病率。其他必测指标根据动物品种和受试物的特殊功效确定。

4.2.2.4　长期有效性评价试验也可用来采集相关样品以评价受试物对养殖产品质量的影响。

4.3　观察与检测

4.3.1　应根据受试物的作用特点和用途，增加相应的特异性观测指标和敏感性功能指标。

4.3.2　应按照国家标准、国际认可方法或经确证的文献报道方法确定检测方法。如果采用文献报道方法或新建方法，应提供方法确证的数据资料，说明其合理性。

4.4　数据记录

4.4.1　在试验实施过程中，试验方案所涉及的内容均应逐一记录。数据记录应真实、准确、完整、规范、清晰，并妥善保管。

4.4.2　数据的有效位数以所用仪器的精度为准，采用国家法定计量单位和国家推荐使用的单位。

4.5　统计分析

4.5.1　以重复为单位，根据不同的试验设计采用相应的统计分析方法进行数据分析。

4.5.2　统计显著性差异水平至少应达到 $P<0.05$。

5　试验报告

5.1　试验报告应提供试验获取的所有数据，包括所有试验动物和试验重复。统计分析中未采用的数据或由于数据缺乏、数据丢失而无法评价的情况也应报告，并说明在各组别中的分布情况。

5.2　每个靶动物有效性评价试验必须单独形成最终报告。每个试验最终报告中应包含试验概述（见附录B）和报告正文。

5.3　试验报告正文至少应包括：

　　A. 试验名称；

　　B. 摘要；

C. 试验目的；

D. 受试物；

E. 试验时间和地点；

F. 试验材料和方法；

G. 结果与讨论；

H. 结论；

I. 原始数据及相关的图表和照片（含电子版）；统计分析中未采用的数据或由于数据缺乏、数据丢失而无法评价的情况应具体说明；

J. 参考文献；

K. 试验机构和操作人员，包括试验机构的名称，试验操作人员、试验负责人和报告签发人的签名，报告签发时间，加盖签发机构的单位公章或专门的分析测试章；委托检测的数据应提供检测机构出具的检测报告。

5.4 应对试验报告每页进行编码，格式为"第×页，共×页"，并加盖试验机构骑缝章，确保报告的完整性。

6 资料存档

最终报告、原始记录、图表和照片、试验方案、受试物样品及其检测报告等电子和纸质原始资料应存档备查，保存时间一般不得少于 5 年；作为产品申报的，保存时间至少为 10 年。

附录 A

水产靶动物种类、试验期和动物数量[*]

大类	亚类	试验阶段		最短试验期[*]	最少试验重复和动物数量
		起始体重	结束体重		
鱼类	淡水鱼类（代表物种：鲤、鲫、草鱼、青鱼、团头鲂、罗非鱼、斑点叉尾鮰、虹鳟、鲟、鳗鲡、大口黑鲈）	1~50g		起始体重 5~10 倍，且不得少于 10 周	每个处理 6 个有效重复，每个重复 30 尾
	海水鱼类（代表物种：鲈、鲷、大黄鱼、大菱鲆）	1~50g		起始体重 5~10 倍，且不得少于 10 周	每个处理 6 个有效重复，每个重复 30 尾
甲壳类	虾、蟹	虾：0.1~1.0g		起始体重 5~10 倍，且不得少于 8 周	每个处理 6 个有效重复，每个重复 50 尾
		蟹：1~5g		起始体重 5~10 倍，且不得少于 10 周	每个处理 6 个有效重复，每个重复 10 只
爬行类	中华鳖	5~10g		起始体重 5~10 倍，且不得少于 10 周	每个处理 6 个有效重复，每个重复 10 只

（续表）

大类	亚类	试验阶段		最短试验期*	最少试验重复和动物数量
		起始体重	结束体重		
两栖类	牛蛙	5~10g		起始体重5~10倍，且不得少于10周	每个处理6个有效重复，每个重复10只
	水产养殖动物亲本	繁殖前期	繁殖期	12周	每个处理15个有效重复，每个重复1尾（只）

注：* 以"亚类"中的任意代表物种进行的试验，其结果可以推广至该亚类，但是不能推广至"大类"

附录 B

试验概述表

试验编号：			第 1 页，共___页	
受试物	受试物通用名称：		有效成分：	
	有效成分标示值：		有效成分实测值：	
	产品类别：		外观性状：	
	生产单位：		生产日期及批号：	
	样品数量及包装规格：		保质期：	
	收（抽）样日期：		送（抽）样人：	
	抽样地点：（适用时）		抽样基数：（适用时）	
试验动物	试验动物品种：		拉丁名：	
	性别：		生理阶段：	
	起始日龄：		起始体重（体长）：	
	健康状况：		光照条件：	
	水质（包括温度、盐度、溶氧、氨氮、亚硝酸盐、pH）：			
	养殖设施		投喂方式	
时间与场所	试验起始时间：		试验持续时间：	
	试验场所：			
设计与分组	分组设计方法：			
	试验组数量（含对照组）：		每组重复数：	
	每个重复动物数：		试验动物总数：	
	受试物添加途径：			
			饲料中有效成分添加量	饲料中有效成分含量
	试验组 1			
	试验组 2			
	试验组 3			
	……			
	对照物质名称：（适用时）		对照物质在饲料中添加量	对照物质在饲料中含量

(续表)

试验编号：			第 2 页，共 ___ 页	
试验饲料	饲料组成（营养素和能值）			
		计算值	实测值	
	成分 1			
	成分 2			
	成分 3			
	……			
	饲料形态	粉料☐　颗粒☐　膨化☐　活饵料☐　其他_____		
检测项目和实施时间				
治疗和预防措施（原因、时间、种类、持续时间等）				
数据统计分析方法				
突发事件的处理、不良后果发生的时间及发生范围				
结论				
原始记录保管				
备注				
试验人员：		项目负责人：	报告签发人及签发时间：	

饲料和饲料添加剂水产靶动物耐受性评价试验指南（试行）

1 适用范围

1.1 本指南规定了饲料原料和饲料添加剂水产靶动物耐受性评价试验的基本原则、试验方案、试验方法和试验报告等要求。

1.2 本指南适用于为新饲料原料和饲料添加剂、进口饲料原料和饲料添加剂申报以及已经批准使用的饲料原料和饲料添加剂再评价而进行的水产靶动物耐受性评价试验。

1.3 水产饲料产品的靶动物耐受性评价试验可参照本指南的要求进行。

2 基本原则

2.1 靶动物耐受性评价试验的目的是为饲料原料和饲料添加剂（以下简称为"受试物"）对靶动物的短期毒性提供有限评价；当受试物使用剂量超出推荐用量时，也可用来确立受试物的安全范围。

2.2 应根据中国的水产养殖业生产实际开展靶动物耐受性评价试验，以保证评价结果的客观性。

2.3 靶动物耐受性评价试验应对受试物所适用的靶动物分别进行评价，本指南4.3以及其他另有规定的特殊情况除外。

2.4 靶动物耐受性评价试验应由具备一定专业知识和试验技能的专业人员在适宜的试验场所、使用适宜的设备设施、按照规范的操作程序进行，并且由试验机构指定的负责人负责。用于产品报批的，评价机构和人员的要求另行规定。

2.5 试验动物应健康并且具有相似的遗传背景；饲养环境不应对试验结果造成影响；受试物和试验饲料不得受到污染。

2.6 在符合靶动物耐受性评价试验相关要求的前提下，靶动物耐受性评价试验可与靶动物有效性评价试验合并进行。

2.7 靶动物耐受性评价试验应充分考虑实验动物毒理学研究的结果。

3 试验方案

试验开始前，应根据受试物和靶动物的特点，对试验进行系统设计，形成试验方案。试验方案应包括试验目的、试验方法、仪器设备、详细的动物品种和类别、动物数量、饲养和饲喂条件、环境和水质条件等，并由试验负责人签字确认。具体要求如下：

3.1 试验动物：品种或品系（通用名称后以斜体注明拉丁文双名）、年龄、体重、生理阶段和健康状况。必要时注明体长和性别；

3.2 试验条件：明确动物来源、饲养条件、投喂方式；养殖设施的形状、规格、水体体积、光照条件、水质和水温；预饲期的条件要求；

3.3 试验分组：试验组和对照组数量、每组重复数和每个重复的动物数、统计方法；

3.4 试验饲料：描述饲料组成及主要原料来源、饲料的加工方法、相关的营养成分含量（实测值）和能量水平；注意根据受试物特点和使用方法配制饲料，使用的原料应符合我国法规和相关标准要求，同一试验应保证所有原料来源和批次一致，各试验处理组试验因子以外的其他因素（如：料型、粒度、加工工艺等）应一致；

3.5 受试物的测定：受试物的通用名称及有效成分、生产厂家、规格、生产批号、有效成分含量的测试方法及测试结果、测试机构，受试物有效成分在试验饲料中的添加量和实测值（可能的情况下）；

3.6 观测项目和时间：检测和观察项目名称、实施和持续的确切时间；

3.7 疾病治疗和预防措施：不应干扰受试物的作用并逐一记录；

3.8 突发事件处理：动物个体和各试验组发生的所有非预期的突发事件，都应记录其发生的时间和范围。

4 试验方法

4.1 受试物

4.1.1 对于申请产品审定或登记的受试物，应与拟上市（或拟进口）的产品完全一致。产品应由申报单位自行研制并在中试车间生产或生产线生产，同时提供产品质量标准和使用说明。

4.1.2 试验机构应将受试物样品送国家或农业部认可的质检机构对其有效成分的含量进行实际测定。

4.2 剂量与分组

4.2.1 试验分组：靶动物耐受性评价试验至少要包括三个组，即对照组、有效剂量组、多倍剂量组。

4.2.2 试验剂量

对照组通常不应含有受试物，但是，对于某些动物机体的必需营养素（如氨基酸、维生素、微量元素等），可以添加，但添加量应维持在最低必需水平。

一般情况下，有效剂量组应该选用最高限量。如果没有最高限量，应选用最高推荐剂量。如果没有最高推荐量，应根据受试物的自身特性，选择最低推荐剂量的 2～5 倍作为有效剂量。

多倍剂量组一般选用上述有效剂量的 10 倍。

如果受试物的耐受剂量低于有效剂量的 10 倍，耐受性评价试验应能通过尸检、组织病理学以及其他适宜的试验方法提出反映受试物毒性的特异性指标，并计算出受试物的安全系数。

4.2.3 试验重复数：各试验组和对照组的试验重复数（或动物数）必须满足附录 A 的要求。

4.3 试验期

靶动物耐受性评价试验需要的最短试验期取决于适用动物的种类和生长阶段，具体要求见附录 A。

4.4 观察与检测

4.4.1 临床观察

试验期内应每天观察并记录试验动物临床表现、摄食情况、生长情况以及相关动物产品的产量和特性，也应详细观察和记录正常和不良反应。对试验中出现的不明原因的死亡应进行尸检，如果可能，最好进行组织病理学检查。

4.4.2 血液学检测

试验开始和试验结束（必要时增加试验中期），各组试验动物空腹24小时后进行取样。每组随机抽检一定数量的动物，性别比例适当（适用时），分别采集血样进行血液常规生化指标及其他与受试物相关的各种生理参数的检测。每个处理的采血时间在2个小时内完成，并准确记录采血时间。

血液常规生化指标主要指谷氨酸氨基转移酶（ALT）、天门冬氨酸氨基转移酶（AST）、碱性磷酸酶（ALP）、总蛋白（TPRO）、白蛋白（ALB）、尿素氮（UN）、肌酐（CRE）、血糖（GLU）、总胆红素（TBILI）等指标，以及相应的免疫和抗氧化指标。

4.4.3 组织病理学检查

4.4.3.1 尸体解剖学检查：试验结束时，各组屠宰一定数量的试验动物（如有必要，则性别比例适当），进行系统尸体解剖学检查，为进一步的组织学检查提供依据。

4.4.3.2 脏器系数测定：试验结束时，各组随机屠宰一定数量动物（如有必要，性别比例适当），剖检取内脏团、肝（胰）脏、脾等脏器称重，并计算各器官与体重的比值。

4.4.3.3 组织病理学检查：试验结束时，对多倍剂量组及尸检异常动物的主要器官进行系统的组织病理学检查，必须详细检查的器官和组织包括：肝（胰）脏和肠道组织，同时根据受试物的特点，对其主要代谢靶器官进行组织病理学检查。对于以肾脏为代谢靶器官的试验，要谨慎选择可取到完整肾脏的品种。

4.4.4 其他特异性观测指标

根据受试物的作用特点和用途，增加相应的特异性观测指标和敏感性功能指标。

4.5 数据记录

4.5.1 在试验实施过程中，试验方案所涉及的内容均应逐一记录。数据记录应真实、准确、完整、规范、清晰，并妥善保管。

4.5.2 数据的有效位数以所用仪器的精度为准，采用国家法定计量单位和国家推荐使用的单位。

4.6 统计分析

4.6.1 以重复为单位，根据不同的试验设计采用相应的统计分析方法进行数据分析。

4.6.2 统计显著性差异水平至少应达到 $P<0.05$。

5 试验报告

5.1 试验报告应提供试验获取的所有数据，包括所有试验动物和试验重复。未纳入统计分析的数据或由于数据缺乏、数据丢失而无法评价的情况也应报告，并说明在各组别中的分布情况。

5.2 每个靶动物耐受性评价试验必须单独形成最终报告。每个试验最终报告中应包含试验概述（见附录 B）和报告正文。

5.3 试验报告正文至少应包括：

A. 试验名称；

B. 摘要；

C. 试验目的；

D. 受试物；

E. 试验时间和地点；

F. 试验材料和方法；

G. 结果与讨论；

H. 结论；

I. 原始数据及相关的图表和照片（电子版）；未纳入统计分析的数据或由于数据缺乏、数据丢失而无法评价的情况应具体说明；

J. 参考文献；

K. 试验机构和操作人员，包括试验机构的名称、试验操作人员、试验负责人和报告签发人的签名，报告签发时间，加盖签发机构的单位公章或专门的分析测试章；外检数据应提供检测机构出具的检测报告。

5.4 应对试验报告每页进行编码，格式为"第×页，共×页"，并加盖骑缝章，确保报告的完整性。

6 资料存档

最终报告、原始记录、图表和照片、试验方案、受试物样品及其检测报告等原始资料应存档备查，保存时间一般不得少于 5 年，作为产品申报的，保存时间至少为 10 年。

附录 A

水产靶动物种类、试验期和动物数量[*]

大类	亚类	试验阶段		最短试验期[*]	最少试验重复和动物数量
		起始体重	结束体重		
鱼类	淡水鱼类（代表物种：鲤、鲫、草鱼、青鱼、团头鲂、罗非鱼、斑点叉尾鮰、虹鳟、鲟、鳗鲡、大口黑鲈）	1~50g		10 周	每个处理 6 个有效重复，每个重复 30 尾
	海水鱼类（代表物种：鲈、鲷、大黄鱼、大菱鲆）	1~50g		10 周	每个处理 6 个有效重复，每个重复 30 尾
甲壳类	虾、蟹	虾：0.1~1.0g		8 周	每个处理 6 个有效重复，每个重复 50 尾
		蟹：1~5g		10 周	每个处理 6 个有效重复，每个重复 10 只

（续表）

大类	亚类	试验阶段		最短试验期*	最少试验重复和动物数量
		起始体重	结束体重		
爬行类	中华鳖	5～10g		10 周	每个处理 6 个有效重复，每个重复 10 只
两栖类	牛蛙	5～10g		10 周	每个处理 6 个有效重复，每个重复 10 只
	水产养殖动物亲本	繁殖前期	繁殖期	12 周	每个处理 15 个有效重复，每个重复 1 尾（只）

注：* 以"亚类"中的任意代表物种进行的试验，其结果可以推广至该亚类，但是不能推广至"大类"

附录 B
试验概述表

试验编号：			第 1 页，共____页	
受试物	受试物通用名称：		有效成分：	
	有效成分标示值：		有效成分实测值：	
	产品类别：		外观性状：	
	生产单位：		生产日期及批号：	
	样品数量及包装规格：		保质期：	
	收（抽）样日期：		送（抽）样人：	
	抽样地点：（适用时）		抽样基数：（适用时）	
试验动物	试验动物品种：		拉丁名：	
	性别：		生理阶段：	
	起始日龄：		起始体重（体长）：	
	健康状况：		光照条件：	
	水质（包括温度、盐度、溶氧、氨氮、亚硝酸盐、pH）：			
	养殖设施		投喂方式	
时间与场所	试验起始时间：		试验持续时间：	
	试验场所：			
设计与分组	分组设计方法：			
	试验组数量（含对照组）：		每组重复数：	
	每个重复动物数：		试验动物总数：	
	受试物添加途径：			
		饲料中有效成分添加量		饲料中有效成分含量
	试验组 1			
	试验组 2			
	试验组 3			
	……			
	对照物质名称：（适用时）	对照物质在饲料中添加量		对照物质在饲料中含量

(续表)

试验编号：			第 2 页，共 ___ 页	
试验饲料	饲料组成（营养素和能值）			
		计算值	实测值	
	成分1			
	成分2			
	成分3			
	……			
	饲料形态	粉料□　颗粒□　膨化□　活饵料□　其他_____		
检测项目和实施时间				
治疗和预防措施（原因、时间、种类、持续时间等）				
数据统计分析方法				
突发事件的处理、不良后果发生的时间及发生范围：				
结论				
原始记录保管				
备注				
试验人员：		项目负责人：		报告签发人及签发时间：

饲料和饲料添加剂评审工作规范

第一章 总 则

第一条 为做好饲料和饲料添加剂评审工作，进一步提高评审质量和效率，依据《饲料和饲料添加剂管理条例》及其配套规章制定本规范。

第二条 饲料和饲料添加剂评审应当遵循科学、公正、高效、透明的原则。从事评审工作的有关单位、专家和工作人员应当按照国家有关法律法规和本规范要求开展工作。

第三条 从事评审工作的有关单位、专家和工作人员，应当严格遵守保密规定；存在回避事由的，应当主动回避。

第四条 评审工作包括咨询、初审、终审等环节，采取专家评审形式进行。评审过程中，需要开展安全性、有效性评价试验和质量复核的，由农业农村部指定的机构完成。

第二章 咨 询

第五条 农业农村部畜牧兽医局（以下简称畜牧兽医局）收到饲料企业和有关技术机构（以下简称申请人）提交的书面申请及相关材料后，在5个工作日内对咨询材料进行核对，不需要补充的，将相关材料转交全国饲料评审委员会（以下简称评审委）。

第六条 评审委应当自收到相关材料起40个工作日内召开咨询会，对申请事项进行专家评议。参加咨询会的专家专业领域应当涵盖产品安全性、有效性、生产工艺与环境评价、质量标准等方面，原则上每个专业领域至少3名专家。必要时，可以邀请评审委以外的专家参加会议。

第七条 咨询会包括介绍产品基本情况、专家评议、形成咨询意见等。咨询意见应当明确是否同意申请人提出的申请事项。如不同意，说明理由并提出有关建议；如同意，明确申请事项进入技术评审阶段应当提交的材料。

第八条 咨询意见主要包括以下内容：

（一）建议申请新饲料和新饲料添加剂证书，并进一步提交相关材料；

（二）建议按照扩大饲料添加剂适用范围提出申请，并进一步提交相关材料；

（三）建议按照生产含量规格低于《饲料添加剂安全使用规范》等规范性文件要求的饲料添加剂品种提出申请，并进一步提交相关材料；

（四）建议按照生产工艺发生重大变化的饲料添加剂提出申请，并进一步提交相关材料；

（五）建议按照进口含有我国尚未批准使用的饲料原料和饲料添加剂的产品提出申请，并进一步提交相关材料；

（六）建议按照将原料或者添加剂品种纳入《饲料原料目录》或者《饲料添加剂品种目录》提出申请，并进一步提交相关材料；

（七）申请的产品不适宜作为饲料或饲料添加剂使用；

（八）建议进一步补充相关材料，再次申请咨询服务。

第九条 评审委应当在咨询会结束后 10 个工作日内，将会议纪要、咨询意见和建议报畜牧兽医局。畜牧兽医局应当在收到咨询意见和建议 5 个工作日内，书面通知申请人。

第三章 初 审

第十条 申请人按要求准备好相关材料后，申请新饲料和新饲料添加剂证书、申请扩大饲料添加剂适用范围、申请生产含量规格低于《饲料添加剂安全使用规范》等规范性文件要求的饲料添加剂品种、申请生产工艺发生重大变化的饲料添加剂、申请进口含有我国尚未批准使用的饲料原料和饲料添加剂的产品的，将申请材料报送农业农村部政务服务大厅（以下简称政务服务大厅）；申请将原料或者添加剂品种纳入《饲料原料目录》或者《饲料添加剂品种目录》的，将申请材料报送畜牧兽医局。

第十一条 畜牧兽医局收到政务服务大厅转交或申请人报送的相关材料后，应当在 5 个工作日内进行形式审查。审查合格的，依据行政审批和有关管理规定，组织评审委进行技术评审；审查不合格的，将材料退回申请人并说明理由。

第十二条 评审委应当自收到申请材料后 30 个工作日内组织初审。初审采用分组审议形式进行，包括安全性、有效性、生产工艺与环境评价、质量标准四个专业组，每组至少 3 人，其中 1 人为组长。必要时，也可采用函审、视频会议等形式征求其他专家的意见。

第十三条 初审按照产品基本情况介绍、材料审查、专家评议、形成初审意见的程序进行。经审查，申请材料符合要求的，专业组应当出具初审意见并提交终审会审议；不符合要求的，专业组应当形成书面意见报告评审委，由评审委通知申请人补充或修改申请材料后，再次组织初审。

第十四条 初审过程中，如专业组专家对申请材料存在疑问，可与申请人进行沟通。必要时，专业组专家可以要求申请人提供申请材料以外的其他证明资料。

第十五条 初审各专业组应当就本组评审领域形成初审意见；组内专家无法达成一致意见的，评审委应当重新组织初审，扩大范围征求专家意见。

第十六条 在初审过程中，如因申请人未能在规定时限内补充、完善申请材料导致评审工作无法继续进行的，评审委应当及时报告畜牧兽医局，终止评审程序，并将相关材料退回申请人。

第十七条 初审期间，评审委可以根据初审专家组意见组织进行现场核查。

第四章 质量复核

第十八条 除扩大饲料添加剂适用范围申请事项外，初审通过的产品，评审委应当自收到初审意见后，于 5 个工作日内通知申请人将样品送交农业农村部指定的饲料质量检验机构进行质量复核。必要时，评审委可以组织现场抽样。

第十九条 饲料质量检验机构应当按照审查通过的质量标准开展标准复核和样品检测

工作，并自收到样品之日起 3 个月内将检测报告和复核意见提交评审委。

第二十条 饲料质量检验机构在质量复核过程中，如发现产品检测方法存在问题，可与申请人进行沟通；如需对标准中的指标进行修改，应经评审委组织初审专业组专家讨论并与申请人协商一致后，方可继续开展复核检测工作。

第二十一条 产品复核检测不合格的，评审委应当自收到检测报告和复核意见 5 个工作日内，报畜牧兽医局终止评审程序，并将相关材料退回申请人。

第五章 终 审

第二十二条 评审委应当在收到初审意见和质量复核报告后，组织召开终审会。终审会采用专家投票表决方式。分安全性、有效性、生产工艺与环境评价和质量标准四个方面投票，安全性方面有全体参会专家四分之三以上同意，其他方面有全体参会专家三分之二以上同意，方可通过评审。

第二十三条 终审会原则上每两个月召开一次。参加终审会的专家专业领域应当涵盖产品安全性、有效性、生产工艺与环境评价、质量标准等方面，终审会专家至少由 3 名评审委副主任委员、初审会专业组组长以及其他专家组成，终审会专家总数不少于 13 人。

第二十四条 终审会按照以下程序进行：

（一）评审委介绍申请产品基本情况；

（二）初审专业组组长介绍初审情况；

（三）终审专家就初审情况进行问询；

（四）终审专家讨论；

（五）终审专家投票表决并形成终审意见。

经终审会专家讨论，需申请人继续补充完善申请材料的，由评审委书面通知申请人补充后，再次组织终审。

第二十五条 评审委应当自终审会结束后 10 个工作日内将终审意见报畜牧兽医局。畜牧兽医局复核终审意见后，做出是否同意相关申请事项的决定，并于 5 个工作日内将评审结果书面通知申请人。

第二十六条 评审工作结束后，评审委应当全面整理评审过程中产生的程序性文件和有关申请资料，形成评审档案。必要时，将有关资料交畜牧兽医局存档。

直接饲喂微生物和发酵制品生产菌株鉴定及其安全性评价指南

农办牧〔2021〕43 号

1 适用范围

1.1 本指南规定了直接饲喂微生物和发酵制品生产菌株鉴定及其安全性评价的基本原则、基本要求、评价方法以及结果判定。

1.2 本指南适用于新饲料添加剂评审和已经批准使用的饲料添加剂再评价时，对直接饲喂微生物和发酵制品生产菌株开展的鉴定及其安全性评价，包括发酵制品中与生产菌株直接相关的安全性评价。

1.3 本指南仅涵盖直接饲喂微生物和发酵制品与生产菌株相关的鉴定及其安全性评价，产品的其他安全性评价按照相关规定和指南开展。

1.4 本指南所称微生物包括细菌、酵母和丝状真菌。其他如古菌、微藻等微生物的相关评价可参照本指南要求，采取个案分析评价。

1.5 本指南适用于通过农业转基因生物安全评价、获得农业转基因生物安全证书的转基因微生物生产菌株及其发酵制品的相关内容评价。

1.6 饲料或饲料原料发酵生产所用微生物菌株的鉴定及其安全性相关内容评价参照本指南进行。

2 术语和定义

以下术语和定义适用于本指南。

2.1 直接饲喂微生物（Direct-Fed microorganisms）

在饲料中添加或直接饲喂给动物的活的微生物饲料添加剂。

2.2 发酵制品（Fermentation products）

微生物在受控制条件下，通过生命活动生产的特定代谢产物经分离、提取、纯化、精制和干燥等工艺制成的饲料添加剂，如氨基酸、维生素、酶制剂等。

2.3 抗微生物药物（Antimicrobial）

合成或天然存在的能杀死微生物或抑制其在动物或人体内生长或繁殖的活性物质，在本指南中特指抗菌药物。

注：本指南中抗菌药物包括用于人体或动物的世界卫生组织（WHO）定义的极为重要抗菌药物（CIAs）或高度重要抗菌药物（HIAs）。

2.4 获得性耐药（Acquired antimicrobial resistance）

在对特定抗菌药物典型敏感的菌种中，由于获取外源基因或基因突变引起某一菌株对该抗菌药物产生的耐药。

2.5 关注基因（Gene of concern）

已知毒力因子的编码基因、耐药基因，以及与已知毒性化合物产生等有关的基因。

2.6 临界值（Cut-off value）

根据抗菌药物对特定微生物类群（种或属）的最低抑菌浓度（MIC）分布而设定的，用于耐药判定的值。

2.7 转基因微生物（Genetically modified microorganisms）

利用基因工程技术改变基因组构成的重组微生物。

2.8 危害（Hazard）

饲料中对人和动物健康有潜在不良影响的生物、化学或物理性因素或条件。

2.9 风险（Risk）

饲料中危害产生某种不良健康影响的可能性或严重性。

2.10 产毒能力（Toxigenicity）

微生物产生对人和动物有毒作用的活性代谢产物的能力。

2.11 致病性（Pathogenicity）

微生物感染宿主造成健康损害引起疾病的能力。

2.12 毒性（Toxicity）

微生物有毒代谢产物引起的宿主健康损伤。

3 基本原则

3.1 直接饲喂微生物和发酵制品生产菌株鉴定及其安全性评价应基于当前的科学认知开展，具体的评价试验应遵循本指南规定的一般原则，并结合直接饲喂微生物和发酵制品特征属性进行方案设计和试验实施。

3.2 直接饲喂微生物和发酵制品生产菌株鉴定及其安全性评价试验应按照国家、行业标准或参照国际组织标准检测方法、技术规范等进行，若无相关标准检测方法、技术规范则按照行业公认的检测方法进行。

3.3 直接饲喂微生物和发酵制品生产菌株鉴定及其安全性评价试验（包括检测）应由具备微生物相关专业知识和试验技能的专业人员在具备相应设施设备的试验场所，按照规范的操作程序进行。试验应在有效的质量控制下开展，并且由试验机构指定的负责人负责。用于新饲料添加剂申报的，微生物鉴定及其安全性评价试验应由农业农村部指定的评价试验机构开展。农业农村部尚未指定评价试验机构的，应由具有相应条件和能力的检测评价机构开展。

3.4 直接饲喂微生物或发酵制品生产中使用复合菌株时，应分别针对每个菌株开展相关评价。

3.5 本指南中涉及的用于菌株安全性分析、比对、评价的相关数据库、药物名单等，应采用最新版本。

3.6 鉴于菌株在使用过程中可能产生变异或衰退，开展安全性评价时应充分考虑菌株鉴定报告及安全性评价相关检测报告的时效性。

4 基本要求

通过形态观察、生理生化检测和分子生物学分析等技术方法对直接饲喂微生物和发酵制品生产菌株进行鉴定。通过表型试验、分子生物学试验、全基因组序列（WGS）分析、相关文献资料综述等，对微生物产毒能力和致病性、抗菌药物敏感性、抗菌药物产生等特性进行评价，对直接饲喂微生物和发酵制品生产菌株安全性进行综合评估。不同微生物及生产菌株评价基本要求见表1。

表 1 菌株鉴定及其安全性评价基本要求

评价内容	章节	直接饲喂微生物		发酵制品生产菌株	
		细菌	酵母和丝状真菌	细菌	酵母和丝状真菌
微生物鉴定	5.1	√	√	√	√
产毒能力和致病性	5.3	√	√	√	√
抗菌药物敏感性	5.4	√		√	
抗菌药物产生	5.5	√	√	√	√
生产菌株的遗传修饰	5.6			仅适用于转基因微生物	仅适用于转基因微生物
发酵制品中无生产菌株活细胞评价	5.7			√	√
发酵制品中生产菌株DNA检测	5.8			必要时	必要时

5 评价方法

5.1 微生物鉴定

5.1.1 基本信息

明确直接饲喂微生物和发酵制品生产菌株的来源、属名、种名（包括中文学名、拉丁学名等）和菌株名称或编号。细菌的命名应遵循原核生物系统学国际委员会（ICSP）的规定，并符合原核生物国际命名法规（ICNP）要求。酵母和丝状真菌的命名应符合国际藻类、真菌和植物命名法规（ICN）的要求。明确菌株的改良史，包括实施的诱变步骤和遗传修饰。转基因生产菌株的遗传修饰按照5.6的要求进行描述。

5.1.2 鉴定

直接饲喂微生物和发酵制品生产菌株应明确鉴定至少到种或亚种水平。若根据最新方法和当前知识菌株无法明确鉴定至已有物种，应进行菌株及其近缘种的系统发育分析。

5.1.2.1 细菌鉴定

综合形态观察、生理生化检测、分子生物学分析对细菌进行鉴定。

——形态观察：包括菌落颜色、形状、边缘、透明度等宏观形态观察，以及菌体大小、形状、革兰氏染色反应、是否有芽孢、芽孢的着生位置等微观形态观察。

——生理生化检测：包括碳源利用、氮源利用、氧化酶反应、过氧化氢酶反应等关键生理生化特征检测。

——分子生物学分析：如 16S rDNA 序列、持家基因序列或 WGS 等分析。用于新饲料添加剂申报的，应利用 WGS 数据进行分析鉴定。

5.1.2.2 酵母菌鉴定

综合形态观察、生理生化检测、分子生物学分析对酵母菌进行鉴定。

——形态观察：包括菌落质地、颜色、边缘等宏观形态观察，以及菌体大小、形状、是否有真假菌丝、生殖方式等微观形态观察。

——生理生化检测：包括碳源利用、糖类发酵、氮源利用等关键生理生化特征检测。

——分子生物学分析：如 26S rDNA、ITS rDNA 等特征序列或 WGS 分析。

5.1.2.3 丝状真菌鉴定

综合形态观察、分子生物学分析对丝状真菌进行鉴定。

——形态观察：包括菌落的质地、颜色、生长速度、色素的产生等宏观形态观察，以及菌丝的颜色、产孢结构的大小及发生方式、孢子颜色、形状、是否具有有性生殖结构等微观形态观察。

——分子生物学分析：如 18S rDNA 序列、ITS rDNA 序列及其他特征基因（如微管蛋白基因、钙调蛋白基因、翻译延伸因子等）序列或 WGS 分析。

5.2 WGS 测序

采用二代和三代测序技术对直接饲喂微生物和发酵制品生产菌株进行全基因组测序，获得其基因组完成图，测序报告至少应包括以下信息：

DNA 提取方法；测序方案和仪器；序列组装方法，如生物信息学方法、从头测序或重测序等；序列质量评价，如平均 Phred 得分、reads 数目、覆盖度、N50 和 K-mer 等；WGS 的 FASTA 电子文件；相对于预期基因组大小的 contigs 总长度；基因注释方法；对于酵母和丝状真菌，还需提供从相关数据库（如 BUSCO 数据库）获得的注释质量信息。

5.3 产毒能力和致病性

应通过国内外安全性评价资料综述、动物致病性试验和 WGS 分析对直接饲喂微生物和发酵制品生产菌株的产毒能力和致病性进行综合评价，其中丝状真菌还应开展产毒试验。

鉴于屎肠球菌（*Enterococcus faecium*）和芽孢杆菌（*Bacillus* spp.）已有成熟的致病性评价方法，可分别按附录 A 和附录 B 开展评价。

5.3.1 国内外文献资料综述

通过国内外文献数据检索（具体要求见附录 C），收集整理菌株的国内外使用历史、安全性评价资料，包括对人和靶动物的产毒能力和致病性的相关信息；若无该评价菌株的上述资料；应收集整理同种内其他菌株或与其相近种属的相关信息。若对菌株进行了任何降低毒性和致病性的选育（包括诱变和/或遗传修饰），应予以说明。

5.3.2 动物致病性试验

制备直接饲喂微生物或发酵制品生产菌株的菌悬液，将其作为受试物，通过腹腔注射和经口灌胃等途径给予实验动物，评价不同暴露途径下受试物对实验动物的致病性。动物致病性试验按照国家、行业标准方法开展。

5.3.3 WGS 分析
5.3.3.1 细菌
将菌株 WGS 与最新数据库（包括但不限于 VFDB、PAI DB、CGE 等）中存储的序列进行比对，分析菌株遗传物质中是否存在已知毒力因子的编码基因。分析结果重点关注该种或近缘种中已知毒力因子（如毒素、入侵与粘附因子）的完整编码基因。结果至少应包括如下信息：基因名称、定位（染色体或质粒）、编码蛋白的功能、覆盖度（序列长度覆盖度≥70%）、相似性百分比（输入序列与数据库中序列的匹配度≥80%）和 e 值（<10^{-5}）等。

5.3.3.2 酵母和丝状真菌
若菌株有 WGS 数据，则通过定向搜索确定菌株是否存在与产毒相关的已知代谢途径。

5.3.4 产毒试验
对于丝状真菌，应在多种基质和条件下（单品种固体、多品种固体复合、不同成分液体组合等）进行产毒试验，并按照国家标准检测方法或国际组织规定的标准检测方法进行已知毒性化合物含量检测。

对于发酵制品生产菌株，若产毒试验检测到已知毒性化合物，还应通过检测分析证明发酵制品中不含该化合物或该含量下风险无需关注。

5.3.5 结果分析
5.3.5.1 动物致病性试验显示受试物组动物在试验期间出现中毒症状或死亡，或试验期间体重等指标与对照组相比有显著性差异时，则判定菌株具有致病性。

5.3.5.2 产毒试验检测到已知毒性化合物时，则判定丝状真菌菌株具有产毒能力。

5.3.5.3 动物致病性试验显示无致病性的微生物，但 WGS 分析存在以下情况的，需结合国内外文献资料综述、毒力因子编码基因或产毒代谢相关基因发挥作用的机制、相关基因变为活性基因的可能性等情况进行综合判断。对于发酵制品生产菌株，还应结合生产工艺、终产品中生产菌株和已知毒性化合物的存在情况等进行综合判断。

——WGS 分析显示存在已知毒力因子的编码基因（或产毒代谢相关基因）的细菌或酵母；

——产毒试验未检测到已知毒性化合物，但 WGS 分析显示存在产毒代谢相关基因的丝状真菌。

5.4 抗菌药物敏感性
直接饲喂微生物和发酵制品生产菌株为细菌的，应开展抗菌药物敏感性评价。通过开展测定抗菌药物 MIC 值的表型试验和 WGS 分析，评价菌株是否具有获得性耐药。

5.4.1 表型试验
至少对菌株进行附录 D 所列抗菌药物 MIC 值的测定。对于附录 D 中未列出的细菌，革兰氏阳性菌应选择附录 D 中"棒状杆菌和其他革兰氏阳性菌"规定的抗菌药物，革兰氏阴性菌应选择附录 D 中"肠杆菌科"规定的抗菌药物。

MIC 值测定应采用琼脂或肉汤二倍梯度稀释法进行定量测定，用国际或国内标准方法，如 EUCAST、CLSI、ISO、WS 等标准方法。除非抗菌药物不适用定量方法进行测定，否则不得采用定性或半定量方法（如扩散法）间接测定 MIC 值。

MIC 测定通常应选择药物敏感性试验专用培养基，如 Muelle–Hinton 或 IsoSensitest 培养基。对于某些特定菌种或菌株，可以根据微生物特性选择其他针对性培养基，如某些乳酸菌和双歧杆菌的乳酸菌药物敏感性试验培养基（LSM）。试验过程中应同时关注培养基组分（如对氨基苯甲酸、胸苷、甘氨酸、二价阳离子等）、试验类型（肉汤微量稀释或琼脂稀释）和培养条件（如 pH、温度、培养时间）等因素对某些抗菌药物敏感水平的潜在影响。

通过将测定的 MIC 值与附录 D 中给出的各抗菌药物的临界值进行比较，以区分耐药菌株和敏感菌株。

——MIC 值≤临界值时，认为菌株对该抗菌药物敏感；

——MIC 值＞临界值时，认为菌株对该抗菌药物耐药。对于附录 D 中未列出的细菌，测定的 MIC 值应与该种或相关种的已发表文献值进行比较。

5.4.2　WGS 耐药基因分析

对菌株 WGS 进行分析，检测对用于人或动物的抗菌药物（WHO 发布的 CIAs 或 HIAs）耐药的编码基因或起促进作用的基因。对菌株 WGS 进行分析时，应将其与最新耐药基因分析数据库进行比对，如 CARD 和 ResFinder 等。分析结果重点关注抗菌药物耐药性完整编码基因，至少应包括如下信息：基因名称、定位（染色体或质粒）、编码蛋白的功能、覆盖度（序列长度覆盖度≥70%）、相似性百分比（输入序列与数据库中序列的匹配度≥80%）和 e 值（＜10^{-5}）等。

5.4.3　结果分析

5.4.3.1　当测定的 MIC 值≤临界值（附录 D），若通过 WGS 分析未发现选定抗菌药物的耐药基因，则认为菌株不具有获得性耐药；若通过 WGS 分析检测到选定抗菌药物的耐药基因时，应评估耐药基因变为活性基因的可能性（如与活性基因序列进行比较等），并进行综合判断菌株是否具有获得性耐药。

5.4.3.2　当测定的 MIC 值＞临界值（附录 D），若通过 WGS 分析未发现与选定抗菌药物表型相关的已知耐药基因，则认为菌株不具有获得性耐药；若通过 WGS 分析检测到与抗菌药物表型直接相关的已知耐药基因，则认为菌株具有获得性耐药。

5.4.3.3　对所有菌株，若通过 WGS 分析，发现存在除附录 D 中选定抗菌药物以外的其他 CIAs 或 HIAs 的耐药基因，则应分别测定对应抗菌药物的 MIC 值，并与文献值进行比较：

——当 MIC 值≤文献值，应评估耐药基因变为活性基因的可能性（如与活性基因序列进行比较等），并进行综合判断菌株是否具有获得性耐药；

——当 MIC 值＞文献值，则认为菌株具有获得性耐药。

5.5　抗菌药物产生

应对直接饲喂微生物和发酵制品生产菌株是否产生人或动物用抗菌药物（WHO 发布的 CIAs 或 HIAs）进行评价，已知不产生人或动物用抗菌药物的微生物菌种除外。产品生产过程中若使用任何抗菌药物，应予以说明。

应评价培养物上清液对抗菌药物敏感的参考菌株的抑菌活性。推荐 EUCAST、CLSI 等相关方法中的参考菌株，也可使用国家级菌种保藏中心的等效菌株，也可根据实际生产情况增加参考菌株。若检测结果显示拟评价菌株培养物上清液对一种或一种以上参考菌株出现抑菌活性，应对抑菌物质进行鉴定，确定其是否为人或动物用抗菌药物。

若用于发酵制品的生产菌株能产生人或动物用抗菌药物，应证明发酵制品中无抗菌药物残留。应明确说明用于抗菌药物残留检测样品的具体采样阶段。样品应来自工业化生产线，若尚无工业化产品，可采用中试产品。

5.6 生产菌株的遗传修饰

若发酵制品生产菌株为转基因微生物，应对菌株遗传修饰信息进行如下描述。

5.6.1 遗传修饰目的

说明遗传修饰的目的，以及遗传修饰后微生物表型和代谢相关的特性及其变化。

5.6.2 遗传修饰的序列特征

详细描述插入、缺失、碱基对置换或移码突变等遗传修饰的序列特征。

5.6.2.1 插入序列

转基因微生物的插入序列可来自于特定生物体，也可以通过设计获得。当插入的DNA是由不同来源的序列组合而成时，应分别提供每条序列的相关信息。

（1）来源于特定供体的DNA

提供供体生物属和种水平的分类学信息。若序列来自环境样品，应提供与其最近的直系同源基因。对插入序列的描述应包括以下内容：

——所有插入元件的核苷酸序列，包括功能注释以及所有功能元件的物理图谱；

——插入元件的结构和功能，包括编码和非编码区；

——编码蛋白质的名称，推导的氨基酸序列和功能，提供编码酶 EC 编号（如有）。

（2）设计序列

设计序列是非自然存在的基因序列，如密码子优化基因、合理设计嵌合/合成基因或包含嵌合序列的基因等。描述应包括以下内容：

——设计原理和策略；

——DNA 序列和功能元件的物理图谱；

——推导氨基酸序列和编码蛋白质的功能；

——应通过与最新数据库（如 ENA、NCBI、UniProt 等）比对，确定重组蛋白的功能结构域，并描述数据库中与插入序列相似性最高的蛋白信息。

5.6.2.2 缺失序列

对有意缺失的序列进行描述，并说明预期效果。

5.6.2.3 碱基对替换和移码突变

应对引入的碱基对替换和/或移码突变进行说明，并说明其预期效果。

5.6.3 遗传修饰结构分析

推荐采用 WGS 进行生产菌株遗传修饰结构的特征分析。

5.6.3.1 细菌遗传修饰结构分析

用于新饲料添加剂申报的，应利用 WGS 分析菌株遗传修饰的结构特征。应提供包括遗传修饰的所有基因组区域（染色体、重叠群或质粒）图谱或图示的详细说明，包括：

——插入、修饰或缺失的开放阅读框（ORF）。应详细描述每个 ORF 的基因产物信息，至少包括氨基酸序列、功能和代谢作用。重点描述引入的关注基因，包括毒力/产毒、产临床相关抗菌药物、耐药性等相关基因。

——插入、缺失、修饰的非编码序列。对序列（如启动子、终止子等）的作用和功能进行描述。

可通过比较转基因微生物与未经修饰的受体菌株的 WGS 完成上述分析。应对用于分析和比较的序列/数据库及方法进行详细说明。

5.6.3.2 酵母或丝状真菌遗传修饰结构分析

对于可获得 WGS 的酵母或丝状真菌，按照 5.6.3.1 进行遗传修饰结构分析。

对于无法获得 WGS 的酵母或丝状真菌，应对遗传修饰的所有步骤进行描述。所提供的信息应能识别所有可能引入受体微生物中的遗传物质。主要包括载体特征、遗传修饰过程、残留的载体或供体 DNA 结构及关注基因。

（1）载体特征

描述载体的来源和类型（质粒、噬菌体、病毒、转座子），若使用了辅助质粒，也应予以描述；提供所有功能元件和其他载体元件位置图谱，并对该图谱进行详细阐述，用以标识每个元件，包括编码和非编码序列、复制和转移的位点、调控元件、耐药基因及其大小、来源和作用等信息。

（2）遗传修饰过程信息

应对遗传修饰过程进行详细描述，包括 DNA 插入、缺失、替换或改造至受体的方法，以及筛选转基因微生物的方法；说明引入的 DNA 在微生物中的存在位置，明确插入基因是否在载体上，或是插入到染色体和/或真核微生物的细胞器（如线粒体）中。

（3）转基因微生物中残留的载体和/或供体核酸结构

详细说明实际插入、替换或修饰序列的位置图谱；对于序列缺失的情况，必须提供缺失区域的大小和功能。

（4）关注基因

对插入到转基因微生物中的任何关注基因进行明确说明。

若在遗传修饰过程中可能引入关注基因（包括遗传修饰过程中使用的载体、辅助质粒以及用于转化的质粒/复制子序列中的关注基因），应通过检测证明转基因微生物中不存在该关注基因。

检测应采用适宜的方法，如 Southern 杂交或 PCR。

——Southern 杂交应设置适宜的阳性和阴性对照。应说明所使用探针的长度、位置，琼脂糖凝胶中 DNA 的上样量及印迹前的凝胶图像。阳性对照的浓度应为生产菌株每个基因组中靶片段的 1～10 个拷贝。若使用多个探针，则应采用独立的试验分别进行测定。

——PCR 扩增应设置阳性对照和阴性对照。阳性对照应包括两种：含有遗传修饰过程中引入的关注基因的对照；用于排除 PCR 抑制的对照。

5.7 发酵制品中无生产菌株活细胞评价

发酵制品中应不含有生产菌株活细胞。应详细描述生产过程中去除或灭活微生物的处理工艺步骤，并通过检测证明发酵制品中无生产菌株活细胞。

采用可培养方法检测产品中是否存在生产菌株活细胞。具体的样品采集、样品前处理、培养条件、质控试验和鉴定确认要求见附录 E。

对于由相同上游发酵工艺（包括发酵、提取等）生产的中间产品，经不同后处理工艺（如与载体或稀释剂混合、包被等）获得的不同配方添加剂产品，应至少对发酵中间产品进行评价。若为不同发酵生产体系生产的产品，应对每个产品分别评价。

5.8 发酵制品中生产菌株 DNA 检测

以下两类发酵制品应开展生产菌株 DNA 残留检测：

（1）生产菌株为非转基因微生物，但携带获得性耐药基因的；

（2）生产菌株为转基因微生物。

采用特异 PCR 方法对生产菌株特定 DNA 片段（如获得性耐药基因、遗传修饰目的基因）进行检测。特异 PCR 方法涉及的样品采集、DNA 提取、PCR 扩增和质控要求见附录 F。

6 结果判定

本部分仅涉及微生物（直接饲喂微生物和发酵制品生产菌株）相关安全性评价结果。

6.1 直接饲喂微生物

6.1.1 细菌

——不具有获得性耐药、不产生临床相关抗菌药物、无致病性/产毒能力的菌株判定为无危害。

——具有获得性耐药的菌株判定为具有危害，对靶动物和添加剂暴露物种具有风险，不建议用于直接饲喂微生物的生产。

——具有致病性/产毒能力，或产生人或动物用抗菌药物的菌株判定为具有危害，对敏感靶动物和添加剂暴露物种具有风险，不建议用于直接饲喂微生物的生产。

6.1.2 酵母和丝状真菌

——无致病性/产毒能力且不产生临床相关抗菌药物的菌株判定为无危害。

——具有致病性/产毒能力，或产生人或动物用抗菌药物的菌株判定为具有危害，对敏感靶动物和添加剂暴露物种具有风险，不建议用于直接饲喂微生物的生产。

6.2 非转基因发酵制品生产菌株

6.2.1 细菌

——不具有获得性耐药、不产生临床相关抗菌药物、无致病性/产毒能力的生产菌株判定为无危害，发酵制品无生产菌株引起的风险。

——具有获得性耐药的生产菌株判定为具有危害。若生产菌株携带获得性耐药基因，并且在发酵制品中检测到长度足以覆盖耐药基因的完整 DNA 片段，则发酵制品对靶动物和暴露物种具有风险，不建议该菌株用于发酵制品的生产；若发酵制品中未检出生产菌株相关耐药基因 DNA 片段，则认为不具有风险。

——具有产毒能力，或产生临床相关抗菌药物的生产菌株判定为具有危害，发酵制品对敏感靶动物和暴露物种具有风险，不建议该菌株用于发酵制品的生产，除非证明发酵制品中不存在相关毒素或抗菌药物。

6.2.2 酵母和丝状真菌

——不产生临床相关抗菌药物且无致病性/产毒能力的生产菌株判定为无危害，发酵制品无生产菌株引起的风险。

——具有产毒能力，或产生临床相关抗菌药物的生产菌株判定为具有危害，发酵制品对敏感靶动物和暴露物种具有风险，不建议该菌株用于发酵制品的生产，除非证明发酵制品中不存在相关毒素或抗菌药物。
6.3 转基因发酵制品生产菌株
6.3.1 细菌
——不具有获得性耐药、不产生临床相关抗菌药物、无致病性/产毒能力、遗传修饰未引入/改变关注基因，且按照5.8所述方法，在发酵制品中未检出生产菌株重组DNA的生产菌株判定为无危害，发酵制品无生产菌株引起的风险。
——具有获得性耐药的生产菌株判定为具有危害。若发酵制品生产菌株携带获得性耐药基因，并在发酵制品中检测到耐药基因的完整DNA片段，则发酵制品对靶动物和暴露物种具有风险，不建议该菌株用于发酵制品的生产；若发酵制品中未检出生产菌株相关耐药基因DNA片段，则认为不具有风险。
——若生产菌株具有产毒能力，或产生临床相关抗菌药物，则菌株判定为具有危害，发酵制品对敏感靶动物和暴露物种具有风险，不建议该菌株用于发酵制品的生产，除非证明发酵制品中不存在相关毒素或抗菌药物。
6.3.2 酵母和丝状真菌
——无致病性/无产毒能力、不产生临床相关抗菌药物、遗传修饰未引入/改变关注基因，且按照5.8所述方法，在发酵制品中未检出生产菌株重组DNA的菌株判定为无危害，发酵制品无生菌株引起的风险。
——具有产毒能力，或产生临床相关抗菌药物的生产菌株判定为具有危害，发酵制品对敏感靶动物和暴露物种具有风险，不建议该菌株用于发酵制品的生产，除非证明发酵制品中不存在相关毒素或抗菌药物。

附录 A

屎肠球菌致病性评价方法

屎肠球菌（*E. faecium*）包括两个类群。其中一个类群主要为分离自健康个体粪便的菌株，其特征是对氨苄西林敏感。另一个类群主要为临床分离株，其特征是对氨苄西林耐药。屎肠球菌致病性评价中，除对氨苄西林耐药性进行评价外，致病岛标记基因 *esp*、类糖基水解酶基因 *hyl*Efm 和标记物 IS*16* 也是屎肠球菌评价的关注点。

按照5.4.1的方法测定氨苄西林对屎肠球菌的MIC值。

——若MIC值＞2mg/L，则认为该菌株对氨苄西林耐药，判定菌株具有致病性。

——若MIC值≤2mg/L，则认为该菌株对氨苄西林敏感，还应利用WGS分析是否含有遗传元件 *esp*、*hyl*Efm 和 IS*16*。若未检测到上述三种遗传元件，则判定该菌株不具有致病性危害。若检测到上述三种遗传元件中的一种或多种，则判定该菌株具有致病性。

附录 B

芽孢杆菌致病性评价方法

蜡样芽孢杆菌群（*Bacillus cereus* group）菌种普遍存在产毒能力，不建议将其用于直接饲喂微生物和发酵制品生产。如确需使用,应对菌株进行动物致病性试验和 WGS 分析。若动物致病性试验显示受试物组动物在试验期间出现中毒症状或死亡,或试验期间体重等指标与对照组相比有显著性差异时,则判定菌株具有致病性。若无动物致病性,但 WGS 分析发现菌株具有肠毒素的编码基因(如非溶血性肠毒素基因 nhe、溶血素 BL 基因 hbl 和细胞毒素 K 基因 $cytK$)及呕吐素合成酶基因 ces 或相似基因,则判定菌株具有致病性,除非能证明该基因不具有功能性。

对于蜡样芽孢杆菌群($B. cereus$ group)以外的其他芽孢杆菌($Bacillus$ spp.),应通过开展动物致病性试验或细胞毒性试验评价菌株致病性。细胞毒性试验方法如下:

B.1 供试品制备

将菌株接种于脑心浸液肉汤(BHI)培养基中,30℃培养 6h 至细胞浓度达到 10^8 CFU/mL 以上,15 000 r/min 室温离心 5min,吸取上清液作为供试品备用。

B.2 Vero 细胞检测

将 Vero 细胞接种至添加 5% 胎牛血清的最小必需培养液(MEM),于 24 孔板中培养 2~3d,确认 Vero 细胞融合后去除培养液,用 1mL 预热(37℃)的 MEM 培养液洗涤细胞 1 次。按如下步骤开始检测:

——每孔中依次加入 1mL 预热(37℃)的低亮氨酸培养液和 100μL 供试品,37℃孵育 2h。

低亮氨酸培养液配制:在 400mL MEM 培养液中分别添加 200mmol/L 的 L-谷氨酰胺 10mL 和 500mmol/L 的 N-(2-羟乙基)哌嗪-N'-2-乙烷磺酸(HEPES)缓冲液(pH 7.7)40mL,加水定容至 1L,过滤除菌并分装备用。

——去除含有供试品的低亮氨酸培养液,每孔加入 1mL 预热(37℃)的低亮氨酸培养液,洗涤 1 次。

——将 8mL 预热(37℃)的低亮氨酸与 16μL ^{14}C-亮氨酸(比活度>300mCi/mmol/L)混合,每孔中加入 300μL 上述混合物(每孔含 25~100nCi ^{14}C-亮氨酸),37℃孵育 1 h。

——去除放射性培养液,每孔中加入 5% 三氯乙酸 1mL,室温放置 10min。去除三氯乙酸,每孔加入 1mL 5% 三氯乙酸,洗涤 2 次。

——去除三氯乙酸,每孔加入 100mmol/L 氢氧化钾 300μL,室温放置 10min。将每孔中的混合物转移至含有 2mL 闪烁液的闪烁管中,涡旋混匀,使用闪烁计数器计数 1min 放射性。

——未添加供试品的 Vero 细胞作为阴性对照。可使用具有已知细胞毒性的蜡样芽孢杆菌菌株的表面活性素(或培养物上清液)作为阳性对照。

按以下公式进行蛋白质合成抑制率计算:

$$蛋白质合成抑制率 = \frac{阴性对照放射性 - 测试样品放谢性}{阴性对照放射性} \times 100\%$$

若蛋白质合成抑制率高于 20%,则判定菌株具有细胞毒性。

也可使用荧光分光光度计测量 Vero 细胞悬浮液的碘化丙啶染色法进行细胞毒性试

验。该方法使用培养 2d 的单层融合 Vero 细胞。用含碘化丙啶（5μg/mL）的 2mL EC 缓冲液（含 135mmol/L 氯化钠、15mmol/L HEPES、1mmol/L 氯化镁、1mmol/L 氯化钙和 10mmol/L 葡萄糖，用 Tris 调节至 pH 7.0~7.1）将细胞调节至终浓度 10^6 个/mL 的悬液，置于 1 cm 石英比色皿中，37℃恒温保存。向上述细胞悬液中加入 100μL 供试品，使用磁力搅拌器和搅拌子连续混合细胞，在 575/615nm 的激发/发射波长和 5nm 狭缝条件下，每隔 30s 进行荧光连续检测。若检测结果超过阳性对照（通常为使用清洗剂处理的细胞）荧光/吸光度 20% 以上，则认为菌株具有细胞毒性。通常情况下，结果无需去除背景荧光。

附录 C

数据检索要求

文献数据应以结构化方式进行检索。申请人应尽可能检索所有相关信息源，并说明采用该信息源的理由。应对文献数据库（至少包括农业、医学数据库）中以期刊、报告、会议记录和书籍等形式记录的文献进行全面检索。此外，还应考虑文献数据库以外的信息源，如全文期刊的参考文献列表、会议或组织机构网站等。

文献检索至少应涵盖最近 20 年的相关信息源。相关文献列表应通过参考文献管理软件进行编辑并提交。对重要文献应提供复印件。用于新饲料添加剂申报的，申请者必须确保提交的出版物或信息满足其版权所有者规定的条款。

应详细记录并提交检索方法，相关内容如下：

（1）对于数据库检索，至少应包括：
——数据库名称和服务提供者；
——检索日期和检索时间范围；
——检索中使用的任何限制条件，如语言或出版状态；
——完整的检索策略（所有项目和设置条件组合）和检索得到的记录数量。

（2）文献数据库以外的检索，至少应包括：
a）网站和期刊目录检索
——信息源名称（即网站名称。若检索特定目录，提供期刊名称）；
——网址；
——检索日期和检索时间范围。若检索目录，提供检索日期、卷号和期号；
——检索方法，如浏览、使用搜索引擎或扫描表；
——检索中使用的任何限制条件（如出版物类型）；
——检索项目和检索到的相关摘要或全文数量。

b）参考文献列表检索
——已扫描参考文献列表文件的书目详情；
——检索到的参考文献数量。

附录 D 细菌不同抗菌药物的临界值 (Cut-off value)

单位：mg/L

抗菌药物 Antibacterials 细菌 Bacteria	青霉素类 Penicillins 氨苄西林 Ampicillin	糖肽类 Glycopeptides 万古霉素 Vancomycin	氨基糖苷类 Aminoglycosides			大环内酯和酮内酯类 Macrolides and ketolides		林可酰胺类 Lincosamides 克林霉素 Clindamycin	四环素类 Tetracyclines 四环素 Tetracycline	酰胺醇类 Amphenicols 氯霉素 Chloramphenicol	喹诺酮类 Quinolones 环丙沙星 Ciprofloxacin	多粘菌素类 Polymyxins 粘菌素 Colistin	磷酸类衍生物 Phosphonic acid derivatives 磷霉素 Fosfomycin
			庆大霉素 Gentamicin	卡那霉素 Kanamycin	链霉素 Streptomycin	红霉素 Erythromycin	泰乐菌素 Tylosin						
专性同型发酵乳杆菌[a] Lactobacillus Obligate homofermentative	2	2	16	16	16	1	n.r.	4	4	4	n.r.	n.r.	n.r.
嗜酸乳杆菌群 Lactobacillusacidophilus group	1	2	16	64	16	1	n.r.	4	4	4	n.r.	n.r.	n.r.
专性异型发酵乳杆菌[b] Lactobacillus Obligate heterofermentative	2	n.r.	16	64	64	1	n.r.	4	8[c]	4	n.r.	n.r.	n.r.
罗伊氏粘液乳杆菌 Limosilactobacillus reuteri（原罗伊氏乳杆菌 Lactobacillus reuteri）	2	n.r.	8	64	64	1	n.r.	4	32	4	n.r.	n.r.	n.r.
兼性异型发酵乳杆菌[d] Lactobacillus facultative heterofermentative	4	n.r.	16	64	64	1	n.r.	4	8	4	n.r.	n.r.	n.r.

（续表）

抗菌药物 Antibacterials 细菌 Bacteria	青霉素类 Penicillins 氨苄西林 Ampicillin	糖肽类 Glycopeptides 万古霉素 Vancomycin	氨基糖苷类 Aminoglycosides			大环内酯和酮内酯类 Macrolides and ketolides		林可酰胺类 Lincosamides 克林霉素 Clindamycin	四环素类 Tetracyclines 四环素 Tetracycline	酰胺醇类 Amphenicols 氯霉素 Chloramphenicol	喹诺酮类 Quinolones 环丙沙星 Ciprofloxacin	多粘菌素类 Polymyxins 粘菌素 Colistin	磷酸类衍生物类 Phosphonic acid derivatives 磷霉素 Fosfomycin
			庆大霉素 Gentamicin	卡那霉素 Kanamycin	链霉素 Streptomycin	红霉素 Erythromycin	泰乐菌素 Tylosin						
植物乳植物杆菌 Lactiplantibacillus plantarum（原植物乳杆菌 Lactobacillus plantarum）/戊糖乳植物杆菌 Lactiplantibacillus pentosus（原戊糖乳杆菌 Lactobacillus pentosus）	2	n.r.	16	64	n.r.	1	n.r.	4	32	8	n.r.	n.r.	n.r.
鼠李糖乳酪杆菌 Lacticaseibacillus rhamnosus（原鼠李糖乳杆菌 Lactobacillus rhamnosus）	4	n.r.	16	64	32	1	n.r.	4	8	4	n.r.	n.r.	n.r.
干酪乳酪杆菌 Lacticaseibacillus casei（原干酪乳杆菌 Lactobacillus casei）/类干酪乳酪杆菌 Lacticaseibacillus paracasei（原类干酪乳杆菌 Lactobacillus paracasei）	4	n.r.	32	64	64	1	n.r.	4	4	4	n.r.	n.r.	n.t.
双歧杆菌属 Bifidobacterium sp.	2	2	64	n.r.	128	1	n.r.	1	8	4	n.r.	n.r.	n.r.
片球菌属 Pediococcus sp.	4	n.r.	16	64	64	1	n.r.	1	8	4	n.r.	n.r.	n.r.
明串珠菌属 Leuconostoc sp.	2	n.r.	16	16	64	1	n.r.	1	8	4	n.r.	n.r.	n.r.
乳酸乳球菌 Lactococcus lactis	2	4	32	64	32	1	n.r.	1	4	8	n.r.	n.r.	n.r.
嗜热链球菌 Streptococcus thermophilus	2	4	32	n.r.	64	2	n.r.	2	4	4	n.r.	n.r.	n.r.

(续表)

抗菌药物 Antibacterials 细菌 Bacteria	青霉素类 Penicillins 氨苄西林 Ampicillin	糖肽类 Glycopeptides 万古霉素 Vancomycin	氨基糖苷类 Aminoglycosides			大环内酯和酮内酯类 Macrolides and ketolides		林可酰胺类 Lincosamides 克林霉素 Clindamycin	四环素类 Tetracyclines 四环素 Tetracycline	酰胺醇类 Amphenicols 氯霉素 Chloramphenicol	喹诺酮类 Quinolones 环丙沙星 Ciprofloxacin	多粘菌素类 Polymyxins 粘菌素 Colistin	磷酸类衍生物类 Phosphonic acid derivatives 磷霉素 Fosfomycin
			庆大霉素 Gentamicin	卡那霉素 Kanamycin	链霉素 Streptomycin	红霉素 Erythromycin	泰乐菌素 Tylosin						
芽孢杆菌属 Bacillus sp.	n.r.	4	4	8	8	4	n.r.	4	8	8	n.r.	n.r.	n.r.
丙酸杆菌属 Propionibacterium sp.	2	4	64	64	64	0.5	n.r.	0.25	2	2	n.r.	n.r.	n.r.
尿肠球菌 Enterococcus faecium	2	4	32	1 024	128	4	4	4	4	16	n.r.	n.r.	n.r.
棒杆菌属和其他革兰氏阳性菌 Corynebacterium and other Gram-positive	1	4	4	16	8	1	n.r.	4	2	4	n.r.	n.r.	n.r.
肠杆菌科 Enterobacteriaceae	8	n.r.	2	8	16	n.r.	n.r.	n.r.	8	n.r.	0.06	2	8

注：n.r. 无需测定。

a 包括德氏乳杆菌 Lactobacillus delbrueckii、瑞士乳杆菌 Lactobacillus helveticus；
b 包括发酵粘液乳杆菌 Limosilactobacillus fermentum（原发酵乳杆菌 Lactobacillus fermentum）；
c 布氏迟缓乳杆菌 Lentilactobacillus buchneri（原布氏乳杆菌 Lactobacillus buchneri）的四环素临界值为 128mg/L；
d 包括同型发酵的唾液联合乳杆菌 Ligilactobacillus salivarius（原唾液乳杆菌 Lactobacillus salivarius）。

附录 E
发酵制品中无生产菌株活细胞评价方法

E.1 样品采集

每个发酵制品产品至少取 3 个批次，每个批次至少取 3 个样品进行检测。样品应从工业化生产线采集，记录采样点所处的具体生产阶段。若尚无工业化产品，可采用中试产品，但应明确中试生产工艺（发酵及后处理工艺）具有工业化生产工艺的代表性。

E.2 样品前处理

每个样品至少取 10g（mL）进行前处理后制备检液。如固体样品：称取 10g，加入 90mL 灭菌生理盐水，充分振荡混匀，使其分散混悬，静置后，取上清液作为 1∶10 稀释的检液。水溶性液体样品：用灭菌吸管吸取 10mL 样品，加入 90mL 灭菌生理盐水，混匀后制成 1∶10 稀释的检液。至少取 10mL 上述检液进行生产菌株活细胞培养检测。用于培养检测的检液中至少含有 1g（mL）样品。

E.3 培养条件

采用可培养的方法分析发酵制品中生产菌株活细胞存在情况。选择适宜的培养条件（包括培养基、培养温度和时间等），确保生产菌株活细胞生长。应使用最小选择压力的培养基（如常用于培养革兰氏阴性细菌和芽孢杆菌的胰蛋白胨大豆琼脂培养基、常用于培养酵母的麦芽浸粉琼脂培养基、常用于培养丝状真菌的马铃薯葡萄糖琼脂培养基等），延长培养时间（至少长于两倍常规培养时间）使受损细胞恢复。若菌株能形成芽孢，应采用适宜的萌发程序（如细菌热处理），使其萌发后进行后续培养。

E.4 质控试验

培养检测时，每批次样品应设置阳性对照，即在每批次其中 1 个样品中接种较低数量的生产菌株活细胞（如每个平板 10～1 000 个菌落），以证明所用培养基和培养条件适合于产品中生产菌株活细胞的生长。

应考虑检测方法的特异性，以避免样品中污染菌的干扰。

E.5 鉴定确认

样品经培养后，若平板上长出与阳性对照形态相似的菌落，应通过鉴定确认其是否为生产菌株。

附录 F
发酵制品中生产菌株 DNA 检测方法

F.1 样品采集

每个发酵制品产品至少取 3 个批次，每个批次至少取 3 个样品进行检测。样品应从工业化生产线采集，记录采样点所处的具体生产阶段。若尚无工业化产品，可采用中试产品，但应明确中试生产工艺（发酵及后处理工艺）具有工业化生产工艺的代表性。

F.2 DNA 提取

至少从 1g（mL）样品中提取 DNA。若上游发酵中间产品浓度高于终产品浓度，可使用上游发酵中间产品提取 DNA。对于相同上游发酵工艺生产的中间产品，经不同后处理工艺获得的不同配方添加剂产品，应对浓度最高的产品进行检测。若为不同发酵生产体系生产的产品，应对每个添加剂产品分别进行检测。

应采用适合于生产菌株各类细胞形式（如营养细胞、芽孢）的 DNA 提取方法，确保能从产品中提取到可能残留的 DNA。

F.3 特异 PCR 扩增

针对生产菌株的特定 DNA 片段设计特异性引物，通过 PCR 检测生产菌株 DNA 是否存在。应详细描述生产菌株的特定 DNA 片段、特异性引物、聚合酶以及扩增条件等信息。

若生产菌株含有耐药基因（无论其是否为转基因微生物），所设计引物的扩增产物应覆盖耐药基因的完整 DNA 片段。

若生产菌株为不含耐药基因的转基因微生物，所设计引物应针对遗传修饰目的基因，其扩增产物不超过 1Kb。

F.4 质控

PCR 检测时应当包括以下对照和灵敏度测试：

——将直接从生产菌株中提取的总 DNA 作为 PCR 扩增的阳性对照；

——将直接从生产菌株提取的总 DNA 梯度稀释后，分别添加至样品中，提取 DNA 并进行 PCR 扩增，计算检测限；

——将直接从生产菌株提取的总 DNA 作为排除 PCR 抑制的阳性对照，即将直接从生产菌株提取的总 DNA 添加至从样品中提取的 DNA 中进行 PCR 扩增，以检查样品 DNA 中是否存在导致 PCR 失败的因素，如存在 PCR 抑制剂、核酸酶等；

——不含样品 DNA 的阴性对照；

——检测阈值应不高于 10ng DNA/g（mL）样品。

附录 G

缩略词

BHI	Brain Heart Infusion Broth，脑心浸液肉汤	
ces	cereulidesynthetase gene，呕吐素合成酶基因	
CFU	Colony Forming Unit，菌落形成单位	
CIA	Critically Important Antimicrobial，极为重要抗菌药物	
CLSI	Clinical and Laboratory Standard Institute，美国临床和实验室标准协会	
cytK	cytotoxin K gene，细胞毒素 K 基因	
esp	enterococcal surface protein gene，肠球菌表面蛋白基因	
EUCAST	European Committee on Antimicrobial Susceptibility Testing，欧洲抗微生物药敏感试验委员会	
DNA	Deoxyribonucleic Acid，脱氧核糖核酸	
hbl	hemolysin BL gene，溶血素 BL 基因	
HEPES	4－(2－Hydroxyethyl) piperazine－1－ethanesulfonic acid，N－2－羟乙基哌嗪－N'－2－乙磺酸	
HIA	Highly Important Antimicrobial，高度重要抗菌药物	
*hyl*Efm	Putative glycosyl hydrolases gene of *Enterococcus faecium*，屎肠球菌类糖基水解酶基因	
ICSP	International Committee on Systematics of Prokaryotes，原核生物系统学国际委员会	
ICNP	International Code of Nomenclature of Prokaryotes，原核生物国际命名法规	
ICN	International Code of Nomenclature for algae, fungi, and plants，国际藻类、真菌和植物命名法规	
IS*16*	Insertion sequence 16，插入序列 16	
ISO	International Organization for Standardization，国际标准化组织	
ITS	Internal Transcribed Spacer，核糖体 rDNA 翻译间隔序列	
LSM	LAB susceptibility test medium，乳酸菌药物敏感性试验培养基	
MEM	Minimum Essential Medium，最低必需培养基	
MIC	Minimum Inhibitory Concentration，最低抑菌浓度	
nhe	non－hemolytic enterotoxin gene，非溶血性肠毒素基因	
ORF	Open Reading Frames，开放阅读框	
PCR	Polymerase Chain Reaction，聚合酶链式反应	
WGS	Whole Genome Sequence，全基因组序列	
WHO	World Health Organization，世界卫生组织	

附录 H

相关网址

BUSCO	http：//busco. ezlab. org
CARD	https：//card. mcmaster. ca
CGE	http：//www. genomicepidemiology. org
ENA	http：//www. ebi. ac. uk/ena
NCBI	https：//www. ncbi. nlm. nih. gov
CLSI	http：//www. clsi. org
PAI DB	http：//www. paidb. re. kr/about _ paidb. php
ResFinder	https：//cge. cbs. dtu. dk/services/ResFinder
UniProt	http：//www. uniprot. org
VFDB	http：//www. mgc. ac. cn/VFs/main. htm

植物提取物类饲料添加剂申报指南

农办牧〔2023〕2号

1 适用范围

1.1 本指南规定了植物提取物类饲料添加剂申报的基本原则、术语和定义、分类和材料要求等。

1.2 本指南适用于申请新饲料添加剂证书以及饲料添加剂扩大适用范围、含量规格低于饲料添加剂安全使用规范等规范性文件要求（由饲料添加剂与载体或者稀释剂按照一定比例配制的除外）、生产工艺发生重大变化、纳入《饲料添加剂品种目录》等事项。

1.3 申请进口含有我国尚未批准使用的植物提取物类饲料添加剂产品参照本指南执行。

2 基本原则

2.1 研制植物提取物类饲料添加剂，应遵循科学、安全、有效、环保的原则，保证产品的质量安全。

2.2 应基于当前的科学认知，结合植物提取物的具体特征，运用物理、化学和（或）生物学等技术、方法，建立有效反映植物提取物类饲料添加剂质量的评价方法，以确保质量可控。

2.3 申报产品应由申报单位研制并在中试车间或生产线生产。开展评价试验、检验、检测等的受试物应与申报产品一致。

2.4 转基因植物来源的产品，应提供来源植物的农业转基因生物安全证书。

2.5 鼓励研制者从"不同部位、不同组分、不同作用机制"三个维度研发创制植物提取物类饲料添加剂。植物提取物类饲料添加剂取得新饲料添加剂证书后，不再受理相同产品的新饲料添加剂证书申请，也不受理含量规格低于在监测期内相同产品的申请。相同产品指来源于同种植物的相同部位，采用同类工艺提取，有效组分相似，且含量规格相近的产品。有效组分含量规格高出现有植物提取物类饲料添加剂产品50%及以上的（有效组分为多种物质的，以合计含量计），视为不同产品。

3 术语和定义

以下术语和定义适用于本指南。

3.1 饲用植物

指《饲料原料目录》中收录的植物。

《饲料原料目录》中的食用菌和藻类，以及具有传统食用习惯的食品、按照传统既是食品又是中药材的物质和新食品原料的来源植物可参照饲用植物提供申报材料。

3.2 其他植物

指饲用植物以外的植物。

3.3 植物提取物类饲料添加剂

以单一植物的特定部位或全植株为原料，经过提取和（或）分离纯化等过程，定向获取和浓集植物中的某一种或多种成分，一般不改变植物原有成分结构特征，在饲料加工、制作、使用过程中添加的少量或者微量物质。包括纯化提取物、组分提取物和简单提取物。产品形态可以为固态、液态和膏状。

3.4 纯化提取物

指植物经过提取、分离和纯化等过程得到的单一成分产品，单一成分的含量应占提取物的90%（以干基计）及以上。

3.5 组分提取物

指植物经过提取、分离和（或）纯化得到可定性的有效组分混合物产品，以类组分或多个有效成分进行量化质控标示。

3.6 简单提取物

指植物经过提取、浓缩和（或）干燥，未经分离纯化得到的产品，以代表性质量标示物进行量化质控标示。

3.7 有效成分

植物提取物中具有特定的生物活性、能代表其应用效果的单一成分。

3.8 有效组分

植物提取物中具有特定的生物活性、能代表其应用效果的多个有效成分，或一组、多组类组分。

3.9 类组分

类组分为一组结构相似化合物组成的混合物。

3.10 质量标示物

指用于对简单提取物进行质量控制且可进行定性鉴别和定量测定的特征成分或类组分。可从植物提取物特征图谱的特征峰中选取一个或多个主要成分作为质量标示物。

4 申报材料要求

植物提取物类饲料添加剂产品申报材料应按照以下要求及植物提取物类饲料添加剂申报分类及材料要求表（见附件）提供。评审通过的简单提取物类植物提取物由农业农村部公告作为饲料添加剂生产和使用，但不发新饲料添加剂证书。

4.1 申报材料摘要

围绕产品的安全性、有效性、质量可控性、生产工艺以及对环境的影响等方面进行简要概述。摘要内容应可公开。

4.2 产品名称及命名依据、类别

4.2.1 产品通用名称及命名依据

通用名称应能反映产品真实属性，并在申报材料中统一使用该名称，一般应包含有效成分或类组分、来源植物等相关信息。

有效成分名称应符合国内相关标准（例如：药典、国家标准和行业标准）或国际组织

（例如：国际纯粹化学和应用化学联合会）相关标准的命名原则。有美国化学文摘（CAS）登记号的应予提供。

（1）纯化提取物

以有效成分命名，并注明来源植物的中文名，如：绿原酸（源自山银花）。

（2）组分提取物

以来源植物的中文名（必要时可注明部位）加"提取物"命名，并注明有效组分中的2～3个主要有效成分和（或）类组分。如：紫苏籽提取物（有效组分为α-亚油酸、亚麻酸、黄酮）。

（3）简单提取物

以来源植物的中文名（必要时可注明部位）加"提取物"命名，不需注明有效组分。如：杜仲叶提取物。

4.2.2　产品的商品名称

商品名称为产品在市场销售时拟采用的名称，如没有的可不提供。

4.2.3　产品类别

《饲料添加剂品种目录》增设"植物提取物"类别。产品可纳入该类别，也可根据实际功能，参照《饲料添加剂品种目录》设立的类别名称填写。

4.3　产品研制目的

重点阐述产品研制背景、研究进展、研制目标、产品功能、国内外在饲料和相关行业批准使用情况、产品的先进性和应用前景等。

4.4　产品组分及其鉴定报告、理化性质及安全防护信息

4.4.1　产品组分

指产品的全部或主要组成成分，包括有效成分（有效组分或质量标示物）及其他组分。

（1）有效组分及其含量

含量以％、g/kg、mg/kg等国际通用单位表示。

纯化提取物：应提供有效成分及其含量。给出有效成分通用名称、化学名称、CAS登记号（如有需提供）、分子式、化学结构式和分子量。

组分提取物：应提供有效组分中有效成分或类组分及其含量。有效成分或类组分中各成分为化学上可定义的物质，参照纯化提取物进行描述；不能以单一化学式描述或不能被完全鉴定的，应给出组分类别，或通过适当方式表征。

简单提取物：应提供质量标示物及其含量。质量标示物描述参照组分提取物。

（2）其他组分及其含量

应说明除有效组分外的其他组分及其含量。添加载体的，应提供名称及其配方量。

其他组分不能以单一化学式描述或不能被完全鉴定的混合物，应说明组分类别（如黄酮类），可不提供具体组分含量。

4.4.2　鉴定报告

纯化提取物中有效成分、组分提取物中有效组分和简单提取物中质量标示物为化学上可定义的物质，应准确鉴定，并说明确认试验所用主要仪器和测试方法，例如红外光谱、紫外光谱、色谱、质谱、核磁共振或化学官能团的特征反应鉴定结果。

组分提取物和简单提取物应提供包括前述有效组分和其他组分的特征图谱；必要时，纯化提取物应提供其微量组分的特征图谱。

4.4.3 外观与物理性状

固态产品应提供颜色、气味、粒径分布、堆密度或容重等数据；液态产品应提供颜色、气味、粘度、密度、表面张力等数据；膏状产品应提供颜色、气味和味道等描述。

4.4.4 有效组分理化性质

根据产品的性质，纯化提取物中有效成分、组分提取物中有效组分和简单提取物中质量标示物为化学上可定义的物质，应提供其沸点、熔点、密度、蒸汽压、折光率、比旋光度、常见溶媒中的溶解度、对光或热的稳定性、电离常数、电解性能、pKa等数据。相关信息可来自国际权威机构公开发布的数据或申请人的实测数据；组分提取物和简单提取物应提供其在常见溶媒中的溶解度。

4.4.5 产品安全防护信息

根据产品的性质，提供危害描述、泄露应急处理、操作处置与储存、接触控制与个体防护、急救措施、废弃处置等信息。

4.5 产品功能、适用范围和使用方法

4.5.1 产品功能

应说明产品的作用机制，明确其主要功能。产品功能包括改善饲料品质（如抗氧化、防霉防腐、酸度调节、调味诱食、着色等）、提高动物产品产量、改善动物产品质量、提高营养物质利用率、促进动物生长、改善动物健康等，并以试验数据或公开发表的文献资料作为支撑。

以抗病毒、抗菌、抗炎等预防或者治疗动物疾病为主要功能的不属于饲料添加剂范畴。

4.5.2 产品适用范围和使用方法

适用范围和使用方法应说明产品适用的动物种类、生产阶段、推荐用量及注意事项，必要时提供产品单独或与其他饲料添加剂共同在配合饲料或全混合日粮中添加的最高限量建议值，相关内容应有安全性和有效性评价试验数据的支撑。

4.6 生产工艺、制造方法及产品稳定性试验报告

4.6.1 生产工艺和制造方法

提供产品生产工艺流程图和工艺描述。流程图应以设备简图的方式表示，详细体现产品生产全过程；工艺描述应与流程图一一对应，重点描述原料、设备、生产过程各步骤所使用的方法和技术参数（如提取溶剂、提取次数、提取时间、温度、压力、pH值等），有中间产品控制指标的也应一并提供。

4.6.2 产品稳定性试验报告

稳定性试验包括影响因素试验、加速试验和长期稳定性试验，如涉及膨化或颗粒饲料加工，需开展膨化或制粒过程中产品的稳定性试验，并提供按照农业农村部相关技术指南开展稳定性试验的报告。

4.7 产品质量标准草案、编制说明及检验报告

4.7.1 产品质量标准草案

应按照《标准化工作导则 第1部分：标准化文件的结构和起草规则》（GB/T 1.1）、

《标准编写规则第 4 部分：试验方法标准》（GB/T 20001.4）和《标准编写规则第 10 部分：产品标准》（GB/T 20001.10）的要求进行编写。

产品质量标准应包括范围、规范性引用文件、术语和定义、化学名称和分子式等基本信息（对于纯物质）、技术要求（包括产品外观与性状、鉴别指标、理化指标等）、取样、试验方法、检验规则、标签、包装、运输、贮存、保质期和附录等。

鉴别指标项：纯化提取物应提供有效成分的鉴别指标，必要时提供其他微量组分的特征图谱；组分提取物应包括但不限于特征图谱，特征图谱应包括有效组分及其他组分；简单提取物应包括但不限于特征图谱，特征图谱应包括质量标示物及其他组分。

理化指标项：应包括但不限于有效成分（类组分或质量标示物）含量；必要的卫生指标，如重金属、真菌毒素等有毒有害物质及微生物限量。

产品质量标准的具体检测方法可采用农业农村部发布的技术指南、国家标准、行业标准或公开发布、并经全国饲料评审委员会专家组评审认为具有广泛可接受性和权威性的团体标准规定的检测方法。对于暂无规定的，应新建检测方法。

4.7.2　编制说明

应说明质量标准中的指标设置依据。技术指标的设置应符合相关法规标准要求，并与实际检测情况一致。引用国内外标准试验方法的，国际标准应提供其原文和中文译文，国内标准提供标准原文；如果是新建检测方法，应按照方法标准制定要求，提供方法主要技术内容确定的依据，包括定性定量分析方法、样品前处理方法和方法学考察等。

4.7.3　方法验证报告

对新建检测方法（含特征图谱），应提供至少 3 家具备检验资质的第三方机构出具的验证报告。定量分析方法的验证应考察线性范围、检出限、定量限、准确度和精密度等。特征图谱的方法验证应考察重复性、特征峰数和特征峰相对保留时间。

4.7.4　检验报告

由申请人自行检测或委托具备检验资质的机构出具的三个批次产品检验报告。检测项目应与质量标准一致，并采用其规定的检测方法。

4.7.5　有效组分在饲料产品中的检测方法

有最高限量要求的产品，应根据其适用对象，提供有效组分在配合饲料或全混合日粮、浓缩饲料、精料补充料和添加剂预混合饲料中的检测方法。

4.8　安全性评价材料要求

包括靶动物耐受性评价报告、毒理学安全评价报告、代谢和残留评价报告。评价试验应按照农业农村部发布的技术指南或国家标准、行业标准进行。农业农村部暂未发布指南或暂无国家标准、行业标准的，可参照世界卫生组织、经济合作与发展组织等国际权威组织发布的技术规范或指南进行。靶动物耐受性评价报告、毒理学安全评价报告、代谢和残留评价报告应由农业农村部指定的评价试验机构出具。评价报告的出具单位不得是申报产品的研制单位、生产企业，或与研制单位、生产企业存在利害关系。

纯化提取物、组分提取物和简单提取物应分类提供安全性评价材料，具体要求见附件。

4.8.1　靶动物耐受性评价报告

4.8.2　毒理学安全评价报告

包括急性毒性试验、遗传毒性试验（致突变试验）、28天经口毒性试验、亚慢性毒性试验、致畸试验、繁殖毒性试验、慢性毒性试验（包括致癌试验）等毒性评价。

4.8.3 代谢和残留评价报告

以其他植物为原料的纯化提取物应进行代谢和残留评价，但有效成分或代谢残留物是以下情形除外：

——在饲用物质中天然存在并具有较高含量；

——是动物体液或组织的正常成分；

——可被证明是原形排泄或不被吸收；

——是以体内化合物的生理模式和生理水平被吸收；

——农业农村部技术指南、国家标准或行业标准规定的数据外推情形。

4.8.4 相关文献资料

通过国内外文献数据检索，提供国内外权威机构就该产品的安全性评价报告，国内外权威刊物公开发布的就该产品安全性的文献资料，其他可证明该产品安全性的报告或文献资料。

4.9 有效性评价材料要求

4.9.1 有效性评价试验报告

提供由农业农村部指定的有效性评价试验机构出具的试验报告；靶动物有效性试验应按照农业农村部发布的技术指南或国家标准、行业标准进行。农业农村部技术指南、国家标准或行业标准规定的可以进行数据外推的情形除外。

4.9.2 特性效力试验报告

根据产品用途，提供依据技术规范或公认方法测定的特性效力的试验报告，如体外抗氧化和防霉效力的测试等。试验应选取申报产品适用饲料类别中的代表性产品进行。试验报告应由省部级及以上高等院校、科研单位或检测机构等出具。

4.9.3 相关文献资料

通过国内外文献数据检索，提供国内外权威机构就该产品靶动物有效性或特性效力的试验报告或评价报告，国内外权威刊物公开发布的就该产品靶动物有效性或特性效力的文献资料，其他可证明该产品靶动物有效性或特性效力试验的报告或文献资料。

评价报告的出具单位不得是申报产品的研制单位和发表文献的署名单位、生产企业，或与研制单位、生产企业存在利害关系。

4.10 对人体健康可能造成影响的分析报告

应根据安全性、有效性、代谢残留等数据和文献资料以及相关产品信息，参照风险评估的方法就饲料添加剂对人体健康可能造成的影响进行评估分析，形成报告。

来源植物为饲用植物的组分提取物和简单提取物不需要提供该分析报告。

4.11 标签式样、包装要求、贮存条件、保质期和注意事项

标签式样应符合《饲料和饲料添加剂管理条例》和《饲料标签》国家标准（GB 10648）的规定。包装要求、贮存条件、保质期的确定应以稳定性试验的数据为依据。

4.12 中试生产总结和"三废"处理报告

4.12.1 中试生产总结

包括中试的时间和地点，生产产品的批数（至少连续5批）、批号、批量，每批中试

产品的详细生产和检验报告，中试中发现的问题和处置措施等。

4.12.2 "三废"处理报告

应说明生产过程中产生的"三废"及处理措施。

4.13 联合申报协议书

由两个及两个以上单位联合申报的（申报单位应是共同参与产品研发的研制单位或生产企业），应提供所有联合申报单位共同签署的联合申报协议书，明确知识产权归属、申请人排序、责任划分等，并承诺不就同一产品进行重复申报。协议书由各单位法定代表人签字并加盖单位公章。

4.14 其他材料

其他应提供的证明性文件和必要材料。例如，需进一步证明申报产品安全性的试验报告。

4.15 参考资料

提供产品研究、开发和生产中参考的主要参考文献。并在引用处进行标注，重要文献应附全文，重要外文文献应提供翻译件。注明参考材料中提到的有效组分与所申请的饲料添加剂品种是否一致，并说明相关信息的详细来源，如数据库、标准、研究报告、期刊和书籍等。

附件

植物提取物类饲料添加剂申报分类及材料要求表

内容	纯化提取物		组分提取物		简单提取物	
	饲用植物	其他植物	饲用植物	其他植物	饲用植物	其他植物
饲料添加剂申请表	+	+	+	+	+	+
申报材料目录	+	+	+	+	+	+
申报材料						
一、申报材料摘要	+	+	+	+	+	+
二、产品名称及命名依据、类别						
（一）产品通用名称及命名依据	+	+	+	+	+	+
（二）产品的商品名称	*	*	*	*	*	*
（三）产品类别	+	+	+	+	+	+
三、产品研制目的	+	+	+	+	+	+
四、产品组分及其鉴定报告、理化性质及安全防护信息						
（一）产品组分						
1. 有效组分及其含量	+	+	+	+	+	+
2. 其他组分及其含量	+	+	+	+	+	+

(续表)

内容	纯化提取物		组分提取物		简单提取物	
	饲用植物	其他植物	饲用植物	其他植物	饲用植物	其他植物
（二）鉴定报告	+	+	+	+	+	+
（三）外观与物理性状	+	+	+	+	+	+
（四）有效组分理化性质	+	+	+	+	+	+
（五）产品安全防护信息	+	+	+	+	+	+
五、产品功能、适用范围和使用方法						
（一）产品功能	+	+	+	+	+	+
（二）产品适用范围和使用方法	+	+	+	+	+	+
六、生产工艺、制造方法及产品稳定性试验报告						
（一）生产工艺和制造方法	+	+	+	+	+	+
（二）产品稳定性试验报告	+	+	+	+	+	+
七、产品质量标准草案、编制说明及检验报告						
（一）产品质量标准草案	+	+	+	+	+	+
（二）编制说明	+	+	+	+	+	+
（三）方法验证报告	※	※	+	+	+	+
（四）检验报告	+	+	+	+	+	+
（五）有效组分在饲料产品中的检测方法	※	※	※	※	−	※
八、安全性评价材料要求						
（一）靶动物耐受性评价报告	+	+	±	+	−	+
（二）毒理学安全评价报告						
1. 急性毒性试验	+	+	±	+	−	+
2. 遗传毒性试验（致突变试验）	+	+	±	+	−	+
3. 28天经口毒性试验	+	+	±	+	−	+
4. 亚慢性毒性试验	+	+	±	+	−	+
5. 致畸试验	※	※	※	※	−	※
6. 繁殖毒性试验	※	※	※	※	−	※
7. 慢性毒性试验（包括致癌试验）	※	※	※	※	−	※
（三）代谢和残留评价报告	−	±	−	−	−	※
（四）相关文献资料	※	※	※	※	※	※
九、有效性评价材料要求						

（续表）

内容	纯化提取物		组分提取物		简单提取物	
	饲用植物	其他植物	饲用植物	其他植物	饲用植物	其他植物
（一）有效性评价试验报告/特性效力试验报告	+	+	+	+	±	+
（二）相关文献资料	*	*	*	*	*	*
十、对人体健康可能造成影响的分析报告	+	+	-	*	-	*
十一、标签式样、包装要求、贮存条件、保质期和注意事项	+	+	+	+	+	+
十二、中试生产总结和"三废"处理报告						
（一）中试生产总结	+	+	+	+	+	+
（二）"三废"处理报告	+	+	+	+	+	+
十三、联合申报协议书	*	*	*	*	*	*
十四、其他材料	*	*	*	*	*	*
十五、参考资料	+	+	+	+	+	+
十六、CD光盘（两份）	+	+	+	+	+	+

说明：(1)"+"指必须提供材料。

(2)"-"指不要求提供材料。

(3)"±"指可以用文献资料代替试验研究报告。包括国内外权威机构就该产品的评价报告、国内外权威刊物公开发表直接证明该产品安全性和有效性的文献资料、其他可直接证明该产品安全性和有效性的报告或文献资料；以上所指"该产品"的提取工艺和有效组分应与申请人所申报产品基本一致。

(4)"*"指必要时提供。

(5)本指南所指饲用植物使用的部位应与《饲料原料目录》中规定植物的特定部位一致。

(二）生产许可

饲料和饲料添加剂生产许可管理办法

中华人民共和国农业部令 2012 年第 3 号

（2012 年 5 月 2 日农业部令 2012 年第 3 号公布，2013 年 12 月 31 日农业部令 2013 年第 5 号、2016 年 5 月 30 日农业部令 2016 年第 3 号、2017 年 11 月 30 日农业部令 2017 年第 8 号、2022 年 1 月 7 日农业农村部令 2022 年第 1 号修订。）

第一章 总 则

第一条 为加强饲料、饲料添加剂生产许可管理，维护饲料、饲料添加剂生产秩序，保障饲料、饲料添加剂质量安全，根据《饲料和饲料添加剂管理条例》，制定本办法。

第二条 在中华人民共和国境内生产饲料、饲料添加剂，应当遵守本办法。

第三条 饲料和饲料添加剂生产许可证由省级人民政府饲料管理部门（以下简称省级饲料管理部门）核发。

省级饲料管理部门可以委托下级饲料管理部门承担单一饲料、浓缩饲料、配合饲料和精料补充料生产许可申请的受理工作。

第四条 农业农村部设立饲料和饲料添加剂生产许可专家委员会，负责饲料和饲料添加剂生产许可的技术支持工作。

省级饲料管理部门设立饲料和饲料添加剂生产许可证专家审核委员会，负责本行政区域内饲料和饲料添加剂生产许可的技术评审工作。

第五条 任何单位和个人有权举报生产许可过程中的违法行为，农业农村部和省级饲料管理部门应当依照权限核实、处理。

第二章 生产许可证核发

第六条 设立饲料、饲料添加剂生产企业，应当符合饲料工业发展规划和产业政策，并具备下列条件：

（一）有与生产饲料、饲料添加剂相适应的厂房、设备和仓储设施；

（二）有与生产饲料、饲料添加剂相适应的专职技术人员；

（三）有必要的产品质量检验机构、人员、设施和质量管理制度；

（四）有符合国家规定的安全、卫生要求的生产环境；

（五）有符合国家环境保护要求的污染防治措施；

（六）农业农村部制定的饲料、饲料添加剂质量安全管理规范规定的其他条件。

第七条 申请从事饲料、饲料添加剂生产的企业，申请人应当向生产地省级饲料管理部门提出申请。省级饲料管理部门应当自受理申请之日起 10 个工作日内进行书面审查；审查合格的，组织进行现场审核，并根据审核结果在 10 个工作日内作出是否核发生产许可证的决定。

生产许可证式样由农业农村部统一规定。

第八条 取得饲料添加剂生产许可证的企业，应当向省级饲料管理部门申请核发产品批准文号。

第九条 饲料、饲料添加剂生产企业委托其他饲料、饲料添加剂企业生产的，应当具备下列条件，并向各自所在地省级饲料管理部门备案：

（一）委托产品在双方生产许可范围内；委托生产饲料添加剂的，双方还应当取得委托产品的产品批准文号；

（二）签订委托合同，依法明确双方在委托产品生产技术、质量控制等方面的权利和义务。

受托方应当按照饲料、饲料添加剂质量安全管理规范和饲料添加剂安全使用规范及产品标准组织生产，委托方应当对生产全过程进行指导和监督。委托方和受托方对委托生产的饲料、饲料添加剂质量安全承担连带责任。

委托生产的产品标签应当同时标明委托企业和受托企业的名称、注册地址、许可证编号；委托生产饲料添加剂的，还应当标明受托方取得的生产该产品的批准文号。

第十条 生产许可证有效期为 5 年。

生产许可证有效期满需继续生产的，应当在有效期届满 6 个月前向省级饲料管理部门提出续展申请，并提交相关材料。

第三章 生产许可证变更和补发

第十一条 饲料、饲料添加剂生产企业有下列情形之一的，应当按照企业设立程序重新办理生产许可证：

（一）增加、更换生产线的；

（二）增加单一饲料、饲料添加剂产品品种的；

（三）生产场所迁址的；

（四）农业农村部规定的其他情形。

第十二条 饲料、饲料添加剂生产企业有下列情形之一的，应当在 15 日内向企业所在地省级饲料管理部门提出变更申请并提交相关证明，由发证机关依法办理变更手续，变更后的生产许可证证号、有效期不变：

（一）企业名称变更；

（二）企业法定代表人变更；

（三）企业注册地址或注册地址名称变更；

（四）生产地址名称变更。

第十三条 生产许可证遗失或损毁的，应当在 15 日内向发证机关申请补发，由发证机关补发生产许可证。

第四章 监督管理

第十四条 饲料、饲料添加剂生产企业应当按照许可条件组织生产。生产条件发生变化，可能影响产品质量安全的，企业应当经所在地县级人民政府饲料管理部门报告发证机关。

第十五条 县级以上人民政府饲料管理部门应当加强对饲料、饲料添加剂生产企业的监督检查，依法查处违法行为，并建立饲料、饲料添加剂监督管理档案，记录日常监督检查、违法行为查处等情况。

第十六条 饲料、饲料添加剂生产企业有下列情形之一的，由发证机关注销生产许可证：

（一）生产许可证依法被撤销、撤回或依法被吊销的；

（二）生产许可证有效期届满未按规定续展的；

（三）企业停产一年以上或依法终止的；

（四）企业申请注销的；

（五）依法应当注销的其他情形。

第五章 罚 则

第十七条 县级以上人民政府饲料管理部门工作人员，不履行本办法规定的职责或者滥用职权、玩忽职守、徇私舞弊的，依法给予处分；构成犯罪的，依法追究刑事责任。

第十八条 申请人隐瞒有关情况或者提供虚假材料申请生产许可的，饲料管理部门不予受理或者不予许可，并给予警告；申请人在1年内不得再次申请生产许可。

第十九条 以欺骗、贿赂等不正当手段取得生产许可证的，由发证机关撤销生产许可证，申请人在3年内不得再次申请生产许可；以欺骗方式取得生产许可证的，并处5万元以上10万元以下罚款；涉嫌犯罪的，及时将案件移送司法机关，依法追究刑事责任。

第二十条 饲料、饲料添加剂生产企业有下列情形之一的，依照《饲料和饲料添加剂管理条例》第三十八条处罚：

（一）超出许可范围生产饲料、饲料添加剂的；

（二）生产许可证有效期届满后，未依法续展继续生产饲料、饲料添加剂的。

第二十一条 饲料、饲料添加剂生产企业采购单一饲料、饲料添加剂、药物饲料添加剂、添加剂预混合饲料，未查验相关许可证明文件的，依照《饲料和饲料添加剂管理条例》第四十条处罚。

第二十二条 其他违反本办法的行为，依照《饲料和饲料添加剂管理条例》的有关规定处罚。

第六章 附 则

第二十三条 本办法所称添加剂预混合饲料，包括复合预混合饲料、微量元素预混合饲料、维生素预混合饲料。

复合预混合饲料，是指以矿物质微量元素、维生素、氨基酸中任何两类或两类以上的营养性饲料添加剂为主，与其他饲料添加剂、载体和（或）稀释剂按一定比例配制的均匀混合物,其中营养性饲料添加剂的含量能够满足其适用动物特定生理阶段的基本营养需求,在配合饲料、精料补充料或动物饮用水中的添加量不低于0.1%且不高于10%。

微量元素预混合饲料,是指两种或两种以上矿物质微量元素与载体和(或)稀释剂按一定比例配制的均匀混合物,其中矿物质微量元素含量能够满足其适用动物特定生理阶段的微量元素需求,在配合饲料、精料补充料或动物饮用水中的添加量不低于0.1%且不高于10%。

维生素预混合饲料,是指两种或两种以上维生素与载体和(或)稀释剂按一定比例配制的均匀混合物,其中维生素含量应当满足其适用动物特定生理阶段的维生素需求,在配合饲料、精料补充料或动物饮用水中的添加量不低于0.01%且不高于10%。

第二十四条 本办法自2012年7月1日起施行。农业部1999年12月9日发布的《饲料添加剂和添加剂预混合饲料生产许可证管理办法》、2004年7月14日发布的《动物源性饲料产品安全卫生管理办法》、2006年11月24日发布的《饲料生产企业审查办法》同时废止。

本办法施行前已取得饲料生产企业审查合格证、动物源性饲料产品生产企业安全卫生合格证的饲料生产企业,应当在2014年7月1日前依照本办法规定取得生产许可证。

饲料添加剂产品批准文号管理办法

中华人民共和国农业部令 2012 年第 5 号

（2012 年 5 月 2 日农业部令 2012 年第 5 号公布，2022 年 1 月 7 日农业农村部令 2022 年第 1 号修订。）

第一条 为加强饲料添加剂批准文号管理，根据《饲料和饲料添加剂管理条例》，制定本办法。

第二条 本办法所称饲料添加剂，是指在饲料加工、制作、使用过程中添加的少量或者微量物质，包括营养性饲料添加剂和一般饲料添加剂。

第三条 在中华人民共和国境内生产的饲料添加剂产品，在生产前应当取得相应的产品批准文号。

第四条 饲料添加剂生产企业为其他饲料、饲料添加剂生产企业生产定制产品的，定制产品可以不办理产品批准文号。

定制产品应当附具符合《饲料和饲料添加剂管理条例》第二十一条规定的标签，并标明"定制产品"字样和定制企业的名称、地址及其生产许可证编号。

定制产品仅限于定制企业自用，生产企业和定制企业不得将定制产品提供给其他饲料、饲料添加剂生产企业、经营者和养殖者。

第五条 饲料添加剂生产企业应当向省级人民政府饲料管理部门（以下简称省级饲料管理部门）提出产品批准文号申请，并提交以下资料：

（一）产品批准文号申请表；

（二）生产许可证复印件；

（三）产品配方、产品质量标准和检测方法；

（四）产品标签样式和使用说明；

（五）涵盖产品主成分指标的产品自检报告；

（六）申请饲料添加剂产品批准文号的，还应当提供省级饲料管理部门指定的饲料检验机构出具的产品主成分指标检测方法验证结论，但产品有国家或行业标准的除外；

（七）申请新饲料添加剂产品批准文号的，还应当提供农业农村部核发的新饲料添加剂证书复印件。

第六条 省级饲料管理部门应当自受理申请之日起 10 个工作日内对申请资料进行审查，必要时可以进行现场核查。审查合格的，通知企业将产品样品送交指定的饲料质量检验机构进行复核检测，并根据复核检测结果在 10 个工作日内决定是否核发产品批准文号。

产品复核检测应当涵盖产品质量标准规定的产品主成分指标和卫生指标。

第七条 企业同时申请多个产品批准文号的，提交复核检测的样品应当符合下列要求：

申请饲料添加剂产品批准文号的，每个产品均应当提交样品。

第八条 省级饲料管理部门和饲料质量检验机构的工作人员应当对申请者提供的需要保密的技术资料保密。

第九条 饲料添加剂产品批准文号格式为：

×饲添字（××××）××××××

×：核发产品批准文号省、自治区、直辖市的简称

（××××）：年份

××××××：前三位表示本辖区企业的固定编号，后三位表示该产品获得的产品批准文号序号。

第十条 饲料添加剂产品质量复核检测收费，按照国家有关规定执行。

第十一条 有下列情形之一的，应当重新办理产品批准文号：

（一）产品主成分指标改变的；

（二）产品名称改变的。

第十二条 禁止假冒、伪造、买卖产品批准文号。

第十三条 饲料管理部门工作人员不履行本办法规定的职责或者滥用职权、玩忽职守、徇私舞弊的，依法给予处分；构成犯罪的，依法追究刑事责任。

第十四条 申请人隐瞒有关情况或者提供虚假材料申请产品批准文号的，省级饲料管理部门不予受理或者不予许可，并给予警告；申请人在1年内不得再次申请产品批准文号。

以欺骗、贿赂等不正当手段取得产品批准文号的，由发证机关撤销产品批准文号，申请人在3年内不得再次申请产品批准文号；以欺骗方式取得产品批准文号的，并处5万元以上10万元以下罚款；涉嫌犯罪的，及时将案件移送司法机关，依法追究刑事责任。

第十五条 假冒、伪造、买卖产品批准文号的，依照《饲料和饲料添加剂管理条例》第三十七条、第三十八条处罚。

第十六条 有下列情形之一的，由省级饲料管理部门注销其产品批准文号并予以公告：

（一）企业的生产许可证被吊销、撤销、撤回、注销的；

（二）新饲料添加剂产品证书被撤销的。

第十七条 饲料添加剂生产企业违反本办法规定，向定制企业以外的其他饲料、饲料添加剂生产企业、经营者或养殖者销售定制产品的，依照《饲料和饲料添加剂管理条例》第三十八条处罚。

定制企业违反本办法规定，向其他饲料、饲料添加剂生产企业、经营者和养殖者销售定制产品的，依照《饲料和饲料添加剂管理条例》第四十三条处罚。

第十八条 其他违反本办法的行为，依照《饲料和饲料添加剂管理条例》的有关规定处罚。

第十九条 本办法自2012年7月1日起施行。1999年12月14日发布的《饲料添加剂和添加剂预混合饲料产品批准文号管理办法》同时废止。

饲料质量安全管理规范

中华人民共和国农业部令 2014 年第 1 号

（2014 年 1 月 13 日农业部令 2014 年第 1 号公布，2017 年 11 月 30 日农业部令 2017 年第 8 号修订。）

第一章　总　则

第一条　为规范饲料企业生产行为，保障饲料产品质量安全，根据《饲料和饲料添加剂管理条例》，制定本规范。

第二条　本规范适用于添加剂预混合饲料、浓缩饲料、配合饲料和精料补充料生产企业（以下简称企业）。

第三条　企业应当按照本规范的要求组织生产，实现从原料采购到产品销售的全程质量安全控制。

第四条　企业应当及时收集、整理、记录本规范执行情况和生产经营状况，认真履行饲料统计义务。

有委托生产行为的，托方和受托方应当分别向所在地省级人民政府饲料管理部门备案。

第五条　县级以上人民政府饲料管理部门应当制定年度监督检查计划，对企业实施本规范的情况进行监督检查。

第二章　原料采购与管理

第六条　企业应当加强对饲料原料、单一饲料、饲料添加剂、药物饲料添加剂、添加剂预混合饲料和浓缩饲料（以下简称原料）的采购管理，全面评估原料生产企业和经销商（以下简称供应商）的资质和产品质量保障能力，建立供应商评价和再评价制度，编制合格供应商名录，填写并保存供应商评价记录：

（一）供应商评价和再评价制度应当规定供应商评价及再评价流程、评价内容、评价标准、评价记录等内容；

（二）从原料生产企业采购的，供应商评价记录应当包括生产企业名称及生产地址、联系方式、许可证明文件编号（评价单一饲料、饲料添加剂、药物饲料添加剂、添加剂预混合饲料、浓缩饲料生产企业时填写）、原料通用名称及商品名称、评价内容、评价结论、评价日期、评价人等信息；

（三）从原料经销商采购的，供应商评价记录应当包括经销商名称及注册地址、联系方式、营业执照注册号、原料通用名称及商品名称、评价内容、评价结论、评价日期、评价人等信息；

（四）合格供应商名录应当包括供应商的名称、原料通用名称及商品名称、许可证明文件编号（供应商为单一饲料、饲料添加剂、药物饲料添加剂、添加剂预混合饲料、浓缩饲料生产企业时填写）、评价日期等信息。

企业统一采购原料供分支机构使用的，分支机构应当复制、保存前款规定的合格供应商名录和供应商评价记录。

第七条 企业应当建立原料采购验收制度和原料验收标准，逐批对采购的原料进行查验或者检验：

（一）原料采购验收制度应当规定采购验收流程、查验要求、检验要求、原料验收标准、不合格原料处置、查验记录等内容；

（二）原料验收标准应当规定原料的通用名称、主成分指标验收值、卫生指标验收值等内容，卫生指标验收值应当符合有关法律法规和国家、行业标准的规定；

（三）企业采购实施行政许可的国产单一饲料、饲料添加剂、药物饲料添加剂、添加剂预混合饲料、浓缩饲料的，应当逐批查验许可证明文件编号和产品质量检验合格证，填写并保存查验记录；查验记录应当包括原料通用名称、生产企业、生产日期、查验内容、查验结果、查验人等信息；无许可证明文件编号和产品质量检验合格证的，或者经查验许可证明文件编号不实的，不得接收、使用；

（四）企业采购实施登记或者注册管理的进口单一饲料、饲料添加剂、药物饲料添加剂、添加剂预混合饲料、浓缩饲料的，应当逐批查验进口许可证明文件编号，填写并保存查验记录；查验记录应当包括原料通用名称、生产企业、生产日期、查验内容、查验结果、查验人等信息；无进口许可证明文件编号的，或者经查验进口许可证明文件编号不实的，不得接收、使用；

（五）企业采购不需行政许可的原料的，应当依据原料验收标准逐批查验供应商提供的该批原料的质量检验报告；无质量检验报告的，企业应当逐批对原料的主成分指标进行自行检验或者委托检验；不符合原料验收标准的，不得接收、使用；原料质量检验报告、自行检验结果、委托检验报告应当归档保存；

（六）企业应当每3个月至少选择5种原料，自行或者委托有资质的机构对其主要卫生指标进行检测，根据检测结果进行原料安全性评价，保存检测结果和评价报告；委托检测的，应当索取并保存受委托检测机构的计量认证或者实验室认可证书及附表复印件。

第八条 企业应当填写并保存原料进货台账，进货台账应当包括原料通用名称及商品名称、生产企业或者供货者名称、联系方式、产地、数量、生产日期、保质期、查验或者检验信息、进货日期、经办人等信息。

进货台账保存期限不得少于2年。

第九条 企业应当建立原料仓储管理制度，填写并保存出入库记录：

（一）原料仓储管理制度应当规定库位规划、堆放方式、垛位标识、库房盘点、环境要求、虫鼠防范、库房安全、出入库记录等内容；

（二）出入库记录应当包括原料名称、包装规格、生产日期、供应商简称或者代码、入库数量和日期、出库数量和日期、库存数量、保管人等信息。

第十条 企业应当按照"一垛一卡"的原则对原料实施垛位标识卡管理，垛位标识卡应当标明原料名称、供应商简称或者代码、垛位总量、已用数量、检验状态等信息。

第十一条 企业应当对维生素、微生物和酶制剂等热敏物质的贮存温度进行监控，填写并保存温度监控记录。监控记录应当包括设定温度、实际温度、监控时间、记录人等信息。

监控中发现实际温度超出设定温度范围的，应当采取有效措施及时处置。

第十二条 按危险化学品管理的亚硒酸钠等饲料添加剂的贮存间或者贮存柜应当设立清晰的警示标识，采用双人双锁管理。

第十三条 企业应当根据原料种类、库存时间、保质期、气候变化等因素建立长期库存原料质量监控制度，填写并保存监控记录：

（一）质量监控制度应当规定监控方式、监控内容、监控频次、异常情况界定、处置方式、处置权限、监控记录等内容；

（二）监控记录应当包括原料名称、监控内容、异常情况描述、处置方式、处置结果、监控日期、监控人等信息。

第三章 生产过程控制

第十四条 企业应当制定工艺设计文件，设定生产工艺参数。

工艺设计文件应当包括生产工艺流程图、工艺说明和生产设备清单等内容。

生产工艺应当至少设定以下参数：粉碎工艺设定筛片孔径，混合工艺设定混合时间，制粒工艺设定调质温度、蒸汽压力、环模规格、环模长径比、分级筛筛网孔径，膨化工艺设定调质温度、模板孔径。

第十五条 企业应当根据实际工艺流程，制定以下主要作业岗位操作规程：

（一）小料（指生产过程中，将微量添加的原料预先进行配料或者配料混合后获得的中间产品）配料岗位操作规程，规定小料原料的领取与核实、小料原料的放置与标识、称重电子秤校准与核查、现场清洁卫生、小料原料领取记录、小料配料记录等内容；

（二）小料预混合岗位操作规程，规定载体或者稀释剂领取、投料顺序、预混合时间、预混合产品分装与标识、现场清洁卫生、小料预混合记录等内容；

（三）小料投料与复核岗位操作规程，规定小料投放指令、小料复核、现场清洁卫生、小料投料与复核记录等内容；

（四）大料投料岗位操作规程，规定投料指令、垛位取料、感官检查、现场清洁卫生、大料投料记录等内容；

（五）粉碎岗位操作规程，规定筛片锤片检查与更换、粉碎粒度、粉碎料入仓检查、喂料器和磁选设备清理、粉碎作业记录等内容；

（六）中控岗位操作规程，规定设备开启与关闭原则、微机配料软件启动与配方核对、混合时间设置、配料误差核查、进仓原料核实、中控作业记录等内容；

（七）制粒岗位操作规程，规定设备开启与关闭原则、环模与分级筛网更换、破碎机轧距调节、制粒机润滑、调质参数监视、设备（制粒室、调质器、冷却器）清理、感官检查、现场清洁卫生、制粒作业记录等内容；

（八）膨化岗位操作规程，规定设备开启与关闭原则、调质参数监视、设备（膨化室、调质器、冷却器、干燥器）清理、感官检查、现场清洁卫生、膨化作业记录等内容；

（九）包装岗位操作规程，规定标签与包装袋领取、标签与包装袋核对、感官检查、包重校验、现场清洁卫生、包装作业记录等内容；

（十）生产线清洗操作规程，规定清洗原则、清洗实施与效果评价、清洗料的放置与标识、清洗料使用、生产线清洗记录等内容。

第十六条　企业应当根据实际工艺流程，制定生产记录表单，填写并保存相关记录：

（一）小料原料领取记录，包括小料原料名称、领用数量、领取时间、领取人等信息；

（二）小料配料记录，包括小料名称、理论值、实际称重值、配料数量、作业时间、配料人等信息；

（三）小料预混合记录，包括小料名称、重量、批次、混合时间、作业时间、操作人等信息；

（四）小料投料与复核记录，包括产品名称、接收批数、投料批数、重量复核、剩余批数、作业时间、投料人等信息；

（五）大料投料记录，包括大料名称、投料数量、感官检查、作业时间、投料人等信息；

（六）粉碎作业记录，包括物料名称、粉碎机号、筛片规格、作业时间、操作人等信息；

（七）大料配料记录，包括配方编号、大料名称、配料仓号、理论值、实际值、作业时间、配料人等信息；

（八）中控作业记录，包括产品名称、配方编号、清洗料、理论产量、成品仓号、洗仓情况、作业时间、操作人等信息；

（九）制粒作业记录，包括产品名称、制粒机号、制粒仓号、调质温度、蒸汽压力、环模孔径、环模长径比、分级筛筛网孔径、感官检查、作业时间、操作人等信息；

（十）膨化作业记录，包括产品名称、调质温度、模板孔径、膨化温度、感官检查、作业时间、操作人等信息；

（十一）包装作业记录，包括产品名称、实际产量、包装规格、包数、感官检查、头尾包数量、作业时间、操作人等信息；

（十二）标签领用记录，包括产品名称、领用数量、班次用量、损毁数量、剩余数量、领取时间、领用人等信息；

（十三）生产线清洗记录，包括班次、清洗料名称、清洗料重量、清洗过程描述、作业时间、清洗人等信息；

（十四）清洗料使用记录，包括清洗料名称、生产班次、清洗料使用情况描述、使用时间、操作人等信息。

第十七条　企业应当采取有效措施防止生产过程中的交叉污染：

（一）按照"无药物的在先、有药物的在后"原则制定生产计划；

（二）生产含有药物饲料添加剂的产品后，生产不含药物饲料添加剂或者改变所用药物饲料添加剂品种的产品的，应当对生产线进行清洗；清洗料回用的，应当明确标识并回置于同品种产品中；

（三）盛放饲料添加剂、药物饲料添加剂、添加剂预混合饲料、含有药物饲料添加剂的产品及其中间产品的器具或者包装物应当明确标识，不得交叉混用；

（四）设备应当定期清理，及时清除残存料、粉尘积垢等残留物。

第十八条　企业应当采取有效措施防止外来污染：

（一）生产车间应当配备防鼠、防鸟等设施，地面平整，无污垢积存；

（二）生产现场的原料、中间产品、返工料、清洗料、不合格品等应当分类存放，清晰标识；

（三）保持生产现场清洁，及时清理杂物；

（四）按照产品说明书规范使用润滑油、清洗剂；

（五）不得使用易碎、易断裂、易生锈的器具作为称量或者盛放用具；

（六）不得在饲料生产过程中进行维修、焊接、气割等作业。

第十九条　企业应当建立配方管理制度，规定配方的设计、审核、批准、更改、传递、使用等内容。

第二十条　企业应当建立产品标签管理制度，规定标签的设计、审核、保管、使用、销毁等内容。

产品标签应当专库（柜）存放，专人管理。

第二十一条　企业应当对生产配方中添加比例小于0.2%的原料进行预混合。

第二十二条　企业应当根据产品混合均匀度要求，确定产品的最佳混合时间，填写并保存最佳混合时间实验记录。实验记录应当包括混合机编号、混合物料名称、混合次数、混合时间、检验结果、最佳混合时间、检验日期、检验人等信息。

企业应当每6个月按照产品类别（添加剂预混合饲料、配合饲料、浓缩饲料、精料补充料）进行至少1次混合均匀度验证，填写并保存混合均匀度验证记录。验证记录应当包括产品名称、混合机编号、混合时间、检验方法、检验结果、验证结论、检验日期、检验人等信息。

混合机发生故障经修复投入生产前，应当按照前款规定进行混合均匀度验证。

第二十三条　企业应当建立生产设备管理制度和档案，制定粉碎机、混合机、制粒机、膨化机、空气压缩机等关键设备操作规程，填写并保存维护保养记录和维修记录：

（一）生产设备管理制度应当规定采购与验收、档案管理、使用操作、维护保养、备品备件管理、维护保养记录、维修记录等内容；

（二）设备操作规程应当规定开机前准备、启动与关闭、操作步骤、关机后整理、日常维护保养等内容；

（三）维护保养记录应当包括设备名称、设备编号、保养项目、保养日期、保养人等信息；

（四）维修记录应当包括设备名称、设备编号、维修部位、故障描述、维修方式及效果、维修日期、维修人等信息；

（五）关键设备应当实行"一机一档"管理，档案包括基本信息表（名称、编号、规格型号、制造厂家、联系方式、安装日期、投入使用日期）、使用说明书、操作规程、维护保养记录、维修记录等内容。

第二十四条　企业应当严格执行国家安全生产相关法律法规。

生产设备、辅助系统应当处于正常工作状态；锅炉、压力容器等特种设备应当通过安全检查；计量秤、地磅、压力表等测量设备应当定期检定或者校验。

第四章　产品质量控制

第二十五条　企业应当建立现场质量巡查制度，填写并保存现场质量巡查记录：

（一）现场质量巡查制度应当规定巡查位点、巡查内容、巡查频次、异常情况界定、处置方式、处置权限、巡查记录等内容；

（二）现场质量巡查记录应当包括巡查位点、巡查内容、异常情况描述、处置方式、处置结果、巡查时间、巡查人等信息。

第二十六条　企业应当建立检验管理制度，规定人员资质与职责、样品抽取与检验、检验结果判定、检验报告编制与审核、产品质量检验合格证签发等内容。

第二十七条　企业应当根据产品质量标准实施出厂检验，填写并保存产品出厂检验记录；检验记录应当包括产品名称或者编号、检验项目、检验方法、计算公式中符号的含义和数值、检验结果、检验日期、检验人等信息。

产品出厂检验记录保存期限不得少于2年。

第二十八条　企业应当每周从其生产的产品中至少抽取5个批次的产品自行检验下列主成分指标：

（一）维生素预混合饲料：两种以上维生素；

（二）微量元素预混合饲料：两种以上微量元素；

（三）复合预混合饲料：两种以上维生素和两种以上微量元素；

（四）浓缩饲料、配合饲料、精料补充料：粗蛋白质、粗灰分、钙、总磷。

主成分指标检验记录保存期限不得少于2年。

第二十九条　企业应当根据仪器设备配置情况，建立分析天平、高温炉、干燥箱、酸度计、分光光度计、高效液相色谱仪、原子吸收分光光度计等主要仪器设备操作规程和档案，填写并保存仪器设备使用记录：

（一）仪器设备操作规程应当规定开机前准备、开机顺序、操作步骤、关机顺序、关机后整理、日常维护、使用记录等内容；

（二）仪器设备使用记录应当包括仪器设备名称、型号或者编号、使用日期、样品名称或者编号、检验项目、开始时间、完毕时间、仪器设备运行前后状态、使用人等信息；

（三）仪器设备应当实行"一机一档"管理，档案包括仪器基本信息表（名称、编号、型号、制造厂家、联系方式、安装日期、投入使用日期）、使用说明书、购置合同、操作规程、使用记录等内容。

第三十条　企业应当建立化学试剂和危险化学品管理制度，规定采购、贮存要求、出入库、使用、处理等内容。

化学试剂、危险化学品以及试验溶液的使用，应当遵循GB/T601、GB/T602、GB/T603以及检验方法标准的要求。

企业应当填写并保存危险化学品出入库记录，记录应当包括危险化学品名称、入库数量和日期、出库数量和日期、保管人等信息。

第三十一条　企业应当每年选择5个检验项目，采取以下一项或者多项措施进行检验能力验证，对验证结果进行评价并编制评价报告：

（一）同具有法定资质的检验机构进行检验比对；

（二）利用购买的标准物质或者高纯度化学试剂进行检验验证；

（三）在实验室内部进行不同人员、不同仪器的检验比对；

（四）对曾经检验过的留存样品进行再检验；

（五）利用检验质量控制图等数理统计手段识别异常数据。

第三十二条 企业应当建立产品留样观察制度，对每批次产品实施留样观察，填写并保存留样观察记录：

（一）留样观察制度应当规定留样数量、留样标识、贮存环境、观察内容、观察频次、异常情况界定、处置方式、处置权限、到期样品处理、留样观察记录等内容；

（二）留样观察记录应当包括产品名称或者编号、生产日期或者批号、保质截止日期、观察内容、异常情况描述、处置方式、处置结果、观察日期、观察人等信息。

留样保存时间应当超过产品保质期1个月。

第三十三条 企业应当建立不合格品管理制度，填写并保存不合格品处置记录：

（一）不合格品管理制度应当规定不合格品的界定、标识、贮存、处置方式、处置权限、处置记录等内容；

（二）不合格品处置记录应当包括不合格品的名称、数量、不合格原因、处置方式、处置结果、处置日期、处置人等信息。

第五章　产品贮存与运输

第三十四条 企业应当建立产品仓储管理制度，填写并保存出入库记录：

（一）仓储管理制度应当规定库位规划、堆放方式、垛位标识、库房盘点、环境要求、虫鼠防范、库房安全、出入库记录等内容；

（二）出入库记录应当包括产品名称、规格或者等级、生产日期、入库数量和日期、出库数量和日期、库存数量、保管人等信息；

（三）不同产品的垛位之间应当保持适当距离；

（四）不合格产品和过期产品应当隔离存放并有清晰标识。

第三十五条 企业应当在产品装车前对运输车辆的安全、卫生状况实施检查。

第三十六条 企业使用罐装车运输产品的，应当专车专用，并随车附具产品标签和产品质量检验合格证。

装运不同产品时，应当对罐体进行清理。

第三十七条 企业应当填写并保存产品销售台账。销售台账应当包括产品的名称、数量、生产日期、生产批次、质量检验信息、购货者名称及其联系方式、销售日期等信息。

销售台账保存期限不得少于2年。

第六章　产品投诉与召回

第三十八条 企业应当建立客户投诉处理制度，填写并保存客户投诉处理记录：

（一）投诉处理制度应当规定投诉受理、处理方法、处理权限、投诉记录等内容；

（二）投诉处理记录应当包括投诉日期、投诉人姓名和地址、产品名称、生产日期、投诉内容、处理结果、处理日期、处理人等信息。

第三十九条 企业应当建立产品召回制度，填写并保存召回记录：

（一）召回制度应当规定召回流程、召回产品的标识和贮存、召回记录等内容；

（二）召回记录应当包括产品名称、召回产品使用者、召回数量、召回日期等信息。

企业应当每年至少进行 1 次产品召回模拟演练，综合评估演练结果并编制模拟演练总结报告。

第四十条　企业应当在饲料管理部门的监督下对召回产品进行无害化处理或者销毁，填写并保存召回产品处置记录。处置记录应当包括处置产品名称、数量、处置方式、处置日期、处置人、监督人等信息。

第七章　培训、卫生和记录管理

第四十一条　企业应当建立人员培训制度，制定年度培训计划，每年对员工进行至少 2 次饲料质量安全知识培训，填写并保存培训记录：

（一）人员培训制度应当规定培训范围、培训内容、培训方式、考核方式、效果评价、培训记录等内容；

（二）培训记录应当包括培训对象、内容、师资、日期、地点、考核方式、考核结果等信息。

第四十二条　厂区环境卫生应当符合国家有关规定。

第四十三条　企业应当建立记录管理制度，规定记录表单的编制、格式、编号、审批、印发、修订、填写、存档、保存期限等内容。

除本规范中明确规定保存期限的记录外，其他记录保存期限不得少于 1 年。

第八章　附　则

第四十四条　本规范自 2015 年 7 月 1 日起施行。

农业部关于全面实施
《饲料质量安全管理规范》的意见

农牧发〔2015〕8号

各省、自治区、直辖市畜牧（农牧、农业）厅（局、委、办），饲料工作（工业）办公室：

为深入贯彻《饲料和饲料添加剂管理条例》，进一步加强饲料质量安全工作，指导各级饲料管理部门做好《饲料质量安全管理规范》（农业部令2014年第1号，以下简称《规范》）实施工作，现提出如下意见。

一、充分认识实施《规范》的重要性和紧迫性

（一）实施《规范》是提高饲料企业质量安全意识，落实生产者主体责任的迫切要求。企业是产品质量安全的第一责任人，必须履行质量安全管理义务。当前，饲料市场竞争日趋激烈，部分企业片面追求生产效益和增长速度，忽视产品质量安全的问题仍然突出。必须通过全面实施《规范》，促使企业重视产品质量安全管理问题，建立完善质量安全管理制度，认真组织开展质量安全管理工作，把生产者主体责任落到实处。

（二）实施《规范》是消除风险隐患，保证饲料产品质量安全的必然选择。饲料产品原料来源广、加工环节多、精度要求高，影响产品质量安全的因素十分复杂。必须通过全面实施《规范》，促使企业对其采购、仓储、加工、品控、运输等环节采取严格的管理措施，实现从原料入厂到成品出厂的全过程质量安全控制，及时发现并消除各种风险隐患，切实提高产品质量安全保障能力。

（三）实施《规范》是强化日常监管，提升综合监管能力的重要手段。依法行政是政府管理的基本要求和准则。必须通过全面实施《规范》，进一步明确各级饲料管理部门日常监管工作内容和重点，切实增强监管工作的针对性和权威性。必须把实施《规范》与行政许可、市场监测等工作结合起来，建立事前事中事后紧密衔接、相互补充的饲料行业管理新机制，全面提高监管能力，确保监管工作取得实效。

二、基本思路

以落实企业质量安全管理责任、强化行业监督管理工作为主线，以促进饲料产品质量安全水平显著提升、促进饲料企业生产管理水平显著提升、促进饲料行业从业人员素质显著提升、促进饲料管理部门质量安全监管能力显著提升为目标，坚持发挥企业实施主体和基层饲料管理部门监督主体作用，坚持监督执法与服务指导协同推进，建立完善监督管理机制，切实保障饲料产品质量安全，为建设现代饲料强国提供坚实保障。

三、重点工作

(一)强化监督执法。各级饲料管理部门要把实施《规范》作为当前和今后一个时期的重点工作,采取有力措施加快推进。要以《规范》实施日为起始点,启动专项监督检查工作,逐一对辖区企业进行摸底检查,全面掌握企业执行情况。对于实施进度滞后的企业,要约谈主要负责人,明确提出整改要求和整改期限,并进行跟踪回访。要制定《规范》年度监督检查计划,同步开展监督执法工作,依法对违反《规范》的行为进行严肃查处。

(二)加强服务指导。创新管理、强化服务是建设服务型政府的重要内容和要求。要畅通沟通渠道,搭建交流平台,及时解答企业提出的技术和管理问题。要组织企业和基层管理部门开展多种形式的交流学习活动,借鉴经验、取长补短、共同进步。要创新服务思路,积极探索以政府购买服务的方式引入社会第三方机构为企业提供技术支持服务。

(三)加强宣传培训。要广泛深入地开展多层次、多形式的宣传培训活动,使生产者、管理者充分认识理解实施《规范》的重要意义和基本要求,在监管和企业两个层面都培养一支熟法规、懂《规范》、善管理的队伍。要加强与媒体的沟通配合,大力宣传先进典型,让行业和社会各界了解《规范》实施工作进展,提升对饲料产品质量安全的信心和科学认知水平,努力营造实施《规范》的良好社会环境。

(四)推进示范创建。要把示范企业创建活动作为推进《规范》的重要抓手,尽快启动省级示范企业创建活动。要充分发挥示范企业的带动辐射作用,以示范企业为标准和榜样,组织开展培训和宣传工作。要严格示范创建标准,认真组织验收工作,及时公布示范企业名单。要加强对示范企业的后续监督,开展定期回访和检查,发现示范企业存在违法违规行为不再具备示范作用的,应及时撤销其示范企业称号。

(五)规范生产许可审核。《规范》既是生产管理的基本准则,又是日常监督管理的重要依据,也是生产许可审核的必要条件。要严格按照《饲料和饲料添加剂管理条例》及其配套规章要求,及时将《规范》的相关条件纳入饲料生产许可审核工作,依法对企业的制度、规程和记录文件进行严格审核,对于未提供相关材料或材料不符合要求的,不予核发饲料生产许可证。

(六)科学把握执法尺度。《规范》是各级饲料管理部门开展日常监督管理和行政执法的重要依据。要把监督执法作为推进《规范》的重要手段和措施,依法督促企业履行法定义务。要深刻领会《规范》的精神实质,坚持教育整改与行政处罚相结合,既要有法必依、执法必严,又要避免为罚而管、重罚轻管、以罚代管。要区分企业能力不足与排斥抵触的区别,能力不足的多服务指导,排斥抵触的耐心说服教育。

四、保障措施

(一)加强组织领导。各级饲料管理部门要牢固树立"法无授权不可为,法定职责必须为"的依法行政理念,提高认识,统一思想,明确任务,统筹协调《规范》推进工作。省级饲料管理部门要成立领导小组,主要领导亲自负责,研究制定《规范》实施工作方案和督察考核计划,落实培训、检查和示范创建工作经费,把《规范》实施工作分解落实到基层、到岗位、到人员。

（二）加强协调配合。省级饲料管理部门要切实改进作风，深入基层开展调研，了解情况，总结经验，研究问题，加强指导。要建立绩效考核和工作评估机制，定期组织开展督导检查，研究解决基层饲料管理部门和企业提出的各种问题，确保各级饲料管理部门法定职责得到全面履行。基层饲料管理部门要按照省级饲料管理部门的要求，细化完善工作方案，落实监督管理工作，建立监督管理档案，做好监督管理记录。

（三）加强基层监督执法能力建设。加强基层监督执法能力是实施《规范》的基础保障。各级饲料管理部门要积极争取将监督执法经费纳入地方财政预算，提高监督执法装备和经费保障水平。要建立教育培训制度，加强对监督执法人员的业务水平培训、政治思想教育和法律知识培训，建立一支政治合格、业务精通、纪律严明、作风优良、廉洁高效的监督执法队伍。

各级饲料管理部门要深刻认识《规范》实施的重大意义，切实加强组织领导，着力强化工作落实，努力提高依法行政能力和水平，保持好、维护好来之不易的发展环境，为建设现代饲料强国、促进养殖业持续稳定健康发展提供有力保障。

农业部

2015 年 6 月 29 日

国务院关于取消和下放一批行政许可事项的决定

国发〔2019〕6号

各省、自治区、直辖市人民政府，国务院各部委、各直属机构：

经研究论证，国务院决定取消25项行政许可事项，下放6项行政许可事项的管理层级，现予公布。另有5项依据有关法律设定的行政许可事项，国务院将依照法定程序提请全国人民代表大会常务委员会修订相关法律规定。

各地区、各有关部门要抓紧做好取消和下放行政许可事项的落实和衔接工作，制定完善事中事后监管措施，采取"双随机、一公开"监管、重点监管、信用监管、"互联网+监管"等方式，确保放得开、接得住、管得好。自本决定发布之日起20个工作日内，各有关部门要按规定向社会公布事中事后监管细则，并加强宣传解读和督促落实。

附件：1. 国务院决定取消的行政许可事项目录（共25项）
    2. 国务院决定下放管理层级的行政许可事项目录（共6项）（略）

国务院
2019年2月27日

附件1

国务院决定取消的行政许可事项目录

（共25项）（摘录）

序号	事项名称	审批部门	设定依据	加强事中事后监管措施
……				
17	已经取得进口兽药注册证书的兽用生物制品进口审批	农业农村部	《兽药管理条例》	取消审批后，农业农村部要通过以下措施加强事中事后监管：1. 加强业务指导和人员培训，统筹做好进口生物制品类兽药的监管和服务工作。2. 加强与省级农业农村部门、海关之间的信息共享，跟踪掌握产品进口情况。3. 严格实施进口生物制品类兽药批签发制度，未经批签发或批签发不合格，严禁上市销售。

（续表）

序号	事项名称	审批部门	设定依据	加强事中事后监管措施
18	饲料添加剂预混合饲料、混合型饲料添加剂产品批准文号核发	省级农业农村部门	《饲料和饲料添加剂管理条例》	取消审批后，改为备案。农业农村部要加大饲料管理法规宣传贯彻力度，加强强制性标准和规范性技术文件制定修订，支持行业组织制定团体标准，指导、督促地方各级农业农村部门通过以下措施加强事中事后监管：1.严格实施饲料和饲料添加剂生产许可管理，加大日常监管力度，强化对企业标准制定工作的服务和指导，督促企业建立全程质量安全管理和追溯体系。2.建立饲料添加剂预混合饲料、混合型饲料添加剂产品配方备案制度，要求企业主动履行备案义务，对违反规定不进行备案的要设定相应法律责任，开发网上备案系统，方便企业办事。3.监督饲料企业严格按照产品标准进行生产，对产品是否符合国家强制性标准和规范性技术要求实施严格监管，严厉打击违规或超量添加抗生素、激素等化学物质的行为。4.加大饲料产品经营和使用环节监督检查力度，严肃查处假冒伪劣饲料产品。5.加强饲料企业信用监管，健全饲料行业诚信体系，及时记录饲料企业诚信状况并向社会公开。
19	新兽药临床试验审批	省级农业农村部门	《兽药管理条例》	取消审批后，改为备案。农业农村部、省级农业农村部门（兽医行政管理部门）要通过以下措施加强事中事后监管：1.建立新兽药临床试验资料备案制度，及时掌握兽药临床试验情况。2.加强对兽药企业从业人员的培训，帮助试验人员深入掌握兽药临床试验规范要求，指导临床试验规范开展。3.加大执法力度，监督有关单位按照要求开展临床试验，严肃查处违法行为。
……				

农业农村部办公厅关于实施添加剂预混合饲料和混合型饲料添加剂产品备案管理的通知

农办牧〔2019〕32号

各省、自治区、直辖市农业农村（农牧、畜牧兽医）厅（局、委），新疆生产建设兵团农业农村局：

为贯彻落实《国务院关于取消和下放一批行政许可事项的决定》（国发〔2019〕6号）要求，加强添加剂预混合饲料和混合型饲料添加剂产品生产监管，促进饲料行业健康有序发展，我部将实施添加剂预混合饲料和混合型饲料添加剂产品备案管理，现将有关项通知如下。

一、添加剂预混合饲料和混合型饲料添加剂生产企业（以下简称"生产企业"）生产相关产品不再申请产品批准文号，省级饲料管理部门不再审批核发相关产品批准文号。

二、生产企业应当在产品投入生产前，将产品信息通过添加剂预混合饲料和混合型饲料添加剂备案系统（以下简称"备案系统"）进行网络在线备案。定制产品依照本通知要求进行网络在线备案。

三、省级饲料管理部门负责本行政区域混合型饲料添加剂和添加剂预混合饲料产品备案管理工作，定期抽查企业备案情况，组织市、县级饲料管理部门督促生产企业按照本通知要求实施备案，按照"双随机、一公开"要求对生产企业备案工作进行监督检查。

四、生产企业进行备案时，应当在线提交产品配方、产品质量标准、产品标签样式和使用说明等材料。饲料管理部门工作人员应当对生产企业提交的需要保密的技术资料保密。

五、生产企业存在应备案而未备案情形的，依据相关法律法规进行处罚。

六、生产企业的生产许可证被吊销、撤销、撤回、注销的，备案系统将废止该企业所有产品备案信息，并对相关信息进行公示。

七、备案系统正式上线运行前，生产企业可先行组织生产。备案系统上线运行后，再进行网络在线补录备案。

农业农村部办公厅
2019年3月29日

饲料生产企业许可条件

中华人民共和国农业部公告第 1849 号

（《饲料生产企业许可条件》于 2012 年 10 月 9 日农业部公告第 1849 号发布，自 2012 年 12 月 1 日起施行。根据 2017 年 11 月 30 日中华人民共和国农业部令 2017 年第 8 号令修订。）

第一章 总 则

第一条 为加强饲料生产许可管理，保障饲料质量安全，根据《饲料和饲料添加剂管理条例》、《饲料和饲料添加剂生产许可管理办法》，制定本条件。

第二条 设立添加剂预混合饲料、浓缩饲料、配合饲料和精料补充料生产企业，应当符合本条件。

第二章 机构与人员

第三条 企业应当设立技术、生产、质量、销售、采购等管理机构。技术、生产、质量机构应当配备专职负责人，并不得互相兼任。

第四条 技术机构负责人应当具备畜牧、兽医、水产等相关专业大专以上学历或中级以上技术职称，熟悉饲料法规、动物营养、产品配方设计等专业知识，并通过现场考核。

第五条 生产机构负责人应当具备畜牧、兽医、水产、食品、机械、化工与制药等相关专业大专以上学历或中级以上技术职称，熟悉饲料法规、饲料加工技术与设备、生产过程控制、生产管理等专业知识，并通过现场考核。

第六条 质量机构负责人应当具备畜牧、兽医、水产、食品、化工与制药、生物科学等相关专业大专以上学历或中级以上技术职称，熟悉饲料法规、原料与产品质量控制、原料与产品检验、产品质量管理等专业知识，并通过现场考核。

第七条 销售和采购机构负责人应当熟悉饲料法规，并通过现场考核。

第八条 企业应当配备 2 名以上专职检验化验员，并通过现场操作技能考核。

第三章 厂区、布局与设施

第九条 企业应当独立设置厂区，厂区周围没有影响饲料产品质量安全的污染源。

厂区应当布局合理，生产区与生活、办公等区域分开。厂区整洁卫生，道路和作业场所应当采用混凝土或沥青硬化，生活、办公等区域有密闭式生活垃圾收集设施。

第十条 生产区应当按照生产工序合理布局，固态添加剂预混合饲料、浓缩饲料、配合饲料、精料补充料有相对独立的、与生产规模相匹配的生产车间、原料库、配料间和成品库。

液态添加剂预混合饲料有与生产规模相匹配的前处理间、配料间、生产车间、灌装间、外包装间、原料库、成品库。

固态添加剂预混合饲料生产区总使用面积不低于500平方米；液态添加剂预混合饲料生产区总使用面积不低于350平方米；浓缩饲料、配合饲料、精料补充料生产区总使用面积不低于1 000平方米。

第十一条 添加剂预混合饲料生产线应当单独设立，生产设备不得与配合饲料、浓缩饲料、精料补充料生产线共用。

同时生产固态和液态添加剂预混合饲料的，生产车间应当分别设立。

同时生产添加剂预混合饲料和混合型饲料添加剂的，生产车间应当分别设立，且生产设备不得共用。

第十二条 生产区建筑物通风和采光良好，自然采光设施应当有防雨功能。

第十三条 厂区内应当配备必要的消防设施或设备。

第十四条 厂区内应当有完善的排水系统，排水系统入口处有防堵塞装置，出口处有防止动物侵入装置。

第十五条 存在安全风险的设备和设施，应当设置警示标识和防护设施：

（一）配电柜、配电箱有警示标识，易产生或积存粉尘区域的人工采光灯具、电源开关及插座应具有防爆功能；

（二）高温设备和设施有隔热层和警示标识；

（三）压力容器有安全防护装置；

（四）设备传动装置有防护罩；

（五）投料地坑入口处有完整的栅栏，车间内吊物孔有坚固的盖板或四周有防护栏，所有设备维修平台、操作平台和爬梯有防护栏。

企业应当为生产区作业人员配备劳动保护用品。

第十六条 企业仓储设施应当符合以下条件：

（一）满足原料、成品、包装材料、备品备件贮存要求，并具有防霉、防潮、防鸟、防鼠等功能；

（二）存放维生素、微生物添加剂和酶制剂等热敏物质的贮存间面积与生产规模相匹配，密闭性能良好，并配备空调；

（三）亚硒酸钠等按危险化学品管理的饲料添加剂应当有独立的贮存间或贮存柜；

（四）药物饲料添加剂应当有独立的贮存间，面积与生产规模相匹配；

（五）具有立筒仓的生产企业，立筒仓应当配备通风系统和温度监测装置。

第四章 工艺与设备

第十七条 固态添加剂预混合饲料生产企业应当符合以下条件：

（一）复合预混合饲料和微量元素预混合饲料生产企业的设计生产能力不小于2.5吨/小时，混合机容积不小于0.5立方米；维生素预混合饲料生产企业的设计生产能力不小于1吨/小时，混合机容积不小于0.25立方米；

（二）配备成套加工机组（包括原料提升、混合和自动包装等设备），并具有完整的除尘系统和电控系统；

（三）有两台以上混合机，混合机（含混合机缓冲仓）与物料接触部分使用不锈钢制造，混合机的混合均匀度变异系数不大于5%；

（四）生产线除尘系统使用脉冲式除尘器或性能更好的除尘设备，采用集中除尘和单点除尘相结合的方式，投料口和打包口采用单点除尘方式；

（五）小料配制和复核分别配置电子秤；

（六）粉碎机、空气压缩机采用隔音或消音装置；

（七）反刍动物添加剂预混合饲料生产线与其他含有动物源性成分的添加剂预混合饲料生产线应当分别设立。

第十八条　液态添加剂预混合饲料生产企业应当符合以下条件：

（一）生产线由包括原料前处理、称量、配液、过滤、灌装等工序的成套设备组成；

（二）生产设备、输送管道及管件使用不锈钢或性能更好的材料制造；

（三）有均质工序的，高压均质机的工作压力不小于50兆帕，并具有高压报警装置；

（四）配液罐具有加热保温功能和温度显示装置；

（五）有独立的灌装间。

第十九条　浓缩饲料、配合饲料、精料补充料生产企业应当符合以下条件：

（一）设计生产能力不小于10吨/小时，专业加工幼畜禽饲料、种畜禽饲料、水产育苗料、特种饲料、宠物饲料的企业设计生产能力不小于2.5吨/小时；

（二）配备成套加工机组（包括原料清理、粉碎、提升、配料、混合、自动包装等设备），并具有完整的除尘系统和电控系统；生产颗粒饲料产品的，还应当配备制粒或膨化、冷却、破碎、分级、干燥等后处理设备；

（三）配料、混合工段采用计算机自动化控制系统，配料动态精度不大于3‰，静态精度不大于1‰；

（四）反刍动物饲料的生产线应当单独设立，生产设备不得与其他非反刍动物饲料生产线共用；

（五）混合机的混合均匀度变异系数不大于7%；

（六）粉碎机、空气压缩机、高压风机采用隔音或消音装置，生产车间和作业场所噪音控制符合国家有关规定；

（七）生产线除尘系统使用脉冲式除尘器或性能更好的除尘设备，采用集中除尘和单点除尘相结合的方式，投料口采用单点除尘方式；作业区的粉尘浓度和排放浓度符合国家有关规定；

（八）小料配制和复核分别配置电子秤；

（九）有添加剂预混合工艺的，应当单独配备至少一台混合机并配备相应的除尘设备，混合机（含混合机缓冲仓）与物料接触部分使用不锈钢制造，混合机的混合均匀度变异系数不大于5%。

第五章　质量检验和质量管理制度

第二十条　企业应当在厂区内独立设置检验化验室，并与生产车间和仓储区域分离。

第二十一条　添加剂预混合饲料生产企业检验化验室应当符合以下条件：

（一）除配备常规检验仪器外，还应当配备下列专用检验仪器：

1. 固态维生素预混合饲料生产企业配备万分之一分析天平、高效液相色谱仪（配备紫外检测器）、恒温干燥箱、样品粉碎机、标准筛；

2. 液态维生素预混合饲料生产企业配备万分之一分析天平、高效液相色谱仪（配备紫外检测器）、酸度计；

3. 微量元素预混合饲料生产企业配备万分之一分析天平、原子吸收分光光度计（配备火焰原子化器和被测项目的元素灯）、恒温干燥箱、样品粉碎机、标准筛；

4. 复合预混合饲料生产企业配备万分之一分析天平、高效液相色谱仪（配备紫外检测器）、原子吸收分光光度计（配备火焰原子化器和被测项目的元素灯）、恒温干燥箱、高温炉、样品粉碎机、标准筛。

（二）检验化验室应当包括天平室、前处理室、仪器室和留样观察室等功能室，使用面积应当满足仪器、设备、设施布局和检验化验工作需要：

1. 天平室有满足分析天平放置要求的天平台；

2. 前处理室有能够满足样品前处理和检验要求的通风柜、实验台、器皿柜、试剂柜、气瓶柜或气瓶固定装置以及避光、空调等设备设施；同时开展高温或明火操作和易燃试剂操作的，应当分别设立独立的操作区和通风柜；

3. 仪器室满足高效液相色谱仪、原子吸收分光光度计等仪器的使用要求，高效液相色谱仪和原子吸收分光光度计应当分室存放；

4. 留样观察室有满足原料和产品贮存要求的样品柜。

第二十二条 浓缩饲料、配合饲料、精料补充料生产企业检验化验室应当符合以下条件：

（一）除配备常规检验仪器外，还应当配备万分之一分析天平、可见光分光光度计、恒温干燥箱、高温炉、定氮装置或定氮仪、粗脂肪提取装置或粗脂肪测定仪、真空泵及抽滤装置或粗纤维测定仪、样品粉碎机、标准筛；

（二）检验化验室应当包括天平室、理化分析室、仪器室和留样观察室等功能室，使用面积应当满足仪器、设备、设施布局和检验化验工作需要：

1. 天平室有满足分析天平放置要求的天平台；

2. 理化分析室有能够满足样品理化分析和检验要求的通风柜、实验台、器皿柜、试剂柜；

3. 仪器室满足分光光度计等仪器的使用要求；

4. 留样观察室有满足原料和产品贮存要求的样品柜。

第二十三条 企业应当按照《饲料质量安全管理规范》的要求制定质量管理制度。

第六章 附 则

第二十四条 本条件自 2012 年 12 月 1 日起施行。

混合型饲料添加剂生产企业许可条件

中华人民共和国农业部公告第 1849 号

(《混合型饲料添加剂生产企业许可条件》于 2012 年 10 月 9 日农业部公告第 1849 号发布，自 2012 年 12 月 1 日起施行。根据 2017 年 11 月 30 日中华人民共和国农业部令 2017 年第 8 号令修订。)

第一章 总 则

第一条 为加强混合型饲料添加剂生产许可管理，保障饲料质量安全，根据《饲料和饲料添加剂管理条例》、《饲料和饲料添加剂生产许可管理办法》，制定本条件。

第二条 本条件所称混合型饲料添加剂，是指由一种或一种以上饲料添加剂与载体或稀释剂按一定比例混合，但不属于添加剂预混合饲料的饲料添加剂产品。

第三条 设立混合型饲料添加剂生产企业，应当符合本条件。

第二章 机构与人员

第四条 企业应当设立技术、生产、质量、销售、采购等管理机构。技术、生产、质量机构应当配备专职负责人，并不得互相兼任。

第五条 技术机构负责人应当具备畜牧、兽医、水产等相关专业大专以上学历或中级以上技术职称，熟悉饲料法规、动物营养、产品配方设计等专业知识，并通过现场考核。

第六条 生产机构负责人应当具备畜牧、兽医、水产、食品、机械、化工与制药等相关专业大专以上学历或中级以上技术职称，熟悉饲料法规、饲料加工技术与设备、生产过程控制、生产管理等专业知识，并通过现场考核。

第七条 质量机构负责人应当具备畜牧、兽医、水产、食品、化工与制药、生物科学等相关专业大专以上学历或中级以上技术职称，熟悉饲料法规、原料与产品质量控制、原料与产品检验、产品质量管理等专业知识，并通过现场考核。

第八条 销售和采购机构负责人应当熟悉饲料法规，并通过现场考核。

第九条 企业应当配备 2 名以上专职检验化验员，并通过现场操作技能考核。

第三章 厂区、布局与设施

第十条 企业应当独立设置厂区，厂区周围没有影响产品质量安全的污染源。

厂区应当布局合理，生产区与生活、办公等区域分开。厂区整洁卫生，道路和作业场所应当采用混凝土或沥青硬化，生活、办公等区域有密闭式生活垃圾收集设施。

第十一条 生产区应当按照生产工序合理布局，有相对独立的、与生产规模相匹配的生产车间、原料库、配料间和成品库。

同时生产混合型饲料添加剂和添加剂预混合饲料的,生产车间应当分别设立,且生产设备不得共用。

生产区总使用面积不少于 400 平方米。

第十二条 生产区建筑物通风和采光良好,自然采光设施应当有防雨功能。

第十三条 厂区内应当配备必要的消防设施或设备。

第十四条 厂区内应当有完善的排水系统,排水系统入口处有防堵塞装置,出口处有防止动物侵入装置。

第十五条 存在安全风险的设备和设施,应当设置警示标识和防护设施:

(一)配电柜、配电箱有警示标识,易产生或积存粉尘区域的人工采光灯具、电源开关及插座应具有防爆功能;

(二)设备传动装置有防护罩;

(三)投料地坑入口处有完整的栅栏,车间内吊物孔有坚固的盖板或四周有防护栏,所有设备维修平台、操作平台和爬梯有防护栏。

企业应当为生产区作业人员配备劳动保护用品。

第十六条 企业仓储设施应当符合以下条件:

(一)满足原料、成品、包装材料、备品备件贮存要求,并具有防霉、防潮、防鸟、防鼠等功能;

(二)存放维生素、微生物添加剂和酶制剂等热敏物质的贮存间面积与生产规模相匹配,密闭性能良好,并配备空调;

(三)亚硒酸钠等按危险化学品管理的饲料添加剂应当有独立的贮存间或贮存柜。

第四章　工艺与设备

第十七条 企业的设计生产能力不小于 1 吨/小时,混合机容积不小于 0.25 立方米。

第十八条 企业应当配备一台以上混合机,混合机(含混合机缓冲仓)与物料接触部分使用不锈钢制造,混合机的混合均匀度变异系数不大于 5%。

产品配方中有添加比例小于 0.2% 的原料的,应当单独配备一台符合前款规定的混合机,用于原料的预混合。

第十九条 生产线除尘系统使用脉冲式除尘器或性能更好的除尘设备,采用集中除尘和单点除尘相结合的方式,投料口和打包口采用单点除尘方式。

第二十条 原料配制、复核、产品包装分别配备电子秤。

第二十一条 使用粉碎机、空气压缩机的,采用隔音或消音装置。

第二十二条 液态混合型饲料添加剂生产企业应当符合以下条件:

(一)生产线由包括原料前处理、称量、配液、过滤、灌装等工序的成套设备组成;

(二)生产设备、输送管道及管件使用不锈钢或性能更好的材料制造;

(三)有均质工序的,高压均质机的工作压力不小于 50 兆帕,并具有高压报警装置;

(四)配液罐具有加热保温功能和温度显示装置;

(五)有独立的灌装间。

第五章　质量检验和质量管理制度

第二十三条　企业应当在厂区内独立设置检验化验室，并与生产车间和仓储区域分离。

第二十四条　检验化验室应当符合以下条件：

（一）除配备常规检验仪器外，还应当配备能够满足产品主成分检验需要的专用检验仪器；

（二）检验化验室应当包括天平室、理化分析室或前处理室、仪器室和留样观察室等功能室，使用面积应当满足仪器、设备、设施布局和检验化验工作需要：

1. 天平室有满足分析天平放置要求的天平台；

2. 理化分析室有能够满足样品理化分析和检验要求的通风柜、实验台、器皿柜、试剂柜；前处理室有能够满足样品前处理和检验要求的通风柜、实验台、器皿柜、试剂柜、气瓶柜或气瓶固定装置以及避光、空调等设备设施；同时开展高温或明火操作和易燃试剂操作的，应当分别设立独立的操作区和通风柜；

3. 配备高效液相色谱仪、原子吸收分光光度计、可见紫外分光光度计等仪器的，仪器室的面积和布局应当满足其使用要求。同时配备高效液相色谱仪和原子吸收分光光度计的，应当分室存放；

4. 留样观察室有满足原料和产品贮存要求的样品柜。

第二十五条　企业应当建立原料采购与管理、生产过程控制、产品质量控制、产品贮存与运输、产品召回、人员与卫生、文件与记录等管理制度。

第二十六条　企业应当为其生产的混合型饲料添加剂产品制定企业标准，混合型饲料添加剂产品的主成分指标检测方法应当经省级饲料管理部门指定的饲料检验机构验证。

第六章　附　则

第二十七条　本条件自 2012 年 12 月 1 日起施行。

关于饲料添加剂生产许可申报材料要求的公告

中华人民共和国农业部公告第 1867 号

(《饲料添加剂生产许可申报材料要求》根据 2012 年 11 月 29 日中华人民共和国农业部公告第 1867 号公布,根据 2017 年 11 月 30 日中华人民共和国农业部令 2017 年第 8 号令修订。)

一、许可范围

(一)在中华人民共和国境内生产饲料添加剂的企业(以下简称企业)。

(二)饲料添加剂是指在饲料加工、制作、使用过程中添加的少量或者微量物质,包括营养性饲料添加剂和一般饲料添加剂。饲料添加剂品种见《饲料添加剂品种目录》。分为以下几种:

1. 利用有机制备、无机制备、生物发酵、提取等生产工艺直接生产获得的饲料添加剂产品;

2. 在上述生产工艺中同时得到的两种或两种以上饲料添加剂产品混合物;

3. 对上述饲料添加剂产品进行精制、脱水、包被等工艺处理而获得的饲料添加剂产品。

(三)本要求适用于以下情形:

1. 设立:指企业首次申请生产许可;

2. 续展:指企业生产许可有效期满继续生产;

3. 增加或更换生产线:增加生产线指企业在同一厂区增建已获得许可产品的生产线;更换生产线指企业对已有生产线的关键设备或生产工艺进行重大调整;

4. 增加产品品种:指企业申请增加生产许可范围以外的产品;

5. 迁址:指企业迁移出原生产地址,搬迁至新的生产地址;

6. 变更:指企业名称变更、法定代表人变更、注册地址或注册地址名称变更、生产地址名称变更。

二、申报材料格式要求

(一)企业应当按照《饲料添加剂生产许可申报材料一览表》的要求提供相关材料。

(二)申报材料应当使用 A4 规格纸、小四号宋体打印,按照《饲料添加剂生产许可申报材料一览表》顺序编制目录、装订成册并标注页码。表格不足时可加续表。申报材料应当清晰、干净、整洁。

(三)申报材料中企业提供的工商营业执照、产品标准、环保证明、微生物菌种来源证明、产品主成分指标检测方法验证结论等证明材料的复印件应当加盖企业公章。

（四）申报材料一式两份（包括纸质文件和电子文档光盘），其中一份报送省级饲料管理部门，承担具体受理工作的机构留存一份。

（五）申报材料电子文档采用PDF格式，相关证明文件应为原件扫描件，文件名为企业全称。

（六）增加或更换生产线、增加产品品种的，仅提供与申请事项相关的资料。

三、申报材料内容要求

（一）企业承诺书

（二）饲料添加剂生产许可申请书

1. 封面

1.1 生产许可证编号：已获得生产许可证的企业填写原生产许可证编号，新设立的企业不填写。

1.2 企业名称：填写企业工商营业执照上的注册名称，并加盖企业公章。尚未取得工商注册的，按照企业名称预先核准通知书核准的名称填写。

1.3 联系人：填写企业负责办理生产许可的工作人员姓名。

1.4 联系方式：填写企业负责办理生产许可的联系人的手机、固定电话（注明区号）、传真等。

1.5 申请事项：根据企业具体情况分别在选项后面的"□"中打"√"。

1.6 申报日期：填写企业报出材料的日期。

2. 企业基本情况

各栏仅填写与申请事项相关的内容。

2.1 企业名称：填写企业工商营业执照上的注册名称。尚未取得工商注册的，按照企业名称预先核准通知书核准的名称填写。

2.2 生产地址：填写企业生产所在地详细地址，注明省（自治区、直辖市）、市（地）、县（市、区）、乡（镇、街道）、村（社区）、路（街）、号。

2.3 法定代表人、统一社会信用代码、住所（注册地址）、企业类型、注册资本：按照企业工商营业执照填写。尚未取得工商注册的，按照企业名称预先核准通知书填写。

2.4 固定资产：指厂房、设备和设施等资产总值。

2.5 所属法人机构信息：如企业为非法人单位，应当填写所属法人机构信息。

2.6 主要机构设置及人员组成

机构名称按照企业实际情况填写技术、生产、质量、销售、采购等机构。

专业技术人员填写企业的技术、生产、质量、销售、采购等机构中取得中专以上学历或初级以上技术职称的人员数量。

2.7 企业简介包括建立时间或变迁来源、隶属关系、所有权性质、生产产品、生产能力、技术水平、工艺装备、质量管理等内容（1 000字以内）。

3. 产品基本情况

3.1 产品名称：按照《饲料添加剂品种目录》中的名称填写。

在同一生产工艺中同时得到两种或两种以上饲料添加剂产品混合物的，应当逐一列出所得饲料添加剂的名称；

生产液态饲料添加剂的还应当在产品名称前注明"液态"字样。

3.2 生产能力：按照每个产品年生产能力填写并注明单位。

3.3 原料名称：填写使用的原料、辅料和加工助剂等的名称。

采用生物发酵生产工艺的，还应当填写采用的微生物菌种的中文学名和拉丁文学名以及主要培养基、包被材料、载体等原材料名称。

4. 生产设备明细表

4.1 企业应当以生产线为单位，填写与生产工艺流程图一致的原料贮存、预处理、反应、过滤、除杂、净化、浓缩、结晶、干燥、粉碎、过筛、计量、包装、除尘等主要生产设备。

采用生物发酵生产工艺的，还应当填写无菌控制系统、菌种保藏等生产辅助设备设施。

4.2 生产产品：填写本生产线生产的产品。

4.3 设备名称、型号规格、生产厂家、出厂日期：按照设备说明书或设备铭牌填写。

4.4 位号：指按照生产工艺确定的不同工段对设备及其具体安装位置确定的编号。该位号应当与生产工艺流程图、生产装置平立面布置图中的位号以及生产设备上所标明的位号一致。

4.5 材质：填写生产设备的制造材料名称。

4.6 技术性能指标：填写反映生产设备主要特征的技术性能参数。

5. 检验仪器明细表

5.1 填写能够满足产品主成分指标和执行标准中出厂检验规定的项目所需的检验仪器。

采用生物发酵工艺生产饲料添加剂的，还应当填写微生物检验所需的检验仪器。

5.2 仪器名称、型号规格、生产厂家、出厂日期、出厂编号：按照仪器说明书或仪器铭牌填写。

5.3 技术性能指标：填写检验仪器主要技术性能参数。

6. 主要管理技术人员及特有工种人员登记表

填写人员包括企业负责人、技术负责人、生产负责人、质量负责人、销售负责人、采购负责人、检验化验员、关键岗位生产工人等，其中检验化验员至少2名。

（三）企业组织机构图

提供包括技术、生产、质量、销售、采购等机构的企业组织机构框图。

（四）厂区平面布局图

按比例绘制厂区平面布局图，并注明生产、检化验、生活、办公等功能区，其中生产区应当标明生产车间、原料库、成品库的基本尺寸。

（五）生产装置工艺流程图、生产装置平立面布置图和工艺说明

按照企业实际生产线数量逐一提供生产装置工艺流程图、生产装置平立面布置图和工艺说明。

生产装置工艺流程图和生产装置平立面布置图应当按照国家或行业相关的规范性要求绘制，并标明控制点。

工艺说明应当反映主要生产步骤、目的、原理、实施方式、实施效果等内容。使用同

一套生产设备生产不同产品的,还应当提供防止交叉污染措施。

(六) 检验化验室平面布置图

按比例绘制检验化验室平面布置图,图中标明天平室、理化分析室或前处理室、仪器室和留样观察室等功能室以及功能室的基本尺寸和检验仪器的位置。

采用生物发酵工艺生产饲料添加剂的,还应当标明微生物检验室以及检验室的基本尺寸和检验仪器的位置。

(七) 检验仪器购置发票

有检验仪器购置发票的提供发票复印件。无法提供购置发票的,提供检验仪器已列入企业固定资产的证明材料。

(八) 产品标准

执行国家标准或者行业标准的,提供现行国家标准或者行业标准文本复印件。

执行企业标准的,提供有效的企业备案标准文本复印件;尚未取得工商注册的,提供企业标准草案文本。

(九) 产品主成分指标检测方法验证结论

企业应当提供省级及以上饲料检验机构出具的产品主成分指标检测方法验证结论复印件,但产品有国家或行业标准的除外。

(十) 企业管理制度

提供企业制定的主要管理制度的名称、主要内容等(1 500字以内)。

(十一) 环保证明

提供由企业生产所在地县级以上人民政府环境保护部门出具的、与所申报产品相关的环保证明复印件。

(十二) 微生物菌种来源证明

采用生物发酵工艺生产微生物、酶制剂饲料添加剂产品的,应当提供申请许可前12个月内由国家或省部级微生物菌种保藏机构出具的微生物菌种种属证明,种属证明应当包括菌种鉴定的主要实验原理、方法和结论等信息。

采用生物发酵工艺生产其他饲料添加剂产品的,且《饲料添加剂品种目录》对生产该产品使用的微生物菌种有明确规定的,也应当提供前款规定的证明。

采用基因工程菌生产饲料添加剂产品的,应当符合国家相关规定,并提供有关证明材料。

(十三) 与生产新饲料添加剂有关的材料

申请生产新饲料添加剂的,提供新饲料添加剂证书复印件;新饲料添加剂证书持有者转让给其他企业生产的,还应当提供转让证明复印件。

(十四) 有下列情形之一的,应当提供农业部允许该产品作为饲料添加剂生产和使用的公告:

1. 饲料添加剂含量规格低于饲料添加剂安全使用规范要求的;
2. 饲料添加剂生产工艺发生重大变化的;
3. 新饲料添加剂自获证之日起超过3年未投入生产,其他企业申请生产的。

(十五) 企业生产许可证

已经取得生产许可证的企业,提供生产许可证复印件。

（十六）相关证明材料

申报的产品受国家产业政策限制的，应当提供企业所在地相关管理部门出具的证明材料。

提出变更申请的，提供企业所在地相关管理部门出具的证明材料。

饲料添加剂生产许可申报材料一览表

序号	申报材料项目	设立(已取得工商注册)	设立(未取得工商注册)	续展	增加或更换生产线	增加产品品种	迁址	变更企业名称	变更企业法定代表人	变更企业注册地址或注册地名称	变更企业生产地址名称
1	企业承诺书	√	√	√	√	√	√				
2	饲料添加剂生产许可申请书	√	√	√	√	√	√				
3	企业组织机构图	√	√				√				
4	厂区平面布局图	√	√		√		√				
5	生产装置工艺流程图、生产装置平立面布置图和工艺说明	√	√		√	√	√				
6	检验化验室平面布置图	√	√				√				
7	检验仪器购置发票	√	√		√		√				
8	产品标准	√	√			√					
9	产品主成分指标检测方法验证结论	√	√			√					
10	企业管理制度	√	√	√							
11	环保证明	√	√				√				
12	微生物菌种来源证明	√	√	√	√	√	√				
13	与生产该饲料添加剂有关的材料	√	√	√	√	√	√				
14	农业部允许该产品作为饲料添加剂生产和使用的公告	√	√	√	√	√	√				
15	企业生产许可证			√	√	√	√	√	√	√	√
16	相关证明材料			√	√	√	√	√	√	√	√

注1：增加或更换生产线、增加产品品种的，仅提供与申请事项相关的材料。
注2：表中序号12、13、14、16，仅适用于与申报事项相关的产品。

企业承诺书

一、申报材料真实性承诺

（一）本企业对《饲料和饲料添加剂管理条例》、《饲料和饲料添加剂生产许可管理办法》及其相关要求已经充分理解。

（二）本企业提供的纸质和电子申报材料均真实、完整、一致。申报材料中如有虚假不实信息，自愿承担一切后果及法律责任。

二、遵纪守法承诺

本企业严格遵守《饲料和饲料添加剂管理条例》及其配套规章和规范性文件的规定，严格遵守国家关于计量、环保、安全生产、劳动保护、消防安全、危险化学品生产使用、实验室管理等相关管理规定。如有违纪违法行为，自愿承担一切后果及法律责任。

法定代表人（负责人）签名

（企业公章）

年　　月　　日

生产许可证编号：

饲料添加剂生产许可申请书

企业名称：_____（公章）

联 系 人：_____

联系方式：_____

申请事项：设立☐　　续展☐　　增加或更换生产线☐

　　　　　增加产品品种☐　　迁址☐

申报日期：_____年　月　日

中华人民共和国农业部　制
二〇一二年

表 1 企业基本情况

企业名称				
生产地址				
通讯地址及邮编				
法定代表人				
统一社会信用代码				
住所（注册地址）				
企业类型				
注册资本（万元）		固定资产（万元）		
所属法人机构信息	名　称			
	住　所			
	统一社会信用代码		法定代表人	
	企业类型		联系人	
	联系电话		传　真	
主要机构设置及人员组成	机构名称			
	人　数			
	人员总数		其中专业技术人员	
企业简介：				

表 2 产品基本情况

序号	产品名称	含量规格	生产能力（吨/年）	原料名称

表 3 生产设备明细表（生产线＿＿＿）

生产产品：

序号	设备名称	位号	型号规格	材质	生产厂家	出厂日期（年月）	技术性能指标

表4　检验仪器明细表

序号	仪器名称	型号规格	生产厂家	出厂日期（年月）	出厂编号	技术性能指标

表5　主要管理技术人员及特有工种人员登记表

序号	姓名	职称	职务	学历	所学专业	所从事业务工作及从业年限	获证书时间、种类及编号	发证机关

注："证书"指管理人员、技术人员的职称证书、最高学历证书。

关于混合型饲料添加剂生产许可申报材料要求的公告

中华人民共和国农业部公告第 1867 号

(《混合型饲料添加剂生产许可申报材料要求》根据 2012 年 11 月 29 日中华人民共和国农业部公告第 1867 号公布，根据 2017 年 11 月 30 日中华人民共和国农业部令 2017 年第 8 号令修订。)

一、许可范围

（一）在中华人民共和国境内生产混合型饲料添加剂的企业（以下简称企业）。

（二）混合型饲料添加剂是指由一种或一种以上饲料添加剂与载体或稀释剂按一定比例混合，但不属于添加剂预混合饲料的饲料添加剂产品。

（三）本要求适用于以下情形：

1. 设立：指企业首次申请生产许可；
2. 续展：指企业生产许可有效期满继续生产；
3. 增加或更换生产线：增加生产线指企业在同一厂区增建已获得许可产品的生产线；更换生产线指企业对已有生产线的关键设备或生产工艺进行重大调整；
4. 增加产品品种：指企业申请增加生产许可范围以外的产品；
5. 迁址：指企业迁移出原生产地址，搬迁至新的生产地址；
6. 变更：指企业名称变更、法定代表人变更、注册地址或注册地址名称变更、生产地址名称变更。

二、申报材料格式要求

（一）企业应当按照《混合型饲料添加剂生产许可申报材料一览表》的要求提供相关材料。

（二）申报材料应当使用 A4 规格纸、小四号宋体打印，按照《混合型饲料添加剂生产许可申报材料一览表》顺序编制目录、装订成册并标注页码。表格不足时可加续表。申报材料应当清晰、干净、整洁。

（三）申报材料中企业提供的工商营业执照、产品标准、产品主成分指标检测方法验证结论等证明材料的复印件应当加盖企业公章。

（四）申报材料一式两份（包括纸质文件和电子文档光盘），其中一份报送省级饲料管理部门，承担具体受理工作的机构留存一份。

（五）申报材料电子文档采用 PDF 格式，相关证明文件应为原件扫描件，文件名为企业全称。

（六）增加或更换生产线、增加产品品种的，仅提供与申请事项相关的资料。

三、申报材料内容要求

（一）企业承诺书

（二）混合型饲料添加剂生产许可申请书

1. 封面

1.1 生产许可证编号：已获得生产许可证的企业填写原生产许可证编号，新设立的企业不填写。

1.2 企业名称：填写企业工商营业执照上的注册名称，并加盖企业公章。尚未取得工商注册的，按照企业名称预先核准通知书核准的名称填写。

1.3 联系人：填写企业负责办理生产许可的工作人员姓名。

1.4 联系方式：填写企业负责办理生产许可的联系人的手机、固定电话（注明区号）、传真等。

1.5 申请事项：根据企业具体情况分别在选项后面的"□"中打"√"。

1.6 申报日期：填写企业报出材料的日期。

2. 企业基本情况

各栏仅填写与申请事项相关的内容。

2.1 企业名称：填写企业工商营业执照上的注册名称。尚未取得工商注册的，按照企业名称预先核准通知书核准的名称填写。

2.2 生产地址：填写企业生产所在地详细地址，注明省（自治区、直辖市）、市（地）、县（市、区）、乡（镇、街道）、村（社区）、路（街）、号。

2.3 法定代表人、统一社会信用代码、住所（注册地址）、企业类型、注册资本：按照企业工商营业执照填写。尚未取得工商注册的，按照企业名称预先核准通知书填写。

2.4 固定资产：指厂房、设备和设施等资产总值。

2.5 所属法人机构信息：如企业为非法人单位，应当填写所属法人机构信息。

2.6 主要机构设置及人员组成

机构名称按照企业实际情况填写技术、生产、质量、销售、采购等机构。

专业技术人员填写企业的技术、生产、质量、销售、采购等机构中取得中专以上学历或初级以上技术职称的人员数量。

2.7 企业简介包括建立时间或变迁来源、隶属关系、所有权性质、生产产品、生产能力、技术水平、工艺装备、质量管理等内容（1 000字以内）。

3. 产品基本情况

3.1 产品名称：按照产品的主要组分或功能填写。

生产液态混合型饲料添加剂的还应当在产品名称前注明"液态"字样。

3.2 产品组分：逐一填写产品中所含饲料添加剂的名称，饲料添加剂名称按照《饲料添加剂品种目录》中的名称填写。

产品配方中有添加比例小于0.2%的原料的，应当注明该原料的具体添加比例。

产品中含有食品香料的，应当使用规范名称逐一填写。

3.3 载体或稀释剂：逐一填写使用的载体或稀释剂名称，名称按照《饲料原料目录》

和《饲料添加剂品种目录》中的名称填写。

3.4 生产能力（吨/小时）：按照混合机有效容积×0.5（平均容重）×10（批/小时）计算。

4. 生产设备明细表

4.1 企业应当以生产线为单位，填写与生产工艺流程图一致的配料、混合、成品包装等设备及除尘系统、液体添加等辅助设备。

液态混合型饲料添加剂生产设备填写与生产工艺流程图一致的原料前处理、称量、配液、过滤、灌装等设备，有均质工序的还应当填写高压均质设备。

4.2 设备名称、型号规格、生产厂家、出厂日期：按照设备说明书或设备铭牌填写。

4.3 材质：填写生产设备的制造材料名称。

4.4 技术性能指标：填写反映生产设备主要特征的技术性能参数。

5. 检验仪器明细表

5.1 除填写常规检验仪器外，还应当填写能够满足产品主成分检验需要的专用检验仪器。

5.2 仪器名称、型号规格、生产厂家、出厂日期、出厂编号：按照仪器说明书或仪器铭牌填写。

5.3 技术性能指标：填写检验仪器主要技术性能参数。

6. 主要管理技术人员及特有工种人员登记表

填写人员包括企业负责人、技术负责人、生产负责人、质量负责人、销售负责人、采购负责人、检验化验员等，其中检验化验员至少2名。

（三）企业组织机构图

提供包括技术、生产、质量、销售、采购等机构的企业组织机构框图。

（四）主要机构负责人毕业证书或职称证书

提供技术、生产和质量机构负责人的毕业证书或职称证书复印件。

（五）厂区平面布局图

按比例绘制厂区平面布局图，并注明生产、检化验、生活、办公等功能区，其中生产区应当标明生产车间、原料库、成品库的基本尺寸。

（六）生产工艺流程图和工艺说明

按照企业实际生产线数量逐一提供生产工艺流程图和工艺说明，生产工艺流程图应当使用规范的饲料加工设备图形符号绘制。

工艺说明应当反映主要生产步骤、目的、原理、实施方式、实施效果等内容。使用同一套生产设备生产不同产品的，还应当提供防止交叉污染措施。

（七）混合机混合均匀度检测报告

提供本企业所有混合机的混合均匀度自检报告或专业检验机构出具的检验报告或供应商提供的技术参数证明复印件。液态混合型饲料添加剂企业除外。

（八）检验化验室平面布置图

按比例绘制检验化验室平面布置图，图中标明天平室、理化分析室或前处理室、仪器室和留样观察室等功能室以及功能室的基本尺寸和检验仪器的位置。

产品中含有微生物添加剂的，还应当标明微生物检验室以及检验室的基本尺寸和检验仪器的位置。

（九）检验仪器购置发票

有检验仪器购置发票的提供发票复印件。无法提供购置发票的，提供检验仪器已列入企业固定资产的证明材料。

（十）产品标准

执行国家标准或者行业标准的，提供现行国家标准或者行业标准文本复印件。

执行企业标准的，提供有效的企业备案标准文本复印件；尚未取得工商注册的，提供企业标准草案文本。

（十一）产品主成分指标检测方法验证结论

企业应当提供省级及以上饲料检验机构出具的产品主成分指标检测方法验证结论复印件，但产品有国家或行业标准的除外。

（十二）企业管理制度

提供企业制定的主要管理制度的名称、主要内容等（1 500字以内）。

（十三）企业生产许可证

已经取得生产许可证的企业，提供生产许可证复印件。

（十四）相关证明材料

提出变更申请的，提供企业所在地相关管理部门出具的证明材料。

混合型饲料添加剂生产许可申报材料一览表

序号	申报材料项目	设立(已取得工商注册)	设立(未取得工商注册)	续展	增加或更换生产线	增加产品品种	迁址	变更企业名称	变更企业法定代表人	变更企业注册地址或注册地名称	变更企业生产地址名称
1	企业承诺书	√	√	√	√	√	√				
2	混合型饲料添加剂生产许可申请书	√	√	√	√	√	√				
3	企业组织机构图	√	√				√				
4	主要机构负责人毕业证书或职称证书	√	√	√			√				
5	厂区平面布局图	√	√				√				
6	生产工艺流程图和工艺说明	√	√	√	√	√	√				
7	混合机混合均匀度检测报告	√	√		√		√				
8	检验化验室平面布置图	√	√	√			√				
9	检验仪器购置发票	√	√				√				
10	产品标准	√	√	√		√					
11	产品主成分指标检测方法验证结论	√	√	√		√					
12	企业管理制度	√	√	√			√				
13	企业生产许可证			√	√	√	√	√	√	√	√
14	相关证明材料							√	√	√	√

注：增加或更换生产线、增加产品品种的，仅提供与申请事项相关的材料。

企业承诺书

一、申报材料真实性承诺

（一）本企业对《饲料和饲料添加剂管理条例》、《饲料和饲料添加剂生产许可管理办法》和《混合型饲料添加剂生产企业许可条件》及其相关要求已经充分理解。

（二）本企业提供的纸质和电子申报材料均真实、完整、一致。申报材料中如有虚假不实信息，自愿承担一切后果及法律责任。

二、遵纪守法承诺

本企业严格遵守《饲料和饲料添加剂管理条例》及其配套规章和规范性文件的规定，严格遵守国家关于计量、环保、安全生产、劳动保护、消防安全、危险化学品使用、实验室管理等相关管理规定。如有违纪违法行为，自愿承担一切后果及法律责任。

法定代表人（负责人）签名

（企业公章）

年　　月　　日

生产许可证编号：

混合型饲料添加剂生产许可申请书

企业名称：_____（公章）

联 系 人：_____

联系方式：_____

申请事项：设立□　　续展□　　增加或更换生产线□

　　　　　增加产品品种□　　迁址□

申报日期：_____年　月　日

中华人民共和国农业部　制
二〇一二年

表1　企业基本情况

企业名称				
生产地址				
通讯地址及邮编				
法定代表人				
统一社会信用代码				
住所（注册地址）				
企业类型				
注册资本（万元）		固定资产（万元）		
所属法人机构信息	名　称			
	住　所			
	统一社会信用代码		法定代表人	
	企业类型		联系人	
	联系电话		传　真	
主要机构设置及人员组成	机构名称					
	人　数					
	人员总数		其中专业技术人员	
企业简介：				

表 2 产品基本情况

序号	产品名称	产品组分	载体或稀释剂	生产能力（吨/小时）

表 3 生产设备明细表（生产线____）

生产产品：

序号	设备名称	型号规格	材质	生产厂家	出厂日期（年月）	技术性能指标

表 4　检验仪器明细表

序号	仪器名称	型号规格	生产厂家	出厂日期（年月）	出厂编号	技术性能指标

表 5　主要管理技术人员及特有工种人员登记表

序号	姓名	职务	职称	学历	所学专业	获证书时间、种类及编号	发证机关

注："证书"指管理人员、技术人员的职称证书、最高学历证书。

关于添加剂预混合饲料生产许可申报材料要求的公告

中华人民共和国农业部公告第 1867 号

（《添加剂预混合饲料生产许可申报材料要求》根据 2012 年 11 月 29 日中华人民共和国农业部公告第 1867 号公布，根据 2017 年 11 月 30 日中华人民共和国农业部令 2017 年第 8 号令修订。）

一、许可范围

（一）在中华人民共和国境内生产添加剂预混合饲料的企业（以下简称企业）。

（二）添加剂预混合饲料包括复合预混合饲料、微量元素预混合饲料、维生素预混合饲料。

复合预混合饲料是指以矿物质微量元素、维生素、氨基酸中任何两类或两类以上的营养性饲料添加剂为主，与其他饲料添加剂、载体和（或）稀释剂按一定比例配制的均匀混合物，其中营养性饲料添加剂的含量能够满足其适用动物特定生理阶段的基本营养需求，在配合饲料、精料补充料或动物饮用水中的添加量不低于 0.1% 且不高于 10%。

微量元素预混合饲料是指两种或两种以上矿物质微量元素与载体和（或）稀释剂按一定比例配制的均匀混合物，其中矿物质微量元素含量能够满足其适用动物特定生理阶段的微量元素需求，在配合饲料、精料补充料或动物饮用水中的添加量不低于 0.1% 且不高于 10%。

维生素预混合饲料是指两种或两种以上维生素与载体和（或）稀释剂按一定比例配制的均匀混合物，其中维生素含量应当满足其适用动物特定生理阶段的维生素需求，在配合饲料、精料补充料或动物饮用水中的添加量不低于 0.01% 且不高于 10%。

（三）本要求适用于以下情形：

1. 设立：指企业首次申请生产许可；
2. 续展：指企业生产许可有效期满继续生产；
3. 增加或更换生产线：增加生产线指企业在同一厂区增建已获得许可产品的生产线；更换生产线指企业对已有生产线的关键设备或生产工艺进行重大调整；
4. 增加产品品种或产品系列：指企业申请增加生产许可范围以外的产品；
5. 迁址：指企业迁移出原生产地址，搬迁至新的生产地址；
6. 变更：指企业名称变更、法定代表人变更、注册地址或注册地址名称变更、生产地址名称变更。

二、申报材料格式要求

（一）企业应当按照《添加剂预混合饲料生产许可申报材料一览表》的要求提供相关材料。

（二）申报材料应当使用 A4 规格纸、小四号宋体打印，按照《添加剂预混合饲料生产许可申报材料一览表》顺序编制目录、装订成册并标注页码。表格不足时可加续表。申报材料应当清晰、干净、整洁。

（三）申报材料中企业提供的工商营业执照复印件应当加盖企业公章。

（四）申报材料一式两份（包括纸质文件和电子文档光盘），其中一份报省级饲料管理部门，承担具体受理工作的机构留存一份。

（五）申报材料电子文档采用 PDF 格式，相关证明文件应为原件扫描件，文件名称为企业全称。

（六）增加或更换生产线、增加产品品种或产品系列的，仅提供与申请事项相关的资料。

三、申报材料内容要求

（一）企业承诺书

（二）添加剂预混合饲料生产许可申请书

1. 封面

1.1 生产许可证编号：已获得生产许可证的企业填写原生产许可证编号，新设立的企业不填写。

1.2 产品品种：根据企业申请生产的产品，在维生素预混合饲料、微量元素预混合饲料、复合预混合饲料后面的"□"中打"√"。

1.3 企业名称：填写企业工商营业执照上的注册名称，并加盖企业公章。尚未取得工商注册的，按照企业名称预先核准通知书核准的名称填写。

1.4 联系人：填写企业负责办理生产许可的工作人员姓名。

1.5 联系方式：填写企业负责办理生产许可的联系人的手机、固定电话（注明区号）、传真等。

1.6 申请事项：根据企业具体情况分别在选项后面的"□"中打"√"。

1.7 申报日期：填写企业报出材料的日期。

2. 企业基本情况

各栏仅填写与申请事项相关的内容。

2.1 企业名称：填写企业工商营业执照上的注册名称。尚未取得工商注册的，按照企业名称预先核准通知书核准的名称填写。

2.2 生产地址：填写企业生产所在地详细地址，注明省（自治区、直辖市）、市（地）、县（市、区）、乡（镇、街道）、村（社区）、路（街）、号。

2.3 法定代表人、统一社会信用代码、住所（注册地址）、企业类型、注册资本：按照企业工商营业执照填写。尚未取得工商注册的，按照企业名称预先核准通知书填写。

2.4 固定资产：指厂房、设备和设施等资产总值。

2.5 所属法人机构信息：如企业为非法人单位，应当填写所属法人机构信息。

2.6 主要机构设置及人员组成

机构名称按照企业实际情况填写技术、生产、质量、销售、采购等机构。

专业技术人员填写企业的技术、生产、质量、销售、采购等机构中取得中专以上学历或初级以上技术职称的人员数量。

2.7 企业简介包括建立时间或变迁来源、隶属关系、所有权性质、生产产品、生产能力、技术水平、工艺装备、质量管理等内容（1 000字以内）。

3. 产品基本情况

3.1 生产线名称：按照产品品种进行命名，如维生素预混合饲料生产线、微量元素预混合饲料生产线、复合预混合饲料生产线、维生素和复合预混合饲料生产线等。

3.2 生产能力（吨/小时）：按照混合机有效容积×0.5（平均容重）×10（批/小时）计算。

3.3 产品品种：按照维生素预混合饲料、微量元素预混合饲料、复合预混合饲料填写。

生产液态添加剂预混合饲料的还应当在产品品种前注明"液态"字样。

3.4 产品系列：根据企业生产情况，按照饲喂动物划分并填写畜禽水产动物、反刍动物、宠物及特种动物。

4. 生产设备明细表

4.1 企业应当以生产线为单位，填写与生产工艺流程图一致的原料提升、混合、自动包装等设备及完整的除尘系统、电控系统等辅助设备。

液态添加剂预混合饲料生产设备填写与生产工艺流程图一致的原料前处理、称量、配液、过滤、灌装等设备，有均质工序的还应当填写高压均质设备。

4.2 生产线名称及序号：与3.1对应，并逐一填写。

4.3 设备名称、型号规格、生产厂家、出厂日期：按照设备说明书或设备铭牌填写。

4.4 材质：填写生产设备的制造材料名称。

4.5 技术性能指标：填写反映生产设备主要特征的技术性能参数。

5. 检验仪器明细表

5.1 按照饲料生产企业许可条件规定逐一列出。

5.2 仪器名称、型号规格、生产厂家、出厂日期、出厂编号：按照仪器说明书或仪器铭牌填写。

5.3 技术性能指标：填写检验仪器主要技术性能参数。

6. 主要管理技术人员及特有工种人员登记表

填写人员包括企业负责人、技术负责人、生产负责人、质量负责人、销售负责人、采购负责人、检验化验员等，其中检验化验员至少2名。

（三）企业组织机构图

提供包括技术、生产、质量、销售、采购等机构的企业组织机构框图。

（四）主要机构负责人毕业证书或职称证书

提供技术、生产和质量机构负责人的毕业证书或职称证书复印件。

（五）厂区平面布局图

按比例绘制厂区平面布局图，并注明生产、检化验、生活、办公等功能区，其中生产区应当标明生产车间、原料库、成品库的基本尺寸。

（六）生产工艺流程图和工艺说明

按照企业实际生产线数量逐一提供生产工艺流程图和工艺说明，生产工艺流程图应当使用规范的饲料加工设备图形符号绘制。

工艺说明应当反映主要生产步骤、目的、原理、实施方式、实施效果等内容。使用同一套生产设备生产不同产品的，还应当提供防止交叉污染措施。

（七）计算机自动化控制系统配料精度证明（配料、混合工段采用计算机自动化控制系统的企业）

提供计算机自动化控制系统配料精度的自检报告或专业检验机构出具的检验报告或系统供应商提供的技术参数证明复印件。

（八）混合机混合均匀度检测报告

提供本企业所有混合机的混合均匀度自检报告或专业检验机构出具的检验报告或供应商提供的技术参数证明复印件。液态添加剂预混合饲料生产企业除外。

（九）检验化验室平面布置图

按比例绘制检验化验室平面布置图，图中标明天平室、前处理室、仪器室和留样观察室等功能室以及功能室的基本尺寸和检验仪器的位置。

（十）检验仪器购置发票

有检验仪器购置发票的提供发票复印件。无法提供购置发票的，提供检验仪器已列入企业固定资产的证明材料。

（十一）企业管理制度

提供企业按照《饲料质量安全管理规范》制定的主要管理制度的名称、主要内容等（1 500字以内）。

（十二）企业生产许可证

已经取得生产许可证的企业，提供生产许可证复印件。

（十三）相关证明材料

提出变更申请的，提供企业所在地相关管理部门出具的证明材料。

添加剂预混合饲料生产许可申报材料一览表

序号	申报材料项目	设立（已取得工商注册）	设立（未取得工商注册）	续展	增加或变更生产线	增加产品品种或产品系列	迁址	变更企业名称	变更企业法定代表人	变更企业注册地址或注册地名称	变更企业生产地名称
1	企业承诺书	√	√	√	√	√	√				
2	添加剂预混合饲料生产许可申请书	√	√	√	√	√	√				
3	企业组织机构图	√	√	√			√				
4	主要机构负责人毕业证书或职称证书	√	√	√			√				
5	厂区平面布局图	√	√	√	√		√				
6	生产工艺流程图和工艺说明	√	√	√	√	√	√				
7	计算机自动化控制系统配料精度证明	√	√	√	√	√	√				
8	混合机混合均匀度检测报告	√	√	√	√	√	√				
9	检验化验室平面布置图	√	√	√		√	√				
10	检验仪器购置发票	√	√				√				
11	企业管理制度	√	√	√							
12	企业生产许可证							√	√	√	√
13	相关证明材料							√	√	√	√

注1：增加或变更生产线、增加产品品种或产品系列的，仅提供与申请事项相关的材料。
注2：表中序号7，仅适用于配料、混合工段采用计算机自动化控制系统的企业。
注3：表中序号8，不适用于液态添加剂预混合饲料生产企业。

企业承诺书

一、申报材料真实性承诺

（一）本企业对《饲料和饲料添加剂管理条例》、《饲料和饲料添加剂生产许可管理办法》和《饲料生产企业许可条件》及其相关要求已经充分理解。

（二）本企业提供的纸质和电子申报材料均真实、完整、一致。申报材料中如有虚假不实信息，自愿承担一切后果及法律责任。

二、遵纪守法承诺

本企业严格遵守《饲料和饲料添加剂管理条例》及其配套规章和规范性文件的规定，严格遵守国家关于计量、环保、安全生产、劳动保护、消防安全、危险化学品使用、实验室管理等相关管理规定。如有违纪违法行为，自愿承担一切后果及法律责任。

法定代表人（负责人）签名

（企业公章）
年　　月　　日

生产许可证编号：

添加剂预混合饲料生产许可申请书

产品品种：维生素预混合饲料□　微量元素预混合饲料□　复合预混合饲料□

企业名称：＿＿＿＿＿＿＿＿＿＿＿＿＿＿＿＿＿＿＿＿＿＿＿＿（公章）

联 系 人：＿＿＿＿＿＿＿＿＿＿＿＿＿＿＿＿＿＿＿＿＿＿＿＿＿＿＿＿

联系方式：＿＿＿＿＿＿＿＿＿＿＿＿＿＿＿＿＿＿＿＿＿＿＿＿＿＿＿＿

申请事项：设立□　　　续展□　　　增加或更换生产线□

　　　　　增加产品品种□　增加产品系列□　迁址□

申报日期：＿＿＿＿＿＿＿＿＿＿年　月　日

中华人民共和国农业部　制
二〇一二年

表 1 企业基本情况

企业名称					
生产地址					
通讯地址及邮编					
法定代表人					
统一社会信用代码					
住所（注册地址）					
企业类型					
注册资本（万元）			固定资产（万元）		
所属法人机构信息	名　　称				
	住　　所				
	统一社会信用代码		法定代表人		
	企业类型		联系人		
	联系电话		传　真		
主要机构设置及人员组成	机构名称				
	人　数				
	人员总数		其中专业技术人员		

企业简介：

表2 产品基本情况

生产线序号	生产线一	生产线二	生产线三
生产线名称			
生产能力（吨/小时）			
产能合计（吨/小时）			
产品品种	产品系列		

表3 生产设备明细表

生产线名称及序号						
序号	设备名称	型号规格	材质	生产厂家	出厂日期（年月）	技术性能指标

表 4 检验仪器明细表

序号	仪器名称	型号规格	生产厂家	出厂日期（年月）	出厂编号	技术性能指标

表 5 主要管理技术人员及特有工种人员登记表

序号	姓名	职务	职称	学历	所学专业	获证书时间、种类及编号	发证机关

注："证书"指管理人员、技术人员的职称证书、最高学历证书。

关于浓缩饲料、配合饲料、精料补充料生产许可申报材料要求的公告

中华人民共和国农业部公告第1867号

(《浓缩饲料、配合饲料、精料补充料生产许可申报材料要求》根据2012年11月29日中华人民共和国农业部公告第1867号公布，根据2017年11月30日中华人民共和国农业部令2017年第8号令修订。)

一、许可范围

（一）在中华人民共和国境内生产浓缩饲料、配合饲料、精料补充料的企业（以下简称企业）。

（二）浓缩饲料是指主要由蛋白质、矿物质和饲料添加剂按照一定比例配制的饲料；配合饲料是指根据养殖动物营养需要，将多种饲料原料和饲料添加剂按照一定比例配制的饲料；精料补充料是指为补充草食动物的营养，将多种饲料原料和饲料添加剂按照一定比例配制的饲料。

（三）本要求适用于以下情形：

1. 设立：指企业首次申请生产许可；
2. 续展：指企业生产许可有效期满继续生产；
3. 增加或更换生产线：增加生产线指企业在同一厂区增建已获得许可产品的生产线；更换生产线指企业对已有生产线的关键设备或生产工艺进行重大调整；
4. 增加产品类别或产品系列：指企业申请增加生产许可范围以外的产品；
5. 迁址：指企业迁移出原生产地址，搬迁至新的生产地址；
6. 变更：指企业名称变更、法定代表人变更、注册地址或注册地址名称变更、生产地址名称变更。

二、申报材料格式要求

（一）企业应当按照《浓缩饲料、配合饲料、精料补充料生产许可申报材料一览表》的要求提供相关材料。

（二）申报材料应当使用A4规格纸、小四号宋体打印，按照《浓缩饲料、配合饲料、精料补充料生产许可申报材料一览表》顺序编制目录、装订成册并标注页码。表格不足时可加续表。申报材料应当清晰、干净、整洁。

（三）申报材料中企业提供的工商营业执照复印件应当加盖企业公章。

（四）申报材料一式两份（包括纸质文件和电子文档光盘），其中一份报送省级饲料管理部门，承担受理工作的饲料管理部门留存一份。

（五）申报材料电子文档采用 PDF 格式，相关证明文件应为原件扫描件，文件名为企业全称。

（六）增加或更换生产线、增加产品类别或产品系列的，仅提供与申请事项相关的资料。

三、申报材料内容要求

（一）企业承诺书

（二）浓缩饲料、配合饲料、精料补充料生产许可申请书

1. 封面

1.1　生产许可证编号：已获得生产许可证的企业填写原生产许可证编号，新设立的企业不填写。

1.2　产品类别：根据企业申请生产的产品，在浓缩饲料、配合饲料、精料补充料后面的"□"中打"√"。

1.3　企业名称：填写企业工商营业执照上的注册名称，并加盖企业公章。尚未取得工商注册的，按照企业名称预先核准通知书核准的名称填写。

1.4　联系人：填写企业负责办理生产许可的工作人员姓名。

1.5　联系方式：填写企业负责办理生产许可的联系人的手机、固定电话（注明区号）、传真等。

1.6　申请事项：根据企业具体情况分别在选项后面的"□"中打"√"。

1.7　申报日期：填写企业报出材料的日期。

2. 企业基本情况

各栏仅填写与申请事项相关的内容。

2.1　企业名称：填写企业工商营业执照上的注册名称。尚未取得工商注册的，按照企业名称预先核准通知书核准的名称填写。

2.2　生产地址：填写企业生产所在地详细地址，注明省（自治区、直辖市）、市（地）、县（市、区）、乡（镇、街道）、村（社区）、路（街）、号。

2.3　法定代表人、统一社会信用代码、住所（注册地址）、企业类型、注册资本：按照企业工商营业执照填写。尚未取得工商注册的，按照企业名称预先核准通知书填写。

2.4　固定资产：指厂房、设备和设施等资产总值。

2.5　所属法人机构信息：如企业为非法人单位，应当填写所属法人机构信息。

2.6　主要机构设置及人员组成

机构名称按照企业实际情况填写技术、生产、质量、销售、采购等机构。

专业技术人员填写企业的技术、生产、质量、销售、采购等机构中取得中专以上学历或初级以上技术职称的人员数量。

2.7　企业简介包括建立时间或变迁来源、隶属关系、所有权性质、生产产品、生产能力、技术水平、工艺装备、质量管理等内容（1 000 字以内）。

3. 产品基本情况

3.1　生产线名称：按照产品类别进行命名，如配合饲料生产线、浓缩饲料生产线、配合饲料和浓缩饲料生产线、精料补充料生产线等。

3.2　生产能力（吨/小时）：按照混合机有效容积×0.5（平均容重）×10（批/小

时）计算。

3.3 产品类别：按照浓缩饲料、配合饲料、精料补充料填写。

3.4 产品系列：根据企业生产情况，按照饲喂动物划分并填写。浓缩饲料填写畜禽、水产、反刍、幼畜禽、种畜禽、水产育苗、宠物、特种动物等；配合饲料填写畜禽、水产、反刍、幼畜禽、种畜禽、水产育苗、宠物、特种动物等；精料补充料填写反刍动物、其他等。

4. 生产设备明细表

4.1 企业应当以生产线为单位，填写与生产工艺流程图一致的原料清理、粉碎、提升、配料、混合、自动包装等设备及完整的除尘系统、电控系统、液体添加等辅助设备。

生产颗粒饲料产品的，还应当填写制粒或膨化、冷却、破碎、分级、干燥等后处理设备。

4.2 生产线名称及序号：与3.1对应，并逐一填写。

4.3 设备名称、型号规格、生产厂家、出厂日期：按照设备说明书或设备铭牌填写。

4.4 技术性能指标：填写反映生产设备主要特征的技术性能参数。

5. 检验仪器明细表

5.1 按照饲料生产企业许可条件规定逐一列出。

5.2 仪器名称、型号规格、生产厂家、出厂日期、出厂编号：按照仪器说明书或仪器铭牌填写。

5.3 技术性能指标：填写检验仪器主要技术性能参数。

6. 主要管理技术人员及特有工种人员登记表

填写人员包括企业负责人、技术负责人、生产负责人、质量负责人、销售负责人、采购负责人、检验化验员等，其中检验化验员至少2名。

（三）企业组织机构图

提供包括技术、生产、质量、销售、采购等机构的企业组织机构框图。

（四）主要机构负责人毕业证书或职称证书

提供技术、生产和质量机构负责人的毕业证书或职称证书复印件。

（五）厂区平面布局图

按比例绘制厂区平面布局图，并注明生产、检化验、生活、办公等功能区，其中生产区应当标明生产车间、原料库、成品库的基本尺寸。

（六）生产工艺流程图和工艺说明

按照企业实际生产线数量逐一提供生产工艺流程图和工艺说明，生产工艺流程图应当使用规范的饲料加工设备图形符号绘制。

工艺说明应当反映主要生产步骤、目的、原理、实施方式、实施效果等内容。使用同一套生产设备生产不同产品的，还应当提供防止交叉污染措施。

（七）计算机自动化控制系统配料精度证明

提供计算机自动化控制系统配料精度的自检报告或专业检验机构出具的检验报告或系统供应商提供的技术参数证明复印件。

（八）混合机混合均匀度检测报告

提供本企业所有混合机的混合均匀度自检报告或专业检验机构出具的检验报告或供应商提供的技术参数证明复印件。

（九）检验化验室平面布置图

按比例绘制检验化验室平面布置图，图中标明天平室、理化分析室、仪器室和留样观察室等功能室以及功能室的基本尺寸和检验仪器的位置。

（十）检验仪器购置发票

有检验仪器购置发票的提供发票复印件。无法提供购置发票的，提供检验仪器已列入企业固定资产的证明材料。

（十一）企业管理制度

提供企业按照《饲料质量安全管理规范》制定的主要管理制度的名称、主要内容等（1 500字以内）。

（十二）企业生产许可证

已经取得生产许可证的企业，提供生产许可证复印件。

（十三）相关证明材料

提出变更申请的，提供企业所在地相关管理部门出具的证明材料。

浓缩饲料、配合饲料、精料补充料生产许可申报材料一览表

序号	申报材料项目	设立（已取得工商注册）	设立（未取得工商注册）	续展	增加或更换生产线	增加产品类别或产品系列	迁址	变更企业名称	变更企业法定代表人	变更企业注册地址或注册地名称	变更企业生产地名称
1	企业承诺书	✓	✓								
2	浓缩饲料、配合饲料、精料补充料生产许可申请书	✓	✓	✓	✓	✓	✓				
3	企业组织机构图	✓	✓	✓			✓				
4	主要机构负责人毕业证书或职称证书	✓	✓	✓			✓				
5	厂区平面布局图	✓	✓	✓	✓	✓	✓				
6	生产工艺流程图和工艺说明	✓	✓	✓	✓	✓	✓				
7	计算机自动化控制系统配料精度证明	✓	✓	✓	✓		✓				
8	混合机混合均匀度检测报告	✓	✓	✓	✓	✓	✓				
9	检验化验室平面布置图	✓	✓	✓			✓				
10	检验仪器购置发票	✓	✓	✓			✓				
11	企业管理制度	✓	✓								
12	企业生产许可证			✓	✓	✓	✓	✓	✓	✓	✓
13	相关证明材料						✓	✓	✓	✓	✓

注：增加或更换生产线、增加产品类别或产品系列的，仅提供与申请事项相关的材料。

企业承诺书

一、申报材料真实性承诺

（一）本企业对《饲料和饲料添加剂管理条例》、《饲料和饲料添加剂生产许可管理办法》和《饲料生产企业许可条件》及其相关要求已经充分理解。

（二）本企业提供的纸质和电子申报材料均真实、完整、一致。申报材料中如有虚假不实信息，自愿承担一切后果及法律责任。

二、遵纪守法承诺

本企业严格遵守《饲料和饲料添加剂管理条例》及其配套规章和规范性文件的规定，严格遵守国家关于计量、环保、安全生产、劳动保护、消防安全、危险化学品使用、实验室管理等相关管理规定。如有违纪违法行为，自愿承担一切后果及法律责任。

法定代表人（负责人）签名

（企业公章）
年　　月　　日

生产许可证编号：

浓缩饲料、配合饲料、精料补充料生产许可申请书

产品类别：浓缩饲料□　配合饲料□　精料补充料□

企业名称：＿＿＿＿＿＿＿＿＿＿＿＿＿＿＿＿（公章）

联 系 人：＿＿＿＿＿＿＿＿＿＿＿＿＿＿＿＿＿＿

联系方式：＿＿＿＿＿＿＿＿＿＿＿＿＿＿＿＿＿＿

申请事项：设立□　　续展□　　增加或更换生产线□

　　　　　增加产品类别□　　增加产品系列□　　迁址□

申报日期：＿＿＿＿＿＿＿＿年　月　日＿＿

中华人民共和国农业部　制
二〇一二年

表 1　企业基本情况

企业名称				
生产地址				
通讯地址及邮编				
法定代表人				
统一社会信用代码				
住所（注册地址）				
企业类型				
注册资本（万元）		固定资产（万元）		
所属法人机构信息	名　称			
	住　所			
	统一社会信用代码		法定代表人	
	企业类型		联系人	
	联系电话		传　真	
主要机构设置及人员组成	机构名称					
	人　数					
	人员总数		其中专业技术人员		

企业简介：

表 2 产品基本情况

生产线序号	生产线一	生产线二	生产线三	生产线四
生产线名称				
生产能力（吨/小时）				
产能合计（吨/小时）				
产品类别	产品系列			

表 3 生产设备明细表

生产线名称及序号					
序号	设备名称	型号规格	生产厂家	出厂日期（年月）	技术性能指标

表 4 检验仪器明细表

序号	仪器名称	型号规格	生产厂家	出厂日期（年月）	出厂编号	技术性能指标

表 5 主要管理技术人员及特有工种人员登记表

序号	姓名	职务	职称	学历	所学专业	获证书时间、种类及编号	发证机关

注:"证书"指管理人员、技术人员的职称证书、最高学历证书。

关于单一饲料生产许可申报材料要求的公告

中华人民共和国农业部公告第 1867 号

(《添加剂预混合饲料生产许可申报材料要求》根据 2012 年 11 月 29 日中华人民共和国农业部公告第 1867 号公布，根据 2017 年 11 月 30 日中华人民共和国农业部令 2017 年第 8 号令修订。)

一、许可范围

（一）在中华人民共和国境内生产单一饲料的企业（以下简称企业）。

（二）单一饲料是指来源于一种动物、植物、微生物或者矿物质，用于饲料产品生产的饲料。单一饲料品种见《饲料原料目录》。

（三）本要求适用于以下情形：

1. 设立：指企业首次申请生产许可；

2. 续展：指企业生产许可有效期满继续生产；

3. 增加或更换生产线：增加生产线指企业在同一厂区增建已获得许可产品的生产线；更换生产线指企业对已有生产线的关键设备或生产工艺进行重大调整；

4. 增加产品品种：指企业申请增加生产许可范围以外的产品；

5. 迁址：指企业迁移出原生产地址，搬迁至新的生产地址；

6. 变更：指企业名称变更、法定代表人变更、注册地址或注册地址名称变更、生产地址名称变更。

二、申报材料格式要求

（一）企业应当按照《单一饲料生产许可申报材料一览表》的要求提供相关材料。

（二）申报材料应当使用 A4 规格纸、小四号宋体打印，按照《单一饲料生产许可申报材料一览表》顺序编制目录、装订成册并标注页码。表格不足时可加续表。申报材料应当清晰、干净、整洁。

（三）申报材料中企业提供的工商营业执照、产品标准、环保证明、微生物菌种来源证明等证明材料的复印件应当加盖企业公章。

（四）申报材料一式两份（包括纸质文件和电子文档光盘），其中一份报送省级饲料管理部门，承担受理工作的饲料管理部门留存一份。

（五）申报材料电子文档采用 PDF 格式，相关证明文件应为原件扫描件，文件名为企业全称。

（六）增加或更换生产线、增加产品品种的，仅提供与申请事项相关的资料。

三、申报材料内容要求

（一）企业承诺书

（二）单一饲料生产许可申请书

1. 封面

1.1 生产许可证编号：已获得生产许可证的企业填写原生产许可证编号，新设立的企业不填写。

1.2 企业名称：填写企业工商营业执照上的注册名称，并加盖企业公章。尚未取得工商注册的，按照企业名称预先核准通知书核准的名称填写。

1.3 联系人：填写企业负责办理生产许可的工作人员姓名。

1.4 联系方式：填写企业负责办理生产许可的联系人的手机、固定电话（注明区号）、传真等。

1.5 申请事项：根据企业具体情况分别在选项后面的"□"中打"√"。

1.6 申报日期：填写企业报出材料的日期。

2. 企业基本情况

各栏仅填写与申请事项相关的内容。

2.1 企业名称：填写企业工商营业执照上的注册名称。尚未取得工商注册的，按照企业名称预先核准通知书核准的名称填写。

2.2 生产地址：填写企业生产所在地详细地址，注明省（自治区、直辖市）、市（地）、县（市、区）、乡（镇、街道）、村（社区）、路（街）、号。

2.3 法定代表人、统一社会信用代码、住所（注册地址）、企业类型、注册资本：按照企业工商营业执照填写。尚未取得工商注册的，按照企业名称预先核准通知书填写。

2.4 固定资产：指厂房、设备和设施等资产总值。

2.5 所属法人机构信息：如企业为非法人单位，应当填写所属法人机构信息。

2.6 主要机构设置及人员组成

机构名称按照企业实际情况填写技术、生产、质量、销售、采购等机构。

专业技术人员填写企业的技术、生产、质量、销售、采购等机构中取得中专以上学历或初级以上技术职称的人员数量。

2.7 企业简介包括建立时间或变迁来源、隶属关系、所有权性质、生产产品、生产能力、技术水平、工艺装备、质量管理等内容（1 000字以内）。

3. 产品基本情况

3.1 产品名称：按照《饲料原料目录》中的名称填写。

3.2 生产能力：按照每个产品年生产能力填写并注明单位。

4. 生产设备明细表

4.1 企业应当以生产线为单位，填写与生产工艺流程图一致的原料贮存、预处理、生产、计量、包装、除尘等主要生产设备。

4.2 生产产品：填写本生产线生产的产品。

4.3 设备名称、型号规格、生产厂家、出厂日期：按照设备说明书或设备铭牌填写。

4.4 技术性能指标：填写反映生产设备主要特征的技术性能参数。

5. 检验仪器明细表

5.1 填写能够满足产品主成分、《饲料原料目录》中强制性标识要求所列项目和执行标准中出厂检验规定的项目所需的检验仪器。

生产动物源性单一饲料和采用生物发酵工艺生产单一饲料的，还应当填写微生物检验所需的检验仪器。

5.2 仪器名称、型号规格、生产厂家、出厂日期、出厂编号：按照仪器说明书或仪器铭牌填写。

5.3 技术性能指标：填写检验仪器主要技术性能参数。

6. 主要管理技术人员及特有工种人员登记表

填写人员包括企业负责人、技术负责人、生产负责人、质量负责人、销售负责人、采购负责人、检验化验员等，其中检验化验员至少 2 名。

（三）企业组织机构图

提供包括技术、生产、质量、销售、采购等机构的企业组织机构框图。

（四）厂区平面布局图

按比例绘制厂区平面布局图，并注明生产、检化验、生活、办公等功能区，其中生产区应当标明生产车间、原料库、成品库的基本尺寸。

（五）生产工艺流程图和工艺说明

按照企业实际生产线数量逐一提供生产工艺流程图和工艺说明，生产工艺流程图应当按照国家或行业相关的规范性要求绘制。生产工艺流程应当符合《饲料原料目录》产品特征描述中的工艺要求。

工艺说明应当反映主要生产步骤、目的、原理、实施方式、实施效果等内容。使用同一套生产设备生产不同产品的，还应当提供防止交叉污染措施；生产动物源性单一饲料产品的，还应当提供生产设备清洗消毒措施；采用生物发酵生产工艺生产单一饲料产品的，还应当说明采用的微生物菌种的中文学名和拉丁文学名以及主要培养基、包被材料、载体等原材料名称。

（六）检验化验室平面布置图

按比例绘制检验化验室平面布置图，图中标明天平室、理化分析室或前处理室、仪器室和留样观察室等功能室以及功能室的基本尺寸和检验仪器的位置。

动物源性单一饲料和采用生物发酵工艺生产单一饲料的，还应当标明微生物检验室以及检验室的基本尺寸和检验仪器的位置。

（七）检验仪器购置发票

有检验仪器购置发票的提供发票复印件。无法提供购置发票的，提供检验仪器已列入企业固定资产的证明材料。

（八）产品标准

执行国家标准或者行业标准的，提供现行国家标准或者行业标准文本复印件。

执行企业标准的，提供有效的企业备案标准文本复印件；尚未取得工商注册的，提供企业标准草案文本。

（九）企业管理制度

提供企业制定的主要管理制度的名称、主要内容等（1 500 字以内）。

（十）环保证明

提供由企业生产所在地县级以上人民政府环境保护部门出具的、与所申报产品相关的环保证明复印件。

（十一）微生物菌种来源证明

采用生物发酵工艺生产单一饲料产品的，应当提供申请许可前 12 个月内由国家或省部级微生物菌种保藏机构出具的微生物菌种种属证明，种属证明应当包括菌种鉴定的主要实验原理、方法和结论等信息。企业使用的微生物菌种应当符合《饲料原料目录》的规定。

（十二）动物源性原料来源证明

生产动物源性单一饲料产品的，提供与原料供应商签订的长期供货协议或合同等证明材料复印件。

（十三）与生产新饲料有关的材料

申请生产新饲料的，提供新饲料证书复印件；新饲料证书持有者转让给其他企业生产的，还应当提供转让证明复印件。

（十四）新饲料自获证之日起超过 3 年未投入生产，其他企业申请生产的，应当提供农业部允许该产品作为单一饲料生产和使用的公告。

（十五）企业生产许可证

已经取得生产许可证的企业，提供生产许可证复印件。

（十六）相关证明材料

提出变更申请的，提供企业所在地相关管理部门出具的证明材料。

单一饲料生产许可申报材料一览表

序号	申报材料项目	设立(已取得工商注册)	设立(未取得工商注册)	续展	增加或更换生产线	增加产品品种	迁址	变更企业名称	变更企业法定代表人	变更企业注册地址或注册地名称	变更企业生产地名称
1	企业承诺书	√	√	√	√	√	√				
2	单一饲料生产许可申请书	√	√	√	√	√	√				
3	企业组织机构图	√	√	√			√				
4	厂区平面布局图	√	√	√	√		√				
5	生产工艺流程图和工艺说明	√	√	√	√	√	√				
6	检验化验室平面布置图	√	√	√			√				
7	检验化验仪器购置发票	√	√	√			√				
8	产品标准	√	√	√	√	√	√				
9	企业管理制度	√	√	√			√				
10	环保证明	√	√	√	√		√				
11	微生物菌种来源证明	√	√		√	√					
12	动物源性原料来源证明	√	√		√	√					
13	与生产新饲料有关的材料	√	√		√	√					
14	农业部允许该产品作为单一饲料生产和使用的公告	√	√		√	√					
15	企业生产许可证			√	√	√	√	√	√	√	√
16	相关证明材料						√	√	√	√	√

注1：增加或更换生产线、增加产品品种的，仅提供与申请事项相关的材料。

注2：表中序号11、12、13、14，仅适用于与申请事项相关的产品。

企业承诺书

一、申报材料真实性承诺

（一）本企业对《饲料和饲料添加剂管理条例》及其配套规章和规范性文件的要求已经充分理解。

（二）本企业提供的纸质和电子申报材料均真实、完整、一致。申报材料中如有虚假不实信息，自愿承担一切后果及法律责任。

二、遵纪守法承诺

本企业严格遵守《饲料和饲料添加剂管理条例》及其配套规章和规范性文件的规定，严格遵守国家关于计量、环保、安全生产、劳动保护、消防安全、危险化学品使用、实验室管理等相关管理规定。如有违纪违法行为，自愿承担一切后果及法律责任。

法定代表人（负责人）签名

（企业公章）
年　月　日

生产许可证编号：

单一饲料生产许可申请书

企业名称：＿＿＿＿＿＿＿＿＿＿＿＿＿＿＿＿（公章）

联系人：＿＿＿＿＿＿＿＿＿＿＿＿＿＿＿＿＿＿

联系方式：＿＿＿＿＿＿＿＿＿＿＿＿＿＿＿＿＿

申请事项：设立□　　续展□　　增加或更换生产线□

　　　　　增加产品品种□　　迁址□

申报日期：＿＿＿＿＿＿＿＿年　月　日＿＿＿＿

中华人民共和国农业部　制
二〇一二年

表 1　企业基本情况

企业名称					
生产地址					
通讯地址及邮编					
法定代表人					
统一社会信用代码					
住所（注册地址）					
企业类型					
注册资本（万元）			固定资产（万元）		
所属法人机构信息	名　称				
	住　所				
	统一社会信用代码		法定代表人		
	企业类型		联系人		
	联系电话		传　真		
主要机构设置及人员组成	机构名称				
	人　数				
	人员总数		其中专业技术人员		
企业简介：					

表 2 产品基本情况

序号	产品名称	生产能力（吨/年）	生产工艺简述

表 3 生产设备明细表（生产线____）

生产产品：					
序号	设备名称	型号规格	生产厂家	出厂日期（年月）	技术性能指标

表 4　检验仪器明细表

序号	仪器名称	型号规格	生产厂家	出厂日期（年月）	出厂编号	技术性能指标

表 5　主要管理技术人员及特有工种人员登记表

序号	姓名	职务	职称	学历	所学专业	获证书时间、种类及编号	发证机关

注："证书"指管理人员、技术人员的职称证书、最高学历证书。

关于养殖者自行配制饲料的有关规定的公告

中华人民共和国农业农村部公告第 307 号

为规范养殖者自行配制饲料的行为，保障动物产品质量安全，按照《饲料和饲料添加剂管理条例》有关要求，我部规定如下。

一、养殖者自行配制饲料的，应当利用自有设施设备，供自有养殖动物使用。

二、养殖者自行配制的饲料（以下简称"自配料"）不得对外提供；不得以代加工、租赁设施设备以及其他任何方式对外提供配制服务。

三、养殖者应当遵守我部公布的有关饲料原料和饲料添加剂的限制性使用规定，除当地有传统使用习惯的天然植物原料（不包括药用植物）及农副产品外，不得使用我部公布的《饲料原料目录》《饲料添加剂品种目录》以外的物质自行配制饲料。

四、养殖者应当遵守我部公布的《饲料添加剂安全使用规范》有关规定，不得在自配料中超出适用动物范围和最高限量使用饲料添加剂。严禁在自配料中添加禁用药物、禁用物质及其他有毒有害物质。

五、自配料使用的单一饲料、饲料添加剂、混合型饲料添加剂、添加剂预混合饲料和浓缩饲料应为合法饲料生产企业的合格产品，并按其产品使用说明和注意事项使用。

六、养殖者在日常生产自配料时，不得添加我部允许在商品饲料中使用的抗球虫和中药类药物以外的兽药。因养殖动物发生疾病，需要通过混饲给药方式使用兽药进行治疗的，要严格按照兽药使用规定及法定兽药质量标准、标签和说明书购买使用，兽用处方药必须凭执业兽医处方购买使用。含有兽药的自配料要单独存放并加标识，要建立用药记录制度，严格执行休药期制度，接受县级以上畜牧兽医主管部门监管。

七、自配料原料、半成品、成品等应当与农药、化肥、化工有毒产品以及有可能危害饲料产品安全与养殖动物健康的其他物质分开存放，并采取有效措施避免交叉污染。

八、反刍动物自配料的生产设施设备不得与其他动物自配料生产设施设备共用。反刍动物自配料不得添加乳和乳制品以外的动物源性成分。

九、养殖者违反本规定的，由县级以上饲料主管部门依照《饲料和饲料添加剂管理条例》《兽药管理条例》《国务院关于加强食品等产品安全监督管理的特别规定》等予以处罚。涉嫌犯罪的，移送司法机关依法追究刑事责任。

本规定自 2020 年 8 月 1 日起施行。

农业农村部
2020 年 6 月 12 日

农业部办公厅关于饲料和饲料添加剂生产许可证核发范围和标示方法的通知

农办牧〔2012〕42号

各省、自治区、直辖市饲料工作（工业）办公室，全国畜牧兽医总站、中国饲料工业协会：

根据《饲料和饲料添加剂管理条例》、《饲料和饲料添加剂生产许可管理办法》规定，我部制定了饲料和饲料添加剂生产许可证式样和标示方法，请遵照执行。

一、生产许可证核发范围

饲料添加剂和混合型添加剂产品生产企业核发饲料添加剂生产许可证。企业兼产上述两类产品的，各核发1张生产许可证。

添加剂预混合饲料、单一饲料、浓缩饲料、配合饲料和精料补充料生产企业核发饲料生产许可证。企业兼产多个产品的，添加剂预混合饲料、单一饲料各核发1张生产许可证，浓缩饲料、配合饲料和精料补充料核发1张生产许可证。

二、证书内容及标示方法

证书包括企业名称、编号、法定代表人、产品类别、产品品种（产品组分）、注册地址、生产地址、发证机关、有效期、发证时间等内容。企业信息按照企业工商营业执照或企业名称预先核准通知书上的内容标示，其他信息按照以下原则标示。

（一）编号

编号采用汉字、英文字母和阿拉伯数字编码组成。

（1）由农业部核发的生产许可证：

饲料添加剂编号：饲添（××××）T×××××

混合型饲料添加剂编号：饲添（××××）H×××××

添加剂预混合饲料编号：饲预（××××）×××××

（××××）：生产许可证发证年份

×××××：生产许可证序号

（2）由省级饲料管理部门核发的生产许可证：

编号：×饲证（××××）×××××

×：企业所在省（自治区、直辖市）简称

（××××）：生产许可证发证年份

×××××：生产许可证序号（前两位代表地市序号，后三位代表企业序号）

（二）产品类别

根据饲料行业管理法规和企业申报情况，分别标示饲料添加剂、混合型饲料添加剂、添加剂预混合饲料、单一饲料、浓缩饲料、配合饲料、精料补充料等7个产品类别。

（三）产品品种

涉及饲料添加剂和单一饲料产品标示的，按照《饲料添加剂品种目录》《饲料原料目录》或农业部批准饲料添加剂品种、单一饲料品种的公告中确定的名称填写。产品品种标示完成后以符号"***"结束。

（1）饲料添加剂

产品之间用分号间隔；在同一工艺中同时得到两种或两种以上饲料添加剂产品的，产品之间用"+"相连；生产液态饲料添加剂产品的，在产品名称前还需标示"液态"字样。

如：L-赖氨酸；液态维生素A；脂肪酶（产自黑曲霉）+果胶酶（产自黑曲霉）+植酸酶（产自黑曲霉）***

（2）混合型饲料添加剂

混合型饲料添加剂产品品种使用"产品组分"表示，产品之间用分号分隔；由两种或两种以上饲料添加剂混合而成的产品，使用括号标明范围并在每种饲料添加剂之间用"+"分隔；生产液态混合型饲料添加剂的，在产品前还需标示"液态"字样。

如：L-赖氨酸；（维生素E+亚硒酸钠）；液态（枯草芽孢杆菌+低聚木糖）***

（3）添加剂预混合饲料

产品之间用分号间隔；除标示复合预混合饲料、微量元素预混合饲料、维生素预混合饲料外，还应在产品后括号中标示畜禽水产、反刍动物、宠物及特种动物等适用范围；生产液态添加剂预混合饲料产品的，在产品名称前还需要标示"液态"字样。

如：复合预混合饲料（畜禽水产、反刍动物）；微量元素预混合饲料（畜禽水产、反刍动物、宠物及特种动物）；维生素预混合饲料（畜禽水产）；液态维生素预混合饲料（畜禽水产）***

（4）单一饲料

产品之间用分号间隔。

如：玉米蛋白粉；猪肉骨粉；发酵豆粕***

（5）浓缩饲料、配合饲料、精料补充料

产品之间用分号间隔；除标示浓缩饲料、配合饲料、精料补充料外，还应根据企业申报情况在浓缩饲料、配合饲料产品后括号中标示畜禽、水产、反刍、幼畜禽、种畜禽、水产育苗、宠物、特种动物等适用范围，在精料补充料产品后括号中标示反刍、其他等适用范围。

如：浓缩饲料（畜禽、水产、反刍、幼畜禽、种畜禽、水产育苗、宠物、特种动物）；配合饲料（畜禽、水产、反刍、幼畜禽、种畜禽、水产育苗、宠物、特种动物）；精料补充料（反刍动物、其他）***

（四）发证时间

标示证书核发的日期，如企业在证书有效期内申请增加或更换生产线、增加生产产品的类别/品种/系列，变更企业名称、注册地址、注册地址名称、生产地址名称或法定代表人，许可证有效期不变，发证时间更新为新获证书的核发日期。

中华人民共和国农业部办公厅
二〇一二年十一月十九日

农业部办公厅关于贯彻落实饲料行业管理新规推进饲料行政许可工作的通知

农办牧〔2012〕46 号

各省、自治区、直辖市畜牧（农牧、农业）厅（委、局、办）、饲料工作（工业）办公室，全国畜牧总站、中国饲料工业协会：

《饲料和饲料添加剂管理条例》（以下简称《条例》）经国务院修订，已于2012年5月1日起正式施行。为配合《条例》实施，我部制定发布了《饲料和饲料添加剂生产许可管理办法》等配套规章和规范性文件。为指导各级畜牧饲料管理部门、饲料企业准确理解《条例》及其配套规章的基本原则和主要内容，做好饲料行政许可和行业监督管理工作，现将有关要求通知如下。

一、充分认识《条例》实施的重要意义

饲料是养殖业的物质基础，其数量安全和质量安全直接关系养殖业稳定发展、动物产品质量安全和公众健康。近年来，我国饲料行业在快速发展的过程中，暴露出生产企业小、散、乱现象突出，非法添加"瘦肉精"案件时有发生等问题，迫切需要健全完善饲料管理法律法规体系，严格行业准入，加大监督执法力度，严厉打击违法违规行为，切实保障饲料和饲料添加剂产品质量安全。

二、贯彻落实《条例》的总体要求和目标

深入贯彻落实科学发展观，以《条例》实施为契机，以保障饲料质量安全为目标，将贯彻落实《条例》作为"十二五"饲料工作的核心任务，认清形势、统一思想、夯实基础、严格准入、强化监管、从严执法，努力规范饲料生产、经营和使用行为，构建公平有序的市场环境，促进饲料行业向规模化、标准化、集约化方向发展，全面推进我国由饲料大国向饲料强国转变。

三、加强《条例》贯彻实施工作的组织领导

各级畜牧饲料管理部门要在地方人民政府的统一领导下，坚持制度建设和工作落实两手抓，完善监管工作机制和绩效考核指标体系，把任务和责任分解、细化、落实到部门和岗位。要积极争取支持，在监管机构建设、监测经费争取、执法装备改善等方面创新思路、整合力量、取得突破。要按照《条例》要求，建立健全饲料和饲料添加剂生产许可专家审核委员会和专家审核制度，积极推进畜牧兽医综合执法，明确执法职能，全面提高监管能力。

四、准确把握《条例》贯彻实施的核心和重点

此次《条例》修订,强调了饲料生产企业、经营者的主体责任。各级畜牧饲料管理部门要认真领会《条例》立法主旨,将行业管理工作的核心和重点转到提高门槛、减少数量,转变方式、增加效益,加强监管、保证安全上来,按照《条例》及其配套规章要求,严格饲料和饲料添加剂生产企业准入审核,加强日常监督管理,落实各项监管措施,切实保障饲料产品质量安全。

五、做好生产许可证和产品批准文号换证换号工作

(一)饲料添加剂和添加剂预混合饲料生产许可。2012年12月1日前,已经取得饲料添加剂或添加剂预混合饲料生产许可证的企业,可在原证有效期内继续生产;12月1日起,申请设立、续展、增加许可内容、生产场所迁址的企业,按照修订后的《条例》及其配套规章要求进行审核;12月1日前,各省级饲料管理部门已经受理的生产许可申请,可依照原许可规定继续办理;企业因申报材料审查或现场审核未通过导致申请被退回,且再次提交申请日期超过12月1日的,按照修订后的《条例》及其配套规章要求进行审核。

(二)混合型饲料添加剂生产许可。为进一步加强对饲料添加剂和添加剂预混合饲料产品的管理,修订后的《条例》及其配套规章规定,由一种或一种以上饲料添加剂与载体或稀释剂按一定比例混合,但不属于添加剂预混合饲料的饲料添加剂产品作为混合型饲料添加剂管理;2012年12月1日起,申请混合型饲料添加剂生产许可,应当按照修订后的《条例》及其配套规章要求进行审核;审核通过的,由农业部核发相应的生产许可证;企业在取得生产许可证后,还应当向所在地省级饲料管理部门申请并获得相应的产品批准文号。

(三)饲料生产许可。2012年12月1日起,申请设立配合饲料、浓缩饲料、精料补充料和单一饲料生产企业,按照修订后的《条例》及其配套规章要求进行审核;12月1日前,已经取得饲料生产企业审查合格证、动物源性饲料产品生产企业安全卫生合格证的饲料生产企业,可凭原审查合格证或安全卫生合格证继续生产至2014年6月30日;逾期未获得饲料生产许可证继续生产的,按照《条例》第三十八条相关规定处理。根据修订后的《条例》及其配套规章规定,不再需要办理生产许可或淘汰禁用的产品,此前获得的相关许可证明文件失效。

(四)饲料添加剂和添加剂预混合饲料产品批准文号许可。2012年12月1日起,申请饲料添加剂、添加剂预混合饲料产品批准文号,按照修订后的《条例》及其配套规章要求进行审核;12月1日前,已经取得批准文号的产品,企业可以继续使用该文号;企业的生产许可证有效期届满时,该文号失效;生产许可证有效期届满续展后,企业应当为其产品重新申请产品批准文号。逾期未获得批准文号仍继续生产的,按照《条例》第三十八条相关规定处理。

六、规范饲料原料使用

2013年1月1日前,饲料企业使用的饲料原料和饲料添加剂按照修订前的《条例》

相关规定管理；1月1日起，饲料企业使用的饲料原料和饲料添加剂均应当属于《饲料原料目录》、《饲料添加剂品种目录》和《饲料药物添加剂使用规范》所列品种。饲料生产企业使用限制使用的饲料原料、单一饲料、饲料添加剂、药物饲料添加剂、添加剂预混合饲料生产饲料时，还应当遵守《饲料添加剂安全使用规范》、《饲料药物添加剂使用规范》等限制性使用规定。

农业部办公厅

2012年11月27日

农业部办公厅关于饲料添加剂和添加剂预混合饲料生产企业审批下放工作的通知

农办牧〔2013〕38号

各省、自治区、直辖市畜牧（农牧、农业）厅（局、委、办）：

按照《农业部办公厅关于贯彻落实〈国务院关于取消和下放一批行政审批项目的决定〉的通知》（农办牧〔2013〕50号）要求，"设立饲料添加剂、添加剂预混合饲料生产企业审批"项目自2013年11月8日起下放至省级人民政府饲料管理部门。为落实审批下放工作，现将有关事项通知如下。

一、完善制度依法行政

各省、自治区、直辖市畜牧饲料管理部门（以下简称"省级管理部门"）要高度重视审批下放工作，抓紧制定和发布审批制度、审批规范和办事指南，充实生产许可证专家审核委员会，严格按照我部制定的审核标准和要求开展申报材料审查和企业现场审核工作。要严格按照《饲料和饲料添加剂管理条例》规定的审批权限，由省级管理部门负责审核、发放生产许可证。

二、加强审批监督和企业监管

省级管理部门要进一步健全审批监督制约机制，加强对审批运行过程中的监督管理，及时将审批信息录入饲料和饲料添加剂生产许可信息系统并依法公开。县级以上地方人民政府饲料管理部门要落实获证企业监管职责，切实加强对获证企业的后续监督管理，落实企业日常巡查制度，进一步提高监管工作科学化、规范化水平。

三、做好行政许可审核衔接工作

2013年11月8日前我部受理的许可申请，将按程序组织评审；通过评审的，核发生产许可证；未通过的，做出不予许可的决定，材料退回申请人。2013年11月8日后，相关生产许可的受理、材料审查、现场审核及许可证核发工作由省级管理部门负责。企业的申请符合《饲料和饲料添加剂生产许可管理办法》（农业部令〔2012〕第3号）第十一条、十二条规定的，由省级管理部门重新审核后发放生产许可证；符合第十三条规定的，由省级管理部门换发许可证，证书证号、有效期不变。

四、规范许可证书编号

省级管理部门核发的饲料添加剂证书编号为×饲添（××××）T××××××，混合型饲料添加剂证书编号为×饲添（××××）H××××××，添加剂预混合饲料证书编号为×饲预（××××）××××××；其中×为企业所在省（自治区、直辖市）简称，（××××）为发证年份，××××××为许可证序号（前两位代表地市，后三位代表企业）。

五、落实证书打印和许可信息管理相关要求

饲料添加剂、添加剂预混合饲料生产许可证式样由我部统一制定。许可证应使用饲料和饲料添加剂生产许可信息系统打印，并加盖发证机关印章。我部将通过饲料和饲料添加剂生产许可信息系统将现有获证企业信息分省导入，由省级管理部门负责信息后续管理和维护工作。

农业部办公厅
2013 年 12 月 10 日

关于以猪血为原料的饲用血液制品生产企业设施设备和环境消毒规范的公告

中华人民共和国农业农村部公告第 91 号

根据《中华人民共和国动物防疫法》《重大动物疫情应急条例》等法律法规规定，为做好非洲猪瘟疫情防控工作，现就进一步强化以猪血为原料的饲用血液制品生产过程管控的有关要求公告如下。

一、生猪定点屠宰企业要完善猪血收集储存设施设备，实行封闭输送和储存。厂区内要配备猪血运输车辆消毒设施，对进出厂运输车辆进行消毒。

二、以猪血为原料生产饲用血液制品的生产企业要优化厂区布局，按要求设立车辆消毒设施设备，对进出厂区的原料运输车辆实施消毒。严格划分原料前处理和成品包装储存区域，严格限制人员和物料区域间流动。要执行原料进厂查验制度，猪血原料必须来自未发现非洲猪瘟疫情的屠宰场（点），猪血来源的同批次猪需经屠宰检疫合格，严格落实生产、留样观察和销售记录制度。产品生产应采用喷雾干燥工艺，喷雾干燥设备进风温度不低于220℃、出风温度不低于80℃，喷雾干燥后的物料要在60℃以上保持20分钟以上。成品要在成品库（室温维持20℃以上）存放20天以上，并实施产品检验合格和非洲猪瘟检测阴性后方可出厂销售。要按《以猪血为原料的饲用血液制品生产企业设施设备和环境消毒规范》（以下简称《规范》，见附件）要求开展消毒工作。

三、各地畜牧兽医主管部门要进一步强化饲用血液制品生产过程监督管理，对辖区内所有以猪血为原料生产饲用血液制品的获得生产许可证企业，全面开展现场检查并书面告知结果。符合本公告要求的企业可继续生产和销售，所生产的合格饲用血液制品可在饲料中正常使用。对于厂区布局和生产工艺条件不符合要求，消毒设施设备配备不到位，不认真履行原料进厂查验、生产记录、产品留样观察、合格检验和出厂销售记录等制度，不按《规范》要求开展设施设备和环境消毒的企业，责令立即停产，限期整改；整改完成后向省级畜牧兽医部门申请现场核查，确认整改到位后，方可恢复生产和销售。

四、本公告自发布之日起执行。取消此前有关公告中对以猪血为原料的血液制品及相关饲料产品的限制性规定。本公告执行之日前已生产以猪血为原料的血液制品及相关饲料产品，经检测确认非洲猪瘟核酸阳性的，要在当地畜牧兽医主管部门监督下进行无害化处理；检测结果为阴性的相关产品可继续销售和使用。

特此公告。

附件：以猪血为原料的饲用血液制品生产企业设施设备和环境消毒规范

农业农村部
2018年12月28日

附件
以猪血为原料的饲用血液制品生产企业设施设备和环境消毒规范

1 适用范围

本规范适用于以猪血为原料的饲用血液制品生产企业设施设备和环境的消毒工作。

2 消毒药品和器械

2.1 消毒药品

2.1.1 可选择酚类消毒剂、含氯消毒剂（次氯酸盐、二氧化氯）、过氧乙酸，季铵盐、碱类（氢氧化钠、氢氧化钾等）、酒精和碘化物等消毒药品。

2.1.2 酚类消毒剂、含氯消毒剂、过氧乙酸、季铵盐、碱类适用于建筑物、木质结构、水泥地面、车辆和相关设施设备消毒。

2.1.3 过氧乙酸、含氯消毒剂、季铵盐、酒精和碘化物适用于人员消毒。

2.2 消毒器械

可选择喷雾器、高压水枪、火焰喷射枪、臭氧发生器、消毒风机等。

3 消毒管理

3.1 应建立企业消毒管理制度，明确消毒工作责任人。

3.2 应设有专门存放消毒药品的场所，配备必要的清洗和消毒设备，消毒药品库存充足。

3.3 消毒过程中，应做好个人防护，无关人员不得随意出入消毒区域，不得吸烟、饮食。

3.4 严格区分已消毒和未消毒的设施设备和环境，避免交叉污染。

3.5 消毒后，应及时做好消毒记录，详细记录消毒时间、消毒地点、消毒对象、消毒药品名称、剂量、作用时间、消毒人员、负责人等内容，并妥善保存。

3.6 应及时补充消耗的消毒药品，及时维修或更换损坏的消毒器械。

3.7 应对消毒产生的污水和污物进行无害化处理。

4 消毒方法

4.1 进出厂消毒

4.1.1 厂区车辆出入口应设置与门同宽，池底长4m、深0.3m以上的消毒池。

4.1.2 消毒池内放置1％～2％氢氧化钠溶液或0.5％季铵盐溶液，液面深度不小于0.25m，消毒溶液每日更换。

4.1.3 门口配置消毒喷雾器，对运输车辆使用0.2％～0.5％过氧乙酸溶液、0.025％～0.05％次氯酸钠溶液或3％邻苯基苯酚溶液喷雾消毒。

4.2 生产区消毒

4.2.1 生产车间更衣室应合理设置紫外线灯并定期检查更换灯管。有条件的企业宜选用臭氧发生器或消毒风机。

4.2.2 车间入口处应设置与门同宽的鞋底消毒池（内置0.025%~0.05%次氯酸钠溶液或0.1%季铵盐溶液）或鞋底消毒垫，并设有洗手、消毒和干手设施，干手设施应采用烘手器或一次性消毒纸巾。

4.2.3 生产车间应每日生产前、后各消毒一次，地面、墙壁以及经常接触的物品表面，用水清洗干净，再用0.025%~0.05%次氯酸钠溶液、0.2%~0.5%过氧乙酸溶液或0.1%季铵盐溶液拖擦或喷洒，消毒顺序为先上后下、先左后右，拖擦或喷洒完，保持30min后方可冲洗。

4.2.4 每周进行一次彻底消毒，彻底清扫、冲洗地面后，对地面、墙壁用1%~2%氢氧化钠溶液、0.1%~0.2%季铵盐溶液或2%~3%次氯酸钠溶液拖擦或喷洒，消毒顺序为先上后下、先左后右，拖擦或喷洒完，保持30min后方可冲洗。

4.3 设施设备、工器具消毒

4.3.1 消毒前应清理设施设备，工器具表面附着的有机物质。

4.3.2 不易消毒的设备应放置在阳光下暴晒或使用臭氧发生器消毒。对金属设施设备、工器具的消毒，可采取火焰、熏蒸和冲洗等消毒方式。

4.3.3 生产结束后，对预处理、分离、过滤和干燥工艺中的泵、储存罐、静态过滤器、分离机、过滤膜、高压匀质泵以及管道的内部，至少先用清水冲洗，接着依次用0.3%氢氧化钠溶液、0.3%无机酸溶液和0.3%过氧乙酸溶液消毒，再清水冲洗。

4.3.4 生产结束后，对预处理、分离、过滤和干燥工艺中的泵、储存罐、静态过滤器、分离机、过滤膜、高压匀质泵以及管道的外部，用清水冲洗，再用0.3%过氧乙酸溶液喷洒消毒。

4.3.5 干燥系统每次开前，干燥塔内部采用热空气消毒，干燥塔进口风温度设定100~120℃，出口温度设定80℃以上，持续至少10min。

4.3.6 生产结束后，清洗干净工器具，采用1%~2%氢氧化钠溶液、0.1%~0.2%季铵盐溶液或2%~3%次氯酸钠溶液浸泡，保持30min后冲洗残余消毒液。

4.4 车辆及运输罐消毒

4.4.1 车辆消毒工作应在硬化的地面进行。

4.4.2 清洗消毒时，应清除干净车辆上的污垢，注意车辆隐蔽部位。

4.4.3 用浸有消毒药品的布擦拭方向盘、变速杆、脚踏板、手闸等。

4.4.4 应对运输车辆上的垃圾进行无害化处理。

4.4.5 运输罐每次使用后，用清水冲洗，接着依次用0.3%氢氧化钠溶液、0.3%无机酸溶液和0.3%过氧乙酸溶液消毒，再清水冲洗。

4.5 人员消毒

4.5.1 工作人员应保持个人清洁，不应将与生产无关的物品带入车间；进入生产车间前，手部应用75%酒精、0.015%~0.02%次氯酸钠溶液或0.05%过氧乙酸溶液擦拭消毒，并更换工作衣帽。有条件的企业可以先淋浴、更衣后进入生产车间。

4.5.2 生产过程离开车间返回时，应重新洗手消毒。

4.5.3 生产结束后应将工器具放入指定地点，更换工作衣帽，双手彻底消毒后方可离开。

5 发现非洲猪瘟疫情时的紧急消毒

在产品出厂检测发现非洲猪瘟病毒核酸阳性后，应连续 7 日实施以下消毒措施。

5.1 消毒前准备

5.1.1 清理厂区内的废弃物、垃圾等，并集中存放；所有物品消毒前不得移出厂区。

5.1.2 选择合适的消毒药品。

5.1.3 配备喷雾器、火焰喷射枪、消毒防护用品（如口罩、手套、防护靴等）、消毒容器等。

5.2 消毒药品选择

5.2.1 碱类（氢氧化钠、氢氧化钾等）、氯化物和酚类化合物适用于建筑物、木质结构、水泥地面、车辆和相关设施设备消毒，酒精和碘化物适用于人员消毒。

5.2.2 可选用 0.8% 氢氧化钠、0.3% 福尔马林、3% 邻苯基苯酚、含 2%～3% 有效氯的次氯酸盐。

5.3 车辆消毒

厂区车辆进出口消毒池内放置 2%～3% 氢氧化钠溶液，液面深度不小于 0.25m，消毒溶液每日更换。对运输车辆使用 0.2%～0.5% 次氯酸钠溶液或 3% 邻苯基苯酚溶液喷雾消毒。

5.4 厂区及设施设备、工器具消毒

5.4.1 对生产车间的地面、墙壁使用 5.2.2 中的消毒药品拖擦或喷洒完毕后，保持至少 30min。

5.4.2 对猪血运输罐，预处理、分离、过滤和干燥工艺中的泵、储存罐、静态过滤器、分离机、过滤膜、高压匀质泵、管道，及其他与产品接触的设施设备的内外部，使用 5.2.2 中的消毒药品进行拖擦或喷洒完毕后，保持至少 30min。

5.4.3 对工器具内、外部，使用 5.2.2 中的消毒药品浸泡，保持至少 30min。

5.5 人员及物品消毒

5.5.1 人员宜采取淋浴方式消毒。

5.5.2 对衣、帽、鞋等可能被污染的物品，可采取消毒液浸泡、高压灭菌等方式消毒。

5.6 道路及环境消毒

厂区进出口道路应用生石灰或氢氧化钠消毒，周边环境可用无人机或人工喷雾消毒。

5.7 消毒频率

每天消毒 3～5 次，连续 7 天，随后每天消毒 1 次，直至解除封锁。

6 消毒质量监测和记录

6.1 消毒质量的监测

6.1.1 应设专人负责检查消毒效果，并定期进行岗位技能培训。

6.1.2 应根据消毒药品种类，定期监测消毒药品质量，检查消毒药品的浓度、消毒时间和温度，结果应符合消毒药品的质量要求和使用规定。

6.1.3 应定期检测消毒器械的性能参数，结果应符合生产厂家的使用说明或指导手册的要求。

6.1.4 应定期检查消毒药品质量监测材料的质量。
6.1.5 应及时处理监测不合格的消毒物品。
6.2 消毒记录
6.2.1 应建立消毒操作的过程记录。
6.2.2 应留存消毒器运行参数打印资料或记录。
6.2.3 应记录消毒质量监测情况。
6.2.4 消毒记录应具有可追溯性,保存期限不少于2年。

国务院关于发布实施《促进产业结构调整暂行规定》的决定

国发〔2005〕40号

各省、自治区、直辖市人民政府，国务院各部委、各直属机构：

《促进产业结构调整暂行规定》（以下简称《暂行规定》）已经2005年11月9日国务院第112次常务会议审议通过，现予发布。

制定和实施《暂行规定》，是贯彻落实党的十六届五中全会精神，实现"十一五"规划目标的一项重要举措，对于全面落实科学发展观，加强和改善宏观调控，进一步转变经济增长方式，推进产业结构调整和优化升级，保持国民经济平稳较快发展具有重要意义。各省、自治区、直辖市人民政府要将推进产业结构调整作为当前和今后一段时期改革发展的重要任务，建立责任制，狠抓落实，按照《暂行规定》的要求，结合本地区产业发展实际，制订具体措施，合理引导投资方向，鼓励和支持发展先进生产能力，限制和淘汰落后生产能力，防止盲目投资和低水平重复建设，切实推进产业结构优化升级。各有关部门要加快制定和修订财税、信贷、土地、进出口等相关政策，切实加强与产业政策的协调配合，进一步完善促进产业结构调整的政策体系。

各省、自治区、直辖市人民政府和国家发展改革、财政、税务、国土资源、环保、工商、质检、银监、电监、安全监管以及行业主管等有关部门，要建立健全产业结构调整工作的组织协调和监督检查机制，各司其职，密切配合，形成合力，切实增强产业政策的执行效力。在贯彻实施《暂行规定》时，要正确处理政府引导与市场调节之间的关系，充分发挥市场配置资源的基础性作用，正确处理发展与稳定、局部利益与整体利益、眼前利益与长远利益的关系，保持经济平稳较快发展。

国务院
二〇〇五年十二月二日

促进产业结构调整暂行规定

第一章 总 则

第一条 为全面落实科学发展观，加强和改善宏观调控，引导社会投资，促进产业结构优化升级，根据国家有关法律、行政法规，制定本规定。

第二条 产业结构调整的目标：

推进产业结构优化升级，促进一、二、三产业健康协调发展，逐步形成农业为基础、高新技术产业为先导、基础产业和制造业为支撑、服务业全面发展的产业格局，坚持节约发展、清洁发展、安全发展，实现可持续发展。

第三条 产业结构调整的原则：

坚持市场调节和政府引导相结合。充分发挥市场配置资源的基础性作用，加强国家产业政策的合理引导，实现资源优化配置。

以自主创新提升产业技术水平。把增强自主创新能力作为调整产业结构的中心环节，建立以企业为主体、市场为导向、产学研相结合的技术创新体系，大力提高原始创新能力、集成创新能力和引进消化吸收再创新能力，提升产业整体技术水平。

坚持走新型工业化道路。以信息化带动工业化，以工业化促进信息化，走科技含量高、经济效益好、资源消耗低、环境污染少、安全有保障、人力资源优势得到充分发挥的发展道路，努力推进经济增长方式的根本转变。

促进产业协调健康发展。发展先进制造业，提高服务业比重和水平，加强基础设施建设，优化城乡区域产业结构和布局，优化对外贸易和利用外资结构，维护群众合法权益，努力扩大就业，推进经济社会协调发展。

第二章 产业结构调整的方向和重点

第四条 巩固和加强农业基础地位，加快传统农业向现代农业转变。加快农业科技进步，加强农业设施建设，调整农业生产结构，转变农业增长方式，提高农业综合生产能力。稳定发展粮食生产，加快实施优质粮食产业工程，建设大型商品粮生产基地，确保粮食安全。优化农业生产布局，推进农业产业化经营，加快农业标准化，促进农产品加工转化增值，发展高产、优质、高效、生态、安全农业。大力发展畜牧业，提高规模化、集约化、标准化水平，保护天然草场，建设饲料草场基地。积极发展水产业，保护和合理利用渔业资源，推广绿色渔业养殖方式，发展高效生态养殖业。因地制宜发展原料林、用材林基地，提高木材综合利用率。加强农田水利建设，改造中低产田，搞好土地整理。提高农业机械化水平，健全农业技术推广、农产品市场、农产品质量安全和动植物病虫害防控体系。积极推行节水灌溉，科学使用肥料、农药，促进农业可持续发展。

第五条 加强能源、交通、水利和信息等基础设施建设，增强对经济社会发展的保障能力。

坚持节约优先、立足国内、煤为基础、多元发展，优化能源结构，构筑稳定、经济、清洁的能源供应体系。以大型高效机组为重点优化发展煤电，在生态保护基础上有序开发水电，积极发展核电，加强电网建设，优化电网结构，扩大西电东送规模。建设大型煤炭基地，调整改造中小煤矿，坚决淘汰不具备安全生产条件和浪费破坏资源的小煤矿，加快实施煤矸石、煤层气、矿井水等资源综合利用，鼓励煤电联营。实行油气并举，加大石油、天然气资源勘探和开发利用力度，扩大境外合作开发，加快油气领域基础设施建设。积极扶持和发展新能源和可再生能源产业，鼓励石油替代资源和清洁能源的开发利用，积极推进洁净煤技术产业化，加快发展风能、太阳能、生物质能等。

以扩大网络为重点，形成便捷、通畅、高效、安全的综合交通运输体系。坚持统筹规划、合理布局，实现铁路、公路、水运、民航、管道等运输方式优势互补，相互衔接，发挥组合效率和整体优势。加快发展铁路、城市轨道交通，重点建设客运专线、运煤通道、区域通道和西部地区铁路。完善国道主干线、西部地区公路干线，建设国家高速公路网，大力推进农村公路建设。优先发展城市公共交通。加强集装箱、能源物资、矿石深水码头建设，发展内河航运。扩充大型机场，完善中型机场，增加小型机场，构建布局合理、规模适当、功能完备、协调发展的机场体系。加强管道运输建设。

加强水利建设，优化水资源配置。统筹上下游、地表地下水资源调配，控制地下水开采，积极开展海水淡化。加强防洪抗旱工程建设，以堤防加固和控制性水利枢纽等防洪体系为重点，强化防洪减灾薄弱环节建设，继续加强大江大河干流堤防、行蓄洪区、病险水库除险加固和城市防洪骨干工程建设，建设南水北调工程。加大人畜饮水工程和灌区配套工程建设改造力度。

加强宽带通信网、数字电视网和下一代互联网等信息基础设施建设，推进"三网融合"，健全信息安全保障体系。

第六条 以振兴装备制造业为重点发展先进制造业，发挥其对经济发展的重要支撑作用。

装备制造业要依托重点建设工程，通过自主创新、引进技术、合作开发、联合制造等方式，提高重大技术装备国产化水平，特别是在高效清洁发电和输变电、大型石油化工、先进适用运输装备、高档数控机床、自动化控制、集成电路设备、先进动力装备、节能降耗装备等领域实现突破，提高研发设计、核心元器件配套、加工制造和系统集成的整体水平。

坚持以信息化带动工业化，鼓励运用高技术和先进适用技术改造提升制造业，提高自主知识产权、自主品牌和高端产品比重。根据能源、资源条件和环境容量，着力调整原材料工业的产品结构、企业组织结构和产业布局，提高产品质量和技术含量。支持发展冷轧薄板、冷轧硅钢片、高浓度磷肥、高效低毒低残留农药、乙烯、精细化工、高性能差别化纤维。促进炼油、乙烯、钢铁、水泥、造纸向基地化和大型化发展。加强铁、铜、铝等重要资源的地质勘查，增加资源地质储量，实行合理开采和综合利用。

第七条 加快发展高技术产业，进一步增强高技术产业对经济增长的带动作用。

增强自主创新能力，努力掌握核心技术和关键技术，大力开发对经济社会发展具有重大带动作用的高新技术，支持开发重大产业技术，制定重要技术标准，构建自主创新的技术基础，加快高技术产业从加工装配为主向自主研发制造延伸。按照产业聚集、规模化发展和扩大国际合作的要求，大力发展信息、生物、新材料、新能源、航空航天等产业，培育更多新的经济增长点。优先发展信息产业，大力发展集成电路、软件等核心产业，重点培育数字化音视频、新一代移动通信、高性能计算机及网络设备等信息产业群，加强信息资源开发和共享，推进信息技术的普及和应用。充分发挥我国特有的资源优势和技术优势，重点发展生物农业、生物医药、生物能源和生物化工等生物产业。加快发展民用航空、航天产业，推进民用飞机、航空发动机及机载系统的开发和产业化，进一步发展民用航天技术和卫星技术。积极发展新材料产业，支持开发具有技术特色以及可发挥我国比较优势的光电子材料、高性能结构和新型特种功能材料等产品。

第八条 提高服务业比重，优化服务业结构，促进服务业全面快速发展。坚持市场化、产业化、社会化的方向，加强分类指导和有效监管，进一步创新、完善服务业发展的体制和机制，建立公开、平等、规范的行业准入制度。发展竞争力较强的大型服务企业集团,大城市要把发展服务业放在优先地位,有条件的要逐步形成服务经济为主的产业结构。增加服务品种,提高服务水平,增强就业能力,提升产业素质。大力发展金融、保险、物流、信息和法律服务、会计、知识产权、技术、设计、咨询服务等现代服务业,积极发展文化、旅游、社区服务等需求潜力大的产业,加快教育培训、养老服务、医疗保健等领域的改革和发展。规范和提升商贸、餐饮、住宿等传统服务业,推进连锁经营、特许经营、代理制、多式联运、电子商务等组织形式和服务方式。

第九条 大力发展循环经济,建设资源节约和环境友好型社会,实现经济增长与人口资源环境相协调。坚持开发与节约并重、节约优先的方针,按照减量化、再利用、资源化原则,大力推进节能节水节地节材,加强资源综合利用,全面推行清洁生产,完善再生资源回收利用体系,形成低投入、低消耗、低排放和高效率的节约型增长方式。积极开发推广资源节约、替代和循环利用技术和产品,重点推进钢铁、有色、电力、石化、建筑、煤炭、建材、造纸等行业节能降耗技术改造,发展节能省地型建筑,对消耗高、污染重、危及安全生产、技术落后的工艺和产品实施强制淘汰制度,依法关闭破坏环境和不具备安全生产条件的企业。调整高耗能、高污染产业规模,降低高耗能、高污染产业比重。鼓励生产和使用节约性能好的各类消费品,形成节约资源的消费模式。大力发展环保产业,以控制不合理的资源开发为重点,强化对水资源、土地、森林、草原、海洋等的生态保护。

第十条 优化产业组织结构,调整区域产业布局。提高企业规模经济水平和产业集中度,加快大型企业发展,形成一批拥有自主知识产权、主业突出、核心竞争力强的大公司和企业集团。充分发挥中小企业的作用,推动中小企业与大企业形成分工协作关系,提高生产专业化水平,促进中小企业技术进步和产业升级。充分发挥比较优势,积极推动生产要素合理流动和配置,引导产业集群化发展。西部地区要加强基础设施建设和生态环境保护,健全公共服务,结合本地资源优势发展特色产业,增强自我发展能力。东北地区要加快产业结构调整和国有企业改革改组改造,发展现代农业,着力振兴装备制造业,促进资源枯竭型城市转型。中部地区要抓好粮食主产区建设,发展有比较优势的能源和制造业,加强基础设施建设,加快建立现代市场体系。东部地区要努力提高自主创新能力,加快实现结构优化升级和增长方式转变,提高外向型经济水平,增强国际竞争力和可持续发展能力。从区域发展的总体战略布局出发,根据资源环境承载能力和发展潜力,实行优化开发、重点开发、限制开发和禁止开发等有区别的区域产业布局。

第十一条 实施互利共赢的开放战略,提高对外开放水平,促进国内产业结构升级。加快转变对外贸易增长方式,扩大具有自主知识产权、自主品牌的商品出口,控制高能耗高污染产品的出口,鼓励进口先进技术设备和国内短缺资源。支持有条件的企业"走出去",在国际市场竞争中发展壮大,带动国内产业发展。提高加工贸易的产业层次,增强国内配套能力。大力发展服务贸易,继续开放服务市场,有序承接国际现代服务业转移。提高利用外资的质量和水平,着重引进先进技术、管理经验和高素质人才,注重引进技术的消化吸收和创新提高。吸引外资能力较强的地区和开发区,要着重提高生产制造层次,并积极向研究开发、现代物流等领域拓展。

第三章 产业结构调整指导目录

第十二条 《产业结构调整指导目录》是引导投资方向,政府管理投资项目,制定和实施财税、信贷、土地、进出口等政策的重要依据。

《产业结构调整指导目录》由发展改革委会同国务院有关部门依据国家有关法律法规制订，经国务院批准后公布。根据实际情况，需要对《产业结构调整指导目录》进行部分调整时，由发展改革委会同国务院有关部门适时修订并公布。

《产业结构调整指导目录》原则上适用于我国境内的各类企业。其中外商投资按照《外商投资产业指导目录》执行。《产业结构调整指导目录》是修订《外商投资产业指导目录》的主要依据之一。《产业结构调整指导目录》淘汰类适用于外商投资企业。《产业结构调整指导目录》和《外商投资产业指导目录》执行中的政策衔接问题由发展改革委会同商务部研究协商。

第十三条 《产业结构调整指导目录》由鼓励、限制和淘汰三类目录组成。不属于鼓励类、限制类和淘汰类，且符合国家有关法律、法规和政策规定的，为允许类。允许类不列入《产业结构调整指导目录》。

第十四条 鼓励类主要是对经济社会发展有重要促进作用，有利于节约资源、保护环境、产业结构优化升级，需要采取政策措施予以鼓励和支持的关键技术、装备及产品。按照以下原则确定鼓励类产业指导目录：

（一）国内具备研究开发、产业化的技术基础，有利于技术创新，形成新的经济增长点；

（二）当前和今后一个时期有较大的市场需求，发展前景广阔，有利于提高短缺商品的供给能力，有利于开拓国内外市场；

（三）有较高技术含量，有利于促进产业技术进步，提高产业竞争力；

（四）符合可持续发展战略要求，有利于安全生产，有利于资源节约和综合利用，有利于新能源和可再生能源开发利用、提高能源效率，有利于保护和改善生态环境；

（五）有利于发挥我国比较优势，特别是中西部地区和东北地区等老工业基地的能源、矿产资源与劳动力资源等优势；

（六）有利于扩大就业，增加就业岗位；

（七）法律、行政法规规定的其他情形。

第十五条 限制类主要是工艺技术落后，不符合行业准入条件和有关规定，不利于产业结构优化升级，需要督促改造和禁止新建的生产能力、工艺技术、装备及产品。按照以下原则确定限制类产业指导目录：

（一）不符合行业准入条件，工艺技术落后，对产业结构没有改善；

（二）不利于安全生产；

（三）不利于资源和能源节约；

（四）不利于环境保护和生态系统的恢复；

（五）低水平重复建设比较严重，生产能力明显过剩；

（六）法律、行政法规规定的其他情形。

第十六条 淘汰类主要是不符合有关法律法规规定，严重浪费资源、污染环境、不具备安全生产条件，需要淘汰的落后工艺技术、装备及产品。按照以下原则确定淘汰类产业指导目录：

（一）危及生产和人身安全，不具备安全生产条件；

(二) 严重污染环境或严重破坏生态环境；
(三) 产品质量低于国家规定或行业规定的最低标准；
(四) 严重浪费资源、能源；
(五) 法律、行政法规规定的其他情形。

第十七条 对鼓励类投资项目，按照国家有关投资管理规定进行审批、核准或备案；各金融机构应按照信贷原则提供信贷支持；在投资总额内进口的自用设备，除财政部发布的《国内投资项目不予免税的进口商品目录（2000年修订）》所列商品外，继续免征关税和进口环节增值税，在国家出台不予免税的投资项目目录等新规定后，按新规定执行。对鼓励类产业项目的其他优惠政策，按照国家有关规定执行。

第十八条 对属于限制类的新建项目，禁止投资。投资管理部门不予审批、核准或备案，各金融机构不得发放贷款，土地管理、城市规划和建设、环境保护、质检、消防、海关、工商等部门不得办理有关手续。凡违反规定进行投融资建设的，要追究有关单位和人员的责任。

对属于限制类的现有生产能力，允许企业在一定期限内采取措施改造升级，金融机构按信贷原则继续给予支持。国家有关部门要根据产业结构优化升级的要求，遵循优胜劣汰的原则，实行分类指导。

第十九条 对淘汰类项目，禁止投资。各金融机构应停止各种形式的授信支持，并采取措施收回已发放的贷款；各地区、各部门和有关企业要采取有力措施，按规定限期淘汰。在淘汰期限内国家价格主管部门可提高供电价格。对国家明令淘汰的生产工艺技术、装备和产品，一律不得进口、转移、生产、销售、使用和采用。

对不按期淘汰生产工艺技术、装备和产品的企业，地方各级人民政府及有关部门要依据国家有关法律法规责令其停产或予以关闭，并采取妥善措施安置企业人员、保全金融机构信贷资产安全等；其产品属实行生产许可证管理的，有关部门要依法吊销生产许可证；工商行政管理部门要督促其依法办理变更登记或注销登记；环境保护管理部门要吊销其排污许可证；电力供应企业要依法停止供电。对违反规定者，要依法追究直接责任人和有关领导的责任。

第四章 附 则

第二十条 本规定自发布之日起施行。原国家计委、国家经贸委发布的《当前国家重点鼓励发展的产业、产品和技术目录（2000年修订）》、原国家经贸委发布的《淘汰落后生产能力、工艺和产品的目录（第一批、第二批、第三批）》和《工商投资领域制止重复建设目录（第一批）》同时废止。

第二十一条 对依据《当前国家重点鼓励发展的产业、产品和技术目录（2000年修订）》执行的有关优惠政策，调整为依据《产业结构调整指导目录》鼓励类目录执行。外商投资企业的设立及税收政策等执行国家有关外商投资的法律、行政法规规定。

(三）进口登记和出口服务

进口饲料和饲料添加剂登记管理办法

中华人民共和国农业部令 2014 年第 2 号

（2014 年 1 月 13 日农业部令 2014 年第 2 号公布，2016 年 5 月 30 日农业部令 2016 年第 3 号、2017 年 11 月 30 日农业部令 2017 年第 8 号修订。）

第一条 为加强进口饲料、饲料添加剂监督管理，保障动物产品质量安全，根据《饲料和饲料添加剂管理条例》，制定本办法。

第二条 本办法所称饲料，是指经工业化加工、制作的供动物食用的产品，包括单一饲料、添加剂预混合饲料、浓缩饲料、配合饲料和精料补充料。

本办法所称饲料添加剂，是指在饲料加工、制作、使用过程中添加的少量或者微量物质，包括营养性饲料添加剂和一般饲料添加剂。

第三条 境外企业首次向中国出口饲料、饲料添加剂，应当向农业部申请进口登记，取得饲料、饲料添加剂进口登记证；未取得进口登记证的，不得在中国境内销售、使用。

第四条 境外企业申请进口登记，由境外企业驻中国境内的办事机构或者委托的中国境内代理机构办理。

第五条 申请进口登记的饲料、饲料添加剂，应当符合生产地和中国的相关法律法规、技术规范的要求。

生产地未批准生产、使用或禁止生产、使用的饲料、饲料添加剂，不予登记。

第六条 申请饲料、饲料添加剂进口登记，应当向农业部提交真实、完整、规范的申请资料（中英文对照，一式两份）和样品。

第七条 申请资料包括：

（一）饲料、饲料添加剂进口登记申请表；

（二）委托书和代理机构资质证明：境外企业委托其常驻中国代表机构代理登记的，应当提供委托书原件和《外国企业常驻中国代表机构登记证》复印件；委托境内其他机构代理登记的，应当提供委托书原件和代理机构法人营业执照复印件；

（三）生产地批准生产、使用的证明，生产地以外其他国家、地区的登记资料，产品推广应用情况；

（四）进口饲料的产品名称、组成成分、理化性质、适用范围、使用方法；进口饲料添加剂的产品名称、主要成分、理化性质、产品来源、使用目的、适用范围、使用方法；

（五）生产工艺、质量标准、检测方法和检验报告；

（六）生产地使用的标签、商标和中文标签式样；

（七）微生物产品或者发酵制品，还应当提供生产所用菌株的保藏情况说明。

向中国出口本办法第十三条规定的饲料、饲料添加剂的，还应当提交以下申请资料：

（一）有效组分的化学结构鉴定报告或动物、植物、微生物的分类鉴定报告；

（二）农业部指定的试验机构出具的产品有效性评价试验报告、安全性评价试验报告（包括靶动物耐受性评价报告、毒理学安全评价报告、代谢和残留评价报告等）；申请饲料添加剂进口登记的，还应当提供该饲料添加剂在养殖产品中的残留可能对人体健康造成影响的分析评价报告；

（三）稳定性试验报告、环境影响报告；

（四）在饲料产品中有最高限量要求的，还应当提供最高限量值和有效组分在饲料产品中的检测方法。

第八条 产品样品应当符合以下要求：

（一）每个产品提供 3 个批次、每个批次 2 份的样品，每份样品不少于检测需要量的 5 倍；

（二）必要时提供相关的标准品或化学对照品。

第九条 农业部自受理申请之日起 10 个工作日内对申请资料进行审查；审查合格的，通知申请人将样品交由农业部指定的检验机构进行复核检测。

第十条 复核检测包括质量标准复核和样品检测。检测方法有国家标准和行业标准的，优先采用国家标准或行业标准；没有国家标准和行业标准的，采用企业提供的检测方法；必要时，检验机构可以根据实际情况对检测方法进行调整。

检验机构应当在 3 个月内完成复核检测工作，并将复核检测报告报送农业部，同时抄送申请人。

第十一条 申请人对复核检测结果有异议的，可以自收到复核检测报告之日起 15 个工作日内申请复检。

第十二条 复核检测合格的，农业部在 10 个工作日内核发饲料、饲料添加剂进口登记证，并予以公告。

第十三条 申请进口登记的饲料、饲料添加剂有下列情形之一的，由农业部依照新饲料、新饲料添加剂的评审程序组织评审：

（一）向中国出口中国境内尚未使用但生产地已经批准生产和使用的饲料、饲料添加剂的；

（二）饲料添加剂扩大适用范围的；

（三）饲料添加剂含量规格低于饲料添加剂安全使用规范要求的，但由饲料添加剂与载体或者稀释剂按照一定比例配制的除外；

（四）饲料添加剂生产工艺发生重大变化的；

（五）农业部已核发新饲料、新饲料添加剂证书的产品，自获证之日起超过 3 年未投入生产的；

（六）存在质量安全风险的其他情形。

第十四条 饲料、饲料添加剂进口登记证有效期为 5 年。

饲料、饲料添加剂进口登记证有效期满需要继续向中国出口饲料、饲料添加剂的，应当在有效期届满 6 个月前申请续展。

第十五条 申请续展应当提供以下资料：

（一）进口饲料、饲料添加剂续展登记申请表；

（二）进口登记证复印件；

（三）委托书和代理机构资质证明；

（四）生产地批准生产、使用的证明；

（五）质量标准、检测方法和检验报告；

（六）生产地使用的标签、商标和中文标签式样。

第十六条 有下列情形之一的，申请续展时还应当提交样品进行复核检测：

（一）根据相关法律法规、技术规范，需要对产品质量安全检测项目进行调整的；

（二）产品检测方法发生改变的；

（三）监督抽查中有不合格记录的。

第十七条 进口登记证有效期内，进口饲料、饲料添加剂的生产场所迁址，或者产品质量标准、生产工艺、适用范围等发生变化的，应当重新申请登记。

第十八条 进口饲料、饲料添加剂在进口登记证有效期内有下列情形之一的，应当申请变更登记：

（一）产品中文或外文商品名称改变的；

（二）申请企业名称改变的；

（三）生产厂家名称改变的；

（四）生产地址名称改变的。

第十九条 申请变更登记应当提供以下资料：

（一）进口饲料、饲料添加剂变更登记申请表；

（二）委托书和代理机构资质证明；

（三）进口登记证原件；

（四）变更说明及相关证明文件。

农业部在受理变更登记申请后 10 个工作日内作出是否准予变更的决定。

第二十条 从事进口饲料、饲料添加剂登记工作的相关单位和人员，应当对申请人提交的需要保密的技术资料保密。

第二十一条 境外企业应当依法在中国境内设立销售机构或者确定符合条件的中国境内代理机构销售进口饲料、饲料添加剂。

境外企业不得直接在中国境内销售进口饲料、饲料添加剂。

第二十二条 境外企业应当在取得饲料、饲料添加剂进口登记证之日起 6 个月内，在中国境内设立销售机构或者确定销售代理机构并报农业部备案。

前款规定的销售机构或销售代理机构发生变更的，应当在 1 个月内报农业部重新备案。

第二十三条 进口饲料、饲料添加剂应当包装，包装应当符合中国有关安全、卫生的规定，并附具符合规定的中文标签。

第二十四条 进口饲料、饲料添加剂在使用过程中被证实对养殖动物、人体健康或环境有害的，由农业部公告禁用并撤销进口登记证。

饲料、饲料添加剂进口登记证有效期内，生产地禁止使用该饲料、饲料添加剂产品或者撤销其生产、使用许可的，境外企业应当立即向农业部报告，由农业部撤销进口登记证并公告。

第二十五条 境外企业发现其向中国出口的饲料、饲料添加剂对养殖动物、人体健康有害或者存在其他安全隐患的，应当立即通知其在中国境内的销售机构或销售代理机构，并向农业部报告。

境外企业在中国境内的销售机构或销售代理机构应当主动召回前款规定的产品，记录召回情况，并向销售地饲料管理部门报告。

召回的产品应当在县级以上地方人民政府饲料管理部门监督下予以无害化处理或者销毁。

第二十六条 农业部和县级以上地方人民政府饲料管理部门，应当根据需要定期或者不定期组织实施进口饲料、饲料添加剂监督抽查；进口饲料、饲料添加剂监督抽查检测工作由农业部或者省、自治区、直辖市人民政府饲料管理部门指定的具有相应技术条件的机构承担。

进口饲料、饲料添加剂监督抽查检测，依据进口登记过程中复核检测确定的质量标准进行。

第二十七条 农业部和省级人民政府饲料管理部门应当及时公布监督抽查结果，并可以公布具有不良记录的境外企业及其销售机构、销售代理机构名单。

第二十八条 从事进口饲料、饲料添加剂登记工作的相关人员，不履行本办法规定的职责或者滥用职权、玩忽职守、徇私舞弊的，依法给予处分；构成犯罪的，依法追究刑事责任。

第二十九条 提供虚假资料、样品或者采取其他欺骗手段申请进口登记的，农业部对该申请不予受理或者不予批准，1年内不再受理该境外企业和登记代理机构的进口登记申请。

提供虚假资料、样品或者采取其他欺骗方式取得饲料、饲料添加剂进口登记证的，由农业部撤销进口登记证，对登记代理机构处5万元以上10万元以下罚款，3年内不再受理该境外企业和登记代理机构的进口登记申请。

第三十条 其他违反本办法的行为，依照《饲料和饲料添加剂管理条例》的有关规定处罚。

第三十一条 本办法自2014年7月1日起施行。农业部2000年8月17日公布、2004年7月1日修订的《进口饲料和饲料添加剂登记管理办法》同时废止。

关于进口饲料和饲料添加剂登记申请材料要求的公告

中华人民共和国农业部公告第 2109 号

（2014 年 6 月 5 日中华人民共和国农业部公告第 2109 号颁布。中华人民共和国农业部令 2016 年第 3 号修订。）

为进一步规范进口饲料和饲料添加剂登记、新饲料和新饲料添加剂审定工作，指导行政许可申请人正确理解审批要求，根据《饲料和饲料添加剂管理条例》（国务院令第 609 号）及其配套规章，我部制定了《进口饲料和饲料添加剂登记申请材料要求》《进口饲料和饲料添加剂续展登记申请材料要求》《进口饲料和饲料添加剂变更登记申请材料要求》《新饲料添加剂申报材料要求》，现予公布，自 2014 年 7 月 1 日起施行。农业 2006 年 2 月 28 日发布的第 611 号公告同时废止。

特此公告。

农业部
2014 年 6 月 5 日

附件 1

进口饲料和饲料添加剂登记申请材料要求

一、登记范围

由境外企业生产的、首次向中国境内出口的饲料和饲料添加剂。我国香港、澳门特别行政区和台湾生产的饲料和饲料添加剂产品参照本要求申请登记。

本要求所指的饲料，是指经工业化加工、制作的供动物食用的产品，包括单一饲料、添加剂预混合饲料、浓缩饲料、配合饲料和精料补充料。

本要求所指的饲料添加剂，是指在饲料加工、制作、使用过程中添加的少量或者微量物质，包括营养性饲料添加剂和一般饲料添加剂。

二、申请材料格式要求

（一）申请材料见《进口饲料和饲料添加剂登记申请材料一览表》（表 1，以下简称《一览表》）。

（二）申请材料中、英文对照，中文在前，英文在后；我国香港、澳门特别行政区和台湾的登记申请，仅需提供简体中文申请材料。申请材料一式两份，原件和复印件各一份。

（三）申请材料中的官方证明文件使用生产地官方语言出具，由非英语国家（地区）出具的官方证明文件还应提供英文或中文翻译件。

（四）申请材料原件使用生产企业文头纸出具，由生产企业负责人签字并加盖公章；中文翻译件由中国境内代理机构出具并加盖公章。

（五）中文翻译件使用 A_4 规格纸、小三号宋体打印，内容清晰、整洁、无涂改。

（六）申请材料按《一览表》的顺序装订成册，标注页码并形成目录，各项材料之间使用明显的区分标志。装订过程中，不得拆分官方证明文件。

（七）前次申请未予批准的，再次提交材料时应当提供《农业部行政审批综合办公办结通知书》复印件，并附修改说明。

（八）材料中不得夹带与申请无关的信息。

三、申请表填写要求

《进口饲料和饲料添加剂登记申请表》（表2）使用中、英文对照填写，由申请企业负责人和境内代理机构负责人签字并加盖公章。

（一）商品名称：生产地销售时使用的商品名称和在中国销售时拟使用的中文商品名称。中文商品名称应简明、易懂，符合中文语言习惯，不得全部使用外文字母、符号、汉语拼音和数字表示。

（二）通用名称：能够反映饲料和饲料添加剂产品的真实属性，符合《饲料标签》（GB 10648）标准规定。

（三）产品类别：按照单一饲料、添加剂预混合饲料、浓缩饲料、配合饲料、精料补充料、饲料添加剂、混合型饲料添加剂分类填写。

混合型饲料添加剂是指由一种或一种以上饲料添加剂与载体或稀释剂按一定比例混合，但不属于添加剂预混合饲料的饲料添加剂产品。

（四）感官：产品的颜色、气味、形状（粉末、颗粒、块状等）和状态（固态、液态等）。

（五）技术指标：按照产品的质量标准，填写产品理化指标和卫生指标及其控制值。

（六）使用方法：产品的适用范围、用法、添加量和注意事项。

（七）生产厂家：产品的生产企业名称和生产地址。工船加工的鱼粉，填写工船名称及编号。

（八）申请企业：一般与生产厂家名称和生产地址相同，也可填写总公司名称和地址。工船加工的鱼粉，填写总公司名称和地址。

（九）境内代理机构：办理登记的代理机构名称、通讯地址、邮政编码、联系人、联系电话及传真。

四、申请材料内容要求

（一）境内代理机构资质证明

1. 境外企业委托其常驻中国代表机构申请进口登记的，提供《外国企业常驻中国代表机构登记证》复印件并加盖公章。

2. 境外企业委托其他境内代理机构申请进口登记的，提供代理机构《企业法人营业执照》复印件并加盖企业公章。

（二）委托书

委托书由境外企业出具、负责人签署并经生产地第三方公证机构公证。委托书内容应包括委托和受托单位名称及地址、委托事项、委托办理登记产品的商品名称等信息。

（三）生产地批准生产、使用的证明

1. 申请登记的产品及其主要成分在生产地允许作为饲料、饲料添加剂生产、使用的证明文件。

2. 生产地官方机构出具的允许生产企业生产该饲料、饲料添加剂的证明文件。

3. 生产地官方机构出具的自由销售证明，证明应包含产品的商品名称、生产企业名称和地址等内容，并声明该产品在生产地生产、销售和使用不受限制。

4. 官方证明文件应由中国驻生产地使馆认证，由非英语国家（地区）出具的官方证明文件应将官方证明文件和中文或英文翻译件一并公证。

（四）产品理化性质

包括感官性状（色、味、存在状态等）和物理化学参数（如沸点、熔点、比重、折光率、在常见溶媒中的溶解度、对光或热的稳定性等）。

（五）产品来源、组成成分

1. 产品来源：说明产品的动物性、植物性来源或化工合成使用的初始原料。微生物产品或发酵制品，还应提供由生产地认证的机构出具的菌种保藏证明文件。证明文件中应包括菌种的属名、种名和菌株保藏编号等信息。

2. 组成成分：产品的原料组成或有效组分。

使用转基因原料或采用转基因技术生产的，应按照中国转基因管理的有关规定获得批准。

（六）制造方法

包括生产工艺流程图和文字说明。生产工艺流程图应体现生产过程的完整步骤；文字说明应体现工艺流程中的技术条件和加工方法、所用的原料和设备、生产过程和步骤。微生物产品或发酵制品，还应说明使用的培养基成分。

（七）质量标准和检测方法

1. 质量标准：包括理化指标和卫生指标及其控制值，并符合生产地和中国相关法律法规和技术规范的要求。

2. 检测方法：采用国际标准化组织/国际电工委员会（ISO/IEC）、美国公职化学分析家协会（AOAC）等国际标准的，应标明标准编码；采用其他检测方法的，应提供详细的检测操作规程。

申报产品存在二噁英风险的，应提供由生产地认证的检测机构出具的二噁英检测报告。

（八）生产地使用的标签、中文标签式样和商标

1. 生产地使用的标签：在生产地使用的标签实样或清晰的标签照片。

2. 中文标签式样：拟使用的中文标签，标签应符合《饲料标签》（GB 10648）标准的规定。

3. 商标：已在中国注册商标的，提供商标式样。

（九）使用目的、适用范围和使用方法

详细说明产品的功能用途、适用范围、添加量及使用时的注意事项。产品在使用过程中有最高限量要求的，还应当提供最高限量值。

（十）包装材料、包装规格、保质期和贮存条件

说明产品所使用的包装材料、单位包装的净含量、保质期、贮存条件和贮存注意事项。

（十一）生产地以外其他国家、地区的登记材料和产品推广应用情况

产品在其他国家、地区获得进口许可的，还应提供相关登记许可证明文件复印件，并简要描述在生产地及其他国家、地区的推广应用情况。

（十二）需技术评审的产品还应提交以下申请材料

1. 有效组分的化学结构鉴定报告或动物、植物、微生物的分类鉴定报告

化学上可定义物质：应准确鉴定申报产品的有效组分，并说明确认实验所用主要仪器和测试方法。例如，红外光谱、紫外光谱、质谱、核磁共振、化学官能团的特征反应等。鉴定报告应由生产地认证的机构或中国省部级以上大专院校、科研单位、检测机构等出具。

酶制剂：应提供能够证明酶制剂来源与结构的鉴定报告。鉴定报告应由生产地认证的机构或中国省部级以上大专院校、科研单位、检测机构等出具。

微生物：应通过菌株的形态学、生理生化特性、分子生物学特性等方法，鉴定至少到种。菌种鉴定报告应由国际公认的菌种保藏机构出具。

微生物发酵制品：应提供前款所述微生物的菌种鉴定报告。

上述鉴定报告出具机构不得与申报产品的研制单位、生产企业存在利害关系。

2. 有效性评价试验报告

对于需要通过靶动物试验评定有效性的产品，应提供由农业部指定的评价试验机构出具的试验报告；靶动物有效性试验应按照农业部发布的技术指南或国家、行业标准进行。农业部技术指南、国家或行业标准规定的可以进行数据外推的情形除外。

对于不需要通过靶动物试验评定有效性的产品，应根据产品用途，提供依据规范或公认的方法测定的特性效力的试验报告，如抗氧化剂效力和防霉剂效力测试等。试验应选取申报产品适用饲料类别中的代表性产品进行。试验报告应由中国省部级以上大专院校、科研单位或检测机构等出具。

上述报告出具机构不得与申报产品的研制单位、生产企业存在利害关系。

3. 安全性评价试验报告

包括靶动物耐受性评价报告、毒理学安全评价报告、代谢和残留评价报告、菌株安全性评价报告。应提供由农业部指定的评价试验机构出具的报告，评价试验应按照农业部发

布的技术指南或国家、行业标准进行。农业部暂未发布指南或暂无国家、行业标准的，可以参照世界卫生组织（WHO）、国际食品法典委员会（CAC）、经济合作与发展组织（OECD）等国际组织发布的规范或指南进行。安全性评价报告的出具机构不得与申报产品的研制单位、生产企业存在利害关系。

（1）靶动物耐受性评价报告

所有饲料添加剂均应提供靶动物耐受性评价报告。农业部技术指南、国家或行业标准规定的可以进行数据外推的情形除外。

（2）毒理学安全评价报告

包括急性毒性试验、遗传毒性试验、传统致畸试验、30天喂养试验，亚慢性毒性试验，慢性毒性试验（包括致癌试验）。企业应根据产品特性，按照农业部技术指南或国家、行业标准的规定选择需要开展的试验种类。

毒理学数据可采用国际组织（如联合国粮农组织和世界卫生组织下设的食品添加剂联合专家委员会（JECFA）等）或由通过良好实验规范（GLP）认证的实验室进行并公开发布的数据，但应保证评价对象的一致性。

（3）代谢和残留评价报告

化合物应进行代谢和残留评价，但以下情形除外：

——在饲用物质中天然存在并具有较高含量；

——化合物或代谢残留物是动物体液或组织的正常成分；

——可被证明是原形排泄或不被吸收；

——是以体内化合物的生理模式和生理水平被吸收；

——农业部技术指南、国家或行业标准规定的数据外推情形。

代谢和残留数据可采用国际组织（如WHO、联合国粮农组织（FAO）等）或由通过良好试验规范（GLP）认证的试验室进行并公开发布的数据，但应保证评价对象的一致性。

（4）菌株安全性评价报告

对于微生物及其发酵制品，应进行生产菌株安全性评价。公认安全的菌株除外。

4. 对人体健康造成影响的分析报告

应根据有效性和安全性评价试验结果以及相关产品信息，参照风险评估的方法就饲料添加剂对人体健康造成的影响进行评估分析，形成报告。

5. 产品稳定性试验报告

稳定性试验包括影响因素试验、加速试验和长期稳定性试验。应提供按照农业部相关技术指南开展的稳定性试验的报告。

6. 环境影响报告

应说明生产过程中产生的"三废"及处理措施。

7. 最高限量值和有效组分在饲料产品中的检测方法

在饲料产品中有最高限量要求的，应提供最高限量值和有效组分在饲料产品中的检测方法。

8. 主要参考文献

产品开发、研制和生产中参考的文献。

五、质量复核检测要求

申请人在收到受理通知单后,应当在 15 个工作日内将受理通知单、产品样品和检测报告送交农业部指定的检测机构进行产品质量复核检测。每个产品提供 3 个不同批次的样品和对应的检测报告,每个批次 2 份样品;每份样品不少于检测需要量的 5 倍。

复核检测费用由申请人承担。必要时,申请人应配合提供检测需要的标准品或化学对照品。

表1 进口饲料和饲料添加剂登记申请材料一览表

序号	申请材料	不需评审产品	需评审产品
1	目录	√	√
2	进口饲料和饲料添加剂登记申请表	√	√
3	境内代理机构资质证明	√	√
4	委托书	√	√
5	生产地批准生产、使用的证明	√	√
6	产品理化性质	√	√
7	产品来源、组成成分	√	√
8	制造方法	√	√
9	质量标准和检测方法	√	√
10	生产地使用的标签、中文标签式样和商标	√	√
11	使用目的、适用范围和使用方法	√	√
12	包装材料、包装规格、保质期和贮存条件	√	√
13	生产地以外其他国家、地区的登记材料和产品推广应用情况	√	√
14	有效组分的化学结构鉴定报告或动物、植物、微生物的分类鉴定报告		√
15	有效性评价试验报告		√
16	安全性评价试验报告		√
17	对人体健康造成影响的分析报告		√
18	产品稳定性试验报告		√
19	环境影响报告		√
20	最高限量值和有效组分在饲料产品中的检测方法		√
21	主要参考文献		√

注:"√"表示必需的申请材料。

表 2 进口饲料和饲料添加剂登记申请表
Applicant Form for Registration of Import Feed or Feed Additives

商品名称： Trade Name	通用名称： Common Name
产品类别： Product Classification	感官： Organoleptic Quality
技术指标： Guaranteed Analysis and Hygienic Index	
使用方法： Usage and Dosage	
生产厂家： Manufactory	
申请企业： Applicant Company	
境内代理机构： Domestic Agent	
申请企业负责人签字： Signature of Applicant Company 公章（Seal）	境内代理机构负责人签字： Signature of Domestic Agent 公章（Seal）

1. 境内代理机构应当如实向农业部提交有关材料，对翻译材料的准确性负责。

2. 境外企业、境内代理机构隐瞒有关情况或者提供虚假材料的，按照《进口饲料和饲料添加剂登记管理办法》第二十九条规定承担相应的法律责任。

1. The domestic agent should submit the genuine documents to the MOA and take full responsibility for the accuracy of the translations.

2. According to Article 29 of *the Measures for the Administration of Registration of Import Feed and Feed Additives*, foreign company and domestic agent have to bear corresponding legal liabilities if they hide relevant information on purpose or provide forged documents.

附件 2

进口饲料和饲料添加剂续展登记申请材料要求

一、登记范围

进口登记证期满后，境外企业仍需继续在中国境内销售产品的，应当在进口登记证有效期届满 6 个月前申请续展登记。

二、申请材料格式要求

（一）申请材料见《进口饲料和饲料添加剂续展登记申请材料一览表》（表1，以下简称《一览表》）。

（二）申请材料中、英文对照，中文在前，英文在后；我国香港、澳门特别行政区和台湾的登记申请，仅需提供简体中文申请材料。申请材料一式两份，原件和复印件各一份。

（三）申请材料中的官方证明文件使用生产地官方语言出具，由非英语国家（地区）出具的官方证明文件还应提供英文或中文翻译件。

（四）申请材料原件使用生产企业文头纸出具，由生产企业负责人签字并加盖公章；中文翻译件由中国境内代理机构出具并加盖公章。

（五）中文翻译件使用 A4 规格纸、小三号宋体打印，内容清晰、整洁、无涂改。

（六）申请材料按《一览表》的顺序装订成册，标注页码并形成目录，各项材料之间使用明显的区分标志。装订过程中，不得拆分官方证明文件。

（七）前次申请未予批准的，再次提交材料时应当提供《农业部行政审批综合办公办结通知书》复印件，并附修改说明。

（八）材料中不得夹带与申请无关的信息。

三、申请表填写要求

《进口饲料和饲料添加剂续展登记申请表》（表2）使用中、英文对照填写，由申请企业负责人和境内代理机构负责人签字并加盖公章。

（一）登记证号、商品名称、通用名称、发证日期：按照原进口登记证上的内容填写。

（二）境内销售代理商：指境外企业在中国境内设立的销售机构和直接从境外企业购买产品自用或者销售的国内一级代理商。信息内容包括企业或代理商名称、通讯地址、邮政编码、负责人姓名、联系电话、传真。有多家境内销售代理商的，应全部列出。

（三）境内代理机构：办理续展登记的代理机构名称、通讯地址、邮政编码、联系人、联系电话及传真。

（四）变更事项：办理续展登记时，境外企业可以根据需要同时办理变更事项。有变更要求的，应在相应的事项栏前划"√"，并填写变更信息。

四、申请材料内容要求

（一）进口登记证

进口登记证复印件。

（二）境内代理机构资质证明

1. 境外企业委托其常驻中国代表机构申请续展登记的，提供《外国企业常驻中国代表机构登记证》复印件并加盖公章。

2. 境外企业委托其他境内代理机构申请续展登记的，提供代理机构《企业法人营业执照》复印件并加盖企业公章。

（三）委托书

委托书由境外企业出具、负责人签署并经生产地第三方公证机构公证。委托书内容应包括委托和受托单位名称及地址、委托事项、委托办理续展登记产品的商品名称等信息。

（四）生产地批准生产、使用的证明

1. 申请登记的产品及其主要成分在生产地允许作为饲料、饲料添加剂生产、使用的证明文件。

2. 生产地官方机构出具的允许生产企业生产该饲料、饲料添加剂的证明文件。

3. 生产地官方机构出具的自由销售证明，证明应包含产品的商品名称、生产企业名称和地址等内容，并声明该产品在生产地生产、销售和使用不受限制。

4. 官方证明文件应由中国驻生产地使馆认证，由非英语国家出具的官方证明文件应将官方证明文件和中文或英文翻译件一并公证。

（五）质量标准、检测方法和质量检测报告

1. 质量标准：包括理化指标和卫生指标及其控制值，并符合生产地和中国相关法律法规和技术规范的要求。

2. 检测方法：采用国际标准化组织/国际电工委员会（ISO/IEC）、美国公职化学分析家协会（AOAC）等国际标准的，应标明标准编码；采用其他检测方法的，应提供详细的检验操作规程。

3. 每个产品提供3个批次样品的质量检测报告。申报产品存在二噁英风险的，还应提供由生产地认证的检测机构出具的二噁英检测报告。

（六）生产地使用的标签、中文标签和商标

1. 生产地使用的标签：在生产地使用的标签实样或清晰的标签照片。

2. 中文标签：在中国境内使用的中文标签实样或清晰的标签照片。

3. 商标：已在中国注册商标的，提供商标式样。

（七）变更说明

由生产厂家出具，具体说明变更的内容、原因。

（八）官方证明文件

生产地官方机构允许变更相关内容的文件。证明文件应由中国驻生产地使馆认证。

五、质量复核检测要求

申报产品符合《进口饲料和饲料添加剂登记管理办法》第十六条规定的，续展时还应提交样品进行复核检测。

申请人在收到受理通知单后，应当在 15 个工作日内将受理通知单、产品样品和检测报告送交农业部指定的检测机构进行产品质量复核检测。每个产品提供 3 个不同批次的样品和对应的检测报告，每个批次 2 份样品；每份样品不少于检测需要量的 5 倍。

复核检测费用由申请人承担。必要时，申请人应配合提供检测机构需要的标准品或化学对照品。

表 1　进口饲料和饲料添加剂续展登记申请材料一览表

序号	申请材料	无变更要求	有变更要求
1	目录	√	√
2	进口饲料和饲料添加剂续展登记申请表	√	√
3	进口登记证	√	√
4	境内代理机构资质证明	√	√
5	委托书	√	√
6	生产地批准生产、使用的证明	√	√
7	质量标准、检测方法和质量检测报告	√	√
8	生产地使用的标签、中文标签和商标	√	√
9	变更说明		√
10	官方证明文件		√

注："√"表示必需的申请材料。

表 2 进口饲料和饲料添加剂续展登记申请表
Applicant Form for Re‑registration of Import Feed and Feed Additives

商品名称: Trade Name	通用名称: Common Name
登记证号: Number of Former License	发证日期: Date Issued
境内销售代理商: Domestic Sale Agent	
境内代理机构: Domestic Agent	
变更事项: Alteration	变更后名称: Present Name
产品的中文或外文商品名称: (Name of the Product)	
申请企业名称: (Name of the Applicant Company)	
生产厂家名称: (Name of the Manufactory)	
生产地址名称: (Name of the Manufactory Address)	
申请企业负责人签字: Signature of Applicant Company 盖章:(Seal)	境内代理机构负责人签字: Signature of Domestic Agent 盖章:(Seal)

1. 境内代理机构应当如实向农业部提交有关材料,对翻译材料的准确性负责。

2. 境外企业、境内代理机构隐瞒有关情况或者提供虚假材料的,按照《进口饲料和饲料添加剂登记管理办法》第二十九条规定承担相应的法律责任。

1. The domestic agent should submit the genuine documents to the MOA and take full responsibility for the accuracy of the translations.

2. According to Article 29 of *the Measures for the Administration of Registration of Import Feed and Feed Additives*, foreign company and domestic agent have to bear corresponding legal liabilities if they hide relevant information on purpose or provide forged documents.

附件 3

进口饲料和饲料添加剂变更登记申请材料要求

一、登记范围

进口登记证有效期内，获证企业改变产品的中文或外文商品名称、申请企业名称、生产厂家名称、生产地址名称的，应申请变更登记。

二、申请材料格式要求

（一）申请材料见《进口饲料和饲料添加剂变更登记申请材料一览表》（表1，以下简称《一览表》）。

（二）申请材料中、英文对照，中文在前，英文在后；我国香港、澳门特别行政区和台湾的登记申请，仅需提供简体中文申请材料。申请材料一式两份，原件和复印件各一份。

（三）申请材料中的官方证明文件使用生产地官方语言出具，由非英语国家（地区）出具的官方证明文件还应提供英文或中文翻译件。

（四）申请材料原件使用生产企业文头纸出具，由生产企业负责人签字并加盖公章；中文翻译件由中国境内代理机构出具并加盖公章。

（五）中文翻译件使用 A4 规格纸、小三号宋体打印，内容清晰、整洁、无涂改。

（六）申请材料按《一览表》的顺序装订成册，标注页码并形成目录，各项材料之间使用明显的区分标志。装订过程中，不得拆分官方证明文件。

（七）前次申请未予批准的，再次提交材料时应当提供《农业部行政审批综合办公办结通知书》复印件，并附修改说明。

（八）材料中不得夹带与申请无关的信息。

三、申请表填写要求

《进口饲料和饲料添加剂变更登记申请表》（表2）使用中、英文对照填写，由申请企业负责人和境内代理机构负责人签字并加盖公章。

（一）登记证号、发证日期：按原进口登记证上的内容填写。

（二）变更事项：在相应的事项栏前划"√"。

（三）变更后名称：填写变更后的内容。

（四）境内代理机构：办理变更登记的代理机构名称、通讯地址、邮政编码、联系人、联系电话及传真。

四、申请材料内容要求

（一）进口登记证原件。

（二）变更说明：由生产厂家出具，应说明变更的内容、原因。

（三）官方证明文件：生产地官方机构允许变更相关内容的文件。证明文件应由中国驻生产地使馆认证。

（四）境内代理机构资质证明

1. 境外企业委托其常驻中国代表机构申请变更登记的，提供《外国企业常驻中国代表机构登记证》复印件并加盖公章。

2. 境外企业委托其他境内代理机构申请变更登记的，提供代理机构《企业法人营业执照》复印件并加盖企业公章。

（五）委托书

委托书由境外企业出具、负责人签署并经生产地第三方公证机构公证。委托书内容应包括委托和受托单位名称及地址、委托事项、委托办理变更登记产品的商品名称等信息。

表1　进口饲料和饲料添加剂变更登记申请材料一览表

序号	申请材料
1	目录
2	进口饲料和饲料添加剂变更登记申请表
3	进口登记证原件
4	变更说明
5	官方证明文件
6	境内代理机构资质证明
7	委托书

表 2 进口饲料和饲料添加剂变更登记申请表
Applicant Form for Alter Registration of Import Feed and Feed Additives

登记证号： Number of Former License	发证日期： Date Issued
变更事项： Alteration	变更后名称： Present Name
产品的中文或外文商品名称： (Name of the Product)	
申请企业名称： (Name of the Applicant Company)	
生产厂家名称： (Name of the Manufactory)	
生产地址名称： (Name of the Manufactory Address)	
境内代理机构： Domestic Agent	
申请单位负责人签字： Signature of Applicant Company 盖章：(Seal)	境内代理机构负责人签字： Signature of Domestic Agent 盖章（Seal）：

1. 境内代理机构应当如实向农业部提交有关材料，对翻译材料的准确性负责。

2. 境外企业、境内代理机构隐瞒有关情况或者提供虚假材料的，按照《进口饲料和饲料添加剂登记管理办法》第二十九条规定承担相应的法律责任。

1. The domestic agent should submit the genuine documents to the MOA and take full responsibility for the accuracy of the translations.

2. According to Article 29 of *the Measures for the Administration of Registration of Import Feed and Feed Additives*, foreign company and domestic agent have to bear corresponding legal liabilities if they hide relevant information on purpose or provide forged documents.

关于进口饲料和饲料添加剂登记标准的公告

中华人民共和国农业部公告第 2197 号

根据《中华人民共和国行政许可法》和有关法律法规规章的规定，以及《农业部行政审批服务标准化建设行动方案》《农业部行政审批服务标准化建设试点项目实施方案》的安排要求，我部编制了《进口饲料和饲料添加剂登记标准》、《新饲料和新饲料添加剂证书核发标准》（农业部第十六批行政审批服务标准），现予公告。自本公告发布之日起，农业部第 517 号公告中相应事项的办事指南废止。

附件：1. 进口饲料和饲料添加剂登记标准
      2. 新饲料和新饲料添加剂证书核发标准（略）

农业部
2014 年 12 月 24 日

附件1

NY/XZSP TG 302.55—2014

进口饲料和饲料添加剂登记标准

1 项目类型

前审后批。

2 审批内容

2.1 是否属于进口饲料和饲料添加剂登记审批范围。
2.2 产品是否安全、有效、质量可控和不污染环境。
2.3 试验数据和相关证明材料是否真实可信。
2.4 产品质量标准是否符合生产地和中国的相关法律法规、技术规范的要求。
2.5 复核检测结果是否符合产品质量标准。

3 审批依据

3.1 《饲料和饲料添加剂管理条例》。

3.2 《进口饲料和饲料添加剂登记管理办法》。

3.3 《进口饲料和饲料添加剂登记申请材料要求》《进口饲料和饲料添加剂续展登记申请材料要求》《进口饲料和饲料添加剂变更登记申请材料要求》（以下简称《申请材料要求》）。

4 办事条件

4.1 首次向中国出口中国境内已经使用且出口国已经批准生产和使用的饲料、饲料添加剂的，须提供以下材料：

  a）进口饲料和饲料添加剂登记申请表；

  b）委托书和境内代理机构资质证明；

  c）生产地批准生产、使用的证明，生产地以外其他国家、地区的登记资料，产品推广应用情况；

  d）进口饲料的产品名称、组成成分、理化性质、适用范围、使用方法；进口饲料添加剂的产品名称、主要成分、理化性质、产品来源、使用目的、适用范围、使用方法；

  e）生产工艺、质量标准、检测方法和检测报告；

  f）生产地使用的标签、商标和中文标签式样；

  g）微生物产品或发酵制品，还应当提供权威机构出具的菌株保藏证明；

  h）按照《申请材料要求》提交其他相关材料。

4.2 首次向中国出口中国境内尚未使用但生产地已经批准生产和使用的饲料、饲料添加剂的，除提供4.1规定的材料外，还须提供以下材料：

  a）有效组分的化学结构鉴定报告或动物、植物、微生物的分类鉴定报告；

  b）农业部指定的试验机构出具的产品有效性评价试验报告、安全性评价试验报告（包括靶动物耐受性评价报告、毒理学安全评价报告、代谢和残留评价报告等）；申请饲料添加剂进口登记的，还应当提供该饲料添加剂在养殖产品中的残留可能对人体健康造成影响的分析评价报告；

  c）稳定性试验报告、环境影响报告；

  d）在饲料产品中有最高限量要求的，还应当提供最高限量值和有效组分在饲料产品中的检测方法。

4.3 进口登记证有效期届满6个月前需要办理续展登记的，需提供以下材料：

  a）进口饲料和饲料添加剂续展登记申请表；

  b）进口登记证复印件；

  c）委托书和境内代理机构资质证明；

  d）生产地批准生产、使用的证明；

  e）质量标准、检测方法和检测报告；

  f）生产地使用的标签、商标和中文标签式样；

g) 按照《申请材料要求》提交其他相关材料。

4.4 进口登记证有效期内需要办理变更登记的，需提供以下材料：
  a) 进口饲料和饲料添加剂变更登记申请表；
  b) 委托书和境内代理机构资质证明；
  c) 进口登记证原件；
  d) 变更说明及相关证明文件。

5 办理程序

5.1 农业部行政审批办公大厅畜牧窗口审查中国境内代理机构递交的申请表及相关材料，申请材料齐全的予以受理。

5.2 农业部畜牧业司（全国饲料工作办公室）对申请材料进行技术审查。符合4.2规定情形的，转交全国饲料评审委员会进行专家评审。

5.3 农业部指定的饲料质检机构进行产品复核检测。

5.4 农业部畜牧业司（全国饲料工作办公室）根据审查意见和复核检测结果提出审批方案，报经部长审批后办理批件。

6 承诺时限

20个工作日（需要专家评审的，专家评审时间不超过6个月；需要质量复核检测的，质量复核检测时间不超过3个月）。

7 收费标准

不收费。

进出口饲料和饲料添加剂检验检疫监督管理办法

海关总署令第 262 号

（2009 年 7 月 20 日国家质量监督检验检疫总局令第 118 号公布，根据 2016 年 10 月 18 日国家质量监督检验检疫总局令第 184 号《国家质量监督检验检疫总局关于修改和废止部分规章的决定》第一次修正，根据 2018 年 4 月 28 日海关总署令第 238 号《海关总署关于修改部分规章的决定》第二次修正，根据 2018 年 5 月 29 日海关总署第 240 号令《海关总署关于修改部分规章的决定》第三次修正，根据 2018 年 11 月 23 日海关总署第 243 号令《海关总署关于修改部分规章的决定》第四次修正，根据 2023 年 4 月 15 日海关总署令第 262 号《海关总署关于修改部分规章的决定》第五次修订。）

第一章 总 则

第一条 为规范进出口饲料和饲料添加剂的检验检疫监督管理工作，提高进出口饲料和饲料添加剂安全水平，保护动物和人体健康，根据《中华人民共和国进出境动植物检疫法》及其实施条例、《中华人民共和国进出口商品检验法》及其实施条例、《国务院关于加强食品等产品安全监督管理的特别规定》等有关法律法规规定，制定本办法。

第二条 本办法适用于进口、出口及过境饲料和饲料添加剂（以下简称饲料）的检验检疫和监督管理。

作饲料用途的动植物及其产品按照本办法的规定管理。

药物饲料添加剂不适用本办法。

第三条 海关总署统一管理全国进出口饲料的检验检疫和监督管理工作。

主管海关负责所辖区域进出口饲料的检验检疫和监督管理工作。

第二章 风险管理

第四条 海关总署对进出口饲料实施风险管理，包括在风险分析的基础上，对进出口饲料实施的产品风险分级、企业分类、监管体系审查、风险监控、风险警示等措施。

第五条 海关按照进出口饲料的产品风险级别，采取不同的检验检疫监管模式并进行动态调整。

第六条 海关根据进出口饲料的产品风险级别、企业诚信程度、安全卫生控制能力、监管体系有效性等，对注册登记的境外生产、加工、存放企业（以下简称境外生产企业）和国内出口饲料生产、加工、存放企业（以下简称出口生产企业）实施企业分类管理,采取不同的检验检疫监管模式并进行动态调整。

第七条 海关总署按照饲料产品种类分别制定进口饲料的检验检疫要求。对首次向中国出口饲料的国家或者地区进行风险分析,对曾经或者正在向中国出口饲料的国家或者地区进行回顾性审查,重点审查其饲料安全监管体系。根据风险分析或者回顾性审查结果,制定调整并公布允许进口饲料的国家或者地区名单和饲料产品种类。

第八条 海关总署对进出口饲料实施风险监控,制定进出口饲料年度风险监控计划,编制年度风险监控报告。直属海关结合本地实际情况制定具体实施方案并组织实施。

第九条 海关总署根据进出口饲料安全形势、检验检疫中发现的问题、国内外相关组织机构通报的问题以及国内外市场发生的饲料安全问题,在风险分析的基础上及时发布风险警示信息。

第三章 进口检验检疫

第一节 注册登记

第十条 海关总署对允许进口饲料的国家或者地区的生产企业实施注册登记制度,进口饲料应当来自注册登记的境外生产企业。

第十一条 境外生产企业应当符合输出国家或者地区法律法规和标准的相关要求,并达到与中国有关法律法规和标准的等效要求,经输出国家或者地区主管部门审查合格后向海关总署推荐。推荐材料应当包括:

(一)企业信息:企业名称、地址、官方批准编号;

(二)注册产品信息:注册产品名称、主要原料、用途等;

(三)官方证明:证明所推荐的企业已经主管部门批准,其产品允许在输出国家或者地区自由销售。

第十二条 海关总署应当对推荐材料进行审查。

审查不合格的,通知输出国家或者地区主管部门补正。

审查合格的,经与输出国家或者地区主管部门协商后,海关总署派出专家到输出国家或者地区对其饲料安全监管体系进行审查,并对申请注册登记的企业进行抽查。对抽查不符合要求的企业,不予注册登记,并将原因向输出国家或者地区主管部门通报;对抽查符合要求的及未被抽查的其他推荐企业,予以注册登记,并在海关总署官方网站上公布。

第十三条 注册登记的有效期为 5 年。

需要延期的境外生产企业,由输出国家或者地区主管部门在有效期届满前 6 个月向海关总署提出延期。必要时,海关总署可以派出专家到输出国家或者地区对其饲料安全监管体系进行回顾性审查,并对申请延期的境外生产企业进行抽查,对抽查符合要求的及未被抽查的其他申请延期境外生产企业,注册登记有效期延长 5 年。

第十四条 经注册登记的境外生产企业停产、转产、倒闭或者被输出国家或者地区主管部门吊销生产许可证、营业执照的,海关总署注销其注册登记。

第二节 检验检疫

第十五条 进口饲料需要办理进境动植物检疫许可证的,应当按照相关规定办理进境动植物检疫许可证。

第十六条 货主或者其代理人应当在饲料入境前或者入境时向海关机构报检,报检时应当提供原产地证书、贸易合同、提单、发票等,并根据对产品的不同要求提供输出国家或者地区检验检疫证书。

第十七条 海关按照以下要求对进口饲料实施检验检疫:
(一)中国法律法规、国家强制性标准和相关检验检疫要求;
(二)双边协议、议定书、备忘录;
(三)《进境动植物检疫许可证》列明的要求。

第十八条 海关按照下列规定对进口饲料实施现场查验:
(一)核对货证:核对单证与货物的名称、数(重)量、包装、生产日期、集装箱号码、输出国家或者地区、生产企业名称和注册登记号等是否相符;
(二)标签检查:标签是否符合饲料标签国家标准;
(三)感官检查:包装、容器是否完好,是否超过保质期,有无腐败变质,有无携带有害生物,有无土壤、动物尸体、动物排泄物等禁止进境物。

第十九条 现场查验有下列情形之一的,海关签发《检验检疫处理通知单》,由货主或者其代理人在海关的监督下,作退回或者销毁处理:
(一)输出国家或者地区未被列入允许进口的国家或者地区名单的;
(二)来自非注册登记境外生产企业的产品;
(三)来自注册登记境外生产企业的非注册登记产品;
(四)货证不符的;
(五)标签不符合标准且无法更正的;
(六)超过保质期或者腐败变质的;
(七)发现土壤、动物尸体、动物排泄物、检疫性有害生物,无法进行有效的检疫处理的。

第二十条 现场查验发现散包、容器破裂的,由货主或者代理人负责整理完好。包装破损且有传播动植物疫病风险的,应当对所污染的场地、物品、器具进行检疫处理。

第二十一条 海关对来自不同类别境外生产企业的产品按照相应的检验检疫监管模式抽取样品,出具《抽/采样凭证》,送实验室进行安全卫生项目的检测。

被抽取样品送实验室检测的货物,应当调运到海关指定的待检存放场所等待检测结果。

第二十二条 经检验检疫合格的,海关签发《入境货物检验检疫证明》,予以放行。

经检验检疫不合格的,海关签发《检验检疫处理通知书》,由货主或者其代理人在海关的监督下,作除害、退回或者销毁处理,经除害处理合格的准予进境;需要对外索赔的,由海关出具相关证书。海关应当将进口饲料检验检疫不合格信息上报海关总署。

第二十三条 货主或者其代理人未取得海关出具的《入境货物检验检疫证明》前,不得擅自转移、销售、使用进口饲料。

第二十四条 进口饲料分港卸货的,先期卸货港海关应当以书面形式将检验检疫结果及处理情况及时通知其他分卸港所在地海关;需要对外出证的,由卸毕港海关汇总后出具证书。

第三节 监督管理

第二十五条 进口饲料包装上应当有中文标签，标签应当符合中国饲料标签国家标准。

散装的进口饲料，进口企业应当在海关指定的场所包装并加施饲料标签后方可入境，直接调运到海关指定的生产、加工企业用于饲料生产的，免予加施标签。

国家对进口动物源性饲料的饲用范围有限制的，进入市场销售的动物源性饲料包装上应当注明饲用范围。

第二十六条 海关对饲料进口企业（以下简称进口企业）实施备案管理。进口企业应当在首次报检前或者报检时向所在地海关备案。

第二十七条 进口企业应当建立经营档案，记录进口饲料的报检号、品名、数/重量、包装、输出国家或者地区、国外出口商、境外生产企业名称及其注册登记号、《入境货物检验检疫证明》、进口饲料流向等信息，记录保存期限不得少于2年。

第二十八条 海关对备案进口企业的经营档案进行定期审查，审查不合格的，将其列入不良记录企业名单，对其进口的饲料加严检验检疫。

第二十九条 国外发生的饲料安全事故涉及已经进口的饲料、国内有关部门通报或者用户投诉进口饲料出现安全卫生问题的，海关应当开展追溯性调查，并按照国家有关规定进行处理。

进口的饲料存在前款所列情形，可能对动物和人体健康和生命安全造成损害的，饲料进口企业应当主动召回，并向海关报告。进口企业不履行召回义务的，海关可以责令进口企业召回并将其列入不良记录企业名单。

第四章 出口检验检疫

第一节 注册登记

第三十条 海关总署对出口饲料的出口生产企业实施注册登记制度，出口饲料应当来自注册登记的出口生产企业。

第三十一条 申请注册登记的企业应当符合下列条件：

（一）厂房、工艺、设备和设施。

1. 厂址应当避开工业污染源，与养殖场、屠宰场、居民点保持适当距离；
2. 厂房、车间布局合理，生产区与生活区、办公区分开；
3. 工艺设计合理，符合安全卫生要求；
4. 具备与生产能力相适应的厂房、设备及仓储设施；
5. 具备有害生物（啮齿动物、苍蝇、仓储害虫、鸟类等）防控设施。

（二）具有与其所生产产品相适应的质量管理机构和专业技术人员。

（三）具有与安全卫生控制相适应的检测能力。

（四）管理制度。

1. 岗位责任制度；
2. 人员培训制度；
3. 从业人员健康检查制度；

4. 按照危害分析与关键控制点（HACCP）原理建立质量管理体系，在风险分析的基础上开展自检自控；

5. 标准卫生操作规范（SSOP）；

6. 原辅料、包装材料合格供应商评价和验收制度；

7. 饲料标签管理制度和产品追溯制度；

8. 废弃物、废水处理制度；

9. 客户投诉处理制度；

10. 质量安全突发事件应急管理制度。

（五）海关总署按照饲料产品种类分别制定的出口检验检疫要求。

第三十二条　出口生产企业应当向所在地直属海关申请注册登记，并提交下列材料：

（一）《出口饲料生产、加工、存放企业检验检疫注册登记申请表》；

（二）生产工艺流程图，并标明必要的工艺参数（涉及商业秘密的除外）；

（三）厂区平面图；

（四）申请注册登记的产品及原料清单。

第三十三条　直属海关应当对申请材料及时进行审查，根据下列情况在5日内作出受理或者不予受理决定，并书面通知申请人：

（一）申请材料存在可以当场更正的错误的，允许申请人当场更正；

（二）申请材料不齐全或者不符合法定形式的，应当当场或者在5日内一次书面告知申请人需要补正的全部内容，逾期不告知的，自收到申请材料之日起即为受理；

（三）申请材料齐全、符合法定形式或者申请人按照要求提交全部补正申请材料的，应当受理申请。

第三十四条　直属海关应当在受理申请后组成评审组，对申请注册登记的出口生产企业进行现场评审。评审组应当在现场评审结束后向直属海关提交评审报告。

第三十五条　直属海关应当自受理申请之日起20日内对申请人的申请事项作出是否准予注册登记的决定；准予注册登记的，颁发《出口饲料生产、加工、存放企业检验检疫注册登记证》（以下简称《注册登记证》）。

直属海关自受理申请之日起20日内不能作出决定的，经直属海关负责人批准，可以延长10日，并应当将延长期限的理由告知申请人。

第三十六条　《注册登记证》自颁发之日起生效，有效期5年。

属于同一企业、位于不同地点、具有独立生产线和质量管理体系的出口生产企业应当分别申请注册登记。

每一注册登记出口生产企业使用一个注册登记编号。经注册登记的出口生产企业的注册登记编号专厂专用。

第三十七条　出口生产企业变更企业名称、法定代表人、产品品种、生产能力等的，应当在变更后30日内向所在地直属海关提出书面申请，填写《出口饲料生产、加工、存放企业检验检疫注册登记申请表》，并提交与变更内容相关的资料。

变更企业名称、法定代表人的，由直属海关审核有关资料后，直接办理变更手续。

变更产品品种或者生产能力的，由直属海关审核有关资料并组织现场评审，评审合格后，办理变更手续。

企业迁址的，应当重新向直属海关申请办理注册登记手续。

因停产、转产、倒闭等原因不再从事出口饲料业务的，应当向所在地直属海关办理注销手续。

第三十八条 获得注册登记的出口生产企业需要延续注册登记有效期的，应当在有效期届满前3个月按照本办法规定提出申请。

第三十九条 直属海关应当在完成注册登记、变更或者注销工作后30日内，将相关信息上报海关总署备案。

第四十条 进口国家或者地区要求提供注册登记的出口生产企业名单的，由直属海关审查合格后，上报海关总署。海关总署组织进行抽查评估后，统一向进口国家或者地区主管部门推荐并办理有关手续。

第二节 检验检疫

第四十一条 海关按照下列要求对出口饲料实施检验检疫：

（一）输入国家或者地区检验检疫要求；

（二）双边协议、议定书、备忘录；

（三）中国法律法规、强制性标准和相关检验检疫要求；

（四）贸易合同或者信用证注明的检疫要求。

第四十二条 饲料出口前，货主或者代理人应当凭贸易合同、出厂合格证明等单证向产地海关报检。海关对所提供的单证进行审核，符合要求的受理报检。

第四十三条 受理报检后，海关按照下列规定实施现场检验检疫：

（一）核对货证：核对单证与货物的名称、数（重）量、生产日期、批号、包装、唛头、出口生产企业名称或者注册登记号等是否相符；

（二）标签检查：标签是否符合要求；

（三）感官检查：包装、容器是否完好，有无腐败变质，有无携带有害生物，有无土壤、动物尸体、动物排泄物等。

第四十四条 海关对来自不同类别出口生产企业的产品按照相应的检验检疫监管模式抽取样品，出具《抽/采样凭证》，送实验室进行安全卫生项目的检测。

第四十五条 经检验检疫合格的，海关出具《出境货物换证凭单》、检验检疫证书等相关证书；检验检疫不合格的，经有效方法处理并重新检验检疫合格的，可以按照规定出具相关单证，予以放行；无有效方法处理或者虽经处理重新检验检疫仍不合格的，不予放行，并出具《出境货物不合格通知单》。

第四十六条 出境口岸海关按照出境货物换证查验的相关规定查验，重点检查货证是否相符。查验不合格的，不予放行。

第四十七条 产地海关与出境口岸海关应当及时交流信息。

在检验检疫过程中发现安全卫生问题，应当采取相应措施，并及时上报海关总署。

第三节 监督管理

第四十八条 取得注册登记的出口饲料生产、加工企业应当遵守下列要求：

（一）有效运行自检自控体系；

（二）按照进口国家或者地区的标准或者合同要求生产出口产品；

（三）遵守我国有关药物和添加剂管理规定，不得存放、使用我国和进口国家或者地区禁止使用的药物和添加物；

（四）出口饲料的包装、装载容器和运输工具应当符合安全卫生要求。标签应当符合进口国家或者地区的有关要求。包装或者标签上应当注明生产企业名称或者注册登记号、产品用途；

（五）建立企业档案，记录生产过程中使用的原辅料名称、数（重）量及其供应商、原料验收、半产品及成品自检自控、入库、出库、出口、有害生物控制、产品召回等情况，记录档案至少保存 2 年；

（六）如实填写《出口饲料监管手册》，记录海关监管、抽样、检查、年审情况以及国外官方机构考察等内容。

取得注册登记的饲料存放企业应当建立企业档案，记录存放饲料名称、数/重量、货主、入库、出库、有害生物防控情况，记录档案至少保留 2 年。

第四十九条 海关对辖区内注册登记的出口生产企业实施日常监督管理，内容包括：

（一）环境卫生；

（二）有害生物防控措施；

（三）有毒有害物质自检自控的有效性；

（四）原辅料或者其供应商变更情况；

（五）包装物、铺垫材料和成品库；

（六）生产设备、用具、运输工具的安全卫生；

（七）批次及标签管理情况；

（八）涉及安全卫生的其他内容；

（九）《出口饲料监管手册》记录情况。

第五十条 海关对注册登记的出口生产企业实施年审，年审合格的在《注册登记证》（副本）上加注年审合格记录。

第五十一条 海关对饲料出口企业（以下简称出口企业）实施备案管理。出口企业应当在首次报检前或者报检时向所在地海关备案。

出口与生产为同一企业的，不必办理备案。

第五十二条 出口企业应当建立经营档案并接受海关的核查。档案应当记录出口饲料的报检号、品名、数（重）量、包装、进口国家或者地区、国外进口商、供货企业名称及其注册登记号等信息，档案至少保留 2 年。

第五十三条 海关应当建立注册登记的出口生产企业以及出口企业诚信档案，建立良好记录企业名单和不良记录企业名单。

第五十四条 出口饲料被国内外海关检出疫病、有毒有害物质超标或者其他安全卫生质量问题的，海关核实有关情况后，实施加严检验检疫监管措施。

第五十五条 注册登记的出口生产企业和备案的出口企业发现其生产、经营的相关产品可能受到污染并影响饲料安全，或者其出口产品在国外涉嫌引发饲料安全事件时，应当在 24 小时内报告所在地海关，同时采取控制措施，防止不合格产品继续出厂。海关接到报告后，应当于 24 小时内逐级上报至海关总署。

第五十六条　已注册登记的出口生产企业发生下列情况之一的，由直属海关撤回其注册登记：

（一）准予注册登记所依据的客观情况发生重大变化，达不到注册登记条件要求的；

（二）注册登记内容发生变更，未办理变更手续的；

（三）年审不合格的。

第五十七条　有下列情形之一的，直属海关根据利害关系人的请求或者依据职权，可以撤销注册登记：

（一）直属海关工作人员滥用职权、玩忽职守作出准予注册登记的；

（二）超越法定职权作出准予注册登记的；

（三）违反法定程序作出准予注册登记的；

（四）对不具备申请资格或者不符合法定条件的出口生产企业准予注册登记的；

（五）依法可以撤销注册登记的其他情形。

出口生产企业以欺骗、贿赂等不正当手段取得注册登记的，应当予以撤销。

第五十八条　有下列情形之一的，直属海关应当依法办理注册登记的注销手续：

（一）注册登记有效期届满未延续的；

（二）出口生产企业依法终止的；

（三）企业因停产、转产、倒闭等原因不再从事出口饲料业务的；

（四）注册登记依法被撤销、撤回或者吊销的；

（五）因不可抗力导致注册登记事项无法实施的；

（六）法律、法规规定的应当注销注册登记的其他情形。

第五章　过境检验检疫

第五十九条　运输饲料过境的，承运人或者押运人应当持货运单和输出国家或者地区主管部门出具的证书，向入境口岸海关报检，并书面提交过境运输路线。

第六十条　装载过境饲料的运输工具和包装物、装载容器应当完好，经入境口岸海关检查，发现运输工具或者包装物、装载容器有可能造成途中散漏的，承运人或者押运人应当按照口岸海关的要求，采取密封措施；无法采取密封措施的，不准过境。

第六十一条　输出国家或者地区未被列入第七条规定的允许进口的国家或者地区名单的，应当获得海关总署的批准方可过境。

第六十二条　过境的饲料，由入境口岸海关查验单证，核对货证相符，加施封识后放行，并通知出境口岸海关，由出境口岸海关监督出境。

第六章　法律责任

第六十三条　有下列情形之一的，由海关按照《国务院关于加强食品等产品安全监督管理的特别规定》予以处罚：

（一）存放、使用我国或者进口国家或者地区禁止使用的药物、添加剂以及其他原辅料的；

（二）以非注册登记饲料生产、加工企业生产的产品冒充注册登记出口生产企业产品的；

（三）明知有安全隐患，隐瞒不报，拒不履行事故报告义务继续进出口的；

（四）拒不履行产品召回义务的。

第六十四条 有下列情形之一的，由海关按照《中华人民共和国进出境动植物检疫法实施条例》处3 000元以上3万元以下罚款：

（一）未经海关批准，擅自将进口、过境饲料卸离运输工具或者运递的；

（二）擅自开拆过境饲料的包装，或者擅自开拆、损毁动植物检疫封识或者标志的。

第六十五条 有下列情形之一的，依法追究刑事责任；尚不构成犯罪或者犯罪情节显著轻微依法不需要判处刑罚的，由海关按照《中华人民共和国进出境动植物检疫法实施条例》处2万元以上5万元以下的罚款：

（一）引起重大动植物疫情的；

（二）伪造、变造动植物检疫单证、印章、标志、封识的。

第六十六条 有下列情形之一，有违法所得的，由海关处以违法所得3倍以下罚款，最高不超过3万元；没有违法所得的，处以1万元以下罚款：

（一）使用伪造、变造的动植物检疫单证、印章、标志、封识的；

（二）使用伪造、变造的输出国家或者地区主管部门检疫证明文件的；

（三）使用伪造、变造的其他相关证明文件的；

（四）拒不接受海关监督管理的。

第六十七条 海关工作人员滥用职权，故意刁难，徇私舞弊，伪造检验结果，或者玩忽职守，延误检验出证，依法给予行政处分；构成犯罪的，依法追究刑事责任。

第七章 附 则

第六十八条 本办法下列用语的含义是：

饲料：指经种植、养殖、加工、制作的供动物食用的产品及其原料，包括饵料用活动物、饲料用（含饵料用）冰鲜冷冻动物产品及水产品、加工动物蛋白及油脂、宠物食品及咬胶、饲草类、青贮料、饲料粮谷类、糠麸饼粕渣类、加工植物蛋白及植物粉类、配合饲料、添加剂预混合饲料等。

饲料添加剂：指饲料加工、制作、使用过程中添加的少量或者微量物质，包括营养性饲料添加剂、一般饲料添加剂等。

加工动物蛋白及油脂：包括肉粉（畜禽）、肉骨粉（畜禽）、鱼粉、鱼油、鱼膏、虾粉、鱿鱼肝粉、鱿鱼粉、乌贼膏、乌贼粉、鱼精粉、干贝精粉、血粉、血浆粉、血球粉、血细胞粉、血清粉、发酵血粉、动物下脚料粉、羽毛粉、水解羽毛粉、水解毛发蛋白粉、皮革蛋白粉、蹄粉、角粉、鸡杂粉、肠膜蛋白粉、明胶、乳清、乳粉、蛋粉、干蚕蛹及其粉、骨粉、骨灰、骨炭、骨制磷酸氢钙、虾壳粉、蛋壳粉、骨胶、动物油渣、动物脂肪、饲料级混合油、干虫及其粉等。

出厂合格证明：指注册登记的出口饲料或者饲料添加剂生产、加工企业出具的，证明其产品经本企业自检自控体系评定为合格的文件。

第六十九条 本办法由海关总署负责解释。

第七十条 本办法自2009年9月1日起施行。自施行之日起，进出口饲料有关检验检疫管理的规定与本办法不一致的，以本办法为准。

质检总局关于修订进出口饲料和饲料添加剂风险级别及检验检疫监管方式的公告

国家质检总局公告〔2015〕第 144 号

根据《进出口饲料和饲料添加剂检验检疫监督管理办法》（质检总局第 118 号令）的规定，现将修订后的进出口饲料和饲料添加剂风险级别及检验检疫监管方式予以公布（见附件）。质检总局 2009 年第 79 号公告同时废止。质检总局将根据风险分析结果适时调整风险级别及检验检疫监管方式并公布。

附件：进出口饲料和饲料添加剂风险级别及检验检疫监管方式

质检总局
2015 年 12 月 7 日

附件

进出口饲料和饲料添加剂风险级别及检验检疫监管方式

类别	种类		风险级别	进口检验检疫监管方式	出口检验检疫监管方式
动物源性饲料	饵料用活动物		Ⅰ级	进口前须申请并取得《进境动植物检疫许可证》；进口时查验检疫证书并实施检疫；对进口后的隔离、加工场所实施检疫监督。	符合进口国家或地区的要求
	饲料用（含饵料用）冰鲜冷冻物产品		Ⅰ级	进口前须申请并取得《进境动植物检疫许可证》；进口时查验检疫证书并实施检疫；对进口后的加工场所实施检疫监督。	符合进口国家或地区的要求
	饲料用（含饵料用）水产品		Ⅲ级	进口时查验检疫证书并实施检疫	符合进口国家或地区的要求
	加工动物蛋白及油脂		Ⅱ级	进口前须申请并取得《进境动植物检疫许可证》（另有规定的按照相关要求执行）；进口时查验检疫证书并实施检疫。	符合进口国家或地区的要求
	宠物食品和咬胶	生的宠物食品	Ⅰ级	进口前须申请并取得《进境动植物检疫许可证》；进口时查验检疫证书并实施检疫；对进口后的加工场所实施检疫监督。	符合进口国家或地区的要求
		其他	Ⅱ级	进口前须申请并取得《进境动植物检疫许可证》（另有规定的按照相关要求执行）；进口时查验检疫证书并实施检疫。	符合进口国家或地区的要求

(续表)

类别	种类		风险级别	进口检验检疫监管方式	出口检验检疫监管方式
植物源性饲料	饲料粮谷物		Ⅰ级	进口前须申请并取得《进境动植物检疫许可证》；进口时查验检疫证书并实施检疫；对进口后的加工场所实施检疫监督。	符合进口国家或地区的要求
	饲料用草籽		Ⅰ级	进口前须申请并取得《进境动植物检疫许可证》；进口时查验检疫证书并实施检疫；对进口后的加工场所实施检疫监督。	符合进口国家或地区的要求
	饲草类		Ⅱ级	进口前须申请并取得《进境动植物检疫许可证》（另有规定的按照相关要求执行）；进口时查验检疫证书并实施检疫。	符合进口国家或地区的要求
	加工植物蛋白、糠麸饼粕渣类	来自TCK疫区的麦麸	Ⅰ级	进口前须申请并取得《进境动植物检疫许可证》；进口时查验检疫证书并实施检疫；对进口后的加工场所实施检疫监督。	符合进口国家或地区的要求
		其他	Ⅱ级	进口前须申请并取得《进境动植物检疫许可证》（另有规定的按照相关要求执行）；进口时查验检疫证书并实施检疫。	符合进口国家或地区的要求
	青贮料		Ⅲ级	进口时查验检疫证书并实施检疫	符合进口国家或地区的要求
	植物粉末		Ⅲ级	进口时查验检疫证书并实施检疫	符合进口国家或地区的要求
配合饲料			Ⅱ级	进口前须申请并取得《进境动植物检疫许可证》（另有规定的按照相关要求执行）；进口时查验检疫证书并实施检疫。	符合进口国家或地区的要求
饲料添加剂、添加剂预混合饲料	含动物源性成分		Ⅱ级	进口前须申请并取得《进境动植物检疫许可证》（另有规定的按照相关要求执行）；进口时查验检疫证书并实施检疫。	符合进口国家或地区的要求
	不含动物源性成分但含植物源性成分		按所含的植物源性成分分级	参照对应植物源性成分的监管方式	符合进口国家或地区的要求
	其他		Ⅳ级	进口实施检疫	符合进口国家或地区的要求

关于防止疯牛病的公告

中华人民共和国农业部、国家出入境检验检疫局公告第 143 号

为防止疯牛病传入，保护我国畜牧业安全和人体健康，根据《中华人民共和国进出境动植物检疫法》等有关法律法规的规定，现公告如下：

一、禁止直接或间接从发生疯牛病国家或地区进口牛、牛胚胎、牛精液、牛肉类产品（包括牛内脏）及其制品、反刍动物源性饲料（包括牛、羊等的肉骨粉、骨粉、肉粉、血粉、血浆粉、干血浆及其他血液制品、脱水蛋白、蹄粉、角粉、油渣、磷酸氢钙、明胶，以及用上述原料加工制作的各类饲料）。

二、禁止从欧盟成员国进口动物源性饲料产品，严格执行农业部、对外贸易经济合作部和国家出入境检验检疫局联合下发的《关于加强肉骨粉等动物性饲料产品管理的通知》（农牧发〔2000〕21号）。

三、禁止从欧盟成员国进口牛、牛胚胎、牛精液、牛肉类产品（包括牛内脏）及其制品。

四、禁止携带、邮寄上述所列物品进境。

五、凡截获走私进境的上述物品，一律在就近的出入境检验检疫机构监督下做销毁处理。

六、对途经我国或在我国停留的国际航行船舶、飞机、火车等，如发现来自疯牛病国家或地区的上述物品，一律作封存处理。

七、截至目前发生疯牛病的国家为：英国、爱尔兰、瑞士、法国、比利时、卢森堡、荷兰、德国、葡萄牙、丹麦、意大利、列支敦士登。今后，凡有新发生疯牛病的国家，将自动列入上述名录。

八、牛奶及其制品、工业用牛皮和感光明胶不属于禁止之列。

九、凡违反上述规定者，由出入境检验检疫机构按《中华人民共和国进出境动植物检疫法》等有关规定处理。

十、各出入境检验检疫机构、各级动物防疫监督机构要分别按《中华人民共和国进出境动植物检疫法》和《中华人民共和国动物防疫法》的有关规定，密切配合，做好检疫、防疫和监督工作。

中华人民共和国农业部
中华人民共和国国家出入境检验检疫局
二〇〇一年三月一日

关于防止疯牛病的公告

中华人民共和国农业部、国家出入境检验检疫局公告第 144 号

为防止疯牛病和痒病传入，我国禁止从疯牛病和痒病疫区国家或地区进口动物性饲料产品，并已从 2001 年 1 月 1 日起禁止从欧盟进口动物性饲料产品。为加强对进口动物性饲料的管理，防止被我国禁止的动物性饲料产品通过第三国转口或混入第三国的饲料进口到我国，现公告如下：

一、进口动物性饲料产品必须按《进口饲料和饲料添加剂登记管理办法》的规定，向农业部申请登记，取得产品登记证。

二、进口单位进口动物性饲料产品，在签订贸易合同前必须凭产品登记证复印件向出入境检验检疫机构申请，取得《中华人民共和国进境动植物检疫许可证》。

三、进口的动物性饲料产品，必须符合中国的检验检疫要求：

（一）必须随附出口国家或地区官方检验检疫机构出具的卫生证书正本；

（二）卫生证书中必须声明动物性饲料产品是用来源于本国动物的原料生产的，不含有第三国的动物性饲料产品并且没有受到第三国动物性饲料产品的污染；

（三）卫生证书中必须注明动物性饲料产品来源的动物种类；

（四）进境的动物性饲料产品必须货证相符；

（五）进境的动物性饲料产品必须经出入境检验检疫机构检疫合格或经处理合格。

四、对在此公告发布前已装运的动物性饲料产品，如出口国家或地区出具的卫生证书中没有注明本公告第三条（二）、（三）款内容的，出口国家或地区检验检疫机构必须补充书面声明，证明该批动物性饲料产品符合本公告第三条（二）、（三）款的要求。

五、对不符合上述要求的，一律做退回或销毁处理。

六、本公告所称动物性饲料产品是指源于动物或产自于动物的产品经工业化加工、制作的供动物食用的饲料。

中华人民共和国农业部
中华人民共和国国家出入境检验检疫局
二〇〇一年三月一日

关于禁止进出口莱克多巴胺和盐酸莱克多巴胺的公告

中华人民共和国商务部、中华人民共和国海关总署公告2009年第110号

根据《中华人民共和国对外贸易法》及《中华人民共和国货物进出口管理条例》等法律法规规定，自2009年12月9日起，禁止进出口莱克多巴胺和盐酸莱克多巴胺。

特此公告。

中华人民共和国商务部
海关总署
二〇〇九年十二月四日

关于进口鱼粉级别变更的公告

中华人民共和国农业部公告第 1935 号

为了加强进口鱼粉产品质量安全监管，保障相关贸易顺利开展，根据《饲料和饲料添加剂管理条例》、《进口饲料和饲料添加剂管理办法》、《饲料原料目录》和鱼粉国家标准（GB/T 19164—2003）的有关规定，现公告如下：

一、已登记的高级别进口鱼粉的生产厂家可将登记范围扩展为由低级至高级鱼粉。即登记为一、二级进口鱼粉的，可变更为"三级至一级"或"三级至二级"鱼粉，但不得低于鱼粉国家标准中的三级鱼粉标准。按照《进口饲料和饲料添加剂变更登记材料要求》（农业部公告第 611 号）的有关规定，申请办理鱼粉级别变更。申请事项为变更产品中文或英文商品名称。

二、按照《饲料原料目录》要求，自 2013 年 1 月 1 日起，所有向中国出口的鱼粉必须在其标签中标示挥发性盐基氮等强制性标识指标。

三、各级饲料管理部门应严格按照生产厂家申报的产品质量标准对进口鱼粉产品进行监管。饲料质检机构将采用鱼粉国家标准中的检测方法对其进行监督抽查检测。

中华人民共和国农业部
2013 年 5 月 6 日

海关总署关于明确进口饲料添加剂归类的通知

署法〔2000〕374号

广东分署、各直属海关：

《饲料和饲料添加剂管理条例》（以下简称《条例》）已经国务院颁布实施。为贯彻执行《条例》，同时加强对进口饲料和饲料添加剂产品的进口管理，特作如下规定：

一、自2000年8月1日起，凡进口饲料和饲料添加剂产品的，必须持有农业部签发的《登记许可证》（见附件一），海关凭此证复印件准予办理报关放行手续。

二、根据国务院关税税则委员会办公室通知，对进口饲料添加剂的归类和适用税率作如下规定：

1. 凡进口附件二所列的饲料添加剂，除须向海关提交《登记许可证》复印件外，还须向农业部指定的饲料检测机构（见附件三）申请办理关于该批货物为饲料添加剂的"进口饲料添加剂属性证明书"（见附件四），海关根据归类原则将其归入相应税号并凭此"属性证明书"按"制成的饲料添加剂"的税率征收关税和增值税，否则应按归类税号的原税率征税。

2. 凡进口农业部公布的《允许使用的饲料添加剂品种目录》中的货物、但不属于附件二所列品种的，海关应按其归类税号征收关税和增值税。

3. 各关在货物申报后应按有关规定取样并送农业部指定的检测机构检验，各海关化验中心应协助各现场作好取样、送样工作，送检期间可先按归类税号的原税率征收保证金放行。

4. 本规定自2000年8月1日起执行，已征税款不予退还。但对在此之前进口并已交纳保证金放行的附件二所列的饲料添加剂，如能按本文二、1项的规定提供相关材料的，可按"制成的饲料添加剂"的税率征收关税和增值税。

以上请研究执行。

附件一：《登记许可证》样本（略）
附件二：进口饲料添加剂目录
附件三：饲料检测机构名单（略）
附件四：《进口饲料添加剂属性证明书》样本（略）

中华人民共和国海关总署
二〇〇〇年七月六日

附件二

进口饲料添加剂目录

序号	税号	商品名称
1	29304000	蛋氨酸
2	29224110	赖氨酸
3	29224190	赖氨酸盐及其酯
4	29224910	苏氨酸

农业农村部办公厅关于办理饲料和饲料添加剂产品自由销售证明的通知

农办牧〔2020〕36号

各省、自治区、直辖市农业农村（农牧、畜牧兽医）厅（局、委），新疆生产建设兵团农业农村局：

为贯彻落实国务院"放管服"改革要求，进一步优化公共服务，促进饲料和饲料添加剂产品出口贸易，依据《饲料和饲料添加剂管理条例》及其配套规章，我部修订了饲料和饲料添加剂产品自由销售证明办理流程和要求。现将有关事项通知如下。

一、在我国境内（不含港澳台地区）从事饲料和饲料添加剂产品生产的企业（以下简称"饲料生产企业"），可根据需要向生产所在地省级饲料主管部门申请出具饲料和饲料添加剂产品自由销售证明。如出口目的国（地区）要求出具国家层面的自由销售证明，饲料生产企业可经生产所在地省级饲料主管部门确认后，向农业农村部提出申请。

二、饲料生产企业需填写提交饲料和饲料添加剂产品自由销售证明申请表（附件1），并附上依法公开的该产品执行标准文本复印件。

三、省级饲料主管部门收到饲料生产企业提交的申请表及相关材料后，在10个工作日内完成情况核查并办结。核查属实的，出具自由销售证明（附件2），或者签署确认意见。

四、对于允许在我国生产和使用、但依法不需要办理生产许可证的饲料原料等产品，省级饲料主管部门收到申请后，可采取现场核查、补充材料等方式确认其真实性、合法性。

五、农业农村部收到经省级饲料主管部门核查确认的申请材料后，在10个工作日内完成情况核查并办结。

附件：1. 饲料和饲料添加剂产品自由销售证明申请表
　　　2. 饲料和饲料添加剂产品自由销售证明（参考样式）

农业农村部办公厅
2020年7月22日

附件1

饲料和饲料添加剂产品自由销售证明申请表

□申请省级饲料主管部门出具　　□申请农业农村部出具

产品中、英文名称：	产品类别：
生产许可证号（□有 □无）：	产品批准文号（□有 □无）：
产品原料组成（按饲料标签标准要求提供）：	统一社会信用代码：
出口国家（地区）：	需自由销售证明的份数：
生产厂家中、英文名称：	
生产地址中、英文名称：	
联系人信息 姓名：　　　　电话：　　　　传真： 邮寄地址：	
产品执行标准信息 □国家标准　　　□行业标准　　　□团体标准　　　□企业标准 标准编号和名称：	
其他需要说明的情况：	
生产厂家： （盖章） 　　年　月　日	省级饲料主管部门： （盖章） 　　年　月　日

备注：申请农业农村部出具的，请将申请材料寄送至北京市朝阳区农展馆南里11号农业农村部畜牧兽医局饲料饲草处（邮政编码：100125；联系电话：010-59192853）

附件2

No.××××（年份）—×××××（序号）

饲料和饲料添加剂产品自由销售证明
Certificate of Free Sale
（参考样式）

依据中国《饲料和饲料添加剂管理条例》规定，××省（自治区、直辖市）××××厅（局、委、办）负责饲料和饲料添加剂的监督管理工作。兹证明××××××××（生产厂家名称）（生产地址：×××××××××）已依法取得饲料和饲料添加剂生产许可（或依法不需要办理饲料和饲料添加剂生产许可）。产品生产所用原料在中国相关法律法规允许范围内，允许在中国自由销售并出口到××（目的国）。（如果出口目的地为港澳台地区，可表述为：允许在中国内地自由销售并销往香港/澳门/台湾）。

According to the Regulationson the Administration of Feed and Feed Additives of P. R. China,××××××（发证单位英文名称）is responsible for the supervision and management of feed and feed additives. This is to certify that××××××（生产厂家英文名称）located at××××××（英文生产地址）has obtained the production license of feed and feed additives in accordance with the law（or is not required to register the production license of feed and feed additives in accordance with the law). The ingredients of the product(s) comply with the relevant laws and regulations of China. The product(s) is/are permitted to be freely sold in China and sold to××（目的国）.（如果出口目的地为港澳台地区，可表述为 The product (s) is/are permitted to be freely sold in Chinese mainland and sold to Hong Kong/Macao/Taiwan.）

产品信息表

生产许可证号 Production License Number	产品名称 Name of the Product	产品类别 Product Classification	产品批准文号 Product Approval Document Number

本证明仅确认该产品生产的合法合规性,产品质量由生产企业承担主体责任。

This certificate only confirms the legality and compliance of the production of the product(s). The manufacturer is responsible for the product(s) quality.

Director:_____(签字)

单位名称:_____

单位英文名称:_____

签署日期:_____(英文格式)

（四）使用管理

饲料原料目录

《饲料原料目录》于 2012 年 6 月 1 日由中华人民共和国农业部公告第 1773 号发布，于 2012 年 1 月 1 日起实施。后经农业农村部多次修订。

现根据农业部第 1773 号公告及后续发布的修订公告，将《饲料原料目录》整理汇总如下，并将根据审批及修订情况及时更新，以供各方查阅。

《饲料原料目录》发布及修订公告（截至 2022 年 11 月）
2012 年 6 月 1 日中华人民共和国农业部公告第 1773 号；
2013 年 12 月 19 日中华人民共和国农业部公告第 2038 号；
2014 年 7 月 24 日中华人民共和国农业部公告第 2133 号；
2015 年 4 月 22 日中华人民共和国农业部公告第 2249 号；
2017 年 12 月 28 日中华人民共和国农业部公告第 2634 号；
2018 年 4 月 27 日中华人民共和国农业农村部公告第 22 号；
2020 年 11 月 16 日中华人民共和国农业农村部公告第 356 号；
2021 年 8 月 17 日中华人民共和国农业农村部公告第 459 号；
2021 年 8 月 27 日中华人民共和国农业农村部公告第 465 号；
2022 年 11 月 3 日中华人民共和国农业农村部公告第 614 号；
2023 年 7 月 21 日中华人民共和国农业农村部公告第 692 号。

第一部分 通 则

一、本目录所称饲料原料，是指来源于动物、植物、微生物或者矿物质，用于加工制作饲料但不属于饲料添加剂的饲用物质（含载体和稀释剂）。饲料生产企业所使用的饲料原料均应属于本目录规定的品种，并符合本目录的要求。

二、本目录之外的物质用作饲料原料的，应当经过科学评价并由农业部公告列入目录后，方可使用。

三、按照本目录生产、经营或使用的饲料原料，应符合《饲料卫生标准》、《饲料标签》等强制性标准的要求。

四、本目录第二部分给出了常用饲料原料加工术语的名称、定义及其形成产品的修饰语，第三部分凡涉及到相应术语的，其含义与第二部分的定义一致。

五、本目录第三部分原料列表给出了原料名称，饲料原料标签中标识的产品名称应与列表中的"原料名称"一致；饲料产品标签中"原料组成"所使用的原料名称也应与列表中的"原料名称"一致。"原料名称"栏内方括号列出的为饲料原料的常用别名，可以与括号前的名称等同使用。"原料名称"栏内圆括号列出的为相关原料不同物质形态，应根据产品实际进行选择。

六、本目录第三部分中原料编号采用三级编号格式，第一级表示大类编号；第二级代表相同大类下的不同原料来源；第三级表示相同原料来源下的不同产品。第二级和第三级原则上按首个中文字的拼音顺序进行排列。

七、本目录第三部分中"强制性标识要求"所规定的为质量要求或卫生特征指标，应在原料标签的分析保证值等项目中列出。

八、本目录第四部分所列单一饲料品种，是根据《饲料和饲料添加剂管理条例》及《饲料和饲料添加剂生产许可管理办法》和《进口饲料和饲料添加剂登记管理办法》，应当办理生产许可证和进口登记证的产品。未取得生产许可证或进口登记证的单一饲料产品不得作为饲料原料生产、经营和使用。

九、生产或使用涉及转基因动物、植物、微生物的饲料原料，还应当遵守《农业转基因生物安全管理条例》的有关规定。

十、饲料生产企业使用目录中所列原料，应按照保证饲料和养殖动物质量安全的原则和要求，根据饲喂对象和原料特点合理选择和使用。

十一、除目录中有特殊规定外，植物性饲料原料的植物学纯度通常不得低于95%。

十二、对饲料原料进行瘤胃保护处理的，应在原料标签中标明瘤胃保护方法。

第二部分　饲料原料加工术语

编号	加工工艺	定义	常用名称/修饰语
1	氨化 Ammoniation	将粗饲料用氨或铵盐进行处理，改善其品质，提高其利用率。	氨化
2	巴氏消毒 Pasteurisation	将物料加热到一定的温度并保持一定的时间、随后急速冷却的操作，以清除物料中的有害微生物。	巴氏灭菌
3	爆裂 Popping	在不加水的条件下，通过加热或烘炒，使谷物熟化、体积膨大、表面出现裂缝。	爆裂
4	剥皮/去皮/脱皮 Peeling	完全或部分去除谷物、豆类、种子、果实或蔬菜的种皮、果皮或内壳。	剥皮/去皮/脱皮
5	超临界萃取 Supercritical extraction	利用液体在超临界区域兼具气液两性的特点及其对溶质溶解能力随压力、温度改变而在相当宽的范围内变化的特性，实现溶质溶解、分离的工艺。一般采用二氧化碳作为萃取剂。	超临界萃取
6	超滤 Ultra-filtration	用孔径为0.002~0.1微米的滤膜过滤液体。	超滤
7	除臭 Deodorization	去除物料（如鱼粉等）腥臭味的工序。	除臭

(续表)

编号	加工工艺	定义	常用名称/修饰语
8	发酵 Fermentation	应用酵母、霉菌或细菌在受控制的有氧或厌氧条件下，增殖菌体、分解底物或形成特定代谢产物的过程。	发酵
9	粉碎 Crushing	通过撞击、剪切、磨削等机械作用，使物料颗粒变小。	粉碎
10	分选 Fractionation	通过过筛或气流处理将物料中不同容重、不同粒径的组分分离。	分选
11	风选 Aspiration	利用物料之间或物料与杂质之间悬浮速度的差别，用空气（风力）对物料进行分级或去除杂质的过程。	风选
12	干燥 Drying	去除物料中的水分或者其他挥发成分。	干燥
13	谷物发芽 Malting	使谷物发芽，激活其自身能够使淀粉降解为可发酵碳水化合物、使蛋白质降解为氨基酸和小肽的酶。	麦芽
14	过滤 Filtration	通过多孔介质或膜分离固液混合物。	过滤
15	烘烤 Roasting/Toasting	物料置于火、热气、电或微波等加热环境中，进行烘焙、干燥，以提高消化率、加深颜色或减少天然抗营养因子。	烘烤
16	混合 Mixing	利用机械力、压缩空气或超声波，搅动、拌和物料，使之分布均匀、强化热交换的过程。	混合/搅拌
17	挤压膨化 Extrusion/Extruding	物料经螺杆推进、增压、增温处理后挤出模孔，使其骤然降压膨化，制成特定形状的产品。	膨化
18	挤压膨胀 Expansion/Expanding	物料经螺杆增压挤出模头，使其适度降压而膨大，制成不规则的形状。通常，挤压膨胀的压力和温度低于挤压膨化。	膨胀
19	加热 Heating	通过提高温度，加压或不加压，对物料进行处理的方法。	热处理
20	碱化 Basification	向物料中添加碱性物质使物料由酸性变为碱性（提高pH值）的过程。	碱化
21	胶凝 Gelling	形成不同凝胶强度的固体凝胶物质的过程（使用或不使用胶凝剂）。	凝胶
22	结晶 Crystallization	物质从溶液中形成固态晶体并与液体分离的分离纯化过程。	结晶
23	浸泡 Soaking/Steeping	在一定条件下，对物料（通常是对籽粒）进行湿润和软化的过程，以减少蒸煮时间，或有利于去除种皮，或加快水分吸收以促进发芽进程，或降低天然抗营养因子的浓度。	浸泡
24	浸提/抽提 Extraction	利用有机溶剂从物料中提取油脂，或利用水和水性溶剂提取糖或水溶性物质的过程。	浸提/抽提

（续表）

编号	加工工艺	定义	常用名称/修饰语
25	精炼 Refining	用物理或化学方法将杂质全部或部分去除。	精炼
26	冷凝 Condensation	使物质从气体转变成液体的过程。	冷凝
27	冷却 Chilling	使物料降低温度至高于冰点的过程。	冷却
28	瘤胃保护/过瘤胃 Rumen protection/By-pass rumen	通过加热、加压、汽蒸等物理方法，或者通过使用加工助剂，防止或减缓营养物质在瘤胃内降解的过程。	瘤胃保护/过瘤胃
29	碾米 Rice whitening	碾去糙米皮层的工序。	碾米
30	碾磨/磨碎/磨制/研磨 Grinding/Milling	通过干法或湿法加工减小固体颗粒粒度的过程。	碾磨/磨碎/磨制/研磨
31	浓缩 Concentration	通过去除水分或其他液体成分以提高主体组分浓度的过程。	浓缩/浓度
32	抛光 Polishing	在谷物加工过程中，通过滚筒使其粗糙度降低并获得光亮外表的过程。	抛光
33	喷雾干燥 Spray drying	将液体物料雾化，并以热气体干燥的过程。	喷雾干燥
34	膨化 Puffing	使处于高温、高压状态的物料迅速进入常压，物料中的水分因压力骤降而瞬间蒸发，导致物料组织结构突然膨松成为海绵状的过程。	膨化
35	漂白/脱色 Bleaching	去除物料中天然色泽的过程。	漂白/脱色
36	汽蒸 Steaming	用蒸汽直接加热物料，提高物料的温度和水分，以改变其理化特性。	蒸汽加工
37	切片 Slicing	将物料切成薄片的过程。	切片
38	切碎 Chopping/Cutting	使用刀或其他锋利器具切割物料使其粒度减小。	切碎
39	氢化 Hydrogenation	在使用催化剂的条件下，使甘油酸酯或游离脂肪酸由不饱和转化为饱和状态，或将还原糖转化为多元醇类似物。	加氢
40	清理 Cleaning	用筛选、风选、磁选或其他方法除去物料中所含杂质。	清理
41	青贮 Ensiling	将青绿植物切碎，经过压实、排气、密封，在厌氧条件下进行乳酸发酵，以延长储存时间。	青贮
42	去糖 Desugaring	用化学或物理方法完全或部分去除糖蜜或其他含糖物质中的单糖和二糖。	去糖/除糖

(续表)

编号	加工工艺	定义	常用名称/修饰语
43	热烫 Blanching	通过蒸煮或汽蒸对有机物进行快速热处理，随后浸入冷水冷却的过程。目的是使天然酶变性、组织软化或去除物料原有的味道。	热烫
44	熔解 Melting	通过加热使物料由固相变成液相的过程。	熔化/熔融
45	揉搓 Rubbing	将秸秆等物料揉搓撕碎的过程。	揉搓
46	乳化 Emulsification	将两种互不相溶的液体（如油、水）混合，使之形成胶体悬浮液的过程。	乳化
47	筛选 Sieving/Screening	利用物料之间或杂质之间几何尺寸的差别，用过筛的方法将物料分级或去除杂质。	过筛/筛选
48	水解 Hydrolysis	在适宜条件下由水参与的、利用酶、酸、碱或高温高压将物料分解为简单小分子的过程。	水解
49	脱毒/去毒 Detoxification	用物理、化学和生物方法从物料中去除、或破坏有毒有害物质，或减小其浓度的过程。	脱毒/去毒
50	脱胶 Depectinising	从物料中提取胶质的过程，主要指从压榨或浸提油料制取的粗植物油中脱去磷脂等胶体物质的过程。	脱胶
51	脱壳/去壳/砻谷 Dehulling/Dehusking	通常指通过物理方法去除豆类、谷物或种子等植物的外壳。	脱壳/去壳/砻谷
52	脱盐 Desalination	以离子交换和膜过滤等方法将物料中的钠盐脱除的过程。	脱盐
53	脱脂 Deoiling/ Defatting/Skimming	指从物料中去除脂类物质的过程。	脱脂/除油
54	压片/碾压 Flaking/Rolling	利用成对轧辊之间的挤压作用改变籽粒状饲料原料的形状或尺寸，可预先进行着水或调质处理。	压片
55	压榨 Pressing	用机械或液压等外力从固态物料中去除油脂、水分、汁液等液体组分的过程。	油饼/果浆/果渣/糖浆
56	烟熏 Smoking	将食物暴露于植物性材料（通常为木材）燃烧产生的烟中，用于调味、烹饪或保存食物的一种工艺。	烟熏
57	液化 Liquefying	使固相或气相转变成液相的过程。	液化
58	油炸 Frying	物料在油脂中进行蒸煮的过程。	油炸
59	预糊化 Pregelatinization	为显著提高其在冷水中的膨胀特性而对淀粉进行改性处理的过程。	预糊化
60	造粒 Granulation	对饲料原料进行处理以获得特定粒度和均匀度的过程。	颗粒

（续表）

编号	加工工艺	定义	常用名称/修饰语
61	蒸发 Evaporation	通过汽化或蒸馏获得浓缩物质的过程。	蒸发
62	蒸谷 Parboiling	在一定温度和压力下，对浸泡过的稻谷用蒸汽加热的过程。是生产蒸谷米水热处理工段的工序之一。目的是提高出米率，改善储藏特性和食用品质。	蒸谷
63	蒸馏 Distillation	通过使液体沸腾并将挥发气体收集到一个单独的容器内对液体不同组分进行分离的过程。	蒸馏
64	蒸煮/蒸炒/熟化 Cooking	在特定设备中对物料进行特定时间的湿热或加压处理，使淀粉糊化、蛋白变性和灭菌。	蒸煮/蒸炒/熟化
65	制粉 Flour milling	粉碎干燥的谷物并使其各部分分离，形成预定质量的粉、麸皮、中粉等一系列工序。	粉/麸皮/中粉
66	制粒 Pelleting	将粉状物料经（或不经）调质，挤出压模模孔，制成颗粒的过程。	颗粒

第三部分 饲料原料列表

1. 谷物及其加工产品

原料编号	原料名称	特征描述	强制性标识要求
1.1	**大麦及其加工产品**		
1.1.1	大麦	包括皮大麦（*Hordeum vulgare* L.）和裸大麦（青稞）（*Hordeum vulgare* var. *nudum*）籽实。可经瘤胃保护。	
1.1.2	大麦次粉	以大麦为原料经制粉工艺产生的副产品之一，由糊粉层、胚乳及少量细麸组成。	淀粉 粗蛋白质 粗纤维
1.1.3	大麦蛋白粉	大麦分离出麸皮和淀粉后以蛋白质为主要成分的副产品。	粗蛋白质
1.1.4	大麦粉	大麦经制粉工艺加工形成的以大麦粉为主、含有少量细麦麸和胚的粉状产品。	淀粉 粗蛋白质
1.1.5	大麦粉浆粉	大麦经湿法加工提取蛋白、淀粉后的液态副产物经浓缩、干燥形成的产品。	粗蛋白质
1.1.6	大麦麸	以大麦为原料碾磨制粉过程中所分离的麦皮层。	粗纤维
1.1.7	大麦壳	大麦经脱壳工艺除去的外壳。	粗纤维
1.1.8	大麦糖渣	大麦生产淀粉糖的副产品。	粗蛋白质 水分
1.1.9	大麦纤维	从大麦籽实中提取的纤维，或者生产大麦淀粉过程中提取的纤维类产物。	粗纤维

（续表）

原料编号	原料名称	特征描述	强制性标识要求
1.1.10	大麦纤维渣［大麦皮］	大麦淀粉加工的副产品，主要成分为纤维素，含有少部分胚乳。	粗纤维
1.1.11	大麦芽	大麦发芽后的产品。	粗蛋白质 粗纤维
1.1.12	大麦芽粉	大麦芽经干燥、碾磨获得的产品。	粗蛋白质 粗纤维
1.1.13	大麦芽根	发芽大麦或大麦芽清理过程中的副产品，主要由麦芽根、大麦细粉、外皮和碎麦芽组成。	粗蛋白质 粗纤维
1.1.14	烘烤大麦	大麦经适度烘烤形成的产品。	淀粉 粗蛋白质
1.1.15	喷浆大麦皮	大麦生产淀粉及胚芽的副产品喷上大麦浸泡液干燥后获得的产品。	粗蛋白质 粗纤维
1.1.16	膨化大麦	大麦在一定温度和压力条件下经膨化处理获得的产品。	淀粉 淀粉糊化度
1.1.17	全大麦粉	不去除任何皮层的完整大麦籽粒经碾磨获得的产品。	淀粉 粗蛋白质
1.1.18	压片大麦	去壳大麦经汽蒸、碾压后的产品。其中可含有少部分大麦壳。可经瘤胃保护。	淀粉 淀粉糊化度
1.1.19	大麦苗粉e	大麦的幼苗经干燥、粉碎后获得的产品。	粗蛋白质 粗纤维 水分
1.2	稻谷及其加工产品		
1.2.1	稻谷	禾本科草本植物栽培稻（*Oryza sativa* L.）的籽实。	
1.2.2	糙米	稻谷脱去颖壳后的产品，由皮层、胚乳和胚组成。	淀粉 粗纤维
1.2.3	糙米粉	糙米经碾磨获得的产品。	淀粉 粗蛋白质 粗纤维
1.2.4	___米e	稻谷经脱壳并碾去皮层所获得的产品。产品名称可标称大米，可根据类别标明籼米、粳米、糯米，可根据特殊品种标明黑米、红米等。	淀粉 粗蛋白质
1.2.5	大米次粉	由大米加工米粉和淀粉（包含干法和湿法碾磨、过筛）的副产品之一。	淀粉 粗蛋白质 粗纤维
1.2.6	大米蛋白粉	生产大米淀粉后以蛋白质为主的副产物。由大米经湿法碾磨、筛分、分离、浓缩和干燥获得。	粗蛋白质
1.2.7	大米粉	大米经碾磨获得的产品。	淀粉 粗蛋白质

（续表）

原料编号	原料名称	特征描述	强制性标识要求
1.2.8	大米酶解蛋白	大米蛋白粉经酶水解、干燥后获得的产品。	酸溶蛋白（三氯乙酸可溶蛋白） 粗蛋白质 粗灰分 钙含量
1.2.9	大米抛光次粉	去除米糠的大米在抛光过程中产生的粉状副产品。	粗蛋白质 粗纤维
1.2.10	大米糖渣	大米生产淀粉糖的副产品。	粗蛋白质 水分
1.2.11	稻壳粉［砻糠粉］	稻谷在砻谷过程中脱去的颖壳经粉碎获得的产品。	粗纤维
1.2.12	稻米油［米糠油］	米糠经压榨或浸提制取的油。	酸价 过氧化值
1.2.13	米糠	糙米在碾米过程中分离出的皮层，含有少量胚和胚乳。	粗脂肪 酸价 粗纤维
1.2.14	米糠饼	米糠经压榨取油后的副产品。	粗蛋白质 粗脂肪 粗纤维
1.2.15	米糠粕［脱脂米糠］	米糠或米糠饼经浸提取油后的副产品。	粗蛋白质 粗纤维
1.2.16	膨化大米（粉）	大米或碎米在一定温度和压力条件下，经膨化处理获得的产品。	淀粉 淀粉糊化度
1.2.17	碎米	稻谷加工过程中产生的破碎米粒（含米栖）。	淀粉 粗蛋白质
1.2.18	统糠	稻谷加工过程中自然产生的含有稻壳的米糠，除不可避免的混杂外，不得人为加入稻壳粉。	粗脂肪 粗纤维 酸价
1.2.19	稳定化米糠	通过挤压、膨化、微波等稳定化方式灭酶处理过的米糠。	粗脂肪 粗纤维 酸价
1.2.20	压片大米	预糊化大米经压片获得的产品。	淀粉 淀粉糊化度
1.2.21	预糊化大米	大米或碎米经湿热、压力等预糊化工艺处理后形成的产品。	淀粉 淀粉糊化度
1.2.22	蒸谷米次粉	经蒸谷处理的去壳糙米粗加工的副产品。主要由种皮、糊粉层、胚乳和胚芽组成，并经碳酸钙处理。	粗蛋白质 粗纤维 碳酸钙
1.2.23	大米胚芽[e]	大米加工过程中提取的主要含胚芽的产品。	粗蛋白质 粗脂肪

(续表)

原料编号	原料名称	特征描述	强制性标识要求
1.2.24	大米胚芽粕[e]	大米胚芽经压榨取油后的副产品。	粗蛋白质 粗脂肪 粗纤维
1.3	**高粱及其加工产品**		
1.3.1	高粱	高粱［*Sorghum bicolor*（L.）Moench.］籽实。	
1.3.2	高粱次粉	以高粱为原料经制粉工艺产生的副产品之一，由糊粉层、胚乳及少量细麸组成。	淀粉 粗纤维
1.3.3	高粱粉浆粉	高粱湿法提取蛋白、淀粉后的液态副产物经浓缩、干燥形成的产品。	粗蛋白质 水分
1.3.4	高粱糠	加工高粱米时脱下的皮层、胚和少量胚乳的混合物。	粗脂肪 粗纤维
1.3.5	高粱米	高粱籽粒经脱皮工艺去除皮层后的产品。	淀粉 粗蛋白质
1.3.6	去皮高粱粉	高粱籽粒去除种皮、胚芽后，将胚乳部分研磨成适当细度获得的粉状产品。	淀粉 粗蛋白质
1.3.7	全高粱粉	不去除任何皮层的完整高粱籽粒经碾磨获得的产品。	淀粉 粗蛋白质
1.4	**黑麦及其加工产品**		
1.4.1	黑麦	黑麦（*Secale cereale* L.）籽实。	
1.4.2	黑麦次粉	以黑麦为原料经制粉工艺形成的副产品之一，由糊粉层、胚乳及少量细麸组成。	淀粉 粗纤维
1.4.3	黑麦粉	黑麦经制粉工艺制成的以黑麦粉为主、含有少量细麦麸和胚的粉状产品。	淀粉 粗蛋白质
1.4.4	黑麦麸	以黑麦为原料碾磨制粉过程中所分出的麦皮层。	淀粉 粗蛋白质
1.4.5	全黑麦粉	不去除任何皮层的完整黑麦籽粒经碾磨获得的产品。	淀粉 粗蛋白质
1.5	**酒糟类**		
1.5.1	干白酒糟	白酒生产中，以一种或几种谷物或者薯类为原料，以稻壳等为填充辅料，经固态发酵、蒸馏提取白酒后的残渣，再经烘干粉碎的产品。	粗蛋白质 粗灰分 粗纤维
1.5.2	干黄酒糟	黄酒生产过程中，原料发酵后过滤获得的滤渣经干燥获得的产品。	粗蛋白质 粗脂肪 粗纤维

(续表)

原料编号	原料名称	特征描述	强制性标识要求
1.5.3	＿＿＿干酒精糟〔DDG〕 1. 大麦 2. 大米 3. 玉米 4. 高粱 5. 小麦 6. 黑麦 7. 谷物 8. 薯类	谷物籽实或薯类经酵母发酵、蒸馏除去乙醇后，对剩余的釜溜物过滤获得的滤渣进行浓缩、干燥制成的产品。产品名称应标明具体的谷物来源。根据谷物种类不同，可分为大麦干酒精糟、大米干酒精糟、玉米干酒精糟、高粱干酒精糟、小麦干酒精糟、黑麦干酒精糟。以两种及两种以上谷物籽实获得的产品标称为谷物干酒精糟。可经瘤胃保护。	粗蛋白质 粗脂肪 粗纤维 水分
1.5.4	＿＿＿干酒精糟可溶物〔DDS〕 1. 大麦 2. 大米 3. 玉米 4. 高粱 5. 小麦 6. 黑麦 7. 谷物 8. 薯类	谷物籽实或薯类经酵母发酵、蒸馏除去乙醇后，对剩余的釜溜物过滤获得的滤液进行浓缩、干燥制成的产品。产品名称应标明具体的谷物来源。根据谷物种类不同，可分为大麦干酒精糟可溶物、大米干酒精糟可溶物、玉米干酒精糟可溶物、高粱干酒精糟可溶物、小麦干酒精糟可溶物、黑麦干酒精糟可溶物。以两种及两种以上谷物籽实获得的产品标称为谷物干酒精糟可溶物。可经瘤胃保护。	粗蛋白质 粗脂肪 水分
1.5.5	干啤酒糟	以大麦为主要原料生产啤酒的过程中，经糖化工艺后过滤获得的残渣，再经干燥获得的产品。	粗蛋白质 粗脂肪 粗纤维
1.5.6	含可溶物的＿＿＿干酒精糟〔＿＿＿干全酒精糟〕〔DDGS〕 1. 大麦 2. 大米 3. 玉米 4. 高粱 5. 小麦 6. 黑麦 7. 谷物 8. 薯类	谷物籽实或薯类经酵母发酵、蒸馏除去乙醇后，对剩余的全釜溜物（酒糟全液，至少含四分之三固体成分）进行浓缩、干燥制成的产品。产品名称应标明具体的谷物来源。根据谷物种类不同，可分为含可溶物的大麦干酒精糟、含可溶物的大米干酒精糟、含可溶物的玉米干酒精糟、含可溶物的高粱干酒精糟、含可溶物的小麦干酒精糟、含可溶物的黑麦干酒精糟。以两种及两种以上谷物籽实获得的产品标称为含可溶物的干谷物酒精糟。可经瘤胃保护。	粗蛋白质 粗脂肪 粗纤维 水分
1.5.7	＿＿＿湿酒精糟〔DWG〕 1. 大麦 2. 大米 3. 玉米 4. 高粱 5. 小麦 6. 黑麦 7. 谷物 8. 薯类	谷物籽实或薯类经酵母发酵、蒸馏除去乙醇后，剩余的釜溜物经过滤后获得的滤渣。产品名称应标明具体的谷物来源。根据谷物种类不同，可分为大麦湿酒精糟、大米湿酒精糟、玉米湿酒精糟、高粱湿酒精糟、小麦湿酒精糟、黑麦湿酒精糟。以两种及两种以上谷物籽实获得的产品标称为谷物湿酒精糟。	粗蛋白质 粗脂肪 粗纤维 水分

(续表)

原料编号	原料名称	特征描述	强制性标识要求
1.5.8	＿＿＿湿酒精糟可溶物［DWS］ 1. 大麦 2. 大米 3. 玉米 4. 高粱 5. 小麦 6. 黑麦 7. 谷物 8. 薯类	谷物籽实或薯类经酵母发酵、蒸馏除去乙醇后，剩余的釜溜物经过滤后获得的滤液。产品名称应标明具体的谷物来源。根据谷物种类不同，可分为大麦湿酒精糟可溶物、大米湿酒精糟可溶物、玉米湿酒精糟可溶物、高粱湿酒精糟可溶物、小麦湿酒精糟可溶物、黑麦湿酒精糟可溶物。以两种及两种以上谷物籽实获得的产品标称为谷物湿酒精糟可溶物。	
1.5.9	谷物酒糟糖浆	酿酒生产中谷物发酵蒸馏后的酒糟醪液经蒸发浓缩获得的产品。	粗蛋白质 水分
1.6	**荞麦及其加工产品**		
1.6.1	荞麦	蓼科一年生草本植物栽培荞麦（*Fagopyrum esculentum* Moench.）的瘦果。	
1.6.2	荞麦次粉	以荞麦为原料经制粉工艺形成的副产品之一，由糊粉层、胚乳及少量细麸组成。	淀粉 粗纤维
1.6.3	荞麦麸	荞麦经制粉工艺所分离出的麦皮层。	淀粉 粗纤维
1.6.4	全荞麦粉	以不去除任何皮层的完整荞麦经碾磨获得的产品。	淀粉 粗蛋白质
1.7	**筛余物**		
1.7.1	＿＿＿筛余物 1. 大麦 2. 大米 3. 玉米 4. 高粱 5. 小麦 6. 黑麦 7. 荞麦 8. 黍 9. 粟 10. 小黑麦 11. 燕麦	谷物籽实清理过程中筛选出的瘪的或破碎的籽实、种皮和外壳。因谷物种类不同，可分为大麦筛余物、大米筛余物、玉米筛余物、高粱筛余物、小麦筛余物、黑麦筛余物、荞麦筛余物、黍筛余物、粟筛余物、小黑麦筛余物、燕麦筛余物。	粗纤维 粗灰分
1.8	**黍及其加工产品**		
1.8.1	黍［黄米］	禾本科草本植物栽培黍（*Panicum miliaceum* L.）的籽实。	
1.8.2	黍米粉	黍米（脱皮或不脱皮）经制粉工艺加工而成的粉状产品。	淀粉 粗蛋白质
1.8.3	黍米糠	黍糙米在碾米过程中分离出的皮层，含有少量胚和胚乳。	粗脂肪 粗纤维 酸价

（续表）

原料编号	原料名称	特征描述	强制性标识要求
1.9	粟及其加工产品		
1.9.1	粟［谷子］	粟［*Setaria italica*（L.）var. *germanica*（Mill.）Schred］的籽实。	
1.9.2	小米	粟经脱皮工艺除去皮层后的部分。按粒质不同分为粳性小米和糯性小米。	淀粉 粗脂肪
1.9.3	小米粉	小米经碾磨获得的粉状产品。	淀粉 粗蛋白质
1.9.4	小米糠	碾米机碾下的糙小米的皮层。	粗脂肪 粗纤维
1.10	小黑麦及其加工产品		
1.10.1	小黑麦	小黑麦（*Triticum × Secale cereale*）籽实，小麦与黑麦通过杂交和杂种染色体加倍而形成的新果实。	
1.10.2	全小黑麦粉	以完整小黑麦籽实不去除任何皮层经碾磨获得的产品。	淀粉 粗蛋白质
1.10.3	小黑麦次粉	以小黑麦为原料经制粉工艺形成的副产品之一。由糊粉层、胚乳及少量细麸组成。	淀粉 粗纤维
1.10.4	小黑麦粉	小黑麦经制粉工艺制成的以小黑麦粉为主、含有少量细麦麸和胚的粉状产品。	淀粉 粗蛋白质
1.10.5	小黑麦麸	以小黑麦为原料碾磨制粉过程中所分出的麦皮层。	淀粉 粗纤维
1.11	小麦及其加工产品		
1.11.1	小麦	小麦（*Triticum aestivum* L.）的籽实。可经瘤胃保护。	
1.11.2	发芽小麦［芽麦］	发芽的小麦。	粗蛋白质 粗纤维
1.11.3	谷朊粉［活性小麦面筋粉］［小麦蛋白粉］	以小麦或小麦粉为原料，去除淀粉和其他碳水化合物等非蛋白质成分后获得的小麦蛋白产品。由于水合后具有高度粘弹性，又称活性小麦面筋粉。	粗蛋白质 吸水率
1.11.4	喷浆小麦麸	将小麦浸泡液喷到小麦麸皮上并经干燥获得的产品。	粗蛋白质 粗纤维
1.11.5	膨化小麦	小麦在一定温度和压力条件下，经膨化处理获得的产品。	淀粉 粗蛋白质 淀粉糊化度
1.11.6	全小麦粉	不去除任何皮层的完整小麦籽粒经碾磨获得的产品。	淀粉 粗蛋白质 面筋量

(续表)

原料编号	原料名称	特征描述	强制性标识要求
1.11.7	小麦次粉	以小麦为原料经制粉工艺生产面粉的副产品之一，由糊粉层、胚乳及少量细麸组成。	淀粉 粗纤维
1.11.8	小麦粉［面粉］	小麦经制粉工艺制成的以面粉为主、含有少量细麦麸和胚的粉状产品。	淀粉 粗蛋白质 面筋量
1.11.9	小麦粉浆粉	小麦提取淀粉、谷朊粉后的液态副产物经浓缩、干燥获得的产品。	粗蛋白质 水分
1.11.10	小麦麸［麸皮］	小麦在加工过程中所分出的麦皮层。	粗纤维
1.11.11	小麦胚	小麦加工时提取的胚及混有少量麦皮和胚乳的副产品。	粗蛋白质 粗脂肪
1.11.12	小麦胚芽饼	小麦胚经压榨取油后的副产品。	粗蛋白质 粗脂肪
1.11.13	小麦胚芽粕	小麦胚经浸提取油后的副产品。	粗蛋白质
1.11.14	小麦胚芽油	小麦胚经压榨或浸提制取的油脂。产品须由有资质的食品生产企业提供。	酸价 过氧化值
1.11.15	小麦水解蛋白	谷朊粉经部分水解后获得的产品。	粗蛋白质
1.11.16	小麦糖渣	小麦生产淀粉糖的副产品。	粗蛋白质 水分
1.11.17	小麦纤维	从小麦籽实中提取的纤维，或者生产小麦淀粉过程中提取的纤维类产物。	粗纤维
1.11.18	小麦纤维渣［小麦皮］	小麦淀粉加工副产品。主要成分为纤维素，含有少部分胚乳。	粗纤维 水分
1.11.19	压片小麦	去壳小麦经汽蒸、碾压后的产品。其中可含有少量小麦壳。可经瘤胃保护。	淀粉 粗蛋白质
1.11.20	预糊化小麦	将粉碎或破碎小麦经湿热、压力等预糊化工艺处理后获得的产品。	淀粉 粗蛋白质 淀粉糊化度
1.12	**燕麦及其加工产品**		
1.12.1	燕麦	燕麦（Avena sativa L.）的籽实。可经瘤胃保护。	
1.12.2	膨化燕麦	碾磨或破碎燕麦在一定温度和压力条件下，经膨化处理获得的产品。	淀粉 淀粉糊化度
1.12.3	全燕麦粉	不去除任何皮层的完整燕麦籽粒经碾磨获得的产品。	淀粉 粗蛋白质
1.12.4	脱壳燕麦	燕麦的去壳籽实，可经蒸汽处理。	淀粉
1.12.5	燕麦次粉	以燕麦为原料经制粉工艺形成的副产品之一，由糊粉层、胚乳及少量细麸组成。	淀粉 粗纤维

（续表）

原料编号	原料名称	特征描述	强制性标识要求
1.12.6	燕麦粉	燕麦经制粉工艺制成的以燕麦粉为主、含有少量细麦麸和胚的粉状产品。	淀粉 粗蛋白质
1.12.7	燕麦麸	以燕麦为原料碾磨制粉过程中所分离出的麦皮层。	粗纤维
1.12.8	燕麦壳	燕麦经脱皮工艺后脱下的外壳。	粗纤维
1.12.9	燕麦片	燕麦经汽蒸、碾压后的产品。可包括少部分的燕麦壳。	淀粉 粗蛋白质
1.12.10	燕麦苗粉e	燕麦的幼苗经干燥、粉碎后获得的产品。	粗蛋白质 粗纤维 水分
1.13	**玉米及其加工产品**		
1.13.1	玉米	玉米（Zea mays L.）籽实。可经瘤胃保护。	
1.13.2	喷浆玉米皮	将玉米浸泡液喷到玉米皮上并经干燥获得的产品。	粗蛋白质 粗纤维
1.13.3	膨化玉米	玉米在一定温度和压力条件下，经膨化处理获得的产品。	淀粉 淀粉糊化度
1.13.4	去皮玉米	玉米籽实脱去种皮后的产品。	淀粉 粗蛋白质
1.13.5	压片玉米	去皮玉米经汽蒸、碾压后的产品。其中可含有少部分种皮。	淀粉 淀粉糊化度
1.13.6	玉米次粉	生产玉米粉、玉米碴过程中的副产品之一。主要由玉米皮和部分玉米碎粒组成。	淀粉 粗纤维
1.13.7	玉米蛋白粉	玉米经脱胚、粉碎、去渣、提取淀粉后的黄浆水，再经脱水制成的富含蛋白质的产品，粗蛋白质含量不低于50%（以干基计）。	粗蛋白质
1.13.8	玉米淀粉渣	生产柠檬酸等玉米深加工产品过程中，玉米经粉碎、液化、过滤获得的滤渣，再经干燥获得的产品。	淀粉 粗蛋白质 粗脂肪 水分
1.13.9	玉米粉	玉米经除杂、脱胚（或不脱胚）、碾磨获得的粉状产品。	淀粉 粗蛋白质
1.13.10	玉米浆干粉	玉米浸泡液经过滤、浓缩、低温喷雾干燥后获得的产品。	粗蛋白 二氧化硫
1.13.11	玉米酶解蛋白	玉米蛋白粉经酶水解、干燥后获得的产品。	酸溶蛋白（三氯乙酸可溶蛋白） 粗蛋白质 粗灰分 钙含量

(续表)

原料编号	原料名称	特征描述	强制性标识要求
1.13.12	玉米胚	玉米籽实加工时所提取的胚及混有少量玉米皮和胚乳的副产品。	粗蛋白质 粗脂肪
1.13.13	玉米胚芽饼	玉米胚经压榨取油后的副产品。	粗蛋白质 粗脂肪 粗纤维
1.13.14	玉米胚芽粕	玉米胚经浸提取油后的副产品。	粗蛋白质 粗纤维
1.13.15	玉米皮	玉米加工过程中分离出来的皮层。	粗纤维
1.13.16	玉米糁［玉米碴］	玉米经除杂、脱胚、碾磨和筛分等系列工序加工而成的颗粒状产品。	淀粉 粗蛋白质
1.13.17	玉米糖渣	玉米生产淀粉糖的副产品。	淀粉 粗蛋白质 粗脂肪 水分
1.13.18	玉米芯粉	玉米的中心穗轴经研磨获得的粉状产品。	粗纤维
1.13.19	玉米油［玉米胚芽油］	由玉米胚经压榨或浸提制取的油。产品须由有资质的食品生产企业提供。	粗脂肪 酸价 过氧化值
1.13.20	玉米糠e	加工玉米时脱下的皮层、少量胚和胚乳的混合物。	粗脂肪 粗纤维
1.14	**其他**		
1.14.1	藜麦e	藜麦（*Chenopodium quinoa* Willd.）的籽实。种子外皮含有的皂素已去除。	
1.14.2	薏米［薏苡仁、苡仁］e	禾本科植物薏苡（*Coix chinensis* Tod.）的种仁。	淀粉 粗蛋白质

2. 油料籽实及其加工产品

原料编号	原料名称	特征描述	强制性标识要求
2.1	**扁桃［杏］及其加工产品**		
2.1.1	扁桃［杏］仁饼	扁桃（*Amygdalus Communis* L.）仁或杏（*Armeniaca vulgaris* Lam.）仁经压榨取油后的副产品。	粗蛋白质 粗脂肪 粗纤维
2.1.2	扁桃［杏］仁粕	扁桃仁或杏仁饼经浸提取油后的副产品。	粗蛋白质 粗纤维
2.1.3	扁桃［杏］仁油	扁桃仁或杏仁经压榨或浸提制取的油脂。产品须由有资质的食品生产企业提供。	酸价 过氧化值
2.2	**菜籽及其加工产品**		

（续表）

原料编号	原料名称	特征描述	强制性标识要求
2.2.1	菜籽［油菜籽］	十字花科草本植物栽培油菜（Brassica napus L.），包括甘蓝型、白菜型、芥菜型油菜的小颗粒球形种子。可经瘤胃保护。	
2.2.2	菜籽饼［菜饼］	菜籽经压榨取油后的副产品。可经瘤胃保护。	粗蛋白质 粗脂肪
2.2.3	菜籽蛋白	利用菜籽或菜籽粕生产的蛋白质含量不低于50%（以干基计）的产品。	粗蛋白质
2.2.4	菜籽皮	油菜籽经脱皮工艺脱下的种皮。	粗脂肪 粗纤维
2.2.5	菜籽粕［菜粕］	油菜籽经预压浸提或直接溶剂浸提取油后获得的副产品，或由菜籽饼浸提取油后获得的副产品。可经瘤胃保护。	粗蛋白质 粗纤维
2.2.6	菜籽油［菜油］	菜籽经压榨或浸提制取的油。产品须由有资质的食品生产企业提供。	酸价 过氧化值
2.2.7	膨化菜籽	菜籽在一定温度和压力条件下，经膨化处理获得的产品。可经瘤胃保护。	粗蛋白质 粗脂肪
2.2.8	双低菜籽	油菜籽中油的脂肪酸中芥酸含量不高于5.0%，饼粕中硫甙含量不高于45.0μmol/g的油菜籽品种。可经瘤胃保护。	芥酸 硫甙
2.2.9	双低菜籽粕［双低菜粕］	双低菜籽预压浸提或直接溶剂浸提取油后获得的副产品，或由双低菜籽饼浸提取油后获得的副产品。可经瘤胃保护。	粗蛋白 粗纤维 硫甙
2.3	大豆及其加工产品		
2.3.1	大豆	豆科草本植物栽培大豆（Glycine max. L. Merr.）的种子。	
2.3.2	大豆分离蛋白	以低温大豆粕为原料，利用碱溶酸析原理，将蛋白质和其他可溶性成分萃取出来，再在等电点下析出蛋白质，蛋白质含量不低于90%（以干基计）的产品。	粗蛋白质
2.3.3	大豆磷脂油（大豆磷脂油粉）[a]	在大豆原油脱胶过程中分离出的、经真空脱水获得的含油磷脂；或大豆磷脂油与载体（玉米粉、玉米芯粉、稻壳粉、麸皮）混合、干燥后的产品，粗脂肪不低于50%。	丙酮不溶物 粗脂肪 酸价 水分
2.3.4	大豆酶解蛋白	大豆或大豆加工产品（脱皮豆粕/大豆浓缩蛋白）经酶水解、干燥后获得的产品。	酸溶蛋白（三氯乙酸可溶蛋白） 粗蛋白质 粗灰分 钙
2.3.5	大豆浓缩蛋白	低温大豆粕除去其中的非蛋白成分后获得的蛋白质含量不低于65%（以干基计）的产品。	粗蛋白质

(续表)

原料编号	原料名称	特征描述	强制性标识要求
2.3.6	大豆胚芽粕[大豆胚芽粉]	大豆胚芽脱油后的产品。	粗蛋白质 粗纤维
2.3.7	大豆胚芽油	大豆胚芽经压榨或浸提制取的油。产品须由有资质的食品生产企业提供。	酸价 过氧化值
2.3.8	大豆皮	大豆经脱皮工艺脱下的种皮。	粗蛋白质 粗纤维
2.3.9	大豆筛余物	大豆籽实清理过程中筛选出的瘪的或破碎的籽实、种皮和外壳。	粗纤维 粗灰分
2.3.10	大豆糖蜜	醇法大豆浓缩蛋白生产中，萃取液经浓缩获得的总糖不低于55%、粗蛋白质不低于8%的粘稠物（以干基计）。	总糖 蔗糖 粗蛋白质 水分
2.3.11	大豆纤维	从大豆中提取的纤维物质。	粗纤维
2.3.12	大豆油[豆油]	大豆经压榨或浸提制取的油。产品须由有资质的食品生产企业提供。	酸价 过氧化值
2.3.13	豆饼[大豆饼][a]	大豆籽粒经压榨取油后的副产品。可经瘤胃保护。	粗蛋白质 粗脂肪
2.3.14	豆粕[大豆粕][a]	大豆经预压浸提或直接溶剂浸提取油后获得的副产品；或由大豆饼浸提取油后获得的副产品；或大豆胚片经膨化浸提制油工艺提取油后获得的产品。可经瘤胃保护。	粗蛋白质 粗纤维
2.3.15	豆渣[大豆渣][a]	大豆经浸泡、碾磨、加工成豆制品或提取蛋白后的副产品。	粗蛋白质 粗纤维
2.3.16	烘烤大豆（粉）	烘烤的大豆或将其粉碎后的产品。可经瘤胃保护。	
2.3.17	膨化大豆[膨化大豆粉]	全脂大豆经清理、破碎（磨碎）、膨化处理获得的产品。	粗蛋白质 粗脂肪
2.3.18	膨化大豆蛋白[大豆组织蛋白]	大豆分离蛋白、大豆浓缩蛋白在一定温度和压力条件下，经膨化处理获得的产品。	粗蛋白质
2.3.19	膨化豆粕[a]	豆粕经膨化处理后获得的产品。	粗蛋白质 粗纤维
2.4	**番茄籽及其加工产品**		
2.4.1	番茄籽粕	番茄（*Lycopersicon esculentum* Mill.）籽经压榨或浸提取油后的副产品。	粗蛋白质 粗纤维
2.4.2	番茄籽油	番茄籽经压榨或浸提制取的油。产品须由有资质的食品生产企业提供。	酸价 过氧化值
2.5	**橄榄及其加工产品**		

（续表）

原料编号	原料名称	特征描述	强制性标识要求
2.5.1	橄榄饼［油橄榄饼］	木犀科常绿乔木油树的椭圆形或卵形黑果油橄榄（*Olea europaea* L.）果实经压榨取油后的副产品。	粗蛋白质 粗脂肪 粗纤维
2.5.2	橄榄粕［油橄榄粕］	油橄榄饼经浸提取油后获得的副产品。	粗蛋白质 粗纤维
2.5.3	橄榄油	橄榄经压榨或浸提制取的油。产品须由有资质的食品生产企业提供。	酸价 过氧化值
2.6	**核桃及其加工产品**		
2.6.1	核桃仁饼	脱壳或部分脱壳（含壳率不高于30%）的核桃（*Juglans regia* L.）经压榨取油后的副产品。	粗蛋白质 粗脂肪 粗纤维
2.6.2	核桃仁粕	核桃仁经预压浸提或直接溶剂浸提取油后获得的副产品，或由核桃仁饼浸提取油后获得的副产品。	粗蛋白质 粗纤维
2.6.3	核桃仁油	核桃仁经压榨或浸提制取的油。产品须由有资质的食品生产企业提供。	酸价 过氧化值
2.7	**红花籽及其加工产品**		
2.7.1	红花籽	菊科植物红花（*Carthamus tinctorius* L.）的种子。	
2.7.2	红花籽饼	红花籽（仁）经压榨取油后的副产品。	粗蛋白质 粗脂肪 粗纤维
2.7.3	红花籽壳	红花籽脱壳取仁后的产品。	粗纤维
2.7.4	红花籽粕	红花籽（仁）经浸提取油后的副产品。	粗蛋白质 粗纤维
2.7.5	红花籽油	红花籽（仁）经压榨或浸提制取的油。产品须由有资质的食品生产企业提供。	酸价 过氧化值
2.8	**花椒籽及其加工产品**		
2.8.1	花椒籽	芸香科花椒属植物青花椒（*Zanthoxylun schinifolium* Sieb. et Zucc.）或花椒（*Zanthoxylum bungeanum* Maxim. var. *bungeanum*）的干燥成熟果实中的籽。	
2.8.2	花椒籽饼［花椒饼］	花椒籽经压榨取油后的副产品。	粗蛋白质 粗脂肪 粗纤维
2.8.3	花椒籽粕［花椒粕］	花椒籽经预压浸提或直接溶剂浸提取油后获得的副产品，或由花椒饼浸提取油获得的副产品。	粗蛋白质 粗纤维
2.8.4	花椒籽油	花椒籽经压榨或浸提制取的油。产品须由有资质的食品生产企业提供。	酸价 过氧化值

(续表)

原料编号	原料名称	特征描述	强制性标识要求
2.9	花生及其加工产品		
2.9.1	花生	豆科草本植物栽培花生（Arachis hypogaea L.）荚果的种子，椭圆形，种皮有黑、白、紫红等色。	
2.9.2	花生饼［花生仁饼］	脱壳或部分脱壳（含壳率不高于30%）的花生经压榨取油后的副产品。	粗蛋白质 粗脂肪 粗纤维
2.9.3	花生蛋白	由花生及花生粕生产的蛋白质含量不低于65%（以干基计）的产品。	粗蛋白质 粗纤维
2.9.4	花生红衣	花生仁外衣，含有丰富单宁和硫胺。	粗纤维
2.9.5	花生壳	花生的外壳。	粗纤维
2.9.6	花生粕［花生仁粕］	花生经预压浸提或直接溶剂浸提取油后获得的副产品，或由花生饼浸提取油获得的副产品。	粗蛋白质 粗脂肪 粗纤维
2.9.7	花生油	花生（仁）经压榨或浸提制取的油。产品须由有资质的食品生产企业提供。	酸价 过氧化值
2.10	可可及其加工产品		
2.10.1	可可饼（粉）	脱壳后的可可（Theobroma cacao L.）豆经压榨取油后的副产品，可经粉碎。	粗蛋白质 粗脂肪 粗纤维
2.10.2	可可油［可可脂］	可可豆经压榨或浸提制取的油。产品须由有资质的食品生产企业提供。	酸价 过氧化值
2.11	葵花籽及其加工产品		
2.11.1	葵花籽［向日葵籽］	菊科草本植物栽培向日葵（Helianthus annuus L.）短卵形瘦果的种子。可经瘤胃保护。	
2.11.2	葵花头粉［向日葵盘粉］	葵花盘脱除葵花籽后剩余物粉碎烘干的产品。	粗纤维 粗灰分
2.11.3	葵花籽壳［向日葵壳］	向日葵籽的外壳。	粗纤维
2.11.4	葵花籽仁饼［向日葵籽仁饼］	部分脱壳的向日葵籽经压榨取油后的副产品。	粗蛋白质 粗脂肪 粗纤维
2.11.5	葵花籽仁粕［向日葵籽仁粕］	部分脱壳的向日葵籽菜籽经预压浸提或直接溶剂浸提取油后获得的副产品。可经瘤胃保护。	粗蛋白质 粗纤维
2.11.6	葵花籽油［向日葵籽油］	向日葵籽经压榨或浸提制取的油。产品须由有资质的食品生产企业提供。	酸价 过氧化值
2.12	棉籽及其加工产品		
2.12.1	棉籽	锦葵科草木或多年生灌木棉花（Gossypium spp.）蒴果的种子。不得用于水产饲料。可经瘤胃保护。	

（续表）

原料编号	原料名称	特征描述	强制性标识要求
2.12.2	棉仁饼	按脱壳程度，含壳量低的棉籽饼称为棉仁饼。	粗蛋白质 粗脂肪 粗纤维
2.12.3	棉籽饼［棉饼］	棉籽经脱绒、脱壳和压榨取油后的副产品。	粗蛋白质 粗脂肪 粗纤维
2.12.4	棉籽蛋白[a]	由棉籽或棉籽粕生产的粗蛋白质含量在50%以上的产品。	粗蛋白质 游离棉酚
2.12.5	棉籽壳	棉籽剥壳，以及仁壳分离后以壳为主的产品。	粗纤维
2.12.6	棉籽酶解蛋白	棉籽或棉籽蛋白粉经酶水解、干燥后获得的产品。	酸溶蛋白（三氯乙酸可溶蛋白） 粗蛋白质 粗灰分 游离棉酚 钙
2.12.7	棉籽粕［棉粕］	棉籽经脱绒、脱壳、仁壳分离后，经预压浸提或直接溶剂浸提取油后获得的副产品，或由棉籽饼浸提取油获得的副产品。可经瘤胃保护。	粗蛋白质 粗纤维
2.12.8	棉籽油［棉油］	棉籽经压榨或浸提取的油。产品须由有资质的食品生产企业提供。	酸价 过氧化值
2.12.9	脱酚棉籽蛋白［脱毒棉籽蛋白］	以棉籽为原料，在低温条件下，经软化、轧胚、浸出提油后并将棉酚以游离状态萃取脱除后得到的粗蛋白含量不低于50%、游离棉酚含量不高于400mg/kg、氨基酸占粗蛋白比例不低于87%的产品。	粗蛋白质 粗纤维 游离棉酚 氨基酸占粗蛋白比例
2.13	**木棉籽及其加工产品**		
2.13.1	木棉籽饼	木棉（*Bombax malabaricum* DC.）籽经压榨取油后的副产品。	粗蛋白质 粗脂肪 粗纤维
2.13.2	木棉籽粕	木棉籽经预压浸提或直接溶剂浸提取油后获得的副产品，或由木棉籽饼浸提取油获得的副产品。	粗蛋白质 粗纤维
2.13.3	木棉籽油	木棉籽经压榨或浸提制取的油。产品须由有资质的食品生产企业提供。	酸价 过氧化值
2.14	**葡萄籽及其加工产品**		
2.14.1	葡萄籽粕	葡萄（*Vitis vinifera* L.）籽经浸提取油后的副产品。	粗蛋白质 粗纤维
2.14.2	葡萄籽油	葡萄籽经浸提制取的油。产品须由有资质的食品生产企业提供。	酸价 过氧化值
2.15	**沙棘籽及其加工产品**		

(续表)

原料编号	原料名称	特征描述	强制性标识要求
2.15.1	沙棘籽饼	沙棘（*Hippophae rhamnoides* L.）籽经压榨取油后的副产品。	粗蛋白质 粗脂肪 粗纤维
2.15.2	沙棘籽粕	沙棘籽经浸提或超临界萃取取油后的副产品。	粗蛋白质 粗纤维
2.15.3	沙棘籽油	沙棘籽经压榨或浸提制取的油。产品须由有资质的食品生产企业提供。	酸价 过氧化值
2.16	酸枣及其加工产品		
2.16.1	酸枣粕	酸枣［*Ziziphus jujube* Mill. var. *spinosa* (Bunge) Hu ex H. F. Chou］果仁经浸提取油后的副产品。	粗蛋白质 粗纤维
2.16.2	酸枣油	酸枣果仁经浸提制取的油。产品须由有资质的食品生产企业提供。	酸价 过氧化值
2.17	文冠果加工产品		
2.17.1	文冠果粕	文冠果（*Xanthoceras sorbifolia* Bunge.）种子经压榨取油后的副产品。	粗蛋白质 粗纤维
2.17.2	文冠果油	文冠果种子经压榨制取的油。产品须由有资质的食品生产企业提供。	酸价 过氧化值
2.18	亚麻籽及其加工产品		
2.18.1	亚麻籽［胡麻籽］	亚麻（*Linum usitatissimum* L.）的种子。可经瘤胃保护。	
2.18.2	亚麻饼［亚麻籽饼，亚麻仁饼，胡麻饼］	亚麻籽经压榨取油后的副产品。	粗蛋白质 粗脂肪 粗纤维
2.18.3	亚麻粕［亚麻籽粕，亚麻仁粕，胡麻粕］	亚麻籽经浸提取油后的副产品。	粗蛋白质 粗纤维
2.18.4	亚麻籽油	亚麻籽经压榨或浸提制取的油。产品须由有资质的食品生产企业提供。	酸价 过氧化值
2.18.5	亚麻籽粉[c]	亚麻籽经制粉工艺获得的粉状产品。	粗蛋白质 粗脂肪 粗纤维
2.19	椰子及其加工产品		
2.19.1	椰子饼	以干燥的椰子（*Cocos nucifera* L.）胚乳（即椰肉）为原料，经压榨取油后的副产品。	粗蛋白质 粗脂肪 粗纤维
2.19.2	椰子粕	以干燥的椰子胚乳（即椰肉）为原料，经预榨以及溶剂浸提取油后的副产品。	粗蛋白质 粗纤维
2.19.3	椰子油	椰子胚乳（即椰肉）经压榨或浸提制取的油。产品须由有资质的食品生产企业提供。	酸价 过氧化值

(续表)

原料编号	原料名称	特征描述	强制性标识要求
2.20	油棕榈及其加工产品		
2.20.1	棕榈果	棕榈（Trachycarpus fortunei Hook.）果穗上的含油未加工脱脂和未分离果核的果（肉）实。	粗脂肪 粗蛋白 粗纤维
2.20.2	棕榈饼［棕榈仁饼］	棕榈仁经压榨取油后的副产品。	粗蛋白质 粗脂肪 粗纤维
2.20.3	棕榈粕［棕榈仁粕］	棕榈仁经浸提取油后的副产品。	粗蛋白质 粗纤维
2.20.4	棕榈仁	油棕榈果实脱壳后的果仁。	
2.20.5	棕榈仁油	棕榈仁经压榨或浸提制取的油。产品须由有资质的食品生产企业提供。	酸价 过氧化值
2.20.6	棕榈油（棕榈脂肪粉）ª	棕榈果肉经压榨或浸提制取的油；或棕榈油经加热、喷雾、冷却获得的颗粒状粉末。产品不得添加任何载体，粗脂肪不低于99.5%。产品须由有资质的食品生产企业提供。	酸价 过氧化值
2.20.7	棕榈脂肪酸粉ᵍ	棕榈油经精炼、水解、氢化、蒸馏、喷雾、冷却制取的颗粒状棕榈脂肪酸粉。产品中总脂肪酸（包括棕榈酸、油酸和其他脂肪酸）含量不低于99.5%，其中棕榈酸（C16:0）含量大于60.0%，油酸（C18:1）含量小于25.0%。棕榈油须由有资质的食品生产企业提供。	酸价 过氧化值 碘价 总脂肪酸 棕榈酸
2.21	月见草籽及其加工产品		
2.21.1	月见草籽	月见草（Oenothera biennis L.）籽实。	
2.21.2	月见草籽粕	月见草籽经冷榨、浸提取油后的副产品。	粗蛋白质 粗纤维
2.21.3	月见草籽油	月见草籽经冷榨、浸提制取的油。产品须由有资质的食品生产企业提供。	酸价 过氧化值
2.22	芝麻及其加工产品		
2.22.1	芝麻籽	芝麻（Sesamum indicum L.）种子。	
2.22.2	芝麻饼［油麻饼］	芝麻籽经压榨取油后的副产品。	粗蛋白质 粗脂肪 粗纤维
2.22.3	芝麻粕	芝麻籽经预压浸提或直接溶剂浸提取油后的副产品，或芝麻籽饼浸提取油后的副产品。	粗蛋白质 粗纤维
2.22.4	芝麻油	芝麻籽经压榨或浸提制取的油。产品须由有资质的食品生产企业提供。	酸价 过氧化值
2.23	紫苏及其加工产品		
2.23.1	紫苏籽	紫苏（Perilla frutescens L.）的籽实。	

(续表)

原料编号	原料名称	特征描述	强制性标识要求
2.23.2	紫苏饼［紫苏籽饼］	紫苏籽经压榨取油后的副产品。	粗蛋白质 粗脂肪 粗纤维
2.23.3	紫苏粕［紫苏籽粕］	紫苏籽或紫苏籽饼经浸提取油后的副产品。	粗蛋白质 粗纤维
2.23.4	紫苏油	紫苏籽经压榨或浸提制取的油。产品须由有资质的食品生产企业提供。	酸价 过氧化值
2.24	其他		
2.24.1	氢化脂肪	植物油脂经氢化反应获得的产品。产品须由有资质的食品生产企业提供。	酸价 过氧化值
2.24.2	琉璃苣籽油[e]	琉璃苣（*Borago officinalis* L.）籽经压榨或浸提制取的油。	酸价 过氧化值
2.24.3	奇亚籽[f]	唇形科鼠尾草属芡欧鼠尾草（*Salvia hispanica* L.）的种子。	

3. 豆科作物籽实及其加工产品（大豆及其加工产品见第 2 部分）

原料编号	原料名称	特征描述	强制性标识要求
3.1	扁豆及其加工产品		
3.1.1	扁豆	豆科蝶形花亚科扁豆属扁豆（*Lablab purpureus* L.）的籽实。	
3.1.2	去皮扁豆	扁豆籽实去皮后的产品。	粗蛋白质 粗纤维
3.2	菜豆及其加工产品		
3.2.1	菜豆［芸豆］	豆科菜豆属菜豆（*Phaseolus vulgaris* L.）的籽实。	
3.3	蚕豆及其加工产品		
3.3.1	蚕豆	豆科野豌豆属蚕豆（*Vicia faba* L.）的籽实。	
3.3.2	蚕豆粉浆蛋白粉	用蚕豆生产淀粉时，从其粉浆中分离出淀粉后经干燥获得的粉状副产品。	粗蛋白质
3.3.3	蚕豆皮	蚕豆籽实经去皮工艺脱下的种皮。	粗纤维 粗灰分
3.3.4	去皮蚕豆	蚕豆籽实去皮后的产品。	粗蛋白质 粗纤维
3.3.5	压片蚕豆	去皮蚕豆经汽蒸、碾压处理获得的产品。	粗蛋白质
3.4	瓜尔豆及其加工产品		

(续表)

原料编号	原料名称	特征描述	强制性标识要求
3.4.1	瓜尔豆[a]	豆科瓜尔豆属（*Cyamopsis tetragonoloba* L.）的籽实。	
3.4.2	瓜尔豆胚芽粕	豆科瓜尔豆属瓜尔豆（*Cyamopsis tetragonoloba* L.）籽实的胚芽经浸提制取瓜尔豆胶后的副产品。	粗蛋白质
3.4.3	瓜尔豆粕	瓜尔豆籽实经浸提制取瓜尔豆胶后的副产品。	粗蛋白质
3.5	**红豆及其加工产品**		
3.5.1	红豆[赤豆、红小豆]	豆科豇豆属红豆[*Vigna angulari*（Willd.）Ohwi et H. Ohashi]的籽实。	
3.5.2	红豆皮	红豆籽实经脱皮工艺脱下的种皮。	粗纤维 粗灰分
3.5.3	红豆渣	红豆经湿法提取淀粉和蛋白后所得的副产品。	粗纤维 粗灰分 水分
3.6	**角豆及其加工产品**		
3.6.1	角豆粉	豆科长角豆属长角豆（*Ceratonia siliqua* L.）的籽实和豆荚一起粉碎后获得的产品。	粗蛋白质 粗纤维 总糖
3.7	**绿豆及其加工产品**		
3.7.1	绿豆	豆科豇豆属绿豆（*Vigna radiata* L.）的籽实。	
3.7.2	绿豆粉浆蛋白粉	用绿豆生产淀粉时，从其粉浆中分离出淀粉后经干燥获得的粉状副产品。	粗蛋白质
3.7.3	绿豆皮	绿豆籽实经去皮工艺脱下的种皮。	粗纤维 粗灰分
3.7.4	绿豆渣	绿豆经湿法提取淀粉和蛋白后所得的副产品。	粗纤维 粗灰分 水分
3.8	**豌豆及其加工产品**		
3.8.1	豌豆	豆科豌豆属豌豆（*Pisum sativum* L.）的籽实。可经瘤胃保护。	
3.8.2	去皮豌豆	豌豆籽实去皮后的产品。	粗蛋白质 粗纤维
3.8.3	豌豆次粉	豌豆制粉过程中获得的副产品，主要由胚乳和少量豆皮组成。	粗蛋白质 粗纤维
3.8.4	豌豆粉	豌豆经粉碎所得的产品。	粗蛋白质 粗纤维

（续表）

原料编号	原料名称	特征描述	强制性标识要求
3.8.5	豌豆粉浆蛋白粉	用豌豆生产淀粉时，从其粉浆中分离出淀粉后经干燥获得的粉状副产品。	粗蛋白质
3.8.6	豌豆粉浆粉	豌豆经湿法提取淀粉和蛋白后所得的液态副产物，经浓缩、干燥获得的粉状产品。主要由可溶性蛋白和碳水化合物组成。	粗蛋白质 水分
3.8.7	豌豆皮	豌豆籽实经去皮工艺脱下的种皮。	粗纤维 粗灰分
3.8.8	豌豆纤维	从豌豆中提取的纤维物质。	粗纤维
3.8.9	豌豆渣	豌豆经湿法提取淀粉和蛋白所得的副产物。	粗纤维 粗灰分 水分
3.8.10	压片豌豆	去皮豌豆经汽蒸、碾压获得的产品。	粗蛋白质
3.9	**鹰嘴豆及其加工产品**		
3.9.1	鹰嘴豆	豆科鹰嘴豆属鹰嘴豆（$Cicer\ arietinum$ L.）的籽实。	
3.10	**羽扇豆及其加工产品**		
3.10.1	羽扇豆	苦味物质含量低的豆科羽扇豆属多叶羽扇豆（$Lupinus\ polyphyllus$ Lindl.）的籽实。	
3.10.2	去皮羽扇豆	羽扇豆籽实经去皮后的产品。	粗蛋白质 粗纤维
3.10.3	羽扇豆皮	羽扇豆籽实经去皮工艺脱下的种皮。	粗纤维 粗灰分
3.10.4	羽扇豆渣	羽扇豆提取蛋白或寡糖组分后获得的副产品。	粗纤维 粗灰分 水分
3.11	**其他**		
3.11.1	____豆荚	本目录所列豆科植物籽实的豆荚，产品名称应标明原料的来源，如：豌豆荚。	粗纤维
3.11.2	____豆荚粉	本目录所列豆科植物籽实的豆荚经粉碎获得的产品，产品名称应标明原料的来源，如：角豆荚粉。	粗纤维
3.11.3	烘烤____豆	豆科菜豆属（$Phaseolus$ L.）或豇豆属（$Vigna$ Savi）植物的籽实经适当烘烤后的产品。产品名称应标明原料的来源，如：烘烤菜豆。可经瘤胃保护。	粗蛋白质
3.12	**兵豆及其加工产品**ᵉ		
3.12.1	兵豆［小扁豆］ᵉ	豆科兵豆属兵豆（$Lens\ culinaris$）的籽实。	

4. 块茎、块根及其加工产品

原料编号	原料名称	特征描述	强制性标识要求
4.1	白萝卜及其加工产品		
4.1.1	萝卜干（片、块、粉、颗粒）	萝卜（*Raphanus sativus* L.）经切块、干燥、粉碎工艺获得的不同形态的产品。产品名称应注明产品形态，如：白萝卜干。	水分
4.2	大蒜及其加工产品		
4.2.1	大蒜粉（片）	百合科葱属蒜（*Allium sativum* L.）经粉碎或切片获得的白色至黄色粉末或片状物。	
4.2.2	大蒜渣	大蒜取油后的副产品。	粗纤维 水分
4.3	甘薯及其加工产品		
4.3.1	甘薯［红薯、白薯、番薯、山芋、地瓜、红苕］干（片、块、粉、颗粒）	旋花科番薯属甘薯（*Ipomoea batatas* L.）植物的块根，经切块、干燥、粉碎工艺获得的不同形态的产品。产品名称应注明产品形态，如：甘薯干。	水分
4.3.2	甘薯渣	甘薯提取淀粉后的副产品。	粗纤维 粗灰分 水分
4.3.3	紫薯干（片、块、粉、颗粒）	旋花科番薯属紫薯［*Ipomoea batatas*（L.）Lam］的块根，经切块、干燥、粉碎工艺获得的不同形态的产品。产品名称应注明产品形态，如：紫薯干。	水分
4.4	胡萝卜及其加工产品		
4.4.1	胡萝卜干（片、块、粉、颗粒）	胡萝卜（*Daucus carota* L.）经切块、干燥、粉碎工艺获得的不同形态的产品。产品名称应注明产品形态，如：胡萝卜干。	水分
4.4.2	胡萝卜渣	胡萝卜经榨汁或提取胡萝卜素后获得的副产品。	粗纤维 粗灰分 水分
4.5	菊苣及其加工产品		
4.5.1	菊苣根干（片、块、粉、颗粒）	菊科菊苣属菊苣（*Cichorium intybus* L.）的块根，经干燥、粉碎工艺获得的不同形态的产品。产品名称应注明产品形态，如：菊苣根粉。	水分 总糖
4.5.2	菊苣渣	菊苣制取菊糖或香料后的副产品，由浸提或压榨后的菊苣片组成。	粗纤维 粗灰分 水分
4.6	菊芋及其加工产品		
4.6.1	菊糖	菊科向日葵属菊芋（*Helianthus tuberosus* L.）的块根中提取的果聚糖。产品须由有资质的食品生产企业提供。	菊糖

（续表）

原料编号	原料名称	特征描述	强制性标识要求
4.6.2	菊芋渣	菊芋提取菊糖后的副产物。	粗纤维 粗灰分 水分
4.7	**马铃薯及其加工产品**		
4.7.1	马铃薯［土豆、洋芋、山药蛋］干（片、块、粉、颗粒）	马铃薯（*Solanum tuberosum* L.）经切块、切片、干燥、粉碎等工艺获得的不同形态的产品。产品名称应注明产品形态，如：马铃薯干。	水分
4.7.2	马铃薯蛋白粉	马铃薯提取淀粉后经干燥获得的粉状产品。主要成分为蛋白质。	粗蛋白质
4.7.3	马铃薯渣	马铃薯经提取淀粉和蛋白后的副产物。	粗纤维 粗灰分 水分
4.8	**魔芋及其加工产品**		
4.8.1	魔芋干（片、块、粉、颗粒）	天南星科魔芋属魔芋（*Amorphophalms konjac*）的块根经切块、切片、干燥、粉碎等工艺获得的不同形态的产品。产品名称应注明产品形态，如：魔芋干。	水分
4.9	**木薯及其加工产品**		
4.9.1	木薯干（片、块、粉、颗粒）	木薯（*Manihot esculenta* Crantz.）经切块、切片、干燥、粉碎等工艺获得的不同形态的产品。产品名称应注明产品形态，如：木薯干。	水分
4.9.2	木薯渣	木薯提取淀粉后的副产物。	粗纤维 粗灰分 水分
4.10	**藕及其加工产品**		
4.10.1	藕［莲藕］干（片、块、粉、颗粒）	莲藕经切块、切片、干燥、粉碎等工艺获得的不同形态的产品。产品名称应注明产品形态，如：莲藕干。	水分
4.11	**甜菜及其加工产品**		
4.11.1	甜菜粕［渣］	藜科甜菜属甜菜（*Beta vulgaris* L.）的块根制糖后的副产物，由浸提或压榨后的甜菜片组成。	粗纤维 粗灰分 水分
4.11.2	甜菜粕颗粒	以甜菜粕为原料，添加废糖蜜等辅料经制粒形成的产品。	粗纤维 粗灰分 水分
4.11.3	甜菜糖蜜	从甜菜中提糖后获得的液体副产物。	总糖 粗灰分 水分
	蔗糖	见 13.4.1	
4.12	**食用瓜类及其加工产品**		

(续表)

原料编号	原料名称	特征描述	强制性标识要求
4.12.1	___瓜	可食用瓜类或其去除瓜籽后的产品。可鲜用或对其进行干燥加工处理,产品名称应标明使用原料的来源,如:南瓜。	水分
4.12.2	___瓜籽	可食用瓜类的籽实经干燥等工艺加工获得的产品,产品名称应标明使用原料的来源,如:南瓜籽。	粗蛋白

5. 其他籽实、果实类产品及其加工产品

原料编号	原料名称	特征描述	强制性标识要求
5.1	辣椒及其加工产品		
5.1.1	辣椒(粉)	辣椒(*Capsicum annuum* L.)经干燥、粉碎后所得的产品。	粗蛋白 粗灰分
5.1.2	辣椒渣	辣椒皮提取红色素后的副产品。	粗蛋白质 粗灰分
5.1.3	辣椒籽粕	辣椒籽取油后的副产品。	粗蛋白质 粗纤维
5.1.4	辣椒籽油[a]	辣椒籽经压榨或浸提制取的油。产品须由有资质的食品生产企业提供。	酸价 过氧化值
5.2	水果或坚果及其加工产品		
5.2.1	鳄梨[牛油果]干(片、块、粉)	鳄梨(*Persea americana* Mill.)经切片、切块、干燥、粉碎等工艺获得的不同形态的产品。产品名称应注明产品形态,如:鳄梨干。	总糖 水分
5.2.2	鳄梨[牛油果]浓缩汁	鳄梨压榨后的汁液经浓缩后获得的产品。产品须由有资质的食品生产企业提供。	总糖 水分
5.2.3	___果仁	可食用的坚果仁或水果仁,产品名称应标明使用原料的来源。	粗蛋白质 粗脂肪
5.2.4	___果渣	可食用水果榨汁或果品加工过程中获得的副产品,产品名称应标明使用原料的来源,如:柑橘渣。	粗纤维 粗灰分 水分
5.2.5	___果(汁、泥、片、干、粉)[e]	可食用水果鲜果,或对其进行加工后获得的果汁、果泥、果片、果干、果粉等。不得使用变质原料。产品名称应标明原料来源,如苹果。	总糖 水分
5.3	枣及其加工产品		
5.3.1	枣	食用枣(*Ziziphus jujuba* Mill.)。	
5.3.2	枣粉	食用枣经干燥、粉碎获得的产品。	粗纤维 粗灰分
5.4	蔬菜及其加工产品		

(续表)

原料编号	原料名称	特征描述	强制性标识要求
5.4.1	___菜（汁、泥、片、干、粉）c	可食用蔬菜鲜菜，或对其进行加工后获得的蔬菜汁、蔬菜泥、蔬菜片、蔬菜干、蔬菜粉等。不得使用变质原料。产品名称应标明原料来源，如菠菜。	粗纤维 水分

6. 饲草、粗饲料及其加工产品

原料编号	原料名称	特征描述	强制性标识要求
6.1	干草及其加工产品		
6.1.1	___草颗粒（块）	收割的牧草经自然干燥或烘干脱水、粉碎及制粒或压块后获得的产品。不得含有有毒有害草。产品名称应标明草的品种，如：苜蓿草颗粒，苜蓿草块。	粗蛋白质 中性洗涤纤维
6.1.2	___干草	收割的牧草经自然干燥或烘干脱水后获得的产品。不得含有有毒有害草。产品名称应标明草的品种，如：苜蓿干草。	粗蛋白质 中性洗涤纤维
6.1.3	___干草粉	收割的牧草经自然干燥或烘干脱水、粉碎后获得的产品。不得含有有毒有害草。产品名称应标明草的品种，如：苜蓿干草粉。	粗蛋白质 中性洗涤纤维
6.1.4	苜蓿渣	苜蓿干草粉用水提取苜蓿多糖等成分后获得的副产品。可经烘干、粉碎或挤压成颗粒状。	粗蛋白质 中性洗涤纤维
6.2	秸秆及其加工产品		
6.2.1	___氨化秸秆	以收获籽实后的玉米秸、麦秸、稻秸为原料，在密闭的条件下按一定比例喷洒液氨、尿素、碳铵等氨源，在适宜的温度下经一定时间的发酵而获得的产品。产品名称应标明作物的品种，如：玉米氨化秸秆。如原料为多种秸秆，产品名称直接标注氨化秸秆。	粗灰分 中性洗涤纤维 氨源种类
6.2.2	___碱化秸秆	用烧碱（氢氧化钠）或石灰水（氢氧化钙）浸泡或喷洒玉米秸、麦秸、稻秸等粗饲料而获得的产品。产品名称应标明作物的品种，如：玉米碱化秸秆。如原料为多种秸秆，产品名称直接标注碱化秸秆。	粗灰分 中性洗涤纤维
6.2.3	___秸秆	成熟农作物干的茎叶（穗）。产品名称应标明作物的品种，如：玉米秸秆。	粗灰分 中性洗涤纤维
6.2.4	___秸秆粉	成熟农作物的茎叶（穗）经自然或人工干燥、粉碎后获得的产品。产品名称应标明作物的品种，如：玉米秸秆粉。	粗灰分 中性洗涤纤维
6.2.5	___秸秆颗粒（块）	成熟农作物的茎叶（穗）经自然或人工干燥、粉碎、制粒或压块后获得的产品。产品名称应标明作物的品种，如：玉米秸秆颗粒，玉米秸秆块。	粗灰分 中性洗涤纤维

(续表)

原料编号	原料名称	特征描述	强制性标识要求
6.3	**青绿饲料**		
6.3.1	____青绿粗饲料	指可饲用的植物新鲜茎叶，主要包括天然牧草、栽培牧草、田间杂草、菜叶类、水生植物。产品不得含有有毒有害草。产品名称应标明植物品种，如：苜蓿。	粗蛋白质 中性洗涤纤维 水分
6.4	**青贮饲料**		
6.4.1	____半干青贮饲料	又称低水分青贮饲料，是将青贮原料经过预干蒸发，使水分降低到40%~50%时进行青贮而获得的产品。有可能使用青贮添加剂。产品名称应标明青贮原料的品种，如：玉米半干青贮饲料。	粗灰分 中性洗涤纤维 青贮添加剂品种及用量 水分
6.4.2	____黄贮饲料	以收获籽实后的农作物秸秆为原料，通过添加微生物菌剂、酸化剂、酶制剂等添加剂，有可能添加适量水，在密闭缺氧的条件下，通过厌氧乳酸菌的发酵作用而获得的一类粗饲料产品。包括压袋装产品。产品名称应标明农作物的品种，如玉米黄贮饲料。	粗灰分 中性洗涤纤维 青贮添加剂品种及用量 水分
6.4.3	____青贮饲料	将含水率65%~75%的青绿粗饲料切碎后，在密闭缺氧的条件下，通过厌氧乳酸菌的发酵作用而获得的一类粗饲料产品。产品名称应标明粗饲料的品种，如：玉米青贮饲料。	粗灰分 中性洗涤纤维 青贮添加剂品种及用量 水分
6.5	**其他粗饲料**		
6.5.1	灌木或树木茎叶	指可饲用的3米以下的多年生木本植物的成熟植株及各种树木新鲜或干燥的茎叶。产品名称应标明灌木或树木的品种，如：大叶杨茎叶。	粗灰分 中性洗涤纤维 水分
6.5.2	灌木或树木茎叶粉	指可饲用的3米以下的多年生木本植物的成熟植株及各种树木的茎叶经干燥、粉碎后获得的产品。产品名称应标明灌木与树木的品种，如：松针粉。	粗灰分 中性洗涤纤维 水分
6.5.3	灌木与树木茎叶颗粒（块）	指可饲用的3米以下的多年生木本植物的成熟植株及各种树木的茎叶经干燥、粉碎、制粒后获得的产品。产品名称应标明灌木与树木的品种，如：大叶杨茎叶颗粒。	粗灰分 中性洗涤纤维 水分
6.5.4	构树茎叶[e]	构树［*Broussonetia papyrifera*（Linn.）L'Hér. ex Vent.］新鲜或干燥茎叶。	粗蛋白质 中性洗涤纤维 水分
6.5.5	辣木茎叶[e]	辣木（*Moringa*）可饲用品种的新鲜或干燥茎叶。	粗蛋白质 中性洗涤纤维 水分

7. 其他植物、藻类及其加工产品

原料编号	原料名称	特征描述	强制性标识要求
7.1	甘蔗加工产品		
7.1.1	甘蔗糖蜜	甘蔗（*Saccharum officinarum* L.）经制糖工艺提取糖后获得的粘稠液体或甘蔗糖蜜精炼提取糖后获得的液体副产品。	蔗糖 水分
7.1.2	甘蔗渣	甘蔗提取糖后剩余的植物部分，主要由纤维组成。	粗纤维 水分
	蔗糖	见 13.4.1 和 13.4.3	
7.2	丝兰及其加工产品		
7.2.1	丝兰粉	丝兰（*Yucca schidigera* Roezl.）干燥、粉碎后得到的粉状产品。	吸氨量 水分
7.2.2	丝兰[e]	百合科丝兰属丝兰（*Yucca schidigera* Roezl.）。	粗纤维
7.2.3	丝兰汁[e]	丝兰压榨后的汁液，或汁液经浓缩后获得的产品。	
7.3	甜叶菊及其加工产品		
7.3.1	甜叶菊渣	甜叶菊［*Stevia rebaudiana* (Bertoni) Hemsl L.］提取甜菊糖后的副产物。	粗蛋白质 粗纤维 粗灰分 水分
7.4	万寿菊及其加工产品		
7.4.1	万寿菊渣	万寿菊（*Tagetes erecta* L.）提取叶黄素后的副产品。	粗蛋白质 粗纤维 粗灰分 水分
7.4.2	万寿菊粉[e]	万寿菊干燥、粉碎后得到的粉状产品。	粗纤维 粗灰分 叶黄素
7.5	藻类及其加工产品		
7.5.1	___藻	可食用大型海藻（如海带、巨藻、龙须藻）或食品企业加工食用大型海藻剩余的边角料，可经冷藏、冷冻、干燥、粉碎处理。产品名称应标明海藻品种和产品物理性状，如：海带粉。	粗蛋白质 粗灰分
7.5.2	___藻渣	可食用大型海藻经提取活性成分后的副产品，产品名称应标明使用原料的来源，如：海带渣。	总糖 粗灰分 水分
7.5.3	裂壶藻粉	以裂壶藻（*Schizochytrium* sp.）种为原料，通过发酵、分离、干燥等工艺生产的富含 DHA 的藻粉。	粗脂肪 DHA
7.5.4	螺旋藻粉	螺旋藻（*Spirulina platensis*）干燥、粉碎后的产品。	粗蛋白质 粗灰分

(续表)

原料编号	原料名称	特征描述	强制性标识要求
7.5.5	拟微绿球藻粉	以拟微绿球藻（*Nannochloropsis* sp.）种为原料，通过培养、浓缩、干燥等工艺生产的富含EPA的藻粉。	粗脂肪 EPA
7.5.6	微藻粕	裂壶藻粉、拟微绿球藻粉或小球藻粉浸提脂肪后，经干燥得到的副产品。	粗蛋白 粗灰分
7.5.7	小球藻粉	以小球藻（*Chlorella* sp.）种为原料，通过培养、浓缩、干燥等工艺生产的富含EPA和DHA的藻粉。	粗脂肪 EPA DHA
7.5.8	裸藻［绿虫藻］^e	裸藻（*Euglena*）及其干燥产品。	
7.5.9	雨生红球藻粉^e	以雨生红球藻（*Haematococcus Pluvialis*）种为原料，通过培养、浓缩、干燥等工艺生产的含虾青素的藻粉。	粗脂肪 虾青素
7.5.10	___藻油	本目录所列的藻类经压榨或浸提制取的油。产品名称应标明原料来源，如裂壶藻油。	粗脂肪 酸价 过氧化值
7.5.11	等鞭金藻粉^j	以天然等鞭金藻（*Isochrysis* sp.）种为原料，以尿素为氮源，在光生物反应器中培养，浓缩获得藻膏，经干燥、粉碎形成的藻粉。产品中真蛋白含量不低于35%，粗灰分不高于15%，尿素残留不高于0.5%，微囊藻毒素不得检出。该产品仅限于水产饲料使用。	真蛋白 粗脂肪 粗灰分 水分 尿素
7.5.12	褐指藻粉^j	以天然褐指藻（*Phaeodactylum* sp.）种为原料，以尿素为氮源，经藻种在光生物反应器培养，浓缩获得藻膏，经干燥、粉碎形成的藻粉。产品中真蛋白含量不低于30%，粗灰分不高于15%，尿素残留不高于0.5%，微囊藻毒素不得检出。该产品仅限于水产饲料使用。	真蛋白 粗脂肪 粗灰分 水分 尿素
7.5.13	四爿藻粉^j	以天然四爿藻（*Tetraselmis* sp.）为原料，以尿素为氮源，在光生物反应器中培养，浓缩获得藻膏，经干燥、粉碎形成的藻粉。产品中真蛋白含量不低于30%，粗灰分不高于15%，尿素残留不高于0.5%，微囊藻毒素不得检出。该产品仅限于水产饲料使用。	真蛋白 粗脂肪 粗灰分 水分 尿素
7.6	**其他可饲用天然植物（仅指所称植物或植物的特定部位经干燥或粗提或干燥、粉碎获得的产品）^a**		
7.6.1	八角茴香	木兰科八角属植物八角（*Illicium verum* Hook.）的干燥成熟果实。	
7.6.2	白扁豆	豆科扁豆属（*Lablab* Adans.）植物的干燥成熟种子。	
7.6.3	百合	百合科百合属植物卷丹（*Lilium lancifolium* Thunb.）、百合（*Lilium brownii* F. E. Brown var. *viridulum* Baker）或细叶百合（*Lilium pumilum* DC.）的干燥肉质鳞叶。	

(续表)

原料编号	原料名称	特征描述	强制性标识要求
7.6.4	白芍	毛茛科芍药亚科芍药属植物芍药（*Paeonia lactiflora* Pall.）的干燥根。	
7.6.5	白术	菊科苍术属植物白术（*Atrctylodes macrocephala* Koidz.）的干燥根茎。	
7.6.6	柏子仁	柏科侧柏属植物侧柏［*Platycladus orientalis* (L.) Franco］的干燥成熟种仁。	
7.6.7	薄荷	唇形科薄荷属植物薄荷（*Mentha haplocalyx* Briq.）的干燥地上部分。	
7.6.8	补骨脂	豆科补骨脂属植物补骨脂（*Psoralea corylifolia* L.）的干燥成熟果实。	
7.6.9	苍术	菊科苍术属植物苍术［*Atractylodes lancea* (Thunb.) DC.］或北苍术［*Atractylodes chinensis* (DC.) Koidz］的干燥根茎。	
7.6.10	侧柏叶	柏科侧柏属植物侧柏［*Platycladus orientalis* (L.) Franco］的干燥枝梢和叶。	
7.6.11	车前草	车前科车前属植物车前（*Plantago asiatica* L.）或平车前（*Plantago depressa* Willd.）的干燥全草。	
7.6.12	车前子	车前科车前属植物车前（*Plantago asiatica* L.）或平车前（*Plantago depressa* Willd.）的干燥成熟种子。	
7.6.13	赤芍	毛茛科芍药亚科芍药属植物芍药（*Paeonia lactiflora* Pall.）或川赤芍（*Paeonia veitchii* Lynch）的干燥根。	
7.6.14	川芎	伞形科藁本属植物川芎（*Ligusticum chuanxiong* Hort.）的干燥根茎。	
7.6.15	刺五加	五加科五加属植物刺五加［*Acanthopanax senticosus* (Rupr. et Maxim.) Harms］的干燥根和根茎或茎。	
7.6.16	大蓟	菊科蓟属植物蓟（*Cirsium japonicum* Fisch. ex DC.）的干燥地上部分。	
7.6.17	淡豆豉	豆科大豆属植物大豆［*Glycine max* (L.) Merr.］的成熟种子的发酵加工品。	
7.6.18	淡竹叶	禾本科淡竹叶属植物淡竹叶（*Lophatherum gracile* Brongn.）的干燥茎叶。	
7.6.19	当归	伞形科当归属植物当归［*Angelica sinensis* (Oliv.) Diels］的干燥根。	

(续表)

原料编号	原料名称	特征描述	强制性标识要求
7.6.20	党参	桔梗科党参属植物党参［*Codonopsis pilosula* (Franch.) Nannf.］、素花党参［*Codonopsis pilosula* Nannf. var. *modesta* (Nannf.) L. T. Shen］或川党参（*Codonopsis tangshen* Oliv.）的干燥根。	
7.6.21	地骨皮	茄科枸杞属植物枸杞（*Lycium chinense* Mill.）或宁夏枸杞（*Lycium barbarum* L.）的干燥根皮。	
7.6.22	丁香	桃金娘科蒲桃属植物丁香［*Syzygium aromaticum* (L.) Merr. et Perry］的干燥花蕾。	
7.6.23	杜仲	杜仲科杜仲属植物杜仲（*Eucommia ulmoides* Oliv.）的干燥树皮。	
7.6.24	杜仲叶	杜仲科杜仲属植物杜仲（*Eucommia ulmoides* Oliv.）的干燥叶。	
7.6.25	榧子	红豆杉科榧树属植物榧树（*Torreya grandis* Fort.）的干燥成熟种子。	
7.6.26	佛手	芸香科柑橘属植物佛手［*Citrus medica* L. var. *sarcodactylis* (Noot.) Swingle］的干燥果实。	
7.6.27	茯苓	多孔菌科茯苓属真菌茯苓［*Poria cocos* (Schw.) Wolf］的干燥菌核。	
7.6.28	甘草	豆科甘草属植物甘草（*Glycyrrhiza uralensis* Fisch.）、胀果甘草（*Glycyrrhiza inflata* Batal.）或洋甘草（*Glycyrrhiza glabra* L.）的干燥根和根茎。	
7.6.29	干姜	姜科姜属植物姜（*Zingiber officinale* Rosc.）的干燥根茎。	
7.6.30	高良姜	姜科山姜属植物高良姜（*Alpinia officinarum* Hance）的干燥根茎。	
7.6.31	葛根	豆科葛属植物葛［*Pueraria lobata* (Willd.) Ohwi］的干燥根。	
7.6.32	枸杞子	茄科枸杞属植物枸杞（*Lycium chinense* Mill.）或宁夏枸杞（*Lycium barbarum* L.）的干燥成熟果实。	
7.6.33	骨碎补	骨碎补科骨碎补属植物骨碎补（*Davallia mariesii* Moore ex Bak.）的干燥根茎。	
7.6.34	荷叶	睡莲科莲亚科莲属植物莲（*Nelumbo nucifera* Gaertn.）的干燥叶。	

（续表）

原料编号	原料名称	特征描述	强制性标识要求
7.6.35	诃子	使君子科诃子属植物诃子（*Terminalia chebula* Retz.）或微毛诃子［*Terminalia chebula* Retz. var. *tomentella*（Kurz）C. B. Clarke］的干燥成熟果实。	
7.6.36	黑芝麻	胡麻科胡麻属植物芝麻（*Sesamum indicum* L.）的干燥成熟种子。	
7.6.37	红景天	景天科红景天属植物大花红景天［*Rhodiola crenulata*（Hook. F. et Thoms.）H. Ohba］的干燥根和根茎。	
7.6.38	厚朴	木兰科木兰属植物厚朴（*Magnolia officinalis* Rehd. et Wils.）或凹叶厚朴［*Magnolia officinalis* subsp. *biloba*（Rehd. et Wils.）Cheng.］的干燥干皮、根皮和枝皮。	
7.6.39	厚朴花	木兰科木兰属植物厚朴（*Magnolia officinalis* Rehd. et Wils.）或凹叶厚朴［*Magnolia officinalis* subsp. *biloba*（Rehd. et Wils.）Cheng.］的干燥花蕾。	
7.6.40	胡芦巴	豆科植物胡芦巴（*Trigonella foenum-graecum* L.）的干燥成熟种子。	
7.6.41	花椒	芸香科花椒属植物青花椒（*Zanthoxylum schinifolium* Sieb. et Zucc.）或花椒（*Zanthoxylum bungeanum* Maxim）的干燥成熟果皮。	
7.6.42	槐角［槐实］	豆科槐属植物槐（*Sophora japonica* L.）的干燥成熟果实。	
7.6.43	黄精	百合科黄精属植物滇黄精（*Polygonatum kingianum* Coll. et Hemsl.）、黄精（*Polygonatum sibiricum* Delar.）或多花黄精（*Polygonatum cyrtonema* Hua）的干燥根茎。	
7.6.44	黄芪	豆科植物蒙古黄芪［*Astragalus membranaceus*（Fisch.）Bge. var. *Mongholicus*（Bge.）Hsiao］或膜荚黄芪［*Astragalus membranaceus*（Fisch.）Bge.］的干燥根。	
7.6.45	藿香	唇形科藿香属植物藿香［*Agastache rugosa*（Fisch. et Mey.）O. Ktze］的干燥地上部分。	
7.6.46	积雪草	伞形科积雪草属植物积雪草［*Centella asiatica*（L.）Urb.］的干燥全草。	
7.6.47	姜黄	姜科姜黄属植物姜黄（*Curcuma longa* L.）的干燥根茎。	
7.6.48	绞股蓝	葫芦科绞股蓝属（*Gynostemma* Bl.）植物。	
7.6.49	桔梗	桔梗科桔梗属植物桔梗［（*Platycodon grandiflorus*（Jacq.）A. DC.］的干燥根。	

（续表）

原料编号	原料名称	特征描述	强制性标识要求
7.6.50	金荞麦	蓼科荞麦属植物金荞麦［*Fagopyrum dibotrys* (D. Don) Hara］的干燥根茎。	
7.6.51	金银花	忍冬科忍冬属植物忍冬（*Lonicera japonica* Thunb.）的干燥花蕾或带初开的花。	
7.6.52	金樱子	蔷薇科蔷薇属植物金樱子（*Rosa laevigata* Michx.）的干燥成熟果实。	
7.6.53	韭菜子	百合科葱属植物韭菜（*Allium tuberosum* Rottl. ex Spreng.）的干燥成熟种子。	
7.6.54	菊花	菊科菊属植物菊花［*Dendranthema morifolium* (Ramat.) Tzvel.］的干燥头状花序。	
7.6.55	橘皮	芸香科柑橘属植物橘（*Citrus Reticulata* Blanco）及其栽培变种的成熟果皮。	
7.6.56	决明子	豆科决明属植物决明（*Cassia tora* L.）的干燥成熟种子。	
7.6.57	莱菔子	十字花科萝卜属植物萝卜（*Raphanus sativus* L.）的干燥成熟种子。	
7.6.58	莲子	睡莲科莲亚科莲属植物莲（*Nelumbo nucifera* Gaertn.）的干燥成熟种子。	
7.6.59	芦荟	百合科芦荟属植物库拉索芦荟（*Aloe barbadensis* Miller）叶。也称"老芦荟"。	
7.6.60	罗汉果	葫芦科罗汉果属植物罗汉果［*Siraitia grosvenorii* (Swingle) C. Jeffrey ex Lu et Z. Y. Zhang］的干燥果实。	
7.6.61	马齿苋	马齿苋科马齿苋属植物马齿苋（*Portulaca oleracea* L.）的干燥地上部分。	
7.6.62	麦冬［麦门冬］	百合科沿阶草属植物麦冬［*Ophiopogon japonicus* (L. f) Ker - Gawl.］的干燥块根。	
7.6.63	玫瑰花	蔷薇科蔷薇属植物玫瑰（*Rosa rugosa* Thunb.）的干燥花蕾。	
7.6.64	木瓜	蔷薇科木瓜属植物皱皮木瓜［*Chaenomeles speciosa* (Sweet) Nakai.］的干燥近成熟果实。	
7.6.65	木香	菊科川木香属植物川木香［*Dolomiaea souliei* (Franch.) Shih］的干燥根。	
7.6.66	牛蒡子	菊科牛蒡属植物牛蒡（*Arctium lappa* L.）的干燥成熟果实。	
7.6.67	女贞子	木犀科女贞属植物女贞（*Ligustrum lucidum* Ait.）的干燥成熟果实。	

(续表)

原料编号	原料名称	特征描述	强制性标识要求
7.6.68	蒲公英	菊科植物蒲公英（*Taraxacum mongolicum* Hand. Mazz.）、碱地蒲公英（*Taraxacum borealisinense* Kitam.）或同属数种植物的干燥全草。	
7.6.69	蒲黄	香蒲科植物水烛香蒲（*Typha angustifolia* L.）、东方香蒲（*Typha orientalis* Presl）或同属植物的干燥花粉。	
7.6.70	茜草	茜草科茜草属植物茜草（*Rubia cordifolia* L.）的干燥根及根茎。	
7.6.71	青皮	芸香科柑橘属植物橘（*Citrus reticulata* Blanco）及其栽培变种的干燥幼果或未成熟果实的果皮。	
7.6.72	人参	五加科人参属植物人参（*Panax ginseng* C. A. Mey.）的干燥根及根茎。	
7.6.73	人参叶	五加科人参属植物人参（*Panax ginseng* C. A. Mey.）的干燥叶。	
7.6.74	肉豆蔻	肉豆蔻科肉豆蔻属植物肉豆蔻（*Myristica fragrans* Houtt.）的干燥种仁。	
7.6.75	桑白皮	桑科桑属植物桑（*Morus alba* L.）的干燥根皮。	
7.6.76	桑椹	桑科桑属植物桑（*Morus alba* L.）的干燥果穗。	
7.6.77	桑叶	桑科桑属植物桑（*Morus alba* L.）的干燥叶。	
7.6.78	桑枝	桑科桑属植物桑（*Morus alba* L.）的干燥嫩枝。	
7.6.79	沙棘	胡颓子科沙棘属植物沙棘（*Hippophae rhamnoides* L.）的干燥成熟果实。	
7.6.80	山药	薯蓣科薯蓣属植物薯蓣（*Dioscorea opposita* Thunb.）的干燥根茎。	
7.6.81	山楂	蔷薇科山楂属植物山里红（*Crataegus pinnatifida* Bge. var. *major* N. E. Br.）或山楂（*Crataegus pinnatifida* Bge.）的干燥成熟果实。	
7.6.82	山茱萸	山茱萸科山茱萸属植物山茱萸（*Cornus officinalis* Sieb. et Zucc.）的干燥成熟果肉。	
7.6.83	生姜	姜科姜属植物姜（*Zingiber officinale* Rosc.）的新鲜根茎。	
7.6.84	升麻	毛茛科升麻属植物大三叶升麻（*Cimicifuga heracleifolia* Kom.）、兴安升麻［*Cimicifuga dahurica*（Turcz.）Maxim.］或升麻（*Cimicifuga foetida* L.）的干燥根茎。	
7.6.85	首乌藤	蓼科何首乌属植物何首乌［*Fallopia multiflora*（Thunb.）Harald.］的干燥藤茎。	

(续表)

原料编号	原料名称	特征描述	强制性标识要求
7.6.86	酸角	豆科酸豆属植物酸豆（*Tamarindus indica* L.）的果实。	
7.6.87	酸枣仁	鼠李科枣属植物酸枣［*Ziziphus jujuba* Mill. var. *spinosa* (Bunge) Hu ex H. F. Chow］的干燥成熟种子。	
7.6.88	天冬［天门冬］	百合科天门冬属植物天门冬［*Asparagus cochinchinensis* (Lour.) Merr.］的干燥块根。	
7.6.89	土茯苓	百合科菝葜属植物土茯苓（*Smilax glabra* Roxb.）的干燥根茎。	
7.6.90	菟丝子	旋花科菟丝子属植物南方菟丝子（*Cuscuta australis* R. Br.）或菟丝子（*Cuscuta chinensis* Lam.）的干燥成熟种子。	
7.6.91	五加皮	五加科五加属植物五加（*Acanthopanax gracilistylus* W. W. Smith）的干燥根皮。	
7.6.92	乌梅	蔷薇科杏属植物梅（*Armeniaca mume* Sieb.）的干燥近成熟果实。	
7.6.93	五味子	木兰科五味子属植物五味子［*Schisandra chinensis* (Turcz.) Baill.］的干燥成熟果实。	
7.6.94	鲜白茅根	禾本科白茅属植物白茅［*Imperata cylindrica* (L.) Beauv.］的新鲜根茎。	
7.6.95	香附	莎草科莎草属植物香附子（*Cyperus rotundus* L.）的干燥根茎。	
7.6.96	香薷	唇形科石荠苎属植物石香薷（*Mosla chinensis* Maxim.）或江香薷（*Mosla chinensis* 'Jiangxiangru'）的干燥地上部分。	
7.6.97	小蓟	菊科蓟属植物刺儿菜［*Cirsium setosum* (willd.) MB.］的干燥地上部分。	
7.6.98	薤白	百合葱属植物薤白（*Allium macrostemon* Bunge.）或藠头（*Allium chinense* G. Don）的干燥鳞茎。	
7.6.99	洋槐花	豆科刺槐属植物刺槐（*Robinia pseudoacacia* L.）的花，可经干燥、粉碎。	
7.6.100	杨树花	杨柳科杨属（*Populus* L.）植物的花，可经干燥、粉碎。	
7.6.101	野菊花	菊科菊属植物野菊（*Dendranthema indicum* L.）的干燥头状花序。	
7.6.102	益母草	唇形科益母草属植物益母草［*Leonurus artemisia* (Lour.) S. Y. Hu］的新鲜或干燥地上部分。	

原料编号	原料名称	特征描述	强制性标识要求
7.6.103	薏苡仁	禾本科薏苡属植物薏苡（*Coix lacryma-jobi* L.）的干燥成熟种仁。	
7.6.104	益智［益智仁］	姜科山姜属植物益智（*Alpinia oxyphylla* Miq.）的干燥成熟果实。	
7.6.105	银杏叶	银杏科银杏属植物银杏（*Ginkgo biloba* L.）的干燥叶。	
7.6.106	鱼腥草	三白草科蕺菜属植物蕺菜（*Houttuynia cordata* Thunb.）的新鲜全草或干燥地上部分。	
7.6.107	玉竹	百合科黄精属植物玉竹［*Polygonatum odoratum* (Mill.) Druce］的干燥根茎。	
7.6.108	远志	远志科远志属植物远志（*Polygala tenuifolia* Willd.）或西伯利亚远志（*Polygala sibirica* L.）的干燥根。	
7.6.109	越橘	杜鹃花科越橘属（*Vaccinium* L.）植物的果实或叶。	
7.6.110	泽兰	唇形科地笋属植物硬毛地笋（*Lycopus lucidus* Turcz. var. *hirtus* Regel）的干燥地上部分。	
7.6.111	泽泻	泽泻科泽泻属植物东方泽泻［*Alisma orinentale* (Samuel.) Juz.］的干燥块茎。	
7.6.112	制何首乌	何首乌［*Fallopia multiflora* (Thunb.) Harald.］的炮制加工品。	
7.6.113	枳壳	芸香科柑橘属植物酸橙（*Citrus aurantium* L.）及其栽培变种的干燥未成熟果实。	
7.6.114	知母	百合科知母属植物知母（*Anemarrhena asphodeloides* Bge.）的干燥根茎。	
7.6.115	紫苏叶	唇形科紫苏属植物紫苏［*Perilla frutescens* (L.) Britt.］的干燥叶（或带嫩枝）。	
7.6.116	绿茶ᵉ	以茶树的新叶或芽为原料，未经发酵，经杀青、整形、烘干等工序制成的产品。	
7.6.117	迷迭香ᵉ	唇形科迷迭香属植物迷迭香（*Rosmarinus officinalis*）的干燥茎叶或花。	

8. 乳制品及其副产品

原料编号	原料名称	特征描述	强制性标识要求
8.1	**干酪及干酪制品**		
8.1.1	奶酪［干酪］	可食用的奶酪，根据使用要求可对其进行脱水干燥、碾磨粉碎等加工处理。产品须由有资质的乳制品生产企业提供。	蛋白质 脂肪 水分

（续表）

原料编号	原料名称	特征描述	强制性标识要求
8.2	酪蛋白及其加工制品		
8.2.1	酪蛋白［干酪素］	以脱脂乳为原料，用酸、盐、凝乳酶等使乳中的酪蛋白凝集，再经脱水、干燥、粉碎获得的产品。该产品蛋白质含量不低于80%。产品须由有资质的乳制品生产企业提供。	蛋白质 赖氨酸
8.2.2	水解酪蛋白	将酪蛋白经酶水解、干燥获得的产品。该产品蛋白质含量不低于74%。产品须由有资质的乳制品生产企业提供。	蛋白质 赖氨酸
8.2.3	酪蛋白酸钙	以脱脂乳为原料，制成酪蛋白后与氢氧化钙或碳酸钙等中和，再经干燥获得的产品。产品中蛋白质含量不低于88%，钙含量不低于1.15%。	蛋白质 钙
8.3	奶油及其加工制品		
8.3.1	奶油［黄油］	以乳和（或）稀奶油（经发酵或不发酵）为原料，添加或不添加其他原料、食品添加剂和营养强化剂，经加工制成的脂肪含量不低于80%的产品。产品须由有资质的乳制品生产企业提供。	脂肪 酸价 过氧化值 水分
8.3.2	稀奶油	从乳中分离出的含脂肪的部分，添加或不添加其他原料、食品添加剂和营养强化剂，经加工制成的脂肪含量在10%~80%的产品。产品须由有资质的乳制品生产企业提供。	脂肪 酸价 过氧化值 水分
8.4	乳及乳粉		
8.4.1	___乳	生牛乳或生羊乳，包括全脂乳、脱脂乳、部分脱脂乳。产品名称应标明具体的动物种类和产品类型，如：全脂牛乳，脱脂羊乳。产品须由有资质的乳制品生产企业提供。该产品仅限于宠物饲料（食品）使用。	蛋白质 脂肪 本产品仅限于宠物饲料（食品）使用
8.4.2	初乳（粉）	产奶动物（牛或羊）在分娩后前5天内分泌的乳汁或将其加工制成的粉状产品，产品名称应标明具体的动物种类，如：牛初乳，羊初乳粉。产品须由有资质的乳制品生产企业提供。	蛋白质 脂肪 IgG
8.4.3	___乳粉［奶粉］	以生牛乳或羊乳为原料，经加工制成的粉状产品，包括全脂、脱脂、部分脱脂乳粉和调制乳粉。产品名称应标明具体的动物品种来源和产品类型，如：全脂牛乳粉，脱脂羊乳粉。产品须由有资质的乳制品生产企业提供。	蛋白质 脂肪
8.5	乳清及其加工制品		
8.5.1	乳清粉	以乳清为原料经干燥制成的粉末状产品。产品须由有资质的乳制品生产企业提供。	蛋白质 粗灰分 乳糖
8.5.2	分离乳清蛋白	乳清蛋白粉的一种，蛋白质含量不低于90%。产品须由有资质的乳制品生产企业提供。	蛋白质 粗灰分
8.5.3	浓缩乳清蛋白	乳清蛋白粉的一种，蛋白质含量不低于34%。产品须由有资质的乳制品生产企业提供。	蛋白质 粗灰分 乳糖

原料编号	原料名称	特征描述	强制性标识要求
8.5.4	乳钙［乳矿物盐］	从乳清液中分离出的高钙含量的产品。钙含量不低于22%。产品须由有资质的乳制品生产企业提供。	钙 磷 粗灰分
8.5.5	乳清蛋白粉	以乳清为原料，经分离、浓缩、干燥等工艺制成的蛋白质含量不低于25%的粉末状产品。产品须由有资质的乳制品生产企业提供。	蛋白质 粗灰分 乳糖
8.5.6	脱盐乳清粉	以乳清为原料，经脱盐、干燥制成的粉末状产品，乳糖含量不低于61%，粗灰分不高于3%。产品须由有资质的乳制品生产企业提供。	蛋白质 粗灰分 乳糖
8.6	**乳糖及其加工制品**		
8.6.1	乳糖	将乳清蒸发、结晶、干燥后获得的产品，乳糖含量不低于98%。产品须由有资质的乳制品生产企业提供。	乳糖

9. 陆生动物产品及其副产品

原料编号	原料名称	特征描述	强制性标识要求
9.1	**动物油脂类产品**		
9.1.1	＿＿油	分割可食用动物组织过程中获得的含脂肪部分，经熬油提炼获得的油脂。原料应来自单一动物种类，新鲜无变质或经冷藏、冷冻保鲜处理；不得使用发生疫病和含禁用物质的动物组织。本产品不得加入游离脂肪酸和其他非食用动物脂肪。产品中总脂肪酸不低于90%，不皂化物不高于2.5%，不溶杂质不高于1%。名称应标明具体的动物种类，如：猪油。	粗脂肪 不皂化物 酸价 丙二醛
9.1.2	＿＿油渣（饼）	屠宰、分割可食用动物组织过程中获得的含脂肪部分，经提炼油脂后获得的固体残渣。原料应来自单一动物种类，新鲜无变质或经冷藏、冷冻保鲜处理；不得使用发生疫病和含禁用物质的动物组织。产品名称应标明具体的动物种类，如：猪油渣。	粗蛋白质 粗脂肪
9.2	**昆虫加工产品**		
9.2.1	蚕蛹（粉）	蚕蛹经干燥获得的产品。可将其粉碎。	粗蛋白质 粗脂肪 酸价
9.2.2	蚕蛹粕［脱脂蚕蛹（粉）］	蚕蛹（粉）脱脂处理后获得的产品。	粗蛋白质 粗脂肪 酸价
9.2.3	蜂花粉	蜜蜂采集被子植物雄蕊花药或裸子植物小孢子囊内的花粉细胞，形成的团粒状物。产品须由有资质的食品生产企业提供。	总糖

(续表)

原料编号	原料名称	特征描述	强制性标识要求
9.2.4	蜂胶	蜜蜂科昆虫意大利蜂（*Apis mellifera* L.）等的干燥分泌物，可进行适当加工。产品须由有资质的食品生产企业提供。	总糖
9.2.5	蜂蜡	蜜蜂科昆虫中华蜜蜂（*Apis cerana* Fabricius）或意大利蜂分泌的蜡，可进行适当加工。产品须由有资质的食品生产企业提供。	粗脂肪
9.2.6	蜂蜜	蜜蜂科昆虫中华蜜蜂或意大利蜂所酿的蜜，可进行适当加工。产品须由有资质的食品生产企业提供。	总糖
9.2.7	___虫（粉）	昆虫经干燥获得的产品，可对其进行粉碎。此类昆虫在不影响公共健康和动物健康的前提下方可进行上述加工。产品名称应标明具体动物种类，如：黄粉虫（粉）。	粗蛋白质 粗脂肪 酸价
9.2.8	脱脂___虫粉	对昆虫（粉）采用超临界萃取等方法进行脱脂后获得的产品。此类昆虫在不影响人类和动物健康的前提下方可进行上述加工。产品名称应标明具体动物种类，如：脱脂黄粉虫粉。	粗蛋白质 粗脂肪
9.3	**内脏、蹄、角、爪、羽毛及其加工产品**		
9.3.1	肠膜蛋白粉	食用动物的小肠粘膜提取肝素钠后的剩余部分，经除臭、脱盐、水解、干燥、粉碎获得的产品。不得使用发生疫病和含禁用物质的动物组织。	粗蛋白质 粗灰分 盐分
9.3.2	动物内脏	新鲜可食用动物的内脏。可以鲜用或对其进行冷藏、冷冻、蒸煮、干燥和烟熏处理。原料应来源于同一动物种类，不得使用发生疫病和含禁用物质的动物组织。产品名称需标注保鲜（加工）方法、具体动物种类和动物内脏名称，可在产品名称中标注物理形态。如：鲜猪肝、冻猪肺、熟猪心、烟熏猪大肠、脱水猪肝粒。该产品仅限于宠物饲料（食品）使用。	粗蛋白质 水分 本产品仅限于宠物饲料（食品）使用
9.3.3	动物内脏粉	新鲜或经冷藏、冷冻保鲜的食用动物内脏经高温蒸煮、干燥、粉碎获得的产品。原料应来源于同一动物种类，除不可避免的混杂外，不得含有蹄、角、牙齿、毛发、羽毛及消化道内容物，不得使用发生疫病和含禁用物质的动物组织。产品名称需标明具体动物种类，若能确定原料来源于何种动物内脏，产品名称可标明动物内脏名称，如：鸡内脏粉、猪内脏粉、猪肝脏粉。	粗蛋白质 粗脂肪 胃蛋白酶消化率
9.3.4	动物器官	新鲜可食用动物的器官，可以鲜用或对其进行冷藏、冷冻、蒸煮、干燥和烟熏处理。原料应来源于同一动物种类，不得使用发生疫病和含禁用物质的动物组织。产品名称需标明具体动物种类，如：羊蹄、猪耳。该产品仅限于宠物饲料（食品）使用。	本产品仅限于宠物饲料（食品）使用

(续表)

原料编号	原料名称	特征描述	强制性标识要求
9.3.5	动物水解物	洁净的可食用动物的肉、内脏和器官经研磨粉碎、水解获得的产品,可以是液态、半固态或经加工制成的固态粉末。原料应来源于同一动物种类,新鲜无变质或经冷藏、冷冻保鲜处理,除不可避免的混杂外,不得含有蹄、角、牙齿、毛发、羽毛及消化道内容物。不得使用发生疫病和含禁用物质的动物组织。产品名称需标明具体动物种类和物理形态,如:猪水解液、牛水解膏、鸡水解粉。该产品仅限于宠物饲料(食品)使用。	粗蛋白质 pH值 水分 本产品仅限于宠物饲料(食品)使用
9.3.6	膨化羽毛粉	家禽羽毛经膨化、粉碎后获得的产品。原料不得使用发生疫病和变质家禽羽毛。	粗蛋白质 粗灰分 胃蛋白酶消化率
9.3.7	___皮	新鲜可食用动物的皮,可以鲜用或对其进行冷藏、冷冻、蒸煮、干燥和烟熏处理。原料应来源于同一动物种类,不得使用发生疫病和变质的动物皮,不得使用皮革及鞣革副产品。产品名称需标注具体动物种类,如:水牛皮。该产品仅限于宠物饲料(食品)使用。	粗蛋白质 水分 本产品仅限于宠物饲料(食品)使用
9.3.8	禽爪皮粉	加工禽爪过程中脱下的类角质外皮经干燥、粉碎获得的产品。原料应来源于同一动物种类,产品名称应标明具体动物种类,如:鸡爪皮粉。	粗蛋白质 粗脂肪 粗灰分
9.3.9	水解蹄角粉	动物的蹄、角经水解、干燥、粉碎获得的产品。若能确定原料来源为某一特定动物种类和部位,则产品名称应标明该动物种类和部位,如:水解猪蹄粉。	粗蛋白质 胃蛋白酶消化率
9.3.10	水解畜毛粉	未经提取氨基酸的清洁未变质的家畜毛发经水解、干燥、粉碎获得的产品。本产品胃蛋白酶消化率不低于75%。	粗蛋白质 粗灰分 胃蛋白酶消化率
9.3.11	水解羽毛粉	家禽羽毛经水解后,干燥、粉碎获得的产品。原料不得使用发生疫病和变质的家禽羽毛。本产品胃蛋白酶消化率不低于75%。产品名称应注明水解的方法(酶解、酸解、碱解、高温高压水解),如:酶解羽毛粉。	粗蛋白质 粗灰分 胃蛋白酶消化率
9.4	**禽蛋及其加工产品**		
9.4.1	蛋粉	食用鲜蛋的蛋液,经巴氏消毒、干燥、脱水获得的产品。产品不含蛋壳或其他非蛋原料。	粗蛋白质 粗灰分
9.4.2	蛋黄粉	食用鲜蛋的蛋黄,经巴氏消毒、干燥、脱水获得的产品。产品不含蛋壳或其他非蛋原料。	粗蛋白质 粗脂肪
9.4.3	蛋壳粉	禽蛋壳经灭菌、干燥、粉碎获得的产品。	粗灰分 钙

（续表）

原料编号	原料名称	特征描述	强制性标识要求
9.4.4	蛋清粉	食用鲜蛋的蛋清，经巴氏消毒、干燥、脱水获得的产品。产品不含蛋壳或其他非蛋原料。	粗蛋白质
9.4.5	____蛋	未经过加工或仅经冷藏、涂膜等保鲜技术处理的可食用禽蛋，有壳或去壳。产品名称需标明具体动物种类，如鸡蛋、鸭蛋、鹌鹑蛋。	粗蛋白质 粗脂肪 粗灰分（适用于有壳蛋）
9.5	**蚯蚓及其加工产品**		
9.5.1	蚯蚓粉	蚯蚓经干燥、粉碎的产品。	粗蛋白质 粗灰分
9.6	**肉、骨及其加工产品**		
9.6.1	____骨	新鲜的食用动物的骨骼。可以鲜用或对其进行冷藏、冷冻、蒸煮、干燥处理。原料应来源于同一动物种类，不得使用发生疫病和变质的动物骨骼。产品名称需标明保鲜（加工）方法和具体动物种类。如：鲜牛骨、冻猪软骨。该产品仅限于宠物饲料（食品）使用。	钙 灰分 水分 本产品仅限于宠物饲料（食品）使用
9.6.2	____骨粉（粒）	未变质的食用动物骨骼经灭菌、干燥、粉碎获得的产品。原料应来源于同一动物种类，不得使用发生疫病和变质的动物骨骼。产品名称需标明具体动物种类，如：猪骨粉、牛骨粒。	粗灰分 钙 总磷
9.6.3	骨胶	可食用动物骨骼经轧碎、脱油、水解获得的蛋白类产品。原料不得使用发生疫病和变质的动物骨骼。	凝胶强度 勃氏粘度 粗灰分
9.6.4	____骨髓	新鲜可食用动物骨腔内的软组织。可以鲜用或对其进行冷藏、冷冻、蒸煮、干燥处理。原料应来源于同一动物种类，不得使用发生疫病和变质的动物骨骼。产品名称需标明保鲜（加工）方法和动物种类。如：鲜牛骨髓。该产品仅限于宠物饲料（食品）使用。	粗蛋白质 粗脂肪 水分 本产品仅限于宠物饲料（食品）使用
9.6.5	明胶	以来源于食用动物的皮、骨、韧带、肌腱中的胶原为原料，经水解获得的可溶性蛋白类产品。原料不得使用发生疫病和变质的动物组织，不得使用皮革及鞣革副产品。产品须由有资质的食品或药品生产企业提供。	凝胶强度 勃氏粘度 粗灰分
9.6.6	____肉	食用动物的鲜肉或带骨肉、带皮肉。可以鲜用或对其进行冷藏、冷冻、蒸煮、干燥或烟熏处理。原料应来源于同一动物种类，不得使用发生疫病和含禁用物质的动物组织。产品名称需标明保鲜（加工）方法和动物种类，如：鲜羊肉、冻猪肉、熟鸡肉、干牛肉、烟熏鸡肉。该产品仅限于宠物饲料（食品）使用。	粗蛋白质 粗脂肪 水分 本产品仅限于宠物饲料（食品）使用

(续表)

原料编号	原料名称	特征描述	强制性标识要求
9.6.7	____肉粉	以分割可食用鲜肉过程中余下的部分为原料，经高温蒸煮、灭菌、脱脂、干燥、粉碎获得的产品。原料应来源于同一动物种类，除不可避免的混杂，不得添加蹄、角、畜毛、羽毛、皮革及消化道内容物；不得额外添加骨；不得使用发生疫病和含禁用物质的动物组织。产品中总磷含量不高于3.5%，钙含量不超过磷含量的2.2倍，胃蛋白酶消化率不低于85%。产品名称应标明具体动物种类，如：鸡肉粉。	粗蛋白质 粗脂肪 总磷 胃蛋白酶消化率 酸价
9.6.8	____肉骨粉	以分割可食用鲜肉过程中余下的部分为原料，经高温蒸煮、灭菌、脱脂、干燥、粉碎获得的产品。原料应来源于同一动物种类，除不可避免的混杂，不得添加蹄、角、畜毛、羽毛、皮革及消化道内容物。不得使用发生疫病和含禁用物质的动物组织。产品中总磷含量不低于3.5%，钙含量不超过磷含量的2.2倍，胃蛋白酶消化率不低于85%。产品名称应标明具体动物种类，如：鸡肉骨粉。	粗蛋白质 粗脂肪 总磷 胃蛋白酶消化率 酸价
9.6.9	骨源磷酸氢钙[a]	食用动物骨粉碎后，经盐酸浸泡所得溶液，用石灰乳中和，再经干燥、粉碎得到的产品，其中磷含量不低于16.5%，氯含量不高于3%。	粗灰分 总磷 钙 氯
9.6.10	脱胶骨粉	食用动物骨骼经脱胶、干燥、粉碎获得的产品。原料不得使用发生疫病和变质的动物骨骼。	粗灰分 总磷 钙
9.7	**血液制品**		
9.7.1	喷雾干燥____血浆蛋白粉	以屠宰食用动物得到的新鲜血液分离出的血浆为原料，经灭菌、喷雾干燥获得的产品。原料应来源于同一动物种类，不得使用发生疫病和变质的动物血液。产品名称应标明具体动物来源，如：喷雾干燥猪血浆蛋白粉。	粗蛋白质 免疫球蛋白 （IgG 或 IgY）
9.7.2	喷雾干燥____血球蛋白粉	以屠宰食用动物得到的新鲜血液分离出的血细胞为原料，经灭菌、喷雾干燥获得的产品。原料应来源于同一动物种类，不得使用发生疫病和变质的动物血液。产品名称应标明具体动物来源，如：喷雾干燥猪血球蛋白粉。	粗蛋白质
9.7.3	水解____血粉	以屠宰食用动物得到的新鲜血液为原料，经水解、干燥获得的产品。原料应来源于同一动物种类，不得使用发生疫病和变质的动物血液。产品名称应标明具体动物来源，如：水解猪血粉。	粗蛋白质 胃蛋白酶消化率

(续表)

原料编号	原料名称	特征描述	强制性标识要求
9.7.4	水解＿＿＿血球蛋白粉	以屠宰食用动物得到的新鲜血液分离出的血球为原料，经破膜、灭菌、酶解、浓缩、喷雾干燥等一系列工序获得的产品。原料应来源于同一动物种类，不得使用发生疫病和变质的动物血液。产品名称应标明具体动物来源，如：水解猪血球蛋白粉。	粗蛋白质 胃蛋白酶消化率
9.7.5	水解珠蛋白粉	以屠宰食用动物获得的新鲜血液分离出的血球为原料，经破膜、灭菌、酶解、分离等工序得到的珠蛋白，再经浓缩、喷雾干燥获得的产品。粗蛋白质含量不低于90%。	粗蛋白质 赖氨酸
9.7.6	＿＿＿血粉	以屠宰食用动物得到的新鲜血液为原料，经干燥获得的产品。原料应来源于同一动物种类，不得使用发生疫病和变质的动物血液。产品粗蛋白质含量不低于85%。产品名称应标明具体动物来源，如：鸡血粉。	粗蛋白质
9.7.7	血红素蛋白粉	以屠宰食用动物得到的新鲜血液分离出的血球为原料，经破膜、灭菌、酶解、分离等工序获得血红素，再浓缩、喷雾干燥获得的产品。卟啉铁含量（以铁计）不低于1.2%。	粗蛋白质 卟啉铁（血红素铁）

10. 鱼、其他水生生物及其副产品

原料编号	原料名称	特征描述	强制性标识要求
10.1	贝类及其副产品		
10.1.1	＿＿＿贝	新鲜可食用的贝类，可以鲜用或根据使用要求对其进行冷藏、冷冻、蒸煮、干燥处理。产品名称中应标明贝的种类，如：扇贝、牡蛎。	
10.1.2	贝壳粉	贝类的壳经过干燥、粉碎获得的产品。	粗灰分 钙
10.1.3	干贝粉	食品企业加工食用干贝（扇贝柱）剩余的边角料（不包括壳），经干燥、粉碎获得的产品。	粗蛋白质 粗脂肪 组胺
10.2	甲壳类动物及其副产品		
10.2.1	虾	新鲜的虾。可以鲜用或根据使用要求对其进行冷藏、冷冻、蒸煮、干燥处理。	
10.2.2	磷虾粉	以磷虾（*Euphausia superba*）为原料，经干燥、粉碎获得的产品。	粗蛋白质 粗灰分 盐分 挥发性盐基氮

(续表)

原料编号	原料名称	特征描述	强制性标识要求
10.2.3	虾粉	虾经蒸煮、干燥、粉碎获得的产品。	粗蛋白质 粗灰分 盐分 挥发性盐基氮
10.2.4	虾膏	以虾为原料,经油脂分离、酶解、浓缩获得的膏状物。	粗蛋白质 粗灰分 水分 挥发性盐基氮
10.2.5	虾壳粉	以食品企业加工虾仁过程中剥离出的虾头、虾壳为原料,经干燥、粉碎获得的产品。	粗灰分
10.2.6	虾油	以海洋虾类经蒸煮、压榨、分离获得的毛油为原料,再进行精炼获得的产品。	脂肪 酸价 碘价
10.2.7	蟹	新鲜的蟹。可以鲜用或根据使用要求对其进行冷藏、冷冻、蒸煮、干燥处理。	
10.2.8	蟹粉	以蟹或蟹的某一部分为原料,经蒸煮、压榨、干燥、粉碎获得的产品。产品中粗蛋白质含量不低于25%。	粗蛋白质 粗灰分 挥发性盐基氮
10.2.9	蟹壳粉	以蟹壳为原料,经烘干、粉碎获得的产品。	粗灰分
10.3	**水生软体动物及其副产品**		
10.3.1	乌贼	新鲜的乌贼。可以鲜用或根据使用要求对其进行冷藏、冷冻、蒸煮、干燥处理。	
10.3.2	乌贼粉	乌贼经蒸煮、压榨、干燥、粉碎获得的产品。	粗蛋白质 粗脂肪 粗灰分 挥发性盐基氮
10.3.3	乌贼膏	以乌贼内脏为原料,经油脂分离、酶解、浓缩获得的膏状物。	粗蛋白质 粗脂肪 粗灰分 挥发性盐基氮 水分
10.3.4	乌贼内脏粉	乌贼膏或与载体混合后,经过干燥获得的产品。使用的载体应为饲料法规中许可使用的原料,并在标签中注明载体名称。	粗蛋白质 粗灰分 载体名称 挥发性盐基氮
10.3.5	乌贼油	从乌贼内脏中分离出的油脂。	粗脂肪 酸价 碘价
10.3.6	鱿鱼	新鲜的鱿鱼。可以鲜用根据使用要求可对其进行冷藏、冷冻、蒸煮或干燥处理。	粗脂肪 酸价

（续表）

原料编号	原料名称	特征描述	强制性标识要求
10.3.7	鱿鱼粉	鱿鱼经蒸煮、压榨、干燥、粉碎获得的产品。	粗蛋白质 粗脂肪 挥发性盐基氮
10.3.8	鱿鱼膏	以鱿鱼内脏为原料，经油脂分离、酶解、浓缩获得的膏状物。	粗蛋白质 粗脂肪 粗灰分 挥发性盐基氮 水分
10.3.9	鱿鱼内脏粉	鱿鱼膏或与载体混合后，经过干燥获得的产品。使用的载体应为饲料法规中许可使用的原料，并在标签中注明载体名称。	粗蛋白质 粗灰分 载体名称 挥发性盐基氮
10.3.10	鱿鱼油	从鱿鱼内脏中分离出的油脂。	粗脂肪 酸价 碘价
10.4	**鱼及其副产品**		
10.4.1	鱼	鲜鱼的全部或部分鱼体。可以鲜用或根据使用要求对其进行冷藏、冷冻、蒸煮、干燥处理。不得使用发生疫病和受污染的鱼。	粗蛋白质 水分
10.4.2	白鱼粉	鳕鱼、鲽鱼、鸳鱼等白肉鱼种的全鱼或其为原料加工水产品后剩余的鱼体部分（包括鱼骨、鱼内脏、鱼头、鱼尾、鱼皮、鱼眼、鱼鳞和鱼鳍），经蒸煮、压榨、脱脂、干燥、粉碎获得的产品。	粗蛋白质 粗脂肪 粗灰分 赖氨酸 组胺 挥发性盐基氮
10.4.3	水解鱼蛋白粉	以全鱼或鱼的某一部分为原料，经浓缩、水解、干燥获得的产品。产品中粗蛋白质含量不低于50%。	粗蛋白质 粗脂肪 粗灰分
10.4.4	鱼粉	全鱼或经分割的鱼体经蒸煮、压榨、脱脂、干燥、粉碎获得的产品。在干燥过程中可加入鱼溶浆。不得使用发生疫病和受污染的鱼。该产品原料若来源于淡水鱼，产品名称应标明"淡水鱼粉"。	粗蛋白质 粗脂肪 粗灰分 赖氨酸 挥发性盐基氮
10.4.5	鱼膏	以鲜鱼内脏等下杂物为原料，经油脂分离、酶解、浓缩获得的膏状物。	粗蛋白质 粗灰分 挥发性盐基氮 水分
10.4.6	鱼骨粉	鱼类的骨骼经粉碎、烘干获得的产品。	钙 磷 粗灰分
10.4.7	鱼排粉	加工鱼类水产品过程中剩余的鱼体部分（包括鱼骨、鱼内脏、鱼头、鱼尾、鱼皮、鱼眼、鱼鳞和鱼鳍）经蒸煮、烘干、粉碎获得的产品。	粗蛋白质 粗脂肪 粗灰分 挥发性盐基氮

(续表)

原料编号	原料名称	特征描述	强制性标识要求
10.4.8	鱼溶浆	以鱼粉加工过程中得到的压榨液为原料，经脱脂、浓缩或水解后再浓缩获得的膏状产品。产品中水分含量不高于50%。	粗蛋白质 粗脂肪 挥发性盐基氮 水分
10.4.9	鱼溶浆粉	鱼溶浆或与载体混合后，经过喷雾干燥或低温干燥获得的产品。使用载体应为饲料法规中许可使用的原料，并在产品标签中标明载体名称。	粗蛋白质 盐分 挥发性盐基氮 载体名称
10.4.10	鱼虾粉	以鱼、虾、蟹等水产动物及其加工副产物为原料，经蒸煮、压榨、干燥、粉碎等工序获得的产品。不得使用发生疫病和受污染的鱼。	粗蛋白质 粗脂肪 挥发性盐基氮 粗灰分
10.4.11	鱼油	对全鱼或鱼的某一部分经蒸煮、压榨获得的毛油，再进行精炼获得的产品。	粗脂肪 酸价 碘价 丙二醛
10.4.12	鱼浆b	鲜鱼或冰鲜鱼绞碎后，经饲料级或食品级甲酸（添加量不超过鱼鲜重的5%）防腐处理，在一定温度下经液化、过滤得到的液态物，可真空浓缩。挥发性盐基氮含量不高于50mg/100g，组胺含量不高于300mg/kg。	粗蛋白质 粗脂肪 水分 挥发性盐基氮 组胺
10.4.13	低脂肪鱼粉［低脂鱼粉］b	以鱼粉为原料，经正己烷浸提脱脂后得到的产品。粗蛋白质含量不低于68%，粗脂肪含量不高于6%，挥发性盐基氮含量不高于80mg/100g，组胺含量不高于500mg/kg，正己烷残留不高于500mg/kg。原料鱼粉应为有资质的饲用鱼粉生产企业提供的合格产品。	粗蛋白质 粗脂肪 粗灰分 赖氨酸 水分 挥发性盐基氮 组胺
10.4.14	鱼皮c	加工鱼类产品过程中获得的鱼皮经干燥后的产品。	粗蛋白质 水分
10.5	其他		
10.5.1	卤虫卵	卤虫及其卵。	空壳率 孵化率

11. 矿物质

原料编号	原料名称	特征描述	强制性标识要求
11.1	天然矿物质		
11.1.1	凹凸棒石（粉）	天然水合镁铝硅酸盐矿物，可以是粒状或经粉碎后的粉。	镁 水分
	贝壳粉	见10.1.2	

（续表）

原料编号	原料名称	特征描述	强制性标识要求
11.1.2	沸石粉	天然斜发沸石或丝光沸石经粉碎获得的产品。	钙 吸蓝量 吸氨值 水分
11.1.3	高岭土	以高岭石簇矿为主的含有矿物元素的天然矿物，水合硅铝酸盐含量不低于65%。在配合饲料中用量不得超过2.5%。不得含有石棉。	铅 水分
11.1.4	海泡石	一种水合富镁硅酸盐黏土矿物。	水分
11.1.5	滑石粉	天然硅酸镁盐类矿物滑石经精选、净化、粉碎、干燥获得的产品。	水分
11.1.6	麦饭石	天然的无机硅铝酸盐。	水分
11.1.7	蒙脱石	由颗粒极细的水合铝硅酸盐构成的矿物，一般为块状或土状。蒙脱石是膨润土的功能成分，需要从膨润土中提纯获得。	吸蓝量 吸氨值 水分
11.1.8	膨润土[斑脱岩、膨土岩]	以蒙脱石为主要成分的粘土岩—蒙脱石粘土岩。	水分
11.1.9	石粉	用机械方法直接粉碎天然含碳酸钙的石灰石、方解石、白垩沉淀、白垩岩等而制得。钙含量不低于35%。	钙
11.1.10	蛭石	含有硅酸镁、铝、铁的天然矿物质经加热膨胀形成的产品。不得含有石棉。	水分 氟
11.1.11	腐植酸钠[a]	泥炭、褐煤或风化煤粉碎后，与氢氧化钠溶液充分反应得到的上清液经浓缩、干燥得到的产品，其中可溶性腐植酸不低于55%，水分不高于12%。	可溶性腐植酸 水分
11.1.12	硅藻土[b]	以天然硅藻土（硅藻的硅质遗骸）为原料，经过干燥、焙烧、酸洗、分级等工艺制成的硅藻土干燥品、酸洗品、焙烧品及助熔焙烧品。在配合饲料中用量不得超过2%。产品质量标准暂按《食品安全国家标准 食品添加剂 硅藻土》（GB 14936）执行。	水分 非硅物质

12. 微生物发酵产品及副产品

原料编号	原料名称	特征描述	强制性标识要求
12.1	**饼粕、糟渣发酵产品**		
12.1.1	发酵豆粕	以豆粕为主要原料（不低于95%），以麸皮、玉米皮等为辅助原料，使用农业部《饲料添加剂品种目录》中批准使用的饲用微生物菌种进行固态发酵，并经干燥制成的蛋白质饲料原料产品。	粗蛋白质 酸溶蛋白 水苏糖 水分

(续表)

原料编号	原料名称	特征描述	强制性标识要求
12.1.2	发酵＿＿＿果渣	以果渣为原料，使用农业部《饲料添加剂品种目录》中批准使用的饲用微生物进行固体发酵获得的产品。产品名称应标明具体原料来源，如：发酵苹果渣。	粗纤维 粗灰分 水分
12.1.3	发酵棉籽蛋白	以脱壳程度高的棉籽粕或棉籽蛋白为主要原料（不低于95%），以麸皮、玉米等为辅助原料，使用农业部《饲料添加剂品种目录》中批准使用的酵母菌和芽孢杆菌进行固态发酵，并经干燥制成的粗蛋白质含量在50%以上的产品。	粗蛋白质 酸溶蛋白 游离棉酚 水分
12.1.4	酿酒酵母发酵白酒糟	以鲜白酒糟为基质，经酿酒酵母固体发酵、自溶、干燥、粉碎后得到的产品。	粗蛋白 粗纤维 酸溶蛋白 木质素
12.2	**单细胞蛋白**		
12.2.1	产朊假丝酵母蛋白	以玉米浸泡液、葡萄糖、葡萄糖母液等为培养基，利用产朊假丝酵母液体发酵，经喷雾干燥制成的粉末状产品。	粗蛋白质 粗灰分
12.2.2	啤酒酵母粉	啤酒发酵过程中产生的废弃酵母，以啤酒酵母细胞为主要组分，经干燥获得的产品。	粗蛋白质 粗灰分
12.2.3	啤酒酵母泥	啤酒发酵中产生的泥浆状废弃酵母，以啤酒酵母细胞为主且含有少量啤酒。	粗蛋白质 粗灰分
12.2.4	食品酵母粉[a]	食品酵母生产过程中产生的废弃酵母经干燥获得的产品，以酿酒酵母细胞为主要组分。	粗蛋白质 粗灰分
12.2.5	酵母水解物[a]	以酿酒酵母（Saccharomyces cerevisiae）为菌种，经液体发酵得到的菌体，再经自溶或外源酶催化水解后，浓缩或干燥获得的产品。酵母可溶物未经提取，粗蛋白含量不低于35%。	粗蛋白质（以干基计） 粗灰分 水分 甘露聚糖 氨基酸态氮
12.2.6	酿酒酵母培养物[a]	以酿酒酵母为菌种，经固体发酵后，浓缩、干燥获得的产品。	粗蛋白质 粗灰分 水分 甘露聚糖
12.2.7	酿酒酵母提取物[a]	酿酒酵母经液体发酵后得到的菌体，再经自溶或外源酶催化水解，或机械破碎后，分离获得的可溶性组分浓缩或干燥得到的产品。	粗蛋白质 粗灰分
12.2.8	酿酒酵母细胞壁[a]	酿酒酵母经液体发酵后得到的菌体，再经自溶或外源酶催化水解，或机械破碎后，分离获得的细胞壁浓缩、干燥得到的产品。	水分 甘露聚糖
12.3	**利用特定微生物和特定培养基培养获得的菌体蛋白类产品（微生物细胞经休眠或灭活）**		

（续表）

原料编号	原料名称	特征描述	强制性标识要求
12.3.1	谷氨酸渣［味精渣］	利用谷氨酸棒杆菌和由蔗糖、糖蜜、淀粉或其水解液等植物源成分及铵盐（或其他矿物质）组成的培养基发酵生产L-谷氨酸后剩余的固体残渣。菌体应灭活。可进行干燥处理。	粗蛋白质 粗灰分 铵盐 水分
12.3.2	核苷酸渣	利用谷氨酸棒杆菌和由蔗糖、糖蜜、淀粉或其水解液等植物源成分及铵盐（或其他矿物质）组成的培养基发酵生产5'-肌苷酸二钠、5'-鸟苷酸二钠后剩余的固体残渣。菌体应灭活。可进行干燥处理。	粗蛋白质 粗灰分 铵盐 水分
12.3.3	赖氨酸渣	利用谷氨酸棒杆菌和由蔗糖、糖蜜、淀粉或其水解液等植物源成分及铵盐（或其他矿物质）组成的培养基发酵生产L-赖氨酸后剩余的固体副产物。菌体应灭活。可进行干燥处理。	粗蛋白质 粗灰分 铵盐 水分
12.3.4	辅酶Q10渣[d,g]	利用类球红细菌和由葡萄糖、玉米浆、无机盐等组成的主要原料发酵生产辅酶Q10后的固体副产物。菌体应灭活并经干燥处理。该产品仅限于畜禽和水产饲料使用。	粗蛋白质 粗灰分 铵盐 水分
12.3.5	乙醇梭菌蛋白[h,j]	以乙醇梭菌（Clostridium autoethanogenum CICC 11088s）为发酵菌种，以钢铁工业转炉气中的CO为主要原料，采用液体发酵，生产乙醇后的剩余物，经分离、喷雾干燥等工艺制得。终产品不含生产菌株活细胞。该产品仅限于仔猪、肉禽、鱼类饲料使用。	粗蛋白质 粗灰分 水分 铵盐
12.4	糟渣类发酵副产物		
12.4.1	____醋糟 1. 糯米 2. 高粱 3. 麦麸 4. 米糠 5. 甘薯 6. 水果 7. 谷物	以所列物质为原料，经米曲霉、黑曲霉、啤酒酵母和醋杆菌发酵酿造提取食醋后所得的固体副产物。产品若来源于以单一原料，产品名称应标明其来源，如：糯米醋糟。	粗蛋白质 粗纤维 粗灰分 水分
	谷物酒糟类产品	见1.5	
12.4.2	酱油糟	以大豆、豌豆、蚕豆、豆饼、麦麸及食盐等为原料，经米曲霉、酵母菌及乳酸菌发酵酿制酱油后剩余的残渣经灭菌、干燥后获得的固体副产物。	粗蛋白质 粗脂肪 食盐
12.4.3	柠檬酸糟	以含有淀粉的植物性原料发酵生产柠檬酸的过程中，发酵液经过滤剩余的滤渣经脱水干燥获得的固体产品。产品可经粉碎。	粗蛋白质 粗灰分
12.4.4	葡萄酒糟（泥）	工业法生产葡萄汁的副产物，由分离发酵葡萄汁后的液体/糊状物组成。	粗蛋白质 粗灰分

(续表)

原料编号	原料名称	特征描述	强制性标识要求
12.4.5	甜菜糖蜜酵母发酵浓缩液[a]	以甜菜糖蜜为原料，经液体发酵生产酵母后的残液再经浓缩得到的产品。	钾 盐分 甜菜碱 非蛋白氮
12.5	**其他**		
12.5.1	食用乙醇［食用酒精］[c]	以谷物、薯类、糖蜜或其他可食用农作物为原料，经发酵、蒸馏精制而成的，供食用的含水酒精。产品须由有资质的食品生产企业提供。	乙醇 甲醇 醛

13. 其他饲料原料

原料编号	原料名称	特征描述	强制性标识要求
13.1	**淀粉及其加工产品**		
13.1.1	___淀粉	谷物、豆类、块根、块茎等食用植物性原料经淀粉制取工艺（提取、脱水和干燥）获得的产品。产品名称应标明植物性原料的来源，如：玉米淀粉。产品须由有资质的食品生产企业提供。	淀粉 水分
13.1.2	糊精	淀粉在酸或酶的作用下进行低度水解反应所获得的小分子的中间产物。产品须由有资质的食品生产企业提供。	还原糖 葡萄糖当量 水分
13.2	**食品类产品及副产品**		
13.2.1	果蔬加工产品及副产品	新鲜水果和蔬菜在食品工业加工过程中获得的干燥或冷冻的产品。该类产品在不影响公共健康和动物健康的前提下方可生产和使用。产品名称应标明相应的水果、蔬菜和调味料种类的具体名称，如：番茄皮渣。	粗纤维 酸不溶灰分 淀粉 粗脂肪
13.2.2	食品工业产品及副产品	食品工业（方便面和挂面、饼干和糕点、面包、肉制品、巧克力和糖果）生产过程中获得的前食品[注1]和副产品（仅指上述食品在生产过程中因边角、不完整、散落、规格混杂原因而不能成为商品的部分）。可进行干燥处理。该类产品在不影响公共健康和动物健康的前提下方可生产和使用。产品名称应标明具体种类和来源，如：火腿肠粉。	粗蛋白质 粗脂肪 盐分 货架期 水分
13.3	**食用菌及其加工产品**		
13.3.1	白灵侧耳（白灵菇）	侧耳科侧耳属食用菌白灵侧耳（*Pleurotus eryngii* var. *tuoliensia*）及其干燥产品。	

注[1] 前食品：以人类食品为目的生产的，因制造、包装以及其他缺陷不再用于人类消费，但对人类或动物不构成风险的产品。

（续表）

原料编号	原料名称	特征描述	强制性标识要求
13.3.2	刺芹侧耳（杏鲍菇）	侧耳科侧耳属食用菌刺芹侧耳（*Pleurotus eryngii*）及其干燥产品。	
13.3.3	平菇^e	侧耳科侧耳属食用菌平菇（*Pleurotus ostreatus*）及其干燥产品。	
13.3.4	香菇^e	光茸菌科香菇属食用菌香菇［*Lentinus edodes*（Berk.）Sing］及其干燥产品	
13.3.5	毛柄金钱菌［金针菇］^e	小皮伞科小火焰菌属食用菌毛柄金钱菌（*F. velutipes*）及其干燥产品。	
13.3.6	木耳［黑木耳］^e	木耳科木耳属食用菌木耳［*Auricularia auricula*（L. ex Hook.）Underwood］及其干燥产品。	
13.3.7	银耳^e	银耳科银耳属食用菌银耳（*Tremella*）及其干燥产品。	
13.3.8	双孢蘑菇［白蘑菇］^e	蘑菇属食用菌双孢蘑菇（*Agaricus bisporus*）及其干燥产品。	
13.3.9	灵芝^{f2}	多孔菌科真菌赤芝［*Ganoderma lucidum*（Leyss. ex Fr.）Karst.］或紫芝（*Ganoderma sinense* Zhao, Xu et Zhang）的子实体及其干燥产品。	水分
13.3.10	姬松茸^f	蘑菇科蘑菇属姬松茸（*Agaricus subrufescens*）及其干燥产品。	水分
13.4	**糖类**		
13.4.1	白糖［蔗糖］	以甘蔗或甜菜为原料经制糖工艺制取的精糖，主要成分为蔗糖。产品须由有资质的食品生产企业提供。	总糖
13.4.2	果糖	己酮糖，单糖的一种，是葡萄糖的同分异构体。产品须由有资质的食品生产企业提供。	果糖 比旋光度
13.4.3	红糖［蔗糖］	以甘蔗为原料，经榨汁、浓缩获得的带糖蜜的赤色晶体，主要成分为蔗糖。产品须由有资质的食品生产企业提供。	总糖
13.4.4	麦芽糖	两个葡萄糖分子以 α-1,4-糖苷键连接构成的二糖。为淀粉经 β-淀粉酶作用下不完全水解获得的产物。产品须由有资质的食品生产企业提供。	
13.4.5	木糖	戊糖，单糖的一种，以玉米芯为原料，在硫酸催化剂存在的条件下经水解、脱色、净化、蒸发、结晶、干燥等工艺加工生产。产品须由有资质的食品生产企业提供。	木糖 比旋光度
13.4.6	葡萄糖	己醛糖，单糖的一种，是果糖的同分异构体，可含有一个结晶水。产品须由有资质的食品生产企业提供。	葡萄糖 比旋光度

注² 中国传统历史上广泛栽培和食用的"赤芝"拉丁学名应为"*Ganoderma lingzhi*"。

(续表)

原料编号	原料名称	特征描述	强制性标识要求
13.4.7	葡萄糖胺盐酸盐[a]	壳聚糖和壳质结构的一部分，由甲壳类动物和其他节肢动物的外骨骼经水解制备或由粮食（如玉米或小麦）发酵生产。	葡萄糖胺盐酸盐
13.4.8	葡萄糖浆	淀粉经水解获得的高纯度、浓缩的营养性糖类的水溶液。产品须由有资质的食品生产企业提供。	总糖 水分
13.5	**纤维素及其加工产品**		
13.5.1	纤维素	天然木材通过机械加工而获得的产品，其主要成分为纤维素。	粗纤维 粗灰分 水分
13.6	**食品动物加工产品**		
13.6.1	明胶［胶原蛋白］[e]	以来源于食用动物的皮、骨、韧带、肌腱中的胶原为原料，经水解获得可溶性蛋白类产品。原料不得使用发生疫情或变质的动物组织，不得使用皮革及鞣革副产品。产品须由有资质的食品或药品生产企业提供。	蛋白质 粗灰分

第四部分　单一饲料品种

1.1.3　大麦蛋白粉

1.2.6　大米蛋白粉

1.2.8　大米酶解蛋白

1.5.1　干白酒糟

1.5.2　干黄酒糟

1.5.3　____干酒精糟［DDG］

1.5.4　____干酒精糟可溶物［DDS］

1.5.5　干啤酒糟

1.5.6　含可溶物的干酒精糟［____干全酒精糟］［DDGS］

1.11.3　谷朊粉［活性小麦面筋粉］［小麦蛋白粉］

1.11.15　小麦水解蛋白

1.13.2　喷浆玉米皮

1.13.7　玉米蛋白粉

1.13.10　玉米浆干粉

1.13.11　玉米酶解蛋白

2.2.3　菜籽蛋白

2.2.5　菜籽粕［菜粕］

2.2.9　双低菜籽粕［双低菜粕］

2.3.2　大豆分离蛋白

2.3.4　大豆酶解蛋白

2.3.5　大豆浓缩蛋白
2.3.10　大豆糖蜜
2.3.14　豆粕
2.3.18　膨化大豆蛋白［大豆组织蛋白］
2.3.19　膨化豆粕
2.9.3　花生蛋白
2.9.6　花生粕［花生仁粕］
2.12.4　棉籽蛋白
2.12.6　棉籽酶解蛋白
2.12.7　棉籽粕［棉粕］
2.12.9　脱酚棉籽蛋白［脱毒棉籽蛋白］
3.3.2　蚕豆粉浆蛋白粉
3.7.2　绿豆粉浆蛋白粉
3.8.5　豌豆粉浆蛋白粉
4.7.2　马铃薯蛋白粉
7.5.2　____藻渣
7.5.3　裂壶藻粉
7.5.4　螺旋藻粉
7.5.5　拟微绿球藻粉
7.5.6　微藻粕
7.5.7　小球藻粉
7.5.11　等鞭金藻粉j
7.5.12　褐指藻粉j
7.5.13　四片藻j
9.1.1　____油
9.1.2　____油渣（饼）
9.3.1　肠膜蛋白粉
9.3.3　动物内脏粉
9.3.5　动物水解物
9.3.6　膨化羽毛粉
9.3.9　水解蹄角粉
9.3.10　水解畜毛粉
9.3.11　水解羽毛粉
9.4.1　蛋粉
9.4.2　蛋黄粉
9.4.3　蛋壳粉
9.4.4　蛋清粉
9.6.2　____骨粉（粒）
9.6.7　____肉粉

9.6.8 ____肉骨粉

9.6.9 酸化骨粉［骨质磷酸氢钙］

9.6.10 脱胶骨粉

9.7.1 喷雾干燥____血浆蛋白粉

9.7.2 喷雾干燥____血球蛋白粉

9.7.3 水解____血粉

9.7.4 水解____血球蛋白粉

9.7.5 水解珠蛋白粉

9.7.6 ____血粉

9.7.7 血红素蛋白粉

10.2.2 磷虾粉

10.2.3 虾粉

10.4.2 白鱼粉

10.4.3 水解鱼蛋白粉

10.4.4 鱼粉

10.4.7 鱼排粉

10.4.8 鱼溶浆

10.4.9 鱼溶浆粉

10.4.10 鱼虾粉

10.4.11 鱼油

10.4.13 低脂肪鱼粉［低脂鱼粉］[b]

11.1.11 腐植酸钠[a]

12.1.1 发酵豆粕

12.1.2 发酵____果渣

12.1.3 发酵棉籽蛋白

12.1.4 酿酒酵母发酵白酒糟

12.2.1 产朊假丝酵母蛋白

12.2.2 啤酒酵母粉

12.2.4 食品酵母粉[a]

12.2.5 酵母水解物[a]

12.2.6 酿酒酵母培养物[a]

12.2.7 酿酒酵母提取物[a]

12.2.8 酿酒酵母细胞壁[a]

12.3.1 谷氨酸渣

12.3.2 核苷酸渣

12.3.3 赖氨酸渣

12.3.4 辅酶Q10渣[d,g]

12.3.5 乙醇梭菌蛋白[h,j]

12.4.3 柠檬酸糟

12.4.5　甜菜糖蜜酵母发酵浓缩液ᵃ
13.4.7　葡萄糖胺盐酸盐ᵃ

注：
a. 2013 年 12 月 19 日中华人民共和国农业部公告第 2038 号修订；
b. 2014 年 7 月 24 日中华人民共和国农业部公告第 2133 号修订；
c. 2015 年 4 月 22 日中华人民共和国农业部公告第 2249 号修订，强制性标示要求中删除"本产品仅限于宠物饲料（食品）使用"；
d. 2017 年 12 月 28 日中华人民共和国农业部公告 2634 号修订；
e. 2018 年 4 月 27 日中华人民共和国农业农村部公告第 22 号修订；
f. 2020 年 11 月 16 日中华人民共和国农业农村部公告第 356 号修订；
g. 2021 年 8 月 17 日中华人民共和国农业农村部公告第 459 号修订；
h. 2021 年 8 月 27 日中华人民共和国农业农村部公告第 465 号批准北京首朗生物科技有限公司申请的乙醇梭菌蛋白为新饲料（新饲证字〔2021〕01 号），产品的监测期自发布之日至 2026 年 8 月底；
i. 2022 年 11 月 3 日中华人民共和国农业农村部公告第 614 号修订；
j. 2023 年 7 月 21 日中华人民共和国农业农村部公告第 692 号修订。

饲料添加剂品种目录

（根据农业部第 2045 号公告及后续修订公告汇总，截至 2023 年 7 月）

《饲料添加剂品种目录（2013）》于 2013 年 12 月 30 日由中华人民共和国农业部公告第 2045 号发布，2014 年 2 月 1 日起实施。后经农业农村部多次修订。

现根据农业部第 2045 号公告及后续发布的修订公告，将《饲料添加剂品种目录》整理汇总如下，并将根据审批及修订情况及时更新，以供各方查阅。

表一　饲料添加剂品种目录
表二　2045 号公告附录二所列新饲料和新饲料添加剂品种
表三　2045 号公告发布后新批准的新饲料和新饲料添加剂品种
表四　降低含量规格、生产工艺发生重大变化饲料添加剂品种

表一　饲料添加剂品种目录

类别	通用名称	适用范围
氨基酸、氨基酸盐及其类似物	L-赖氨酸、液体 L-赖氨酸（L-赖氨酸含量不低于 50%）、L-赖氨酸盐酸盐、L-赖氨酸硫酸盐及其发酵副产物（产自谷氨酸棒杆菌、乳糖发酵短杆菌，L-赖氨酸含量不低于 51%）、DL-蛋氨酸、L-苏氨酸、L-色氨酸、L-精氨酸、L-精氨酸盐酸盐、甘氨酸、L-酪氨酸、L-丙氨酸、天（门）冬氨酸、L-亮氨酸、异亮氨酸、L-脯氨酸、苯丙氨酸、丝氨酸、L-半胱氨酸、L-组氨酸、谷氨酸、谷氨酰胺、缬氨酸、胱氨酸、牛磺酸	养殖动物
	半胱胺盐酸盐	畜禽
	L-半胱氨酸盐酸盐	犬[d]、猫[d]
	蛋氨酸羟基类似物	猪、鸡、牛和水产养殖动物、犬[d]、猫[d]、鸭[h]
	蛋氨酸羟基类似物钙盐	猪、鸡、牛和水产养殖动物、犬[d]、猫[d]
	蛋氨酸羟基类似物异丙酯[h]	反刍动物
	N-羟甲基蛋氨酸钙	反刍动物
	α-环丙氨酸	鸡

（续表）

类别	通用名称	适用范围
维生素及类维生素	维生素 A、维生素 A 乙酸酯、维生素 A 棕榈酸酯、β-胡萝卜素、盐酸硫胺（维生素 B_1）、硝酸硫胺（维生素 B_1）、核黄素（维生素 B_2）、盐酸吡哆醇（维生素 B_6）、氰钴胺（维生素 B_{12}）、L-抗坏血酸（维生素 C）、L-抗坏血酸钙、L-抗坏血酸钠、L-抗坏血酸-2-磷酸酯、L-抗坏血酸-6-棕榈酸酯、维生素 D_2、维生素 D_3、天然维生素 E、dl-α-生育酚、dl-α-生育酚乙酸酯、亚硫酸氢钠甲萘醌（维生素 K_3）、二甲基嘧啶醇亚硫酸甲萘醌、亚硫酸氢烟酰胺甲萘醌、烟酸、烟酰胺、D-泛醇、D-泛酸钙、DL-泛酸钙、叶酸、D-生物素、氯化胆碱、肌醇、L-肉碱、L-肉碱盐酸盐、甜菜碱、甜菜碱盐酸盐	养殖动物
	25-羟基胆钙化醇（25-羟基维生素 D_3）	猪、家禽
	L-肉碱酒石酸盐	宠物
	维生素 K_1、酒石酸氢胆碱	犬[d]、猫[d]
矿物元素及其络（螯）合物[1]	氯化钠、硫酸钠、磷酸二氢钠、磷酸氢二钠、磷酸二氢钾、磷酸氢二钾、轻质碳酸钙、氯化钙、磷酸氢钙、磷酸二氢钙、磷酸三钙、乳酸钙、葡萄糖酸钙、硫酸镁、氧化镁、氯化镁、柠檬酸亚铁、富马酸亚铁、乳酸亚铁、硫酸亚铁、氯化亚铁、氯化铁、碳酸亚铁、氯化铜、硫酸铜、碱式氯化铜、氧化锌、氯化锌、碳酸锌、硫酸锌、乙酸锌、碱式氯化锌、氯化锰、氧化锰、硫酸锰、碳酸锰、磷酸氢锰、碘化钾、碘化钠、碘酸钾、碘酸钙、氯化钴、乙酸钴、硫酸钴、亚硒酸钠、钼酸钠、蛋氨酸铜络（螯）合物、蛋氨酸铁络（螯）合物、蛋氨酸锰络（螯）合物、蛋氨酸锌络（螯）合物、赖氨酸铜络（螯）合物、赖氨酸锌络（螯）合物、甘氨酸铜络（螯）合物、甘氨酸铁络（螯）合物、酵母铜、酵母铁、酵母锰、酵母硒、氨基酸铜络合物（氨基酸来源于水解植物蛋白）、氨基酸铁络合物（氨基酸来源于水解植物蛋白）、氨基酸锰络合物（氨基酸来源于水解植物蛋白）、氨基酸锌络合物（氨基酸来源于水解植物蛋白）	养殖动物
	赖氨酸和谷氨酸锌络合物[g]	断奶仔猪、肉仔鸡和蛋鸡
	蛋白铜、蛋白铁、蛋白锌、蛋白锰	养殖动物（反刍动物除外）
	羟基蛋氨酸类似物络（螯）合锌、羟基蛋氨酸类似物络（螯）合锰、羟基蛋氨酸类似物络（螯）合铜	奶牛、肉牛、家禽和猪
	烟酸铬、酵母铬、吡啶甲酸铬	猪、犬[d]、猫[d]
	蛋氨酸铬	猪、泌乳奶牛[k]、犬[d]、猫[d]
	丙酸铬	猪、奶牛[b]、肉仔鸡[j]、犬[d]、猫[d]

(续表)

类别	通用名称	适用范围
矿物元素及其络（螯）合物[1]	甘氨酸锌	猪、犬[d]、猫[d]
	丙酸锌	猪、牛和家禽
	硫酸钾	畜禽[e]
	三氧化二铁、氧化铜	反刍动物
	碳酸钴	反刍动物、猫、狗
	稀土（铈和镧）壳糖胺螯合盐	畜禽、鱼和虾
	乳酸锌（α-羟基丙酸锌）	生长育肥猪、家禽、犬[d]、猫[d]
	葡萄糖酸铜、葡萄糖酸锰、葡萄糖酸锌、葡萄糖酸亚铁、焦磷酸铁、碳酸镁、甘氨酸钙、二氢碘酸乙二胺（EDDI）	犬[d]、猫[d]
酶制剂[2]	淀粉酶（产自黑曲霉、解淀粉芽孢杆菌、地衣芽孢杆菌、枯草芽孢杆菌、长柄木霉[3]、米曲霉、大麦芽、酸解支链淀粉芽孢杆菌）	青贮玉米、玉米、玉米蛋白粉、豆粕、小麦、次粉、大麦、高粱、燕麦、豌豆、木薯、小米、大米
	α-半乳糖苷酶（产自黑曲霉）	豆粕
	纤维素酶（产自长柄木霉[3]、黑曲霉、孤独腐质霉、绳状青霉）	玉米、大麦、小麦、麦麸、黑麦、高粱
	β-葡聚糖酶（产自黑曲霉、枯草芽孢杆菌、长柄木霉[3]、绳状青霉、解淀粉芽孢杆菌、棘孢曲霉）	小麦、大麦、菜籽粕、小麦副产物、去壳燕麦、黑麦、黑小麦、高粱
	葡萄糖氧化酶（产自特异青霉、黑曲霉）	葡萄糖
	脂肪酶（产自黑曲霉、米曲霉）	动物或植物源性油脂或脂肪
	麦芽糖酶（产自枯草芽孢杆菌）	麦芽糖
	β-甘露聚糖酶（产自迟缓芽孢杆菌、黑曲霉、长柄木霉[3]）	玉米、豆粕、椰子粕
	β-半乳糖苷酶（产自黑曲霉）、菠萝蛋白酶（源自菠萝）、木瓜蛋白酶（源自木瓜）、胃蛋白酶（源自猪、小牛、小羊、禽类的胃组织）、胰蛋白酶（源自猪或牛的胰腺）	犬[d]、猫[d]
	果胶酶（产自黑曲霉、棘孢曲霉）	玉米、小麦
	植酸酶（产自黑曲霉、米曲霉、长柄木霉[3]、毕赤酵母）	玉米、豆粕等含有植酸的植物籽实及其加工副产品类饲料原料

（续表）

类别	通用名称	适用范围
酶制剂[2]	蛋白酶（产自黑曲霉、米曲霉、枯草芽孢杆菌、长柄木霉[3]）	植物和动物蛋白
	角蛋白酶（产自地衣芽孢杆菌）	植物和动物蛋白
	木聚糖酶（产自米曲霉、孤独腐质霉、长柄木霉[3]、枯草芽孢杆菌、绳状青霉、黑曲霉、毕赤酵母）	玉米、大麦、黑麦、小麦、高粱、黑小麦、燕麦
微生物	地衣芽孢杆菌、枯草芽孢杆菌、两歧双歧杆菌、粪肠球菌、屎肠球菌、乳酸肠球菌、嗜酸乳杆菌、干酪乳杆菌、德式乳杆菌乳酸亚种（原名：乳酸乳杆菌）、植物乳杆菌、乳酸片球菌、戊糖片球菌、产朊假丝酵母、酿酒酵母、沼泽红假单胞菌、婴儿双歧杆菌、长双歧杆菌、短双歧杆菌、青春双歧杆菌、嗜热链球菌、罗伊氏乳杆菌、动物双歧杆菌、黑曲霉、米曲霉、迟缓芽孢杆菌、短小芽孢杆菌、纤维二糖乳杆菌、发酵乳杆菌、德氏乳杆菌保加利亚亚种（原名：保加利亚乳杆菌）	养殖动物
	产丙酸丙酸杆菌、布氏乳杆菌	青贮饲料、牛饲料
	副干酪乳杆菌	青贮饲料
	凝结芽孢杆菌	肉鸡、生长育肥猪和水产养殖动物、犬[d]、猫[d]
	侧孢短芽孢杆菌（原名：侧孢芽孢杆菌）	肉鸡、肉鸭、猪、虾
非蛋白氮	尿素、碳酸氢铵、硫酸铵、液氨、磷酸二氢铵、磷酸氢二铵、异丁叉二脲、磷酸脲、氯化铵、氨水	反刍动物
抗氧化剂	乙氧基喹啉、丁基羟基茴香醚（BHA）、二丁基羟基甲苯（BHT）、没食子酸丙酯、特丁基对苯二酚（TBHQ）、茶多酚、维生素E、L-抗坏血酸-6-棕榈酸酯	养殖动物
	迷迭香提取物	宠物
	硫代二丙酸二月桂酯、甘草抗氧化物、D-异抗坏血酸、D-异抗坏血酸钠、植酸（肌醇六磷酸）	犬[d]、猫[d]
	L-抗坏血酸钠[h]、L-抗坏血酸[k]	养殖动物
防腐剂、防霉剂和调节剂	甲酸、甲酸铵、甲酸钙、乙酸、双乙酸钠、丙酸、丙酸铵、丙酸钠、丙酸钙、丁酸、丁酸钠、乳酸、苯甲酸、苯甲酸钠、山梨酸、山梨酸钠、山梨酸钾、富马酸、柠檬酸、柠檬酸钾、柠檬酸钠、柠檬酸钙、酒石酸、苹果酸、磷酸、氢氧化钠、碳酸氢钠、氯化钾、碳酸钠	养殖动物
	乙酸钙	畜禽
	焦磷酸钠、三聚磷酸钠、六偏磷酸钠、焦磷酸一氢三钠	宠物
	焦亚硫酸钠	宠物、猪[c]

(续表)

类别	通用名称	适用范围
防腐剂、防霉剂和调节剂	二甲酸钾	猪
	氯化铵	反刍动物
	亚硫酸钠	青贮饲料
	亚硝酸钠[6]、氢氧化钙、乙二胺四乙酸二钠、乳酸钠、乳酸钙、乳酸链球菌素、ε-聚赖氨酸盐酸盐、脱氢乙酸、脱氢乙酸钠、琥珀酸、碳酸钾、焦磷酸二氢二钠、谷氨酰胺转氨酶、磷酸三钠、葡萄糖酸钠	犬[d]、猫[d]
着色剂	辣椒红、β-阿朴-8'-胡萝卜素醛、β-阿朴-8'-胡萝卜素酸乙酯、β,β-胡萝卜素-4,4-二酮（斑蝥黄）	家禽
	β-胡萝卜素	家禽、犬[d]、猫[d]
	天然叶黄素（源自万寿菊）	家禽、水产养殖动物、犬[d]、猫[d]
	红法夫酵母	水产养殖动物、观赏鱼
	虾青素	水产养殖动物、观赏鱼、犬[d]、猫[d]
	柠檬黄、日落黄、诱惑红、胭脂红、靛蓝、二氧化钛、焦糖色（亚硫酸铵法[i]、普通法[i]、氨法[i]）、赤藓红	宠物
	胭脂虫红、氧化铁红、高粱红、红曲红、红曲米、叶绿素铜钠（钾）盐、栀子蓝、栀子黄、新红、酸性红、萝卜红、番茄红素	犬[d]、猫[d]
	苋菜红、亮蓝	宠物和观赏鱼
调味和诱食物质[4]	甜味物质: 糖精、糖精钙、新甲基橙皮苷二氢查耳酮	猪
	甜味物质: 索马甜[a]	养殖动物
	甜味物质: 海藻糖、琥珀酸二钠、甜菊糖苷、5'-呈味核苷酸二钠	犬[d]、猫[d]
	甜味物质: 糖精钠、山梨糖醇	养殖动物
	香味物质: 食品用香料[5]、牛至香酚	养殖动物
	其他: 谷氨酸钠、5'-肌苷酸二钠、5'-鸟苷酸二钠、大蒜素	养殖动物
粘结剂、抗结块剂、稳定剂和乳化剂	α-淀粉、三氧化二铝、可食脂肪酸钙盐、可食用脂肪酸单/双甘油酯、硅酸钙、硅铝酸钠、硫酸钙、硬脂酸钙、甘油脂肪酸酯、聚丙烯酸树脂Ⅱ、山梨醇酐单硬脂酸酯、聚氧乙烯20山梨醇酐单油酸酯、丙二醇、卵磷脂、海藻酸钠、海藻酸钾、海藻酸铵、琼脂、瓜尔胶、阿拉伯树胶、黄原胶、甘露糖醇、木质素磺酸盐、羧甲基纤维素钠、聚丙烯酸钠、山梨醇酐脂肪酸酯、蔗糖脂肪酸酯、焦磷酸二钠、单硬脂酸甘油酯、聚乙二醇400、磷脂、聚乙二醇甘油蓖麻酸酯	养殖动物

(续表)

类别	通用名称	适用范围
粘结剂、抗结块剂、稳定剂和乳化剂	二氧化硅（沉淀并经干燥的硅酸）[a]	养殖动物
	丙三醇	猪、鸡和鱼、犬[d]、猫[d]
	硬脂酸	猪、牛和家禽、犬[d]、猫[d]
	卡拉胶、决明胶、刺槐豆胶、果胶、微晶纤维素	宠物
	羟丙基纤维素、硬脂酸镁、不溶性聚乙烯聚吡咯烷酮（PVPP）、羧甲基淀粉钠、结冷胶、醋酸酯淀粉、葡萄糖酸-δ-内酯、羟丙基二淀粉磷酸酯、羟丙基淀粉、酪蛋白酸钠、丙二醇脂肪酸酯、中链甘油三酯、亚麻籽胶、乙酰化二淀粉磷酸酯、麦芽糖醇、可得然胶、聚葡萄糖	犬[d]、猫[d]
	辛烯基琥珀酸淀粉钠[a]	养殖动物
	乙基纤维素[f]、聚乙烯醇[f]	养殖动物
	紫胶[h]	养殖动物
	羟丙基甲基纤维素[c]	养殖动物[h]
多糖和寡糖	低聚木糖（木寡糖）	鸡、猪、水产养殖动物、犬[c]、猫[c]
	低聚壳聚糖	猪、鸡和水产养殖动物、犬[c]、猫[c]
	半乳甘露寡糖	猪、肉鸡、兔和水产养殖动物
	果寡糖、甘露寡糖、低聚半乳糖	养殖动物
	壳寡糖（寡聚β-(1-4)-2-氨基-2-脱氧-D-葡萄糖）(n=2~10)	猪、鸡、肉鸭、虹鳟鱼、犬[c]、猫[c]
	β-1,3-D-葡聚糖（源自酿酒酵母）	水产养殖动物、犬[c]、猫[c]
	N,O-羧甲基壳聚糖	猪、鸡
其他	天然类固醇萨洒皂角苷（源自丝兰）、天然三萜烯皂角苷（源自可来雅皂角树）、二十二碳六烯酸（DHA）	养殖动物
	糖萜素（源自山茶籽饼）	猪和家禽
	乙酰氧肟酸	反刍动物
	苜蓿提取物（有效成分为苜蓿多糖、苜蓿黄酮、苜蓿皂甙）	仔猪、生长育肥猪、肉鸡、犬[d]、猫[d]
	杜仲叶提取物（有效成分为绿原酸、杜仲多糖、杜仲黄酮）	生长育肥猪、鱼、虾
	淫羊藿提取物（有效成分为淫羊藿苷）	鸡、猪、绵羊、奶牛

(续表)

类别	通用名称	适用范围
其他	共轭亚油酸	仔猪、蛋鸡、犬ᵈ、猫ᵈ
	4,7-二羟基异黄酮（大豆黄酮）	猪、产蛋家禽
	地顶孢霉培养物	猪、鸡、泌乳奶牛ʲ
	紫苏籽提取物（有效成分为α-亚油酸、亚麻酸、黄酮）	猪、肉鸡和鱼、犬ᵈ、猫ᵈ
	硫酸软骨素	猫、狗
	植物甾醇（源于大豆油/菜籽油，有效成分为β-谷甾醇、菜油甾醇、豆甾醇）	家禽、生长育肥猪、犬ᵈ、猫ᵈ
	透明质酸、透明质酸钠、乳铁蛋白、酪蛋白磷酸肽（CPP）、酪蛋白钙肽（CCP）、二十碳五烯酸（EPA）、二甲基砜（MSM）、硫酸软骨素钠	犬ᵈ、猫ᵈ

注：1. 所列物质包括无水和结晶水形态；
2. 酶制剂的适用范围为典型底物，仅作为推荐，并不包括所有可用底物；
3. 目录中所列长柄木霉亦可称为长枝木霉或李氏木霉；
4. 以一种或多种调味物质或诱食物质添加载体等复配而成的产品可称为调味剂或诱食剂，其中：以一种或多种甜味物质添加载体等复配而成的产品可称为甜味剂；以一种或多种香味物质添加载体等复配而成的产品可称为香味剂；
5. 食品用香料见《食品安全国家标准 食品添加剂使用卫生标准》（GB 2760）中食品用香料名单；
6. 农业农村部公告第21号规定，亚硝酸钠仅限用于水分含量≥20%的宠物饲料，最高限量为100mg/kg。
a. 2014年7月24日中华人民共和国农业部公告第2134号修订；
b. 2015年6月3日中华人民共和国农业部公告第2264号批准进口饲料添加剂丙酸铬用于奶牛；
c. 2017年12月28日中华人民共和国农业部公告第2634号修订；
d. 2018年4月27日中华人民共和国农业农村部公告第21号修订；
e. 2018年8月17日中华人民共和国农业农村部公告第53号修订；
f. 2019年11月18日中华人民共和国农业农村部公告第231号修订；
g. 2020年8月26日中华人民共和国农业农村部公告第325号修订；
h. 2020年11月16日中华人民共和国农业农村部公告第356号修订；
i. 2021年8月17日中华人民共和国农业农村部公告第459号修订；
j. 2022年11月3日中华人民共和国农业农村部公告第614号修订；
k. 2023年7月21日中华人民共和国农业农村部公告第692号修订。

表二 2045 号公告附录二所列新饲料和新饲料添加剂品种

序号	类别	产品名称	英文名称	申请单位	适用范围	批准时间
1	其他	藤茶黄酮	Total Flavones of *Ampelosis grossedentata*	北京伟嘉人生物技术有限公司	鸡	2008 年 12 月
2	酶制剂	溶菌酶（源自鸡蛋清）	Lysozyme（Source: Egg-whites）	上海艾魁英生物科技有限公司	仔猪、肉鸡、犬[b]、猫[b]	2008 年 12 月
3	微生物	丁酸梭菌	*Clostridium butyricum*	杭州惠嘉丰牧科技有限公司	断奶仔猪、肉仔鸡	2009 年 07 月
4	矿物元素及其络（螯）合物	苏氨酸锌螯合物	Zinc Threoninate Chelate	江西民和科技有限公司	猪	2009 年 12 月
5	酶制剂	饲用黄曲霉毒素 B₁ 分解酶（产自发光假蜜环菌）	Aflatoxin B1 - detoxifizyme (from *Armillariella tabescens*)	广州科仁生物工程有限公司	肉鸡、仔猪	2010 年 12 月
6	多糖和寡糖	褐藻酸寡糖	Alginate Oligosaccharides (AOS)	大连中科格莱克生物科技有限公司	肉鸡、蛋鸡	2011 年 12 月
7	多糖和寡糖	低聚异芽糖	Isomaltooligosaccharide (IMO)	保龄宝生物股份有限公司	蛋鸡、断奶仔猪、犬[a]、猫[b]	2012 年 07 月

注：a. 2014 年 7 月 24 日中华人民共和国农业部公告第 2134 号扩大适用范围至断奶仔猪；
b. 2018 年 4 月 27 日中华人民共和国农业农村部公告第 21 号扩大适用范围至犬、猫。

表三 2045 号公告发布后新批准的新饲料和新饲料添加剂品种

序号	新产品证书编号	类别	产品名称	英文名称	申请单位	适用动物	新产品公告号	批准时间
1	新饲证字[2014] 01 号	氨基酸、氨基酸盐及其类似物	N-氨甲酰谷氨酸	N - Carbamylglutamate	亚太兴牧（北京）亚太兴牧（北京）科技有限公司	妊娠母猪、花鲈和泌乳奶牛[c]	农业部公告第 2091 号	2014 年 4 月
2	新饲证字[2014] 02 号	抗氧化剂	姜黄素	Curcumin	广州市科虎生物科技开发研究中心	淡水鱼类、肉仔鸡[b]	农业部公告第 2131 号	2014 年 7 月

(续表)

序号	新产品证书编号	类别	产品名称	英文名称	申请单位	适用动物	新产品公告号	批准时间
3	新饲证字〔2014〕03号	其他	胆汁酸	Bile Acids	山东龙昌动物保健品有限公司	肉仔鸡、产蛋鸡、断奶仔猪[c]、育肥猪[d]、淡水鱼类[d]	农业部公告第2131号	2014年7月
4	新饲证字〔2014〕04号	氨基酸、氨基酸盐及其类似物	胍基乙酸	Guanidinoacetic Acid	北京君德同创农牧科技股份有限公司	肉仔鸡、生长育肥鸡[a]	农业部公告第2167号	2014年10月
5	新饲证字〔2015〕01号	调味和诱食物质	纽甜	Neotame	青岛诚汇双达生物科技有限公司、山东诚创医药技术开发有限公司	断奶仔猪	农业部公告第2309号	2015年10月
6	新饲证字〔2015〕02号	矿物元素及其络（螯）合物	L-硒代蛋氨酸	L-Selenomethionine	绵阳市新-美化工有限公司	肉仔鸡、产蛋鸡、断奶仔猪[e]	农业部公告第2309号	2015年10月
7	新饲证字〔2015〕03号	微生物	约氏乳杆菌	Lactobacillus johnsonii	北京大北农科技集团股份有限公司	断奶仔猪、蛋雏鸡	农业部公告第2309号	2015年10月
8	新饲证字〔2017〕01号	调味和诱食物质	（2-羧乙基）二甲基溴化硫	(2-Carboxyethyl) dimethylsulfonium bromide	广州市科虎生物技术研究开发中心	淡水鱼	农业部公告第2519号	2017年4月
9	新饲证字〔2019〕01号	矿物元素及其络（螯）合物	柠檬酸铜	Cupric citrate	四川省畜科饲料有限公司	断奶仔猪	农业农村部公告第162号	2019年4月
10	新饲证字〔2019〕02号	其他	绿原酸（源自原植物为灰毡毛忍冬）	Chlorogenicacid (from Loniceraeflos, the original plant is Lonicera macranthoides Hand.-Mazz.)	北京生泰尔科技股份有限公司、爱迪森（北京）生物科技有限公司	肉仔鸡	农业农村部公告第217号	2019年9月

(续表)

序号	新产品证书编号	类别	产品名称	英文名称	申请单位	适用动物	新产品公告号	批准时间
11	新饲证字〔2020〕01号	其他	植物炭黑	Plant Carbon	福建省顺昌碳娃娃生物科技有限公司，福建省百草霜生物科技有限公司	仔猪	农业农村部公告第258号	2020年1月
12	新饲证字〔2021〕02号	其他	吡咯并喹啉醌二钠	Pyrroloquinoline Quinone Disodium salt	常茂生物化学工程股份有限公司，上海医学生命科学研究中心有限公司	肉仔鸡	农业农村部公告第465号	2021年8月
13	新饲证字〔2021〕03号	矿物元素及其络（螯）合物	碱式氯化锰	Dimanganese Chloride Trihydroxide	长沙兴嘉生物工程股份有限公司	肉仔鸡	农业农村部公告第508号	2021年12月
14	新饲证字〔2021〕04号	其他	水飞蓟宾	Silybin	广州立达尔生物科技股份有限公司，宁夏立达尔生物科技有限公司	淡水鱼	农业农村部公告第508号	2021年12月
15	新饲证字〔2022〕01号	其他	鞣酸蛋白	Albumin tannate	广州英赛特生物技术有限公司，南雄英赛特精细化工科技有限公司	断奶仔猪	农业农村部公告第614号	2022年11月
16	新饲证字〔2022〕02号	其他	三丁酸甘油酯	Tributyrin	武汉泛华生物科技有限公司，湖北浩华生物技术有限公司	肉仔鸡	农业农村部公告第614号	2022年11月
17	新饲证字〔2022〕03号	其他	万寿菊提取物（有效成分为槲皮万寿菊素）	Marigold extract (active substance Quercetagetin)	晨光生物科技集团股份有限公司	肉仔鸡	农业农村部公告第614号	2022年11月
18	新饲证字〔2022〕04号	其他	枯草三十七肽	Sublancin	中农颖泰林州生物科园有限公司	肉鸡	农业农村部公告第614号	2022年11月

(续表)

序号	新产品证书编号	类别	产品名称	英文名称	申请单位	适用动物	新产品公告号	批准时间
19	新饲证字〔2022〕05号	其他	腺苷七肽	Johnisin-C	重庆市畜牧科学院、安杰利（重庆）生物科技有限公司	断奶仔猪	农业农村部公告第614号	2022年11月
20	新饲证字〔2023〕01号	微生物	马克斯克鲁维酵母（CGMCC 10621）	Kluyveromyces marxianus（CGMCC 10621）	复旦大学、武汉新华扬生物股份有限公司	肉仔鸡	农业农村部公告第692号	2023年7月
21	新饲证字〔2023〕02号	植物提取物	红三叶草提取物（有效成分为刺芒柄花素、鹰嘴豆芽素A）	Red clover extracts（Active substances: Formononetin, Biochanin A）	中国农业科学院北京畜牧兽医研究所、湖南菲托威植物资源有限公司、中优乳奶业研究院（天津）有限公司	成年奶牛和育成期奶牛	农业农村部公告第692号	2023年7月

注：
a. 2017年8月31日中华人民共和国农业部公告第2572号扩大肽基乙酸适用范围至生长育肥猪；
b. 2019年1月15日中华人民共和国农业农村部公告第123号公告扩大姜黄素适用范围至肉仔鸡；
c. 2019年4月16日中华人民共和国农业农村部公告第163号公告扩大N-氨甲酰谷氨酸适用范围至花鲈和泌乳奶牛；
d. 2020年1月13日中华人民共和国农业农村部公告第257号扩大胆汁酸适用范围至淡水鱼和断奶仔猪；
e. 2022年11月3日中华人民共和国农业农村部公告第614号扩大胆汁酸适用范围至产蛋鸡，扩大L-硒代蛋氨酸适用范围至断奶仔猪和产蛋鸡。

表四　降低含量规格饲料添加剂品种

序号	通用名称	含量规格	申请单位	适用动物	产品公告号	批准时间
1	一水硫酸锌	硫酸锌含量（以Zn计）≥33.0%	杭州富阳新兴实业有限公司	养殖动物	农业部公告第2426号	2016年7月

生产工艺发生重大变化饲料添加剂品种

序号	通用名称	申请单位	适用动物	产品公告号	批准时间
1	氯化钠（源于甜菜碱/甜菜碱盐酸盐联产）	山东祥维斯生物科技股份有限公司	养殖动物	农业部公告第2596号	2017年10月

饲料添加剂安全使用规范

中华人民共和国农业部公告第 2625 号

为切实加强饲料添加剂管理，保障饲料和饲料添加剂产品质量安全，促进饲料工业和养殖业持续健康发展，根据《饲料和饲料添加剂管理条例》有关规定，我部对《饲料添加剂安全使用规范》（以下简称《规范》）进行了修订。现将有关事项公告如下。

一、各省、自治区、直辖市人民政府饲料管理部门实施饲料添加剂（混合型饲料添加剂除外）生产许可应遵守本《规范》规定，不得核发含量规格低于本《规范》或者生产工艺与本《规范》不一致的饲料添加剂生产许可证明文件。

二、饲料企业和养殖者使用饲料添加剂产品时，应严格遵守"在配合饲料或全混合日粮中的最高限量"规定，不得超量使用饲料添加剂；在实现满足动物营养需要、改善饲料品质等预期目标的前提下，应采取积极措施减少饲料添加剂的用量。

三、饲料企业和养殖者使用《饲料添加剂品种目录》中铁、铜、锌、锰、碘、钴、硒、铬等微量元素饲料添加剂时，含同种元素的饲料添加剂使用总量应遵守本《规范》中相应元素"在配合饲料或全混合日粮中的最高限量"规定。

四、仔猪（≤25kg）配合饲料中锌元素的最高限量为 110mg/kg，但在仔猪断奶后前两周特定阶段，允许在此基础上使用氧化锌或碱式氯化锌至 1 600 mg/kg（以锌元素计）。饲料企业生产仔猪断奶后前两周特定阶段配合饲料产品时，如在含锌 110mg/kg 基础上使用氧化锌或碱式氯化锌，应在标签显著位置标明"本品仅限仔猪断奶后前两周使用"，未标明但实际含量超过 110mg/kg 或者已标明但实际含量超过 1 600 mg/kg 的，按照超量使用饲料添加剂处理。

五、饲料企业和养殖者使用非蛋白氮类饲料添加剂，除应遵守本《规范》对单一品种的最高限量规定外，全混合日粮中所有非蛋白氮总量折算成粗蛋白当量不得超过日粮粗蛋白总量的 30%。

六、如无特殊说明，本《规范》"在配合饲料或全混合日粮中的推荐添加量""在配合饲料或全混合日粮中的最高限量"均以干物质含量 88% 为基础计算，最高限量均包含饲料原料本底值。

七、如无特殊说明，添加剂预混合饲料、浓缩饲料、精料补充料产品中的"推荐添加量""最高限量"按其在配合饲料或全混合日粮中的使用比例折算。

八、本公告自 2018 年 7 月 1 日起施行。2009 年 6 月 18 日发布的《饲料添加剂安全使用规范》（农业部公告第 1224 号）同时废止。

特此公告。

农业部
2017 年 12 月 15 日

附件

饲料添加剂安全使用规范

1. 氨基酸、氨基酸盐及其类似物 Amino acids, their salts and analogues

通用名称	英文名称	化学式或描述	来源	含量规格（%）以氨基酸盐计	含量规格（%）以氨基酸计	适用动物	在配合饲料或全混合日粮中的推荐用量（以氨基酸计,%）	在配合饲料或全混合日粮中的最高限量（以氨基酸计,%）	其他要求
L-赖氨酸盐酸盐	L-Lysine monohydrochloride	$NH_2(CH_2)_4CH(NH_2)COOH \cdot HCl$	发酵生产	≥98.5（以干基计）	≥78.8（以干基计）	养殖动物	0~0.5	—	—
L-赖氨酸硫酸盐及其发酵副产物（产自谷氨酸棒杆菌）	L-Lysine sulfate and its by-products from fermentation (Source: Corynebacterium glutamicum)	$[NH_2(CH_2)_4CH(NH_2)COOH]_2 \cdot H_2SO_4$	发酵生产	≥65.0（以干基计）	≥51.0（以干基计）	养殖动物	0~0.5	—	—
DL-蛋氨酸	DL-Methionine	$CH_3S(CH_2)_2CH(NH_2)COOH$	化学制备	—	≥98.5	养殖动物	0~0.2	鸡 0.9	—
L-苏氨酸	L-Threonine	$CH_3CH(OH)CH(NH_2)COOH$	发酵生产	—	≥97.5（以干基计）	养殖动物	畜禽 0~0.3 鱼类 0~0.3 虾类 0~0.8	—	—

（续表）

通用名称	英文名称	化学式或描述	来源	含量规格（%） 以氨基酸盐计	含量规格（%） 以氨基酸计	适用动物	在配合饲料或全混合日粮中的推荐用量（以氨基酸计,%）	在配合饲料或全混合日粮中的最高限量（以氨基酸计,%）	其他要求
L-色氨酸	L-Tryptophan	$(C_8H_5NH)CH_2CH(NH_2)COOH$	发酵生产	—	≥98.0	养殖动物	畜禽 0~0.1 鱼类 0~0.1 虾类 0~0.3	—	—
蛋氨酸羟基类似物	Methionine hydroxy analogue	$C_5H_{10}O_3S$	化学制备	—	≥88.0（以蛋氨酸羟基类似物计）	猪、鸡、牛和水产养殖动物	猪 0~0.11 鸡 0~0.21 牛 0~0.27（以蛋氨酸羟基类似物计）	鸡 0.9（单独或同时使用,以蛋氨酸羟基类似物计）	—
蛋氨酸羟基类似物钙盐	Methionine hydroxy analogue calcium	$C_{10}H_{18}O_6S_2Ca$	化学制备	≥95.0（以干基计）	≥84.0（以蛋氨酸羟基类似物,干基）	同上			
N-羟甲基蛋氨酸钙	N-Hydroxymethyl methionine calcium	$(C_6H_{12}NO_3S)_2Ca$	化学制备	≥98.0	≥67.6（以蛋氨酸计）	反刍动物	牛 0~0.14（以蛋氨酸计）	—	—

2. 维生素及类维生素 Vitamins, provitamins, chemically well defined substances having a similar biological effect to vitamins

通用名称	英文名称	化学式或描述	来源	含量规格 以化合物计	含量规格 以维生素计	适用动物	在配合饲料或全混合日粮中的推荐添加量（以维生素计）	在配合饲料或全混合日粮中的最高限量（以维生素计）	其他要求
维生素A乙酸酯	Vitamin A acetate	$C_{22}H_{32}O_2$	化学制备	—	粉剂≥5.0×10^5 IU/g 油剂≥2.5×10^6 IU/g		猪 1 300～4 000 IU/kg 肉鸡 2 700～8 000 IU/kg 蛋鸡 1 500～4 000 IU/kg 牛 2 000～4 000 IU/kg 羊 1 500～2 400 IU/kg 鱼类 1 000～4 000 IU/kg	仔猪 16 000 IU/kg 育肥猪 6 500 IU/kg 怀孕母猪 12 000 IU/kg 泌乳母猪 7 000 IU/kg 犊牛 25 000 IU/kg 育肥和泌乳牛 10 000 IU/kg 干奶牛 20 000 IU/kg 14 日龄以前的蛋鸡和肉鸡 20 000 IU/kg 14 日龄以后的蛋鸡和肉鸡 10 000 IU/kg 28 日龄以前的肉用火鸡 20 000 IU/kg 28 日龄以后的火鸡 10 000 IU/kg（单独或同时使用）	
维生素A棕榈酸酯	Vitamin A palmitate	$C_{36}H_{60}O_2$	化学制备	—	粉剂≥2.5×10^5 IU/g 油剂≥1.7×10^6 IU/g		同上		
β-胡萝卜素	beta-Carotene	$C_{40}H_{56}$	提取，发酵生产或化学制备	≥96.0%	—	养殖动物	奶牛 5～30 mg/kg（以β-胡萝卜素计）		

（续表）

通用名称	英文名称	化学式或描述	来源	含量规格 以化合物计	含量规格 以维生素计	适用动物	在配合饲料或全混合日粮中的推荐添加量（以维生素计）	在配合饲料或全混合日粮中的最高限量（以维生素计）	其他要求
盐酸硫胺（维生素 B_1）	Thiamine hydrochloride (Vitamin B_1)	$C_{12}H_{17}ClN_4OS \cdot HCl$	化学制备	98.5%～101.0%（以干基计）	87.8%～90.0%（以干基计）	养殖动物	猪 1～5mg/kg 家禽 1～5mg/kg 鱼类 5～20mg/kg	—	—
硝酸硫胺（维生素 B_1）	Thiamine mono-nitrate (Vitamin B_1)	$C_{12}H_{17}N_5O_4S$	化学制备	98.0%～101.0%（以干基计）	90.1%～92.8%（以干基计）	养殖动物	同上	—	—
核黄素（维生素 B_2）	Riboflavin (Vitamin B_2)	$C_{17}H_{20}N_4O_6$	化学制备或发酵生产	—	98.0%～102.0% 96.0%～102.0% ≥80.0%（以干基计）	养殖动物	猪 2～8mg/kg 家禽 2～8mg/kg 鱼类 10～25mg/kg	—	—
盐酸吡哆醇（维生素 B_6）	Pyridoxine hydrochloride (Vitamin B_6)	$C_8H_{11}NO_3 \cdot HCl$	化学制备	98.0%～101.0%（以干基计）	80.7%～83.1%（以干基计）	养殖动物	猪 1～3mg/kg 家禽 3～5mg/kg 鱼类 3～50mg/kg		
氰钴胺（维生素 B_{12}）	Cyanocobalamin (Vitamin B_{12})	$C_{63}H_{88}CoN_{14}O_{14}P$	发酵生产	—	≥96.0%（以干基计）	养殖动物	猪 5～33μg/kg 家禽 3～12μg/kg 鱼类 10～20μg/kg		

(续表)

通用名称	英文名称	化学式或描述	来源	含量规格 以化合物计	含量规格 以维生素计	适用动物	在配合饲料或全混合日粮中的推荐添加量（以维生素计）	在配合饲料或全混合日粮中的最高限量（以维生素计）	其他要求
L-抗坏血酸（维生素C）	L-Ascorbic acid (Vitamin C)	$C_6H_8O_6$	化学制备或发酵生产	—	99.0%～101.0%	养殖动物	猪 150～300mg/kg 家禽 50～200mg/kg 犊牛 125～500mg/kg 罗非鱼、鲴鱼一鱼苗 300mg/kg 一鱼种 200mg/kg 青鱼、虹鳟鱼、蛙类 100～150mg/kg 草鱼、鲤鱼 300～500mg/kg		
L-抗坏血酸钙	Calcium L-ascorbate	$C_{12}H_{14}CaO_{12} \cdot 2H_2O$	化学制备	≥98.0%	≥80.5%		同上		
L-抗坏血酸钠	Sodium L-ascorbate	$C_6H_7NaO_6$	化学制备或发酵生产	≥99.0%（以干基计）	≥88.0%（以干基计）		同上		
L-抗坏血酸-2-磷酸酯	L-Ascorbyl-2-polyphosphate	—	化学制备	—	≥35.0%		同上		
L-抗坏血酸-6-棕榈酸酯	6-palmityl-L-ascorbic acid	$C_{22}H_{38}O_7$	化学制备	≥95.0%	≥40.3%		同上		

（续表）

通用名称	英文名称	化学式或描述	来源	含量规格 以化合物计	含量规格 以维生素计	适用动物	在配合饲料或全混合日粮中的推荐添加量（以维生素计）	在配合饲料或全混合日粮中的最高限量（以维生素计）	其他要求
维生素 D_2	Vitamin D_2	$C_{28}H_{44}O$	化学制备	≥97.0%	≥4.0×10^7 IU/g	养殖动物	猪 150～500 IU/kg 牛 275～400 IU/kg 羊 150～500 IU/kg	猪 一仔猪代乳料 10 000 IU/kg 一其他猪 5 000 IU/kg 家禽 5 000 IU/kg 牛 一犊牛代乳料 10 000 IU/kg 一其他牛 4 000 IU/kg 羊、马 4 000 IU/kg 鱼类 3 000 IU/kg 其他动物 2 000 IU/kg	维生素 D_2 与维生素 D_3 不得同时使用
维生素 D_3	Vitamin D_3	$C_{27}H_{44}O$	化学制备或提取		油剂 ≥1.0×10^6 IU/g 粉剂 ≥5.0×10^5 IU/g	养殖动物	猪 150～500 IU/kg 鸡 400～2 000 IU/kg 鸭 500～800 IU/kg 鹅 500～800 IU/kg 牛 275～450 IU/kg 羊 150～500 IU/kg 鱼类 500～2 000 IU/kg		
25-羟基胆钙化醇（25-羟基维生素 D_3）	25-Hydroxy cholecalciferol (25-Hydroxy Vitamin D_3)	$C_{27}H_{44}O_2·H_2O$	化学制备	≥94.0%	—	猪、家禽	猪 3.75～12.5 μg/kg 鸡 10～50 μg/kg 鸭、鹅 12.5～20 μg/kg	猪 50 μg/kg 肉鸡、火鸡 100 μg/kg 其他家禽 80 μg/kg	1. 不得与维生素 D_2 同时使用； 2. 可与维生素 D_3 同时使用，但两种物质在配合饲料中的总量不得超过：仔猪代乳料 250 μg/kg，其他猪 125 pg/kg，家禽 125 pg/kg。同时使用时，按维生素 D_3 的比例换算维生素 D_3 的使用量 40IU 维生素 D_3=1 μg

（续表）

通用名称	英文名称	化学式或描述	来源	含量规格（以化合物计）	含量规格（以维生素计）	适用动物	在配合饲料或全混合日粮中的推荐添加量（以维生素计）	在配合饲料或全混合日粮中的最高限量（以维生素计）	其他要求
天然维生素E	Natural vitamin E	从天然食用植物油的副产物中提取的天然生育酚	提取	1. d-α-生育酚：E70型，总生育酚≥70.0%，其中d-α-生育酚≥95.0%；E50型，总生育酚≥50.0%，其中d-α-生育酚≥95.0% 2. d-α-醋酸生育酚浓缩物：总生育酚≥70.0% 3. d-α-醋酸生育酚：总生育酚96.0%～102.0% 4. d-α-琥珀酸生育酚：总生育酚96.0%～102.0%	—	养殖动物	猪 10～100 IU/kg 鸡 10～30 IU/kg 鸭 20～50 IU/kg 鹅 20～50 IU/kg 牛 15～60 IU/kg 羊 10～40 IU/kg 鱼类 30～120 IU/kg	—	
DL-α-生育酚（维生素E）	DL-α-Tocopherol (Vitamin E)	$C_{29}H_{50}O_2$	化学制备	—	96.0%～102.0%	养殖动物	同上	—	—
DL-α-生育酚乙酸酯（维生素E）	DL-α-Tocopherol acetate (Vitamin E)	$C_{31}H_{52}O_3$	化学制备	油剂 ≥93.0% 粉剂 ≥50.0%	油剂 ≥930 IU/g 粉剂 ≥500 IU/g	养殖动物	同上	—	—

（续表）

通用名称	英文名称	化学式或描述	来源	含量规格（以化合物计）	含量规格（以维生素计）	适用动物	在配合饲料或全混合日粮中的推荐添加量（以维生素计）	在配合饲料或全混合日粮中的最高限量（以维生素计）	其他要求
亚硫酸氢钠甲萘醌	Menadione sodium bisulfite (MSB)	$C_{11}H_8O_2 \cdot NaHSO_3 \cdot nH_2O, n=1\sim3$	化学制备	—	≥50.0%（以甲萘醌计）	养殖动物	猪 0.5mg/kg 鸡 0.4～0.6mg/kg 鸭 0.5mg/kg 水产动物 2～16mg/kg （以甲萘醌计）	—	—
二甲基嘧啶醇亚硫酸甲萘醌	Menadione dimethyl pyrimidinol biSulfite (MPB)	$C_{17}H_{18}N_2O_6S$	化学制备	≥96.7%	≥44.0%（以甲萘醌计）	养殖动物	同上	猪 10mg/kg 鸡 5mg/kg （以甲萘醌计）	—
亚硫酸氢烟酰胺甲萘醌	Menadione nico-tinamide bisul-fite (MNB)	$C_{17}H_{16}N_2O_6S$	化学制备	≥96.0%	≥43.7%（以甲萘醌计）	养殖动物	同上	—	—
烟酸	Nicotinic acid	$C_6H_5NO_2$	化学制备	—	99.0%～100.5%（以干基计）	养殖动物	仔猪 20～40mg/kg 生长肥育猪 20～30mg/kg 蛋雏鸡 30～40mg/kg 育成蛋鸡 10～15mg/kg 产蛋鸡 20～30mg/kg 肉仔鸡 30～40mg/kg 奶牛 50～60mg/kg(精料补充料) 鱼虾类 20～200mg/kg	—	—
烟酰胺	Niacinamide	$C_6H_6N_2O$	化学制备	—	≥99.0%	养殖动物	同上	—	—

（续表）

通用名称	英文名称	化学式或描述	来源	含量规格（以化合物计）	含量规格（以维生素计）	适用动物	在配合饲料或全混合日粮中的推荐添加量（以维生素计）	在配合饲料或全混合日粮中的最高限量（以维生素计）	其他要求
D-泛酸钙	D - Calcium pantothenate	$C_{18}H_{32}CaN_2O_{10}$	化学制备	98.0%～101.0%（以干基计）	90.2%～92.9%（以干基计）	养殖动物	仔猪 10～15mg/kg 生长肥育猪 10～15mg/kg 蛋雏鸡 10～15mg/kg 育成蛋鸡 10～15mg/kg 产蛋鸡 20～25mg/kg 肉仔鸡 20～25mg/kg 鱼类 20～50mg/kg	—	—
DL-泛酸钙	DL - Calcium pantothenate	$C_{18}H_{32}CaN_2O_{10}$	化学制备	≥99.0%	≥45.5%	养殖动物	仔猪 20～30mg/kg 生长肥育猪 20～30mg/kg 蛋雏鸡 20～30mg/kg 育成蛋鸡 20～30mg/kg 产蛋鸡 40～50mg/kg 肉仔鸡 40～50mg/kg 鱼类 40～100mg/kg	—	—
叶酸	Folic acid	$C_{19}H_{19}N_7O_6$	化学制备	—	95.0%～102.0%（以干基计）	养殖动物	仔猪 0.6～0.7mg/kg 生长肥育猪 0.3～0.6mg/kg 雏鸡 0.6～0.7mg/kg 育成蛋鸡 0.3～0.6mg/kg 产蛋鸡 0.3～0.6mg/kg 肉仔鸡 0.6～0.7mg/kg 鱼类 1.0～2.0mg/kg	—	—

（续表）

通用名称	英文名称	化学式或描述	来源	含量规格 以化合物计	含量规格 以维生素计	适用动物	在配合饲料或全混合日粮中的推荐添加量（以维生素计）	在配合饲料或全混合日粮中的最高限量（以维生素计）	其他要求
D-生物素	D-Biotin	$C_{10}H_{16}N_2O_3S$	化学制备	—	≥97.5%	养殖动物	猪 0.2～0.5mg/kg 蛋鸡 0.15～0.25mg/kg 肉鸡 0.2～0.3mg/kg 鱼类 0.05～0.15mg/kg	—	—
氯化胆碱	Choline chloride	$C_5H_{14}NOCl$	化学制备	水剂： ≥70.0% 或 ≥75.0% 粉剂 植物源性载体或植物源性混合体为载体： ≥50.0% 或 ≥60.0% 或 ≥70.0% 二氧化硅为载体： ≥50.0% （粉剂以干基计）	水剂 ≥52.0% 或 ≥55.0% 粉剂 植物源性载体或植物源性混合体为载体： ≥37.0% 或 ≥44.0% 或 ≥52.0% 二氧化硅为载体： ≥37.0% （粉剂以干基计）	养殖动物	猪 200～1 300mg/kg 鸡 450～1 500mg/kg 鱼类 400～1 200mg/kg	—	用于奶牛时，产品应作保护处理
肌醇	Inositol	$C_6H_{12}O_6$	化学制备	—	≥97.0% （以干基计）	养殖动物	鲤科鱼 250～500mg/kg 鲑鱼、虹鳟 300～400mg/kg 鳗鱼 500mg/kg 虾类 200～300mg/kg	—	—

(续表)

通用名称	英文名称	化学式或描述	来源	含量规格 以化合物计	含量规格 以维生素计	适用动物	在配合饲料或全混合日粮中的推荐添加量（以维生素计）	在配合饲料或全混合日粮中的最高限量（以维生素计）	其他要求
L-肉碱	L-Carnitine	$C_7H_{15}NO_3$	化学制备或发酵生产	—	97.0%～103.0%（以干基计）	养殖动物	猪 30～50mg/kg（乳猪 300～500mg/kg）家禽 50～60mg/kg（1 周龄肉雏鸡 150mg/kg）鲤鱼 5～10mg/kg 虹鳟 15～120mg/kg 鲑鱼 45～95mg/kg 其他鱼 5～100mg/kg（以 L-肉碱计）	猪 1 000mg/kg 家禽 200mg/kg 鱼类 2 500mg/kg（单独或同时使用，以 L-肉碱计）	—
L-肉碱盐酸盐	L-Carnitine hydrochloride	$C_7H_{15}NO_3 \cdot HCl$	化学制备或发酵生产	97.0%～103.0%（以干基计）	79.0%～83.8%（以干基计）	同上	同上		
L-肉碱酒石酸盐	L-Carnitine-L-Tartrate	$C_{18}H_{36}N_2O_{12}$	化学制备	—	L-肉碱 ≥67.2% 酒石酸 ≥30.8%（以干基计）	宠物	按生产需要适量使用	犬 660mg/kg 成年猫（繁殖期除外）880mg/kg（以 L-肉碱计）	—

1. 使用维生素 A 也应遵守维生素 A 乙酸酯和维生素 A 棕榈酸酯的限量要求；
2. 由于测定方法存在精密度和准确度的问题，部分维生素类饲料添加剂的含量规格范围值，若测量误差为正，则检测值可能超过 100%，故部分维生素类饲料添加剂含量规格出现超过 100% 的情况。

3. 矿物元素及其络(螯)合物 Minerals and their complexes (or chelates)
3.1 微量元素 Trace minerals

元素	化合物通用名称	化合物英文名称	化学式或描述	来源	含量规格(%) 以化合物计	含量规格(%) 以元素计	适用动物	在配合饲料或全混合日粮中的推荐添加量(以元素计, mg/kg)	在配合饲料或全混合日粮中的最高限量(以元素计, mg/kg)	其他要求
铁：来自以下化合物	硫酸亚铁	Ferrous sulfate	$FeSO_4 \cdot H_2O$	化学制备	≥91.3	≥30.0	养殖动物	猪 40~100 鸡 35~120 牛 10~50 羊 30~50 鱼类 30~200	仔猪（断奶前）250mg/（头·日） 家禽 750 牛 750 羊 500 宠物 1 250 其他动物 750 （单独或同时使用）	
			$FeSO_4 \cdot 7H_2O$	化学制备	≥98.0	≥19.7				
	富马酸亚铁	Ferrous fumarate	$FeH_2C_4O_4$	化学制备	≥93.0	≥29.3		同上		
	柠檬酸亚铁	Ferrous citrate	$Fe_3(C_6H_5O_7)_2$	化学制备	—	≥16.5		同上		
	乳酸亚铁	Ferrous lactate	$C_6H_{10}FeO_6 \cdot 3H_2O$	化学制备或发酵生产	≥97.0	≥18.9		同上		
铜：来自以下化合物	硫酸铜	Copper sulfate	$CuSO_4 \cdot H_2O$	化学制备	≥98.5	≥35.7	养殖动物	猪 3~6 家禽 0.4~10 牛 7~10 羊 3~6 鱼类 3~6	仔猪（≤25kg）125 牛： 一开始反刍之前的犊牛 15 一其他牛 30 绵羊 15 山羊 35 甲壳类动物 50 其他动物 25 （单独或同时使用）	—
			$CuSO_4 \cdot 5H_2O$	化学制备	≥98.5	≥25.1				
	碱式氯化铜	Basic copper chloride	$Cu_2(OH)_3Cl$	化学制备	≥98.0	≥58.1		猪 2.6~5 鸡 0.3~8		

（续表）

元素	化合物通用名称	化合物英文名称	化学式或描述	来源	含量规格（%）以化合物计	含量规格（%）以元素计	适用动物	在配合饲料或全混合日粮中的推荐添加量（以元素计，mg/kg）	在配合饲料或全混合日粮中的最高限量（以元素计，mg/kg）	其他要求
锌：来自以下化合物	硫酸锌	Zinc sulfate	$ZnSO_4 \cdot H_2O$	化学制备	≥94.7	≥34.5	养殖动物	猪 40~80 肉鸡 55~120 蛋鸡 40~80 肉鸭 20~60 蛋鸭 30~60 鹅 60 奶牛 30 肉牛 40 鱼类 20~30 虾类 15	猪： 一仔猪（≤25 kg）110 一母猪 100 一其他猪 80 犊牛代乳动物 150 水产动物 200 宠物 120 其他动物 120 （单独或同时使用）	在仔猪断奶后前两周特定阶段，允许在110mg/kg基础上使用氧化锌或碱式氯化锌至1 600 mg/kg（以配合饲料中Zn元素计）
			$ZnSO_4 \cdot 7H_2O$		≥97.3	≥22.0				
	氧化锌	Zinc oxide	ZnO	化学制备	≥95.0	≥76.3				
	蛋氨酸锌（螯）合物	Zinc methionine complex (chelate)	$Zn(C_5H_{10}NO_2S)_2$（摩尔比为2∶1）	化学制备（蛋氨酸与硫酸锌合成的摩尔比为2∶1或1∶1的产物）	—	锌≥17.2 蛋氨酸≥78.0 整合率≥95	养殖动物	猪 43~80 肉鸡 80~120 肉牛 30 奶牛 40		
			$(C_5H_{10}NO_2SZn)HSO_4$（摩尔比1∶1）		—	锌≥19.0 蛋氨酸≥42.0 整合率≥35	养殖动物	猪 42~80 肉鸡 54~120 肉牛 30 奶牛 40		

(续表)

元素	化合物通用名称	化合物英文名称	化学式或描述	来源	含量规格（%） 以化合物计	含量规格（%） 以元素计	适用动物	在配合饲料或全混合日粮中的推荐添加量（以元素计，mg/kg）	在配合饲料或全混合日粮中的最高限量（以元素计，mg/kg）	其他要求
锰：来自以下化合物	硫酸锰	Manganese sulfate	$MnSO_4 \cdot H_2O$	化学制备	≥98.0	≥31.8	养殖动物	猪 2~20 肉鸡 72~110 蛋鸡 40~85 肉鸭 40~90 蛋鸭 47~60 鹅 66 肉牛 20~40 奶牛 12 鱼类 2.4~13	鱼类 100 其他动物 150 （单独或同时使用）	—
	氧化锰	Manganese oxide	MnO	化学制备	≥99.0	≥76.6		猪 2~20 肉鸡 86~132		
	氯化锰	Manganese chloride	$MnCl_2 \cdot 4H_2O$	化学制备	≥98.0	≥27.2		猪 2~20 肉鸡 74~113		
碘：来自以下化合物	碘化钾	Potassium iodide	KI	化学制备	≥98.0（以干基计）	≥74.9（以干基计）	养殖动物	猪 0.14 家禽 0.1~1.0 牛 0.25~0.8 羊 0.1~2.0 水产动物 0.6~1.2	蛋鸡 5 奶牛 5 水产动物 20 其他动物 10 （单独或同时使用）	—
	碘酸钾	Potassium iodate	KIO_3	化学制备	≥99.0	≥58.7		同上		
	碘酸钙	Calcium iodate	$Ca(IO_3)_2 \cdot H_2O$	化学制备	≥95.0（以$Ca(IO_3)_2$计）	≥61.8		同上		

（续表）

元素	化合物通用名称	化合物英文名称	化学式或描述	来源	含量规格（%）以化合物计	含量规格（%）以元素计	适用动物	在配合饲料或全混合日粮中的推荐添加量（以元素计，mg/kg）	在配合饲料或全混合日粮中的最高限量（以元素计，mg/kg）	其他要求
钴：来自以下化合物	硫酸钴	Cobalt sulfate	$CoSO_4$	化学制备	≥98.0	≥37.2	养殖动物	牛、羊 0.1～0.3 鱼类 0～1	2（单独或同时使用）	—
			$CoSO_4 \cdot H_2O$	化学制备	≥96.5	≥33.0				
			$CoSO_4 \cdot 7H_2O$	化学制备	≥97.5	≥20.5				
	氯化钴	Cobalt chloride	$CoCl_2 \cdot H_2O$	化学制备	≥98.0	≥39.1		同上		
			$CoCl_2 \cdot 6H_2O$	化学制备	≥96.8	≥24.0				
	乙酸钴	Cobalt acetate	$Co(CH_3COO)_2$	化学制备	≥98.0	≥32.6		牛、羊 0.1～0.4 鱼类 0～1.2		
			$Co(CH_3COO)_2 \cdot 4H_2O$	化学制备	≥98.0	≥23.1				
	碳酸钴	Cobalt carbonate	$CoCO_3$	化学制备	≥98.0	≥48.5	反刍动物	牛、羊 0.1～0.3		
硒：来自以下化合物	亚硒酸钠	Sodium selenite	Na_2SeO_3	化学制备	≥98.0（以干基计）	≥44.7（以干基计）	养殖动物	畜禽 0.1～0.3 鱼类 0.1～0.3	0.5（单独或同时使用）	使用时应预先制成预混剂，且标签上应标示最大硒含量
	酵母硒	Selenium yeast complex	酵母在含无机硒的培养基中发酵培养，将无机态硒转化生成有机硒	发酵生产	—	有机形态硒含量≥0.1		同上		产品需标示最大硒含量和有机硒含量，无机硒含量不得超过总硒的2.0%

(续表)

元素	化合物通用名称	化合物英文名称	化学式或描述	来源	含量规格（%） 以化合物计	含量规格（%） 以元素计	适用动物	在配合饲料或全混合日粮的推荐添加量（以元素计，mg/kg）	在配合饲料或全混合日粮中的最高限量（以元素计，mg/kg）	其他要求
铬：来自以下化合物	烟酸铬	Chromium nicotinate	Cr($\bigcirc$N—COO)$_3$	化学制备	≥98.0	≥12.0	猪	0~0.2	0.2（单独或同时使用）	饲料中铬的最高限量是指有机态铬的添加限量
	吡啶甲酸铬	Chromium tripicolinate	Cr($\bigcirc$N—COO)$_3$	化学制备	≥98.0	12.2~12.4		同上		

3.2 常量元素 Macro minerals

元素	化合物通用名称	化合物英文名称	化学式或描述	来源	含量规格（%） 以化合物计	含量规格（%） 以元素计	适用动物	在配合饲料或全混合日粮中的推荐添加量（%）	在配合饲料或全混合日粮中的最高限量（%）	其他要求
钠：来自以下化合物	氯化钠	Sodium chloride	NaCl	天然盐加工制取	≥91.0	Na≥35.7 Cl≥55.2	养殖动物	猪 0.3~0.8 鸡 0.25~0.4 鸭 0.3~0.6 牛、羊 0.5~1.0（以NaCl计）	猪 1.5 家禽 1.0 牛、羊 2.0（以NaCl计）	—
	硫酸钠	Sodium sulfate	Na_2SO_4	天然盐取或化学制备	≥99.0	Na≥32.0 S≥22.3		猪 0.1~0.3 肉鸡 0.1~0.3 鸭 0.1~0.3 牛、羊 0.1~0.4（以Na_2SO_4计）	0.5（以Na_2SO_4计）	本品有轻度致泻作用,反刍动物应注意维持适当的氮硫比

(续表)

元素	化合物通用名称	化合物英文名称	化学式或描述	来源	含量规格(%) 以化合物计	含量规格(%) 以元素计	适用动物	在配合饲料或全混合日粮中的推荐添加量(%)	在配合饲料或全混合日粮中的最高限量(%)	其他要求
钠：来自以下化合物	磷酸二氢钠	Monosodium phosphate	NaH_2PO_4 $NaH_2PO_4 \cdot H_2O$ $NaH_2PO_4 \cdot 2H_2O$	化学制备	98.0~103.0（以NaH_2PO_4计,干基）	$Na \geq 18.7$ $P \geq 25.3$ （以NaH_2PO_4计,干基）	养殖动物	猪 0~1.0 家禽 0~1.5 牛 0~1.6 淡水鱼 1.0~2.0 （以NaH_2PO_4计）	—	在畜禽饲料中较少使用。在鱼类饲料中适量补充。添加还应考虑饲料中的磷元素，使用时应考虑磷与钙的适当比例及钠元素的总量
钙：来自以下化合物	磷酸氢二钠	Disodium phosphate	Na_2HPO_4 $Na_2HPO_4 \cdot 2H_2O$ $Na_2HPO_4 \cdot 12H_2O$	化学制备	≥ 98.0（以Na_2HPO_4计,干基）	$Na \geq 31.7$ $P \geq 21.3$ （以Na_2HPO_4计,干基）	养殖动物	猪 0.5~1.0 家禽 0.6~1.5 牛 0.8~1.6 淡水鱼 1.0~2.0 （以Na_2HPO_4计）	—	
	轻质碳酸钙	Calcium carbonate	$CaCO_3$	化学制备	≥ 98.0（以干基计）	$Ca \geq 39.2$（以干基计）	养殖动物	猪 0.4~1.1 肉禽 0.6~1.0 蛋禽 0.8~4.0 牛 0.2~0.8 羊 0.2~0.7 （以Ca元素计）	—	摄取过多钙会导致钙磷比例失调并阻碍其他微量元素的吸收

（续表）

元素	化合物通用名称	化合物英文名称	化学式或描述	来源	含量规格(%)		适用动物	在配合饲料或全混合日粮中的推荐添加量(%)	在配合饲料或全混合日粮中的最高限量(%)	其他要求
					以化合物计	以元素计				
钙：来自以下化合物	氯化钙	Calcium chloride	$CaCl_2$	化学制备	≥93.0	Ca≥33.5 Cl≥59.5	养殖动物	同上	—	摄取过多钙会导致钙磷比例失调并阻碍其他微量元素的吸收
			$CaCl_2 \cdot 2H_2O$		99.0～107.0	Ca≥26.9 Cl≥47.8				
	乳酸钙	Calcium lactate	$C_6H_{10}O_6Ca$ $C_6H_{10}O_6Ca \cdot H_2O$ $C_6H_{10}O_3Ca \cdot 3H_2O$ $C_6H_{10}O_6Ca \cdot 5H_2O$	化学制备或发酵生产	≥97.0(以 $C_6H_{10}O_6Ca$ 计，干基)	Ca≥17.7(以 $C_6H_{10}O_6Ca$ 计，干基)		同上	—	
磷：来自以下化合物	磷酸氢钙	Dicalcium phosphate	$CaHPO_4 \cdot 2H_2O$	化学制备	—	总 P≥16.5 Ca≥20.0 总 P≥19.0 Ca≥15.0 总 P≥21.0 Ca≥14.0	养殖动物	猪 0～0.55 肉禽 0～0.45 蛋禽 0～0.4 牛 0～0.38 羊 0～0.38 淡水鱼 0～0.6 （以 P 元素计）		水产饲料中使用磷时应注意用量，避免水体污染
	磷酸二氢钙	Monocalcium phosphate	$Ca(H_2PO_4)_2 \cdot H_2O$	化学制备	—	总 P≥22.0 Ca≥13.0		同上		
	磷酸三钙	Tricalcium phosphate	$Ca_3(PO_4)_2$	化学制备	—	总 P≥18.0 Ca≥30.0		同上		

（续表）

元素	化合物通用名称	化合物英文名称	化学式或描述	来源	含量规格（%） 以化合物计	含量规格（%） 以元素计	适用动物	在配合饲料或全混合日粮中的推荐添加量（%）	在配合饲料或全混合日粮中的最高限量（%）	其他要求
镁：来自以下化合物	氧化镁	Magnesium oxide	MgO	化学制备	≥96.5	Mg≥57.9	养殖动物	泌乳牛羊 0~0.5（以MgO计）	泌乳牛羊 1.0（以MgO计）	—
	氯化镁	Magnesium chloride	MgCl$_2$·6H$_2$O	化学制备	≥98.0	Mg≥11.6 Cl≥34.3		猪 0~0.04 家禽 0~0.06 牛 0~0.4 羊 0~0.2 淡水鱼 0~0.06（以Mg元素计）	猪 0.3 家禽 0.3 牛 0.5 羊 0.5（单独或同时使用，以Mg元素计）	大剂量使用会导致腹泻，注意镁和钾的比例
	硫酸镁	Magnesium sulfate	MgSO$_4$·H$_2$O	化学制备或从苦卤中提取	≥94.0	Mg≥16.5		同上		—
			MgSO$_4$·7H$_2$O		≥99.0	Mg≥9.7				

4. 非蛋白氮 Non-protein nitrogen

通用名称	英文名称	化学式或描述	来源	含量规格（%） 以化合物计	含量规格（%） 以元素计	适用动物	在配合日粮中的推荐添加量（以化合物计，%）	在配合饲料或全混合日粮中的最高限量（以化合物计，%）	其他要求
尿素	Urea	CO(NH$_2$)$_2$	化学制备	≥98.6（以干基计）	N≥46.0（以干基计）	反刍动物	肉牛、羊 0~1.0 奶牛 0~0.6	1.0	—
硫酸铵	Ammonium sulfate	(NH$_4$)$_2$SO$_4$	化学制备	≥99.0	N≥21.0 S≥24.0	反刍动物	肉牛、羊 0~0.3 奶牛 0~1.2	1.5	—

(续表)

通用名称	英文名称	化学式或描述	来源	含量规格（%）以化合物计	含量规格（%）以元素计	适用动物	在配合饲料或全混合日粮中的推荐添加量（以化合物计,%）	在配合饲料或全混合日粮中的最高限量（以化合物计,%）	其他要求
磷酸二氢铵	Mono ammonium phosphate	$NH_4H_2PO_4$	化学制备	≥96.0	N≥11.6	反刍动物	肉牛、奶牛 0~1.5 羊 0~1.2	2.6	—
磷酸氢二铵	Diammonium phosphate	$(NH_4)_2HPO_4$	化学制备	—	N≥19.0 P:22.3~23.1	反刍动物	肉牛 0~1.5 奶牛、羊 0~1.2	1.5	—
磷酸脲	Urea phosphate	$CO(NH_2)_2 \cdot H_3PO_4$	化学制备	—	N≥16.5 P≥18.5	反刍动物	肉牛 0~1.4 奶牛、羊 0~1.6	1.8	—
氯化铵	Ammonium chloride	NH_4Cl	化学制备	—	N≥25.6	反刍动物	按生产需要适量使用	1.0	—
碳酸氢铵	Ammonium bicarbonate	NH_4HCO_3	化学制备	≥99.0	N≥17.5	反刍动物	秸秆氨化:0~12.0	—	仅限于反刍动物粗饲料秸秆的氨化处理
液氨	Liquid ammonia	NH_3	化学制备	≥99.6	—	反刍动物	秸秆氨化:0~3.0	—	1. 仅限于反刍动物粗饲料秸秆的氨化处理； 2. 液氨根据饲料特性可直接使用，也可配制成氨水使用； 3. 氨化秸秆用量在反刍动物日粮中不得超过20%

1. 非蛋白氮类产品适用于瘤胃功能发育基本完成的反刍动物,通常牛6月龄以上,羊3月龄以上；
2. 非蛋白氮类产品应逐步混合到日粮中使用,日用量应逐步增加。不宜与豆饼混合饲喂,饲喂后动物不能立即饮水；
3. 尿素可与含氮化合物或其他含氮类产品在一定温度、压力、湿度条件下制成糊化淀粉尿素使用；
4. 使用非蛋白氮类产品时,日粮应含有较高水平的可消化碳水化合物和较低水平的可溶性氮,并注意日粮中氮与磷、氮与硫的平衡；
5. 全混合日粮中所有非蛋白氮折算成粗蛋白当量总量不得超过日粮粗蛋白总量的30%；
6. 在配合饲料或全混合日粮中的推荐添加量和最高限量以干物质为基础计算。

5. 抗氧化剂 Antioxidants

通用名称	英文名称	化学式或描述	来源	含量规格（%）	适用动物	在配合饲料或全混合日粮中的推荐添加量（以化合物计，mg/kg）	在配合饲料或全混合日粮中的最高限量（以化合物计，mg/kg）	其他要求
乙氧基喹啉	Ethoxyquin	$C_{14}H_{19}NO$	化学制备	≥95.0	养殖动物（犬除外）	按生产需要适量使用	150	1. 同时使用时，在配合饲料或全混合日粮中的总量不得超过150mg/kg；2. 单独或同时在饲用油脂中使用时，总量不得超过200mg/kg（以油脂中的含量计）
丁基羟基茴香醚	Butylated hydroxyanisole (BHA)	$C_{11}H_{16}O_2$	化学制备	≥98.5	犬	按生产需要适量使用	100	
二丁基羟基甲基苯	Butylated hydroxytoluene (BHT)	$C_{15}H_{24}O$	化学制备	≥99.0	养殖动物	按生产需要适量使用	150	
没食子酸丙酯	Propyl gallate	$C_{10}H_{12}O_5$	化学制备	≥98.0	养殖动物	按生产需要适量使用	150	
特丁基对苯二酚	Tertiary butyl hydroquinone (TBHQ)	$C_{10}H_{14}O_2$	化学制备	≥99.0	养殖动物	按生产需要适量使用	100	
茶多酚	Tea polyphenol	从茶叶（Camellia sinensis L.）中提取的以儿茶素为主要成分的多酚类化合物	提取	茶多酚≥30.0	养殖动物	按生产需要适量使用	150	
							—	标签中应同时标示儿茶素类的分析保证值

(续表)

通用名称	英文名称	化学式或描述	来源	含量规格（%）	适用动物	在配合饲料或混合饲料日粮中的推荐添加量（以化合物计，mg/kg）	在配合饲料或全价混合日粮中的最高限量（以化合物计，mg/kg）	其他要求
维生素E（天然维生素E）	Natural vitamin E	从天然食用植物油的副产物中提取的天然生育酚，包括d-α-生育酚、d-β-生育酚、d-γ-生育酚、d-δ-生育酚等	提取	1. d-α-生育酚：E70型，总生育酚≥70.0，其中d-α-生育酚≥95.0；E50型，总生育酚≥50.0，其中d-α-生育酚≥95.0。 2. 混合生育酚浓缩物：总生育酚≥50.0，其中d-β-生育酚、d-γ-生育酚和d-δ-生育酚≥80.0	养殖动物	按生产需要适量使用	—	—
维生素E（DL-α-生育酚）	DL-α-Tocopherol	$C_{29}H_{50}O_2$	化学制备	96.0~102.0	养殖动物	按生产需要适量使用	—	—
L-抗坏血酸-6-棕榈酸酯	6-PalmitylL-L-ascorbic acid	$C_{22}H_{38}O_7$	化学制备	≥95.0	养殖动物	按生产需要适量使用	—	—
迷迭香提取物	Rosemary extract	以迷迭香（Rosmarinus officinalis L.）的茎叶为原料，经溶剂提取或超临界二氧化碳萃取精制而得	提取	脂溶性产品：总抗氧化成分（以鼠尾草酸和鼠尾草酚计）≥10.0 水溶性产品：迷迭香酸≥5.0	宠物	按生产需要适量使用	—	若提取溶剂为正己烷或甲醇时，正己烷残留≤25mg/kg，甲醇残留≤50mg/kg

6. 着色剂 Coloring agents

通用名称	英文名称	化学式或描述	来源	含量规格（%）	适用动物	在配合饲料中的推荐添加量（以化合物计，mg/kg）	在配合饲料中的最高限量（以化合物计，mg/kg）	其他要求
β-胡萝卜素	beta-carotene	$C_{40}H_{56}$	提取、发酵生产或化学制备	≥96.0	家禽	按生产需要适量使用	—	—
辣椒红	Paprika red	有效成分为辣椒红素（Capsanthin,$C_{40}H_{56}O_3$）和辣椒玉红素（Capsorubin,$C_{40}H_{56}O_4$）	提取	类胡萝卜素总量≥7.0，其中辣椒红素和辣椒玉红素总量占类胡萝卜素总量≥30	家禽	按生产需要适量使用	80（以辣椒红素计）	
β-阿朴-8'-胡萝卜素醛	beta-apo-8'-carotenal	$C_{30}H_{40}O$	化学制备	≥96	家禽	按生产需要适量使用	80	
β-阿朴-8'-胡萝卜素酸乙酯	beta-apo-8'-carotenoic acid ethyl Ester	$C_{32}H_{44}O_2$	化学制备	≥96	家禽	按生产需要适量使用	80	同时使用时，在配合饲料中的总量不得超过80mg/kg
β,β-胡萝卜素-4,4-二酮（斑蝥黄）	beta,beta-carotene-4,4-diketone（Canthaxanthin）	$C_{40}H_{52}O_2$	化学制备	≥96	家禽	按生产需要适量使用	肉禽：25 蛋禽：8	
天然叶黄素（源自万寿菊）	Natural xanthophyll (Marigold extract)	以万寿菊（Tagetes erecta L.）中脂溶性提取物为原料经皂化制得，主要着色物质包括叶黄素（lutein）和玉米黄质（zeaxanthin）	提取	叶黄素和玉米黄质总量≥18.0	家禽、水产养殖动物	按生产需要适量使用	80（以叶黄素和玉米黄质总量计）	

(续表)

通用名称	英文名称	化学式或描述	来源	含量规格(%)	适用动物	在配合饲料中的推荐添加量(以化合物计, mg/kg)	在配合饲料中的最高限量(以化合物计, mg/kg)	其他要求
虾青素	Astaxanthin	$C_{40}H_{52}O_4$	化学制备	≥96			鱼(除观赏鱼外):100 虾、蟹等甲壳类动物:200 (单独或同时使用,以虾青素计)	
红法夫酵母	Xanthophyllomyces dendrorhous (Anamorph Phaffia rhodozyma)	干燥,灭活的红法夫酵母,富含虾青素($C_{40}H_{52}O_4$)	发酵生产	≥0.4 (以虾青素计)	水产养殖动物、观赏鱼	按生产需要适量使用		鱼龄6个月以后使用
柠檬黄	Tartrazine	$C_{16}H_9N_4Na_3O_9S_2$	化学制备	≥87.0	宠物	按生产需要适量使用	—	—
日落黄	Sunset yellow	$C_{16}H_{10}N_2Na_2O_7S_2$	化学制备	≥87.0	宠物	按生产需要适量使用	—	—
诱惑红	Allura red	$C_{18}H_{14}N_2Na_2O_8S_2$	化学制备	≥85.0	宠物	按生产需要适量使用	—	—
胭脂红	Ponceau 4R	$C_{20}H_{11}N_2Na_3O_{10}S_3 \cdot 1.5H_2O$	化学制备	≥85.0	宠物	按生产需要适量使用	—	—
靛蓝	Indigotine	$C_{16}H_8N_2Na_2O_8S_2$	化学制备	≥85.0	宠物	按生产需要适量使用	—	—
赤藓红	Erythrosine	$C_{20}H_6I_4Na_2O_5 \cdot H_2O$	化学制备	≥85.0	宠物	按生产需要适量使用	—	—
二氧化钛	Titanium dioxide	TiO_2	化学制备	≥98.5	宠物	按生产需要适量使用	—	—

(续表)

通用名称	英文名称	化学式或描述	来源	含量规格(%)	适用动物	在配合饲料中的推荐添加量(以化合物计,mg/kg)	在配合饲料中的最高限量(以化合物计,mg/kg)	其他要求
焦糖色(亚硫酸铵法)	Caramel colour class IV (ammonia sulphite process)	以蔗糖、淀粉糖浆、木糖母液等为原料,采用亚硫酸铵法制得	化学制备	$E_{1cm}^{0.1\%}$(610nm) 0.01~1.00	宠物	按生产需要适量使用	—	—
苋菜红	Amaranth	$C_{20}H_{11}N_2Na_3O_{10}S_3$	化学制备	≥85.0	宠物、观赏鱼	按生产需要适量使用	—	—
亮蓝	Brilliant blue	$C_{37}H_{34}N_2Na_2O_9S_3$	化学制备	≥85.0	宠物、观赏鱼	按生产需要适量使用	—	—

7. 调味和诱食物质(甜味物质) Flavouring and appetizing substances (sweetening substances)

通用名称	英文名称	化学式或描述	来源	含量规格(%)	适用动物	在配合饲料或全混合日粮中的推荐添加量(以化合物计,mg/kg)	在配合饲料或全混合日粮中的最高限量(以化合物计,mg/kg)	其他要求
糖精	Saccharin	$C_7H_3NO_3S$	化学制备	≥99.0(以干基计)	猪	按生产需要适量使用	150	同时使用时,在配合饲料中的总量不得超过150mg/kg
糖精钙	Calcium saccharin	$C_{14}H_3CaN_2O_6S_2$	化学制备	≥99.0(以干基计)	猪	按生产需要适量使用	150	

(续表)

通用名称	英文名称	化学式或描述	来源	含量规格(%)	适用动物	在配合饲料或混合日粮中的推荐添加量(以化合物计,mg/kg)	在配合饲料或全混合日粮中的最高限量(以化合物计,mg/kg)	其他要求
新甲基橙皮苷二氢查耳酮	Neohesperidin dihydrochalcone	$C_{28}H_{36}O_{15}$	化学制备	≥96.0(以干基计)	猪	按生产需要适量使用	35	—
索马甜	Thaumatin	以非洲竹芋(*Thaumatococcus daniellii*)成熟果实假种皮为原料,经水提取获得,以索马甜蛋白Ⅰ($T_Ⅰ$)和索马甜蛋白Ⅱ($T_Ⅱ$)为主要成分	提取	≥93.0	养殖动物	—	0~5	—

1. 糖精钠($C_7H_4NNaO_3S$)的使用要求与糖精、糖精钙一致,与糖、匀糖、糖精钙同时使用时,在配合饲料中的总量不得超过150mg/kg。

8. 粘合剂、抗结块剂、稳定剂和乳化剂 Binder, anticaking, stabilizing and emulsifying agents

通用名称	英文名称	化学式或描述	来源	含量规格(%)	适用动物	在配合饲料或全混合日粮中的推荐添加量(以化合物计,mg/kg)	在配合饲料或全混合日粮中的最高限量(以化合物计,mg/kg)	其他要求
卡拉胶	Carrageenan	以红藻(*Rhodophyceae*)类植物为原料,经水或碱液提取,加工而成的K(Kappa)、I(Iota)、λ(Lambda)三种基本型号卡拉胶的混合物	化学制备	硫酸酯(以SO_4计)15~40 黏度≥0.005 Pa·s	宠物	按生产需要适量使用	—	—

(续表)

通用名称	英文名称	化学式或描述	来源	含量规格（%）	适用动物	在配合饲料或全混合日粮中的推荐添加量（以化合物计，mg/kg）	在配合饲料或全混合日粮中的最高限量（以化合物计，mg/kg）	其他要求
决明胶	Cassia gum	以豆科植物决明（*Cassia tora*）或*Cassia obtusifolia*）种子的胚乳为原料，经苯取加工制得，主要含有半乳甘露聚糖，即包含半乳甘露糖线性主链和半乳糖侧链的聚合物，其中甘露糖和半乳糖的比例约为5：1	提取	半乳甘露聚糖≥75	宠物	按生产需要适量使用	17 600	仅用于水分含量超过20%的宠物饲料
刺槐豆胶	Carob bean gum	以刺槐豆种子[*Ceratonia siliqua* (L.) Taub.(Fam.) *Leguminosae*]的胚乳或胚乳粉为原料经加工制得，主要由半乳甘露聚糖组成，其中甘露糖和半乳糖的比例约为4：1	提取	—	宠物	按生产需要适量使用	—	—
果胶	Pectin	以柚子、柠檬、柑橘、苹果等水果的果皮或果渣以及其他适当的可食用的植物为原料，经提取、精制而得	提取	总半乳糖醛酸≥65	宠物	按生产需要适量使用	—	—

(续表)

通用名称	英文名称	化学式或描述	来源	含量规格（%）	适用动物	在配合饲料或全混合日粮中的推荐添加量（以化合物计，mg/kg）	在配合饲料或全混合日粮中的最高限量（以化合物计，mg/kg）	其他要求
微晶纤维素	Microcrystalline cellulose	以纤维植物为原料，与无机酸捣成浆状，制成 α-纤维素，再经处理使纤维素作部分分解聚，然后再除去非结晶部分并提纯而得，聚合度通常不超过400，分子式：$(C_6H_{10}O_5)_n$	化学制备	碳水化合物含量（以纤维素计）≥97.0（以干基计）	宠物	按生产需要适量使用	—	—
辛烯基琥珀酸淀粉钠	Starch sodium octenylsuccinate	以淀粉与辛烯基琥珀酸酐经酯化，同时可能经过酶处理、糊精化、酸处理、漂白处理而制得的蒸煮或预糊化辛烯基琥珀酸淀粉钠	化学制备	辛烯基琥珀酸基团≤3.0 二氧化硫残留量≤50mg/kg（合物）≤10mg/kg（其他）	养殖动物	按生产需要适量使用	—	—
二氧化硅（沉淀并经干燥的硅酸）	Silicon dioxide (Silicic acid, precipitated and dried)	SiO_2	化学制备	≥96.0（灼烧后）	养殖动物	按生产需要适量使用	20 000	—

关于停止生产、进口、经营、使用部分药物饲料添加剂的公告

中华人民共和国农业农村部公告第 194 号

根据《兽药管理条例》《饲料和饲料添加剂管理条例》有关规定，按照《遏制细菌耐药国家行动计划（2016—2020 年）》和《全国遏制动物源细菌耐药行动计划（2017—2020 年）》部署，为维护我国动物源性食品安全和公共卫生安全，我部决定停止生产、进口、经营、使用部分药物饲料添加剂，并对相关管理政策作出调整。现就有关事项公告如下。

一、自 2020 年 1 月 1 日起，退出除中药外的所有促生长类药物饲料添加剂品种，兽药生产企业停止生产、进口兽药代理商停止进口相应兽药产品，同时注销相应的兽药产品批准文号和进口兽药注册证书。此前已生产、进口的相应兽药产品可流通至 2020 年 6 月 30 日。

二、自 2020 年 7 月 1 日起，饲料生产企业停止生产含有促生长类药物饲料添加剂（中药类除外）的商品饲料。此前已生产的商品饲料可流通使用至 2020 年 12 月 31 日。

三、2020 年 1 月 1 日前，我部组织完成既有促生长又有防治用途品种的质量标准修订工作，删除促生长用途，仅保留防治用途。

四、改变抗球虫和中药类药物饲料添加剂管理方式，不再核发"兽药添字"批准文号，改为"兽药字"批准文号，可在商品饲料和养殖过程中使用。2020 年 1 月 1 日前，我部组织完成抗球虫和中药类药物饲料添加剂品种质量标准和标签说明书修订工作。

五、2020 年 7 月 1 日前，完成相应兽药产品"兽药添字"转为"兽药字"批准文号变更工作。

六、自 2020 年 7 月 1 日起，原农业部公告第 168 号和第 220 号废止。

农业农村部
2019 年 7 月 9 日

关于废止的药物饲料添加剂质量标准目录

中华人民共和国农业农村部公告第 246 号

根据《兽药管理条例》《饲料和饲料添加剂管理条例》有关规定，按照《遏制细菌耐药国家行动计划（2016—2020 年）》和《全国遏制动物源细菌耐药行动计划（2017—2020 年）》部署，我部已发布农业农村部公告第 194 号，停止生产、进口、经营、使用部分药物饲料添加剂。现就相关兽药产品质量标准修订和批准文号变更等有关事项公告如下。

一、自 2020 年 1 月 1 日起，废止仅有促生长用途的药物饲料添加剂等品种质量标准（目录见附件 1），注销相关兽药产品批准文号和进口兽药注册证书（目录见附件 2）。

二、我部已完成既有促生长又有防治用途药物饲料添加剂、抗球虫和中药类药物饲料添加剂品种的质量标准和说明书范本修订工作，现发布修订后的质量标准和说明书范本（见附件 3），自 2020 年 1 月 1 日起执行，原我部发布的同品种质量标准和说明书范本同时废止。相关兽药生产企业按照修订后的说明书范本自行修改相关产品标签和说明书内容，标签内容不得超过说明书规定内容范围。标签和说明书上的产品批准文号由"兽药添字"变为"兽药字"，其他信息不变。

三、我部已完成抗球虫类药物饲料添加剂相关进口兽药品种的质量标准、标签和说明书样稿修订工作，现发布修订后的质量标准、标签和说明书样稿（见附件 4），自 2020 年 1 月 1 日起执行，原我部发布的同品种质量标准、标签和说明书样稿同时废止。相关进口兽药生产企业按照修订后的标签和说明书样稿印制相关产品标签和说明书，标签和说明书上的进口兽药注册证书号不变。

四、2020 年 1 月 15 日前，我部统一组织完成相关兽药产品"兽药添字"转"兽药字"批准文号批件变更和发放工作。

特此公告。

附件：1. 废止的药物饲料添加剂质量标准目录
   2. 注销的相关兽药产品批准文号和进口兽药注册证书目录（略）
   3. 金霉素预混剂等 15 个兽药产品质量标准和说明书范本（略）
   4. 拉沙洛西钠预混剂等 5 个进口兽药产品质量标准和标签、说明书样稿（略）

农业农村部
2019 年 12 月 19 日

附件1

废止的药物饲料添加剂质量标准目录

序号	标准名称	标准来源
1	土霉素预混剂	2017版《兽药质量标准》
2	土霉素钙预混剂	2017版《兽药质量标准》
3	亚甲基水杨酸杆菌肽预混剂	农业部公告第1998号
4	那西肽预混剂	2017版《兽药质量标准》
5	那西肽预混剂	农业部公告第2382号
6	杆菌肽锌预混剂	2015年版《中国兽药典》
7	杆菌肽锌预混剂	农业部公告第2023号
8	杆菌肽锌预混剂	农业部公告第2338号
9	杆菌肽锌预混剂	农业部公告第2528号
10	恩拉霉素预混剂	农业部公告第2271号
11	喹烯酮预混剂	2017版《兽药质量标准》
12	黄霉素预混剂（发酵）	2017版《兽药质量标准》
13	黄霉素预混剂	2017版《兽药质量标准》
14	黄霉素预混剂	农业部公告第2503号
15	维吉尼亚霉素预混剂	农业部公告第2582号

禁止在饲料和动物饮用水中使用的药物品种目录

农业部、卫生部、国家药品监督管理局公告第 176 号

为加强饲料、兽药和人用药品管理,防止在饲料生产、经营、使用和动物饮用水中超范围、超剂量使用兽药和饲料添加剂,杜绝滥用违禁药品的行为,根据《饲料和饲料添加剂管理条例》、《兽药管理条例》、《药品管理法》的有关规定,现公布《禁止在饲料和动物饮用水中使用的药物品种目录》,并就有关事项公告如下:

一、凡生产、经营和使用的营养性饲料添加剂和一般饲料添加剂,均应属于《允许使用的饲料添加剂品种目录》(农业部公告第 105 号)中规定的品种及经审批公布的新饲料添加剂,生产饲料添加剂的企业需办理生产许可证和产品批准文号,新饲料添加剂需办理新饲料添加剂证书,经营企业必须按照《饲料和饲料添加剂管理条例》第十六条的规定从事经营活动,不得经营和使用未经批准生产的饲料添加剂。

二、凡生产含有药物饲料添加剂的饲料产品,必须严格执行《饲料药物添加剂使用规范》(农业部公告第 168 号,以下简称《规范》)的规定,不得添加《规范》附录二中的饲料药物添加剂。凡生产含有《规范》附录一中的饲料药物添加剂的饲料产品,必须执行《饲料标签》标准的规定。

三、凡在饲养过程中使用药物饲料添加剂,需按照《规范》规定执行,不得超范围、超剂量使用药物饲料添加剂。使用药物饲料添加剂必须遵守休药期、配伍禁忌等有关规定。

四、人用药品的生产、销售必须遵守《药品管理法》及相关法规的规定。未办理兽药、饲料添加剂审批手续的人用药品,不得直接用于饲料生产和饲养过程。

五、生产、销售《禁止在饲料和动物饮用水中使用的药物品种目录》所列品种的医药企业或个人,违反《药品管理法》第四十八条规定,向饲料企业和养殖企业(或个人)销售的,由药品监督管理部门按照《药品管理法》第七十四条的规定给予处罚;生产、销售《禁止在饲料和动物饮用水中使用的药物品种目录》所列品种的兽药企业或个人,向饲料企业销售的,由兽药行政管理部门按照《兽药管理条例》第四十二条的规定给予处罚;违反《饲料和饲料添加剂管理条例》第十七条、第十八条、第十九条规定,生产、经营、使用《禁止在饲料和动物饮用水中使用的药物品种目录》所列品种的饲料和饲料添加剂生产企业或个人,由饲料管理部门按照《饲料和饲料添加剂管理条例》第二十五条、第二十八条、第二十九的规定给予处罚。其他单位和个人生产、经营、使用《禁止在饲料和动物饮用水中使用的药物品种目录》所列品种,用于饲料生产和饲养过程中的,上述有关部门按照谁发现谁查处的原则,依据各自法律法规予以处罚;构成犯罪的,要移送司法机关,依法追究刑事责任。

六、各级饲料、兽药、食品和药品监督管理部门要密切配合，协同行动，加大对饲料生产、经营、使用和动物饮用水中非法使用违禁药物违法行为的打击力度。

七、各级饲料、兽药和药品监督管理部门要进一步加强新闻宣传和科普教育。要将查处饲料和饲养过程中非法使用违禁药物列为宣传工作重点，充分利用各种新闻媒体宣传饲料、兽药和人用药品的管理法规，追踪大案要案，普及饲料、饲养和安全使用兽药知识，努力提高社会各方面对兽药使用管理重要性的认识，为降低药物残留危害，保证动物性食品安全创造良好的外部环境。

中华人民共和国农业部
中华人民共和国卫生部
国家药品监督管理局
二〇〇二年二月九日

附件

禁止在饲料和动物饮用水中使用的药物品种目录

一、肾上腺素受体激动剂

1. 盐酸克仑特罗（Clenbuterol Hydrochloride）：中华人民共和国药典（以下简称药典）2000 年二部 P605。β_2-肾上腺素受体激动药。

2. 沙丁胺醇（Salbutamol）：药典 2000 年二部 P316。β_2-肾上腺素受体激动药。

3. 硫酸沙丁胺醇（Salbutamol Sulfate）：药典 2000 年二部 P870。β_2-肾上腺素受体激动药。

4. 莱克多巴胺（Ractopamine）：一种 β-兴奋剂，美国食品和药物管理局（FDA）已批准，中国未批准。

5. 盐酸多巴胺（Dopamine Hydrochloride）：药典 2000 年二部 P591。多巴胺受体激动药。

6. 西巴特罗（Cimaterol）：美国氰胺公司开发的产品，一种 β-兴奋剂，FDA 未批准。

7. 硫酸特布他林（Terbutaline Sulfate）：药典 2000 年二部 P890。β_2-肾上腺受体激动药。

二、性激素

8. 已烯雌酚（Diethylstibestrol）：药典 2000 年二部 P42。雌激素类药。

9. 雌二醇（Estradiol）：药典 2000 年二部 P1005。雌激素类药。

10. 戊酸雌二醇（Estradiol Valcrate）：药典 2000 年二部 P124。雌激素类药。

11. 苯甲酸雌二醇（Estradiol Benzoate）：药典 2000 年二部 P369。雌激素类药。中华人民共和国兽药典（以下简称兽药典）2000 年版一部 P109。雌激素类药。用于发情不明显动物的催情及胎衣滞留、死胎的排除。

12. 氯烯雌醚（Chlorotrianisene）：药典 2000 年二部 P919。
13. 炔诺醇（Ethinylestradiol）：药典 2000 年二部 P422。
14. 炔诺醚（Quinestrol）：药典 2000 年二部 P424。
15. 醋酸氯地孕酮（Chlormadinone Acetate）：药典 2000 年二部 P1037。
16. 左炔诺孕酮（Levonorgestrel）：药典 2000 年二部 P107。
17. 炔诺酮（Norethisterone）：药典 2000 年二部 P420。
18. 绒毛膜促性腺激素（绒促性素）（Chorionic Gonadotrophin）：药典 2000 年二部 P534。促性腺激素药。兽药典 2000 年版一部 P146。激素类药。用于性功能障碍、习惯性流产及卵巢囊肿等。
19. 促卵泡生长激素（尿促性素主要含卵泡刺激 FSHT 和黄体生成素 LH）（Menotropins）：药典 2000 年二部 P321。促性腺激素类药。

三、蛋白同化激素

20. 碘化酪蛋白（Iodinated Casein）：蛋白同化激素类，为甲状腺素的前驱物质，具有类似甲状腺素的生理作用。
21. 苯丙酸诺龙及苯丙酸诺龙注射液（Nandrolone Phenylpropionate）：药典 2000 年二部 P365。

四、精神药品

22. （盐酸）氯丙嗪（Chlorpromazine Hydrochloride）：药典 2000 年二部 P676。抗精神病药。兽药典 2000 年版一部 P177。镇静药。用于强化麻醉以及使动物安静等。
23. 盐酸异丙嗪（Promethazine Hydrochloride）：药典 2000 年二部 P602。抗组胺药。兽药典 2000 年版一部 P164。抗组胺药。用于变态反应性疾病，如荨麻疹、血清病等。
24. 安定（地西泮）（Diazepam）：药典 2000 年二部 P214。抗焦虑药、抗惊厥药。兽药典 2000 年版一部 P61。镇静药、抗惊厥药。
25. 苯巴比妥（Phenobarbital）：药典 2000 年二部 P362。镇静催眠药、抗惊厥药。兽药典 2000 年版一部 P103。巴比妥类药。缓解脑炎、破伤风、士的宁中毒所致的惊厥。
26. 苯巴比妥钠（Phenobarbital Sodium）：兽药典 2000 年版一部 P105。巴比妥类药。缓解脑炎、破伤风、士的宁中毒所致的惊厥。
27. 巴比妥（Barbital）：兽药典 2000 年版二部 P27。中枢抑制和增强解热镇痛。
28. 异戊巴比妥（Amobarbital）：药典 2000 年二部 P252。催眠药、抗惊厥药。
29. 异戊巴比妥钠（Amobarbital Sodium）：兽药典 2000 年版一部 P82。巴比妥类药。用于小动物的镇静、抗惊厥和麻醉。
30. 利血平（Reserpine）：药典 2000 年二部 P304。抗高血压药。
31. 艾司唑仑（Estazolam）。
32. 甲丙氨脂（Meprobamate）。
33. 咪达唑仑（Midazolam）。
34. 硝西泮（Nitrazepam）。

35. 奥沙西泮（Oxazepam）。
36. 匹莫林（Pemoline）。
37. 三唑仑（Triazolam）。
38. 唑吡旦（Zolpidem）。
39. 其他国家管制的精神药品。

五、各种抗生素滤渣

40. 抗生素滤渣：该类物质是抗生素类产品生产过程中产生的工业三废，因含有微量抗生素成分，在饲料和饲养过程中使用后对动物有一定的促生长作用。但对养殖业的危害很大，一是容易引起耐药性，二是由于未做安全性试验，存在各种安全隐患。

关于禁止在饲料中人为添加三聚氰胺和饲料中三聚氰胺限量规定的公告

中华人民共和国农业部公告第 1218 号

三聚氰胺是一种化工原料，广泛应用于塑料、涂料、粘合剂、食品包装材料生产。我部已明令禁止在饲料中人为添加三聚氰胺，对非法在饲料中添加三聚氰胺的，依法追究法律责任。三聚氰胺污染源调查显示，三聚氰胺可能通过环境、饲料包装材料等途径进入到饲料中，但含量极低。大量动物验证试验及风险评估表明，饲料中三聚氰胺含量低于 2.5mg/kg 时，不会通过动物产品残留对食用者健康产生危害。为确保饲料产品质量安全，保证养殖动物及其产品安全，现将饲料原料和饲料产品中三聚氰胺限量值定为 2.5mg/kg，高于 2.5mg/kg 的饲料原料和饲料产品一律不得销售。

上述规定自发布之日起实施。

特此公告。

二〇〇九年六月八日

关于停止将二脲作为饲料添加剂生产和使用的公告

中华人民共和国农业部公告第 1282 号

为加强饲料添加剂管理，消除饲料安全隐患，保证饲料及畜产品质量安全。根据《饲料和饲料添加剂管理条例》第二十条规定，决定停止缩二脲作为饲料添加剂生产和使用。

一、将缩二脲从《饲料添加剂品种目录》(2008) 中删除。

二、废止《饲料级缩二脲》(NY/T 935—2005) 产品标准。

三、对已经获得生产许可的企业，于 2010 年 5 月 1 日前注销其生产许可证和产品批准文号。

特此公告。

二〇〇九年十月二十九日

关于禁止在饲料和动物饮水中使用的物质名单的公告

中华人民共和国农业部公告第1519号

为加强饲料及养殖环节质量安全监管,保障饲料及畜产品质量安全,根据《饲料和饲料添加剂管理条例》有关规定,禁止在饲料和动物饮水中使用苯乙醇胺A等物质(见附件)。各级畜牧饲料管理部门要加强日常监管和监督检测,严肃查处在饲料生产、经营、使用和动物饮水中违禁添加苯乙醇胺A等物质的违法行为。

特此公告。

附件:禁止在饲料和动物饮水中使用的物质

二〇一〇年十二月二十七日

附件

禁止在饲料和动物饮水中使用的物质

1. 苯乙醇胺A(Phenylethanolamine A):β-肾上腺素受体激动剂。
2. 班布特罗(Bambuterol):β-肾上腺素受体激动剂。
3. 盐酸齐帕特罗(Zilpaterol Hydrochloride):β-肾上腺素受体激动剂。
4. 盐酸氯丙那林(Clorprenaline Hydrochloride):药典2010版二部P783。β-肾上腺素受体激动剂。
5. 马布特罗(Mabuterol):β-肾上腺素受体激动剂。
6. 西布特罗(Cimbuterol):β-肾上腺素受体激动剂。
7. 溴布特罗(Brombuterol):β-肾上腺素受体激动剂。
8. 酒石酸阿福特罗(Arformoterol Tartrate):长效型β-肾上腺素受体激动剂。
9. 富马酸福莫特罗(Formoterol Fumatrate):长效型β-肾上腺素受体激动剂。
10. 盐酸可乐定(Clonidine Hydrochloride):药典2010版二部P645。抗高血压药。
11. 盐酸赛庚啶(Cyproheptadine Hydrochloride):药典2010版二部P803。抗组胺药。

食品动物中禁止使用的药品和其他化合物清单

中华人民共和国农业农村部公告第 250 号

为进一步规范养殖用药行为，保障动物源性食品安全，根据《兽药管理条例》有关规定，我部修订了食品动物中禁止使用的药品及其他化合物清单，现予以发布，自发布之日起施行。食品动物中禁止使用的药品及其他化合物以本清单为准，原农业部公告第 193 号、235 号、560 号等文件中的相关内容同时废止。

附件：食品动物中禁止使用的药品及其他化合物清单

农业农村部
2019 年 12 月 27 日

附件

食品动物中禁止使用的药品及其他化合物清单

序号	药品及其他化合物名称
1	酒石酸锑钾（Antimony potassium tartrate）
2	β-兴奋剂（β-agonists）类及其盐、酯
3	汞制剂：氯化亚汞（甘汞）（Calomel）、醋酸汞（Mercurous acetate）、硝酸亚汞（Mercurous nitrate）、吡啶基醋酸汞（Pyridyl mercurous acetate）
4	毒杀芬（氯化烯）（Camahechlor）
5	卡巴氧（Carbadox）及其盐、酯
6	呋喃丹（克百威）（Carbofuran）
7	氯霉素（Chloramphenicol）及其盐、酯
8	杀虫脒（克死螨）（Chlordimeform）
9	氨苯砜（Dapsone）
10	硝基呋喃类：呋喃西林（Furacilinum）、呋喃妥因（Furadantin）、呋喃它酮（Furaltadone）、呋喃唑酮（Furazolidone）、呋喃苯烯酸钠（Nifurstyrenate sodium）
11	林丹（Lindane）
12	孔雀石绿（Malachite green）

（续表）

序号	药品及其他化合物名称
13	类固醇激素：醋酸美仑孕酮（Melengestrol Acetate）、甲基睾丸酮（Methyltestosterone）、群勃龙（去甲雄三烯醇酮）（Trenbolone）、玉米赤霉醇（Zeranal）
14	安眠酮（Methaqualone）
15	硝呋烯腙（Nitrovin）
16	五氯酚酸钠（Pentachlorophenol sodium）
17	硝基咪唑类：洛硝达唑（Ronidazole）、替硝唑（Tinidazole）
18	硝基酚钠（Sodium nitrophenolate）
19	己二烯雌酚（Dienoestrol）、己烯雌酚（Diethylstilbestrol）、己烷雌酚（Hexoestrol）及其盐、酯
20	锥虫砷胺（Tryparsamile）
21	万古霉素（Vancomycin）及其盐、酯

停止在食品动物中使用洛美沙星等 4 种原料药的各种盐、脂及各种制剂的公告

中华人民共和国农业部公告第 2292 号

为保障动物产品质量安全和公共卫生安全，我部组织开展了部分兽药的安全性评价工作。经评价，认为洛美沙星、培氟沙星、氧氟沙星、诺氟沙星 4 种原料药的各种盐、酯及其各种制剂可能对养殖业、人体健康造成危害或者存在潜在风险。根据《兽药管理条例》第六十九条规定，我部决定在食品动物中停止使用洛美沙星、培氟沙星、氧氟沙星、诺氟沙星 4 种兽药，撤销相关兽药产品批准文号。现将有关事项公告如下。

一、自本公告发布之日起，除用于非食品动物的产品外，停止受理洛美沙星、培氟沙星、氧氟沙星、诺氟沙星 4 种原料药的各种盐、酯及其各种制剂的兽药产品批准文号的申请。

二、自 2015 年 12 月 31 日起，停止生产用于食品动物的洛美沙星、培氟沙星、氧氟沙星、诺氟沙星 4 种原料药的各种盐、酯及其各种制剂，涉及的相关企业的兽药产品批准文号同时撤销。2015 年 12 月 31 日前生产的产品，可以在 2016 年 12 月 31 日前流通使用。

三、自 2016 年 12 月 31 日起，停止经营、使用用于食品动物的洛美沙星、培氟沙星、氧氟沙星、诺氟沙星 4 种原料药的各种盐、酯及其各种制剂。

农业部
2015 年 9 月 1 日

关于禁止非泼罗尼及相关制剂用于食品动物的公告

中华人民共和国农业部公告第 2583 号

为保证动物源性食品安全，维护人民身体健康，根据《兽药管理条例》规定，禁止非泼罗尼及相关制剂用于食品动物。

特此公告。

农业部

2017 年 9 月 15 日

关于停止在食品动物中使用喹乙醇、氨苯胂酸、洛克沙胂等3种兽药的公告

中华人民共和国农业部公告第 2638 号

为保障动物产品质量安全，维护公共卫生安全和生态安全，我部组织对喹乙醇预混剂、氨苯胂酸预混剂、洛克沙胂预混剂等3种兽药产品开展了风险评估和安全再评价。评价认为喹乙醇、氨苯胂酸、洛克沙胂等3种兽药的原料药及各种制剂可能对动物产品质量安全、公共卫生安全和生态安全存在风险隐患。根据《兽药管理条例》第六十九条规定，我部决定停止在食品动物中使用喹乙醇、氨苯胂酸、洛克沙胂等3种兽药。现将有关事项公告如下：

一、自本公告发布之日起，我部停止受理喹乙醇、氨苯胂酸、洛克沙胂等3种兽药的原料药及各种制剂兽药产品批准文号的申请。

二、自2018年5月1日起，停止生产喹乙醇、氨苯胂酸、洛克沙胂等3种兽药的原料药及各种制剂，相关企业的兽药产品批准文号同时注销。2018年4月30日前生产的产品，可在2019年4月30日前流通使用。

三、自2019年5月1日起，停止经营、使用喹乙醇、氨苯胂酸、洛克沙胂等3种兽药的原料药及各种制剂。

农业部

2018年1月11日

（五）宠物饲料管理

关于宠物饲料管理的公告

中华人民共和国农业农村部公告第 20 号

为进一步加强宠物饲料管理，规范宠物饲料市场，促进宠物饲料行业发展，我部在全面梳理《饲料和饲料添加剂管理条例》（以下简称《条例》）及其配套规章适用规定、充分考虑宠物饲料特殊性和管理需要的基础上，制定了《宠物饲料管理办法》《宠物饲料生产企业许可条件》《宠物饲料标签规定》《宠物饲料卫生规定》《宠物配合饲料生产许可申报材料要求》《宠物添加剂预混合饲料生产许可申报材料要求》等规范性文件，现予公布，并就有关事项公告如下。

一、2018 年 6 月 1 日前，已经按照《条例》及其配套规章规定取得饲料生产许可证的宠物配合饲料、宠物添加剂预混合饲料生产企业，可以在生产许可证有效期内继续从事生产经营活动；有效期届满需要继续生产经营的，按照本公告规范性文件的有关规定申请办理饲料生产许可证。

二、根据《宠物饲料管理办法》产品分类规定被纳入生产许可管理，且本公告发布前已经生产宠物配合饲料、宠物添加剂预混合饲料但尚未取得饲料生产许可证的企业，应当在 2019 年 9 月 1 日前按照本公告规范性文件的有关规定申请办理并取得饲料生产许可证。

三、2018 年 6 月 1 日前，已经按照《条例》及其配套规章规定取得进口登记证的进口宠物配合饲料、进口宠物添加剂预混合饲料产品，可以在进口登记证有效期内继续进口销售；有效期届满需要继续进口销售的，按照本公告规范性文件的有关规定申请办理进口登记证。

四、根据《宠物饲料管理办法》产品分类规定被纳入进口登记管理，且本公告发布前已经在中国境内进口销售但未取得进口登记证的进口宠物配合饲料、进口宠物添加剂预混合饲料产品，应当在 2019 年 9 月 1 日前按照本公告规范性文件的有关规定申请办理并取得进口登记证。

五、自 2018 年 6 月 1 日起，申请从事宠物配合饲料、宠物添加剂预混合饲料生产，或者申请办理宠物配合饲料、宠物添加剂预混合饲料进口登记，按照本公告规范性文件的有关规定执行。

六、宠物配合饲料、宠物添加剂预混合饲料生产企业核发饲料生产许可证。根据企业申报情况，饲料生产许可证上的产品类别应当分别标示宠物配合饲料、宠物添加剂预混合饲料；产品品种应当分别标示固态宠物配合饲料、半固态宠物配合饲料、液态宠物配合饲料、固态宠物添加剂预混合饲料、半固态宠物添加剂预混合饲料、液态宠物添加剂预混合饲料。

七、2018年6月1日前，已经按照《条例》及其配套规章规定取得供宠物直接食用的混合型饲料添加剂生产许可证和进口登记证的生产企业和进口产品，应当根据《宠物饲料管理办法》产品分类规定，在2019年9月1日前按照本公告规范性文件的有关规定申请办理并取得饲料生产许可证和进口登记证。

八、供宠物饲料生产企业使用的混合型饲料添加剂、添加剂预混合饲料的管理不适用本公告规范性文件的规定，其生产、经营、使用和进口按照《条例》及其配套规章中有关混合型饲料添加剂、添加剂预混合饲料的管理要求执行。

九、宠物饲料生产企业应当按照《宠物饲料标签规定》的要求制定产品标签，2019年9月1日以后生产的国产和进口宠物饲料产品所附具的标签，应当符合《宠物饲料标签规定》的要求。

十、宠物饲料生产企业应当切实加强对产品卫生指标的控制，2019年1月1日以后生产的国产和进口宠物饲料产品的卫生指标，应当符合《宠物饲料卫生规定》的要求。

十一、根据《宠物饲料管理办法》有关规定，自2018年6月1日起，有关宠物添加剂预混合饲料生产企业已经获得的相关产品的批准文号、其他宠物饲料生产企业已经获得的饲料生产许可证，不再作为宠物饲料检查、执法的依据和内容。

十二、本公告规定的有关管理过渡期结束后，各级饲料管理部门开展宠物饲料监管执法工作，应当按照本公告规范性文件的有关规定执行。

十三、各级饲料管理部门要继续加强宠物饲料监督管理工作，除本公告第二条、第四条规定的情形外，对于其他未取得许可证明文件生产或者进口宠物配合饲料、宠物添加剂预混合饲料的违法行为，应当按照《条例》有关规定从严处罚。

附件：1. 宠物饲料管理办法
　　　2. 宠物饲料生产企业许可条件
　　　3. 宠物饲料标签规定
　　　4. 宠物饲料卫生规定
　　　5. 宠物配合饲料生产许可申报材料要求
　　　6. 宠物添加剂预混合饲料生产许可申报材料要求

农业农村部
2018年4月27日

附件1

宠物饲料管理办法

第一条 为加强宠物饲料管理，保障宠物饲料产品质量安全，促进宠物饲料行业发展，根据《饲料和饲料添加剂管理条例》，制定本办法。

第二条 本办法所称宠物饲料,是指经工业化加工、制作的供宠物直接食用的产品,包括宠物配合饲料、宠物添加剂预混合饲料和其他宠物饲料,也称为宠物食品。

宠物配合饲料,是指为满足宠物不同生命阶段或者特定生理、病理状态下的营养需要,将多种饲料原料和饲料添加剂按照一定比例配制的饲料,单独使用即可满足宠物全面营养需要。

宠物添加剂预混合饲料,是指为满足宠物对氨基酸、维生素、矿物质微量元素、酶制剂等营养性饲料添加剂的需要,由营养性饲料添加剂与载体或者稀释剂按照一定比例配制的饲料。

其他宠物饲料,是指为实现奖励宠物、与宠物互动或者刺激宠物咀嚼、撕咬等目的,将几种饲料原料和饲料添加剂按照一定比例配制的饲料。

第三条 申请从事宠物配合饲料、宠物添加剂预混合饲料生产的企业,应当符合《宠物饲料生产企业许可条件》的要求,向生产地省级人民政府饲料管理部门提出申请,并依法取得饲料生产许可证。

第四条 宠物饲料生产企业应当按照有关规定和标准,对采购的饲料原料、添加剂预混合饲料和饲料添加剂进行查验或者检验;使用饲料添加剂的,应当遵守《饲料添加剂品种目录》《饲料添加剂安全使用规范》等限制性规定。禁止使用《饲料原料目录》《饲料添加剂品种目录》以外的任何物质生产宠物饲料。

宠物饲料生产企业应当如实记录采购的饲料原料、添加剂预混合饲料、饲料添加剂的名称、产地、数量、保质期、许可证明文件编号、质量检验信息、生产企业名称或者供货者名称及其联系方式、进货日期等。记录保存期限不得少于2年。

第五条 宠物配合饲料、宠物添加剂预混合饲料生产企业应当按照产品质量标准、《饲料质量安全管理规范》组织生产,对生产过程实施有效控制并实行生产记录和产品留样观察制度。

其他宠物饲料生产企业应当按照产品质量标准组织生产,建立健全采购、生产、检验、销售、仓储等管理制度,对生产过程实施有效控制并实行生产记录和产品留样观察制度。

第六条 宠物饲料生产企业应当对其生产的产品进行质量检验;检验合格的,应当附具产品质量检验合格证。未经产品质量检验、检验不合格或者未附具产品质量检验合格证的,不得出厂销售。

宠物饲料生产企业应当如实记录出厂销售的宠物饲料产品的名称、数量、生产日期、生产批次、质量检验信息、购货者名称及其联系方式、销售日期等。记录保存期限不得少于2年。

第七条 出厂销售的宠物饲料产品应当包装,包装应当符合国家有关安全、卫生的规定。

第八条 宠物饲料产品的包装上应当附具标签,标签应当符合《宠物饲料标签规定》的要求。

第九条 宠物饲料生产企业应当采取有效措施保障产品质量安全,宠物饲料产品的卫生指标应当符合《宠物饲料卫生规定》的要求。

第十条 宠物饲料经营者进货时应当查验宠物饲料产品标签、产品质量检验合格证;

对宠物配合饲料、宠物添加剂预混合饲料产品，还应当查验饲料生产许可证、进口登记证等许可证明文件。

宠物饲料经营者不得对宠物饲料产品进行拆包、分装，不得对宠物饲料产品进行再加工或者添加任何物质。

禁止经营无产品标签、无产品质量标准、无产品质量检验合格证的宠物饲料。禁止经营标签不符合《宠物饲料标签规定》要求的宠物饲料。禁止经营用《饲料原料目录》《饲料添加剂品种目录》以外的任何物质生产的宠物饲料。

禁止经营无生产许可证的宠物配合饲料、宠物添加剂预混合饲料。禁止经营未取得进口登记证的进口宠物配合饲料、进口宠物添加剂预混合饲料。

第十一条 宠物饲料经营者应当建立产品购销台账，如实记录购销宠物饲料产品的名称、许可证明文件编号、规格、数量、保质期、生产企业名称或者供货者名称及其联系方式、购销时间等。购销台账保存期限不得少于2年。

第十二条 网络宠物饲料产品交易第三方平台提供者，应当对入网的宠物饲料经营者进行实名登记，督促经营者认真履行宠物饲料产品质量安全管理责任和义务，保障平台上销售的宠物饲料产品符合本办法要求。

第十三条 宠物饲料生产企业发现其生产的产品可能对宠物健康有害或者存在其他安全隐患的，应当立即停止生产，通知经营者、使用者，向饲料管理部门报告，主动召回产品，并记录召回和通知情况。召回的产品应当在饲料管理部门的监督下，予以无害化处理或者销毁。

宠物饲料经营者发现其销售的宠物饲料产品有前款规定情形的，应当立即停止销售，通知生产企业、供货者和使用者，向饲料管理部门报告，并记录通知情况。

第十四条 境外宠物饲料生产企业向中国出口宠物配合饲料、宠物添加剂预混合饲料的，应当委托境外企业驻中国境内的办事机构或者中国境内代理机构向国务院农业行政主管部门申请登记，并依法取得进口登记证。

第十五条 向中国境内出口的宠物饲料，应当包装并附具符合《宠物饲料标签规定》要求的中文标签；产品卫生指标应当符合《宠物饲料卫生规定》的要求；宠物配合饲料、宠物添加剂预混合饲料还应当符合进口登记产品的备案标准要求。

生产向中国境内出口的宠物饲料所使用的饲料原料和饲料添加剂应当符合《饲料原料目录》《饲料添加剂品种目录》的要求，并遵守《饲料添加剂品种目录》《饲料添加剂安全使用规范》的规定。

第十六条 国务院农业行政主管部门和县级以上地方人民政府饲料管理部门，应当根据需要定期或者不定期组织实施宠物饲料产品监督抽查。

国务院农业行政主管部门和省级人民政府饲料管理部门应当按照职责权限公布监督抽查结果，并可以公布具有不良记录的宠物饲料生产企业、经营者以及为经营者提供服务的第三方交易平台名单。

第十七条 未取得饲料生产许可证生产宠物配合饲料、宠物添加剂预混合饲料的，依据《饲料和饲料添加剂管理条例》第三十八条进行处罚。

第十八条 宠物饲料生产企业违反本办法规定，使用《饲料原料目录》《饲料添加剂品种目录》以外的物质生产宠物饲料的，或者不遵守国务院农业行政主管部门的限制性规定的,依据《饲料和饲料添加剂管理条例》第三十九条进行处罚。

第十九条 宠物饲料生产企业未对采购的饲料原料、添加剂预混合饲料和饲料添加剂进行查验或者检验的,或者未对生产的宠物饲料进行产品质量检验的,依据《饲料和饲料添加剂管理条例》第四十条进行处罚。

第二十条 宠物配合饲料、宠物添加剂预混合饲料生产企业不遵守《饲料质量安全管理规范》的,依据《饲料和饲料添加剂管理条例》第四十条进行处罚。

第二十一条 宠物饲料生产企业未实行采购、生产、销售记录制度或者产品留样观察制度的,依据《饲料和饲料添加剂管理条例》第四十一条进行处罚。

第二十二条 宠物饲料产品未附具产品质量检验合格证或者包装、标签不符合规定的,依据《饲料和饲料添加剂管理条例》第四十一条进行处罚。

第二十三条 宠物饲料经营者有下列行为之一的,依据《饲料和饲料添加剂管理条例》第四十三条进行处罚:

(一)对经营的宠物饲料产品进行再加工或者添加物质的;

(二)经营无产品标签、无产品质量检验合格证的宠物饲料的;经营无生产许可证的宠物配合饲料、宠物添加剂预混合饲料的;

(三)经营用《饲料原料目录》《饲料添加剂品种目录》以外的物质生产的宠物饲料的;

(四)经营未取得进口登记证的进口宠物配合饲料、进口宠物添加剂预混合饲料的。

第二十四条 宠物饲料经营者有下列行为之一的,依据《饲料和饲料添加剂管理条例》第四十四条进行处罚:

(一)对宠物饲料产品进行拆包、分装的;

(二)未实行产品购销台账制度的;

(三)经营的宠物饲料产品失效、霉变或者超过保质期的。

第二十五条 对本办法第十三条规定的宠物饲料产品,生产企业不主动召回的,依据《饲料和饲料添加剂管理条例》第四十五条进行处罚。

第二十六条 宠物饲料生产企业、经营者有下列行为之一的,依据《饲料和饲料添加剂管理条例》第四十六条进行处罚:

(一)生产、经营无产品质量标准或者不符合产品质量标准的宠物饲料产品的;

(二)生产、经营的宠物饲料产品与标签标示的内容不一致的。

第二十七条 本办法仅适用于宠物犬、宠物猫饲料的管理。其他种类宠物饲料的管理要求另行规定。

第二十八条 本办法自 2018 年 6 月 1 日起施行。

附件 2

宠物饲料生产企业许可条件

第一章 总　则

第一条 为加强宠物饲料生产许可管理,保障宠物饲料质量安全,根据《饲料和饲料添加剂管理条例》《饲料和饲料添加剂生产许可管理办法》《宠物饲料管理办法》，制定本条件。

第二条 申请从事宠物配合饲料、宠物添加剂预混合饲料生产的企业，应当符合本条件。

第二章 机构与人员

第三条 企业应当设立技术、生产、质量、销售、采购等管理机构。技术、生产、质量机构应当配备专职负责人，并不得互相兼任。

第四条 技术机构负责人应当具备畜牧、兽医、食品等相关专业大专以上学历或者中级以上技术职称，熟悉饲料法规、动物营养、产品配方设计等专业知识，并通过现场考核。

第五条 生产机构负责人应当具备畜牧、兽医、食品、机械、化工等相关专业大专以上学历或者中级以上技术职称，熟悉饲料法规、饲料加工技术与设备、生产过程控制、生产管理等专业知识，并通过现场考核。

第六条 质量机构负责人应当具备畜牧、兽医、食品、化工、生物等相关专业大专以上学历或者中级以上技术职称，熟悉饲料法规、原料与产品质量控制、原料与产品检验、产品质量管理等专业知识，并通过现场考核。

第七条 销售和采购机构负责人应当熟悉饲料法规，并通过现场考核。

第八条 企业应当配备2名以上专职检验化验员，并通过现场操作技能考核。

第三章 厂区、布局与设施

第九条 企业应当独立设置厂区，厂区周围没有影响产品质量安全的污染源。

厂区应当布局合理，生产区与生活、办公等区域分开。厂区应当整洁卫生，道路和作业场所采用混凝土或者沥青硬化，生活、办公等区域有密闭式生活垃圾收集设施。

第十条 生产区应当按照生产工序合理布局，生产区总使用面积应当与生产规模相匹配。

固态的宠物配合饲料、宠物添加剂预混合饲料有相对独立、与生产规模相匹配的原料库、配料间、加工间、成品库和附属物品库房。

半固态的宠物配合饲料、宠物添加剂预混合饲料有相对独立、与生产规模相匹配的原料库、前处理间、配料间、加工间、灌装间（区）、外包装间（区）、成品库和附属物品库房。

液态的宠物配合饲料、宠物添加剂预混合饲料有相对独立、与生产规模相匹配的原料库、前处理间、配料间、加工灌装间、外包装间、成品库和附属物品库房。

同时生产宠物、畜禽等其他动物饲料的，可以共同使用原料库、成品库和附属物品库房。宠物饲料生产设备不得用于生产畜禽等其他动物饲料。

第十一条 生产区建筑物通风和采光良好，自然采光设施应当有防雨功能。

第十二条 厂区内应当配备必要的消防设施或者设备。

第十三条 厂区内应当有完善的排水系统，排水系统入口处有防堵塞装置，出口处有防止动物侵入装置。

第十四条 存在安全风险的设备和设施，应当设置警示标识和防护设施：

（一）配电柜、配电箱有警示标识，易产生或者积存粉尘区域的人工采光灯具、电源开关及插座有防爆功能；

（二）高温设备和设施有隔热层和警示标识；

（三）压力容器有安全防护装置；

（四）设备传动装置有防护罩；

（五）有投料地坑的，入口处有完整的栅栏；

（六）吊物孔有坚固的盖板或者四周有防护栏，所有设备维修平台、操作平台和爬梯有防护栏。

企业应当为生产区作业人员配备劳动保护用品。

第十五条 企业仓储设施应当符合以下条件：

（一）满足原料、成品、包材、备品备件的贮存要求，具有防霉、防潮、防鸟、防鼠等功能；

（二）存放维生素、微生物添加剂和酶制剂等热敏物质的贮存间面积与生产规模相匹配，满足储存温度要求，密闭性能良好；

（三）亚硒酸钠等按危险化学品管理的饲料添加剂，有独立的贮存间或者贮存柜；

（四）使用新鲜或者冷冻动物源性原料的，有与生产规模相匹配的冷藏、冷冻设施或者设备；

（五）有立筒仓的，配备立筒仓通风系统和温度监测装置。

第四章 工艺与设备

第十六条 固态宠物配合饲料生产企业应当符合以下条件：

（一）配备成套加工机组，包括粉碎、配料、提升、混合、调质、膨化、干燥、喷涂、冷却、计量、包装、异物检除等设备，并具有完整的除尘系统和电控系统；

（二）配料、混合工段采用计算机自动化控制系统，配料动态精度不大于3‰，静态精度不大于1‰；

（三）混合机的混合均匀度变异系数不大于7%；

（四）粉碎机、空气压缩机、高压风机采用隔音或者消音装置；

（五）生产线除尘系统使用脉冲式除尘设备，投料口采用单点除尘方式，作业区的粉尘浓度和排放浓度符合国家有关规定；

（六）小料配制和投料复核分别配置电子秤；

（七）有添加剂预混合工艺的，单独配备至少一台混合机及相应的除尘设备，混合机（含混合机缓冲仓）与物料接触部分使用不锈钢制造，混合机的混合均匀度变异系数不大于5%；

（八）有新鲜或者冷冻、冷藏动物源性原料预处理工序的，单独配备除杂、粉碎、均质、水解等设备；

（九）生产车间和作业场所噪音控制符合国家有关规定。

第十七条 半固态宠物配合饲料生产企业应当符合以下条件：

（一）配备成套加工机组，包括粉碎、配料、混合、乳化、蒸煮、冷却、计量、灌装、包装、异物检除等设备，并具有完整的电控系统；

（二）小料配制和投料复核分别配置电子秤；

（三）有添加剂预混合工艺的，单独配备至少一台混合机并配备相应的除尘设备，混合机（含混合机缓冲仓）与物料接触部分使用不锈钢制造，混合机的混合均匀度变异系数不大于5％；

（四）生产罐头等具有商业无菌要求的产品的，配备相应的杀菌设备；

（五）有新鲜或者冷冻、冷藏动物源性原料预处理工序的，单独配备除杂、粉碎、均质、水解等设备；

（六）生产车间和作业场噪音控制符合国家有关规定。

第十八条 固态宠物添加剂预混合饲料生产企业应当符合以下条件：

（一）配备成套加工机组，包括原料除杂、配料、混合、成型、计量、自动包装等设备，并具有完整的除尘系统和电控系统；

（二）有两台以上混合机，混合机（含混合机缓冲仓）与物料接触部分使用不锈钢制造，混合机的混合均匀度变异系数不大于5％；

（三）生产线除尘系统使用脉冲式除尘设备，投料口采用单点除尘方式，作业区的粉尘浓度和排放浓度符合国家有关规定；

（四）小料配制和投料复核分别配置电子秤；

（五）有粉碎机、空气压缩机的，采用隔音或消音装置；

（六）生产车间和作业场所噪音控制符合国家有关规定。

第十九条 半固态宠物添加剂预混合饲料生产企业应当符合以下条件：

（一）配备成套加工机组，包括称量、加热、配料、搅拌、灌装、包装等设备，并具有完整的电控系统；

（二）生产设备、输送管道及管件使用不锈钢或者性能更好的材料制造；

（三）加热设备有搅拌、温度控制和温度显示装置；

（四）搅拌设备的搅拌速度可控；

（五）小料配制和投料复核分别配置电子秤；

（六）生产车间和作业场所噪音控制符合国家有关规定。

第二十条 液态的宠物配合饲料、宠物添加剂预混合饲料生产企业应当符合以下条件：

（一）配备成套加工机组，包括原料前处理、称量、配液、过滤、灌装等设备，并具有完整的电控系统；

（二）生产设备、输送管道及管件使用不锈钢或者性能更好的材料制造；

（三）有均质工序的，使用高压均质机的工作压力不小于50兆帕，并符合安全生产要求；使用高剪切均质机的均质转速不小于2 800转/分；

（四）配液罐有加热保温功能和温度显示装置；

（五）小料配制和投料复核分别配置电子秤；

（六）生产车间和作业场所噪音控制符合国家有关规定。

第五章 质量检验和质量管理制度

第二十一条 企业应当在厂区内独立设置检验化验室,并与生产车间和仓储区域分离。

第二十二条 宠物配合饲料生产企业检验化验室应当符合以下条件:

(一)生产液态宠物配合饲料的企业,配备常规检验仪器、万分之一分析天平、可见光分光光度计、定氮装置、粗脂肪提取装置;生产半固态宠物配合饲料的企业,还应当在液态宠物配合饲料企业的基础上,配备恒温干燥箱、高温炉、真空泵及抽滤装置、高压灭菌锅、培养箱、显微镜和样品制备设备;生产固态宠物配合饲料的企业,还应当在半固态宠物配合饲料企业的基础上,配备硬度测定仪、容重测定仪、水分活度测定仪、标准筛。

(二)检验化验室至少包括天平室、理化分析室、仪器室、留样观察室;生产固态宠物配合饲料和半固态宠物配合饲料的,还应当设立微生物检验室。各功能室应当满足下列要求:

1. 天平室有满足分析天平放置要求的天平台;

2. 理化分析室有满足样品理化分析和检验要求的通风柜、实验台、器皿柜、试剂柜;同时开展高温或者明火操作和易燃试剂操作的,分别设立独立的操作区和通风柜,并保持一定的安全距离;

3. 仪器室满足分光光度计等仪器的使用要求;

4. 留样观察室有满足原料和产品贮存要求的样品柜或者样品架;

5. 微生物检验室具有符合要求的准备间、缓冲间、无菌间和超净工作台。

第二十三条 宠物添加剂预混合饲料生产企业检验化验室应当符合以下条件:

(一)生产液态宠物添加剂预混合饲料的企业,配备常规检验仪器、万分之一分析天平;生产半固态宠物添加剂预混合饲料的企业,还应当在液态宠物添加剂预混合饲料企业的基础上,配备恒温干燥箱、高温炉和样品制备设备;生产固态宠物添加剂预混合饲料的企业,还应当在半固态宠物添加剂预混合饲料企业的基础上,配备标准筛。

(二)产品中添加维生素的,配备具有紫外检测器的高效液相色谱仪;产品中添加微量元素的,配备具有火焰原子化器和被测项目元素灯的原子吸收分光光度计;产品中添加氨基酸、酶制剂等营养性饲料添加剂的,配备满足添加成分检测要求的检验仪器。

(三)检验化验室至少包括天平室、前处理室、仪器室和留样观察室。各功能室应当满足下列要求:

1. 天平室有满足分析天平放置要求的天平台;

2. 前处理室有能够满足样品前处理和检验要求的通风柜、实验台、器皿柜、试剂柜、气瓶固定装置以及避光、空调等设备或者设施;同时开展高温或者明火操作和易燃试剂操作的,分别设立独立的操作区和通风柜,并保持一定的安全距离;

3. 仪器室满足高效液相色谱仪、原子吸收分光光度计等仪器的使用要求,高效液相色谱仪和原子吸收分光光度计分室存放;

4. 留样观察室有满足原料和产品贮存要求的样品柜或者样品架。

第六章 附 则

第二十四条 在满足生产和质量检验要求的前提下，经省级人民政府饲料管理部门组织专家审核同意，企业可以使用性能更好的生产设备和检验仪器替代本条件中的相关生产设备和检验仪器。

第二十五条 本条件规定的成套加工机组中，如企业生产过程中不涉及相关工艺和设备，在申报材料和现场检查过程中可不作要求，但因缺少相关工艺和设备可能影响产品质量安全和安全生产的情况除外。

第二十六条 本条件自 2018 年 6 月 1 起施行。

附件 3

宠物饲料标签规定

第一条 为加强宠物饲料管理，规范宠物饲料标签标示内容，根据《饲料和饲料添加剂管理条例》《宠物饲料管理办法》，制定本规定。

第二条 本规定所称的宠物饲料标签是指以文字、符号、数字、图形等方式粘贴、印刷或者附着在产品包装上用以表示产品信息的说明物的总称。

第三条 在中华人民共和国境内生产、销售的宠物饲料产品的标签应当按照本规定要求标示产品名称、原料组成、产品成分分析保证值、净含量、贮存条件、使用说明、注意事项、生产日期、保质期、生产企业名称及地址、许可证明文件编号和产品标准等信息。

第四条 宠物饲料产品标签应当在醒目位置标示"本产品符合宠物饲料卫生规定"字样，并以粘贴或者印刷等形式附具产品质量检验合格证。

第五条 宠物饲料产品名称应当位于标签的主要展示版面并采用通用名称。通用名称应当使用一致的字体、字号和颜色，不得突出或者强调其中的部分内容。在标示通用名称的同时，可以标示商品名称，但应当放在通用名称之后或者之下，字号不得大于通用名称。

（一）宠物配合饲料的通用名称应当标示"宠物配合饲料"、"宠物全价饲料"、"全价宠物食品"或者"全价"字样，并标示适用动物种类和生命阶段。适用动物种类可以具体至犬、猫品种或者体型，如不标示则默认为适用于所有品种和体型；生命阶段包括幼年期、成年期、老年期、妊娠期、哺乳期等，如不标示则默认为适用于所有生命阶段。为满足宠物特定生理、病理状态下营养需要生产的宠物配合饲料，其通用名称应当标示"处方"字样。示例见附录1。

（二）宠物添加剂预混合饲料的通用名称应当标示"宠物添加剂预混合饲料"、"补充性宠物食品"或者"宠物营养补充剂"，并标示适用动物种类和生命阶段。适用动物种类可以具体至犬、猫品种或者体型，如不标示则默认为适用于所有品种和体型；生命阶段包括幼年期、成年期、老年期、妊娠期、哺乳期等，如不标示则默认为适用于所有生命阶段。宠物添加剂预混合饲料的通用名称中，也可以标示产品中的氨基酸、维生素、矿物质微量元素、酶制剂等营养性饲料添加剂，标示时可以使用营养性饲料添加剂的品种名称或者类别名称。示例见附录1。

（三）其他宠物饲料的通用名称应当标示"宠物零食"，并标示适用动物种类和生命阶段。适用动物种类可以具体至犬、猫品种或者体型，如不标示则默认为适用于所有品种和体型；生命阶段包括幼年期、成年期、老年期、妊娠期、哺乳期等，如不标示则默认为适用于所有生命阶段。其他宠物饲料的通用名称中，也可以标示产品的具体呈现形式。示例见附录1。

第六条 宠物饲料产品标签上应当标示原料组成。原料组成包括饲料原料和饲料添加剂两部分，分别以"原料组成"和"添加剂组成"为引导词。其中，"原料组成"应当标示生产该产品所用的饲料原料品种名称或者类别名称，并按照各类或者各种饲料原料成分加入重量的降序排列；"添加剂组成"应当标示生产该产品所用的饲料添加剂名称，抗氧化剂、着色剂、调味和诱食物质类饲料添加剂可以标示类别名称。

饲料原料品种名称应当与《饲料原料目录》一致，类别名称应当与附录2规定一致。饲料添加剂名称应当与《饲料添加剂品种目录》一致。

在产品中使用以《饲料原料目录》中动物水解物为主要原料复配制成的调味产品的，应当在原料组成部分中以"宠物饲料复合调味料"或者"口味增强剂"标示。

原料组成中的某种原料如以品种名称标示，则不应当再以类别名称标示；如以类别名称标示，则不应当再以品种名称标示。

第七条 在中国境内生产的宠物饲料产品标签上应当标示产品所执行的产品标准编号。进口宠物配合饲料、宠物添加剂预混合饲料应当标示进口产品复核检验报告的编号。

第八条 宠物饲料产品标签上应当标示产品成分分析保证值。产品成分分析保证值的计量单位见附录3。

（一）宠物配合饲料产品成分分析保证值至少应当包括的项目、要求及具体标示方法见附录4。

为满足宠物特定生理、病理状态下的营养需要生产的宠物配合饲料，其产品成分分析保证值除满足上述要求外，可以进行特殊标示。

（二）宠物添加剂预混合饲料产品成分分析保证值至少应当标示水分和产品中所添加的主要营养性饲料添加剂，标示方法参照附录4。

（三）其他宠物饲料产品成分分析保证值至少应当标示水分，也可以根据需要标示其他成分的分析保证值，标示方法参照附录4。

第九条 宠物饲料产品应当标示产品包装单位的净含量。净含量标示由净含量、数字和法定计量单位组成。净含量与产品名称应当位于标签的同一展示版面。

固态产品应当使用质量进行标示，净含量不足1千克的，以克或者g作为计量单位；净含量超过1千克（含1千克）的，以千克或者kg作为计量单位。

液态产品、半固态产品除可以使用前款规定的质量进行标示外，也可以使用体积标示，以体积标示时，净含量不足1升的，以毫升或者mL作为计量单位；净含量超过1升（含1升）的，以升或者L作为计量单位。

第十条 宠物饲料产品标签上应当标示产品的贮存条件及贮存方法。

第十一条 宠物饲料产品标签上应当标示产品使用说明。使用说明应当根据宠物的生命阶段、活动量和体型类别标示推荐饲喂量或者饲喂建议。

第十二条 宠物饲料产品标签上应当标示产品使用的注意事项。含动物源性成分（乳和乳制品除外）的产品应当标示"本产品不得饲喂反刍动物"字样。

通用名称标示"处方"字样的宠物配合饲料，应当在注意事项中参照本规定附录5中的示例，标示该产品适用的宠物特定生理、病理状态及主要营养特征，并在醒目位置标示"请在执业兽医指导下使用"字样。如其适用的生理、病理状态及主要营养特征未在附录5收录范围以内，该产品的生产企业应当参照附录5根据产品的实际情况标示注意事项，并能够提供相关证明资料。资料至少应当包括能够验证产品效果的科学试验数据及配方组成。

第十三条 宠物饲料产品标签应当标示完整的年、月、日生产日期信息，标示方法见附录6。进口产品中文标签标示的生产日期应当与原产地标签上标示的生产日期一致。如生产日期标示采用"见包装物某部位"的形式，应当标示包装物的具体部位。生产日期的标示不得另外加贴或者篡改。

第十四条 宠物饲料产品标签应当标示保质期，标示方法见附录6。进口宠物饲料产品中文标签标示的保质期应当与原产地标签上标示的保质期一致。如保质期标示采用"见包装物某部位"的形式，应当标示包装物的具体部位。保质期的标示不得另外加贴或者篡改。

第十五条 在中国境内生产的宠物配合饲料和宠物添加剂预混合饲料的产品标签，应当标示与许可证明文件一致的生产许可证编号、企业名称、注册地址、生产地址、联系方式；其他宠物饲料产品，应当标示与生产企业营业执照一致的企业名称、注册地址、生产地址、联系方式。如生产企业的注册地址与生产地址一致，可不重复标示。

进口宠物饲料产品应当以中文标示原产国名或者地区名。进口宠物配合饲料和宠物添加剂预混合饲料产品，应当标示与进口登记证一致的登记证号、生产厂家名称、生产地址，以及该产品在中国境内依法登记注册的销售机构名称、地址和联系方式。其他进口宠物饲料产品，应当标示生产厂家名称、生产地址，以及该产品在中国境内依法登记注册的销售机构名称、地址和联系方式。

联系方式应当标示以下至少一项内容：电话、传真、网络联系方式、通讯地址等。

第十六条 对于内包装不独立销售的宠物饲料产品，外包装应当标示本规定的所有内容，内包装至少标示产品名称、保质期和净含量。对于内包装独立销售的产品，内、外包装均应当标示本规定的所有内容。如内包装已标示本规定的所有内容，且标示内容能透过外包装物清晰、完整地呈现，可不在外包装物上进行重复标示。仅用于宠物饲料产品运输的外包装除外。

对于复合包装产品，外包装应当标示复合包装的净含量和所含独立包装的净含量及件数，或者直接标示所含独立包装的净含量和件数，标示形式见附录6。外包装上标示的保质期应当按照最早到期的独立包装产品的保质期计算，生产日期应当标示最早生产的独立包装产品的生产日期，也可以在外包装上分别标示各独立包装产品的生产日期和保质期。

第十七条 宠物饲料免费产品，除标示本规定的所有内容外，还应当标示"免费样品"、"赠品"、"非卖品"或者"试用装"等字样。

第十八条 委托加工的宠物配合饲料、宠物添加剂预混合饲料产品，除标示本规定的所有内容外，还应当标示委托企业的名称、注册地址和生产许可证编号。

第十九条 宠物饲料产品中含有转基因成分的，其标示应当符合相关法律法规的要求。

第二十条 宠物饲料产品标签中可以进行成分、功能和特性声称，声称时应当遵守以下规定：

（一）禁止对宠物饲料作具有预防或者治疗宠物疾病的说明或者宣传。

（二）所有声称应当具备证明材料。证明材料包括公开发表的出版物、教科书、配方组成、检测数据或者试验报告等。

（三）对成分进行声称时，声称的内容应当置于产品名称相邻位置，并与产品名称使用相同的字体和颜色，字号不大于产品名称，不得以任何形式突出或者强调其中部分内容。

1. 宠物饲料如声称使用某种饲料原料，应当在饲料原料组成中标示其名称，并在名称后标示其添加量；如该饲料原料使用所属类别名称标示，应当在类别名称之后以括号的方式标示该饲料原料的品种名称及其在产品中的添加量。示例见附录1。

2. 经脱水处理的饲料原料，可以依据水分还原后其在产品中的含量进行声称。可以进行水分还原的饲料原料种类及其计算方法见附录7。如进行水分还原，则附录7中涉及的三类饲料原料应当同时还原，计算方法应当按附录7执行。

3. 声称"××配方"时，产品中的"××"饲料原料应当达到产品总重的26%以上；如对两种或者两种以上饲料原料进行组合声称，其中至少一种饲料原料应当达到产品总重的26%以上，其余每种饲料原料均应当达到产品总重的3%以上，声称应当按原料的重量百分比降序排列。示例见附录1。

声称"含××配方"时，产品中的"××"饲料原料应当达到产品总重的14%以上；如对两种或者两种以上饲料原料进行组合声称，其中至少一种饲料原料应当达到产品总重的14%以上，其余每种饲料原料均应达到产品总重的3%以上，声称应按原料的重量百分比降序排列。示例见附录1。

声称"含××"时，产品中的"××"饲料原料应当达到产品总重的4%以上；如对两种或者两种以上饲料原料进行组合声称，其中至少一种饲料原料应当达到产品总重的4%以上，其余每种原料均应当达到产品总重的3%以上，声称应当按饲料原料的重量百分比降序排列。示例见附录1。

4. 如宠物饲料产品使用的饲料原料、宠物饲料复合调味料或者口味增强剂能够赋予产品某种风味，可以对产品的风味进行声称，声称应当使用"××味"字样。示例见附录1。

5. 如宠物饲料产品中的某种饲料原料的添加量足以赋予产品某些特有属性，即使该原料未达到产品总重的4%，也可以对其进行声称，声称应当使用"添加××"字样。示例见附录1。

6. 宠物饲料产品如声称使用某种维生素、矿物质微量元素等营养素或者使用的某种饲料添加剂可以赋予产品某些特有属性，声称应当使用"含××"字样。声称涉及的维生素、矿物质微量元素等营养素应当在产品成分分析保证值中列示。声称涉及的饲料添加剂应当在饲料添加剂组成中列示并标示其添加量。示例见附录1。

7. 宠物饲料产品可以声称不含有某种饲料原料或者饲料添加剂，声称应当使用"无××"或者"不含××"。除饲料原料和饲料添加剂外，不得对其他任何物质进行不含有声称。对于麸质成分，如其含量不高于 20mg/kg 时，可以进行"无麸质"或者"不含麸质"的声称。

8. 如对宠物饲料产品中的某种成分含量进行"高"、"增高"或者"低"、"降低"或者类似的比较性声称，应当以本企业的产品作为参照物且明确列示，增高或者降低的比例应当达到 15% 以上，对于常量营养素，增高或者降低的百分比应当能够通过配方进行验证。示例见附录 1。

（四）对特性进行声称时，应当符合下列要求。

1. 如宠物饲料产品使用的所有饲料原料和饲料添加剂均来自未经加工、非化学工艺加工或者只经过物理加工、热加工、提取、纯化、水解、酶解、发酵或者烟熏等处理工艺的植物、动物或者矿物质微量元素，可对产品进行特性声称，声称应当使用"天然的"、"天然粮"或者类似字样。如宠物饲料产品中添加的维生素、氨基酸、矿物质微量元素是化学合成的，也可以对产品进行"天然的"、"天然粮"的声称，但应当同时对所使用的维生素、氨基酸、矿物质微量元素进行标示，声称应当使用"天然粮，添加××"字样；如添加了两种（类）或者两种（类）以上的化学合成的维生素、氨基酸、矿物质微量元素，声称中可以使用饲料添加剂的类别名称。所有声称文字应置于同一展示版面，使用相同的字体、字号和颜色，中间不得插入其他任何内容，不得以任何形式突出或者强调其中某一部分。示例见附录 1。

2. 如宠物饲料产品使用的某种饲料原料和饲料添加剂来自未经加工、非化学工艺加工或者只经过物理加工、热加工、提取、纯化、水解、酶解、发酵或者烟熏等处理工艺的植物、动物或者矿物质微量元素，可以对该饲料原料或者饲料添加剂进行特殊声称，声称应当使用"天然"字样。示例见附录 1。

3. 如宠物饲料产品使用的某种饲料原料除冷藏外未经蒸煮、干燥、冷冻、水解等类似任何处理过程，且不含有氯化钠、防腐剂或者其他饲料添加剂，可以对该饲料原料进行声称，声称应当使用"新鲜的"、"鲜"或者类似字样。示例见附录 1。

4. 如犬用宠物饲料产品的水分含量低于 20% 且脂肪含量不高于 9%、水分含量在 20% 至 65% 之间且脂肪含量不高于 7%、水分含量大于 65% 且脂肪含量不高于 4% 时，可以对犬用宠物饲料进行"低脂肪"的声称。如猫用宠物饲料产品水分含量低于 20% 且脂肪含量不高于 10%、水分含量在 20% 至 65% 之间且脂肪含量不高于 8%、水分含量大于 65% 且脂肪含量不高于 5% 时，可以对猫用宠物饲料进行"低脂肪"的声称。

5. 如犬用宠物饲料产品的水分含量低于 20% 且能量值不高于 1 296kJ ME/100g、水分含量在 20% 至 65% 之间且能量值不高于 1 045kJ ME/100g、水分含量不低于 65% 且能量值不高于 376kJ ME/100g 时，可以对该产品进行"低能量"声称并对其能量值进行标示。如猫用宠物饲料产品水分含量低于 20% 且能量值不高于 1 359kJ ME/100g、水分含量在 20% 至 65% 之间且能量值不高于 1 108kJ ME/100g、水分含量不低于 65% 且能量值不高于 397kJ ME/100g，可以对该产品进行"低能量"声称并对其能量值进行标示。标示时应当以"能量"或者"能量值"为引导词，并与该声称置于同一展示版面。能量值应当以代谢能（ME）值表示，并以 kJ/100g 为单位，代谢能可以采用计算值，计算方法见附录 8，但应当在代谢能值后以括号的方式标注"计算值"字样。

6. 宠物饲料产品可以使用"新产品"、"配方升级"、"产品升级"或者类似声称，但声称应当有充分证据,且该声称在产品标签上标示的时间不得超过 18 个月。

7. 如对宠物饲料产品进行符合国际或者国外标准的声称,产品应当符合对应标准的所有要求,且在监管部门要求时应当能提供检测报告或者产品配方等证明材料。

(五)如宠物饲料产品使用的某种饲料原料、饲料添加剂或者饲料原料中含有的某种营养素具有维持、增强宠物生长、发育、生理功能或者机体健康的作用,可以进行功能声称。声称应当符合以下要求。

1. 声称涉及的饲料添加剂应当在饲料添加剂组成或者产品成分分析保证值中按本规定要求标示,声称涉及的饲料原料应当在原料组成中标示其名称,并在名称后标示其添加量,示例见附录 1。

2. 如宠物饲料产品对毛球产生、牙垢积聚等非疾病性问题具有预防性作用,可以进行功能声称,声称可以使用"预防"字样并标示该产品可以预防的非疾病问题,示例见附录 1。

第二十一条 宠物饲料标签应当结实耐用。附签形式的标签不得与包装物分离或者被遮掩,标签内容应当在不打开包装的情况下完整呈现。标签内容应当清晰、醒目、持久,方便消费者辨认和识读。文字应当使用规范的汉字(商标、进口宠物饲料的生产者和地址、国外经营者的名称和地址、网址除外),可以同时使用有对应关系的汉语拼音、少数民族文字或者其他文字,但不得大于相应的汉字(商标除外)。对于印有多语言的包装物,凡使用规范汉字提供的信息均应当符合本规定的要求。

第二十二条 标签的展示面积大于 $35cm^2$ 时,标示内容的文字、符号、数字的高度不得小于 1.8mm。不同包装物或者包装容器上标签最大表面面积计算方法见附录 9。

第二十三条 国务院农业行政主管部门和县级以上地方人民政府饲料管理部门,应当根据需要定期或者不定期组织实施宠物饲料产品标签监督抽查。

第二十四条 宠物饲料产品标签不符合本规定的,依据《饲料和饲料添加剂管理条例》第四十一条进行处罚。

第二十五条 宠物饲料生产企业、经营者生产、经营的宠物饲料与标签标示的内容不一致的,依据《饲料和饲料添加剂管理条例》第四十六条进行处罚。

第二十六条 本规定自 2018 年 6 月 1 日起施行。

附录:1. 宠物饲料标示内容示例
　　　2. 宠物饲料原料分类
　　　3. 产品成分分析保证值常用计量单位
　　　4. 宠物配合饲料产品成分分析保证值至少应当包括的项目及标示要求
　　　5. 宠物配合饲料适用的特定状态及主要营养特征标示示例
　　　6. 生产日期、保质期及净含量的标示
　　　7. 可进行水分还原的原料种类及其计算方法
　　　8. 产品能量值的计算方法
　　　9. 不同包装物或者包装容器上标签最大表面面积计算方法

附录 1

宠物饲料标示内容示例

一、宠物配合饲料通用名称示例

——"宠物配合饲料犬粮"或者"宠物全价饲料犬粮"或者"全价犬粮"或者"全价宠物食品犬粮";

——"宠物配合饲料幼年期犬粮"或者"宠物全价饲料幼年期犬粮"或者"全价幼年期犬粮"或者"全价幼年期犬粮"或者"全价宠物食品幼年期犬粮";

——"宠物配合饲料泰迪幼年期犬粮"或者"宠物全价饲料泰迪幼年期犬粮"或者"全价泰迪幼年期犬粮"或者"全价泰迪幼年期犬粮"或者"全价宠物食品泰迪幼年期犬粮";

——"宠物配合饲料大型犬幼年期犬粮"或者"宠物全价饲料大型犬幼年期犬粮"或者"全价大型犬幼年期犬粮"或者"全价大型犬幼年期犬粮"或者"全价宠物食品大型犬幼年期犬粮";

——"宠物配合饲料犬处方粮"或者"宠物全价饲料犬处方粮"或者"全价犬处方粮"或者"全价宠物食品犬处方粮"。

二、宠物添加剂预混合饲料通用名称示例

——"宠物添加剂预混合饲料微量元素"或者"补充性宠物食品微量元素"或者"宠物营养补充剂微量元素";

——"宠物添加剂预混合饲料犬幼年期微量元素"或者"补充性宠物食品犬幼年期微量元素"或者"宠物营养补充剂犬幼年期微量元素";

——"宠物添加剂预混合饲料泰迪犬幼年期微量元素"或者"补充性宠物食品泰迪犬幼年期微量元素"或者"宠物营养补充剂泰迪犬幼年期微量元素";

——"宠物添加剂预混合饲料大型犬幼年期微量元素"或者"补充性宠物食品大型犬幼年期微量元素"或者"宠物营养补充剂大型犬幼年期微量元素";

——"宠物添加剂预混合饲料维生素 B"或者"补充性宠物食品维生素 B"或者"宠物营养补充剂维生素 B";

——"宠物添加剂预混合饲料犬幼年期维生素 B"或者"补充性宠物食品犬幼年期维生素 B"或者"宠物营养补充剂犬幼年期维生素 B";

——"宠物添加剂预混合饲料泰迪犬幼年期维生素 B"或者"补充性宠物食品泰迪犬幼年期维生素 B"或者"宠物营养补充剂泰迪犬幼年期维生素 B";

——"宠物添加剂预混合饲料大型犬幼年期维生素 B"或者"补充性宠物食品大型犬幼年期维生素 B"或者"宠物营养补充剂大型犬幼年期维生素 B"。

三、其他宠物饲料通用名称示例

——"宠物零食肉棒";
——"宠物零食幼年期饮料";
——"宠物零食幼年期牛肉粒";
——"宠物零食幼年期洁齿磨牙棒";
——"宠物零食泰迪犬咬胶"。

四、宠物饲料产品如声称使用某种饲料原料,标示示例

——"肉类及制品(鸡肝3.5%)";
——"果蔬类籽实及其制品(蔓越莓1.3%)"。

五、成分声称标示示例

(一)宠物饲料产品中某种饲料原料达到产品总重26%以上,声称标示示例:
——"牛肉配方";
——"鸡肉大米配方";
——"牛肉鸡肉配方"。

(二)宠物饲料产品中某种饲料原料达到产品总重14%以上,声称标示示例:
——"含牛肉配方";
——"含糙米配方";
——"含牛肉鸡肉配方";
——"含牛肉大米配方"。

(三)宠物饲料产品中某种饲料原料达到产品总重4%以上,声称标示示例:
——"含牛肉";
——"含糙米";
——"含牛肉鸡肉";
——"含鸡肉大米"。

(四)宠物饲料产品中使用的饲料原料、宠物饲料复合调味料或者口味增强剂能够赋予产品某种风味,声称标示示例:
——"牛肉味";
——"鸡肉味";
——"烟熏味"。

(五)宠物饲料产品中某种饲料原料的添加量足以赋予产品某些特有属性,声称标示示例:
——"添加燕麦";
——"添加牛初乳"。

(六)宠物饲料产品如声称使用某种维生素、矿物质微量元素等营养素或者使用的某种饲料添加剂可以赋予产品某些特有属性,声称标示示例:
——"含DHA";

——"含共轭亚油酸"。

（七）宠物饲料产品进行比较性声称时，声称标示示例：

——高蛋白全价犬粮（与××全价犬粮相比）。

六、特性声称标示示例

（一）声称应当使用"天然的"、"天然粮"或者类似字样的宠物饲料产品标示示例：

——"天然粮，添加维生素"；

——"天然粮，添加维生素和氨基酸"；

——"天然色素"；

——"天然防腐剂"。

（二）声称应当使用"新鲜的"、"鲜"或者类似字样的宠物饲料产品标示示例：

——"新鲜鸡肉"；

——"鲜牛肉"。

七、功能声称标示示例

（一）宠物饲料产品中如使用的某种饲料原料、饲料添加剂或者其中含有的某种营养素具有维持、增强宠物生长、发育、生理功能或者机体健康的作用，声称标示示例：

——"含钙促进骨骼发育"；

——"含菊苣根粉促进肠道有益菌增殖"。

（二）宠物饲料产品如对非疾病性问题具有预防性作用，声称标示示例：

——"预防毛球产生"；

——"预防牙垢聚集"。

附录 2

宠物饲料原料分类

序号	类别名称	与《饲料原料目录》对应的原料品种
1	谷物及其制品	"谷物及其加工产品"中的所有原料
2	油料籽实及其制品	"油料籽实及其加工产品"中的所有原料
3	豆科籽实及其制品	"豆科作物籽实及其加工产品"中的所有原料
4	果蔬类籽实及其制品	"块茎、块根及其加工产品"中的所有原料、"其他籽实、果实类产品及其加工产品"中的所有原料
5	天然植物及其制品	"其他植物、藻类及其加工产品"中的 7.1、7.2、7.3、7.4 的原料
6	饲草类及其制品	"饲草、粗饲料及其加工产品"中的所有原料
7	藻类及其制品	"其他植物、藻类及其加工产品"中的 7.5 的原料
8	乳类及其制品	"乳制品及其副产品"中的所有原料

(续表)

序号	类别名称	与《饲料原料目录》对应的原料品种
9	肉类及其制品	"陆生动物产品及其副产品"中9.1、9.3、9.6和9.7的原料
10	昆虫及其制品	"陆生动物产品及其副产品"中9.2和9.5的原料
11	蛋类及其制品	"陆生动物产品及其副产品"中9.4的原料
12	鱼类等水生生物及其制品	"鱼、其他水生生物及其副产品"中的所有原料
13	矿物质	"矿物质"中的所有原料
14	微生物发酵类制品	"微生物发酵产品及副产品"中的所有原料

附录3

产品成分分析保证值常用计量单位

一、粗蛋白质、粗脂肪、粗纤维、水分、粗灰分、钙、总磷、水溶性氯化物（以 Cl^- 计）、氨基酸含量，以百分含量（％）表示。

二、微量元素含量，以每克、每千克、每毫升、每升、每片、每胶囊、每粒中元素的毫克数表示。

示例：mg/g、mg/kg、mg/mL、mg/L、mg/片、mg/胶囊。

三、维生素含量，以每克、每千克、每毫升、每升、每片、每胶囊、每粒产品中含药物或者维生素的毫克数，或者以表示生物效价的国际单位（IU）表示。

示例：mg/g、mg/kg、mg/mL、mg/L、mg/片、mg/胶囊、mg/粒，或 IU/g、IU/kg、IU/mL、IU/L、IU/片、IU/胶囊。

四、酶制剂含量，以每克、每毫升、每片、每胶囊、每粒产品中含酶活性单位表示。

示例：U/g、U/mL、U/片、U/胶囊、U/粒。

五、微生物含量，以每克、每千克、每毫升、每升、每片、每胶囊、每粒产品中含微生物的菌落数或者个数表示。

示例：CFU/g、CFU/kg、CFU/mL、CFU/L、CFU/片、CFU/胶囊、CFU/粒或者个/g、个/mL、个/片、个/胶囊。

附录4

宠物配合饲料产品成分分析保证值至少应当包括的项目及标示要求

项目	要求	标示方法
粗蛋白质	最小值	≥，或者不小于，或者至少
粗脂肪	最小值；对于进行低脂肪声称的产品，应当同时标示其最大值	≥，或者不小于，或者至少；进行低脂肪声称的产品应当标示为：最小值≤粗脂肪≤最大值，或者粗脂肪不小于，且不大于

(续表)

项目	要求	标示方法
粗纤维	最大值	≤，或者不大于，或者至多
水分	最大值	≤，或者不大于，或者至多
粗灰分	最大值	≤，或者不大于，或者至多
钙	最小值	≥，或者不小于，或者至少
总磷	最小值	≥，或者不小于，或者至少
水溶性氧化物（以Cl^-计）	最小值	≥，或者不小于，或者至少
赖氨酸，适用于犬粮	最小值	≥，或者不小于，或者至少
牛磺酸，适用于猫粮	最小值	≥，或者不小于，或者至少

附录5

宠物配合饲料适用的特定状态及主要营养特征标示示例

一、改善慢性肾功能不全状态

示例：本产品适用于慢性肾功能不全的犬、猫使用，产品中的磷和蛋白质经过科学调整。

二、帮助溶解鸟粪石

示例：本产品用于促进犬、猫鸟粪石溶解，产品中的镁和蛋白质经过科学调整。

三、减少鸟粪石再生

示例：本产品用于减少犬、猫鸟粪石再生，产品中的镁经过科学调整。

四、减少尿酸盐结石形成

示例：本产品用于减少犬、猫尿酸盐结石形成，产品中的嘌呤和蛋白质经过科学调整。

五、减少草酸盐结石形成

示例：本产品用于减少犬、猫草酸盐结石形成，产品中的钙、维生素D经过科学调整。

六、减少胱氨酸结石形成

示例：本产品用于减少犬、猫胱氨酸结石形成，产品中的蛋白质和含硫氨基酸经过科学调整。

七、降低急性肠道吸收障碍发生

示例：本产品用于降低犬、猫急性肠道吸收障碍发生，产品中的电解质和易消化原料经过科学调整。

八、降低原料和营养素不耐受

示例：本产品用于降低犬、猫原料和营养素的不耐受症，产品中的蛋白质或者碳水化合物经过科学调整。

九、改善消化不良

示例：本产品用于改善犬、猫消化不良，产品中原料的可消化性和脂肪经过科学调整。

十、改善慢性心脏功能不全

示例：本产品用于改善犬、猫慢性心脏功能不全，产品中的钠经过科学调整。

十一、调节葡萄糖供给

示例：本产品用于调节糖尿病犬、猫的葡萄糖供给，产品中的碳水化合物经过科学调整。

十二、改善肝功能不全

示例：本产品用于调节肝功能不全的犬、猫的营养供给，产品中的蛋白质和必需脂肪酸经过科学调整。

十三、改善高脂血症

示例：本产品用于调节犬、猫的脂肪代谢，产品中的脂肪和必需脂肪酸经过科学调整。

十四、改善甲状腺机能亢进

示例：本产品用于改善猫的甲状腺机能亢进状态，产品中的碘经过科学调整。

十五、降低肝脏中的铜含量

示例：本产品用于降低犬肝脏中的铜，产品中的铜经过科学调整。

十六、改善超重状态

示例：本产品用于降低犬、猫的多余体重，产品的能量密度经过科学调整。

十七、营养恢复期

示例：本产品用于犬、猫疾病后的营养恢复，产品的能量密度、必需营养素和易消化原料经过科学调整。

十八、改善皮肤炎症和过度脱毛

示例：本产品用于改善犬、猫皮肤炎症和过度脱毛现象，产品中的必需脂肪酸经过科学调整。

十九、改善关节炎症

示例：本产品用于改善犬、猫的关节炎症，产品中的多不饱和脂肪酸、维生素 E 等经过科学调整。

附录 6
生产日期、保质期及净含量的标示

一、生产日期的标示

生产日期中年、月、日可用空格、斜线、连字符、句点等符号分隔，或者不用分隔符。年代号一般应当标示 4 位数字，小包装食品也可以标示 2 位数字。月、日应当标示 2 位数字。

生产日期标示示例：

——"生产日期：2010 年 03 月 20 日"；

——"生产日期：20 日 03 月 2010 年"或者"生产日期：03 月 20 日 2010 年"；

——"生产日期（年/月/日）：2010 03 20"或者"生产日期（年/月/日）：2010/03/20"或者"生产日期（年/月/日）：20100320"；

——"生产日期（月/日/年）：03 20 2010"或者"生产日期（月/日/年）：03/20/2010"或者"生产日期（月/日/年）：03202010"；

——"生产日期（日/月/年）：20 03 2010"或者"生产日期（日/月/年）：20/03/2010"或者"生产日期（日/月/年）：20032010"。

二、保质期的标示

示例：

——"保质期：××个月"或者"××日"或者"××天"或者"×年"；

——"保质期至××××年××月××日"或者"保质期至××月××日××××年"或者"保质期至××日××月××××年"；

——"此日期前最佳……"或者"此日期前食用最佳……"或者"最好在……之前食用"或者"……之前食用最佳"（……）处填写日期。

三、净含量的标示

（一）复合包装中独立包装为同类产品的，净含量标示方式

示例：

——"净含量：40克×5"或者"净含量：40g×5"；
——"净含量：5×40克"或者"净含量：5×40g"；
——"净含量：200克（5×40克）"或者"净含量：200g（5×40g）"；
——"净含量：200克（40克×5）"或者"净含量：200g（40g×5）"；
——"净含量：200克（5件或者5袋或者5包或者5罐或者5听）"或者"净含量：200g（5件或者5袋或者5包或者5罐或者5听）"；
——"净含量：200克（100克+50克×2）"或者"200g（100g+50g×2）"。
——"净含量：200克（80克×2+40克）"或者"200g（80g×2+40g）"。

（二）复合包装中独立包装为不同类产品的，净含量标示方式

示例：

——"净含量：200克（A产品40克×3，B产品40克×2）或200g（A产品40g×3，B产品40g×2）"；
——"净含量：200克（40克×3，40克×2）"或者"净含量：200g（40g×3，40g×2）"；
——"净含量：100克A产品，50克×2B产品，50克C产品"或者"净含量：100gA产品，50g×2B产品，50gC产品"；
——"净含量：A产品：100克，B产品：50克×2；C产品：50克"或者"净含量：A产品：100g，B产品：50g×2；C产品：50g"；
——"净含量：100克（A产品），50克×2（B产品），50克（C产品）"或者"净含量：100g（A产品），50g×2（B产品），50g（C产品）"；
——"净含量：A产品100克，B产品50克×2，C产品50克"或者"净含量：A产品100g，B产品50g×2，C产品50g"。

附录7

可进行水分还原的原料种类及其计算方法

一、可进行水分还原的原料种类及还原后水分还原标准

新鲜水果和蔬菜（不包括由果蔬皮渣制成的副产品）的脱水物：90.0%；
肉类、鱼类（仅包括可食用动物组织）的脱水物：75.0%；
谷物：15.0%

二、含水原料水分还原示例

（一）固态/半固态宠物饲料

原料	配方组成，kg	原料的水分含量，%	配方中的干物质含量，kg	水分还原标准，%	还原后的配方组成，kg	还原后的配方组成比例，%
玉米	66.0	10.0	59.4	15.0	69.9	37.2
鸡肉粉	24.2	10.0	21.8	75.0	87.2	46.4

(续表)

原料	配方组成，kg	原料的水分含量，%	配方中的干物质含量，kg	水分还原标准，%	还原后的配方组成，kg	还原后的配方组成比例，%
牛肉粉	1.8	11.1	1.6	75.0	6.4	3.4
胡萝卜粉	2.0	8.0	1.8	90.0	18.4	9.8
添加剂预混合饲料	4.0		4.0		4.0	2.1
油脂	2.0		2.0		2.0	1.1
总计	100.0				187.9	100.0

注：1. 上述示例中，原配方中24.2kg的鸡肉粉经水分还原后相当于87.2kg的鸡肉，占还原后配方组成比例46.4%，可以进行"鸡肉配方"的声称；原配方中2.0kg的胡萝卜粉经水分还原后相当于18.4kg的胡萝卜，占还原后配方组成比例9.8%，可以进行"含胡萝卜"的声称；原配方中1.8kg的牛肉粉经水分还原后相当于6.4kg的牛肉，占还原后配方组成比例3.4%，可以进行"牛肉味"的声称。

（二）液态宠物饲料

原料	配方组成，kg	原料的水分含量，%	配方中的干物质含量，kg	水分还原标准，%	还原后的配方组成，kg	还原后的配方组成比例，%
水	42.0				35.4	35.4
牛肉	35.0				35.0	35.0
鸡肉	18.2				18.2	18.2
鱼肉	2.0				2.0	2.0
添加剂预混合饲料	2.0				2.0	2.0
胡萝卜粉	0.8	8.0	0.74	90.0	7.4	7.4[2]
总计	100.0				100.0[1]	100.0

注：1. 上述示例中，配方中0.8kg的胡萝卜粉经水分还原后重量增加至7.4kg，增加的6.6kg重量视为来源于配方中的水分，所以计算还原后的配方组成比例时配方总重量保持100kg不变。

2. 配方中0.8kg的胡萝卜粉经水分还原后相当于7.4kg的胡萝卜，占还原后配方组成比例7.4%，可以进行"含胡萝卜"的声称。

附录8

产品能量值的计算方法

一、犬用宠物饲料产品能量值计算方法（每100g产品中）

（一）总能（GE）计算

总能（kcal）＝5.7×粗蛋白质克数+9.4×粗脂肪克数+4.1×（无氮浸出物克数+粗纤维克数）

（二）能量消化率（%）计算

能量消化率（%）＝91.2－1.43×干物质中粗纤维所占百分比

(三) 消化能 (DE) 计算

消化能 (kcal) ＝GE×能量消化率 (%)

(四) 代谢能 (ME) 计算

代谢能 (kcal) ＝DE－1.04×粗蛋白克数

(五) 单位换算

1kcal＝4.186kJ

示例：

以100克犬用配合饲料产品为例计算其能量值，其中含80g水分、7g粗蛋白质、4g粗脂肪、3g粗灰分、1g粗纤维和5g无氮浸出物

GE (kcal) ＝5.7×7+9.4×4+4.1×(1+5)＝102.1

干物质中粗纤维所占百分比数 $= \dfrac{1}{100-80} \times 100 = 5$

能量消化率 (%) ＝91.2－(1.43×5) ＝84.05%

DE (kcal) ＝102.1×84.05%＝85.8

ME (kcal) ＝85.8－1.04×7＝78.5

ME (kJ) ＝78.5×4.186＝328.6

二、猫用宠物饲料产品能量值计算方法（每100g产品中）

(一) 总能 (GE) 计算

总能 (kcal) ＝5.7×粗蛋白质克数+9.4×粗脂肪克数+4.1×(无氮浸出物克数+粗纤维克数)

(二) 能量消化率 (%) 计算

能量消化率 (%) ＝87.9－0.88×干物质中粗纤维所占百分比数

(三) 消化能 (DE) 计算

消化能 (kcal) ＝GE×能量消化率 (%)

(四) 代谢能 (ME) 计算

代谢能 (kcal) ＝DE－0.77×粗蛋白质克数

(五) 单位换算

1kcal＝4.186kJ

示例：

以100克猫用宠物配合饲料产品为例计算其能量值，其中含80g水分、7g粗蛋白、4g粗脂肪、3g粗灰分、1g粗纤维和5g无氮浸出物

GE (kcal) ＝5.7×7+9.4×4+4.1×(1+5) ＝102.1

干物质中粗纤维所占百分比数 $= \dfrac{1}{100-80} \times 100 = 5$

能量消化率 (%) ＝87.9－(0.88×5) ＝83.5%

DE (kcal) ＝102.1×83.5%＝85.3

ME (kcal) ＝85.3－0.77×7＝79.9

ME (kJ) ＝79.9×4.186＝334.5

附录9
不同包装物或者包装容器上标签最大表面面积计算方法

一、长方体形包装物或者包装容器上的计算方法

长方体形包装物或者包装容器的最大一个侧面的高度（cm）乘以宽度（cm）。

二、圆柱形包装物或者包装容器、近似圆柱形包装物或者包装容器上的计算方法

包装物或者包装容器的高度（cm）乘以圆周长（cm）的40％。

三、其他形状的包装物或者包装容器上的计算方法

包装物或者包装容器的总表面积的40％。

四、如果包装物或者包装容器有明显的主要展示版面，应以主要展示版面的面积为最大表面面积。

五、包装袋等计算表面面积时应除去封边所占尺寸。瓶形或者罐形包装计算表面面积时不包括肩部、颈部、顶部和底部的凸缘。

附件4
宠物饲料卫生规定

一、为加强宠物饲料管理，保障宠物饲料产品质量安全和宠物健康，依据《饲料和饲料添加剂管理条例》《宠物饲料管理办法》，制定本规定。

二、在中华人民共和国境内生产、销售的供宠物犬、宠物猫直接食用的宠物饲料产品的卫生指标，应当符合本规定的要求。

三、国务院农业行政主管部门和县级以上地方人民政府饲料管理部门，应当以卫生指标为重点，根据需要定期或者不定期组织实施宠物饲料产品监督抽查。

四、国务院农业行政主管部门和省级人民政府饲料管理部门应当按照职责权限公布监督抽查结果，并可以公布具有不良记录的宠物饲料生产企业、经营者以及为经营者提供服务的第三方交易平台名单。

五、宠物饲料生产企业、经营者生产、经营的宠物饲料不符合本规定卫生指标要求的，依据《饲料和饲料添加剂管理条例》第四十六条进行处罚。

六、本规定自2018年6月1日起施行。

附录：宠物饲料卫生指标及试验方法

附录

宠物饲料卫生指标及试验方法

类别	序号	卫生指标	产品名称	限量①	试验方法	备注
无机污染物和含氮化合物	1	氟，mg/kg	宠物配合饲料	≤150	GB/T 13083	—
			宠物添加剂混合饲料、其他宠物饲料	≤500（磷含量＜4％时） ≤125/1％的磷含量（磷含量＞4％时）		表中磷含量以干物质含量88％计
	2	镉，mg/kg	宠物配合饲料、宠物添加剂预混合饲料、其他宠物饲料	≤2	GB/T 13082	—
	3	铬，mg/kg	宠物配合饲料、宠物添加剂预混合饲料、其他宠物饲料	≤5	GB/T 13088—2006（原子吸收光谱法）	—
	4	汞，mg/kg	宠物配合饲料、宠物添加剂预混合饲料、其他宠物饲料	≤0.3	GB/T 13081	—
	5	铅，mg/kg	宠物配合饲料	≤5	GB/T 13080	—
			宠物添加剂预混合饲料、其他宠物饲料	≤10		
	6	总砷，mg/kg	含有水生动物及其制品或者藻类及其制品的宠物配合饲料、宠物添加剂预混合饲料和其他宠物饲料	≤10	总砷： GB/T 13079 无机砷： GB/T 23372	其中，无机砷含量不超过2mg/kg
			不含有水生动物及其制品或者藻类及其制品的宠物添加剂预混合饲料和其他宠物饲料	≤2		
			不含有水生动物及其制品或者藻类及其制品的宠物添加剂预混合饲料和其他宠物饲料	≤4		—

（续表）

类别	序号	卫生指标	产品名称	限量①	试验方法	备注
无机污染物和含氮化合物	7	三聚氰胺，mg/kg	宠物配合饲料、宠物添加剂混合饲料、其他宠物饲料	≤2.5	NY/T 1372	水分达到或超过60%的罐头宠物饲料以原样计
	8	亚硝酸盐（以 $NaNO_2$ 计），mg/kg	水分含量小于14%的宠物配合饲料	≤15	GB/T 13085	—
	9	黄曲霉毒素 B_1，μg/kg	宠物配合饲料、宠物添加剂混合饲料、其他宠物饲料	≤10	NY/T 2071（适用于水分含量<60%的宠物饲料）；GB/T 30955（适用于水分含量≥60%的宠物饲料）	—
	10	伏马毒素（B_1+B_2），mg/kg	宠物配合饲料、宠物添加剂混合饲料、其他宠物饲料	≤5	NY/T 1970	—
真菌毒素	11	脱氧雪腐镰刀菌烯醇（呕吐毒素），mg/kg	宠物配合饲料（猫用）、宠物添加剂预混合饲料（猫用）、其他宠物饲料（猫用）	≤5		—
			宠物配合饲料（犬用）、宠物添加剂预混合饲料（犬用）、其他宠物饲料（犬用）	≤2	GB/T 30956	—
	12	玉米赤霉烯酮，mg/kg	宠物配合饲料（幼年期、妊娠期和哺乳期）、宠物添加剂预混合饲料（幼年期、妊娠期和哺乳期）、其他宠物饲料（幼年期、妊娠期和哺乳期）	≤0.15	NY/T 2071	—
			宠物配合饲料（成年期）、宠物添加剂预混合饲料（成年期）、其他宠物饲料（成年期）	≤0.25		

(续表)

类别	序号	卫生指标	产品名称	限量①	试验方法	备注
真菌毒素	13	赭曲霉毒素A, mg/kg	宠物配合饲料、宠物添加剂预混合饲料、其他宠物饲料	≤0.01	GB/T 30957	—
	14	T-2和HT-2, mg/kg	宠物配合饲料（猫用）、宠物添加剂预混合饲料（猫用）、其他宠物饲料（猫用）	≤0.05	SN/T 3136	—
天然植物毒素	15	氰化物（以HCN计）, mg/kg	宠物配合饲料、宠物添加剂预混合饲料、其他宠物饲料	≤50	GB/T 13084	—
有机氯污染物	16	滴滴涕（DDT）, mg/kg	宠物配合饲料、宠物添加剂预混合饲料、其他宠物饲料	≤0.05	GB/T 5009.162	—
	17	多氯联苯（以PCB28、PCB52、PCB101、PCB138、PCB153、PCB180总和计）, μg/kg	宠物配合饲料、宠物添加剂预混合饲料、其他宠物饲料	≤40	GB 5009.190	—
	18	六六六（HCH）, mg/kg	α-HCH 宠物配合饲料、宠物添加剂预混合饲料、其他宠物饲料	≤0.02	GB/T 13090	—
			β-HCH 宠物配合饲料、宠物添加剂预混合饲料、其他宠物饲料	≤0.01		
			γ-Hch 宠物配合饲料、宠物添加剂预混合饲料、其他宠物饲料	≤0.2		
	19	六氯苯（HCB）, mg/kg	宠物配合饲料、宠物添加剂预混合饲料、其他宠物饲料	≤0.01	SN/T 0127	—

(续表)

类别	序号	卫生指标	产品名称	限量①	试验方法	备注
微生物污染物	20	沙门氏菌，(25g中)	宠物配合饲料（罐头除外）	不得检出	GB/T 13091	—
			宠物添加剂预混合饲料（罐头除外）、其他宠物饲料（罐头除外）	不得检出		—
	21	微生物	宠物配合饲料（罐头）、宠物添加剂预混合饲料（罐头）、其他宠物饲料（罐头）	商业无菌	GB 4789.26	—

说明：①表中所列限量，除特别注明限量，除特别注明外均以干物质含量88%计（微生物污染物指标除外）。②宠物添加剂预混合饲料、其他宠物饲料产品的磷含量大于4%时，每增加1%的磷，其氟限量在500mg/kg的基础上增加125mg/kg。例如：宠物添加剂预混合饲料、其他宠物饲料的磷含量为5.5%时，其氟限量为625mg/kg；磷含量按比例增加为5%时，其氟限量为687.5mg/kg。

附件 5

宠物配合饲料生产许可申报材料要求

一、许可范围

（一）在中华人民共和国境内生产宠物配合饲料的企业（以下简称企业）。

（二）宠物配合饲料，是指为满足宠物不同生命阶段或者特定生理、病理状态下的营养需要，将多种饲料原料和饲料添加剂按照一定比例配制的饲料，单独使用即可满足宠物全面营养需要。

宠物配合饲料分为：固态宠物配合饲料、半固态宠物配合饲料、液态宠物配合饲料。

（三）本要求适用于以下情形：

1. 设立：指企业首次申请生产许可；

2. 续展：指企业生产许可有效期满继续生产；

3. 增加或者更换生产线：增加生产线指企业在同一厂区增建已获得许可产品的生产线；更换生产线指企业对已有生产线的关键设备或生产工艺进行重大调整；

4. 增加产品品种：指企业申请增加生产许可范围以外的产品品种；

5. 迁址：指企业迁移出原生产地址，搬迁至新的生产地址；

6. 变更：指企业名称变更、法定代表人变更、注册地址或者注册地址名称变更、生产地址名称变更。

二、申报材料格式要求

（一）企业应当按照《宠物配合饲料生产许可申报材料一览表》的要求提供相关材料。

（二）申报材料应当使用 A4 规格纸、小四号宋体打印，按照《宠物配合饲料生产许可申报材料一览表》顺序编制目录、装订成册并标注页码。表格不足时可加续表。申报材料应当清晰、干净、整洁。

（三）申报材料中企业提供的企业承诺书、宠物配合饲料生产许可申请书、工商营业执照、企业组织机构图、主要机构负责人毕业证书或职称证书、厂区平面布局图、生产工艺流程图和工艺说明、计算机自动化控制系统配料精度证明、混合机混合均匀度检测报告、检验化验室平面布置图、检验仪器购置发票、企业管理制度等证明材料原件或者复印件的首页应当加盖企业公章。

（四）申报材料一式两份（包括纸质文件和电子文档光盘），其中一份报送省级人民政府饲料管理部门，承担具体受理工作的饲料管理部门留存一份。

（五）申报材料电子文档采用 PDF 格式，相关证明文件应为原件扫描件，文件名为企业全称。

（六）增加或更换生产线、增加产品品种的，仅提供与申请事项相关的资料。

（七）对于企业生产过程中不涉及的工艺和设备，申报材料中相关内容可不填写，但应另附文字说明。

三、申报材料内容要求

（一）企业承诺书

（二）宠物配合饲料生产许可申请书

1. 封面

1.1 生产许可证编号：已获得生产许可证的企业填写原生产许可证编号，新设立的企业不填写。

1.2 产品类别：根据企业情况，在固态宠物配合饲料、半固态宠物配合饲料、液态宠物配合饲料后面的"□"中打"√"。

1.3 企业名称：填写企业工商营业执照上的注册名称，并加盖企业公章。

1.4 联系人：填写企业负责办理生产许可的工作人员姓名。

1.5 联系方式：填写企业负责办理生产许可的联系人的手机、固定电话（注明区号）、传真等。

1.6 申请事项：根据企业情况分别在选项后面的"□"中打"√"。

1.7 申报日期：填写企业报出材料的日期。

2. 企业基本情况

各栏仅填写与申请事项相关的内容。

2.1 企业名称：填写企业工商营业执照上的注册名称。

2.2 生产地址：填写企业生产所在地详细地址，注明省（自治区、直辖市）、市（地）、县（市、区）、乡（镇、街道）、村（社区）、路（街）、号。

2.3 法定代表人、统一社会信用代码、住所（注册地址）、企业类型、注册资本：按照企业工商营业执照填写。

2.4 固定资产：指厂房、设备和设施等资产总值。

2.5 所属法人机构信息：如企业为非法人单位，应当填写所属法人机构信息。

2.6 主要机构设置及人员组成

机构名称按照企业实际情况填写技术、生产、质量、销售、采购等机构。

人员总数填写与企业签订全日制用工劳动合同并缴纳了养老、医疗等保险的人员数量。

专业技术人员填写企业的技术、生产、质量、销售、采购等机构中取得中专以上学历或者初级以上技术职称的人员数量。

2.7 企业简介包括建立时间或者变迁来源、隶属关系、所有权性质、生产产品、生产能力、技术水平、工艺装备、质量管理等内容（1 000字以内）。

3. 产品基本情况

3.1 生产线名称：按照产品品种进行命名。如固态宠物配合饲料生产线、半固态宠物配合饲料生产线、液态宠物配合饲料生产线。

3.2 生产能力：固态宠物配合饲料生产线按照膨化设备的设计生产能力（吨/小时）填写；半固态宠物配合饲料生产线按照杀菌设备的设计生产能力（立方米）填写；液态宠物配合饲料生产线按照灌液设备的生产能力（升）填写。

3.3 产品品种：按照固态宠物配合饲料、半固态宠物配合饲料、液态宠物配合饲料填写。

3.4 产品系列：按照饲喂宠物划分，分别填写犬、猫。

4. 生产设备明细表

4.1 企业应当以生产线为单位，填写与生产工艺流程图一致的设备。

4.1.1 固态宠物配合饲料填写粉碎、配料、提升、混合、调质、膨化、干燥、喷涂、冷却、计量、包装、异物检除等设备以及除尘系统和电控系统等辅助设备。

4.1.2 半固态宠物配合饲料填写粉碎、配料、混合、乳化、蒸煮、冷却、计量、灌装、包装、异物检除等设备以及电控系统等辅助设备。

4.1.3 液体宠物配合饲料填写原料前处理、称量、配液、过滤、灌装等设备以及电控系统等辅助设备。有均质工序的还需填写均质设备。

4.1.4 有新鲜或者冷冻动物源性原料预处理工序的，填写除杂、粉碎、均质、水解等设备或者设施。

4.1.5 有添加剂预混合工艺的，填写混合机、除尘器等设备。

4.1.6 生产罐头等具有商业无菌要求的产品的，还需填写杀菌设备或者提供与其他机构签订的处于有效期的产品杀菌委托协议。

4.2 生产线名称及序号：与3.1对应，并逐一填写。

4.3 设备名称、型号规格、生产厂家、出厂日期：按照设备说明书或者设备铭牌填写。

4.4 技术性能指标：填写反映生产设备主要特征的技术性能参数。

5. 检验仪器明细表

5.1 按照宠物饲料生产企业许可条件规定逐一列出。

5.2 仪器名称、型号规格、生产厂家、出厂日期、出厂编号：按照仪器说明书或者仪器铭牌填写。

5.3 技术性能指标：填写检验仪器主要技术性能参数。

6. 主要管理技术人员登记表

填写与企业签订全日制用工劳动合同并缴纳了养老、医疗等保险的人员，包括企业负责人、技术负责人、生产负责人、质量负责人、销售负责人、采购负责人、检验化验员等，其中检验化验员至少2名。

（三）工商营业执照

提供本企业的工商营业执照复印件，尚未取得工商注册的企业除外。非法人单位还应当提供所属法人单位的工商营业执照复印件。

（四）企业组织机构图

提供包括技术、生产、质量、销售、采购等机构的企业组织机构图。

（五）主要机构负责人毕业证书或职称证书

提供技术、生产和质量机构负责人的毕业证书或者职称证书复印件。

（六）厂区平面布局图

按比例绘制厂区平面布局图，并注明生产、检化验、生活、办公等功能区。

1.固态宠物配合饲料生产区应当标明原料库、配料间、加工间、成品库和附属物品库房的基本尺寸。

2. 半固态宠物配合饲料生产区应当标明原料库、前处理间、配料间、加工间、灌装间（区）、外包装间（区）、成品库和附属物品库房的基本尺寸。

3. 液态宠物配合饲料生产区应当标明原料库、前处理间、配料间、加工灌装间、外包装间、成品库和附属物品库房的基本尺寸。

4. 使用新鲜或者冷冻动物源性原料的，应当标明冷藏或者冷冻设备或者设施的基本尺寸。

（七）生产工艺流程图和工艺说明

按照企业实际生产线数量逐一提供生产工艺流程图和工艺说明，生产工艺流程图应当使用规范的饲料加工设备图形符号绘制。

工艺说明应当反映主要生产步骤、目的、原理、实施方式、实施效果等内容。使用同一套生产设备生产不同宠物饲料产品的，应当提供防止交叉污染措施。生产区以及生产线中的设备设施如与动物源性成分接触，还应当提供生产区域、生产设备设施的清洗消毒措施。使用化学药品进行清洗消毒的，还应当说明化学药品贮存方式、使用后的处理措施。

（八）计算机自动化控制系统配料精度证明

生产固态宠物配合饲料的，提供计算机自动化控制系统配料精度的自检报告或者专业检验机构出具的检验报告或者系统供应商提供的技术参数证明复印件。

（九）混合机混合均匀度检测报告

生产中使用混合机的，提供所有混合机的混合均匀度自检报告或者专业检验机构出具的检验报告或者供应商提供的技术参数证明复印件。

（十）检验化验室平面布置图

按比例绘制检验化验室平面布置图，图中标明天平室、理化分析室、仪器室和留样观察室等功能室以及功能室的基本尺寸和检验仪器的位置。固态和半固态宠物配合饲料生产企业，还应当标明微生物检验室及其准备间、缓冲间、无菌间的基本尺寸。

（十一）检验仪器购置发票

有检验仪器购置发票的提供发票复印件。无法提供购置发票的，提供检验仪器已列入企业固定资产的证明材料。

（十二）企业管理制度

提供企业按照《饲料质量安全管理规范》制定的主要管理制度的名称、主要内容等（1 500字以内）。

（十三）企业生产许可证

已经取得生产许可证的企业，提供生产许可证复印件。

（十四）相关证明材料

提出变更申请的，提供企业所在地相关管理部门出具的证明材料。

宠物配合饲料生产许可申报材料一览表

序号	申报材料项目	设立	续展	增加或更换生产线	增加产品品种	迁址	变更企业名称	变更企业法定代表人	变更企业注册地址或注册地名称	变更企业生产地址名称
1	企业承诺书	√	√	√	√	√				
2	宠物配合饲料生产许可申请书	√	√	√	√	√				
3	工商营业执照	√	√			√	√	√	√	√
4	企业组织机构图	√	√			√				
5	主要机构负责人毕业证书或职称证书	√	√			√				
6	厂区平面布局图	√	√	√	√	√				
7	生产工艺流程图和工艺说明	√	√	√	√	√				
8	计算机自动化控制系统配料精度证明	√	√	√	√	√				
9	混合机混合均匀度检测报告	√	√	√	√	√				
10	检验化验室平面布置图	√	√			√				
11	检验仪器购置发票	√	√			√				
12	企业管理制度	√	√			√				
13	企业生产许可证		√	√	√	√	√	√	√	√
14	相关证明材料						√	√	√	√

注：1. 增加或者更换生产线、增加产品品种的，仅提供与申请事项相关的材料。

2. 表中序号8，仅适用于配料、混合工段采用计算机自动化控制系统的企业。

3. 表中序号9，不适用于液态宠物配合饲料生产企业。

企业承诺书

一、申报材料真实性承诺

（一）本企业对《饲料和饲料添加剂管理条例》《饲料和饲料添加剂生产许可管理办法》《宠物饲料管理办法》《宠物饲料生产企业许可条件》及其相关要求已经充分理解。

（二）本企业提供的纸质和电子申报材料均真实、完整、一致。申报材料中如有虚假不实信息，自愿承担一切后果及法律责任。

二、遵纪守法承诺

本企业严格遵守《饲料和饲料添加剂管理条例》及其配套规章和规范性文件的规定，严格遵守国家关于计量、环保、安全生产、劳动保护、消防安全、危险化学品使用、实验室管理等相关管理规定。如有违纪违法行为，自愿承担一切后果及法律责任。

法定代表人（负责人）签名

（企业公章）

年　月　日

生产许可证编号：

宠物配合饲料生产许可申请书

产品品种： _____固态宠物配合饲料□_____

_____半固态宠物配合饲料□_____

_____液态宠物配合饲料□_____

企业名称：_____（公章）

联 系 人：_____

联系方式：_____

申请事项：设立□　　续展□　　增加或更换生产线□

　　　　　增加产品品种□　　迁址□

申报日期：_____年 月 日

中华人民共和国农业农村部制

表 1 企业基本情况

企业名称				
生产地址				
通讯地址及邮编				
法定代表人				
统一社会信用代码				
住所（注册地址）				
企业类型				
注册资本（万元）		固定资产（万元）		
所属法人机构信息	名　称			
	住　所			
	统一社会信用代码		法定代表人	
	企业类型		联系人	
	联系电话		传　真	
主要机构设置及人员组成	机构名称					
	人　数					
	人员总数		其中专业技术人员		
企业简介：				

表 2 基本生产情况

生产线序号	生产线一	生产线二	生产线三	生产线四
生产线名称				
生产能力（吨/小时）（立方米）（升）				
产品品种	产品系列			

表 3 生产设备明细表

生产线名称及序号					
序号	设备名称	型号规格	生产厂家	出厂日期（年月）	技术性能指标

表 4　检验仪器明细表

序号	仪器名称	型号规格	生产厂家	出厂日期（年月）	出厂编号	技术性能指标

表 5　主要管理技术人员登记表

序号	姓名	职务	职称	学历	所学专业	获证书时间、种类及编号	发证机关

注："证书"指与企业签订了全日制用工劳动合同并缴纳了养老、医疗等保险等管理人员、技术人员的职称证书、最高学历证书。

附件6

宠物添加剂预混合饲料生产许可申报材料要求

一、许可范围

（一）在中华人民共和国境内生产宠物添加剂预混合饲料的企业（以下简称企业）。

（二）宠物添加剂预混合饲料，是指为满足宠物对氨基酸、维生素、矿物质微量元素、酶制剂等营养性饲料添加剂的需要，由营养性饲料添加剂与载体或者稀释剂按照一定比例配制的饲料。

宠物添加剂预混合饲料分为：固态宠物添加剂预混合饲料、半固态宠物添加剂预混合饲料、液态宠物添加剂预混合饲料。

（三）本要求适用于以下情形：

1. 设立：指企业首次申请生产许可；
2. 续展：指企业生产许可有效期满继续生产；
3. 增加或者更换生产线：增加生产线指企业在同一厂区增建已获得许可产品的生产线；更换生产线指企业对已有生产线的关键设备或者生产工艺进行重大调整；
4. 增加产品品种：指企业申请增加生产许可范围以外的产品品种；
5. 迁址：指企业迁移出原生产地址，搬迁至新的生产地址；
6. 变更：指企业名称变更、法定代表人变更、注册地址或者注册地址名称变更、生产地址名称变更。

二、申报材料格式要求

（一）企业应当按照《宠物添加剂预混合饲料生产许可申报材料一览表》的要求提供相关材料。

（二）申报材料应当使用A4规格纸、小四号宋体打印，按照《宠物添加剂预混合饲料生产许可申报材料一览表》顺序编制目录、装订成册并标注页码。表格不足时可加续表。申报材料应当清晰、干净、整洁。

（三）申报材料中企业提供的企业承诺书、宠物添加剂预混合饲料生产许可申请书、工商营业执照、企业组织机构图、主要机构负责人毕业证书或者职称证书、厂区平面布局图、生产工艺流程图和工艺说明、混合机混合均匀度检测报告、检验化验室平面布置图、检验仪器购置发票、企业管理制度等证明材料原件或者复印件的首页应当加盖企业公章。

（四）申报材料一式两份（包括纸质文件和电子文档光盘），其中一份报送省级人民政府饲料管理部门，承担具体受理工作的机构留存一份。

（五）申报材料电子文档采用PDF格式，相关证明文件应为原件扫描件，文件名称为企业全称。

（六）增加或者更换生产线、增加产品品种的，仅提供与申请事项相关的资料。

（七）对于企业生产过程中不涉及的工艺和设备，申报材料中相关内容可不填写，但应另附文字说明。

三、申报材料内容要求

（一）企业承诺书

（二）宠物添加剂预混合饲料生产许可申请书

1. 封面

1.1 生产许可证编号：已获得生产许可证的企业填写原生产许可证编号，新设立的企业不填写。

1.2 产品品种：根据企业情况，在固态宠物添加剂预混合饲料、半固态宠物添加剂预混合饲料、液态宠物添加剂预混合饲料后面的"□"中打"√"。

1.3 企业名称：填写企业工商营业执照上的注册名称，并加盖企业公章。

1.4 联系人：填写企业负责办理生产许可的工作人员姓名。

1.5 联系方式：填写企业负责办理生产许可的联系人的手机、固定电话（注明区号）、传真等。

1.6 申请事项：根据企业情况分别在选项后面的"□"中打"√"。

1.7 申报日期：填写企业报出材料的日期。

2. 企业基本情况

各栏仅填写与申请事项相关的内容。

2.1 企业名称：填写企业工商营业执照上的注册名称。

2.2 生产地址：填写企业生产所在地详细地址，注明省（自治区、直辖市）、市（地）、县（市、区）、乡（镇、街道）、村（社区）、路（街）、号。

2.3 法定代表人、统一社会信用代码、住所（注册地址）、企业类型、注册资本：按照企业工商营业执照填写。

2.4 固定资产：指厂房、设备和设施等资产总值。

2.5 所属法人机构信息：如企业为非法人单位，应当填写所属法人机构信息。

2.6 主要机构设置及人员组成。

机构名称按照企业实际情况填写技术、生产、质量、销售、采购等机构。

人员总数填写与企业签订全日制用工劳动合同并缴纳了养老、医疗等保险的人员数量。专业技术人员填写企业的技术、生产、质量、销售、采购等机构中取得中专以上学历或者初级以上技术职称的人员数量。

2.7 企业简介包括建立时间或者变迁来源、隶属关系、所有权性质、生产产品、生产能力、技术水平、工艺装备、质量管理等内容（1 000字以内）。

3. 产品基本情况

3.1 生产线名称：按照产品品种进行命名。如固态宠物添加剂预混合饲料生产线、半固态宠物添加剂预混合饲料生产线、液态宠物添加剂预混合饲料生产线等。

3.2 生产能力：固态宠物添加剂预混合饲料生产线按照混合设备的设计生产能力（吨/小时）填写，计算方法为混合机有效容积×0.5平均容重×10批/小时；半固态宠物添加剂预混合饲料生产线按照灌装设备的设计生产能力（支/小时）填写；液态宠物添加剂预混合饲料生产线按照配液设备的生产能力（升）填写。

3.3 产品品种：按照固态宠物添加剂预混合饲料、半固态宠物添加剂预混合饲料、液态宠物添加剂预混合饲料填写。

3.4 产品系列：按照饲喂宠物划分，分别填写犬、猫。

4. 生产设备明细表

4.1 企业应当以生产线为单位，填写与生产工艺流程图一致的设备。

4.1.1 固态宠物添加剂预混合饲料填写原料除杂、配料、混合、成型、计量、自动包装等设备以及除尘系统和电控系统等辅助设备。

4.1.2 半固态宠物添加剂预混合饲料填写称量、加热、配料、搅拌、灌装、包装等设备以及电控系统等辅助设备。

4.1.3 液态宠物添加剂预混合饲料填写原料前处理、称量、配液、过滤、灌装等设备以及电控系统等辅助设备。有均质工序的还需填写均质设备。

4.1.4 有添加剂预混合工艺的，还需填写混合机、除尘器等设备。

4.2 生产线名称及序号：与3.1对应，并逐一填写。

4.3 设备名称、型号规格、生产厂家、出厂日期：按照设备说明书或者设备铭牌填写。

4.4 材质：填写生产设备的制造材料名称。

4.5 技术性能指标：填写反映生产设备主要特征的技术性能参数。

5. 检验仪器明细表

5.1 按照宠物饲料生产企业许可条件规定逐一列出。

5.2 仪器名称、型号规格、生产厂家、出厂日期、出厂编号：按照仪器说明书或者仪器铭牌填写。

5.3 技术性能指标：填写检验仪器主要技术性能参数。

6. 主要管理技术人员登记表

填写与企业签订全日制用工劳动合同并缴纳了养老、医疗等保险的人员，包括企业负责人、技术负责人、生产负责人、质量负责人、销售负责人、采购负责人、检验化验员等，其中检验化验员至少2名。

（三）工商营业执照

提供本企业的工商营业执照复印件，尚未取得工商注册的企业除外。非法人单位还应当提供所属法人单位的工商营业执照复印件。

（四）企业组织机构图

提供包括技术、生产、质量、销售、采购等机构的企业组织机构图。

（五）主要机构负责人毕业证书或职称证书

提供技术、生产和质量机构负责人的毕业证书或者职称证书复印件。

（六）厂区平面布局图

按比例绘制厂区平面布局图，并注明生产、检化验、生活、办公等功能区

1. 固态宠物添加剂预混合饲料的生产区应当标明原料库、配料间、加工间、成品库和附属物品库房的基本尺寸。

2. 半固态宠物添加剂预混合饲料的生产区应当标明原料库、前处理间、配料间、加工间、灌装间（区）、外包装间（区）、成品库和附属物品库房的基本尺寸。

3. 液态宠物添加剂预混合饲料的生产区应当标明原料库、前处理间、配料间、加工罐装间、外包装间、成品库和附属物品库房的基本尺寸。

（七）生产工艺流程图和工艺说明

按照企业实际生产线数量逐一提供生产工艺流程图和工艺说明，生产工艺流程图应当使用规范的饲料加工设备图形符号绘制。

工艺说明应当反映主要生产步骤、目的、原理、实施方式、实施效果等内容。使用同一套生产设备生产不同宠物饲料产品的，还应当提供防止交叉污染措施。

（八）混合机混合均匀度检测报告

生产中使用混合机的，提供所有混合机的混合均匀度自检报告或者专业检验机构出具的检验报告或者供应商提供的技术参数证明复印件。

（九）检验化验室平面布置图

按比例绘制检验化验室平面布置图，图中标明天平室、前处理室、仪器室和留样观察室等功能室以及功能室的基本尺寸和检验仪器的位置。

（十）检验仪器购置发票

有检验仪器购置发票的提供发票复印件。无法提供购置发票的，提供检验仪器已列入企业固定资产的证明材料。

（十一）企业管理制度

提供企业按照《饲料质量安全管理规范》制定的主要管理制度的名称、主要内容等（1 500字以内）。

（十二）企业生产许可证

已经取得生产许可证的企业，提供生产许可证复印件。

（十三）相关证明材料

提出变更申请的，提供企业所在地相关管理部门出具的证明材料。

宠物添加剂预混合饲料生产许可申报材料一览表

序号	申报材料项目	设立	续展	增加或更换生产线	增加产品品种	迁址	变更企业名称	变更企业法定代表人	变更企业注册地址或注册地名称	变更企业生产地址名称
1	企业承诺书	√	√	√	√	√				
2	宠物添加剂预混合饲料生产许可申请书	√	√	√	√	√				
3	工商营业执照	√	√			√	√	√	√	√
4	企业组织机构图	√				√				
5	主要机构负责人毕业证书或职称证书	√	√			√				
6	厂区平面布局图	√	√	√	√	√				

（续表）

序号	申报材料项目	设立	续展	增加或更换生产线	增加产品品种	迁址	变更企业名称	变更企业法定代表人	变更企业注册地址或注册地址名称	变更企业生产地址名称
7	生产工艺流程图和工艺说明	√	√	√	√	√				
8	混合机混合均匀度检测报告	√	√	√	√	√				
9	检验化验室平面布置图	√	√		√	√				
10	检验仪器购置发票	√	√		√	√				
11	企业管理制度	√	√			√				
12	企业生产许可证		√	√	√	√	√	√	√	√
13	相关证明材料						√	√	√	√

备注：1. 增加或者更换生产线、增加产品品种的，仅提供与申请事项相关的材料。

2. 表中序号8，不适用于液态宠物添加剂预混合饲料生产企业。

企业承诺书

一、申报材料真实性承诺

（一）本企业对《饲料和饲料添加剂管理条例》《饲料和饲料添加剂生产许可管理办法》《宠物饲料管理办法》《宠物饲料生产企业许可条件》及其相关要求已经充分理解。

（二）本企业提供的纸质和电子申报材料均真实、完整、一致。申报材料中如有虚假不实信息，自愿承担一切后果及法律责任。

二、遵纪守法承诺

本企业严格遵守《饲料和饲料添加剂管理条例》及其配套规章和规范性文件的规定，严格遵守国家关于计量、环保、安全生产、劳动保护、消防安全、危险化学品使用、实验室管理等相关管理规定。如有违纪违法行为，自愿承担一切后果及法律责任。

法定代表人（负责人）签名

（企业公章）

年　月　日

生产许可证编号：

宠物添加剂预混合饲料生产许可申请书

产品品种：　　　固态宠物添加剂预混合饲料□

　　　　　　　　半固态宠物添加剂预混合饲料□

　　　　　　　　液态宠物添加剂预混合饲料□

企业名称：　　　　　　　　　　　　　　（公章）

联 系 人：

联系方式：

申请事项：设立□　　续展□　　增加或更换生产线□

　　　　　增加产品品种□　　迁址□

申报日期：　　　　　　　年　月　日

中华人民共和国农业农村部制

表 1　企业基本情况

企业名称	
生产地址	
通讯地址及邮编	
法定代表人	
统一社会信用代码	
住所（注册地址）	
企业类型	
注册资本（万元）		固定资产（万元）	

所属法人机构信息	名　　称			
	住　　所			
	统一社会信用代码		法定代表人	
	企业类型		联系人	
	联系电话		传　真	

主要机构设置及人员组成	机构名称					
	人　数					
	人员总数		其中专业技术人员	

企业简介：

表 2　产品情况

生产线序号	生产线一	生产线二	生产线三
生产线名称			
生产能力（吨/小时）（支/小时）（升）			
产品品种	产品系列		

表 3　生产设备明细表

生产线名称及序号						
序号	设备名称	型号规格	材质	生产厂家	出厂日期（年月）	技术性能指标

表 4　检验仪器明细表

序号	仪器名称	型号规格	生产厂家	出厂日期（年月）	出厂编号	技术性能指标

表 5　主要管理技术人员登记表

序号	姓名	职务	职称	学历	所学专业	获证书时间、种类及编号	发证机关

注："证书"指与企业签订了全日制用工劳动合同并缴纳了养老、医疗等保险等管理人员、技术人员的职称证书、最高学历证书。

（六）监督执法

农业农村部办公厅关于印发《2023年饲料质量安全监管工作方案》的通知

农办牧〔2023〕1号

各省、自治区、直辖市农业农村（农牧）、畜牧兽医厅（局、委），新疆生产建设兵团农业农村局，全国畜牧总站，国家饲料质量检验检测中心（北京），中国农业科学院饲料研究所、农业质量标准与检测技术研究所、北京畜牧兽医研究所、蜜蜂研究所、农产品加工研究所，各有关单位：

为切实强化饲料质量安全监管，提高畜产品质量安全水平，促进畜牧业高质量发展，依据《中华人民共和国农产品质量安全法》《饲料和饲料添加剂管理条例》等法律法规，我部制定了《2023年饲料质量安全监管工作方案》。现印发你们，请结合实际抓好落实。

农业农村部办公厅
2023年1月13日

2023年饲料质量安全监管工作方案

为落实饲料质量安全监管要求，规范饲料生产经营和使用行为，分析评估各环节存在的潜在风险因素，提升饲料企业质量安全管理水平，严厉打击养殖环节使用"瘦肉精"等违法违规行为，特制定本工作方案。

一、工作目标

按照上下联动、分级负责、全国一盘棋的原则，健全饲料质量安全监管工作机制，统筹运用监督抽查、产品监测、风险预警和现场检查等手段，实施全程信息化监管，强化检打联动，严厉打击违法违规行为，维护公平竞争的市场环境，推动饲料行业健康有序发展。

二、工作内容

（一）饲料质量安全监督抽查

由各省级畜牧兽医主管部门负责，监督抽查批次数不少于附件1中规定的任务数量。

在辖区内按一定比例随机选择饲料生产企业经营门店和养殖场户，原则上按照已核发生产许可证数量20%的比例确定生产环节监督抽查样品数量；根据实际情况，随机选择饲料经营门店重点抽检一定数量本省份生产的饲料和饲料添加剂样品；在养殖场户抽检一定数量的自配料。

1. 检测项目

检测项目应覆盖质量、卫生、兽药及非法添加物等指标（详见附件2），检测方法、判定依据和判定原则见附件3。质量指标包括粗蛋白等产品质量指标以及《饲料添加剂安全使用规范》（农业部公告第2625号）规定的铜、锌、维生素、氨基酸等指标；卫生指标包括《饲料卫生标准》（GB 13078—2017）中规定的铅、砷、真菌毒素等需要持续关注的安全性指标；兽药及非法添加物指标包括允许使用的抗球虫药物，金霉素、土霉素、喹乙醇、喹烯酮等停用的药物饲料添加剂品种，以及《禁止在饲料和动物饮用水中使用的药物品种目录》（农业部公告第176号）、《禁止在饲料和动物饮水中使用的物质》（农业部公告第1519号）、《食品动物中禁止使用的药品及其他化合物清单》（农业农村部公告第250号）规定的禁用物质。

2. 工作方式

一是编制和报送工作计划。各省级畜牧兽医主管部门根据实际情况制定本省份监督抽查工作方案，于2023年4月20日前报送我部畜牧兽医局。各地可分批分步实施全年监督抽查工作，但应充分考虑生产企业季节性停产对监督抽查工作的影响，合理安排工作进度。

二是"双随机"确定被监督抽查对象和抽样人员。要及时核对"饲料和饲料添加剂生产许可信息管理和查询系统"和"饲料质量安全监管系统"（以下简称"监管系统"）的相关信息，确保生产企业信息有效、准确，并通过监管系统随机确定被监督抽查企业。其中，2022年发现不合格饲料产品的生产企业必检，适当增加混合型饲料添加剂生产企业以及其他存在较大风险隐患企业的抽检比例。经营门店和养殖场户抽检数量根据实际情况确定。各省级畜牧兽医主管部门可从监管系统的监管专家库中随机选取专家参与监督抽查工作，也可自行建立监管专家库（需将专家信息上传至监管系统）并通过监管系统随机选取。

三是严格按程序规范开展抽检。要按照我部要求，规范抽检工作流程，及时向被监督抽查对象发送检测报告，保证监督抽查和检验检测程序合法合规。通过监管系统上传抽样信息、检验结果报告，实现监督抽查数据可追溯。

四是规范复核检测流程。要及时将不合格结果通报被监督抽查对象，对检验结果有异议的，可提出复核检测申请。省级畜牧兽医主管部门负责组织复核检测，并将复核检测结果及时通报被监督抽查对象。

五是依法依规做好处置工作。对检出不合格产品的饲料生产企业，当地畜牧兽医主管部门应督促其立即封存同批次产品，暂停生产不合格产品；经复核检测仍不合格的，应及时依法依规查处。对在经营门店抽检发现的不合格产品，当地畜牧兽医主管部门要认真做好产品溯源调查工作，并及时通报标称生产企业所在地的畜牧兽医主管部门。

（二）饲料和饲料添加剂产品例行监测

由我部在全国范围内组织实施。针对重点产品随机抽取样品开展例行监测。在生产环节抽取饲料和饲料添加剂样品各 360 批次，在经营使用环节抽取饲料和饲料添加剂样品各 200 批次，在互联网销售环节抽取饲料和饲料添加剂样品 200 批次，在养殖环节抽取自配料样品 250 批次。

1. 监测项目

例行监测项目包括铜、锌、真菌毒素、兽药、非法添加物及其他风险因子等指标。根据历年饲料质量安全监管工作中发现的新风险因子、饲料质量安全案件查处发现的问题，以及举报线索等方面情况，结合现有检测方法基础，对不同类型饲料和饲料添加剂产品针对性地设置不同监测项目。

2. 工作方式

一是不定期随机抽检。重点监测对象为混合型饲料添加剂生产企业以及其他存在较大风险隐患企业，兼顾经营门店、互联网销售样品和养殖场户自配料。任务承担单位要坚持问题导向和目标导向，适度随机、合理确定监测对象和监测项目，时间和频次不作统一要求，但应确保监测工作覆盖面、随机性和代表性。抽样工作由我部委派监管专家完成，各级畜牧兽医主管部门要积极配合，支持现场抽样工作。

二是实施信息化管理。任务承担单位要通过监管系统及时完整地记录抽样信息和检验结果，实现监测数据共享共用。各省级畜牧兽医主管部门可通过监管系统了解掌握在本辖区内抽取样品的监测结果。

三是强化结果应用。任务承担单位要及时上传检验结果报告，各省级畜牧兽医主管部门要加强对不合格样品生产企业的监管。对于经营环节发现的不合格样品，各地畜牧兽医主管部门要及时开展溯源调查，妥善做好处置工作。

3. 任务承担单位

生产环节和互联网销售环节任务由国家饲料质量检验检测中心（北京）承担，经营使用环节任务由中国农业科学院饲料研究所承担，养殖环节任务由中国农业科学院北京畜牧兽医研究所承担。

（三）饲料质量安全风险预警

我部组织有关单位开展饲料生产、经营和使用环节的禁用物质、违规违禁药物、未知添加物等风险预警。各省级畜牧兽医主管部门结合实际，组织实施省级风险预警工作。

1. 工作任务

一是饲料中新型非法添加物隐患排查及风险预警。重点开展配合饲料、浓缩饲料、添加剂预混合饲料、饲料添加剂等产品中禁用物质、违规违禁药物和消毒防腐剂等的隐患排查预警。构建非法添加物筛查共享谱库，开展未知非法添加风险物质排查。

二是生物类饲料产品风险预警。重点开展生产、经营和使用环节发酵饲料、发酵天然植物及微生物饲料添加剂的菌株致病性、耐药性、产毒性、代谢安全性等潜在风险分析。对代表性产品进行合规性和安全性分析，确定发酵菌种评价技术标准，构建发酵饲料用菌种菌株数据库和鉴别评价技术平台。对目前市场上已有的饲料用转基因微生物环境安全性进行预警，建立基因工程菌外源基因迁移残留检测评价技术。

三是天然植物原料和提取物品质及安全风险预警。重点监测植物提取物及相关产品，建立植物提取物特异性质量指标成分分析方法，开展特异性质量指标检测和功效评价。分析植物提取物的代表性内源性危害物，检测筛查违法违规添加药物及其他风险物质。

四是宠物饲料产品风险预警。重点检查宠物饲料标签规范性，监测宠物饲料原料及全品类饲料产品的主要质量安全指标和非法添加物，开展宠物配合饲料处方粮调查评估。

五是蜜蜂饲料质量安全风险预警。重点开展蜜蜂饲料及其原料（花粉、大豆粉）中的违规违禁药物检测、有害污染物和农药残留监测，分析评估风险物质来源。

六是饲料中持久性有机污染物风险预警。重点开展青贮饲料、饲料添加剂、商品饲料及饲料原料中二噁英、中短链氯化石蜡和多氯萘等持久性环境污染物监测。分析污染物单体分布特征，全面掌握我国饲料产品中环境污染物本底，分析主要污染来源，提出防控措施。

七是饲料中风险物质筛查确证方法及应用平台构建。建立饲料原料和产品中违规违禁药物、未知风险物质、禁用物质以及着色剂等风险物质鉴定的精准识别和精确定量标准方法，搭建饲料中风险物质高通量筛查及综合查询比对平台。

2. 工作方式

风险预警样品来源包括饲料生产、经营、使用环节以及互联网销售平台采集或购买的样品，全国和各省级饲料质量安全监督抽查工作中采集的样品，群众举报的可疑饲料样品。

部级风险预警工作任务牵头单位和参与单位详见附件4。牵头单位要及时向我部报告工作过程中发现的风险隐患，并组织专家及时分析研判风险因子来源、风险等级和可能产生的不良影响，锁定问题线索。

（四）饲料和饲料添加剂生产企业现场检查

我部在全国范围内随机选取不少于100家饲料和饲料添加剂生产企业（以下简称"受检企业"）开展现场检查。全国畜牧总站牵头制定具体实施方案并组织实施，中国农业科学院饲料研究所参与。各省级畜牧兽医主管部门要组织开展辖区内饲料和饲料添加剂生产企业现场检查，可采取分级负责等方式，确保辖区内所有生产企业每年至少接受一次检查。

1. 检查内容

受检企业的生产许可条件、安全生产、原料管理、生产线要求、生产过程控制、产品质量控制、产品销售等。

2. 工作方式

一是开展现场检查。检查组成员由熟悉饲料许可与管理、饲料和饲料添加剂生产工艺与检验化验等方面的专业人员，以及受检企业所在地省级或地市级、县级畜牧兽医主管部门人员组成，每家企业现场检查工作时间不少于半天。

二是规范现场检查程序。检查组对受检企业生产现场、制度文件、生产记录和检验记录等进行检查，问询受检企业相关人员。当检查中发现问题时，应通过照相、录像、复印等方式留存相关证据和材料。现场检查结束后，检查组向受检企业通报检查情况，并在监管系统中填写饲料和饲料添加剂生产企业现场检查表（参见农办牧〔2022〕6号文附件5），打印后由受检企业负责人签字盖章确认。受检企业负责人拒绝签字或者由于受检企业原因无法实施检查的，检查组应当在检查记录中注明情况，由当地畜牧兽医主管部门人员签字确认。在受检企业发现生产现场存放或使用违禁物质的，检查组应当停止现场检查工作，并将有关线索和证据等移交当地有关部门依法组织查处。发现受检企业存在其他违规行为或涉嫌违法线索的，在检查结束后将有关线索和证据等移交当地有关部门依法组织查处。

三是判定风险等级。现场检查工作结束后5个工作日内，检查组应根据检查中发现的问题情况，对受检企业进行质量安全风险等级判定，给出"高风险""中风险""低风险"或"未发现明确风险"的总体结论，并提出具体整改建议，随同检查报告一并报送我部畜牧兽医局。受检企业所在地畜牧兽医主管部门可以参照检查组提出的风险等级和存在问题，依法依规对受检企业进行处理。"高风险"等级是指受检企业现场存放或者使用违禁物质，或者企业在各检查事项中均存在较为严重问题，有重大质量安全风险隐患。"中风险"等级是指受检企业在各检查事项中存在较多问题，有较大质量安全风险隐患。"低风险"等级是指受检企业在各检查事项中存在个别问题，有一定质量安全风险隐患。

四是强化协同配合。各地畜牧兽医主管部门要积极配合检查组工作，通知受检企业并向检查组提供受检企业生产许可申报材料。在接到受检企业违法违规证据和线索后，要迅速采取行动，做好现场管控，及时依法依规处置。在接到受检企业存在问题及整改意见建议后，要及时跟进，督促受检企业限期整改。检查组成员要严格遵守相关规定，客观公正开展工作，全面、准确记录受检企业存在的问题，与受检企业存在利害关系的应当主动提前回避。

五是加强信息化监管。部级现场检查工作情况和检查结果应及时录入监管系统。省级畜牧兽医主管部门组织的辖区内检查工作，可充分利用监管系统，上传现场检查结果，实现信息可追溯，全面提升监管质效。

（五）饲料质量安全飞行检查

由我部根据重大问题线索，组织部、省、市、县有关单位人员成立联合工作组，对涉事企业进行突击飞行检查，及时查处违法违规行为。现场采集的样品由国家饲料质量检验检测中心（北京）进行检验检测，现场采样和资料核查过程应通过照相、录像、复印等方式留存证据和材料。飞行检查抽样检测结果应及时通报涉事企业所在地省级畜牧兽医主管部门。省级畜牧兽医主管部门接到检测结果报告后，应立即依法依规查处，并及时将查处情况报告我部畜牧兽医局。

（六）饲料标签专项检查

由各省级畜牧兽医主管部门负责组织实施。全面强化饲料生产和经营环节产品标签标示内容的监督管理，督促生产者和经营者严格落实饲料标签有关规定，依法依规标示相关内容，杜绝扰乱市场的不规范标示行为。

一是全面加强饲料标签监管制度宣贯。省级畜牧兽医主管部门要组织地市、县畜牧兽医主管部门及其监管执法机构系统学习饲料标签相关法律法规制度，提高监管执法能力。面向饲料生产经营使用环节相关方，加大宣传培训力度，落实企业主体责任，加强行业自律，增强有关人员守法意识，共同维护良好的市场秩序。通过多种渠道广泛宣传饲料标签有关法规标准要求，帮助使用者提高鉴别不规范饲料标签的能力。

二是组织开展饲料标签规范性自查自纠行动。各地畜牧兽医主管部门要组织饲料生产企业对照饲料标签有关法规标准，对其生产的饲料、饲料添加剂和饲料原料等产品标签进行对照自查，及时修改纠正标签中的不规范标示情况。如发现饲料产品中含有在商品饲料中允许添加的抗球虫类药物和中药类药物的，要指导督促饲料生产企业依据《饲料标签》

国家标准第 1 号修改单进行修改。

三是组织开展饲料标签专项检查。重点关注混合型饲料添加剂产品、可饲用天然植物原料、植物提取物类饲料添加剂等。检查内容详见附件 5。在专项检查中发现违法违规行为的，要依法依规处理。各地要将饲料标签专项检查和日常监管相结合，形成长效机制。

（七）养殖环节"瘦肉精"专项监测

我部选择 8 个重点省份开展拉网排查，以年出栏 10～100 头肉牛、20～200 只肉羊的养殖场户为重点，每个省份确定 3 个重点地区，每个地区随机选择 20 个养殖场户，每个场户抽取 2～3 份尿液样品、2 份毛发样品，共采集 2 000 份样品；同时，组织开展已公布禁用的 β-兴奋剂类物质专项监测，根据线索对养殖环节"瘦肉精"非法使用情况进行专项飞行检查。各省级畜牧兽医主管部门根据辖区内实际情况，制定本省份的监测计划，对猪、牛、羊养殖环节"瘦肉精"实施监测。

尿液抽样参照《猪肉、猪肝、猪尿抽样方法》（NY/T 763—2004）执行，样品应低温（4℃）保存和运输。现场采用酶联免疫法（或胶体金法）对采集的尿液样品进行克仑特罗、莱克多巴胺、沙丁胺醇的快速筛查。筛查发现的疑似阳性样品由国家饲料质量检验检测中心（北京）依据标准《动物尿液中 22 种 β-受体激动剂的测定液相色谱－串联质谱法》（NY/T 3146—2017）进行确证检测。对于未发现疑似阳性样品的养殖场户，每个场户随机抽取 1 份尿样进行确证检测。毛发样品采集、检测参照《动物毛发中克仑特罗、莱克多巴胺、沙丁胺醇和苯乙醇胺 A 的测定液相色谱-串联质谱法》（农业农村部公告第 600 号）执行。

依据以下规定判定检测结果：《禁止在饲料和动物饮用水中使用的药物品种目录》（农业部公告第 176 号）、《禁止在饲料和动物饮水中使用的物质》（农业部公告第 1519 号）、《食品动物中禁止使用的药品及其他化合物清单》（农业农村部公告第 250 号）。样品检测结果超过确证方法定量限的，即判定为不合格，一项指标不合格则该样品判定为不合格。

对现场快速筛查出疑似阳性样品的养殖场户，当地畜牧兽医主管部门应及时依法对其饲养的活畜采取临时控制措施，确证检测结果为阳性的，当地畜牧兽医主管部门要尽快移交公安机关立案追查。

三、有关要求

（一）加强组织领导。各地畜牧兽医主管部门要高度重视，加强组织领导，根据辖区内实际情况，细化实化重点工作任务，积极争取工作经费，保障工作条件，确保各项工作顺利实施，对违法违规行为始终保持高压严打态势。

（二）保证工作质量。各省级畜牧兽医主管部门和任务承担单位要制定具体实施方案，保质保量完成工作，按时上报总结材料和问题查办情况。我部委托国家饲料质量检验检测中心（北京）承担实验室检测能力比对和饲料基体标准物质研制工作。

（三）强化检打联动。饲料质量安全监管过程中发现问题或不合格产品，各级畜牧兽医主管部门要依法依规查处，涉嫌犯罪的应移送公安机关立案追查。饲料质量安全监管有关信息要依据权限及时向社会公开，接受社会监督。

（四）突出上下互动。我部在监测过程中发现违法违规问题线索，将及时向地方通报，各地畜牧兽医主管部门要迅速核查处理。各地发现可疑风险要及时向我部报告，必要时我部将组织技术力量协助地方开展检测分析。

（五）及时报送总结。各有关单位于2023年11月底前报送本年度饲料质量安全监管工作总结。各省级畜牧兽医主管部门报送饲料质量安全监督抽查工作总结与不合格产品查处情况，以及省级饲料和饲料添加剂生产企业现场检查工作开展情况、受检企业问题查处或整改情况、饲料标签专项检查工作情况。其中，监督抽查工作总结应包括：工作总体情况、结果分析（包括各类型产品合格率、不同检测指标合格情况等）、发现的突出问题、在经营环节发现不合格样品的溯源情况、问题成因分析、采取的对策措施以及有关建议。不合格产品查处情况应包括：检查生产经营主体个数、出动监管执法人员数量、发现问题数量、行政执法案件个数和处罚的货值金额、罚款金额、销毁问题产品吨数、捣毁制假售假窝点个数、责令停产停业数量、吊销许可证件数量、移送公安机关案件个数。饲料和饲料添加剂产品例行监测任务各承担单位将监测任务完成情况报我部畜牧兽医局。饲料质量安全风险预警任务牵头单位将任务完成报告报中国农业科学院饲料研究所，汇总后报我部畜牧兽医局。

四、联系方式

农业农村部畜牧兽医局饲料饲草处
联系电话：010-59192882，59192848（传真）
电子邮件：xmjslch@agri.gov.cn
通讯地址：北京市朝阳区农展馆南里11号（100125）
国家饲料质量检验检测中心（北京）
联系电话：010-82106583，82106580（传真）
电子邮件：gjzx@caas.cn
通讯地址：北京市海淀区中关村南大街12号（100081）
全国畜牧总站饲料行业指导处
联系电话：010-59194709，59194591（传真）
电子邮件：xmzzslc@agri.gov.cn
通讯地址：北京市朝阳区麦子店街20号楼（100125）
中国农业科学院饲料研究所
联系电话：010-82106058，82106069（传真）
电子邮件：sls_yjjc@caas.cn
通讯地址：北京市海淀区中关村南大街12号（100081）
中国农业科学院北京畜牧兽医研究所
联系电话：010-62816076
电子邮件：myszxsys@sina.com
通讯地址：北京市海淀区圆明园西路2号（100193）
饲料质量安全监管系统技术服务
联系电话：010-62160212，62160213（传真）
电子邮件：feedall@163.com

通讯地址：北京市海淀区圆明园西路 2 号（100193）

附件：1. 各省级饲料质量安全监督抽查任务数量
2. 饲料和饲料添加剂监督抽查检测项目
3. 检测方法判定依据和判定原则
4. 饲料质量安全风险预警工作任务承担单位
5. 饲料标签专项检查内容

附件 1

各省级饲料质量安全监督抽查任务数量

序号	省份（含兵团）	批次	序号	省份（含兵团）	批次
1	北京市	150	17	湖北省	400
2	天津市	150	18	湖南省	400
3	河北省	500	19	广东省	650
4	山西省	250	20	广西壮族自治区	250
5	内蒙古自治区	250	21	海南省	150
6	辽宁省	400	22	重庆市	250
7	吉林省	250	23	四川省	400
8	黑龙江省	400	24	贵州省	150
9	上海市	150	25	云南省	150
10	江苏省	400	26	陕西省	250
11	浙江省	250	27	甘肃省	150
12	安徽省	250	28	青海省	80
13	福建省	250	29	宁夏回族自治区	130
14	江西省	250	30	新疆维吾尔自治区	250
15	山东省	700	31	新疆生产建设兵团	140
16	河南省	400	合计		8 800

附件 2

饲料和饲料添加剂监督抽查检测项目

产品类型		检测指标
配合饲料、浓缩饲料和精料补充料	猪、牛、羊及其他动物饲料	铜、锌、铅、砷、镉、喹乙醇、喹烯酮、金霉素、土霉素、氟苯尼考、莫能菌素
	禽饲料	铜、锌、铅、砷、镉、喹乙醇、喹烯酮、金霉素、土霉素、氟苯尼考、氯霉素、二硝托胺、氯羟吡啶
	水产饲料	铜、锌、铅、砷、镉、喹乙醇、喹烯酮、金霉素、土霉素、氟苯尼考、氯霉素、呋喃西林、呋喃妥因、呋喃它酮、呋喃唑酮
宠物饲料		铜、锌、铅、砷、镉
添加剂预混合饲料	维生素预混合饲料	维生素 A、维生素 D_3、维生素 E、维生素 B_1、维生素 B_2、维生素 B_6
	微量元素预混合饲料	铜、锌、铁、锰、铅、砷、镉
	复合预混合饲料	铜、锌、维生素 A、维生素 E、维生素 B_2、维生素 B_6、赖氨酸、蛋氨酸、铅、砷
单一饲料	动物源性	粗蛋白、三聚氰胺、牛羊源性成分（标示含牛羊源性成分除外）
	植物源性和微生物发酵类	粗蛋白、三聚氰胺、黄曲霉毒素 B_1、玉米赤霉烯酮、T-2 毒素、脱氧雪腐镰刀菌烯醇、赭曲霉毒素 A、伏马毒素（B_1+B_2）
饲料添加剂和混合型饲料添加剂		铅、砷、主成分（产品标准方法适用时）

附件 3

检测方法、判定依据和判定原则

一、检测方法

GB/T 6432—2018 饲料中粗蛋白的测定 凯氏定氮法

GB/T 6435—2014 饲料中水分的测定

GB/T 8381.7—2009 饲料中喹乙醇的测定 高效液相色谱法（含第 1 号修改单）

GB/T 8381.9—2005 饲料中氯霉素的测定 气相色谱法

GB/T 21108—2007 饲料中氯霉素的测定 高效液相色谱串联质谱法

GB/T 13079—2006 饲料中总砷的测定

GB/T 13080—2018 饲料中铅的测定 原子吸收光谱法

GB/T 13082—2021 饲料中镉的测定方法

GB/T 13885—2017 动物饲料中钙、铜、铁、镁、锰、钾、钠和锌含量的测定 原子吸收光谱法

GB/T 14700—2018 饲料中维生素 B_1 的测定

GB/T 14701—2019 饲料中维生素 B_2 的测定

GB/T 14702—2018 添加剂预混合饲料中维生素 B6 的测定 高效液相色谱法

GB/T 17812—2008 饲料中维生素 E 的测定 高效液相色谱法

GB/T 17817—2010 饲料中维生素 A 的测定 高效液相色谱法

GB/T 17818—2010 饲料中维生素 D_3 的测定 高效液相色谱法

GB/T 18246—2019 饲料中氨基酸的测定

GB/T 19684—2005 饲料中金霉素的测定 高效液相色谱法

GB/T 20190—2006 饲料中牛羊源性成分的定性检测 定性聚合酶链式反应（PCR）法

GB/T 22259—2008 饲料中土霉素的测定 高效液相色谱法

GB/T 22262—2008 饲料中氯羟吡啶的测定 高效液相色谱法

GB/T 30956—2014 饲料中脱氧雪腐镰刀菌烯醇的测定 免疫亲和柱净化-高效液相色谱法

GB/T 30957—2014 饲料中赭曲霉毒素 A 的测定 免疫亲和柱净化-高效液相色谱法

农业部公告第 783 号 饲料中二硝托胺的测定 高效液相色谱法

农业部公告第 1486 号 饲料中硝基呋喃类药物的测定 高效液相色谱法

农业部公告第 1862 号 饲料中 5 种聚醚类药物的测定 液相色谱-串联质谱法

农业部公告第 2086 号 饲料中卡巴氧、乙酰甲喹、喹烯酮和喹乙醇的测定 液相色谱-串联质谱法

农业部公告第 2349 号 饲料中硝基咪唑类、硝基呋喃类和喹噁啉类药物的测定 液相色谱-串联质谱法

农业部公告第 2483 号 饲料中氯霉素、甲砜霉素和氟苯尼考的测定 液相色谱-串联质谱法

NY/T 725—2003 饲料中莫能菌素的测定 高效液相色谱法

NY/T 1372—2007 饲料中三聚氰胺的测定

NY/T 1946—2010 饲料中牛羊源性成分检测 实时荧光聚合酶链反应法

NY/T 1970—2010 饲料中伏马毒素的测定

NY/T 2071—2011 饲料中黄曲霉毒素、玉米赤霉烯酮和 T－2 毒素的测定 液相色谱-串联质谱法

NY/T 3318—2018 饲料中钙、钠、磷、镁、钾、铁、锌、铜、锰、钴和钼的测定 原子发射光谱法

饲料添加剂主成分的检测方法：采用相应饲料添加剂产品标准中规定或推荐的检测方法。

二、判定依据

（一）卫生指标。饲料和饲料原料按照《饲料卫生标准》（GB 13078—2017）判定；

饲料添加剂按照生产企业执行的产品标准判定。

（二）质量指标。按照生产企业执行的产品标准、有效合同、饲料标签和产品说明书上明示指标进行判定。如生产企业执行的产品标准与明示指标、《饲料添加剂安全使用规范》（农业部公告第 2625 号）不一致，以其中较严格指标进行判定。

（三）兽药和非法添加物。按照《饲料和饲料添加剂管理条例》《兽药管理条例》《禁止在饲料和动物饮用水中使用的药物品种目录》（农业部公告第 176 号）、《禁止在饲料和动物饮水中使用的物质》（农业部公告第 1519 号）、《关于停止生产、进口、经营、使用部分药物饲料添加剂的公告》（农业农村部公告第 194 号）、《关于相关兽药产品质量标准修订和批准文号变更的公告》（农业农村部公告第 246 号）、《食品动物中禁止使用的药品及其他化合物清单》（农业农村部公告第 250 号）、《饲料原料和饲料产品中三聚氰胺限量值的规定》（农业部公告第 1218 号）判定。

三、判定原则

（一）单项指标判定。

1. 饲料产品的判定。各类质量指标及其卫生指标依据《饲料检测结果判定的允许误差》（GB/T 18823—2010）执行。

2. 饲料添加剂产品的判定。各类质量指标及其卫生指标不考虑方法误差。

3. 兽药的判定。超出农业农村部公告第 246 号规定的，判定为不合格。

4. 非法添加物的判定。确认检测方法有定量限的以定量限为判定限，超过定量限即判定为不合格；没有定量限的，以检测限或检出限为判定限，超过检测限即判定为不合格。三聚氰胺的判定按照农业部公告第 1218 号判定。

5. 牛羊源性成分判定。牛源性成分、羊源性成分有一项为阳性（高于 0.25% 的检出限），则判定为不合格。使用实时荧光 PCR 方法时，设置 0.25% 的阳性对照样，以实测 Ct 值进行阳性或阴性判定。

（二）产品综合判定。一项指标不合格即判定该批次产品不合格。水分仅作计算使用，不纳入综合判定。

（三）饲料和饲料添加剂产品标签中分析保证值之外的指标判定不考虑产品的保质期。

附件 4

饲料质量安全风险预警工作任务承担单位

序号	任务名称	牵头单位	参与单位
1	饲料中新型非法添加物隐患排查及风险预警	国家饲料质量检验检测中心（北京）	全国畜牧总站、中国农业科学院饲料研究所、辽宁省检验检测认证中心、上海市动物疫病预防控制中心（上海市兽药饲料检测所）、浙江省动物疫病预防控制中心（浙江省兽药饲料监察所）、山东省饲料兽药质量检验中心、河南省农畜水产品检验技术研究院（河南省农药兽药饲料检验技术研究院）、湖北省饲料监测所、贵州省兽药饲料检测所、中国农业大学

(续表)

序号	任务名称	牵头单位	参与单位
2	生物类饲料产品风险预警	中国农业科学院饲料研究所、生物饲料开发国家工程研究中心	全国畜牧总站、中国饲料工业协会、中国农业科学院北京畜牧兽医研究所、国家饲料质量检验检测中心（北京）、河南省农畜水产品检验技术研究院（河南省农药兽药饲料检验技术研究院）、广西大学
3	天然植物原料和提取物品质及安全风险预警	中国农业科学院饲料研究所	全国畜牧总站、中国饲料工业协会、中国农业科学院北京畜牧兽医研究所、国家饲料质量检验检测中心（北京）、天津市农业生态环境监测与农产品质量检测中心、安徽省兽药饲料监察所、山东省饲料兽药质量检验中心、四川省饲料工作总站、中国农业大学、湖南农业大学、西南民族大学、河南牧业经济学院、包头轻工职业技术学院
4	宠物饲料产品风险预警	中国农业科学院饲料研究所	全国畜牧总站、中国饲料工业协会、浙江大学饲料科学研究所、中国农业科学院农产品加工研究所、国家饲料质量检验检测中心（北京）、北京市兽药饲料监测中心、河北省兽药饲料工作总站
5	蜜蜂饲料质量安全风险预警	中国农业科学院蜜蜂研究所	国家饲料质量检验检测中心（北京）
6	饲料中持久性有机污染物风险预警	中国农业科学院农业质量标准与检测技术研究所、国家饲料质量检验检测中心（北京）	
7	饲料产品中风险物质筛查确证方法及应用平台构建	中国农业科学院饲料研究所	国家饲料质量检验检测中心（北京）、中国农业科学院北京畜牧兽医研究所、黑龙江省农产品和兽药饲料技术鉴定站、上海市动物疫病预防控制中心（上海市兽药饲料检测所）、河南省农畜水产品检验技术研究院（河南省农药兽药饲料检验技术研究院）、湖北省饲料监测所、四川省饲料工作总站、贵州省兽药饲料检测所

附件5

饲料标签专项检查内容

序号	重点检查内容
1	标签标示内容是否使用虚假、夸大或容易引起误解的表述，是否以欺骗性表述误导消费者
2	标签是否标示具有预防或者治疗动物疾病作用的内容（含有允许在商品饲料中添加的抗球虫类药物和中药类药物的情形除外）
3	产品名称是否采用通用名称，通用名称是否规范
4	产品成分分析保证值是否符合产品所执行标准的要求
5	使用说明是否清晰、准确

农业农村部关于印发饲料质量安全监督抽查检测工作要求及 2019 年工作方案的通知

农牧发〔2019〕22 号

各省、自治区、直辖市农业农村（农牧、畜牧兽医）厅（局、委），新疆生产建设兵团农业农村局：

为强化饲料质量安全监管工作，确保养殖业质量安全，根据《国务院关于在市场监管领域全面推行部门联合"双随机、一公开"监管的意见》（国发〔2019〕5 号）要求，结合工作实际，我部对饲料质量安全监督抽查检测工作进行了规范，制定了《饲料质量安全监督抽查检测工作要求》和《2019 年全国饲料质量安全监督抽查工作方案》。

现将工作要求和方案印发给你们，请遵照执行。工作中如有问题和建议，请及时与我部畜牧兽医局联系。

联 系 人：胡翊坤
联系电话：010-59191800
传　　真：010-59192848

附件：1. 饲料质量安全监督抽查检测工作要求
　　　2. 2019 年全国饲料质量安全监督抽查工作方案

农业农村部
2019 年 7 月 24 日

附件 1

饲料质量安全监督抽查检测工作要求

为落实党中央、国务院关于推进"放管服"改革有关要求，进一步规范饲料、饲料添加剂监督抽查检测工作，提高效率，确保监管成果，对工作方法、流程及管理提出以下要求。

一、总体要求

根据国务院关于在市场监管领域全面推行"双随机、一公开"监管的要求，在组织实施饲料、饲料添加剂生产企业监督抽查检测工作过程中，按照规范抽查、抽检分离、痕迹管理的总体思路，全面推行"互联网+饲料监管"，建立健全被监督抽查企业库、监管专家库和随机抽取机制，规范监督抽样、检测检验、结果报送、复核仲裁、异议处理等流程，应用饲料质量安全监测信息系统，实现工作全程痕迹化管理，确保监督抽查检测工作的公平、公正，监督抽查结果及时向社会公开。

二、监督抽查方式

采取"双随机、一公开"方式，组织实施饲料、饲料添加剂监督抽查检测工作。

（一）建立被监督抽查企业库。与饲料和饲料添加剂生产许可信息管理系统实时对接，建立饲料、饲料添加剂生产企业库，依据生产企业生产经营状态，实施动态管理和随机选取被抽查对象。

（二）建立监管专家库。吸纳具有养殖、饲料加工、动物营养、生物技术等专业知识和熟悉相关法律、法规知识的人才，建立全国饲料质量安全监管专家库，随机选取监督抽查、抽样、现场检查或飞行检查工作人员。

（三）公开监督抽查事项。对饲料、饲料添加剂生产企业监督抽查目的、方式、内容、检验检测产品等予以公开，并在我部门户网站公开饲料质量安全监督抽查结果。同一年度内对同一企业的监督抽查，原则上不超过2次。

三、承检机构管理

承检机构是指我部畜牧兽医局通过公开招标等方式确定，并签订购买服务合同或委托协议，委托其开展全国饲料质量安全监督抽查样品检测工作的检测机构，以及承担检测任务的部属检测机构。

（一）关于检测工作要求。承检机构不得非法更换样品、出具虚假检测报告或伪造检验结论。不得利用监督抽查检测工作之便牟取不正当利益或违反规定事先通知被抽查饲料生产企业，并擅自发布饲料质量安全监督抽样检测信息。我部畜牧兽医局运用全国饲料质量安全监测信息系统，对检测过程实现留痕管理与结果应用。

（二）落实检测过程要求。未经我部畜牧兽医局同意，承检机构不得分包或者转包检测任务。承检机构完成检测工作时，应将其检测过程信息和结果，录入全国饲料质量安全监测信息系统。承检机构应自收到样品之日起，在20个工作日内完成检测工作并出具检测报告。检测结论作出后10个工作日内，将检测结论报送国家饲料质量监督检验中心（北京），并录入全国饲料质量安全监测信息系统。检测结论不合格的，应当在检验检测结论作出后2个工作日内，报告国家饲料质量监督检验中心（北京）。自检测结论作出之日起3个月内妥善保存检测样品。国家饲料质量监督检验中心（北京）负责对承检机构进行实验室技术规范性检查和人员业务技能提升培训。

四、抽样工作

对饲料、饲料添加剂生产企业实施监督抽查过程中，应在其成品库或自检合格的待销产品中随机抽取样品。完成现场抽样工作人员不得少于2人。抽样记录保存期限为6年。

（一）抽样前工作要求。抽样人员需准备好抽样工具，向被监督抽查企业出示我部饲料质量安全监督抽查工作方案，主动告知其依法享有的权利和义务，使用移动采样终端设备录入被抽查企业营业执照、生产许可证等资质文件信息，检查产品包装完整性。

(二）抽样过程要求。同一生产企业的同一批次产品只抽样一次，不得由饲料、饲料添加剂生产企业自行提供样品。样品数量原则上不少于 500g/份（固体）或 300mL/份（液体），库存量少于 5 个产品包装规格的不得抽样。抽样人员应当通过拍照方式保存证据。样品由抽样人员于结束抽样工作后 5 个工作日内，携带或者寄送至国家饲料质量监督检验中心（北京），抽样过程信息应录入全国饲料质量安全监测信息系统。

（三）样品管理要求。样品分被监督抽查对象备份样品、检测样品、复核检测样品及仲裁检测样品一式 4 份，其中 1 份交由被监督抽查企业留存，其余 3 份由国家饲料质量监督检验中心（北京）负责统一登记、分配、派发，样品流向信息应录入全国饲料质量安全监测信息系统。

（四）网络销售产品抽样要求。从网络饲料交易第三方平台抽样的，应当明确买样人员、付款账户、注册账号、收货地址、联系方式等信息。抽样人员收到样品后，应采取拍照或者录像等手段记录拆封过程，对邮寄包装、样品包装、样品储运条件等进行查验，并对检测样品和复核检测样品分别封样。抽样人员还可以通过截图、购买过程视频采集等方式对被抽样样品网页展示信息进行采集和保存证据。

（五）不予抽样要求。超过保质期，饲料标签、包装标有"样品"字样，或已经由饲料、饲料添加剂生产企业自行停止生产、并单独存放或明确标注封存待处置的，不予抽样。

五、复核检测

（一）申请复核检测要求。承检机构作出"不合格"检测结论的，被监督抽查企业或对象可以自收到检测结论 5 个工作日内，向我部畜牧兽医局书面提出复核检测申请。承检机构作出"合格"检测结论的，不再接受复核检测申请。

（二）实施复核检测。复核检测机构由我部畜牧兽医局从具有饲料质量安全检测资质的公益性事业单位中择优选择，指定其承担复核检测任务。复核检测样品由国家饲料质量监督检验中心（北京）提供，复核检测机构接样后 10 个工作日内作出检测结论，并出具检测报告，同时将复核检测工作过程信息、检验结论和检测报告上传全国饲料质量安全监测信息系统。承检机构可以派员赴复核检测机构实验室观察检测过程，但不得干扰复核检测工作。

微生物指标不合格、复核检测样品超过保质期、逾期提出复核检测申请的，不予复核检测。

六、仲裁检测

（一）作出仲裁检测决定。被监督抽查企业或对象对复核检测结果仍持有异议的，可以自收到复核检测结果后 2 个工作日内，书面向我部畜牧兽医局申请进行仲裁检测。我部畜牧兽医局将申请进行仲裁检测的意见，提请全国饲料质量安全监管工作组研究，于 2 个工作日内作出是否进行仲裁检测决定。

（二）实施仲裁检测工作。仲裁检测工作原则上由国家饲料质量监督检验中心（北京）开展，使用仲裁检测样品进行检测，仲裁检测工作应在 5 个工作日内完成，并将检验结论录入全国饲料质量安全监测信息系统。

七、异议处理

（一）提出异议处理申请。被监督抽查企业或对象对监督抽查检测过程、抽样、复核检测等工作有异议的，可以向我部畜牧兽医局提出异议处理申请。异议处理申请应书面说明理由，并提交相关证明材料。

（二）书面答复异议处理申请。我部畜牧兽医局将异议处理申请提请全国饲料质量安全监管工作组会议研究，根据全国饲料质量安全监测信息系统流程记录及会议研究决定，向提出申请者予以书面答复。

八、工作责任

被监督抽查的饲料、饲料添加剂生产企业及网络饲料交易第三方平台，在收到监督抽查检测不合格检测结论后，应当立即封存不合格产品，采取暂停生产不合格产品、召回已销售的不合格产品等风险控制措施，排查不合格原因并进行整改，及时向当地饲料行政管理部门报告相关处置情况。积极配合饲料行政管理部门的调查和执法，不得隐瞒或逃避。

我部畜牧兽医局按照有关规定，为随机选取的监督抽查人员提供必要的工作经费保障和技术培训。

任何单位或个人不得擅自发布、泄露全国饲料质量安全监督抽查检测工作信息。

附件 2

2019 年全国饲料质量安全监督抽查工作方案

2019 年，我部按照规范监督抽查、抽检分离、痕迹管理和实施"互联网+饲料监管"工作思路，开展本年度全国饲料质量安全监督抽查工作，现制定工作方案如下。

一、工作任务

（一）监督抽查对象。重点抽查 31 个省（自治区、直辖市）的饲料、饲料添加剂生产企业。2018 年饲料质量安全监督抽检不合格生产企业必检。

（二）监督抽查数量。随机确定 1 000 家生产企业，抽取 4 000～4 500 份样品。随机确定 300 家生产企业，检查《饲料质量安全管理规范》实施情况。

（三）地方监督抽查工作。各地饲料行政管理部门负责本辖区饲料、饲料添加剂监督抽查工作。各地制定的省级监督抽查工作方案，应与我部年度监督抽查工作方案衔接，实现被监督抽查企业名录信息共享，避免同一年度重复抽查同一生产企业。

二、工作程序

（一）编制工作方案。我部畜牧兽医局负责编制全国饲料质量安全监督抽查工作方案。省级饲料行政管理部门负责制定本辖区监督抽查工作方案。

（二）推进"互联网+饲料监管"。我部畜牧兽医局负责建立完善全国饲料质量安全监测信息系统和全国饲料质量安全监管专家库，与饲料和饲料添加剂生产许可信息管理系统对接，采样过程推广使用移动采样终端，过程信息实时上传全国饲料质量安全监测信息系统,实现监督抽查工作痕迹化、信息化管理。

（三）随机选取被抽查单位。通过全国饲料质量安全监测信息系统随机选取被抽查的饲料、饲料添加剂生产企业。

（四）随机确定抽查人员。通过全国饲料质量安全监管专家库随机选取赴现场监督抽查人员,委托国家饲料质量监督检验中心（北京）组成全国饲料监督抽查组（以下简称抽查组）,完成被抽查生产企业的监督抽样和生产现场监督检查等工作。

（五）产品监督抽样。抽查组进行监督抽样时应使用移动采样终端,按照饲料质量安全监督抽查检测工作规范抽取样品,并完成样品封装,现场录入样品信息（生成样品唯一编码）、生产企业信息、饲料标签照片等信息,经被监督抽查企业负责人签字确认后,上传至全国饲料质量安全监测信息系统,现场打印移动拍抽样单和样品标签、封条,被监督抽查企业在移动抽样单上盖章。样品封装后,拍照上传至全国饲料质量安全监测信息系统。抽样过程要确保真实、完整、有效。如遇季节性停产或企业注销需上传照片或企业登记注册信息。

（六）检测任务分配。委托国家饲料质量监督检验中心（北京）根据检测机构检测能力分配样品检测任务,通过全国饲料质量安全监测信息系统向各承检机构下达。检测任务分配、样品派发接收等过程信息,应实时上传至全国饲料质量安全监测信息系统。

（七）检测过程管理。有关承检机构要将其具备的检测资质、检测方法等信息录入全国饲料质量安全监测信息,为样品检测任务分配提供参考。承检机构接受检测任务、接收样品、完成检测、出具检测报告、向产品不合格单位反馈结果、结果异议处理等过程信息,应上传至全国饲料质量安全监测信息系统。

检测报告签发后2日内,承检机构应将《不合格结果通知单》（附件2-1）传真至我部畜牧兽医局,并将原件和检测报告通过邮政特快专递寄送给被监督抽查企业联系人,同时将《不合格结果通知单》和特快专递发送单扫描件上传至全国饲料质量安全监测信息系统。全国饲料质量安全监测信息系统实时向被监督抽查企业联系人手机号发送提示信息。

被监督抽查企业需填写《收到不合格结果回执》（附件2-2）并传真至我部畜牧兽医局和相应承检机构。

（八）检测结果复议程序。对检测结果有异议的,自收到《不合格结果通知单》之日（以邮政特快专递签收日期为准）起5日内,向我部畜牧兽医局书面申请复核检测。复核检测工作由我部在饲料质量安全监督复核检测指定单位中（附件2-3）,按就近原则择优安排。复核检测工作应当收到样品后10个工作日内完成,并向申请复核检测单位出具检测报告。被监督抽查企业对复核检测结果仍持有异议的,在收到复核检测结果起2日内,向我部畜牧兽医局书面申请仲裁。由国家饲料质量监督检验中心（北京）对复检结果作出技术仲裁,提请全国饲料质量安全监管工作组分析会商,对被监督抽查样品检测结论作出最终判定。

（九）企业现场检查。委托中国农业科学院饲料研究所（以下简称饲料所）组织对饲料、饲料添加剂生产企业执行《饲料质量安全管理规范》实施现场检查,现场填写《饲料和饲料添加剂生产企业现场检查表》,经被检查单位签字确认后,录入全国饲料质量安全监测信息系统。被检查企业所在地饲料行政管理部门应派员参加。

（十）强化事中事后监管。对检测结果无异议的、对检测结果有异议但逾期不书面申请复议的，或者申请复核检测但结果仍然不合格的，省级饲料行政主管部门要组织执法机构，对相关产品生产企业进行调查，并依法核查处置，于12月31日前将核查处置情况报送我部畜牧兽医局。我部采取适当方式，向社会公开监督抽查情况。

三、工作要求

（一）高度重视，大力支持。各地饲料行政主管部门、质检机构要高度重视此项工作，采取必要措施，支持被选取参加抽查组的人员做好监督抽查工作。我部提供全国饲料质量安全监管专家一定的工作经费保障。

（二）培训上岗，考核录用。有关承检（含复核检测）机构要选派技术骨干参加与监督抽查工作相关的技术培训，熟悉掌握不同饲料产品需要开展检测的指标（附件2-4）、规定检测方法和判定限量值等（附件2-5）。经各地省级饲料行政管理部门推荐的全国饲料质量安全监管专家库人员，需参加移动采样终端使用技术培训，考核合格后列入抽查组人员候选名单。

（三）严格程序，规范抽查。监督抽查样品应严格按规定保存和派发。现场抽取的样品一式4份，被监督抽查企业留存1份，其余3份由抽样人员送至国家饲料质量监督检验中心（北京）。国家饲料质量监督检验中心（北京）留存2份，向承检机构派发1份。复核检测样品使用国家饲料质量监督检验中心（北京）留存的备份样品。如需进行仲裁检测，使用国家饲料质量监督检验中心（北京）留存的备份样品和被监督抽查企业留存的样品同时检测。

通过全国饲料质量安全监测信息系统随机确定的被监督抽查企业，原则上不与地方自行组织实施的饲料质量安全抽查企业重复。如遇重复，被监督抽查企业可向我部畜牧兽医局提出书面申请，重新随机选取。随机确定的被监督抽查企业，如遇季节性停产或企业注销等情况，重新随机确定。

（四）积极配合，共同完成。被监督抽查企业应积极配合完成对本企业生产的商品饲料监督抽样工作，在本企业成品库房或原料库房存放的非本企业生产的饲料、饲料添加剂产品，监督抽查时可以采样、检测，不作为对该企业监督抽查的样品，仅用于风险监测。全国饲料质量安全监管工作组负责对监督抽查及抽检结果的汇总、分析和会商等工作。

工作中如有问题和建议，请及时与有关单位联系。
国家饲料质量监督检验中心（北京）
联系人：樊霞　联系电话：010-82106583
中国农业科学院饲料研究所
联系人：李俊　联系电话：010-82106058

附件：2-1. 不合格结果通知单
　　　2-2. 收到不合格结果回执
　　　2-3. 饲料质量安全监督复核检测指定单位
　　　2-4. 不同饲料产品及检测指标
　　　2-5. 检测方法、判定依据、判定原则

附件 2-1

不合格结果通知单

（被监督抽查企业名称）：

根据农业农村部《2019 年全国饲料质量安全监督抽查工作方案》要求，我单位作为承检机构对（被监督抽查企业名称）标称为_____的_____产品进行了检验检测。检验检测结果报告共_____份，编号为_____。

如异议，可自收到检测结果之日起 5 日，向农业农村部畜牧兽医局书面申请复核检测。

微生物指标不接受复核检测。

承检机构名称：_____

地址：_____ 联系人：_____

邮编：_____ 电话（传真）：_____

（承检机构公章）

年　月　日

农业农村部畜牧兽医局传真：010-59192848
国家饲料质量监督检验中心（北京）传真：010-82106580

附件 2-2

收到不合格结果回执

（承检机构名称）：
你单位寄送我单位的《饲料质量安全监督检验结果告知书》已收到，我单位：
☐无异议
☐我单位将于 5 日内提出书面异议

受检企业：　　　　　　　　　联系人：
地　　址：　　　　　　　　　邮　编：
电　　话：　　　　　　　　　传　真：

负责人签字：
（受检企业公章）
年　月　日

承检机构联系人：_____ 联系电话：_____
农业农村部畜牧兽医局传真：010-59192848

附件 2－3

饲料质量安全监督复核检测指定单位

序号	单位名称
1	国家饲料质量监督检验中心（北京）
2	北京市饲料监察所
3	天津市兽药饲料监察所
4	河北省兽药监察所
5	山西省饲料兽药监察所
6	内蒙古自治区饲料草种监督检验站
7	辽宁省检验检测认证中心
8	吉林省兽药饲料检验监测所
9	黑龙江省农产品和兽药饲料技术鉴定站
10	上海市兽药饲料检测所
11	江苏省畜产品质量检验测试中心
12	浙江省兽药饲料监察所
13	安徽省兽药饲料监察所
14	福建省兽药饲料监察所
15	江西省兽药饲料监察所
16	山东省饲料质量检验所
17	河南省兽药饲料监察所
18	湖北省兽药监察所
19	湖南省兽药饲料监察所
20	广东省农产品质量安全中心
21	广西饲料监测所
22	海南省兽药饲料监察所

(续表)

序号	单位名称
23	重庆市兽药饲料检测所
24	四川省饲料工作总站
25	贵州省兽药饲料监察所
26	云南省兽药饲料检测所
27	陕西省饲料监测所
28	甘肃省农产品质量安全检验检测中心
29	青海省兽药饲料监察所
30	宁夏回族自治区兽药饲料监察所
31	新疆维吾尔自治区兽药饲料监察所
32	新疆生产建设兵团畜牧兽医工作总站

附件 2-4 不同饲料产品及检测指标

检测项目	配合饲料、浓缩饲料和精料补充料					饲料原料							添加剂预混合饲料			饲料添加剂（含饲料型添加剂混合剂）
	育肥猪、肉牛和肉羊饲料	禽饲料	水产饲料	宠物饲料	其他饲料	动物油脂	鱼粉	骨粉	肉骨粉	其他动物源性单一饲料	植物源性单一饲料	微生物发酵类单一饲料	维生素预混合饲料	微量元素预混合饲料	复合预混合饲料	
水分	✓	✓	✓	✓	✓		✓			✓	✓	✓				
粗蛋白	✓	✓	✓	✓	✓		✓			✓	✓	✓				
总磷								✓	✓							
钙								✓	✓							
维生素 A													✓		✓	
维生素 D_3													✓		✓	
维生素 E													✓		✓	
维生素 B_2													✓		✓	
维生素 B_6													✓		✓	
铜														✓	✓	
锌														✓	✓	
赖氨酸															✓	

（续表）

检测项目	配合饲料、浓缩饲料和精料补充料					饲料原料							添加剂预混合饲料			饲料添加剂（含混合型饲料添加剂）
	育肥猪、肉牛和肉羊饲料	禽饲料	水产饲料	宠物饲料	其他饲料	动物油脂	鱼粉	骨粉	肉骨粉	其他动物源性单一饲料	植物源性单一饲料	微生物发酵类单一饲料	维生素预混合饲料	微量元素预混合饲料	复合预混合饲料	
蛋氨酸																
砂分																
有效成分																√
铅	√	√	√	√	√									√	√	√
砷	√	√	√	√	√									√	√	√
镉	√	√	√	√	√											√
铬	√	√	√	√	√											
三聚氰胺										√						
沙门氏菌							√	√	√	√						
牛源性成分							√	√	√	√	√					
羊源性成分							√	√	√	√						
酸价						√										
碘价						√										
过氧化值						√										
黄曲霉毒素 B_1	√	√	√	√	√						√	√				
玉米赤霉烯酮	√	√	√	√	√						√	√				

（续表）

检测项目	产品类别															
	配合饲料、浓缩饲料和精料补充料					饲料原料							添加剂预混合饲料			饲料添加剂混合型饲料添加剂(含混合型饲料添加剂)
	育肥猪、肉牛和肉羊饲料	禽饲料	水产饲料	宠物饲料	其他饲料	动物油脂	鱼粉	骨粉	肉骨粉	其他动物源性单一饲料	植物源性单一饲料	微生物发酵类单一饲料	维生素预混合饲料	微量元素预混合饲料	复合预混合饲料	
T-2毒素	√	√	√	√	√											
脱氧雪腐镰刀菌烯醇	√	√	√	√	√											
赭曲霉毒素 A	√	√	√	√	√						√	√				
伏马毒素	√	√	√	√	√						√	√				
喹乙醇	√	√	√	√	√											
喹烯酮	√	√	√	√	√											
金霉素	√	√	√	√	√											
土霉素	√	√	√	√	√											
克仑特罗	√															
沙丁胺醇	√															
莱克多巴胺	√															
齐帕特罗	√															
氯丙那林	√															
特布他林	√															
西马特罗	√															

（续表）

检测项目	产品类别															
	配合饲料、浓缩饲料和精料补充料					饲料原料							添加剂预混合饲料			饲料添加剂（含混合型饲料添加剂）
	育肥猪、肉牛和肉羊饲料	禽饲料	水产饲料	宠物饲料	其他饲料	动物油脂	鱼粉	骨粉	肉骨粉	其他动物源性单一饲料	植物源性单一饲料	微生物发酵类单一饲料	维生素预混合饲料	微量元素预混合饲料	复合预混合饲料	
西布特罗	√															
马布特罗	√															
溴布特罗	√															
克仑普罗	√															
班布特罗	√															
妥布特罗	√															
呋喃西林		√														
呋喃妥因		√														
呋喃它酮		√														
呋喃唑酮		√														
氯霉素			√													

附件 2-5
检测方法、判定依据、判定原则

一、检测方法

GB 5009.227—2016 食品安全国家标准 食品中过氧化值的测定
GB 5009.229—2016 食品安全国家标准 食品中酸价的测定
GB/T 5532—2008 动植物油脂 碘值的测定
GB/T 6432—2018 饲料中粗蛋白的测定 凯氏定氮法
GB/T 6435—2014 饲料中水分的测定
GB/T 6436—2018 饲料中钙的测定
GB/T 6437—2018 饲料中总磷的测定 分光光度法
GB/T 8381.7—2009 饲料中喹乙醇的测定 高效液相色谱法（含第1号修改单）
GB/T 8381.9—2005 饲料中氯霉素的测定 气相色谱法
GB/T 13079—2006 饲料中总砷的测定
GB/T 13080—2018 饲料中铅的测定 原子吸收光谱法
GB/T 13082—1991 饲料中镉的测定方法
GB/T 13088—2006 饲料中铬的测定
GB/T 13091—2018 饲料中沙门氏菌的测定
GB/T 13885—2017 动物饲料中钙、铜、铁、镁、锰、钾、钠和锌含量的测定 原子吸收光谱法
GB/T 14701—2002 饲料中维生素 B2 的测定
GB/T 14702—2018 添加剂预混合饲料中维生素 B6 的测定 高效液相色谱法
GB/T 17817—2010 饲料中维生素 A 的测定 高效液相色谱法
GB/T 17812—2008 饲料中维生素 E 的测定 高效液相色谱法
GB/T 17818—2010 饲料中维生素 D3 的测定 高效液相色谱法
GB/T 18246—2000 饲料中氨基酸的测定
GB/T 19164—2003 鱼粉 附录 A "鱼粉中砂分的测定方法"
GB/T 19684—2005 饲料中金霉素的测定 高效液相色谱法
GB/T 20190—2006 饲料中牛羊源性成分的定性检测 定性聚合酶链式反应（PCR）法
GB/T 21108—2007 饲料中氯霉素的测定 高效液相色谱串联质谱法
GB/T 22259—2008 饲料中土霉素的测定 高效液相色谱法
GB/T 23710—2009 饲料中甜菜碱的测定 离子色谱法
GB/T 30956—2014 饲料中脱氧雪腐镰刀菌烯醇的测定 免疫亲和柱净化-高效液相色谱法
GB/T 30957—2014 饲料中赭曲霉毒素 A 的测定 免疫亲和柱净化-高效液相色谱法

农业部1486号公告-8—2010 饲料中硝基呋喃类药物的测定 高效液相色谱法

农业部1063号公告-6—2008 饲料中13种β-受体激动剂的检测 液相色谱-串联质谱法

农业部1629号公告-1—2011 饲料中16种β-受体激动剂的测定 液相色谱-串联质谱法

农业部2086号公告-5—2014 饲料中卡巴氧、乙酰甲喹、喹烯酮和喹乙醇的测定 液相色谱-串联质谱法

NY/T 1372—2007 饲料中三聚氰胺的测定

NY/T 1946—2010 饲料中牛羊源性成分检测 实时荧光聚合酶链反应法

NY/T 1970—2010 饲料中伏马毒素的测定

NY/T 2071—2011 饲料中黄曲霉毒素、玉米赤霉烯酮和T-2毒素的测定 液相色谱-串联质谱法

NY/T 3144—2017 饲料原料 血液制品中18种β-受体激动剂的测定 液相色谱-串联质谱法

NY/T 314—2017 饲料中22种β-受体激动剂的测定 液相色谱-串联质谱法

饲料添加剂主含量的检测方法：采用相应饲料添加剂产品标准中规定或推荐的检测方法。

二、判定依据

（一）卫生指标。按照《饲料卫生标准》（GB 13078—2017）判定；饲料添加剂产品按照生产企业产品执行标准判定。

（二）质量指标。按照生产企业产品执行标准、有效合同、明示指标（饲料标签的明示指标、产品说明）进行判定。如生产企业产品执行标准与明示指标、《饲料添加剂安全使用规范》（农业部公告第1224号或第2625号）不一致，以其中较严格指标进行判定。

（三）药物饲料添加剂和非法添加物。《饲料和饲料添加剂管理条例》《兽药管理条例》《禁止在饲料和动物饮水中使用的药物品种目录》（农业部公告第176号）、《食品动物禁用的兽药及其他化合物清单》（农业部公告第193号）、《禁止在饲料和动物饮水中使用的物质》（农业部公告第1519号）、《饲料原料和饲料产品中三聚氰胺限量值的规定》（农业部公告第1218号）及药物饲料添加剂使用规范性技术要求。

（四）饲料和饲料添加剂产品标签中分析保证值之外的指标判定不考虑饲料产品的保质期。

三、判定原则

（一）单项指标判定。饲料产品的各类质量指标及其卫生指标依据《饲料检测结果判定的允许误差》（GB/T 18823—2010）执行。

1. 饲料添加剂的判定。各类质量指标及其卫生指标不考虑方法误差。

2. 药物饲料添加剂判定。超范围使用的判定原则：检测方法有定量限的以定量限为判定限，金霉素以检测方法的最低检出浓度为判定限，超过判定限即判定为不合格。肉牛（羊）精料补充料中金霉素和土霉素不作判定。超剂量使用的判定原则：对于在规定范围

内使用的药物饲料添加剂，以折算回收率后的结果进行判定，超出规定添加量的，判定为不合格。可能存在交叉污染的判定原则：在饲料产品中检出低剂量喹乙醇、喹烯酮，检出值在配合饲料样品中小于或等于10mg/kg时（浓缩饲料和添加剂预混合饲料按产品规格比例进行折算），存在加工过程中交叉污染的可能性，质检机构出具检验检测报告时不作是否合格判定，但需在备注中写明相关情况。

3. 非法添加物的判定。确认检测方法有定量限的以定量限为判定限，超过定量限即判定为不合格；没有定量限的，以检测限或检出限为判定限，超过检测限即判定为不合格。三聚氰胺的判定按照《饲料原料和饲料产品中三聚氰胺限量值的规定》（农业部公告第1218号）判定。

4. 牛羊源性成分判定。牛源性成分、羊源性成分有一项为阳性（高于0.25%的检出限），则判定该样品为不合格。使用实时荧光PCR方法时，设置0.25%的阳性对照样，以实测Ct值进行阳性或阴性判定。

（二）产品综合判定。一项指标不合格即判定该批次产品不合格。水分仅作计算使用，不纳入综合判定。

农业部立法工作规定

中华人民共和国农业部令第 25 号

(2002 年 12 月 27 日农业部令第 25 号公布自 2003 年 1 月 1 日起施行。)

第一章 总 则

第一条 为规范农业部立法工作，保证立法质量，根据《立法法》、《行政法规制定程序条例》、《规章制定程序条例》和《法规规章备案条例》，制定本规定。

第二条 本规定所称立法工作包括：

（一）农业部起草法律草案、行政法规草案的工作；

（二）农业部制定部门规章的工作；

（三）农业部参与的农业立法工作；

（四）其他与农业立法有关的工作。

第三条 立法工作应当遵循《立法法》、《行政法规制定程序条例》、《规章制定程序条例》确立的立法原则，符合宪法、法律、行政法规的规定。

第四条 产业政策与法规司归口管理和协调部内立法工作，各司局依照本规定负责有关立法工作。

第二章 立法计划

第五条 农业部于每年年底编制下一年度的规章制定工作计划，由产业政策与法规司负责组织实施。

第六条 各司局根据工作需要，提出主管业务范围内下一年度规章制定的立项申请，并于每年 10 月 31 日前报送产业政策与法规司。

立项申请应当对立法的必要性、立法依据、所要解决的主要问题、拟确立的主要制度、进展情况和进度安排等作出说明。

第七条 产业政策与法规司根据有关司局报送的立项申请和实际工作需要，经综合平衡后，拟订农业部年度规章制定工作计划，报部常务会议审议通过后执行。

年度规章制定工作计划应当明确立法项目名称、主要内容、起草单位等内容。

第八条 规章制定工作应当依照年度规章制定工作计划进行。年度规章制定工作计划在执行中确需调整的，经产业政策与法规司提出，报部领导同意。

第九条 农业部根据需要，编制指导性农业立法五年规划的工作，参照本章的规定进行。

农业部根据全国人大有关部门和国务院的要求，提出法律的立法建议和行政法规的立项申请的工作，参照本章的规定进行。

第三章 起 草

第十条 法律、行政法规和规章的起草，由提出立法建议或立项申请的司局负责。

重要法律、行政法规和综合性规章的起草工作，由产业政策与法规司负责或者组织有关司局共同办理。

起草法律、行政法规，应当成立起草小组；起草规章，必要时也应当成立起草小组。

第十一条 起草法律、行政法规和规章，一般应当对立法目的、依据、适用（调整）范围、主管机关、主要内容、法律责任或处罚办法、名词界定（定义）、施行日期等作出规定。

起草法律、行政法规和规章，应当考虑原有相关法律、行政法规和规章的规定。需要废止相关法律、行政法规和规章或其部分条款的，应当在草案中予以明确。

第十二条 起草法律、行政法规和规章，应当深入调查研究，总结实践经验，并根据具体情况，采取书面征求意见、座谈会、论证会、听证会和向社会公布等形式广泛听取有关机关、组织和公民的意见。

第十三条 起草法律、行政法规和规章，涉及国务院其他部门的职责或者与国务院其他部门关系紧密的，或者涉及部内相关司局业务的，应当征求其他部门或相关司局的意见，充分协商，达成一致。协商不成的，应当说明情况和理由。

第十四条 法律、行政法规和规章草案经起草司局负责人签字后，报送产业政策与法规司审查。涉及其他司局业务的，应当会签有关司局。

第十五条 起草司局报送法律、行政法规和规章草案时，应当同时报送立法说明和其他有关材料。

立法说明应当对立法的必要性、起草过程、规定的主要措施、有关方面的意见等情况作出说明。

其他有关材料主要包括汇总的意见、听证会笔录、调研报告、国内外有关立法资料等。

第四章 审 查

第十六条 产业政策与法规司对起草司局报送的法律、行政法规和规章草案，应当从以下方面进行审查：

（一）是否符合宪法、法律、行政法规的规定和国家的方针政策；

（二）是否与有关法律、行政法规和规章协调、衔接；

（三）是否正确处理有关机关、组织和公民对法律、行政法规和规章草案主要问题的意见；

（四）是否符合立法技术要求；

（五）需要审查的其他内容。

第十七条 报送审查的法律、行政法规和规章草案有下列情形之一的，产业政策与法规司可以缓办或者退回起草司局：

（一）草案中规定的主要制度和措施尚不成熟的；

（二）国务院其他部门或部内相关司局对草案中规定的主要制度存在较大争议，起草司局未与国务院其他部门或部内相关司局协商的；

（三）不符合本规定第十四条和第十五条规定的。

第十八条 在审查过程中，产业政策与法规司可以根据情况，进行下列工作：

（一）就立法涉及的主要问题发送有关机关、组织和专家征求意见，或者向社会公布征求意见；

（二）就立法涉及的主要问题深入基层进行调研，听取意见；

（三）召开座谈会、论证会、听证会，听取意见，研究论证；

（四）对立法中的不同意见进行协调。

第十九条 产业政策与法规司应当认真研究各方面的意见，会同起草司局对报送审查的法律、行政法规和规章草案及草案说明进行修改。对立法中的不同意见经协调不能达成一致的，报请部领导决定。

拟报部常务会议审议的法律、行政法规和规章草案，由产业政策与法规司提出提请部常务会议审议的建议。

起草司局应当根据部长办公室的要求，提交相应份数的法律、行政法规和规章草案及其说明文本。

第五章 决定和公布

第二十条 部常务会议审议法律、行政法规和规章草案时，起草小组或起草司局应当就该草案作说明。

法律、行政法规和规章草案由其他司局起草的，产业政策与法规司应当就审查情况等作说明。

第二十一条 起草小组或起草司局应当根据部常务会议审议意见，对法律、行政法规和规章草案进行修改，经产业政策与法规司审核、办公厅核稿登记后，送部长或主管副部长签发。

第二十二条 报国务院的法律、行政法规草案，经部常务会议审议通过后，由部长或主管副部长签发。

第二十三条 农业部规章，经部常务会议审议通过后，由部长签署农业部令公布。

第二十四条 农业部规章签署公布后，由办公厅送《农民日报》及时全文刊登。

第六章 备案和解释

第二十五条 农业部制定的规章，由起草司局在规章公布之日起十五日内将规章正式文本和起草说明按照规定的格式装订成册，一式十五份，与规章的电子文本一起报送产业政策与法规司，由产业政策与法规司按照《法规规章备案条例》的规定，统一向国务院备案。

第二十六条 农业部和其他部门联合制定的规章，由主办部门负责报国务院备案。农业部为主办部门的，按第二十五条规定办理。

第二十七条 农业法律、行政法规和规章依照规定，需要由农业部进行解释的，应当由省级农业行政主管部门向农业部提出申请；部内司局认为需要解释的，应当向产业政策与法规司提出。

第二十八条 符合下列情形的农业法律、行政法规的解释,由产业政策与法规司会同有关司局提出意见,报部领导签发后,依照有关规定送请制定机关作出解释:

(一)条文本身需要进一步明确界限的;

(二)需要作补充规定的。

第二十九条 属于行政工作中具体应用农业法律、行政法规问题的解释,以及农业部规章的解释,由产业政策与法规司会同有关司局提出意见,报部常务会议审议通过后或者部领导签发后公布。

第三十条 对属于行政工作中具体应用农业部规章问题的询问,由产业政策与法规司会同有关司局研究,以办公厅文件的形式答复。涉及重大问题的,应当报部领导签发后,以农业部文件的形式答复。

地方农业部门就农业部规章的具体应用问题向农业部申请答复的,应当由省级农业行政主管部门提出。

第七章 立法协调

第三十一条 农业部与有关部门联合发布,非农业部为主起草的规章草案,其协调工作由参加起草的司局负责办理;农业部为主起草的规章,其协调工作由起草司局办理。以部名义行文的,由办文司局负责人签字,会签产业政策与法规司后,报主管副部长签发。

第三十二条 有关部门送农业部征求意见的法律、行政法规和规章草案,由产业政策与法规司组织有关司局提出意见,并以农业部文件或办公厅文件的形式答复有关部门。

第三十三条 对有关部门送农业部征求意见的法律、行政法规和规章草案,办公厅应当及时转送产业政策与法规司;产业政策与法规司应当及时征求有关司局的意见,做好组织和综合工作;有关司局应当及时研究办理,提出书面意见并加盖本司局印章后,送产业政策与法规司。超过规定时限未答复的,或者未加盖本司局印章的,视为无意见。

第八章 清理、修改和废止

第三十四条 产业政策与法规司应当根据需要或有关机关的要求,组织各司局对农业法律、行政法规和规章进行清理。

第三十五条 经清理需要修改的法律、行政法规,由产业政策与法规司会同有关司局提出意见,报部领导同意后,向制定机关提出修改建议。需要由农业部修改的,按照本规定的程序办理。

经清理需要修改的规章,由产业政策与法规司会同有关司局提出建议,报部领导同意后,按照本规定的程序进行修改。

第三十六条 经清理需要废止的法律、行政法规,由产业政策与法规司会同有关司局提出意见,报部领导同意后,向制定机关提出废止建议。

经清理应当废止的规章,由产业政策与法规司会同有关司局提出建议,报部常务会议审议通过后,由部长签署农业部令予以废止。

第三十七条 农业部各司局应当掌握相关法律、行政法规和规章的贯彻实施情况,发现有下列情形之一的,应当及时提出修改或废止建议:

(一)法律、行政法规和规章的规定与上位法不一致的;

（二）被新的法律、行政法规和规章的规定取代的；

（三）不能适应现实需要的；

（四）其他需要修改或废止的情形。

第九章　附　则

第三十八条　农业部规章应当自公布之日起三十日后施行；但是，涉及国家安全或者公布后不立即施行将有碍规章施行的，可以自公布之日起施行。

第三十九条　农业法律、行政法规的宣传工作，由产业政策与法规司组织有关司局办理。

第四十条　产业政策与法规司应当参照《法规汇编编辑出版管理规定》，对农业法律、行政法规和规章进行汇编。

第四十一条　本规定由农业部负责解释。

第四十二条　本规定自二〇〇三年一月一日起施行。一九九一年十二月二十四日农业部发布的《农业部立法工作暂行规定》同时废止。

农业农村部行政许可实施管理办法

中华人民共和国农业农村部令 2021 年第 3 号

（2021 年 12 月 14 日农业农村部令第 3 号公布，自 2022 年 1 月 15 日起施行。）

第一章 总 则

第一条 为了规范农业农村部行政许可实施，维护农业农村领域市场主体合法权益，优化农业农村发展环境，根据《中华人民共和国行政许可法》《优化营商环境条例》等法律法规，制定本办法。

第二条 农业农村部行政许可条件的规定、行政许可的办理和监督管理，适用本办法。

第三条 实施行政许可应当遵循依法、公平、公正、公开、便民的原则。

第四条 农业农村部法规司（以下简称"法规司"）在行政许可实施过程中承担下列职责：

（一）组织协调行政审批制度改革，指导、督促相关单位取消和下放行政许可事项、强化事中事后监管；

（二）负责行政审批综合办公业务管理工作，审核行政许可事项实施规范、办事指南、审查细则等，适时集中公布行政许可事项办事指南；

（三）受理和督办申请人提出的行政许可投诉举报；

（四）受理申请人依法提出的行政复议申请。

第五条 行政许可承办司局及单位（以下简称"承办单位"）在行政许可实施过程中承担下列职责：

（一）起草行政许可事项实施规范、办事指南、审查细则等；

（二）按规定选派政务服务大厅窗口工作人员（以下简称"窗口人员"）；

（三）依法对行政许可申请进行审查，在规定时限内提出审查意见；

（四）对申请材料和行政许可实施过程中形成的纸质及电子文件资料及时归档；

（五）调查核实与行政许可实施有关的投诉举报，并按规定整改反馈；

（六）持续简化行政许可申请材料和办理程序，提高审批效率，提升服务水平；

（七）实施行政许可事中事后监管。

第六条 行政许可事项实行清单管理。农业农村部行政许可事项以国务院公布的清单为准，禁止在清单外以任何形式和名义设定、实施行政许可。

第二章 行政许可条件的规定和调整

第七条 部门规章可以在法律、行政法规设定的行政许可事项范围内，对实施该行政许可作出具体规定。农业农村部规范性文件可以明确行政许可条件的具体技术指标或资料要求，但不得增设违反上位法的条件和程序，不得限制申请人的权利、增加申请人的义务。

部门规章和农业农村部规范性文件应当按照法定程序起草、审查和公布，法律、行政法规、部门规章和农业农村部规范性文件以外的其他文件不得规定和调整行政许可具体条件及其技术指标或资料要求。

第八条 行政许可具体条件调整后，承办单位应当及时进行宣传、解读和培训，便于申请人及时了解，地方农业农村部门按规定实施。

第九条 行政许可具体条件及其技术指标或资料要求调整后，承办单位应当及时修改实施规范、办事指南、审查细则等，并送法规司审核。

修改后的实施规范、办事指南、审查细则等，承办单位应当及时在农业农村部政务服务平台、国家政务服务平台等载体同源同步更新，确保信息统一。

第三章 行政许可申请和受理

第十条 申请人可以通过信函、电子数据交换和电子邮件等方式提出行政许可申请。申请书需要采用格式文本的，承办单位应当向申请人免费提供行政许可申请书格式文本。

第十一条 农业农村部行政许可的事项名称、依据、条件、数量、程序、期限以及需要提交全部材料的目录和申请书示范文本等，应当在农业农村部政务服务大厅及一体化在线政务服务平台进行公示。

申请人要求对公示内容予以说明、解释的，承办单位或者窗口人员应当说明、解释，提供准确、可靠的信息。

第十二条 除直接涉及国家安全、国家秘密、公共安全、生态环境保护，直接关系人身健康、生命财产安全以及重要涉外等情形以外，对行政许可事项要求提供的证明材料实行证明事项告知承诺制。承办单位应当提出实行告知承诺制的事项范围并制作告知承诺书格式文本，法规司统一公布实行告知承诺制的证明事项目录。

第十三条 实行告知承诺制的证明事项，申请人可以自主选择是否采用告知承诺制方式办理。

第十四条 承办单位不得要求申请人提交法律、行政法规和部门规章、农业农村部规范性文件要求范围以外的材料。

第十五条 对申请人提出的行政许可申请，应当根据下列情况分别作出处理：

（一）申请事项依法不需要取得行政许可的，应当即时告知申请人不受理及不受理的理由；

（二）申请事项依法不属于农业农村部职权范围的，应当即时作出不予受理的决定，并告知申请人向有关行政机关申请；

（三）申请材料存在可以当场更正的错误的，应当允许申请人当场更正；

（四）申请材料不齐全或者不符合法定形式的，应当当场或者在五个工作日内一次性告知申请人需要补正的全部内容，逾期不告知的，自收到申请材料之日起即为受理；

（五）申请事项属于农业农村部职权范围，申请材料齐全、符合法定形式，或者申请人按照要求提交全部补正申请材料的，应当受理行政许可申请。

受理或者不予受理行政许可申请，应当出具通知书。通知书应当加盖农业农村部行政审批专用章，并注明日期。

第十六条　申请人在行政许可决定作出前要求撤回申请的，应当书面提出，经承办单位审核同意后，由窗口人员将行政许可申请材料退回申请人。撤回的申请自始无效。

第十七条　农业农村部按照国务院要求建设一体化在线政务服务平台，强化安全保障和运营管理，拓展完善系统功能，推动行政许可全程网上办理。

第十八条　除法律、行政法规另有规定或者涉及国家秘密等情形外，农业农村部行政许可应当纳入一体化在线政务服务平台办理。

第十九条　农业农村部政务服务大厅与一体化在线政务服务平台均可受理行政许可申请，适用统一的办理标准，申请人可以自主选择。

第四章　行政许可审查和决定

第二十条　承办单位应当按规定对申请材料进行审查。

申请人提交的申请材料齐全、符合法定形式和有关要求，能够当场作出决定的，应当当场作出书面的行政许可决定。

根据法定条件和程序，需要对申请材料的实质内容进行核实的，承办单位应当指派两名以上工作人员进行核查。

第二十一条　依法应当先经省级人民政府农业农村部门审查后报农业农村部决定的行政许可，省级人民政府农业农村部门应当在法定期限内将初步审查意见和全部申请材料报送农业农村部。窗口人员和承办单位不得要求申请人重复提供申请材料。

第二十二条　承办单位审查行政许可申请，发现行政许可事项直接关系他人重大利益的，应当在作出行政许可决定前告知利害关系人。申请人、利害关系人有权进行陈述和申辩，承办单位应当听取申请人、利害关系人的意见。申请人、利害关系人依法要求听证的，承办单位应当在二十个工作日内组织听证。

第二十三条　申请人的申请符合规定条件的，应当依法作出准予行政许可的书面决定。

作出不予行政许可的书面决定的，应当说明理由，并告知申请人享有依法申请行政复议或者提起行政诉讼的权利。

第二十四条　除当场作出行政许可决定的情形外，行政许可决定应当在法定期限内按照规定程序作出。行政许可事项办事指南中明确承诺时限的，应当在承诺时限内作出行政许可决定。

第二十五条　在承诺时限内不能作出行政许可决定的，承办单位应当提出书面延期申请并说明理由，会签法规司并报该行政许可决定签发人审核同意后，将延长期限的理由告知申请人，但不得超过法定办理时限。

第二十六条　作出行政许可决定，依法需要听证、检验、检测、检疫、鉴定和专家评审的，所需时间不计算在办理期限内。承办单位应当及时安排、限时办结，并将所需时间书面告知申请人。

第二十七条　农业农村部一体化在线政务服务平台设立行政许可电子监察系统，对行政许可办理时限全流程实时监控，及时予以警示。

第二十八条　窗口人员或者承办单位应当在行政许可决定作出之日起十个工作日内，将行政许可决定通过农业农村部一体化在线政务服务平台反馈申请人，并通过现场、邮政特快专递等方式向申请人颁发、送达许可证件，或者加盖检疫印章。

第二十九条　农业农村部作出的准予行政许可决定应当公开，公众有权查阅。

第三十条　农业农村部按照国务院要求推广应用电子证照，逐步实现行政许可证照电子化。承办单位会同法规司制定电子证照标准，制作和管理电子证照，对有效期内存量纸质证照数据逐步实行电子化。

第五章　监督管理

第三十一条　已取消的行政许可事项，承办单位不得继续实施或者变相实施，不得转由其他单位或组织实施。

第三十二条　中介服务事项作为行政许可办理条件的，应当有法律、行政法规或者国务院决定依据。

承办单位不得为申请人指定或者变相指定中介服务机构；除法定行政许可中介服务事项外，不得强制或者变相强制申请人接受中介服务。

农业农村部所属事业单位、主管的社会组织，及其设立的企业，不得开展与农业农村部行政许可相关的中介服务。法律、行政法规另有规定的，依照其规定。

第三十三条　承办单位应当对实施的行政许可事项逐项明确监管主体，制定并公布全国统一、简明易行的监管规则，明确监管方式和标准。

第三十四条　已取消的行政许可事项，承办单位应当变更监管规则，加强事中事后监管；已下放的行政许可事项，承办单位应当同步调整优化监管层级，确保审批与监管权责统一。

第三十五条　承办单位负责同志、直接从事行政许可审查的工作人员，符合法定回避情形的应当回避；直接从事行政许可审查的工作人员应当定期轮岗交流。

第三十六条　承办单位及相关人员违反《中华人民共和国行政许可法》和其他有关规定，情节轻微，尚未给公民、法人或者其他组织造成严重财产损失或者严重不良社会影响的，采取通报批评、责令整改等方式予以处理。涉嫌违规违纪的，按照干部管理权限移送纪检监察机关。涉嫌犯罪的，依法移送司法机关。

第三十七条　申请人隐瞒有关情况或者提供虚假材料申请行政许可的，不予受理或者不予行政许可，并给予警告；行政许可申请属于直接关系公共安全、人身健康、生命财产安全事项的，申请人在一年内不得再次申请该行政许可。法律、行政法规另有规定的，依照其规定。

第三十八条　被许可人以欺骗、贿赂等不正当手段取得行政许可的，应当依法给予行政处罚；取得的行政许可属于直接关系公共安全、人身健康、生命财产安全事项的，申请人在三年内不得再次申请该行政许可。法律、行政法规另有规定的，依照其规定。

第六章　附　则

第三十九条　农业农村部政务服务大厅其他政务服务事项的办理，参照本办法执行。

第四十条　本办法自 2022 年 1 月 15 日起施行。

农业综合行政执法管理办法

中华人民共和国农业农村部令 2022 年第 9 号

（2022 年 11 月 22 日农业农村部令 2022 年第 9 号公布，自 2023 年 1 月 1 日起施行。）

第一章　总　则

第一条　为加强农业综合行政执法机构和执法人员管理，规范农业行政执法行为，根据《中华人民共和国行政处罚法》等有关法律的规定，结合农业综合行政执法工作实际，制定本办法。

第二条　县级以上人民政府农业农村主管部门及农业综合行政执法机构开展农业综合行政执法工作及相关活动，适用本办法。

第三条　农业综合行政执法工作应当遵循合法行政、合理行政、诚实信用、程序正当、高效便民、权责统一的原则。

第四条　农业农村部负责指导和监督全国农业综合行政执法工作。

县级以上地方人民政府农业农村主管部门负责本辖区内农业综合行政执法工作。

第五条　县级以上地方人民政府农业农村主管部门应当明确农业综合行政执法机构与行业管理、技术支撑机构的职责分工，健全完善线索处置、信息共享、监督抽查、检打联动等协作配合机制，形成执法合力。

第六条　县级以上地方人民政府农业农村主管部门应当建立健全跨区域农业行政执法联动机制，加强与其他行政执法部门、司法机关的交流协作。

第七条　县级以上人民政府农业农村主管部门对农业行政执法工作中表现突出、有显著成绩和贡献或者有其他突出事迹的执法机构、执法人员，按照国家和地方人民政府有关规定给予表彰和奖励。

第八条　县级以上地方人民政府农业农村主管部门及其农业综合行政执法机构应当加强基层党组织和党员队伍建设，建立健全党风廉政建设责任制。

第二章　执法机构和人员管理

第九条　县级以上地方人民政府农业农村主管部门依法设立的农业综合行政执法机构承担并集中行使农业行政处罚以及与行政处罚相关的行政检查、行政强制职能，以农业农村部门名义统一执法。

第十条　省级农业综合行政执法机构承担并集中行使法律、法规、规章明确由省级人民政府农业农村主管部门及其所属单位承担的农业行政执法职责，负责查处具有重大影响的跨区域复杂违法案件，监督指导、组织协调辖区内农业行政执法工作。

市级农业综合行政执法机构承担并集中行使法律、法规、规章规定明确由市级人民政府农业农村主管部门及其所属单位承担的农业行政执法职责，负责查处具有较大影响的跨区域复杂违法案件及其直接管辖的市辖区内一般农业违法案件，监督指导、组织协调辖区内农业行政执法工作。

县级农业综合行政执法机构负责统一实施辖区内日常执法检查和一般农业违法案件查处工作。

第十一条 农业农村部建立健全执法办案指导机制，分领域遴选执法办案能手，组建全国农业行政执法专家库。

市级以上地方人民政府农业农村主管部门应当选调辖区内农业行政执法骨干组建执法办案指导小组，加强对基层农业行政执法工作的指导。

第十二条 县级以上地方人民政府农业农村主管部门应当建立与乡镇人民政府、街道办事处执法协作机制，引导和支持乡镇人民政府、街道办事处执法机构协助农业综合行政执法机构开展日常巡查、投诉举报受理以及调查取证等工作。

县级农业行政处罚权依法交由乡镇人民政府、街道办事处行使的，县级人民政府农业农村主管部门应当加强对乡镇人民政府、街道办事处综合行政执法机构的业务指导和监督，提供专业技术、业务培训等方面的支持保障。

第十三条 上级农业农村主管部门及其农业综合行政执法机构可以根据工作需要，经下级农业农村主管部门同意后，按程序调用下级农业综合行政执法机构人员开展调查、取证等执法工作。

持有行政执法证件的农业综合行政执法人员，可以根据执法协同工作需要，参加跨部门、跨区域、跨层级的行政执法活动。

第十四条 农业综合行政执法人员应当经过岗位培训，考试合格并取得行政执法证件后，方可从事行政执法工作。

农业综合行政执法机构应当鼓励和支持农业综合行政执法人员参加国家统一法律职业资格考试，取得法律职业资格。

第十五条 农业农村部负责制定全国农业综合行政执法人员培训大纲，编撰统编执法培训教材，组织开展地方执法骨干和师资培训。

县级以上地方人民政府农业农村主管部门应当制定培训计划，组织开展本辖区内执法人员培训。鼓励有条件的地方建设农业综合行政执法实训基地、现场教学基地。

农业综合行政执法人员每年应当接受不少于60学时的公共法律知识、业务法律知识和执法技能培训。

第十六条 县级以上人民政府农业农村主管部门应当定期开展执法练兵比武活动，选拔和培养业务水平高、综合素质强的执法办案能手。

第十七条 农业综合行政执法机构应当建立和实施执法人员定期轮岗制度，培养通专结合、一专多能的执法人才。

第十八条 县级以上人民政府农业农村主管部门可以根据工作需要，按照规定程序和权限为农业综合行政执法机构配置行政执法辅助人员。

行政执法辅助人员应当在农业综合行政执法机构及执法人员的指导和监督下开展行政执法辅助性工作。禁止辅助人员独立执法。

第三章 执法行为规范

第十九条 县级以上人民政府农业农村主管部门实施行政处罚及相关执法活动,应当做到事实清楚,证据充分,程序合法,定性准确,适用法律正确,裁量合理,文书规范。

农业综合行政执法人员应当依照法定权限履行行政执法职责,做到严格规范公正文明执法,不得玩忽职守、超越职权、滥用职权。

第二十条 县级以上人民政府农业农村主管部门应当通过本部门或者本级政府官方网站、公示栏、执法服务窗口等平台,向社会公开行政执法人员、职责、依据、范围、权限、程序等农业行政执法基本信息,并及时根据法律法规及机构职能、执法人员等变化情况进行动态调整。

县级以上人民政府农业农村主管部门作出涉及农产品质量安全、农资质量、耕地质量、动植物疫情防控、农机、农业资源生态环境保护、植物新品种权保护等具有一定社会影响的行政处罚决定,应当依法向社会公开。

第二十一条 县级以上人民政府农业农村主管部门应当通过文字、音像等形式,对农业行政执法的启动、调查取证、审核决定、送达执行等全过程进行记录,全面系统归档保存,做到执法全过程留痕和可回溯管理。

查封扣押财产、收缴销毁违法物品产品等直接涉及重大财产权益的现场执法活动,以及调查取证、举行听证、留置送达和公告送达等容易引发争议的行政执法过程,应当全程音像记录。

农业行政执法制作的法律文书、音像等记录资料,应当按照有关法律法规和档案管理规定归档保存。

第二十二条 县级以上地方人民政府农业农村主管部门作出涉及重大公共利益,可能造成重大社会影响或引发社会风险,案件情况疑难复杂、涉及多个法律关系等重大执法决定前,应当依法履行法制审核程序。未经法制审核或者审核未通过的,不得作出决定。

县级以上地方人民政府农业农村主管部门应当结合本部门行政执法行为类别、执法层级、所属领域、涉案金额等,制定本部门重大执法决定法制审核目录清单。

第二十三条 农业综合行政执法机构制作农业行政执法文书,应当遵照农业农村部制定的农业行政执法文书制作规范和农业行政执法基本文书格式。

农业行政执法文书的内容应当符合有关法律、法规和规章的规定,做到格式统一、内容完整、表述清楚、逻辑严密、用语规范。

第二十四条 农业农村部可以根据统一和规范全国农业行政执法裁量尺度的需要,针对特定的农业行政处罚事项制定自由裁量权基准。

县级以上地方人民政府农业农村主管部门应当根据法律、法规、规章以及农业农村部规定,制定本辖区农业行政处罚自由裁量权基准,明确裁量标准和适用条件,并向社会公开。

县级以上人民政府农业农村主管部门行使农业行政处罚自由裁量权,应当根据违法行为的事实、性质、情节、社会危害程度等,准确适用行政处罚种类和处罚幅度。

第二十五条 农业综合行政执法人员开展执法检查、调查取证、采取强制措施和强制执行、送达执法文书等执法时,应当主动出示执法证件,向当事人和相关人员表明身份,并按照规定要求统一着执法服装、佩戴农业执法标志。

第二十六条 农业农村部定期发布农业行政执法指导性案例，规范和统一全国农业综合行政执法法律适用。

县级以上人民政府农业农村主管部门应当及时发布辖区内农业行政执法典型案例，发挥警示和震慑作用。

第二十七条 农业综合行政执法机构应当坚持处罚与教育相结合，按照"谁执法谁普法"的要求，将法治宣传教育融入执法工作全过程。

县级农业综合行政执法人员应当采取包区包片等方式，与农村学法用法示范户建立联系机制。

第二十八条 农业综合行政执法人员依法履行法定职责受法律保护，非因法定事由、非经法定程序，不受处分。任何组织和个人不得阻挠、妨碍农业综合行政执法人员依法执行公务。

农业综合行政执法人员因故意或者重大过失，不履行或者违法履行行政执法职责，造成危害后果或者不良影响的，应当依法承担行政责任。

第二十九条 农业综合行政执法机构及其执法人员应当严格依照法律、法规、规章的要求进行执法，严格遵守下列规定：

（一）不准徇私枉法、庇护违法者；

（二）不准越权执法、违反程序办案；

（三）不准干扰市场主体正常经营活动；

（四）不准利用职务之便为自己和亲友牟利；

（五）不准执法随意、畸轻畸重、以罚代管；

（六）不准作风粗暴。

第四章 执法条件保障

第三十条 县级以上地方人民政府农业农村主管部门应当落实执法经费财政保障制度，将农业行政执法运行经费、执法装备建设经费、执法抽检经费、罚没物品保管处置经费等纳入部门预算，确保满足执法工作需要。

第三十一条 县级以上人民政府农业农村主管部门应当依托大数据、云计算、人工智能等信息技术手段，加强农业行政执法信息化建设，推进执法数据归集整合、互联互通。

农业综合行政执法机构应当充分利用已有执法信息系统和信息共享平台，全面推行掌上执法、移动执法，实现执法程序网上流转、执法活动网上监督、执法信息网上查询。

第三十二条 县级以上地方人民政府农业农村主管部门应当根据执法工作需要，为农业综合行政执法机构配置执法办公用房和问询室、调解室、听证室、物证室、罚没收缴扣押物品仓库等执法辅助用房。

第三十三条 县级以上地方人民政府农业农村主管部门应当按照党政机关公务用车管理办法、党政机关执法执勤用车配备使用管理办法等有关规定，结合本辖区农业行政执法实际，为农业综合行政执法机构合理配备农业行政执法执勤用车。

县级以上地方人民政府农业农村主管部门应当按照有关执法装备配备标准为农业综合

行政执法机构配备依法履职所需的基础装备、取证设备、应急设备和个人防护设备等执法装备。

第三十四条 县级以上地方人民政府农业农村主管部门内设或所属的农业综合行政执法机构中在编在职执法人员，统一配发农业综合行政执法制式服装和标志。

县级以上地方人民政府农业农村主管部门应当按照综合行政执法制式服装和标志管理办法及有关技术规范配发制式服装和标志，不得自行扩大着装范围和提高发放标准，不得改变制式服装和标志样式。

农业综合行政执法人员应当妥善保管制式服装和标志，辞职、调离或者被辞退、开除的，应当交回所有制式服装和帽徽、臂章、肩章等标志；退休的，应当交回帽徽、臂章、肩章等所有标志。

第三十五条 农业农村部制定、发布全国统一的农业综合行政执法标识。

县级以上地方人民政府农业农村主管部门应当按照农业农村部有关要求，规范使用执法标识，不得随意改变标识的内容、颜色、内部结构及比例。

农业综合行政执法标识所有权归农业农村部所有。未经许可，任何单位和个人不得擅自使用，不得将相同或者近似标识作为商标注册。

第五章 执法监督

第三十六条 上级农业农村部门应当对下级农业农村部门及其农业综合行政执法机构的行政执法工作情况进行监督，及时纠正违法或明显不当的行为。

第三十七条 属于社会影响重大、案情复杂或者可能涉及犯罪的重大违法案件，上级农业农村部门可以采取发函督办、挂牌督办、现场督办等方式，督促下级农业农村部门及其农业综合行政执法机构调查处理。接办案件的农业农村部门及其农业综合行政执法机构应当及时调查处置，并按要求反馈查处进展情况和结果。

第三十八条 县级以上人民政府农业农村主管部门应当建立健全行政执法文书和案卷评查制度，定期开展评查，发布评查结果。

第三十九条 县级以上地方人民政府农业农村主管部门应当定期对本单位农业综合行政执法工作情况进行考核评议。考核评议结果作为农业行政执法人员职级晋升、评优评先的重要依据。

第四十条 农业综合行政执法机构应当建立行政执法情况统计报送制度，按照农业农村部有关要求，于每年6月30日和12月31日前向本级农业农村主管部门和上一级农业综合行政执法机构报送半年、全年执法统计情况。

第四十一条 县级以上地方人民政府农业农村主管部门应当健全群众监督、舆论监督等社会监督机制，对人民群众举报投诉、新闻媒体曝光、有关部门移送的涉农违法案件及时回应，妥善处置。

第四十二条 鼓励县级以上地方人民政府农业农村主管部门会同财政、司法行政等有关部门建立重大违法行为举报奖励机制，结合本地实际对举报奖励范围、标准等予以具体规定，规范发放程序，做好全程监督。

第四十三条 县级以上人民政府农业农村主管部门应当建立领导干部干预执法活动、插手具体案件责任追究制度。

第四十四条 县级以上人民政府农业农村主管部门应当建立健全突发问题预警研判和应急处置机制，及时回应社会关切，提高风险防范及应对能力。

第六章 附 则

第四十五条 本办法自 2023 年 1 月 1 日起施行。

农业行政执法证件管理办法

中华人民共和国农业部令1998年第1号

（1998年10月15日农业部令第1号公布。）

第一条 为了加强农业行政执法证件管理，规范农业行政执法行为，保障和监督农业行政主管部门和执法人员依法行使职权，根据《农业行政处罚程序规定》及有关法律、法规的规定，制定本办法。

第二条 农业行政执法证件的申领、发放、使用和管理适用本办法。

第三条 农业行政执法证件为"中华人民共和国农业行政执法证"。

农业行政执法证是农业行政执法人员从事农业行政执法活动的统一有效证件。

第四条 本办法所称农业行政主管部门，是指履行种植业、畜牧业、渔业、农垦、乡镇企业、饲料工业和农业机械化等行政职能的机关。

本办法所称农业管理部门，是指县级以上人民政府农业行政主管部门，法律、法规授权的农业管理机构，以及县级以上人民政府农业行政主管部门依法委托的农业管理机构（含农业行政综合执法机构）。

第五条 县级以上农业管理部门的农业行政执法人员在执行公务时，应当出示或佩戴农业行政执法证。

农业行政执法人员应当在法律、法规和规章规定的职责范围内行使职权。

第六条 农业行政执法证由农业部统一制定，并负责监制。农业行政执法证加盖农业部执法证件专用章。

第七条 农业部法制工作机构负责农业行政执法证件的发放和管理工作。

部属的农业行政执法人员的执法证件，由农业部发放，具体工作由部法制工作机构组织实施。

省级以下（含省级，下同）农业管理部门农业行政执法人员的执法证件，由省级农业行政主管部门发放和管理，具体工作由其法制工作机构组织实施，并报农业部法制工作机构备案。

证件应当加盖发证机关印鉴。

第八条 在岗专职从事农业行政执法工作的人员申领农业行政执法证，应当具备下列条件：

（一）掌握必要的法律知识和专业知识，具有一定的工作经验；

（二）经过农业行政主管部门组织的行政执法培训并考试合格；

（三）公正廉洁，责任心强。

第九条 凡符合规定条件的农业行政执法人员，应当填写《农业行政执法人员审批表》（见附件2略），经本级农业行政主管部门签署意见后，报发证机关申请办理农业行政执法证件。

第十条 农业行政执法人员的培训和考试考核实行统一管理、分级组织的原则。部属的农业行政执法人员的培训和考试考核，由农业部法制工作机构负责组织；省级以下农业管理部门的农业行政执法人员的培训和考试考核，由省级农业行政主管部门法制工作机构负责组织。

农业部统一编制培训教学大纲和教材。省级农业行政主管部门应当根据农业部编制的教学大纲和教材，结合地方性法规和政府规章的规定组织编写培训辅导教材。

第十一条 持证人应当妥善保管农业行政执法证件，不得损毁或者转借他人。

第十二条 持证人丢失、毁损执法证件的，应当立即向所在单位报告，由所在单位报请发证机关注销，并公开声明作废，经发证机关审核后可补发新证。

第十三条 任何单位和个人不得伪造或倒买倒卖农业行政执法证件。

第十四条 农业行政执法证件实行审验制度，每两年审验一次。持证人所在单位应当于发证后的第二年的第四季度将持证人的农业行政执法证件及有关材料报发证机关，经审验合格的，由发证机关加盖验审印章。

发证机关对持证人的下列情况予以审验：

（一）持证人执法工作考核情况；

（二）持证人参加培训的情况；

（三）持证人执法违纪或重大执法过失的情况；

（四）持证人受奖励和处分的情况；

（五）发证机关规定的其他情况。

第十五条 持证人有下列情形之一的，由发证机关收回并注销农业行政执法证：

（一）调离农业行政执法岗位的；

（二）死亡的；

（三）退休的；

（四）辞去公职或者被开除公职的；

（五）审验不合格或者到期未经审验的；

（六）发证机关认为应当收回的。

第十六条 有下列行为之一，情节轻微的，由发证机关或者持证人所在单位给予批评教育；情节严重的，由有关行政机关给予行政处分，并由发证机关吊销农业行政执法证；构成犯罪的，由司法机关依法追究刑事责任：

（一）超越职权或者在非公务场所使用农业行政执法证的；

（二）利用农业行政执法证谋取私利，违法乱纪的；

（三）伪造或倒买倒卖农业行政执法证的；

（四）使用伪造的农业行政执法证的；

（五）冒用农业行政执法证的；

（六）其他违反证件管理规定的行为。

第十七条 本办法由农业部负责解释。

第十八条 本办法自发布之日起施行。

农业部行政许可网上投诉举报处理暂行办法

第一条 为全面推进依法行政，建设服务型政府，加强反腐倡廉建设，推进农业部行政许可网上投诉举报制度化、规范化，构建多渠道、多层次监督网络，切实维护人民群众的知情权、参与权、表达权和监督权，根据《中华人民共和国行政许可法》、《农业部实施行政许可责任追究规定》等相关规定，制定本办法。

第二条 行政许可网上投诉举报由办公厅、产业政策与法规司、驻部监察局联合督办。

（一）办公厅负责网上投诉举报信息受理和分办，以及网上投诉举报系统建设和管理，并协助产业政策与法规司、驻部监察局、各行政许可承办司局和直属单位处理有关投诉举报。

（二）产业政策与法规司负责网上投诉举报中有关违反许可实体和程序规定问题的核查和回复。

（三）驻部监察局负责网上投诉举报中有关违纪问题的核查和回复。

（四）各行政许可承办司局和直属单位负责网上投诉举报中有关行政许可实施过程发生问题的核查和回复。

信息中心负责网上投诉举报系统维护、更新和升级。

第三条 各司局和有关直属单位1名司局级领导负责行政许可投诉举报工作，综合处处长为联络员，并指定专人具体负责办理。

第四条 对投诉举报信息的处理，应当坚持依法行政、实事求是、公正公开和廉洁高效原则。

第五条 处理投诉举报信息时限为20个工作日。情况复杂的，经本单位负责人同意，可适当延长处理时限，但最多不超过15个工作日。

第六条 办公厅在对投诉举报信息汇总分类后，按照职责分工，及时通过投诉举报系统分送产业政策与法规司、驻部监察局、各行政许可承办司局和直属单位。

对非行政许可类的投诉举报信息，办公厅酌情转送相关单位，或退回投诉举报人并说明理由。

第七条 产业政策与法规司、驻部监察局、各行政许可承办司局和直属单位收到分办的投诉举报信息后，应及时组织核查。

第八条 各司局和有关直属单位应当积极支持和配合核查工作，并如实提供相关材料。

第九条 产业政策与法规司、驻部监察局、各行政许可承办司局和直属单位根据核查情况，提出答复意见，并录入投诉举报系统，同时通过电话、信函或电子邮件方式回复投诉举报人。

第十条 各司局和相关直属单位应当对投诉举报信息严格保密，维护投诉举报人合法权益。

第十一条 办公厅定期将行政许可投诉举报处理情况上报部领导，并通报有关单位。

第十二条 本办法由农业部办公厅负责解释。

第十三条 本办法自 2008 年 3 月 27 日起施行。

规范农业行政处罚自由裁量权办法

中华人民共和国农业农村部公告第 180 号

（2019 年 5 月 31 日农业农村部公告第 180 号公布，2022 年 1 月 7 日农业农村部令 2022 年第 1 号修订。）

第一条 为规范农业行政执法行为，保障农业农村主管部门合法、合理、适当地行使行政处罚自由裁量权，保护公民、法人和其他组织的合法权益，根据《中华人民共和国行政处罚法》以及国务院有关规定，制定本办法。

第二条 本办法所称农业行政处罚自由裁量权，是指农业农村主管部门在实施农业行政处罚时，根据法律、法规、规章的规定，综合考虑违法行为的事实、性质、情节、社会危害程度等因素，决定行政处罚种类及处罚幅度的权限。

第三条 农业农村主管部门制定行政处罚自由裁量基准和行使行政处罚自由裁量权，适用本办法。

第四条 行使行政处罚自由裁量权，应当符合法律、法规、规章的规定，遵循法定程序，保障行政相对人的合法权益。

第五条 行使行政处罚自由裁量权应当符合法律目的，排除不相关因素的干扰，所采取的措施和手段应当必要、适当。

第六条 行使行政处罚自由裁量权，应当以事实为依据，行政处罚的种类和幅度应当与违法行为的事实、性质、情节、社会危害程度相当，与违法行为发生地的经济社会发展水平相适应。

违法事实、性质、情节及社会危害后果等相同或相近的违法行为，同一行政区域行政处罚的种类和幅度应当基本一致。

第七条 农业农村部可以根据统一和规范全国农业行政执法裁量尺度的需要，针对特定的农业行政处罚事项制定自由裁量基准。

第八条 法律、法规、规章对行政处罚事项规定有自由裁量空间的，省级农业农村主管部门应当根据本办法结合本地区实际制定自由裁量基准，明确处罚裁量标准和适用条件，供本地区农业农村主管部门实施行政处罚时参照执行。

市、县级农业农村主管部门可以在省级农业农村主管部门制定的行政处罚自由裁量基准范围内，结合本地实际对处罚裁量标准和适用条件进行细化和量化。

第九条 农业农村主管部门应当依据法律、法规、规章制修订情况、上级主管部门制定的行政处罚自由裁量权适用规则的变化以及执法工作实际，及时修订完善本部门的行政处罚自由裁量基准。

第十条 制定行政处罚自由裁量基准，应当遵守以下规定：

（一）法律、法规、规章规定可以选择是否给予行政处罚的，应当明确是否给予行政

处罚的具体裁量标准和适用条件;

(二) 法律、法规、规章规定可以选择行政处罚种类的,应当明确适用不同种类行政处罚的具体裁量标准和适用条件;

(三) 法律、法规、规章规定可以选择行政处罚幅度的,应当根据违法事实、性质、情节、社会危害程度等因素确定具体裁量标准和适用条件;

(四) 法律、法规、规章规定可以单处也可以并处行政处罚的,应当明确单处或者并处行政处罚的具体裁量标准和适用条件。

第十一条 法律、法规、规章设定的罚款数额有一定幅度的,在相应的幅度范围内分为从重处罚、一般处罚、从轻处罚。除法律、法规、规章另有规定外,罚款处罚的数额按照以下标准确定:

(一) 罚款为一定幅度的数额,并同时规定了最低罚款数额和最高罚款数额的,从轻处罚应低于最高罚款数额与最低罚款数额的中间值,从重处罚应高于中间值;

(二) 只规定了最高罚款数额未规定最低罚款数额的,从轻处罚一般按最高罚款数额的百分之三十以下确定,一般处罚按最高罚款数额的百分三十以上百分之六十以下确定,从重处罚应高于最高罚款数额的百分之六十;

(三) 罚款为一定金额的倍数,并同时规定了最低罚款倍数和最高罚款倍数的,从轻处罚应低于最低罚款倍数和最高罚款倍数的中间倍数,从重处罚应高于中间倍数;

(四) 只规定最高罚款倍数未规定最低罚款倍数的,从轻处罚一般按最高罚款倍数的百分之三十以下确定,一般处罚按最高罚款倍数的百分之三十以上百分之六十以下确定,从重处罚应高于最高罚款倍数的百分之六十。

第十二条 同时具有两个以上从重情节、且不具有从轻情节的,应当在违法行为对应的处罚幅度内按最高档次实施处罚。

同时具有两个以上从轻情节、且不具有从重情节的,应当在违法行为对应的处罚幅度内按最低档次实施处罚。

同时具有从重和从轻情节的,应当根据违法行为的性质和主要情节确定对应的处罚幅度,综合考虑后实施处罚。

第十三条 有下列情形之一的,农业农村主管部门依法不予处罚:

(一) 未满14周岁的未成年人实施违法行为的;

(二) 精神病人、智力残疾人在不能辨认或者控制自己行为时实施违法行为的;

(三) 违法事实不清,证据不足的;

(四) 违法行为轻微并及时纠正,未造成危害后果的;

(五) 违法行为在两年内未被发现的;涉及公民生命健康安全、金融安全且有危害后果的,上述期限延长至五年。法律另有规定的除外;

(六) 其他依法不予处罚的。

第十四条 有下列情形之一的,农业农村主管部门依法从轻或减轻处罚:

(一) 已满14周岁不满18周岁的未成年人实施违法行为的;

(二) 主动消除或减轻违法行为危害后果的;

(三) 受他人胁迫或者诱骗实施违法行为的;

(四) 主动供述行政机关尚未掌握的违法行为的;

（五）配合行政机关查处违法行为有立功表现的；
（六）其他依法应当从轻或减轻处罚的。

第十五条 有下列情形之一的，农业农村主管部门依法从重处罚：
（一）违法情节恶劣，造成严重危害后果的；
（二）责令改正拒不改正，或者一年内实施两次以上同种违法行为的；
（三）妨碍、阻挠或者抗拒执法人员依法调查、处理其违法行为的；
（四）故意转移、隐匿、毁坏或伪造证据，或者对举报投诉人、证人打击报复的；
（五）在共同违法行为中起主要作用的；
（六）胁迫、诱骗或教唆未成年人实施违法行为的；
（七）其他依法应当从重处罚的。

第十六条 给予减轻处罚的，依法在法定行政处罚的最低限度以下作出。

第十七条 农业农村主管部门行使行政处罚自由裁量权，应当充分听取当事人的陈述、申辩，并记录在案。按照一般程序作出的农业行政处罚决定，应当经农业农村主管部门法制工作机构审核；对情节复杂或者重大违法行为给予较重的行政处罚的，还应当经农业农村主管部门负责人集体讨论决定，并在案卷讨论记录和行政处罚决定书中说明理由。

第十八条 行使行政处罚自由裁量权，应当坚持处罚与教育相结合、执法与普法相结合，将普法宣传融入行政执法全过程，教育和引导公民、法人或者其他组织知法学法、自觉守法。

第十九条 农业农村主管部门应当加强农业执法典型案例的收集、整理、研究和发布工作，建立农业行政执法案例库，充分发挥典型案例在指导和规范行政处罚自由裁量权工作中的引导、规范功能。

第二十条 农业农村主管部门行使行政处罚自由裁量权，不得有下列情形：
（一）违法行为的事实、性质、情节以及社会危害程度与受到的行政处罚相比，畸轻或者畸重的；
（二）在同一时期同类案件中，不同当事人的违法行为相同或者相近，所受行政处罚差别较大的；
（三）依法应当不予行政处罚或者应当从轻、减轻行政处罚的，给予处罚或未从轻、减轻行政处罚的；
（四）其他滥用行政处罚自由裁量权情形的。

第二十一条 各级农业农村主管部门应当建立健全规范农业行政处罚自由裁量权的监督制度，通过以下方式加强对本行政区域内农业农村主管部门行使自由裁量权情况的监督：
（一）行政处罚决定法制审核；
（二）开展行政执法评议考核；
（三）开展行政处罚案卷评查；
（四）受理行政执法投诉举报；
（五）法律、法规和规章规定的其他方式。

第二十二条 农业行政执法人员滥用行政处罚自由裁量权的，依法追究其行政责任。

涉嫌违纪、犯罪的，移交纪检监察机关、司法机关依法依规处理。

第二十三条 县级以上地方人民政府农业农村主管部门制定的行政处罚自由裁量权基准，应当及时向社会公开。

第二十四条 本办法自 2019 年 6 月 1 日起施行。

农业农村部关于印发《农业综合行政执法事项指导目录（2020年版）》的通知

农法发〔2020〕2号

各省、自治区、直辖市人民政府：

根据深化党和国家机构改革有关安排部署，为贯彻落实《国务院办公厅关于农业综合行政执法有关事项的通知》（国办函〔2020〕34号）要求，扎实推进农业综合行政执法改革，经国务院批准，现将《农业综合行政执法事项指导目录（2020年版）》及说明印发给你们，请认真贯彻执行。

附件：农业综合行政执法事项指导目录（2020年版）及说明

农业农村部
2020年5月27日

抄送：中央编办，国务院有关部门，各计划单列市人民政府，新疆生产建设兵团。

附件

农业综合行政执法事项指导目录（2020年版）（节选）

序号	事项名称	职权类型	实施依据	实施主体	
				法定实施主体	第一责任层级建议
46	对提供虚假资料、样品或采取其他欺骗方式取得许可证明文件的行政处罚	行政处罚	《饲料和饲料添加剂管理条例》第三十六条：提供虚假资料、样品或者采取其他欺骗方式取得许可文件的，由发证机关撤销相关许可证明文件，处五万以上10万以下罚款，申请人3年内不得就同一事项申请行政许可。以欺骗方式取得证明文件给他人造成损失的，依法承担赔偿责任。	农业农村主管部门	国务院主管部门或省级

(续表)

序号	事项名称	职权类型	实施依据	实施主体	
				法定实施主体	第一责任层级建议
47	对假冒、伪造或者买卖许可证明文件的行政处罚	行政处罚	《饲料和饲料添加剂管理条例》第三十七条：假冒、伪造或者买卖许可证明文件的，由国务院农业行政主管部门或者县级以上地方人民政府饲料管理部门按照职责权限收缴或者吊销、撤销相关许可证明文件；构成犯罪的，依法追究刑事责任。	农业农村主管部门	国务院主管部门或者设区的市或县级
48	对未取得生产许可证生产饲料、饲料添加剂的行政处罚	行政处罚	1.《饲料和饲料添加剂管理条例》第三十八条第一款：未取得生产许可证生产饲料、饲料添加剂的，由县级以上地方人民政府饲料管理部门责令停止生产，没收违法所得、违法生产的产品和用于违法生产饲料的饲料原料、单一饲料、饲料添加剂、药物饲料添加剂、添加剂预混合饲料以及用于违法生产饲料添加剂的原料，违法生产的产品货值金额不足1万元的，并处1万元以上5万元以下罚款；货值金额1万元以上的，并处货值金额5倍以上10倍以下罚款；情节严重的，没收其生产设备，生产企业的主要负责人和直接负责的主管人员10年内不得从事饲料、饲料添加剂生产、经营活动。 2.《宠物饲料管理办法》第十七条：未取得饲料生产许可证生产宠物配合饲料、宠物添加剂预混合饲料的，依据《饲料和饲料添加剂管理条例》第三十八条进行处罚。 3.《饲料和饲料添加剂生产许可管理办法》第二十条：饲料、饲料添加剂生产企业有下列情形之一的，依照《饲料和饲料添加剂管理条例》第三十八条处罚：（一）超出许可范围生产饲料、饲料添加剂的；（二）生产许可证有效期届满后，未依法续展继续生产饲料、饲料添加剂的。	农业农村主管部门	设区的市或县级
49	对已经取得生产许可证，但不再具备规定的条件而继续生产饲料、饲料添加剂的行政处罚	行政处罚	《饲料和饲料添加剂管理条例》第十四条：设立饲料、饲料添加剂生产企业，应当符合饲料工业发展规划和产业政策，并具备下列条件：（一）有与生产饲料、饲料添加剂相适应的厂房、设备和仓储设施；（二）有与生产饲料、饲料添加剂相适应的专职技术人员；（三）有必要的产品质量检验机构、人员、设备和质量管理制度；（四）有符合国家规定的安全、卫生要求的生产环境；（五）有符合国家环境保护要求的污染防治措施；（六）国务院农业行政主管部门制定的饲料、饲料添加剂质量安全管理规范规定的其他条件。 第三十八条第二款：已经取得生产许可证，但不再具备本条例第十四条规定的条件而继续生产饲料、饲料添加剂的，由县级以上地方人民政府饲料管理部门责令停止生产、限期改正，并处1万元以上5万元以下罚款；逾期不改正的，由发证机关吊销生产许可证。	农业农村主管部门	设区的市或县级

（续表）

序号	事项名称	职权类型	实施依据	实施主体 法定实施主体	实施主体 第一责任层级建议
50	对已经取得生产许可证，但未按照规定取得产品批准文号而生产饲料添加剂的行政处罚	行政处罚	1.《饲料和饲料添加剂管理条例》第三十八条第三款：已经取得生产许可证，但未取得产品批准文号而生产饲料添加剂、添加剂预混合饲料的，由县级以上地方人民政府饲料管理部门责令停止生产，没收违法所得、违法生产的产品和用于违法生产饲料的饲料原料、单一饲料、饲料添加剂、药物饲料添加剂以及用于违法生产饲料添加剂的原料，限期补办产品批准文号，并处违法生产的产品货值金额1倍以上3倍以下罚款；情节严重的，由发证机关吊销生产许可证。 2.《饲料添加剂和添加剂预混合饲料产品批准文号管理办法》第十七条第一款：饲料添加剂、添加剂预混合饲料生产企业违反本办法规定，向定制企业以外的其他饲料、饲料添加剂生产企业、经营者或养殖者销售定制产品的，依照《饲料和饲料添加剂管理条例》第三十八条处罚。 3.《国务院关于取消和下放一批行政许可事项的决定》（国发〔2019〕6号）附件1《国务院决定取消的行政许可事项目录》第18项：饲料添加剂预混合饲料、混合型饲料添加剂产品批准文号核发。	农业农村主管部门	设区的市或县级
51	对饲料、饲料添加剂生产企业不遵守规定使用限制使用的饲料原料、单一饲料、饲料添加剂、药物饲料添加剂、添加剂预混合饲料生产饲料等行为的行政处罚	行政处罚	《饲料和饲料添加剂管理条例》第三十九条：饲料、饲料添加剂生产企业有下列行为之一的，由县级以上地方人民政府饲料管理部门责令改正，没收违法所得、违法生产的产品和用于违法生产饲料的饲料原料、单一饲料、饲料添加剂、药物饲料添加剂、添加剂预混合饲料以及用于违法生产饲料添加剂的原料，违法生产的产品货值金额不足1万元的，并处1万元以上5万元以下罚款，货值金额1万元以上的，并处货值金额5倍以上10倍以下罚款；情节严重的，由发证机关吊销、撤销相关许可证明文件，生产企业的主要负责人和直接负责的主管人员10年内不得从事饲料、饲料添加剂生产、经营活动；构成犯罪的，依法追究刑事责任：（一）使用限制使用的饲料原料、单一饲料、饲料添加剂、药物饲料添加剂、添加剂预混合饲料生产饲料，不遵守国务院农业行政主管部门的限制性规定的；（二）使用国务院农业行政主管部门公布的饲料原料目录、饲料添加剂品种目录和药物饲料添加剂品种目录以外的物质生产饲料的；（三）生产未取得新饲料、新饲料添加剂证书的新饲料、新饲料添加剂或者禁用的饲料、饲料添加剂的。	农业农村主管部门	设区的市或县级

（续表）

序号	事项名称	职权类型	实施依据	实施主体 法定实施主体	实施主体 第一责任层级建议
52	对饲料、饲料添加剂生产企业不按规定和有关标准对采购的饲料原料、单一饲料、饲料添加剂、药物饲料添加剂、添加剂预混合饲料和用于饲料添加剂生产的原料进行查验或者检验等行为的行政处罚	行政处罚	《饲料和饲料添加剂管理条例》第四十条：饲料、饲料添加剂生产企业有下列行为之一的，由县级以上地方人民政府饲料管理部门责令改正，处1万元以上2万元以下罚款；拒不改正的，没收违法所得、违法生产的产品和用于违法生产饲料的饲料原料、单一饲料、饲料添加剂、药物饲料添加剂、添加剂预混合饲料以及用于违法生产饲料添加剂的原料，并处5万元以上10万元以下罚款；情节严重的，责令停止生产，可以由发证机关吊销、撤销相关许可证明文件：（一）不按照国务院农业行政主管部门的规定和有关标准对采购的饲料原料、单一饲料、饲料添加剂、药物饲料添加剂、添加剂预混合饲料和用于饲料添加剂生产的原料进行查验或者检验的；（二）饲料、饲料添加剂生产过程中不遵守国务院农业行政主管部门制定的饲料、饲料添加剂质量安全管理规范和饲料添加剂安全使用规范的；（三）生产的饲料、饲料添加剂未经产品质量检验的。	农业农村主管部门	设区的市或县级
53	对饲料、饲料添加剂生产企业不依照规定实行采购、生产、销售记录制度或者产品留样观察制度的行政处罚	行政处罚	《饲料和饲料添加剂管理条例》第四十一条第一款：饲料、饲料添加剂生产企业不依本条例规定实行采购、生产、销售记录制度或者产品留样观察制度的，由县级以上地方人民政府饲料管理部门责令改正，处1万元以上2万元以下罚款；拒不改正的，没收违法所得、违法生产的产品和用于违法生产饲料的饲料原料、单一饲料、饲料添加剂、药物饲料添加剂、添加剂预混合饲料以及用于违法生产饲料添加剂的原料，处2万元以上5万元以下罚款，并可以由发证机关吊销、撤销相关许可证明文件。	农业农村主管部门	设区的市或县级
54	对饲料、饲料添加剂生产企业销售未附具产品质量检验合格证或者包装、标签不符合规定的饲料、饲料添加剂的行政处罚	行政处罚	《饲料和饲料添加剂管理条例》第四十一条第二款：饲料、饲料添加剂生产企业销售的饲料、饲料添加剂未附具产品质量检验合格证或者包装、标签不符合规定的，由县级以上地方人民政府饲料管理部门责令改正；情节严重的，没收违法所得和违法销售的产品，可以处违法销售的产品货值金额30%以下罚款。	农业农村主管部门	设区的市或县级

(续表)

序号	事项名称	职权类型	实施依据	实施主体 法定实施主体	实施主体 第一责任层级建议
55	对不符合规定条件经营饲料、饲料添加剂的行政处罚	行政处罚	《饲料和饲料添加剂管理条例》 第二十二条：饲料、饲料添加剂经营者应当符合下列条件：（一）有与经营饲料、饲料添加剂相适应的经营场所和仓储设施；（二）有具备饲料、饲料添加剂使用、贮存等知识的技术人员；（三）有必要的产品质量管理和安全管理制度。 第四十二条：不符合本条例第二十二条规定的条件经营饲料、饲料添加剂的，由县级人民政府饲料管理部门责令限期改正；逾期不改正的，没收违法所得和违法经营的产品，违法经营的产品货值金额不足1万元的，并处2 000元以上2万元以下罚款，货值金额1万元以上的，并处货值金额2倍以上5倍以下罚款；情节严重的，责令停止经营，并通知工商行政管理部门，由工商行政管理部门吊销营业执照。	农业农村主管部门	县级
56	经营者对饲料、饲料添加剂进行再加工或者添加物质等行为的行政处罚	行政处罚	1.《饲料和饲料添加剂管理条例》 第四十三条：饲料、饲料添加剂经营者有下列行为之一的，由县级人民政府饲料管理部门责令改正，没收违法所得和违法经营的产品，违法经营的产品货值金额不足1万元的，并处2 000元以上2万元以下罚款，货值金额1万元以上的，并处货值金额2倍以上5倍以下罚款；情节严重的，责令停止经营，并通知工商行政管理部门，由工商行政管理部门吊销营业执照；构成犯罪的，依法追究刑事责任：（一）对饲料、饲料添加剂进行再加工或者添加物质的；（二）经营无产品标签、无生产许可证、无产品质量检验合格证的饲料、饲料添加剂的；（三）经营无产品批准文号的饲料添加剂、添加剂预混合饲料的；（四）经营用国务院农业行政主管部门公布的饲料原料目录、饲料添加剂品种目录和药物饲料添加剂品种目录以外的物质生产的饲料的；（五）经营未取得新饲料、新饲料添加剂证书的新饲料、新饲料添加剂或者未取得饲料、饲料添加剂进口登记证的进口饲料、进口饲料添加剂以及禁用的饲料、饲料添加剂的。 2.《饲料添加剂和添加剂预混合饲料产品批准文号管理办法》 第十七条第二款：定制企业违反本办法规定，向其他饲料、饲料添加剂生产企业、经营者和养殖者销售定制产品的，依照《饲料和饲料添加剂管理条例》第四十三条处罚。 3.《国务院关于取消和下放一批行政许可事项的决定》（国发〔2019〕6号） 附件1《国务院决定取消的行政许可事项目录》第18项：饲料添加剂预混合饲料、混合型饲料添加剂产品批准文号核发。	农业农村主管部门	县级

(续表)

序号	事项名称	职权类型	实施依据	实施主体 法定实施主体	实施主体 第一责任层级建议
57	经营者对饲料、饲料添加剂进行拆包、分装等行为的行政处罚	行政处罚	《饲料和饲料添加剂管理条例》第四十四条：饲料、饲料添加剂经营者有下列行为之一的，由县级人民政府饲料管理部门责令改正，没收违法所得和违法经营的产品，并处 2 000 元以上 1 万元以下罚款：（一）对饲料、饲料添加剂进行拆包、分装的；（二）不依照本条例规定实行产品购销台账制度的；（三）经营的饲料、饲料添加剂失效、霉变或者超过保质期的。	农业农村主管部门	县级
58	对饲料和饲料添加剂生产企业发现问题产品不主动召回的行政处罚	行政处罚	《饲料和饲料添加剂管理条例》第二十八条第一款：饲料、饲料添加剂生产企业发现其生产的饲料、饲料添加剂对养殖动物、人体健康有害或者存在其他安全隐患的，应当立即停止生产，通知经营者、使用者，向饲料管理部门报告，主动召回产品，并记录召回和通知情况。召回的产品应当在饲料管理部门监督下予以无害化处理或者销毁。第四十五条第一款：对本条例第二十八条规定的饲料、饲料添加剂，生产企业不主动召回的，由县级以上地方人民政府饲料管理部门责令召回，并监督生产企业对召回的产品予以无害化处理或者销毁；情节严重的，没收违法所得，并处应召回的产品货值金额1倍以上3倍以下罚款，可以由发证机关吊销、撤销相关许可证明文件；生产企业对召回的产品不予以无害化处理或者销毁的，由县级人民政府饲料管理部门代为销毁，所需费用由生产企业承担。	农业农村主管部门	设区的市或县级
59	对饲料、饲料添加剂经营者发现问题产品不停止销售的行政处罚	行政处罚	《饲料和饲料添加剂管理条例》第二十八条第二款：饲料、饲料添加剂经营者发现其销售的饲料、饲料添加剂具有前款规定情形的，应当立即停止销售，通知生产企业、供货者和使用者，向饲料管理部门报告，并记录通知情况。第四十五条第二款：对本条例第二十八条规定的饲料、饲料添加剂，经营者不停止销售的，由县级以上地方人民政府饲料管理部门责令停止销售；拒不停止销售的，没收违法所得，处 1 000 元以上 5 万元以下罚款；情节严重的，责令停止经营，并通知工商行政管理部门，由工商行政管理部门吊销营业执照。	农业农村主管部门	设区的市或县级

（续表）

序号	事项名称	职权类型	实施依据	实施主体	
				法定实施主体	第一责任层级建议
60	对在生产、经营过程中，以非饲料、非饲料添加剂冒充饲料、饲料添加剂或者以此种饲料、饲料添加剂冒充他种饲料、饲料添加剂等行为的行政处罚	行政处罚	《饲料和饲料添加剂管理条例》 第四十六条：饲料、饲料添加剂生产企业、经营者有下列行为之一的，由县级以上地方人民政府饲料管理部门责令停止生产、经营，没收违法所得和违法生产、经营的产品，违法生产、经营的产品货值金额不足1万元的，并处2 000元以上2万元以下罚款，货值金额1万元以上的，并处货值金额2倍以上5倍以下罚款；构成犯罪的，依法追究刑事责任：（一）在生产、经营过程中，以非饲料、非饲料添加剂冒充饲料、饲料添加剂或者以此种饲料、饲料添加剂冒充他种饲料、饲料添加剂的；（二）生产、经营无产品质量标准或者不符合产品质量标准的饲料、饲料添加剂的；（三）生产、经营的饲料、饲料添加剂与标签标示的内容不一致的。 饲料、饲料添加剂生产企业有前款规定的行为，情节严重的，由发证机关吊销、撤销相关许可证明文件；饲料、饲料添加剂经营者有前款规定的行为，情节严重的，通知工商行政管理部门，由工商行政管理部门吊销营业执照。	农业农村主管部门	设区的市或县级
61	对养殖者使用未取得新饲料、新饲料添加剂证书的新饲料、新饲料添加剂或者未取得饲料、饲料添加剂进口登记证的进口饲料、进口饲料添加剂等行为的行政处罚	行政处罚	1.《饲料和饲料添加剂管理条例》 第四十七条第一款：养殖者有下列行为之一的，由县级人民政府饲料管理部门没收违法使用的产品和非法添加物质，对单位处1万元以上5万元以下罚款，对个人处5 000元以下罚款；构成犯罪的，依法追究刑事责任：（一）使用未取得新饲料、新饲料添加剂证书的新饲料、新饲料添加剂或者未取得饲料、饲料添加剂进口登记证的进口饲料、进口饲料添加剂的；（二）使用无产品标签、无生产许可证、无产品质量标准、无产品质量检验合格证的饲料、饲料添加剂的；（三）使用无产品批准文号的饲料添加剂、添加剂预混合饲料的；（四）在饲料或者动物饮用水中添加饲料添加剂，不遵守国务院农业行政主管部门制定的饲料添加剂安全使用规范的；（五）使用自行配制的饲料，不遵守国务院农业行政主管部门制定的自行配制饲料使用规范的；（六）使用限制使用的物质养殖动物，不遵守国务院农业行政主管部门的限制性规定的；（七）在反刍动物饲料中添加乳和乳制品以外的动物源性成分的。 2.《国务院关于取消和下放一批行政许可事项的决定》（国发〔2019〕6号） 附件1《国务院决定取消的行政许可事项目录》第18项：饲料添加剂预混合饲料、混合型饲料添加剂产品批准文号核发。	农业农村主管部门	县级

(续表)

序号	事项名称	职权类型	实施依据	实施主体	
				法定实施主体	第一责任层级建议
62	对养殖者在饲料或者动物饮用水中添加国务院农业行政主管部门公布禁用的物质以及对人体具有直接或者潜在危害的其他物质，或者直接使用上述物质养殖动物的行政处罚	行政处罚	《饲料和饲料添加剂管理条例》第四十七条第二款：在饲料或者动物饮用水中添加国务院农业行政主管部门公布禁用的物质以及对人体具有直接或者潜在危害的其他物质，或者直接使用上述物质养殖动物的，由县级以上地方人民政府饲料管理部门责令其对饲喂了违禁物质的动物进行无害化处理，处3万元以上10万元以下罚款；构成犯罪的，依法追究刑事责任。	农业农村主管部门	设区的市或县级
63	对养殖者对外提供自行配制的饲料的行政处罚	行政处罚	《饲料和饲料添加剂管理条例》第四十八条：养殖者对外提供自行配制的饲料的，由县级人民政府饲料管理部门责令改正，处2 000元以上2万元以下罚款。	农业农村主管部门	县级
241	对有证据证明用于违法生产饲料的饲料原料、单一饲料、饲料添加剂、药物饲料添加剂、添加剂预混合饲料等的行政强制	行政强制	《饲料和饲料添加剂管理条例》第三十四条第三、四项：国务院农业行政主管部门和县级以上地方人民政府饲料管理部门在监督检查中可以采取下列措施：（三）查封、扣押有证据证明用于违法生产饲料的饲料原料、单一饲料、饲料添加剂、药物饲料添加剂、添加剂预混合饲料，用于违法生产饲料添加剂的原料，用于违法生产饲料、饲料添加剂的工具、设施，违法生产、经营、使用的饲料、饲料添加剂；（四）查封违法生产、经营饲料、饲料添加剂的场所。	农业农村主管部门	国务院主管部门或者设区的市或县级

《农业综合行政执法事项指导目录（2020年版）》说明

一、关于主要内容。《农业综合行政执法事项指导目录（2020年版）》（以下简称《指导目录》）主要梳理规范了农业综合行政执法的事项名称、职权类型、实施依据、实施主体（包括责任部门、第一责任层级建议）。各地可根据法律法规立改废释和地方立法等情况，进行补充、细化和完善，进一步明确行政执法事项的责任主体，研究细化执法事项的工作程序、规则、自由裁量标准等，严格规范公正文明执法。

二、关于梳理范围。《指导目录》主要梳理的是农业农村领域现行有效的法律、行政法规设定的行政处罚和行政强制事项，以及部门规章设定的警告、罚款的行政处罚事项。不包括地方性法规规章设定的行政处罚和行政强制事项。以后将按程序进行动态调整。

三、关于事项确定。一是为避免法律、行政法规和部门规章相关条款在实施依据中多次重复援引，原则上按法律、行政法规和部门规章的"条"或"款"来确定为一个事项。二是对"条"或"款"中罗列的多项具体违法情形，原则上不再拆分为多个事项；但罗列的违法情形涉及援引其他法律、行政法规和部门规章条款的，单独作为一个事项列出。三是部门规章在法律、行政法规规定的给予行政处罚的行为、种类和幅度范围内做出的具体规定，在实施依据中列出，不再另外单列事项。四是同一法律行政法规条款同时包含行政处罚、行政强制事项的，分别作为一个事项列出。

四、关于事项名称。一是列入《指导目录》的行政处罚、行政强制事项名称，原则上根据设定该事项的法律、行政法规和部门规章条款内容进行概括提炼，统一规范为"对××行为的行政处罚（行政强制）"。二是部分涉及多种违法情形、难以概括提炼的，以罗列的多种违法情形中的第一项为代表，统一规范为"对××等行为的行政处罚（行政强制）"。

五、关于实施依据。一是对列入《指导目录》的行政处罚、行政强制事项，按照完整、清晰、准确的原则，列出设定该事项的法律、行政法规和部门规章的具体条款内容。二是被援引的法律、行政法规和部门规章条款已作修订的，只列入修订后对应的条款。

六、关于实施主体。一是根据全国人大常委会《关于国务院机构改革涉及法律规定的行政机关职责调整问题的决定》和国务院《关于国务院机构改革涉及行政法规规定的行政机关职责调整问题的决定》，现行法律行政法规规定的行政机关职责和工作，机构改革方案确定由组建后的行政机关或者划入职责的行政机关承担的，在有关法律行政法规规定尚未修改之前，调整适用有关法律行政法规规定，由组建后的行政机关或者划入职责的行政机关承担；相关职责尚未调整到位之前，由原承担该职责和工作的行政机关继续承担；地方各级行政机关承担法律行政法规规定的职责和工作需要进行调整的，按照上述原则执行。二是法律行政法规规定的实施主体所称"县级以上××主管部门""××主管部门"，指的是县级以上依据"三定"规定承担该项行政处罚和行政强制职责的部门。三是根据《深化党和国家机构改革方案》关于推进农业综合行政执法的改革精神，对列入《指导目录》行政执法事项的实施主体统一规范"农业农村主管部门"。地方需要对部分事项的实施主体作出调整的，可结合部门"三定"规定作出具体规定，依法按程序报同级党委和政府决定。四是《指导目录》中的渔业行政执法事项，涉及在公海履行我国批准的国际公约、条约、协定等规定的渔业监管，机动渔船底拖网禁渔区线外侧、特定渔业资源渔场的渔业和水生野生动物保护执法检查与处罚由中国海警局依据部门"三定"规定实施。

七、关于第一责任层级建议。一是明确"第一责任层级建议"，主要是按照有权必有责、有责要担当、失责必追究的原则，把查处违法行为的第一管辖和第一责任压实，不排斥上级主管部门对违法行为的管辖权和处罚权。必要时，上级主管部门可以按程序对重大案件和跨区域案件实施直接管辖，或进行监督指导和组织协调。二是根据党的十九届三中全会关于"减少执法层级，推动执法力量下沉"的精神和落实属地化监管责任的要求，对法定实施主体为"县级以上××主管部门"或"××主管部门"的，原则上明确"第一责任层级建议"为"设区的市或县级"。各地可在此基础上，区分不同事项和不同管理体制，结合实际具体明晰行政执法事项的第一管辖和第一责任主体。三是对于吊销行政许可等特定种类处罚，原则上由地方明确的第一管辖和第一责任主体进行调查取证后提出处罚建议，按照行政许可法规定转发证机关或者其上级行政机关落实。四是法定实施主体为"国务院××主管部门""省级××主管部门"和"县级人民政府××主管部门"的，原则上明确"第一责任层级建议"为"国务院主管部门""省级"和"县级"。

农产品质量安全监测管理办法

中华人民共和国农业部令 2012 年第 7 号

（2012 年 8 月 14 日农业部令 2012 年第 7 号公布，2022 年 1 月 7 日农业农村部 2022 年第 1 号修订。）

第一章 总 则

第一条 为加强农产品质量安全管理，规范农产品质量安全监测工作，根据《中华人民共和国农产品质量安全法》、《中华人民共和国食品安全法》和《中华人民共和国食品安全法实施条例》，制定本办法。

第二条 县级以上人民政府农业农村主管部门开展农产品质量安全监测工作，应当遵守本办法。

第三条 农产品质量安全监测，包括农产品质量安全风险监测和农产品质量安全监督抽查。

农产品质量安全风险监测，是指为了掌握农产品质量安全状况和开展农产品质量安全风险评估，系统和持续地对影响农产品质量安全的有害因素进行检验、分析和评价的活动，包括农产品质量安全例行监测、普查和专项监测等内容。

农产品质量安全监督抽查，是指为了监督农产品质量安全，依法对生产中或市场上销售的农产品进行抽样检测的活动。

第四条 农业农村部根据农产品质量安全风险评估、农产品质量安全监督管理等工作需要，制定全国农产品质量安全监测计划并组织实施。

县级以上地方人民政府农业农村主管部门应当根据全国农产品质量安全监测计划和本行政区域的实际情况，制定本级农产品质量安全监测计划并组织实施。

第五条 农产品质量安全检测工作，由符合《中华人民共和国农产品质量安全法》第三十五条规定条件的检测机构承担。

县级以上人民政府农业农村主管部门应当加强农产品质量安全检测机构建设，提升其检测能力。

第六条 农业农村部统一管理全国农产品质量安全监测数据和信息，并指定机构建立国家农产品质量安全监测数据库和信息管理平台，承担全国农产品质量安全监测数据和信息的采集、整理、综合分析、结果上报等工作。

县级以上地方人民政府农业农村主管部门负责管理本行政区域内的农产品质量安全监测数据和信息。鼓励县级以上地方人民政府农业农村主管部门建立本行政区域的农产品质量安全监测数据库。

第七条 县级以上人民政府农业农村主管部门应当将农产品质量安全监测工作经费列

入本部门财政预算，保证监测工作的正常开展。

第二章　风险监测

第八条　农产品质量安全风险监测应当定期开展。根据农产品质量安全监管需要，可以随时开展专项风险监测。

第九条　省级以上人民政府农业农村主管部门应当根据农产品质量安全风险监测工作的需要，制定并实施农产品质量安全风险监测网络建设规划，建立健全农产品质量安全风险监测网络。

第十条　县级以上人民政府农业农村主管部门根据监测计划向承担农产品质量安全监测工作的机构下达工作任务。接受任务的机构应当根据农产品质量安全监测计划编制工作方案，并报下达监测任务的农业农村主管部门备案。

工作方案应当包括下列内容：

（一）监测任务分工，明确具体承担抽样、检测、结果汇总等的机构；

（二）各机构承担的具体监测内容，包括样品种类、来源、数量、检测项目等；

（三）样品的封装、传递及保存条件；

（四）任务下达部门指定的抽样方法、检测方法及判定依据；

（五）监测完成时间及结果报送日期。

第十一条　县级以上人民政府农业农村主管部门应当根据农产品质量安全风险隐患分布及变化情况，适时调整监测品种、监测区域、监测参数和监测频率。

第十二条　农产品质量安全风险监测抽样应当采取符合统计学要求的抽样方法，确保样品的代表性。

第十三条　农产品质量安全风险监测应当按照公布的标准方法检测。没有标准方法的可以采用非标准方法，但应当遵循先进技术手段与成熟技术相结合的原则，并经方法学研究确认和专家组认定。

第十四条　承担农产品质量安全监测任务的机构应当按要求向下达任务的农业农村主管部门报送监测数据和分析结果。

第十五条　省级以上人民政府农业农村主管部门应当建立风险监测形势会商制度，对风险监测结果进行会商分析，查找问题原因，研究监管措施。

第十六条　县级以上地方人民政府农业农村主管部门应当及时向上级农业农村主管部门报送监测数据和分析结果，并向同级食品安全委员会办公室、卫生行政、市场监督管理等有关部门通报。

农业农村部及时向国务院食品安全委员会办公室和卫生行政、市场监督管理等有关部门及各省、自治区、直辖市、计划单列市人民政府农业农村主管部门通报监测结果。

第十七条　县级以上人民政府农业农村主管部门应当按照法定权限和程序发布农产品质量安全监测结果及相关信息。

第十八条　风险监测工作的抽样程序、检测方法等符合本办法第三章规定的，监测结果可以作为执法依据。

第三章 监督抽查

第十九条 县级以上人民政府农业农村主管部门应当重点针对农产品质量安全风险监测结果和农产品质量安全监管中发现的突出问题，及时开展农产品质量安全监督抽查工作。

第二十条 监督抽查按照抽样机构和检测机构分离的原则实施。抽样工作由当地农业农村主管部门或其执法机构负责，检测工作由农产品质量安全检测机构负责。检测机构根据需要可以协助实施抽样和样品预处理等工作。

采用快速检测方法实施监督抽查的，不受前款规定的限制。

第二十一条 抽样人员在抽样前应当向被抽查人出示执法证件或工作证件。具有执法证件的抽样人员不得少于两名。

抽样人员应当准确、客观、完整地填写抽样单。抽样单应当加盖抽样单位印章，并由抽样人员和被抽查人签字或捺印；被抽查人为单位的，应当加盖被抽查人印章或者由其工作人员签字或捺印。

抽样单一式四份，分别留存抽样单位、被抽查人、检测单位和下达任务的农业农村主管部门。

抽取的样品应当经抽样人员和被抽查人签字或捺印确认后现场封样。

第二十二条 有下列情形之一的，被抽查人可以拒绝抽样：

（一）具有执法证件的抽样人员少于两名的；

（二）抽样人员未出示执法证件或工作证件的。

第二十三条 被抽查人无正当理由拒绝抽样的，抽样人员应当告知拒绝抽样的后果和处理措施。被抽查人仍拒绝抽样的，抽样人员应当现场填写监督抽查拒检确认文书，由抽样人员和见证人共同签字，并及时向当地农业农村主管部门报告情况，对被抽查农产品以不合格论处。

第二十四条 上级农业农村主管部门监督抽查的同一批次农产品，下级农业农村主管部门不得重复抽查。

第二十五条 检测机构接收样品，应当检查、记录样品的外观、状态、封条有无破损及其他可能对检测结果或者综合判定产生影响的情况，并确认样品与抽样单的记录是否相符，对检测和备份样品分别加贴相应标识后入库。必要时，在不影响样品检测结果的情况下，可以对检测样品分装或者重新包装编号。

第二十六条 检测机构应当按照任务下达部门指定的方法和判定依据进行检测与判定。

采用快速检测方法检测的，应当遵守相关操作规范。

检测过程中遇有样品失效或者其他情况致使检测无法进行时，检测机构应当如实记录，并出具书面证明。

第二十七条 检测机构不得将监督抽查检测任务委托其他检测机构承担。

第二十八条 检测机构应当将检测结果及时报送下达任务的农业农村主管部门。检测结果不合格的，应当在确认后二十四小时内将检测报告报送下达任务的农业农村主管部门和抽查地农业农村主管部门，抽查地农业农村主管部门应当及时书面通知被抽查人。

第二十九条 被抽查人对检测结果有异议的，可以自收到检测结果之日起五日内，向下达任务的农业农村主管部门或者其上级农业农村主管部门书面申请复检。

采用快速检测方法进行监督抽查检测,被抽查人对检测结果有异议的,可以自收到检测结果时起四小时内书面申请复检。

第三十条 复检由农业农村主管部门指定具有资质的检测机构承担。

复检不得采用快速检测方法。

复检结论与原检测结论一致的,复检费用由申请人承担;不一致的,复检费用由原检测机构承担。

第三十一条 县级以上地方人民政府农业农村主管部门对抽检不合格的农产品,应当及时依法查处,或依法移交市场监督管理等有关部门查处。

第四章 工作纪律

第三十二条 农产品质量安全监测不得向被抽查人收取费用,监测样品由抽样单位向被抽查人购买。

第三十三条 参与监测工作的人员应当秉公守法、廉洁公正,不得弄虚作假、以权谋私。

被抽查人或者与其有利害关系的人员不得参与抽样、检测工作。

第三十四条 抽样应当严格按照工作方案进行,不得擅自改变。

抽样人员不得事先通知被抽查人,不得接受被抽查人的馈赠,不得利用抽样之便牟取非法利益。

第三十五条 检测机构应当对检测结果的真实性负责,不得瞒报、谎报、迟报检测数据和分析结果。

检测机构不得利用检测结果参与有偿活动。

第三十六条 监测任务承担单位和参与监测工作的人员应当对监测工作方案和检测结果保密,未经任务下达部门同意,不得向任何单位和个人透露。

第三十七条 任何单位和个人对农产品质量安全监测工作中的违法行为,有权向农业农村主管部门举报,接到举报的部门应当及时调查处理。

第三十八条 对违反抽样和检测工作纪律的工作人员,由任务承担单位作出相应处理,并报上级主管部门备案。

违反监测数据保密规定的,由上级主管部门对任务承担单位的负责人通报批评,对直接责任人员依法予以处分、处罚。

第三十九条 检测机构无正当理由未按时间要求上报数据结果的,由上级主管部门通报批评并责令改正;情节严重的,取消其承担检测任务的资格。

检测机构伪造检测结果或者出具检测结果不实的,依照《中华人民共和国农产品质量安全法》第四十四条规定处罚。

第四十条 违反本办法规定,涉嫌犯罪的,及时将案件移送司法机关,依法追究刑事责任。

第五章 附 则

第四十一条 本规定自 2012 年 10 月 1 日起施行。

农业部关于加强农产品质量安全监督抽查工作的通知

农质发〔2012〕5号

各省、自治区、直辖市、计划单列市农业（农牧、农村经济）、农机、畜牧兽医、农垦、乡镇企业（农产品加工）、渔业厅（局、委、办），新疆生产建设兵团农业（水产）局，有关检测机构：

为推进农产品标准化生产和全过程管理，依法规范和约束农产品生产经营者行为，确保农产品质量安全，依据《农产品质量安全法》规定，结合农产品质量安全监管工作需要，各级农业行政主管部门应进一步加强农产品质量安全监督抽查工作并完善相应制度。现将有关事项通知如下：

一、高度重视农产品质量安全监督抽查工作

《农产品质量安全法》明确规定，县级以上人民政府农业行政主管部门应当按照保障农产品质量安全的要求，对生产中或者市场上销售的农产品进行监督抽查。做好农产品质量安全监督抽查，是各级农业行政主管部门依法履行农产品质量安全监管职责和确保农产品质量安全的客观要求，也是规范农产品生产、促进农业标准化和维护公众健康的重要措施。各级农业行政主管部门务必增强意识、高度重视，尽快依法、规范地启动和实施农产品质量安全监督抽查工作。

二、科学把握农产品质量安全监督抽查范围和重点

按照《农产品质量安全法》、《食品安全法》规定和国务院关于各相关部门在农产品及食品安全监管方面的职责分工，农业行政主管部门负责农产品生产环节的质量安全监管。监督抽查的产品应当是来源于农业的初级产品，即在农业活动中获得的植物、动物、微生物及其产品，可以是生产中或者市场上销售的农产品；监督抽查的对象主要是农产品生产经营企业和农民专业合作社；监督抽查的内容主要是影响农产品质量安全的农兽药、重金属、病原微生物、生物毒素、外源性非法添加物、防腐剂、保鲜剂等残留污染物及法律法规规定的生产档案记录、包装标识等强制性要求的落实情况。

三、合理确定农产品质量安全监督抽查职责分工

各级农业行政主管部门共同构建"相互衔接、互不重叠"的监督抽查机制。农业部侧重对覆盖范围较广、社会关注度较高、风险隐患较大的农产品及"三品一标"农产品的国家监督抽查，并依法公布监督抽查结果；省级农业行政主管部门侧重对本行政区域范围内规模化农产品生产经营单位的监督检查和相应农产品质量安全的监督抽查，并按照权限公

布相应监督抽查结果；地、县两级农业行政部门主要负责农产品生产过程规范化、产地准出的监督检查和相应农产品质量安全的监督抽查，依据职责公布日常监督管理信息，相关信息报省级农业行政主管部门备案。凡经上级农业行政主管部门监督抽查过的农产品，下级农业行政主管部门不再另行重复抽查。

四、认真组织实施农产品质量安全监督抽查

国家农产品质量安全监督抽查计划由农业部按年度组织制定和实施，并向省级农业行政主管部门通报。省级农产品质量安全监督抽查计划由省级农业行政主管部门按年度组织制定和实施，地、县两级农业行政主管部门根据省级农产品质量安全监督抽查计划和本地区、本行业实际制定本级监督抽查计划，并报省级农业行政主管部门备案。省级农业行政主管部门应当及时将本地区、本行业农产品质量安全监督抽查结果报农业部备案。监督抽查过程中确认的不合格产品及其生产经营者，应当由县级以上地方农业行政主管部门依法进行查处和督促整改。监督抽查过程中发现的违法违规行为属于其他行政主管部门监管范围的，应当及时依法移交。监督抽查不得向被抽查人收取费用，所需经费应当统一纳入同级财政年度预算。

承担监督抽查任务的检测机构，应当通过计量认证和省级以上农业行政主管部门考核合格。检测机构应当按照任务下达部门的要求制定相应的监督抽查实施方案，明确抽查产品的种类、安全参数范围、抽样方法、检验标准、残留限量、抽检产品名称及其生产经营者名单等。抽取的样品不得超过相应标准或实施方案规定的数量。

五、不断完善农产品质量安全监督抽查规范和条件保障

农产品质量安全监督抽查具有较强的技术性和法制性，相关的抽样、检测、判定、结果反馈及公告等工作，必须科学规范和依法开展。农业部正在抓紧组织制定国家农产品质量安全监督抽查规范，各省级农业行政主管部门届时要根据国家农产品质量安全监督抽查规范要求，结合本地区、本行业实际，抓紧制定本省（区、市）的农产品质量安全监督抽查规范，明确省、地、县农业行政主管部门在监督抽查工作中的职责任务、抽查重点、结果报送、信息反馈和对外公布程序等。在实施农产品质量安全监督抽查过程中，要加强对相关机构和人员的法律法规、管理制度、质量标准、技术规范和检验检测方法的培训，对抽样人员和检测人员实行培训考核和执证上岗制度。对在农产品质量安全监督抽查工作中做出突出贡献的单位和个人，应当予以表扬和表彰；对在监督抽查中弄虚作假、徇私舞弊、伪造检测数据等违法违规行为，要依法严肃查处。

对农产品质量安全实施监督抽查，是一项全新的农业行政执法监督工作，各级农业行政主管部门要抓紧组织启动和实施。在组织实施过程中有什么问题和建议，请及时加强沟通和联系。农业部联系方式：农产品质量安全监管局应急处，（010）59193165，59191848。

二〇一二年五月二十五日

农业部办公厅关于印发《农业部农产品质量安全监督抽查实施细则》的通知

农办市〔2007〕21号

各省、自治区、直辖市及计划单列市农业（农林、农牧）、农机、畜牧、兽医、农垦、乡镇企业、渔业厅（局、委、办），新疆生产建设兵团农业局，有关农产品质量安全检测机构：

为规范农业部农产品质量安全监督抽查工作，确保监督抽查工作的有效开展，我部制定了《农业部农产品质量安全监督抽查实施细则》。现印发给你们，请遵照执行。

农业部办公厅
二○○七年六月十日

农业部农产品质量安全监督抽查实施细则

第一章 总 则

第一条 为加强农产品质量安全监督管理，规范农业部农产品质量安全监督抽查工作（以下简称监督抽查），根据《中华人民共和国农产品质量安全法》及有关法律、行政法规的规定，制定本细则。

第二条 开展农业部农产品质量安全监督抽查工作必须遵守本细则。

第三条 本细则中的监督抽查是指农业部依法组织农产品质量安全检测机构对生产和销售的农产品、可能危及农产品质量安全的农业投入品进行抽样、检验，并对抽查结果进行处理和发布信息的活动。

第四条 监督抽查包括定期的监督抽查和不定期的监督抽查。

第五条 农业部负责监督抽查的组织和实施工作，并负责监督抽查结果的通报和信息发布。地方农业行政主管部门或符合条件的农产品质量安全检测机构，接受农业部委托，承担监督抽查的抽样工作（以下简称抽样单位）；符合条件的农产品质量安全检测机构，接受农业部委托，承担监督抽查样品的检验工作（以下简称检测机构）。

第六条 监督抽查的样品由抽样单位向被抽查人购买。

第七条 监督抽查不得向被抽查人收取费用，抽取样品的数量不得超过农业部的规定。上级农业行政主管部门监督抽查的同一批次农产品，下级农业行政主管部门不得另行重复抽查。

第八条 被抽查人应积极配合监督抽查工作。对不便携带的样品由被抽查人负责寄、送至检验机构。无正当理由,被抽查人不得拒绝监督抽查和拒绝寄、送被封样品。

第二章 计划和方案的确定

第九条 监督抽查的地点包括生产、加工及流通环节。

第十条 监督抽查的范围主要是与消费者日常生活密切相关的农产品、质量安全问题较突出的农产品、农业行政主管部门认为需要进行抽查的农产品和可能危及农产品质量安全的农业投入品。

第十一条 农业部负责组织制定监督抽查计划,并向承担单位下达监督抽查任务。

第十二条 任务承担单位应当按照监督抽查计划制定监督抽查方案,并报农业部批准后执行。监督抽查方案应包括:受检单位范围,抽样范围、抽样时间、抽样依据、抽样数量等,检测项目、检测依据及判定依据,复检及注意事项等。

监督抽查方案应当科学、客观、公平,具有代表性和公正性。

第十三条 农业部向任务承担单位开具《农业部农产品质量安全监督抽查委托书》、《农业部农产品质量安全监督抽查通知书》和《农业部农产品质量安全监督抽查工作质量及工作纪律反馈单》后,各承担单位方可开展抽样或检测工作。

各有关单位对监督抽查中确定的产品和被抽查人的名单必须严格保密,禁止以任何名义和形式事先泄露和通知被抽查人。

第三章 抽样、检测与判定

第十四条 抽样人员不少于2名,被抽查人所在地的农业行政主管部门应指派人员协助抽样。严禁被抽查人或者与其有直接、间接关系的人员参与接待工作。

第十五条 抽样人员在抽样前应向被抽查人出示《农业部农产品质量安全监督抽查通知书》和《农业部农产品质量安全监督抽查委托书》,以及抽样人员的有效证件,告知监督抽查的性质、抽样方法、检测依据和判定依据等后,再进行抽样。

第十六条 抽样人员要现场填写《农业部农产品质量安全监督抽查抽样工作单》,并由抽样人员和被抽查人共同签字并落款抽样日期。

抽取的样品应经双方签字确认后现场封样,封条由抽样单位自制,要确保封条不可二次使用。抽取的样品由抽样单位带回或委托被抽查人按照要求寄、送至检测机构。检测机构应当妥善保存备份样品。

第十七条 抽查的样品应当在产地、企业或市场上的待销产品中抽取,并保证样品具有代表性。

第十八条 被抽查人遇有下列情况之一的,可以拒绝接受抽查:

(一)抽样人员少于2名的;

(二)抽样单位名称与《农业部农产品质量安全监督抽查通知书》不符的;

(三)抽样人员应当携带的《农业部农产品质量安全监督抽查通知书》和有效身份证件(身份证或工作证)等材料不齐全的;

(四)被抽查人和产品名称与《农业部农产品质量安全监督抽查通知书》不一致的;

(五)抽样时间超过《农业部农产品质量安全监督抽查通知书》有效期限的。

第十九条 抽样工作结束后,抽样人员应当填写抽样工作单。需要特别陈述的情况,在备注栏中加以说明。抽样工作单应分别加盖抽样单位和被抽样单位公章,并由抽样人员和被抽查单位负责人或陪同人员签字,被抽查单位无公章或无法现场盖章的,可由当地农业行政主管部门人员予以签字确认。

抽样工作单一式四份,分别留存抽样单位和被抽查单位,寄送当地农业行政主管部门,并报送农业部。

第二十条 由于某些原因导致无样品可抽的,被抽样人必须出具书面证明材料,抽样人员应当予以确认,并在证明材料上签字。

第二十一条 被抽查人无正当理由拒绝抽样,经抽样人员耐心细致地说服工作后仍不接受抽查的,抽样人员应及时向当地农业行政主管部门报告情况,如果仍不接受抽查的,抽样人员现场填写《农业部农产品质量安全监督抽查拒检认定表》,由抽样人员和见证人共同签字,抽样单位应及时向农业部报告情况,产品按不合格论处。

第二十二条 需要被抽样人协助寄、送样品的,被抽样人应当在规定的时间内将样品寄、送指定的检测机构。无正当理由不寄、送样品的,产品按不合格论处。

第二十三条 检测机构应当制定有关样品的接收、入库、领用、检验、保存及处理的程序,并严格按程序规定执行。

第二十四条 监督抽查工作禁止分包。

第二十五条 接收样品应当有专人负责检查、记录样品的外观、状态、封条有无破损及其他可能对检测结果或者综合判定产生影响的情况,并确认样品与抽样单的记录是否相符,对检测和备份样品分别加贴相应标识后入库。必要时,在不影响样品检验结果的情况下,可以将样品进行分装或者重新包装编号,以保证不会发生因其他原因导致不公正的情况。

第二十六条 检测机构应当按照监督抽查方案中规定的方法进行检测。

第二十七条 检验过程中遇有样品失效或者其他情况致使检验无法进行时,必须如实记录,并有充分的证实材料。

第二十八条 监督抽查的判定按照监督抽查方案中的判定依据进行。

第二十九条 检验结束后,检测机构将《农业部农产品质量安全监督抽查检验结果通知单》以特快专递寄送被抽查人,检测结果合格的不附检验报告,检测结果不合格的需附检验报告。

第三十条 被抽查人应填写《农业部农产品质量安全监督抽查检验结果通知单》的回执,并于接到通知书5日内将回执寄送或传真至检测机构,逾期则视为认同检验结果。

第三十一条 检验结果经确认后,检测机构应将《农业部农产品质量安全监督抽查检验结果通知单》以特快专递寄送当地农业行政主管部门,检测结果合格的不附检验报告,检测结果不合格的需附检验报告。

第三十二条 检验报告内容必须齐全,检测项目和依据必须清楚并与抽查方案相一致,检验结果必须准确,结论明确。

第四章 异议的处理与复检

第三十三条 被抽查人对监督抽查检测结果有异议的,应当自收到《农业部农产品质量安全监督抽查检验结果通知单》之日起5日内,向农业部提出书面复检申请并提交相关说明材料，同时抄送检测机构。法律法规对申请复检的时间另有规定的，从其规定。

逾期未提出书面复检申请的，视为承认检验结果。

第三十四条 农业部收到复检申请后，经审查，认为有必要复检的，应当及时通知检测机构和复检申请人。

第三十五条 复检应当对原样或备份样进行检测。

复检工作原则上由原检测机构承担。复检结果与初次检测结果一致的，复检费用由复检申请人承担。

农业部也可根据需要，另行委托符合法定条件的检测机构进行复检。

复检结果由承担复检工作的检测机构通知复检申请人，报送农业部，并抄送复检申请人所在地的农业行政主管部门。

第三十六条 检测机构出具虚假、错误数据的，按《中华人民共和国农产品质量安全法》第四十四条的规定执行。

第五章　结果处理

第三十七条 检测机构应当在规定时间内按照监督抽查方案的要求，向农业部报送监督抽查结果及报告。

第三十八条 农业部负责汇总分析监督抽查检测结果，按照规定通报监督抽查结果或发布信息。

第三十九条 检测结果未经农业部公布，任何单位和个人不得向外公布或透露。

检测结果不得用于商业用途。

第六章　工作纪律

第四十条 参与监督抽查的工作人员，必须严格遵守国家法律、法规的规定，严格执法、秉公执法、不徇私情，对被抽查的产品和企业名单必须严守秘密。

第四十一条 检测机构应当严格按照监督抽查工作有关规定承担抽样及检验工作，应当保证检验工作科学、公正、准确。

第四十二条 检验机构应当如实上报检验结果和检验结论，不得瞒报，并对检验结果负责。

检测机构在承担监督抽查任务期间不得接受被抽查人同类产品的委托检验。

第四十三条 检测机构不得利用监督抽查结果参与有偿活动。

第四十四条 检测机构和参与监督抽查人员不依法履行职责、滥用职权的，依法给予处分。

第七章　附　则

第四十五条 本办法由农业部负责解释。

第四十六条 本办法自 2007 年 6 月 10 日起实施。

附：农业部农产品质量安全监督抽查统一文书（略）

农业农村部关于印发《农业农村部产品质量检验测试中心管理规定》的通知

农质发〔2023〕4号

贯彻落实国务院"放管服"改革有关精神,为进一步规范农业农村部产品质量检验测试中心管理,我部对2007年制定的《农业部产品质量监督检验测试机构管理办法》进行了修改完善,经广泛征求各方面意见,形成了《农业农村部产品质量检验测试中心管理规定》,现印发给你们,请遵照执行。

农业农村部
2023年4月21日

农业农村部产品质量检验测试中心管理规定

第一条 为贯彻落实《中华人民共和国农产品质量安全法》,进一步规范农业农村部产品质量检验测试中心(简称"部级质检中心")评估遴选,加强监督管理,提升检验测试能力水平,依据《中共中央、国务院关于深化改革加强食品安全工作的意见》要求,制定本规定。

第二条 部级质检中心的职责条件、评估遴选和监督管理适用本规定。

第三条 本规定所称部级质检中心是指经农业农村部评估遴选并依法接受农业农村部门委托开展产品质量相关检验测试业务的国家级专业技术机构,是支撑农业生产品种培优、品质提升、品牌打造和标准化生产,保障农产品质量安全,促进农业高质量发展的公共服务机构。

第四条 部级质检中心规划布局、评估遴选和监督管理,由农业农村部农产品质量安全主管司(局)会同相关行业司(局)组织实施。

农业农村部农产品质量安全中心受农业农村部农产品质量安全主管司(局)委托,承担具体工作。

第五条 部级质检中心原隶属关系不变,所属法人单位是确保其依法合规安全运行的责任主体,应持续加强人才支撑、条件建设和运行保障。

部级质检中心的检验测试业务工作接受农业农村部农产品质量安全主管司(局)和相关行业司(局)指导。

第六条 农业农村部将部级质检中心的建设发展纳入行业发展规划和科技计划,加强条件能力提升和人才培育,支持承担农产品质量安全相关工作任务。

第七条 部级质检中心应当坚持科学、公正、高效、廉洁、服务的宗旨,在授权范围内开展检验测试工作。

部级质检中心工作人员应遵纪守法，遵守职业道德，秉公办事，不徇私情。

第八条 对部级质检中心及工作人员的违法违规行为，任何单位和个人有权举报。相关部门应当依据各自职责及时处理，并为举报人保密。

第九条 部级质检中心主要承担农产品、产地环境、农业投入品（兽药除外）质量安全风险监测、监督抽查、风险评估、营养品质评价、标准制修订、技术培训以及与农产品质量安全事故调查、纠纷仲裁有关的检验测试等任务。

鼓励部级质检中心开展农产品质量安全相关技术研发、技术交流、科普宣传、咨询服务等工作。

第十条 部级质检中心评估遴选坚持标准更高、能力更强、要求更严原则，应具备以下条件：

（一）农产品质量安全相关技术支撑能力和水平在行业内或跨省区具有较高的权威性和影响力；

（二）取得检验检测机构资质认定证书、农产品质量安全检测机构考核证书等法定资质3年以上，质量管理体系运行持续有效；

（三）熟悉全国或区域内农产品质量安全基本情况，跨区域抽样和检验测试相关技术能力突出，近3年内承担过省级以上政府部门委托的农产品质量安全监测评估、应急处置、评价鉴定、标准制修订等专业技术任务；

（四）机构主任由所属法人单位负责人担任，技术负责人、质量负责人应具有高级技术职称或同等能力，并满足所申请领域检验测试技术和管理要求；

（五）获得上级主管单位和省级以上行业主管部门支持，场地设施、仪器设备、人力资源、运行机制等基础条件得到全面保障；

（六）上级主管单位和所属法人单位高度重视检验测试人才评价激励工作，将农产品质量安全检验测试业务形成的工作技术成果作为职称评定、岗位晋升、绩效考核等的重要依据；

（七）近3年内无违法或严重违规行为，未发生过重大检验测试质量事故。

从事农业生物安全检验测试的部级质检中心实验场所、生物安全等级管理、应急处置、环境条件及废弃物处理应符合国家有关规定。

第十一条 农业农村部根据主要农产品优势区域布局以及种业、种植业、畜牧业、渔业、农业机械化等行业发展需要，统筹农产品全产业链质量安全监管，发布部级质检中心设置需求。

第十二条 根据发布的部级质检中心设置需求，省级农业农村主管部门择优推荐本省（自治区、直辖市）符合条件的单位，农业农村部相关行业司（局）可推荐部属事业单位和相关科研院所。

相关推荐材料报送农业农村部农产品质量安全主管司（局）。

第十三条 农业农村部组织专家对被推荐单位进行核实评估。符合要求的，农业农村部予以命名并公布，准许使用部级质检中心检验测试业务专用章。

《农业农村部产品质量检验测试机构核实评估工作规范》由农业农村部农产品质量安全主管司（局）会同相关行业司（局）制定。

第十四条 农业农村部对部级质检中心建立跟踪评估制度，6年为一个周期，重点考查条件能力保持、质量体系运行、职责任务履行、功能作用发挥等方面。

针对举报投诉、安全生产等事项，必要时组织开展专项监督检查。

第十五条 部级质检中心的法人单位、地址、机构主要管理人员（包括正副主任、技术负责人、质量负责人）发生变化的，应在30日内向农业农村部农产品质量安全主管司（局）书面报告。

第十六条 部级质检中心应于每年2月底前报送上年度工作总结，同时按要求报送年度调查统计数据信息。

第十七条 部级质检中心应参加农业农村部组织的相应领域能力验证，不断提高检验测试业务技术水平。

第十八条 有下列情形之一的，由农业农村部取消命名并公布：

（一）不再符合第十条规定的基本条件的；

（二）所属单位法人终止，不能承担法律责任的；

（三）无正当理由连续两次不参加农业农村部组织的相应领域能力验证的；

（四）拒绝接受监督检查或跟踪评估的；

（五）近3年未开展任何对外检验测试业务技术工作的；

（六）内部管理不规范，出现伪造数据、出具虚假检测报告等造成严重后果的；

（七）被列入国家有关部门规定的严重违法失信名单的；

（八）应当取消命名的其他情形。

第十九条 本规定自2023年10月1日起施行，2005年制定的《农业部产品质量监督检验测试机构基本条件》、《农业部产品质量监督检验测试机构审查认可评审细则》和2007年制定的《农业部产品质量监督检验测试机构管理办法》、《农业部产品质量监督检验测试机构审查认可评审规范》同时废止。

农业部开展随机抽查监督检查事项清单

中华人民共和国农业部公告第 2600 号

序号	事项名称	检查内容	抽查依据	抽查对象	抽查主体
1	农药监督抽查	农药产品质量、农药标签、农药许可证件、农药生产原料进货出厂销售记录、农药经营购销台账、农药登记试验单位及农药登记试验情况	《中华人民共和国农产品质量安全法》第二十一条第二款 国务院农业行政主管部门和省、自治区直辖市人民政府农业行政主管部门应当定期对可能危及农产品质量安全的农药、兽药、饲料和饲料添加剂、肥料等农业投入品进行监督抽查,并公布抽查结果。《农药管理条例》第三条第一款 国务院农业行政主管部门负责全国的农药监督管理工作。《农药管理条例》第四十一条 县级以上人民政府农业主管部门履行农药监督管理职责,可以依法采取下列措施:(一)进入农药生产、经营、使用场所实施现场检查;(二)对生产、经营、使用的农药实施抽查检测;(三)向有关人员调查了解有关情况;(四)查阅、复制合同、票据、账簿以及其他有关资料;(五)查封、扣押违法生产、经营、使用的农药,以及用于违法生产、经营、使用农药的工具、设备、原材料等;(六)查封违法生产、经营、使用农药的场所。《农药登记试验管理办法》第三十条 省级农业部门、农业部对农药登记试验单位和登记试验过程进行监督检查,重点检查以下内容:……	农药生产经营者、农药登记试验单位	农业部种植业管理司
2	肥料监督抽查	肥料产品质量、肥料登记证、肥料标签等	《中华人民共和国农产品质量安全法》第二十一条第二款 国务院农业行政主管部门和省、自治区直辖市人民政府农业行政主管部门应当定期对可能危及农产品质量安全的农药、兽药、饲料和饲料添加剂、肥料等农业投入品进行监督抽查,并公布抽查结果。《肥料登记管理办法》第七条 农业部负责全国肥料登记和监督管理工作。《肥料登记管理办法》第二十五条 农业行政主管部门应当按照规定对辖区内的肥料生产、经营和使用单位的肥料进行定期或不定期监督、检查,必要时按照规定抽取样品和索取有关资料,有关单位不得拒绝和隐瞒。对质量不合格的产品,要限期改进。对质量连续不合格的产品,肥料登记证有效期满后不予续展。	肥料生产经营者	农业部种植业管理司

(续表)

序号	事项名称	检查内容	抽查依据	抽查对象	抽查主体
3	桑蚕、柞蚕种质量监督抽查	桑蚕、柞蚕种质量	《中华人民共和国畜牧法》第二条第三款 蜂、蚕的资源保护利用和生产经营，适用本法有关规定。 《蚕种管理办法》第二十六条 省级以上人民政府农业（蚕业）行政主管部门应当制定蚕种质量监督抽查计划并组织实施。 农业部监督抽查的品种，省级农业（蚕业）行政主管部门不得重复抽查。监督抽查不得向被抽查者收取任何费用。 承担蚕种质量检验的机构应当符合国家规定的条件，并经有关部门考核合格。	蚕种生产经营者	农业部种植业管理司
4	种子监督抽查	种子质量、标签与包装规范情况、主要农作物品种审定情况、非主要农作物品种登记信息、品种真实性、种子生产经营资质、生产经营主体备案情况、种子企业生产经营档案、种子生产基地书面委托生产合同、委托生产备案情况等	《中华人民共和国种子法》第四十七条 农业、林业主管部门应当加强对种子质量的监督检查。种子质量管理办法、行业标准和检验方法，由国务院农业、林业主管部门制定。 农业、林业主管部门可以采用国家规定的快速检测方法对生产经营的种子品种进行检测，检测结果可以作为行政处罚依据。被检查人对检测结果有异议的，可以申请复检，复检不得采用同一检测方法。 《中华人民共和国种子法》第五十条 农业、林业主管部门是种子行政执法机关。种子执法人员依法执行公务时应当出示行政执法证件。农业、林业主管部门依法履行种子监督检查职责时，有权采取下列措施：（一）进入生产经营场所进行现场检查；（二）对种子进行取样测试、试验或者检验；（三）查阅、复制有关合同、票据、账簿、生产经营档案及其他有关资料；（四）查封、扣押有证据证明违法生产经营的种子，以及用于违法生产经营的工具、设备及运输工具等；（六）查封违法从事种子生产经营活动的场所。 《农作物种子标签和说明书管理办法》 《农作物种子生产经营许可管理办法》 《农作物种子质量监督抽查管理办法》	种子生产经营者、委托生产企业、制种基地	农业部种子局
5	饲料、饲料添加剂监督抽查	饲料、饲料添加剂产品质量安全主体责任履行情况	《中华人民共和国农产品质量安全法》第二十一条第二款 国务院农业行政主管部门和省、自治区、直辖市人民政府农业行政主管部门应当定期对可能危及农产品质量安全的农药、兽药、饲料和饲料添加剂、肥料等农业投入品进行监督抽查，并公布抽查结果。 《饲料和饲料添加剂管理条例》第三条第一款 国务院农业行政主管部门负责全国饲料、饲料添加剂的监督管理工作。 《饲料和饲料添加剂管理条例》第三十二条 国务院农业行政主管部门和县级以上地方人民政府饲料管理部门，应当根据需要定期或者不定期组织实施饲料、饲料添加剂监督抽查。饲料、饲料添加剂监督抽查检测工作由国务院农业行政主管部门或者省、自治区、直辖市人民政府饲料管理部门指定的具有相应技术条件的机构承担。饲料、饲料添加剂监督抽查不得收费。	饲料和饲料添加剂生产企业	农业部畜牧业司

（续表）

序号	事项名称	检查内容	抽查依据	抽查对象	抽查主体
			国务院农业行政主管部门和省、自治区、直辖市人民政府饲料管理部门应当按照职责权限公布监督抽查结果，并可以公布具有不良记录的饲料、饲料添加剂生产企业、经营者名单。		
6	草原执法监督抽查	草原法律法规规章执行情况	《中华人民共和国草原法》第八条第一款　国务院草原行政主管部门主管全国草原监督管理工作。 《中华人民共和国草原法》第五十六条第一款　国务院草原行政主管部门和草原面积较大的省、自治区的县级以上地方人民政府草原行政主管部门设立草原监督管理机构，负责草原法律、法规执行情况的监督检查，对违反草原法律、法规的行为进行查处。 《中华人民共和国草原法》第五十七条　草原监督检查人员履行监督检查职责时，有权采取下列措施：（一）要求被检查单位或者个人提供有关草原权属的文件和资料，进行查阅或者复制；（二）要求被检查单位或者个人对草原权属等问题作出说明；（三）进入违法现场进行拍照、摄像和勘测；（四）责令被检查单位或者个人停止违反草原法律、法规的行为，履行法定义务。 《中华人民共和国草原法》第五十九条　有关单位和个人对草原监督执法人员的监督检查工作应当给予支持、配合，不得拒绝或者阻碍草原监督检查人员依法执行职务。 草原监督检查人员在履行监督检查职责时，应当向被检查单位和个人出示执法证件。 《草原防火条例》第五条第一款　国务院草原行政主管部门主管全国草原防火工作。 《甘草和麻黄草采集管理办法》第三条第一款　农业部负责全国甘草和麻黄草采集管理工作。 《甘草和麻黄草采集管理办法》第二十四条　县级以上人民政府农牧行政主管部门在履行监督检查职责时，有权采取下列措施：（一）检查采集者或出售单位和个人的采集证；（二）进入采集和出售甘草和麻黄草的现场进行勘测、拍照、摄像等取证活动；（三）询问违法案件的嫌疑人；（四）责令停止正在进行的违法采集、出售甘草和麻黄草行为。 《草畜平衡管理办法》第五条第一款　农业部主管全国草畜平衡监督管理工作。 《草畜平衡管理办法》第十五条　县级以上地方人民政府草原行政主管部门应当每年组织对草畜平衡情况进行抽查。草畜抽查的主要内容：（一）测定和评估天然草原的利用状况；（二）测算饲草饲料总量，即当年天然草原、人工草地和饲草饲料基地以及其他来源的饲草饲料数量之和；（三）核查牲畜数量。	使用草原的行政管理相对人	农业部畜牧业司、农业部草原监理中心、农业部草原防火指挥部办公室

(续表)

序号	事项名称	检查内容	抽查依据	抽查对象	抽查主体
7	生鲜乳质量安全监督抽查	生鲜乳收购站和生鲜乳运输车经营状况，生鲜乳质量安全	《乳品质量安全监督管理条例》第二十七条第一款　县级以上人民政府畜牧兽医主管部门应当加强生鲜乳质量安全监测工作，制定并组织实施生鲜乳质量安全监测计划，对生鲜乳进行监督抽查，并按照法定权限及时公布监督抽查结果。 《生鲜乳生产收购管理办法》第三十二条　县级以上人民政府畜牧兽医主管部门应当加强对奶畜饲养以及生鲜乳生产、收购环节的监督检查，定期开展生鲜乳质量检测抽查，并记录监督抽查的情况和处理结果，需要对生鲜乳进行抽样检查的，不得收取任何费用。 《生鲜乳生产收购管理办法》第三十三条　县级以上人民政府畜牧兽医主管部门在进行监督检查时，行使下列职权：（一）对奶畜养殖场所、生鲜乳收购站、生鲜乳运输车辆实施现场检查；（二）向有关人员调查、了解有关情况；（三）查阅、复制养殖档案、生鲜乳收购记录、购销合同、检验报告、生鲜乳交接单等资料；（四）查封、扣押有证据证明不符合乳品质量安全标准的生鲜乳；（五）查封涉嫌违法从事生鲜乳生产经营活动的场所，扣押用于违法生产、收购、贮存、运输生鲜乳的车辆、工具、设备；（六）法律、行政法规规定的其他职权。	生鲜乳收购站、生鲜乳运输车	农业部畜牧业司
8	兽药监督抽查	兽药质量、兽药品种的批准证明文件、质量标准、生产记录、兽药检验报告书等	《中华人民共和国农产品质量安全法》第二十一条第二款　国务院农业行政主管部门和省、自治区、直辖市人民政府农业行政主管部门应当定期对可能危及农产品质量安全的农药、兽药、饲料和饲料添加剂、肥料等农业投入品进行监督抽查，并公布抽查结果。 《兽药管理条例》第三条第一款　国务院兽医行政管理部门负责全国的兽药监督管理工作。 《兽药管理条例》第十四条第二款　省级以上人民政府兽医行政管理部门，应当对兽药生产企业是否符合兽药生产质量管理规范的要求进行监督检查，并公布检查结果。 《兽药管理条例》第十九条第一款　兽药生产企业生产的每批兽用生物制品，在出厂前应当由国务院兽医行政管理部门指定的检验机构审查核对，并在必要时进行抽查检验；未经审查核对或者抽查检验不合格的，不得销售。 《兽药管理条例》第三十五条第三款　兽用生物制品进口后，应当依照本条例第十九条的规定进行审查核对和抽查检验。其他兽药进口后，由当地兽医行政管理部门通知兽药检验机构进行抽查检验。	兽药生产经营企业，兽药使用单位	农业部兽医局

（续表）

序号	事项名称	检查内容	抽查依据	抽查对象	抽查主体
9	农业机械推广鉴定监督检查	农业机械生产条件，企业名称、地址及产品一致性，证书和标志使用情况	《农业机械试验鉴定办法》第二十三条 省级以上人民政府农业机械化行政主管部门应当组织对通过农机鉴定的产品及农业机械推广鉴定证书和标志的使用情况进行监督，发现有违反本办法行为的，应当依法处理。 《农业机械推广鉴定实施办法》第二十六条 省级以上人民政府农业机械化行政主管部门应当组织对通过推广鉴定的产品进行监督抽查。监督抽查内容包括：（一）制造商名称、地址及产品一致性情况；（二）证书和标志使用情况。	农业机械生产经营使用者	农业部农业机械化管理司
10	农产品质量安全监督抽查	农产品（含产地水产品）质量安全状况	《中华人民共和国农产品质量安全法》第三十四条 国家建立农产品质量安全监测制度。县级以上人民政府农业行政主管部门应当按照保障农产品质量安全的要求，制定并组织实施农产品质量安全监测计划，对生产中或者市场上销售的农产品进行监督抽查。监督抽查结果由国务院农业行政主管部门或者省、自治区、直辖市人民政府农业行政主管部门按照权限予以公布。 监督抽查检测应当委托符合本法第三十五条规定条件的农产品质量安全检测机构进行，不得向被抽查人收取费用，抽取的样品不得超过国务院农业行政主管部门规定的数量。上级农业行政主管部门监督抽查的农产品，下级农业行政主管部门不得另行重复抽查。	农产品生产企业、农民专业合作经济组织（产地水产品检查对象为水产行业无公害养殖基地、健康养殖示范场、标准化养殖基地、出口原料备案场和小型普通养殖场）	农业部农产品质量安全监管局、农业部渔业渔政局
11	农产品质量安全检测机构考核检查	农产品质量安全检测机构检测条件、能力等	《中华人民共和国农产品质量安全法》第三十五条 农产品质量安全检测应当充分利用现有的符合条件的检测机构。 从事农产品质量安全检测的机构，必须具备相应的检测条件和能力，由省级以上人民政府农业行政主管部门或者其授权的部门考核合格。具体办法由国务院农业行政主管部门制定。 《农产品质量安全检测机构考核办法》第四条第一款 农业部负责全国农产品质量安全检测机构考核的监督管理工作。 《农产品质量安全检测机构考核办法》第二十六条 农业部负责对农产品质量安全检测机构进行能力验证和检查。不符合条件的，责令限期改正；逾期不改正的，由考核机关撤销其《考核合格证书》。	农产品质量安全检测机构	农业部农产品质量安全监管局
12	农业转基因生物安全监督检查	在我国境内从事农业转基因生物研究、试验、生产、加工、经营和进口、出口活动的守法情况	《农业转基因生物安全管理条例》第四条第一款 国务院农业行政主管部门负责全国农业转基因生物安全的监督管理工作。 《农业转基因生物安全管理条例》第三十九条 农业行政主管部门履行监督检查职责时，有权采取下列措施： （一）询问被检查的研究、试验、生产、加工、经营或者进口、出口的单位和个人、利害关系人、证明人，并要求其提供与农业转基因生物安全有关的证明材料或者其他资料；	在我国境内从事农业转基因生物研究、试验、生产、加工、经营和进口、出口活动的单位和个人	农业部科技教育司

(续表)

序号	事项名称	检查内容	抽查依据	抽查对象	抽查主体
			（二）查阅或者复制农业转基因生物研究、试验、生产、加工、经营或者进口、出口的有关档案、账册和资料等； （三）要求有关单位和个人就有关农业转基因生物安全的问题作出说明； （四）责令违反农业转基因生物安全管理的单位和个人停止违法行为； （五）在紧急情况下，对非法研究、试验、生产、加工、经营或者进口、出口的农业转基因生物实施封存或者扣押。 《农业转基因生物安全评价管理办法》第三十一条　农业部负责农业转基因生物安全的监督管理，指导不同形态类型区域的农业转基因生物安全监控和监测工作，建立全国农业转基因生物安全监管和监测体系。 《农业转基因生物标识管理办法》第四条第一款　农业部负责全国农业转基因生物标识的审定和监督管理工作。		
13	水生野生动物及其制品执法监督抽查	水生野生动物及其制品法律法规执行情况	《野生动物保护法》第三十四条第一款　县级以上人民政府野生动物保护主管部门应当对科学研究、人工繁育、公众演示等利用野生动物及其制品的活动进行监督管理。 《水生野生动物保护实施条例》第十九条　县级以上各级人民政府渔业行政主管部门和工商行政管理部门，应当对水生野生动物及其产品的经营利用建立监督检查制度，加强对经营利用水生野生动物或者其产品的监督管理。	经批准的水生野生动物及其制品的利用者	农业部渔业渔政局、农业部长江流域渔政监督管理办公室
14	渔船质量安全技术状况监督抽查	渔船质量安全技术状况	《渔业船舶检验条例》第三条　国务院渔业主管部门主管全国渔业船舶检验及其监督管理工作。 中华人民共和国渔业船舶检验局（以下简称国家渔业船舶检验机构）行使渔业船舶检验及其监督管理职能。 《渔业船舶检验条例》第三十条　渔业船舶检验人员依法履行职能时，有权对渔业船舶的检验证书和技术状况进行检查，有关单位和个人应当给予配合。	检验中的渔业船舶	农业部渔业船舶检验局
15	渔船船用产品监督抽查	渔船重要船用产品质量安全状况	《渔业船舶检验条例》第九条　制造、改造的渔业船舶的初次检验，应当与渔业船舶的制造、改造同时进行。 用于制造、改造渔业船舶的有关航行、作业和人身财产安全以及防止污染环境的重要设备、部件和材料，在使用前应当经渔业船舶检验机构检验，检验合格的方可使用。 前款规定必须检验的重要设备、部件和材料的目录，由国务院渔业行政主管部门制定。 《中华人民共和国行政许可法》第六十二条第一款　行政机关可以对被许可人生产经营的产品依法进行抽样检查、检验、检测，对其生产经营场所依法进行实地检查。检查时，行政机关可以依法查阅或者要求被许可人报送有关材料；被许可人应当如实提供有关情况和材料。	渔船船用产品生产企业、检测检修机构	农业部渔业船舶检验局

农业部办公厅关于认定违法所得问题意见的函

农办政函〔2005〕12号

浙江省农业厅：

你厅《关于如何认定〈饲料和饲料添加剂管理条例〉中违法所得问题的请示》（浙农〔2005〕8号）收悉。经研究，我部认为，《饲料和饲料添加剂管理条例》罚则中的"违法所得"应按产品的"销售额"计算。

农业部办公厅
2005年2月25日

关于认定经营假劣饲料产品违法所得问题的复函

农办政函〔2005〕91号

河北省饲料工业办公室：

你单位《关于对〈饲料和饲料添加剂管理条例〉中违法所得如何认定的请示》（冀饲办〔2005〕第27号）收悉。经研究，我部认为，经营假劣饲料产品的违法所得应按产品的销售收入计算。

农业部办公厅
2005年10月27日

关于认定违法所得问题的复函

农办政函〔2006〕3号

新疆维吾尔自治区农业厅：

你厅《关于种子违法案件中违法所得司法解释的请示》（新农法）〔2005〕320号收悉。经研究，答复如下：

种子违法案件中的"违法所得"，是指违反《中华人民共和国种子法》的规定，从事种子生产、经营活动所得的销售收入。

农业部办公厅
2006年1月5日

农业部关于印发《农业行政处罚案件信息公开办法》的通知

农政发〔2014〕6号

各省、自治区、直辖市农业（农牧、农村经济）、畜牧、兽医、渔业厅（局、委、办），新疆生产建设兵团农业局，部机关有关司局：

按照《国务院关于促进市场公平竞争维护市场正常秩序的若干意见》（国发〔2014〕20号）要求，我部对《农业行政处罚案件信息公开办法》（农政发〔2014〕3号）进行了修订。现印发你们，请遵照执行。

农业部
2014年11月14日

农业行政处罚案件信息公开办法

第一条 为规范农业行政处罚案件信息公开行为，促进严格、规范、公正、文明执法，根据《中华人民共和国政府信息公开条例》和国务院有关要求，结合农业行政执法工作实际，制定本办法。

第二条 本办法适用于农业部门按照一般程序依法查办的行政处罚案件相关信息的公开。

第三条 农业部负责推进、指导、协调、监督全国农业行政处罚案件信息公开工作。

农业部本级农业行政处罚案件信息公开工作由行政处罚案件承办司局负责。农业部办公厅负责监督检查部本级农业行政处罚案件信息公开工作。

县级以上地方农业行政主管部门负责公开本部门农业行政处罚案件信息，并指定专门机构负责日常工作。

第四条 公开农业行政处罚案件信息，应当遵循主动、及时、客观、准确、便民的原则。

公民、法人或者其他组织向农业部门申请公开农业行政处罚案件信息的，依照《中华人民共和国政府信息公开条例》的有关规定办理。

第五条 各级农业行政主管部门应当在职责权限范围内，依法主动公开农业行政处罚案件的下列信息：

（一）行政处罚决定书案号；

（二）案件名称；

（三）被处罚的自然人姓名，被处罚的企业或其他组织的名称和组织机构代码、法定代表人（负责人）姓名；

（四）主要违法事实；
（五）行政处罚的种类和依据；
（六）行政处罚的履行方式和期限；
（七）作出处罚决定的行政执法机关名称和日期。

公开农业行政处罚案件信息，应当按照固定的格式制作行政处罚案件信息公开表。

第六条 涉及国家秘密或可能危及国家安全、公共安全、经济安全和社会稳定的相关信息不予公开。

因前款规定的理由决定不予公开相关信息的，地方各级农业行政主管部门应当书面说明理由报上级机关批准；农业部本级查办的农业行政处罚案件，由承办司局按程序报主管部领导批准。

第七条 公开农业行政处罚案件信息不得涉及商业秘密以及自然人住所、肖像、公民身份证号码、电话号码、财产状况等个人隐私。

权利人同意公开或者农业行政主管部门认为不公开前款规定的信息可能对公共利益造成重大影响的，经本部门负责人批准后可以公开，但应当将决定公开的内容和理由书面通知权利人。

第八条 农业部各司局主动公开的农业行政处罚案件信息应当通过农业部网站（信息公开专栏下"行政执法类"）予以公开，可以同时通过农业部公告、公报、新闻发布会、广播、电视、新闻媒体等其他便于公众知晓的方式公开。

县级以上地方农业行政主管部门主动公开的农业行政处罚案件信息应当主要通过本级政府门户网站（含本部门政务网站）公开，可以同时选择公告栏、新闻发布会以及报刊、广播、电视等便于公众知晓的方式公开。

第九条 主动公开的农业行政处罚案件信息，应当自作出行政处罚决定之日起20个工作日内予以公开。法律、法规对公开时限另有规定的，从其规定。

农业行政处罚决定因行政复议或者行政诉讼发生变更或者撤销的，应当在行政处罚决定变更或者撤销之日起20个工作日内，公开变更或者撤销的信息。

第十条 各级农业行政主管部门应当建立健全农业行政处罚案件信息公开协调机制。涉及其他行政机关的，应当在信息公开前进行沟通、确认，确保公开的信息准确一致。

第十一条 各级农业行政主管部门应当建立健全农业行政处罚案件信息公开工作考核制度、社会评议制度和责任追究制度，定期对行政处罚案件信息公开工作进行考核、评议。

第十二条 公民、法人和其他组织认为农业行政主管部门在行政处罚案件信息公开工作中的具体行政行为侵犯其合法权益的，可以依法申请行政复议或者提起行政诉讼。

第十三条 各级农业行政主管部门应当严格履行农业行政处罚案件信息公开的责任与义务。对不履行信息公开义务、不及时公开或更新信息内容、在公开行政处罚案件信息过程中违反规定收取费用的，上一级农业行政主管部门应当责令改正；情节严重的，依法追究责任。

第十四条 本办法自印发之日起施行。《农业部关于印发〈农业行政处罚案件信息公开办法〉的通知》（农政发〔2014〕3号）同时废止。

附件：农业行政处罚案件信息公开表（略）

关于清查金刚烷胺等抗病毒药物的紧急通知

农医发〔2005〕33号

各省、自治区、直辖市畜牧兽医（农牧、农业、动物卫生监督）厅（局、办）：

当前，我国高致病性禽流感疫情形势严峻，实施严格的扑杀、强制免疫是控制疫情的根本措施。为避免影响国家动物疫病强制性免疫政策落实，给重大动物疫病防控工作带来不良后果，经研究决定，除经批准生产、使用的疫苗产品外，禁止使用其他药物防治高致病性禽流感等一类病原微生物引起的病毒性疫病，现就有关事项通知如下：

一、自本通知发布之日起，列入《兽药地方标准废止目录》（农业部公告第560号）序号2的金刚烷胺、金刚乙胺、阿昔洛韦、吗啉（双）胍（病毒灵）、利巴韦林等及其盐、酯的单、复方制剂等立即停止生产、经营和使用，违者按生产、经营假兽药和使用禁用兽药处理，依照《兽药管理条例》予以处罚。

二、企业所在地兽医行政管理部门应自本通知发布之日起5个工作日内完成该类产品批准文号的注销、库存产品和流通产品的清查和销毁工作，并于1月底前将清查情况和有关数据上报我部。

三、各地兽医行政管理部门要树立大局意识，积极组织开展经营、使用环节金刚烷胺等兽药的查处活动，对违规行为依法严厉查处，并追究有关人员的责任。

四、列入农业部公告第560号序号2的金刚烷胺、金刚乙胺、阿昔洛韦、吗啉（双）胍（病毒灵）、利巴韦林等及其盐、酯的单、复方制剂等兽药，需通过兽药注册相关程序经我部严格审查批准后，方可使用于其他动物病毒性疫病。

2005年12月2日

农业部办公厅关于饲料原料法律适用问题的函

农办政函〔2015〕26号

宁波市农业局：

你局《关于对瑞可旺丰年虫等产品如何定性和处罚的请示》（甬农〔2015〕16号）收悉。经研究，现答复如下。

来函所述瑞可旺丰年虫等产品属于《饲料原料目录》中单一饲料以外的饲料原料，不属于《饲料和饲料添加剂管理条例》（以下简称《条例》）调整的饲料范围；生产、经营上述产品的，不适用《条例》。

农业部办公厅
2015年2月26日

农业部办公厅关于加强饲料添加剂氯化钠监管的通知

农办牧〔2016〕31号

各省、自治区、直辖市畜牧（农牧、农业）厅（委、局、办）、饲料工作（工业）办公室：

氯化钠是饲料生产中不可或缺的饲料添加剂。根据国务院印发的《盐业体制改革方案》，国家发展改革委员会主持召开经济体制改革工作部际联席会议（盐业专题），明确饲料添加剂氯化钠不属于食盐，既要保证放活放开，又要加强监管，防止流入食盐市场。各级畜牧饲料管理部门要积极配合盐业体制改革工作，依据《饲料和饲料添加剂管理条例》，切实加强饲料添加剂氯化钠生产、经营和使用监管。现将有关要求通知如下。

一是加强生产监管。依据《饲料和饲料添加剂生产许可管理办法》等农业部规章和规范性文件，严把饲料添加剂氯化钠生产准入关，坚决淘汰条件不达标的生产企业。加强对饲料添加剂氯化钠获证生产企业的日常监管，督促严格履行生产过程控制、产品出厂检验、包装标识、销售信息记录等质量安全管控制度，确保产品质量符合标准、流向可追溯。指导饲料添加剂氯化钠获证生产企业建立用户评价制度和"产品仅限于饲用"的告知制度。

二是加强经营监管。针对辖区内饲料经营门店加强监督检查，督促饲料添加剂氯化钠经营者建立产品购销台账，如实记录购销产品的来源和去向信息。指导饲料添加剂氯化钠经营者针对购买者建立"产品仅限于饲用"的告知制度。严肃查处购销无证无号产品或对产品进行拆包、分装、再加工、添加其他任何物质的行为。

三是加强使用监管。全面实施《饲料质量安全管理规范》，督促饲料生产企业完善内部管理制度，健全饲料添加剂氯化钠进货查验和检验制度，如实记录产品使用情况，严肃查处使用无证无号产品、质量不合格产品的行为。

四是加强部门协作。各级畜牧饲料管理部门在饲料添加剂氯化钠监管中，要对流入食盐市场问题给予重点关注，收到盐业等有关部门通报饲料添加剂氯化钠生产、经营和使用企业涉嫌将产品作为食盐销售的，要积极支持开展追查，依法依规从严处理。

加强饲料添加剂氯化钠监管既是保障饲料质量安全的重要举措，也是推进盐业体制改革的客观要求。各级畜牧饲料管理部门要加强组织领导，强化工作措施，努力确保监管到位。工作中遇到问题，请与我部畜牧业司饲料处联系。

农业部办公厅
2016年7月20日

农业部办公厅关于饲料企业生产冒充其他企业的产品如何处罚的复函

农办政函〔2016〕92号

河南省畜牧局：

你局《关于饲料企业生产冒充其他企业的产品应当如何处理的请示》（豫牧〔2016〕34号）收悉。经研究，现答复如下。

一、饲料企业生产冒充其他企业依法不需要取得产品批准文号的饲料产品的，依照《饲料和饲料添加剂管理条例》第四十六条第一款第三项"生产、经营的饲料、饲料添加剂与标签标示的内容不一致的"定性处罚。

二、饲料企业生产冒充其他企业依法需要取得产品批准文号的饲料添加剂、添加剂预混合饲料的，属于同时违反《饲料和饲料添加剂管理条例》第四十六条第一款第三项"生产、经营的饲料、饲料添加剂与标签标示的内容不一致的"和第三十八条第三款"已经取得生产许可证，但未取得产品批准文号而生产饲料添加剂、添加剂预混饲料的"规定，根据案件具体情况依照两项规定中处罚较重的规定定性处罚。

农业部办公厅
2016年10月8日

农业部办公厅关于切实加强蛋禽养殖质量安全管理工作的通知

农办牧〔2017〕43号

各省、自治区、直辖市畜牧兽医（农牧、农业）厅（局、委、办），新疆生产建设兵团畜牧兽医局：

近期，欧洲和韩国发生氟虫腈污染鸡蛋事件，禽蛋产品质量安全问题受到社会普遍关注。为防止有毒有害物质污染禽蛋产品，切实加强养殖投入品和环境管理，现就有关要求通知如下。

一、加强饲料生产经营管理

各地畜牧饲料管理部门要加大辖区内蛋禽饲料生产企业监督检查力度，以原料库房、添加剂库房为重点，督促企业严格按照《饲料原料目录》《饲料添加剂品种目录》和允许使用的药物饲料添加剂品种选用原料，严肃查处使用三个目录以外的任何物质生产饲料的行为。严厉打击经营环节拆包、分装、添加其他物质等再加工行为。严防氟虫腈在生产经营各环节对饲料原料和产品造成污染。

二、加强兽药使用管理

各地畜牧兽医管理部门要加强蛋禽养殖环节兽药使用监管工作，严格执行兽用处方药、休药期以及兽药不良反应报告等管理制度。督促指导养殖场户建立健全兽药使用管理制度，做好兽药采购、使用记录，发现超剂量、超范围等违规使用行为的，按照《兽药管理条例》有关规定予以严厉处罚。严禁将氟虫腈作为兽药经营和使用。

三、加强蛋禽养殖场环境管理

各地畜牧兽医管理部门要加强宣传引导，指导蛋禽养殖场户根据不同生长时期和生理阶段，按照养殖技术规范进行饲养，持续改善设施装备条件，及时处理清运粪污，保持禽舍卫生，最大限度减少环境卫生用药。严禁使用含氟虫腈成分的各种卫生杀虫剂。

各地畜牧兽医管理部门要按照本通知要求，重点针对氟虫腈违法违规使用问题，立即组织开展蛋禽饲料生产经营企业、兽药生产经营单位和养殖场户大检查，全面系统摸底排查各环节存在的风险隐患，采取积极措施督促相关单位和养殖场户立即整改，确保禽蛋产品质量安全。对发现的风险点和苗头性问题，及时按程序报我部畜牧业司和兽医局。

农业部办公厅

2017年8月21日

农业农村部办公厅关于公布饲料和饲料添加剂检测任务承检机构名单等有关事宜的通知

农办牧〔2018〕23号

各有关检测机构：

为深入贯彻落实行政审批制度改革要求，进一步提高饲料管理工作效率，我部组织开展了饲料和饲料添加剂检测任务承检机构遴选工作。经专家组材料审查和现场核查，北京众检四方检验检测技术有限公司等24家检测机构（见附件）具备承担我部饲料行业管理相关检测任务的能力，现予公布，并将有关事项通知如下。

一、明确工作目标

遴选饲料和饲料添加剂检测机构是通过政府购买服务方式强化公共服务和行业监管能力的积极探索，有关检测机构要充分认识饲料行政审批和监督管理检测任务的重要性，按照我部工作安排，保质保量完成检测工作。

二、强化检测能力

有关检测机构要注重人员培训，积极参加我部组织的检测能力比对考核和能力提升活动，定期对检测人员进行业务培训；对照承检任务需要，扩大资质认定的检测参数范围；优化检测设备配置，确保设备运转正常。

三、加强运行管理

有关检测机构要建立健全管理制度，确保检验、异议处理、结果上报等环节的工作质量；要严格遵守《农产品质量安全法》等法律法规要求和保密纪律，自觉接受我部组织的随机检查。

附件：饲料和饲料添加剂检测任务承检机构遴选名单

农业农村部办公厅
2018年4月13日

附件

饲料和饲料添加剂检测任务承检任务机构遴选名单

序号	机构名称
1	北京众检四方检验检测技术有限公司
2	谱尼测试集团股份有限公司
3	内蒙古谱尼测试技术有限公司
4	辽宁通正检测有限公司
5	谱尼测试集团上海有限公司
6	通标标准技术服务（上海）有限公司
7	农业部农产加工品监督检验测试中心（南京）
8	江苏省家禽科学研究所［农业部家禽品质监督检验测试中心（扬州）］
9	浙江省兽药饲料监察所
10	浙江省农业科学院
11	浙江国正检测技术有限公司
12	青岛市华测检测技术有限公司
13	通标标准技术服务（青岛）有限公司
14	青岛中维安全检测有限公司
15	山东亚康检测技术有限公司
16	河南海瑞正检测技术有限公司
17	河南三方元泰检测技术有限公司
18	河南中标检测服务有限公司
19	广州汇标检测技术中心
20	广东省农业科学院农产品公共监测中心
21	深圳出入境检验检疫局食品检验检疫技术中心
22	珠海出入境检验检疫局检验检疫技术中心
23	四川威尔检测技术股份有限公司
24	陕西秦云农产品检验检测有限公司

农业行政许可听证程序规定

中华人民共和国农业部令第 35 号

(2004 年 6 月 28 日农业部令第 35 号公布。)

第一章 总 则

第一条 为了规范农业行政许可听证程序,保护公民、法人和其他组织的合法权益,根据《行政许可法》,制定本规定。

第二条 农业行政机关起草法律、法规和省、自治区、直辖市人民政府规章草案以及实施行政许可,依法举行听证的,适用本规定。

第三条 听证由农业行政机关法制工作机构组织。听证主持人、听证员由农业行政机关负责人指定。

第四条 听证应当遵循公开、公平、公正的原则。

第二章 设定行政许可听证

第五条 农业行政机关起草法律、法规和省、自治区、直辖市人民政府规章草案,拟设定行政许可的,在草案提交立法机关审议前,可以采取听证的形式听取意见。

第六条 农业行政机关应当在举行听证 30 日前公告听证事项、报名方式、报名条件、报名期限等内容。

第七条 符合农业行政机关规定条件的公民、法人和其他组织,均可申请参加听证,也可推选代表参加听证。

农业行政机关应当从符合条件的报名者中确定适当比例的代表参加听证,确定的代表应当具有广泛性、代表性,并将代表名单向社会公告。

农业行政机关应当在举行听证 7 日前将听证通知和听证材料送达代表。

第八条 听证按照下列程序进行:

(一)听证主持人介绍法律、法规、政府规章草案设定行政许可的必要性以及实施行政许可的主体、程序、条件、期限和收费等情况;

(二)听证代表分别对设定行政许可的必要性以及实施行政许可的主体、程序、条件、期限和收费等情况提出意见;

(三)听证应当制作笔录,详细记录听证代表提出的各项意见。

第九条 农业行政机关将法律、法规和省、自治区、直辖市人民政府规章草案提交立法机关审议时,应当说明举行听证和采纳意见的情况。

第三章 实施行政许可听证

第一节 一般规定

第十条 有下列情形之一的,农业行政机关在作出行政许可决定前,应当举行听证:
(一)农业法律、法规、规章规定实施行政许可应当举行听证的;
(二)农业行政机关认为其他涉及公共利益的重大行政许可需要听证的;
(三)行政许可直接涉及申请人与他人之间重大利益关系,申请人、利害关系人在法定期限内申请听证的。

第十一条 听证由一名听证主持人、两名听证员组织,也可视具体情况由一名听证主持人组织。

审查行政许可申请的工作人员不得作为该许可事项的听证主持人或者听证员。

第十二条 听证主持人、听证员有下列情形之一的,应当自行回避,申请人、利害关系人也可以申请其回避:
(一)与行政许可申请人、利害关系人或其委托代理人有近亲属关系的;
(二)与该行政许可申请有其他直接利害关系,可能影响听证公正进行的。

听证主持人、听证员的回避由农业行政机关负责人决定,记录员的回避由听证主持人决定。

第十三条 行政许可申请人、利害关系人可以亲自参加听证,也可以委托 1-2 名代理人参加听证。

由代理人参加听证的,应当向农业行政机关提交由委托人签名或者盖章的授权委托书。授权委托书应当载明委托事项及权限,并经听证主持人确认。

委托代理人代为放弃行使听证权的,应当有委托人的特别授权。

第十四条 记录员应当将听证的全部内容制作笔录,由听证主持人、听证员、记录员签名。

听证笔录应当经听证代表或听证参加人确认无误后当场签名或者盖章。拒绝签名或者盖章的,听证主持人应当在听证笔录上注明。

第十五条 农业行政机关应当根据听证笔录,作出行政许可决定。

法制工作机构应当在听证结束后 5 日内,提出对行政许可事项处理意见,报本行政机关负责人决定。

第二节 依职权听证程序

第十六条 农业行政机关对本规定第十条第一款第(一)、(二)项所列行政许可事项举行听证的,应当在举行听证 30 日前,依照第六条的规定向社会公告有关内容,并依照第七条的规定确定听证代表,送达听证通知和材料。

第三节 依申请听证程序

第十七条 符合本规定第十条第一款第(三)项规定的申请人、利害关系人,应当在被告知听证权利后 5 日内向农业行政机关提出听证申请。逾期未提出的,视为放弃听证。

放弃听证的,应当书面记载。

第十八条 听证申请包括以下内容:

(一)听证申请人的姓名和住址,或者法人、其他组织的名称、地址、法定代表人或者主要负责人姓名;

(二)申请听证的具体事项;

(三)申请听证的依据、理由。

听证申请人还应当同时提供相关材料。

第十九条 法制工作机构收到听证申请后,应当对申请材料进行审查;申请材料不齐备的,应当一次告知当事人补正。

有下列情形之一的,不予受理:

(一)非行政许可申请人或利害关系人提出申请的;

(二)超过5日期限提出申请的;

(三)其他不符合申请听证条件的。

不予受理的,应当书面告知不予受理的理由。

第二十条 法制工作机构审核后,对符合听证条件的,应当制作《行政许可听证通知书》,在举行听证7日前送达行政许可申请人、利害关系人。

《行政许可听证通知书》应当载明下列事项:

(一)听证事项;

(二)听证时间、地点;

(三)听证主持人、听证员姓名、职务;

(四)注意事项。

第二十一条 听证应当在收到符合条件的听证申请之日起20日内举行。

行政许可申请人、利害关系人应当按时参加听证;无正当理由不到场的,或者未经听证主持人允许中途退场的,视为放弃听证。放弃听证的,记入听证笔录。

第二十二条 承办行政许可的机构在接到《行政许可听证通知书》后,应当指派人员参加听证。

第二十三条 听证按照下列程序进行:

(一)听证主持人宣布听证开始,宣读听证纪律,核对听证参加人身份,宣布案由,宣布听证主持人、记录员名单;

(二)告知听证参加人的权利和义务,询问申请人、利害关系人是否申请回避;

(三)承办行政许可机构指派的人员提出其所了解掌握的事实,提供审查意见的证据、理由;

(四)申请人、利害关系人进行申辩,提交证据材料;

(五)听证主持人、听证员询问听证参加人、证人和其他有关人员;

(六)听证参加人就颁发行政许可的事实和法律问题进行辩论,对有关证据材料进行质证;

(七)申请人、利害关系人最后陈述;

(八)听证主持人宣布听证结束。

第二十四条 有下列情形之一的,可以延期举行听证:

（一）因不可抗力的事由致使听证无法按期举行的；

（二）行政许可申请人、利害关系人临时申请回避，不能当场决定的；

（三）应当延期的其他情形。

延期听证的，应当书面通知听证参加人。

第二十五条 有下列情形之一的，中止听证：

（一）申请人、利害关系人在听证过程中提出了新的事实、理由和依据，需要调查核实的；

（二）申请听证的公民死亡、法人或者其他组织终止，尚未确定权利、义务承受人的；

（三）应当中止听证的其他情形。

中止听证的，应当书面通知听证参加人。

第二十六条 延期、中止听证的情形消失后，由法制工作机构决定恢复听证，并书面通知听证参加人。

第二十七条 有下列情形之一的，终止听证：

（一）申请听证的公民死亡，没有继承人，或者继承人放弃听证的；

（二）申请听证的法人或者其他组织终止，承受其权利的法人或者其他组织放弃听证的；

（三）行政许可申请人、利害关系人明确放弃听证或者被视为放弃听证的；

（四）应当终止听证的其他情形。

第四章 附 则

第二十八条 听证不得向当事人收取任何费用。听证经费列入本部门预算。

第二十九条 法律、法规授权组织实施农业行政许可需要举行听证的，参照本规定执行。

第三十条 本规定的期限以工作日计算，不含法定节假日。

第三十一条 本规定自2004年7月1日起施行。

农业行政处罚程序规定

中华人民共和国农业农村部令 2021 年第 4 号

（自 2006 年 7 月 1 日中华人民共和国农业部令第 63 号发布；2012 年 1 月 1 日中华人民共和国农业部令 2011 年第 4 号第一次修订；2021 年 12 月 21 日中华人民共和国农业农村部第 4 号令发布。）

第一章 总 则

第一条 为规范农业行政处罚程序，保障和监督农业农村主管部门依法实施行政管理，保护公民、法人或者其他组织的合法权益，根据《中华人民共和国行政处罚法》、《中华人民共和国行政强制法》等有关法律、行政法规的规定，结合农业农村部门实际，制定本规定。

第二条 农业行政处罚机关实施行政处罚及其相关的行政执法活动，适用本规定。

本规定所称农业行政处罚机关，是指依法行使行政处罚权的县级以上人民政府农业农村主管部门。

第三条 农业行政处罚机关实施行政处罚，应当遵循公正、公开的原则，做到事实清楚，证据充分，程序合法，定性准确，适用法律正确，裁量合理，文书规范。

第四条 农业行政处罚机关实施行政处罚，应当坚持处罚与教育相结合，采取指导、建议等方式，引导和教育公民、法人或者其他组织自觉守法。

第五条 具有下列情形之一的，农业行政执法人员应当主动申请回避，当事人也有权申请其回避：

（一）是本案当事人或者当事人的近亲属；

（二）本人或者其近亲属与本案有直接利害关系；

（三）与本案当事人有其他利害关系，可能影响案件的公正处理。

农业行政处罚机关主要负责人的回避，由该机关负责人集体讨论决定；其他人员的回避，由该机关主要负责人决定。

回避决定作出前，主动申请回避或者被申请回避的人员不停止对案件的调查处理。

第六条 农业行政处罚应当由具有行政执法资格的农业行政执法人员实施。农业行政执法人员不得少于两人，法律另有规定的除外。

农业行政执法人员调查处理农业行政处罚案件时，应当主动向当事人或者有关人员出示行政执法证件，并按规定着装和佩戴执法标志。

第七条 各级农业行政处罚机关应当全面推行行政执法公示制度、执法全过程记录制度、重大执法决定法制审核制度，加强行政执法信息化建设，推进信息共享，提高行政处罚效率。

第八条 县级以上人民政府农业农村主管部门在法定职权范围内实施行政处罚。

县级以上地方人民政府农业农村主管部门内设或所属的农业综合行政执法机构承担并集中行使行政处罚以及与行政处罚有关的行政强制、行政检查职能，以农业农村主管部门名义统一执法。

第九条 县级以上人民政府农业农村主管部门依法设立的派出执法机构，应当在派出部门确定的权限范围内以派出部门的名义实施行政处罚。

第十条 上级农业农村主管部门依法监督下级农业农村主管部门实施的行政处罚。

县级以上人民政府农业农村主管部门负责监督本部门农业综合行政执法机构或者派出执法机构实施的行政处罚。

第十一条 农业行政处罚机关在工作中发现违纪、违法或者犯罪问题线索的，应当按照《执法机关和司法机关向纪检监察机关移送问题线索工作办法》的规定，及时移送纪检监察机关。

第二章 农业行政处罚的管辖

第十二条 农业行政处罚由违法行为发生地的农业行政处罚机关管辖。法律、行政法规以及农业农村部规章另有规定的，从其规定。

省、自治区、直辖市农业行政处罚机关应当按照职权法定、属地管理、重心下移的原则，结合违法行为涉及区域、案情复杂程度、社会影响范围等因素，厘清本行政区域内不同层级农业行政处罚机关行政执法权限，明确职责分工。

第十三条 渔业行政违法行为有下列情况之一的，适用"谁查获、谁处理"的原则：

（一）违法行为发生在共管区、叠区；

（二）违法行为发生在管辖权不明确或者有争议的区域；

（三）违法行为发生地与查获地不一致。

第十四条 电子商务平台经营者和通过自建网站、其他网络服务销售商品或者提供服务的电子商务经营者的农业违法行为由其住所地县级以上农业行政处罚机关管辖。

平台内经营者的农业违法行为由其实际经营地县级以上农业行政处罚机关管辖。电子商务平台经营者住所地或者违法物品的生产、加工、存储、配送地的县级以上农业行政处罚机关先行发现违法线索或者收到投诉、举报的，也可以管辖。

第十五条 对当事人的同一违法行为，两个以上农业行政处罚机关都有管辖权的，应当由先立案的农业行政处罚机关管辖。

第十六条 两个以上农业行政处罚机关对管辖发生争议的，应当自发生争议之日起七日内协商解决，协商不成的，报请共同的上一级农业行政处罚机关指定管辖；也可以直接由共同的上一级农业行政机关指定管辖。

第十七条 农业行政处罚机关发现立案查处的案件不属于本部门管辖的，应当将案件移送有管辖权的农业行政处罚机关。受移送的农业行政处罚机关对管辖权有异议的，应当报请共同的上一级农业行政处罚机关指定管辖，不得再自行移送。

第十八条 上级农业行政处罚机关认为有必要时，可以直接管辖下级农业行政处罚机关管辖的案件，也可以将本机关管辖的案件交由下级农业行政处罚机关管辖，必要时可以将下级农业行政处罚机关管辖的案件指定其他下级农业行政处罚机关管辖，但不得违反法律、行政法规的规定。

下级农业行政处罚机关认为依法应由其管辖的农业行政处罚案件重大、复杂或者本地不适宜管辖的，可以报请上一级农业行政处罚机关直接管辖或者指定管辖。上一级农业行政处罚机关应当自收到报送材料之日起七日内作出书面决定。

第十九条 农业行政处罚机关实施农业行政处罚时，需要其他行政机关协助的，可以向有关机关发送协助函，提出协助请求。

农业行政处罚机关在办理跨行政区域案件时，需要其他地区农业行政处罚机关协查的，可以发送协查函。收到协查函的农业行政处罚机关应当予以协助并及时书面告知协查结果。

第二十条 农业行政处罚机关查处案件，对依法应当由原许可、批准的部门作出吊销许可证件等农业行政处罚决定的，应当自作出处理决定之日起十五日内将查处结果及相关材料书面报送或告知原许可、批准的部门，并提出处理建议。

第二十一条 农业行政处罚机关发现所查处的案件不属于农业农村主管部门管辖的，应当按照有关要求和时限移送有管辖权的部门处理。

违法行为涉嫌犯罪的案件，农业行政处罚机关应当依法移送司法机关，不得以行政处罚代替刑事处罚。

农业行政处罚机关应当与司法机关加强协调配合，建立健全案件移送制度，加强证据材料移交、接收衔接，完善案件处理信息通报机制。

农业行政处罚机关应当将移送案件的相关材料妥善保管、存档备查。

第三章 农业行政处罚的决定

第二十二条 公民、法人或者其他组织违反农业行政管理秩序的行为，依法应当给予行政处罚的，农业行政处罚机关必须查明事实；违法事实不清、证据不足的，不得给予行政处罚。

第二十三条 农业行政处罚机关作出农业行政处罚决定前，应当告知当事人拟作出行政处罚内容及事实、理由、依据，并告知当事人依法享有的陈述、申辩、要求听证等权利。

采取普通程序查办的案件，农业行政处罚机关应当制作行政处罚事先告知书送达当事人，并告知当事人可以在收到告知书之日起三日内进行陈述、申辩。符合听证条件的，应当告知当事人可以要求听证。

当事人无正当理由逾期提出陈述、申辩或者要求听证的，视为放弃上述权利。

第二十四条 当事人有权进行陈述和申辩。农业行政处罚机关必须充分听取当事人的意见，对当事人提出的事实、理由和证据，应当进行复核；当事人提出的事实、理由或者证据成立的，应当予以采纳。

农业行政处罚机关不得因当事人陈述、申辩而给予更重的处罚。

第一节 简易程序

第二十五条 违法事实确凿并有法定依据，对公民处以二百元以下、对法人或者其他组织处以三千元以下罚款或者警告的行政处罚的，可以当场作出行政处罚决定。法律另有规定的,从其规定。

第二十六条 当场作出行政处罚决定时,农业行政执法人员应当遵守下列程序:

(一)向当事人表明身份,出示行政执法证件;

(二)当场查清当事人的违法事实,收集和保存相关证据;

(三)在行政处罚决定作出前,应当告知当事人拟作出决定的内容及事实、理由、依据,并告知当事人有权进行陈述和申辩;

(四)听取当事人陈述、申辩,并记入笔录;

(五)填写预定格式、编有号码、盖有农业行政处罚机关印章的当场处罚决定书,由执法人员签名或者盖章,当场交付当事人;当事人拒绝签收的,应当在行政处罚决定书上注明。

前款规定的行政处罚决定书应当载明当事人的违法行为,行政处罚的种类和依据、罚款数额、时间、地点,申请行政复议、提起行政诉讼的途径和期限以及行政机关名称。

第二十七条 农业行政执法人员应当在作出当场处罚决定之日起、在水上办理渔业行政违法案件的农业行政执法人员应当自抵岸之日起二日内,将案件的有关材料交至所属农业行政处罚机关归档保存。

第二节 普通程序

第二十八条 实施农业行政处罚,除依法可以当场作出的行政处罚外,应当适用普通程序。

第二十九条 农业行政处罚机关对依据监督检查职责或者通过投诉、举报、其他部门移送、上级交办等途径发现的违法行为线索,应当自发现线索或者收到相关材料之日起七日内予以核查,由农业行政处罚机关负责人决定是否立案;因特殊情况不能在规定期限内立案的,经农业行政处罚机关负责人批准,可以延长七日。法律、法规、规章另有规定的除外。

第三十条 符合下列条件的,农业行政处罚机关应当予以立案,并填写行政处罚立案审批表:

(一)有涉嫌违反法律、法规和规章的行为。

(二)依法应当或者可以给予行政处罚。

(三)属于本机关管辖。

(四)违法行为发生之日起至被发现之日止未超过二年,或者违法行为有连续、继续状态,从违法行为终了之日起至被发现之日止未超过二年;涉及公民生命健康安全且有危害后果的,上述期限延长至五年。法律另有规定的除外。

第三十一条 对已经立案的案件,根据新的情况发现不符合本规定第三十条规定的立案条件的,农业行政处罚机关应当撤销立案。

第三十二条 农业行政处罚机关对立案的农业违法行为,必须全面、客观、公正地调查,收集有关证据;必要时,按照法律、法规的规定,可以进行检查。

农业行政执法人员在调查或者收集证据、进行检查时,不得少于两人。当事人或者有关人员有权要求农业行政执法人员出示执法证件。执法人员不出示执法证件的,当事人或者有关人员有权拒绝接受调查或者检查。

第三十三条 农业行政执法人员有权依法采取下列措施：

（一）查阅、复制书证和其他有关材料；

（二）询问当事人或者其他与案件有关的单位和个人；

（三）要求当事人或者有关人员在一定的期限内提供有关材料；

（四）采取现场检查、勘验、抽样、检验、检测、鉴定、评估、认定、录音、拍照、录像、调取现场及周边监控设备电子数据等方式进行调查取证；

（五）对涉案的场所、设施或者财物依法实施查封、扣押等行政强制措施；

（六）责令被检查单位或者个人停止违法行为，履行法定义务；

（七）其他法律、法规、规章规定的措施。

第三十四条 农业行政处罚证据包括书证、物证、视听资料、电子数据、证人证言、当事人的陈述、鉴定意见、勘验笔录和现场笔录。

证据必须经查证属实，方可作为农业行政处罚机关认定案件事实的根据。立案前依法取得或收集的证据材料，可以作为案件的证据使用。

以非法手段取得的证据，不得作为认定案件事实的根据。

第三十五条 收集、调取的书证、物证应当是原件、原物。收集、调取原件、原物确有困难的，可以提供与原件核对无误的复制件、影印件或者抄录件，也可以提供足以反映原物外形或者内容的照片、录像等其他证据。

复制件、影印件、抄录件和照片由证据提供人或者执法人员核对无误后注明与原件、原物一致，并注明出证日期、证据出处，同时签名或者盖章。

第三十六条 收集、调取的视听资料应当是有关资料的原始载体。调取原始载体确有困难的，可以提供复制件，并注明制作方法、制作时间、制作人和证明对象等。声音资料应当附有该声音内容的文字记录。

第三十七条 收集、调取的电子数据应当是有关数据的原始载体。收集电子数据原始载体确有困难的，可以采用拷贝复制、委托分析、书式固定、拍照录像等方式取证，并注明制作方法、制作时间、制作人等。

农业行政处罚机关可以利用互联网信息系统或者设备收集、固定违法行为证据。用来收集、固定违法行为证据的互联网信息系统或者设备应当符合相关规定，保证所收集、固定电子数据的真实性、完整性。

农业行政处罚机关可以指派或者聘请具有专门知识的人员或者专业机构，辅助农业行政执法人员对与案件有关的电子数据进行调查取证。

第三十八条 农业行政执法人员询问证人或者当事人，应当个别进行，并制作询问笔录。

询问笔录有差错、遗漏的，应当允许被询问人更正或者补充。更正或者补充的部分应当由被询问人签名、盖章或者按指纹等方式确认。

询问笔录经被询问人核对无误后，由被询问人在笔录上逐页签名、盖章或者按指纹等方式确认。农业行政执法人员应当在笔录上签名。被询问人拒绝签名、盖章或者按指纹的，由农业行政执法人员在笔录上注明情况。

第三十九条 农业行政执法人员对与案件有关的物品或者场所进行现场检查或者勘验，应当通知当事人到场，制作现场检查笔录或者勘验笔录，必要时可以采取拍照、录像或者其他方式记录现场情况。

当事人拒不到场、无法找到当事人或者当事人拒绝签名或盖章的，农业行政执法人员应当在笔录中注明，并可以请在场的其他人员见证。

第四十条 农业行政处罚机关在调查案件时，对需要检测、检验、鉴定、评估、认定的专门性问题，应当委托具有法定资质的机构进行；没有具有法定资质的机构的，可以委托其他具备条件的机构进行。

检验、检测、鉴定、评估、认定意见应当由检验、检测、鉴定、评估、认定人员签名或者盖章，并加盖所在机构公章。检验、检测、鉴定、评估、认定意见应当送达当事人。

第四十一条 农业行政处罚机关收集证据时，可以采取抽样取证的方法。农业行政执法人员应当制作抽样取证凭证，对样品加贴封条，并由执法人员和当事人在抽样取证凭证上签名或者盖章。当事人拒绝签名或者盖章的，应当采取拍照、录像或其他方式记录抽样取证情况。

农业行政处罚机关抽样送检的，应当将抽样检测结果及时告知当事人，并告知当事人有依法申请复检的权利。

非从生产单位直接抽样取证的，农业行政处罚机关可以向产品标注生产单位发送产品确认通知书，对涉案产品是否为其生产的产品进行确认，并可以要求其在一定期限内提供相关证明材料。

第四十二条 在证据可能灭失或者以后难以取得的情况下，经农业行政处罚机关负责人批准，农业行政执法人员可以对与涉嫌违法行为有关的证据采取先行登记保存措施。

情况紧急，农业行政执法人员需要当场采取先行登记保存措施的，可以采用即时通讯方式报请农业行政处罚机关负责人同意，并在二十四小时内补办批准手续。

先行登记保存有关证据，应当当场清点，开具清单，填写先行登记保存执法文书，由农业行政执法人员和当事人签名、盖章或者按指纹，并向当事人交付先行登记保存证据通知书和物品清单。

第四十三条 先行登记保存物品时，就地由当事人保存的，当事人或者有关人员不得使用、销售、转移、损毁或者隐匿。

就地保存可能妨害公共秩序、公共安全，或者存在其他不适宜就地保存情况的，可以异地保存。对异地保存的物品，农业行政处罚机关应当妥善保管。

第四十四条 农业行政处罚机关对先行登记保存的证据，应当自采取登记保存之日起七日内作出下列处理决定并送达当事人：

（一）根据情况及时采取记录、复制、拍照、录像等证据保全措施；

（二）需要进行技术检测、检验、鉴定、评估、认定的，送交有关机构检测、检验、鉴定、评估、认定；

（三）对依法应予没收的物品，依照法定程序处理；

（四）对依法应当由有关部门处理的，移交有关部门；

（五）为防止损害公共利益，需要销毁或者无害化处理的，依法进行处理；

（六）不需要继续登记保存的，解除先行登记保存。

第四十五条 农业行政处罚机关依法对涉案场所、设施或者财物采取查封、扣押等行政强制措施，应当在实施前向农业行政处罚机关负责人报告并经批准，由具备资格的农业行政执法人员实施。

情况紧急，需要当场采取行政强制措施的，农业行政执法人员应当在二十四小时内向农业行政处罚机关负责人报告，并补办批准手续。农业行政处罚机关负责人认为不应当采取行政强制措施的，应当立即解除。

查封、扣押的场所、设施或者财物，应当妥善保管，不得使用或者损毁。除法律、法规另有规定外，鲜活产品、保管困难或者保管费用过高的物品和其他容易损毁、灭失、变质的物品，在确定为罚没财物前，经权利人同意或者申请，并经农业行政处罚机关负责人批准，在采取相关措施留存证据后，可以依法先行处置；权利人不明确的，可以依法公告，公告期满后仍没有权利人同意或者申请的，可以依法先行处置。先行处置所得款项按照涉案现金管理。

第四十六条 农业行政处罚机关实施查封、扣押等行政强制措施，应当履行《中华人民共和国行政强制法》规定的程序和要求，制作并当场交付查封、扣押决定书和清单。

第四十七条 经查明与违法行为无关或者不再需要采取查封、扣押措施的，应当解除查封、扣押措施，将查封、扣押的财物如数返还当事人，并由农业行政执法人员和当事人在解除查封或者扣押决定书和清单上签名、盖章或者按指纹。

第四十八条 有下列情形之一的，经农业行政处罚机关负责人批准，中止案件调查，并制作案件中止调查决定书：

（一）行政处罚决定必须以相关案件的裁判结果或者其他行政决定为依据，而相关案件尚未审结或者其他行政决定尚未作出；

（二）涉及法律适用等问题，需要送请有权机关作出解释或者确认；

（三）因不可抗力致使案件暂时无法调查；

（四）因当事人下落不明致使案件暂时无法调查；

（五）其他应当中止调查的情形。

中止调查的原因消除后，应当立即恢复案件调查。

第四十九条 农业行政执法人员在调查结束后，应当根据不同情形提出如下处理建议，并制作案件处理意见书，报请农业行政处罚机关负责人审查：

（一）确有应受行政处罚的违法行为的，根据情节轻重及具体情况，建议作出行政处罚；

（二）违法事实不能成立的，建议不予行政处罚；

（三）违法行为轻微并及时改正，没有造成危害后果的，建议不予行政处罚；

（四）当事人有证据足以证明没有主观过错的，建议不予行政处罚，但法律、行政法规另有规定的除外；

（五）初次违法且危害后果轻微并及时改正的，建议可以不予行政处罚；

（六）违法行为超过追责时效的，建议不再给予行政处罚；

（七）违法行为不属于农业行政处罚机关管辖的，建议移送其他行政机关；

（八）违法行为涉嫌犯罪应当移送司法机关的，建议移送司法机关；

（九）依法作出处理的其他情形。

第五十条 有下列情形之一，在农业行政处罚机关负责人作出农业行政处罚决定前，应当由从事农业行政处罚决定法制审核的人员进行法制审核；未经法制审核或者审核未通过的，农业行政处罚机关不得作出决定：

（一）涉及重大公共利益的；

（二）直接关系当事人或者第三人重大权益，经过听证程序的；

（三）案件情况疑难复杂、涉及多个法律关系的；

（四）法律、法规规定应当进行法制审核的其他情形。

农业行政处罚法制审核工作由农业行政处罚机关法制机构负责；未设置法制机构的，由农业行政处罚机关确定的承担法制审核工作的其他机构或者专门人员负责。

案件查办人员不得同时作为该案件的法制审核人员。农业行政处罚机关中初次从事法制审核的人员，应当通过国家统一法律职业资格考试取得法律职业资格。

第五十一条 农业行政处罚决定法制审核的主要内容包括：

（一）本机关是否具有管辖权；

（二）程序是否合法；

（三）案件事实是否清楚，证据是否确实、充分；

（四）定性是否准确；

（五）适用法律依据是否正确；

（六）当事人基本情况是否清楚；

（七）处理意见是否适当；

（八）其他应当审核的内容。

除本规定第五十条第一款规定以外，适用普通程序的其他农业行政处罚案件，在作出处罚决定前，应当参照前款规定进行案件审核。审核工作由农业行政处罚机关的办案机构或其他机构负责实施。

第五十二条 法制审核结束后，应当区别不同情况提出如下建议：

（一）对事实清楚、证据充分、定性准确、适用依据正确、程序合法、处理适当的案件，拟同意作出行政处罚决定；

（二）对定性不准、适用依据错误、程序不合法或者处理不当的案件，建议纠正；

（三）对违法事实不清、证据不充分的案件，建议补充调查或者撤销案件；

（四）违法行为轻微并及时纠正没有造成危害后果的，或者违法行为超过追责时效的，建议不予行政处罚；

（五）认为有必要提出的其他意见和建议。

第五十三条 法制审核机构或者法制审核人员应当自接到审核材料之日起五日内完成审核。特殊情况下，经农业行政处罚机关负责人批准，可以延长十五日。法律、法规、规章另有规定的除外。

第五十四条 农业行政处罚机关负责人应当对调查结果、当事人陈述申辩或者听证情况、案件处理意见和法制审核意见等进行全面审查，并区别不同情况分别作出如下处理决定：

（一）确有应受行政处罚的违法行为的，根据情节轻重及具体情况，作出行政处罚决定；

（二）违法事实不能成立的，不予行政处罚；

（三）违法行为轻微并及时改正，没有造成危害后果的，不予行政处罚；

（四）当事人有证据足以证明没有主观过错的，不予行政处罚，但法律、行政法规另有规定的除外；

（五）初次违法且危害后果轻微并及时改正的，可以不予行政处罚；

（六）违法行为超过追责时效的，不予行政处罚；

（七）不属于农业行政处罚机关管辖的，移送其他行政机关处理；

（八）违法行为涉嫌犯罪的，将案件移送司法机关。

第五十五条 下列行政处罚案件，应当由农业行政处罚机关负责人集体讨论决定：

（一）符合本规定第五十九条所规定的听证条件，且申请人申请听证的案件；

（二）案情复杂或者有重大社会影响的案件；

（三）有重大违法行为需要给予较重行政处罚的案件；

（四）农业行政处罚机关负责人认为应当提交集体讨论的其他案件。

第五十六条 农业行政处罚机关决定给予行政处罚的，应当制作行政处罚决定书。行政处罚决定书应当载明以下内容：

（一）当事人的姓名或者名称、地址；

（二）违反法律、法规、规章的事实和证据；

（三）行政处罚的种类和依据；

（四）行政处罚的履行方式和期限；

（五）申请行政复议、提起行政诉讼的途径和期限；

（六）作出行政处罚决定的农业行政处罚机关名称和作出决定的日期。

农业行政处罚决定书应当加盖作出行政处罚决定的行政机关的印章。

第五十七条 在边远、水上和交通不便的地区按普通程序实施处罚时，农业行政执法人员可以采用即时通讯方式，报请农业行政处罚机关负责人批准立案和对调查结果及处理意见进行审查。报批记录必须存档备案。当事人可当场向农业行政执法人员进行陈述和申辩。当事人当场书面放弃陈述和申辩的，视为放弃权利。

前款规定不适用于本规定第五十五条规定的应当由农业行政处罚机关负责人集体讨论决定的案件。

第五十八条 农业行政处罚案件应当自立案之日起九十日内作出处理决定；因案情复杂、调查取证困难等需要延长的，经本农业行政处罚机关负责人批准，可以延长三十日。案情特别复杂或者有其他特殊情况，延期后仍不能作出处理决定的，应当报经上一级农业行政处罚机关决定是否继续延期；决定继续延期的，应当同时确定延长的合理期限。

案件办理过程中，中止、听证、公告、检验、检测、鉴定等时间不计入前款所指的案件办理期限。

第三节　听证程序

第五十九条 农业行政处罚机关依照《中华人民共和国行政处罚法》第六十三条的规定，在作出较大数额罚款、没收较大数额违法所得、没收较大价值非法财物、降低资质等级、吊销许可证件、责令停产停业、责令关闭、限制从业等较重农业行政处罚决定前，应当告知当事人有要求举行听证的权利。当事人要求听证的，农业行政处罚机关应当组织听证。

前款所称的较大数额、较大价值，县级以上地方人民政府农业农村主管部门按所在省、自治区、直辖市人民代表大会及其常委会或者人民政府规定的标准执行。农业农村部规定的较大数额、较大价值，对个人是指超过一万元，对法人或者其他组织是指超过十万元。

第六十条　听证由拟作出行政处罚的农业行政处罚机关组织。具体实施工作由其法制机构或者相应机构负责。

第六十一条　当事人要求听证的，应当在收到行政处罚事先告知书之日起五日内向听证机关提出。

第六十二条　听证机关应当在举行听证会的七日前送达行政处罚听证会通知书，告知当事人及有关人员举行听证的时间、地点、听证人员名单及当事人可以申请回避和可以委托代理人等事项。

当事人可以亲自参加听证，也可以委托一至二人代理。当事人及其代理人应当按期参加听证，无正当理由拒不出席听证或者未经许可中途退出听证的，视为放弃听证权利，行政机关终止听证。

第六十三条　听证参加人由听证主持人、听证员、书记员、案件调查人员、当事人及其委托代理人等组成。

听证主持人、听证员、书记员应当由听证机关负责人指定的法制工作机构工作人员或者其他相应工作人员等非本案调查人员担任。

当事人委托代理人参加听证的，应当提交授权委托书。

第六十四条　除涉及国家秘密、商业秘密或者个人隐私依法予以保密等情形外，听证应当公开举行。

第六十五条　当事人在听证中的权利和义务：

（一）有权对案件的事实认定、法律适用及有关情况进行陈述和申辩；

（二）有权对案件调查人员提出的证据质证并提出新的证据；

（三）如实回答主持人的提问；

（四）遵守听证会场纪律，服从听证主持人指挥。

第六十六条　听证按下列程序进行：

（一）听证书记员宣布听证会场纪律、当事人的权利和义务，听证主持人宣布案由、核实听证参加人名单、宣布听证开始；

（二）案件调查人员提出当事人的违法事实、出示证据，说明拟作出的农业行政处罚的内容及法律依据；

（三）当事人或者其委托代理人对案件的事实、证据、适用的法律等进行陈述、申辩和质证，可以当场向听证会提交新的证据，也可以在听证会后三日内向听证机关补交证据；

（四）听证主持人就案件的有关问题向当事人、案件调查人员、证人询问；

（五）案件调查人员、当事人或者其委托代理人相互辩论；

（六）当事人或者其委托代理人作最后陈述；

（七）听证主持人宣布听证结束。听证笔录交当事人和案件调查人员审核无误后签字或者盖章。

当事人或者其代理人拒绝签字或者盖章的,由听证主持人在笔录中注明。

第六十七条 听证结束后,听证主持人应当依据听证情况,制作行政处罚听证会报告书,连同听证笔录,报农业行政处罚机关负责人审查。农业行政处罚机关应当根据听证笔录,按照本规定第五十四条的规定,作出决定。

第六十八条 听证机关组织听证,不得向当事人收取费用。

第四章 执法文书的送达和处罚决定的执行

第六十九条 农业行政处罚机关送达行政处罚决定书,应当在宣告后当场交付当事人;当事人不在场的,应当在七日内依照《中华人民共和国民事诉讼法》的有关规定将行政处罚决定书送达当事人。

当事人同意并签订确认书的,农业行政处罚机关可以采用传真、电子邮件等方式,将行政处罚决定书等送达当事人。

第七十条 农业行政处罚机关送达行政执法文书,应当使用送达回证,由受送达人在送达回证上记明收到日期,签名或者盖章。

受送达人是公民的,本人不在时交其同住成年家属签收;受送达人是法人或者其他组织的,应当由法人的法定代表人、其他组织的主要负责人或者该法人、其他组织负责收件的有关人员签收;受送达人有代理人的,可以送交其代理人签收;受送达人已向农业行政处罚机关指定代收人的,送交代收人签收。

受送达人、受送达人的同住成年家属、法人或者其他组织负责收件的有关人员、代理人、代收人在送达回证上签收的日期为送达日期。

第七十一条 受送达人或者他的同住成年家属拒绝接收行政执法文书的,送达人可以邀请有关基层组织或者其所在单位的代表到场,说明情况,在送达回证上记明拒收事由和日期,由送达人、见证人签名或者盖章,把行政执法文书留在受送达人的住所;也可以把行政执法文书留在受送达人的住所,并采用拍照、录像等方式记录送达过程,即视为送达。

第七十二条 直接送达行政执法文书有困难的,农业行政处罚机关可以邮寄送达或者委托其他农业行政处罚机关代为送达。

受送达人下落不明,或者采用直接送达、留置送达、委托送达等方式无法送达的,农业行政处罚机关可以公告送达。

委托送达的,受送达人的签收日期为送达日期;邮寄送达的,以回执上注明的收件日期为送达日期;公告送达的,自发出公告之日起经过六十日,即视为送达。

第七十三条 当事人应当在行政处罚决定书确定的期限内,履行处罚决定。

农业行政处罚决定依法作出后,当事人对行政处罚决定不服,申请行政复议或者提起行政诉讼的,除法律另有规定外,行政处罚决定不停止执行。

第七十四条 除依照本规定第七十五条、第七十六条的规定当场收缴罚款外,农业行政处罚机关及其执法人员不得自行收缴罚款。决定罚款的农业行政处罚机关应当书面告知当事人在收到行政处罚决定书之日起十五日内,到指定的银行或者通过电子支付系统缴纳罚款。

第七十五条 依照本规定第二十五条的规定当场作出农业行政处罚决定,有下列情形之一，农业行政执法人员可以当场收缴罚款：

（一）依法给予一百元以下罚款的；

（二）不当场收缴事后难以执行的。

第七十六条　在边远、水上、交通不便地区，农业行政处罚机关及其执法人员依照本规定第二十五条、第五十四条、第五十五条的规定作出罚款决定后，当事人到指定的银行或者通过电子支付系统缴纳罚款确有困难，经当事人提出，农业行政处罚机关及其执法人员可以当场收缴罚款。

第七十七条　农业行政处罚机关及其执法人员当场收缴罚款的，应当向当事人出具国务院财政部门或者省、自治区、直辖市财政部门统一制发的专用票据，不出具财政部门统一制发的专用票据的，当事人有权拒绝缴纳罚款。

第七十八条　农业行政执法人员当场收缴的罚款，应当自返回农业行政处罚机关所在地之日起二日内，交至农业行政处罚机关；在水上当场收缴的罚款，应当自抵岸之日起二日内交至农业行政处罚机关；农业行政处罚机关应当自收到款项之日起二日内将罚款交至指定的银行。

第七十九条　对需要继续行驶的农业机械、渔业船舶实施暂扣或者吊销证照的行政处罚，农业行政处罚机关在实施行政处罚的同时，可以发给当事人相应的证明，责令农业机械、渔业船舶驶往预定或者指定的地点。

第八十条　对生效的农业行政处罚决定，当事人拒不履行的，作出农业行政处罚决定的农业行政处罚机关依法可以采取下列措施：

（一）到期不缴纳罚款的，每日按罚款数额的百分之三加处罚款，加处罚款的数额不得超出罚款的数额；

（二）根据法律规定，将查封、扣押的财物拍卖、依法处理或者将冻结的存款、汇款划拨抵缴罚款；

（三）依照《中华人民共和国行政强制法》的规定申请人民法院强制执行。

第八十一条　当事人确有经济困难，需要延期或者分期缴纳罚款的，应当在行政处罚决定书确定的缴纳期限届满前，向作出行政处罚决定的农业行政处罚机关提出延期或者分期缴纳罚款的书面申请。

农业行政处罚机关负责人批准当事人延期或者分期缴纳罚款后，应当制作同意延期（分期）缴纳罚款通知书，并送达当事人和收缴罚款的机构。农业行政处罚机关批准延期、分期缴纳罚款的，申请人民法院强制执行的期限，自暂缓或者分期缴纳罚款期限结束之日起计算。

第八十二条　除依法应当予以销毁的物品外，依法没收的非法财物，必须按照国家规定公开拍卖或者按照国家有关规定处理。处理没收物品，应当制作罚没物品处理记录和清单。

第八十三条　罚款、没收的违法所得或者没收非法财物拍卖的款项，必须全部上缴国库，任何行政机关或者个人不得以任何形式截留、私分或者变相私分。

罚款、没收的违法所得或者没收非法财物拍卖的款项，不得同作出农业行政处罚决定的农业行政处罚机关及其工作人员的考核、考评直接或者变相挂钩。除依法应当退还、退赔的外，财政部门不得以任何形式向作出农业行政处罚决定的农业行政处罚机关返还罚款、没收的违法所得或者没收非法财物拍卖的款项。

第五章　结案和立卷归档

第八十四条　有下列情形之一的，农业行政处罚机关可以结案：
（一）行政处罚决定由当事人履行完毕的；
（二）农业行政处罚机关依法申请人民法院强制执行行政处罚决定，人民法院依法受理的；
（三）不予行政处罚等无须执行的；
（四）行政处罚决定被依法撤销的；
（五）农业行政处罚机关认为可以结案的其他情形。
农业行政执法人员应当填写行政处罚结案报告，经农业行政处罚机关负责人批准后结案。

第八十五条　农业行政处罚机关应当按照下列要求及时将案件材料立卷归档：
（一）一案一卷；
（二）文书齐全，手续完备；
（三）案卷应当按顺序装订。

第八十六条　案件立卷归档后，任何单位和个人不得修改、增加或者抽取案卷材料，不得修改案卷内容。案卷保管及查阅，按档案管理有关规定执行。

第八十七条　农业行政处罚机关应当建立行政处罚工作报告制度，并于每年1月31日前向上级农业行政处罚机关报送本行政区域上一年度农业行政处罚工作情况。

第六章　附　则

第八十八条　本规定中的"以上""以下""内"均包括本数。

第八十九条　本规定中"二日""三日""五日""七日"的规定是指工作日，不含法定节假日。
期间以时、日、月、年计算。期间开始的时或者日，不计算在内。
期间届满的最后一日是节假日的，以节假日后的第一日为期间届满的日期。
行政处罚文书的送达期间不包括在路途上的时间，行政处罚文书在期满前交邮的，视为在有效期内。

第九十条　农业行政处罚基本文书格式由农业农村部统一制定。各省、自治区、直辖市人民政府农业农村主管部门可以根据地方性法规、规章和工作需要，调整有关内容或者补充相应文书，报农业农村部备案。

第九十一条　本规定自2022年2月1日起实施。2020年1月14日农业农村部发布的《农业行政处罚程序规定》同时废止。

农业部关于加强农业行政执法与刑事司法衔接工作的实施意见

农政发〔2011〕2号

各省、自治区、直辖市农业（农牧、农村经济）、畜牧、农机、渔业、农垦、乡镇企业厅（局、委），部机关有关司局、直属有关单位：

近年来，各地农业部门不断加大农业行政执法力度，及时将涉嫌犯罪案件移送司法机关追究刑事责任，有力打击了农业违法行为，取得了明显的制裁效果和威慑作用。但是，在一些地区和部门中有案不移、以罚代刑的问题仍然不同程度地存在。为加强农业行政执法与刑事司法衔接工作，根据国务院《行政执法机关移送涉嫌犯罪案件的规定》，以及最高人民检察院、公安部、监察部等部门的有关要求，现就在农业行政执法中做好涉嫌犯罪案件移送工作提出如下意见：

一、切实提高对衔接工作重要性的认识

（一）加强农业行政执法与刑事司法衔接工作是严厉打击农业违法行为的迫切要求和重要手段，事关依法行政，事关农资市场秩序维护和农产品质量安全，事关农民和消费者合法权益保障。农业部门及时将涉嫌犯罪案件移送公安机关，使违法行为人不仅受到行政责任和民事责任追究，而且还要依法承担刑事责任，有利于最大限度地打击违法行为，遏制违法犯罪活动。当前，农业违法行为特别是制售假劣农资行为呈现专业化、隐蔽化、网络化和区域化特征，农业部门及时将涉嫌犯罪案件移送公安机关，可以借助公安机关强有力的侦查手段和丰富的办案经验，有利于及早抓获违法行为人，彻查制售假劣农资源头，捣毁制假售假网络。各级农业部门要进一步统一思想，提高做好涉嫌犯罪案件移送工作的认识，增强紧迫感和责任感。

二、严格履行法定职责

（二）各级农业部门要严格依法履行职责，对涉嫌生产、销售伪劣种子、农药、兽药、化肥、饲料，生产、销售有毒有害食用农产品，非法经营、伪造、变造、买卖国家机关公文、证件、印章，非法制造、买卖、运输、储存危险物质等犯罪案件，切实做到该移送的移送，不得以罚代刑。

（三）各级农业部门在执法检查时，发现违法行为明显涉嫌犯罪的，应当及时向公安机关通报。公安机关经调查立案后依法提请农业部门作出检验、鉴定、认定等协助的，农业部门应当予以协助。

（四）各级农业部门在查处农业违法案件过程中，发现违法行为涉嫌犯罪的，应当及时向公安机关移送。移送时应当移交案件的全部材料，同时将案件移送书及有关材料目录

抄送人民检察院。农业部门在移送案件时已经作出行政处罚决定的,应当将行政处罚决定书一并抄送公安机关、人民检察院;未作出行政处罚决定的,原则上应当在公安机关决定不予立案或者撤销案件、人民检察院作出不起诉决定、人民法院作出无罪判决或者免予刑事处罚后,再决定是否给予行政处罚。

(五)各级农业部门在查处违法行为过程中,发现国家工作人员涉嫌贪污贿赂、渎职侵权等违纪违法线索的,应当根据案件的性质,及时向监察机关或者人民检察院移送。

(六)农业部门对公安机关不受理本部门移送的案件,或者未在法定期限内作出立案或者不予立案决定的,可以建议人民检察院进行立案监督。对公安机关作出的不予立案决定有异议的,可以向作出决定的公安机关提请复议,也可以建议人民检察院进行立案监督;对公安机关不予立案的复议决定仍有异议的,可以建议人民检察院进行立案监督。对公安机关立案后作出撤销案件的决定有异议的,可以建议人民检察院进行立案监督。

三、完善衔接工作机制

(七)各地农业部门要针对农业行政执法与刑事司法衔接工作的薄弱环节,建立健全衔接工作机制,明确细化移送涉嫌犯罪案件的标准和程序,促进农业部门与公安机关等有关单位的协调配合,形成工作合力。

(八)完善联席会议制度。要充分发挥农业部门农资打假牵头单位作用,定期组织召开联席会议,由有关单位相互通报查处违法犯罪行为以及行政执法与刑事司法衔接工作的有关情况,研究衔接工作中存在的问题,提出加强衔接工作的对策。

(九)健全案件咨询和会商制度。对案情重大、复杂、疑难,性质难以认定的案件,农业部门可以就刑事案件立案追诉标准、证据的固定和保全等问题咨询和会商公安机关、人民检察院,避免因证据不足或定性不准而导致应移送的案件无法移送。

(十)健全信息通报制度。要通过工作简报、情况通报会议、电子政务网络等多种形式实现信息共享,推动农业行政执法与刑事司法衔接工作深入开展。

四、加强对衔接工作的组织领导和监督

(十一)各级农业部门要把加强农业行政执法与刑事司法衔接工作列入重要议事日程,精心组织,严格责任追究,确保农业行政执法与刑事司法衔接工作落到实处。努力争取各级政府和财政部门的支持,积极探索案件查办专项奖励机制,为协作办案提供经费保障。

(十二)各级农业部门要将行政执法与刑事司法衔接工作的有关规定和具体要求纳入培训内容,强化农业执法人员依法移送、依法办案的意识。

(十三)地方各级农业部门要定期向地方人民政府、人民检察院和监察机关报告农业行政执法与刑事司法衔接工作,主动接受监督。要加强对农业行政执法与刑事司法衔接工作的检查和考核,把是否依法移送的情况纳入各级农业部门的综合考核评价体系。各省级农业部门每年底前要将本省农业行政执法与刑事司法衔接工作情况报送我部。

中华人民共和国农业部
二〇一一年三月十一日

饲料中风险物质的筛查与确认导则 液相色谱-高分辨质谱法

中华人民共和国农业农村部公告第 312 号

根据《兽药管理条例》《饲料和饲料添加剂管理条例》规定，我部组织制定了《饲料中风险物质的筛查与确认导则 液相色谱-高分辨质谱法（LC－HRMS）》标准，现予发布，自发布之日起实施。

特此公告。

附件：饲料中风险物质的筛查与确认导则 液相色谱—高分辨质谱法（LC－HRMS）

农业农村部
2020 年 7 月 3 日

附件

饲料中风险物质的筛查与确认导则 液相色谱-高分辨质谱法（LC－HRMS）

1 范围

本导则确立了饲料、饲料添加剂和饲料原料中药物等风险物质的筛查与确认程序，规定了用液相色谱-高分辨质谱仪筛查确认程序的步骤以及步骤之间的判定条件，描述了筛查确认的方法。

2 筛查准备

2.1 仪器要求

本导则中所使用的高分辨质谱仪在执行目标物筛查确认程序时应符合实际分辨率不小于 20 000〔质荷比（m/z）等于 200，按半峰宽（FWHM）计〕，质量准确性相对偏差不大于 5 ppm（m/z 等于 200）的基本要求；在同时执行非目标物分析程序时应符合实际分辨率不小于 70 000（m/z 等于 200，按 FWHM 计），质量准确性相对偏差不大于 3 ppm（m/z 等于 200）的基本要求。仪器应定期进行校准调谐，确保筛查过程中处于正常工作状态，并达到以上要求。

2.2 目标化合物列表（库）

化合物列表（库）应包含化合物中英文通用名称、分子式、化学文摘社（CAS）号、主要母离子（分子离子、质子化离子/去质子化离子或加成离子）的精确质荷比、2个以上特征碎片离子的精确质荷比。如有参考标准品，应在特定色谱条件下，通过实际进样分析获得列表中化合物的准确信息、保留时间和特征碎片离子的相对丰度比。

3 筛查流程

高分辨质谱筛查与确认饲料中添加物质的流程包含：样品前处理、目标物筛查、目标物确认、非目标物筛查等，具体流程见图1。

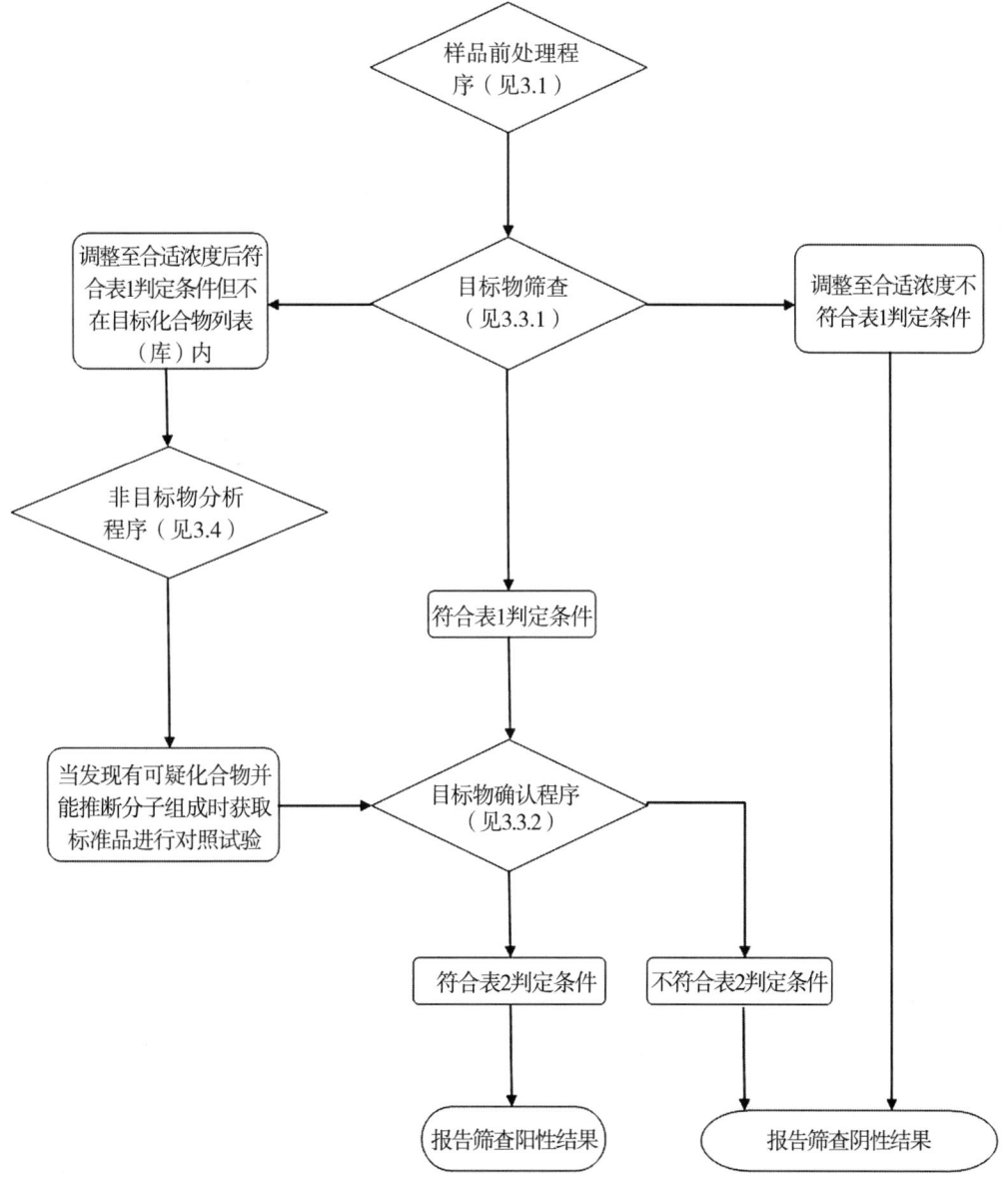

图1 高分辨质谱筛查确认饲料中添加物质流程图

3.1 样品前处理程序

一般包含提取、净化、稀释（或富集）等操作，原则上应尽可能涵盖、兼顾多种（类）化合物，前处理方法应与样品基质和目标化合物的性质相匹配。单个化合物的回收率不作严格要求。前处理参考条件见附录。

3.2 LC-HRMS 工作条件的确定

3.2.1 色谱条件的确定

色谱条件（色谱柱、流动相和梯度洗脱程序等）的确定原则：

（1）在可接受的单针分析时间内，在进样溶液中获得尽可能多的、各组分能充分分离的、且更适合质谱定性检测的总离子流色谱图。

（2）流动相应尽可能有利于被测成分的离子化，以获取足够的信号响应。

（3）目标分析物的可接受的最短保留时间应至少是色谱柱死时间的 2 倍。

对此，提出的色谱参考条件见附录。

3.2.2 质谱条件的确定

高分辨质谱筛查方法的质谱工作条件设定原则：

（1）有利于准确获取样品中尽可能多的化合物的精确质量数信息，包括可能分子离子（包括质子化离子、去质子化离子）、加成离子（Adduct）和同位素组成的离子簇和碎片离子。

（2）有利于获取足够信息的仪器采集频率。

（3）有利于在检测限水平以上获取足够的信号响应。

（4）有利于获取足够数量的碎片离子。

参考质谱的工作条件见附录。

3.3 目标物筛查确认程序

3.3.1 目标物筛查

将质量数提取窗口（MEW）调整至一级母离子为 10 ppm，二级子离子为 20 ppm，对全扫描所获得的总离子流图进行提取，选择可辨识的色谱（质谱）峰，将其与经验证的目标化合物列表（库）中的化合物信息进行对比。

对比结果符合表 1 中所示条件时，可认为筛查到疑似阳性样品（目标化合物），须进入目标物确认程序，否则应视情况进入非目标物筛查程序或直接判为阴性。

表 1 目标物筛查判定条件

判别项	判定条件
采样点数	单个目标物峰不少于 5 个采样点
信号响应要求	1）信噪比（S/N）存在时，应使 S/N≥3 2）当 S/N 不存在时，以 95% 置信度水平上可准确定性该化合物的最低检测浓度作为检测限
质量准确性	1）一级母离子 m/z≥200 时，其相对偏差应≥10 ppm 2）一级母离子 m/z<200 时，其绝对偏差应<1mDa

3.3.2 目标物确认

筛查到疑似阳性样品（目标化合物），进入目标物确认程序后，应使用参考标准品与样品进行对照实验，需要注意：

（1）参考标准品浓度应与样品中目标物浓度接近。

（2）如能获得与样品相似的空白基质，应将其添加在基质中进行实验，如不能获得则可进行样品添加标准品实验。将质量数提取窗口（MEW）调整至一级母离子为 5 ppm，二级子离子为 10 ppm，对全扫描所获得的总离子流图进行提取，选择可辨识的色谱（质谱）峰，对照实验结果符合表 2 所示条件、碎片相对离子丰度比同时满足表 3 要求时，应确认为阳性，否则为阴性。

表 2 目标物确认判定条件

判别项	判定条件
保留时间	化合物的保留时间应至少大于死时间的 2 倍。目标物与参考标准品以相同条件测定所获保留时间的绝对偏差应不大于 0.2min
质量准确性	一级母离子的 m/z 相对偏差≥5 ppm 二级子离子的 m/z 相对偏差≥10ppm 当 m/z＜200 时，其绝对偏差应＜1mDa
同位素峰	应将确认样品调整至适当的进样浓度确保主要同位素峰可测，同位素峰的 m/z 应符合目标物确认的质量准确性要求
碎片相对离子丰度比	比较二级碎片质谱图，其主要碎片离子有 2 个或 2 个以上符合表中质量准确性要求，且其相对离子丰度比符合表 3 的最大允许偏差要求

表 3 定性确认时相对离子丰度的最大允许偏差

相对离子丰度（%）	≥50	20～50	10～20	≤10
允许的最大偏差（%）	±20	±25	±30	±50

3.4 非目标物的筛选与确证

选择可辨识的色谱（质谱）峰进行评估，结合提取离子流色谱（EIC）图提取的色谱（质谱）峰和一级全扫描质谱图，确定该非目标物的精确质荷比以及同位素峰的相对离子丰度比，通过获取的精确质量数信息推断元素组成与分子式，对该分子式进行检索推断可能的化合物，获取相应的参考标准品，按目标物确认要求进行确认。

在非目标物分析程序中，要注意以下几点：

（1）色谱条件应在合理范围内进行优化，以尽可能多地保留和分离化合物。

（2）质量数提取窗口（MEW）的选择应根据所使用的仪器分辨率进行调整，当基质干扰不强又需要防止漏筛时可以将其调整至高于 20 ppm，而当背景干扰严重为避免一些质荷比接近的杂质干扰时，可将其调整至低于 5 ppm。

（3）在非目标物分析中可以使用一些软件自带的去卷积算法、条件峰值选取、扣除背景算法等。

（4）如果采用轮廓图（Profile）记录质谱原始数据，则应注意质谱峰形，任何肩峰都意味着有可能存在质荷比接近的杂质干扰，可进一步提高色谱分离或质谱分辨率进行分析。

（5）分子式的推断可以根据不同厂商提供的软件来实现，要符合一定的化合物构成基本原则。

4 结果表述

筛查结果中应注明前处理方法与高分辨质谱仪器条件。对于已得到参考标准品确认的化合物，应补充相应的筛查检测限，其含量值应选择或建立定量方法进行测定，对于有定量需求的目标化合物应另行使用现有标准或经过验证的自建方法进行定量。对于无法得到确认的化合物应给出特征离子的精确质量数，通知其他实验室予以关注、尽可能收集更多信息进一步确认。

附录：参考条件

附录

参考条件

1 前处理参考条件

称取试料 2.00g（精确至 0.01g）于 50mL 离心管中，加入 20mL 乙腈：0.1mol/L 盐酸＝1：1 提取溶液，振荡提取 5min，8 000g 离心 3min，移取上层清液适量，用 0.1％甲酸溶液稀释至适当浓度，14 000g 高速离心 4min，取上清液上机检测。

2 色谱参考条件

色谱柱：ZORBAX SB - C_{18}（100mm×3.0mm，粒径 1.8μm），或效果等同的色谱柱；

柱温：30℃；

进样量：10μL；

流速：0.3mL/min；

流动相：A：含 0.1％甲酸的水溶液；B：含 0.1％甲酸的乙腈溶液，梯度洗脱，见表 4。

表 4 梯度洗脱程序表

时间（min）	A（％）	B（％）
0	95	5
15	5	95
18	5	95
20	95	5
23	95	5

3　质谱参考条件

电离模式：电喷雾电离（ESI+与ESI−）；

扫描方式：正、负离子切换扫描或正、负离子分别扫描；

检测方式：全扫描/数据依赖二级扫描（Full MS/ddMS2），或效果相当的其他扫描模式；

脱溶剂气、锥孔气和碰撞气均为纯度高于98%氮气；

毛细管电压：3.2kV（ESI+）2.8kV（ESI−）；

离子传输管温度：325℃；

脱溶剂温度：350℃；

鞘气：40arb；

辅助气：10arb；

一级全扫描范围：m/z 100~1 500，分辨率：70 000；

碰撞能量：20、40、60eV。

饲料中风险物质的目标物筛查与确认 液相色谱-高分辨质谱法

中华人民共和国农业农村部公告第 676 号

根据《兽药管理条例》《饲料和饲料添加剂管理条例》规定，我部组织制定了《饲料中风险物质的目标物筛查与确认 液相色谱-高分辨质谱法》检测方法，现予发布，自发布之日起实施。

特此公告。

附件：饲料中风险物质的目标物筛查与确认 液相色谱-高分辨质谱法

农业农村部
2023 年 6 月 2 日

附件

饲料中风险物质的目标物筛查与确认 液相色谱-高分辨质谱法

1 范围

本方法适用于饲料、饲料添加剂和饲料原料中化学药物等风险物质的筛查与确认。447 种风险物质信息及检出限参见附录。

2 试剂和材料

以下所用试剂，除特别注明外均为分析纯，水为符合《分析实验室用水规格和试验方法》（GB/T 6682）规定的一级水。

2.1 试剂

2.1.1 乙腈：色谱纯。

2.1.2 甲酸：色谱纯。

2.2 溶液配制

2.2.1 75%乙腈溶液：量取 750mL 乙腈（2.1.1），加入 250mL 水中，混匀。

2.2.2 0.1%甲酸乙腈溶液Ⅰ：准确移取 1mL 甲酸（2.1.2），用适量 75%乙腈溶液（2.2.1）定容至 1 000 mL，混匀。

2.2.3　0.1％甲酸水溶液：准确移取1mL甲酸（2.1.2），用水稀释至1 000mL，混匀。

2.2.4　0.5％甲酸水溶液：准确移取5mL甲酸（2.1.2），用水稀释至1 000mL，混匀。

2.2.5　0.1％甲酸乙腈溶液Ⅱ：准确移取1mL甲酸（2.1.2），用乙腈（2.1.1）稀释至1 000mL，混匀。

2.2.6　0.5％甲酸乙腈溶液：准确移取5mL甲酸（2.1.2），用乙腈（2.1.1）稀释至1 000mL，混匀。

2.3　标准品

447种风险物质标准品的中英文名称、化学文摘（CAS）登录号、分子式、配制溶剂以及色谱保留时间、特征碎片离子等信息见附录。

2.4　标准溶液配制

2.4.1　标准储备溶液（1.0mg/mL）：固体标准品根据标准物质纯度和盐型换算药物原型，分别精密称取（精确至0.01mg）标准品，采用附录中对应溶剂配制成1.0mg/mL的标准储备溶液。液体标准品（单标或混标）直接用溶剂稀释配制成1.0mg/mL的标准储备溶液。密封，－18℃及以下避光保存，有效期6个月。氨基糖苷类化合物标准品需使用聚丙烯材质容器保存。

2.4.2　混合标准中间溶液（10μg/mL）：准确移取匹配溶剂配制的同类药物1.0mg/mL单一标准储备溶液各0.1mL，用溶剂稀释并定容至10mL，混匀，配制成10μg/mL的混合标准中间溶液。液体标准品（混标）配制的标准储备溶液直接用溶剂稀释成10μg/mL的混合标准中间溶液。－18℃及以下避光保存，有效期7d。

2.4.3　混合标准工作溶液（500～1 000ng/mL）：准确移取一份或多份混合标准中间溶液各0.5～1.0mL，用溶剂稀释并定容至10mL，混匀。于－18℃及以下避光保存。临用现配。

2.5　材料

2.5.1　微孔滤膜：0.22μm，有机系。

2.5.2　一次性注射器：≥1mL。

3　仪器和设备

3.1　高分辨质谱仪

一级分辨率不小于20 000〔以利血平 m/z＝609.280 7为基准，按半峰宽（FWHM）计〕，质量准确性相对偏差不大于5 ppm（m/z＝609.280 7）；二级分辨率不小于10 000。仪器应定期进行校准调谐，确保筛查过程中处于正常工作状态。

3.2　分析天平

精度0.000 01g和0.01g。

3.3　涡旋混合仪

3.4　超声波清洗器

3.5　冷冻离心机

转速不低于12 000 r/min。

4 试验步骤

4.1 提取

称取饲料样品 2g（精确至 0.01g。固体样品粉碎至全部过 0.425nm 试验筛后使用）于 50mL 离心管中，准确加入 0.1%甲酸乙腈溶液Ⅰ（2.2.2）20mL，涡旋振荡提取 5min，超声提取 10min，4℃下 8 000 r/min 离心 5min，取上清液过 0.22μm 微孔滤膜（2.5.1），供上机测试。

如样品中检出的风险物质（化合物）含量较高，宜移取适量上清液，用 0.1%甲酸水溶液（2.2.3）稀释，4℃下 12 000 r/min 离心 4min，取上清液过 0.22μm 微孔滤膜（2.5.1）后供上机测试。

4.2 测定

4.2.1 液相色谱参考条件

a）色谱柱：C_{18} 色谱柱，长 100mm，内径 2.1mm，粒径 1.6μm（化合物 1-420），或性能相当者。

b）色谱柱：BEH Amide 色谱柱，长 100mm，内径 2.1mm，粒径 1.7μm（化合物 421—447），或性能相当者。

c）柱温：40℃。

d）进样量：3μL。

e）流速：0.4mL/min。

梯度洗脱程序见表 1 和表 2。

表 1 C_{18} 色谱柱梯度洗脱程序表

时间/min	ESI⁺扫描模式 （适用于序号 1—384 化合物）		ESI⁻扫描模式 （适用于序号 385—420 化合物）	
	0.1%甲酸水溶液/%	0.1%甲酸乙腈溶液/%	水/%	乙腈/%
0	98	2	98	2
0.50	98	2	98	2
1.00	85	15	85	15
20.00	2	98	2	98
22.00	2	98	2	98
22.01	98	2	98	2
25.00	98	2	98	2

表 2　BEH Amide 色谱柱梯度洗脱程序表

时间/min	ESI⁺扫描模式（适用于序号 421—447 化合物）	
	0.5%甲酸水溶液/%	0.5%甲酸乙腈溶液/%
0	10	90
0.50	10	90
1.00	40	60
7.00	90	10
9.00	90	10
9.01	10	90
10.00	10	90

4.2.2　高分辨质谱参考条件

a）电离模式：电喷雾电离。

b）扫描方式：正、负离子切换扫描或分别扫描；全扫描/数据依赖二级扫描，或效果相当的其他扫描模式。

c）MS 扫描范围：m/z 50～1 000。

d）MS/MS 扫描范围：m/z 50～1 000。

4.2.3　高分辨质谱谱库建库要求

化合物谱库（列表）应包含化合物中英文通用名称、分子式、CAS 号、主要母离子（分子离子、质子化离子/去质子化离子或加成离子）的精确质荷比、2 个以上特征碎片离子的精确质荷比、特征碎片离子的相对丰度比和保留时间。采用 500～1 000ng/mL 的标准工作液在数据依赖模式下采集二级碎片质谱图，母离子质量相对偏差应≤5 ppm，二级碎片离子相对偏差应≤10 ppm。碰撞能量的设置应采用高、中、低不同的碰撞能量，以获得更为丰富的碎片离子。

4.3　筛查

将质量数提取窗口调整至一级母离子为 10 ppm，二级子离子为 20 ppm，对全扫描所获得的总离子流图进行提取，选择可辨识的色谱（质谱）峰，将其与经验证的目标化合物库中的化合物信息进行对比。对比结果同时符合表 3 中所示条件时，可认为筛查到疑似阳性样品。

表 3　筛查判定条件

判别项	判定条件
采样点数	单个目标物峰不少于 5 个采样点
信号响应要求	1) 信噪比（S/N）存在时，应使 S/N≥3 2) 当 S/N 不存在时，以 95%置信度水平上可准确定性该化合物的最低检测浓度作为检测限
质量准确性	1) 一级母离子 m/z≥200 时，其相对偏差应≤10 ppm 2) 一级母离子 m/z<200 时，其绝对偏差应<1mDa

4.4 确认

筛查到疑似阳性样品后,应使用参考标准品进行对照试验,参考标准品浓度应与样品中目标化合物的浓度接近。如能获得与样品相似的空白基质,应将其添加到基质中进行试验。将质量数提取窗口调整至一级母离子为 5 ppm,二级子离子为 10 ppm,对全扫描所获得的总离子流图进行提取,选择可辨识的色谱(质谱)峰,对照试验结果同时符合表 4 所示条件要求时,应确认为筛查阳性,否则为阴性。

表 4 目标物确认判定条件

判别项	判定条件
保留时间	化合物的保留时间大于死时间的 2 倍,目标物与参考标准品以相同条件测定所获保留时间的绝对偏差应不大于 0.2min
质量准确性	一级母离子的 m/z 相对偏差≤5 ppm 二级子离子的 m/z 相对偏差≤10 ppm 当 m/z<200 时,其绝对偏差应<1mDa
同位素峰	应将确认样品调整至适当的进样浓度确保主要同位素峰可测,同位素峰的 m/z 应符合目标物确认的质量准确性要求
碎片相对离子丰度比	比较二级碎片质谱图,其主要碎片离子有 2 个或 2 个以上符合表中质量准确性要求,且其相对离子丰度比符合表 5 的最大允许偏差要求

表 5 定性确证时相对离子丰度的最大允许偏差

相对离子丰度/%	>50	20~50	10~20	≤10
允许的最大偏差/%	±20	±25	±30	±50

附录

447 种风险物质标准品的中英文名称、CAS 号、分子式、配制溶剂以及色谱保留时间、特征碎片离子等信息
（化合物按照中文名称拼音排序）

检测方法	序号	中文名	英文名	CAS 号	分子式	溶剂	保留时间 min	加成离子	母离子 m/z	典型二级子离子 m/z	参考检出限 μg/L
				C_{18} 色谱柱，长 100mm，内径 2.1mm，粒径 1.6μm（ESI$^+$ 扫描模式）							
1	1	阿苯达唑	Albendazole	54965-21-8	$C_{12}H_{15}N_3O_2S$	乙腈	6.32	[M+H]$^+$	266.095 8	234.070 1/191.015/192.022 7	50
	2	阿苯达唑-2-氨基砜	Albendazole-2-aminosulfone	80983-34-2	$C_{10}H_{13}N_3O_2S$	甲醇	2.53	[M+H]$^+$	240.080 1	133.063 4/198.033/105.045 3	50
	3	阿苯达唑砜	Albendazole sulfone	75184-71-3	$C_{12}H_{15}N_3O_4S$	甲醇	4.85	[M+H]$^+$	298.085 6	159.043 0/266.059 6/224.013 0	50
	4	阿苯达唑亚砜	Albendazole sulfoxide	54029-12-8	$C_{12}H_{15}N_3O_3S$	乙腈/甲醇 (1:1)	3.65	[M+H]$^+$	282.090 7	208.017 6/159.042 8/191.068 8	50
	5	阿克洛胺	Aklomide	3011-89-0	$C_7H_5ClN_2O_3$	甲醇	3.80	[M+H]$^+$	201.006 2	137.986 2/155.013/183.979 5	50
	6	阿氯米松双丙酸酯	Alclomethasone dipropionate	66734-13-2	$C_{28}H_{37}ClO_7$	乙腈	12.19	[M+H]$^+$	521.322 8	171.080 8/301.157 8/275.146 3	50
	7	阿普唑仑	Alprazolam	28981-97-7	$C_{17}H_{13}ClN_4$	乙腈	7.77	[M+H]$^+$	309.090 2	281.069 8/274.119 9/205.077 7	50
	8	阿替洛尔	Atenolol	29122-68-7	$C_{14}H_{22}N_2O_3$	甲醇	2.13	[M+H]$^+$	267.170 3	145.065 0/190.096 7/56.049 9	50
	9	阿托品	Atropine	51-55-8	$C_{17}H_{23}NO_3$	乙腈	3.09	[M+H]$^+$	290.175 1	124.111 6/93.07/91.054 9	50
	10	艾司唑仑	Estazolam	29975-16-4	$C_{16}H_{11}ClN_4$	甲醇	7.38	[M+H]$^+$	295.074 5	267.056 6/205.076 4/241.052 6	50

(续表)

检测方法	序号	中文名	英文名	CAS 号	分子式	溶剂	保留时间 min	加成离子	母离子 m/z	典型二级子离子 m/z	参考检出限 μg/L
1	11	安眠酮	Methaqualone	72-44-6	$C_{16}H_{14}N_2O$	甲醇	7.84	$[M+H]^+$	251.117 9	132.081 2/91.055 3/117.057 9	50
	12	安替比林	Antipyrine	60-80-0	$C_{11}H_{12}N_2O$	甲醇	3.72	$[M+H]^+$	189.102 2	77.039 6/56.051 3/147.091 3	50
	13	安西奈德	Amcinonide	51022-69-6	$C_{28}H_{35}FO_7$	乙腈	12.07	$[M+H]^+$	503.244	339.159/321.148 2/399.18	50
	14	氨茶碱	Aminophylline	317-34-0	$C_{16}H_{24}N_{10}O_4$	乙腈	2.42	$[M+H]^+$	181.072	124.050 2/69.045 8/96.055 7	50
	15	4-氨基安替比林	4-Aminoantipyrine	83-07-8	$C_{11}H_{13}N_3O$	甲醇	2.32	$[M+H]^+$	204.113 1	56.051 1/159.091 1/187.085 8	50
	16	2-氨基苯氟达唑	2-Aminoflubendazole	82050-13-3	$C_{14}H_{10}FN_3O$	二甲基亚砜	4.27	$[M+H]^+$	256.088 1	123.023 2/95.028 6/133.062 9	50
	17	氨基甲苯咪唑	Mebendazole amine	52329-60-9	$C_{14}H_{11}N_3O$	甲醇	3.96	$[M+H]^+$	238.097 5	77.039 4/105.034 2/133.063 2	50
	18	氨基他达拉非	Amino tadalafil	385769-84-6	$C_{21}H_{18}N_4O_4$	甲醇	7.19	$[M+H]^+$	391.140 1	269.104 3/169.075 9/204.080 8	50
	19	氨甲环酸	Tranexamic acid	1197-18-8	$C_8H_{15}NO_2$	乙腈	4.85	$[M+H]^+$	158.117 6	95.085 5/67.054 1/123.080 3	50
	20	氨氯地平	Amlodipine	88150-42-9	$C_{20}H_{25}ClN_2O_5$	甲醇	6.75	$[M+H]^+$	409.152 5	238.062 9/294.089 4/377.126 6	50
	21	胺丙畏	Propetamphos	31218-83-4	$C_{10}H_{20}NO_4PS$	丙酮	11.49	$[M+H]^+$	282.092 3	138.012 8/156.023/109.981 3	100
	22	奥苯达唑	Oxibendazole	20559-55-1	$C_{12}H_{15}N_3O_3$	甲醇	4.68	$[M+H]^+$	250.118 6	176.045 9/218.092 9/148.050 8	50
	23	奥比沙星	Orbifloxacin	113617-63-3	$C_{19}H_{20}F_3N_3O_3$	乙腈	3.54	$[M+H]^+$	396.153	295.105 6/267.037 8/352.163 3	50
	24	奥芬达唑	Oxfendazole	53716-50-0	$C_{15}H_{13}N_3O_3S$	乙腈	4.95	$[M+H]^+$	316.075	159.043/191.069 2/267.046 2	50
	25	奥拉多司	Olaquindox	23696-28-8	$C_{12}H_{13}N_3O_4$	乙腈	2.42	$[M+H]^+$	264.097 9	143.060 2/221.055 6/212.081 8	50
	26	奥沙西泮	Oxazepam	604-75-1	$C_{15}H_{11}ClN_2O_2$	乙腈	7.23	$[M+H]^+$	287.058 2	241.052 8/269.047 8/104.049 2	50
	27	奥司他韦	Oseltamivir	196618-13-0	$C_{16}H_{28}N_2O_4$	甲醇	4.71	$[M+H]^+$	313.212 2	166.085 4/208.096/120.044 8	50
	28	奥硝唑	Ornidazole	16773-42-5	$C_7H_{10}ClN_3O_3$	乙腈	3.76	$[M+H]^+$	220.048 4	128.045/82.052 3/111.042 2	50
	29	巴氯芬	Baclofen	1134-47-0	$C_{10}H_{12}ClNO_2$	甲醇	2.60	$[M+H]^+$	214.062 9	77.038 9/151.030 9/116.062 2	50
	30	倍硫磷	Fenthion	55-38-9	$C_{10}H_{15}O_3PS_2$	丙酮	12.51	$[M+H]^+$	279.027 3	169.011 8/105.069 1/124.981 2	100
	31	倍氯米松	Beclomethasone	4419-39-0	$C_{22}H_{29}ClO_5$	乙腈	7.77	$[M+H]^+$	409.177 6	391.166 9/337.179 7/279.174 2	50

(续表)

检测方法	序号	中文名	英文名	CAS 号	分子式	溶剂	保留时间 min	加成离子	母离子 m/z	典型二级子离子 m/z	参考检出限 μg/L
1	32	倍氯米松二丙酸酯	Beclomethasone dipropionate	5534-09-8	$C_{28}H_{37}ClO_7$	乙腈	13.16	$[M+H]^+$	521.2301	503.2192/319.1695/393.206	50
	33	倍他米松	Betamethasone	378-44-9	$C_{22}H_{29}FO_5$	乙腈	7.41	$[M+H]^+$	393.2072	355.1906/337.1797/373.2008	50
	34	倍他米松二丙酸酯	Betamethasone dipropionate	5593-20-4	$C_{28}H_{37}FO_7$	乙腈	12.57	$[M+H]^+$	505.2596	411.2168/319.1699/279.1746	50
	35	倍他米松戊酸酯	Betamethasone 17-valerate	2152-44-5	$C_{27}H_{37}FO_6$	乙腈	11.41	$[M+H]^+$	477.2647	355.1915/279.1753/337.1809	50
	36	倍他松丁酸酯	Clobetasone butyrate	25122-57-0	$C_{26}H_{32}ClFO_5$	乙腈	13.48	$[M+H]^+$	479.1995	343.1464/371.1414/279.1382	50
	37	苯丙酸诺龙	Nadrolone phenylpropionate	62-90-8	$C_{27}H_{34}O_3$	乙腈	16.10	$[M+H]^+$	407.2581	105.07/257.19/133.0644	50
	38	苯井咪唑	Benzimidazole	51-17-2	$C_7H_6N_2$	甲醇	2.03	$[M+H]^+$	119.0604	65.0399/92.0497/59.0507	50
	39	苯甲酰磺胺	Sulfabenzamide	127-71-9	$C_{13}H_{12}N_2O_3S$	乙腈	5.60	$[M+H]^+$	277.0641	156.0108/108.0438/92.049	50
	40	苯硫脲	Febantel	58306-30-2	$C_{20}H_{22}N_4O_6S$	乙腈	11.40	$[M+H]^+$	447.1333	383.082/280.0544/312.081	50
	41	苯咪唑青霉素	Azlocillin	37091-66-0	$C_{20}H_{23}N_5O_6S$	乙腈/水(1:3)	5.52	$[M+H]^+$	462.1442	218.0913/246.0867/175.0863	50
	42	苯硝咪唑	5-Nitrobenzimidazole	94-52-0	$C_7H_5N_3O_2$	乙腈	3.04	$[M+H]^+$	164.0455	118.0529/91.0422/63.0243	50
	43	苯氧丙酚胺	Isoxsuprine	395-28-8	$C_{18}H_{23}NO_3$	甲醇	4.32	$[M+H]^+$	302.1751	284.1650/107.0492/133.0646	50
	44	苯乙醇胺 A	Phenylethanolamine A	134746-81-3	$C_{19}H_{24}N_2O_4$	甲醇	5.96	$[M+H]^+$	345.1809	327.1708/150.0916/118.0654	50
	45	苯乙双胍	Phenformin	114-86-3	$C_{10}H_{15}N_5$	甲醇	2.61	$[M+H]^+$	206.14	60.0572/105.0701/77.0395	50
	46	苯唑西林	Oxacillin	66-79-5	$C_{19}H_{19}N_3O_5S$	乙腈	7.90	$[M+H]^+$	402.1118	160.042/243.0757/144.0438	50
	47	吡利霉素	Pirlimycin	79548-73-5	$C_{17}H_{31}ClN_2O_5S$	甲醇	4.14	$[M+H]^+$	411.1715	112.1127/363.1693/56.0514	50
	48	吡罗昔康	Piroxicam	36322-90-4	$C_{15}H_{13}N_3O_4S$	乙腈	7.26	$[M+H]^+$	332.07	121.0395/95.0603/164.0818	50
	49	蓖麻碱	Ricinine	524-40-3	$C_8H_8N_2O_2$	甲醇	2.62	$[M+H]^+$	165.0659	138.0545/82.0299/84.0456	50
	50	表睾酮	Epitestosterone	481-30-1	$C_{19}H_{28}O_2$	乙腈	9.98	$[M+H]^+$	289.2162	271.2055/109.0645/253.1951	50
	51	丙酸睾丸素	Testosterone propionate	57-85-2	$C_{22}H_{32}O_3$	乙腈	14.58	$[M+H]^+$	345.2424	271.2061/97.0657/109.0655	50

(续表)

检测方法	序号	中文名	英文名	CAS 号	分子式	溶剂	保留时间 min	加成离子	母离子 m/z	典型二级子离子 m/z	参考检出限 μg/L
1	52	丙酸诺龙	Nandrolone propionate	7207-92-3	$C_{21}H_{30}O_3$	甲醇	10.08	$[M+H]^+$	331.226 8	257.191 1/239.180 2/275.201 8	50
	53	布地奈德	Budesonide	51333-22-3	$C_{25}H_{34}O_6$	甲醇	9.97	$[M+H]^+$	431.242 8	413.232 9/323.165 2/147.080 1	50
	54	(22R)-布地奈德	(22R)-Budesonide	51372-29-3	$C_{25}H_{34}O_6$	甲醇	9.82	$[M+H]^+$	431.242 8	413.232 9/323.165 2/147.080 1	50
	55	常山酮	Halofuginone	55837-20-2	$C_{16}H_{17}BrClN_3O_3$	甲醇	4.58	$[M+H]^+$	414.021 5	100.076 1/396.010 2/120.080 6	50
	56	雌二醇	Estradiol	50-28-2	$C_{18}H_{24}O_2$	甲醇	9.19	$[M+H]^+$	273.184 9	145.064 2/183.080 4/223.026 7	50
	57	17α-雌二醇	17α-Estradiol	57-91-0	$C_{18}H_{24}O_2$	乙腈	8.87	$[M+H]^+$	273.184 9	145.064 2/183.080 4/223.026 7	50
	58	雌酮	Estrone	53-16-7	$C_{18}H_{22}O_2$	乙腈	9.63	$[M+H]^+$	271.169 3	253.159 6/199.111 5/165.070 0	50
	59	醋磺胺甲噁唑	N-Acetylsulfamethoxazole	21312-10-7	$C_{12}H_{13}N_3O_4S$	乙腈	5.12	$[M+H]^+$	296.07	198.022/134.060 1/65.040 3	50
	60	醋氯芬酸	Aceclofenac	89796-99-6	$C_{16}H_{13}Cl_2NO_4$	甲醇	10.92	$[M+H]^+$	354.029 4	214.041 9/250.018 6/215.049 8	50
	61	醋酸倍氯美松	Betamethasone 21-acetate	987-24-6	$C_{24}H_{31}FO_6$	乙腈	9.29	$[M+H]^+$	435.217 7	279.178 6/147.080 3/337.183 4	50
	62	醋酸地塞米松	Dexamethasone 21-acetate	1177-87-3	$C_{24}H_{31}FO_6$	甲醇	9.56	$[M+H]^+$	435.217 7	147.080 2/237.127 1/291.174 5	50
	63	醋酸氟米龙	Fluorometholone 17-Acetate	3801-06-7	$C_{24}H_{31}FO_5$	乙腈	9.96	$[M+H]^+$	419.222 8	279.175 3/321.186 1/339.196 9	50
	64	醋酸氢可的松	Fludrocortisone 21-acetate	514-36-3	$C_{23}H_{31}FO_6$	乙腈	8.54	$[M+H]^+$	423.217 7	239.142 5/325.179/343.189 3	50
	65	醋酸孕酮	Flugestone acetate	2529-45-5	$C_{23}H_{31}FO_5$	乙腈	9.43	$[M+H]^+$	407.222 8	267.174 7/225.163 9/309.186	50
	66	醋酸环丙氯孕酮	Cyproterone acetate	427-51-0	$C_{24}H_{29}ClO_4$	乙腈	12.11	$[M+H]^+$	417.182 7	357.161 8/279.173/321.185 2	50
	67	醋酸甲羟孕酮	Medroxyprogesterone 17-acetate	71-58-9	$C_{24}H_{34}O_4$	乙腈	12.61	$[M+H]^+$	387.253	199.148 4/173.132 9/143.085 8	50
	68	醋酸可的松	Cortisone 21-acetate	50-04-4	$C_{23}H_{30}O_6$	乙腈	8.87	$[M+H]^+$	403.211 5	343.190 6/163.111 6/361.200 6	50
	69	醋酸氯地孕酮	Chlormadinone acetate	302-22-7	$C_{23}H_{29}ClO_4$	乙腈	12.43	$[M+H]^+$	405.182 7	301.135 4/309.184 9/267.173 9	50
	70	醋酸美伦孕酮	Melengestrol acetate	2919-66-6	$C_{25}H_{32}O_4$	乙腈	12.59	$[M+H]^+$	397.237 3	337.216 7/279.174 8/236.155 8	50
	71	醋酸波尼松	Prednisone 21-acetate	125-10-0	$C_{23}H_{28}O_6$	乙腈	8.73	$[M+H]^+$	401.195 9	295.169/313.179 5/341.174 6	50
	72	醋酸波尼松龙	Prednisolone acetate	52-21-1	$C_{23}H_{30}O_6$	乙腈	8.38	$[M+H]^+$	403.211 5	385.201 5/307.169 5/289.158 9	50

（续表）

检测方法	序号	中文名	英文名	CAS 号	分子式	溶剂	保留时间 min	加成离子	母离子 m/z	典型二级离子 m/z	参考检出限 μg/L
1	73	醋酸羟孕酮	Hydroxyprogesterone acetate	302-23-8	$C_{23}H_{32}O_4$	乙腈	11.69	$[M+H]^+$	373.237 6	313.216 6/109.065 0/271.205 7	50
	74	醋酸氢化可的松	Hydrocortisone acetate	50-03-3	$C_{23}H_{32}O_6$	乙腈	8.50	$[M+H]^+$	405.227 2	309.185 3/327.196 3/241.158 6	50
	75	醋酸曲安奈德	Triamcinolone acetonide acetate	3870-07-3	$C_{26}H_{33}FO_7$	乙腈	10.68	$[M+H]^+$	477.228 3	339.159 9/457.222/439.211 9	50
	76	醋酸炔诺酮	Norethisterone acetate	51-98-9	$C_{22}H_{28}O_3$	甲醇	12.34	$[M+H]^+$	341.211 1	281.189 9/109.064 5/145.100 9	50
	77	达氟沙星	Danofloxacin	112398-08-0	$C_{19}H_{20}FN_3O_3$	乙腈	3.34	$[M+H]^+$	358.155 2	340.144 5/255.056 7/82.066 7	50
	78	氮哌酮	Azaperone	1649-18-9	$C_{19}H_{22}FN_3O$	乙腈	3.48	$[M+H]^+$	328.182	165.070 8/121.075 9/123.023 7	50
	79	地夫可特	Deflazacort	14484-47-0	$C_{25}H_{31}NO_6$	乙腈	8.75	$[M+H]^+$	442.222 4	400.211 5/424.212 1/142.049 6	50
	80	地塞米松	Dexamethasone	50-02-2	$C_{22}H_{29}FO_5$	乙腈	7.32	$[M+H]^+$	393.207 2	237.125 5/147.078 9/355.187 8	50
	81	地西泮	Diazepam	439-14-5	$C_{16}H_{13}ClN_2O$	乙腈	9.06	$[M+H]^+$	285.078 9	193.088 4/154.041 4/222.114 9	50
	82	地昔尼尔	Dicyclanil	112636-83-6	$C_8H_{10}N_6$	甲醇	2.09	$[M+H]^+$	191.104	150.064 1/163.072 4/151.072 1	50
	83	敌百虫	Trichlorfon	52-68-6	$C_4H_8Cl_3O_4P$	乙腈	3.75	$[M+H]^+$	256.929 9	109.004 3/256.93/220.953 1	50
	84	敌敌畏	Dichlorvos	62-73-7	$C_4H_7Cl_2O_4P$	丙酮	6.42	$[M+H]^+$	220.953 2	109.003 2/78.993 5/127.014 8	50
	85	丁喹酯	Buquinolate	5486-03-3	$C_{20}H_{27}NO_5$	乙腈	10.66	$[M+H]^+$	362.196 2	204.028 7/316.153 1/260.091 8	100
	86	啶蝉脲	Fluazuron	86811-58-7	$C_{20}H_{10}Cl_2F_5N_3O_3$	甲醇	14.52	$[M+H]^+$	506.009 2	348.975 1/158.040 7/141.014 2	50
	87	对甲苯磺酸舒他西林	Sultamicillin tosilate	83105-70-8	$C_{32}H_{38}N_4O_{12}S_3$	乙腈	5.55	$[M+H]^+$	595.152 7	160.042/114.036 5/106.064 8	50
	88	对乙酰氨基酚	Acetaminophen	103-90-2	$C_8H_9NO_2$	甲醇	2.42	$[M+H]^+$	152.070 6	110.059 8/93.033 3/65.038 3	50
	89	多拉菌素	Doramectin	117704-25-3	$C_{50}H_{74}O_{14}$	甲醇	16.79	$[M+H]^+$	899.515 1	593.34 8/145.086 1/219.174 7	100
	90	多西环素	Doxycycline	564-25-0	$C_{22}H_{24}N_2O_8$	乙腈	4.63	$[M+H]^+$	445.160 5	410.122/427.148 5/154.050 3	50
	91	恶喹酸	Oxolinic acid	14698-29-4	$C_{13}H_{11}NO_5$	乙腈	5.45	$[M+H]^+$	262.071	244.060 4/216.028 7/160.038 9	50
	92	恩诺沙星	Enrofloxacin	93106-60-6	$C_{19}H_{22}FN_3O_3$	乙腈	3.42	$[M+H]^+$	360.171 8	342.161 3/286.097 7/316.182 2	50
	93	二氟拉松双醋酸酯	Diflorasone diacetate	33564-31-7	$C_{26}H_{32}F_2O_7$	乙腈	10.73	$[M+H]^+$	495.218 9	317.154/335.164 9/395.186	50

（续表）

检测方法	序号	中文名	英文名	CAS 号	分子式	溶剂	保留时间 min	加成离子	母离子 m/z	典型二级子离子 m/z	参考检出限 μg/L
1	94	二甲硝咪唑	Dimetridazole	551-92-8	$C_5H_7N_3O_2$	乙腈	2.70	$[M+H]^+$	142.0611	96.0682/95.0604/81.0447	50
	95	二嗪磷	Diazinon	333-41-5	$C_{12}H_{21}N_2O_3PS$	乙腈	12.63	$[M+H]^+$	305.1083	169.0789/153.1019/249.0453	50
	96	4,4'-二硝基均二苯脲	4,4'-Dinitrocarbanilide	587-90-6	$C_{13}H_{10}N_4O_5$	乙腈	10.43	$[M+H]^+$	303.0724	93.057 0/122.046 6/139.049 3	50
	97	二硝托胺	Dnitolmide	148-01-6	$C_8H_7N_3O_5$	丙酮	4.05	$[M+H]^+$	226.0459	139.0136/122.0108/67.0426	50
	98	二氧丙嗪	Dioxopromethazine	13754-56-8	$C_{17}H_{20}N_2O_2S$	甲醇	4.23	$[M+H]^+$	317.1318	86.0963/167.0725/272.0742	50
	99	非洛地平	Felodipine	72509-76-3	$C_{18}H_{19}Cl_2NO_4$	乙腈	12.21	$[M+H]^+$	384.0764	338.0337/352.0496/324.0181	50
	100	非那西丁	Phenacetin	62-44-2	$C_{10}H_{13}NO_2$	乙腈	5.18	$[M+H]^+$	180.1019	138.0913/110.0602/65.04	50
	101	芬苯达唑	Fenbendazole	43210-67-9	$C_{15}H_{13}N_3O_2S$	乙腈	8.09	$[M+H]^+$	300.0801	268.0545/159.0431/131.0476	50
	102	芬苯达唑砜	Fenbendazole sulfone	54029-20-8	$C_{15}H_{13}N_3O_3S$	甲醇	6.43	$[M+H]^+$	332.07	300.0441/159.0428/131.0479	50
	103	芬氟拉明	Fenfluramine	458-24-2	$C_{12}H_{16}F_3N$	甲醇	4.86	$[M+H]^+$	232.1308	159.0407/46.0648/109.0439	50
	104	酚酞	Phenolphthalein	77-09-8	$C_{20}H_{14}O_4$	甲醇	7.62	$[M+H]^+$	319.0965	86.0974/58.0673/225.0555	50
	105	啶嘧磺隆	Rimsulfuron	122931-48-0	$C_{14}H_{17}N_5O_7S_2$	乙腈	7.77	$[M+H]^+$	432.0642	182.0558/139.0498/325.0955	50
	106	呋喃它酮	Furaltadone	139-91-3	$C_{13}H_{16}N_4O_6$	乙腈	2.46	$[M+H]^+$	325.1143	237.0399/217.0340/202.0714	50
	107	2-NP-呋喃它酮代谢物	2-NP-AMOZ	183193-59-1	$C_{15}H_{18}N_4O_5$	甲醇	3.03	$[M+H]^+$	335.135	128.1063/100.0075/291.1457	50
	108	呋喃妥因	Nitrofurantoin	67-20-9	$C_8H_6N_4O_5$	乙腈	3.55	$[M+H]^+$	239.0411	122.0107/221.0917/67.0427	50
	109	2-NP-呋喃西林代谢物	2-NP-AHD	623145-57-3	$C_{10}H_8N_4O_4$	甲醇	4.79	$[M+H]^+$	249.0618	134.0237/178.0611/104.0259	50
	110	2-NP-呋喃西林代谢物	2-NP-SEM	16004-43-6	$C_8H_8N_4O_3$	甲醇	4.67	$[M+H]^+$	209.0669	192.0404/166.0611/149.0343	50
	111	呋喃唑酮	Furazolidone	67-45-8	$C_8H_7N_3O_5$	乙腈	4.03	$[M+H]^+$	226.0459	122.0106/139.0134/67.0414	50
	112	2-NP-呋喃唑酮代谢物	2-NP-AOZ	19687-73-1	$C_{10}H_9N_3O_4$	甲醇	5.51	$[M+H]^+$	236.0666	134.0239/104.0254/78.047	50
	113	氟苯咪唑	Flubendazole	31430-15-6	$C_{16}H_{12}FN_3O_3$	乙腈	7.03	$[M+H]^+$	314.0936	282.0678/123.0252/95.0293	50
	114	氟芬那酸	Flufenamic acid	530-78-9	$C_{14}H_{10}F_3NO_2$	乙腈	11.89	$[M+H]^+$	282.0736	264.0625/167.0728/244.0575	50

(续表)

检测方法	序号	中文名	英文名	CAS 号	分子式	溶剂	保留时间 min	加成离子	母离子 m/z	典型二级子离子 m/z	参考检出限 μg/L
	115	氟甲喹	Flumequin	42835-25-6	$C_{14}H_{12}FNO_3$	乙腈	7.12	$[M+H]^+$	262.087 4	244.076 8/202.030 1/126.033 7	50
	116	氟罗沙星	Fleroxacin	79660-72-3	$C_{17}H_{18}F_3N_3O_3$	乙腈	3.06	$[M+H]^+$	370.137 3	269.088 4/352.125/326.145 9	50
	117	氟氯西林	Flucloxacillin	5250-39-5	$C_{19}H_{17}ClFN_3O_5S$	甲醇	8.91	$[M+H]^+$	454.063 4	295.026 9/160.041 6/114.037 2	50
	118	氟米龙	Fluorometholone	426-13-1	$C_{22}H_{29}FO_4$	乙腈	8.44	$[M+H]^+$	377.212 3	279.174 8/321.185 6/339.196 4	50
	119	氟米松	Flumethasone	2135-17-3	$C_{22}H_{28}F_2O_5$	乙腈	7.36	$[M+H]^+$	411.197 8	253.121 5/121.064 8/235.110 1	50
	120	氟尼辛	Flunixin	38677-85-9	$C_{14}H_{11}F_3N_2O_2$	乙腈	8.48	$[M+H]^+$	297.084 5	279.074 9/264.051 7/259.068 3	50
	121	氟哌啶醇	Haloperidol	52-86-8	$C_{21}H_{23}ClFNO_2$	甲醇	6.27	$[M+H]^+$	376.147 4	165.069 7/123.024 1/358.136 8	50
	122	氟泼尼龙	Fluprednisolone	53-34-9	$C_{21}H_{27}FO_5$	乙腈	6.18	$[M+H]^+$	379.191 5	323.164 5/171.080 3/341.175 2	50
	123	氟轻松	Fluocinolone acetonide	67-73-2	$C_{24}H_{30}F_2O_6$	乙腈	8.19	$[M+H]^+$	453.208 3	413.194 7/337.142 5/433.200 7	50
	124	氟轻松醋酸酯	Fluocinonide	356-12-7	$C_{26}H_{32}F_2O_7$	乙腈	10.73	$[M+H]^+$	495.218 9	317.154/335.164 9/395.186	50
	125	氟氢缩松	Fludroxycortide	1524-88-5	$C_{24}H_{33}FO_6$	乙腈	8.16	$[M+H]^+$	437.233 4	361.180 3/341.174 2/323.162 9	50
1	126	氟替卡松丙酸酯	Fluticasone propionate	80474-14-2	$C_{25}H_{31}F_3O_5S$	乙腈	12.26	$[M+H]^+$	501.191 7	293.154 8/313.161/275.142 8	50
	127	福莫特罗	Formoterol	73573-87-2	$C_{19}H_{24}N_2O_4$	甲醇	3.67	$[M+H]^+$	345.180 9	121.064 6/149.095 7/327.169 8	50
	128	睾酮	Testosterone	58-22-0	$C_{19}H_{28}O_2$	乙腈	9.36	$[M+H]^+$	289.216 2	109.065 3/97.065 2/123.080 1	50
	129	格列苯脲	Glibenclamide	10238-21-8	$C_{23}H_{28}ClN_3O_5S$	乙腈	11.18	$[M+H]^+$	494.151 1	369.066 4/169.005/304.074 5	50
	130	格列吡嗪	Glipizide	29094-61-9	$C_{21}H_{27}N_5O_4S$	乙腈	8.46	$[M+H]^+$	446.185 7	321.101/286.064/347.080 3	50
	131	格列波脲	Glibornuride	26944-48-9	$C_{18}H_{26}N_2O_4S$	甲醇	10.21	$[M+H]^+$	367.168 6	170.153 8/152.143 3/135.116 7	100
	132	格列喹酮	Gliquidone	33342-05-1	$C_{27}H_{33}N_3O_6S$	甲醇	12.66	$[M+H]^+$	528.216 3	403.131 2/386.104 5/167.015 5	50
	133	格列美脲	Glimepiride	93479-97-1	$C_{24}H_{34}N_4O_5S$	乙腈	11.52	$[M+H]^+$	491.232 3	126.091 8/352.133/225.033 7	50
	134	格列齐特	Gliclazide	21187-98-4	$C_{15}H_{21}N_3O_3S$	甲醇	9.44	$[M+H]^+$	324.137 6	127.122 5/110.096/153.101 7	50
	135	胍法辛	Guanfacine	29110-47-2	$C_9H_9Cl_2N_3O$	乙腈	3.84	$[M+H]^+$	246.019 5	158.975 6/60.057 5/123.000 3	50

(续表)

检测方法	序号	中文名	英文名	CAS号	分子式	溶剂	保留时间 min	加成离子	母离子 m/z	典型二级子离子 m/z	参考检出限 μg/L
1	136	癸氧喹酯	Decoquinate	18507-89-6	$C_{24}H_{35}NO_5$	乙醇	14.20	$[M+H]^+$	418.2588	372.2152/204.0294/232.0596	100
	137	哈西奈德	Halcinonide	3093-35-4	$C_{24}H_{32}ClFO_5$	乙腈	11.71	$[M+H]^+$	455.1995	377.1516/359.1398/227.142	50
	138	红霉素	Erythromycin	114-07-8	$C_{37}H_{67}NO_{13}$	乙腈/水(1:3)	6.13	$[M+H]^+$	734.4685	158.1176/576.3746/267.1603	50
	139	环丙沙星	Ciprofloxacin	85721-33-1	$C_{17}H_{18}FN_3O_3$	甲醇	3.16	$[M+H]^+$	332.1405	314.1301/288.1509/231.0562	50
	140	磺胺苯吡唑	Sulfaphenazole	526-08-9	$C_{15}H_{14}N_4O_2S$	乙腈	6.07	$[M+H]^+$	315.091	158.0716/160.0871/159.0792	50
	141	磺胺吡啶	Sulfapyridine	144-83-2	$C_{11}H_{11}N_3O_2S$	乙腈	2.99	$[M+H]^+$	250.0645	156.0113/108.0441/184.0869	50
	142	磺胺吡唑	Sulfapyrazole	852-19-7	$C_{16}H_{16}N_4O_2S$	甲醇	6.53	$[M+H]^+$	329.1067	172.0871/145.0757/173.0949	50
	143	磺胺醋酰	Sulfacetamide	144-80-9	$C_8H_{10}N_2O_3S$	乙腈	2.54	$[M+H]^+$	215.0485	156.011/92.0499/65.0399	50
	144	磺胺对甲氧嘧啶	Sulfameter	651-06-9	$C_{11}H_{12}N_4O_3S$	乙腈	3.81	$[M+H]^+$	281.0703	156.012/126.0671/92.0517	50
	145	磺胺恶唑	Sulfamoxole	729-99-7	$C_{11}H_{13}N_3O_3S$	甲醇	3.40	$[M+H]^+$	268.075	156.011/108.0439/113.0707	50
	146	磺胺二甲基嘧啶	Sulfamethazine	57-68-1	$C_{12}H_{14}N_4O_2S$	乙腈	3.62	$[M+H]^+$	279.091	186.0338/124.0868/108.0443	50
	147	磺胺二甲异噁唑	Sulfisoxazole	127-69-5	$C_{11}H_{13}N_3O_3S$	甲醇	5.06	$[M+H]^+$	268.075	156.0116/113.0714/92.05	50
	148	磺胺二甲异嘧啶	Sulfisomidine	515-64-0	$C_{12}H_{14}N_4O_2S$	甲醇	2.44	$[M+H]^+$	279.091	124.0865/186.0338/108.0449	50
	149	磺胺甲基嘧啶	Sulfamethoxazole	723-46-6	$C_{10}H_{11}N_3O_3S$	乙腈	4.70	$[M+H]^+$	254.0594	156.0115/108.0444/92.0495	50
	150	磺胺甲基嘧啶	Sulfamerazine	127-79-7	$C_{11}H_{12}N_4O_2S$	乙腈	3.22	$[M+H]^+$	265.0754	156.0112/172.0174/108.044	50
	151	磺胺甲噻二唑	Sulfamethizole	144-82-1	$C_9H_{10}N_4O_2S_2$	乙腈	3.62	$[M+H]^+$	271.0318	156.0112/108.0441/92.0492	50
	152	磺胺二甲氧嘧啶	Sulfadimethoxine	122-11-2	$C_{12}H_{14}N_4O_4S$	乙腈	5.84	$[M+H]^+$	311.0809	108.0443/92.0494/156.0111	50
	153	磺胺间甲氧嘧啶	Sulfamonomethoxine	1220-83-3	$C_{11}H_{12}N_4O_3S$	乙腈	3.62	$[M+H]^+$	281.0703	156.0117/92.0497/108.0441	50
	154	磺胺喹噁啉	Sulfaquinoxaline	59-40-5	$C_{14}H_{12}N_4O_2S$	乙腈	5.93	$[M+H]^+$	301.0754	156.0110/108.0439/92.049	50
	155	磺胺邻二甲氧嘧啶	Sulfadoxine	2447-57-6	$C_{12}H_{14}N_4O_4S$	乙腈	4.71	$[M+H]^+$	311.0809	156.0117/108.0443/92.0494	50

（续表）

检测方法	序号	中文名	英文名	CAS号	分子式	溶剂	保留时间 min	加成离子	母离子 m/z	典型二级子离子 m/z	参考检出限 μg/L
1	156	磺胺氯哒嗪	Sulfachloropyridazine	80-32-0	$C_{10}H_9ClN_2O_2S$	乙腈	4.35	$[M+H]^+$	285.020 8	92.064 4/108.027 6/127.959 9	50
	157	磺胺嘧啶	Sulfadiazine	68-35-9	$C_{10}H_{10}N_4O_2S$	乙腈	2.81	$[M+H]^+$	251.059 7	156.010 8/108.043 9/92.049	50
	158	磺胺噻唑	Sulfathiazole	72-14-0	$C_9H_9N_3O_2S_2$	乙腈	2.90	$[M+H]^+$	256.020 9	156.011/108.044/92.049 1	50
	159	磺胺硝苯	Sulfanitran	122-16-7	$C_{14}H_{13}N_3O_5S$	甲醇	7.48	$[M+H]^+$	336.064 9	136.029 9/134.059 2/137.037 5	50
	160	吉米沙星	Gemifloxacin	175463-14-6	$C_{18}H_{20}FN_5O_4$	甲醇	4.28	$[M+H]^+$	390.157 2	372.146 9/313.133 5/328.120 3	50
	161	吉他霉素	Kitasamycin	1392-21-8	$C_{40}H_{67}NO_{14}$	乙腈/水 (1:3)	7.82	$[M+H]^+$	786.463 4	174.112 5/109.064 8/558.326 5	50
	162	己酸孕酮	Hydroxyprogesterone caproate	630-56-8	$C_{27}H_{40}O_4$	乙腈	15.42	$[M+H]^+$	429.299 9	313.216/271.205 7/295.205 7	50
	163	加替沙星	Gatifloxacin	112811-59-3	$C_{19}H_{22}FN_3O_4$	甲醇	3.73	$[M+H]^+$	376.166 7	332.176 8/358.155 6/261.102 5	50
	164	甲苯达唑	Mebendazole	31431-39-7	$C_{16}H_{13}N_3O_3$	乙腈	6.56	$[M+H]^+$	296.103	264.076 4/105.033 9/77.039 9	50
	165	甲苯丁脲	Tolbutamide	64-77-7	$C_{12}H_{18}N_2O_3S$	乙腈	8.22	$[M+H]^+$	271.111 1	155.015 4/91.053 7/74.096	50
	166	甲苯磺酸妥舒沙星	Tosufloxacin	100490-36-6	$C_{19}H_{15}F_3N_4O_3$	甲醇	4.34	$[M+H]^+$	405.116 9	387.106 6/344.100 7/388.091 4	50
	167	甲苯噻嗪	Xylazine	7361-61-7	$C_{12}H_{16}N_2S$	乙腈	3.61	$[M+H]^+$	221.110 7	121.027 9/164.052/91.054 3	50
	168	甲地孕酮	Megestrol	3562-63-8	$C_{22}H_{30}O_3$	乙腈	10.7	$[M+H]^+$	343.226 8	325.216 1/267.174 2/224.156	50
	169	甲芬那酸	Mefenamic acid	61-68-7	$C_{15}H_{15}NO_2$	乙腈	11.84	$[M+H]^+$	242.117 6	224.107 5/209.084 2/180.081 7	50
	170	甲睾酮	17-Methyltestosterone	58-18-4	$C_{20}H_{30}O_2$	乙腈	10.01	$[M+H]^+$	303.231 9	285.221 8/109.064 3/97.064 6	50
	171	2-甲基-5-硝基咪唑	2-Methyl-5-nitroimidazole	696-23-1	$C_4H_5N_3O_2$	乙腈	2.17	$[M+H]^+$	128.045 5	82.053 1/98.047 4/111.042 5	50
	172	3-甲基喹噁啉-2-羧酸	3-Methyl-quinoxaline-2-carbo xylic acid	74003-63-7	$C_{10}H_8N_2O_2$	甲醇	3.53	$[M+H]^+$	189.065 9	145.076 4/143.060 5/77.039 3	50
	173	甲基泼尼松龙	Methylprednisolone	83-43-2	$C_{22}H_{30}O_5$	乙腈	7.16	$[M+H]^+$	375.216 6	357.205/161.095 2/185.095 3	50
	174	甲基泼尼松龙醋酸酯	Methylprednisolone acetate	53-36-1	$C_{24}H_{32}O_6$	乙腈	9.29	$[M+H]^+$	417.227 2	399.217 9/321.185 9/339.196 5	50
	175	甲基炔诺酮	D-(-)-Norgestrel	797-63-7	$C_{21}H_{28}O_2$	乙腈	10.65	$[M+H]^+$	313.216 2	245.190 3/109.064 7/295.205 8	50

（续表）

检测方法	序号	中文名	英文名	CAS号	分子式	溶剂	保留时间 min	加成离子	母离子 m/z	典型二级子离子 m/z	参考检出限 μg/L
1	176	甲氯环素	Meclocycline	2013-58-3	$C_{22}H_{21}ClN_2O_8$	乙腈	5.41	$[M+H]^+$	477.1059	460.0782/235.0152/226.071	50
	177	甲烯土霉素	Methacycline	914-00-1	$C_{22}H_{22}N_2O_8$	乙腈	4.47	$[M+H]^+$	443.1449	426.1168/201.0544/381.0604	50
	178	4-甲酰氨基安替比林	4-Formylaminoantipyrine	1672-58-8	$C_{12}H_{13}N_3O_2$	乙腈	2.86	$[M+H]^+$	232.1081	214.0977/204.1133/56.051	50
	179	甲硝唑	Metronidazole	443-48-1	$C_6H_9N_3O_3$	乙腈	2.36	$[M+H]^+$	172.0717	128.0449/82.0521/111.0422	50
	180	甲氧苄氨嘧啶	Trimethoprim	738-70-5	$C_{14}H_{18}N_4O_3$	乙腈	2.88	$[M+H]^+$	291.1452	230.116/261.0987/123.0662	50
	181	甲氧苄啶酯	Nequinate	13997-19-8	$C_{22}H_{23}NO_4$	二甲基甲酰胺	10.69	$[M+H]^+$	366.17	334.1431/201.0421/91.055	50
	182	交沙霉素	Josamycin	16846-24-5	$C_{42}H_{69}NO_{15}$	乙腈/水(3:1)	8.19	$[M+H]^+$	828.474	174.1135/229.1446/600.3403	50
	183	结晶紫	Crystal violet	548-62-9	$C_{25}H_{30}ClN_3$	乙腈	10.23	$[M]^+$	372.2434	356.2102/340.1797/251.1537	50
	184	金刚烷胺	Amantadine	768-94-5	$C_{10}H_{17}N$	乙腈	2.88	$[M+H]^+$	152.1434	135.1167/79.0555/93.0703	50
	185	金刚乙胺	Rimantadine	13392-28-4	$C_{12}H_{21}N$	甲醇	4.42	$[M+H]^+$	180.1747	163.1483/77.0391/79.0546	50
	186	金霉素	Chlortetracycline	57-62-5	$C_{22}H_{23}ClN_2O_8$	乙腈	4.31	$[M+H]^+$	479.1216	462.0949/196.9995/197.0004	50
	187	咔唑心安	Carazolol	57775-29-8	$C_{18}H_{22}N_2O_2$	甲醇	4.75	$[M+H]^+$	299.1754	116.1078/222.0907/194.0956	50
	188	咖啡因	Caffeine	58-08-2	$C_8H_{10}N_4O_2$	甲醇	2.87	$[M+H]^+$	195.0877	138.0655/110.0706/42.0336	50
	189	卡巴多	Carbadox	6804-07-5	$C_{11}H_{10}N_4O_4$	甲醇	3.20	$[M+H]^+$	263.0775	132.0676/168.0441/203.0126	50
	190	卡洛芬	Carprofen	53716-49-7	$C_{15}H_{12}ClNO_2$	乙腈	10.29	$[M+H]^+$	274.0629	228.0565/193.0885/192.0803	50
	191	卡托普利	Captopril	62571-86-2	$C_9H_{15}NO_3S$	甲醇	3.64	$[M+H]^+$	218.0845	70.0657/75.0266/116.0703	50
	192	坎苯达唑	Cambendazole	26097-80-3	$C_{14}H_{14}N_4O_2S$	甲醇	4.55	$[M+H]^+$	303.091	217.0539/261.0448/190.0435	50
	193	可的松	Cortisone	53-06-5	$C_{21}H_{28}O_5$	乙腈	6.45	$[M+H]^+$	361.201	163.1119/121.0649/145.1011	50
	194	可乐定	Clonidine	4205-90-7	$C_9H_9Cl_2N_3$	甲醇	2.48	$[M+H]^+$	230.0246	212.9976/159.9718/132.9607	50
	195	克拉霉素	Clarithromycin	81103-11-9	$C_{38}H_{69}NO_{13}$	甲醇	7.39	$[M+H]^+$	748.4842	158.1174/590.3896/558.3633	50

（续表）

检测方法	序号	中文名	英文名	CAS 号	分子式	溶剂	保留时间 min	加成离子	母离子 m/z	典型二级子离子 m/z	参考检出限 μg/L
1	196	克林霉素	Clindamycin	18323-44-9	$C_{18}H_{33}ClN_2O_5S$	乙腈/水(1:3)	4.47	$[M+H]^+$	425.187 2	126.127 8/377.184 5/389.211 1	50
	197	克林沙星	Clinafloxacin	105956-97-6	$C_{17}H_{17}ClFN_3O_3$	甲醇	3.78	$[M+H]^+$	366.101 5	305.086/349.076 2/348.09	50
	198	克伦己罗	Clenhexerol	38339-23-0	$C_{14}H_{22}Cl_2N_2O$	甲醇	5.38	$[M+H]^+$	305.118 2	203.013 1/132.068 4/168.045	50
	199	克伦塞罗	Clencyclohexerol	157877-79-7	$C_{14}H_{20}Cl_2N_2O_2$	甲醇	2.75	$[M+H]^+$	319.097 5	86.097 4/58.067 3/225.055 5	50
	200	克伦特罗	Clenbuterol	37148-27-9	$C_{12}H_{18}Cl_2N_2O$	乙腈	3.64	$[M+H]^+$	277.086 9	203.013 7/168.044 9/132.068 3	50
	201	孔雀石绿	Malachite green oxalate	2437-29-8	$C_{52}H_{54}N_4O_{12}$	乙腈	8.74	$[M]^+$	329.201 8	313.169 9/208.111 9/98.984 8	50
	202	喹噁啉-2-羧酸	Quinoxaline-2-carboxylic acid	879-65-2	$C_9H_6N_2O_2$	甲醇	3.34	$[M+H]^+$	175.050 2	129.045/131.060 7/102.034 1	100
	203	拉贝洛尔	Labetalol	36894-69-6	$C_{19}H_{24}N_2O_3$	甲醇	4.68	$[M+H]^+$	329.186	311.174 1/162.055 3/294.147 8	50
	204	莱克多巴胺	Ractopamine	97825-25-7	$C_{18}H_{23}NO_3$	乙腈	3.21	$[M+H]^+$	302.175 1	284.165/107.049 2/133.064 6	50
	205	劳拉西泮	Lorazepam	846-49-1	$C_{15}H_{10}Cl_2N_2O_2$	甲醇	7.57	$[M+H]^+$	321.019 2	275.014 4/229.134 9/303.009 2	50
	206	利美尼定	Rilmenidine	54187-04-1	$C_{10}H_{16}N_2O$	甲醇	3.08	$[M+H]^+$	181.133 5	95.086 2/67.055 4/55.055 9	50
	207	利眠宁	Chlordiazepoxide	58-25-3	$C_{16}H_{14}ClN_3O$	甲醇	4.51	$[M+H]^+$	300.089 8	227.049 9/282.078 9/283.086 7	50
	208	利托君	Ritodrine	26652-09-5	$C_{17}H_{21}NO_3$	甲醇	2.57	$[M+H]^+$	288.159 4	270.150 1/121.064 4/150.091	50
	209	利血平	Reserpine	50-55-5	$C_{33}H_{40}N_2O_9$	甲醇	7.75	$[M+H]^+$	609.280 7	195.065 2/397.212 1/174.091 5	50
	210	林可霉素	Lincomycin	154-21-2	$C_{18}H_{34}N_2O_6S$	乙腈/水(1:3)	2.25	$[M+H]^+$	407.221	126.127 1/359.217 4/389.210 3	50
	211	罗格列酮	Rosiglitazone	122320-73-4	$C_{18}H_{19}N_3O_3S$	甲醇	4.13	$[M+H]^+$	358.122	135.091 2/119.060 4/78.034 4	50
	212	罗红霉素	Roxithromycin	80214-83-1	$C_{41}H_{76}N_2O_{15}$	乙腈/水(1:3)	7.58	$[M+H]^+$	837.531 9	679.438 3/158.118 2/116.108	50
	213	罗通定	Tetrahydropalmatine	2934-97-6	$C_{21}H_{25}NO_4$	乙腈	4.80	$[M+H]^+$	356.185 6	192.100 2/165.089 8/176.069 4	100

(续表)

检测方法	序号	中文名	英文名	CAS号	分子式	溶剂	保留时间 min	加成离子	母离子 m/z	典型二级子离子 m/z	参考检出限 μg/L
1	214	罗硝唑	Ronidazole	7681-76-7	$C_6H_8N_4O_4$	乙腈	2.60	$[M+H]^+$	201.061 8	140.045 7/55.045 7/54.038	50
	215	螺旋霉素	Spiramycin	8025-81-8	$C_{43}H_{74}N_2O_{14}$	甲醇	4.22	$[M+H]^+$	843.521 3	174.112 1/142.122 5/540.318 1	50
	216	洛伐他汀	Lovastatin	75330-75-5	$C_{24}H_{36}O_5$	乙腈	12.98	$[M+H]^+$	405.263 6	199.148/225.163 7/285.185	50
	217	洛伐他汀羟酸钠	Lovastatin sodium salt	75225-50-2	$C_{24}H_{37}NaO_6$	甲醇	11.45	$[M+H]^+$	423.274 1	199.147 1/173.131 8/225.162 8	50
	218	洛克沙砷	Roxarsone	121-19-7	$C_6H_6AsNO_6$	甲醇	2.22	$[M+H]^+$	263.948 4	90.916/92.025 8/245.936 5	100
	219	洛美沙星	Lomefloxacin	98079-51-7	$C_{17}H_{19}F_2N_3O_3$	乙腈	3.33	$[M+H]^+$	352.146 7	265.115 6/237.084 2/334.135 5	50
	220	氯倍他索丙酸酯	Clobetasol 17-propionate	25122-46-7	$C_{25}H_{32}ClFO_5$	乙腈	12.14	$[M+H]^+$	467.199 5	355.146 8/373.157 5/263.143 1	50
	221	氯苯那敏	Chlorpheniramine maleate	113-92-8	$C_{20}H_{23}ClN_2O_4$	甲醇	4.21	$[M+H]^+$	275.131	230.073 1/167.072 8/201.033 5	50
	222	氯丙那林	Clorprenaline	3811-25-4	$C_{11}H_{16}ClNO$	乙腈	3.06	$[M+H]^+$	214.099 3	154.042 8/118.066 6/119.074 3	50
	223	氯丙嗪	Chlorpromazine	50-53-3	$C_{17}H_{19}ClN_2S$	甲醇	7.41	$[M+H]^+$	319.103	86.097 4/58.067 1/225.055 5	50
	224	氯地孕酮	Chlormadinone	1961-77-9	$C_{21}H_{27}ClO_3$	乙腈	10.87	$[M+H]^+$	363.172 2	309.185 8/345.162 5/267.173 5	50
	225	氯甲硝咪唑	5-Chloro-1-methyl-4-nitroimidazole	4897-25-0	$C_4H_4ClN_3O_2$	乙腈	3.19	$[M+H]^+$	162.006 5	145.003 1/116.013 4/132.007 6	50
	226	氯美扎酮	Chlormezanone	80-77-3	$C_{11}H_{12}ClNO_3S$	甲醇	6.08	$[M+H]^+$	274.029 9	154.041 1/209.059 5/152.037 3	50
	227	氯羟吡啶	Clopidol	2971-90-6	$C_7H_7Cl_2NO$	甲醇	2.72	$[M+H]^+$	191.997 8	101.015 7/87.000 6/86.999 7	100
	228	氯氰碘柳胺	Closantel	57808-65-8	$C_{22}H_{14}Cl_2I_2N_2O_2$	甲醇	17.13	$[M+H]^+$	662.859 5	264.033 3/635.846 4/372.819 4	50
	229	氯硝西泮	Clonazepam	1622-61-3	$C_{15}H_{10}ClN_3O_3$	乙腈	7.72	$[M+H]^+$	316.048 4	270.055 7/241.052 8/214.041 9	50
	230	氯唑西林	Cloxacillin	61-72-3	$C_{19}H_{18}ClN_3O_5S$	乙腈	8.57	$[M+H]^+$	436.072 9	277.035 6/160.041 3/178.005 1	50
	231	麻保沙星	Marbofloxacin	115550-35-1	$C_{17}H_{19}FN_4O_4$	甲醇	2.92	$[M+H]^+$	363.146 3	345.136/72.083 3/320.104 2	50
	232	马杜霉素	Maduramycin	61991-54-6	$C_{47}H_{83}NO_{17}$	甲醇	6.77	$[M+H]^+$	916.539	174.113 3/772.449 1/145.085 8	50
	233	马拉硫磷	Malathion	121-75-5	$C_{10}H_{19}O_6PS_2$	甲醇	11.29	$[M+H]^+$	331.043 3	99.006 4/124.981 3/127.038 3	50

(续表)

检测方法	序号	中文名	英文名	CAS号	分子式	溶剂	保留时间 min	加成离子	母离子 m/z	典型二级子离子 m/z	参考检出限 μg/L
1	234	马喷特罗	Mapenterol	54238-51-6	$C_{14}H_{21}Cl_2F_3N_2O$	甲醇	5.18	$[M+H]^+$	325.128 9	237.039 9/217.034/202.071 4	50
	235	美伐他汀	Mevastatin	73573-88-3	$C_{23}H_{34}O_5$	乙腈	12.23	$[M+H]^+$	391.247 9	185.131 6/159.115 9/211.147 6	100
	236	美睾酮	Mesterolone	1424-00-6	$C_{20}H_{32}O_2$	乙腈	11.05	$[M+H]^+$	305.247 5	269.226 5/287.237/229.194 8	50
	237	美仑孕酮	Melengestrol	5633-18-1	$C_{23}H_{30}O_3$	乙腈	10.58	$[M+H]^+$	355.226 8	337.219 5/279.174 5/221.132 8	50
	238	美洛昔康	Meloxicam	71125-38-7	$C_{14}H_{13}N_3O_4S_2$	乙腈	9.12	$[M+H]^+$	352.042	115.032/141.011 2/184.053 5	50
	239	美托洛尔	Metoprolol	37350-58-6	$C_{15}H_{25}NO_3$	甲醇	3.62	$[M+H]^+$	268.190 7	191.106 3/116.106 7/133.064 4	50
	240	美托咪定	Medetomidine	86347-14-0	$C_{13}H_{16}N_2$	甲醇	4.56	$[M+H]^+$	201.138 6	95.061 1/68.051/41.041 8	50
	241	美雄诺龙	Mestanolone	521-11-9	$C_{20}H_{32}O_2$	乙腈	11.2	$[M+H]^+$	305.247 5	269.226 5/287.237/229.194 8	50
	242	美雄酮	Methandrostenolone	72-63-9	$C_{20}H_{28}O_2$	甲醇	9.22	$[M+H]^+$	301.216 2	121.064 6/149.132 3/283.205 5	50
	243	咪哒唑仑	Midazolam	59467-70-8	$C_{18}H_{13}ClFN_3$	乙腈	5.52	$[M+H]^+$	326.085 5	291.116 2/249.081 9/209.063 1	50
	244	米诺环素	Minocycline	10118-90-8	$C_{23}H_{27}N_3O_7$	乙腈	2.68	$[M+H]^+$	458.192 2	441.164 8/352.119 2/337.095 9	50
	245	眠尔通	Meprobamate	57-53-4	$C_9H_{18}N_2O_4$	甲醇	4.87	$[M+H]^+$	219.133 9	55.054 2/97.101/158.117 5	100
	246	莫格他唑	Muraglitazar	331741-94-7	$C_{29}H_{28}N_2O_7$	甲醇	12.68	$[M+H]^+$	517.196 9	186.090 7/292.133 3/144.08	50
	247	莫美他松	Mometasone	105102-22-5	$C_{22}H_{28}Cl_2O_4$	乙腈	10.59	$[M+H]^+$	521.149 2	503.139 7/355.146 8/263.142 8	50
	248	莫昔克丁	Moxidectin	113507-06-5	$C_{37}H_{53}NO_8$	甲醇	17.31	$[M+H]^+$	640.384 4	498.286 7/528.293 7/416.26	50
	249	莫西沙星	Moxifloxacin	151096-09-2	$C_{21}H_{24}FN_3O_4$	甲醇	4.33	$[M+H]^+$	402.182 4	384.170 7/358.191 1/364.164 3	50
	250	那氟沙星	Nadifloxacin	124858-35-1	$C_{19}H_{21}FN_2O_4$	甲醇	7.06	$[M+H]^+$	361.155 8	343.145 3/283.088 1/257.072 2	50
	251	萘丁美酮	Nabumetone	42924-53-8	$C_{15}H_{16}O_2$	乙腈	10.48	$[M+H]^+$	229.122 3	171.080 2/128.061 6/156.056 5	50
	252	萘啶酸	Nalidixic acid	389-08-2	$C_{12}H_{12}N_2O_3$	乙腈	6.77	$[M+H]^+$	233.092 1	215.081 4/187.049 6/159.054 8	50
	253	萘夫西林	Nafcillin	147-52-4	$C_{21}H_{22}N_2O_5S$	乙腈	8.93	$[M+H]^+$	415.132 2	199.074 4/171.043 6/256.096 3	50
	254	萘普生	Naproxen	22204-53-1	$C_{14}H_{14}O_3$	甲醇	5.07	$[M+H]^+$	231.101 6	199.061 6/143.059 9/185.095 1	50

(续表)

检测方法	序号	中文名	英文名	CAS 号	分子式	溶剂	保留时间 min	加成离子	母离子 m/z	典型二级子离子 m/z	参考检出限 μg/L
1	255	尼莫地平	Nimodipine	66085-59-4	$C_{21}H_{26}N_2O_7$	甲醇	11.47	$[M+H]^+$	419.181 3	343.128 5/301.081 2/359.123 1	50
	256	尼群地平	Nitrendipine	39562-70-4	$C_{18}H_{20}N_2O_6$	乙腈	10.86	$[M+H]^+$	361.139 4	315.097 2/329.112 9/269.103 9	50
	257	诺氟沙星	Norfloxacin	70458-96-7	$C_{16}H_{18}FN_3O_3$	乙腈	3.04	$[M+H]^+$	320.140 5	302.130 1/276.151/233.108 5	50
	258	诺龙	Nortestosterone	434-22-0	$C_{18}H_{26}O_2$	乙腈	8.69	$[M+H]^+$	275.200 6	257.190 2/239.179 5/109.064 9	50
	259	派拉西林	Piperacillin	61477-96-1	$C_{23}H_{27}N_5O_7S$	乙腈/水(1:9)	6.30	$[M+H]^+$	518.170 4	143.080 6/160.042 6/115.050 3	500
	260	哌唑嗪	Prazosin	19216-56-9	$C_{19}H_{21}N_5O_4$	甲醇	4.25	$[M+H]^+$	384.166 6	247.119 3/231.087 5/95.013 1	50
	261	培氟沙星	Pefloxacin	70458-92-3	$C_{17}H_{20}FN_3O_3$	乙腈	3.13	$[M+H]^+$	334.156 2	316.143 9/233.107 3/290.165	50
	262	喷布特罗	Penbutolol	36507-48-9	$C_{18}H_{29}NO_2$	乙腈	7.16	$[M+H]^+$	292.227 1	236.163 9/201.127 5/133.065 4	50
	263	皮质酮	Corticosterone	50-22-6	$C_{21}H_{30}O_4$	乙腈	7.75	$[M+H]^+$	347.221 7	329.211 2/121.064 6/311.200 7	50
	264	泼尼卡酯	Prednicarbate	73771-04-7	$C_{27}H_{36}O_8$	乙腈	11.99	$[M+H]^+$	489.248 3	381.206 5/471.238 1/307.17	50
	265	泼尼松	Prednisone	53-03-2	$C_{21}H_{26}O_5$	乙腈	6.29	$[M+H]^+$	359.185 3	341.173 4/313.179/147.079 5	50
	266	泼尼松龙	Prednisolone	50-24-8	$C_{21}H_{28}O_5$	乙腈	6.27	$[M+H]^+$	361.201	343.188 5/147.065/307.167	50
	267	普萘洛尔	Propranolol	525-66-6	$C_{16}H_{21}NO_2$	乙腈	5.12	$[M+H]^+$	260.164 5	183.080 9/116.107 4/157.065	50
	268	5-羟基甲苯咪唑	5-Hydroxymebendazole	60254-95-7	$C_{15}H_{15}N_3O_3$	二甲基亚砜	4.07	$[M+H]^+$	298.118 6	266.092 1/160.050 4/220.087	100
	269	羟基甲硝唑	Hydroxy metronidazole	4812-40-2	$C_6H_9N_3O_4$	乙腈	2.16	$[M+H]^+$	188.066 6	126.029 3/123.054 7/144.039 6	50
	270	5-羟基噻苯哒唑	5-Hydroxythiabendazole	948-71-0	$C_{10}H_7N_3OS$	甲醇	2.37	$[M+H]^+$	218.038 3	191.027 1/147.054 8/192.029 6	50
	271	羟基异丙硝唑	Hydroxy ipronidazole	35175-14-5	$C_7H_{11}N_3O_3$	甲醇	3.60	$[M+H]^+$	186.087 3	168.076 9/121.075 3/122.083 8	50
	272	17α-羟基孕酮	17α-Hydroxyprogesterone	68-96-2	$C_{21}H_{30}O_3$	甲醇	13.97	$[M+H]^+$	331.226 8	97.017 4/109.058 1/160.2	50
	273	羟甲基甲硝唑	Hydroxy dimetridazole	936-05-0	$C_5H_9N_3O_3$	甲醇	2.35	$[M+H]^+$	158.056	140.044 8/55.043 4/69.045 7	50
	274	羟甲烯龙	Oxymetholone	434-07-1	$C_{21}H_{32}O_3$	乙腈	12.69	$[M+H]^+$	333.242 4	99.043 9/145.099 7/133.101 6	50

（续表）

检测方法	序号	中文名	英文名	CAS 号	分子式	溶剂	保留时间 min	加成离子	母离子 m/z	典型二级子离子 m/z	参考检出限 μg/L
1	275	青霉素 G	Penicillin-G	61-33-6	$C_{16}H_{18}N_2O_4S$	乙腈/水（1:3）	6.53	[M+H]⁺	335.106	114.036 8/176.070 7/160.043 0	50
	276	青霉素 V	Penicillin-V	87-08-1	$C_{16}H_{18}N_2O_5S$	乙腈/水（1:9）	7.26	[M+H]⁺	351.100 9	160.042/114.037 1/192.065 5	50
	277	氢化可的松	Hydrocortisone	50-23-7	$C_{21}H_{30}O_5$	乙腈	6.35	[M+H]⁺	363.216 6	327.195 5/121.065/309.184 6	50
	278	氢化可的松丁酸酯	Hydrocortisone 17-butyrate	13609-67-1	$C_{25}H_{36}O_6$	乙腈	9.75	[M+H]⁺	433.258 5	345.206 9/327.196 4/121.065 3	50
	279	氢化可的松戊酸酯	Hydrocortisone 17-valerate	57524-89-7	$C_{26}H_{38}O_6$	乙腈	10.70	[M+H]⁺	447.274 1	345.204 8/121.064 7/327.194 4	50
	280	氢溴酸非诺特罗	Fenoterol hydrobromide	1944-12-3	$C_{17}H_{22}BrNO_4$	甲醇	2.39	[M+H]⁺	304.154 3	107.048 8/135.079 7/286.140 2	50
	281	曲安奈德	Triamcinolone acetonide	76-25-5	$C_{24}H_{31}FO_6$	乙腈	8.05	[M+H]⁺	435.217 7	213.128 2/339.161 5/171.082 7	50
	282	曲安西龙	Triamcinolone	124-94-7	$C_{21}H_{27}FO_6$	乙腈	10.74	[M+H]⁺	395.186 4	275.142 9/259.110 8/317.154 6	500
	283	曲安西龙双醋酸酯	Triamcinolone diacetate	67-78-7	$C_{25}H_{31}FO_8$	乙腈	8.31	[M+H]⁺	479.207 6	441.190 5/321.148 6/399.179 8	50
	284	曲格列酮	Troglitazone	97322-87-7	$C_{24}H_{27}NO_5S$	甲醇	12.15	[M+H]⁺	442.168 3	165.091/137.096 1/191.106 1	50
	285	去甲西布曲明	Desmethyl sibutramine	168835-59-4	$C_{16}H_{24}ClN$	甲醇	7.26	[M+H]⁺	266.167	125.015/139.030 3/153.046 2	50
	286	去羟基洛伐他汀	Dehydro lovastatin	109273-98-5	$C_{24}H_{34}O_4$	甲醇	15.13	[M+H]⁺	387.253	199.148 6/173.132 7/143.085 7	50
	287	去氢睾酮	Boldenone	846-48-0	$C_{19}H_{26}O_2$	乙腈	8.57	[M+H]⁺	287.200 6	121.065 1/135.116 5/173.095 5	50
	288	3-去乙酰基头孢噻肟	Desacetyl cefotaxime	66340-28-1	$C_{14}H_{15}N_5O_6S_2$	乙腈	2.31	[M+H]⁺	414.053 7	241.039 1/126.011 8/285.011 2	100
	289	炔雌醇	Ethinyl estradiol	57-63-6	$C_{20}H_{24}O_2$	乙腈	9.56	[M+H]⁺	279.184 9	107.049 6/265.013 4/248.982 6	500
	290	炔雌醚	Quinestrol	152-43-2	$C_{25}H_{32}O_2$	乙腈	16.09	[M+H]⁺	365.247 5	297.185 3/107.049 5/279.174 2	50
	291	炔诺酮	Norethindrone	68-22-4	$C_{20}H_{26}O_2$	乙腈	9.45	[M+H]⁺	299.200 6	231.174 2/109.064 9/281.190 2	50
	292	群勃龙	Trenbolone	10161-33-8	$C_{18}H_{22}O_2$	甲醇	8.13	[M+H]⁺	271.1693	253.158 1/199.111 1/227.142 7	50
	293	α-群勃龙	α-Trenbolone	80657-17-6	$C_{18}H_{22}O_2$	甲醇	8.29	[M+H]⁺	271.169 3	253.158 5/199.112 3/197.095 5	50

(续表)

检测方法	序号	中文名	英文名	CAS号	分子式	溶剂	保留时间 min	加成离子	母离子 m/z	典型二级子离子 m/z	参考检出限 μg/L
1	294	瑞格列奈	Repaglinde	135062-02-1	$C_{27}H_{36}N_2O_4$	乙腈	8.63	$[M+H]^+$	453.274 8	230.189 3/174.127 8/162.127 1	50
	295	塞克硝唑	Secnidazole	3366-95-8	$C_7H_{11}N_3O_3$	甲醇	2.90	$[M+H]^+$	186.087 3	168.076 9/121.076 1/122.083 8	50
	296	噻苯咪唑	Thiabendazole	148-79-8	$C_{10}H_7N_3S$	乙腈	2.80	$[M+H]^+$	202.043 3	175.032 2/131.06/65.038 4	50
	297	赛庚啶	Cyproheptadine	129-03-3	$C_{21}H_{21}N$	乙腈	6.75	$[M+H]^+$	288.174 7	191.095 5/215.085 9/96.081 0	50
	298	三氮脒	Diminazene	536-71-0	$C_{14}H_{15}N_7$	甲醇/水(1:4)	2.07	$[M+H]^+$	282.146 2	119.059 9/102.033 3/135.078 5	100
	299	三氯苯达唑酮	Ketotriclabendazole	1201920-88-8	$C_{14}H_7Cl_3N_2O_2$	乙腈	10.01	$[M+H]^+$	328.964 6	181.988 2/168.008/98.985 6	50
	300	三氯苯咪唑	Triclabendazole	68786-66-3	$C_{14}H_9Cl_3N_2OS$	甲醇	11.95	$[M+H]^+$	358.957 4	196.957 1/341.916 6/343.934 1	50
	301	三氯苯咪唑砜	Triclabendazole sulfone	106791-37-1	$C_{14}H_9Cl_3N_2O_3S$	甲醇	11.30	$[M+H]^+$	390.947 2	309.945 9/242.023 5/311.960 8	50
	302	三唑仑	Triazolam	28911-01-5	$C_{17}H_{12}Cl_2N_4$	乙腈	8.09	$[M+H]^+$	343.051 2	308.082 2/315.032 5/239.038 1	50
	303	沙丁胺醇	Salbutamol	18559-94-9	$C_{13}H_{21}NO_3$	乙腈	2.14	$[M+H]^+$	240.159 4	148.075 2/166.085 9/222.148 5	50
	304	沙拉沙星	Sarafloxacin	98105-99-8	$C_{20}H_{17}F_2N_3O_3$	乙腈	3.86	$[M+H]^+$	386.131 1	368.121 2/348.114 4/299.099 1	50
	305	沙美特罗	Salmeterol	89365-50-4	$C_{25}H_{37}NO_4$	甲醇	7.30	$[M+H]^+$	416.279 5	232.168 6/380.257 7/230.152 9	50
	306	舒林酸	Sulindac	38194-50-2	$C_{20}H_{17}FO_3S$	乙腈	8.35	$[M+H]^+$	357.095 5	233.075 8/340.092 8/248.099 8	50
	307	双氟沙星	Difloxacin	98106-17-3	$C_{21}H_{19}F_2N_3O_3$	甲醇	3.95	$[M+H]^+$	400.146 7	382.136 6/356.157 3/299.099	50
	308	双甲脒	Amitraz	33089-61-1	$C_{19}H_{23}N_3$	乙腈	13.77	$[M+H]^+$	294.196 5	163.123 2/122.096 9/132.081 3	50
	309	双氯芬酸	Diclofenac acid	15307-86-5	$C_{14}H_{11}Cl_2NO_2$	乙腈	10.81	$[M+H]^+$	278.013 4	214.041 1/215.049 4/178.064 5	50
	310	双氯芬酸钠	Diclofenac sodium	15307-79-6	$C_{14}H_{10}Cl_2NNaO_2$	乙腈	10.77	$[M+H]^+$	296.024 0	214.041 4/215.049 0/179.073 1	50
	311	双氢睾酮	Dihydrotestosterone	521-18-6	$C_{19}H_{30}O_2$	乙腈	10.52	$[M+H]^+$	291.231 9	255.210 9/273.221 6/159.116 5	50
	312	N,N-双去甲基西布曲明	N-Didesmethyl sibutramine	84467-54-9	$C_{15}H_{22}ClN$	甲醇	7.06	$[M+H]^+$	252.151 4	125.144 1/139.031 2/153.046 9	50
	313	司帕沙星	Sparfloxacin	110871-86-8	$C_{19}H_{22}F_2N_4O_3$	乙腈	4.00	$[M+H]^+$	393.173 3	349.184 4/292.124 9/251.086 7	50

(续表)

检测方法	序号	中文名	英文名	CAS 号	分子式	溶剂	保留时间 min	加成离子	母离子 m/z	典型二级子离子 m/z	参考检出限 μg/L
1	314	司坦唑醇	Stanozolol	10418-03-8	$C_{21}H_{32}N_2O$	乙腈	9.25	$[M+H]^+$	329.2587	313.1691/208.1119/284.1435	50
	315	四环素	Tetracycline	60-54-8	$C_{22}H_{24}N_2O_8$	乙腈	3.28	$[M+H]^+$	445.1605	428.1349/321.0761/339.0867	50
	316	泰乐菌素	Tylosin	1401-69-0	$C_{46}H_{77}NO_{17}$	乙腈/水 (1:3)	6.71	$[M+H]^+$	916.5264	772.4484/174.1122/101.0599	50
	317	泰妙菌素	Tiamulin	55297-95-5	$C_{28}H_{47}NO_4S$	甲醇	7.05	$[M+H]^+$	494.3299	192.1052/119.0169/163.1117	50
	318	特布他林	Terbutaline	23031-25-6	$C_{12}H_{19}NO_3$	乙腈	2.14	$[M+H]^+$	226.1438	152.0707/125.0594/170.0813	50
	319	替米考星	Tilmicosin	108050-54-0	$C_{46}H_{80}N_2O_{13}$	乙腈/水 (1:3)	5.19	$[M+H]^+$	869.5733	696.4632/174.1119/132.1017	50
	320	替诺昔康	Tenoxicam	59804-37-4	$C_{13}H_{11}N_3O_4S_2$	乙腈	5.07	$[M+H]^+$	338.0264	121.04/78.0348/95.0612	50
	321	替硝唑	Tinidazole	19387-91-8	$C_8H_{13}N_3O_4S$	乙腈	3.30	$[M+H]^+$	248.07	121.0321/128.0457/93.0007	50
	322	替扎尼定	Tizanidine	51322-75-9	$C_9H_8ClN_5S$	甲醇	2.35	$[M+H]^+$	254.0262	156.9619/209.9878/185.9885	50
	323	酮基布洛芬	Ketoprofen	22071-15-4	$C_{16}H_{14}O_3$	乙腈	8.75	$[M+H]^+$	255.1016	105.0328/209.0950/77.0385	500
	324	头孢氨苄	Cephalexin	15686-71-2	$C_{16}H_{17}N_3O_4S$	乙腈/水 (1:3)	2.74	$[M+H]^+$	348.1013	158.0269/174.0549/106.0653	50
	325	头孢氨噻	Cefotaxime	63527-52-6	$C_{16}H_{17}N_5O_7S_2$	乙腈/水 (1:3)	3.20	$[M+H]^+$	456.0642	324.0585/396.0432/125.0046	50
	326	头孢克洛	Cefaclor	53994-73-3	$C_{15}H_{14}ClN_3O_4S$	乙腈/水 (1:3)	3.40	$[M+H]^+$	368.0466	174.0551/106.0649/118.0408	100
	327	头孢克肟	Cefixime	79350-37-1	$C_{16}H_{15}N_5O_7S_2$	乙腈/水 (1:3)	3.19	$[M+H]^+$	454.0486	285.0294/126.0119/210.0206	50
	328	头孢喹肟	Cefquinome	84957-30-2	$C_{23}H_{24}N_6O_5S_2$	乙腈/水 (1:3)	2.67	$[M+H]^+$	529.1322	134.0961/167.0264/324.0571	100
	329	头孢拉定	Cephradine	38821-53-3	$C_{16}H_{19}N_3O_4S$	乙腈/水 (1:3)	2.95	$[M+H]^+$	350.1169	192.0465/160.0418/174.0541	500

(续表)

检测方法	序号	中文名	英文名	CAS 号	分子式	溶剂	保留时间 min	加成离子	母离子 m/z	典型二级子离子 m/z	参考检出限 μg/L
1	330	头孢洛宁	Cephalonium	5575-21-3	$C_{20}H_{18}N_4O_5S_2$	乙腈/水(1:3)	2.89	$[M+H]^+$	459.0791	152.0158/123.0549/185.0372	100
	331	头孢孟多	Cefamandole	34444-01-4	$C_{18}H_{18}N_6O_5S_2$	乙腈/水(1:3)	4.96	$[M+H]^+$	463.0853	158.0264/140.0156/185.0371	50
	332	头孢米诺	Cefminox	75481-73-1	$C_{16}H_{21}N_7O_7S_3$	乙腈/水(1:3)	2.22	$[M+H]^+$	520.0737	161.0375/328.0425/215.0481	100
	333	头孢哌酮	Cefoperazone	62893-19-0	$C_{25}H_{27}N_9O_8S_2$	乙腈/水(1:3)	4.62	$[M+H]^+$	646.1497	43.0811/530.1351/290.1129	50
	334	头孢匹林	Cephapirin	21593-23-7	$C_{17}H_{17}N_3O_6S_2$	乙腈/水(1:3)	2.34	$[M+H]^+$	424.0632	292.0588/152.0161/124.0213	50
	335	头孢匹罗	Cefpirome	84957-29-9	$C_{22}H_{22}N_6O_5S_2$	乙腈/水(1:3)	2.41	$[M+H]^+$	515.1166	120.08/167.0261/140.0153	500
	336	头孢羟氨苄	Cefadroxil	50370-12-2	$C_{16}H_{17}N_3O_5S$	乙腈/水(1:3)	2.20	$[M+H]^+$	364.0962	114.0001/134.0355/68.0501	100
	337	头孢噻呋	Ceftiofur	80370-57-6	$C_{19}H_{17}N_5O_7S_3$	乙腈/水(1:3)	5.56	$[M+H]^+$	524.0363	241.0397/125.0043/126.0121	50
	338	头孢他啶	Ceftazidime	72558-82-8	$C_{22}H_{22}N_6O_5S_2$	乙腈/水(1:3)	2.32	$[M+H]^+$	547.1064	167.0266/396.0779/468.0635	500
	339	头孢他美酯	Cefetamet pivoxil	65243-33-6	$C_{20}H_{25}N_5O_7S_2$	乙腈/水(1:3)	8.45	$[M+H]^+$	512.1268	241.0388/398.0598/482.1173	50
	340	头孢唑啉	Cefazolin	25953-19-9	$C_{14}H_{14}N_8O_4S_3$	乙腈/水(1:3)	3.67	$[M+H]^+$	455.0373	323.0562/156.0101/153.0477	50
	341	土霉素	Oxytetracycline	79-57-2	$C_{22}H_{24}N_2O_9$	乙腈	2.99	$[M+H]^+$	461.1555	426.1176/337.0713/201.0526	50
	342	褪黑素	Melatonine	73-31-4	$C_{13}H_{16}N_2O_2$	甲醇	4.87	$[M+H]^+$	233.1285	174.0916/130.0653/159.0674	50
	343	托麦汀	Tolmetin	26171-23-3	$C_{15}H_{15}NO_3$	乙腈	8.32	$[M+H]^+$	258.1125	119.0488/91.054/166.0495	50

(续表)

检测方法	序号	中文名	英文名	CAS 号	分子式	溶剂	保留时间 min	加成离子	母离子 m/z	典型二级子离子 m/z	参考检出限 μg/L
1	344	托灭酸	Tolfenamic acid	13710-19-5	$C_{14}H_{12}ClNO_2$	乙腈	12.28	$[M+H]^+$	262.0629	244.0525/209.083/180.0805	50
	345	脱氢表雄酮	Dehydroepiandrosterone	53-43-0	$C_{19}H_{28}O_2$	乙腈	9.98	$[M+H]^+$	289.2162	271.2055/109.0646/253.1951	50
	346	脱氢红霉素 A	Anhydroerythromycin A	23893-13-2	$C_{37}H_{65}NO_{12}$	甲醇	7.00	$[M+H]^+$	716.458	558.3648/158.1176/540.3534	50
	347	脱氧卡巴氧	Desoxycarbadox	55456-55-8	$C_{11}H_{10}N_4O_2$	甲醇	5.07	$[M+H]^+$	231.0877	199.0616/143.0606/171.0666	50
	348	脱氧可的松	Cortexolone	152-58-9	$C_{21}H_{30}O_4$	乙腈	8.00	$[M+H]^+$	347.2217	109.0964/329.212/97.0651	50
	349	妥布特罗	Tulobuterol	41570-61-0	$C_{12}H_{18}ClNO$	乙腈	3.58	$[M+H]^+$	228.115	154.0414/118.0655/119.0732	50
	350	妥曲珠利	Toltrazuril	69004-03-1	$C_{18}H_{14}F_3N_3O_4S$	丙酮	11.93	$[M+H]^+$	426.073	192.9918/164.996/115.0003	50
	351	妥曲珠利亚砜	Toltrazuril sulfoxide	69004-15-5	$C_{18}H_{14}F_3N_3O_5S$	甲醇	9.11	$[M+H]^+$	442.0679	373.0726/233.08/133.0521	50
	352	维达列汀	Vildagliptin	274901-16-5	$C_{17}H_{25}N_3O_2$	甲醇	2.28	$[M+H]^+$	304.202	154.0968/97.076/151.111	50
	353	维吉霉素 M1	Virginiamycin M1	21411-53-0	$C_{28}H_{35}N_3O_7$	甲醇	8.50	$[M+H]^+$	526.2548	508.2441/355.129/337.1178	50
	354	文拉法辛	Venlafaxine	93413-69-5	$C_{17}H_{27}NO_2$	丙酮	4.62	$[M+H]^+$	278.2115	260.2016/58.0672/121.065	50
	355	西地那非	Sildenafil	139755-83-2	$C_{22}H_{30}N_6O_4S$	甲醇	5.93	$[M+H]^+$	475.2122	58.0671/283.1183/311.1511	50
	356	西马特罗	Cimaterol	54239-37-1	$C_{12}H_{17}N_3O$	乙腈	2.16	$[M+H]^+$	220.1444	143.0609/160.087/116.0506	50
	357	西诺沙星	Cinoxacin	28657-80-9	$C_{12}H_{10}N_2O_5$	甲醇	4.84	$[M+H]^+$	263.0663	245.0557/217.060/189.0293	50
	358	西他列汀	Sitagliptin	486460-32-6	$C_{16}H_{15}F_6N_5O$	甲醇	4.16	$[M+H]^+$	408.1258	235.0805/174.0525/193.0696	50
	359	硝苯地平	Nifedipine	21829-25-4	$C_{17}H_{18}N_2O_6$	甲醇	9.17	$[M+H]^+$	347.1238	122.0252/222.0762/254.1042	50
	360	硝西泮	Nitrazepam	146-22-5	$C_{15}H_{11}N_3O_3$	乙腈	7.14	$[M+H]^+$	282.0873	236.0947/180.0804/207.0916	50
	361	辛伐他汀	Simvastatin	79902-63-9	$C_{25}H_{38}O_5$	乙腈	13.83	$[M+H]^+$	419.2792	199.1478/285.2042/225.1634	50
	362	辛硫磷	Phoxim	14816-18-3	$C_{12}H_{15}N_2O_3PS$	丙酮	13.36	$[M+H]^+$	299.0614	77.0381/96.9497/129.0435	100
	363	雄酮	Androsterone	53-41-8	$C_{19}H_{30}O_2$	乙腈	11.20	$[M+H]^+$	291.2319	255.21/159.117/145.1003	50
	364	溴代克伦特罗	Bromchlorbuterol	37153-52-9	$C_{12}H_{18}BrClN_2O$	甲醇	3.94	$[M+H]^+$	321.0364	246.963/168.045/303.0264	50

(续表)

检测方法	序号	中文名	英文名	CAS 号	分子式	溶剂	保留时间 min	加成离子	母离子 m/z	典型二级子离子 m/z	参考检出限 μg/L
1	365	氧氟沙星	Ofloxacin	82419-36-1	$C_{18}H_{20}FN_3O_4$	乙腈	3.08	$[M+H]^+$	362.151 1	318.161 2/261.103 3/344.140 5	50
	366	依诺沙星	Enoxacin	74011-58-8	$C_{15}H_{17}FN_4O_3$	乙腈	2.93	$[M+H]^+$	321.135 8	303.124 6/232.051 4/204.056 1	50
	367	依普菌素	Eprinomectin	123997-26-2	$C_{50}H_{75}NO_{14}$	乙腈	15.05	$[M+H]^+$	914.526	186.112 6/154.086 3/330.192 6	50
	368	乙酸甲地孕酮	Megestrol acetate	595-33-5	$C_{24}H_{32}O_4$	乙腈	12.32	$[M+H]^+$	385.237 3	267.174 6/224.155 7/325.217 2	50
	369	乙酰甲喹	Mequindox	13297-17-1	$C_{11}H_{10}N_2O_3$	乙腈	3.54	$[M+H]^+$	219.076 4	143.060 2/185.070 7/160.062 6	50
	370	乙酰胺苯甲酯	Ethopabate	59-06-3	$C_{12}H_{15}NO_4$	甲醇	5.74	$[M+H]^+$	238.107 4	206.080 8/136.039 5/164.070 4	50
	371	4-异丙基氨基安替比林	4-Isopropylaminoantipyrine	3615-24-5	$C_{14}H_{19}N_3O$	甲醇	2.55	$[M+H]^+$	246.160 1	56.049 5/125.106 4/111.044 0	50
	372	异丙硝唑	Ipronidazole	14885-29-1	$C_7H_{11}N_3O_2$	乙腈	4.89	$[M+H]^+$	170.092 4	109.077 6/124.100 8/123.092 5	50
	373	异金霉素	Isochlortetracycline	514-53-4	$C_{22}H_{23}ClN_2O_8$	乙腈	3.71	$[M+H]^+$	479.121 6	462.013 8/196.92/416.1	100
	374	吲哚布洛芬	Indoprofen	31842-01-0	$C_{17}H_{15}NO_3$	乙腈	7.79	$[M+H]^+$	282.112 5	236.107 2/218.096 5/180.081	50
	375	吲哚美辛	Indomethacin	53-86-1	$C_{19}H_{16}ClNO_4$	乙腈	10.91	$[M+H]^+$	358.084 1	138.993 9/110.999/174.091 4	50
	376	隐色孔雀石绿	Leucomalachite green	129-73-7	$C_{23}H_{26}N_2$	甲醇	8.09	$[M]^+$	331.2169	239.154 2/315.186 3/316.194	50
	377	隐性结晶紫	Leucocrystal violet	603-48-5	$C_{25}H_{31}N_3$	甲醇	4.77	$[M]^+$	374.2591	358.227/239.153 3/238.145 5	50
	378	孕酮(黄体酮)	Progesterone	57-83-0	$C_{21}H_{30}O_2$	乙腈	12.28	$[M+H]^+$	315.231 9	109.064 7/97.064 9/297.220 5	50
	379	孕烯醇酮	Pregnenolone	145-13-1	$C_{21}H_{32}O_2$	乙腈	12.06	$[M+H]^+$	317.247 5	299.237 4/281.225 8/159.116 9	50
	380	扎来普隆	Zaleplon	151319-34-5	$C_{17}H_{15}N_5O$	甲醇	7.15	$[M+H]^+$	306.134 9	236.095 2/219.068 3/234.079 6	50
	381	竹桃霉素	Oleandomycin	3922-90-5	$C_{35}H_{61}NO_{12}$	甲醇	5.69	$[M+H]^+$	688.426 7	544.347 3/158.117 2/116.070 9	50
	382	左旋咪唑	Levamisole	14769-73-4	$C_{11}H_{12}N_2S$	乙腈	2.61	$[M+H]^+$	205.079 4	178.068 7/123.026 6/91.054 8	50
	383	左氧氟沙星	Levofloxacine	100986-85-4	$C_{18}H_{20}FN_3O_4$	甲醇	3.01	$[M+H]^+$	362.151 1	261.102 5/318.160 6/344.139 8	50
	384	唑吡坦	Zolpidem	82626-48-0	$C_{19}H_{21}N_3O$	甲醇	4.48	$[M+H]^+$	308.175 7	236.128 7/235.123 2/263.115 7	50

（续表）

检测方法	序号	中文名	英文名	CAS 号	分子式	溶剂	保留时间 min	加成离子	母离子 m/z	典型二级子离子 m/z	参考检出限 μg/L
				C18 色谱柱，长 100mm，内径 2.1mm，粒径 1.6μm（ESI-扫描模式）							
2	385	安乃近	Analgin	68-89-3	$C_{13}H_{16}N_3NaO_4S$	乙腈	4.45	$[M-H]^-$	310.0867	79.9610/175.0194/80.9680	500
	386	巴比妥	Barbital	57-44-3	$C_8H_{12}N_2O_3$	甲醇	3.29	$[M-H]^-$	183.0775	61.9878/69.0703/97.0288	500
	387	苯巴比妥	Phenobarbital	50-06-6	$C_{12}H_{12}N_2O_3$	甲醇	5.20	$[M-H]^-$	231.0775	61.9882/164.9981/87.9247	100
	388	布洛芬	Ibuprofen	15687-27-1	$C_{13}H_{18}O_2$	甲醇	10.85	$[M-H]^-$	205.1234	161.1320/119.0845/105.0695	500
	389	达格列嗪	Dapagliflozin	461432-26-8	$C_{21}H_{25}ClO_6$	甲醇	8.02	$[M-H]^-$	407.1267	167.0254/135.0802/191.0255	500
	390	地克珠利	Diclazuril	101831-37-2	$C_{17}H_9Cl_3N_4O_2$	甲醇	11.31	$[M-H]^-$	404.9718	333.9724/298.9791/334.9559	100
	391	二氟尼柳	Diflunisal	22494-42-4	$C_{13}H_8F_2O_3$	甲醇	9.77	$[M-H]^-$	249.0369	205.0484/177.0505/206.0502	100
	392	3,5-二硝基苯甲酰胺	3,5-Dinitrobenzamide	121-81-3	$C_7H_5N_3O_5$	甲醇	4.41	$[M-H]^-$	210.0156	61.9882/63.0236/89.9247	100
	393	呋喃苯烯酸钠	Sodium nifurstylenate	54992-23-3	$C_{13}H_9NNaO_5$	甲醇	8.92	$[M-H]^-$	258.0408	114.0473/214.0510/108.0211	100
	394	呋塞米	Furosemide	54-31-9	$C_{12}H_{11}ClN_2O_5S$	甲醇	6.82	$[M-H]^-$	329.0004	204.9850/285.0108/77.9654	100
	395	氟苯尼考	Florfenicol	73231-34-2	$C_{12}H_{14}Cl_2FNO_4S$	甲醇	4.79	$[M-H]^-$	355.9532	119.0554/185.0278/78.9859	100
	396	氟比洛芬	Flurbiprofen	5104-49-4	$C_{15}H_{13}FO_2$	甲醇	10.38	$[M-H]^-$	243.0827	61.9880/59.9858/197.9049	500
	397	环格列酮	Ciglitazone	74772-77-3	$C_{18}H_{23}NO_3S$	乙腈	14.13	$[M-H]^-$	332.1326	150.0141/289.1254/149.0074	100
	398	己烷雌酚	Hexestrol	84-16-2	$C_{18}H_{22}O_2$	乙腈	10.56	$[M-H]^-$	269.1547	253.1596/199.1115/165.0700	500
	399	己烯雌酚	Diethylstilbestrol	56-53-1	$C_{18}H_{20}O_2$	乙腈	10.34	$[M-H]^-$	267.1391	237.0913/251.1069/222.0679	100
	400	(EZ)-己烯雌酚	ez-Diethylstilbestrol	6898-97-1	$C_{18}H_{20}O_2$	甲醇	10.62	$[M-H]^-$	267.1391	119.0499/133.0657/120.0521	100
	401	甲基盐霉素	Narasin	55134-13-9	$C_{43}H_{72}O_{11}$	甲醇	19.47	$[M-H]^-$	763.5002	255.1594/407.2432/745.4926	500
	402	拉沙里菌素	Lasalocid	25999-31-9	$C_{34}H_{54}O_8$	乙腈	17.71	$[M-H]^-$	589.3746	235.0984/337.2750/237.1858	100
	403	莫能菌素	Monensin	17090-79-8	$C_{36}H_{62}O_{11}$	甲醇	18.34	$[M-H]^-$	669.4219	637.3984/137.0971/101.0606	100

(续表)

检测方法	序号	中文名	英文名	CAS 号	分子式	溶剂	保留时间 min	加成离子	母离子 m/z	典型二级子离子 m/z	参考检出限 μg/L
	404	尼卡巴嗪	Nicarbazin	330-95-0	$C_{19}H_{18}N_6O_6$	乙腈/N,N-二甲基甲酰胺(9:1)	10.46	$[M-H]^-$	301.057 8	137.037 0/107.037 7/93.057 0	100
	405	氢氯噻嗪	Hydrochlorothiazide	58-93-5	$C_7H_8ClN_3O_4S_2$	甲醇	2.96	$[M-H]^-$	295.957 2	268.946 8/204.984 6/77.965 2	100
	406	舒巴坦	Sulbactam	68373-14-8	$C_8H_{11}NO_5S$	乙腈	2.30	$[M-H]^-$	232.028 5	69.962 6/140.071 3/188.039 3	100
	407	双烯雌酚	Dienestrol	84-17-3	$C_{18}H_{18}O_2$	乙腈	10.46	$[M-H]^-$	265.123 4	93.035 5/249.092 5/117.034 1	100
	408	水杨酸	Salicylic acid	69-72-7	$C_7H_6O_3$	甲醇	4.18	$[M-H]^-$	137.024 4	65.039 8/121.027 5/93.032 7	100
	409	司可巴比妥	Secobarbital	76-73-3	$C_{12}H_{18}N_2O_3$	甲醇	7.39	$[M-H]^-$	237.124 5	41.998 5/194.118 8/42.008 5	100
2	410	妥曲珠利砜	Ponazuril	69004-04-2	$C_{18}H_{14}F_3N_3O_6S$	甲醇	10.77	$[M-H]^-$	456.048 3	162.838 5/127.870 9/148.039 1	100
	411	五氯酚酸钠	Sodium pentachlorophenoxide	131-52-2	C_6Cl_5NaO	乙腈	12.09	$[M-H]^-$	264.83	1999.875 9/227.869 8/96.989 0	100
	412	硝碘酚腈	Nitroxynil	1689-89-0	$C_7H_3IN_2O_3$	乙腈	7.67	$[M-H]^-$	288.911 6	126.906 7/162.006 7/258.912 6	100
	413	盐霉素	Salinomycin	53003-10-4	$C_{42}H_{70}O_{11}$	甲醇	18.57	$[M-H]^-$	749.484 5	241.144 0/407.243 4/731.477 3	100
	414	异戊巴比妥	Amobarbital	57-43-2	$C_{11}H_{18}N_2O_3$	甲醇	6.76	$[M-H]^-$	225.124 5	143.863 4/141.868 0/61.988 1	100
	415	玉米赤霉醇	Zearalanol	26538-44-3	$C_{18}H_{26}O_5$	乙腈	8.81	$[M-H]^-$	321.170 8	277.181 1/303.159 5/259.169 1	100
	416	β-玉米赤霉醇	β-Zearalanol	42422-68-4	$C_{18}H_{26}O_5$	乙腈	7.96	$[M-H]^-$	321.170 8	277.178 0/303.159 1/259.170 2	100
	417	玉米赤霉烯酮	Zearalanone	5975-78-0	$C_{18}H_{24}O_5$	乙腈	10.04	$[M-H]^-$	319.155 1	275.146 1/205.072 4/161.085 5	100
	418	α-玉米赤霉烯醇	α-Zearalenol	36455-72-8	$C_{18}H_{24}O_5$	乙腈	9.00	$[M-H]^-$	319.155 1	275.165 5/174.031 8/238.892 3	100
	419	β-玉米赤霉烯醇	β-Zearalenol	71030-11-0	$C_{18}H_{24}O_5$	乙腈	8.08	$[M-H]^-$	319.155 1	275.165 1/174.030 4/301.143 7	100
	420	玉米赤霉烯酮	Zearalenone	17924-92-4	$C_{18}H_{22}O_5$	乙腈	10.11	$[M-H]^-$	317.139 5	185.058 7/187.074 3/203.069 0	100

(续表)

检测方法	序号	中文名	英文名	CAS号	分子式	溶剂	保留时间 min	加成离子	母离子 m/z	典型二级离子 m/z	参考检出限 μg/L
				BEH Amide 色谱柱，长 100mm，内径 2.1mm，粒径 1.7μm (ESI+扫描模式)							
3	421	阿卡波糖	Acarbose	56180-94-0	$C_{25}H_{43}NO_{18}$	乙腈/水 (1:3)	3.49	$[M+H]^+$	646.2553	304.1381/146.0810/128.0695	100
	422	阿散酸	Arsanilic acid	98-50-0	$C_6H_8AsNO_3$	甲醇	2.21	$[M+H]^+$	217.9793	106.9121/122.9072/124.9228	100
	423	阿昔洛韦	Acyclovir	59277-89-3	$C_8H_{11}N_5O_3$	甲醇	2.37	$[M+H]^+$	226.0935	135.0301/152.0567/77.0394	100
	424	氨苄西林	Ampicillin	69-53-4	$C_{16}H_{19}N_3O_4S$	乙腈/水 (1:3)	2.25	$[M+H]^+$	350.1169	192.0465/160.0418/174.0541	100
	425	安普霉素	Apramycin	37321-09-8	$C_{21}H_{41}N_5O_{11}$	水	4.73	$[M+H]^+$	540.2875	217.1184/378.1874/199.1075	1 000
	426	吡哌酸	Pipemidic acid	51940-44-4	$C_{14}H_{17}N_5O_3$	甲醇	2.14	$[M+H]^+$	304.1404	286.1292/215.0553/217.1077	100
	427	潮霉素 B	Hygromycin B	31282-04-9	$C_{20}H_{37}N_3O_{13}$	甲醇	3.98	$[M+H]^+$	528.2399	177.1241/352.1263/303.1579	500
	428	大观霉素	Spectinomycin	1695-77-8	$C_{14}H_{24}N_2O_7$	水	3.21	$[M+H]^+$	333.1656	98.0613/140.0714/122.0611	500
	429	丁胺卡那霉素	Amikacin	37517-28-5	$C_{22}H_{43}N_5O_{13}$	甲醇/水 (4:1)	4.40	$[M+H]^+$	586.293	163.1083/264.1558/425.2244	1 000
	430	丁双胍	Buformin	692-13-7	$C_6H_{15}N_5$	乙腈	1.94	$[M+H]^+$	158.14	60.0565/68.0255/57.071	100
	431	二甲双胍	Metformin	657-24-9	$C_4H_{11}N_5$	甲醇	2.30	$[M+H]^+$	130.1087	71.0614/60.0575/68.0254	100
	432	伏格列波糖	Voglibose	83480-29-9	$C_{10}H_{21}NO_7$	甲醇	3.01	$[M+H]^+$	268.1391	250.1281/214.1065/232.1178	100
	433	氟苯尼考胺	Florfenicol amine	76639-93-5	$C_{10}H_{14}FNO_3S$	甲醇	2.25	$[M+H]^+$	248.0751	130.0652/230.0648/131.0728	100
	434	更昔洛韦	Ganciclovir	82410-32-0	$C_9H_{13}N_5O_4$	甲醇	2.48	$[M+H]^+$	256.104	152.0563/135.0295/110.0343	100
	435	环丙氨嗪	Cyromazine	66215-27-8	$C_6H_{10}N_6$	乙腈	2.40	$[M+H]^+$	167.104	68.0247/85.0507/125.0821	100
	436	4-甲基氨基安替比林	4-Methylamino antipyrine	519-98-2	$C_{12}H_{15}N_3O$	乙腈	2.09	$[M+H]^+$	218.1288	56.0511/97.0764/187.0868	100
	437	卡那霉素	Kanamycin	8063-07-8	$C_{18}H_{36}N_4O_{11}$	水	4.45	$[M+H]^+$	485.2453	163.1092/205.1202/162.0774	500
	438	利巴韦林	Ribavirin	36791-04-5	$C_8H_{12}N_4O_5$	甲醇	2.31	$[M+H]^+$	245.0881	111.0333/68.0299/134.894	500

（续表）

检测方法	序号	中文名	英文名	CAS 号	分子式	溶剂	保留时间 min	加成离子	母离子 m/z	典型二级子离子 m/z	参考检出限 μg/L
3	439	氯化氮氨菲啶	Isometamidiumchloride	34301-55-8	$C_{28}H_{26}ClN_7$	甲醇	2.33	$[M]^+$	460.225	298.146 2/312.149 3/313.156 7	100
	440	麻黄碱	Ephedrine	50-98-6	$C_{10}H_{15}NO$	乙腈	1.81	$[M+H]^+$	166.122 6	115.054 3/148.114 4/91.055 0	100
	441	吗啉胍	Moroxydine	3731-59-7	$C_6H_{13}N_5O$	乙腈	2.35	$[M+H]^+$	172.119 3	60.057 3/113.071 2/130.097 4	100
	442	青藤碱	Sinomenine	115-53-7	$C_{19}H_{23}NO_4$	乙腈	1.73	$[M+H]^+$	330.17	181.064/207.043 4/239.069 5	100
	443	双咪苯脲	Imidocarb	27885-92-3	$C_{19}H_{20}N_6O$	乙腈 甲醇 (1:1)	2.97	$[M+H]^+$	349.177 1	188.080 5/162.101 2/145.038 6	100
	444	双氢链霉素	Dihydrostreptomycin	128-46-1	$C_{21}H_{41}N_7O_{12}$	乙腈	3.93	$[M+H]^+$	584.288 6	263.146 6/246.120 1/221.125 2	500
	445	羧苄青霉素	Carbenicillin	4697-36-3	$C_{17}H_{18}N_2O_6S$	乙腈/水 (1:3)	1.10	$[M+H]^+$	379.095 8	160.042 7/220.060 6/114.037	100
	446	妥布霉素	Tobramycin	32986-56-4	$C_{18}H_{37}N_5O_9$	水	4.57	$[M+H]^+$	468.266 4	163.108 5/145.097 4/205.118 9	500
	447	伪麻黄碱	Pseudoephedrine	90-82-4	$C_{10}H_{15}NO$	乙腈	1.78	$[M+H]^+$	166.122 6	115.057 5/91.059 4/133.093 4	100

注：检测方法 1：C18 色谱柱，长 100mm，内径 2.1mm，粒径 1.6μm（ESI⁺扫描模式）
检测方法 2：C18 色谱柱，长 100mm，内径 2.1mm，粒径 1.6μm（ESI⁻扫描模式）
检测方法 3：BEH Amide 色谱柱，长 100mm，内径 2.1mm，粒径 1.7μm（ESI⁺扫描模式）

最高人民法院 最高人民检察院关于办理危害食品安全刑事案件适用法律若干问题的解释

法释〔2021〕24号

(2021年12月13日最高人民法院审判委员会第1856次会议、2021年12月29日最高人民检察院第十三届检察委员会第八十四次会议通过,自2022年1月1日起施行。)

为依法惩治危害食品安全犯罪,保障人民群众身体健康、生命安全,根据《中华人民共和国刑法》《中华人民共和国刑事诉讼法》的有关规定,对办理此类刑事案件适用法律的若干问题解释如下:

第一条 生产、销售不符合食品安全标准的食品,具有下列情形之一的,应当认定为刑法第一百四十三条规定的"足以造成严重食物中毒事故或者其他严重食源性疾病":

(一)含有严重超出标准限量的致病性微生物、农药残留、兽药残留、生物毒素、重金属等污染物质以及其他严重危害人体健康的物质的;

(二)属于病死、死因不明或者检验检疫不合格的畜、禽、兽、水产动物肉类及其制品的;

(三)属于国家为防控疾病等特殊需要明令禁止生产、销售的;

(四)特殊医学用途配方食品、专供婴幼儿的主辅食品营养成分严重不符合食品安全标准的;

(五)其他足以造成严重食物中毒事故或者严重食源性疾病的情形。

第二条 生产、销售不符合食品安全标准的食品,具有下列情形之一的,应当认定为刑法第一百四十三条规定的"对人体健康造成严重危害":

(一)造成轻伤以上伤害的;

(二)造成轻度残疾或者中度残疾的;

(三)造成器官组织损伤导致一般功能障碍或者严重功能障碍的;

(四)造成十人以上严重食物中毒或者其他严重食源性疾病的;

(五)其他对人体健康造成严重危害的情形。

第三条 生产、销售不符合食品安全标准的食品,具有下列情形之一的,应当认定为刑法第一百四十三条规定的"其他严重情节":

(一)生产、销售金额二十万元以上的;

(二)生产、销售金额十万元以上不满二十万元,不符合食品安全标准的食品数量较大或者生产、销售持续时间六个月以上的;

(三)生产、销售金额十万元以上不满二十万元,属于特殊医学用途配方食品、专供婴幼儿的主辅食品的;

(四)生产、销售金额十万元以上不满二十万元,且在中小学校园、托幼机构、养老

机构及周边面向未成年人、老年人销售的;

(五) 生产、销售金额十万元以上不满二十万元,曾因危害食品安全犯罪受过刑事处罚或者二年内因危害食品安全违法行为受过行政处罚的;

(六) 其他情节严重的情形。

第四条 生产、销售不符合食品安全标准的食品,具有下列情形之一的,应当认定为刑法第一百四十三条规定的"后果特别严重":

(一) 致人死亡的;

(二) 造成重度残疾以上的;

(三) 造成三人以上重伤、中度残疾或者器官组织损伤导致严重功能障碍的;

(四) 造成十人以上轻伤、五人以上轻度残疾或者器官组织损伤导致一般功能障碍的;

(五) 造成三十人以上严重食物中毒或者其他严重食源性疾病的;

(六) 其他特别严重的后果。

第五条 在食品生产、销售、运输、贮存等过程中,违反食品安全标准,超限量或者超范围滥用食品添加剂,足以造成严重食物中毒事故或者其他严重食源性疾病的,依照刑法第一百四十三条的规定以生产、销售不符合安全标准的食品罪定罪处罚。

在食用农产品种植、养殖、销售、运输、贮存等过程中,违反食品安全标准,超限量或者超范围滥用添加剂、农药、兽药等,足以造成严重食物中毒事故或者其他严重食源性疾病的,适用前款的规定定罪处罚。

第六条 生产、销售有毒、有害食品,具有本解释第二条规定情形之一的,应当认定为刑法第一百四十四条规定的"对人体健康造成严重危害"。

第七条 生产、销售有毒、有害食品,具有下列情形之一的,应当认定为刑法第一百四十四条规定的"其他严重情节":

(一) 生产、销售金额二十万元以上不满五十万元的;

(二) 生产、销售金额十万元以上不满二十万元,有毒、有害食品数量较大或者生产、销售持续时间六个月以上的;

(三) 生产、销售金额十万元以上不满二十万元,属于特殊医学用途配方食品、专供婴幼儿的主辅食品的;

(四) 生产、销售金额十万元以上不满二十万元,且在中小学校园、托幼机构、养老机构及周边面向未成年人、老年人销售的;

(五) 生产、销售金额十万元以上不满二十万元,曾因危害食品安全犯罪受过刑事处罚或者二年内因危害食品安全违法行为受过行政处罚的;

(六) 有毒、有害的非食品原料毒害性强或者含量高的;

(七) 其他情节严重的情形。

第八条 生产、销售有毒、有害食品,生产、销售金额五十万元以上,或者具有本解释第四条第二项至第六项规定的情形之一的,应当认定为刑法第一百四十四条规定的"其他特别严重情节"。

第九条 下列物质应当认定为刑法第一百四十四条规定的"有毒、有害的非食品原料":

(一) 因危害人体健康,被法律、法规禁止在食品生产经营活动中添加、使用的物质;

（二）因危害人体健康，被国务院有关部门列入《食品中可能违法添加的非食用物质名单》《保健食品中可能非法添加的物质名单》和国务院有关部门公告的禁用农药、《食品动物中禁止使用的药品及其他化合物清单》等名单上的物质；

（三）其他有毒、有害的物质。

第十条 刑法第一百四十四条规定的"明知"，应当综合行为人的认知能力、食品质量、进货或者销售的渠道及价格等主、客观因素进行认定。

具有下列情形之一的，可以认定为刑法第一百四十四条规定的"明知"，但存在相反证据并经查证属实的除外：

（一）长期从事相关食品、食用农产品生产、种植、养殖、销售、运输、贮存行业，不依法履行保障食品安全义务的；

（二）没有合法有效的购货凭证，且不能提供或者拒不提供销售的相关食品来源的；

（三）以明显低于市场价格进货或者销售且无合理原因的；

（四）在有关部门发出禁令或者食品安全预警的情况下继续销售的；

（五）因实施危害食品安全行为受过行政处罚或者刑事处罚，又实施同种行为的；

（六）其他足以认定行为人明知的情形。

第十一条 在食品生产、销售、运输、贮存等过程中，掺入有毒、有害的非食品原料，或者使用有毒、有害的非食品原料生产食品的，依照刑法第一百四十四条的规定以生产、销售有毒、有害食品罪定罪处罚。

在食用农产品种植、养殖、销售、运输、贮存等过程中，使用禁用农药、食品动物中禁止使用的药品及其他化合物等有毒、有害的非食品原料，适用前款的规定定罪处罚。

在保健食品或者其他食品中非法添加国家禁用药物等有毒、有害的非食品原料的，适用第一款的规定定罪处罚。

第十二条 在食品生产、销售、运输、贮存等过程中，使用不符合食品安全标准的食品包装材料、容器、洗涤剂、消毒剂，或者用于食品生产经营的工具、设备等，造成食品被污染，符合刑法第一百四十三条、第一百四十四条规定的，以生产、销售不符合安全标准的食品罪或者生产、销售有毒、有害食品罪定罪处罚。

第十三条 生产、销售不符合食品安全标准的食品，有毒、有害食品，符合刑法第一百四十三条、第一百四十四条规定的，以生产、销售不符合安全标准的食品罪或者生产、销售有毒、有害食品罪定罪处罚。同时构成其他犯罪的，依照处罚较重的规定定罪处罚。

生产、销售不符合食品安全标准的食品，无证据证明足以造成严重食物中毒事故或者其他严重食源性疾病，不构成生产、销售不符合安全标准的食品罪，但构成生产、销售伪劣产品罪，妨害动植物防疫、检疫罪等其他犯罪的，依照该其他犯罪定罪处罚。

第十四条 明知他人生产、销售不符合食品安全标准的食品，有毒、有害食品，具有下列情形之一的，以生产、销售不符合安全标准的食品罪或者生产、销售有毒、有害食品罪的共犯论处：

（一）提供资金、贷款、账号、发票、证明、许可证件的；

（二）提供生产、经营场所或者运输、贮存、保管、邮寄、销售渠道等便利条件的；

（三）提供生产技术或者食品原料、食品添加剂、食品相关产品或者有毒、有害的非食品原料的；

(四)提供广告宣传的;

(五)提供其他帮助行为的。

第十五条 生产、销售不符合食品安全标准的食品添加剂,用于食品的包装材料、容器、洗涤剂、消毒剂,或者用于食品生产经营的工具、设备等,符合刑法第一百四十条规定的,以生产、销售伪劣产品罪定罪处罚。

生产、销售用超过保质期的食品原料、超过保质期的食品、回收食品作为原料的食品,或者以更改生产日期、保质期、改换包装等方式销售超过保质期的食品、回收食品,适用前款的规定定罪处罚。

实施前两款行为,同时构成生产、销售不符合安全标准的食品罪,生产、销售不符合安全标准的产品罪等其他犯罪的,依照处罚较重的规定定罪处罚。

第十六条 以提供给他人生产、销售食品为目的,违反国家规定,生产、销售国家禁止用于食品生产、销售的非食品原料,情节严重的,依照刑法第二百二十五条的规定以非法经营罪定罪处罚。

以提供给他人生产、销售食用农产品为目的,违反国家规定,生产、销售国家禁用农药、食品动物中禁止使用的药品及其他化合物等有毒、有害的非食品原料,或者生产、销售添加上述有毒、有害的非食品原料的农药、兽药、饲料、饲料添加剂、饲料原料,情节严重的,依照前款的规定定罪处罚。

第十七条 违反国家规定,私设生猪屠宰厂(场),从事生猪屠宰、销售等经营活动,情节严重的,依照刑法第二百二十五条的规定以非法经营罪定罪处罚。

在畜禽屠宰相关环节,对畜禽使用食品动物中禁止使用的药品及其他化合物等有毒、有害的非食品原料,依照刑法第一百四十四条的规定以生产、销售有毒、有害食品罪定罪处罚;对畜禽注水或者注入其他物质,足以造成严重食物中毒事故或者其他严重食源性疾病的,依照刑法第一百四十三条的规定以生产、销售不符合安全标准的食品罪定罪处罚;虽不足以造成严重食物中毒事故或者其他严重食源性疾病,但符合刑法第一百四十条规定的,以生产、销售伪劣产品罪定罪处罚。

第十八条 实施本解释规定的非法经营行为,非法经营数额在十万元以上,或者违法所得数额在五万元以上的,应当认定为刑法第二百二十五条规定的"情节严重";非法经营数额在五十万元以上,或者违法所得数额在二十五万元以上的,应当认定为刑法第二百二十五条规定的"情节特别严重"。

实施本解释规定的非法经营行为,同时构成生产、销售伪劣产品罪,生产、销售不符合安全标准的食品罪,生产、销售有毒、有害食品罪,生产、销售伪劣农药、兽药罪等其他犯罪的,依照处罚较重的规定定罪处罚。

第十九条 违反国家规定,利用广告对保健食品或者其他食品作虚假宣传,符合刑法第二百二十二条规定的,以虚假广告罪定罪处罚;以非法占有为目的,利用销售保健食品或者其他食品诈骗财物,符合刑法第二百六十六条规定的,以诈骗罪定罪处罚。同时构成生产、销售伪劣产品罪等其他犯罪的,依照处罚较重的规定定罪处罚。

第二十条 负有食品安全监督管理职责的国家机关工作人员,滥用职权或者玩忽职守,构成食品监管渎职罪,同时构成徇私舞弊不移交刑事案件罪、商检徇私舞弊罪、动植物检疫徇私舞弊罪、放纵制售伪劣商品犯罪行为罪等其他渎职犯罪的,依照处罚较重的规定定罪处罚。

负有食品安全监督管理职责的国家机关工作人员滥用职权或者玩忽职守，不构成食品监管渎职罪，但构成前款规定的其他渎职犯罪的，依照该其他犯罪定罪处罚。

负有食品安全监督管理职责的国家机关工作人员与他人共谋，利用其职务行为帮助他人实施危害食品安全犯罪行为，同时构成渎职犯罪和危害食品安全犯罪共犯的，依照处罚较重的规定定罪从重处罚。

第二十一条 犯生产、销售不符合安全标准的食品罪，生产、销售有毒、有害食品罪，一般应当依法判处生产、销售金额二倍以上的罚金。

共同犯罪的，对各共同犯罪人合计判处的罚金一般应当在生产、销售金额的二倍以上。

第二十二条 对实施本解释规定之犯罪的犯罪分子，应当依照刑法规定的条件，严格适用缓刑、免予刑事处罚。对于依法适用缓刑的，可以根据犯罪情况，同时宣告禁止令。

对于被不起诉或者免予刑事处罚的行为人，需要给予行政处罚、政务处分或者其他处分的，依法移送有关主管机关处理。

第二十三条 单位实施本解释规定的犯罪的，对单位判处罚金，并对直接负责的主管人员和其他直接责任人员，依照本解释规定的定罪量刑标准处罚。

第二十四条 "足以造成严重食物中毒事故或者其他严重食源性疾病""有毒、有害的非食品原料"等专门性问题难以确定的，司法机关可以依据鉴定意见、检验报告、地市级以上相关行政主管部门组织出具的书面意见，结合其他证据作出认定。必要时，专门性问题由省级以上相关行政主管部门组织出具书面意见。

第二十五条 本解释所称"二年内"，以第一次违法行为受到行政处罚的生效之日与又实施相应行为之日的时间间隔计算确定。

第二十六条 本解释自 2022 年 1 月 1 日起施行。本解释公布实施后，《最高人民法院、最高人民检察院关于办理危害食品安全刑事案件适用法律若干问题的解释》（法释〔2013〕12 号）同时废止；之前发布的司法解释与本解释不一致的，以本解释为准。

(七) 税收政策

国家税务总局关于"公司+农户"经营模式企业所得税优惠问题的公告

国家税务总局公告 2010 年第 2 号

现就有关"公司+农户"模式企业所得税优惠问题公告如下:

目前,一些企业采取"公司+农户"经营模式从事牲畜、家禽的饲养,即公司与农户签订委托养殖合同,向农户提供畜禽苗、饲料、兽药及疫苗等(所有权〈产权〉仍属于公司),农户将畜禽养大成为成品后交付公司回收。鉴于采取"公司+农户"经营模式的企业,虽不直接从事畜禽的养殖,但系委托农户饲养,并承担诸如市场、管理、采购、销售等经营职责及绝大部分经营管理风险,公司和农户是劳务外包关系。为此,对此类以"公司+农户"经营模式从事农、林、牧、渔业项目生产的企业,可以按照《中华人民共和国企业所得税法实施条例》第八十六条的有关规定,享受减免企业所得税优惠政策。

本公告自 2010 年 1 月 1 日起施行。

国家税务总局
二〇一〇年七月九日

印送:各省、自治区、直辖市和计划单列市国家税务局、地方税务局。

国家税务总局关于精料补充料免征增值税问题的公告

国家税务总局公告2013年第46号

现将精料补充料增值税有关问题公告如下：

精料补充料属于《财政部 国家税务总局关于饲料产品免征增值税问题的通知》（财税〔2001〕121号，以下简称"通知"）文件中"配合饲料"范畴，可按照该通知及相关规定免征增值税。

精料补充料是指为补充草食动物的营养，将多种饲料和饲料添加剂按照一定比例配制的饲料。

本公告自2013年9月1日起执行。此前已发生并处理的事项，不再做调整；未处理的，按本公告规定执行。

国家税务总局
二〇一三年八月七日

分送：各省、自治区、直辖市和计划单列市国家税务局、地方税务局。

国家税务总局关于修订"饲料"注释及加强饲料征免增值税管理问题的通知

国税发〔1999〕39号

随着我国饲料工业的发展，饲料的品种和生产特点发生了较大变化，为了支持饲料工业发展，进一步明确和规范饲料的征免增值税范围，加强对饲料免征增值税的管理，现对《增值税部分货物征税范围注释》（国税发〔1993〕151号）中饲料注释的修订及饲料免征增值税的管理方法明确如下：

一、饲料指用于动物饲养的产品或其加工品。

本货物的范围包括：

1. 单一大宗饲料。指以一种动物、植物、微生物或矿物质为来源的产品或其副产品。其范围仅限于糠麸、酒糟、油饼、骨粉、鱼粉、饲料级磷酸氢钙。

2. 混合饲料。指由两种以上单一大宗饲料、粮食、粮食副产品及饲料添加剂按照一定比例配制，其中单一大宗饲料、粮食及粮食副产品的参兑比例不低于95%的饲料。

3. 配合饲料。指根据不同的饲养对象、饲养对象的不同生长发育阶段的营养需要，将多种饲料原料按饲料配方经工业生产后，形成的能满足饲养动物全面营养需要（除水分外）的饲料。

4. 复合预混料。指能够按照国家有关饲料产品的标准要求量，全面提供动物饲养相应阶段所需微量元素（4种或以上）、维生素（8种或以上），由微量元素、维生素、氨基酸和非营养性添加剂中任何两类或两类以上的组分与载体或稀释剂按一定比例配制的均匀混合物。

5. 浓缩饲料。指由蛋白质、复合预混料及矿物质等按一定比例配制的均匀混合物。

用于动物饲养的粮食、饲料添加剂不属于本货物的范围。

二、原有的饲料生产企业及新办的饲料生产企业，应凭省级饲料质量检测机构出具的饲料产品合格证明及饲料工业管理部门审核意见，向所在地主管税务机关提出免税申请，经省级国家税务局审核批准后，由企业所在地主管税务机关办理免征增值税手续。

三、本通知自1999年1月1日起执行。此前，各地执行的饲料免征范围与本通知不一致的，可按饲料的销售对象确定征免，即：凡销售给饲料生产企业、饲养单位及个体养殖户的饲料，免征增值税，销售给其他单位的一律征税。

一九九九年三月八日

财政部国家税务总局关于饲料产品免征增值税问题的通知

财税〔2001〕121号

根据国务院关于部分饲料产品继续免征增值税的批示,现将免税饲料产品范围及国内环节饲料免征增值税的管理办法明确如下:

一、免税饲料产品范围包括:

(一)单一大宗饲料。指以一种动物、植物、微生物或矿物质为来源的产品或其副产品。其范围仅限于糠麸、酒糟、鱼粉、草饲料、饲料级磷酸氢钙及除豆粕以外的菜子粕、棉子粕、向日葵粕、花生粕等粕类产品。

(二)混合饲料。指由两种以上单一大宗饲料、粮食、粮食副产品及饲料添加剂按照一定比例配制,其中单一大宗饲料、粮食及粮食副产品的参兑比例不低于95%的饲料。

(三)配合饲料。指根据不同的饲养对象,饲养对象的不同生长发育阶段的营养需要,将多种饲料原料按饲料配方经工业生产后,形成的能满足饲养动物全部营养需要(除水分外)的饲料。

(四)复合预混料。指能够按照国家有关饲料产品的标准要求量;全面提供动物饲养相应阶段所需微量元素(4种或以上)、维生素(8种或以上),由微量元素、维生素、氨基酸和非营养性添加剂中任何两类或两类以上的组分与载体或稀释剂按一定比例配制的均匀混合物。

(五)浓缩饲料。指由蛋白质、复合预混料及矿物质等按一定比例配制的均匀混合物。

二、原有的饲料生产企业及新办的饲料生产企业,应凭省级税务机关认可的饲料质量检测机构出具的饲料产品合格证明,向所在地主管税务机关提出免税申请,经省级国家税务局审核批准后,由企业所在地主管税务机关办理免征增值税手续。饲料生产企业饲料产品需检测品种由省级税务机关根据本地区的具体情况确定。

三、本通知自2001年8月1日起执行。2001年8月1日前免税饲料范围及豆粕的征税问题,仍按照《国家税务总局关于修订"饲料"注释及加强饲料征免增值税管理问题的通知》(国税发〔1999〕39号)执行。

二〇〇一年七月十二日

财政部国家税务总局关于豆粕等粕类产品免征增值税政策的通知

财税〔2001〕30号

经国务院批准,现将饲料产品征免增值税问题通知如下:

一、自2000年6月1日起,饲料产品分为征收增值税和免征增值税两类。

二、进口和国内生产的饲料,一律执行同样的征税或免税政策。

三、自2000年6月1日起,豆粕属于征收增值税的饲料产品,进口或国内生产豆粕,均按13%的税率征收增值税,其他粕类属于免税饲料产品,免征增值税,已征收入库的税款做退库处理。

四、为保护纳税人的经济利益,对纳税人2000年6月1日至9月30日期间销售的国内生产的豆粕以及在此期间定货并进口的豆粕,凭有效凭证,仍免征增值税,已征收入库的增值税给予退还。

五、自2000年6月1日起,《国家税务总局关于修改〈国家税务总局关于修订"饲料"注释及加强饲料征免增值税管理问题的通知〉的通知》(国税发〔2000〕93号)第二条的规定停止执行。

二○○一年八月七日

国家税务总局关于宠物饲料征收增值税问题的批复

国税函〔2002〕812号

北京市国家税务局：

你局《关于宠物饲料征收增值税问题的请示》（京国税发〔2002〕184号）收悉。宠物饲料产品不属于免征增值税的饲料，应按照饲料产品13%的税率征收增值税。

二〇〇二年九月十二日

国家税务总局关于饲用鱼油产品免征增值税的批复

国税函〔2003〕1395号

福建省国家税务局：

你局《关于"饲用鱼油"产品免征增值税问题的请示》（闽国税发〔2003〕214号）收悉。经研究，现批复如下：

饲用鱼油是鱼粉生产过程中的副产品，主要用于水产养殖和肉鸡饲养，属于单一大宗饲料。经研究，自2003年1月1日起，对饲用鱼油产品按照现行"单一大宗饲料"的增值税政策规定，免予征收增值税。

特此批复。

二〇〇三年十二月二十九日

国家税务总局关于取消饲料产品免征增值税审批程序后加强后续管理的通知

国税函〔2004〕884号

各省、自治区、直辖市和计划单列市国家税务局，局内各单位：

根据《国务院关于第三批取消和调整行政审批项目的决定》（国发〔2004〕16号），《财政部、国家税务总局关于饲料产品免征增值税的通知》（财税〔2001〕121号）第二条有关饲料生产企业向所在地主管税务机关提出申请，经省税务局审核批准后办理免税的规定予以取消。为了加强对免税饲料产品的后续管理，现将有关问题明确如下：

一、饲料生产企业应于每月纳税申报期内将免税收入如实向其所在地主管税务机关申报。

二、主管税务机关应加强对饲料免税企业的监督检查，凡不符合免税条件的要及时纠正，依法征税。对采取弄虚作假手段骗取免税资格的，应依照《中华人民共和国税收征收管理法》及有关税收法律、法规的规定予以处罚。

二〇〇四年七月七日

国家税务总局关于矿物质微量元素舔砖免征增值税问题的批复

国税函〔2005〕1127号

内蒙古自治区国家税务局：

你局《关于企业进口饲料国内销售如何免征增值税问题的请示》（内国税流字〔2005〕1号）收悉。经研究，批复如下：

矿物质微量元素舔砖，是以四种以上微量元素、非营养性添加剂和载体为原料，经高压浓缩制成的块状预混物，可供牛、羊等牲畜直接食用，应按照"饲料"免征增值税。

二〇〇五年十一月三十日

国家税务总局关于饲料级磷酸二氢钙产品增值税政策问题的通知

国税函〔2007〕10号

各省、自治区、直辖市和计划单列市国家税务局：

近接部分地区询问，饲料级磷酸二氢钙产品用于水产品饲养、补充水产品所需的钙、磷等微量元素，与饲料级磷酸氢钙产品的生产用料、工艺等基本相同，是否应按照饲料级磷酸氢钙免税。现将饲料级磷酸二氢钙产品增值税政策通知如下：

一、对饲料级磷酸二氢钙产品可按照现行"单一大宗饲料"的增值税政策规定，免征增值税。

二、纳税人销售饲料级磷酸二氢钙产品，不得开具增值税专用发票；凡开具专用发票的，不得享受免征增值税政策，应照章全额缴纳增值税。

本通知自2007年1月1日起执行。

二〇〇七年一月八日

财政部国家税务总局关于发布享受企业所得税优惠政策的农产品初加工范围（试行）的通知

财税〔2008〕149号

各省、自治区、直辖市、计划单列市财政厅（局）、国家税务局、地方税务局，新疆生产建设兵团财务局：

根据《中华人民共和国企业所得税法》及其实施条例的规定，为贯彻落实农、林、牧、渔业项目企业所得税优惠政策，现将《享受企业所得税优惠政策的农产品初加工范围（试行）》印发给你们，自2008年1月1日起执行。

各地财政、税务机关对《享受企业所得税优惠政策的农产品初加工范围（试行）》执行中发现的新情况、新问题应及时向国务院财政、税务主管部门反馈，国务院财政、税务主管部门会同有关部门将根据经济社会发展需要，适时对《享受企业所得税优惠政策的农产品初加工范围（试行）》内的项目进行调整和修订。

附件：享受企业所得税优惠政策的农产品初加工范围（试行）（2008年版）

财政部
国家税务总局
二〇〇八年十一月二十日

附件

享受企业所得税优惠政策的农产品初加工范围（试行）
（2008年版）

一、种植业类

（一）粮食初加工

1. 小麦初加工。通过对小麦进行清理、配麦、磨粉、筛理、分级、包装等简单加工处理，制成的小麦面粉及各种专用粉。

2. 稻米初加工。通过对稻谷进行清理、脱壳、碾米（或不碾米）、烘干、分级、包装等简单加工处理，制成的成品粮及其初制品，具体包括大米、蒸谷米。

3. 玉米初加工。通过对玉米籽粒进行清理、浸泡、粉碎、分离、脱水、干燥、分级、包装等简单加工处理，生产的玉米粉、玉米碴、玉米片等；鲜嫩玉米经筛选、脱皮、洗涤、速冻、分级、包装等简单加工处理，生产的鲜食玉米（速冻黏玉米、甜玉米、花色玉米、玉米籽粒）。

4. 薯类初加工。通过对马铃薯、甘薯等薯类进行清洗、去皮、磋磨、切制、干燥、冷冻、分级、包装等简单加工处理，制成薯类初级制品。具体包括：薯粉、薯片、薯条。

5. 食用豆类初加工。通过对大豆、绿豆、红小豆等食用豆类进行清理去杂、浸洗、晾晒、分级、包装等简单加工处理，制成的豆面粉、黄豆芽、绿豆芽。

6. 其他类粮食初加工。通过对燕麦、荞麦、高粱、谷子等杂粮进行清理去杂、脱壳、烘干、磨粉、轧片、冷却、包装等简单加工处理，制成的燕麦米、燕麦粉、燕麦麸皮、燕麦片、荞麦米、荞麦面、小米、小米面、高粱米、高粱面。

（二）林木产品初加工

通过将伐倒的乔木、竹（含活立木、竹）去枝、去梢、去皮、去叶、锯段等简单加工处理，制成的原木、原竹、锯材。

（三）园艺植物初加工

1. 蔬菜初加工

（1）将新鲜蔬菜通过清洗、挑选、切割、预冷、分级、包装等简单加工处理，制成净菜、切割蔬菜。

（2）利用冷藏设施，将新鲜蔬菜通过低温贮藏，以备淡季供应的速冻蔬菜，如速冻茄果类、叶类、豆类、瓜类、葱蒜类、柿子椒、蒜苔。

（3）将植物的根、茎、叶、花、果、种子和食用菌通过干制等简单加工处理，制成的初制干菜，如黄花菜、玉兰片、萝卜干、冬菜、梅干菜、木耳、香菇、平菇。

＊以蔬菜为原料制作的各类蔬菜罐头（罐头是指以金属罐、玻璃瓶、经排气密封的各种食品。下同）及碾磨后的园艺植物（如胡椒粉、花椒粉等）不属于初加工范围。

2. 水果初加工。通过对新鲜水果（含各类山野果）清洗、脱壳、切块（片）、分类、储藏保鲜、速冻、干燥、分级、包装等简单加工处理，制成的各类水果、果干、原浆果汁、果仁、坚果。

3. 花卉及观赏植物初加工。通过对观赏用、绿化及其他各种用途的花卉及植物进行保鲜、储藏、烘干、分级、包装等简单加工处理，制成的各类鲜、干花。

（四）油料植物初加工

通过对菜籽、花生、大豆、葵花籽、蓖麻籽、芝麻、胡麻籽、茶子、桐子、棉籽、红花籽及米糠等粮食的副产品等，进行清理、热炒、磨坯、榨油（搅油、墩油）、浸出等简单加工处理，制成的植物毛油和饼粕等副产品。具体包括菜籽油、花生油、豆油、葵花油、蓖麻籽油、芝麻油、胡麻籽油、茶子油、桐子油、棉籽油、红花油、米糠油以及油料饼粕、豆饼、棉籽饼。

＊精炼植物油不属于初加工范围。

（五）糖料植物初加工

通过对各种糖料植物，如甘蔗、甜菜、甜菊等，进行清洗、切割、压榨等简单加工处理，制成的制糖初级原料产品。

（六）茶叶初加工

通过对茶树上采摘下来的鲜叶和嫩芽进行杀青（萎凋、摇青）、揉捻、发酵、烘干、分级、包装等简单加工处理，制成的初制毛茶。

＊精制茶、边销茶、紧压茶和掺兑各种药物的茶及茶饮料不属于初加工范围。

（七）药用植物初加工

通过对各种药用植物的根、茎、皮、叶、花、果实、种子等，进行挑选、整理、捆扎、清洗、凉晒、切碎、蒸煮、炒制等简单加工处理，制成的片、丝、块、段等中药材。

＊加工的各类中成药不属于初加工范围。

（八）纤维植物初加工

1. 棉花初加工。通过轧花、剥绒等脱绒工序简单加工处理，制成的皮棉、短绒、棉籽。

2. 麻类初加工。通过对各种麻类作物（大麻、黄麻、槿麻、苎麻、苘麻、亚麻、罗布麻、蕉麻、剑麻等）进行脱胶、抽丝等简单加工处理，制成的干（洗）麻、纱条、丝、绳。

3. 蚕茧初加工。通过烘干、杀蛹、缫丝、煮剥、拉丝等简单加工处理，制成的蚕、蛹、生丝、丝棉。

（九）热带、南亚热带作物初加工

通过对热带、南亚热带作物去除杂质、脱水、干燥、分级、包装等简单加工处理，制成的工业初级原料。具体包括：天然橡胶生胶和天然浓缩胶乳、生咖啡豆、胡椒籽、肉桂油、桉油、香茅油、木薯淀粉、木薯干片、坚果。

二、畜牧业类

（一）畜禽类初加工

1. 肉类初加工。通过对畜禽类动物（包括各类牲畜、家禽和人工驯养、繁殖的野生动物以及其他经济动物）宰杀、去头、去蹄、去皮、去内脏、分割、切块或切片、冷藏或冷冻、分级、包装等简单加工处理，制成的分割肉、保鲜肉、冷藏肉、冷冻肉、绞肉、肉块、肉片、肉丁。

2. 蛋类初加工。通过对鲜蛋进行清洗、干燥、分级、包装、冷藏等简单加工处理，制成的各种分级、包装的鲜蛋、冷藏蛋。

3. 奶类初加工。通过对鲜奶进行净化、均质、杀菌或灭菌、灌装等简单加工处理，制成的巴氏杀菌奶、超高温灭菌奶。

4. 皮类初加工。通过对畜禽类动物皮张剥取、浸泡、刮里、晾干或熏干等简单加工处理，制成的生皮、生皮张。

5. 毛类初加工。通过对畜禽类动物毛、绒或羽绒分级、去杂、清洗等简单加工处理，制成的洗净毛、洗净绒或羽绒。

6. 蜂产品初加工。通过去杂、过滤、浓缩、熔化、磨碎、冷冻简单加工处理，制成的蜂蜜、蜂蜡、蜂胶、蜂花粉。

＊肉类罐头、肉类熟制品、蛋类罐头、各类酸奶、奶酪、奶油、王浆粉、各种蜂产品口服液、胶囊不属于初加工范围。

（二）饲料类初加工

1. 植物类饲料初加工。通过碾磨、破碎、压榨、干燥、酿制、发酵等简单加工处理，制成的糠麸、饼粕、糟渣、树叶粉。

2. 动物类饲料初加工。通过破碎、烘干、制粉等简单加工处理，制成的鱼粉、虾粉、骨粉、肉粉、血粉、羽毛粉、乳清粉。

3. 添加剂类初加工。通过粉碎、发酵、干燥等简单加工处理，制成的矿石粉、饲用酵母。

（三）牧草类初加工

通过对牧草、牧草种子、农作物秸秆等，进行收割、打捆、粉碎、压块、成粒、分选、青贮、氨化、微化等简单加工处理，制成的干草、草捆、草粉、草块或草饼、草颗粒、牧草种子以及草皮、秸秆粉（块、粒）。

三、渔业类

（一）水生动物初加工

将水产动物（鱼、虾、蟹、鳖、贝、棘皮类、软体类、腔肠类、两栖类、海兽类动物等）整体或去头、去鳞（皮、壳）、去内脏、去骨（刺）、擂溃或切块、切片，经冰鲜、冷冻、冷藏等保鲜防腐处理、包装等简单加工处理，制成的水产动物初制品。

*熟制的水产品和各类水产品的罐头以及调味烤制的水产食品不属于初加工范围。

（二）水生植物初加工

将水生植物（海带、裙带菜、紫菜、龙须菜、麒麟菜、江蓠、浒苔、羊栖菜、莼菜等）整体或去根、去边梢、切段，经热烫、冷冻、冷藏等保鲜防腐处理、包装等简单加工处理的初制品，以及整体或去根、去边梢、切段，经晾晒、干燥（脱水）、包装、粉碎等简单加工处理的初制品。

*罐装（包括软罐）产品不属于初加工范围。

财政部国家税务总局关于
黑大豆出口免征增值税的通知

财税〔2008〕154号

各省、自治区、直辖市、计划单列市财政厅（局）、国家税务局，新疆生产建设兵团财务局：

经国务院批准，从2008年12月1日起，对黑大豆（税则号为1201009200）出口免征增值税。具体执行时间，以"出口货物报关单（出口退税专用）"海关注明的出口日期为准。

特此通知。

财政部
国家税务总局
二〇〇八年十二月三日

国家税务总局关于部分饲料产品
征免增值税政策问题的批复

国税函〔2009〕324号

陕西省国家税务局：

你局《关于部分饲料产品征免增值税问题的请示》（陕国税发〔2008〕286号）收悉。经研究，批复如下：

根据《财政部 国家税务总局关于饲料产品免征增值税问题的通知》（财税〔2001〕121号）及相关文件的规定，单一大宗饲料产品仅限于财税〔2001〕121号文件所列举的糠麸等饲料产品。膨化血粉、膨化肉粉、水解羽毛粉不属于现行增值税优惠政策所定义的单一大宗饲料产品，应对其照章征收增值税。混合饲料是指由两种以上单一大宗饲料、粮食、粮食副产品及饲料添加剂按照一定比例配置，其中单一大宗饲料、粮食及粮食副产品的掺兑比例不低于95%的饲料。添加其他成分的膨化血粉、膨化肉粉、水解羽毛粉等饲料产品，不符合现行增值税优惠政策有关混合饲料的定义，应对其照章征收增值税。

国家税务总局
二〇〇九年六月十五

抄送：各省、自治区、直辖市和计划单列市国家税务局。

国家税务总局关于取消 20 项税务证明事项的公告

国家税务总局公告 2018 年第 65 号

为贯彻落实党中央、国务院关于减证便民、优化服务的部署要求，根据《国务院办公厅关于做好证明事项清理工作的通知》（国办发〔2018〕47 号），按照《国家税务总局关于实施进一步支持和服务民营经济发展若干措施的通知》（税总发〔2018〕174 号）的安排，税务总局决定取消 20 项税务证明事项（详见附件），现予以发布。自发布之日起，附件所列证明事项停止执行。附件所列证明事项涉及的规范性文件，按程序修改后另行发布。

各级税务机关应认真落实取消税务证明事项有关工作，不得保留或变相保留，不得将税务机关的核查义务转嫁纳税人；应及时修改涉及取消事项的相关规定、表证单书和征管流程，明确事中事后监管要求；要树立诚信推定、风险监控、信用管理相关理念，进一步减少纳税人向税务机关报送的资料，探索推行告知承诺制。

各级税务机关应以本次清理工作为契机，进一步转变管理方式，规范监管行为，优化营商环境，更好地为市场主体增便利、添活力。

本公告自发布之日起施行。

特此公告。

附件：取消的税务证明事项目录

国家税务总局
2018 年 12 月 28 日

附件

取消的税务证明事项目录
（共 20 项）

序号	证明名称	证明用途	取消后的办理方式
1	饲料产品合格证明	符合免税条件的饲料生产企业办理饲料产品免征增值税优惠备案时，需提供有计量认证资质的饲料质量检测机构（名单由省税务局确认）出具的饲料产品合格证明。	不再提交。享受免征增值税优惠政策的饲料产品应当符合行业主管部门明确的产品质量标准。主管税务机关应加强后续管理，必要时可委托第三方检测机构对产品质量进行检测，一经发现不符合免税条件的，应及时纠正并依法处理。
2	中介机构专项报告及其相关的证明材料	企业向税务机关申报扣除按独立交易原则向关联企业转让资产而发生的损失，或向关联企业提供借款、担保而形成的债权损失时，需留存备查中介机构出具的专项报告及其相关的证明材料。	不再留存。改为纳税人留存备查自行出具的有法定代表人、主要负责人和财务负责人签章证实有关损失的书面申明和相关材料。
3	专业技术鉴定意见（报告）或中介机构专项报告	企业向税务机关申报扣除特定损失时，需留存备查专业技术鉴定意见（报告）或法定资质中介机构出具的专项报告。	不再留存。改为纳税人留存备查自行出具的有法定代表人、主要负责人和财务负责人签章证实有关损失的书面申明。
4	不可抗力的事故证明	纳税人因不可抗力需要延期缴纳税款的，应当在缴纳税款期限届满前，提交公安机关出具的遭受不可抗力的事故证明。	不再提交。改为纳税人在申请延期缴纳税款书面报告中对不可抗力情况进行说明并承诺属实。税务机关事后进行抽查。
5	参加社会保险证明	5.1 转制科研机构办理科研开发自用房产免征房产税备案时，需提供按企业办法参加社会保险制度的证明。	不再提交。通过政府部门间信息共享或内部核查替代。
		5.2 转制科研机构办理科研开发自用土地免征城镇土地使用税备案时，需提供按企业办法参加社会保险制度的证明。	不再提交。通过政府部门间信息共享或内部核查替代。
6	工商营业执照	转制科研机构办理科研开发自用房产免征房产税备案时，需提供企业工商营业执照。	不再提交。通过政府部门间信息共享替代。
7	个人身份证明	7.1 纳税人办理外籍个人取得外商投资企业股息红利免征个人所得税优惠事项时，需提供居民身份证或其他证明身份的合法证明。	不再提交。直接在申报表中填报纳税人的基本信息和税收减免信息即可。
		7.2 纳税人办理外籍个人符合规定的生活费用免征个人所得税优惠事项时，需提供居民身份证或其他证明身份的合法证明。	不再提交。直接在申报表中填报纳税人的基本信息和税收减免信息即可。
		7.3 纳税人办理外籍个人按合理标准取得的境内、外出差补贴免征个人所得税优惠事项时，需提供居民身份证或其他证明身份的合法证明。	不再提交。直接在申报表中填报纳税人的基本信息和税收减免信息即可。
		7.4 纳税人办理个人转让著作权免征增值税优惠事项时，需提供身份证件。	不再提交。
		7.5 个人销售住房办理免征土地增值税优惠备案时，需提供身份证件。	不再提交。改为纳税人自行留存备查。

（续表）

序号	证明名称	证明用途	取消后的办理方式
8	残疾人证明	安置残疾人就业单位办理减免城镇土地使用税备案时，需提供就业人员的残疾人证或残疾军人证。	不再提交。改为纳税人自行留存备查。
9	核销事业编制、注销事业单位法人的证明	9.1 转制科研机构办理科研开发自用房产免征房产税备案时，需提供核销事业编制、注销事业单位法人的证明。	不再提交。改为纳税人自行留存备查。
		9.2 转制科研机构办理科研开发自用土地免征城镇土地使用税备案时，需提供核销事业编制、注销事业单位法人的证明。	不再提交。改为纳税人自行留存备查。
10	决定撤销金融机构的证明	10.1 纳税人办理被撤销金融机构清算期间自有的或从债务方接收的房地产免征房产税备案时，需提供中国人民银行决定撤销该机构的证明材料。	不再提交。改为纳税人自行留存备查。
		10.2 纳税人办理被撤销金融机构清算期间自有的或从债务方接收的房地产免征城镇土地使用税备案时，需提供中国人民银行决定撤销该机构的证明材料。	不再提交。改为纳税人自行留存备查。
11	单位性质证明	11.1 转制科研机构办理科研开发自用房产免征房产税备案时，需提供转制方案批复函。	不再提交。改为纳税人自行留存备查。
		11.2 血站办理自用房产免征房产税备案时，需提供事业单位证明材料。	不再提交。改为纳税人自行留存备查。
		11.3 纳税人办理学校、托儿所、幼儿园自用房产免征房产税备案时，需提供教育行业资质证明。	不再提交。改为纳税人自行留存备查。
		11.4 纳税人办理国家机关、人民团体、军队以及由国家财政部门拨付事业经费的单位自用房产免征房产税备案时，需提供单位性质证明材料。	不再提交。改为纳税人自行留存备查。
		11.5 企业办的各类医院办理自用房产免征房产税备案时，需提供单位性质证明材料。	不再提交。改为纳税人自行留存备查。
		11.6 纳税人办理高校学生公寓免征房产税备案时，需提供高校资质证明。	不再提交。改为纳税人自行留存备查。
		11.7 供热企业办理为居民供热所使用的厂房免征房产税备案时，需提供主管部门出具的供热企业的认定材料。	不再提交。改为纳税人自行留存备查。
		11.8 纳税人办理股改铁路运输企业及合资铁路运输公司自用房产免征房产税备案时，需提供符合政策规定的股改铁路运输企业及合资铁路运输公司单位性质证明。	不再提交。改为纳税人自行留存备查。

（续表）

序号	证明名称	证明用途	取消后的办理方式
11	单位性质证明	11.9 纳税人办理监狱免征房产税备案时，需提供单位性质证明材料。	不再提交。改为纳税人自行留存备查。
		11.10 农村饮水工程运营管理单位办理自用的生产、办公用房产免征房产税备案时，需提供农村饮水安全工程企业和单位的认定资料。	不再提交。改为纳税人自行留存备查。
		11.11 纳税人办理集贸市场用房免征房产税备案时，需提供集贸市场经营主体的相关证明材料。	不再提交。改为纳税人自行留存备查。
		11.12 纳税人办理农产品批发市场、农贸市场减免房产税备案时，需提供农产品批发市场和农贸市场经营主体的相关证明材料。	不再提交。改为纳税人自行留存备查。
		11.13 福利性非营利性老年服务机构办理自用房产免征房产税备案时，需提供非营利性服务机构资质证明。	不再提交。改为纳税人自行留存备查。
		11.14 非营利性科研机构办理自用房产免征房产税备案时，需提供非营利性科研机构执业登记证明。	不再提交。改为纳税人自行留存备查。
		11.15 中国人民银行总行所属分支机构办理自用房产免征房产税备案时，需提供单位性质证明材料。	不再提交。改为纳税人自行留存备查。
		11.16 纳税人办理天然林二期工程专用房产免征房产税备案时，需提供属于天然林二期工程实施企业和单位的认定资料。	不再提交。改为纳税人自行留存备查。
		11.17 转制科研机构办理科研开发自用土地免征城镇土地使用税备案时，需提供转制方案批复函。	不再提交。改为纳税人自行留存备查。
		11.18 中国人民银行总行所属分支机构办理自用土地免征城镇土地使用税备案时，需提供单位性质证明材料。	不再提交。改为纳税人自行留存备查。
		11.19 纳税人办理铁路运输企业自用土地免征城镇土地使用税备案时，需提供单位性质证明材料。	不再提交。改为纳税人自行留存备查。
		11.20 纳税人办理地方铁路运输企业自用土地免征城镇土地使用税备案时，需提供符合政策规定的地方铁路运输企业单位性质证明。	不再提交。改为纳税人自行留存备查。
		11.21 纳税人办理股改铁路运输企业及合资铁路运输公司自用土地免征城镇土地使用税备案时，需提供符合政策规定的股改铁路运输企业及合资铁路运输公司单位性质证明。	不再提交。改为纳税人自行留存备查。

(续表)

序号	证明名称	证明用途	取消后的办理方式
11	单位性质证明	11.22 纳税人办理天然林二期工程专用土地免征城镇土地使用税备案时，需提供属于天然林二期工程实施企业和单位的认定资料。	不再提交。改为纳税人自行留存备查。
		11.23 石油天然气生产企业办理符合条件的用地免征城镇土地使用税备案时，需提供单位性质证明材料。	不再提交。改为纳税人自行留存备查。
		11.24 纳税人办理国家石油储备基地项目用地免征城镇土地使用税备案时，需提供用地单位属于国家石油储备基地项目企业的资料。	不再提交。改为纳税人自行留存备查。
		11.25 企业搬迁后，原有场地不使用的，办理免征城镇土地使用税备案时，需提供有关部门对企业搬迁的批准文件或认定书。	不再提交。改为纳税人自行留存备查。
		11.26 纳税人办理林业系统相关用地免征城镇土地使用税备案时，需提供单位性质证明材料。	不再提交。改为纳税人自行留存备查。
		11.27 农村饮水工程运营管理单位办理自用土地免征城镇土地使用税备案时，需提供农村饮水安全工程企业和单位的认定资料。	不再提交。改为纳税人自行留存备查。
		11.28 纳税人办理集贸市场用地免征城镇土地使用税备案时，需提供集贸市场经营主体的相关证明。	不再提交。改为纳税人自行留存备查。
		11.29 纳税人办理农产品批发市场、农贸市场减免城镇土地使用税备案时，需提供农产品批发市场和农贸市场经营主体的相关证明。	不再提交。改为纳税人自行留存备查。
		11.30 矿山企业办理生产专用地免征城镇土地使用税备案时，需提供单位性质证明材料。	不再提交。改为纳税人自行留存备查。
		11.31 建材企业办理采石场、排土场等用地免征城镇土地使用税备案时，需提供单位性质证明材料。	不再提交。改为纳税人自行留存备查。
		11.32 纳税人办理盐场的盐滩盐矿的矿井用地免征城镇土地使用税备案时，需提供单位性质证明材料。	不再提交。改为纳税人自行留存备查。
		11.33 纳税人办理学校、托儿所、幼儿园自用土地免征城镇土地使用税备案时，需提供教育行业资质证明。	不再提交。改为纳税人自行留存备查。
		11.34 非营利性老年服务机构办理自用土地免征城镇土地使用税备案时，需提供非营利性服务机构资质证明。	不再提交。改为纳税人自行留存备查。
		11.35 福利性非营利性科研机构办理自用土地免征城镇土地使用税备案时，需提供非营利性科研机构执业登记证明。	不再提交。改为纳税人自行留存备查。

(续表)

序号	证明名称	证明用途	取消后的办理方式
12	医疗机构执业许可证	12.1 医疗卫生机构在办理免征增值税优惠备案时，需提供医疗机构执业许可证件。	不再提交。
		12.2 非营利性医疗机构、疾病控制机构和妇幼保健机构等卫生机构办理自用房产免征房产税备案时，需提供医疗机构执业许可证。	不再提交。改为纳税人自行留存备查。
		12.3 营利性医疗机构办理自用房产3年内免征房产税备案时，需提供医疗机构执业许可证。	不再提交。改为纳税人自行留存备查。
		12.4 血站办理自用房产免征房产税备案时，需提供医疗机构执业许可证。	不再提交。改为纳税人自行留存备查。
		12.5 营利性医疗机构办理自用土地3年内免征城镇土地使用税备案时，需提供医疗机构执业许可证。	不再提交。改为纳税人自行留存备查。
		12.6 血站办理自用土地免征城镇土地使用税备案时，需提供医疗机构执业许可证。	不再提交。改为纳税人自行留存备查。
		12.7 非营利性医疗、疾病控制、妇幼保健机构等卫生机构办理自用土地免征城镇土地使用税备案时，需提供医疗机构执业许可证。	不再提交。改为纳税人自行留存备查。
13	海域使用权证明	纳税人办理开山填海整治土地免征城镇土地使用税备案时，需提供纳税人的海域使用权证明。	不再提交。改为纳税人自行留存备查。
14	引入非公有资本和境外资本、变更资本结构的批准文件	转制科研机构引入非公有资本和境外资本、变更资本结构的，办理科研开发用房免征房产税备案时，需提供相关部门的批准文件。	不再提交。改为纳税人自行留存备查。
15	房屋、土地权属证明	15.1 非营利性医疗机构、疾病控制机构和妇幼保健机构等卫生机构办理自用房产免征房产税备案时，需提供房屋产权证明。	不再提交。改为纳税人自行留存备查。
		15.2 营利性医疗机构办理自用房产3年内免征房产税备案时，需提供房屋产权证明。	不再提交。改为纳税人自行留存备查。
		15.3 血站办理自用房产免征房产税备案时，需提供房屋产权证明。	不再提交。改为纳税人自行留存备查。
		15.4 纳税人办理学校、托儿所、幼儿园自用房产免征房产税备案时，需提供房屋产权证明。	不再提交。改为纳税人自行留存备查。
		15.5 纳税人办理国家机关、人民团体、军队以及由国家财政部门拨付事业经费的单位自用房产免征房产税备案时，需提供房屋产权证明。	不再提交。改为纳税人自行留存备查。

(续表)

序号	证明名称	证明用途	取消后的办理方式
15	房屋、土地权属证明	15.6 企业办的各类医院办理自用房产免征房产税备案时，需提供房屋产权证明。	不再提交。改为纳税人自行留存备查。
		15.7 纳税人办理高校学生公寓免征房产税备案时，需提供房屋产权证明。	不再提交。改为纳税人自行留存备查。
		15.8 供热企业办理为居民供热所使用的厂房免征房产税备案时，需提供房屋产权证明。	不再提交。改为纳税人自行留存备查。
		15.9 商品储备管理公司及其直属库办理商品储备业务自用房产免征房产税备案时，需提供房屋产权证明。	不再提交。改为纳税人自行留存备查。
		15.10 纳税人办理铁路运输企业自用房产免征房产税备案时，需提供房屋产权证明。	不再提交。改为纳税人自行留存备查。
		15.11 纳税人办理股改铁路运输企业及合资铁路运输公司自用房产免征房产税备案时，需提供房屋产权证明。	不再提交。改为纳税人自行留存备查。
		15.12 青藏铁路公司及所属单位办理自用房产免征房产税备案时，需提供房屋产权证明。	不再提交。改为纳税人自行留存备查。
		15.13 大秦公司办理自用房产免征房产税备案时，需提供房屋产权证明。	不再提交。改为纳税人自行留存备查。
		15.14 纳税人办理监狱用房免征房产税备案时，需提供房屋产权证明。	不再提交。改为纳税人自行留存备查。
		15.15 农村饮水工程运营管理单位办理自用的生产、办公用房产免征房产税备案时，需提供房屋产权证明。	不再提交。改为纳税人自行留存备查。
		15.16 纳税人办理集贸市场用房免征房产税备案时，需提供房屋产权证明。	不再提交。改为纳税人自行留存备查。
		15.17 纳税人办理农产品批发市场、农贸市场减免房产税备案时，需提供房屋产权证明。	不再提交。改为纳税人自行留存备查。
		15.18 纳税人办理科技企业孵化器、国家大学科技园自用及提供给在孵对象使用的房产免征房产税备案时，需提供房屋产权证明。	不再提交。改为纳税人自行留存备查。
		15.19 企事业单位办理向个人出租住房减按4%税率征收房产税时，需提供房屋产权证明。	不再提交。改为纳税人自行留存备查。
		15.20 房管部门办理经租的居民用房免征房产税备案时，需提供房屋产权证明。	不再提交。改为纳税人自行留存备查。
		15.21 纳税人办理公共租赁住房免征房产税备案时，需提供房屋产权证明。	不再提交。改为纳税人自行留存备查。

（续表）

序号	证明名称	证明用途	取消后的办理方式
15	房屋、土地权属证明	15.22 福利性非营利性老年服务机构办理自用房产免征房产税备案时，需提供房屋产权证明。	不再提交。改为纳税人自行留存备查。
		15.23 非营利性科研机构办理自用房产免征房产税备案时，需提供房屋产权证明。	不再提交。改为纳税人自行留存备查。
		15.24 纳税人将职工住宅全部产权出售给本单位职工，办理免征房产备案时，需提供房屋产权证明。	不再提交。改为纳税人自行留存备查。
		15.25 中国人民银行总行所属分支机构办理自用房产免征房产税备案时，需提供房屋产权证明。	不再提交。改为纳税人自行留存备查。
		15.26 纳税人办理中国信达等4家金融资产管理公司处置不良资产免征房产税备案时，需提供房屋产权证明。	不再提交。改为纳税人自行留存备查。
		15.27 纳税人办理被撤销金融机构清算期间自有的或从债务方接收的房地产免征房产税备案时，需提供房屋产权证明。	不再提交。改为纳税人自行留存备查。
		15.28 纳税人办理处置港澳国际（集团）有限公司的有关资产免征房产税备案时，需提供房屋产权证明。	不再提交。改为纳税人自行留存备查。
		15.29 纳税人办理毁损房屋和危险房屋免征房产税备案时，需提供房屋产权证明。	不再提交。改为纳税人自行留存备查。
		15.30 纳税人办理地下建筑减征房产税时，需提供房屋产权证明。	不再提交。改为纳税人自行留存备查。
		15.31 纳税人办理大修停用的房产免征房产税备案时，需提供房屋产权证明。	不再提交。改为纳税人自行留存备查。
		15.32 纳税人办理天然林二期工程森工企业闲置房产免征房产税备案时，需提供房屋产权证明。	不再提交。改为纳税人自行留存备查。
		15.33 纳税人办理天然林二期工程的专用房产免征房产税备案时，需提供房屋产权证明。	不再提交。改为纳税人自行留存备查。
		15.34 纳税人办理宗教寺庙、公园、名胜古迹自用房产免征房产税时，需提供房屋产权证明。	不再提交。改为纳税人自行留存备查。
		15.35 转制科研机构办理科研开发自用土地免征城镇土地使用税备案时，需提供土地权属证明。	不再提交。改为纳税人自行留存备查。
		15.36 中国人民银行总行所属分支机构办理自用土地免征城镇土地使用税备案时，需提供土地权属证明。	不再提交。改为纳税人自行留存备查。

（续表）

序号	证明名称	证明用途	取消后的办理方式
15	房屋、土地权属证明	15.37 纳税人办理铁路运输企业自用土地免征城镇土地使用税备案时，需提供土地权属证明。	不再提交。改为纳税人自行留存备查。
		15.38 纳税人办理地方铁路运输企业自用土地免征城镇土地使用税备案时，需提供土地权属证明。	不再提交。改为纳税人自行留存备查。
		15.39 纳税人办理股改铁路运输企业及合资铁路运输公司自用房产免征城镇土地使用税备案时，需提供土地权属证明。	不再提交。改为纳税人自行留存备查。
		15.40 大秦公司办理自用土地免征城镇土地使用税备案时，需提供土地权属证明。	不再提交。改为纳税人自行留存备查。
		15.41 青藏铁路公司及其所属单位办理自用土地免征城镇土地使用税备案时，需提供土地权属证明。	不再提交。改为纳税人自行留存备查。
		15.42 广深公司承租广铁集团铁路运输用地办理免征城镇土地使用税备案时，需提供土地权属证明。	不再提交。改为纳税人自行留存备查。
		15.43 纳税人办理天然林二期工程专用土地免征城镇土地使用税备案时，需提供土地权属证明。	不再提交。改为纳税人自行留存备查。
		15.44 纳税人办理天然林二期工程森工企业闲置土地免征城镇土地使用税备案时，需提供土地权属证明。	不再提交。改为纳税人自行留存备查。
		15.45 石油天然气生产企业办理符合条件的用地免征城镇土地使用税备案时，需提供土地权属证明。	不再提交。改为纳税人自行留存备查。
		15.46 纳税人办理国家石油储备基地项目用地免征城镇土地使用税备案时，需提供土地权属证明。	不再提交。改为纳税人自行留存备查。
		15.47 商品储备管理公司及其直属库办理商品储备业务自用土地免征城镇土地使用税备案时，需提供土地权属证明。	不再提交。改为纳税人自行留存备查。
		15.48 物流企业办理大宗商品仓储设施用地减征城镇土地使用税备案时，需提供土地权属证明。	不再提交。改为纳税人自行留存备查。
		15.49 纳税人办理城市公交站场、道路客运站场的运营用地免征城镇土地使用税备案时，需提供土地权属证明。	不再提交。改为纳税人自行留存备查。

(续表)

序号	证明名称	证明用途	取消后的办理方式
15	房屋、土地权属证明	15.50 纳税人办理民航机场规定用地免征城镇土地使用税备案时，需提供土地权属证明。	不再提交。改为纳税人自行留存备查。
		15.51 纳税人办理港口的码头用地免征城镇土地使用税备案时，需提供土地权属证明。	不再提交。改为纳税人自行留存备查。
		15.52 纳税人办理企业已售房改房占地免征城镇土地使用税备案时，需提供土地权属证明。	不再提交。改为纳税人自行留存备查。
		15.53 纳税人办理企业厂区以外的公共绿化用地免征城镇土地使用税备案时，需提供土地权属证明。	不再提交。改为纳税人自行留存备查。
		15.54 纳税人办理厂区外未加隔离的企业铁路专用线用地免征城镇土地使用税备案时，需提供土地权属证明。	不再提交。改为纳税人自行留存备查。
		15.55 企业搬迁后，原有场地不使用的，办理免征城镇土地使用税备案时，需提供土地权属证明。	不再提交。改为纳税人自行留存备查。
		15.56 纳税人办理林业系统相关用地免征城镇土地使用税备案时，需提供土地权属证明。	不再提交。改为纳税人自行留存备查。
		15.57 纳税人办理采摘观光的种植养殖土地免征城镇土地使用税备案时，需提供土地权属证明。	不再提交。改为纳税人自行留存备查。
		15.58 农村饮水工程运营管理单位办理自用土地免征城镇土地使用税备案时，需提供土地权属证明。	不再提交。改为纳税人自行留存备查。
		15.59 纳税人办理农产品批发市场、农贸市场减免城镇土地使用税备案时，需提供土地权属证明。	不再提交。改为纳税人自行留存备查。
		15.60 免税单位无偿使用土地办理免征城镇土地使用税备案时，需提供土地权属证明。	不再提交。改为纳税人自行留存备查。
		15.61 纳税人办理落实私房政策后的出租房屋用地减免城镇土地使用税备案时，需提供土地权属证明。	不再提交。改为纳税人自行留存备查。
		15.62 纳税人办理煤炭企业免征规定用途用地的城镇土地使用税备案时，需提供土地权属证明。	不再提交。改为纳税人自行留存备查。
		15.63 矿山企业办理生产专用地免征城镇土地使用税备案时，需提供土地权属证明。	不再提交。改为纳税人自行留存备查。
		15.64 建材企业办理采石场、排土场等用地免征城镇土地使用税备案时，需提供土地权属证明。	不再提交。改为纳税人自行留存备查。

（续表）

序号	证明名称	证明用途	取消后的办理方式
15	房屋、土地权属证明	15.65 纳税人办理盐场的盐滩盐矿的矿井用地免征城镇土地使用税备案时，需提供土地权属证明。	不再提交。改为纳税人自行留存备查。
		15.66 纳税人办理经济适用住房建设用地及占地免征城镇土地使用税备案时，需提供土地权属证明。	不再提交。改为纳税人自行留存备查。
		15.67 纳税人办理公共租赁住房用地免征城镇土地使用税备案时，需提供土地权属证明。	不再提交。改为纳税人自行留存备查。
		15.68 纳税人办理棚户区改造安置住房建设用地免征城镇土地使用税备案时，需提供土地权属证明。	不再提交。改为纳税人自行留存备查。
		15.69 纳税人办理科技企业孵化器、国家大学科技园自用及提供给在孵对象使用的土地免征城镇土地使用税备案时，需提供土地权属证明。	不再提交。改为纳税人自行留存备查。
		15.70 纳税人办理水利设施及其管护用地免征城镇土地使用税备案时，需提供土地权属证明。	不再提交。改为纳税人自行留存备查。
		15.71 供热企业办理为居民供热所使用的土地免征城镇土地使用税备案时，需提供土地权属证明。	不再提交。改为纳税人自行留存备查。
		15.72 纳税人办理核工业企业部分用地免征城镇土地使用税备案时，需提供土地权属证明。	不再提交。改为纳税人自行留存备查。
		15.73 纳税人办理核电站部分用地减免城镇土地使用税备案时，需提供土地权属证明。	不再提交。改为纳税人自行留存备查。
		15.74 纳税人办理电力行业部分用地免征城镇土地使用税备案时，需提供土地权属证明。	不再提交。改为纳税人自行留存备查。
		15.75 纳税人办理学校、托儿所、幼儿园自用土地免征城镇土地使用税备案时，需提供土地权属证明。	不再提交。改为纳税人自行留存备查。
		15.76 福利性非营利性老年服务机构办理自用土地免征城镇土地使用税备案时，需提供土地权属证明。	不再提交。改为纳税人自行留存备查。
		15.77 非营利性医疗、疾病控制、妇幼保健机构等卫生机构办理自用土地免征城镇土地使用税备案时，需提供土地权属证明。	不再提交。改为纳税人自行留存备查。
		15.78 营利性医疗机构办理自用土地3年内免征城镇土地使用税备案时，需提供土地权属证明。	不再提交。改为纳税人自行留存备查。

（续表）

序号	证明名称	证明用途	取消后的办理方式
15	房屋、土地权属证明	15.79 非营利性科研机构办理自用土地免征城镇土地使用税备案时，需提供土地权属证明。	不再提交。改为纳税人自行留存备查。
		15.80 血站办理自用土地免征城镇土地使用税备案时，需提供土地权属证明。	不再提交。改为纳税人自行留存备查。
		15.81 纳税人办理防火防爆防毒等安全防范用地免征城镇土地使用税备案时，需提供土地权属证明。	不再提交。改为纳税人自行留存备查。
		15.82 纳税人办理地下建筑用地暂按50%征收城镇土地使用税备案时，需提供土地权属证明。	不再提交。改为纳税人自行留存备查。
		15.83 纳税人办理被撤销金融机构清算期间自有的或从债务方接收的房地产免征城镇土地使用税备案时，需提供土地权属证明。	不再提交。改为纳税人自行留存备查。
		15.84 纳税人办理中国信达等4家金融资产管理公司处置不良资产免征城镇土地使用税备案时，需提供土地权属证明。	不再提交。改为纳税人自行留存备查。
		15.85 纳税人办理处置港澳国际（集团）有限公司的有关资产免征城镇土地使用税备案时，需提供土地权属证明。	不再提交。改为纳税人自行留存备查。
		15.86 安置残疾人就业单位办理减免城镇土地使用税备案时，需提供土地权属证明。	不再提交。改为纳税人自行留存备查。
		15.87 纳税人办理符合条件的体育场馆减免城镇土地使用税备案时，需提供土地权属证明。	不再提交。改为纳税人自行留存备查。
		15.88 纳税人办理开山填海整治土地免征城镇土地使用税备案时，需提供土地权属证明。	不再提交。改为纳税人自行留存备查。
		15.89 纳税人办理集贸市场用地免征城镇土地使用税备案时，需提供土地权属证明。	不再提交。改为纳税人自行留存备查。
		15.90 纳税人办理直接用于农、林、牧、渔业的生产用地免征城镇土地使用税备案时，需提供土地权属证明。	不再提交。改为纳税人自行留存备查。
		15.91 纳税人办理宗教寺庙、公园、名胜古迹自用土地免征城镇土地使用税备案时，需提供土地权属证明。	不再提交。改为纳税人自行留存备查。
16	土地用途证明	16.1 物流企业办理大宗商品仓储设施用地减征城镇土地使用税备案时，需提供符合文件规定的大宗商品仓储设施用地的相关证明材料。	不再提交。改为纳税人自行留存备查。
		16.2 纳税人办理民航机场规定用地免征城镇土地使用税备案时，需提供符合减免税政策规定的民航机场用地相关证明材料。	不再提交。改为纳税人自行留存备查。
		16.3 纳税人办理港口的码头用地免征城镇土地使用税备案时，需提供符合减免税政策规定的港口的码头用地证明材料。	不再提交。改为纳税人自行留存备查。

(续表)

序号	证明名称	证明用途	取消后的办理方式
16	土地用途证明	16.4 纳税人办理企业厂区以外的公共绿化用地免征城镇土地使用税备案时，需提供符合减免税政策规定的企业公共绿化用地证明材料。	不再提交。改为纳税人自行留存备查。
		16.5 纳税人办理厂区外未加隔离的企业铁路专用线用地免征城镇土地使用税备案时，需提供符合减免税政策规定的厂区外未加隔离的企业铁路专用线用地证明材料。	不再提交。改为纳税人自行留存备查。
		16.6 纳税人办理采摘观光的种植养殖土地免征城镇土地使用税备案时，需提供采摘观光农业用地证明材料。	不再提交。改为纳税人自行留存备查。
		16.7 纳税人办理棚户区改造安置住房建设用地免征城镇土地使用税备案时，需提供棚户区改造安置住房建设用地证明材料。	不再提交。改为纳税人自行留存备查。
		16.8 纳税人办理煤炭企业规定用途用地免征城镇土地使用税备案时，需提供用地性质证明材料。	不再提交。改为纳税人自行留存备查。
		16.9 纳税人办理防火防爆防毒等安全防范用地免征城镇土地使用税备案时，需提供安全防范用地证明材料。	不再提交。改为纳税人自行留存备查。
17	出租住房相关证明材料	17.1 房管部门办理经租的居民用房免征房产税备案时，需提供经租居民用房相关证明材料。	不再提交。改为纳税人自行留存备查。
		17.2 纳税人办理公共租赁住房免征房产税备案时，需提供出租公共租赁住房相关证明材料。	不再提交。改为纳税人自行留存备查。
18	政府主办或确认为经济适用房、公共租赁住房的相关证明材料	18.1 纳税人办理经济适用住房建设用地及占地免征城镇土地使用税备案时，需确认为经济适用房的证明材料。	不再提交。改为纳税人自行留存备查。
		18.2 纳税人办理公共租赁住房用地免征城镇土地使用税备案时，需提供确认为公共租赁住房的证明材料。	不再提交。改为纳税人自行留存备查。
19	落实私房政策证明	纳税人办理落实私房政策后的出租房屋用地减免城镇土地使用税备案时，需提供落实私房政策证明材料。	不再提交。改为纳税人自行留存备查。
20	取得财政储备经费或补贴的文件或凭证	20.1 商品储备管理公司及其直属库办理商品储备业务自用房产免征房产税备案时，需提供取得财政储备经费或补贴的批复文件或相关凭证。	不再提交。改为纳税人自行留存备查。
		20.2 商品储备管理公司及其直属库办理商品储备业务自用土地免征城镇土地使用税备案时，需提供取得财政储备经费或补贴的批复文件或相关凭证。	不再提交。改为纳税人自行留存备查。

国家税务总局关于粕类产品
征免增值税问题的通知

国税函〔2010〕75号

各省、自治区、直辖市和计划单列市国家税务局：

近接部分地区反映，各地对粕类产品征免增值税政策存在理解不一致的问题。经研究，现明确如下：

一、豆粕属于征收增值税的饲料产品，除豆粕以外的其他粕类饲料产品，均免征增值税。

二、本通知自2010年1月1日起执行。《国家税务总局关于出口甜菜粕准予退税的批复》（国税函〔2002〕716号）同时废止。

国家税务总局
二〇一〇年二月二十日

关于享受企业所得税优惠的农产品初加工有关范围的补充通知

财税〔2011〕26 号

各省、自治区、直辖市、计划单列市财政厅（局）、国家税务局、地方税务局，新疆生产建设兵团财务局：

为进一步规范农产品初加工企业所得税优惠政策，现就《财政部　国家税务总局关于发布享受企业所得税优惠政策的农产品初加工范围（试行）的通知》（财税〔2008〕149号，以下简称《范围》）涉及的有关事项细化如下（以下序数对应《范围》中的序数）：

一、种植业类

（一）粮食初加工。

1. 小麦初加工。

《范围》规定的小麦初加工产品还包括麸皮、麦糠、麦仁。

2. 稻米初加工。

《范围》规定的稻米初加工产品还包括稻糠（砻糠、米糠和统糠）。

4. 薯类初加工。

《范围》规定的薯类初加工产品还包括变性淀粉以外的薯类淀粉。

＊薯类淀粉生产企业需达到国家环保标准，且年产量在一万吨以上。

6. 其他类粮食初加工。

《范围》规定的杂粮还包括大麦、糯米、青稞、芝麻、核桃；相应的初加工产品还包括大麦芽、糯米粉、青稞粉、芝麻粉、核桃粉。

（三）园艺植物初加工。

2. 水果初加工。

《范围》规定的新鲜水果包括番茄。

（四）油料植物初加工。

《范围》规定的粮食副产品还包括玉米胚芽、小麦胚芽。

（五）糖料植物初加工。

《范围》规定的甜菊又名甜叶菊。

（八）纤维植物初加工。

2. 麻类初加工。

《范围》规定的麻类作物还包括芦苇。

3. 蚕茧初加工。

《范围》规定的蚕包括蚕茧，生丝包括厂丝。

二、畜牧业类

（一）畜禽类初加工。

1. 肉类初加工。

《范围》规定的肉类初加工产品还包括火腿等风干肉、猪牛羊杂骨。

三、本通知自 2010 年 1 月 1 日起执行。

财政部　国家税务总局
二〇一一年五月十一日

（八）瘦肉精监管

关于查处非法生产、销售和使用盐酸克仑特罗等药品的紧急通知

农业部　国家药品监督管理局　农牧发〔2000〕4号

各省、自治区、直辖市畜牧（农牧、农业）厅（局）、饲料工业办公室、卫生厅（局）、药品监督管理部门：

近来，一些企业和饲养场家为牟取暴利，非法生产、销售和使用盐酸克仑特罗等药品，严重违反了《中华人民共和国药品管理法》、《饲料和饲料添加剂管理条例》及《药品流通监督管理办法》。为了加强对药品生产和流通的管理，杜绝在饲料和饲料添加剂以及饲养过程中非法使用盐酸克仑特罗等药品，农业部和国家药品监督管理局决定在全国范围内对非法生产、销售和使用盐酸克仑特罗等药品的行为进行查处。现将有关事宜通知如下：

一、各省（自治区、直辖市）畜牧兽医、饲料和药品监督管理部门要迅速组建查处非法生产、销售和使用盐酸克仑特罗等药品联合工作组，各司其职，分工协作，堵截源头，严格监控该类药品的销售渠道。

二、饲料行政管理部门要严格监控饲料和饲料添加剂生产、经营企业的用药情况，对生产经营含有禁用药品的饲料和饲料添加剂企业，要依法惩处，吊销其生产许可证和产品批准文号，并予以通报。

三、畜牧兽医行政管理部门要加强对畜牧养殖场和兽药企业的监督管理，对饲养过程中添加禁用药品的企业，要严格检验，严禁含有禁用药品的动物产品上市销售；对擅自生产禁用药品的兽药生产经营企业，要吊销其生产、经营许可证；对扩大兽药使用范围的生产、经营企业，要依照有关规定从重处罚。

四、药品监督管理部门要对辖区内生产、销售盐酸克仑特罗的情况进行专题调查，对未取得药品批准文号、非法生产盐酸克仑特罗的生产企业，以及向无《药品生产许可证》、《药品经营许可证》、《医疗执业许可证》的单位和个人销售盐酸克仑特罗的生产、经营企业，要依法查处。

五、生产经营饲料、饲料添加剂的企业和个人、养殖企业，以及畜牧兽医饲料科研单位和大专院校不得以科研名义变相推广盐酸克仑特罗等禁用药品；新闻媒体和报纸杂志不得刊登含有禁用药品的饲料和饲料添加剂的广告。

六、各省（自治区、直属市）畜牧兽医、饲料和药品监督管理部门要高度重视对非法

生产、销售和使用盐酸克仑特罗等药品的查处工作，广泛宣传其危害性。要严格执行新产品审批制度，不得越权和随意审批新产品。对于越权和随意审批新产品，造成危害者，要追究有关行政部门的法律责任。

七、请各省（自治区、直辖市）畜牧兽医、饲料和药品监督管理部门于2000年4月20日前将本辖区"联合工作组"的名单和电话上报农业部畜牧兽医局（全国饲料工作办公室）和国家药品监督管理局市场监督司。

八、各地在查处禁用药品工作中遇到的问题，请及时与农业部畜牧兽医局（全国饲料工作办公室）和国家药品监督管理局市场监督司联系。

二〇〇〇年四月三日

关于严厉打击非法生产经营和
使用盐酸克仑特罗等药品违法行为的通知

农办牧〔2001〕14号

各省、自治区、直辖市畜牧农业（农牧、畜牧）厅（局）、饲料工作（工业）办公室、经济贸易委员会、工商行政管理局、质量技术监督局、药品监督管理局、各直属出入境检验检疫局、新疆生产建设兵团畜牧局：

自2000年4月，农业部和国家药品监督管理局联合发出《关于查处非法生产、销售和使用盐酸克仑特罗等药品的紧急通知》（农牧发〔2000〕4号）以来，各级畜牧兽医、饲料和药品监督管理部门，积极行动，严厉打击非法生产、经营和使用盐酸克仑特罗的行为，查处了一批违规企业和养殖户，惩治了一批不法分子，饲料中违禁药品检出率已明显下降。但是，在个别地区违法生产、经营和使用盐酸克仑特罗药品的行为依然存在，甚至还十分严重。一些企业和饲养场采取更加隐蔽的手段，建立地下网络，非法生产、销售和使用盐酸克仑特罗等药品，以牟取暴利。这种状况直接威胁着饲料安全和人民身体健康，为了深入贯彻《国务院关于整顿和规范市场经济秩序的决定》（国发〔2001〕11号，以下简称《决定》）、《国务院办公厅关于继续深入开展严厉打击制售假冒伪劣商品违法犯罪活动联合行动的通知》（国办发〔2001〕32号，以下简称《通知》），以及国务院领导同志的指示精神，切实加强对药品生产和流通的管理，杜绝在饲料和饲料添加剂以及饲养过程中非法使用盐酸克仑特罗等药品（包括激素类、镇静剂类和其他各种违禁药品，下同），农业部、国家经济贸易委员会、国家工商行政管理总局、国家质量监督检验检疫总局、国家药品监督管理局决定在全国范围内对非法生产、销售和使用盐酸克仑特罗等药品的违法行为进行严厉查处。现将有关事宜通知如下：

一、提高认识，增强责任感

盐酸克仑特罗（俗称"瘦肉精"）既不是兽药，也不是饲料添加剂，是肾上腺素类神经兴奋剂，属β-兴奋剂类激素。国际上很早就有一些运动员非法使用该药，以提高肌肉力量和运动成绩。该药实际上是严重危害畜牧业健康发展和畜产品安全的毒品，早已明令禁止在饲料和畜牧生产中使用。1997年以来，国内已发生数起由该药引发的食品安全事件，影响极为恶劣。国务院领导同志多次批示，要加大饲料监测力度，保证饲料安全。对此，各省、自治区、直辖市农业（农牧、畜牧）厅（局）、饲料工作（工业）办公室、经济贸易委员会、工商行政管理局、质量技术监督局、药品监督管理局、各直属出入境检验检疫局、新疆建设兵团畜牧局等部门要高度重视，一定要深刻领会《决定》、《通知》和国务院领导同志的指示精神，进一步提高对查处非法生产、经营和使用盐酸克仑特罗等药品重要性、紧迫性的认识，以对党和人民高度负责的态度，发扬连续作战和密切合作的精神,全面动员,周密部署,迅速行动,坚决铲除非法制售盐酸克仑特罗的窝点,制止非法使用盐酸克仑特罗的行为,保证饲料和畜牧业安全生产,确保人民身体健康。

二、突出重点,联合行动

(一)各省、自治区、直辖市农业(农牧、畜牧)厅(局)、饲料工作(工业)办公室、经济贸易委员会、工商行政管理局、质量技术监督局、药品监督管理局、各直属出入境检验检疫局,要迅速组建查处非法生产、销售和使用盐酸克仑特罗等药品联合行动工作组,组织开展查处本行政辖区非法制售和使用违禁药品的专项斗争。各有关职能部门要各司其职,分工协作,加强沟通,密切协作,堵截源头,严格监控该类药品的销售渠道。要重点抓好"菜篮子"产品的安全管理,在大中城市农副产品批发市场、食品零售超市和畜产品供应基地全面开展检查工作,对群众反映强烈的地区和饲料安全事故多发地区要增加检查的频率和范围。

(二)各级饲料行政管理部门要严格监控饲料和饲料添加剂生产、经营企业的用药情况,对生产经营含有禁用药品的饲料和饲料添加剂企业,要依法惩处,吊销其生产许可证和产品批准文号,并予以通报。根据最高人民法院、最高人民检察院《关于办理生产、销售伪劣商品刑事案件具体应用法律问题的解释》,要及时将违法违规数额超出规定标准的案件移交公安部门处理。畜牧兽医行政管理部门要加强对畜牧养殖场的监督管理,对饲养过程中添加禁用药品的企业和个人,要严肃查处,严禁含有禁用药品的畜禽产品上市销售。

(三)各级药品监督管理部门要对辖区内生产、销售盐酸克仑特罗药品的原料和产品情况进行专项检查,对未取得药品批准文号、非法生产盐酸克仑特罗的生产企业,以及向无《药品生产许可证》、《药品经营许可证》、《医疗执业许可证》的单位和个人销售盐酸克仑特罗等药品的生产经营企业,要依法严厉查处。任何单位和个人不得将该药提供给非医疗机构和个人,否则,要依法追究有关当事人的法律责任。

(四)各级工商行政管理部门要积极配合有关部门,组织开展专项行动。对非法生产、经营和使用盐酸克仑特罗等药品的医药企业、化工企业、饲料企业和养殖企业,要坚决予以查处,情节严重的,吊销其营业执照。

(五)各级质量技术监督部门要积极配合农业等行政主管部门组织开展查处非法生产、经营和使用盐酸克仑特罗等药品的专项行动。

(六)各出入境检验检疫机构要进一步加强对供港活畜盐酸克仑特罗等药品的检验,确保安全的食用动物投放港澳市场。

(七)农业部、公安部、国家工商行政管理总局、国家质量监督检验检疫总局、中华全国供销合作总社《关于深入开展农业生产资料打假联合行动的通知》(农市发〔2001〕4号)中已经明确了各级公安部门在农资打假中的职责分工。各有关行政执法部门要把严厉打击非法生产、经营和使用盐酸克仑特罗等药品的违法行为作为农资市场整顿的重点。在执法检查过程中,要积极协调各级公安部门依法保障行政执法工作的开展。对拒绝、阻碍行政执法人员依法行政的,提请公安机关依法予以查处。对构成犯罪的,要依法从严从快查处。对重要案件,要提前介入,坚决查处。

(八)新闻媒体和报刊杂志不得刊登含有禁用药品的饲料和饲料添加剂的广告。

三、完善手段，一查到底

（一）进一步完善有关法律法规。一是加快制定全国性的惩治非法使用盐酸克仑特罗行为的法律法规；二是在国家有关法律法规出台前，各地要根据本地的实际情况，先行出台有关规定，为惩治不法行为提供依据。

（二）加快畜产品质量安全标准的制定和监测体系建设。《饲料中盐酸克仑特罗测定》行业标准的制定和颁布，为在饲料中监测盐酸克仑特罗举证提供了科学依据。但畜产品中盐酸克仑特罗含量检测方法标准尚未出台，农业部正在组织力量制定。各地在该行业标准未出台前，要加快地方标准的制定和监测体系的建设，为畜产品的质量安全管理提供技术保障。

（三）加大打击力度。要从源头上加大打击非法生产和销售盐酸克仑特罗等药品违法行为的力度，依法取缔非法制售盐酸克仑特罗等药品的窝点，收缴制造设备和工具，彻底摧毁其制售能力。要加大新闻监督和执法监督力度。同时，对前一阶段查出的案件，要依法加快审理和结案，对群众的举报，要做到"五不放过"，一查到底。

（四）加强执法队伍建设。各有关职能部门和执法机构要加强对执法人员的政治思想教育，加强执法培训。同时要加强对执法工作的监督，对执法犯法、徇私枉法的，与制售盐酸克仑特罗违法犯罪分子内外勾结、通风报信的，或不认真履行法定职责的人员，要予以严肃处理。要在财政部门的统筹规划下，落实查处办案经费，改善办案手段和装备水平，增强执法监管能力。

（五）各地在查处非法生产、经营和使用盐酸克仑特罗等违法行为活动过程中有什么问题和建议，请及时与农业部畜牧兽医局（全国饲料工作办公室）或农业部整顿和规范市场经济秩序领导小组办公室（农业部市场与经济信息司）联系。联系电话：（010）59192848、59193156；传真：（010）59192869。

中华人民共和国农业部
国家经济贸易委员会
国家工商行政管理总局
国家质量监督检验检疫总局
国家药品监督管理局
二〇〇一年六月十三日

最高人民法院 最高人民检察院关于办理非法生产、销售、使用禁止在饲料和动物饮用水中使用的药品等刑事案件具体应用法律若干问题的解释

法释〔2002〕26号

（最高人民法院审判委员会第1237次会议、最高人民检察院第九届检察委员会第109次会议通过，2002年8月16日法释〔2002〕26号发布。）

为依法惩治非法生产、销售、使用盐酸克仑特罗（Clenbuterol Hydrochloride，俗称"瘦肉精"）等禁止在饲料和动物饮用水中使用的药品等犯罪活动，维护社会主义市场经济秩序，保护公民身体健康，根据刑法有关规定，现就办理这类刑事案件具体应用法律的若干问题解释如下：

第一条 未取得药品生产、经营许可证件和批准文号，非法生产、销售盐酸克仑特罗等禁止在饲料和动物饮用水中使用的药品，扰乱药品市场秩序，情节严重的，依照刑法第二百二十五条第（一）项的规定，以非法经营罪追究刑事责任。

第二条 在生产、销售的饲料中添加盐酸克仑特罗等禁止在饲料和动物饮用水中使用的药品，或者销售明知是添加有该类药品的饲料，情节严重的，依照刑法第二百二十五条第（四）项的规定，以非法经营罪追究刑事责任。

第三条 使用盐酸克仑特罗等禁止在饲料和动物饮用水中使用的药品或者含有该类药品的饲料养殖供人食用的动物，或者销售明知是使用该类药品或者含有该类药品的饲料养殖的供人食用的动物的，依照刑法第一百四十四条的规定，以生产、销售有毒、有害食品罪追究刑事责任。

第四条 明知是使用盐酸克仑特罗等禁止在饲料和动物饮用水中使用的药品或者含有该类药品的饲料养殖的供人食用的动物，而提供屠宰等加工服务，或者销售其制品的，依照刑法第一百四十四条的规定，以生产、销售有毒、有害食品罪追究刑事责任。

第五条 实施本解释规定的行为，同时触犯刑法规定的两种以上犯罪的，依照处罚较重的规定追究刑事责任。

第六条 禁止在饲料和动物饮用水中使用的药品，依照国家有关部门公告的禁止在饲料和动物饮用水中使用的药物品种目录确定。

附：农业部、卫生部、国家药品监督管理局公告的《禁止在饲料和动物饮用水中使用的药物品种目录》。

附件

农业部 卫生部 国家药品监督管理局公告的《禁止在饲料和动物饮用水中使用的药物品种目录》

一、肾上腺素受体激动剂

1. 盐酸克仑特罗（Clenbuterol Hydrochloride）：中华人民共和国药典（以下简称药典）2000年二部P605。$β_2$-肾上腺素受体激动药。

2. 沙丁胺醇（Salbutamol）：药典2000年二部P316。$β_2$-肾上腺素受体激动药。

3. 硫酸沙丁胺醇（Salbutamol Sulfate）：药典2000年二部P870。$β_2$-肾上腺素受体激动药。

4. 莱克多巴胺（Ractopamine）：一种β-兴奋剂，美国食品和药物管理局（FDA）已批准，中国未批准。

5. 盐酸多巴胺（Dopamine Hydrochloride）：药典2000年二部P591。多巴胺受体激动药。

6. 西巴特罗（Cimaterol）：美国氰胺公司开发的产品，一种β-兴奋剂，FDA未批准。

7. 硫酸特布他林（Terbutaline Sulfate）：药典2000年二部P890。$β_2$-肾上腺受体激动药。

二、性激素

8. 己烯雌酚（Diethylstibestrol）：药典2000年二部P42。雌激素类药。

9. 雌二醇（Estradiol）：药典2000年二部P1005。雌激素类药。

10. 戊酸雌二醇（Estradiol Valcrate）：药典2000年二部P124。雌激素类药。

11. 苯甲酸雌二醇（Estradiol Benzoate）：药典2000年二部P369。雌激素类药。中华人民共和国兽药典（以下简称兽药典）2000年版一部P109。雌激素类药。用于发情不明显动物的催情及胎衣滞留、死胎的排除。

12. 氯烯雌醚（Chlorotrianisene）：药典2000年二部P919。

13. 炔诺醇（Ethinylestradiol）：药典2000年二部P422。

14. 炔诺醚（Quinestrol）：药典2000年二部P424。

15. 醋酸氯地孕酮（Chlormadinone Acetate）：药典2000年二部P1037。

16. 左炔诺孕酮（Levonorgestrel）：药典2000年二部P107。

17. 炔诺酮（Norethisterone）：药典2000年二部P420。

18. 绒毛膜促性腺激素（绒促性素）（Chorionic Gonadotrophin）：药典2000年二部P534。促性腺激素药。兽药典2000年版一部P146。激素类药。用于性功能障碍、习惯性流产及卵巢囊肿等。

19. 促卵泡生长激素（尿促性素主要含卵泡刺激FSHT和黄体生成素LH）（Menotropins）：药典2000年二部P321。促性腺激素类药。

三、蛋白同化激素

20. 碘化酪蛋白（Iodinated Casein）：蛋白同化激素类，为甲状腺素的前驱物质，具有类似甲状腺素的生理作用。

21. 苯丙酸诺龙及苯丙酸诺龙注射液（Nandrolone phenylpropionate）：药典 2000 年二部 P365。

四、精神药品

22. （盐酸）氯丙嗪（Chlorpromazine Hydrochloride）：药典 2000 年二部 P676。抗精神病药。兽药典 2000 年版一部 P177。镇静药。用于强化麻醉以及使动物安静等。

23. 盐酸异丙嗪（Promethazine Hydrochloride）：药典 2000 年二部 P602。抗组胺药。兽药典 2000 年版一部 P164。抗组胺药。用于变态反应性疾病，如荨麻疹、血清病等。

24. 安定（地西泮）（Diazepam）：药典 2000 年二部 P214。抗焦虑药、抗惊厥药。兽药典 2000 年版一部 P61。镇静药、抗惊厥药。

25. 苯巴比妥（Phenobarbital）：药典 2000 年二部 P362。镇静催眠药、抗惊厥药。兽药典 2000 年版一部 P103。巴比妥类药。缓解脑炎、破伤风、士的宁中毒所致的惊厥。

26. 苯巴比妥钠（Phenobarbital Sodium）：兽药典 2000 年版一部 P105。巴比妥类药。缓解脑炎、破伤风、士的宁中毒所致的惊厥。

27. 巴比妥（Barbital）：兽药典 2000 年版二部 P27。中枢抑制和增强解热镇痛。

28. 异戊巴比妥（Amobarbital）：药典 2000 年二部 P252。催眠药、抗惊厥药。

29. 异戊巴比妥钠（Amobarbital Sodium）：兽药典 2000 年版一部 P82。巴比妥类药。用于小动物的镇静、抗惊厥和麻醉。

30. 利血平（Reserpine）：药典 2000 年二部 P304。抗高血压药。

31. 艾司唑仑（Estazolam）。

32. 甲丙氨酯（Meprobamate）。

33. 咪达唑仑（Midazolam）。

34. 硝西泮（Nitrazepam）。

35. 奥沙西泮（Oxazepam）。

36. 匹莫林（Pemoline）。

37. 三唑仑（Triazolam）。

38. 唑吡旦（Zolpidem）。

39. 其他国家管制的精神药品。

五、各种抗生素滤渣

40. 抗生素滤渣：该类物质是抗生素类产品生产过程中产生的工业三废，因含有微量抗生素成分，在饲料和饲养过程中使用后对动物有一定的促生长作用。但对养殖业的危害很大，一是容易引起耐药性，二是由于未做安全性试验，存在各种安全隐患。

农业部关于印发《农业部瘦肉精等违禁药品中毒事件应急预案》的通知

农牧发〔2004〕31号

各省、自治区、直辖市畜牧（农牧、农业）厅（局）、饲料工业（工作）办公室，部机关各有关司局和直属单位：

为有效预防、及时控制和消除瘦肉精等违禁药品中毒事件的危害，加强瘦肉精等违禁药品中毒事件的应急管理，我部制定了《农业部瘦肉精等违禁药品中毒事件应急预案》，现印发给你们，请遵照执行。各省、自治区、直辖市饲料主管部门可结合本地实际，制定相应的应急预案。

中华人民共和国农业部
二〇〇四年六月三日

农业部瘦肉精等违禁药品中毒事件应急预案

为有效预防、及时控制和消除瘦肉精等违禁药品中毒事件的危害，保障养殖业持续发展和人民身体健康，根据《饲料和饲料添加剂管理条例》，制定本预案。

本预案所称违禁药品，是指农业部公布的《禁止在饲料和动物饮用水中使用的药物品种目录》中的药品。

一、事件分级

瘦肉精等违禁药品中毒事件分为二级。

（一）一级

10人以上（含10人）有违禁药品中毒临床症状，在中毒人体血液或尿液中检出违禁药品；或1人以上违禁药品中毒死亡。

（二）二级

10人以下有违禁药品中毒临床症状，在中毒人体血液或尿液中检出违禁药品。

二、组织管理

发生一级中毒事件时，农业部启动应急预案，成立应急指挥部，由主管饲料工作的部领导任总指挥，成员由全国饲料工作办公室、畜牧兽医局及有关单位同志组成，指挥部办公室设在农业部全国饲料工作办公室。发生二级中毒事件时，事件发生地省级饲料主管部门启动应急预案，成立应急指挥部。

指挥机构负责应急工作的统一指挥和协调,各有关部门应当在各自的职责范围内负责做好应急的有关工作。

三、事件报告

任何单位或个人发现食用养殖产品后出现肌肉震颤、心慌、头痛、恶心、呕吐等中毒症状的病人,并经医疗部门确认是违禁药品引发的中毒,应及时向当地饲料主管部门报告。饲料主管部门在接到报告或了解上述情况后,应立即派员对中毒人员进行调查核实,确认是养殖产品引发中毒的,并在2小时内将情况报省级饲料主管部门。省级饲料主管部门应在2小时内上报同级人民政府和农业部。

四、应急处理

一旦发现中毒事件,要快速调查引发中毒的养殖产品和饲料,严格控制有毒饲料和养殖产品的扩散。

(一)分析毒源

根据中毒人员提供的情况,分析毒源及其可能扩散的情况。对仍可能存在的毒源以及已售出的有毒饲料、动物及其产品等立即开展追踪调查。划定可疑区域。及时通报有毒饲料或养殖产品来源地的饲料主管部门。

(二)紧急检测

事发地省级饲料主管部门组织有关检测机构对引发中毒的饲料、养殖产品以及可疑区域内的相关产品进行紧急检测,对有毒饲料和养殖产品进行无害化处理,对有毒动物进行控制,检测合格后方可进入市场。

(三)拉网式检测

发生一级中毒事件时,由农业部全国饲料工作办公室组织有关检测单位对案发地和有毒产品来源地的养殖场(户)进行拉网式检测,及时向当地饲料主管部门通报检测结果。省级饲料主管部门要组织对有毒饲料产品进行严格地无害化处理,对有毒动物进行严格控制,确保上市养殖产品的安全。

发生二级中毒事件时,由案发地和有毒产品来源地省级饲料主管部门组织有关检测机构进行拉网式检测,严防有毒养殖产品流入市场。

(四)通报协查

各级饲料主管部门要及时向同级卫生部门通报调查、检测结果,提供可疑产品相关资料,协助卫生部门调查处理已上市的有毒食品。同时,要及时向同级公安部门通报中毒事件情况,协助公安部门调查制毒贩毒的不法分子,追根溯源,彻底消灭制造违禁药品的窝点。

五、保障措施

瘦肉精等违禁药品中毒事件应急所需经费应在各级财政资金中予以保证。各级饲料主管部门应当储备相应足量的应急物资。

加快制定违禁药品检测方法标准,开展违禁药品速测方法研究,提高违禁药品检测速度和效益。

加强应急培训工作,提高饲料行政管理人员和检测人员的快速反应能力和工作水平。

加强打击瘦肉精等违禁药品的法规和科普知识的宣传,提高广大群众的防范意识和防护能力,营造群防群控的社会氛围。

农业部关于进一步加强瘦肉精等违禁药品专项整治工作的通知

农牧发〔2005〕8号

各省、自治区、直辖市畜牧（农牧、农业）厅（委、局、办）：

瘦肉精等违禁药品是国家明令禁止在牲畜饲料和饲养过程中使用的药品。近年来，各地区和各有关部门认真贯彻国务院领导同志的指示精神，在加强瘦肉精等违禁药品监管方面做了大量工作，瘦肉精等违禁药品专项整治工作取得了显著成效，保障了养殖业的安全生产，维护了人民群众身体健康。但近期的监督检测结果表明，瘦肉精等违禁药品仍然是影响我国饲料和畜产品安全的突出问题。为认真贯彻落实今年中央1号文件精神，进一步加强瘦肉精等违禁药品专项整治工作，建立安全优质高效的饲料生产体系，确保畜产品安全，加快发展畜牧业，现就有关事宜通知如下：

一、提高认识，进一步增强瘦肉精等违禁药品专项整治工作的责任感和紧迫感

制售和使用瘦肉精等违禁药品的违法行为不仅危害养殖业的持续健康发展和人民群众身体健康，而且影响农业增效、农民增收和农村稳定。最近一段时间，瘦肉精等违禁药品专项整治工作中出现了一些新情况和新问题，一是一些违法分子仍然顶风作案，制售和使用瘦肉精；二是一些地方的非法养殖户从医药门市购买人用盐酸克仑特罗饲喂生猪的现象有所增加；三是一些地方还出现了莱克多巴胺等瘦肉精的替代品，并呈蔓延之势。以上问题表明，瘦肉精等违禁药品的整治是一项长期、艰巨、复杂的工作。各级农业部门必须从讲政治、保稳定、促发展的高度，充分认识做好瘦肉精等违禁药品专项整治工作是践行"三个代表"重要思想的基本要求，是落实科学发展观的具体体现，是建设和谐社会的客观需要。要进一步增强做好瘦肉精等违禁药品专项整治工作的责任感和紧迫感。

二、理清思路，进一步明确瘦肉精等违禁药品专项整治工作的目标

瘦肉精等违禁药品专项整治要以科学发展观为指导，坚持为"三农"服务的宗旨，以重点药品、重点市场、重点地区为突破口，加大饲料和养殖产品质量安全监督检测力度，严格饲料和养殖产品市场准入，严把生产、经营、使用三道关口，严肃查处违法违规行为，打假扶优，广泛宣传，提高全社会的饲料和养殖产品安全意识，促进饲料工业和养殖业全面协调可持续发展。通过各级农业部门的共同努力，巩固瘦肉精等违禁药品专项整治工作的成果，进一步规范饲料生产经营使用行为；采取果断有效措施，把部分地区瘦肉精反弹的势头打下去，瘦肉精检出率控制在1%以下。

三、严格执法，进一步加大瘦肉精等违禁药品专项整治工作力度

各级农业部门在瘦肉精等违禁药品专项整治工作中要突出重点，标本兼治。一是突出源头治理。要加强与药品监督管理部门和公安部门的配合，以违法使用瘦肉精的养殖场户为切入点，查处非法制售瘦肉精等违禁药品原料药的企业和窝点，切断违禁药品销售网络。二是严格市场准入。加强对饲料添加剂和添加剂预混合饲料企业的管理，坚决取缔生产销售含有违禁药品饲料企业的资格。积极引导饲料企业建立HACCP管理体系，加强饲料生产过程监控。三是加强监督监测。通过例行监测、跟踪监测和拉网式检测等方式，加强对饲料和养殖环节的监督管理，尤其要加大养殖环节的监督监测范围和频率，严惩违法分子。四是加强协调配合。各级农业部门要在认真履行工作职责的同时，及时将涉及其他部门的问题告知相关部门，并协助解决。省际间要加强沟通合作，对跨省区非法制售瘦肉精等违禁药品案件，要及时通报并移交，全程协助查办。五是严肃查处一批大案要案。各级农业部门要对近年来非法制售瘦肉精等违禁药品事件进行认真梳理，进行明察暗访，追根溯源，会同公安部门坚决按照"五不放过"的原则，依法查处违法行为。对久拖未决的案件，要尽快结案。对构成犯罪的，要移交司法机关追究有关人员的责任。

四、加强领导，进一步落实瘦肉精等违禁药品的监管责任

各地要高度重视瘦肉精等违禁药品专项整治工作，结合当地实际，研究制定切实可行的措施，把专项整治工作作为工作重点、列入重要议事日程抓紧抓好。各地要按照属地管理和分级负责的原则，认真落实责任，进一步加强瘦肉精等违禁药品专项整治工作的组织领导。各级农业部门主要负责同志要亲自抓，分管领导同志要具体抓，层层建立责任制和责任追究制度。要加强监督检查，积极开展专项整治考核评价工作。对工作不力或发生重大违禁药品中毒案件，造成农民严重损失和恶劣社会影响的地区，要依法追究有关部门领导和有关人员的责任。要广泛宣传瘦肉精等违禁药品专项整治工作的重要意义、成效和经验，大力宣传推广科学饲养技术，曝光违法违规企业和养殖场（户），发挥舆论监督的作用，为专项整治工作创造良好的社会氛围。要积极争取财政投入，加强基层执法队伍建设，完善饲料和畜产品质量检测体系，加强监督监测，提高饲料和畜产品安全监管能力。要与时俱进，创新工作思路，改进工作方法，探索建立瘦肉精等违禁药品监管的长效机制，不断提高瘦肉精等违禁药品专项整治工作水平。

中华人民共和国农业部
二〇〇五年五月八日

国家食品药品监督管理局关于加强盐酸克仑特罗管理的通知

国食药监安〔2005〕255号

各省、自治区、直辖市食品药品监督管理局（药品监督管理局）：

盐酸克仑特罗为国家按兴奋剂管理的药品。近年来，非法使用盐酸克仑特罗（非法用于养殖时俗称瘦肉精）饲养生猪事件屡禁不绝，严重危害食品安全和人民群众身体健康。最近一段时期，在各地各部门严厉打击地下制售瘦肉精黑窝点的形势下，一些不法养殖户转向购买人用盐酸克仑特罗直接饲喂生猪。为此，我局决定加强盐酸克仑特罗管理，现就有关事宜通知如下：

一、根据国务院《反兴奋剂条例》第十四条的规定，药品生产企业只能向医疗机构、符合《反兴奋剂条例》第九条规定的药品批发企业和其他具备盐酸克仑特罗生产批准文号的药品生产企业供应盐酸克仑特罗。药品生产企业销售盐酸克仑特罗必须严格审核购买者的资质和相关证明材料，记录相应的生产、销售和库存情况，并保存至超过产品有效期2年。

二、药品批发企业只能向医疗机构、盐酸克仑特罗药品生产企业和其他符合《反兴奋剂条例》第九条规定的药品批发企业供应盐酸克仑特罗。药品批发企业销售盐酸克仑特罗必须严格审核购买者的资质和相关证明材料，记录相应的验收、检查、保管、销售和出入库情况，并保存至超过产品有效期2年。

三、盐酸克仑特罗为国家按兴奋剂管制的蛋白同化制剂，根据国务院《反兴奋剂条例》第十六条规定为处方药，必须凭执业医师开具的处方向患者提供，处方应当保存2年。药品零售企业不得经营盐酸克仑特罗。

四、任何单位和个人不得非法生产、销售盐酸克仑特罗，违反规定，按《反兴奋剂条例》和药品监督管理的相关法规进行处罚。

五、各省、自治区、直辖市食品药品监督管理局（药品监督管理局）接本通知后，要尽快转发此通知。各级药品监督管理部门要尽快将相关事宜通知至辖区内相关药品生产、经营、使用单位，并加强对盐酸克仑特罗生产和经营的监督检查，发现问题，及时查处。

国家食品药品监督管理局
二〇〇五年六月一日

农业部办公厅关于严厉打击非法生产销售和使用瘦肉精行为的紧急通知

农办牧〔2009〕13号

各省、自治区、直辖市及计划单列市畜牧（农牧、农业）厅（局、委、办），新疆生产建设兵团农业局：

瘦肉精是国家明令禁止在饲料和饲养过程中使用的药品。近年来，一些不法分子为牟取暴利，非法生产、销售、使用瘦肉精，直接危害畜产品质量安全，严重威胁人民身体健康。为保证城乡居民食品消费安全，维护社会稳定，保障饲料业和养殖业持续健康发展，我部决定进一步强化饲料质量安全监管工作，严厉打击非法生产、销售和使用瘦肉精等违禁药物的行为。现将有关事项通知如下。

一、提高认识，切实增强做好严厉打击瘦肉精等违禁药物工作的紧迫感和责任感

近年来，我国养殖环节瘦肉精等违禁药物检出率呈下降趋势，饲料和畜产品质量安全水平逐年提高。但仍有个别企业和个人为牟取暴利，非法生产、销售、使用瘦肉精等违禁药物，引发瘦肉精中毒事件。各地农牧部门要认清瘦肉精等违禁药物危害的严重性，充分认识到严厉打击瘦肉精等违禁药物既是提高畜产品质量安全水平、保证城乡居民消费安全的迫切需要，又是整顿和规范市场秩序、促进饲料业和养殖业持续健康发展的重要手段；以对人民群众生命健康高度负责的态度，采取果断措施，切实加大监管力度，严厉打击非法生产、销售、使用瘦肉精等违禁药物的行为。

二、突出重点，进一步强化饲料质量安全监管工作

各地农牧部门要将强化饲料质量安全监管工作作为打击瘦肉精等违禁药物的重要抓手，认真总结经验，查找薄弱环节，切实加大监管力度。要密切关注生产环节，对饲料生产企业进行认真排查，重点对其核心原料库房进行突击检查，对发现的可疑物质进行抽样检测；要以养殖环节为监控核心，以生猪养殖场户自配饲料、食槽饲料和育肥期生猪为监控重点，在生猪主产区进行大范围、高密度的瘦肉精等违禁药物拉网式监测；对于在监督检查中发现的问题企业和个人，要依法予以严肃处理，对发现的瘦肉精等违禁药物来源线索，要顺藤摸瓜，彻底查清制售源头，打掉非法生产窝点，铲除销售网络，严惩违法分子。

三、落实责任，认真履行饲料质量安全监管工作职责

食品质量安全是城乡居民最关心、最直接、最现实的利益问题。保障食品质量安全是

党和人民赋予我们的神圣使命。各地农牧部门要在地方党委和政府的统一领导下，狠抓责任落实，将管理部门责任和监管任务具体落实到每一个人、每一个环节，做到工作有抓手、考核有标准、好坏有奖惩。要始终坚持生产者是产品质量安全第一责任人的原则，将落实生产者责任贯穿于日常监管工作，积极向企业和广大养殖场户宣传法律法规、强化责任意识。要实行最严格的责任追究制和问责制，坚决杜绝责任不清、追究不严的问题，坚决纠正有法不依、执法不严、以罚代管、以罚代刑的现象。

四、加强监管，确保生猪生产质量安全

各地农牧部门要根据我部印发的《农产品质量安全整治暨农产品质量安全执法年活动实施方案》要求，加大对违法添加瘦肉精等违禁药物行为的整治力度。采取切实有效措施，加强生猪瘦肉精监测监控力度。要健全生猪准出准入制度，建立产地和销地之间互通联动的质量安全监管机制，共同监管。要结合生猪产地检疫证、运输证和耳标号等现有的管理手段，强化索证索票，建立和完善畜产品质量安全追溯管理体系。要联合有关部门加大对违法添加瘦肉精的执法力度。要及时立案查办，彻查问题猪和瘦肉精的来源和去向，构成犯罪的坚决移交司法机关处理。

五、强化宣传，营造饲料和畜产品质量安全良好舆论氛围

各地农牧部门要高度重视宣传工作，组织、引导新闻媒体报道饲料质量安全监管工作，特别是要大力宣传打击瘦肉精等违禁药物工作取得的成绩，及时曝光重大案件，公布处理结果，震慑违法企业和犯罪分子。要在媒体上广泛宣传瘦肉精等违禁药物的严重危害，普及识别瘦肉精猪肉的科学方法，消除消费者心理恐慌，提振消费信心。要加强信息管理，规范信息发布渠道，避免不实信息扩散流传，防止个别媒体恶意炒作。要充分发挥行业协会作用，组织养殖协会、大型养殖企业通过多种渠道大力宣传科学养殖和健康养殖，为饲料业和养殖业持续健康发展创造良好的舆论环境。

农业部

二〇〇九年二月二十三日

中央机构编制委员会办公室关于进一步加强"瘦肉精"监管工作的意见

中央编办发〔2010〕105号

农业部、商务部、卫生部、工商总局、质检总局、食品药品监管局：

为加强生猪质量安全监管，完善体制机制，实现监管的全过程覆盖，经报中央编委领导同志同意，在现行"三定"规定和法律法规基础上，对进一步落实职责分工，加强"瘦肉精"监管工作，提出如下意见：

农业部牵头负责"瘦肉精"监管工作，可在生猪养殖、收购、贩运、定点屠宰环节实施对"瘦肉精"的检验、认定和查处；负责生猪收购、贩运环节质量安全的监督管理，可根据工作需要按照有关规定对生猪收购贩运企业（合作社、经纪人）设立资质许可，对销售和运输过程中的生猪进行质量安全监督检查。

卫生部依法负责组织制定与生猪、猪肉质量相关的安全标准并发布相关食品安全信息。

工商总局负责猪肉流通环节监管，查处和打击经营含"瘦肉精"等不合格猪肉的行为。

食品药品监督局负责餐饮业、食堂等消费环节的索证索票等检查工作，加大对盐酸克仑特罗等可作为"瘦肉精"原料的人用药品流通的监管力度。

商务部负责加强生猪屠宰的行业管理，督促屠宰企业落实质量安全管理的相关制度。

质检总局负责生猪、猪肉及其他相关产品进出口的质量安全监管工作。

农业部负责牵头，各相关部门按照职责分工，加强协调配合，形成合力，强化对生猪养殖、收购、贩运、屠宰、集贸市场销售及餐饮消费等关键环节的监督管理，共同做好"瘦肉精"监管工作。

中央编办
2010年10月20日

农业部关于进一步加强生猪"瘦肉精"监管工作的紧急通知

农明字〔2011〕第 12 号

各省（自治区、直辖市）农业（农牧、畜牧）厅（局、委、办）：

2011年3月15日，中央电视台新闻频道播出专题报道《"健美猪"真相》，引起社会普遍关注，影响极坏。为进一步加强生猪"瘦肉精"监管，防止类似事件发生，切实保障畜产品质量安全，现就有关事项通知如下：

一、高度重视，加强领导。各级畜牧兽医主管部门要高度重视生猪"瘦肉精"监管工作，迅速行动。主要领导靠前指挥，逐级落实"瘦肉精"属地管理责任，明确监管职责，确保工作到位、人员到位、措施到位、坚决防止"瘦肉精"生猪流入市场。

二、加强排查，消除隐患。各地要结合实际，认真查找"瘦肉精"监管薄弱环节，堵塞漏洞，严密防范。要建立最严格的产地准出和销区准入制度，实行"瘦肉精"检验和检疫同步。立即启动生猪养殖重点地区排查工作，扩大"瘦肉精"监测覆盖面和抽检频率，强化屠宰环节监管，确保出栏生猪质量安全。

三、重点突破，依法严打。与有关部门密切配合，以生猪养殖和贩运环节为突破口追根溯源，彻查制售"瘦肉精"的黑窝点和销售渠道，坚决打掉"瘦肉精"源头，依法严惩使用"瘦肉精"的违法犯罪分子。

四、严肃纪律，落实责任。各地要立即成立督查小组，对照央视报道中反映出的监管漏洞，认真组织开展自查。发现问题的，要严格执行"瘦肉精"监管工作责任追究制度，对监管工作中存在失职、渎职行为的相关责任人员进行严肃处理。

农业部
二〇一一年三月十五日

国务院食品安全委员会办公室关于印发《"瘦肉精"专项整治方案》的通知

食安办〔2011〕14号

各省、自治区、直辖市人民政府，国务院食品安全委员会各成员单位：

《"瘦肉精"专项整治方案》已经国务院领导同志同意，现印发给你们，请结合本地区、本部门实际，认真组织实施。

国务院食品安全委员会办公室
二〇一一年四月十八日

"瘦肉精"专项整治方案

为认真贯彻落实《国务院办公厅关于印发2011年食品安全重点工作安排的通知》（国办发〔2011〕12号）要求，切实加强"瘦肉精"监督管理，决定在全国范围内开展为期1年的"瘦肉精"专项整治。

一、整治目标

贯彻落实《食品安全法》、《农产品质量安全法》及相关法律法规，以生猪、肉牛、肉羊为重点，深入开展"瘦肉精"专项整治，严厉打击生产、销售和使用"瘦肉精"违法犯罪行为，完善法规制度，健全协调机制，强化全程监管，促进畜牧业健康发展，保障人民群众饮食安全。

二、整治任务和措施

（一）深入开展"瘦肉精"源头整治。食品药品监管部门要加强对盐酸克仑特罗、沙丁胺醇等可能作为"瘦肉精"的人用药品流通监管，严格实施处方药管理制度，防止从药用渠道流失。经济和信息化部门抓紧制定严禁生产、销售莱克多巴胺的办法，并依法进行清查。食品药品监管、经济和信息化、畜牧（农业）部门要加强对药品生产企业、普通化工企业、兽药生产企业的监督检查，严肃查处违法违规生产行为；要对企业外租厂房、车间开展全面排查，严肃查处非法生产"瘦肉精"的企业和黑窝点。各有关部门要加强对"瘦肉精"销售活动的监管，严肃查处通过互联网等方式违法销售"瘦肉精"的行为，切断地下销售链条。公安部门要根据相关部门提供和掌握的线索，对非法生产经营"瘦肉精"犯罪行为坚决予以打击。

（二）深入开展养殖环节整治。畜牧（农业）部门要强化养殖场（户）检查，督促养殖场（小区）完善养殖档案，如实记录商品饲料、兽药等投入品的来源，并保留相关凭证；建立活畜出栏无"瘦肉精"承诺制度；加强对养殖场（户）技术指导与服务，提高其科学饲养水平；组织开展"瘦肉精"清缴行动，对规定期限内主动上缴的养殖场（户）免予处罚；要会同公安部门严厉打击在养殖环节非法使用"瘦肉精"和自配料中添加"瘦肉精"的行为。

（三）深入开展收购贩运环节整治。畜牧（农业）部门要会同工商等部门加强对收购贩运企业（合作社、经纪人）的监督管理，督促建立相关证明材料查验制度和收购贩运信息记录制度；对销售和运输过程中的活弃畜加强监督检查，发现含"瘦肉精"的活畜，要监督收购贩运企业（合作社、经纪人）实施无害化处理；畜牧（农业）部门要会同公安部门严厉打击活畜收购贩运经纪人兜售"瘦肉精"和收购贩运"瘦肉精"检测不合格活畜的行为。

（四）深入开展屠宰环节整治。商务部门要加强生猪定点屠宰行业管理和对屠宰活动的监督管理，督促屠宰企业落实主体责任，严格执行生猪进场查验、生猪来源和生猪产品流向登记、肉品品质检验、产品召回、无害化处理等肉品质量安全制度。畜牧（农业）部门要严格检查屠宰企业有关"瘦肉精"检测合格记录凭证，对"瘦肉精"抽检不合格的生猪，会同商务部门监督企业实施无害化处理。商务、畜牧（农业）部门要会同公安部门严厉打击屠宰企业收购宰杀含"瘦肉精"生猪等违法犯罪行为。

（五）深入开展加工环节整治。质监部门要会同公安部门严厉打击使用含"瘦肉精"的猪肉等原料生产加工食品的行为，一经查实，即责令企业停业整顿直至吊销生产许可证。质监、经济和信息化部门要加强巡查，深入开展专项检查，督促企业落实质量安全主体责任，严格执行食品原料采购查验和出厂检验记录制度，严防含"瘦肉精"的肉制品流入市场。

（六）深入开展销售、餐饮环节整治。工商部门要加大市场巡查和执法力度，依法严厉查处销售未经检疫或者检疫不合格肉品的违法违规行为；监督肉制品经营者依法落实食品进货查验和记录制度。食药（卫生）部门要加强监督检查，督促餐服务单位严格执行肉品原料采购索证索票制度，确保采购的肉品来源合法；要深入开展专项检查，严厉查处采购和使用含"瘦肉精"肉品的行为。

（七）深入开展进出口环节整治。出入境检验检疫部门要对出口肉品相关备案养殖场、屠宰加工企业进行全面清查，对未按规定使用原料、未按规定对原料和产品进行检测以及存在安全隐患的，要立即停止其出口，并责令采取整改措施；对未按规定使用饲料、药物，对备案养殖场使用"瘦肉精"等禁用药物或以非备案养殖场动物冒充本养殖场动物提供给备案企业的，要坚决取消备案；违规用药信息应按规定通报畜牧兽医和公安部门。完善相关备案养殖场和屠宰加工企业不良记录制度，督促其落实主体责任。大力推进出口食品质量安全示范区建设，为安全生产创造良好环境。

三、进度安排

（一）部署阶段（2011年4月）

在全国范围内部署"瘦肉精"专项整治工作。各地区要依照本方案，结合实际制定具体实施方案，细化整治目标任务，明确工作要求，迅速部署开展工作。国务院相关部门要按照职责分工,制定本系统的具体方案并组织实施。

(二)集中整治阶段(2011年5月—2012年2月)

各地区要按照整治任务和措施要求,全面开展"瘦肉精"排查、清缴和检验工作,强化源头治理,加大普法宣传力度,集中力量查处一批生产、销售和使用"瘦肉精"的违法犯罪案件,并及时向社会公布。各有关部门按照职责分工,加强对各地区"瘦肉精"专项整治工作的督促指导,适时组织开展督导检查。

(三)检查验收阶段(2012年3月)

农业保会同有关部门制定"瘦肉精"专项整治工作检查验收办法,并组织实施。

四、工作要求

(一)加强组织领导,严格责任追究。地方各级人民政府要切实负起责任,加强领导、统筹安排,确保专项整治工作有力有序开展并取得实效。各地区尚未明确细化"瘦肉精"源头、养殖、收购贩运、屠宰、加工、流通、餐饮、进出口等各环节监管职责的,要尽快明确细化;已经明确的,要抓紧落实各项具体措施。各地区要强化行政监察和问责,对监管中的失职渎职等行为,依法依纪严肃追究相关责任。

(二)加强投入保障,强化监督抽查。各地区要加强基层监管能力建设,做好人员、经费、设施设备的保障工作。各级监管部门要根据职责分工制定"瘦肉精"监督抽检计划,按照风险可控、监管有力原则,科学确定抽检比例;对养殖、收购贩运、屠宰、加工和进出口等重点环节,要加大抽检力度,提高抽查频次,扩大检测范围。要强化"检打联动",发现饲料、畜尿、肉品等样品抽检不合格的,要追根溯源,依法严厉查处。

(三)加强监督执法,严厉打击惩处。各地区、各有关部门加强沟通配合,建立完善联合执法机制,形成监管合力,实现"瘦肉精"各监管环节的紧密衔接。要加大监督执法力度,及时通报案件线索,严肃查处生产、销售和使用"瘦肉精"以及伪造检验检疫合格证书的违法犯罪行为;要加强行政执法与刑事司法的衔接,从严追究犯罪分子的刑事责任。

(四)加强调查研究,健全长效机制。各地区、各有关部门在集中开展专项整治的同时,要强化"瘦肉精"监管长效机制建设。结合本地区和本系统实际,加强调查研究,总结推行好的经验和做法,不断健全工作制度。抓紧研究制定牲畜养殖、收购贩运、屠宰环节"瘦肉精"监管办法;针对活畜养殖、屠宰、加工、流通、餐饮等环节,研究制定生产经营主体"瘦肉精"检验制度;研究制定畜产品质量安全追溯制度,完善生猪主产区与主销区的监管衔接机制。各行业主管部门要规范行业管理,健全诚信和自律机制,促进行业健康发展。

(五)加强宣传教育,营造良好氛围。各地区要充分发挥报刊、广播、电视、网络等媒体作用,广泛宣传政府加强监管所采取的措施和取得的成效,提振消费信心。大力普及肉品消费常识,要做到家喻户晓、人人皆知。加大普法教育力度,编印普法宣传小册子向养殖户、生猪收购贩运人、屠宰企业、加工企业、肉品经营户等发放,宣传"瘦肉精"的危害以及严厉打击非法制售使用"瘦肉精"的法律法规,提高生产经营者食品安全意识和法制观念。及时公布典型案件,以案说法,形成高压态势,震慑违法犯罪分子。实行"黑名单"制度,及时曝光非法生产经营者和问题肉品。建立健全投诉举报奖励机制,鼓励舆论监督,形成"人人关心食品安全、人人参与食品安全"的良好氛围。

附件

"瘦肉精"品种目录

盐酸克仑特罗（Clenbuterol Hydrochloride）
莱克多巴按（Ractopamine）
沙丁胺醇（Salbutamol）
硫酸沙丁胺醇（Salbutamol Sulfate）
盐酸多巴胺（Dopamine Hydrochloride）
西马特罗（Cimaterol）
硫酸特布他林（Terbutaline Sulfate）
苯乙醇胺 A（Phenylethanolamine A）
班布特罗（Bambuterol）
盐酸齐帕特罗（Zilpaterol Hydrochloride）
盐酸氯丙那林（Clorprenaline Hydrochloride）
马布特罗（Mabuterol）
西布特罗（Cimbuterol）
溴布特罗（Brombuterol）
酒石酸阿福特罗（Arformoterol Tartrate）
富马酸福莫特罗（Formoterol Fumatrate）

国家食品药品监督管理局关于开展严厉打击食品非法添加和滥用食品添加剂专项工作的紧急通知

国食药监食〔2011〕188号

各省、自治区、直辖市及新疆生产建设兵团食品药品监督管理局（药品监督管理局），北京市卫生局、福建省卫生厅：

为深入贯彻落实全国严厉打击食品非法添加和滥用食品添加剂专项工作电视电话会议精神和《国务院办公厅关于严厉打击食品非法添加行为切实加强食品添加剂监管的通知》（国办发〔2011〕20号）、《国务院食品安全委员会办公室关于印发〈"瘦肉精"专项整治方案〉的通知》（食安办〔2011〕14号）要求，严厉打击餐饮服务环节添加非食用物质违法犯罪行为，切实规范食品添加剂的使用，有效维护公众的身体健康和生命安全，现对开展严厉打击食品非法添加和滥用食品添加剂专项工作提出以下要求：

一、地方各级监管部门应迅速组织召开餐饮服务单位、保健食品、相关药品生产经营企业法定代表人或负责人会议，传达贯彻全国严厉打击食品非法添加和滥用食品添加剂专项工作电视电话会议精神，全面落实国办发〔2011〕20号文件和《2011年餐饮服务食品安全重点工作安排实施方案》（国食药监食〔2011〕180号）要求，采取更加坚决、更加深入、更加有力的措施，严厉打击餐饮服务环节添加非食用物质和滥用食品添加剂行为，规范餐饮服务单位经营行为和国家公布的"严禁用于食品和饲料加工"的药品标识和销售管理，坚决打好这场维护人民群众生命健康和切身利益、维护国家食品安全信誉的特殊战役。

二、地方各级监管部门应于2011年5月底前组织各餐饮服务单位向所在地监管部门和广大消费者作出餐饮服务食品安全承诺：认真履行食品安全主体责任，严格执行食品安全法律法规和标准，严格落实餐饮服务食品采购索证索票规定，严格规范食品添加剂采购和使用行为，依法诚信经营，不采购和使用食品添加剂以外的任何可能危害人体健康的物质，不采购和使用标识不规范的、来源不明的食品添加剂。

三、地方各级监管部门应要求自制火锅底料、自制饮料、自制调味料的餐饮服务单位于2011年5月底前向监管部门备案所使用的食品添加剂名称，并在店堂醒目位置或菜单上予以公示。凡未及时备案或未及时公示而使用的，要责令其进行整改。对消费者询问食品添加剂使用情况的，餐饮服务单位必须如实告知。

四、地方各级监管部门应要求各餐饮服务单位严格按照《餐饮服务食品安全监督管理办法》和《餐饮服务食品采购索证索票管理规定》（国食药监食〔2011〕178号）等规定，对食品添加剂采购、贮存、使用以及食品原料采购、储藏、制作加工等环节进行全面自查，发现安全隐患和薄弱环节的，应立即进行整改。自查及整改情况，要及时报餐饮服务食品安全监管部门。

五、地方各级监管部门要全面落实餐饮服务食品安全监管责任，按照属地管理原则，实行网格化监管，分片包干，责任到人，消除监管死角和盲点。要对提供火锅、自制饮料、自制调味料等服务的餐饮服务单位、集体用餐配送单位、中央厨房使用食品添加剂情况实施重点监管，尤其要加大对小餐饮的巡查和抽检力度。各省级监管部门根据本地实际情况，确定检查的频次和方式，每季度应不少于1次，确保重点单位无遗漏。要认真核查餐饮服务单位落实食品采购索证索票和查验记录制度，以及食品添加剂"五专"（专人采购、专人保管、专人领用、专人登记、专柜保存）管理制度。2011年底前，对所有的餐饮服务单位和保健食品生产经营企业建立食品安全信用档案。各地在监管中发现新的可疑添加物和易滥用的食品添加剂，要立即通报省级人民政府、卫生部和国家食品药品监管局。

六、增加餐饮服务单位自制饮料、自制调味料为2011年国家餐饮服务食品安全监督抽检必检品种。地方各级监管部门要认真执行《2011年国家餐饮服务食品安全监督抽检计划》（国食药监食〔2011〕124号）要求，加大对各类必检品种的监督抽检力度，提高抽检频次，强化不定期抽检和随机性抽检。同时，要积极推广应用快检筛查技术，提高抽检效率。要针对集体用餐配送单位、中央厨房、保健食品生产企业，提出加强企业自检的指导意见，督促企业建立健全检验制度，加密自检频次。

七、地方各级监管部门要加大保健食品生产企业违法添加等行为的查处力度，重点加强对易发生违法添加行为产品的抽检，检测是否添加与声称功能相关的药物。要加强对委托生产行为的检查，重点检查生产企业所用原料、生产工艺以及标签标识、说明书是否与批准的内容一致。

八、地方各级监管部门要进一步加强药品生产流通监督检查。生产"食品中可能违法添加的非食用物质和易滥用的食品添加剂名单"（卫生部公布）和"饲料、养殖中禁用药物和物质清单"（农业部公布）中相关药品的药品生产企业，必须于2011年6月底前，在其出厂产品标签上加印或加贴"严禁用于食品和饲料加工"等警示标识，对原料药应在标签上加印或加贴，对制剂（局部用药除外）应在标签或说明书上加印或加贴。药品生产经营企业应严格按照《药品流通监督管理办法》的规定从事药品经营活动。药品生产、批发企业应当建立购销台账，实行实名购销制度，药品零售企业应严格执行药品分类管理制度。严禁向食品生产经营单位销售国家公布的"严禁用于食品和饲料加工"的药品。药品生产企业未经批准不得接受药品委托生产，不得在药品生产车间（生产线）生产其他非药品类产品。各级监管部门应组织开展对药品生产企业外租厂房、车间行为的全面排查，如发现生产"瘦肉精"或国家公布的"严禁用于食品和饲料加工"的物质，应立即移交相关部门。对不按规定销售药品致使流出药用渠道的，应加大处罚力度，情节严重的取消其生产、经营资格。

九、地方各级监管部门要进一步强化特殊药品监管，规范生产经营行为。加强对麻醉药品和精神药品生产、经营的监督检查，结合第二类精神药品专项检查，监督企业切实加强安全管理，严格执行生产（需用）计划，严格按规定渠道销售，对违法违规生产经营导致流入非法渠道的，及时移交公安机关查处。

十、地方各级监管部门要始终保持高压态势，对各类食品非法添加行为按照法定幅度规定的上限实施处罚。对故意非法添加非食用物质的，一律吊销相关许可证，依法没收其非法所得和用于违法经营的相关物品，并立即移送公安机关，严禁以罚代刑、有案不移。国家食品药品监管局将组织对各地重大案件进行抽查复核，确保处罚到位。

十一、地方各级监管部门要在当地主流媒体或政府网站上公布餐饮服务食品安全投诉举报电话及电子邮箱，广泛发动群众举报餐饮服务环节各类食品安全违法违规行为。要根据举报线索及时追踪调查，对举报属实者实施奖励。要加快建立餐饮服务食品安全社会监督员队伍，充分发挥社会监督员的作用。

十二、地方各级监管部门要加大宣传工作力度，加强正面宣传、主动宣传，充分发挥主流新闻媒体作用，积极宣传专项工作的措施和成效。加大对餐饮服务单位食品安全知识，尤其是食品添加剂相关知识的培训。2011年5月底前，要组织张贴国务院食品安全办等9部门发布的《关于严厉打击食品非法添加行为严格规范食品添加剂生产经营使用的公告》；将国家局统一编制的宣传材料，印制张贴至每一个餐饮服务单位、保健食品企业和相关药品企业。组织开展案例警示教育，进一步提高食品安全责任意识。

十三、各省级监管部门要及时汇总本地区专项工作进展情况，包括采取的措施、取得的成效、案件查处情况、社情民意和舆论反应等，并将有关信息及时报送国家食品药品监管局，每周应至少报送1期，重要情况及时报告。专项工作相关数据（格式见附件1、2）应在每月30日之前报送国家食品药品监管局。国家食品药品监管局将适时对各地工作情况进行督查。

联系人：刘一晨，李天书
电　话：010-88330733，88330528
传　真：010-88372194
邮　箱：sfdaspxx@163.com

附件：1. 餐饮服务环节打击食品非法添加和滥用食品添加剂行为检查情况报表
　　　2. 药品生产经营环节监督检查情况表

国家食品药品监督管理局
二〇一一年四月二十七日

附件 1

餐饮服务环节打击食品非法添加和滥用食品添加剂行为检查情况报表

报送单位：

内容		数量							
出动的执法人员数量（人次）									
出动的执法车辆（车次）									
检查餐饮服务单位（户次）		合计	其中						
			餐馆	快餐店	小吃店	饮品店	食堂	集体用餐配送单位	中央厨房
发现的问题及查处情况	非法添加的户数（户）								
	未履行食品添加剂进货查验的户数（户）								
	未施行食品添加剂专门管理的户数（户）								
	未进行食品添加剂备案的户数（户）								
	未公示食品添加剂使用的户数（户）								
	行政处罚立案数（件）								
	移送司法机关案件数（件）								
	没收非食用物质和滥用的食品添加剂数（公斤）								
	没收非食用物质和滥用的食品添加剂案值（万元）								
	罚没金额（万元）								

附件 2

药品生产经营环节监督检查情况表

填报单位（公章）：　　　　填报日期：

内容		药品生产企业	药品批发企业	药品零售企业
监督检查人次				
检查企业数				
企业外租厂房、车间排查情况			/	/
发现将药品销售给无合法经营或使用资质的单位的				/
未建立购销台账、实行实名购销制度的				/
发现向食品生产经营单位销售国家公布的"严禁用于食品和饲料加工"药品的				
未按药品分类管理制度开展经营活动的		/	/	
依法查处情况	停产停业整顿的			
	吊销生产、经营许可的			
	移送相关部门的			

说明：1. 表格中"/"表示不用填写；

　　　2. 该表格上报传真号码：010-68310909。

工业和信息化部关于贯彻落实《"瘦肉精"专项整治方案》的通知

工信部原函〔2011〕216号

各省、自治区、直辖市及新疆生产建设兵团工业主管部门：

近期，国务院食品安全委员会办公室发布了《"瘦肉精"专项整治方案》（食安办〔2011〕14号文印发）。为认真贯彻落实方案中的整治任务和有关措施，现将有关事项通知如下：

一、切实提高认识。"瘦肉精"事件严重危害食品安全，损害人民群众身体健康，整治"瘦肉精"是2011年国家食品安全整顿重点任务，各级工业主管部门要认真严肃对待"瘦肉精"专项整治工作，严格按照《"瘦肉精"专项整治方案》中规定的目标和措施执行。坚决杜绝含"瘦肉精"食品进入产业链，坚决保护人民群众的身体健康。

二、加强摸底排查。各地工业主管部门要立即全面开展对普通化工企业的排查，严厉打击非法生产"瘦肉精"和食品添加剂的企业和窝点。加强对本地区化工企业的监督管理，重点对化工园区、农村、城乡结合部、县域结合部等重点区域，企业外租的厂房、车间、仓库等开展排查。我部（原材料工业司）在3月下旬已发出通知，要求各省（自治区、直辖市）工业主管部门开展摸底调查，摸清莱克多巴胺及其他"瘦肉精"化工原料及中间体产能、生产、流通、分布情况，请各地工业主管部门于5月底前将调查情况上报到我部（原材料工业司）。

三、加快诚信体系建设。各地工业主管部门要进一步加强肉类加工行业和食品添加剂行业管理，严格执行产业政策，把食品工业企业诚信体系建设作为保障食品安全的重要内容。地方有关部门和行业协会要认真落实2011年食品工业企业诚信体系建设各项任务，督促企业增强诚信意识，加强企业诚信制度建设，落实企业食品安全主体责任，共同推动食品工业企业诚信体系建设工作的落实，保障食品质量安全。

四、加强沟通协调。各地工业主管部门要进一步加强与公安、农业、商务、卫生、工商、质检、食品药品监管等部门的沟通协调，建立协调联动机制，强化联合执法，加强协作配合，发现问题及时通报。

五、完善长效机制。各地工业主管部门要认真梳理食品安全监管相关工作中存在的漏洞和薄弱环节，对于化工企业和食品生产、加工企业开展食品安全诚信教育，有针对性地开展食品安全监管工作。要明确工作重点，创新工作方法，完善监管措施，建立食品安全长效监管机制。

二〇一一年五月十七日

国家食品药品监督管理局办公室关于印发餐饮服务环节"瘦肉精"专项整治实施方案的通知

食药监办食〔2011〕78号

各省、自治区、直辖市及新疆生产建设兵团食品药品监督管理局,北京市卫生局、福建省卫生厅:

现将《餐饮服务环节"瘦肉精"专项整治实施方案》印发给你们,请结合本地实际,认真组织实施。

国家食品药品监督管理局办公室
二〇一一年五月二十五日

餐饮服务环节"瘦肉精"专项整治实施方案

为切实加强餐饮服务环节肉及肉制品监管,严厉打击采购使用含"瘦肉精"肉及肉制品的违法行为,确保人民群众生命健康,维护广大消费者权益,根据《国务院食品安全委员会办公室关于印发〈"瘦肉精"专项整治方案〉的通知》(食安办〔2011〕14号)和国家食品药品监管局《2011年餐饮服务食品安全重点工作安排实施方案》(国食药监食〔2011〕180号)、《关于开展严厉打击食品非法添加和滥用食品添加剂专项工作的紧急通知》(国食药监食〔2011〕188号)要求,决定在餐饮服务环节开展为期1年的"瘦肉精"(品种目录见附件1)专项整治。

一、整治目标

通过开展专项整治活动,严厉打击餐饮服务环节采购使用含"瘦肉精"肉及肉制品的违法犯罪行为,切实增强餐饮服务单位及其从业人员的法治观念,强化食品安全主体责任,严格落实食品采购索证索票管理规定,严格规范肉及肉制品采购和使用行为,保障人民群众饮食安全。

二、整治任务和措施

(一)严厉查处采购和使用含"瘦肉精"肉及肉制品的违法行为。一是开展专项检查,重点检查餐饮服务单位畜禽肉品,特别是生鲜猪牛羊肉及肉制品的索证索票与台账登记情况,核查有无索取动物检验检疫部门的动物产品检疫合格证明,有无使用来路不明、无检疫合格证或检疫不合格的猪牛羊肉、病死猪牛羊肉等。二是加大抽检力度,要把生鲜猪牛羊肉及肉制品列为今年国家餐饮服务食品安全监督抽检必检品种,对可疑品种及时抽样送检。三是严格执法,在专项检查和监督抽检中发现购进、使用含"瘦肉精"肉及肉制品的,要严格按照法定幅度规定的上限实施处罚。涉嫌犯罪的及时移交司法部门。同时,要追查购进渠道,及时向畜牧兽医、工商、质监、卫生等部门通报情况。

(二)严格落实进货查验和索证索票制度。各类餐饮服务单位要严格按照《餐饮服务食品采购索证索票管理规定》(国食药监食〔2011〕178号)的要求,对购进肉及肉制品,要建立并严格执行进货查验和索证索票制度,明确专人负责验收,要求所购鲜肉必须有检疫、检验合格证明,并均能进行溯源。禁止采购使用来路不明、无检疫证或检疫不合格的鲜肉,及病死鲜肉或私自屠宰的鲜肉。无合格证明的,一律严禁使用。

(三)强化餐饮服务食品安全宣传教育。要采取有力措施,加强餐饮服务单位食品安全管理人员及其从业人员的培训教育,增强法治观念和社会责任意识。要利用多种形式,广泛宣传相关法律、法规,宣传"瘦肉精"的危害性和整治"瘦肉精"的政策举措,形成"瘦肉精"专项整治工作的强大声势。

三、整治安排和工作要求

(一)餐饮服务环节"瘦肉精"专项整治工作从2011年6月开始,至2012年3月底基本结束。

(二)地方各级餐饮服务食品安全监管部门要高度重视,结合实际,制订具体实施方案,切实加强领导,周密安排部署,认真组织实施,加强监督检查,确保专项整治工作有力、有序、有效全面展开。

(三)地方各级餐饮服务食品安全监管部门要组织力量,对餐饮服务单位、学校(幼儿园)食堂、医院食堂、建筑工地食堂、集体用餐配送单位、中央厨房等,采购使用的肉及肉制品进行拉网式排查。对检查中发现存在食品安全隐患的其他方面问题,要现场提出整改意见并限期改正;对非法经营者要坚决打击,对无证经营者予以取缔;对不合格的食品要当场给予暂控或没收;对可疑的不符合食品安全标准要求的食品要进行抽检。要向社会公布举报投诉受理电话,强化社会监督。要严厉查处一批采购使用"瘦肉精"违法犯罪案件,并及时向社会公布。

(四)地方各级餐饮服务食品安全监管部门要严格应急值守,保证24小时信息通信畅通。要建立健全突发"瘦肉精"中毒事件应急处置预案。一旦发生"瘦肉精"中毒事件,立即启动应急响应,迅速予以处置。

(五)各省级餐饮服务食品安全监管部门要在6月10日前向国家食品药品监管局上报专项整治实施方案。工作信息每周应至少报送1期,重要情况及时报告。餐饮服务环节"瘦肉精"专项整治工作报表(见附件2)在每月30日之前报送国家食品药品监管局。国家食品药品监管局将适时对各地工作情况进行督查。2012年3月,国家有关部门将组织对"瘦肉精"专项整治工作进行检查验收。

附件:1."瘦肉精"品种目录
      2.餐饮服务环节"瘦肉精"专项整治检查情况报表

附件 1

"瘦肉精"品种目录

盐酸克仑特罗（Clenbuterol Hydrochloride）

莱克多巴胺（Ractopamine）

沙丁胺醇（Salbutamol）

硫酸沙丁胺醇（Salbutamol Sulfate）

盐酸多巴胺（Dopamine Hydrochloride）

西马特罗（Cimaterol）

硫酸特布他林（Terbutaline Sulfate）

苯乙醇胺 A（Phenylethanolamine A）

班布特罗（Bambuterol）

盐酸齐帕特罗（Zilpaterol Hydrochloride）

盐酸氯丙那林（Clorprenaline Hydrochloride）

马布特罗（Mabuterol）

西布特罗（Cimbuterol）

溴布特罗（Brombuterol）

酒石酸阿福特罗（Arformoterol Tartrate）

富马酸福莫特罗（Formoterol Fumatrate）

附件 2

餐饮服务环节"瘦肉精"专项整治检查情况报表

报送单位：

内　　容	数　　量							
出动的执法人员数量（人次）								
出动的执法车辆（车次）								
检查餐饮服务单位（户次）	合 计	其　中						
		餐馆	快餐店	学校（幼儿园）食堂	医院食堂	建筑工地食堂	集体用餐配送单位	中央厨房
发现问题及查处情况	行政处罚立案数（件）							
	移送司法机关案件数（件）							
	没收"瘦肉精"肉及肉制品数（公斤）							
	没收"瘦肉精"肉及肉制品案值（万元）							
	没收来路不明、无检疫合格证或检疫不合格的鲜肉、病死鲜肉数（公斤）							
	没收来路不明、无检疫合格证或检疫不合格的鲜肉、病死鲜肉案值（万元）							
	罚没金额合计（万元）							

农业部办公厅关于开展生猪定点屠宰环节"瘦肉精"部级专项监督检测工作的通知

农办医〔2011〕40 号

各省、自治区、直辖市畜牧兽医（农牧、农业）厅（局、委、办），新疆生产建设兵团农业局：

为贯彻落实中编办《关于印送〈关于进一步加强"瘦肉精"监管工作的意见〉的函》（编综函字〔2011〕144 号）要求，切实履行畜牧兽医部门监管职责，近期，我部向各省（自治区、直辖市）畜牧兽医部门和有关单位下发了《农业部关于拨付生猪屠宰环节"瘦肉精"部级专项监督检测经费的通知》（农财发〔2011〕79 号）。为确保做好生猪定点屠宰环节"瘦肉精"监管工作，现将有关工作安排和技术要求通知如下：

一、职责分工

（一）各省（自治区、直辖市）畜牧兽医主管部门要结合实际情况，落实相关单位负责此项工作。要严格按照相关规定，组织本省（自治区、直辖市）"瘦肉精"快速检测试纸条/盒（以下简称试纸条）的招标采购，及时发放到各县级畜牧兽医部门，并做好监督管理工作。试纸条应当选择我部备案产品，并要求投标单位提供样品，由省级兽药监察机构进行产品性能比对试验，择优选用。

（二）对快速检测过程中筛选出的阳性样品，县级畜牧兽医部门要及时送至各省（自治区、直辖市）指定的有相应资质的检测机构进行确证检测。各确证检测机构应及时将确证检测结果反馈送样单位，送样单位要及时将检测结果报省级畜牧兽医主管部门。

二、检测范围

（一）快速检测。各地要根据实际情况，按照"风险可控、监管有力"的原则，以省（自治区、直辖市）为单位选择生猪定点屠宰场，科学确定采样点，采样点要覆盖每一个县（区、市），采样检测量原则上不低于定点生猪年屠宰量的千分之一。

（二）确证检测。经快速检测为阳性的样品全部进行确证检测。

（三）确证检测经费和采样费如有节余，可适当提高快速检测抽检数量。

三、检测品种

每份样品检测盐酸克仑特罗、莱克多巴胺和沙丁胺醇三种"瘦肉精"。

四、样品采集和检测方法

（一）采样方法参照《猪肉、猪肝、猪尿抽样方法》（NY/T 763—2004）执行。

（二）确证检测方法参照农业部相关标准（附表1）执行。

五、其他要求

（一）各省（自治区、直辖市）畜牧兽医部门和有关单位要制定培训计划，组织开展相关技术培训，确保操作人员能熟练掌握样品采集和检测方法。

（二）各地要高度重视，认真组织开展生猪定点屠宰环节"瘦肉精"专项监督检测工作，对检测工作中好的经验做法和遇到的问题请及时向我部兽医局反馈。

（三）各地要在8月30日和11月20日前将快速检测和确证检测的数据和结果（附表2）报全国兽药残留专家委员会办公室（中国兽医药品监察所）汇总分析，并报我部兽医局。

联系人及联系方式：

1. 农业部兽医局检疫监督处　吴文开 010-59192834

传真：010-59191855　电子邮箱：shyjjdch@agri.gov.cn

2. 全国兽药残留专家委员会办公室　邢嘉琪 010-62103546

传真：010-62103546　电子邮箱：xingjiaqi@ivdc.gov.cn

附表：1. "瘦肉精"确证检测方法及残留限量
　　　2. 生猪定点屠宰环节"瘦肉精"部级专项监督检测结果报送表

二〇一一年七月四日

附表1

"瘦肉精"确证检测方法及残留限量

化合物	动物/组织	检测方法	检测限（或定量限）mg/kg 或 mg/L	残留限量 mg/kg
β-受体激动剂（盐酸克仑特罗、莱克多巴胺、沙丁胺醇）	猪/肝	液相色谱质谱法 LC-MS-MS（1025号公告-18-2008）气相色谱质谱法 GC-MS（1031号公告-3-2008）	1	不得检出
	猪/尿	液相色谱质谱法 LC-MS-MS（1025号公告-11-2008）气相色谱质谱法 GC-MS（1031号公告-3-2008）	1	不得检出

附表 2

生猪定点屠宰环节"瘦肉精"部级专项监督检测结果报送表

填报单位（盖章）：　　　　　　　　　　　　　　　　　　　　年　　月　　日

序号	样品类型	快速检测				确证检测		备注
		检测"瘦肉精"种类	试剂条/盒生产厂家及检测限	样品检测数量（份）	阳性结果数量（份）	阳性结果数量（份）	检测方法及标准	

注：凡确证检测结果为阳性的，在备注栏中填写样品来源（格式为：**市**县**镇*****屠宰场）。

国家食品药品监督管理局关于停止生产、销售和使用盐酸克仑特罗片剂的通知

国食药监办〔2011〕432号

各省、自治区、直辖市食品药品监督管理局（药品监督管理局）：

国家食品药品监督管理局再评价认为，盐酸克仑特罗片剂具有潜在滥用风险，临床价值有限，长期不合理使用可对患者心肺功能产生严重影响，在我国使用风险大于效益。

根据《药品管理法》第四十二条规定，国家食品药品监督管理局决定停止盐酸克仑特罗片剂在我国的生产、销售和使用，撤销药品批准证明文件。

请各省（区、市）食品药品监管部门立即将上述决定通知辖区内有关药品生产、经营、使用单位，并监督其遵照执行，已生产的药品由当地食品药品监督管理部门监督销毁。

附件：撤销的盐酸克仑特罗片剂批准证明文件名单（略）

国家食品药品监督管理局
二〇一一年九月二十三日

关于禁止生产和销售莱克多巴胺的公告

工业和信息化部　农业部　商务部　卫生部　国家工商行政管理总局
国家质量监督检验检疫总局公告 2011 年第 41 号

根据《国务院关于发布实施〈促进产业结构调整暂行规定的决定〉的决定》（国发〔2005〕40 号），依据《产业结构调整指导目录（2011 年版）》（发展和改革委员会令 2011 第 9 号）的有关规定，自即日起在中华人民共和国境内禁止生产和销售莱克多巴胺。特此公告。

二〇一一年十二月五日

解读禁止生产和销售莱克多巴胺公告

一、莱克多巴胺的危害

2008 年底以来，国内屡次发生"瘦肉精"事件，莱克多巴胺作为"瘦肉精"的一种，引起公众的广泛关注。"瘦肉精"是指能够促进瘦肉生长的一类物质，主要包括：盐酸克仑特罗、莱克多巴胺、沙丁胺醇等肾上腺素受体激动剂。猪、牛、羊等摄入"瘦肉精"后能加速生长、提高瘦肉率、降低脂肪沉积、提高饲料报酬等，但使用"瘦肉精"后会在动物组织内形成残留，消费者食用后直接危害人体健康。

二、莱克多巴胺在国内的生产及用途

莱克多巴胺属于普通化工产品，目前除非法用于动物养殖外，暂未发现其他用途。为从源头治理"瘦肉精"问题，我部于 2011 年 3 月底在全国范围内开展了莱克多巴胺摸底调查工作。各地工业主管部门经过认真调查，尚未发现专门生产莱克多巴胺的企业。根据调查初步判断，市场上莱克多巴胺多是从地下工厂（黑窝点）或正规企业非法生产并流向饲料和养殖企业的。

三、国内有关莱克多巴胺的管理规定

2002 年农业部、卫生部和国家药品监督管理局联合发文，将盐酸克仑特罗和莱克多巴胺一同列入《禁止在饲料和动物饮用水中使用的药物品种目录》（农业部公告第 176 号）。2009 年 12 月商务部、海关总署已联合发出通知禁止莱克多巴胺进出口（商贸发〔2009〕464 号）。今年 3 月底，发改委发布的《产业结构调整指导目录》（发改委令 2011

第9号）将"瘦肉精"类产品列入淘汰类产品。

四、禁止生产和销售莱克多巴胺的主要依据

根据《国务院关于发布实施〈促进产业结构调整暂行规定的决定〉的决定》（国发〔2005〕40号）第十九条，"对国家明令淘汰的市场工艺技术、装备和产品，一律不得进口、转移、生产、销售、使用和采用"，"对不按期淘汰生产工艺技术、装备和产品的企业，地方各级人民政府及有关部门要依据国家有关法律法规责令其停产或予以关闭"。由于"瘦肉精"已列入淘汰类产品，莱克多巴胺又是其中产品之一。据此，我们出台了该《公告》。

关于开展"瘦肉精"和含"瘦肉精"饲料清查收缴工作的通知

农质发〔2011〕9号

各省、自治区、直辖市及计划单列市、新疆生产建设兵团农业（畜牧兽医）、公安、工业和信息化、工商、食品药品监管厅（局、委、办）：

国务院食品安全委员会办公室印发《"瘦肉精"专项整治方案》以来，各地区各部门认真履行职责，着力强化全程监管，公安部门组织开展破案会战，"瘦肉精"主要生产源头基本打掉，非法制售、使用"瘦肉精"的违法行为得到有效遏制。为继续深入推进"瘦肉精"专项整治，扩大"瘦肉精"破案会战成果，防止流散在社会个人手中的"瘦肉精"和含"瘦肉精"饲料产生新的危害，根据国务院食品安全委员会办公室的总体部署，农业部、公安部、工业和信息化部、工商总局和食品药品监管局将联合组织开展"瘦肉精"和含"瘦肉精"饲料的清查收缴工作。现就有关事项通知如下：

一、清查收缴范围

"瘦肉精"的清查收缴：以盐酸克仑特罗、莱克多巴胺、沙丁胺醇为重点，兼顾《"瘦肉精"专项整治方案》中所列的其他品种（同类物质中涉及的人用药品不在此次清查收缴范围之内）。重点在养殖场（户）、收购贩运企业（合作社、经纪人）和已登记或未取得登记的化工企业、医药企业、兽药企业及相关销售网点组织开展清查收缴。

含"瘦肉精"饲料的清查收缴：全国"瘦肉精"破案会战中涉案饲料企业的饲料产品以及其他饲料企业的育肥猪、肉牛和肉羊饲料产品，在饲料生产、销售和使用环节组织开展清查收缴。

二、清查收缴措施

（一）"瘦肉精"清查收缴

采取限期上缴与集中清查相结合的方式，即在组织限期主动上缴的基础上，组织开展集中清查。

一是组织开展限期上缴。各地农业（畜牧兽医）、公安、工信、工商、食品药品监管等部门针对清查收缴范围分别组织开展为期一个月的限期上缴。限期内主动上缴的，依法从轻、减轻或免予处罚，拒不上缴而在今后的清查、整治、案件侦破中查获的，一律依法从严惩处。

二是组织开展集中清查。在限期上缴的基础上，各地农业（畜牧兽医）、公安、工信、食品药品监管部门针对清查收缴范围组织开展为期一个月的"瘦肉精"集中清查。对于化工企业、医药企业、兽药企业，要重点检查企业外租的生产线、车间以及仓库。对集中清查出的"瘦肉精"持有者,一律依法从严惩处。

(二)含"瘦肉精"饲料清查收缴

采取重点清查和全面排查相结合的方式,即对涉案饲料企业的产品进行重点清查,对其他饲料企业的产品进行全面排查。

一是对涉案饲料企业的产品进行重点清查。各地公安和农业(畜牧兽医)部门将涉案饲料企业名单告知辖区内的饲料企业、饲料销售网点和养殖场户,要求立即停止销售、购买和使用这些企业的饲料产品,限期一个月内主动上缴储存的产品。同时,对涉案饲料企业及其销售网点进行现场再清查,对其产品流向进行再追查、再清缴。限期内主动上缴的依法从轻、减轻或免予处罚,拒不上缴而在今后的排查、整治、案件侦破中查获的,一律依法从严惩处。

二是对其他饲料企业的产品进行全面排查。涉案饲料企业产品重点清查结束后,各地农业(畜牧兽医)部门以辖区内饲料企业和销售网点为重点,兼顾生猪、肉牛和肉羊养殖场(户),全面组织开展监督检查,加大饲料产品抽检力度,发现含"瘦肉精"饲料的,一律移送公安机关,依法从严追究刑事责任。

(三)"瘦肉精"和含"瘦肉精"饲料的销毁

对于收缴的"瘦肉精"和含"瘦肉精"饲料,除公安机关留样作为证据和鉴定检测使用外,统一交由当地农业(畜牧兽医)部门登记、封存和销毁。同时,各有关部门将收缴的产品信息登记造册,逐级上报。

三、时间进度安排

此次清查收缴工作为期2个月,到2012年2月底结束,具体时间段由各地有关部门自行确定。第1个月开展"瘦肉精"限期上缴和涉案饲料企业产品重点清查;第2个月集中开展"瘦肉精"集中清查和其他饲料企业产品排查。

四、工作要求

(一)切实加强组织领导。各地农业(畜牧兽医)、公安、工信、工商、食品药品监管部门要进一步提高对"瘦肉精"和含"瘦肉精"饲料清查收缴工作的认识,主要领导要亲自抓,靠前指挥,分管负责同志具体负责组织实施。要把此次清查收缴工作摆到重要议事日程,抓紧制定实施方案,周密部署,明确分工,落实责任,为工作开展提供强有力的组织保障。

(二)狠抓工作任务落实。各地有关部门要在本通知要求的基础上,研究制定合理的收缴政策措施,在限期上缴期间,要在国务院有关部门共同发布依法收缴公告的基础上,将收缴政策措施广泛告知清查收缴对象,督促主动上缴。对于"瘦肉精"集中清查和其他饲料企业产品排查,在清查收缴范围内,要进行逐一清查、逐一登记造册,特别要加强对重点部位和可能藏匿场所的清查,不留死角。

(三)加强部门间协调配合。各地有关部门要在当地政府的统一领导下,分工负责,密切配合,形成工作合力。"瘦肉精"清查收缴由各级农业(畜牧兽医)、公安、工信、工商、食品药品监管部门按照职责分工组织实施,含"瘦肉精"饲料清查收缴由各级农业(畜牧兽医)部门和公安部门联合组织实施。同级农业(畜牧兽医)、公安、工信、工商、食品药品监管部门之间、上下级之间要建立信息通报机制，一旦发现新的涉案"瘦肉精"或饲料企业，立即进行通报，迅速组织清查收缴工作，防止问题扩散。

（四）积极鼓励社会监督。各地有关部门要充分发挥社会和群众的监督作用，公布举报电话，畅通投诉举报渠道。要公开奖励规则，重视各类举报线索，对有关"瘦肉精"和含"瘦肉精"饲料的举报并经查实的，要安排专项经费对举报人予以奖励，具体奖励办法和奖励额度由各地有关部门结合实际情况确定。要严格为举报人保密。

（五）统筹做好信息发布。要加强宣传，正面报道各地各部门开展"瘦肉精"专项整治的有力措施。对于清查收缴出"瘦肉精"和含"瘦肉精"饲料的情况，请各地有关部门分别报送农业部、公安部、工业和信息化部、工商总局和食品药品监管局，由各部门商农业部门视情况统一发布。

各地农业（畜牧兽医）、公安、工信、工商、食品药品监管部门请于 2012 年 3 月 15 日前将本次清查收缴工作的总结报送各相关部门，各部门对各地情况进行汇总，3 月底前报送农业部。

农业部　公安部　工业和信息化部
国家工商行政管理总局
国家食品药品监督管理局
二〇一一年十二月七日

关于"瘦肉精"和含"瘦肉精"饲料清查收缴工作的公告

农业部　公安部　工业和信息化部公告　国家工商行政管理总局
国家食品药品监督管理局联合公告第 1682 号

为深入推进"瘦肉精"专项整治，防止流散在社会个人手中的"瘦肉精"和含"瘦肉精"饲料产生新的危害，根据国务院食品安全办印发的《"瘦肉精"专项整治方案》的总体部署，农业部、公安部、工业和信息化部、国家工商总局和国家食品药品监管局联合组织开展"瘦肉精"和含"瘦肉精"饲料的清查收缴工作。现就有关事项公告如下：

一、严禁任何单位和个人生产、销售和使用"瘦肉精"和含"瘦肉精"的饲料。

二、本次清查收缴的"瘦肉精"类物质包括：盐酸克仑特罗、莱克多巴胺、沙丁胺醇、硫酸沙丁胺醇、盐酸多巴胺、西马特罗、硫酸特布他林、苯乙醇胺A、班布特罗、盐酸齐帕特罗、盐酸氯丙那林、马布特罗、西布特罗、溴布特罗、酒石酸阿福特罗、富马酸福莫特罗。已注册登记作为人用药品生产、销售和使用的，不在此次清查收缴范围之内。养殖场（户）、收购贩运企业（合作社、经纪人）和已登记或未取得登记的化工企业、医药企业、兽药企业及相关销售网点必须主动将储存的"瘦肉精"产品上缴给当地政府指定的部门。

三、凡经公安机关和农业（畜牧兽医）部门查处的"瘦肉精"涉案饲料企业及其销售网点，以及使用其产品的养殖场（户），应当立即停止销售、购买和使用，并主动将储存的饲料产品上缴给当地政府指定的部门。

四、凡在本公告发布之日起一个月内主动上缴"瘦肉精"及含"瘦肉精"饲料产品的单位和个人，可以依法从轻、减轻或免予处罚；拒不上缴而在今后的清查、整治、案件侦破中查获的，一律依法从严惩处。

五、各单位和街道、村镇应当认真向职工、居民、村民宣传本公告，鼓励公民举报生产、销售、使用"瘦肉精"和含"瘦肉精"饲料的行为，并积极配合有关部门做好清查收缴工作。对举报有功的，给予奖励；对包庇、纵容违法犯罪的，依法追究法律责任；对举报人打击报复的，依法从严惩处。

本公告自发布之日起实施。

农业部　公安部　工业和信息化部
国家工商总局　国家食品药品监管局
二〇一一年十二月十九日

关于印发《"瘦肉精"涉案线索移送与案件督办工作机制》的通知

农质发〔2011〕10号

各省、自治区、直辖市、计划单列市及新疆生产建设兵团农业（畜牧兽医）、公安、工业和信息化、商务、卫生、工商、质量技术监督、食品药品监管厅（局、委、办），各直属检验检疫局：

为持续深入推进"瘦肉精"监管工作，进一步加强行政执法与刑事司法的衔接，严厉打击"瘦肉精"违法犯罪行为，农业部、公安部、工业和信息化部、商务部、卫生部、国家工商总局、国家质检总局和国家食品药品监管局等8部（局）共同制定了《"瘦肉精"涉案线索移送与案件督办工作机制》，现印发给你们，请遵照执行。

二〇一一年十二月二十日

"瘦肉精"涉案线索移送与案件督办工作机制

为贯彻落实《中央编办关于进一步加强"瘦肉精"监管工作的意见》精神，持续深入推进"瘦肉精"监管工作，进一步完善行政执法与刑事司法相衔接的工作机制，做好案件的督办工作，加大对"瘦肉精"违法犯罪行为的打击力度，特制定本机制。

一、关于"瘦肉精"涉案线索移送

（一）涉案线索范围

1. 检测发现的线索。在饲料和饲料添加剂生产经营、养殖、收购贩运、屠宰、加工、销售、餐饮和出口等环节，在肉及肉制品、畜产品、饲料产品和尿样中检出"瘦肉精"的。

2. 检查发现的线索。在日常检查和巡查中发现涉嫌生产、销售和使用"瘦肉精"的。

3. 举报发现的线索。各地、各部门接到群众关于"瘦肉精"的举报信息并经初步核实的。

4. 国外通报的线索。国外政府主管部门通报的进口我国肉及肉制品检出"瘦肉精"的。

5. 新闻媒体曝光的线索。新闻媒体曝光涉嫌生产、销售和使用"瘦肉精"的。

（二）移送程序与要求

1. 各承担检测任务的单位和开展检验的生产经营企业，在检测过程中，发现样品含有"瘦肉精"的，应当立即向样品归属地的主管部门报告或通报。

2. 各有关部门接到有关单位检出"瘦肉精"的报告或通报，或在检查中发现有生产、销售、使用"瘦肉精"的情况，或接到群众有关"瘦肉精"的举报并经初步核实，涉嫌犯罪的应立即以书面形式将线索移送公安机关，同时将有关情况通报"瘦肉精"牵头监管部门，并报告当地政府。

3. 公安机关收到线索后应立即进行核查，对涉嫌犯罪的要迅速依法立案侦查；对不构成犯罪的，应当在接到线索之日起2日内移送主管部门处理并通知移送部门，有必要采取紧急措施的，应当先采取紧急措施。

4. 各有关部门移送线索后，应积极配合公安机关开展源头追查，同时在行政职责范围内继续对线索开展调查处理，并随时向公安机关提供对于追查源头有价值的进展情况。

5. 公安机关侦破案件后，要加强对已办结"瘦肉精"案件的分析，应及时将案件侦破情况和有关"瘦肉精"犯罪的特征和范围通报涉案线索提供部门，以便有关部门提高搜集线索的针对性。同时，有关部门要加强对涉案物品的追查，跟进开展相关行政处罚。

（三）线索移送内容

1. 检测发现的线索应提供检验报告、取样时间和地点、问题样品的来源等基本情况。

2. 检查发现的线索应提供检查时间、被检查单位的名称和产品、检查出的问题等情况。

3. 举报的线索应提供举报人及联系方式、举报地点、举报对象、举报内容等情况及核实情况。

4. 国外通报的线索应提供国外通报的内容。

5. 新闻媒体曝光的线索应提供媒体报道的内容。

二、关于"瘦肉精"案件督办

（一）督办案件范围

1. 领导指示、批示的案件。
2. 新闻媒体曝光的案件。
3. 公安机关立案侦查的重大案件。
4. 各地报送的重大案件。
5. 其他需要督办的案件。

（二）督办方式

案件督办可采取发函督办、挂牌督办、现场督办等方式实施，案件涉及多个部门的，也可实施联合督办。

（三）督办程序与要求

1. 接到案件后，有关部门尽快研究并确定是否需要督办。

2. 督办立项后，各有关部门根据案件具体情况立即研究确定督办方案，明确督办负责人、督办方式、督办内容、案件办结时间、信息报送和案件办理要求等，并立即向案发省份的相关部门（承办单位）部署督办事宜。

3. 承办单位对督办案件要高度重视，根据督办单位的部署和要求，采取有效措施，进一步开展严格、快速的调查处理工作。

4. 承办单位要定期报送案件办理情况。各有关部门通过案件动态跟踪、信息收集、上下反馈或检查调研等措施，全面准确掌握督办案件的办理情况。

5. 承办单位在案件办结后 10 个工作日内提交案件办理情况报告。报告内容包括：案件基本情况；案件调查办理过程；有关证据材料；相应的法律、法规和政策依据、违法性质认定及案件办理结果等。

三、保障措施

一是建立案件会商制度。各有关部门与公安机关应加强案件会商协调。对重大复杂的案件，要召集"瘦肉精"专项整治协调机制各成员单位一起讨论研究，共同开展调查。在调查取证方面，要做好移送证据的转化和衔接工作；在案件定性方面，必要时可征求法院、检察院意见。

二是建立信息通报制度。要充分发挥"瘦肉精"专项整治协调机制的作用，各部门要相互通报"瘦肉精"案件查处等信息，实现信息共享，推动各部门共同查处。督办案件的承办单位要及时向当地政府通报有关情况。

三是建立联合行动制度。各有关部门和公安机关要适时开展"瘦肉精"整治联合行动，认真清查清缴，深挖线索，查清案源，彻查"瘦肉精"生产源头和销售网点。对案情复杂、社会影响较大的案件，应实行联合办案，加大对违法犯罪行为的打击力度。

四是建立奖惩考核制度。各有关部门要加强对承办单位案件办理工作的奖惩考核。对于办理准确、及时的，给予表扬。对违反本机制要求，行政不作为、乱作为，涉嫌包庇或故意瞒报，拖延、推诿的，应给予批评处分或向有关部门提出处理意见；涉嫌犯罪的，移送司法机关依法追究刑事责任。

农业部关于深入推进"瘦肉精"专项整治工作的意见

农牧发〔2011〕12号

各省(自治区、直辖市)畜牧(农牧、农业)厅(局、委、办),新疆生产建设兵团畜牧局:

  国务院食品安全委员会办公室2011年4月18日印发《"瘦肉精"专项整治方案》(食安办〔2011〕14号)以来,各地农业(畜牧兽医)管理部门按照整治工作的任务分工、进度安排和工作要求,高度重视、精心组织、健全机制、协调配合,强化监管、严厉打击,取得了阶段性成效。但从全国来看,依然存在重视程度不够、职责分工不明确、监管措施不到位、执法条件不足的现象。为进一步推动"瘦肉精"监管工作,深入开展"瘦肉精"专项整治,现提出如下意见:

一、加强组织领导,全力以赴做好"瘦肉精"专项整治工作

  (一)各地农业(畜牧兽医)管理部门要按照当地政府关于"瘦肉精"专项整治的职责分工,成立工作机构,完善工作制度,落实监管责任,健全协调机制,切实加强专项整治工作的组织领导和综合协调;要依法委托基层农业综合执法机构(或动物卫生监督机构、畜产品安全监管机构)履行"瘦肉精"日常监管和监督执法职能,妥善解决好队伍建设、经费保障等问题,切实提升"瘦肉精"监管能力和水平,为全面加强"瘦肉精"监管工作奠定坚实的基础。要尽快建立县级快速筛查、市级复核检测、省级确证仲裁的畜产品质量安全检测体系,制定实施"瘦肉精"监控计划,扩大规模、充实人员、完善条件,保证检验检测工作的开展;生猪、肉牛、肉羊主产省与外调重点地区要加强产销对接,及时通报信息,协同查办案件,形成齐抓共管、产销联动的工作机制。

二、抓住关键环节,坚决打击使用"瘦肉精"的违法犯罪行为

  (二)深入开展养殖环节整治。一要加强对养殖场户的宣传教育和技术指导。将国家有关禁止生产、销售、使用"瘦肉精"的法律法规和相关规定告知每个养殖场户,使之知晓使用"瘦肉精"就是违法犯罪,将被追究法律责任。同时,要加强养殖场户培训,增强质量安全责任意识、风险防范方法和假劣饲料兽药识别能力;二要督促养殖场(小区)完善养殖档案,如实记录商品饲料、饲料添加剂、兽药等投入品来源,并保留相关凭证;三要建立活畜养殖安全承诺制度和出栏保证制度。生猪、肉牛、肉羊养殖场户要承诺不使用"瘦肉精"等违禁物质,保证所销售的活畜不含有"瘦肉精"。四要加强养殖场户的日常监督检查和"瘦肉精"抽检。日常监督检查要将查验养殖记录与抽样快速检测相结合,及时

发现养殖环节存在的问题。活畜出栏时要抽取一定数量的尿样进行快速检测。检测结果呈阳性的，禁止活畜移动并对尿样进行确证检测。一经确证含有"瘦肉精"，应当依法对活畜进行无害化处理（扑杀和无害化处理费用由违法畜主承担），并将当事人移送公安机关立案侦查。

（三）深入开展收购贩运环节整治。一是农业（畜牧兽医）部门要与工商等部门共同加强对收购贩运企业（合作社、经纪人）和活畜交易市场的监督管理，督促建立出栏保证书等证明材料查验制度和收购贩运牲畜交易记录制度（主要载明畜主、耳标号、检疫证号、数量等信息），无产地检疫证明、保证书或来源不明的活畜不得入市交易；二是县级农业（畜牧兽医）部门要全面了解本行政区域内从事活畜收购贩运人员状况，可以通过备案形式对其实行管理，并要求其作出不教唆养殖场户使用"瘦肉精"、不兜售"瘦肉精"、不收购贩运使用"瘦肉精"活畜的承诺。对办理了工商营业执照的收购贩运企业（户），畜牧兽医部门要及时向工商行政管理部门通报监管信息；三是省际动物卫生检查站查验过往运载动物活畜的车辆时，发现出栏保证书、交易记录不齐全的，要通知活畜产地农业（畜牧兽医）部门，督促货主将活畜运回原产地。

（四）深入开展屠宰环节整治。农业（畜牧兽医）部门要配合商务部门（或政府指定的其他部门），督促生猪定点屠宰企业（或场、点）严格执行生猪进场查验制度和"瘦肉精"自检制度；生猪屠宰企业（场）要按规定记录生猪来源、数量、检疫证明、耳标号、畜主（经纪人）、运输车辆等信息，以便发现问题后追溯来源；生猪屠宰企业（场）要对进场生猪批批抽检（以出栏前饲喂群或运输车辆为单位），对宰后生猪抽取一定数量的膀胱尿液进行检测，并做自检记录，自检记录保存2年；动物卫生监督人员要配合商务部门监督屠宰企业（场）开展进场自检和宰后抽检。相关部门组织对宰后生猪抽取一定数量的膀胱尿液进行监督检测。

生猪屠宰企业在生猪进场和宰后快速检测中发现"瘦肉精"阳性，应立即向商务部门和驻场动物卫生监督管理人员报告。屠宰企业要及时将尿样交由有资质的检测机构进行确证检测，并暂缓生猪产品进入市场销售。一经确认含有"瘦肉精"，畜牧兽医部门和商务部门对生猪或生猪产品进行销毁处理，并将案件移送公安机关立案侦查。实行定点屠宰的肉牛、肉羊等活畜参照上述办法办理。

三、创新监管机制，依法履行"瘦肉精"监管职责

（五）建立跨省案件协查机制。凡跨省销售贩运活畜在屠宰检测中确证含有"瘦肉精"的，销地农业（畜牧兽医）部门要在取得确证结果一个工作日内通报产地农业（畜牧兽医）部门，产地农业（畜牧兽医）部门在接到通报一个工作日内对涉嫌使用"瘦肉精"的养殖场户进行监督检查和取样检测，并及时反馈案件处理情况。一经确认养殖场户使用"瘦肉精"，产地农业（畜牧兽医）部门要及时与销地农业（畜牧兽医）部门密切协作，支持公安部门严肃查处相关涉案人员。

（六）建立涉嫌犯罪移送机制。农业（畜牧兽医）部门在活畜养殖、收购贩运和屠宰环节监管中发现使用"瘦肉精"涉嫌犯罪的，根据相关法律法规的规定和行政执法与刑事司法衔接工作的有关要求，应当及时向公安机关通报，并移交案件的全部材料。已经作出行政处罚决定的，应当将行政处罚决定书一并抄送公安机关。农业（畜牧兽

医）部门要配合公安机关做好案件调查和技术支持，并及时跟踪案件审查、侦查进展情况。

（七）建立监督举报制度。各级农业（畜牧兽医）部门均要开通专门的"瘦肉精"举报受理电话、传真或电子邮件，并有专人负责举报信息的登记。建立举报受理、处置和反馈工作程序，有条件的地方可以对提供重大案件线索的举报人给予奖励。农业部或省级农业（畜牧兽医）部门接到"瘦肉精"举报后，要在一个工作日内通报事发地农业（畜牧兽医）部门，事发地农业（畜牧兽医）部门要在核实举报线索后一个工作日内，将举报处置情况反馈省级农业（畜牧兽医）部门和农业部。

（八）建立责任追究制度。在饲料生产、活畜养殖、收购、贩运和屠宰环节发现"瘦肉精"的，对涉案企业和个人依据相关法规的规定，依法做出行政处罚决定；涉嫌犯罪的，移送公安机关立案调查；构成犯罪的，依法追究其刑事责任；对活畜养殖、收购贩运、屠宰环节发生重大"瘦肉精"监管责任事故的县级农业（畜牧兽医）部门，省级农业（畜牧兽医）部门给予通报批评、取消评先资格、调减或取消项目资金等责任追究；对两个以上县（市、区）发生重大"瘦肉精"监管责任事故的省辖市，省级畜牧兽医部门给予通报批评、取消评先资格、调减项目或资金等责任追究；对渎职、失职的监管人员，由所属部门依照相关法规和制度进行责任追究。

（九）建立信息通报发布机制。各级农业（畜牧兽医）部门在日常监管和监督检查中发现非法使用"瘦肉精"，在依法作出处理后，应当向省级农业（畜牧兽医）部门和同级食品安全协调机构报告；涉及跨县的"瘦肉精"违法案件，由事发地所属省辖市农业（畜牧兽医）部门指导处置，并向省级农业（畜牧兽医）部门和同级食品安全协调机构报告；涉及跨省辖市的"瘦肉精"违法案件，由事发地所属省级农业（畜牧兽医）部门指导处置，并向农业部和同级食品安全协调机构报告。

四、建立长效机制，积极探索畜产品质量安全治本之策

（十）着力强化质量安全监管体系建设。畜产品质量安全监管已成为农业（畜牧兽医）系统的一项重要职责和中心任务。各地级农业（畜牧兽医）部门要设立相对独立的质量安全监管机构，负责畜产品质量安全统筹协调和管理；要加强各级畜产品质检机构建设，提高装备水平和检测能力；要加强农业（畜牧兽医）综合执法队伍建设，提高执法办案能力。要尽快健全完善行政管理、检验检测、监督执法三位一体的畜产品质量安全监管体系。

（十一）加快推进畜禽标准化规模养殖。发展标准化规模养殖是保障畜产品有效供给，提升畜产品质量安全水平，抵御疫病风险，促进农民增收，减少环境污染的重要举措。加快推进标准化规模养殖，积极引导养殖户从饲养管理、良种选育、环境控制、营养调控、安全用药、卫生防疫等多方面规范畜禽养殖行为，消除添加使用"瘦肉精"等违禁药物的安全隐患。要积极争取各级财政的支持，吸引社会资金投入，给予政策引导扶持，加强监督检查，使标准化规模养殖场户成为保供给、保安全的主体力量。

（十二）大力培育养殖者协会和农民合作社。充分发挥各类养殖者协会和农民合作社在保障畜产品质量安全方面的作用。积极推广"五统一"（统一供种、统一兽药、饲料等投入品、统一防疫、统一饲养模式、统一销售）等行之有效的运行模式，加大畜产品质量

安全宣传和培训力度，使广大养殖户了解使用"瘦肉精"等违禁物质的危害性和严重性，做到令行禁止、守法经营。

中华人民共和国农业部
二〇一一年十二月二十日

国家食品药品监管总局办公厅关于严厉打击经营含"瘦肉精"牛羊肉违法行为的通知

食药监办食监二〔2016〕129号

各省、自治区、直辖市食品药品监督管理局,新疆生产建设兵团食品药品监督管理局:

近期,有关省市在监督抽检及专项监测中发现部分地区市场、超市、门店、餐馆经营的牛、羊肉(包含牛、羊内脏产品)中含有"瘦肉精"。为进一步规范牛、羊肉销售行为,严厉打击经营含"瘦肉精"牛、羊肉的违法行为,切实保障牛、羊肉质量安全,现就有关工作要求如下:

一、督促企业严格落实食品安全主体责任

各地要督促牛、羊肉及相关肉制品生产经营企业、餐饮服务单位、集贸市场等按照《中华人民共和国食品安全法》有关规定,对购进的牛、羊肉及相关肉制品,建立并严格执行进货查验、索证索票和记录制度,明确专人负责验收,要求所购牛、羊肉必须有检疫、检验合格证明,并均能溯源。禁止采购使用来路不明、无检疫证明或检疫不合格的牛、羊肉。同时,鼓励有能力的企业、市场开办方加强对牛、羊肉的"瘦肉精"检验检测,发现问题立即处理并向监管部门报告。

二、进一步强化监督检查和监督抽检力度

各地要结合行政区域实际,组织开展监督检查,重点对牛、羊肉及其制品加工小作坊、生产企业、集贸市场、商场、超市、肉食店、餐饮服务单位等场所进行全面检查,深入排查清理不合格牛、羊肉。要把牛、羊肉和"瘦肉精"列为监督抽检的重点品种和重点项目,加大抽检力度,增加抽检频次,掌握行政区域内牛、羊肉质量安全状况。同时强化抽检结果利用、分析,增强发现问题的靶向性,提高查处违法经营含"瘦肉精"牛、羊肉的针对性。

三、严厉打击违法违规行为

各地要建立健全查处经营含"瘦肉精"牛、羊肉违法行为的案件线索信息通报、移送跟踪和全程督办机制,切实加强与公安、农业等部门的联合执法。对于抽验中发现问题的产品,要尽快查清问题源头,及时通报农业部门加强源头治理,防范系统性风险。在此基础上,从快、从严查处购进、销售、使用含"瘦肉精"牛、羊肉违法行为,对涉嫌犯罪的,及时移送公安机关追究刑事责任。同时要加强宣传教育,畅通12331等投诉举报渠道,及时调查处置群众举报、消费投诉,引导社会各方面共同监督牛、羊肉经营行为。

四、加强信息通报

各地要将组织开展经营环节含"瘦肉精"牛、羊肉违法行为整治工作,作为已部署开展的畜禽水产品抗生素、禁用化合物及兽药残留超标专项整治行动的重要组成部分,与畜禽水产品抗生素、禁用化合物及兽药残留超标专项整治行动统一部署,统一推进,统一检查,统一总结,统一上报情况。各地要高度重视,加强组织领导,认真履行职责,加强部门协作和信息通报,采取切实有效的措施,确保各项工作取得实效。

食品药品监管总局办公厅

2016 年 8 月 22 日

最高人民法院关于审理走私、非法经营、非法使用兴奋剂刑事案件适用法律若干问题的解释

法释〔2019〕16 号

（2019 年 11 月 12 日最高人民法院审判委员会第 1781 次会议通过。自 2020 年 1 月 1 日起施行，2019 年 11 月 18 日最高人民法院 法释〔2019〕16 号发布。）

为依法惩治走私、非法经营、非法使用兴奋剂犯罪，维护体育竞赛的公平竞争，保护体育运动参加者的身心健康，根据《中华人民共和国刑法》《中华人民共和国刑事诉讼法》的规定，制定本解释。

第一条 运动员、运动员辅助人员走私兴奋剂目录所列物质，或者其他人员以在体育竞赛中非法使用为目的走私兴奋剂目录所列物质，涉案物质属于国家禁止进出口的货物、物品，具有下列情形之一的，应当依照刑法第一百五十一条第三款的规定，以走私国家禁止进出口的货物、物品罪定罪处罚：

（一）一年内曾因走私被给予二次以上行政处罚后又走私的；

（二）用于或者准备用于未成年人运动员、残疾人运动员的；

（三）用于或者准备用于国内、国际重大体育竞赛的；

（四）其他造成严重恶劣社会影响的情形。

实施前款规定的行为，涉案物质不属于国家禁止进出口的货物、物品，但偷逃应缴税额一万元以上或者一年内曾因走私被给予二次以上行政处罚后又走私的，应当依照刑法第一百五十三条的规定，以走私普通货物、物品罪定罪处罚。

对于本条第一款、第二款规定以外的走私兴奋剂目录所列物质行为，适用《最高人民法院、最高人民检察院关于办理走私刑事案件适用法律若干问题的解释》（法释〔2014〕10 号）规定的定罪量刑标准。

第二条 违反国家规定，未经许可经营兴奋剂目录所列物质，涉案物质属于法律、行政法规规定的限制买卖的物品，扰乱市场秩序，情节严重的，应当依照刑法第二百二十五条的规定，以非法经营罪定罪处罚。

第三条 对未成年人、残疾人负有监护、看护职责的人组织未成年人、残疾人在体育运动中非法使用兴奋剂，具有下列情形之一的，应当认定为刑法第二百六十条之一规定的"情节恶劣"，以虐待被监护、看护人罪定罪处罚：

（一）强迫未成年人、残疾人使用的；

（二）引诱、欺骗未成年人、残疾人长期使用的；

（三）其他严重损害未成年人、残疾人身心健康的情形。

第四条 在普通高等学校招生、公务员录用等法律规定的国家考试涉及的体育、体能测试等体育运动中，组织考生非法使用兴奋剂的，应当依照刑法第二百八十四条之一的规

定,以组织考试作弊罪定罪处罚。

明知他人实施前款犯罪而为其提供兴奋剂的,依照前款的规定定罪处罚。

第五条 生产、销售含有兴奋剂目录所列物质的食品,符合刑法第一百四十三条、第一百四十四条规定的,以生产、销售不符合安全标准的食品罪、生产、销售有毒、有害食品罪定罪处罚。

第六条 国家机关工作人员在行使反兴奋剂管理职权时滥用职权或者玩忽职守,造成严重兴奋剂违规事件,严重损害国家声誉或者造成恶劣社会影响,符合刑法第三百九十七条规定的,以滥用职权罪、玩忽职守罪定罪处罚。

依法或者受委托行使反兴奋剂管理职权的单位的工作人员,在行使反兴奋剂管理职权时滥用职权或者玩忽职守的,依照前款规定定罪处罚。

第七条 实施本解释规定的行为,涉案物质属于毒品、制毒物品等,构成有关犯罪的,依照相应犯罪定罪处罚。

第八条 对于是否属于本解释规定的"兴奋剂""兴奋剂目录所列物质""体育运动""国内、国际重大体育竞赛"等专门性问题,应当依据《中华人民共和国体育法》《反兴奋剂条例》等法律法规,结合国务院体育主管部门出具的认定意见等证据材料作出认定。

第九条 本解释自 2020 年 1 月 1 日起施行。

农业农村部办公厅关于开展"瘦肉精"专项整治行动的通知

农办牧〔2021〕18号

各省、自治区、直辖市农业农村（农牧、畜牧兽医）厅（局、委），新疆生产建设兵团农业农村局：

为进一步加强"瘦肉精"监管，切实保障畜产品质量安全，我部决定即日起开展为期三个月的"瘦肉精"专项整治行动。现就有关事项通知如下。

一、迅速开展全面排查

各地要切实落实属地管理责任，迅速组织对肉牛肉羊养殖场（户）、贩运经营者和屠宰企业进行全面排查，督促严格履行主体责任，不留漏洞和死角。在养殖环节，重点检查养殖安全承诺制度、出栏保证制度及出栏检测等措施落实情况，严格核查养殖档案记录，严防虚假承诺和记录。在收购贩运环节，重点检查活畜收购贩运企业（合作社、经纪人）落实收购贩运记录信息制度情况，并动态掌握活畜购销渠道。要会同有关部门排查活畜交易场所，重点检查交易活畜有无检疫证明、收购贩运记录。在屠宰环节，重点检查屠宰企业落实"瘦肉精"自检制度情况，严格核查相关档案记录，严防虚假记录。在养殖和屠宰环节排查过程中，要按比例抽取一定数量的样品进行"瘦肉精"快速筛查。各地要选派业务骨干，加强业务培训，提高发现问题隐患的能力，严格落实随机抽样要求，不得由被抽样单位送检，避免出现所谓"绿色羊"应付检测问题。对牧区纯放牧养殖方式的肉牛肉羊养殖场（户），由有关省份结合实际开展风险排查工作。

在做好肉牛和肉羊问题排查的同时，各地要毫不放松抓好生猪"瘦肉精"监管，持续强化风险监测和隐患排查，落实好关键环节抽检把关等措施。

二、组织实施飞行检查

在各地全面排查的基础上，农业农村部将组织国家饲料质量监督检验中心（北京）、农业农村部屠宰技术中心等有关检测机构，针对主产区和问题多发地区，开展"瘦肉精"飞行检查。对现场快速筛查出阳性样品的养殖场（户）、屠宰场所，当地农业农村部门要及时依法对其活畜及其产品采取临时控制措施。各省级农业农村部门要结合实际，组织开展"瘦肉精"监督抽检，对问题多发地区加大抽检频次。

三、严厉打击违法行为

各地要强化检打联动，从快、从严查处，严厉打击各类涉"瘦肉精"违法行为。在养殖、收购贩运和屠宰环节发现"瘦肉精"违法问题的，按照"瘦肉精"涉案线索移送与案件督办工作机制,一律移送公安机关立案调查,依法从重追究法律责任。要紧盯专项整治行动中发现的"瘦肉精"问题线索,积极协调配合公安机关追查"瘦肉精"制售源头和问题产品销售链条,坚决打掉生产黑窝点和地下销售网络。要完善跨省案件协查机制,在屠宰检测中发现含"瘦肉精"的活畜来自外省份的,要在取得确证结果后的1个工作日内通报产地农业农村部门,产地农业农村部门要在接到通报后1个工作日内,对涉嫌使用"瘦肉精"的养殖场(户)进行监督检查和取样检测,并及时反馈调查处理情况。发现监管人员存在为监管对象通风报信、在抽样检测中弄虚作假等问题线索的,要依纪依法追究相关人员责任,坚决打掉"保护伞"。

四、有关要求

(一)加强组织领导。我部成立由分管副部长任组长,有关司局单位参加的专项整治行动领导小组,畜牧兽医局牵头组建工作专班。各地农业农村部门要加强组织协调,充分调动系统内各方面力量,强化协同配合,确保高质量完成任务。各省份要成立专项整治工作组,于3月25日前,将工作组负责人和联络人名单及联系方式报我部畜牧兽医局。

(二)加强部门协作。我部与公安部、市场监管总局等部门强化"瘦肉精"涉案线索移送与案件督办工作机制,推动解决跨省域追查案件遇到的困难和问题。各地农业农村部门要建立健全本级部门协作工作机制,推动加大涉嫌犯罪案件查办力度,实现生产流通各环节监管无缝对接。

(三)畅通举报渠道。我部设立受理社会举报的电话010-59191356。省、市、县三级农业农村部门也要向社会公布举报电话,受理群众举报、收集问题线索,逐一进行核查,确保件件有反馈。鼓励有条件的地方出台举报奖励措施。

(四)加强督促督办。我部将采取每周调度、情况通报、案件督办、现场核查等方式,加大督促检查力度。各省级农业农村部门也要建立情况调度机制,因地制宜采取明察暗访、巡查检查等方式,确保各项工作措施不折不扣得到落实。对行动迟缓、措施不力的地方和单位,必要时进行约谈督促。

(五)抓好宣传引导。要充分利用各种媒体特别是网络新媒体渠道,面向养殖、收购贩运、屠宰的生产经营者,开展形式多样、通俗易懂的宣传,普及法律法规要求,通报违法典型案例,引导树立守法经营意识。要加强与媒体的沟通合作,充分发挥舆论引导和社会监督作用。

请各省级农业农村部门按要求每周报送专项整治行动进展情况(见附件),于6月30日前将专项整治行动工作总结报我部畜牧兽医局和农产品质量安全监管司。

五、联系方式

(一)农业农村部畜牧兽医局饲料饲草处 关龙

电   话:010-59192882

电子邮件:xmjslch@agri.gov.cn

通讯地址:北京市朝阳区农展南里11号

(二)农业农村部农产品质量安全监管司监督处 邓程君

电   话:010-59192694

电子邮件：nybjgc@163.com
通讯地址：北京市朝阳区农展南里11号
（三）农业农村部法规司执法监督处　张国桥
电　　话：010-59193393
电子邮件：zfszfjdc@163.com
通讯地址：北京市朝阳区农展南里11号

附件："瘦肉精"专项整治行动工作进展每周调度表

农业农村部办公厅
2021年3月19日

附件

"瘦肉精"专项整治行动工作进展每周调度表

省份：　　　　　填报日期：　　　　　填报人：　　　　　手机号：

项目	全省现有养殖场（户）数量（个）	排查情况					确证检出情况					查处情况								
		养殖场（户）数量（个）		牲畜数量（头、只）			养殖场（户）数量（个）		牲畜数量（头、只）			行政处罚				移交司法			
												养殖场（户）数量（个）		无害化处理牲畜数量（头、只）		立案个数（个）		涉案人员数（人）	
		本周	累计	本周	累计		本周	累计	本周	累计		本周	累计	本周	累计	本周	累计	本周	累计
肉牛																			
肉羊																			

项目	全省现有屠宰企业数量（个）	排查情况				确证检出情况				查处情况							
		屠宰企业数量（个）		产品数量（公斤）		屠宰企业数量（个）		产品数量（公斤）		行政处罚				移交司法			
										屠宰企业数量（个）		无害化处理产品数量（公斤）		立案个数（个）		涉案人员数（人）	
		本周	累计	本周	累计	本周	累计	本周	累计	本周	累计	本周	累计	本周	累计	本周	累计
肉牛																	
肉羊																	

备注：1. 牧区纯放牧养殖方式的肉牛肉羊养殖场（户）和各地生猪养殖场（户）不在本表统计范围，但风险排查发现确证案例的，要及时随报。
2. 首次报送时间为3月30日前，此后每周二下班前报送，将表格发送至xmjslch@agri.gov.cn。

农业部办公厅关于加强对反刍动物养殖环节瘦肉精监管的通知

农办牧〔2009〕33号

各省、自治区、直辖市畜牧（农业、农牧）厅（局、委、办）、饲料工作（工业）办公室：

近期，部分地区出现在反刍动物养殖中使用瘦肉精的新情况，已成为影响畜产品质量安全的新问题。对此，各级畜牧饲料管理部门要高度重视，立即采取有效措施，加强对反刍动物养殖环节的监管，进一步做好饲料质量安全执法年行动的各项工作，切实保障养殖产品安全。现将有关要求通知如下：

一、要立即开展反刍动物尿样中瘦肉精的监测。各地畜牧饲料管理部门要开展对反刍动物尿样中瘦肉精专项整治行动，对重点地区要进行拉网式监测，及时了解情况，掌握动态，监测结果要及时报告省级畜牧饲料管理部门。我部将组织相关检测机构对重点地区反刍动物瘦肉精使用情况进行调查摸底。

二、要加强反刍动物养殖环节的日常监管。各级畜牧饲料管理部门要加强对反刍动物养殖场户的监管，要把非法使用瘦肉精纳入反刍动物养殖日常监管，及时掌握相关信息和线索。对查出问题的养殖户一定要追根溯源，依法从重从严进行处罚，情况严重的，移送公安机关查处，坚决遏制在牛、羊等反刍动物中使用瘦肉精的苗头。

三、要广泛开展培训教育。基层畜牧饲料管理部门要对牛、羊等反刍动物养殖场户开展严禁使用瘦肉精等违禁药物培训教育，逐场逐户告知危害与后果，严防瘦肉精向反刍动物蔓延。

请各省级畜牧饲料管理部门将本地反刍动物养殖使用瘦肉精情况于2009年6月15日前报我部畜牧业司饲料处。

二〇〇九年五月十四日

动物毛发中克仑特罗、莱克多巴胺、沙丁胺醇和苯乙醇胺 A 的测定 液相色谱-串联质谱法

中华人民共和国农业农村部公告第 600 号

根据《兽药管理条例》《饲料和饲料添加剂管理条例》规定，我部组织制定了《动物毛发中克仑特罗、莱克多巴胺、沙丁胺醇和苯乙醇胺 A 的测定 液相色谱-串联质谱法》检测方法，现予发布，自发布之日起实施。

特此公告。

附件：动物毛发中克仑特罗、莱克多巴胺、沙丁胺醇和苯乙醇胺 A 的测定 液相色谱-串联质谱法

农业农村部
2022 年 9 月 3 日

附件

动物毛发中克仑特罗、莱克多巴胺、沙丁胺醇和苯乙醇胺 A 的测定 液相色谱-串联质谱法

1 范围

本方法规定了动物毛发中克仑特罗、莱克多巴胺、沙丁胺醇和苯乙醇胺 A 残留的液相色谱-串联质谱测定方法。

本方法适用于猪、牛和羊的毛发中克仑特罗、莱克多巴胺、沙丁胺醇和苯乙醇胺 A 残留量的测定。

2 原理

动物毛发经清洗、烘干、粉碎处理后，经盐酸溶液水解，固相萃取柱净化，液相色谱-串联质谱仪测定，同位素内标法定量。

3 试剂和材料

以下所用试剂，除特别注明外均为分析纯试剂，水为符合《分析实验室用水规格和试

验方法》(GB/T 6682)规定的一级水。

3.1 试剂

3.1.1 乙腈（C_2H_3N）：色谱纯。

3.1.2 甲酸（CH_2O_2）：色谱纯。

3.1.3 甲醇（CH_4O）：色谱纯。

3.1.4 十二烷基磺酸钠（$C_{12}H_{25}SO_3Na$）。

3.1.5 盐酸（HCl）：含量36%～38%。

3.1.6 氨水（$NH_3·H_2O$）：含量25%～28%。

3.2 溶液配制

3.2.1 十二烷基磺酸钠溶液：称取十二烷基磺酸钠10g，加水溶解并稀释至1 000mL，混匀。

3.2.2 0.1mol/L盐酸溶液：量取盐酸8.3mL，加水稀释至1 000mL，混匀。

3.2.3 0.1%甲酸溶液：量取甲酸1mL，加水稀释至1 000mL，混匀。

3.2.4 0.1%甲酸乙腈溶液：量取乙腈10mL，加入0.1%甲酸溶液90mL，混匀。

3.2.5 5%氨水甲醇溶液：量取氨水5mL，加入甲醇95mL，混匀。

3.3 标准品

3.3.1 盐酸克仑特罗、盐酸莱克多巴胺、沙丁胺醇和苯乙醇胺A，纯度均≥98.0%。详见附录1。

3.3.2 克仑特罗-D_9、盐酸莱克多巴胺D_3、沙丁胺醇-D_3和苯乙醇胺A-D_3，纯度均≥98.0%。详见附录1。

3.4 标准溶液的制备

3.4.1 克仑特罗、莱克多巴胺、沙丁胺醇和苯乙醇胺A标准储备溶液（1mg/mL）：取约10mg标准品（以克仑特罗、莱克多巴胺、沙丁胺醇和苯乙醇胺A计），精密称定，分别置于10mL棕色容量瓶中，用甲醇溶解并稀释至刻度，配成浓度均为1mg/mL的标准储备溶液。-18℃以下保存，有效期12个月。

3.4.2 内标储备溶液（1mg/mL）：取约10mg标准品（以克仑特罗-D_9、莱克多巴胺-D_3、沙丁胺醇-D_3、和苯乙醇胺A-D_3计），精密称定，分别置于10mL棕色容量瓶中，用甲醇溶解并稀释至刻度，配成浓度均为1mg/mL的内标储备溶液。-18℃以下保存，有效期12个月。

3.4.3 混合标准中间溶液（10μg/mL）：分别吸取标准储备溶液0.10mL，置于10mL棕色容量瓶中，用甲醇溶解并稀释至刻度，配成浓度为10μg/mL混合标准中间溶液。-18℃以下保存，有效期12个月。

3.4.4 混合标准工作溶液（100ng/mL）：吸取混合标准中间液0.10mL，置于10mL棕色容量瓶中，用0.1%甲酸乙腈溶液溶解并稀释至刻度，配成浓度为100ng/mL混合标准工作溶液，现配现用。

3.4.5 混合内标中间溶液（10μg/mL）：分别吸取内标储备液0.10mL，置于10mL棕色容量瓶中，用甲醇溶解并稀释至刻度，配成浓度为10μg/mL混合内标中间溶液。-18℃以下保存，有效期12个月。

3.4.6 混合内标工作溶液（100ng/mL）：吸取混合内标中间液0.10mL，置于10mL棕色容量瓶中，用0.1%甲酸乙腈溶液溶解并稀释至刻度，配成浓度为100ng/mL混合内标工作溶液，现配现用。

3.5 材料

3.5.1 固相萃取柱：混合型阳离子交换柱，60mg/3mL，或性能相当者。

3.5.2 微孔滤膜：孔径0.22μm，疏水型。

4 仪器和设备

4.1 液相色谱-串联质谱仪：配有电喷雾电离源（ESI）。

4.2 分析天平：感量0.00001g和0.001g。

4.3 超声波清洗器。

4.4 电热干燥箱，控温精度±2℃。

4.5 球磨机：振动频率不低于60Hz。

4.6 干燥器。

4.7 涡旋振荡器。

4.8 恒温水浴：控温精度±1℃。

4.9 离心机：转速不低于7 000r/min。

4.10 氮吹仪。

4.11 固相萃取装置。

5 试料的制备与保存

5.1 样品采集

选取动物背部毛发，从根部剪断，保存备用。采集毛发的质量应不少于4g。

5.2 样品制备

取2g毛发加入50mL烧杯中，加入20mL十二烷基磺酸钠溶液，于超声波清洗器上超声清洗30min，再用水洗净毛发，置于40℃电热干燥箱中烘干，用球磨机将其均质成粉末。

——取均质的供试毛发样品，作为供试试料。

——取均质的空白毛发样品，作为空白试料。

——取均质的空白毛发样品，添加适宜浓度的标准工作液，作为空白添加试料。

5.3 试料的保存

置于干燥器中保存。

6 测定步骤

6.1 提取

称取试料0.5g（精确至0.001g），于10mL离心管中，依次加入混合内标工作溶液25μL、0.1mol/L盐酸溶液5mL，涡旋混匀。于60℃水浴中水解4h，7 000r/min离心10min，取上清液备用。

6.2 净化

固相萃取柱依次用甲醇3mL，水3mL预洗。取全部备用液过柱，依次用水3mL、甲醇3mL淋洗,抽干,用5%氨水甲醇溶液3mL洗脱,收集洗脱液,于50℃氮气吹干,用0.1%甲酸乙腈溶液0.50mL溶解,过0.22μm微孔滤膜,供液相色谱-串联质谱仪测定。

6.3 标准曲线的制备

精密量取混合标准工作溶液、混合内标工作溶液适量,用0.1%甲酸乙腈溶液稀释成浓度为0.50ng/mL、1ng/mL、2ng/mL、5ng/mL、10ng/mL、50ng/mL和100ng/mL的系列标准工作溶液(含内标溶液均为5ng/mL),供液相色谱-串联质谱仪测定。以待测分析物特征离子质量色谱峰的峰面积与内标物特征离子质量色谱峰的峰面积比值为纵坐标,相应的浓度为横坐标,绘制标准曲线;求回归方程和相关系数,相关系数应大于0.99。

6.4 测定

6.4.1 液相色谱参考条件

a) 色谱柱:C_{18}柱,柱长100mm,内径2.1mm,粒径1.7μm。或性能相当者。
b) 柱温:40℃。
c) 进样量:10μL。
d) 流动相:A:0.1%甲酸溶液;B:乙腈,梯度洗脱程序见表1。

表1 梯度洗脱程序

时间 (min)	流速 (mL/min)	A(%)	B(%)
0	0.3	98	2
2	0.3	98	2
7	0.3	40	60
8	0.3	98	2
10	0.3	98	2

6.4.2 串联质谱参考条件

a) 电离方式:电喷雾电离,正离子模式(ESI+)。
b) 检测方式:多反应监测(MRM)。
c) 离子源温度:500℃。
d) 离子化电压:4 500V。
e) 脱溶剂气、锥孔气、碰撞气均为高纯氮气及其他合适气体,使用前应调节各气体流量使质谱灵敏度达到检测要求;脱溶剂气、锥孔气、碰撞气参考值分别为500L/h、30L/h和20L/h。
f) 定性离子对、定量离子对、锥孔电压及碰撞能量的参考值见表2。

表2 定性离子对、定量离子对、锥孔电压及碰撞能量的参考值

被测物名称	定性离子对(m/z)	定量离子对(m/z)	锥孔电压(V)	碰撞能量(eV)
克仑特罗	277.0>203.1	277.0>203.1	25	17
	277.0>259.2			11

(续表)

被测物名称	定性离子对（m/z）	定量离子对（m/z）	锥孔电压（V）	碰撞能量（eV）
莱克多巴胺	302.1＞107.0	302.1＞164.1	20	17
	302.1＞164.1			13
沙丁胺醇	240.1＞148.1	240.1＞148.1	25	20
	240.1＞222.1			10
苯乙醇胺 A	345.0＞327.0	345.0＞150.0	22	17
	345.0＞150.0			13
克仑特罗-D9	286.0＞204.1	286.0＞204.1	25	17
莱克多巴胺-D3	305.2＞167.2	305.2＞167.2	20	14
沙丁胺醇-D3	243.0＞151.2	243.0＞151.2	25	14
苯乙醇胺 A-D3	348.2＞153.1	348.2＞153.2	22	17

6.4.3 测定方法

a）定性测定

在相同的测试条件下，试样溶液的保留时间与标准溶液保留时间的偏差应在±2.5%之内；试样溶液中的离子相对丰度与标准溶液中的离子相对丰度相比，符合表3的要求。

表3 试样溶液中离子相对丰度的允许偏差范围

相对离子丰度	＞50%	＞20%至50%	＞10%至20%	≤10%
允许的相对偏差	±20%	±25%	±30%	±50%

b）定量测定

取试样溶液和标准工作溶液，作单点或多点校准，按内标法定量。标准工作溶液及试样溶液中目标物的响应值均应在线性范围内。如超出线性范围，应将试样溶液重新稀释至适当的浓度。在上述液相色谱—串联质谱条件下，标准溶液及对应的同位素内标溶液特征离子质量色谱图见附录2。

6.5 空白试验

取空白试料，除不添加待测分析物外，采用完全相同的测定步骤进行平行操作。

7 结果计算和表述

试料中克仑特罗、莱克多巴胺、沙丁胺醇或苯乙醇胺 A 残留量按标准曲线或以下公式计算：

$$X = \frac{A \times A'_{iS} \times C_S \times C_{iS} \times V}{A_{iS} \times A_S \times C'_{iS} \times m} \times \frac{1\,000}{1\,000}$$

X——供试试料中克仑特罗、莱克多巴胺、沙丁胺醇或苯乙醇胺 A 残留量，单位为微克每千克（μg/kg）；

A——试样溶液中克仑特罗、莱克多巴胺、沙丁胺醇或苯乙醇胺 A 的峰面积；

A_S——标准溶液中克仑特罗、莱克多巴胺、沙丁胺醇或苯乙醇胺 A 的峰面积；

A_{iS}——试样溶液中克仑特罗、莱克多巴胺、沙丁胺醇或苯乙醇胺 A 对应内标的峰面积；

A'_{iS}——标准溶液中克仑特罗、莱克多巴胺、沙丁胺醇或苯乙醇胺 A 对应内标的峰面积；

C_S——标准溶液中克仑特罗、莱克多巴胺、沙丁胺醇或苯乙醇胺 A 浓度，单位为纳克每毫升（ng/mL）；

C_{iS}——试样溶液中克仑特罗、莱克多巴胺、沙丁胺醇或苯乙醇胺 A 内标浓度，单位为纳克每毫升（ng/mL）；

C'_{iS}——标准溶液中克仑特罗、莱克多巴胺、沙丁胺醇或苯乙醇胺 A 内标浓度，单位为纳克每毫升（ng/mL）；

V——溶解最终残余物体积，单位为毫升（mL）；

m——供试试料的质量，单位为克（g）。

注：测定结果用平行测定的算术平均值表示，保留三位有效数字。

8 方法的灵敏度、准确度和精密度

8.1 灵敏度

本方法对猪、牛和羊毛发中克仑特罗、莱克多巴胺、沙丁胺醇和苯乙醇胺 A 的检测限为 0.5μg/kg，定量限为 1μg/kg。

8.2 准确度

本方法对于猪、牛和羊的毛发中克仑特罗、莱克多巴胺、沙丁胺醇和苯乙醇胺 A 在 1～100μg/kg 添加浓度范围内的回收率为 70%～120%。

8.3 精密度

本方法批内相对标准偏差≤20%，批间相对标准偏差≤20%。

附录 1

标准品的中英文名称、化学分子式和 CAS 号

标准品的中英文名称、化学分子式和 CAS 号见表 4。

表 4 标准品中英文名称、化学分子式和 CAS 号

中文名称	英文名称	化学分子式	CAS 号
盐酸克仑特罗	Clenbuterol hydrochloride	$C_{12}H_{18}ClN_2O \cdot HCl$	21898-19-1
盐酸莱克多巴胺	Ractopamine hydrochloride	$C_{18}H_{23}NO_3 \cdot HCl$	90274-24-1
沙丁胺醇	Salbutamol	$C_{13}H_{21}NO_3$	18559-94-9
苯乙醇胺 A	Phenylethanolamine A	$C_{19}H_{24}N_2O_4$	1346746-81-3
克仑特罗-D_9	Clenbuterol-D_9	$C_{12}H_9Cl_2D_9N_2O$	129138-58-5
盐酸莱克多巴胺-D_3	Ractopamine-D_3 hydrochloride	$C_{18}H_{20}D_3NO_3 \cdot HCl$	1219794-72-5
沙丁胺醇-D_3	Salbutamol-D_3	$C_{13}H_{18}D_3NO_3$	1219798-60-3
苯乙醇胺 A-D_3	Phenylethanolamine A-D_3	$C_{19}H_{21}D_3N_2O_4$	/

附录 2

克仑特罗、莱克多巴胺、沙丁胺醇和苯乙醇胺 A 的特征离子质量色谱图

克仑特罗、莱克多巴胺、沙丁胺醇和苯乙醇胺 A 标准溶液（10ng/mL）及内标溶液（5ng/mL）的特征离子质量色谱图见图 1。

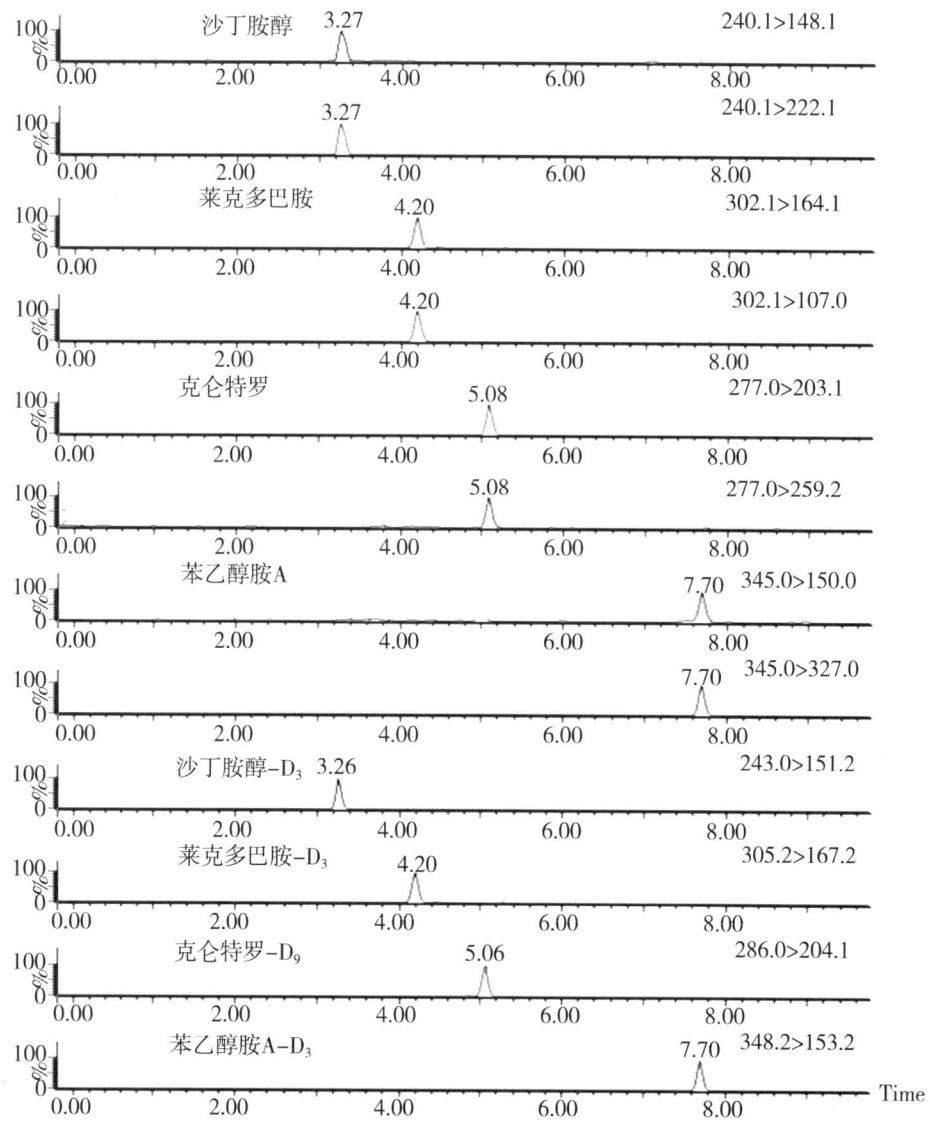

图 1　克仑特罗、莱克多巴胺、沙丁胺醇和苯乙醇胺 A 标准溶液及内标溶液的特征离子质量色谱图

（九）行业规划和政策

中共中央　国务院关于做好2023年全面推进乡村振兴重点工作的意见

（2023年1月2日）

党的二十大擘画了以中国式现代化全面推进中华民族伟大复兴的宏伟蓝图。全面建设社会主义现代化国家，最艰巨最繁重的任务仍然在农村。世界百年未有之大变局加速演进，我国发展进入战略机遇和风险挑战并存、不确定难预料因素增多的时期，守好"三农"基本盘至关重要、不容有失。党中央认为，必须坚持不懈把解决好"三农"问题作为全党工作重中之重，举全党全社会之力全面推进乡村振兴，加快农业农村现代化。强国必先强农，农强方能国强。要立足国情农情，体现中国特色，建设供给保障强、科技装备强、经营体系强、产业韧性强、竞争能力强的农业强国。

做好2023年和今后一个时期"三农"工作，要坚持以习近平新时代中国特色社会主义思想为指导，全面贯彻落实党的二十大精神，深入贯彻落实习近平总书记关于"三农"工作的重要论述，坚持和加强党对"三农"工作的全面领导，坚持农业农村优先发展，坚持城乡融合发展，强化科技创新和制度创新，坚决守牢确保粮食安全、防止规模性返贫等底线，扎实推进乡村发展、乡村建设、乡村治理等重点工作，加快建设农业强国，建设宜居宜业和美乡村，为全面建设社会主义现代化国家开好局起好步打下坚实基础。

一、抓紧抓好粮食和重要农产品稳产保供

（一）全力抓好粮食生产。确保全国粮食产量保持在1.3万亿斤以上，各省（自治区、直辖市）都要稳住面积、主攻单产、力争多增产。全方位夯实粮食安全根基，强化藏粮于地、藏粮于技的物质基础，健全农民种粮挣钱得利、地方抓粮担责尽义的机制保障。实施新一轮千亿斤粮食产能提升行动。开展吨粮田创建。推动南方省份发展多熟制粮食生产，鼓励有条件的地方发展再生稻。支持开展小麦"一喷三防"。实施玉米单产提升工程。继续提高小麦最低收购价，合理确定稻谷最低收购价，稳定稻谷补贴，完善农资保供稳价应对机制。健全主产区利益补偿机制，增加产粮大县奖励资金规模。逐步扩大稻谷小麦玉米完全成本保险和种植收入保险实施范围。实施好优质粮食工程。鼓励发展粮食订单生产，实现优质优价。严防"割青毁粮"。严格省级党委和政府耕地保护和粮食安全责任制考核。推动出台粮食安全保障法。

（二）加力扩种大豆油料。深入推进大豆和油料产能提升工程。扎实推进大豆玉米带

状复合种植，支持东北、黄淮海地区开展粮豆轮作，稳步开发利用盐碱地种植大豆。完善玉米大豆生产者补贴，实施好大豆完全成本保险和种植收入保险试点。统筹油菜综合性扶持措施，推行稻油轮作，大力开发利用冬闲田种植油菜。支持木本油料发展，实施加快油茶产业发展三年行动，落实油茶扩种和低产低效林改造任务。深入实施饲用豆粕减量替代行动。

（三）发展现代设施农业。实施设施农业现代化提升行动。加快发展水稻集中育秧中心和蔬菜集约化育苗中心。加快粮食烘干、农产品产地冷藏、冷链物流设施建设。集中连片推进老旧蔬菜设施改造提升。推进畜禽规模化养殖场和水产养殖池塘改造升级。在保护生态和不增加用水总量前提下，探索科学利用戈壁、沙漠等发展设施农业。鼓励地方对设施农业建设给予信贷贴息。

（四）构建多元化食物供给体系。树立大食物观，加快构建粮经饲统筹、农林牧渔结合、植物动物微生物并举的多元化食物供给体系，分领域制定实施方案。建设优质节水高产稳产饲草料生产基地，加快苜蓿等草产业发展。大力发展青贮饲料，加快推进秸秆养畜。发展林下种养。深入推进草原畜牧业转型升级，合理利用草地资源，推进划区轮牧。科学划定限养区，发展大水面生态渔业。建设现代海洋牧场，发展深水网箱、养殖工船等深远海养殖。培育壮大食用菌和藻类产业。加大食品安全、农产品质量安全监管力度，健全追溯管理制度。

（五）统筹做好粮食和重要农产品调控。加强粮食应急保障能力建设。强化储备和购销领域监管。落实生猪稳产保供省负总责，强化以能繁母猪为主的生猪产能调控。严格"菜篮子"市长负责制考核。完善棉花目标价格政策。继续实施糖料蔗良种良法技术推广补助政策。完善天然橡胶扶持政策。加强化肥等农资生产、储运调控。发挥农产品国际贸易作用，深入实施农产品进口多元化战略。深入开展粮食节约行动，推进全链条节约减损，健全常态化、长效化工作机制。提倡健康饮食。

二、加强农业基础设施建设

（六）加强耕地保护和用途管控。严格耕地占补平衡管理，实行部门联合开展补充耕地验收评定和"市县审核、省级复核、社会监督"机制，确保补充的耕地数量相等、质量相当、产能不降。严格控制耕地转为其他农用地。探索建立耕地种植用途管控机制，明确利用优先序，加强动态监测，有序开展试点。加大撂荒耕地利用力度。做好第三次全国土壤普查工作。

（七）加强高标准农田建设。完成高标准农田新建和改造提升年度任务，重点补上土壤改良、农田灌排设施等短板，统筹推进高效节水灌溉，健全长效管护机制。制定逐步把永久基本农田全部建成高标准农田的实施方案。加强黑土地保护和坡耕地综合治理。严厉打击盗挖黑土、电捕蚯蚓等破坏土壤行为。强化干旱半干旱耕地、红黄壤耕地产能提升技术攻关，持续推动由主要治理盐碱地适应作物向更多选育耐盐碱植物适应盐碱地转变，做好盐碱地等耕地后备资源综合开发利用试点。

（八）加强水利基础设施建设。扎实推进重大水利工程建设，加快构建国家水网骨干网络。加快大中型灌区建设和现代化改造。实施一批中小型水库及引调水、抗旱备用水源等工程建设。加强田间地头渠系与灌区骨干工程连接等农田水利设施建设。支持重点区域开展地下水超采综合治理,推进黄河流域农业深度节水控水。在干旱半干旱地区发展高效节水旱作农业。强化蓄滞洪区建设管理、中小河流治理、山洪灾害防治,加快实施中小水库除险加固和小型水库安全监测。深入推进农业水价综合改革。

(九)强化农业防灾减灾能力建设。研究开展新一轮农业气候资源普查和农业气候区划工作。优化完善农业气象观测设施站网布局,分区域、分灾种发布农业气象灾害信息。加强旱涝灾害防御体系建设和农业生产防灾救灾保障。健全基层动植物疫病虫害监测预警网络。抓好非洲猪瘟等重大动物疫病常态化防控和重点人兽共患病源头防控。提升重点区域森林草原火灾综合防控水平。

三、强化农业科技和装备支撑

(十)推动农业关键核心技术攻关。坚持产业需求导向,构建梯次分明、分工协作、适度竞争的农业科技创新体系,加快前沿技术突破。支持农业领域国家实验室、全国重点实验室、制造业创新中心等平台建设,加强农业基础性长期性观测实验站(点)建设。完善农业科技领域基础研究稳定支持机制。

(十一)深入实施种业振兴行动。完成全国农业种质资源普查。构建开放协作、共享应用的种质资源精准鉴定评价机制。全面实施生物育种重大项目,扎实推进国家育种联合攻关和畜禽遗传改良计划,加快培育高产高油大豆、短生育期油菜、耐盐碱作物等新品种。加快玉米大豆生物育种产业化步伐,有序扩大试点范围,规范种植管理。

(十二)加快先进农机研发推广。加紧研发大型智能农机装备、丘陵山区适用小型机械和园艺机械。支持北斗智能监测终端及辅助驾驶系统集成应用。完善农机购置与应用补贴政策,探索与作业量挂钩的补贴办法,地方要履行法定支出责任。

(十三)推进农业绿色发展。加快农业投入品减量增效技术推广应用,推进水肥一体化,建立健全秸秆、农膜、农药包装废弃物、畜禽粪污等农业废弃物收集利用处理体系。推进农业绿色发展先行区和观测试验基地建设。健全耕地休耕轮作制度。加强农用地土壤镉等重金属污染源头防治。强化受污染耕地安全利用和风险管控。建立农业生态环境保护监测制度。出台生态保护补偿条例。严格执行休禁渔期制度,实施好长江十年禁渔,巩固退捕渔民安置保障成果。持续开展母亲河复苏行动,科学实施农村河湖综合整治。加强黄土高原淤地坝建设改造。加大草原保护修复力度。巩固退耕还林还草成果,落实相关补助政策。严厉打击非法引入外来物种行为,实施重大危害入侵物种防控攻坚行动,加强"异宠"交易与放生规范管理。

四、巩固拓展脱贫攻坚成果

(十四)坚决守住不发生规模性返贫底线。压紧压实各级巩固拓展脱贫攻坚成果责任,确保不松劲、不跑偏。强化防止返贫动态监测。对有劳动能力、有意愿的监测户,落实开发式帮扶措施。健全分层分类的社会救助体系,做好兜底保障。巩固提升"三保障"和饮水安全保障成果。

(十五)增强脱贫地区和脱贫群众内生发展动力。把增加脱贫群众收入作为根本要求,把促进脱贫县加快发展作为主攻方向,更加注重扶志扶智,聚焦产业就业,不断缩小收入差距、发展差距。中央财政衔接推进乡村振兴补助资金用于产业发展的比重力争提高到

60%以上,重点支持补上技术、设施、营销等短板。鼓励脱贫地区有条件的农户发展庭院经济。深入开展多种形式的消费帮扶,持续推进消费帮扶示范城市和产地示范区创建,支持脱贫地区打造区域公用品牌。财政资金和帮扶资金支持的经营性帮扶项目要健全利益联结机制,带动农民增收。管好用好扶贫项目资产。深化东西部劳务协作,实施防止返贫就业攻坚行动,确保脱贫劳动力就业规模稳定在 3 000 万人以上。持续运营好就业帮扶车间和其他产业帮扶项目。充分发挥乡村公益性岗位就业保障作用。深入开展"雨露计划+"就业促进行动。在国家乡村振兴重点帮扶县实施一批补短板促振兴重点项目,深入实施医疗、教育干部人才"组团式"帮扶,更好发挥驻村干部、科技特派员产业帮扶作用。深入开展巩固易地搬迁脱贫成果专项行动和搬迁群众就业帮扶专项行动。

(十六)稳定完善帮扶政策。落实巩固拓展脱贫攻坚成果同乡村振兴有效衔接政策。开展国家乡村振兴重点帮扶县发展成效监测评价。保持脱贫地区信贷投放力度不减,扎实做好脱贫人口小额信贷工作。按照市场化原则加大对帮扶项目的金融支持。深化东西部协作,组织东部地区经济较发达县(市、区)与脱贫县开展携手促振兴行动,带动脱贫县更多承接和发展劳动密集型产业。持续做好中央单位定点帮扶,调整完善结对关系。深入推进"万企兴万村"行动。研究过渡期后农村低收入人口和欠发达地区常态化帮扶机制。

五、推动乡村产业高质量发展

(十七)做大做强农产品加工流通业。实施农产品加工业提升行动,支持家庭农场、农民合作社和中小微企业等发展农产品产地初加工,引导大型农业企业发展农产品精深加工。引导农产品加工企业向产地下沉、向园区集中,在粮食和重要农产品主产区统筹布局建设农产品加工产业园。完善农产品流通骨干网络,改造提升产地、集散地、销地批发市场,布局建设一批城郊大仓基地。支持建设产地冷链集配中心。统筹疫情防控和农产品市场供应,确保农产品物流畅通。

(十八)加快发展现代乡村服务业。全面推进县域商业体系建设。加快完善县乡村电子商务和快递物流配送体系,建设县域集采集配中心,推动农村客货邮融合发展,大力发展共同配送、即时零售等新模式,推动冷链物流服务网络向乡村下沉。发展乡村餐饮购物、文化体育、旅游休闲、养老托幼、信息中介等生活服务。鼓励有条件的地区开展新能源汽车和绿色智能家电下乡。

(十九)培育乡村新产业新业态。继续支持创建农业产业强镇、现代农业产业园、优势特色产业集群。支持国家农村产业融合发展示范园建设。深入推进农业现代化示范区建设。实施文化产业赋能乡村振兴计划。实施乡村休闲旅游精品工程,推动乡村民宿提质升级。深入实施"数商兴农"和"互联网+"农产品出村进城工程,鼓励发展农产品电商直采、定制生产等模式,建设农副产品直播电商基地。提升净菜、中央厨房等产业标准化和规范化水平。培育发展预制菜产业。

(二十)培育壮大县域富民产业。完善县乡村产业空间布局,提升县城产业承载和配套服务功能,增强重点镇集聚功能。实施"一县一业"强县富民工程。引导劳动密集型产业向中西部地区、向县域梯度转移,支持大中城市在周边县域布局关联产业和配套企业。支持国家级高新区、经开区、农高区托管联办县域产业园区。

六、拓宽农民增收致富渠道

(二十一)促进农民就业增收。强化各项稳岗纾困政策落实,加大对中小微企业稳岗倾斜力度,稳定农民工就业。促进农民工职业技能提升。完善农民工工资支付监测预警机制。维护好超龄农民工就业权益。加快完善灵活就业人员权益保障制度。加强返乡入乡创业园、农村创业孵化实训基地等建设。在政府投资重点工程和农业农村基础设施建设项目中推广以工代赈,适当提高劳务报酬发放比例。

(二十二)促进农业经营增效。深入开展新型农业经营主体提升行动,支持家庭农场组建农民合作社、合作社根据发展需要办企业,带动小农户合作经营、共同增收。实施农业社会化服务促进行动,大力发展代耕代种、代管代收、全程托管等社会化服务,鼓励区域性综合服务平台建设,促进农业节本增效、提质增效、营销增效。引导土地经营权有序流转,发展农业适度规模经营。总结地方"小田并大田"等经验,探索在农民自愿前提下,结合农田建设、土地整治逐步解决细碎化问题。完善社会资本投资农业农村指引,加强资本下乡引入、使用、退出的全过程监管。健全社会资本通过流转取得土地经营权的资格审查、项目审核和风险防范制度,切实保障农民利益。坚持为农服务和政事分开、社企分开,持续深化供销合作社综合改革。

(二十三)赋予农民更加充分的财产权益。深化农村土地制度改革,扎实搞好确权,稳步推进赋权,有序实现活权,让农民更多分享改革红利。研究制定第二轮土地承包到期后再延长30年试点工作指导意见。稳慎推进农村宅基地制度改革试点,切实摸清底数,加快房地一体宅基地确权登记颁证,加强规范管理,妥善化解历史遗留问题,探索宅基地"三权分置"有效实现形式。深化农村集体经营性建设用地入市试点,探索建立兼顾国家、农村集体经济组织和农民利益的土地增值收益有效调节机制。保障进城落户农民合法土地权益,鼓励依法自愿有偿转让。巩固提升农村集体产权制度改革成果,构建产权关系明晰、治理架构科学、经营方式稳健、收益分配合理的运行机制,探索资源发包、物业出租、居间服务、资产参股等多样化途径发展新型农村集体经济。健全农村集体资产监管体系。保障妇女在农村集体经济组织中的合法权益。继续深化集体林权制度改革。深入推进农村综合改革试点示范。

七、扎实推进宜居宜业和美乡村建设

(二十四)加强村庄规划建设。坚持县域统筹,支持有条件有需求的村庄分区分类编制村庄规划,合理确定村庄布局和建设边界。将村庄规划纳入村级议事协商目录。规范优化乡村地区行政区划设置,严禁违背农民意愿撤并村庄、搞大社区。推进以乡镇为单元的全域土地综合整治。积极盘活存量集体建设用地,优先保障农民居住、乡村基础设施、公共服务空间和产业用地需求,出台乡村振兴用地政策指南。编制村容村貌提升导则,立足乡土特征、地域特点和民族特色提升村庄风貌,防止大拆大建、盲目建牌楼亭廊"堆盆景"。实施传统村落集中连片保护利用示范,建立完善传统村落调查认定、撤并前置审查、灾毁防范等制度。制定农村基本具备现代生活条件建设指引。

(二十五)扎实推进农村人居环境整治提升。加大村庄公共空间整治力度,持续开展村庄清洁行动。巩固农村户厕问题摸排整改成果,引导农民开展户内改厕。加强农村公厕建设维护。以人口集中村镇和水源保护区周边村庄为重点，分类梯次推进农村生活污水治理。推动农村生活垃圾源头分类减量，及时清运处置。推进厕所粪污、易腐烂垃圾、有机废弃物就近就地资源化利用。持续开展爱国卫生运动。

（二十六）持续加强乡村基础设施建设。加强农村公路养护和安全管理，推动与沿线配套设施、产业园区、旅游景区、乡村旅游重点村一体化建设。推进农村规模化供水工程建设和小型供水工程标准化改造，开展水质提升专项行动。推进农村电网巩固提升，发展农村可再生能源。支持农村危房改造和抗震改造，基本完成农房安全隐患排查整治，建立全过程监管制度。开展现代宜居农房建设示范。深入实施数字乡村发展行动，推动数字化应用场景研发推广。加快农业农村大数据应用，推进智慧农业发展。落实村庄公共基础设施管护责任。加强农村应急管理基础能力建设，深入开展乡村交通、消防、经营性自建房等重点领域风险隐患治理攻坚。

（二十七）提升基本公共服务能力。推动基本公共服务资源下沉，着力加强薄弱环节。推进县域内义务教育优质均衡发展，提升农村学校办学水平。落实乡村教师生活补助政策。推进医疗卫生资源县域统筹，加强乡村两级医疗卫生、医疗保障服务能力建设。统筹解决乡村医生薪酬分配和待遇保障问题，推进乡村医生队伍专业化规范化。提高农村传染病防控和应急处置能力。做好农村新冠疫情防控工作，层层压实责任，加强农村老幼病残孕等重点人群医疗保障，最大程度维护好农村居民身体健康和正常生产生活秩序。优化低保审核确认流程，确保符合条件的困难群众"应保尽保"。深化农村社会工作服务。加快乡镇区域养老服务中心建设，推广日间照料、互助养老、探访关爱、老年食堂等养老服务。实施农村妇女素质提升计划，加强农村未成年人保护工作，健全农村残疾人社会保障制度和关爱服务体系，关心关爱精神障碍人员。

八、健全党组织领导的乡村治理体系

（二十八）强化农村基层党组织政治功能和组织功能。突出大抓基层的鲜明导向，强化县级党委抓乡促村责任，深入推进抓党建促乡村振兴。全面培训提高乡镇、村班子领导乡村振兴能力。派强用好驻村第一书记和工作队，强化派出单位联村帮扶。开展乡村振兴领域腐败和作风问题整治。持续开展市县巡察，推动基层纪检监察组织和村务监督委员会有效衔接，强化对村干部全方位管理和经常性监督。对农村党员分期分批开展集中培训。通过设岗定责等方式，发挥农村党员先锋模范作用。

（二十九）提升乡村治理效能。坚持以党建引领乡村治理，强化县乡村三级治理体系功能，压实县级责任，推动乡镇扩权赋能，夯实村级基础。全面落实县级领导班子成员包乡走村、乡镇领导班子成员包村联户、村干部经常入户走访制度。健全党组织领导的村民自治机制，全面落实"四议两公开"制度。加强乡村法治教育和法律服务，深入开展"民主法治示范村（社区）"创建。坚持和发展新时代"枫桥经验"，完善社会矛盾纠纷多元预防调处化解机制。完善网格化管理、精细化服务、信息化支撑的基层治理平台。推进农村扫黑除恶常态化。开展打击整治农村赌博违法犯罪专项行动。依法严厉打击侵害农村妇女儿童权利的违法犯罪行为。完善推广积分制、清单制、数字化、接诉即办等务实管用的治理方式。深化乡村治理体系建设试点，组织开展全国乡村治理示范村镇创建。

（三十）加强农村精神文明建设。深入开展社会主义核心价值观宣传教育，继续在乡村开展听党话、感党恩、跟党走宣传教育活动。深化农村群众性精神文明创建，拓展新时代文明实践中心、县级融媒体中心等建设，支持乡村自办群众性文化活动。注重家庭家教家风建设。深入实施农耕文化传承保护工程，加强重要农业文化遗产保护利用。办好中国农民丰收节。推动各地因地制宜制定移风易俗规范，强化村规民约约束作用，党员、干部带头示范，扎实开展高价彩礼、大操大办等重点领域突出问题专项治理。推进农村丧葬习俗改革。

九、强化政策保障和体制机制创新

（三十一）健全乡村振兴多元投入机制。坚持把农业农村作为一般公共预算优先保障领域，压实地方政府投入责任。稳步提高土地出让收益用于农业农村比例。将符合条件的乡村振兴项目纳入地方政府债券支持范围。支持以市场化方式设立乡村振兴基金。健全政府投资与金融、社会投入联动机制，鼓励将符合条件的项目打捆打包按规定由市场主体实施，撬动金融和社会资本按市场化原则更多投向农业农村。用好再贷款再贴现、差别化存款准备金、差异化金融监管和考核评估等政策，推动金融机构增加乡村振兴相关领域贷款投放，重点保障粮食安全信贷资金需求。引导信贷担保业务向农业农村领域倾斜，发挥全国农业信贷担保体系作用。加强农业信用信息共享。发挥多层次资本市场支农作用，优化"保险+期货"。加快农村信用社改革化险，推动村镇银行结构性重组。鼓励发展渔业保险。

（三十二）加强乡村人才队伍建设。实施乡村振兴人才支持计划，组织引导教育、卫生、科技、文化、社会工作、精神文明建设等领域人才到基层一线服务，支持培养本土急需紧缺人才。实施高素质农民培育计划，开展农村创业带头人培育行动，提高培训实效。大力发展面向乡村振兴的职业教育，深化产教融合和校企合作。完善城市专业技术人才定期服务乡村激励机制，对长期服务乡村的在职务晋升、职称评定方面予以适当倾斜。引导城市专业技术人员入乡兼职兼薪和离岗创业。允许符合一定条件的返乡回乡下乡就业创业人员在原籍地或就业创业地落户。继续实施农村订单定向医学生免费培养项目、教师"优师计划"、"特岗计划"、"国培计划"，实施"大学生乡村医生"专项计划。实施乡村振兴巾帼行动、青年人才开发行动。

（三十三）推进县域城乡融合发展。健全城乡融合发展体制机制和政策体系，畅通城乡要素流动。统筹县域城乡规划建设，推动县城城镇化补短板强弱项，加强中心镇市政、服务设施建设。深入推进县域农民工市民化，建立健全基本公共服务同常住人口挂钩、由常住地供给机制。做好农民工金融服务工作。梯度配置县乡公共资源，发展城乡学校共同体、紧密型医疗卫生共同体、养老服务联合体，推动县域供电、供气、电信、邮政等普遍服务类设施城乡统筹建设和管护，有条件的地区推动市政管网、乡村微管网等往户延伸。扎实开展乡村振兴示范创建。

办好农村的事，实现乡村振兴，关键在党。各级党委和政府要认真学习宣传贯彻党的二十大精神，学深悟透习近平总书记关于"三农"工作的重要论述，把"三农"工作摆在突出位置抓紧抓好，不断提高"三农"工作水平。加强工作作风建设，党员干部特别是领导干部要树牢群众观点，贯彻群众路线，多到基层、多接地气，大兴调查研究之风。发挥农民主体作用，调动农民参与乡村振兴的积极性、主动性、创造性。强化系统观念，统筹解决好"三农"工作中两难、多难问题，把握好工作时度效。深化纠治乡村振兴中的各类形式主义、官僚主义等问题，切实减轻基层迎评送检、填表报数、过度留痕等负担，推动基层把主要精力放在谋发展、抓治理和为农民群众办实事上。全面落实乡村振兴责任制，坚持五级书记抓，统筹开展乡村振兴战略实绩考核、巩固拓展脱贫攻坚成果同乡村振兴有效衔接考核评估，将抓党建促乡村振兴情况作为市县乡党委书记抓基层党建述职评议考核的重要内容。加强乡村振兴统计监测。制定加快建设农业强国规划，做好整体谋划和系统安排，同现有规划相衔接，分阶段扎实稳步推进。

让我们紧密团结在以习近平同志为核心的党中央周围，坚定信心、踔厉奋发、埋头苦干，全面推进乡村振兴，加快建设农业强国，为全面建设社会主义现代化国家、全面推进中华民族伟大复兴作出新的贡献。

中共中央办公厅　国务院办公厅印发
《粮食节约行动方案》

新华社北京10月31日电　近日，中共中央办公厅、国务院办公厅印发了《粮食节约行动方案》，并发出通知，要求各地区各部门结合实际认真贯彻落实。

《粮食节约行动方案》全文如下。

党的十八大以来，以习近平同志为核心的党中央高度重视节粮减损工作，强调要采取综合措施降低粮食损耗浪费，坚决刹住浪费粮食的不良风气。近年来，各地区各部门认真贯彻落实党中央有关决策部署，不断加大厉行节约、反对食品浪费工作力度，取得积极成效，但浪费问题仍不容忽视，加强粮食全产业链各环节节约减损的任务繁重。为贯彻落实党的十九届五中全会关于"开展粮食节约行动"的部署要求，推动实施《中华人民共和国反食品浪费法》，制定本方案。

一、总体要求

以习近平新时代中国特色社会主义思想为指导，坚持系统治理、依法治理、长效治理，坚持党委领导、政府主导、行业引导、公众参与，突出重点领域和关键环节，强化刚性制度约束，推动粮食全产业链各环节节约减损取得实效，为加快构建更高层次、更高质量、更有效率、更可持续的国家粮食安全保障体系奠定坚实基础。

到2025年，粮食全产业链各环节节粮减损举措更加硬化实化细化，推动节粮减损取得更加明显成效，节粮减损制度体系、标准体系和监测体系基本建立，常态长效治理机制基本健全，"光盘行动"深入开展，食品浪费问题得到有效遏制，节约粮食、反对浪费在全社会蔚然成风。

二、强化农业生产环节节约减损

（一）推进农业节约用种。完善主要粮食作物品种审定标准，突出高产高效、多抗广适、低损收获的品种特性，加快选育节种宜机品种。编制推进节种减损机械研发导向目录，加大先进适用精量播种机等研发推广力度。集成推广水稻工厂化集中育秧、玉米单粒精播、小麦精量半精量播种，以及种肥同播等关键技术。

（二）减少田间地头收获损耗。着力推进粮食精细收获，强化农机、农艺、品种集成配套，提高关键技术到位率和覆盖率。制定修订水稻、玉米、小麦、大豆机收减损技术指导规范，引导农户适时择机收获。鼓励地方提升应急抢种抢收装备和应急服务供给能力。加快推广应用智能绿色高效收获机械。将农机手培训纳入高素质农民培育工程，提高机手规范操作能力。

三、加强粮食储存环节减损

（三）改善粮食产后烘干条件。将粮食烘干成套设施装备纳入农机新产品补贴试点范围，提升烘干能力。鼓励产粮大县推进环保烘干设施应用，加大绿色热源烘干设备推广力度。鼓励新型农业经营主体、粮食企业、粮食产后服务中心等为农户提供粮食烘干服务，烘干用地用电统一按农用标准管理。

（四）支持引导农户科学储粮。加强农户科学储粮技术培训和服务。开展不同规模农户储粮装具选型及示范应用。在东北地区推广农户节约简捷高效储粮装具，逐步解决"地趴粮"问题。

（五）推进仓储设施节约减损。鼓励开展绿色仓储提升行动和绿色储粮标准化试点。升级修缮老旧仓房，推进粮食仓储信息化。推动粮仓设施分类分级和规范管理，提高用仓质量和效能。

四、加强粮食运输环节减损保障

（六）完善运输基础设施和装备。建设铁路专用线、专用码头、散粮中转及配套设施，减少运输环节粮食损耗。推广粮食专用散装运输车、铁路散粮车、散装运输船、敞顶集装箱、港口专用装卸机械和回收设备。加强港口集疏运体系建设，发展粮食集装箱公铁水多式联运。

（七）健全农村粮食物流服务网络。结合"四好农村路"建设，完善农村交通运输网络，提升粮食运输服务水平。

（八）开展物流标准化示范。发展规范化、标准化、信息化散粮运输服务体系，探索应用粮食高效减损物流模式，推动散粮运输设备无缝对接。在"北粮南运"重点线路、关键节点，开展多式联运高效物流衔接技术示范。

五、加快推进粮食加工环节节粮减损

（九）提高粮油加工转化率。制定修订小麦粉等口粮、食用油加工标准，完善适度加工标准，合理确定加工精度等指标，引导消费者逐步走出过度追求"精米白面"的饮食误区，提高粮油出品率。提升粮食加工行业数字化管理水平。推进面粉加工设备智能化改造，推广低温升碾米设备，鼓励应用柔性大米加工设备，引导油料油脂适度加工。发展全谷物产业，启动"国家全谷物行动计划"。创新食品加工配送模式，支持餐饮单位充分利用中央厨房，加快主食配送中心和冷链配套体系建设。

（十）加强饲料粮减量替代。推广猪鸡饲料中玉米、豆粕减量替代技术，充分挖掘利用杂粮、杂粕、粮食加工副产物等替代资源。改进制油工艺，提高杂粕质量。完善国家饲料原料营养价值数据库，引导饲料企业建立多元化饲料配方结构，推广饲料精准配方技术和精准配制工艺。加快推广低蛋白日粮技术，提高蛋白饲料利用效率，降低豆粕添加比例。增加优质饲草供应，降低牛羊养殖中精饲料用量。

（十一）加强粮食资源综合利用。有效利用米糠、麸皮、胚芽、油料粕、薯渣薯液等粮油加工副产物，生产食用产品、功能物质及工业制品。对以粮食为原料的生物质能源加工业发展进行调控。

六、坚决遏制餐饮消费环节浪费

（十二）加强餐饮行业经营行为管理。完善餐饮行业反食品浪费制度，健全行业标准、服务规范。鼓励引导餐饮服务经营者主动提示消费者适量点餐，主动提供"小份菜"、"小份饭"等服务，在菜单或网络餐饮服务平台的展示页面上向消费者提供食品分量、规格或者建议消费人数等信息。充分发挥媒体、消费者等社会监督作用，鼓励通过服务热线反映举报餐饮服务经营者浪费行为。对餐饮服务经营者食品浪费违法行为，依法严肃查处。

（十三）落实单位食堂反食品浪费管理责任。单位食堂要加强食品采购、储存、加工动态管理，推行荤素搭配、少油少盐等健康饮食方式，制定实施防止食品浪费措施。鼓励采取预约用餐、按量配餐、小份供餐、按需补餐等方式，科学采购和使用食材。抓好机关食堂用餐节约，实施机关食堂反食品浪费工作成效评估和通报制度。开展单位食堂检查，纠正浪费行为。

（十四）加强公务活动用餐节约。各级党政机关、国有企事业单位要落实中央八项规定及其实施细则精神，切实加强公务接待、会议、培训等公务活动用餐管理。按照健康、节约要求，科学合理安排饭菜数量，原则上实行自助餐。严禁以会议、培训等名义组织宴请或大吃大喝。

（十五）建立健全学校餐饮节约管理长效机制。强化学校就餐现场管理，加大就餐检查力度，落实中小学、幼儿园集中用餐陪餐制度。加强家校合作，强化家庭教育，培养学生勤俭节约、杜绝浪费的良好饮食习惯。广泛开展劳动教育，积极组织多种形式的粮食节约实践教育活动。

（十六）减少家庭和个人食品浪费。加强公众营养膳食科普知识宣传，倡导营养均衡、科学文明的饮食习惯，鼓励家庭科学制定膳食计划，按需采买食品，充分利用食材。提倡采用小分量、多样化、营养搭配的烹饪方式。

（十七）推进厨余垃圾资源化利用。指导地方建立厨余垃圾收集、投放、运输、处理体系，推动源头减量。通过中央预算内投资、企业发行绿色债券等方式，支持厨余垃圾资源化利用和无害化处理，引导社会资本积极参与。做好厨余垃圾分类收集。探索推进餐桌剩余食物饲料化利用。

七、大力推进节粮减损科技创新

（十八）强化粮食生产技术支撑。推动气吸排种、低损喂入、高效清选、作业监测等播种收获环节关键共性技术研发。突破地形匹配技术，研发与丘陵山区农业生产模式配套的先进适用技术装备，抓好关键零部件精密制造，减少丘陵山区粮食机械收获损耗。加强对倒伏等受灾作物收获机械的研发。引导企业开展粮食高效低损收获机械攻关，优化割台、脱粒、分离、清选能力。

（十九）推进储运减损关键技术提质升级。发展安全低温高效节能储粮智能化技术。提升仓储虫霉防控水平，研制新药剂。推广粮食安全储藏新仓型，推进横向通风储粮技术等应用。研发移动式烘干设备，加快试验验证。研究运输工具标准化技术，开发散粮多式联运衔接和装卸技术装备、粮食防分级防破碎入仓装置和设备。

（二十）提升粮食加工技术与装备研发水平。发展全谷物原料质量稳定控制、食用品质改良、活性保持等技术，开发营养保全型全谷物食品。研究原粮增值加工等关键技术，发展杂粮食品生产品质控制、营养均衡调配、生物加工等关键技术。布局以粮食加工为主导产业的国家农业高新技术产业示范区，推动产业向高端化、智能化、绿色化转变，提升副产物利用技术水平。

八、加强节粮减损宣传教育引导

（二十一）开展节粮减损文明创建。把节粮减损要求融入市民公约、村规民约、行业规范等，推进粮食节约宣传教育进机关、进学校、进企业、进社区、进农村、进家庭、进军营。将文明餐桌、"光盘行动"等要求纳入文明城市、文明村镇、文明单位、文明家庭、文明校园创建内容，切实发挥各类创建的导向和示范作用。

（二十二）强化节粮舆论宣传。深入宣传阐释节粮减损法律法规、政策措施，普及节粮减损技术和相关知识。深化公益宣传，精心制作播出节约粮食、反对浪费公益广告。在用餐场所明显位置张贴宣传标语或宣传画，增强反食品浪费意识。充分利用世界粮食日和全国粮食安全宣传周等重要时间节点，广泛宣传报道节粮减损经验做法和典型事例。加强粮食安全舆情监测，主动回应社会关切。做好舆论监督，对粮食浪费行为进行曝光。禁止制作、发布、传播宣扬暴饮暴食等浪费行为的节目或者音视频信息。

（二十三）持续推进移风易俗。倡导文明节俭办婚丧，鼓励城乡居民"婚事新办、丧事简办、余事不办"，严格控制酒席规模和标准，遏制大操大办、铺张浪费。

（二十四）开展国际节粮减损合作。积极参加联合国粮食系统峰会、减少食物浪费全球行动等活动，向国际社会分享粮食减损经验。推动多双边渠道开展节粮减损的联合研究、技术示范和人员培训等合作交流。推动国际粮食减损大会机制化。

九、强化保障措施

（二十五）加强组织领导。各地区各部门要站在保障国家粮食安全的高度，切实增强做好节粮减损工作的责任感和紧迫感，将节粮减损工作纳入粮食安全责任制考核，坚持党政同责，压实工作责任。各牵头部门要结合自身职责，紧盯粮食全产业链各环节，提出年度节粮减损目标任务和落实措施。各有关部门要结合自身职责，密切配合、主动作为、形成合力，确保节粮减损工作取得扎实成效。

（二十六）完善制度标准。强化依法管粮节粮，全面落实《中华人民共和国反食品浪费法》，制定粮食安全保障法。完善相关配套制度，加快建立符合节粮减损要求的粮食全产业链标准，制定促进粮食节约的国家标准和行业标准。行业协会要制定发布全链条减损降耗的团体标准，对不执行团体标准、造成粮食过度损耗的企业和行为按规定进行严格约束。

（二十七）建立调查评估机制。探索粮食损失浪费调查评估方法，建立粮食损失浪费评价标准。研究建立全链条粮食损失浪费评估指标体系，定期开展数据汇总和分析评估。开展食品浪费统计研究。

（二十八）加强监督管理。研究建立减少粮食损耗浪费的成效评估、通报、奖惩制度。建立部门监管、行业自律、社会监督等相结合的监管体系，综合运用自查、抽查、核查等方式，持续开展常态化监管。

农业农村部关于印发《"十四五"全国饲草产业发展规划》的通知

农牧发〔2022〕7号

各省、自治区、直辖市及计划单列市农业农村（农牧）、畜牧兽医厅（局、委），新疆生产建设兵团农业农村局：

为加快建设现代饲草产业，促进草食畜牧业高质量发展，我部制定了《"十四五"全国饲草产业发展规划》。现印发你们，请结合本地实际，认真组织实施。

农业农村部
2022年2月16日

"十四五"全国饲草产业发展规划

饲草是草食畜牧业发展的物质基础，饲草产业是现代农业的重要组成部分，是调整优化农业结构的重要着力点。为加快建设现代饲草产业，促进草食畜牧业高质量发展，提升牛羊肉和奶类供给保障能力，根据《国务院办公厅关于促进畜牧业高质量发展的意见》，制定本规划。

一、发展形势

（一）发展成就

党中央、国务院高度重视饲草产业发展。"十三五"以来，国家相继实施草原生态保护补助奖励、粮改饲、振兴奶业苜蓿发展行动等政策措施，草食畜牧业集约化发展步伐加快，优质饲草需求快速增加，推动饲草产业发展取得积极成效。

一是优质饲草供应能力稳步提升。2020年全国利用耕地（含草田轮作、农闲田）种植优质饲草近8 000万亩，产量约7 160万吨（折合干重，下同），比2015年增长2 400万吨。其中，全株青贮玉米3 800万亩、产量4 000万吨，饲用燕麦和多花黑麦草1 000万亩、产量820万吨，其他一年生饲草1 500万亩、产量约1 200万吨，优质高产苜蓿650万亩、产量340万吨，其他多年生饲草1 000万亩、产量约800万吨。全株青贮玉米、优质苜蓿平均亩产分别达到1 050公斤、514公斤，比2015年分别提高19.6%、11.5%。同时，草原牧区积极推进人工饲草地建设，刈割利用水平稳步提升，年可供干草约1 000万吨。

二是产业素质明显提高。2020年全国饲草种子田面积138.4万亩、种子产量9.8万吨，比2015年分别增长4.4%和8.9%，饲草供种能力持续增强。80%的全株青贮玉米由种养一体或订单收购方式生产,90%的优质苜蓿基地由专业化饲草企业建设,生产组织化程度明显提升。饲草加工业快速发展,全国草产品加工企业和合作社数量达到1 547家,比2015年增长近2倍;优质商品草产量996万吨,增长27%。饲草产品质量稳步提升,90%的全株青贮玉米达到良好以上水平,苜蓿二级以上占70%。

三是生产模式多元发展。各地立足气候条件和资源禀赋,探索形成了一批饲草产业发展典型模式。河西走廊、北方农牧交错带、河套灌区、黄河中下游及沿海盐碱滩涂区统筹畜牧业发展和生态建设,大力发展苜蓿等优质饲草,培育了一批饲草产业集群。东北、西北地区积极推广短生育期饲草,种植模式实现"一季改两季"。各地在全面推广全株青贮玉米的基础上,还因地制宜选择饲用燕麦、黑麦草、苜蓿、箭筈豌豆、小黑麦等饲草品种开展粮草轮作,推行豆科与禾本科饲草混播或套种,土地产出率大幅提高。

四是支撑保障作用有效发挥。优质饲草供应增加,有力支撑了牛羊规模养殖发展,促进了草食畜牧业提质增效。从2015年到2020年,奶牛规模养殖比重从48.3%提高到67.2%,单产从5.5吨提高到8.3吨,每产出1吨牛奶的精饲料用量减少12%;肉牛、肉羊规模养殖比重分别从27.8%、36.7%提升到29.6%、43.1%,肉牛出栏活重从416公斤增加到479公斤,肉羊出栏率从94.6%提高到106.2%。人工种草持续发展,推动牧区养殖由传统放牧向舍饲半舍饲加快转变,有效缓解了天然草原放牧压力,实现了生产生活生态协调发展。268个牧区半牧区县牛羊肉产量五年间增长22.1%,天然草原平均牲畜超载率从17%下降到10.9%。

五是综合效益不断显现。各地实践证明,在耕地上发展饲草,实现了化草为粮,玉米籽粒和秸秆一起全株饲用,既保障了粮食播种面积,又提高了秸秆利用率,土地产出率提高30%左右。1亩优质高产苜蓿提供的蛋白相当于2亩大豆,还能有效改善土壤通气透水性能、增加有机质、提升地力。在盐碱地、滩涂上种植耐盐碱饲草品种,不仅增加了饲草供应,而且改良了土质,形成了土地增量。在黄河流域、草原等生态保护重点区域发展人工种草,涵养了水源,减少了水土流失,遏制了草原退化、沙化、盐碱化趋势。

(二)困难挑战

我国饲草产业整体起步较晚,生产经营体系尚不完善,技术装备支撑能力不强,在规模化、机械化、专业化方面与发达国家相比还有不小差距,也缺乏健全配套的政策保障体系支持。对饲草在优化农业结构、保障粮食安全上的地位和作用,尚未达成广泛共识,部分地方顾虑多,进一步发展面临不少制约。

一是种植基础条件较差。发展规模化、机械化种草,要求土地平整度、水利设施配套等方面具备相应条件。目前,饲草种植多数为盐碱地、坡地等,配套灌溉、机械化耕作等基础条件的地块不多,加之建设投入少,大多数达不到高标准种草要求,产量不高,优质率低,种植效益不佳,制约饲草产能提升。

二是良种支撑能力不强。我国审定通过的604个草品种中,大部分为抗逆不丰产的品种,缺少适应干旱、半干旱或高寒、高纬度地区种植的丰产优质饲草品种。国产饲草种子世代不清、品种混杂、制种成本高等问题突出,良种扩繁滞后,质量水平不高,总量供给不足,苜蓿、黑麦草等优质饲草种子长期依赖进口。

三是机械化程度偏低。国内饲草机械设备关键技术研发不足,产品可靠性、适应性和配套性差的问题较为突出,大型饲草收获加工机械大多靠国外引进,适宜丘陵山地人工饲草生产的小型机械装备缺乏。机械装备与饲草品种、种植方式配套不紧密，饲草生产农机社会化服务程度低等都制约机械化生产水平的提升。

（三）发展机遇

"十四五"及今后一个时期，我国饲草产业发展将处于重要战略机遇期，具备诸多有利条件。

一是政策环境有利。《国务院办公厅关于促进畜牧业高质量发展的意见》对健全饲草料供应体系提出明确要求。乡村振兴全面推进，脱贫地区牛羊等特色产业不断发展壮大，将为饲草产业发展提供强大动力。发展多年生人工草地、草田轮作是固碳增汇的重要手段，在实现碳达峰、碳中和过程中有望发挥积极作用。随着对饲草产业地位和作用的认识不断深化，产业发展环境持续改善，政策保障体系逐步健全，将为现代饲草产业发展提供有力支撑。

二是市场需求旺盛。当前我国城乡居民草食畜产品消费处在较低水平，2020年，我国人均牛肉和奶类消费量分别为6.3公斤、38.2公斤，只有世界平均水平的69%、33%，未来还有不小增长空间。要确保牛羊肉和奶源自给率分别保持在85%左右和70%以上的目标，对优质饲草的需求总量将超过1.2亿吨，尚有近5000万吨的缺口，饲草产业市场前景看好。

三是发展空间广阔。我国年降水量400毫米以下地区的耕地、盐碱地、水热条件较好的草原等土地资源存量大，通过开展土地平整、土壤改良和宜机化改造，改善灌溉排水等基础设施条件，可建成一批集中连片、产出稳定、品质优良的标准化人工饲草生产基地。利用农闲田、果园隙地、四边地等土地种草已具备较为成熟的技术和模式，开发利用潜力巨大。

二、总体思路

（一）指导思想

以习近平新时代中国特色社会主义思想为指导，深入推进农业供给侧结构性改革，以拓面增量、提质增效为主攻方向，优布局、壮主体、育良种、强支撑，加快建立规模化种植、标准化生产、产业化经营的现代饲草产业体系，推动高质量发展，为草食畜牧业提档升级、保障国家粮食安全提供有力支撑。

（二）主要原则

——种养结合，草畜配套。推行以需定产、为养而种，提高饲草供应与草食家畜养殖规模、利用模式的适配度，促进种养良性循环。

——因地制宜，多元发展。充分挖掘耕地、滩地、草原、草山草坡、撂荒地、农闲田等各类土地资源潜力，立足不同地区气候、水土等自然条件，分类施策，良种良法配套、农机农艺结合，构建多元化饲草生产体系。

——突出重点，统筹推进。优先发展全株青贮玉米、苜蓿、饲用燕麦等市场急需的优质饲草，兼顾其他饲草品种。优先保障奶牛养殖的优质饲草需求，逐步提高肉牛肉羊优质饲草饲喂比重。

——市场主导，创新驱动。充分发挥市场在资源配置中的决定性作用，积极培育壮大市场主体。更好发挥政府作用，完善支持政策体系，补齐产业发展短板。加快技术创新、模式创新、产品创新，提高饲草产业质量效益和竞争力。

（三）发展目标

到 2025 年，饲草生产、加工、流通协调发展的格局初步形成，优质饲草缺口明显缩小。全国优质饲草产量达到 9 800 万吨，牛羊饲草需求保障率达 80% 以上，饲草种子总体自给率达 70% 以上，饲料（草）生产与加工机械化率达 65% 以上。

三、区域布局

适应草食畜牧业发展需求，因地制宜挖掘生产潜力，统筹各类饲草资源，集成推广配套发展模式，加快建立饲草生产、加工、流通体系，促进饲草产业与草食畜牧业协同发展。

（一）东北地区

积极发展人工种草，推行种养结合、就近利用模式，优先满足区域内饲草需求，鼓励有条件的地区发展商品草生产。饲草品种重点发展全株青贮玉米、苜蓿、饲用燕麦，兼顾羊草等品种。推广苜蓿与无芒雀麦混播、粮食作物与优质饲草轮作等种植模式，推进农作物秸秆与优质饲草混贮，提高秸秆饲料化利用效率。饲草产品以裹包全株青贮玉米、青贮苜蓿、青贮燕麦为主，部分区域可适度发展一部分优质苜蓿、饲用燕麦干草。

（二）华北地区

调整玉米利用方式，推行种养一体化发展模式，提升区域内优质饲草自给能力。饲草品种重点发展全株青贮玉米和优质苜蓿，适度发展饲用燕麦、小黑麦、饲用高粱、饲用谷子等品种。大力推广饲草雨养旱作、节水灌溉与配方施肥等技术，推行粮食作物与优质饲草轮作、"苜蓿—玉米"套种等种植模式。突出发展青贮饲草产品，部分地区可适度发展苜蓿和饲用燕麦等干草，黄河滩区、盐碱滩涂等地区可因地制宜发展全株玉米和苜蓿青贮的商品化生产。在部分农牧交错带区域，大力发展商品草生产，稳步推进豆禾混播放牧草地建设。

（三）西北地区

积极推进粮改饲，实现草畜配套。饲草品种以苜蓿和全株青贮玉米为主，兼顾饲用燕麦、猫尾草、红豆草等生产。大力发展旱作节水饲草生产，推广配方施肥和水肥一体化技术，探索粮食作物与优质饲草复种、果草套种等种植模式，推广豆禾混播饲草种植。饲草产品以干草、裹包青贮为主，有条件的地区发展草颗粒、草粉等产品。积极发展优质商品苜蓿种植、收储、加工、流通，打造全国重要的优质商品苜蓿草供应基地；在甘肃、内蒙古、宁夏、新疆部分地区布局建设饲草种业基地，提升优质苜蓿、饲用燕麦、红豆草等饲草种子生产和供应能力。

（四）南方地区

利用撂荒地、冬闲田、果园隙地、橡胶林下地等土地资源，推行特色化、差异化饲草发展模式。饲草品种以多花黑麦草、狗牙根、狼尾草、柱花草等为主，兼顾区域性特色饲草品种。重点发展鲜饲、青贮饲草产品。加快研制和推广适合南方丘陵山区刈割、运输高秆饲草的中小型饲草机械。在适宜地区开展草山草坡改良及人工混播饲草放牧地建植与管理。

（五）青藏高原地区

统筹推进人工种草和天然草原利用。饲草品种重点发展饲用燕麦、饲用黑麦、披碱草等禾本科饲草和箭筈豌豆等豆科饲草，兼顾芫根等特色饲草品种。探索推行豆禾混播、"青稞—箭筈豌豆"复种、黑麦与燕麦轮作等种植模式。饲草产品以干草为主，因地制宜发展裹包青贮等产品。在海拔较低且水热条件较好的地区，加强农牧耦合，建设高标准人工饲草料地，打造专业化饲草生产加工基地，保障区域内优质饲草均衡供应。

四、重点任务

（一）推进重要饲草生产集聚发展

1. 发展优质苜蓿种植。大力推进西北、华北、东北和部分中原地区苜蓿产业带建设，建成一批优质高产苜蓿商品草基地，逐步实现优质苜蓿就地就近供应，保障奶牛规模养殖苜蓿需求。推广先进栽培技术、水肥一体化技术、生物灾害绿色防控技术、测土配方施肥技术、高效节水灌溉技术、裹包青贮技术和机械化收获技术等，推进苜蓿生产规模化、田间管理标准化和生产服务社会化。

2. 扩大全株青贮玉米生产。以农牧交错带以及牛羊传统养殖优势区为重点，支持龙头企业、农民专业合作社发展全株青贮玉米生产，建设一批专业化、集约化、高水平全株青贮玉米生产基地。推行青贮玉米与冬小麦、豆科作物、薯类作物等高效轮作生产模式。

3. 增加饲用燕麦供给。利用春闲田、秋闲田、中轻度盐碱地等土地资源，建设优质饲用燕麦生产基地。推广优良适宜品种，应用配套栽培技术、减肥增效养分管理技术、生物灾害绿色防控技术，提升饲用燕麦产量和营养品质。

4. 因地制宜推进饲草混播利用。在部分北方农牧交错带丘陵地区，建植高质量混播放牧饲草地，开展划区轮牧。在南方地区将产出效益低的天然草山草坡、低缓坡耕地和撂荒地改造成人工草地，种植多年生黑麦草、鸭茅、三叶草、臂形草、柱花草、狼尾草等多年生饲草品种，发展优质混播饲草生产。有条件的地方探索推广豆科与禾本科饲草混播混收混贮模式。

5. 强化牧区饲草保障。推进牧区高产稳产饲草生产基地建设，健全市、县、乡、村四级防灾减灾饲草保障体系。在北方草原和青藏高原地区，通过草地免耕补播等改良技术提升草原生产力，利用退耕已垦草原和水热条件较好草原发展多年生饲草种植；在农牧交错带发展苜蓿、羊草、披碱草、饲用燕麦、饲用黑麦、饲用高粱、饲用谷子、箭筈豌豆、紫云英等优质高产饲草生产基地。

（二）大力培育规模化集约化新型经营主体

6. 培育壮大龙头企业。引导龙头企业向饲草优势产区集中，加大资金、技术、人才等要素投入，加速企业集群集聚。推动饲草种植、收割、加工、储存、运输、销售全产业链一体化运营，探索"企业+农户""企业+合作社"等多种运行模式，形成稳定的产业联合体。

7. 发展种草养畜合作社和家庭牧场。培育一批守信用、会经营、善管理、带动能力强的种草养畜合作社和家庭牧场，加大良种供应、机械购置、基础设施配套、技术服务等方面扶持力度，引导草畜一体化发展。

8. 扶持专业化生产性服务组织。完善专业化社会化服务体系，鼓励行业协会、农民专业合作社等社会力量，围绕关键环节提供专业化服务。建立与区域饲草生产规模相匹配的生产性服务联结机制，提升饲草"种、收、加、储、运"能力。

（三）深入推进良繁体系建设

9. 加快培育优良品种。实施现代饲草种业工程，构建政府引导、企业主体、育繁推一体化的商业化育种体系。挖掘利用国内优良饲草种质资源，推进区域试验、生产性试验等育种工作，加快培育一批区域适应性强、产量高、饲用价值优、抗逆性好、抗病性强、耐盐碱的饲草新品种。支持建立原种保种基地，完善适宜不同区域的公益性饲草品种繁育保障体系。

10. 推进良种扩繁。在甘肃河西走廊支持建设温带暖温带饲草繁种核心区，辐射带动内蒙古、青海、宁夏、新疆等地区，突出苜蓿、全株青贮玉米、饲用燕麦等重点品种，兼顾黑麦草、饲料油菜、高丹草、无芒雀麦、羊草、鸭茅、饲用黑麦、箭筈豌豆等特色品种。在海南支持建设热带亚热带饲草繁种核心区，辐射带动广东、广西、重庆、四川、贵州、云南等地区，突出柱花草、狼尾草、臂形草、雀稗、小黑麦、甜高粱、狗牙根等重点品种。支持各地因地制宜建设区域性饲草繁种基地，聚焦主导品种，加快良种扩繁，提升区域内饲草供种能力和种子质量。

11. 完善种质资源保护体系。健全中心库、备份库、种质保存圃相结合的国家饲草种质资源保存利用体系。建立饲草种质资源创新技术体系，开展重要性状表型精准鉴定和基因发掘，创制目标性状突出、育种价值大的新种质。完善饲草品种检测体系，实施特异性、一致性和稳定性测试及区域适应性测试。

（四）加快构建现代化加工流通体系

12. 加快提升机械化水平。加大饲草产业化全程机械研发推广力度，提高青贮切碎、籽粒破碎、秸秆揉丝、干草打捆等自动化水平，提升高等级饲草产品产出率。加快研发推广适宜丘陵山区优质饲草生产加工机械，推进丘陵山区人工种植草地宜机化改造。加强饲草种子专用收获机械研发和推广，提高种子收获效率。

13. 开发多样化产品。大力支持便于商品化流通的饲草产品生产加工。提升高密度苜蓿、燕麦干草捆和窖贮青贮生产水平，积极发展裹包青贮、袋贮、草块、草颗粒、草粉等产品种类。

14. 推动产销有效对接。加强饲草流通、配送体系建设，培育一批大型饲草配送企业。构建饲草产业产销对接信息平台，促进种养主体有效对接，实现优质饲草产加销信息互联互通。鼓励饲草生产企业和种养一体化企业应用物联网、移动互联网等信息技术和设施装备，开展智能化、精细化生产经营，提高饲草从种到用全过程信息化水平。

专栏 1　重点扶持政策

1. 粮改饲：以农牧交错带和黄淮海地区为重点区域，以收贮利用优质饲草的草食家畜养殖场（户）、饲草专业收贮企业（合作社）或社会化服务组织为补贴对象，通过以养带种的方式加快推动种植结构调整和现代饲草产业发展。补贴品种以全株青贮玉米、苜蓿、饲用燕麦、黑麦草等优质饲草为主，兼顾各地有使用习惯、养殖（场）户接受程度高的特色饲草品种。

（续表）

2. 振兴奶业苜蓿发展行动：重点选择东北、华北、西北等苜蓿优势产区和奶牛主产区，扶持建设一批有一定规模、生产基础好、在增加苜蓿产量和提高苜蓿产品质量方面有示范带动作用的生产基地，支持苜蓿种植、收获、运输、加工和储存等，增强苜蓿等优质饲草供给能力。补助对象为农民饲草专业生产合作社、饲草生产加工企业、奶牛养殖企业（场）和奶农专业生产合作社，优先扶持合作社。

3. 南方地区肉牛肉羊增量提质行动：在安徽、江西、湖北、湖南、广西、四川、贵州和云南等8个省份，选择肉牛肉羊产业发展基础较好的县域，对开展饲草种植和肉牛肉羊养殖的规模养殖场、家庭牧场或专业合作社等经营主体给予补助，建立草畜配套、种养结合发展机制，提高牛羊肉产品供给能力。

4. 优质饲草良种繁育：鼓励饲草良种培育和扩繁企业与科研机构合作建立育种创新平台，支持国家饲草种质资源保存机构对外提供育种素材，加快推进饲草良种选育和扩繁生产新技术创新示范，推动育种创新、标准化制（繁）种、新品种推广和科技服务等一体化发展。

5. 牧区抗灾保畜：支持牧区省份抗灾保畜所需的储草棚（库）、牲畜暖棚（圈）等生产设施建设，对应急调运饲草料予以补助。

专栏2　重大工程

1. 优质饲草良种扩繁基地建设：实施现代种业提升工程饲草种业类项目，在国家认定的区域性良种繁育基地县，以及国家有关规划明确的制（繁）种优势区，建设饲草区域性良种扩繁基地，保障国家饲草种子供给数量安全和质量安全。

2. 草原畜牧业转型升级试点项目：在主要牧区省份和新疆生产建设兵团选择草原畜牧业发展基础较好、草畜平衡制度措施落实到位、已出台相关发展规划和扶持政策的牧区县和半牧区县开展试点，支持建设高产稳产优质饲草基地、现代化草原生态牧场或标准化规模养殖场、优良种畜和饲草种子扩繁基地、防灾减灾饲草贮运体系等，探索形成各具特色的现代草原畜牧业发展模式，加快转变草原畜牧业发展方式。

五、保障措施

（一）加强组织领导

各地要高度重视饲草产业发展，推动纳入地方国民经济和社会发展规划。因地制宜制定本地区饲草产业发展规划，建立规划落实组织协调机制，积极主动协调相关部门，形成工作合力，确保各项措施落到实处。

（二）加大政策支持

统筹用好各类财政专项资金和基本建设投资，加大对饲草产业发展的扶持。创新资金使用方式，发挥好财政资金引导作用，调动生产经营主体积极性。探索推进土地经营权、大型种植机械抵押贷款，支持有条件的地区按照市场化和风险可控原则，积极稳妥开展抵押贷款试点。鼓励有条件的地方探索开展饲草种植保险。

（三）完善统计监测

建立健全饲草产业统计制度，建设完备高效的饲草统计监测体系，提高统计数据质量，准确研判供需形势。开展多种形式统计培训，提升基层统计员业务水平。研究探索全株青贮玉米、苜蓿等优质饲草与粮食折算关系。

（四）增强科技支撑

组建"产、学、研、推"紧密结合的饲草产业科技创新平台，加强核心技术与设施装备研发。加快制定饲草生产关键环节技术规程，完善产业标准体系，加强标准推广应用。加快新品种、新技术、新产品示范与推广，增强全产业链技术支撑能力。

（五）强化法治保障

进一步完善饲草产业管理法规制度体系，修订《草种管理办法》等部门规章，完善饲草品种审定管理规定和饲草种子认证等制度体系。依法开展饲草种子和饲草产品质量安全监管，推进饲草产业规范化发展。

农业农村部办公厅关于印发
《饲用豆粕减量替代三年行动方案》的通知

农办牧〔2023〕9号

各省、自治区、直辖市及计划单列市农业农村（农牧）、畜牧兽医厅（局、委），新疆生产建设兵团农业农村局：

为深入贯彻党的二十大精神和习近平总书记重要指示批示精神，落实中央农村工作会议和中央一号文件部署，我部制定了《饲用豆粕减量替代三年行动方案》。现印发你们，请结合本地实际，细化目标任务，采取务实举措，认真抓好落实。

农业农村部办公厅
2023年4月12日

饲用豆粕减量替代三年行动方案

贯彻习近平总书记关于"保障粮食安全，要在增产和减损两端同时发力，持续深化食物节约各项行动"的重要指示精神，落实《中共中央、国务院关于做好2023年全面推进乡村振兴重点工作的意见》关于深入实施饲用豆粕减量替代行动要求，持续推进饲用豆粕减量替代，制定本方案。

一、总体思路

以习近平新时代中国特色社会主义思想为指导，全面贯彻落实党的二十大精神，完整、准确、全面贯彻新发展理念，树立大食物观，以低蛋白、低豆粕、多元化、高转化率为目标，聚焦"提质提效、开源增料"，统筹利用植物动物微生物等蛋白饲料资源，推行提效、开源、调结构等综合措施，加强饲料新产品、新技术、新工艺集成创新和推广应用，引导饲料养殖行业减少豆粕用量，促进饲料粮节约降耗，为保障粮食和重要农产品稳定安全供给作出贡献。

二、行动目标

通过实施饲用豆粕减量替代行动，基本构建适合我国国情和资源特点的饲料配方结构，初步形成可利用饲料资源数据库体系、低蛋白高品质饲料标准体系、高效饲料加工应用技术体系、饲料节粮政策支持体系，畜禽养殖饲料转化效率明显提高，养殖业节粮降耗取得显著成效，实现"一降两增"。

——豆粕用量占比持续下降。在确保畜禽生产效率保持稳定的前提下，力争饲料中豆粕用量占比每年下降 0.5 个百分点以上，到 2025 年饲料中豆粕用量占比从 2022 年的 14.5% 降至 13% 以下。

——蛋白饲料资源开发利用能力持续增强。基本完成可利用蛋白饲料资源调查评估，初步摸清国内蛋白饲料资源家底。新产品创制取得积极成效，到 2025 年，新批准 1~2 种微生物菌体蛋白产品上市，在全国 20 个以上大中城市开展餐桌剩余食物饲料化利用试点。

——优质饲草供给持续增加。到 2025 年，全国优质饲草产量达到 9 800 万吨，优质饲草缺口明显缩小。奶牛养殖饲草料结构中优质饲草占比达 65% 以上，肉牛达 25% 以上。

三、技术路径

坚持问题导向和系统思维，从供需两端同时发力，推进提效、开源、调结构等技术措施的应用，多措并举促节粮。

（一）提效节粮，推广低蛋白日粮技术。应用低蛋白日粮技术，采用饲料精准配方和精细加工工艺，配合使用合成氨基酸、酶制剂等高效饲料添加剂，降低猪禽等配合饲料中的蛋白含量需求，减少饲料蛋白消耗，有效提高饲料蛋白利用效率。

（二）开源节粮，充分挖掘利用国内蛋白饲料资源。挖掘微生物菌体蛋白、餐桌剩余食物、尿素等非蛋白氮资源、不适合食用的养殖动物屠体和血液等非常规蛋白资源，在落实跟踪监测要求前提下，采取生物发酵、高温处理、酶解等工艺，辅助酶制剂提效、营养代谢调控等技术，进行安全高效饲料化利用，全方位拓展蛋白饲料替代资源供给来源。

（三）调结构节粮，优化草食家畜饲草料结构。因地制宜利用耕地、盐碱地、滩地、草山草坡等土地资源，推广高产抗逆高蛋白饲草品种，有序开展粮草轮作套作、豆禾混播混收、免耕补播等栽培技术模式，推进作物全株高效饲用，提高牛羊养殖中优质饲草饲喂比重，推动"以草代料"。

四、重点任务

（一）实施饲料资源开发"筑基"行动。组织开展国内地源性特色蛋白饲料资源调查，掌握国内资源存量及应用情况。系统评价国内主要可利用蛋白资源的营养价值参数和加工特性参数，进一步完善饲料原料营养和加工参数基础数据库。引导饲料加工设备核心部件自主创制，组织开展饲料配方软件自主研发应用，加快推进国产化替代。制定发布新饲料原料应用评价技术指南，优化新饲料原料纳入目录或申请新产品证书的评价规则，加快新蛋白饲料原料应用评审进程。

（二）实施畜禽养殖低蛋白日粮推进行动。制定完善主要畜禽水产养殖动物豆粕减量使用技术方案，集成推广低蛋白日粮、饲料精准配方、饲料精细加工等关键技术措施。编制发布覆盖主要畜禽水产养殖动物种类的低蛋白低豆粕多元化日粮生产技术规范，完善低蛋白高品质饲料标准体系。推动完善饲用微生物发酵制品安全性评价技术指南，支持利用合成生物学技术构建微生物发酵制品生产菌株，加快低蛋白日粮配方必需的小品种氨基酸和酶制剂等新饲料添加剂产品评审进度。

（三）实施新蛋白饲料资源挖掘利用试点行动。支持乙醇梭菌蛋白适用范围扩大至猪鸡等畜禽水产养殖动物，加快其他一碳气体发酵生产菌体蛋白审批，扩大微生物蛋白原料的生产规模和推广应用。组织开展餐桌剩余食物和毛皮动物屠体饲料化利用试点，支持开展畜禽胴体水解复合氨基酸等新蛋白资源的饲料化利用试点。

（四）实施增草节粮行动。落实《"十四五"全国饲草产业发展规划》，充分挖掘耕地、农闲田、盐碱地等土地资源潜力，加快建立规模化种植、标准化生产、产业化经营的现代饲草产业体系。继续实施粮改饲政策，加快提升全株青贮玉米、苜蓿、饲用燕麦等优质饲草供给能力，因地制宜开发利用区域特色饲草资源。加强饲草良种繁育体系建设，加快培育一批高产优质饲草新品种，着力提高供种能力和种子质量。持续提升刈牧草地地力，集成推广饲草高效生产技术模式，加快建设稳产高产饲草生产基地。

五、进度安排

（一）2023年计划重点任务

启动地源性特色蛋白饲料资源调查。重点开展生猪、肉牛、肉羊主要饲料原料营养价值参数评定。组织开发国产饲料配方软件。制定发布蛋鸡、肉鸭、肉牛、肉羊低蛋白低豆粕多元化日粮生产技术规范。编写出版《低蛋白低豆粕多元化饲料配方与应用》。批准乙醇梭菌蛋白适用范围扩大至猪鸡，进一步扩大产能。在10个城市开展餐桌剩余食物饲料化定向使用试点，在河北、辽宁、山东开展毛皮动物屠体饲料化利用试点，启动畜禽胴体水解复合氨基酸饲料化利用试点。实施粮改饲政策，完成任务面积2 000万亩以上，审定发布一批饲草新品种。启动畜禽养殖饲料转化效率提升、低蛋白日粮减排效果评估等专题研究。

（二）2024年计划重点任务

重点开展家禽主要饲料原料营养价值参数评定。制定转基因微生物生产的饲用发酵制品安全性评价技术指南，发布新饲料原料应用评价技术指南。开展主要畜种低蛋白低豆粕多元化日粮生产技术培训。新批准1～2种微生物菌体蛋白产品上市。再审定发布一批饲草新品种。

（三）2025年计划重点任务

完成地源性特色蛋白饲料资源调查，编制发布蛋白饲料资源存量及应用情况调查报告。基本建成饲料原料营养价值参数和加工参数基础数据库。完成国产饲料配方软件开发并推广应用。餐桌剩余食物饲料化定向使用试点城市扩大至20个以上，毛皮动物屠体和畜禽胴体水解复合氨基酸等饲料化利用试点取得明显效果。完成畜禽养殖饲料转化效率提升、低蛋白日粮减排效果评估等专题研究。

六、保障措施

（一）加强组织保障。农业农村部成立由部分管负责同志任组长的饲用豆粕减量替代行动领导小组，下设专家指导组、政策组、推广培训组、新产品评价组等4个工作组，充分调动各方面力量形成工作合力。各省份成立由省级农业农村部门负责同志任组长的领导小组，建立上下贯通、协调联动的工作机制，推进落实各项工作措施。

（二）细化管理服务措施。各省级农业农村部门要制定本地区饲用豆粕减量替代行动方案，分解落实工作任务，扎实有序推进。认真做好新蛋白饲料资源挖掘利用试点跟踪监管。建立小品种氨基酸生产许可审批快速通道，支持企业扩大小品种氨基酸产能。研究出台支持扩大饲草种植的政策措施，培育优质饲草育繁推一体化经营主体。

（三）强化科技支撑和技术推广。依托全国动物营养指导委员会、畜牧业产业技术体系及有关科研机构力量，聚焦"降蛋白、提效率、减豆粕、挖资源、增饲草"，开展联合攻关，破解减量替代技术瓶颈。加强实用技术、典型案例总结提炼和示范推广，举办形式多样的技术培训活动，指导各类养殖主体科学使用多元化原料配制饲料。

（四）发挥行业协会桥梁纽带作用。各有关行业协会要加强组织协调，举办多种形式的论坛、培训、交流等活动，有序开展新产品、新技术、好案例等评选推介，引导各类生产经营主体积极主动参与，为行动实施营造良好氛围。

农业农村部办公厅关于公布饲料中豆粕减量替代典型案例的通知

农办牧〔2022〕24号

各省、自治区、直辖市农业农村（农牧）、畜牧兽医厅（局、委），新疆生产建设兵团农业农村局：

2021年以来，各地农业农村部门积极贯彻落实《粮食节约行动方案》，按照农业农村部部署，在饲料养殖行业实施豆粕减量替代行动，大力推广低蛋白多元化饲料精准配方技术，取得了明显成效。部分饲料养殖企业在实践中探索出成功的技术路径，涌现了一批典型案例，为全行业豆粕减量使用作出了示范。经专家评审，优选3类技术模式和8家企业典型案例予以公布。

各地要加大对典型案例的推介，加强政策扶持，引导饲料养殖企业加快技术创新，广泛推行豆粕减量替代措施，为保障国家粮食安全做出新贡献。

附件：1. 饲料中豆粕减量替代技术模式
   2. 豆粕减量替代技术应用典型案例

农业农村部办公厅
2022年9月17日

附件1

饲料中豆粕减量替代技术模式

一、低蛋白氨基酸平衡日粮技术

根据畜禽不同生理阶段的营养需求，科学确定日粮适宜的蛋白含量、净能水平和可消化氨基酸含量，减少豆粕等蛋白原料的使用量。在制定饲料配方时，采用饲料原料的净能值和可消化氨基酸含量等参数，准确测定饲料原料的氨基酸组成及其消化率，根据动物营养需求额外补充赖氨酸、苏氨酸、蛋氨酸、色氨酸和缬氨酸等限制性氨基酸，在合理下调饲料中蛋白含量基础上，最大限度满足动物的必需氨基酸需求。同时，充分考虑豆粕等蛋白原料减量条件下，饲料中的矿物质、维生素等其他养分平衡，合理使用饲料添加剂，适当采取饲料原料预处理工艺，提高饲料营养物质消化率，确保畜禽维持正常生产性能。

二、杂粮杂粕型多元化日粮技术

充分挖掘利用杂粮、杂粕、粮食加工副产物等资源替代玉米、豆粕，准确测定替代原料的化学成分、有效能值、氨基酸消化率等营养价值参数，综合考虑原料产地、品种、加工工艺等变异因素带来的参数差异，建立饲料原料营养价值数据库和动态参数模型。针对配方中替代原料的营养特性与抗营养因子种类，合理选用纤维素酶、β-葡聚糖酶、蛋白酶等添加剂，采取生物发酵等原料预处理工艺，改善饲料原料品质，配合采用特异性加工参数，提高杂粮杂粕型日粮中各类营养物质的利用效率。

三、饲料精准配方高效加工技术

应用近红外化学成分分析、体外仿生消化评价、动物消化代谢试验、体内氨基酸消化率精准评价等技术手段，评价饲料原料的常规化学成分、氨基酸消化率和净能值等重要营养价值参数，通过相关性分析与拟合回归方程建立原料精准营养价值数据库。基于不同原料的净能值和氨基酸组成及其消化率等参数，适当补充赖氨酸、蛋氨酸等合成氨基酸和维生素、矿物元素，精准制定饲料配方。根据不同原料加工特性和加工设备参数，对饲料加工设备的运行过程参数进行准确评估，对饲料粉碎粒度、膨化温度等加工参数进行实时优化调整，通过精细加工提高饲料加工效率和产品质量。

附件2

豆粕减量替代技术应用典型案例

一、牧原食品股份有限公司生猪低蛋白日粮应用

通过精确评价饲料原料净能值、氨基酸组成及其消化率，建立了饲料原料净能和可消化氨基酸等营养参数数据库。在生猪养殖生产过程中，对不同原料配制饲料的饲喂效果进行评估和验证，构建与完善了不同阶段的生猪净能和可消化氨基酸需要量模型，形成了适合自身养殖品种和猪群结构的营养标准体系。应用实践证明，额外补充适量5~6种合成氨基酸（赖氨酸、蛋氨酸、苏氨酸、色氨酸、缬氨酸、异亮氨酸），可将生猪养殖全程饲料蛋白含量标准下调至12%，比目前国内平均水平低2~3个百分点，大幅度减少豆粕等蛋白原料使用量，且不降低动物生产性能。

2021年，公司生猪养殖使用配合饲料1 580万吨，豆粕平均用量占比为6.9%，比养殖业消耗饲料中豆粕平均含量低8.4个百分点，相当于减少豆粕用量130万吨。

二、温氏食品集团股份有限公司利用仿生技术开展饲料精准配方应用

研究构建黄羽肉鸡、肉鸭、生猪等动物体外仿生消化系统平台，结合原料化学成分检测和近红外扫描分析方法，以可消化赖氨酸为核心参数对动物生长性能、屠宰性能等指标进行评估验证，建立了常用饲料原料常规化学成分与净能、可消化氨基酸的预测模型，由公司总部建设统一的饲料原料动态营养价值数据库，为各区域分公司制定精准饲料配方提

供核心数据支撑。公司下属各饲料生产厂通过近红外扫描终端检测原料品质，结合动态预测模型，即时调整原料营养参数，控制杂粮杂粕原料的适宜用量，实现饲料配方精准、成本控制精确。在此基础上，采用可消化氨基酸参数确定猪禽必需氨基酸的添加种类和适宜水平，根据原料特性合理补充生物酶、脂肪酸、抗氧化剂、色素等添加剂，适当调整粉碎粒度、制粒温度等加工参数，形成了整套成熟的豆粕减量替代技术体系。

2021年，公司配合饲料产量1 150万吨，豆粕平均用量占比为7.4%，比养殖业消耗饲料中豆粕平均含量低7.9个百分点，相当于减少豆粕用量90万吨。

三、新希望六和股份有限公司猪禽多元化日粮应用

应用湿化学法和近红外分析模型测定原料化学成分和营养参数，开展动物消化代谢和体外仿生消化联合试验，准确分析有效能值和可消化氨基酸含量，即时校正更新营养参数，全面检测原料中抗营养因子、真菌毒素等安全指标，构建自主的饲料原料营养价值数据库。注重开发地源性饲料资源，采用生物发酵、酶解、吸附等技术手段，降低纤维、单宁、醇溶蛋白等抗营养因子以及真菌毒素的含量，提高替代原料在配合饲料中的使用比例。在饲料加工过程中，针对不同原料的物理特性，重点围绕原料粉碎粒度、混合均匀度和成品硬度、颗粒均匀度、含粉率等关键指标，适时调整饲料加工工艺参数，提高产品加工精细度。采用净能和理想氨基酸模式，补充合成氨基酸，配合使用酶制剂等添加剂，配制低蛋白日粮。

2021年，公司猪禽配合饲料产量为1 960万吨，豆粕平均用量占比为10.7%，比养殖业消耗饲料中豆粕平均含量低4.6个百分点，相当于减少豆粕用量90万吨。

四、广东海大集团股份有限公司杂粮杂粕类原料高效利用

充分参照国内外猪禽营养需要量标准，根据不同养殖区域的饲养管理条件和公司生产性试验结果，优化调整营养需求参数，建立了差异化的猪禽营养精准需要量体系。分析构建了公司常用饲料原料的完整营养价值数据库，除玉米、豆粕外，还涉及稻谷、小麦、大麦、高粱等替代谷物，花生粕、棉粕、菜粕、葵花籽粕等杂粕，麸皮、次粉、米糠、米糠粕、玉米胚芽粕等谷物加工副产物，主要指标包括干物质、蛋白质、粗脂肪、灰分、18种氨基酸、粗纤维、中性洗涤纤维、酸性洗涤纤维等。通过长期大群饲养试验验证，以净能值和可消化氨基酸等关键参数为基础，在补充赖氨酸、蛋氨酸、苏氨酸和色氨酸等合成氨基酸的前提下，确定了不同杂粮杂粕原料在不同动物、不同生长阶段的适宜添加量。根据不同杂粮杂粕原料的抗营养因子组成和含量，采用体外仿生消化模型和动物饲养试验相结合的技术手段，结合酶制剂在加工过程中的稳定性评估结果和动物内源性消化酶活力参数，研究筛选适宜的酶制剂组合和用量。为消除杂粮杂粕原料的真菌毒素等风险因子，额外使用真菌毒素吸附剂等添加剂，提高杂粮杂粕原料添加比例。

2021年，公司猪禽配合饲料产量1 400万吨，豆粕平均用量占比12.0%，比养殖业消耗饲料中豆粕平均含量低3.3个百分点，相当于减少豆粕用量46万吨。

五、北京大北农科技集团股份有限公司饲料原料高效处理利用

应用我国饲料原料营养价值数据库（Feed Saas）和《中国猪营养需要》的重要参数，

结合大群动物饲喂效果验证，对公司自有数据库中的原料营养价值和动物营养需要量参数进行实时修正，建立基于饲料原料净能和可消化氨基酸等核心参数的饲料配方软件系统。根据不同区域杂粮杂粕和粮食加工副产物的种类和营养特性，检测评估抗营养因子、真菌毒素等质量安全风险因子的种类与含量水平，针对性采用优良发酵菌株和高效酶制剂对原料进行发酵处理，降低原料中有害因子含量，提高营养物质消化率，最大限度扩大玉米、豆粕替代原料的选择范围。根据替代原料中的维生素、矿物元素等营养物质含量，精准补充亚油酸、生物素、氯化钠等添加剂，确保饲料中脂肪酸、电解质和酸碱的平衡性，提高杂粮杂粕型饲料品质。

2021年，公司猪禽配合饲料产量500万吨，豆粕平均用量占比为10.0%，比养殖业消耗饲料中豆粕平均含量低5.3个百分点，相当于减少豆粕用量27万吨。

六、禾丰食品股份有限公司饲料精准配方高效加工应用

系统检测分析饲料原料的常规化学成分，应用动物消化代谢试验和体外仿生消化试验相结合的技术手段，准确测定原料的有效能值和可消化氨基酸含量，参照国内外原料营养价值数据库和动物营养需要量数据，结合动物试验场的生产实践评估结果，即时校正更新公司自有数据库。应用原料净能和可消化氨基酸体系精准制定饲料配方，合理补充赖氨酸、蛋氨酸、苏氨酸、色氨酸等合成氨基酸。充分发掘利用豌豆、椰子粕、棕榈粕、木薯等资源，准确测定各类抗营养因子含量以及矿物质、色素、亚油酸等指标，采用酶解、发酵、高温调质等处理工艺，精准添加维生素和微量元素，针对性使用酶制剂，提高杂粮杂粕原料在配方中的使用比例。饲料加工过程中，重点关注粉碎粒度、饲料硬度、颗粒耐久性等指标，合理使用粉碎、膨化、制粒等方式，提高原料营养价值和适口性。

2021年，公司生猪配合饲料产量220万吨，豆粕平均用量占比为9.5%，比养殖业消耗饲料中豆粕平均含量低5.8个百分点，相当于减少豆粕用量13万吨。

七、广西扬翔股份有限公司生猪低蛋白多元化日粮应用

通过连续多年的生产实践积累，确定了生长育肥猪最佳阶段划分、各阶段饲料蛋白水平底限值和适宜净能值等参数，形成了适应自身养殖生产特点的生猪低蛋白氨基酸平衡日粮技术体系。通过合理添加赖氨酸、蛋氨酸、苏氨酸、色氨酸、缬氨酸和异亮氨酸等合成氨基酸，在保证生猪生产性能的前提下，将养殖全程饲料蛋白水平降至14%。对小麦、大麦、高粱等谷物类原料进行中性洗涤纤维、酸性洗涤纤维、淀粉、氨基酸、钠、钾等重要化学成分的全项分析检测，采用可消化氨基酸和净能预测模型，结合养殖试验场生产数据和饲料产品市场信息反馈，持续修正更新自有饲料原料数据库的营养参数，精准评估原料的可消化氨基酸及净能值等营养价值参数。公司自有生猪养殖用料和外销饲料产品全部采用低蛋白氨基酸平衡日粮技术。

2021年，公司生猪配合饲料产量200万吨，豆粕平均用量占比为12.1%，比养殖业消耗饲料中豆粕平均含量低3.2个百分点，相当于减少豆粕用量6万吨。

八、四川铁骑力士实业有限公司杂粮杂粕原料精细加工利用

应用体外仿生消化系统和动物消化代谢试验相结合的技术手段，对棉粕、花生粕、菜

粕、米糠、玉米干酒精糟（DDGS）、玉米胚芽粕、小麦、大麦、面粉、稻麦混合物、高粱、米糠粕、谷氨酸渣等杂粮杂粕，进行营养价值参数评定、抗营养因子分析和真菌毒素分析，形成了相对完善且持续补充更新的自有饲料原料营养价值数据库。在生产实践中，充分参考国内外主要数据库的最新数据，实时收集动物生产实践的数据结果，筛选确定杂粮杂粕饲料原料添加量及其使用优先序。根据饲料配方中杂粮杂粕原料的组成及其营养特性，适当补充维生素、生物酶等添加剂，调整饲料加工过程中环模压缩比、粉碎粒度、膨化温度等加工参数，提高饲料适口性和营养物质消化率，保证正常养殖生产效率。

2021年，公司猪禽配合饲料产量近180万吨，豆粕平均用量占比12.0%，比养殖业消耗饲料中豆粕平均含量低3.3个百分点，相当于减少豆粕用量6万吨。

国务院办公厅转发农业部关于促进饲料业持续健康发展若干意见的通知

国办发〔2002〕42号

各省、自治区、直辖市人民政府，国务院各部委，各直属机构：

农业部《关于促进饲料业持续健康发展的若干意见》已经国务院同意，现转发给你们，请认真贯彻执行。各地区、各有关部门要按照本通知的要求，对饲料生产和质量安全进行一次全面检查，完善制度，强化监督，并将贯彻本通知的情况于2003年6月前报国务院。

国务院办公厅
二〇〇二年九月五日

关于促进饲料业持续健康发展的若干意见

（农业部二〇〇二年七月三十一日）

经过20多年的改革与发展，我国饲料业已经形成门类比较齐全、功能比较完备的产业体系，成为国民经济中的重要基础产业。但目前在饲料业发展过程中还存在着一些亟待解决的问题：饲料产业结构和生产布局不够合理，饲料原料的质量和生产能力有待提高，饲料业的标准体系、监测体系和安全监管体系不够健全，饲料添加剂质量及使用存在一些安全隐患等。为促进我国饲料业持续健康发展，现提出以下意见：

一、充分认识饲料业持续健康发展的重要意义

（一）发展饲料业是推进农业和农村经济结构战略性调整的重要方面。大力发展饲料业，不仅能够带动饲料作物种植和养殖业的发展，促进农业结构调整和优化，而且还可以促进粮食加工、转化与增值，推进第二、三产业的发展，提高农业的综合效益。同时，通过发展饲料业提升农业产业层次，把畜牧业发展成为一个大产业。

（二）发展饲料业是增加农民收入的重要途径。按照比较效益和市场需求种植饲料作物，可提高种植效益；通过饲料原料的加工转化，可促进饲料资源的增值；通过产业化龙头企业的带动，可获得规模经济效益。

（三）发展饲料业是提高农业竞争力的有力措施。大力发展饲料业，延长产业链条，发挥农副产品加工的后续效益；推动养殖业结构升级换代，提高生产效率，促进养殖业向规模化、集约化和现代化方向发展。同时，培育一批竞争力较强的名牌畜禽和水产品，进一步开拓国际市场。

（四）发展饲料业是提高人民生活水平的重要保障。发展安全优质高效的饲料业，是养殖业持续健康发展的物质基础，是提供卫生安全和营养丰富的动物性食品的基本保障。

二、明确饲料生产和安全监管的目标

（一）建设安全优质高效的饲料生产体系。面向市场，依靠科技，科学利用和综合开发各类饲料资源，积极推进安全优质高效和替代进口饲料产品的生产，加快建设符合我国国情的饲料生产体系，以实现大宗饲料原料和饲料总量供求的基本平衡。

（二）健全和完善饲料安全监管体系。当前和今后一个时期，要抓紧建立与国际接轨的饲料质量标准体系、健全的饲料监测体系和规范的饲料安全监管体系，把我国饲料安全监管工作提高到一个新水平。

三、优化饲料产业结构和布局

（一）调整饲料产业结构。稳定发展配合饲料和单一饲料，加快发展浓缩饲料、精料补充料和饲料添加剂及其预混合饲料，实现饲料品种系列化、结构多样化。努力开发新型饲料资源和饲料品种，压缩一般性饲料品种，加快饲料产品的更新换代，满足不同饲养品种、饲养方式对饲料产品的需求。

（二）优化饲料产业区域布局。要按照统筹规划、因地制宜、优势互补、协调发展的原则，对饲料业布局进行调整。东部沿海地区和大城市郊区，要突出发展高附加值和创汇能力强的饲料加工业、饲料添加剂工业和饲料机械工业；中部地区要大力发展饲料原料和饲料加工业，提高饲料加工深度；西部地区要建设饲料饲草等原料生产基地，加快发展浓缩饲料加工业和饲料添加剂工业，推广配合饲料和精料补充料。

（三）加快饲料原料生产基地建设。抓紧建立优质饲料基地，扩大专用饲料作物种植，提高饲料原料的质量和生产能力。粮食主产区要积极推广间作套种、立体种植技术，稳步推进由粮食、经济作物二元种植业结构向粮食、经济作物和饲料三元种植业结构的转变，增加饲料总产量。有条件的地方要充分利用冬闲田种植牧草，实行草粮轮作，增加冬春季青绿饲料供给。西部地区要通过退耕还林（草）建设饲草生产基地，重点发展优质饲草生产。

四、大力推进饲料业科技进步

（一）加快饲料业科研与开发。以研究开发蛋白质饲料、农副产品饲料生产及高效利用技术为重点，开发非粮食饲料；广泛应用生物、精细化工等技术，加速研制并推广安全、高效、无污染的饲料添加剂，逐步替代允许使用的药物饲料添加剂；大力推动优质环保型饲料、专用饲料和安全饲料科学配方技术的研究开发。积极研究开发大型饲料加工设备及成套技术。加快饲料工业信息化建设步伐。

（二）推进饲料业高新技术产业化。鼓励大中型饲料生产企业建立和完善技术研发中心，提高技术创新能力。鼓励科研单位、大专院校与饲料生产企业开展多种形式的联合与合作，建立一批新型的饲料产学研联合体，加快饲料重大科技成果的开发和转化。深化农业科技体制改革，通过技术服务、技术承包、技术转让或入股等方式，完善科技人员分配机制，促进饲料业高新技术产业化。

（三）加强饲料业技术推广工作。鼓励科研单位、学校、饲料企业和其他中介组织，采取多种形式，开展技术推广和咨询服务。把"绿色证书工程"、"跨世纪青年农民培训计划"等与加强饲料专业人才培养结合起来。开展饲料行业职业技能鉴定与培训，认真执行关键岗位持证上岗制度，提高从业人员素质。地方各级饲料技术推广部门要做好饲料、饲料添加剂新产品和新技术的推广与示范工作。继续加大青贮饲料和氨化秸秆等成熟技术的推广力度，加快农区秸秆养畜过腹还田示范区建设。

五、依法加强饲料质量安全监管

（一）制定完善的饲料标准体系。抓紧研究、制定与国际接轨的饲料工业标准体系。在逐步提升现有的饲料原料和产品质量标准的基础上，加紧修订完善饲料卫生安全强制性标准，尽快制定转基因和动物性饲料检测方法标准。重点扶持一批国家级骨干饲料科研机构，为各类饲料标准体系建设提供技术支持。当前，应优先制定饲料生产和畜禽等饲养过程中使用禁用药品的速测方法标准，以及允许使用的药物饲料添加剂检测方法标准。

（二）加强饲料监测体系建设。以国家级饲料监测中心为龙头，部省级饲料监测中心为骨干，地、县级饲料监测站为基础，进一步加强饲料监测体系建设。加快实施饲料安全工程，改善饲料监测机构的基础设施条件。建立全国饲料安全信息网络，完善饲料业信息采集和发布程序，逐步把饲料监测机构建设成产品质量检测评价中心、市场信息发布中心、技术咨询服务中心和专业人才培训中心，提高饲料监测体系的整体水平。

（三）切实抓好饲料安全监管工作。加强对饲料生产、经营和使用等环节的监测，关口前移，从源头上抓好对饲料业的监管。禁止在饲料和动物饮用水中添加肾上腺素受体激动剂、性激素、蛋白同化激素、精神药品、抗生素滤渣等国家明令禁用的药品，对于允许添加的药品，在使用上要符合有关休药期的规定要求。禁止给反刍类动物喂食哺乳类动物性饲料。防止假冒伪劣饲料产品和禁用药品流入市场。

（四）完善饲料管理法规，加大执法力度。抓紧起草有关饲料、饲料添加剂的配套法规和管理办法，完善饲料安全监管制度。全程监控饲料和饲料添加剂生产、经营和使用，切实抓好饲料质量安全监管工作。加强普法宣传，加大执法力度。各有关部门和地方各级人民政府要认真贯彻执行《饲料和饲料添加剂管理条例》，切实履行饲料管理和监督的职责。各级饲料管理部门要制定饲料安全突发事件防范预案，建立有效的预警机制，并会同公安、工商、药监、环保、质检等行政主管部门，坚决查处在饲料生产、经营和使用中添加禁用药品的行为。加强对进口饲料、饲料添加剂的检验检疫，严密监控动物性饲料、转基因饲料产品的质量安全和流向，消除各种隐患，确保饲料产品质量安全。整顿和规范饲料产品市场秩序，对于生产不合格饲料产品和安全隐患多的企业，要停产整改，跟踪监测。对于违法使用禁用药品和发生重大质量安全事故的饲料企业，要取消其生产和经营资格，依法追究有关责任人的法律责任。

六、进一步深化饲料企业改革

（一）完善饲料企业经营机制。按照建立现代企业制度的要求，积极探索新的饲料企业经营机制。在进一步深化国有和国有参股、控股企业改革的同时，鼓励发展非公有制饲料企业。规范公司法人治理结构，加强以财务管理为重点的企业管理，逐步实现规范化、科学化管理。按照"抓大放小"的原则,支持饲料企业开展优势互补,实现资产优化重组,不断提高饲料企业的竞争能力。重点培育和扶持一批起点高、规模大、竞争力强的核心饲料企业和企业集团。

(二)提高饲料产业化经营水平。充分发挥饲料企业与农民联系紧密的特点,鼓励饲料企业采取"订单农业""公司加农户"等方式,把原料生产、加工、销售等环节连结起来,形成较为稳定的产销关系和利益关系。支持饲料企业、专业大户和经纪人牵头组建农民专业合作经济组织,提高生产经营的组织化程度。各地区和有关部门要将符合条件的饲料企业列为农业产业化龙头重点企业,优先予以扶持。

(三)积极实施"走出去"战略。发挥我国农业比较优势,充分利用"两个市场""两种资源",加快我国饲料业的对外开放步伐。建立和完善饲料业的出口支持服务体系,及时跟踪国际先进的技术信息和市场动态,充分发挥饲料行业协会在市场准入、信息咨询、价格协调、纠纷调解和行业损害调查等方面的作用,开展反倾销和应诉工作的组织与指导,更好地为饲料产品出口服务,促进饲料业健康发展。

七、加强对饲料工作的领导

(一)切实加强对饲料业发展和饲料安全工作的领导。各级地方人民政府要充分认识发展饲料业的重要性,把发展饲料业作为调整农业结构、增加农民收入和确保食品安全的一项重要工作来抓。各地区、各有关部门要切实解决饲料业发展中存在的突出问题,推动饲料业持续、健康发展。

(二)进一步转变政府职能。饲料行业行政主管部门要搞好饲料业发展规划、分类指导、安全监管和协调服务工作,发挥各级饲料行业协会的桥梁纽带作用,促进行业自律。

(三)稳定完善饲料业发展的相关政策。继续执行国家对饲料行业的现行税收优惠政策。严禁各种乱评比、乱罚款和乱收费。鼓励和支持有条件的饲料企业跨区域收购所需的饲料原料。粮食购销企业要发挥仓储和质量检验等方面的优势,进一步搞好与饲料企业的购销衔接,促进粮食转化增值。

(四)多渠道增加对饲料业的投入。各级地方人民政府要加大对饲料业的资金投入力度,重点用于饲料高新技术开发和推广,以及市场信息体系、监测检验体系、秸秆养畜示范项目和优质饲料基地建设。有关部门要支持饲料企业的设备更新和技术改造。商业银行要对饲料企业生产和经营提供信贷支持。积极引导社会资金投向饲料行业,加快饲料业利用外资步伐。

国务院办公厅关于稳定生猪生产促进转型升级的意见

国办发〔2019〕44 号

各省、自治区、直辖市人民政府，国务院各部委、各直属机构：

养猪业是关乎国计民生的重要产业，猪肉是我国大多数居民最主要的肉食品。发展生猪生产，对于保障人民群众生活、稳定物价、保持经济平稳运行和社会大局稳定具有重要意义。近年来，我国养猪业综合生产能力明显提升，但产业布局不合理、基层动物防疫体系不健全等问题仍然突出，一些地方忽视甚至限制养猪业发展，猪肉市场供应阶段性偏紧和猪价大幅波动时有发生。非洲猪瘟疫情发生以来，生猪产业的短板和问题进一步暴露，能繁母猪和生猪存栏下降较多，产能明显下滑，稳产保供压力较大。为稳定生猪生产，促进转型升级，增强猪肉供应保障能力，经国务院同意，现提出如下意见。

一、总体要求

（一）指导思想。以习近平新时代中国特色社会主义思想为指导，全面贯彻党的十九大和十九届二中、三中全会精神，按照党中央、国务院决策部署，坚持稳中求进工作总基调，发挥市场在资源配置中的决定性作用，以保障猪肉基本自给为目标，立足当前恢复生产保供给，着眼长远转变方式促转型，强化责任落实，加大政策扶持，加强科技支撑，推动构建生产高效、资源节约、环境友好、布局合理、产销协调的生猪产业高质量发展新格局，更好满足居民猪肉消费需求，促进经济社会平稳健康发展。

（二）发展目标。生猪产业发展的质量效益和竞争力稳步提升，稳产保供的约束激励机制和政策保障体系不断完善，带动中小养猪场（户）发展的社会化服务体系逐步健全，猪肉供应保障能力持续增强，自给率保持在95%左右。到2022年，产业转型升级取得重要进展，养殖规模化率达到58%左右，规模养猪场（户）粪污综合利用率达到78%以上。到2025年，产业素质明显提升，养殖规模化率达到65%以上，规模养猪场（户）粪污综合利用率达到85%以上。

（三）省负总责。各省（区、市）人民政府对本地区稳定生猪生产、保障市场供应工作负总责，主要负责人是第一责任人，要加强组织领导，强化规划引导，出台专门政策，在养殖用地、资金投入、融资服务、基层动物防疫机构队伍建设等方面优先安排、优先保障。生猪主产省份要积极发展生猪生产，做到稳产增产；主销省份要确保一定的自给率。各地区要增强大局意识，把握发展阶段，尊重市场规律，不得限制养猪业发展；严格落实"菜篮子"市长负责制，尽快将生猪生产恢复到正常水平，切实做好生猪稳产保供工作。

二、稳定当前生猪生产

（四）促进生产加快恢复。继续实施种猪场和规模养猪场（户）贷款贴息政策，期限延长至 2020 年 12 月 31 日，并将建设资金贷款纳入贴息范围。对 2020 年底前新建、改扩建种猪场、规模养猪场（户）和禁养区内规模养猪场（户）异地重建加大支持力度，重点加强动物防疫、环境控制等设施建设。鼓励地方结合实际加大生猪生产扶持力度。省级财政要落实生猪生产稳定专项补贴等措施，对受影响较大的生猪调出大县的规模养猪场（户）给予临时性生产补助，稳定能繁母猪和生猪存栏。银行业金融机构要积极支持生猪产业发展，不得对养猪场（户）和屠宰加工企业盲目限贷、抽贷、断贷。省级农业信贷担保公司在做好风险防控的基础上，要把支持恢复生猪生产作为当前的重要任务，对发生过疫情及扑杀范围内的养猪场（户），提供便利、高效的信贷担保服务。

（五）规范禁养区划定与管理。严格依法依规科学划定禁养区，除饮用水水源保护区，风景名胜区，自然保护区的核心区和缓冲区，城镇居民、文化教育科学研究区等人口集中区域以及法律法规规定的其他禁止养殖区域之外，不得超范围划定禁养区。各地区要深入开展自查，对超越法律法规规定范围划定的禁养区立即进行调整。对禁养区内确需关停搬迁的规模养猪场（户），地方政府要安排用地支持异地重建。各省（区、市）要于 2019 年 10 月底前将自查结果及调整后的禁养区划定情况报生态环境部、农业农村部备核。

（六）保障种猪、仔猪及生猪产品有序调运。进一步细化便捷措施，保障符合条件的种猪和仔猪调运，不得层层加码禁运限运。优化种猪跨省调运检疫程序，重点检测非洲猪瘟，对其他病种开展风险评估，简化实验室检测，降低调运成本。将仔猪及冷鲜猪肉纳入鲜活农产品运输"绿色通道"政策范围。2020 年 6 月 30 日前，对整车合法运输种猪及冷冻猪肉的车辆，免收车辆通行费。

（七）持续加强非洲猪瘟防控。进一步压实政府、部门和生猪产业各环节从业者责任，不折不扣落实疫情监测排查报告、突发疫情应急处置、生猪运输和餐厨废弃物监管等现行有效防控措施，确保疫情不反弹，增强养殖信心。坚持疫情日报告制度，严格实施产地检疫和屠宰检疫，对瞒报、迟报疫情导致疫情扩散蔓延的，从严追责问责。落实好非洲猪瘟强制扑杀补助政策，加快补助资金发放，由现行按年度结算调整为每半年结算发放一次。对财政困难的县市，省级财政要加大对扑杀补助的统筹支持力度，降低或取消县市级财政承担比例。

（八）加强生猪产销监测。加大生猪生产统计调查频次，为宏观调控决策提供及时有效支撑。建立规模养猪场（户）信息备案管理和生产月度报告制度，及时、准确掌握生猪生产形势变化。强化分析预警，定期发布市场动态信息，引导生产，稳定预期。

（九）完善市场调控机制。认真执行《缓解生猪市场价格周期性波动调控预案》，严格落实中央和地方冻猪肉储备任务，鼓励和支持有条件的社会冷库资源参与猪肉收储。合理把握冻猪肉储备投放节奏和力度，多渠道供应销售猪肉，确保重要节假日猪肉市场有效供应，保持猪肉价格在合理范围。及时启动社会救助和保障标准与物价上涨挂钩联动机制，有效保障困难群众基本生活。加快发展禽肉、牛羊肉等替代肉品生产。统筹利用国际国内两个市场、两种资源，更好地保障市场供应。

三、加快构建现代养殖体系

（十）大力发展标准化规模养殖。按照"放管服"改革要求，对新建、改扩建的养猪场（户）简化程序、加快审批。有条件的地方要积极支持新建、改扩建规模养猪场（户）的基础设施建设。中央预算内投资继续支持规模养猪场（户）提升设施装备条件。深入开展生猪养殖标准化示范创建，在全国创建一批可复制、可推广的高质量标准化示范场。调整优化农机购置补贴机具种类范围，支持养猪场（户）购置自动饲喂、环境控制、疫病防控、废弃物处理等农机装备。

（十一）积极带动中小养猪场（户）发展。鼓励有意愿的农户稳步扩大养殖规模。各地区要创新培训形式，帮助中小养猪场（户）提高生产经营管理水平。鼓励各地区通过以奖代补、先建后补等方式，支持中小养猪场（户）改进设施装备条件。发挥龙头企业和专业合作经济组织带动作用，通过统一生产、统一营销、技术共享、品牌共创等方式，与中小养猪场（户）形成稳定利益共同体。培育壮大生产性服务业，采取多种方式服务中小养猪场（户）。对散养农户要加强指导帮扶，不得以行政手段强行清退。

（十二）推动生猪生产科技进步。加强现代生猪良种繁育体系建设，实施生猪遗传改良计划，提升核心种源自给率，提高良种供应能力。加大现代种业提升工程投入，推动核心育种场建设与生猪产能相适应，支持地方猪保种场、保护区和基因库完善基础设施条件，促进地方猪种保护与开发。实施生猪良种补贴，推广人工授精技术，积极支持养猪场（户）购买优良种猪精液。推进生猪养殖抗菌药物减量使用，实施促生长抗菌药物退出计划，研发和推广替代产品。加快推进生猪全产业链信息化，推广普及智能养猪装备，提高生产经营效率。

（十三）加快养殖废弃物资源化利用。继续实施粪污资源化利用项目，将符合条件的非畜牧大县纳入实施范围。推行种养结合，支持粪肥就地就近运输和施用，配套建设粪肥田间贮存池、沼液输送管网、沼液施用设施等，打通粪肥还田通道。各地区要建立健全病死猪无害化处理体系，及时足额落实地方补助资金，确保无害化处理企业可持续运行。

（十四）加大对生猪主产区支持力度。统筹资源环境条件，引导生猪养殖向环境容量大的地区转移，支持大型生猪养殖企业全产业链布局。鼓励生猪主销省份支持主产省份发展生猪生产，通过资源环境补偿、跨区合作建立养殖基地等方式，推动形成销区补偿产区的长效机制。发挥生猪调出大县支撑保障作用，加大对生猪调出大县的支持力度，增加奖励资金规模，优化生猪调出大县动态调整机制，支持生猪生产发展和流通基础设施建设。

四、完善动物疫病防控体系

（十五）提升动物疫病防控能力。统筹做好非洲猪瘟以及口蹄疫、猪瘟、高致病性猪蓝耳病等重大动物疫病防控工作。加快非洲猪瘟疫苗研发。加强疫病防控技术培训和分类指导，提升养猪场（户）生物安全防护水平。加快实施分区防控，建立健全区域联防联控工作机制。支持有条件的地区和企业建设无疫区和无疫小区。

（十六）强化疫病检测和动物检疫。加强公共检测机构能力建设，支持县级动物疫病预防控制中心完善设施装备，改善基层兽医实验室疫病检测条件。鼓励发展多种形式的第三方检测服务机构，推行政府购买社会化兽医服务。指导督促生产经营主体配备检测设施装备，提升自检能力。动物卫生监督机构和工作人员要严格执行检疫规程，认真履职尽责。严肃查处不检疫就出证或无正当理由拒绝检疫出证等违规行为。

（十七）加强基层动物防疫队伍建设。依托现有机构编制资源，建立健全动物卫生监督机构和动物疫病预防控制机构。在农业综合行政执法改革中，结合建立执法事项清单，落实动物防疫执法责任，突出强化动物防疫执法力量。加强乡镇畜牧兽医站建设，配备与养殖规模和工作任务相适应的防疫检疫等专业技术人员，县级畜牧兽医管理部门要加强监督指导，必要时采取措施增强工作力量。地方财政要保障工作经费和专项业务经费，改善设施装备条件，落实工资待遇和有关津贴，确保基层动物防疫、检疫和监督工作正常开展。

五、健全现代生猪流通体系

（十八）加快屠宰行业提挡升级。引导生猪屠宰加工向养殖集中区域转移，鼓励生猪就地就近屠宰，实现养殖屠宰匹配、产销顺畅衔接。开展生猪屠宰标准化创建，加快小型生猪屠宰厂（场）点撤停并转。严格执行生猪屠宰环节非洲猪瘟自检和驻场官方兽医制度，对不符合检疫检测要求的屠宰厂（场），要依法限期整改，整改不到位的责令关停。鼓励生猪调出大县建设屠宰加工企业和洗消中心，在用地、信贷等方面给予政策倾斜。

（十九）变革传统生猪调运方式。顺应猪肉消费升级和生猪疫病防控的客观要求，实现"运猪"向"运肉"转变，逐步减少活猪长距离跨省（区、市）调运。加强大区域内生猪产销衔接，生猪主销省份要主动与主产省份建立长期稳定的供销关系，实现大区域内供需大体平衡，除种猪和仔猪外，原则上活猪不跨大区域调运。推行猪肉产品冷链调运，加快建立冷鲜肉品流通和配送体系，实现"集中屠宰、品牌经营、冷链流通、冷鲜上市"。冷链物流企业用水、用电、用气价格与工业同价，降低物流成本。加强猪肉消费宣传引导，提高冷鲜肉消费比重。

（二十）加强冷链物流基础设施建设。逐步构建生猪主产区和主销区有效对接的冷链物流基础设施网络。鼓励屠宰企业建设标准化预冷集配中心、低温分割加工车间、冷库等设施，提高生猪产品加工储藏能力。鼓励屠宰企业配备必要的冷藏车等设备，提高长距离运输能力。鼓励生猪产品主销区建设标准化流通型冷库、低温加工处理中心、冷链配送设施和冷鲜肉配送点，提高终端配送能力。

六、强化政策措施保障

（二十一）加大金融政策支持。完善生猪政策性保险，提高保险保额、扩大保险规模，并与病死猪无害化处理联动，鼓励地方继续开展并扩大生猪价格保险试点。创新金融信贷产品，探索将土地经营权、养殖圈舍、大型养殖机械等纳入抵质押物范围。银行业金融机构要立足自身职能定位，在依法合规、风险可控的前提下积极为生猪生产发展提供信贷支持。

（二十二）保障生猪养殖用地。各地区要遵循种养结合、农牧循环的客观要求，在编制国土空间规划时，合理安排新增生猪养殖用地。完善设施农用地政策，合理增加附属设施用地规模，取消15亩上限，保障废弃物处理等设施用地需要。鼓励利用农村集体建设用地和"四荒地"（荒山、荒沟、荒丘、荒滩）发展生猪生产，各地区可根据实际情况制定支持政策措施。

（二十三）强化法治保障。加快修订动物防疫法、生猪屠宰管理条例，研究修订兽药管理条例等法律法规，健全生猪产业法律制度体系。严格落实畜牧法、动物防疫法、农产品质量安全法、食品安全法等法律法规，加大执法监管力度，督促养猪场（户）、屠宰加工企业等市场主体依法依规开展生产经营活动。加强对畜牧兽医行政执法工作的指导，依法查处生猪养殖、运输、屠宰、无害化处理等环节的违法违规行为。

各地区、各有关部门要根据本意见精神，按照职责分工，加大工作力度，抓好工作落实。各省（区、市）要在今年年底前，将贯彻落实情况报国务院。明年国务院将适时开展生猪生产和供应情况督查，督查情况通报各地区。

国务院办公厅

2019年9月6日

（此件公开发布）

关于印发《全国农业可持续发展规划（2015—2030年）》的通知

农计发〔2015〕145号

各省、自治区、直辖市、计划单列市人民政府，新疆生产建设兵团：

《全国农业可持续发展规划（2015—2030）》已经国务院同意，现印发你们，请认真贯彻执行。

农业部　国家发展改革委　科技部
财政部　国土资源部　环境保护部
水利部　国家林业局
2015年5月20日

全国农业可持续发展规划（2015—2030年）

农业关乎国家食物安全、资源安全和生态安全。大力推动农业可持续发展，是实现"五位一体"战略布局、建设美丽中国的必然选择，是中国特色新型农业现代化道路的内在要求。为指导全国农业可持续发展，编制本规划。

一、发展形势

（一）主要成就

新世纪以来，我国农业农村经济发展成就显著，现代农业加快发展，物质技术装备水平不断提高，农业资源环境保护与生态建设支持力度不断加大，农业可持续发展取得了积极进展。

农业综合生产能力和农民收入持续增长。我国粮食生产实现历史性的"十一连增"，连续8年稳定在5亿吨以上，连续2年超过6亿吨。棉油糖、肉蛋奶、果菜鱼等农产品稳定增长，市场供应充足，农产品质量安全水平不断提高。农民收入持续较快增长，增速连续5年超过同期城镇居民收入增长。

农业资源利用水平稳步提高。严格控制耕地占用和水资源开发利用，推广实施了一批资源保护及高效利用新技术、新产品、新项目，水土资源利用效率不断提高。农田灌溉水用量占总用水比重由2002年的61.4%下降到2013年的55%，有效利用系数由0.44提高到2013年的0.52，粮食亩产由293公斤提高到2014年的359公斤。在地少水缺的条件下，资源利用水平的提高，为保证粮食等主要农产品有效供给作出了重要贡献。

农业生态保护建设力度不断加大。国家先后启动实施水土保持、退耕还林还草、退牧还草、防沙治沙、石漠化治理、草原生态保护补助奖励等一批重大工程和补助政策,加强农田、森林、草原、海洋生态系统保护与建设,强化外来物种入侵预防控制,全国农业生态恶化趋势初步得到遏制、局部地区出现好转。2013年全国森林覆盖率达到21.6%,全国草原综合植被盖度达54.2%。

农村人居环境逐步改善。积极推进农村危房改造、游牧民定居、农村环境连片整治、标准化规模养殖、秸秆综合利用、农村沼气和农村饮水安全工程建设,加强生态村镇、美丽乡村创建和农村传统文化保护,发展休闲农业,农村人居环境逐步得到改善。截至2014年底,改造农村危房1 565万户,定居游牧民24.6万户;5.9万个村庄开展了环境整治,直接受益人口约1.1亿。

(二) 面临挑战

在我国农业农村经济取得巨大成就的同时,农业资源过度开发、农业投入品过量使用、地下水超采以及农业内外源污染相互叠加等带来的一系列问题日益凸显,农业可持续发展面临重大挑战。

资源硬约束日益加剧,保障粮食等主要农产品供给的任务更加艰巨。人多地少水缺是我国基本国情。全国新增建设用地占用耕地年均约480万亩,被占用耕地的土壤耕作层资源浪费严重,占补平衡补充耕地质量不高,守住18亿亩耕地红线的压力越来越大。耕地质量下降,黑土层变薄、土壤酸化、耕作层变浅等问题凸显。农田灌溉水有效利用系数比发达国家平均水平低0.2,华北地下水超采严重。我国粮食等主要农产品需求刚性增长,水土资源越绷越紧,确保国家粮食安全和主要农产品有效供给与资源约束的矛盾日益尖锐。

环境污染问题突出,确保农产品质量安全的任务更加艰巨。工业"三废"和城市生活等外源污染向农业农村扩散,镉、汞、砷等重金属不断向农产品产地环境渗透,全国土壤主要污染物点位超标率为16.1%。农业内源性污染严重,化肥、农药利用率不足三分之一,农膜回收率不足三分之二,畜禽粪污有效处理率不到一半,秸秆焚烧现象严重。海洋富营养化问题突出,赤潮、绿潮时有发生,渔业水域生态恶化。农村垃圾、污水处理严重不足。农业农村环境污染加重的态势,直接影响了农产品质量安全。

生态系统退化明显,建设生态保育型农业的任务更加艰巨。全国水土流失面积达295万平方公里,年均土壤侵蚀量45亿吨,沙化土地173万平方公里,石漠化面积12万平方公里。高强度、粗放式生产方式导致农田生态系统结构失衡、功能退化,农林、农牧复合生态系统亟待建立。草原超载过牧问题依然突出,草原生态总体恶化局面尚未根本扭转。湖泊、湿地面积萎缩,生态服务功能弱化。生物多样性受到严重威胁,濒危物种增多。生态系统退化,生态保育型农业发展面临诸多挑战。

体制机制尚不健全,构建农业可持续发展制度体系的任务更加艰巨。水土等资源资产管理体制机制尚未建立,山水林田湖等缺乏统一保护和修复。农业资源市场化配置机制尚未建立,特别是反映水资源稀缺程度的价格机制没有形成。循环农业发展激励机制不完善,种养业发展不协调,农业废弃物资源化利用率较低。农业生态补偿机制尚不健全。农业污染责任主体不明确,监管机制缺失,污染成本过低。全面反映经济社会价值的农业资源定价机制、利益补偿机制和奖惩机制的缺失和不健全,制约了农业资源合理利用和生态环境保护。

(三) 发展机遇

当前和今后一个时期,推进农业可持续发展面临前所未有的历史机遇。一是农业可持续发展的共识日益广泛。党的十八大将生态文明建设纳入"五位一体"的总体布局,为农业可持续发展指明了方向。全社会对资源安全、生态安全和农产品质量安全高度关注,绿色发展、循环发展、低碳发展理念深入人心,为农业可持续发展集聚了社会共识。二是农业可持续发展的物质基础日益雄厚。我国综合国力和财政实力不断增强,强农惠农富农政策力度持续加大,粮食等主要农产品连年增产,利用"两种资源、两个市场"、弥补国内农业资源不足的能力不断提高,为农业转方式、调结构提供了战略空间和物质保障。三是农业可持续发展的科技支撑日益坚实。传统农业技术精华广泛传承,现代生物技术、信息技术、新材料和先进装备等日新月异、广泛应用,生态农业、循环农业等技术模式不断集成创新,为农业可持续发展提供有力的技术支撑。四是农业可持续发展的制度保障日益完善。随着农村改革和生态文明体制改革稳步推进,法律法规体系不断健全,治理能力不断提升,将为农业可持续发展注入活力、提供保障。

"三农"是国家稳定和安全的重要基础。我们必须立足世情、国情、农情,抢抓机遇,应对挑战,全面实施农业可持续发展战略,努力实现农业强、农民富、农村美。

二、总体要求

(一) 指导思想

以邓小平理论、"三个代表"重要思想、科学发展观为指导,深入贯彻习近平总书记系列重要讲话精神,全面落实党的十八大和十八届二中、三中、四中全会精神,按照党中央、国务院各项决策部署,牢固树立生态文明理念,坚持产能为本、保育优先、创新驱动、依法治理、惠及民生、保障安全的指导方针,加快发展资源节约型、环境友好型和生态保育型农业,切实转变农业发展方式,从依靠拼资源消耗、拼农资投入、拼生态环境的粗放经营,尽快转到注重提高质量和效益的集约经营上来,确保国家粮食安全、农产品质量安全、生态安全和农民持续增收,努力走出一条中国特色农业可持续发展道路,为"四化同步"发展和全面建成小康社会提供坚实保障。

(二) 基本原则

坚持生产发展与资源环境承载力相匹配。坚守耕地红线、水资源红线和生态保护红线,优化农业生产力布局,提高规模化集约化水平,确保国家粮食安全和主要农产品有效供给。因地制宜,分区施策,妥善处理好农业生产与环境治理、生态修复的关系,适度有序开展农业资源休养生息,加快推进农业环境问题治理,不断加强农业生态保护与建设,促进资源永续利用,增强农业综合生产能力和防灾减灾能力,提升与资源承载能力和环境容量的匹配度。

坚持创新驱动与依法治理相协同。大力推进农业科技创新和体制机制创新,释放改革新红利,推进科学种养,着力增强创新驱动发展新动力,促进农业发展方式转变。强化法治观念和思维,完善农业资源环境与生态保护法律法规体系,实行最严格的制度、最严密的法治,依法促进创新、保护资源、治理环境,构建创新驱动和法治保障相得益彰的农业可持续发展支撑体系。

坚持当前治理与长期保护相统一。牢固树立保护生态环境就是保护生产力、改善生态环境就是发展生产力的理念，把生态建设与管理放在更加突出的位置，从当前突出问题入手，统筹利用国际国内两种资源，兼顾农业内源外源污染控制，加大保护治理力度，推动构建农业可持续发展长效机制，在发展中保护、在保护中发展，促进农业资源永续利用，农业环境保护水平持续提高，农业生态系统自我修复能力持续提升。

坚持试点先行与示范推广相统筹。充分认识农业可持续发展的综合性和系统性，统筹考虑不同区域不同类型的资源禀赋和生态环境，围绕存在的突出问题开展试点工作，着力解决制约农业可持续发展的技术难题，着力构建有利于促进农业可持续发展的运行机制，探索总结可复制、可推广的成功模式，因地制宜、循序渐进地扩大示范推广范围，稳步推进全国农业可持续发展。

坚持市场机制与政府引导相结合。按照"谁污染、谁治理"、"谁受益、谁付费"的要求，着力构建公平公正、诚实守信的市场环境，积极引导鼓励各类社会资源参与农业资源保护、环境治理和生态修复，着力调动农民、企业和社会各方面积极性，努力形成推进农业可持续发展的强大合力。政府在推动农业可持续发展中具有不可替代的作用，要切实履行好顶层设计、政策引导、投入支持、执法监管等方面的职责。

（三）发展目标

到2020年，农业可持续发展取得初步成效，经济、社会、生态效益明显。农业发展方式转变取得积极进展，农业综合生产能力稳步提升，农业结构更加优化，农产品质量安全水平不断提高，农业资源保护水平与利用效率显著提高，农业环境突出问题治理取得阶段性成效，森林、草原、湖泊、湿地等生态系统功能得到有效恢复和增强，生物多样性衰减速度逐步减缓。

到2030年，农业可持续发展取得显著成效。供给保障有力、资源利用高效、产地环境良好、生态系统稳定、农民生活富裕、田园风光优美的农业可持续发展新格局基本确立。

三、重点任务

（一）优化发展布局，稳定提升农业产能

优化农业生产布局。按照"谷物基本自给、口粮绝对安全"的要求，坚持因地制宜，宜农则农、宜牧则牧、宜林则林，逐步建立起农业生产力与资源环境承载力相匹配的农业生产新格局。在农业生产与水土资源匹配较好地区，稳定发展有比较优势、区域性特色农业；在资源过度利用和环境问题突出地区，适度休养，调整结构，治理污染；在生态脆弱区，实施退耕还林还草、退牧还草等措施，加大农业生态建设力度，修复农业生态系统功能。

加强农业生产能力建设。充分发挥科技创新驱动作用，实施科教兴农战略，加强农业科技自主创新、集成创新与推广应用，力争在种业和资源高效利用等技术领域率先突破，大力推广良种良法，到2020年农业科技进步贡献率达到60%以上，着力提高农业资源利用率和产出水平。大力发展农机装备，推进农机农艺融合，到2020年主要农作物耕种收综合机械化水平达到68%以上，加快实现粮棉油糖等大田作物生产全程机械化。着力加强农业基础设施建设，提高农业抵御自然灾害的能力。加强粮食仓储和转运设施建设，改善粮食仓储条件。发挥种养大户、家庭农场、农民合作社等新型经营主体的主力军作用，发展多种形式的适度规模经营，加强农业社会化服务，提高规模经营产出水平。

推进生态循环农业发展。优化调整种养业结构，促进种养循环、农牧结合、农林结合。支持粮食主产区发展畜牧业，推进"过腹还田"。积极发展草牧业，支持苜蓿和青贮玉米等饲草料种植，开展粮改饲和种养结合型循环农业试点。因地制宜推广节水、节肥、节药等节约型农业技术，以及"稻鱼共生"、"猪沼果"、林下经济等生态循环农业模式。到2020年国家现代农业示范区和粮食主产县基本实现区域内农业资源循环利用，到2030年全国基本实现农业废弃物趋零排放。

（二）保护耕地资源，促进农田永续利用

稳定耕地面积。实行最严格的耕地保护制度，稳定粮食播种面积，严控新增建设占用耕地，确保耕地保有量在18亿亩以上，确保基本农田不低于15.6亿亩。划定永久基本农田，按照保护优先的原则，将城镇周边、交通沿线、粮棉油生产基地的优质耕地优先划为永久基本农田，实行永久保护。坚持耕地占补平衡数量与质量并重，全面推进建设占用耕地耕作层土壤剥离再利用。

提升耕地质量。采取深耕深松、保护性耕作、秸秆还田、增施有机肥、种植绿肥等土壤改良方式，增加土壤有机质，提升土壤肥力。恢复和培育土壤微生物群落，构建养分健康循环通道，促进农业废弃物和环境有机物分解。加强东北黑土地保护，减缓黑土层流失。开展土地整治、中低产田改造、农田水利设施建设，加大高标准农田建设力度，到2020年建成集中连片、旱涝保收的8亿亩高标准农田。到2020年和2030年全国耕地基础地力提升0.5个等级和1个等级以上，粮食产出率稳步提高。严格控制工矿企业排放和城市垃圾、污水等农业外源性污染。防治耕地重金属污染和有机污染，建立农产品产地土壤分级管理利用制度。

适度退减耕地。依据国务院批准的新一轮退耕还林还草总体方案，实施退耕还林还草，宜乔则乔、宜灌则灌、宜草则草，有条件的地方实行林草结合，增加植被盖度。

（三）节约高效用水，保障农业用水安全

实施水资源红线管理。确立水资源开发利用控制红线，到2020年和2030年全国农业灌溉用水量分别保持在3 720亿立方米和3 730亿立方米。确立用水效率控制红线，到2020年和2030年农田灌溉水有效利用系数分别达到0.55和0.6以上。推进地表水过度利用和地下水超采区综合治理，适度退减灌溉面积。

推广节水灌溉。分区域规模化推进高效节水灌溉，加快农业高效节水体系建设，到2020年和2030年，农田有效灌溉率分别达到55%和57%，节水灌溉率分别达到64%和75%。发展节水农业，加大粮食主产区、严重缺水区和生态脆弱地区的节水灌溉工程建设力度，推广渠道防渗、管道输水、喷灌、微灌等节水灌溉技术，完善灌溉用水计量设施，到2020年发展高效节水灌溉面积2.88亿亩。加强现有大中型灌区骨干工程续建配套节水改造，强化小型农田水利工程建设和大中型灌区田间工程配套，增强农业抗旱能力和综合生产能力。积极推行农艺节水保墒技术，改进耕作方式，调整种植结构，推广抗旱品种。

发展雨养农业。在半干旱、半湿润偏旱区建设农田集雨、集雨窖等设施，推广地膜覆盖技术，开展粮草轮作、带状种植，推进种养结合。优化农作物种植结构，改良耕作制度，扩大优质耐旱高产品种种植面积，严格限制高耗水农作物种植面积，鼓励种植耗水少、附加值高的农作物。在水土流失易发地区,扩大保护性耕作面积。

(四)治理环境污染,改善农业农村环境

防治农田污染。全面加强农业面源污染防控,科学合理使用农业投入品,提高使用效率,减少农业内源性污染。普及和深化测土配方施肥,改进施肥方式,鼓励使用有机肥、生物肥料和绿肥种植,到 2020 年全国测土配方施肥技术推广覆盖率达到 90% 以上,化肥利用率提高到 40%,努力实现化肥施用量零增长。推广高效、低毒、低残留农药、生物农药和先进施药机械,推进病虫害统防统治和绿色防控,到 2020 年全国农作物病虫害统防统治覆盖率达到 40%,努力实现农药施用量零增长;京津冀、长三角、珠三角等区域提前一年完成。建设农田生态沟渠、污水净化塘等设施,净化农田排水及地表径流。综合治理地膜污染,推广加厚地膜,开展废旧地膜机械化捡拾示范推广和回收利用,加快可降解地膜研发,到 2030 年农业主产区农膜和农药包装废弃物实现基本回收利用。开展农产品产地环境监测与风险评估,实施重度污染耕地用途管制,建立健全全国农业环境监测体系。

综合治理养殖污染。支持规模化畜禽养殖场(小区)开展标准化改造和建设,提高畜禽粪污收集和处理机械化水平,实施雨污分流、粪污资源化利用,控制畜禽养殖污染排放。到 2020 年和 2030 年养殖废弃物综合利用率分别达到 75% 和 90% 以上,规模化养殖场畜禽粪污基本资源化利用,实现生态消纳或达标排放。在饮用水水源保护区、风景名胜区等区域划定禁养区、限养区,全面完善污染治理设施建设。2017 年底前,依法关闭或搬迁禁养区内的畜禽养殖场(小区)和养殖专业户,京津冀、长三角、珠三角等区域提前一年完成。建设病死畜禽无害化处理设施,严格规范兽药、饲料添加剂生产和使用,健全兽药质量安全监管体系。严格控制近海、江河、湖泊、水库等水域的养殖容量和养殖密度,开展水产养殖池塘标准化改造和生态修复,推广高效安全复合饲料,逐步减少使用冰鲜杂鱼饵料。

改善农村环境。科学编制村庄整治规划,加快农村环境综合整治,保护饮用水水源,加强生活污水、垃圾处理,加快构建农村清洁能源体系。推进规模化畜禽养殖区和居民生活区的科学分离。禁止秸秆露天焚烧,推进秸秆全量化利用,到 2030 年农业主产区农作物秸秆得到全面利用。开展生态村镇、美丽乡村创建,保护和修复自然景观和田园景观,开展农户及院落风貌整治和村庄绿化美化,整乡整村推进农村河道综合治理。注重农耕文化、民俗风情的挖掘展示和传承保护,推进休闲农业持续健康发展。

(五)修复农业生态,提升生态功能

增强林业生态功能。按照"西治、东扩、北休、南提"的思路,加快西部防沙治沙步伐,扩展东部林业发展的空间和内涵,开展北方天然林休养生息,提高南方林业质量和效益,全面提升林业综合生产能力和生态功能,到 2020 年森林覆盖率达到 23% 以上。加强天然林资源保护特别是公益林建设和后备森林资源培育。建立比较完善的平原农田防护林体系,到 2020 年和 2030 年全国农田林网控制率分别达到 90% 和 95% 以上。

保护草原生态。全面落实草原生态保护补助奖励机制,推进退牧还草、京津风沙源治理和草原防灾减灾。坚持基本草原保护制度,开展禁牧休牧、划区轮牧,推进草原改良和人工种草,促进草畜平衡,推动牧区草原畜牧业由传统的游牧向现代畜牧业转变。加快农牧交错带已垦草原治理,恢复草地生态。强化草原自然保护区建设。合理利用南方草地,保护和恢复南方高山草甸生态。到2020年和2030年全国草原综合植被盖度分别达到56%和60%。

恢复水生生态系统。采取流域内节水、适度引水和调水、利用再生水等措施，增加重要湿地和河湖生态水量，实现河湖生态修复与综合治理。加强水生生物自然保护区和水产种质资源保护区建设，继续实施增殖放流，推进水产养殖生态系统修复，到2020年全国水产健康养殖面积占水产养殖面积的65%，到2030年达到90%。加大海洋渔业生态保护力度，严格控制捕捞强度，继续实施海洋捕捞渔船减船转产，更新淘汰高耗能渔船。加强自然海岸线保护，适度开发利用沿海滩涂，重要渔业海域禁止实施围填海，积极开展以人工鱼礁建设为载体的海洋牧场建设。严格实施海洋捕捞准用渔具和过度渔具最小网目尺寸制度。

保护生物多样性。加强畜禽遗传资源和农业野生植物资源保护，加大野生动植物自然保护区建设力度，开展濒危动植物物种专项救护，完善野生动植物资源监测预警体系，遏制生物多样性减退速度。建立农业外来入侵生物监测预警体系、风险性分析和远程诊断系统，建设综合防治和利用示范基地，严格防范外来物种入侵。构建国家边境动植物检验检疫安全屏障，有效防范动植物疫病。

四、区域布局

针对各地农业可持续发展面临的问题，综合考虑各地农业资源承载力、环境容量、生态类型和发展基础等因素，将全国划分为优化发展区、适度发展区和保护发展区。按照因地制宜、梯次推进、分类施策的原则，确定不同区域的农业可持续发展方向和重点。

（一）优化发展区

包括东北区、黄淮海区、长江中下游区和华南区，是我国大宗农产品主产区，农业生产条件好、潜力大，但也存在水土资源过度消耗、环境污染、农业投入品过量使用、资源循环利用程度不高等问题。要坚持生产优先、兼顾生态、种养结合，在确保粮食等主要农产品综合生产能力稳步提高的前提下，保护好农业资源和生态环境，实现生产稳定发展、资源永续利用、生态环境友好。

——东北区。以保护黑土地、综合利用水资源、推进农牧结合为重点，建设资源永续利用、种养产业融合、生态系统良性循环的现代粮畜产品生产基地。在典型黑土带，综合治理水土流失，实施保护性耕作，增施有机肥，推行粮豆轮作。到2020年，适宜地区深耕深松全覆盖，土壤有机质恢复提升，土壤保水保肥能力显著提高。在三江平原等水稻主产区，控制水田面积，限制地下水开采，改井灌为渠灌，到2020年渠灌比重提高到50%，到2030年实现以渠灌为主。在农牧交错地带，积极推广农牧结合、粮草兼顾、生态循环的种养模式，种植青贮玉米和苜蓿，大力发展优质高产奶业和肉牛产业。推动适度规模化畜禽养殖，加大动物疫病区域化管理力度，推进"免疫无疫区"建设。在大小兴安岭等地区，加大森林草原保护建设力度，发挥其生态安全屏障作用，保护和改善农田生态系统。

——黄淮海区。以治理地下水超采、控肥控药和废弃物资源化利用为重点，构建与资源环境承载力相适应、粮食和"菜篮子"产品稳定发展的现代农业生产体系。在华北地下水严重超采区，因地制宜调整种植结构，适度压减高度依赖灌溉的作物种植；大力发展水肥一体化等高效节水灌溉，实行灌溉定额制度，加强灌溉用水水质管理，推行农艺节水和深耕深松、保护性耕作，到2020年地下水超采问题得到有效缓解。在淮河流域等面源污染较重地区，大力推广配方施肥、绿色防控技术，推行秸秆肥料化、饲料化利用；调整优化畜禽养殖布局，稳定生猪、肉禽和蛋禽生产规模，加强畜禽粪污处理设施建设，提高循环利用水平。在沿黄滩区因地制宜发展水产健康养殖。全面加强区域高标准农田建设，改造中低产田和盐碱地，配套完善农田林网。

——长江中下游区。以治理农业面源污染和耕地重金属污染为重点，建立水稻、生猪、水产健康安全生产模式，确保农产品质量，巩固农产品主产区供给地位，改善农业农村环境。科学施用化肥农药，通过建设拦截坝、种植绿肥等措施，减少化肥、农药对农田和水域的污染；推进畜禽养殖适度规模化，在人口密集区域适当减少生猪养殖规模，加快畜禽粪污资源化利用和无害化处理，推进农村垃圾和污水治理。加强渔业资源保护，大力发展滤食性、草食性净水鱼类和名优水产品生产，加大标准化池塘改造，推广水产健康养殖，积极开展增殖放流，发展稻田养鱼。严控工矿业污染排放，从源头上控制水体污染，确保农业用水水质。加强耕地重金属污染治理，增施有机肥，实施秸秆还田，施用钝化剂，建立缓冲带，优化种植结构，减轻重金属污染对农业生产的影响。到2020年，污染治理区食用农产品达标生产，农业面源污染扩大的趋势得到有效遏制。

——华南区。以减量施肥用药、红壤改良、水土流失治理为重点，发展生态农业、特色农业和高效农业，构建优质安全的热带亚热带农产品生产体系。大力开展专业化统防统治和绿色防控，推进化肥农药减量施用，治理水土流失，加大红壤改良力度，建设生态绿色的热带水果、冬季瓜菜生产基地。恢复林草植被，发展水源涵养林、用材林和经济林，减少地表径流，防止土壤侵蚀；改良山地草场，加快发展地方特色畜禽养殖。加强天然渔业资源养护、水产原种保护和良种培育，扩大增殖放流规模，推广水产健康养殖。到2020年，农业资源高效利用，生态农业建设取得实质性进展。

（二）适度发展区

包括西北及长城沿线区、西南区，农业生产特色鲜明，但生态脆弱，水土配置错位，资源性和工程性缺水严重，资源环境承载力有限，农业基础设施相对薄弱。要坚持保护与发展并重，立足资源环境禀赋，发挥优势、扬长避短，适度挖掘潜力、集约节约、有序利用，提高资源利用率。

——西北及长城沿线区。以水资源高效利用、草畜平衡为核心，突出生态屏障、特色产区、稳农增收三大功能，大力发展旱作节水农业、草食畜牧业、循环农业和生态农业，加强中低产田改造和盐碱地治理，实现生产、生活、生态互利共赢。在雨养农业区，实施压夏扩秋，调减小麦种植面积，提高小麦单产，扩大玉米、马铃薯和牧草种植面积，推广地膜覆盖等旱作农业技术，建立农膜回收利用机制，逐步实现基本回收利用。修建防护林带，增强水源涵养功能。在绿洲农业区，大力发展高效节水灌溉，实施续建配套与节水改造，完善田间灌排渠系，增加节水灌溉面积，到2020年实现节水灌溉全覆盖，并在严重缺水地区实行退地减水，严格控制地下水开采。在农牧交错区，推进粮草兼顾型农业结构调整，通过坡耕地退耕还草、粮草轮作、种植结构调整、已垦草原恢复等形式，挖掘饲草料生产潜力，推进草食畜牧业发展。在草原牧区，继续实施退牧还草工程，保护天然草原，实行划区轮牧、禁牧、舍饲圈养，控制草原鼠虫害，恢复草原生态。

——西南区。突出小流域综合治理、草地资源开发利用和解决工程性缺水，在生态保护中发展特色农业，实现生态效益和经济效益相统一。通过修筑梯田、客土改良、建设集雨池，防止水土流失，推进石漠化综合治理，到2020年治理石漠化面积40%以上。加强林草植被的保护和建设，发展水土保持林、水源涵养林和经济林，开展退耕还林还草，鼓励人工种草，合理开发利用草地资源，发展生态畜牧业。严格保护平坝水田，稳定水稻、玉米面积，扩大马铃薯种植，发展高山夏秋冷凉特色农作物生产。

（三）保护发展区

包括青藏区和海洋渔业区，在生态保护与建设方面具有特殊重要的战略地位。青藏区是我国大江大河的发源地和重要的生态安全屏障，高原特色农业资源丰富，但生态十分脆弱。海洋渔业区发展较快，也存在着渔业资源衰退、污染突出的问题。要坚持保护优先、限制开发，适度发展生态产业和特色产业，让草原、海洋等资源得到休养生息，促进生态系统良性循环。

——青藏区。突出三江源头自然保护区和三江并流区的生态保护，实现草原生态整体好转，构建稳固的国家生态安全屏障。保护基本口粮田，稳定青稞等高原特色粮油作物种植面积，确保区域口粮安全，适度发展马铃薯、油菜、设施蔬菜等产品生产。继续实施退牧还草工程和草原生态保护补助奖励机制，保护天然草场，积极推行舍饲半舍饲养殖，以草定畜，实现草畜平衡，有效治理鼠虫害、毒草，遏制草原退化趋势。适度发展牦牛、绒山羊、藏系绵羊为主的高原生态畜牧业，加强动物防疫体系建设，保护高原特有鱼类。

——海洋渔业区。严格控制海洋渔业捕捞强度，限制海洋捕捞机动渔船数量和功率，加强禁渔期监管。稳定海水养殖面积，改善近海水域生态质量，大力开展水生生物资源增殖和环境修复，提升渔业发展水平。积极发展海洋牧场，保护海洋渔业生态。到2020年，海洋捕捞机动渔船数量和总功率明显下降。

五、重大工程

围绕重点建设任务，以最急需、最关键、最薄弱的环节和领域为重点，统筹安排中央预算内投资和财政资金，调整盘活财政支农存量资金，安排增量资金，积极引导带动地方和社会投入，组织实施一批重大工程，全面夯实农业可持续发展的物质基础。

（一）水土资源保护工程

高标准农田建设项目。以粮食主产区、非主产区产粮大县为重点，兼顾棉花、油料、糖料等重要农产品优势产区，开展土地平整，建设田间灌排沟渠及机井、节水灌溉、小型集雨蓄水、积肥设施等基础设施，修建农田道路、农田防护林、输配电设施，推广应用先进适用耕作技术。

耕地质量保护与提升项目。在全国范围内分区开展土壤改良、地力培肥和养分平衡，防止耕地退化，提高耕地基础地力和产出能力。在东北区开展黑土地保护，实施深耕深松、秸秆还田、培肥地力，配套有机肥堆沤场，推广粮豆轮作；防治水土流失，实施改垄、修建等高地埂植物带、推进等高种植和建设防护林带等措施。在黄淮海区开展秸秆还田、深耕深松、砂礓黑土改良、水肥一体化、种植结构调整和土壤盐渍化治理。在长江中下游区及华南区开展绿肥种植、增施有机肥、秸秆还田、冬耕翻土晒田、施用石灰深耕改土等。开展建设占用耕地的耕作层剥离试点，剥离的耕作层重点用于土地开发复垦、中低产田改造等。

耕地重金属污染治理项目。在南方水稻产区等重金属污染突出区域，改造现有灌溉沟渠，修建植物隔离带或人工湿地缓冲带，减低灌溉水源中重金属含量；在轻中度污染区实施以农艺技术为主的修复治理，改种低积累水稻、玉米等粮食作物和经济作物，在重度污染区改种非食用作物或高富集树种；完善土壤改良配套设施，建设有机肥、钝化剂等野外配制场所，配备重度污染区农作物秸秆综合利用设施设备。

水土保持与坡耕地改造项目。以小流域为单元，以水源保护为中心，配套修建塘坝窖池，配合实施沟道整治和小型蓄水保土工程，加强生态清洁小流域建设。在水土流失严重、人口密度大、坡耕地集中地区，尤其是关中盆地、四川盆地以及南方部分地区，建设坡改梯及其配套工程。

高效节水项目。加强大中型灌区续建配套节水改造建设，改善灌溉条件。在西北地区改造升级现有滴灌设施，新建一批玉米、林果等喷灌、滴灌设施，推广全膜双垄沟播等旱作节水技术。在东北地区西部推行滴灌等高效节水灌溉，水稻区推广控制灌溉等节水措施。在黄淮海区重点发展井灌区管道输水灌溉，推广喷灌、微灌、集雨节灌和水肥一体化技术。在南方地区发展管道输水灌溉，加快水稻节水防污型灌区建设。

地表水过度开发和地下水超采区治理项目。在地表水源有保障、基础条件较好地区积极发展水肥一体化等高效节水灌溉。在地表水和地下水资源过度开发地区，退减灌溉面积，调整种植结构，减少高耗水作物种植面积，进一步加大节水力度，实施地下水开采井封填、地表水取水口调整处置和用水监测、监控措施。在具备条件的地区，可适度采取地表水替代地下水灌溉。

农业资源监测项目。充分利用现有资源，建设和完善遥感、固定观测和移动监测等一体化的农业资源监测体系，建立耕地质量和土壤墒情、重金属污染、农业面源污染、土壤环境监测网点，建立土壤样品库、信息中心和耕地质量数据平台，健全农业灌溉用水、地表水和地下水监测监管体系，建设农业资源环境大数据中心，推动农业资源数据共建共享。

（二）农业农村环境治理工程

畜禽粪污综合治理项目。在污染严重的规模化生猪、奶牛、肉牛养殖场和养殖密集区，按照干湿分离、雨污分流、种养结合的思路，建设一批畜禽粪污原地收集储存转运、固体粪便集中堆肥或能源化利用、污水高效生物处理等设施和有机肥加工厂。在畜禽养殖优势省区，以县为单位建设一批规模化畜禽养殖场废弃物处理与资源化利用示范点、养殖密集区畜禽粪污处理和有机肥生产设施。

化肥农药氮磷控源治理项目。在典型流域，推广测土配方施肥技术，增施有机肥，推广高效肥和化肥深施、种肥同播等技术；实施平缓型农田氮磷净化，开展沟渠整理，清挖淤泥，加固边坡，合理配置水生植物群落，配置格栅和透水坝；实施坡耕地氮磷拦截再利用，建设坡耕地生物拦截带和径流集蓄再利用设施。实施农药减量控害，推进病虫害专业化统防统治和绿色防控，推广高效低毒农药和高效植保机械。

农膜和农药包装物回收利用项目。在农膜覆盖量大、残膜问题突出的地区，加快推广使用加厚地膜和可降解农膜，集成示范推广农田残膜捡拾、回收相关技术，建设废旧地膜回收网点和再利用加工厂，建设一批农田残膜回收与再利用示范县。在农药使用量大的农产品优势区,建设一批农药包装废弃物回收站和无害化处理站,建立农药包装废弃物处置和危害管理平台。

秸秆综合利用项目。实施秸秆机械还田、青黄贮饲料化利用,实施秸秆气化集中供气、供电和秸秆固化成型燃料供热、材料化致密成型等项目。配置秸秆还田深翻、秸秆粉碎、捡拾、打包等机械,建立健全秸秆收储运体系。

农村环境综合整治项目。采取连片整治的推进方式,综合治理农村环境,建立村庄保洁制度,建设生活污水、垃圾、粪便等处理和利用设施设备,保护农村饮用水水源地。实施沼气集中供气,推进农村省柴节煤炉灶炕升级换代,推广清洁炉灶、可再生能源和产品。

(三)农业生态保护修复工程

新一轮退耕还林还草项目。在符合条件的25度以上坡耕地、严重沙化耕地和重要水源地15~25度坡耕地,实施新一轮退耕还林还草,在农民自愿的前提下植树种草。按照适地适树的原则,积极发展木本粮油。

草原保护与建设项目。继续实施天然草原退牧还草、京津风沙源草地治理、三江源生态保护与建设等工程,开展草原自然保护区建设和南方草地综合治理,建设草原灾害监测预警、防灾物资保障及指挥体系等基础设施。到2020年,改良草原9亿亩,人工种草4.5亿亩。在农牧交错带开展已垦草原治理,平整弃耕地,建设旱作优质饲草基地,恢复草原植被。开展防沙治沙建设,保护现有植被,合理调配生态用水,固定流动和半流动沙丘。

石漠化治理项目。在西南地区,重点开展封山育林育草、人工造林和草地建设,建设和改造坡耕地,配套相应水利水保设施。在石漠化严重地区,开展农村能源建设和易地扶贫搬迁,控制人为因素产生新的石漠化现象。

湿地保护项目。继续强化湿地保护与管理,建设国际重要湿地、国家重要湿地、湿地自然保护区、湿地公园以及湿地多用途管理区。通过退耕还湿、湿地植被恢复、栖息地修复、生态补水等措施,对已垦湿地以及周边退化湿地进行治理。

水域生态修复项目。在淡水渔业区,推进水产养殖污染减排,升级改造养殖池塘,改扩建工厂化循环水养殖设施,对湖泊水库的规模化网箱养殖配备环保网箱、养殖废水废物收集处理设施。在海洋渔业区,配置海洋渔业资源调查船,建设人工鱼礁、海藻场、海草床等基础设施,发展深水网箱养殖。继续实施渔业转产转业及渔船更新改造项目,加大减船转产力度。在水源涵养区,综合运用截污治污、河湖清淤、生物控制等,整治生态河道和农村沟塘,改造渠化河道,推进水生态修复。开展水生生物资源环境调查监测和增殖放流。

农业生物资源保护项目。建设一批农业野生植物原生境保护区、国家级畜禽种质资源保护区、水产种质资源保护区、水生生物自然保护区和外来入侵物种综合防控区,建立农业野生生物资源监测预警中心、基因资源鉴定评价中心和外来入侵物种监测网点,强化农业野生生物资源保护。

(四)试验示范工程

农业可持续发展试验示范区建设项目。选择不同农业发展基础、资源禀赋、环境承载能力的区域,建设东北黑土地保护、西北旱作区农牧业可持续发展、黄淮海地下水超采综合治理、长江中下游耕地重金属污染综合治理、西南华南石漠化治理、西北农牧交错带草食畜牧业发展、青藏高原草地生态畜牧业发展、水产养殖区渔业资源生态修复、畜禽污染治理、农业废弃物循环利用等10个类型的农业可持续发展试验示范区。加强相关农业园区之间的衔接，优先在具备条件的国家现代农业示范区、国家农业科技园区内开展农业可持续发展试验示范工作。通过集成示范农业资源高效利用、环境综合治理、生态有效保护等领域先进适用技术，探索适合不同区域的农业可持续发展管理与运行机制，形成可复制、可推广的农业可持续发展典型模式，打造可持续发展农业的样板。

六、保障措施

（一）强化法律法规

完善相关法律法规和标准。研究制修订土壤污染防治法以及耕地质量保护、黑土地保护、农药管理、肥料管理、基本草原保护、农业环境监测、农田废旧地膜综合治理、农产品产地安全管理、农业野生植物保护等法规规章，强化法制保障。完善农业和农村节能减排法规体系，健全农业各产业节能规范、节能减排标准体系。制修订耕地质量、土壤环境质量、农用地膜、饲料添加剂重金属含量等标准，为生态环境保护与建设提供依据。

加大执法与监督力度。健全执法队伍，整合执法力量，改善执法条件。落实农业资源保护、环境治理和生态保护等各类法律法规，加强跨行政区资源环境合作执法和部门联动执法，依法严惩农业资源环境违法行为。开展相关法律法规执行效果的监测与督察，健全重大环境事件和污染事故责任追究制度及损害赔偿制度。

（二）完善扶持政策

加大投入力度。健全农业可持续发展投入保障体系，推动投资方向由生产领域向生产与生态并重转变，投资重点向保障国家粮食安全和主要农产品供给、推进农业可持续发展倾斜。充分发挥市场配置资源的决定性作用，鼓励引导金融资本、社会资本投向农业资源利用、环境治理和生态保护等领域，构建多元化投入机制。完善财政等激励政策，落实税收政策，推行第三方运行管理、政府购买服务、成立农村环保合作社等方式，引导各方力量投向农村资源环境保护领域。将农业环境问题治理列入利用外资、发行企业债券的重点领域，扩大资金来源渠道。切实提高资金管理和使用效益，健全完善监督检查、绩效评价和问责机制。

健全完善扶持政策。继续实施并健全完善草原生态保护补助奖励、测土配方施肥、耕地质量保护与提升、农作物病虫害专业化统防统治和绿色防控、农机具购置补贴、动物疫病防控、病死畜禽无害化处理补助、农产品产地初加工补助等政策。研究实施精准补贴等措施，推进农业水价综合改革。建立健全农业资源生态修复保护政策。支持优化粮饲种植结构，开展青贮玉米和苜蓿种植、粮豆粮草轮作；支持秸秆还田、深耕深松、生物炭改良土壤、积造施用有机肥、种植绿肥；支持推广使用高标准农膜，开展农膜和农药包装废弃物回收再利用。继续开展渔业增殖放流，落实好公益林补偿政策，完善森林、湿地、水土保持等生态补偿制度。建立健全江河源头区、重要水源地、重要水生态修复治理区和蓄滞洪区生态补偿机制。完善优质安全农产品认证和农产品质量安全检验制度，推进农产品质量安全信息追溯平台建设。

（三）强化科技和人才支撑

加强科技体制机制创新。加强农业可持续发展的科技工作，在种业创新、耕地地力提升、化学肥料农药减施、高效节水、农田生态、农业废弃物资源化利用、环境治理、气候变化、草原生态保护、渔业水域生态环境修复等方面推动协同攻关，组织实施好相关重大科技项目和重大工程。创新农业科研组织方式，建立全国农业科技协同创新联盟，依托国家农业科技园区及其联盟，进一步整合科研院所、高校、企业的资源和力量。健全农业科技创新的绩效评价和激励机制。充分利用市场机制，吸引社会资本、资源参与农业可持续发展科技创新。

促进成果转化。建立科技成果转化交易平台，按照利益共享、风险共担的原则，积极探索"项目+基地+企业"、"科研院所+高校+生产单位+龙头企业"等现代农业技术集成与示范转化模式。进一步加大基层农技推广体系改革与建设力度。创新科技成果评价机制，按照规定对于在农业可持续发展领域有突出贡献的技术人才给予奖励。

强化人才培养。依托农业科研、推广项目和人才培训工程，加强资源环境保护领域农业科技人才队伍建设。充分利用农业高等教育、农民职业教育等培训渠道，培养农村环境监测、生态修复等方面的技能型人才。在新型职业农民培育及农村实用人才带头人示范培训中，强化农业可持续发展的理念和实用技术培训，为农业可持续发展提供坚实的人才保障。

加强国际技术交流与合作。借助多双边和区域合作机制，加强国内农业资源环境与生态等方面的农业科技交流合作，加大国外先进环境治理技术的引进、消化、吸收和再创新力度。

（四）深化改革创新

推进农业适度规模经营。坚持和完善农村基本经营制度，坚持农民家庭经营主体地位，引导土地经营权规范有序流转，支持种养大户、家庭农场、农民合作社、产业化龙头企业等新型经营主体发展，推进多种形式适度规模经营。现阶段，对土地经营规模相当于当地户均承包地面积10～15倍，务农收入相当于当地二、三产业务工收入的给予重点支持。积极稳妥地推进农村土地制度改革，允许农民以土地经营权入股发展农业产业化经营。

健全市场化资源配置机制。建立健全农业资源有偿使用和生态补偿机制。推进农业水价改革，制定水权转让、交易制度，建立合理的农业水价形成机制，推行阶梯水价，引导节约用水。建立农业碳汇交易制度，促进低碳发展。培育从事农业废弃物资源化利用和农业环境污染治理的专业化企业和组织，探索建立第三方治理模式，实现市场化有偿服务。

树立节能减排理念。引导全社会树立勤俭节约、保护生态环境的观念，改变不合理的消费和生活方式。发展低碳经济，践行科学发展。加大宣传力度，倡导科学健康的膳食结构，减少食物浪费。鼓励企业和农户增强节能减排意识，按照减量化和资源化的要求，降低能源消耗，减少污染排放，充分利用农业废弃物，自觉履行绿色发展、建设节约型社会的责任。

建立社会监督机制。发挥新闻媒体的宣传和监督作用，保障对农业生态环境的知情权、参与权和监督权，广泛动员公众、非政府组织参与保护与监督。逐步推行农业生态环境公告制度，健全农业环境污染举报制度，广泛接受社会公众的监督。

（五）用好国际市场和资源

合理利用国际市场。依据国内资源环境承载力、生产潜能和农产品需求，确定合理的自给率目标和农产品进口优先序，合理安排进口品种和数量，把握好进口节奏，保持国内市场稳定，缓解国内资源环境压力。加强进口农产品检验检疫和质量监督管理，完善农业产业损害风险评估机制，积极参与国际与区域农业政策以及农业国际标准制定。

提升对外开放质量。引导企业投资境外农业，提高国际影响力。培育具有国际竞争力的粮棉油等大型企业，支持到境外特别是与周边国家开展互利共赢的农业生产和贸易合作，完善相关政策支持体系。

（六）加强组织领导

建立部门协调机制。建立由有关部门参加的农业可持续发展部门协调机制，加强组织领导和沟通协调，明确工作职责和任务分工，形成部门合力。省级人民政府要围绕规划目标任务，统筹谋划，强化配合，抓紧制定地方农业可持续发展规划，积极推动重大政策和重点工程项目的实施，确保规划落到实处。

完善政绩考核评价体系。创建农业可持续发展的评价指标体系，将耕地红线、资源利用与节约、环境治理、生态保护纳入地方各级政府绩效考核范围。对领导干部实行自然资源资产离任审计，建立生态破坏和环境污染责任终身追究制度和目标责任制，为农业可持续发展提供保障。

附表

农业可持续发展分区情况表

分区		区域范围
优化发展区	东北区	黑龙江、吉林、辽宁，内蒙古东部
	黄淮海区	北京、天津、河北中南部、河南、山东、安徽、江苏北部
	长江中下游区	江西、浙江、上海、江苏、安徽中南部、湖北、湖南大部
	华南区	福建、广东、海南
适度发展区	西北及长城沿线区	新疆、宁夏、甘肃大部，山西、陕西中北部，内蒙古中西部，河北北部
	西南区	广西、贵州、重庆，陕西南部，四川东部，云南大部，湖北、湖南西部
保护发展区	青藏区	西藏、青海，甘肃藏区，四川西部，云南西北部
	海洋渔业区	我国管辖海域

农业农村部关于印发《"十四五"全国畜牧兽医行业发展规划》的通知

农牧发〔2021〕37号

各省、自治区、直辖市及计划单列市农业农村（农牧）、畜牧兽医厅（局、委），新疆生产建设兵团农业农村局：

为推进畜牧兽医行业高质量发展，我部制定了《"十四五"全国畜牧兽医行业发展规划》。现印发你们，请结合本地实际，认真组织实施。

农业农村部
2021年12月14日

"十四五"全国畜牧兽医行业发展规划

目 录

一、发展形势
（一）主要成就
（二）重大挑战
（三）发展机遇
二、总体思路
（一）指导思想
（二）基本原则
（三）发展目标
三、重点产业
（一）两个万亿级产业
（二）四个千亿级产业
四、重点任务
（一）提升畜禽养殖集约化水平
（二）加强动物疫病防控
（三）保障养殖投入品供应高效安全
（四）加快畜禽种业自主创新
（五）提升畜产品加工行业整体水平
（六）构建现代畜产品市场流通体系
（七）推进畜禽养殖废弃物资源化利用

(八)增强兽医体系服务能力
(九)提高行业信息化管理水平
五、重大政策
(一)落实用地政策
(二)加强财政保障
(三)创新金融支持
六、保障措施
(一)加强组织领导
(二)加强法治保障
(三)加强科技创新
(四)加强市场调控
(五)加强协会服务
(六)加强国际合作

畜牧业是关系国计民生的重要产业,是农业农村经济的支柱产业,是保障食物安全和居民生活的战略产业,是农业现代化的标志性产业。"十四五"时期是开启全面建设社会主义现代化国家新征程、向第二个百年奋斗目标进军的首个五年,是全面推进乡村振兴、加快农业农村现代化的关键五年,也是畜牧业转型升级、提升质量效益和竞争力的重要五年。为贯彻落实《国务院办公厅关于促进畜牧业高质量发展的意见》(国办发〔2020〕31号)精神,加快构建畜牧业高质量发展新格局,推进畜牧业在农业中率先实现现代化,依据《中华人民共和国国民经济和社会发展第十四个五年规划和2035年远景目标纲要》《"十四五"推进农业农村现代化规划》,制定本规划。

一、发展形势

(一)主要成就

"十三五"期间,在党中央、国务院的坚强领导下,畜牧业克服资源要素趋紧、非洲猪瘟疫情传入、生产异常波动和新冠肺炎疫情冲击等不利因素影响,生产方式加快转变,绿色发展全面推进,现代化建设取得明显进展,综合生产能力、市场竞争力和可持续发展能力不断增强。一是畜产品供应能力稳步提升。2020年全国肉类、禽蛋、奶类总产量分别为7 748万吨、3 468万吨和3 530万吨,肉类、禽蛋产量继续保持世界首位,奶类产量位居世界前列。饲料产量2.53亿吨,连续十年居全球第一。生猪生产较快恢复,牛肉、羊肉和禽蛋产量分别比2015年增长8.2%、10.6%、12.2%,乳品市场供应充足、种类丰富,保障了重要农产品供给和国家食物安全。二是产业素质显著提高。2020年全国畜禽养殖规模化率达到67.5%,比2015年提高13.6个百分点;畜牧养殖机械化率达到35.8%,比2015年提高7.2个百分点。养殖主体格局发生深刻变化,小散养殖场(户)加速退出,规模养殖快速发展,呈现龙头企业引领、集团化发展、专业化分工的发展趋势,组织化程度和产业集中度显著提升。畜禽种业自主创新水平稳步提高,畜禽核心种源自给率超过75%,比2015年提高15个百分点。生猪屠宰行业整治深入推进,乳制品加工装备设施和生产管理基本达到世界先进水平,畜禽运输和畜产品冷链物流配送网络逐步建立,加工流通体系不断优化,畜牧业劳动生产率、科技进步贡献率和资源利用率明显提高。三是畜产品质量安全保持较高水平。质量兴牧持续推进，源头治理、过程管控、产管结合等措施全面推行，畜产品质量安全保持稳定向好的态势。2020年，饲料、兽药等投入品抽检合格率达到98.1%，畜禽产品抽检合格率达到98.8%，连续多年保持在较高水平；全国生鲜乳违禁添加物连续12年保持"零检出"，婴幼儿配方奶粉抽检合格率达到99.8%以上，在国内食品行业中位居前列，规模奶牛场乳蛋白、乳脂肪等指标达到或超过发达国家水平。四是绿色发展取得重大进展。畜牧业生产布局加速优化调整，畜禽养殖持续向环境容量大的地区转移，南方水网地区养殖密度过大问题得到有效纾解，畜禽养殖与资源环境相协调的绿色发展格局加快形成。畜禽养殖废弃物资源化利用取得重要进展，2020年全国畜禽粪污综合利用率达到76%，圆满完成"十三五"任务目标。药物饲料添加剂退出和兽用抗菌药使用减量化行动成效明显，2020年畜禽养殖抗菌药使用量比2017年下降21.4%。五是重大动物疫病得到有效防控。疫病防控由以免疫为主向综合防控转型，强制免疫、监测预警、应急处置和控制净化等制度不断健全，重大动物疫情应急实施方案逐步完善，动植物保护能力提升工程深入实施，动物疫病综合防控能力明显提升，非洲猪瘟、高致病性禽流感等重大动物疫情得到有效防控，全国动物疫情形势总体平稳。加强畜禽跨省调运监管，新建266个动物跨省运输指定通道，对12.5万辆生猪运输车辆实施网上备案，动物检疫监督能力不断提高。国际兽医事务话语权显著增强，成功申请猪繁殖与呼吸综合征、猪瘟等6家世界动物卫生组织（OIE）参考实验室，我国代表获选OIE亚太区域主席，2名专家当选OIE专业委员会委员。这些成就的取得，为"十四五"畜牧兽医行业高质量发展奠定了坚实基础。

（二）重大挑战

当今世界正经历百年未有之大变局，"十四五"时期畜牧业发展的内外部环境更加复杂，依靠国内资源增产扩能的难度日益增加，依靠进又调节国内余缺的不确定性加大，构建国内国际双循环的新发展格局面临诸多挑战。一是稳产保供任务更加艰巨。未来一段时期，畜产品消费仍将持续增长，但玉米等饲料粮供需矛盾突出，大豆、苜蓿等严重依赖国外进口。受新冠肺炎、非洲猪瘟等重大疫情冲击，猪牛羊肉等重要畜产品在高水平上保持稳定供应难度加大。二是发展不平衡问题更加突出。一些地方缺乏发展养殖业的积极性，"菜篮子"市长负责制落实不到位；加工流通体系培育不充分，产加销利益联结机制不健全；基层动物防疫机构队伍严重弱化，一些畜牧大县动物疫病防控能力与畜禽饲养量不平衡，生产安全保障能力不足；草食家畜发展滞后，牛羊肉价格连年上涨，畜产品多样化供给不充分。三是资源环境约束更加趋紧。养殖设施建设及饲草料种植用地难问题突出，制约了畜牧业规模化、集约化发展；部分地区生态环境容量饱和，保护与发展的矛盾进一步凸显；种养主体分离，种养循环不畅，稳定成熟的种养结合机制尚未形成，粪污还田利用水平较低。四是产业发展面临风险更加凸显。生产经营主体生物安全水平参差不齐，周边国家和地区动物疫病多发常发，内疫扩散和外疫传入的风险长期存在。"猪周期"有待破解，猪肉价格起伏频繁，市场风险加剧。贸易保护主义抬头，部分畜禽品种核心种源自给水平不高，"卡脖子"风险加大。五是提升行业竞争力要求更加迫切。我国畜牧业劳动生产率、科技进步贡献率、资源利用率与发达国家相比仍有较大差距。国内生产成本整体偏高，行业竞争力较弱，畜产品进口连年增加，不断挤压国内生产空间。

（三）发展机遇

"十四五"时期我国重农强农氛围进一步增强，推进畜牧业现代化面临难得的历史机遇。一是市场需求扩面升级。"十四五"时期我国将加快形成以国内大循环为主体、国内国际双循环相互促进的新发展格局，城乡居民消费结构进入加速升级阶段，肉蛋奶等动物蛋白摄入量增加，对乳品、牛羊肉的需求快速增长，绿色优质畜产品市场空间不断拓展。二是内生动力持续释放。畜牧业生产主体结构持续优化，畜禽养殖规模化、集约化、智能化发展趋势加速，新旧动能加快转换。随着生产加快向规模主体集中，资本、技术、人才等要素资源集聚效应将进一步凸显，产业发展、质量提升、效率提速潜力将进一步释放。三是保障体系更加完善。党中央、国务院高度重视畜牧业发展，《国务院办公厅关于促进畜牧业高质量发展的意见》明确了一系列政策措施，为"十四五"畜牧兽医行业发展提供了遵循。农业农村部会同有关部门先后制定实施多项政策措施，在投资、金融、用地及环保等方面实现了重大突破，畜牧业发展激励机制和政策保障体系不断完善。

二、总体思路

（一）指导思想

以习近平新时代中国特色社会主义思想为指导，深入贯彻党的十九大和十九届二中、三中、四中、五中、六中全会精神，认真落实党中央、国务院决策部署，完整、准确、全面贯彻新发展理念，持续深化供给侧结构性改革，调整优化产业结构和空间布局，加快构建现代养殖体系、动物防疫体系和加工流通体系，不断提高畜产品供给水平、质量安全与动物疫病风险防控水平、畜牧业绿色循环发展水平，提高质量效益和竞争力，实现产出高效、产品安全、资源节约、环境友好、调控有效的高质量发展，为全面推进乡村振兴、加快农业农村现代化提供产业支撑。

（二）基本原则

坚持创新驱动。依靠科技创新和技术进步，突破发展瓶颈，不断提高畜禽良种化、养殖机械化水平和资源利用效率，加快畜牧业发展方式转变，推进全行业全要素现代化。

坚持市场主导。充分发挥市场在资源配置中的决定性作用，更好发挥政府政策引导和市场调控等作用，消除限制畜牧业发展的不合理壁垒，增强畜牧业发展活力，保障畜产品有效供给。

坚持防疫优先。将动物疫病防控作为防范畜牧业产业风险的第一道防线，加强动物防疫体系能力建设，落实生产经营主体责任，形成防控合力，保障生产安全。坚持人病兽防、关口前移，从源头前端阻断人畜共患病传播路径，保障公共卫生安全。

坚持绿色引领。遵循绿色发展理念，促进资源环境承载能力、畜产品供给保障能力和养殖废弃物资源化利用能力相匹配，畅通种养结合循环链，协同推进畜禽养殖和环境保护，促进可持续发展。

（三）发展目标

到 2025 年，全国畜牧业现代化建设取得重大进展，奶牛、生猪、家禽养殖率先基本实现现代化。产业质量效益和竞争力不断增强，畜牧业产值稳步增长，动物疫病防控体系更加健全，畜禽产品供应能力稳步提升，现代加工流通体系加快形成，绿色发展成效逐步显现。

——产品保障目标。产业结构和区域布局进一步优化,畜牧业综合生产能力和供应保障能力大幅提升,猪肉自给率保持在95%左右,牛羊肉自给率保持在85%左右,奶源自给率达到70%以上,禽肉和禽蛋保持基本自给。产品结构不断优化,优质、特色差异化产品供给持续增加。

——产业安全目标。动物疫病综合防控能力大幅提高,兽医社会化服务发展取得突破,饲料、兽药监管能力持续增强,为维护产业安全提供可靠支撑。

——绿色发展目标。生产发展与资源环境承载力匹配度提高,畜禽养殖废弃物资源化利用持续推进,畜禽粪污综合利用率达到80%以上,形成种养结合、农牧循环的绿色循环发展新方式。

——现代化建设目标。现代养殖体系基本建立,畜禽种业发展水平全面提升,畜禽核心种源自给率达到78%。标准化规模养殖持续发展,畜禽养殖规模化率达到78%以上。现代加工流通体系加快构建,养殖、屠宰、加工、冷链物流全产业链生产经营集约化、标准化、自动化、智能化水平迈上新台阶。

专栏1 "十四五"畜牧兽医行业发展主要指标				
序号	指标	2020年	2025年	指标属性
1	肉类产量(万吨)	7 748	8 900	预期性
2	蛋类产量(万吨)	3 468	3 500	预期性
3	奶类产量(万吨)	3 530	3 600	预期性
4	畜禽养殖规模化率(%)	67.5	78	预期性
5	畜禽核心种源自给率(%)	75	78	预期性
6	畜牧业机械化率(%)	35.8	50	预期性
7	畜牧业科技贡献率(%)	66	70	预期性
8	畜牧业总产值(万亿元)	4.13	4.5	预期性
9	饲料工业产值(万亿元)	0.95	1	预期性
10	执业兽医数量(万人)	12	16	预期性
11	投入品质量监督抽检合格率(%)	98.1	98.5	预期性
12	畜禽粪污综合利用率(%)	76	80	约束性
13	畜禽产品抽检合格率(%)	98.8	≥98	预期性
14	畜禽发病率(%)	4.38	≤4.5	预期性

三、重点产业

优化区域布局与产品结构,重点打造生猪、家禽两个万亿级产业,奶畜、肉牛肉羊、特色畜禽、饲草四个千亿级产业,着力构建"2+4"现代畜牧业产业体系。

（一）两个万亿级产业

1. 生猪

发展目标。落实生猪稳产保供省负总责和"菜篮子"市长负责制，确保猪肉自给率保持在95%左右，猪肉产能稳定在5 500万吨左右，生猪养殖业产值达到1.5万亿元以上，着力提升发展质量，加强产能调控，缓解"猪周期"波动，增强稳产保供能力。

区域布局与发展重点。根据经济社会发展水平、资源环境承载能力、市场消费需求等因素，将全国生猪养殖业划分为调出区、主销区和产销平衡区。调出区，包括湖北、湖南、河南、广西、辽宁、吉林、黑龙江、河北、安徽、山东、江西等省份，稳步扩大现有产能，加快产业转型升级，提升规模化、标准化、产业化水平，实现稳产增产。主销区，包括广东、浙江、江苏、北京、天津、上海等省份，重点引导大中型企业建设养殖基地，确保一定的自给率。产销平衡区，包括内蒙古、山西、海南、四川、重庆、云南、贵州、福建、西藏、陕西、甘肃、青海、宁夏、新疆（含新疆生产建设兵团）等省份，重点挖掘增产潜力，推进适度规模经营，因地制宜发展地区特色养殖，确保基本自给。

2. 家禽

发展目标。禽肉、禽蛋产量分别稳定在2 200万吨、3 500万吨，保持基本自给，家禽养殖业产值达到1万亿元以上。

区域布局与发展重点。巩固提升传统优势区生产，加快推动有潜力的区域发展。肉鸡蛋鸡养殖优势区，包括山东、广东、广西、安徽、辽宁、河南、江苏、福建、四川、河北、吉林、湖北、黑龙江等省份，重点加快产业转型升级，提升规模化、标准化、产业化水平，实现稳产增产。肉鸡蛋鸡养殖潜力区，包括山西、内蒙古、江西、湖南、云南、重庆、贵州、海南、浙江、陕西等省份，重点夯实大型肉鸡蛋鸡养殖基地条件，加大产业技术力量配备，稳步推进产业发展。肉鸡蛋鸡特色养殖区，包括西藏、青海、宁夏、甘肃、新疆（含新疆生产建设兵团）等省份，因地制宜发展地方品种肉鸡蛋鸡养殖，提高消费自给率。水禽养殖优势区，包括山东、河北、河南、安徽、江苏、浙江、福建、江西、湖南、湖北、广东、广西、四川、重庆、辽宁、吉林、黑龙江等省份，重点发展肉鸭、蛋鸭、鹅等生产，提升规模化、标准化、智能化养殖水平，推广全产业链生产模式，提高水禽养殖经济效益。

（二）四个千亿级产业

1. 奶畜

发展目标。奶源自给率达到70%以上，奶类产量稳定在3 600万吨左右，存栏100头以上奶牛规模养殖比重超过70%，乳品质量安全水平不断提高，奶业养殖业产值达到1 500亿元，实现奶业全面振兴。

区域布局与发展重点。东北和内蒙古区，包括内蒙古、辽宁、吉林、黑龙江等省份。重点巩固传统种养结合优势，以荷斯坦奶牛为主，兼顾乳肉兼用牛，发展全株青贮玉米及高产优质苜蓿生产，扩大养殖规模。华北和中原区，包括河北、山西、山东、河南等省份。重点以荷斯坦奶牛为主，发展专业化养殖场，提高集约化程度；充分利用农业资源，探索饲料资源高效利用新模式，巩固加工业基础优势，形成种养加一体化产业体系。西部区，包括西藏、陕西、甘肃、青海、宁夏、新疆等省份。重点巩固牧区生产优势，扩大优质饲草饲料种植面积，大力推广舍饲、半舍饲养殖，提高饲养管理水平；以荷斯坦奶牛为主，发展乳肉兼用牛、奶山羊、牦牛等品种；着力发展规模养殖场、家庭牧场，提高奶类商品化率。南方区，包括江苏、浙江、安徽、福建、江西、湖北、湖南、广东、广西、海南、四川、贵州、云南等省份。重点是加快养殖设施设备改造提升，提高区域特色饲草饲料资源高效利用水平，积极发展奶水牛等特色奶畜，发展适度规模养殖。

2. 肉牛肉羊

发展目标。实施肉牛肉羊生产发展五年行动，坚持稳定牧区、发展农区、开发南方草山草坡的发展思路，推进农牧结合、草畜配套，牛羊肉自给率保持在85%左右，牛肉、羊肉产量分别稳定在680万吨和500万吨左右，肉牛肉羊养殖业产值达到9 000亿元。

区域布局与发展重点。东北区，包括吉林、黑龙江、辽宁及内蒙古东部地区，发挥粮食资源和可利用饲草资源丰富的优势，推进种养结合，加强主导品种选育和改良，发展适度规模舍饲养殖。中原区，包括河北、山东、河南、安徽、湖北、湖南等省份，积极推广标准化规模养殖，稳步扩大养殖规模，提升标准化、集约化、机械化水平。西北区，包括新疆、青海、宁夏、甘肃、陕西及内蒙古西部地区，重点保护地方特色肉牛肉羊品种，科学利用草原资源，建设人工饲草料基地，发展现代家庭牧场，提高出栏率，稳定牛羊肉生产。西南区，包括四川、重庆、云南、贵州、广西、西藏等省份，挖掘草山草坡资源利用潜力，扩大牛羊肉生产，因地制宜发展特色养殖。

3. 饲草

发展目标。围绕草食畜牧业需求，以粮改饲、优质高产苜蓿基地建设等支持政策为抓手，大力发展全株青贮玉米、苜蓿、燕麦草、黑麦草等优质饲草生产，因地制宜开发利用杂交构树、饲料桑等区域特色饲草资源，加快建设现代饲草生产、加工、流通体系。优质饲草自给率达到80%以上，全株青贮玉米收储量5 000万吨以上（折干草重），优质苜蓿产量500万吨以上；饲草总产值达到2 000亿元。

区域布局与发展重点。东北区，重点发展种养结合、就近利用模式，利用耕地种植全株青贮玉米和苜蓿，同步利用人工草地种植羊草，优先满足区域内饲草需求，兼顾商品草种植生产。黄淮海区，坚持种养结合一体化发展模式，重点调整玉米利用方式，发展全株青贮玉米，适度发展苜蓿生产，着力提升区域内优质饲草自给能力。西北区，坚持种养结合与商品草生产并重，积极推进粮改饲发展全株青贮玉米，加强草畜配套，有条件的区域适度发展优质苜蓿，打造优质商品草种植、收储、加工、流通基地。南方区，坚持草畜结合、特色发展模式，重点利用冬闲田种植黑麦草等一年生牧草，积极开展草山草坡改良放牧养殖。青藏高原区，坚持以草定畜、草畜结合模式，加快发展特色品种种植和豆禾混播栽培生产，推广饲料入户和饲草科学搭配，着力保障区域内优质饲草均衡供应。

4. 特色畜禽

发展目标。着重完善品种遗传资源保护体系，扩大优质种群规模，加大特色畜禽品种商业化培育和地方品种产业化开发力度，延伸产业链条，强化品牌创建，打造特色优势产区。发挥好特色畜禽养殖在巩固拓展脱贫攻坚成果同乡村振兴有效衔接过程中的重要作用。特色畜禽养殖业总产值达到1 500亿元。

区域布局与发展重点。根据蜜源植物分布，加强中华蜜蜂保护与开发利用，因地制宜发展西方蜜蜂养殖，扩大浆蜂养殖量，大力推广蜜蜂授粉技术，发展蜂产品精深加工，延长蜂产业链，提高蜂产品质量安全水平。在内蒙古、新疆、青海、西藏、甘肃、四川等传统特色优势区和京津冀、长三角、粤港澳大湾区、海南自贸区等地城市周边城郊新兴发展区推进马业发展，传统特色优势区重点推进以我国草原马品种为主的育马、养马及相关特色赛事活动，城郊新兴发展区重点加强引进品种本土化选育，培育专门用途马匹的品系或类群，开展性能测定，培育赛马、马术、马球等运动及观赏、休闲骑乘等消费潜能，促进现代马产业与国际接轨。以四川、重庆、山东、江苏、河南、浙江、安徽、福建、吉林、新疆等省份为重点地区，提高肉兔、獭兔、毛兔饲养专门化生产水平，增强制种供种能力，提高产业链附加值。以广东、安徽、山东、江苏等省份为重点地区，加强肉鸽、鹌鹑品种选育，提高生产性能，推进标准化规模化生产。立足我国北方和西部地区，加大绒山羊和细毛羊核心群保护力度，持续提高绒毛用羊规模化、标准化生产水平，改善羊绒和羊毛的品质。在吉林、辽宁、黑龙江等省份重点推进梅花鹿养殖业发展，围绕"扩群、提质、增效"，拓展产业链，提升梅花鹿养殖水平。发挥新疆、甘肃、青海、宁夏、内蒙古、西藏等省份马鹿资源优势，优化马鹿产业布局，提升整体效益。在河北、山西、内蒙古、吉林、辽宁、黑龙江、山东等省份加强貂、狐、貉等毛皮动物养殖，保障高质量毛皮原料。鼓励内蒙古、新疆、青海、甘肃等省份开展双峰驼、羊驼养殖，逐步提高规模化、标准化养殖和生产水平，加快形成肉、绒毛同步发展的骆驼全产业链。

四、重点任务

围绕加快构建现代养殖体系和现代加工流通体系，健全完善动物防疫体系，持续推动畜牧业绿色循环发展，聚焦九大重点任务，突破关键环节，加快推进畜牧业现代化。

（一）提升畜禽养殖集约化水平

将提升畜禽养殖集约化水平作为推动畜牧业转型升级的根本途径，坚持增量与提质相结合，加快转变生产方式，切实提高畜禽养殖劳动生产率、科技进步贡献率和资源利用率。

专栏2　生猪稳产保供行动

实施《生猪产能调控实施方案》，建立以调控能繁母猪存栏量为核心的生猪产能调控机制。落实"三抓两保"（抓大省、大县、大场，保能繁母猪存栏量底线、保规模猪场数量底线）制度，采取逐级压实责任、强化监测预警、加强政策调控等综合措施，实现全国能繁母猪保有量稳定在4 100万头、猪肉年产能5 500万吨左右的目标，稳固养猪业基础生产能力。

发展适度规模经营。因地制宜发展规模化养殖，引导养殖场（户）改造提升基础设施条件，扩大养殖规模，提升标准化养殖水平。大力培育龙头企业、养殖专业合作社、家庭牧场、社会化服务组织等新型经营主体，鼓励龙头企业发挥引领带动作用，通过统一生产、统一服务、统一营销、技术共享、品牌共创等方式，形成稳定的产业联合体。支持中

小养殖户融入现代生产体系，加强对中小养殖户的指导帮扶，支持龙头企业与中小养殖户建立利益联结机制，带动中小养殖户专业化生产，提升市场竞争力。

推行全面标准化生产方式。坚持良种良法配套、设施工艺结合、生产生态协调，制定实施不同畜禽品种、不同地区、不同规模、不同模式的标准化饲养管理规程，建立健全标准化生产体系。深入开展标准化示范场创建，创建一批生产高效、环境友好、产品安全、管理先进的畜禽养殖标准化示范场，推动部省联创，增强示范带动效应。

专栏 3　畜禽养殖标准化示范创建

以《国家畜禽遗传资源目录》中的生猪、奶牛、肉牛、肉羊、蛋鸡、肉鸡等传统畜禽为主，兼顾特种畜禽，继续在全国范围内开展畜禽养殖标准化示范创建活动。计划共创建 500 个左右国家级标准化示范场。支持各地结合实际，开展部省市县联创，全面提升畜禽养殖标准化水平，加快构建现代养殖体系。

提升设施装备水平。制定主要畜禽品种规模化养殖设施装备配套技术规范，推进养殖工艺与设施装备的集成配套。落实农机购置补贴政策，加快制定有关涉牧机械、智能设备鉴定大纲和成套设施设备的建设规范，将养殖场（户）购置自动饲喂、环境控制、疫病防控、废弃物处理等农机装备按规定纳入补贴范围，对暂无鉴定大纲的有关涉牧机械、智能设备列入农机新产品购置补贴试点范围予以支持。积极探索生猪生产成套设施装备补贴新途径，提高饲草料和畜禽生产加工等关键环节设施装备自主研发能力。稳步发展全程机械化养殖场和示范基地。

促进牧区生产方式转型升级。加快牧区畜牧业生产方式转变，以提高牧区生产组织化程度为核心，鼓励统筹整合草畜资源，发展现代草牧业。加强农牧结合和区域协作，鼓励发展牧繁农育、户繁企育等新型专业分工模式。提升草食畜牧业基础设施建设水平，支持边远高寒牧区防灾减灾设施建设，改良天然草场，建设牧区特色饲草基地。培育新型经营主体，发展标准化养殖场，建设区域性屠宰加工中心。加快牧区畜产品市场化进程，培育优质特色畜产品。

专栏 4　推进肉牛肉羊生产发展五年行动

深入实施肉牛肉羊遗传改良计划，培育专门化肉用新品种。建设一批国家级和省级保种场、保护区。实施牧区畜牧良种补贴项目，对农牧民购买优良肉牛冻精、良种公羊和公牦牛给予适当补贴。推动北方农牧交错带基础母牛扩群提质，支持地方扩大基础母牛饲养量。支持南方重点省份草食畜牧业提质增量，合理利用草山草坡和农闲田资源，种植优质饲草。支持以肉牛肉羊为主导产业创建国家、省、市、县现代农业产业园，建设一批肉牛肉羊产业集群、产业强镇。在西部地区脱贫集中选择一批有牛羊产业发展基础的重点帮扶县，支持种养加销全链条发展。落实草原生态保护补助奖励政策，引导农牧民发展肉牛肉羊舍饲半舍饲养殖。推进粮改饲项目实施，增加优质饲草料供给。支持开展口蹄疫、小反刍兽疫、布鲁氏菌病、结核病、结节性皮肤病等动物疫病和人畜共患病防控，建设一批动物疫病净化场、无规定动物疫病区和生物安全隔离区。

> **专栏 5　推进奶业振兴行动**
>
> 　　编制实施《"十四五"奶业振兴工程建设规划》，以奶业主产省份为主，兼顾奶业发展潜力区，支持部分奶牛养殖大县实施奶业振兴整县推进行动，建设优质饲草料基地，改造升级适度规模奶牛养殖场，提升智能化、数字化水平；支持有条件的奶农发展乳制品加工，支持奶牛休闲观光牧场发展，促进种养加奶业一二三产业协调发展，提高奶业质量、效益和竞争力。开展乳品消费公益宣传行动和奶业品牌提升行动，提振消费信心。

（二）加强动物疫病防控

把全面提高动物疫病风险控制能力作为主攻方向，建立健全动物疫病防控长效机制，科学防范、有效控制动物疫病风险，保障畜牧业生产安全和兽医公共卫生安全。

提升防疫主体责任意识。指导从业者改善动物防疫条件，健全防疫制度，落实强制免疫、清洗消毒、疫情报告等措施。鼓励规模养殖场（户）和屠宰场开展重大动物疫病自检。加快推进强制免疫疫苗"先打后补"改革，支持养殖场（户）或第三方服务主体自主选购疫苗、自行开展免疫。

落实重大动物疫病防控措施。落实全国强制免疫计划，做到应免尽免。积极开展重大动物疫病分区防控，健全省际间协调机制，加强部门间联防联控，强化生猪调运监管，降低非洲猪瘟等重大动物疫病跨区域传播风险。加快无疫区建设，推进非洲猪瘟无疫小区评估建设，发挥示范带头作用，逐步推进动物疫病净化。强化防疫应急制度、技术、物资储备，完善应急预案体系，提升应急处置能力。

> **专栏 6　实施全国重大动物疫病分区防控**
>
> 　　综合考虑行政区划、养殖屠宰产业布局、风险评估情况等因素，将全国分为北部区、东部区、中南区、西南区、西北区等5个大区，按照"防疫优先、分区推动、联防联控、降低风险、科学防控、保障供给"的原则，对非洲猪瘟等重大动物疫病实施分区防控。以加强生猪调运和屠宰环节监管为主要抓手，统筹做好动物疫病防控、生猪调运和产销衔接等工作，强化区域联防联控，引导优化产业布局，推动养殖、运输和屠宰行业提档升级。通过分区防控，推动各项政策措施落实落细，打通政策措施落地"最后一公里"，提升动物疫病防控能力，保障生猪产品及生产资料物流畅通，有效降低非洲猪瘟等重大动物疫病跨区域传播风险。

防治人畜共患病。坚持"人病兽防、关口前移"，完善免疫、检测、扑杀、风险评估、宣传干预、区域化防控、流通调运监管等综合防控策略，因地制宜采取针对性措施。严格落实高致病性禽流感强制免疫和突发疫情应急处置措施；强化布鲁氏菌病防控分类指导，启动布鲁氏菌病无疫小区评估建设；落实包虫病免疫、驱虫、扑杀措施；坚持家畜血吸虫病"防、查、治"相结合措施；指导做好狂犬病免疫。加强防控宣传，加强部门沟通和联防联控。降低重点人畜共患病的畜间发生、流行和传播风险。

强化疫情监测预警。继续开展非洲猪瘟包村包场排查和入场采样监测。强化重大动物疫病和重点人畜共患病定点流行病学调查、监测和专项调查。建立健全动物疫情监测和报告制度，完善监测信息和疫情报告要求，强化预警分析。完善动物疫情发布机制。巩固中央、省、市、县四级动物疫情监测预警网络，合理设置边境动物疫病监测点，加强重要外来病疫情监视。

> **专栏 7　实施动物疫病监测与流行病调查五年计划**
>
> 深入实施国家动物疫病监测与流行病调查计划（2021—2025 年），开展非洲猪瘟、口蹄疫、高致病性禽流感、布鲁氏菌病、马鼻疽和马传染性贫血等优先防治病种，以及非洲马瘟等重点外来动物疫病监测和流行病学调查工作。落实中央财政动物防疫补助经费，支持开展动物疫病监测和净化。各地制定和实施辖区内监测与流行病学调查方案，掌握动物疫病在群间、空间和时间上的分布状况。完善监测结果报告制度，定期汇总分析全国动物疫病监测结果，研判疫情发生风险和流行趋势。根据疫病发生情况，开展紧急流行病学调查，选择部分省份和区域开展畜禽疫病专项调查。引导种畜禽场和规模养殖场开展疫病净化，建设一批净化场和生物安全隔离区；注重监测和流行病学调查数据在非洲猪瘟等重大动物疫病分区防控中的应用。结合加强重大动物疫病防控延伸绩效管理，开展监测与流行病学调查工作评价。

加强动物检疫监督。加强检疫监督制度建设，完善动物检疫、动物卫生监督证章标志管理制度，制修订检疫规程，制定检疫设施设备和保障条件标准。推动建立以疫病监测、实验室检测为基础的动物检疫制度，支持发展第三方检测服务机构，进一步提升动物检疫科学化水平。实施动物检疫规范化建设，严格执行动物检疫制度，强化动物检疫出证管理，严厉打击违规出证、非法倒卖动物卫生监督证章标志等违法违规行为。推动动物饲养场、屠宰企业配齐配强执业兽医和动物防疫技术人员，提高协助实施检疫能力。

加强兽医实验室建设与管理。推进高级别动物病原微生物实验室科学合理布局，加强省市县三级动物疫病预防控制机构实验室基本建设及人员队伍能力建设，提升基层动物防疫体系能力。加快生物安全法配套法规规章制度制修订，严格高致病性病原微生物行政许可审批。强化病原微生物菌毒种保藏管理。强化兽医实验室生物安全属地监管责任，完善兽医实验室日常监管与常态化生物安全检查相结合的监督机制，提升实验室质量管理与生物安全管理能力。

> **专栏 8　动植物保护能力提升工程**
>
> 实施《全国动植物保护能力提升工程建设规划（2017—2025 年）》，重点在具备实验室人员、技术和经费保障条件的地市级动物疫病预防控制机构建设陆生动物疫病病原学监测区域中心，在外来病传入高风险区建设边境动物疫情监测站，在牧区半牧区县建设牧区动物防疫专用设施。依托中国动物卫生与流行病学中心建设国家外来动物疫病中心，在中国动物疫病预防控制中心建设生物安全动物实验室，改善动物疫病国家参考实验室硬件条件。在动物跨省调运量大的区域，对符合国家法律法规规定和省级政府已批准设立的动物防疫指定通道进行升级改造；在畜禽养殖密集区选择地方政府积极支持、有市场化主体愿意承担、运行机制完善的地区，建设病死畜禽无害化收集处理场。在中国兽医药品监察所建设国家兽药标准物质中心和国家兽用生物制品评价生物安全动物实验室，在省级兽药检验机构建设兽用生物制品检验区域实验室、动物源细菌耐药性监测实验室、兽药非法添加物检测实验室、兽药质量和兽药残留检测分析实验室。

（三）保障养殖投入品供应高效安全

聚焦破解饲草料资源约束，做强饲料工业，做优饲草产业，夯实畜牧业发展基础。严把兽药生产和使用关口，保障畜产品质量安全。

做强现代饲料工业。系统开展饲料资源调查，科学评价常用饲料原料的有效营养成分，完善饲料原料营养价值数据库。推广饲料精准配制技术、高效低蛋白日粮配置技术、绿色新型饲料添加剂应用技术和非粮饲料资源高效利用技术，引导饲料配方多元化，推动精准配料、精准用料，促进玉米、豆粕减量替代。加快生物饲料、安全高效饲料添加剂等研发应用，提升饲料产品品质和利用效率。构建饲料行业监测监管一体化平台，加强饲料质量安全风险监测预警和饲料企业日常监管，规范饲料、饲料添加剂生产经营使用行为。鼓励饲料企业强化技术创新和经营模式创新，实施全产业链、全球化发展战略，打造具有国际影响力的知名品牌和企业。切实保障饲料用粮供应安全，推动实施库存稻谷等玉米替代粮源饲用政策，促进饲料用粮供给多元化。

构建现代饲草产业体系。因地制宜推行粮改饲，增加全株青贮玉米种植，提高苜蓿、燕麦草等紧缺饲草自给率，开发利用新饲草资源，推动非粮饲料资源高效利用。加大优良饲草品种选育推广力度，支持饲草良种繁育基地建设，提升饲草种子制种繁种能力。强化饲草生产加工利用的产前、产中、产后技术推广和服务指导，普及先进适用技术。加快种养一体化发展，支持种养结合的龙头企业、规模养殖场（户）和合作社发展，积极培育专业饲草收储、生产、加工社会化服务组织，加强饲草料加工、流通、配送体系建设。加快推进饲草产业集聚发展，实施"区域品牌+企业商标+生产基地"发展战略，建设优质饲草标准化、商品化生产基地。

专栏9 推进粮改饲项目

每年完成粮改饲面积1 500万亩以上，补助收储优质饲草4 500万吨，大力发展优质饲草产业，构建现代饲草产业体系，持续增加优质饲草料有效供给。以农牧交错带区域为重点，以收贮利用优质饲草料的草食家畜养殖场（户）、饲草料专业收贮企业（合作社）或社会化服务组织为补贴对象。补贴品种以青贮玉米、苜蓿、燕麦、黑麦草等优质饲草料为主，兼顾各地有使用习惯、养殖场（户）接受程度高的特色饲草品种。

推动兽药产业转型升级。严格执行新版兽药生产质量管理规范（GMP），提升兽药产业技术水平。优化生产技术结构，重点发展悬浮培养、浓缩纯化、基因工程等疫苗生产研制技术，提高疫苗生产技术水平。加快中兽药产业发展，加强中兽药饲料添加剂研发。支持发展动物专用原料药及制剂、安全高效的多价多联疫苗、新型标记疫苗及兽医诊断制品。加快发展牛羊、宠物、蜂蚕以及水产养殖专用药，推进研制微生态制剂及低毒环保消毒剂。完善兽药质量标准体系，探索建立以兽药典为基础、注册标准为主体、企业标准为补充的质量标准体系。完善兽药质量检验体系，加强兽药检验机构检测能力建设，推进区域兽用生物制品检测实验室建设。完善兽药质量"检打联动"机制，加强兽药质量监督抽检和跟踪检验，严厉打击违法违规行为。

推进兽用抗菌药减量使用。建立科学合理用药管理制度，规范做好养殖用药档案记录管理，严格执行兽用处方药制度和休药期制度。继续推进养殖环节兽用抗菌药使用减量化行动，严格落实药物饲料添加剂退出计划，加快研发推广抗生素替代品。构建覆盖多种畜禽、常见菌株的动物源细菌耐药检测标准体系。合理布局全国动物源细菌耐药性监测点，组织开展兽药残留监控和动物源细菌耐药性监测计划，完善国家动物源细菌耐药性监测数据库，为临床科学用药提供技术支撑。

（四）加快畜禽种业自主创新

加强畜禽种质资源保护和利用。实施第三次全国畜禽遗传资源普查，加快抢救性收集保护，确保重要资源不丢失、种质特性不改变、经济性能不降低。统筹布局国家和省级保种场保护区和基因库，加快建设国家畜禽种质资源库，开展国家级和省级畜禽遗传资源保护单位确定，明确责任主体。开展畜禽遗传资源登记，大力扶持以地方畜禽遗传资源为基础的新品种和配套系培育，健全资源交流共享机制，加快地方品种产业化开发，构建"以用促保"良性机制。

强化畜禽育种创新。坚持"以我为主、自主创新、引育结合"，构建以市场为导向、企业为主体、产学研深度融合的现代畜禽种业创新体系。深入实施全国畜禽遗传改良计划，开展畜禽良种联合攻关，健全种畜禽资源交流共享、产学研联合育种机制，加强国家畜禽核心育种场的遴选和管理，规范生产性能测定。推进遗传评估结果应用，加快发展表型组智能化精准测定、基因组选择等育种新技术，逐步建立基于全产业链的新型育种体系。重点支持发展区域性种猪联合育种，稳步提升瘦肉型品种生产性能，开展白羽肉鸡育种攻关，加强肉牛肉羊专门化品种选育，支持地方品种持续选育提质增效，加快培育一批生产性能水平高、综合性状优良、重点性状突出的新品种和配套系，不断提高优质种源供给能力。

加快良种繁育与推广。结合各地资源条件和养殖基础，明确优势区域主推品种，健全畜禽良种推广体系。打造一批国家级育繁推一体化种业企业，引导种业企业与规模养殖场（户）建立紧密的利益联结机制，加大新品种扩繁应用推广补贴力度。支持种公畜站改善基础设施条件，扩大优质种群规模，确保采精种公畜全部具备性能测定成绩。完善冷链运输体系，提高人工授精服务站点社会化服务水平，打通良种推广的"最后一公里"。严格种畜禽监管，开展种畜禽质量监督抽查，严查假冒冷冻精液、无证生产经营等违法生产经营行为。

加强种畜禽重点疫病净化。以国家畜禽核心育种场和种公畜站为重点，探索建立区域净化新机制，加强种用动物健康管理，建立种用动物卫生标准，从源头强化畜禽生产安全。坚持政府政策引导、企业自主参与、多方技术支撑，采取从场入手、分步实施、示范带动、合力推动等方式，实行净化评估管理制度，开展种畜禽疫病净化。积极开展种畜禽场主要垂直传播动物疫病净化试点和示范，推动种畜禽场提升生物安全防护水平，保障种畜禽质量。

（五）提升畜产品加工行业整体水平

统筹推进屠宰加工、乳肉产品精深加工协调发展，延长产业链，提升价值链，提高畜牧业质量效益和竞争力。

优化屠宰加工产能布局。坚持屠宰与养殖布局相匹配，支持优势屠宰产能向养殖集中区转移，实现畜禽就近屠宰加工。促进畜产品加工集群发展，推进畜产品加工向产地下沉、与销区对接、向园区集中，形成生产与加工、产品与市场、企业与农户协调发展的格局。优化畜禽养殖屠宰加工产业链，支持大型养殖企业、屠宰加工企业延伸产业链条，开展养殖、屠宰、加工、配送、销售一体化经营。

推进屠宰行业转型升级。继续强化屠宰行业清理整顿，持续推进小型生猪屠宰场点撤停并转。加强屠宰加工装备研究推广，加快老旧设施设备淘汰更新。提升牛、羊、禽屠宰现代化水平，推行畜禽标准化屠宰。持续开展生猪屠宰标准化示范创建，强化屠宰环节全过程监管，压实屠宰企业主体责任，规范委托屠宰行为。

加强畜禽产品质量安全保障。强化畜禽产品质量提升科技攻关，开展畜禽产品致病微生物、生物毒素等风险监测和评估，建立健全畜禽产品质量监测标准体系，优化肉品质量安全评价标准，推进"同一健康"肉品质量综合保障，提升重大质量安全事件应急处置能力。提升屠宰环节非洲猪瘟等重大动物疫病和畜禽产品质量监测能力，落实肉品品质检验等制度，确保产品质量安全。

提升畜产品精深加工能力。支持发展肉品精深加工和血、骨、脏器、毛等副产品综合利用，大力发展特色畜产品加工，优化产品结构，满足城乡居民不同消费层次需求。鼓励乳品企业通过自建、收购、参股、托管等方式，加强奶源基地建设；引导乳品企业优化乳制品产品结构，统筹发展液态乳制品和奶酪等干乳制品。

（六）构建现代畜产品市场流通体系

全面推行"规模养殖、集中屠宰、冷链运输、冰鲜上市"模式，促进"运活畜禽"向"运肉"转变。

促进畜产品冷链物流发展。支持屠宰加工企业、物流配送企业完善冷链物流配送体系，提高冷藏规模，统一流通环节标准，提升流通效率，拓展销售网络。

强化动物运输环节防疫管理。制定动物运输环节防疫管理办法，建立从事动物运输单位、个人及车辆备案和动态管理制度。加强活畜禽运输监管，强化运输工具管控，落实畜禽运输过程及车辆生物安全要求。规范活畜禽网上交易活动，实行"点对点、场对场"定向运输、定点屠宰。全面加快和优化动物防疫指定通道建设，支持指定通道升级改造。

提升市场专业化水平。推进传统畜禽交易市场改造升级，优化畜禽交易市场在主销区和传统集散地的规划布局，打造区域活畜禽、畜产品集散中心，提升市场功能，提高服务管理水平，突出区域和产品特色，大力提升畜牧产业集聚发展水平。促进和规范发展电子交易市场。

（七）推进畜禽养殖废弃物资源化利用

加快推进畜禽粪污资源化利用和病死畜禽无害化处理，着力构建种养结合发展机制，促进畜禽粪肥还田利用，提高畜牧业绿色发展水平。

畅通种养结合路径。实施《"十四五"全国畜禽粪肥利用种养结合建设规划》，畅通农业内部资源循环。推行液体粪肥机械化施用，培育粪肥还田社会化服务组织，推行养殖场（户）付费处理、种植户付费用肥，建立多方利益联结机制。开展试点示范，因地制宜推广堆沤肥还田、液体粪污贮存还田等技术模式，推动粪肥低成本还田利用，提高粪肥还田效率。统筹考虑种养布局和规模，降低粪肥加工、运输成本。

建立全链条管理体系。按照"谁产生、谁负责"的原则，严格落实养殖场（户）主体责任。探索实施规模养殖场粪污处理设施分类管理，确保粪污处理达到无害化要求，满足肥料化利用的基本条件。推动建立符合我国实际的粪污养分平衡管理制度，指导养殖场（户）建立粪污处理和利用台账，种植户建立粪肥施用台账，健全覆盖各环节的全链条管理体系，开展粪污资源化利用风险评估和风险监测，科学指导粪肥还田利用。进一步完善标准体系，促进农业标准和环境标准的衔接。

规范病死畜禽无害化处理。坚持集中处理为主，自行分散处理为补充，健全无害化处理体系，提高专业无害化处理覆盖率，统筹推进病死猪牛羊禽等无害化处理。合理制定补助标准，完善市场化运作模式。提高信息化监管水平，健全监管长效机制，严厉打击相关违法犯罪行为。开展病死猪无害化处理与保险联动试点。

> **专栏10　畜禽粪污资源化利用整县推进工程**
>
> 　　实施《"十四五"全国畜禽粪肥利用种养结合建设规划》，以畜牧业绿色循环发展、耕地质量提升和农业面源污染防治为主要目标，以畜禽粪肥就地就近科学还田利用为主攻方向，支持250个畜禽养殖量较大、耕地面积较大的县，实施畜禽粪污资源化利用整县推进项目，重点改造提升粪污处理设施，建设粪肥还田利用示范基地，新建改建一批密闭贮存发酵设施、堆肥设施、粪污输送管网等，支持购置运输罐车、撒肥机等施肥机械，总结推广种养循环技术模式，逐步降低处理成本，完善利用机制，减少环境影响，带动县域粪肥就近就地利用，促进种养结合、农牧循环发展。

（八）增强兽医体系服务能力

整合政府与市场资源，构建结构完善、分工合理、权责清晰、运转高效的兽医体系，提高兽医技术支撑能力、监督执法能力和服务生产能力。

完善兽医工作机制。理顺省市县三级兽医行政管理、检疫、执法与技术支撑机构之间的关系。加强基层防疫、检疫、执法和兽医服务力量，形成动物疫病预防控制与动物检疫、动物卫生监督执法紧密衔接，兽医机构与行业企业、社会化服务组织相互促进的格局。持续开展兽医体系效能评估，促进兽医体系整体水平稳步提升。

加强兽医队伍建设。规范官方兽医管理，完善资格确认条件，强化官方兽医培训。加强对执业兽医、乡村兽医从业活动的管理和服务，优化执业兽医队伍发展环境，引导符合条件的乡村兽医向执业兽医发展，促进城乡兽医资源有序流动。推进实施动物防疫专员特聘计划。充分发挥兽医行业协会作用，加强兽医学历教育与兽医继续教育有机衔接，促进兽医队伍专业技能持续提高。

创新兽医社会化服务。鼓励养殖龙头企业、动物诊疗机构及其他市场主体成立动物防疫服务队、防疫专业合作社等，开展强制免疫等专业技术服务。鼓励养殖场户购买社会化服务。支持兽医行业协会制定团体标准，强化行业自律。

（九）提高行业信息化管理水平

以信息化培育新动能，利用数字技术全方位、全角度、全链条赋能传统产业，提升全要素生产率。

加快畜牧兽医监测监管一体化。继续推进信息系统整合，建成全国畜牧兽医综合信息平台，推动各地平台与国家平台有效对接。以生猪产业为突破口，建立从养殖到屠宰和无害化处理的监测监管信息指标体系和标准规范，推动育种、养殖、流通、屠宰等产业链的大数据互联互通，实现畜牧业监测监管信息一体化闭环管理和信息资源有效整合，促进技术、营销和金融等社会化服务与产业融合发展。引导养殖场（户）建立健全电子养殖档案，构建养殖大数据系统，全面推行信息直联直报。完善动物检疫证明电子出证系统，推动实施无纸化动物检疫证明，探索建立畜禽养殖数量、免疫数量与检疫申报数量相结合、产地检疫与运输监管相结合、启运地出证与目的地反馈相结合的动物检疫全链条信息化监管模式。

推动智慧畜牧业建设。以生猪、奶牛、家禽为重点，加快现代信息技术与畜牧业深度融合步伐，大力支持智能传感器研发、智能化养殖装备和机器人研发制造，提高圈舍环境调控、精准饲喂、动物行为分析、疫病监测、畜产品质量追溯等自动化、信息化水平，建设一批高度智能化的数字牧场。

五、重大政策

坚持一张蓝图绘到底，巩固延续现有政策成果，深化拓展土地、财政、金融、市场调控等政策措施，持续推进畜牧兽医行业高质量发展。

（一）落实用地政策

按照畜牧业发展规划目标，结合国土空间规划编制，统筹支持解决畜禽养殖用地需求。养殖生产及其直接关联的检验检疫、清洗消毒、畜禽粪污处理、病死畜禽无害化处理等农业设施用地，可以使用一般耕地，不需占补平衡。加大对畜牧业发展使用林地的支持，依法依规办理使用林地手续。

（二）加强财政保障

继续实施生猪（牛羊）调出大县奖励政策和草原生态保护补助奖励政策，以及畜禽良种、优质高产苜蓿、粮改饲、肉牛肉羊提质增效等畜牧业发展支持项目。支持开展畜禽粪污资源化利用，对动物疫病强制免疫、强制扑杀和养殖环节无害化处理给予补助，鼓励通过政府购买服务方式支持动物防疫社会化服务发展。加大农机购置补贴对畜牧养殖机械装备的支持力度，重点向规模养殖场倾斜，实行应补尽补。落实畜禽规模养殖、畜产品初加工等环节用水、用电优惠政策。探索建立重大动物疫情应急处置基金，构建以财政投入为主、社会捐赠为辅的资金投入机制。

（三）创新金融支持

积极推行活畜禽、养殖圈舍、大型机械设备抵押贷款试点。对符合产业发展政策的养殖主体给予贷款担保和贴息，鼓励地方政府产业基金及金融、担保机构加强与养殖主体对接，满足生产发展资金需求。大力推进畜禽养殖保险，落实中央财政保险保费补贴政策，对能繁母猪、奶牛、牦牛、藏系羊保险给予保费补贴支持。继续开展并扩大农业大灾保险试点，指导地方探索开展优势特色畜产品保险，支持纳入中央财政对地方优势特色农产品保险以奖代补试点。鼓励有条件的地方自主开展畜禽养殖收益险、畜产品价格险试点。鼓励社会资本设立畜牧业产业投资基金和畜牧业科技创业投资基金。稳妥推进猪肉、禽蛋等畜产品期货，为养殖等生产经营主体提供规避市场风险的工具。

六、保障措施

（一）加强组织领导

各省（自治区、直辖市）人民政府对本地区畜牧业生产和保障肉蛋奶市场供应负总责。要制定具体规划，抓好责任落实，加大投入力度，为畜牧兽医行业高质量发展提供坚强保障。各级农业农村部门要牵头建立协调机制，加强部门协作沟通，研究解决规划实施过程中的重大问题，推进规划任务的组织落实、跟踪调度、检查评估。

（二）加强法治保障

加快畜牧兽医相关法律法规规章制修订，提高依法治牧水平。强化动物防疫检疫、种畜禽生产、饲料、兽药、畜产品质量安全监管力度，落实执法经费、提高执法装备水平和检测能力，强化日常监督，创新执法体制机制，提高基层执法水平。开展法治宣传教育，增强各类生产经营主体遵法学法守法用法意识。

（三）加强科技创新

坚持创新驱动发展，依托现代农业产业技术体系、科研院所和国家农业科技创新联盟、创新型企业等科研力量，围绕产业链关键环节开展集中攻关研发，加强良种繁育、标准化规模养殖、重大动物疫病防控、屠宰加工、优质饲草料种植与加工等核心技术和设施装备研究。加强基层畜牧兽医行业技术推广体系建设，强化从业人员培训，提升服务能力。加强生产经营型农村实用人才培训，提高龙头企业、合作社、家庭农（牧）场等新型经营主体的生产技术水平。

（四）加强市场调控

加强畜牧业生产和畜禽产品市场动态跟踪监测。紧盯能繁母猪存栏和仔猪价格，围绕稳定生猪产能优化调控手段，完善政府猪肉储备调节机制，缓解"猪周期"波动，促进产业稳定发展。鼓励有条件的地方探索研究牛羊肉等重要畜产品保供和市场调控预案。

（五）加强协会服务

充分发挥行业协会和其他社会组织在种业提升、健康生产、加工流通、品牌培育、信息交流以及行业自律、维护从业者合法权益等方面的作用，通过会议、培训、赛事、表彰示范、科研成果转化等方式，提高从业者技术和经营能力。鼓励行业协会等社会组织在产业振兴、畜牧业国际贸易、种畜禽引进培育普查等领域，配合行业管理部门，做好组织、协调、服务工作。

（六）加强国际合作

跟踪监测国外畜产品生产和市场变化，加强技术交流与磋商，支持畜禽品种资源、良种繁育、疫病防治、饲料、畜产品加工与质量安全等领域的国际交流合作，积极参与国际标准制修订。加大先进设施装备、优良种质资源引进力度。加快畜牧业走出去步伐，稳步推进畜牧业对外投资合作，开拓多元海外市场，扩大优势畜禽产品出口。支持有条件的企业到境外建设饲草料基地、牛羊肉生产加工基地和奶源基地。

关于促进农业产业化联合体发展的指导意见

农经发〔2017〕9号

各省、自治区、直辖市及新疆生产建设兵团农业（农牧、农村经济、农村工作）厅（局、委）、发展改革委、财政厅（局）、国土资源厅（局），中国人民银行上海总部、各分行、营业管理部、各省会（首府）城市中心支行，各省、自治区、直辖市及新疆生产建设兵团国家税务局、地方税务局：

当前，我国农业农村发展进入新阶段。各地顺应新型农业经营主体蓬勃发展的新形势新要求，探索发展农业产业化联合体，取得了初步成效。为贯彻落实《中共中央办公厅国务院办公厅关于加快构建政策体系培育新型农业经营主体的意见》，促进农业产业化联合体发展，现提出以下意见。

一、充分认识发展农业产业化联合体的重要意义

农业产业化联合体是龙头企业、农民合作社和家庭农场等新型农业经营主体以分工协作为前提，以规模经营为依托，以利益联结为纽带的一体化农业经营组织联盟。新形势下，发展农业产业化联合体具有重要的现实意义。

（一）有利于构建现代农业经营体系。通过"公司+农民合作社+家庭农场"组织模式，让各类新型农业经营主体发挥各自优势、分工协作，促进家庭经营、合作经营、企业经营协同发展，加快推进农业供给侧结构性改革。

（二）有利于推进农村一二三产业融合发展。通过构建上下游相互衔接配套的全产业链，实现单一产品购销合作到多元要素融合共享的转变，推动订单农业和"公司+农户"等经营模式创新，促进农业提质增效。

（三）有利于提高农业综合生产能力。通过推动产业链上下游长期合作，降低违约风险和交易成本，稳定经营预期，促进多元经营主体以市场为导向，加大要素投入，开展专业化、品牌化经营，提高土地产出率、资源利用率和劳动生产率。

（四）有利于促进农民持续增收。通过提升农业产业价值链，完善利益联结机制，引导龙头企业、农民合作社和家庭农场紧密合作，示范带动普通农户共同发展，将其引入现代农业发展轨道，同步分享农业现代化成果。

二、准确把握农业产业化联合体的基本特征

（一）独立经营，联合发展。农业产业化联合体不是独立法人，一般由一家牵头龙头企业和多个新型农业经营主体组成。各成员保持产权关系不变、开展独立经营，在平等、自愿、互惠互利的基础上，通过签订合同、协议或制定章程，形成紧密型农业经营组织联盟，实行一体化发展。

（二）龙头带动，合理分工。以龙头企业为引领、农民合作社为纽带、家庭农场为基础，各成员具有明确的功能定位，实现优势互补、共同发展。

（三）要素融通，稳定合作。立足主导产业、追求共同经营目标，各成员通过资金、技术、品牌、信息等要素融合渗透，形成比较稳定的长期合作关系，降低交易成本，提高资源配置效率。

（四）产业增值，农民受益。各成员之间以及与普通农户之间建立稳定的利益联结机制，促进土地流转型、服务带动型等多种形式规模经营协调发展，提高产品质量和附加值，实现全产业链增值增效，让农民有更多获得感。

三、培育和发展农业产业化联合体的总体要求

落实中央决策部署，围绕推进农业供给侧结构性改革，以帮助农民、提高农民、富裕农民为目标，以发展现代农业为方向，以创新农业经营体制机制为动力，积极培育发展一批带农作用突出、综合竞争力强、稳定可持续发展的农业产业化联合体，成为引领我国农村一二三产业融合和现代农业建设的重要力量，为农业农村发展注入新动能。在促进农业产业化联合体发展过程中，要把握以下基本原则。

（一）坚持市场主导。充分发挥市场配置资源的决定性作用，尊重农户和新型农业经营主体的市场主体地位。政府重点做好扶持引导，成熟一个发展一个，防止片面追求数量和规模。

（二）坚持农民自愿。农业产业化经营有多种组织带动模式，农业产业化联合体在不同区域、不同产业有多种表现形式，具有各自的适应性和发展空间。是否发展农业产业化联合体、选择哪种合作模式，都要尊重农民的意愿，不搞拉郎配、一刀切。

（三）坚持民主合作。引导农业产业化联合体建立内部平等对话、沟通协商机制，兼顾农户、家庭农场、农民合作社、龙头企业等各方利益诉求，共商合作、共议发展、共创事业。

（四）坚持兴农富农。把带动产业发展和农民增收作为基本宗旨，打造产业链、提升价值链，挖掘农业增值潜力，发挥农业产业化联合体对普通农户的辐射带动作用，保障农民获得合理的产业增值收益。

四、建立分工协作机制，引导多元新型农业经营主体组建农业产业化联合体

（一）增强龙头企业带动能力，发挥其在农业产业化联合体中的引领作用。支持龙头企业应用新理念，建立现代企业制度，发展精深加工，建设物流体系，健全农产品营销网络，主动适应和引领产业链转型升级。鼓励龙头企业强化供应链管理，制定农产品生产、服务和加工标准，示范引导农民合作社和家庭农场从事标准化生产。鼓励县级以上农业产业化主管部门开展重点龙头企业认定和运行监测。引导龙头企业发挥产业组织优势，以"公司+农民合作社+家庭农场""公司+家庭农场"等形式，联手农民合作社、家庭农场组建农业产业化联合体，实行产加销一体化经营。

（二）提升农民合作社服务能力，发挥其在农业产业化联合体中的纽带作用。鼓励普通农户、家庭农场组建农民合作社，积极发展生产、供销、信用"三位一体"综合合作。

引导农民合作社依照法律和章程加强民主管理、民主监督，保障成员物质利益和民主权利，发挥成员积极性，共同办好合作社。支持农民合作社围绕产前、产中、产后环节从事生产经营和服务，引导农户发展专业化生产，促进龙头企业发展加工流通，使合作社成为农业产业化联合体的"粘合剂"和"润滑剂"。

（三）强化家庭农场生产能力，发挥其在农业产业化联合体中的基础作用。按照依法自愿有偿原则，鼓励农户流转承包土地经营权，培育发展适度规模经营的家庭农场。鼓励家庭农场使用规范的生产记录和财务收支记录，提高经营管理水平。健全家庭农场管理服务，完善家庭农场名录制度，建立健全示范家庭农场认定办法。鼓励家庭农场办理工商注册登记。引导家庭农场与农民合作社、龙头企业开展产品对接、要素联结和服务衔接，实现节本增效。

（四）完善内部组织制度，引导各成员高效沟通协作。坚持民主决策、合作共赢，农业产业化联合体成员之间地位平等。引导各成员在充分协商基础上，制定共同章程，明确权利、责任和义务，提高运行管理效率。鼓励农业产业化联合体探索治理机制，制发成员统一标识，增强成员归属感和责任感。鼓励农业产业化联合体依托现有条件建立相对固定的办公场所，以多种形式沟通协商涉及经营的重大事项，共同制定生产计划，保障各成员的话语权和知情权。

五、健全资源要素共享机制，推动农业产业化联合体融通发展

（一）发展土地适度规模经营。引导土地经营权有序流转，鼓励具备条件的地区制定扶持政策，引导农户长期流转承包地并促进其转移就业。鼓励农户以土地经营权入股家庭农场、农民合作社和龙头企业发展农业产业化经营。支持家庭农场、农民合作社和龙头企业为农户提供代耕代种、统防统治、代收代烘等农业生产托管服务。

（二）引导资金有效流动。支持龙头企业发挥自身优势，为家庭农场和农民合作社发展农业生产经营，提供贷款担保、资金垫付等服务。以农民合作社为依托，稳妥开展内部信用合作和资金互助，缓解农民生产资金短缺难题。鼓励农业产业化联合体各成员每年在收益分配前，按一定比例计提风险保障金，完善自我管理、内部使用、以丰补歉的机制，提高抗风险能力。

（三）促进科技转化应用。鼓励龙头企业加大科技投入，建立研发机构，推进原始创新、集成创新、引进消化吸收再创新，示范应用全链条创新设计，提升农业产业化联合体综合竞争力。引导各类创新要素向龙头企业集聚，支持符合条件的龙头企业建立农业领域相关重点实验室，申报农业高新技术企业。鼓励龙头企业提供技术指导、技术培训等服务，向农民合作社和家庭农场推广新品种、新技术、新工艺，提高农业产业化联合体协同创新水平。

（四）加强市场信息互通。鼓励龙头企业找准市场需求、捕捉市场信号，依托联合体内部沟通合作机制，将市场信息传导至生产环节，优化种养结构，实现农业供给侧与需求端的有效匹配。积极发展电子商务、直供直销等，开拓农业产业化联合体农产品销售渠道。鼓励龙头企业强化信息化管理，把农业产业化联合体成员纳入企业信息资源管理体系，实现资金流、信息流和物资流的高度统一。

（五）推动品牌共创共享。鼓励农业产业化联合体统一技术标准，严格控制生产加工

过程。鼓励龙头企业依托农业产业化联合体建设产品质量安全追溯系统，纳入国家农产品质量安全追溯管理信息平台。引导农业产业化联合体增强品牌意识，鼓励龙头企业协助农民合作社和家庭农场开展"三品一标"认证。扶持发展一村一品、一乡一业，培育特色农产品品牌。办好中国农业产业化交易会，鼓励龙头企业参加各类展示展销活动。鼓励农业产业化联合体整合品牌资源，探索设立共同营销基金，统一开展营销推广，打造联合品牌，授权成员共同使用。

六、完善利益共享机制，促进农业产业化联合体与农户共同发展

（一）提升产业链价值。引导农业产业化联合体围绕主导产业，进行种养结合、粮经结合、种养加一体化布局，积极发展绿色农业、循环农业和有机农业。推动科技、人文等要素融入农业，鼓励农业产业化联合体发展体验农业、康养农业、创意农业等新业态。鼓励龙头企业在研发设计、生产加工、流通消费等环节，积极利用移动互联网、云计算、大数据、物联网等新一代信息技术，提高全产业链智能化和网络化水平。

（二）促进互助服务。鼓励龙头企业将农资供应、技术培训、生产服务、贷款担保与订单相结合，全方位提升农民合作社和家庭农场适度规模经营水平。引导农业产业化联合体内部形成服务、购销等方面的最惠待遇，并提供必要的方便，让各成员分享联合体机制带来的好处。

（三）推动股份合作。鼓励农业产业化联合体探索成员相互入股、组建新主体等新型联结方式，实现深度融合发展。引导农民以土地经营权、林权、设施设备等入股家庭农场、农民合作社或龙头企业，采取"保底收入+股份分红"的分配方式，让农民以股东身份获得收益。

（四）实现共赢合作。遵循市场经济规律，妥善处理好农业产业化联合体各成员之间、与普通农户之间的利益分配关系。创新利益联结模式，促进长期稳定合作，形成利益共享、风险共担的责任共同体、经济共同体和命运共同体。加强订单合同履约监督，建立诚信促进机制，对失信者及时向社会曝光。强化龙头企业联农带农激励机制，探索将国家相关扶持政策与龙头企业带动能力适当挂钩。

七、完善支持政策

（一）优化政策配套。落实中央各项支持政策，培育壮大新型农业经营主体。地方可结合本地实际，将现有支持龙头企业、农民合作社、家庭农场发展的农村一二三产业融合、农业综合开发等相关项目资金，向农业产业化联合体内符合条件的新型农业经营主体适当倾斜。支持龙头企业等新型农业经营主体参与产业扶贫，落实相关税收优惠政策。组织开展精准培训，提高龙头企业负责人、合作社理事长、家庭农场主的经营管理水平。

（二）加大金融支持。鼓励地方采取财政贴息、融资担保、扩大抵（质）押物范围等综合措施，努力解决新型农业经营主体融资难题。鼓励银行、保险等金融机构开发符合农业产业化联合体需求的信贷产品、保险产品和服务模式。积极发展产业链金融，支持农业产业化联合体设立内部担保基金，放大银行贷款倍数。与金融机构共享农业产业化联合体名录信息，鼓励金融机构探索以龙头企业为依托，综合考虑农业产业化联合体财务状况、信用风险、资金实力等因素，合理确定联合体内各经营主体授信额度，实行随用随借、循

环使用方式，满足新型农业经营主体差异化资金需求。鼓励龙头企业加入人民银行征信中心应收账款融资服务平台，支持新型农业经营主体开展应收账款融资业务。鼓励探索"订单+保险+期货"模式，支持符合条件的龙头企业上市、新三板挂牌和融资、发债融资。鼓励具备条件的龙头企业发起组织农业互助保险，降低农业产业化联合体成员风险。

（三）落实用地保障。落实促进现代农业、新型农业经营主体、农产品加工业、休闲农业和乡村旅游等用地支持政策。指导开展村土地利用规划编制，年度建设用地计划优先支持龙头企业、农民合作社和家庭农场等新型农业经营主体建设农业配套辅助设施、开展农产品加工和流通。对新型农业经营主体发展较快、用地集约且需求大的地区，适当增加年度新增建设用地指标。对于引领农业产业化联合体发展的龙头企业所需建设用地，应优先安排、优先审批。

八、强化保障措施

（一）加强组织领导。各地要按照本意见精神，结合本地实际研究制定具体措施和办法，并做好相关指导、扶持和服务工作。完善农业产业化联席会议制度，推动落实扶持农业产业化发展的相关政策措施，帮助解决农业产业化联合体发展中遇到的困难和问题。

（二）开展示范创建。各级农业产业化主管部门要牵头开展农业产业化联合体示范创建活动，建立和发布示范农业产业化联合体名录，定期开展运行监测，适时更新，促进整体经营管理水平提升。可结合实际情况，对示范农业产业化联合体给予重点支持。

（三）加大宣传引导。做好农业产业化联合体统计调查工作，建立农业产业化联合体信息库，编制发布中国农业产业化龙头企业采购经理指数，为制定政策提供参考。组织第三方开展农业产业化联合体发展水平评价。及时总结好经验、好做法，充分运用各类新闻媒体加强宣传，营造良好社会氛围。

农业部　国家发展改革委　财政部
国土资源部　人民银行　税务总局
2017年10月13日

农业部办公厅关于加快推进饲料散装散运工作的意见

农办牧〔2017〕66号

各省、自治区、直辖市畜牧（农牧、农业）厅（局、委、办）：

饲料散装散运是反映畜禽养殖规模化程度的重要标志，是提升畜牧业现代化水平的必然要求。为加快推进我国现代畜牧业建设，挖掘畜牧业节本增效新潜力，满足标准化规模养殖新需要，现就加快推进饲料散装散运提出如下意见。

一、充分认识饲料散装散运的重要意义

饲料散装散运是降成本的重要抓手。2016年，我国畜牧业消耗配合饲料超过1.8亿吨，散装散运饲料仅占10%，远低于发达国家70%的水平。推进饲料产品散装出厂、自动装卸、封闭储运、自动饲喂，既节约包装标签等耗材，又减少饲料生产、运输和使用环节用工。与袋装饲料相比，养殖场每使用1吨散装饲料，可带来综合效益约100元，相当于降低饲料成本3%。

饲料散装散运是保安全的有力措施。我国袋装配合饲料从出厂到使用平均时间约15天，期间营养物质损耗流失逐渐增多。因储存条件和方法不当导致的鼠虫侵害、过期变质、交叉污染等问题也时有发生。散装饲料普遍采用定制方式生产，从生产到使用仅需3~5天，全程使用专用储存运输设备，可最大限度保证饲料新鲜度，还能有效防范质量安全风险，对提高饲喂效率和保障畜产品质量安全具有重要作用。

饲料散装散运是促融合的有效途径。我国畜牧业各环节联结仍不紧密，利益分配不尽合理，应对外部风险的合力还不强。推进饲料散装散运，实现饲料生产和畜禽养殖"厂场对接"，有利于供需双方建立长期稳固合作关系，形成收益共享、风险共担的紧密利益联结机制，对于促进畜牧饲料产业融合，提升畜牧业综合竞争力，具有重大现实意义。

二、指导思想与目标

深入贯彻落实创新、协调、绿色、开放、共享发展理念，扎实推进农业供给侧结构性改革，以提升畜牧业综合效益和竞争力、保障畜产品质量安全为目标，充分发挥养殖场主体作用、饲料企业推动作用和政府引导作用，按照上下联动、协同推进、以点带面的原则，加快培育社会化服务体系，提高装备研发技术水平，提升饲料散装散运能力，力争到"十三五"末，畜禽配合饲料散装散运比例达到30%以上。

三、加快普及饲料散装散运设施设备

饲料散装散运需要饲料生产和畜禽养殖设施设备集成配套。设施设备不能充分对接，

已经成为制约散装饲料使用的最大瓶颈。各级畜牧饲料管理部门要抓住行业转型升级和区域布局调整的有利时机，积极争取资金项目和扶持政策，支持饲料散装散运设施建设和设备购置，全面提升散装饲料生产、运输、使用能力。鼓励饲料企业采取"代建""共建"等方式，支持养殖场购置设备，完善配套基础设施。

四、加快提升散装饲料运输和技术支撑能力

散装饲料运输车辆专车专用，养殖场自行购置成本高，使用效率低。各级畜牧饲料管理部门要把散装饲料运输能力建设摆在重要位置，积极引导饲料经销商配备散装饲料运输车，转型成为运输承包商。鼓励农民合作社协调组织社员对接饲料企业，积极扩展服务功能，面向社员提供散装饲料运输服务。加快饲料散装散运设备创新研发，鼓励设备制造企业加大研发投入，着力提升设备自动化和标准化水平。支持各级科研机构开展散装饲料生产、运输、保存、使用等配套技术研究，制定技术规范，不断强化科技支撑能力。

五、充分发挥监督管理和服务功能

各级饲料管理部门在行政许可、日常监管、市场监测等方面，应充分考虑散装饲料特点，避免机械套用袋装饲料管理方式方法。既要加强监督管理，规范散装饲料销售、运输行为，防止借用散装饲料名义逃避监管；又要强化服务理念，为养殖场和饲料企业提供政策解读、技术管理、市场信息等方面的支持和帮助，搭建沟通平台，促进供需双方"厂场对接"，为加快普及饲料散装散运创造良好政策环境。要统筹管理部门、企业、协会多方力量，开展多种形式示范创建活动，尽快建立一批高标准示范场和示范区。

六、加强宣传培训营造良好发展氛围

鼓励各类主体围绕散装饲料运输、储存、使用等环节，制作教学片和宣传材料，利用农技推广、职业技能培训、新型职业农民培训等平台，组织开展技术普及活动。认真总结各地推进饲料散装散运工作的成功模式和经验，采取实地参观、现场教学等方式推介典型案例，让广大养殖场户切实了解使用散装饲料的好处，调动其积极性和主动性，不断扩大散装饲料使用规模。

农业部办公厅

2017 年 12 月 21 日

三、相关法律法规文件

（一）中华人民共和国畜牧法

（2005年12月29日第十届全国人民代表大会常务委员会第十九次会议通过，根据2015年4月24日第十二届全国人民代表大会常务委员会第十四次会议《关于修改〈中华人民共和国计量法〉等五部法律的决定》修正，2022年10月30日第十三届全国人民代表大会常务委员会第三十七次会议修订。）

目　　录

第一章　总则
第二章　畜禽遗传资源保护
第三章　种畜禽品种选育与生产经营
第四章　畜禽养殖
第五章　草原畜牧业
第六章　畜禽交易与运输
第七章　畜禽屠宰
第八章　保障与监督
第九章　法律责任
第十章　附则

第一章　总　　则

第一条　为了规范畜牧业生产经营行为，保障畜禽产品供给和质量安全，保护和合理利用畜禽遗传资源，培育和推广畜禽优良品种，振兴畜禽种业，维护畜牧业生产经营者的合法权益，防范公共卫生风险，促进畜牧业高质量发展，制定本法。

第二条　在中华人民共和国境内从事畜禽的遗传资源保护利用、繁育、饲养、经营、运输、屠宰等活动，适用本法。

本法所称畜禽，是指列入依照本法第十二条规定公布的畜禽遗传资源目录的畜禽。

蜂、蚕的资源保护利用和生产经营，适用本法有关规定。

第三条　国家支持畜牧业发展，发挥畜牧业在发展农业、农村经济和增加农民收入中的作用。

县级以上人民政府应当将畜牧业发展纳入国民经济和社会发展规划，加强畜牧业基础设施建设，鼓励和扶持发展规模化、标准化和智能化养殖，促进种养结合和农牧循环、绿色发展，推进畜牧产业化经营，提高畜牧业综合生产能力，发展安全、优质、高效、生态的畜牧业。

国家帮助和扶持民族地区、欠发达地区畜牧业的发展，保护和合理利用草原，改善畜牧业生产条件。

第四条　国家采取措施，培养畜牧兽医专业人才，加强畜禽疫病监测、畜禽疫苗研制，健全基层畜牧兽医技术推广体系，发展畜牧兽医科学技术研究和推广事业，完善畜牧业标准，开展畜牧兽医科学技术知识的教育宣传工作和畜牧兽医信息服务，推进畜牧业科技进步和创新。

第五条 国务院农业农村主管部门负责全国畜牧业的监督管理工作。县级以上地方人民政府农业农村主管部门负责本行政区域内的畜牧业监督管理工作。

县级以上人民政府有关主管部门在各自的职责范围内，负责有关促进畜牧业发展的工作。

第六条 国务院农业农村主管部门应当指导畜牧业生产经营者改善畜禽繁育、饲养、运输、屠宰的条件和环境。

第七条 各级人民政府及有关部门应当加强畜牧业相关法律法规的宣传。

对在畜牧业发展中做出显著成绩的单位和个人，按照国家有关规定给予表彰和奖励。

第八条 畜牧业生产经营者可以依法自愿成立行业协会，为成员提供信息、技术、营销、培训等服务，加强行业自律，维护成员和行业利益。

第九条 畜牧业生产经营者应当依法履行动物防疫和生态环境保护义务，接受有关主管部门依法实施的监督检查。

第二章 畜禽遗传资源保护

第十条 国家建立畜禽遗传资源保护制度，开展资源调查、保护、鉴定、登记、监测和利用等工作。各级人民政府应当采取措施，加强畜禽遗传资源保护，将畜禽遗传资源保护经费列入预算。

畜禽遗传资源保护以国家为主、多元参与，坚持保护优先、高效利用的原则，实行分类分级保护。

国家鼓励和支持有关单位、个人依法发展畜禽遗传资源保护事业，鼓励和支持高等学校、科研机构、企业加强畜禽遗传资源保护、利用的基础研究，提高科技创新能力。

第十一条 国务院农业农村主管部门设立由专业人员组成的国家畜禽遗传资源委员会，负责畜禽遗传资源的鉴定、评估和畜禽新品种、配套系的审定，承担畜禽遗传资源保护和利用规划论证及有关畜禽遗传资源保护的咨询工作。

第十二条 国务院农业农村主管部门负责定期组织畜禽遗传资源的调查工作，发布国家畜禽遗传资源状况报告，公布经国务院批准的畜禽遗传资源目录。

经过驯化和选育而成，遗传性状稳定，有成熟的品种和一定的种群规模，能够不依赖于野生种群而独立繁衍的驯养动物，可以列入畜禽遗传资源目录。

第十三条 国务院农业农村主管部门根据畜禽遗传资源分布状况，制定全国畜禽遗传资源保护和利用规划，制定、调整并公布国家级畜禽遗传资源保护名录，对原产我国的珍贵、稀有、濒危的畜禽遗传资源实行重点保护。

省、自治区、直辖市人民政府农业农村主管部门根据全国畜禽遗传资源保护和利用规划及本行政区域内的畜禽遗传资源状况，制定、调整并公布省级畜禽遗传资源保护名录，并报国务院农业农村主管部门备案，加强对地方畜禽遗传资源的保护。

第十四条 国务院农业农村主管部门根据全国畜禽遗传资源保护和利用规划及国家级畜禽遗传资源保护名录，省、自治区、直辖市人民政府农业农村主管部门根据省级畜禽遗传资源保护名录，分别建立或者确定畜禽遗传资源保种场、保护区和基因库，承担畜禽遗传资源保护任务。

享受中央和省级财政资金支持的畜禽遗传资源保种场、保护区和基因库，未经国务院农业农村主管部门或者省、自治区、直辖市人民政府农业农村主管部门批准，不得擅自处理受保护的畜禽遗传资源。

畜禽遗传资源基因库应当按照国务院农业农村主管部门或者省、自治区、直辖市人民政府农业农村主管部门的规定，定期采集和更新畜禽遗传材料。有关单位、个人应当配合畜禽遗传资源基因库采集畜禽遗传材料，并有权获得适当的经济补偿。

县级以上地方人民政府应当保障畜禽遗传资源保种场和基因库用地的需求。确需关闭或者搬迁的，应当经原建立或者确定机关批准，搬迁的按照先建后拆的原则妥善安置。

畜禽遗传资源保种场、保护区和基因库的管理办法，由国务院农业农村主管部门制定。

第十五条 新发现的畜禽遗传资源在国家畜禽遗传资源委员会鉴定前，省、自治区、直辖市人民政府农业农村主管部门应当制订保护方案，采取临时保护措施，并报国务院农业农村主管部门备案。

第十六条 从境外引进畜禽遗传资源的，应当向省、自治区、直辖市人民政府农业农村主管部门提出申请；受理申请的农业农村主管部门经审核，报国务院农业农村主管部门经评估论证后批准；但是国务院对批准机关另有规定的除外。经批准的，依照《中华人民共和国进出境动植物检疫法》的规定办理相关手续并实施检疫。

从境外引进的畜禽遗传资源被发现对境内畜禽遗传资源、生态环境有危害或者可能产生危害的，国务院农业农村主管部门应当商有关主管部门，及时采取相应的安全控制措施。

第十七条 国家对畜禽遗传资源享有主权。向境外输出或者在境内与境外机构、个人合作研究利用列入保护名录的畜禽遗传资源的，应当向省、自治区、直辖市人民政府农业农村主管部门提出申请，同时提出国家共享惠益的方案；受理申请的农业农村主管部门经审核，报国务院农业农村主管部门批准。

向境外输出畜禽遗传资源的，还应当依照《中华人民共和国进出境动植物检疫法》的规定办理相关手续并实施检疫。

新发现的畜禽遗传资源在国家畜禽遗传资源委员会鉴定前，不得向境外输出，不得与境外机构、个人合作研究利用。

第十八条 畜禽遗传资源的进出境和对外合作研究利用的审批办法由国务院规定。

第三章　种畜禽品种选育与生产经营

第十九条 国家扶持畜禽品种的选育和优良品种的推广使用，实施全国畜禽遗传改良计划；支持企业、高等学校、科研机构和技术推广单位开展联合育种，建立健全畜禽良种繁育体系。

县级以上人民政府支持开发利用列入畜禽遗传资源保护名录的品种，增加特色畜禽产品供给，满足多元化消费需求。

第二十条 国家鼓励和支持畜禽种业自主创新，加强育种技术攻关，扶持选育生产经营相结合的创新型企业发展。

第二十一条　培育的畜禽新品种、配套系和新发现的畜禽遗传资源在销售、推广前，应当通过国家畜禽遗传资源委员会审定或者鉴定，并由国务院农业农村主管部门公告。畜禽新品种、配套系的审定办法和畜禽遗传资源的鉴定办法，由国务院农业农村主管部门制定。审定或者鉴定所需的试验、检测等费用由申请者承担。

畜禽新品种、配套系培育者的合法权益受法律保护。

第二十二条　转基因畜禽品种的引进、培育、试验、审定和推广，应当符合国家有关农业转基因生物安全管理的规定。

第二十三条　省级以上畜牧兽医技术推广机构应当组织开展种畜质量监测、优良个体登记，向社会推荐优良种畜。优良种畜登记规则由国务院农业农村主管部门制定。

第二十四条　从事种畜禽生产经营或者生产经营商品代仔畜、雏禽的单位、个人，应当取得种畜禽生产经营许可证。

申请取得种畜禽生产经营许可证，应当具备下列条件：

（一）生产经营的种畜禽是通过国家畜禽遗传资源委员会审定或者鉴定的品种、配套系，或者是经批准引进的境外品种、配套系；

（二）有与生产经营规模相适应的畜牧兽医技术人员；

（三）有与生产经营规模相适应的繁育设施设备；

（四）具备法律、行政法规和国务院农业农村主管部门规定的种畜禽防疫条件；

（五）有完善的质量管理和育种记录制度；

（六）法律、行政法规规定的其他条件。

第二十五条　申请取得生产家畜卵子、精液、胚胎等遗传材料的生产经营许可证，除应当符合本法第二十四条第二款规定的条件外，还应当具备下列条件：

（一）符合国务院农业农村主管部门规定的实验室、保存和运输条件；

（二）符合国务院农业农村主管部门规定的种畜数量和质量要求；

（三）体外受精取得的胚胎、使用的卵子来源明确，供体畜符合国家规定的种畜健康标准和质量要求；

（四）符合有关国家强制性标准和国务院农业农村主管部门规定的技术要求。

第二十六条　申请取得生产家畜卵子、精液、胚胎等遗传材料的生产经营许可证，应当向省、自治区、直辖市人民政府农业农村主管部门提出申请。受理申请的农业农村主管部门应当自收到申请之日起六十个工作日内依法决定是否发放生产经营许可证。

其他种畜禽的生产经营许可证由县级以上地方人民政府农业农村主管部门审核发放。

国家对种畜禽生产经营许可证实行统一管理、分级负责，在统一的信息平台办理。种畜禽生产经营许可证的审批和发放信息应当依法向社会公开。具体办法和许可证样式由国务院农业农村主管部门制定。

第二十七条　种畜禽生产经营许可证应当注明生产经营者名称、场（厂）址、生产经营范围及许可证有效期的起止日期等。

禁止无种畜禽生产经营许可证或者违反种畜禽生产经营许可证的规定生产经营种畜禽或者商品代仔畜、雏禽。禁止伪造、变造、转让、租借种畜禽生产经营许可证。

第二十八条　农户饲养的种畜禽用于自繁自养和有少量剩余仔畜、雏禽出售的，农户饲养种公畜进行互助配种的，不需要办理种畜禽生产经营许可证。

第二十九条 发布种畜禽广告的，广告主应当持有或者提供种畜禽生产经营许可证和营业执照。广告内容应当符合有关法律、行政法规的规定，并注明种畜禽品种、配套系的审定或者鉴定名称，对主要性状的描述应当符合该品种、配套系的标准。

第三十条 销售的种畜禽、家畜配种站（点）使用的种公畜，应当符合种用标准。销售种畜禽时，应当附具种畜禽场出具的种畜禽合格证明、动物卫生监督机构出具的检疫证明，销售的种畜还应当附具种畜禽场出具的家畜系谱。

生产家畜卵子、精液、胚胎等遗传材料，应当有完整的采集、销售、移植等记录，记录应当保存二年。

第三十一条 销售种畜禽，不得有下列行为：

（一）以其他畜禽品种、配套系冒充所销售的种畜禽品种、配套系；

（二）以低代别种畜禽冒充高代别种畜禽；

（三）以不符合种用标准的畜禽冒充种畜禽；

（四）销售未经批准进口的种畜禽；

（五）销售未附具本法第三十条规定的种畜禽合格证明、检疫证明的种畜禽或者未附具家畜系谱的种畜；

（六）销售未经审定或者鉴定的种畜禽品种、配套系。

第三十二条 申请进口种畜禽的，应当持有种畜禽生产经营许可证。因没有种畜禽而未取得种畜禽生产经营许可证的，应当提供省、自治区、直辖市人民政府农业农村主管部门的说明文件。进口种畜禽的批准文件有效期为六个月。

进口的种畜禽应当符合国务院农业农村主管部门规定的技术要求。首次进口的种畜禽还应当由国家畜禽遗传资源委员会进行种用性能的评估。

种畜禽的进出口管理除适用本条前两款的规定外，还适用本法第十六条、第十七条和第二十二条的相关规定。

国家鼓励畜禽养殖者利用进口的种畜禽进行新品种、配套系的培育；培育的新品种、配套系在推广前，应当经国家畜禽遗传资源委员会审定。

第三十三条 销售商品代仔畜、雏禽的，应当向购买者提供其销售的商品代仔畜、雏禽的主要生产性能指标、免疫情况、饲养技术要求和有关咨询服务，并附具动物卫生监督机构出具的检疫证明。

销售种畜禽和商品代仔畜、雏禽，因质量问题给畜禽养殖者造成损失的，应当依法赔偿损失。

第三十四条 县级以上人民政府农业农村主管部门负责种畜禽质量安全的监督管理工作。种畜禽质量安全的监督检验应当委托具有法定资质的种畜禽质量检验机构进行；所需检验费用由同级预算列支，不得向被检验人收取。

第三十五条 蜂种、蚕种的资源保护、新品种选育、生产经营和推广，适用本法有关规定，具体管理办法由国务院农业农村主管部门制定。

第四章 畜禽养殖

第三十六条 国家建立健全现代畜禽养殖体系。县级以上人民政府农业农村主管部门应当根据畜牧业发展规划和市场需求，引导和支持畜牧业结构调整，发展优势畜禽生产，提高畜禽产品市场竞争力。

第三十七条　各级人民政府应当保障畜禽养殖用地合理需求。县级国土空间规划根据本地实际情况，安排畜禽养殖用地。畜禽养殖用地按照农业用地管理。畜禽养殖用地使用期限届满或者不再从事养殖活动，需要恢复为原用途的，由畜禽养殖用地使用人负责恢复。在畜禽养殖用地范围内需要兴建永久性建（构）筑物，涉及农用地转用的，依照《中华人民共和国土地管理法》的规定办理。

第三十八条　国家设立的畜牧兽医技术推广机构，应当提供畜禽养殖、畜禽粪污无害化处理和资源化利用技术培训，以及良种推广、疫病防治等服务。县级以上人民政府应当保障国家设立的畜牧兽医技术推广机构从事公益性技术服务的工作经费。

国家鼓励畜禽产品加工企业和其他相关生产经营者为畜禽养殖者提供所需的服务。

第三十九条　畜禽养殖场应当具备下列条件：

（一）有与其饲养规模相适应的生产场所和配套的生产设施；

（二）有为其服务的畜牧兽医技术人员；

（三）具备法律、行政法规和国务院农业农村主管部门规定的防疫条件；

（四）有与畜禽粪污无害化处理和资源化利用相适应的设施设备；

（五）法律、行政法规规定的其他条件。

畜禽养殖场兴办者应当将畜禽养殖场的名称、养殖地址、畜禽品种和养殖规模，向养殖场所在地县级人民政府农业农村主管部门备案，取得畜禽标识代码。

畜禽养殖场的规模标准和备案管理办法，由国务院农业农村主管部门制定。

畜禽养殖户的防疫条件、畜禽粪污无害化处理和资源化利用要求，由省、自治区、直辖市人民政府农业农村主管部门会同有关部门规定。

第四十条　畜禽养殖场的选址、建设应当符合国土空间规划，并遵守有关法律法规的规定；不得违反法律法规的规定，在禁养区域建设畜禽养殖场。

第四十一条　畜禽养殖场应当建立养殖档案，载明下列内容：

（一）畜禽的品种、数量、繁殖记录、标识情况、来源和进出场日期；

（二）饲料、饲料添加剂、兽药等投入品的来源、名称、使用对象、时间和用量；

（三）检疫、免疫、消毒情况；

（四）畜禽发病、死亡和无害化处理情况；

（五）畜禽粪污收集、储存、无害化处理和资源化利用情况；

（六）国务院农业农村主管部门规定的其他内容。

第四十二条　畜禽养殖者应当为其饲养的畜禽提供适当的繁殖条件和生存、生长环境。

第四十三条　从事畜禽养殖，不得有下列行为：

（一）违反法律、行政法规和国家有关强制性标准、国务院农业农村主管部门的规定使用饲料、饲料添加剂、兽药；

（二）使用未经高温处理的餐馆、食堂的泔水饲喂家畜；

（三）在垃圾场或者使用垃圾场中的物质饲养畜禽；

（四）随意弃置和处理病死畜禽；

（五）法律、行政法规和国务院农业农村主管部门规定的危害人和畜禽健康的其他行为。

第四十四条　从事畜禽养殖，应当依照《中华人民共和国动物防疫法》、《中华人民共和国农产品质量安全法》的规定，做好畜禽疫病防治和质量安全工作。

第四十五条　畜禽养殖者应当按照国家关于畜禽标识管理的规定，在应当加施标识的畜禽的指定部位加施标识。农业农村主管部门提供标识不得收费，所需费用列入省、自治区、直辖市人民政府预算。

禁止伪造、变造或者重复使用畜禽标识。禁止持有、使用伪造、变造的畜禽标识。

第四十六条　畜禽养殖场应当保证畜禽粪污无害化处理和资源化利用设施的正常运转，保证畜禽粪污综合利用或者达标排放，防止污染环境。违法排放或者因管理不当污染环境的，应当排除危害，依法赔偿损失。

国家支持建设畜禽粪污收集、储存、粪污无害化处理和资源化利用设施，推行畜禽粪污养分平衡管理，促进农用有机肥利用和种养结合发展。

第四十七条　国家引导畜禽养殖户按照畜牧业发展规划有序发展，加强对畜禽养殖户的指导帮扶，保护其合法权益，不得随意以行政手段强行清退。

国家鼓励涉农企业带动畜禽养殖户融入现代畜牧业产业链，加强面向畜禽养殖户的社会化服务，支持畜禽养殖户和畜牧业专业合作社发展畜禽规模化、标准化养殖，支持发展新产业、新业态，促进与旅游、文化、生态等产业融合。

第四十八条　国家支持发展特种畜禽养殖。县级以上人民政府应当采取措施支持建立与特种畜禽养殖业发展相适应的养殖体系。

第四十九条　国家支持发展养蜂业，保护养蜂生产者的合法权益。

有关部门应当积极宣传和推广蜂授粉农艺措施。

第五十条　养蜂生产者在生产过程中，不得使用危害蜂产品质量安全的药品和容器，确保蜂产品质量。养蜂器具应当符合国家标准和国务院有关部门规定的技术要求。

第五十一条　养蜂生产者在转地放蜂时，当地公安、交通运输、农业农村等有关部门应当为其提供必要的便利。

养蜂生产者在国内转地放蜂，凭国务院农业农村主管部门统一格式印制的检疫证明运输蜂群，在检疫证明有效期内不得重复检疫。

第五章　草原畜牧业

第五十二条　国家支持科学利用草原，协调推进草原保护与草原畜牧业发展，坚持生态优先、生产生态有机结合，发展特色优势产业，促进农牧民增加收入，提高草原可持续发展能力，筑牢生态安全屏障，推进牧区生产生活生态协同发展。

第五十三条　国家支持牧区转变草原畜牧业发展方式，加强草原水利、草原围栏、饲草料生产加工储备、牲畜圈舍、牧道等基础设施建设。

国家鼓励推行舍饲半舍饲圈养、季节性放牧、划区轮牧等饲养方式，合理配置畜群，保持草畜平衡。

第五十四条　国家支持优良饲草品种的选育、引进和推广使用，因地制宜开展人工草地建设、天然草原改良和饲草料基地建设，优化种植结构，提高饲草料供应保障能力。

第五十五条 国家支持农牧民发展畜牧业专业合作社和现代家庭牧场，推行适度规模养殖，提升标准化生产水平，建设牛羊等重要畜产品生产基地。

第五十六条 牧区各级人民政府农业农村主管部门应当鼓励和指导农牧民改良家畜品种，优化畜群结构，实行科学饲养，合理加快出栏周转，促进草原畜牧业节本、提质、增效。

第五十七条 国家加强草原畜牧业灾害防御保障，将草原畜牧业防灾减灾列入预算，优化设施装备条件，完善牧区牛羊等家畜保险制度，提高抵御自然灾害的能力。

第五十八条 国家完善草原生态保护补助奖励政策，对采取禁牧和草畜平衡措施的农牧民按照国家有关规定给予补助奖励。

第五十九条 有关地方人民政府应当支持草原畜牧业与乡村旅游、文化等产业协同发展，推动一二三产业融合，提升产业化、品牌化、特色化水平，持续增加农牧民收入，促进牧区振兴。

第六十条 草原畜牧业发展涉及草原保护、建设、利用和管理活动的，应当遵守有关草原保护法律法规的规定。

第六章 畜禽交易与运输

第六十一条 国家加快建立统一开放、竞争有序、安全便捷的畜禽交易市场体系。

第六十二条 县级以上地方人民政府应当根据农产品批发市场发展规划，对在畜禽集散地建立畜禽批发市场给予扶持。

畜禽批发市场选址，应当符合法律、行政法规和国务院农业农村主管部门规定的动物防疫条件，并距离种畜禽场和大型畜禽养殖场三公里以外。

第六十三条 进行交易的畜禽应当符合农产品质量安全标准和国务院有关部门规定的技术要求。

国务院农业农村主管部门规定应当加施标识而没有标识的畜禽，不得销售、收购。

国家鼓励畜禽屠宰经营者直接从畜禽养殖者收购畜禽，建立稳定收购渠道，降低动物疫病和质量安全风险。

第六十四条 运输畜禽，应当符合法律、行政法规和国务院农业农村主管部门规定的动物防疫条件，采取措施保护畜禽安全，并为运输的畜禽提供必要的空间和饲喂饮水条件。

有关部门对运输中的畜禽进行检查，应当有法律、行政法规的依据。

第七章 畜禽屠宰

第六十五条 国家实行生猪定点屠宰制度。对生猪以外的其他畜禽可以实行定点屠宰，具体办法由省、自治区、直辖市制定。农村地区个人自宰自食的除外。

省、自治区、直辖市人民政府应当按照科学布局、集中屠宰、有利流通、方便群众的原则，结合畜禽养殖、动物疫病防控和畜禽产品消费等实际情况，制定畜禽屠宰行业发展规划并组织实施。

第六十六条 国家鼓励畜禽就地屠宰，引导畜禽屠宰企业向养殖主产区转移，支持畜禽产品加工、储存、运输冷链体系建设。

第六十七条　畜禽屠宰企业应当具备下列条件：
（一）有与屠宰规模相适应、水质符合国家规定标准的用水供应条件；
（二）有符合国家规定的设施设备和运载工具；
（三）有依法取得健康证明的屠宰技术人员；
（四）有经考核合格的兽医卫生检验人员；
（五）依法取得动物防疫条件合格证和其他法律法规规定的证明文件。

第六十八条　畜禽屠宰经营者应当加强畜禽屠宰质量安全管理。畜禽屠宰企业应当建立畜禽屠宰质量安全管理制度。

未经检验、检疫或者经检验、检疫不合格的畜禽产品不得出厂销售。经检验、检疫不合格的畜禽产品，按照国家有关规定处理。

地方各级人民政府应当按照规定对无害化处理的费用和损失给予补助。

第六十九条　国务院农业农村主管部门负责组织制定畜禽屠宰质量安全风险监测计划。

省、自治区、直辖市人民政府农业农村主管部门根据国家畜禽屠宰质量安全风险监测计划，结合实际情况，制定本行政区域畜禽屠宰质量安全风险监测方案并组织实施。

第八章　保障与监督

第七十条　省级以上人民政府应当在其预算内安排支持畜禽种业创新和畜牧业发展的良种补贴、贴息补助、保费补贴等资金，并鼓励有关金融机构提供金融服务，支持畜禽养殖者购买优良畜禽、繁育良种、防控疫病，支持改善生产设施、畜禽粪污无害化处理和资源化利用设施设备、扩大养殖规模，提高养殖效益。

第七十一条　县级以上人民政府应当组织农业农村主管部门和其他有关部门，依照本法和有关法律、行政法规的规定，加强对畜禽饲养环境、种畜禽质量、畜禽交易与运输、畜禽屠宰以及饲料、饲料添加剂、兽药等投入品的生产、经营、使用的监督管理。

第七十二条　国务院农业农村主管部门应当制定畜禽标识和养殖档案管理办法，采取措施落实畜禽产品质量安全追溯和责任追究制度。

第七十三条　县级以上人民政府农业农村主管部门应当制定畜禽质量安全监督抽查计划，并按照计划开展监督抽查工作。

第七十四条　省级以上人民政府农业农村主管部门应当组织制定畜禽生产规范，指导畜禽的安全生产。

第七十五条　国家建立统一的畜禽生产和畜禽产品市场监测预警制度，逐步完善有关畜禽产品储备调节机制，加强市场调控，促进市场供需平衡和畜牧业健康发展。

县级以上人民政府有关部门应当及时发布畜禽产销信息，为畜禽生产经营者提供信息服务。

第七十六条　国家加强畜禽生产、加工、销售、运输体系建设，提升畜禽产品供应安全保障能力。

省、自治区、直辖市人民政府负责保障本行政区域内的畜禽产品供给，建立稳产保供的政策保障和责任考核体系。

国家鼓励畜禽主销区通过跨区域合作、建立养殖基地等方式，与主产区建立稳定的合作关系。

第九章　法律责任

第七十七条　违反本法规定，县级以上人民政府农业农村主管部门及其工作人员有下列行为之一的，对直接负责的主管人员和其他直接责任人员依法给予处分：

（一）利用职务上的便利，收受他人财物或者牟取其他利益；

（二）对不符合条件的申请人准予许可，或者超越法定职权准予许可；

（三）发现违法行为不予查处；

（四）其他滥用职权、玩忽职守、徇私舞弊等不依法履行监督管理工作职责的行为。

第七十八条　违反本法第十四条第二款规定，擅自处理受保护的畜禽遗传资源，造成畜禽遗传资源损失的，由省级以上人民政府农业农村主管部门处十万元以上一百万元以下罚款。

第七十九条　违反本法规定，有下列行为之一的，由省级以上人民政府农业农村主管部门责令停止违法行为，没收畜禽遗传资源和违法所得，并处五万元以上五十万元以下罚款：

（一）未经审核批准，从境外引进畜禽遗传资源；

（二）未经审核批准，在境内与境外机构、个人合作研究利用列入保护名录的畜禽遗传资源；

（三）在境内与境外机构、个人合作研究利用未经国家畜禽遗传资源委员会鉴定的新发现的畜禽遗传资源。

第八十条　违反本法规定，未经国务院农业农村主管部门批准，向境外输出畜禽遗传资源的，依照《中华人民共和国海关法》的有关规定追究法律责任。海关应当将扣留的畜禽遗传资源移送省、自治区、直辖市人民政府农业农村主管部门处理。

第八十一条　违反本法规定，销售、推广未经审定或者鉴定的畜禽品种、配套系的，由县级以上地方人民政府农业农村主管部门责令停止违法行为，没收畜禽和违法所得；违法所得在五万元以上的，并处违法所得一倍以上三倍以下罚款；没有违法所得或者违法所得不足五万元的，并处五千元以上五万元以下罚款。

第八十二条　违反本法规定，无种畜禽生产经营许可证或者违反种畜禽生产经营许可证规定生产经营，或者伪造、变造、转让、租借种畜禽生产经营许可证的，由县级以上地方人民政府农业农村主管部门责令停止违法行为，收缴伪造、变造的种畜禽生产经营许可证，没收种畜禽、商品代仔畜、雏禽和违法所得；违法所得在三万元以上的，并处违法所得一倍以上三倍以下罚款；没有违法所得或者违法所得不足三万元的，并处三千元以上三万元以下罚款。违反种畜禽生产经营许可证的规定生产经营或者转让、租借种畜禽生产经营许可证，情节严重的，并处吊销种畜禽生产经营许可证。

第八十三条　违反本法第二十九条规定的，依照《中华人民共和国广告法》的有关规定追究法律责任。

第八十四条　违反本法规定，使用的种畜禽不符合种用标准的，由县级以上地方人民政府农业农村主管部门责令停止违法行为，没收种畜禽和违法所得；违法所得在五千元以上的，并处违法所得一倍以上二倍以下罚款；没有违法所得或者违法所得不足五千元的，并处一千元以上五千元以下罚款。

第八十五条 销售种畜禽有本法第三十一条第一项至第四项违法行为之一的，由县级以上地方人民政府农业农村主管部门和市场监督管理部门按照职责分工责令停止销售，没收违法销售的（种）畜禽和违法所得；违法所得在五万元以上的，并处违法所得一倍以上五倍以下罚款；没有违法所得或者违法所得不足五万元的，并处五千元以上五万元以下罚款；情节严重的，并处吊销种畜禽生产经营许可证或者营业执照。

第八十六条 违反本法规定，兴办畜禽养殖场未备案，畜禽养殖场未建立养殖档案或者未按照规定保存养殖档案的，由县级以上地方人民政府农业农村主管部门责令限期改正，可以处一万元以下罚款。

第八十七条 违反本法第四十三条规定养殖畜禽的，依照有关法律、行政法规的规定处理、处罚。

第八十八条 违反本法规定，销售的种畜禽未附具种畜禽合格证明、家畜系谱，销售、收购国务院农业农村主管部门规定应当加施标识而没有标识的畜禽，或者重复使用畜禽标识的，由县级以上地方人民政府农业农村主管部门和市场监督管理部门按照职责分工责令改正，可以处二千元以下罚款。

销售的种畜禽未附具检疫证明，伪造、变造畜禽标识，或者持有、使用伪造、变造的畜禽标识的，依照《中华人民共和国动物防疫法》的有关规定追究法律责任。

第八十九条 违反本法规定，未经定点从事畜禽屠宰活动的，依照有关法律法规的规定处理、处罚。

第九十条 县级以上地方人民政府农业农村主管部门发现畜禽屠宰企业不再具备本法规定条件的，应当责令停业整顿，并限期整改；逾期仍未达到本法规定条件的，责令关闭，对实行定点屠宰管理的，由发证机关依法吊销定点屠宰证书。

第九十一条 违反本法第六十八条规定，畜禽屠宰企业未建立畜禽屠宰质量安全管理制度，或者畜禽屠宰经营者对经检验不合格的畜禽产品未按照国家有关规定处理的，由县级以上地方人民政府农业农村主管部门责令改正，给予警告；拒不改正的，责令停业整顿，并处五千元以上五万元以下罚款，对直接负责的主管人员和其他直接责任人员处二千元以上二万元以下罚款；情节严重的，责令关闭，对实行定点屠宰管理的，由发证机关依法吊销定点屠宰证书。

违反本法第六十八条规定的其他行为的，依照有关法律法规的规定处理、处罚。

第九十二条 违反本法规定，构成犯罪的，依法追究刑事责任。

第十章 附 则

第九十三条 本法所称畜禽遗传资源，是指畜禽及其卵子（蛋）、精液、胚胎、基因物质等遗传材料。

本法所称种畜禽，是指经过选育、具有种用价值、适于繁殖后代的畜禽及其卵子（蛋）、精液、胚胎等。

第九十四条 本法自2023年3月1日起施行。

（二）中华人民共和国农产品质量安全法

（2006年4月29日第十届全国人民代表大会常务委员会第二十一次会议通过，根据2018年10月26日第十三届全国人民代表大会常务委员会第六次会议《关于修改〈中华人民共和国野生动物保护法〉等十五部法律的决定》修正，2022年9月2日第十三届全国人民代表大会常务委员会第三十六次会议修订。）

目　　录

第一章　总则
第二章　农产品质量安全风险管理和标准制定
第三章　农产品产地
第四章　农产品生产
第五章　农产品销售
第六章　监督管理
第七章　法律责任
第八章　附则

第一章　总　　则

第一条　为了保障农产品质量安全，维护公众健康，促进农业和农村经济发展，制定本法。

第二条　本法所称农产品，是指来源于种植业、林业、畜牧业和渔业等的初级产品，即在农业活动中获得的植物、动物、微生物及其产品。

本法所称农产品质量安全，是指农产品质量达到农产品质量安全标准，符合保障人的健康、安全的要求。

第三条　与农产品质量安全有关的农产品生产经营及其监督管理活动，适用本法。

《中华人民共和国食品安全法》对食用农产品的市场销售、有关质量安全标准的制定、有关安全信息的公布和农业投入品已经作出规定的，应当遵守其规定。

第四条　国家加强农产品质量安全工作，实行源头治理、风险管理、全程控制，建立科学、严格的监督管理制度，构建协同、高效的社会共治体系。

第五条　国务院农业农村主管部门、市场监督管理部门依照本法和规定的职责，对农产品质量安全实施监督管理。

国务院其他有关部门依照本法和规定的职责承担农产品质量安全的有关工作。

第六条　县级以上地方人民政府对本行政区域的农产品质量安全工作负责，统一领导、组织、协调本行政区域的农产品质量安全工作，建立健全农产品质量安全工作机制，提高农产品质量安全水平。

县级以上地方人民政府应当依照本法和有关规定，确定本级农业农村主管部门、市场监督管理部门和其他有关部门的农产品质量安全监督管理工作职责。各有关部门在职责范围内负责本行政区域的农产品质量安全监督管理工作。

乡镇人民政府应当落实农产品质量安全监督管理责任，协助上级人民政府及其有关部门做好农产品质量安全监督管理工作。

第七条 农产品生产经营者应当对其生产经营的农产品质量安全负责。

农产品生产经营者应当依照法律、法规和农产品质量安全标准从事生产经营活动，诚信自律，接受社会监督，承担社会责任。

第八条 县级以上人民政府应当将农产品质量安全管理工作纳入本级国民经济和社会发展规划，所需经费列入本级预算，加强农产品质量安全监督管理能力建设。

第九条 国家引导、推广农产品标准化生产，鼓励和支持生产绿色优质农产品，禁止生产、销售不符合国家规定的农产品质量安全标准的农产品。

第十条 国家支持农产品质量安全科学技术研究，推行科学的质量安全管理方法，推广先进安全的生产技术。国家加强农产品质量安全科学技术国际交流与合作。

第十一条 各级人民政府及有关部门应当加强农产品质量安全知识的宣传，发挥基层群众性自治组织、农村集体经济组织的优势和作用，指导农产品生产经营者加强质量安全管理，保障农产品消费安全。

新闻媒体应当开展农产品质量安全法律、法规和农产品质量安全知识的公益宣传，对违法行为进行舆论监督。有关农产品质量安全的宣传报道应当真实、公正。

第十二条 农民专业合作社和农产品行业协会等应当及时为其成员提供生产技术服务，建立农产品质量安全管理制度，健全农产品质量安全控制体系，加强自律管理。

第二章 农产品质量安全风险管理和标准制定

第十三条 国家建立农产品质量安全风险监测制度。

国务院农业农村主管部门应当制定国家农产品质量安全风险监测计划，并对重点区域、重点农产品品种进行质量安全风险监测。省、自治区、直辖市人民政府农业农村主管部门应当根据国家农产品质量安全风险监测计划，结合本行政区域农产品生产经营实际，制定本行政区域的农产品质量安全风险监测实施方案，并报国务院农业农村主管部门备案。县级以上地方人民政府农业农村主管部门负责组织实施本行政区域的农产品质量安全风险监测。

县级以上人民政府市场监督管理部门和其他有关部门获知有关农产品质量安全风险信息后，应当立即核实并向同级农业农村主管部门通报。接到通报的农业农村主管部门应当及时上报。制定农产品质量安全风险监测计划、实施方案的部门应当及时研究分析，必要时进行调整。

第十四条 国家建立农产品质量安全风险评估制度。

国务院农业农村主管部门应当设立农产品质量安全风险评估专家委员会，对可能影响农产品质量安全的潜在危害进行风险分析和评估。国务院卫生健康、市场监督管理等部门发现需要对农产品进行质量安全风险评估的，应当向国务院农业农村主管部门提出风险评估建议。

农产品质量安全风险评估专家委员会由农业、食品、营养、生物、环境、医学、化工等方面的专家组成。

第十五条 国务院农业农村主管部门应当根据农产品质量安全风险监测、风险评估结果采取相应的管理措施，并将农产品质量安全风险监测、风险评估结果及时通报国务院市场监督管理、卫生健康等部门和有关省、自治区、直辖市人民政府农业农村主管部门。

县级以上人民政府农业农村主管部门开展农产品质量安全风险监测和风险评估工作时，可以根据需要进入农产品产地、储存场所及批发、零售市场。采集样品应当按照市场价格支付费用。

第十六条 国家建立健全农产品质量安全标准体系，确保严格实施。农产品质量安全标准是强制执行的标准，包括以下与农产品质量安全有关的要求：

（一）农业投入品质量要求、使用范围、用法、用量、安全间隔期和休药期规定；

（二）农产品产地环境、生产过程管控、储存、运输要求；

（三）农产品关键成分指标等要求；

（四）与屠宰畜禽有关的检验规程；

（五）其他与农产品质量安全有关的强制性要求。

《中华人民共和国食品安全法》对食用农产品的有关质量安全标准作出规定的，依照其规定执行。

第十七条 农产品质量安全标准的制定和发布，依照法律、行政法规的规定执行。

制定农产品质量安全标准应当充分考虑农产品质量安全风险评估结果，并听取农产品生产经营者、消费者、有关部门、行业协会等的意见，保障农产品消费安全。

第十八条 农产品质量安全标准应当根据科学技术发展水平以及农产品质量安全的需要，及时修订。

第十九条 农产品质量安全标准由农业农村主管部门商有关部门推进实施。

第三章 农产品产地

第二十条 国家建立健全农产品产地监测制度。

县级以上地方人民政府农业农村主管部门应当会同同级生态环境、自然资源等部门制定农产品产地监测计划，加强农产品产地安全调查、监测和评价工作。

第二十一条 县级以上地方人民政府农业农村主管部门应当会同同级生态环境、自然资源等部门按照保障农产品质量安全的要求，根据农产品品种特性和产地安全调查、监测、评价结果，依照土壤污染防治等法律、法规的规定提出划定特定农产品禁止生产区域的建议，报本级人民政府批准后实施。

任何单位和个人不得在特定农产品禁止生产区域种植、养殖、捕捞、采集特定农产品和建立特定农产品生产基地。

特定农产品禁止生产区域划定和管理的具体办法由国务院农业农村主管部门商国务院生态环境、自然资源等部门制定。

第二十二条 任何单位和个人不得违反有关环境保护法律、法规的规定向农产品产地排放或者倾倒废水、废气、固体废物或者其他有毒有害物质。

农业生产用水和用作肥料的固体废物，应当符合法律、法规和国家有关强制性标准的要求。

第二十三条　农产品生产者应当科学合理使用农药、兽药、肥料、农用薄膜等农业投入品，防止对农产品产地造成污染。

农药、肥料、农用薄膜等农业投入品的生产者、经营者、使用者应当按照国家有关规定回收并妥善处置包装物和废弃物。

第二十四条　县级以上人民政府应当采取措施，加强农产品基地建设，推进农业标准化示范建设，改善农产品的生产条件。

第四章　农产品生产

第二十五条　县级以上地方人民政府农业农村主管部门应当根据本地区的实际情况，制定保障农产品质量安全的生产技术要求和操作规程，并加强对农产品生产经营者的培训和指导。

农业技术推广机构应当加强对农产品生产经营者质量安全知识和技能的培训。国家鼓励科研教育机构开展农产品质量安全培训。

第二十六条　农产品生产企业、农民专业合作社、农业社会化服务组织应当加强农产品质量安全管理。

农产品生产企业应当建立农产品质量安全管理制度，配备相应的技术人员；不具备配备条件的，应当委托具有专业技术知识的人员进行农产品质量安全指导。

国家鼓励和支持农产品生产企业、农民专业合作社、农业社会化服务组织建立和实施危害分析和关键控制点体系，实施良好农业规范，提高农产品质量安全管理水平。

第二十七条　农产品生产企业、农民专业合作社、农业社会化服务组织应当建立农产品生产记录，如实记载下列事项：

（一）使用农业投入品的名称、来源、用法、用量和使用、停用的日期；

（二）动物疫病、农作物病虫害的发生和防治情况；

（三）收获、屠宰或者捕捞的日期。

农产品生产记录应当至少保存二年。禁止伪造、变造农产品生产记录。

国家鼓励其他农产品生产者建立农产品生产记录。

第二十八条　对可能影响农产品质量安全的农药、兽药、饲料和饲料添加剂、肥料、兽医器械，依照有关法律、行政法规的规定实行许可制度。

省级以上人民政府农业农村主管部门应当定期或者不定期组织对可能危及农产品质量安全的农药、兽药、饲料和饲料添加剂、肥料等农业投入品进行监督抽查，并公布抽查结果。

农药、兽药经营者应当依照有关法律、行政法规的规定建立销售台账，记录购买者、销售日期和药品施用范围等内容。

第二十九条　农产品生产经营者应当依照有关法律、行政法规和国家有关强制性标准、国务院农业农村主管部门的规定，科学合理使用农药、兽药、饲料和饲料添加剂、肥料等农业投入品，严格执行农业投入品使用安全间隔期或者休药期的规定；不得超范围、超剂量使用农业投入品危及农产品质量安全。

禁止在农产品生产经营过程中使用国家禁止使用的农业投入品以及其他有毒有害物质。

第三十条　农产品生产场所以及生产活动中使用的设施、设备、消毒剂、洗涤剂等应当符合国家有关质量安全规定,防止污染农产品。

第三十一条　县级以上人民政府农业农村主管部门应当加强对农业投入品使用的监督管理和指导,建立健全农业投入品的安全使用制度,推广农业投入品科学使用技术,普及安全、环保农业投入品的使用。

第三十二条　国家鼓励和支持农产品生产经营者选用优质特色农产品品种,采用绿色生产技术和全程质量控制技术,生产绿色优质农产品,实施分等分级,提高农产品品质,打造农产品品牌。

第三十三条　国家支持农产品产地冷链物流基础设施建设,健全有关农产品冷链物流标准、服务规范和监管保障机制,保障冷链物流农产品畅通高效、安全便捷,扩大高品质市场供给。

从事农产品冷链物流的生产经营者应当依照法律、法规和有关农产品质量安全标准,加强冷链技术创新与应用、质量安全控制,执行对冷链物流农产品及其包装、运输工具、作业环境等的检验检测检疫要求,保证冷链农产品质量安全。

第五章　农产品销售

第三十四条　销售的农产品应当符合农产品质量安全标准。

农产品生产企业、农民专业合作社应当根据质量安全控制要求自行或者委托检测机构对农产品质量安全进行检测;经检测不符合农产品质量安全标准的农产品,应当及时采取管控措施,且不得销售。

农业技术推广等机构应当为农户等农产品生产经营者提供农产品检测技术服务。

第三十五条　农产品在包装、保鲜、储存、运输中所使用的保鲜剂、防腐剂、添加剂、包装材料等,应当符合国家有关强制性标准以及其他农产品质量安全规定。

储存、运输农产品的容器、工具和设备应当安全、无害。禁止将农产品与有毒有害物质一同储存、运输,防止污染农产品。

第三十六条　有下列情形之一的农产品,不得销售:

(一) 含有国家禁止使用的农药、兽药或者其他化合物;

(二) 农药、兽药等化学物质残留或者含有的重金属等有毒有害物质不符合农产品质量安全标准;

(三) 含有的致病性寄生虫、微生物或者生物毒素不符合农产品质量安全标准;

(四) 未按照国家有关强制性标准以及其他农产品质量安全规定使用保鲜剂、防腐剂、添加剂、包装材料等,或者使用的保鲜剂、防腐剂、添加剂、包装材料等不符合国家有关强制性标准以及其他质量安全规定;

(五) 病死、毒死或者死因不明的动物及其产品;

(六) 其他不符合农产品质量安全标准的情形。

对前款规定不得销售的农产品,应当依照法律、法规的规定进行处置。

第三十七条　农产品批发市场应当按照规定设立或者委托检测机构,对进场销售的农产品质量安全状况进行抽查检测;发现不符合农产品质量安全标准的,应当要求销售者立即停止销售,并向所在地市场监督管理、农业农村等部门报告。

农产品销售企业对其销售的农产品，应当建立健全进货检查验收制度；经查验不符合农产品质量安全标准的，不得销售。

食品生产者采购农产品等食品原料，应当依照《中华人民共和国食品安全法》的规定查验许可证和合格证明，对无法提供合格证明的，应当按照规定进行检验。

第三十八条 农产品生产企业、农民专业合作社以及从事农产品收购的单位或者个人销售的农产品，按照规定应当包装或者附加承诺达标合格证等标识的，须经包装或者附加标识后方可销售。包装物或者标识上应当按照规定标明产品的品名、产地、生产者、生产日期、保质期、产品质量等级等内容；使用添加剂的，还应当按照规定标明添加剂的名称。具体办法由国务院农业农村主管部门制定。

第三十九条 农产品生产企业、农民专业合作社应当执行法律、法规的规定和国家有关强制性标准，保证其销售的农产品符合农产品质量安全标准，并根据质量安全控制、检测结果等开具承诺达标合格证，承诺不使用禁用的农药、兽药及其他化合物且使用的常规农药、兽药残留不超标等。鼓励和支持农户销售农产品时开具承诺达标合格证。法律、行政法规对畜禽产品的质量安全合格证明有特别规定的，应当遵守其规定。

从事农产品收购的单位或者个人应当按照规定收取、保存承诺达标合格证或者其他质量安全合格证明，对其收购的农产品进行混装或者分装后销售的，应当按照规定开具承诺达标合格证。

农产品批发市场应当建立健全农产品承诺达标合格证查验等制度。

县级以上人民政府农业农村主管部门应当做好承诺达标合格证有关工作的指导服务，加强日常监督检查。

农产品质量安全承诺达标合格证管理办法由国务院农业农村主管部门会同国务院有关部门制定。

第四十条 农产品生产经营者通过网络平台销售农产品的，应当依照本法和《中华人民共和国电子商务法》、《中华人民共和国食品安全法》等法律、法规的规定，严格落实质量安全责任，保证其销售的农产品符合质量安全标准。网络平台经营者应当依法加强对农产品生产经营者的管理。

第四十一条 国家对列入农产品质量安全追溯目录的农产品实施追溯管理。国务院农业农村主管部门应当会同国务院市场监督管理等部门建立农产品质量安全追溯协作机制。农产品质量安全追溯管理办法和追溯目录由国务院农业农村主管部门会同国务院市场监督管理等部门制定。

国家鼓励具备信息化条件的农产品生产经营者采用现代信息技术手段采集、留存生产记录、购销记录等生产经营信息。

第四十二条 农产品质量符合国家规定的有关优质农产品标准的，农产品生产经营者可以申请使用农产品质量标志。禁止冒用农产品质量标志。

国家加强地理标志农产品保护和管理。

第四十三条 属于农业转基因生物的农产品，应当按照农业转基因生物安全管理的有关规定进行标识。

第四十四条 依法需要实施检疫的动植物及其产品，应当附具检疫标志、检疫证明。

第六章　监督管理

第四十五条　县级以上人民政府农业农村主管部门和市场监督管理等部门应当建立健全农产品质量安全全程监督管理协作机制，确保农产品从生产到消费各环节的质量安全。

县级以上人民政府农业农村主管部门和市场监督管理部门应当加强收购、储存、运输过程中农产品质量安全监督管理的协调配合和执法衔接，及时通报和共享农产品质量安全监督管理信息，并按照职责权限，发布有关农产品质量安全日常监督管理信息。

第四十六条　县级以上人民政府农业农村主管部门应当根据农产品质量安全风险监测、风险评估结果和农产品质量安全状况等，制定监督抽查计划，确定农产品质量安全监督抽查的重点、方式和频次，并实施农产品质量安全风险分级管理。

第四十七条　县级以上人民政府农业农村主管部门应当建立健全随机抽查机制，按照监督抽查计划，组织开展农产品质量安全监督抽查。

农产品质量安全监督抽查检测应当委托符合本法规定条件的农产品质量安全检测机构进行。监督抽查不得向被抽查人收取费用，抽取的样品应当按照市场价格支付费用，并不得超过国务院农业农村主管部门规定的数量。

上级农业农村主管部门监督抽查的同批次农产品，下级农业农村主管部门不得另行重复抽查。

第四十八条　农产品质量安全检测应当充分利用现有的符合条件的检测机构。

从事农产品质量安全检测的机构，应当具备相应的检测条件和能力，由省级以上人民政府农业农村主管部门或者其授权的部门考核合格。具体办法由国务院农业农村主管部门制定。

农产品质量安全检测机构应当依法经资质认定。

第四十九条　从事农产品质量安全检测工作的人员，应当具备相应的专业知识和实际操作技能，遵纪守法，恪守职业道德。

农产品质量安全检测机构对出具的检测报告负责。检测报告应当客观公正，检测数据应当真实可靠，禁止出具虚假检测报告。

第五十条　县级以上地方人民政府农业农村主管部门可以采用国务院农业农村主管部门会同国务院市场监督管理等部门认定的快速检测方法，开展农产品质量安全监督抽查检测。抽查检测结果确定有关农产品不符合农产品质量安全标准的，可以作为行政处罚的证据。

第五十一条　农产品生产经营者对监督抽查检测结果有异议的，可以自收到检测结果之日起五个工作日内，向实施农产品质量安全监督抽查的农业农村主管部门或者其上一级农业农村主管部门申请复检。复检机构与初检机构不得为同一机构。

采用快速检测方法进行农产品质量安全监督抽查检测，被抽查人对检测结果有异议的，可以自收到检测结果时起四小时内申请复检。复检不得采用快速检测方法。

复检机构应当自收到复检样品之日起七个工作日内出具检测报告。

因检测结果错误给当事人造成损害的，依法承担赔偿责任。

第五十二条　县级以上地方人民政府农业农村主管部门应当加强对农产品生产的监督管理，开展日常检查，重点检查农产品产地环境、农业投入品购买和使用、农产品生产记录、承诺达标合格证开具等情况。

国家鼓励和支持基层群众性自治组织建立农产品质量安全信息员工作制度，协助开展有关工作。

第五十三条 开展农产品质量安全监督检查，有权采取下列措施：

（一）进入生产经营场所进行现场检查，调查了解农产品质量安全的有关情况；

（二）查阅、复制农产品生产记录、购销台账等与农产品质量安全有关的资料；

（三）抽样检测生产经营的农产品和使用的农业投入品以及其他有关产品；

（四）查封、扣押有证据证明存在农产品质量安全隐患或者经检测不符合农产品质量安全标准的农产品；

（五）查封、扣押有证据证明可能危及农产品质量安全或者经检测不符合产品质量标准的农业投入品以及其他有毒有害物质；

（六）查封、扣押用于违法生产经营农产品的设施、设备、场所以及运输工具；

（七）收缴伪造的农产品质量标志。

农产品生产经营者应当协助、配合农产品质量安全监督检查，不得拒绝、阻挠。

第五十四条 县级以上人民政府农业农村等部门应当加强农产品质量安全信用体系建设，建立农产品生产经营者信用记录，记载行政处罚等信息，推进农产品质量安全信用信息的应用和管理。

第五十五条 农产品生产经营过程中存在质量安全隐患，未及时采取措施消除的，县级以上地方人民政府农业农村主管部门可以对农产品生产经营者的法定代表人或者主要负责人进行责任约谈。农产品生产经营者应当立即采取措施，进行整改，消除隐患。

第五十六条 国家鼓励消费者协会和其他单位或者个人对农产品质量安全进行社会监督，对农产品质量安全监督管理工作提出意见和建议。任何单位和个人有权对违反本法的行为进行检举控告、投诉举报。

县级以上人民政府农业农村主管部门应当建立农产品质量安全投诉举报制度，公开投诉举报渠道，收到投诉举报后，应当及时处理。对不属于本部门职责的，应当移交有权处理的部门并书面通知投诉举报人。

第五十七条 县级以上地方人民政府农业农村主管部门应当加强对农产品质量安全执法人员的专业技术培训并组织考核。不具备相应知识和能力的，不得从事农产品质量安全执法工作。

第五十八条 上级人民政府应当督促下级人民政府履行农产品质量安全职责。对农产品质量安全责任落实不力、问题突出的地方人民政府，上级人民政府可以对其主要负责人进行责任约谈。被约谈的地方人民政府应当立即采取整改措施。

第五十九条 国务院农业农村主管部门应当会同国务院有关部门制定国家农产品质量安全突发事件应急预案，并与国家食品安全事故应急预案相衔接。

县级以上地方人民政府应当根据有关法律、行政法规的规定和上级人民政府的农产品质量安全突发事件应急预案，制定本行政区域的农产品质量安全突发事件应急预案。

发生农产品质量安全事故时，有关单位和个人应当采取控制措施，及时向所在地乡镇人民政府和县级人民政府农业农村等部门报告；收到报告的机关应当按照农产品质量安全突发事件应急预案及时处理并报本级人民政府、上级人民政府有关部门。发生重大农产品质量安全事故时,按照规定上报国务院及其有关部门。

任何单位和个人不得隐瞒、谎报、缓报农产品质量安全事故,不得隐匿、伪造、毁灭有关证据。

第六十条　县级以上地方人民政府市场监督管理部门依照本法和《中华人民共和国食品安全法》等法律、法规的规定,对农产品进入批发、零售市场或者生产加工企业后的生产经营活动进行监督检查。

第六十一条　县级以上人民政府农业农村、市场监督管理等部门发现农产品质量安全违法行为涉嫌犯罪的,应当及时将案件移送公安机关。对移送的案件,公安机关应当及时审查;认为有犯罪事实需要追究刑事责任的,应当立案侦查。

公安机关对依法不需要追究刑事责任但应当给予行政处罚的,应当及时将案件移送农业农村、市场监督管理等部门,有关部门应当依法处理。

公安机关商请农业农村、市场监督管理、生态环境等部门提供检验结论、认定意见以及对涉案农产品进行无害化处理等协助的,有关部门应当及时提供、予以协助。

第七章　法律责任

第六十二条　违反本法规定,地方各级人民政府有下列情形之一的,对直接负责的主管人员和其他直接责任人员给予警告、记过、记大过处分;造成严重后果的,给予降级或者撤职处分:

(一)未确定有关部门的农产品质量安全监督管理工作职责,未建立健全农产品质量安全工作机制,或者未落实农产品质量安全监督管理责任;

(二)未制定本行政区域的农产品质量安全突发事件应急预案,或者发生农产品质量安全事故后未按照规定启动应急预案。

第六十三条　违反本法规定,县级以上人民政府农业农村等部门有下列行为之一的,对直接负责的主管人员和其他直接责任人员给予记大过处分;情节较重的,给予降级或者撤职处分;情节严重的,给予开除处分;造成严重后果的,其主要负责人还应当引咎辞职:

(一)隐瞒、谎报、缓报农产品质量安全事故或者隐匿、伪造、毁灭有关证据;

(二)未按照规定查处农产品质量安全事故,或者接到农产品质量安全事故报告未及时处理,造成事故扩大或者蔓延;

(三)发现农产品质量安全重大风险隐患后,未及时采取相应措施,造成农产品质量安全事故或者不良社会影响;

(四)不履行农产品质量安全监督管理职责,导致发生农产品质量安全事故。

第六十四条　县级以上地方人民政府农业农村、市场监督管理等部门在履行农产品质量安全监督管理职责过程中,违法实施检查、强制等执法措施,给农产品生产经营者造成损失的,应当依法予以赔偿,对直接负责的主管人员和其他直接责任人员依法给予处分。

第六十五条　农产品质量安全检测机构、检测人员出具虚假检测报告的,由县级以上人民政府农业农村主管部门没收所收取的检测费用,检测费用不足一万元的,并处五万元以上十万元以下罚款,检测费用一万元以上的,并处检测费用五倍以上十倍以下罚款;对直接负责的主管人员和其他直接责任人员处一万元以上五万元以下罚款;使消费者的合法权益受到损害的，农产品质量安全检测机构应当与农产品生产经营者承担连带责任。

因农产品质量安全违法行为受到刑事处罚或者因出具虚假检测报告导致发生重大农产品质量安全事故的检测人员，终身不得从事农产品质量安全检测工作。农产品质量安全检测机构不得聘用上述人员。

农产品质量安全检测机构有前两款违法行为的，由授予其资质的主管部门或者机构吊销该农产品质量安全检测机构的资质证书。

第六十六条　违反本法规定，在特定农产品禁止生产区域种植、养殖、捕捞、采集特定农产品或者建立特定农产品生产基地的，由县级以上地方人民政府农业农村主管部门责令停止违法行为，没收农产品和违法所得，并处违法所得一倍以上三倍以下罚款。

违反法律、法规规定，向农产品产地排放或者倾倒废水、废气、固体废物或者其他有毒有害物质的，依照有关环境保护法律、法规的规定处理、处罚；造成损害的，依法承担赔偿责任。

第六十七条　农药、肥料、农用薄膜等农业投入品的生产者、经营者、使用者未按照规定回收并妥善处置包装物或者废弃物的，由县级以上地方人民政府农业农村主管部门依照有关法律、法规的规定处理、处罚。

第六十八条　违反本法规定，农产品生产企业有下列情形之一的，由县级以上地方人民政府农业农村主管部门责令限期改正；逾期不改正的，处五千元以上五万元以下罚款：

（一）未建立农产品质量安全管理制度；

（二）未配备相应的农产品质量安全管理技术人员，且未委托具有专业技术知识的人员进行农产品质量安全指导。

第六十九条　农产品生产企业、农民专业合作社、农业社会化服务组织未依照本法规定建立、保存农产品生产记录，或者伪造、变造农产品生产记录的，由县级以上地方人民政府农业农村主管部门责令限期改正；逾期不改正的，处二千元以上二万元以下罚款。

第七十条　违反本法规定，农产品生产经营者有下列行为之一，尚不构成犯罪的，由县级以上地方人民政府农业农村主管部门责令停止生产经营、追回已经销售的农产品，对违法生产经营的农产品进行无害化处理或者予以监督销毁，没收违法所得，并可以没收用于违法生产经营的工具、设备、原料等物品；违法生产经营的农产品货值金额不足一万元的，并处十万元以上十五万元以下罚款，货值金额一万元以上的，并处货值金额十五倍以上三十倍以下罚款；对农户，并处一千元以上一万元以下罚款；情节严重的，有许可证的吊销许可证，并可以由公安机关对其直接负责的主管人员和其他直接责任人员处五日以上十五日以下拘留：

（一）在农产品生产经营过程中使用国家禁止使用的农业投入品或者其他有毒有害物质；

（二）销售含有国家禁止使用的农药、兽药或者其他化合物的农产品；

（三）销售病死、毒死或者死因不明的动物及其产品。

明知农产品生产经营者从事前款规定的违法行为，仍为其提供生产经营场所或者其他条件的，由县级以上地方人民政府农业农村主管部门责令停止违法行为，没收违法所得，并处十万元以上二十万元以下罚款；使消费者的合法权益受到损害的，应当与农产品生产经营者承担连带责任。

第七十一条 违反本法规定,农产品生产经营者有下列行为之一,尚不构成犯罪的,由县级以上地方人民政府农业农村主管部门责令停止生产经营、追回已经销售的农产品,对违法生产经营的农产品进行无害化处理或者予以监督销毁,没收违法所得,并可以没收用于违法生产经营的工具、设备、原料等物品;违法生产经营的农产品货值金额不足一万元的,并处五万元以上十万元以下罚款,货值金额一万元以上的,并处货值金额十倍以上二十倍以下罚款;对农户,并处五百元以上五千元以下罚款:

(一)销售农药、兽药等化学物质残留或者含有的重金属等有毒有害物质不符合农产品质量安全标准的农产品;

(二)销售含有的致病性寄生虫、微生物或者生物毒素不符合农产品质量安全标准的农产品;

(三)销售其他不符合农产品质量安全标准的农产品。

第七十二条 违反本法规定,农产品生产经营者有下列行为之一的,由县级以上地方人民政府农业农村主管部门责令停止生产经营、追回已经销售的农产品,对违法生产经营的农产品进行无害化处理或者予以监督销毁,没收违法所得,并可以没收用于违法生产经营的工具、设备、原料等物品;违法生产经营的农产品货值金额不足一万元的,并处五千元以上五万元以下罚款,货值金额一万元以上的,并处货值金额五倍以上十倍以下罚款;对农户,并处三百元以上三千元以下罚款:

(一)在农产品生产场所以及生产活动中使用的设施、设备、消毒剂、洗涤剂等不符合国家有关质量安全规定;

(二)未按照国家有关强制性标准或者其他农产品质量安全规定使用保鲜剂、防腐剂、添加剂、包装材料等,或者使用的保鲜剂、防腐剂、添加剂、包装材料等不符合国家有关强制性标准或者其他质量安全规定;

(三)将农产品与有毒有害物质一同储存、运输。

第七十三条 违反本法规定,有下列行为之一的,由县级以上地方人民政府农业农村主管部门按照职责给予批评教育,责令限期改正;逾期不改正的,处一百元以上一千元以下罚款:

(一)农产品生产企业、农民专业合作社、从事农产品收购的单位或者个人未按照规定开具承诺达标合格证;

(二)从事农产品收购的单位或者个人未按照规定收取、保存承诺达标合格证或者其他合格证明。

第七十四条 农产品生产经营者冒用农产品质量标志,或者销售冒用农产品质量标志的农产品的,由县级以上地方人民政府农业农村主管部门按照职责责令改正,没收违法所得;违法生产经营的农产品货值金额不足五千元的,并处五千元以上五万元以下罚款,货值金额五千元以上的,并处货值金额十倍以上二十倍以下罚款。

第七十五条 违反本法关于农产品质量安全追溯规定的,由县级以上地方人民政府农业农村主管部门按照职责责令限期改正;逾期不改正的,可以处一万元以下罚款。

第七十六条 违反本法规定,拒绝、阻挠依法开展的农产品质量安全监督检查、事故调查处理、抽样检测和风险评估的,由有关主管部门按照职责责令停产停业,并处二千元以上五万元以下罚款;构成违反治安管理行为的,由公安机关依法给予治安管理处罚。

第七十七条 《中华人民共和国食品安全法》对食用农产品进入批发、零售市场或者生产加工企业后的违法行为和法律责任有规定的，由县级以上地方人民政府市场监督管理部门依照其规定进行处罚。

第七十八条 违反本法规定，构成犯罪的，依法追究刑事责任。

第七十九条 违反本法规定，给消费者造成人身、财产或者其他损害的，依法承担民事赔偿责任。生产经营者财产不足以同时承担民事赔偿责任和缴纳罚款、罚金时，先承担民事赔偿责任。

食用农产品生产经营者违反本法规定，污染环境、侵害众多消费者合法权益，损害社会公共利益的，人民检察院可以依照《中华人民共和国民事诉讼法》、《中华人民共和国行政诉讼法》等法律的规定向人民法院提起诉讼。

第八章 附 则

第八十条 粮食收购、储存、运输环节的质量安全管理，依照有关粮食管理的法律、行政法规执行。

第八十一条 本法自2023年1月1日起施行。

（三）国务院关于加强食品等产品安全监督管理的特别规定

第一条 为了加强食品等产品安全监督管理，进一步明确生产经营者、监督管理部门和地方人民政府的责任，加强各监督管理部门的协调、配合，保障人体健康和生命安全，制定本规定。

第二条 本规定所称产品除食品外，还包括食用农产品、药品等与人体健康和生命安全有关的产品。

对产品安全监督管理，法律有规定的，适用法律规定；法律没有规定或者规定不明确的，适用本规定。

第三条 生产经营者应当对其生产、销售的产品安全负责，不得生产、销售不符合法定要求的产品。

依照法律、行政法规规定生产、销售产品需要取得许可证照或者需要经过认证的，应当按照法定条件、要求从事生产经营活动。不按照法定条件、要求从事生产经营活动或者生产、销售不符合法定要求产品的，由农业、卫生、质检、商务、工商、药品等监督管理部门依据各自职责，没收违法所得、产品和用于违法生产的工具、设备、原材料等物品，货值金额不足5 000元的，并处5万元罚款；货值金额5 000元以上不足1万元的，并处10万元罚款；货值金额1万元以上的，并处货值金额10倍以上20倍以下的罚款；造成严重后果的，由原发证部门吊销许可证照；构成非法经营罪或者生产、销售伪劣商品罪等犯罪的，依法追究刑事责任。

生产经营者不再符合法定条件、要求，继续从事生产经营活动的，由原发证部门吊销许可证照，并在当地主要媒体上公告被吊销许可证照的生产经营者名单；构成非法经营罪或者生产、销售伪劣商品罪等犯罪的，依法追究刑事责任。

依法应当取得许可证照而未取得许可证照从事生产经营活动的，由农业、卫生、质检、商务、工商、药品等监督管理部门依据各自职责，没收违法所得、产品和用于违法生产的工具、设备、原材料等物品，货值金额不足1万元的，并处10万元罚款；货值金额1万元以上的，并处货值金额10倍以上20倍以下的罚款；构成非法经营罪的，依法追究刑事责任。

有关行业协会应当加强行业自律，监督生产经营者的生产经营活动；加强公众健康知识的普及、宣传，引导消费者选择合法生产经营者生产、销售的产品以及有合法标识的产品。

第四条 生产者生产产品所使用的原料、辅料、添加剂、农业投入品，应当符合法律、行政法规的规定和国家强制性标准。

违反前款规定，违法使用原料、辅料、添加剂、农业投入品的，由农业、卫生、质检、商务、药品等监督管理部门依据各自职责没收违法所得，货值金额不足5 000元的，并处2万元罚款；货值金额5 000元以上不足1万元的，并处5万元罚款；货值金额1万元以上的，并处货值金额 5 倍以上 10 倍以下的罚款；造成严重后果的，由原发证部门吊销许可证照；构成生产、销售伪劣商品罪的，依法追究刑事责任。

第五条 销售者必须建立并执行进货检查验收制度，审验供货商的经营资格，验明产品合格证明和产品标识，并建立产品进货台账，如实记录产品名称、规格、数量、供货商及其联系方式、进货时间等内容。从事产品批发业务的销售企业应当建立产品销售台账，如实记录批发的产品品种、规格、数量、流向等内容。在产品集中交易场所销售自制产品的生产企业应当比照从事产品批发业务的销售企业的规定，履行建立产品销售台账的义务。进货台账和销售台账保存期限不得少于 2 年。销售者应当向供货商按照产品生产批次索要符合法定条件的检验机构出具的检验报告或者由供货商签字或者盖章的检验报告复印件；不能提供检验报告或者检验报告复印件的产品，不得销售。

违反前款规定的，由工商、药品监督管理部门依据各自职责责令停止销售；不能提供检验报告或者检验报告复印件销售产品的，没收违法所得和违法销售的产品，并处货值金额 3 倍的罚款；造成严重后果的，由原发证部门吊销许可证照。

第六条 产品集中交易市场的开办企业、产品经营柜台出租企业、产品展销会的举办企业，应当审查入场销售者的经营资格，明确入场销售者的产品安全管理责任，定期对入场销售者的经营环境、条件、内部安全管理制度和经营产品是否符合法定要求进行检查，发现销售不符合法定要求产品或者其他违法行为的，应当及时制止并立即报告所在地工商行政管理部门。

违反前款规定的，由工商行政管理部门处以 1 000 元以上 5 万元以下的罚款；情节严重的，责令停业整顿；造成严重后果的，吊销营业执照。

第七条 出口产品的生产经营者应当保证其出口产品符合进口国（地区）的标准或者合同要求。法律规定产品必须经过检验方可出口的，应当经符合法律规定的机构检验合格。

出口产品检验人员应当依照法律、行政法规规定和有关标准、程序、方法进行检验，对其出具的检验证单等负责。

出入境检验检疫机构和商务、药品等监督管理部门应当建立出口产品的生产经营者良好记录和不良记录，并予以公布。对有良好记录的出口产品的生产经营者，简化检验检疫手续。

出口产品的生产经营者逃避产品检验或者弄虚作假的，由出入境检验检疫机构和药品监督管理部门依据各自职责，没收违法所得和产品，并处货值金额 3 倍的罚款；构成犯罪的，依法追究刑事责任。

第八条 进口产品应当符合我国国家技术规范的强制性要求以及我国与出口国（地区）签订的协议规定的检验要求。

质检、药品监督管理部门依据生产经营者的诚信度和质量管理水平以及进口产品风险评估的结果，对进口产品实施分类管理，并对进口产品的收货人实施备案管理。进口产品的收货人应当如实记录进口产品流向。记录保存期限不得少于 2 年。

质检、药品监督管理部门发现不符合法定要求产品时，可以将不符合法定要求产品的进货人、报检人、代理人列入不良记录名单。进口产品的进货人、销售者弄虚作假的，由质检、药品监督管理部门依据各自职责，没收违法所得和产品，并处货值金额 3 倍的罚款；构成犯罪的，依法追究刑事责任。进口产品的报检人、代理人弄虚作假的，取消报检资格，并处货值金额等值的罚款。

第九条 生产企业发现其生产的产品存在安全隐患，可能对人体健康和生命安全造成损害的，应当向社会公布有关信息，通知销售者停止销售，告知消费者停止使用，主动召回产品，并向有关监督管理部门报告；销售者应当立即停止销售该产品。销售者发现其销售的产品存在安全隐患，可能对人体健康和生命安全造成损害的，应当立即停止销售该产品，通知生产企业或者供货商，并向有关监督管理部门报告。

生产企业和销售者不履行前款规定义务的，由农业、卫生、质检、商务、工商、药品等监督管理部门依据各自职责，责令生产企业召回产品、销售者停止销售，对生产企业并处货值金额3倍的罚款，对销售者并处1 000元以上5万元以下的罚款；造成严重后果的，由原发证部门吊销许可证照。

第十条 县级以上地方人民政府应当将产品安全监督管理纳入政府工作考核目标，对本行政区域内的产品安全监督管理负总责，统一领导、协调本行政区域内的监督管理工作，建立健全监督管理协调机制，加强对行政执法的协调、监督；统一领导、指挥产品安全突发事件应对工作，依法组织查处产品安全事故；建立监督管理责任制，对各监督管理部门进行评议、考核。质检、工商和药品等监督管理部门应当在所在地同级人民政府的统一协调下，依法做好产品安全监督管理工作。

县级以上地方人民政府不履行产品安全监督管理的领导、协调职责，本行政区域内一年多次出现产品安全事故、造成严重社会影响的，由监察机关或者任免机关对政府的主要负责人和直接负责的主管人员给予记大过、降级或者撤职的处分。

第十一条 国务院质检、卫生、农业等主管部门在各自职责范围内尽快制定、修改或者起草相关国家标准，加快建立统一管理、协调配套、符合实际、科学合理的产品标准体系。

第十二条 县级以上人民政府及其部门对产品安全实施监督管理，应当按照法定权限和程序履行职责，做到公开、公平、公正。对生产经营者同一违法行为，不得给予2次以上罚款的行政处罚；对涉嫌构成犯罪、依法需要追究刑事责任的，应当依照《行政执法机关移送涉嫌犯罪案件的规定》，向公安机关移送。

农业、卫生、质检、商务、工商、药品等监督管理部门应当依据各自职责对生产经营者进行监督检查，并对其遵守强制性标准、法定要求的情况予以记录，由监督检查人员签字后归档。监督检查记录应当作为其直接负责主管人员定期考核的内容。公众有权查阅监督检查记录。

第十三条 生产经营者有下列情形之一的，农业、卫生、质检、商务、工商、药品等监督管理部门应当依据各自职责采取措施，纠正违法行为，防止或者减少危害发生，并依照本规定予以处罚：

（一）依法应当取得许可证照而未取得许可证照从事生产经营活动的；

（二）取得许可证照或者经过认证后，不按照法定条件、要求从事生产经营活动或者生产、销售不符合法定要求产品的；

（三）生产经营者不再符合法定条件、要求继续从事生产经营活动的；

（四）生产者生产产品不按照法律、行政法规的规定和国家强制性标准使用原料、辅料、添加剂、农业投入品的；

（五）销售者没有建立并执行进货检查验收制度，并建立产品进货台账的；

（六）生产企业和销售者发现其生产、销售的产品存在安全隐患，可能对人体健康和生命安全造成损害，不履行本规定的义务的；

（七）生产经营者违反法律、行政法规和本规定的其他有关规定的。

农业、卫生、质检、商务、工商、药品等监督管理部门不履行前款规定职责、造成后果的，由监察机关或者任免机关对其主要负责人、直接负责的主管人员和其他直接责任人员给予记大过或者降级的处分；造成严重后果的，给予其主要负责人、直接负责的主管人员和其他直接责任人员撤职或者开除的处分；其主要负责人、直接负责的主管人员和其他直接责任人员构成渎职罪的，依法追究刑事责任。

违反本规定，滥用职权或者有其他渎职行为的，由监察机关或者任免机关对其主要负责人、直接负责的主管人员和其他直接责任人员给予记过或者记大过的处分；造成严重后果的，给予其主要负责人、直接负责的主管人员和其他直接责任人员降级或者撤职的处分；其主要负责人、直接负责的主管人员和其他直接责任人员构成渎职罪的，依法追究刑事责任。

第十四条　农业、卫生、质检、商务、工商、药品等监督管理部门发现违反本规定的行为，属于其他监督管理部门职责的，应当立即书面通知并移交有权处理的监督管理部门处理。有权处理的部门应当立即处理，不得推诿；因不立即处理或者推诿造成后果的，由监察机关或者任免机关对其主要负责人、直接负责的主管人员和其他直接责任人员给予记大过或者降级的处分。

第十五条　农业、卫生、质检、商务、工商、药品等监督管理部门履行各自产品安全监督管理职责，有下列职权：

（一）进入生产经营场所实施现场检查；

（二）查阅、复制、查封、扣押有关合同、票据、账簿以及其他有关资料；

（三）查封、扣押不符合法定要求的产品，违法使用的原料、辅料、添加剂、农业投入品以及用于违法生产的工具、设备；

（四）查封存在危害人体健康和生命安全重大隐患的生产经营场所。

第十六条　农业、卫生、质检、商务、工商、药品等监督管理部门应当建立生产经营者违法行为记录制度，对违法行为的情况予以记录并公布；对有多次违法行为记录的生产经营者，吊销许可证照。

第十七条　检验检测机构出具虚假检验报告，造成严重后果的，由授予其资质的部门吊销其检验检测资质；构成犯罪的，对直接负责的主管人员和其他直接责任人员依法追究刑事责任。

第十八条　发生产品安全事故或者其他对社会造成严重影响的产品安全事件时，农业、卫生、质检、商务、工商、药品等监督管理部门必须在各自职责范围内及时作出反应，采取措施，控制事态发展，减少损失，依照国务院规定发布信息，做好有关善后工作。

第十九条　任何组织或者个人对违反本规定的行为有权举报。接到举报的部门应当为举报人保密。举报经调查属实的，受理举报的部门应当给予举报人奖励。

农业、卫生、质检、商务、工商、药品等监督管理部门应当公布本单位的电子邮件地址或者举报电话；对接到的举报，应当及时、完整地进行记录并妥善保存。举报的事项属于本部门职责的，应当受理，并依法进行核实、处理、答复；不属于本部门职责的，应当转交有权处理的部门，并告知举报人。

第二十条 本规定自公布之日起施行。

（四）兽药管理

兽药管理条例

中华人民共和国国务院令 2004 年第 404 号

（2004 年 4 月 9 日中华人民共和国国务院令第 404 号公布。根据 2014 年 7 月 29 日《国务院关于修改部分行政法规的决定》第一次修订，根据 2016 年 2 月 6 日《国务院关于修改部分行政法规的决定》第二次修订，根据 2020 年 3 月 27 日《国务院关于修改和废止部分行政法规的决定》第三次修订。）

第一章 总 则

第一条 为了加强兽药管理，保证兽药质量，防治动物疾病，促进养殖业的发展，维护人体健康，制定本条例。

第二条 在中华人民共和国境内从事兽药的研制、生产、经营、进出口、使用和监督管理，应当遵守本条例。

第三条 国务院兽医行政管理部门负责全国的兽药监督管理工作。

县级以上地方人民政府兽医行政管理部门负责本行政区域内的兽药监督管理工作。

第四条 国家实行兽用处方药和非处方药分类管理制度。兽用处方药和非处方药分类管理的办法和具体实施步骤，由国务院兽医行政管理部门规定。

第五条 国家实行兽药储备制度。

发生重大动物疫情、灾情或者其他突发事件时，国务院兽医行政管理部门可以紧急调用国家储备的兽药；必要时，也可以调用国家储备以外的兽药。

第二章 新兽药研制

第六条 国家鼓励研制新兽药，依法保护研制者的合法权益。

第七条 研制新兽药，应当具有与研制相适应的场所、仪器设备、专业技术人员、安全管理规范和措施。

研制新兽药，应当进行安全性评价。从事兽药安全性评价的单位应当遵守国务院兽医行政管理部门制定的兽药非临床研究质量管理规范和兽药临床试验质量管理规范。

省级以上人民政府兽医行政管理部门应当对兽药安全性评价单位是否符合兽药非临床研究质量管理规范和兽药临床试验质量管理规范的要求进行监督检查，并公布监督检查结果。

第八条 研制新兽药，应当在临床试验前向临床试验场所所在地省、自治区、直辖市人民政府兽医行政管理部门备案，并附具该新兽药实验室阶段安全性评价报告及其他临床前研究资料。

研制的新兽药属于生物制品的，应当在临床试验前向国务院兽医行政管理部门提出申请，国务院兽医行政管理部门应当自收到申请之日起60个工作日内将审查结果书面通知申请人。

研制新兽药需要使用一类病原微生物的，还应当具备国务院兽医行政管理部门规定的条件，并在实验室阶段前报国务院兽医行政管理部门批准。

第九条 临床试验完成后，新兽药研制者向国务院兽医行政管理部门提出新兽药注册申请时，应当提交该新兽药的样品和下列资料：

（一）名称、主要成分、理化性质；

（二）研制方法、生产工艺、质量标准和检测方法；

（三）药理和毒理试验结果、临床试验报告和稳定性试验报告；

（四）环境影响报告和污染防治措施。

研制的新兽药属于生物制品的，还应当提供菌（毒、虫）种、细胞等有关材料和资料。菌（毒、虫）种、细胞由国务院兽医行政管理部门指定的机构保藏。

研制用于食用动物的新兽药，还应当按照国务院兽医行政管理部门的规定进行兽药残留试验并提供休药期、最高残留限量标准、残留检测方法及其制定依据等资料。

国务院兽医行政管理部门应当自收到申请之日起10个工作日内，将决定受理的新兽药资料送其设立的兽药评审机构进行评审，将新兽药样品送其指定的检验机构复核检验，并自收到评审和复核检验结论之日起60个工作日内完成审查。审查合格的，发给新兽药注册证书，并发布该兽药的质量标准；不合格的，应当书面通知申请人。

第十条 国家对依法获得注册的、含有新化合物的兽药的申请人提交的其自己所取得且未披露的试验数据和其他数据实施保护。

自注册之日起6年内，对其他申请人未经已获得注册兽药的申请人同意，使用前款规定的数据申请兽药注册的，兽药注册机关不予注册；但是，其他申请人提交其自己所取得的数据的除外。

除下列情况外，兽药注册机关不得披露本条第一款规定的数据：

（一）公共利益需要；

（二）已采取措施确保该类信息不会被不正当地进行商业使用。

第三章　兽药生产

第十一条 从事兽药生产的企业，应当符合国家兽药行业发展规划和产业政策，并具备下列条件：

（一）与所生产的兽药相适应的兽医学、药学或者相关专业的技术人员；

（二）与所生产的兽药相适应的厂房、设施；

（三）与所生产的兽药相适应的兽药质量管理和质量检验的机构、人员、仪器设备；

（四）符合安全、卫生要求的生产环境；

（五）兽药生产质量管理规范规定的其他生产条件。

符合前款规定条件的，申请人方可向省、自治区、直辖市人民政府兽医行政管理部门提出申请，并附具符合前款规定条件的证明材料；省、自治区、直辖市人民政府兽医行政管理部门应当自收到申请之日起 40 个工作日内完成审查。经审查合格的，发给兽药生产许可证；不合格的，应当书面通知申请人。

第十二条 兽药生产许可证应当载明生产范围、生产地点、有效期和法定代表人姓名、住址等事项。

兽药生产许可证有效期为 5 年。有效期届满，需要继续生产兽药的，应当在许可证有效期届满前 6 个月到发证机关申请换发兽药生产许可证。

第十三条 兽药生产企业变更生产范围、生产地点的，应当依照本条例第十一条的规定申请换发兽药生产许可证；变更企业名称、法定代表人的，应当在办理工商变更登记手续后 15 个工作日内，到发证机关申请换发兽药生产许可证。

第十四条 兽药生产企业应当按照国务院兽医行政管理部门制定的兽药生产质量管理规范组织生产。

省级以上人民政府兽医行政管理部门，应当对兽药生产企业是否符合兽药生产质量管理规范的要求进行监督检查，并公布检查结果。

第十五条 兽药生产企业生产兽药，应当取得国务院兽医行政管理部门核发的产品批准文号，产品批准文号的有效期为 5 年。兽药产品批准文号的核发办法由国务院兽医行政管理部门制定。

第十六条 兽药生产企业应当按照兽药国家标准和国务院兽医行政管理部门批准的生产工艺进行生产。兽药生产企业改变影响兽药质量的生产工艺的，应当报原批准部门审核批准。

兽药生产企业应当建立生产记录，生产记录应当完整、准确。

第十七条 生产兽药所需的原料、辅料，应当符合国家标准或者所生产兽药的质量要求。

直接接触兽药的包装材料和容器应当符合药用要求。

第十八条 兽药出厂前应当经过质量检验，不符合质量标准的不得出厂。

兽药出厂应当附有产品质量合格证。

禁止生产假、劣兽药。

第十九条 兽药生产企业生产的每批兽用生物制品，在出厂前应当由国务院兽医行政管理部门指定的检验机构审查核对，并在必要时进行抽查检验；未经审查核对或者抽查检验不合格的，不得销售。

强制免疫所需兽用生物制品，由国务院兽医行政管理部门指定的企业生产。

第二十条 兽药包装应当按照规定印有或者贴有标签，附具说明书，并在显著位置注明"兽用"字样。

兽药的标签和说明书经国务院兽医行政管理部门批准并公布后，方可使用。

兽药的标签或者说明书，应当以中文注明兽药的通用名称、成分及其含量、规格、生产企业、产品批准文号（进口兽药注册证号）、产品批号、生产日期、有效期、适应症或者功能主治、用法、用量、休药期、禁忌、不良反应、注意事项、运输贮存保管条件及其他应当说明的内容。有商品名称的，还应当注明商品名称。

除前款规定的内容外，兽用处方药的标签或者说明书还应当印有国务院兽医行政管理部门规定的警示内容，其中兽用麻醉药品、精神药品、毒性药品和放射性药品还应当印有国务院兽医行政管理部门规定的特殊标志；兽用非处方药的标签或者说明书还应当印有国务院兽医行政管理部门规定的非处方药标志。

第二十一条 国务院兽医行政管理部门，根据保证动物产品质量安全和人体健康的需要，可以对新兽药设立不超过 5 年的监测期；在监测期内，不得批准其他企业生产或者进口该新兽药。生产企业应当在监测期内收集该新兽药的疗效、不良反应等资料，并及时报送国务院兽医行政管理部门。

第四章　兽药经营

第二十二条 经营兽药的企业，应当具备下列条件：

（一）与所经营的兽药相适应的兽药技术人员；

（二）与所经营的兽药相适应的营业场所、设备、仓库设施；

（三）与所经营的兽药相适应的质量管理机构或者人员；

（四）兽药经营质量管理规范规定的其他经营条件。

符合前款规定条件的，申请人方可向市、县人民政府兽医行政管理部门提出申请，并附具符合前款规定条件的证明材料；经营兽用生物制品的，应当向省、自治区、直辖市人民政府兽医行政管理部门提出申请，并附具符合前款规定条件的证明材料。

县级以上地方人民政府兽医行政管理部门，应当自收到申请之日起 30 个工作日内完成审查。审查合格的，发给兽药经营许可证；不合格的，应当书面通知申请人。

第二十三条 兽药经营许可证应当载明经营范围、经营地点、有效期和法定代表人姓名、住址等事项。

兽药经营许可证有效期为 5 年。有效期届满，需要继续经营兽药的，应当在许可证有效期届满前 6 个月到发证机关申请换发兽药经营许可证。

第二十四条 兽药经营企业变更经营范围、经营地点的，应当依照本条例第二十二条的规定申请换发兽药经营许可证；变更企业名称、法定代表人的，应当在办理工商变更登记手续后 15 个工作日内，到发证机关申请换发兽药经营许可证。

第二十五条 兽药经营企业，应当遵守国务院兽医行政管理部门制定的兽药经营质量管理规范。

县级以上地方人民政府兽医行政管理部门，应当对兽药经营企业是否符合兽药经营质量管理规范的要求进行监督检查，并公布检查结果。

第二十六条 兽药经营企业购进兽药，应当将兽药产品与产品标签或者说明书、产品质量合格证核对无误。

第二十七条 兽药经营企业，应当向购买者说明兽药的功能主治、用法、用量和注意事项。销售兽用处方药的，应当遵守兽用处方药管理办法。

兽药经营企业销售兽用中药材的，应当注明产地。

禁止兽药经营企业经营人用药品和假、劣兽药。

第二十八条 兽药经营企业购销兽药，应当建立购销记录。购销记录应当载明兽药的商品名称、通用名称、剂型、规格、批号、有效期、生产厂商、购销单位、购销数量、购销日期和国务院兽医行政管理部门规定的其他事项。

第二十九条 兽药经营企业,应当建立兽药保管制度,采取必要的冷藏、防冻、防潮、防虫、防鼠等措施,保持所经营兽药的质量。

兽药入库、出库,应当执行检查验收制度,并有准确记录。

第三十条 强制免疫所需兽用生物制品的经营,应当符合国务院兽医行政管理部门的规定。

第三十一条 兽药广告的内容应当与兽药说明书内容相一致,在全国重点媒体发布兽药广告的,应当经国务院兽医行政管理部门审查批准,取得兽药广告审查批准文号。在地方媒体发布兽药广告的,应当经省、自治区、直辖市人民政府兽医行政管理部门审查批准,取得兽药广告审查批准文号;未经批准的,不得发布。

第五章 兽药进出口

第三十二条 首次向中国出口的兽药,由出口方驻中国境内的办事机构或者其委托的中国境内代理机构向国务院兽医行政管理部门申请注册,并提交下列资料和物品:

(一)生产企业所在国家(地区)兽药管理部门批准生产、销售的证明文件。

(二)生产企业所在国家(地区)兽药管理部门颁发的符合兽药生产质量管理规范的证明文件。

(三)兽药的制造方法、生产工艺、质量标准、检测方法、药理和毒理试验结果、临床试验报告、稳定性试验报告及其他相关资料;用于食用动物的兽药的休药期、最高残留限量标准、残留检测方法及其制定依据等资料。

(四)兽药的标签和说明书样本。

(五)兽药的样品、对照品、标准品。

(六)环境影响报告和污染防治措施。

(七)涉及兽药安全性的其他资料。

申请向中国出口兽用生物制品的,还应当提供菌(毒、虫)种、细胞等有关材料和资料。

第三十三条 国务院兽医行政管理部门,应当自收到申请之日起 10 个工作日内组织初步审查。经初步审查合格的,应当将决定受理的兽药资料送其设立的兽药评审机构进行评审,将该兽药样品送其指定的检验机构复核检验,并自收到评审和复核检验结论之日起 60 个工作日内完成审查。经审查合格的,发给进口兽药注册证书,并发布该兽药的质量标准;不合格的,应当书面通知申请人。

在审查过程中,国务院兽医行政管理部门可以对向中国出口兽药的企业是否符合兽药生产质量管理规范的要求进行考查,并有权要求该企业在国务院兽医行政管理部门指定的机构进行该兽药的安全性和有效性试验。

国内急需兽药、少量科研用兽药或者注册兽药的样品、对照品、标准品的进口,按照国务院兽医行政管理部门的规定办理。

第三十四条 进口兽药注册证书的有效期为 5 年。有效期届满,需要继续向中国出口兽药的,应当在有效期届满前 6 个月到发证机关申请再注册。

第三十五条 境外企业不得在中国直接销售兽药。境外企业在中国销售兽药,应当依法在中国境内设立销售机构或者委托符合条件的中国境内代理机构。

进口在中国已取得进口兽药注册证书的兽药的，中国境内代理机构凭进口兽药注册证书到口岸所在地人民政府兽医行政管理部门办理进口兽药通关单。海关凭进口兽药通关单放行。兽药进口管理办法由国务院兽医行政管理部门会同海关总署制定。

兽用生物制品进口后，应当依照本条例第十九条的规定进行审查核对和抽查检验。其他兽药进口后，由当地兽医行政管理部门通知兽药检验机构进行抽查检验。

第三十六条 禁止进口下列兽药：

（一）药效不确定、不良反应大以及可能对养殖业、人体健康造成危害或者存在潜在风险的；

（二）来自疫区可能造成疫病在中国境内传播的兽用生物制品；

（三）经考查生产条件不符合规定的；

（四）国务院兽医行政管理部门禁止生产、经营和使用的。

第三十七条 向中国境外出口兽药，进口方要求提供兽药出口证明文件的，国务院兽医行政管理部门或者企业所在地的省、自治区、直辖市人民政府兽医行政管理部门可以出具出口兽药证明文件。

国内防疫急需的疫苗，国务院兽医行政管理部门可以限制或者禁止出口。

第六章　兽药使用

第三十八条 兽药使用单位，应当遵守国务院兽医行政管理部门制定的兽药安全使用规定，并建立用药记录。

第三十九条 禁止使用假、劣兽药以及国务院兽医行政管理部门规定禁止使用的药品和其他化合物。禁止使用的药品和其他化合物目录由国务院兽医行政管理部门制定公布。

第四十条 有休药期规定的兽药用于食用动物时，饲养者应当向购买者或者屠宰者提供准确、真实的用药记录；购买者或者屠宰者应当确保动物及其产品在用药期、休药期内不被用于食品消费。

第四十一条 国务院兽医行政管理部门，负责制定公布在饲料中允许添加的药物饲料添加剂品种目录。

禁止在饲料和动物饮用水中添加激素类药品和国务院兽医行政管理部门规定的其他禁用药品。

经批准可以在饲料中添加的兽药，应当由兽药生产企业制成药物饲料添加剂后方可添加。禁止将原料药直接添加到饲料及动物饮用水中或者直接饲喂动物。

禁止将人用药品用于动物。

第四十二条 国务院兽医行政管理部门，应当制定并组织实施国家动物及动物产品兽药残留监控计划。

县级以上人民政府兽医行政管理部门，负责组织对动物产品中兽药残留量的检测。兽药残留检测结果，由国务院兽医行政管理部门或者省、自治区、直辖市人民政府兽医行政管理部门按照权限予以公布。

动物产品的生产者、销售者对检测结果有异议的，可以自收到检测结果之日起 7 个工作日内向组织实施兽药残留检测的兽医行政管理部门或者其上级兽医行政管理部门提出申请，由受理申请的兽医行政管理部门指定检验机构进行复检。

兽药残留限量标准和残留检测方法，由国务院兽医行政管理部门制定发布。

第四十三条 禁止销售含有违禁药物或者兽药残留量超过标准的食用动物产品。

第七章 兽药监督管理

第四十四条 县级以上人民政府兽医行政管理部门行使兽药监督管理权。

兽药检验工作由国务院兽医行政管理部门和省、自治区、直辖市人民政府兽医行政管理部门设立的兽药检验机构承担。国务院兽医行政管理部门，可以根据需要认定其他检验机构承担兽药检验工作。

当事人对兽药检验结果有异议的，可以自收到检验结果之日起7个工作日内向实施检验的机构或者上级兽医行政管理部门设立的检验机构申请复检。

第四十五条 兽药应当符合兽药国家标准。

国家兽药典委员会拟定的、国务院兽医行政管理部门发布的《中华人民共和国兽药典》和国务院兽医行政管理部门发布的其他兽药质量标准为兽药国家标准。

兽药国家标准的标准品和对照品的标定工作由国务院兽医行政管理部门设立的兽药检验机构负责。

第四十六条 兽医行政管理部门依法进行监督检查时，对有证据证明可能是假、劣兽药的，应当采取查封、扣押的行政强制措施，并自采取行政强制措施之日起7个工作日内作出是否立案的决定；需要检验的，应当自检验报告书发出之日起15个工作日内作出是否立案的决定；不符合立案条件的，应当解除行政强制措施；需要暂停生产的，由国务院兽医行政管理部门或者省、自治区、直辖市人民政府兽医行政管理部门按照权限作出决定；需要暂停经营、使用的，由县级以上人民政府兽医行政管理部门按照权限作出决定。

未经行政强制措施决定机关或者其上级机关批准，不得擅自转移、使用、销毁、销售被查封或者扣押的兽药及有关材料。

第四十七条 有下列情形之一的，为假兽药：

（一）以非兽药冒充兽药或者以他种兽药冒充此种兽药的；

（二）兽药所含成分的种类、名称与兽药国家标准不符合的。

有下列情形之一的，按照假兽药处理：

（一）国务院兽医行政管理部门规定禁止使用的；

（二）依照本条例规定应当经审查批准而未经审查批准即生产、进口的，或者依照本条例规定应当经抽查检验、审查核对而未经抽查检验、审查核对即销售、进口的；

（三）变质的；

（四）被污染的；

（五）所标明的适应症或者功能主治超出规定范围的。

第四十八条 有下列情形之一的，为劣兽药：

（一）成分含量不符合兽药国家标准或者不标明有效成分的；

（二）不标明或者更改有效期或者超过有效期的；

（三）不标明或者更改产品批号的；

（四）其他不符合兽药国家标准，但不属于假兽药的。

第四十九条 禁止将兽用原料药拆零销售或者销售给兽药生产企业以外的单位和个人。

禁止未经兽医开具处方销售、购买、使用国务院兽医行政管理部门规定实行处方药管理的兽药。

第五十条 国家实行兽药不良反应报告制度。

兽药生产企业、经营企业、兽药使用单位和开具处方的兽医人员发现可能与兽药使用有关的严重不良反应，应当立即向所在地人民政府兽医行政管理部门报告。

第五十一条 兽药生产企业、经营企业停止生产、经营超过6个月或者关闭的，由发证机关责令其交回兽药生产许可证、兽药经营许可证。

第五十二条 禁止买卖、出租、出借兽药生产许可证、兽药经营许可证和兽药批准证明文件。

第五十三条 兽药评审检验的收费项目和标准，由国务院财政部门会同国务院价格主管部门制定，并予以公告。

第五十四条 各级兽医行政管理部门、兽药检验机构及其工作人员，不得参与兽药生产、经营活动，不得以其名义推荐或者监制、监销兽药。

第八章 法律责任

第五十五条 兽医行政管理部门及其工作人员利用职务上的便利收取他人财物或者谋取其他利益，对不符合法定条件的单位和个人核发许可证、签署审查同意意见，不履行监督职责，或者发现违法行为不予查处，造成严重后果，构成犯罪的，依法追究刑事责任；尚不构成犯罪的，依法给予行政处分。

第五十六条 违反本条例规定，无兽药生产许可证、兽药经营许可证生产、经营兽药的，或者虽有兽药生产许可证、兽药经营许可证，生产、经营假、劣兽药的，或者兽药经营企业经营人用药品的，责令其停止生产、经营，没收用于违法生产的原料、辅料、包装材料及生产、经营的兽药和违法所得，并处违法生产、经营的兽药（包括已出售的和未出售的兽药，下同）货值金额2倍以上5倍以下罚款，货值金额无法查证核实的，处10万元以上20万元以下罚款；无兽药生产许可证生产兽药，情节严重的，没收其生产设备；生产、经营假、劣兽药，情节严重的，吊销兽药生产许可证、兽药经营许可证；构成犯罪的，依法追究刑事责任；给他人造成损失的，依法承担赔偿责任。生产、经营企业的主要负责人和直接负责的主管人员终身不得从事兽药的生产、经营活动。

擅自生产强制免疫所需兽用生物制品的，按照无兽药生产许可证生产兽药处罚。

第五十七条 违反本条例规定，提供虚假的资料、样品或者采取其他欺骗手段取得兽药生产许可证、兽药经营许可证或者兽药批准证明文件的，吊销兽药生产许可证、兽药经营许可证或者撤销兽药批准证明文件，并处5万元以上10万元以下罚款；给他人造成损失的，依法承担赔偿责任。其主要负责人和直接负责的主管人员终身不得从事兽药的生产、经营和进出口活动。

第五十八条 买卖、出租、出借兽药生产许可证、兽药经营许可证和兽药批准证明文件的，没收违法所得，并处1万元以上10万元以下罚款；情节严重的，吊销兽药生产许可证、兽药经营许可证或者撤销兽药批准证明文件；构成犯罪的，依法追究刑事责任；给他人造成损失的，依法承担赔偿责任。

第五十九条 违反本条例规定，兽药安全性评价单位、临床试验单位、生产和经营企业未按照规定实施兽药研究试验、生产、经营质量管理规范的，给予警告，责令其限期改正；逾期不改正的，责令停止兽药研究试验、生产、经营活动，并处5万元以下罚款；情节严重的，吊销兽药生产许可证、兽药经营许可证；给他人造成损失的，依法承担赔偿责任。

违反本条例规定，研制新兽药不具备规定的条件擅自使用一类病原微生物或者在实验室阶段前未经批准的，责令其停止实验，并处5万元以上10万元以下罚款；构成犯罪的，依法追究刑事责任；给他人造成损失的，依法承担赔偿责任。

违反本条例规定，开展新兽药临床试验应当备案而未备案的，责令其立即改正，给予警告，并处5万元以上10万元以下罚款；给他人造成损失的，依法承担赔偿责任。

第六十条 违反本条例规定，兽药的标签和说明书未经批准的，责令其限期改正；逾期不改正的，按照生产、经营假兽药处罚；有兽药产品批准文号的，撤销兽药产品批准文号；给他人造成损失的，依法承担赔偿责任。

兽药包装上未附有标签和说明书，或者标签和说明书与批准的内容不一致的，责令其限期改正；情节严重的，依照前款规定处罚。

第六十一条 违反本条例规定，境外企业在中国直接销售兽药的，责令其限期改正，没收直接销售的兽药和违法所得，并处5万元以上10万元以下罚款；情节严重的，吊销进口兽药注册证书；给他人造成损失的，依法承担赔偿责任。

第六十二条 违反本条例规定，未按照国家有关兽药安全使用规定使用兽药的、未建立用药记录或者记录不完整真实的，或者使用禁止使用的药品和其他化合物的，或者将人用药品用于动物的，责令其立即改正，并对饲喂了违禁药物及其他化合物的动物及其产品进行无害化处理；对违法单位处1万元以上5万元以下罚款；给他人造成损失的，依法承担赔偿责任。

第六十三条 违反本条例规定，销售尚在用药期、休药期内的动物及其产品用于食品消费的，或者销售含有违禁药物和兽药残留超标的动物产品用于食品消费的，责令其对含有违禁药物和兽药残留超标的动物产品进行无害化处理，没收违法所得，并处3万元以上10万元以下罚款；构成犯罪的，依法追究刑事责任；给他人造成损失的，依法承担赔偿责任。

第六十四条 违反本条例规定，擅自转移、使用、销毁、销售被查封或者扣押的兽药及有关材料的，责令其停止违法行为，给予警告，并处5万元以上10万元以下罚款。

第六十五条 违反本条例规定，兽药生产企业、经营企业、兽药使用单位和开具处方的兽医人员发现可能与兽药使用有关的严重不良反应，不向所在地人民政府兽医行政管理部门报告的，给予警告，并处5 000元以上1万元以下罚款。

生产企业在新兽药监测期内不收集或者不及时报送该新兽药的疗效、不良反应等资料的，责令其限期改正，并处1万元以上5万元以下罚款；情节严重的，撤销该新兽药的产品批准文号。

第六十六条 违反本条例规定，未经兽医开具处方销售、购买、使用兽用处方药的，责令其限期改正，没收违法所得，并处5万元以下罚款；给他人造成损失的，依法承担赔偿偿责任。

第六十七条　违反本条例规定，兽药生产、经营企业把原料药销售给兽药生产企业以外的单位和个人的，或者兽药经营企业拆零销售原料药的，责令其立即改正，给予警告，没收违法所得，并处2万元以上5万元以下罚款；情节严重的，吊销兽药生产许可证、兽药经营许可证；给他人造成损失的，依法承担赔偿责任。

第六十八条　违反本条例规定，在饲料和动物饮用水中添加激素类药品和国务院兽医行政管理部门规定的其他禁用药品，依照《饲料和饲料添加剂管理条例》的有关规定处罚；直接将原料药添加到饲料及动物饮用水中，或者饲喂动物的，责令其立即改正，并处1万元以上3万元以下罚款；给他人造成损失的，依法承担赔偿责任。

第六十九条　有下列情形之一的，撤销兽药的产品批准文号或者吊销进口兽药注册证书：

（一）抽查检验连续2次不合格的；

（二）药效不确定、不良反应大以及可能对养殖业、人体健康造成危害或者存在潜在风险的；

（三）国务院兽医行政管理部门禁止生产、经营和使用的兽药。

被撤销产品批准文号或者被吊销进口兽药注册证书的兽药，不得继续生产、进口、经营和使用。已经生产、进口的，由所在地兽医行政管理部门监督销毁，所需费用由违法行为人承担；给他人造成损失的，依法承担赔偿责任。

第七十条　本条例规定的行政处罚由县级以上人民政府兽医行政管理部门决定；其中吊销兽药生产许可证、兽药经营许可证，撤销兽药批准证明文件或者责令停止兽药研究试验的，由发证、批准、备案部门决定。

上级兽医行政管理部门对下级兽医行政管理部门违反本条例的行政行为，应当责令限期改正；逾期不改正的，有权予以改变或者撤销。

第七十一条　本条例规定的货值金额以违法生产、经营兽药的标价计算；没有标价的，按照同类兽药的市场价格计算。

第九章　附　则

第七十二条　本条例下列用语的含义是：

（一）兽药，是指用于预防、治疗、诊断动物疾病或者有目的地调节动物生理机能的物质（含药物饲料添加剂），主要包括：血清制品、疫苗、诊断制品、微生态制品、中药材、中成药、化学药品、抗生素、生化药品、放射性药品及外用杀虫剂、消毒剂等。

（二）兽用处方药，是指凭兽医处方方可购买和使用的兽药。

（三）兽用非处方药，是指由国务院兽医行政管理部门公布的、不需要凭兽医处方就可以自行购买并按照说明书使用的兽药。

（四）兽药生产企业，是指专门生产兽药的企业和兼产兽药的企业，包括从事兽药分装的企业。

（五）兽药经营企业，是指经营兽药的专营企业或者兼营企业。

（六）新兽药，是指未曾在中国境内上市销售的兽用药品。

（七）兽药批准证明文件，是指兽药产品批准文号、进口兽药注册证书、出口兽药证明文件、新兽药注册证书等文件。

第七十三条 兽用麻醉药品、精神药品、毒性药品和放射性药品等特殊药品，依照国家有关规定管理。

第七十四条 水产养殖中的兽药使用、兽药残留检测和监督管理以及水产养殖过程中违法用药的行政处罚，由县级以上人民政府渔业主管部门及其所属的渔政监督管理机构负责。

第七十五条 本条例自 2004 年 11 月 1 日起施行。

新兽药研制管理办法

中华人民共和国农业部令第 55 号

（2005 年 8 月 31 日农业部令第 55 号公布。2016 年 5 月 30 日农业部令 2016 年第 3 号、2019 年 4 月 25 日农业农村部令 2019 年第 2 号修订，自 2005 年 11 月 1 日起施行。）

第一章　总　则

第一条　为了保证兽药的安全、有效和质量，规范兽药研制活动，根据《兽药管理条例》和《病原微生物实验室生物安全管理条例》，制定本办法。

第二条　在中华人民共和国境内从事新兽药临床前研究、临床试验和监督管理，应当遵守本办法。

第三条　农业部负责全国新兽药研制管理工作，对研制新兽药使用一类病原微生物（含国内尚未发现的新病原微生物）、属于生物制品的新兽药临床试验进行审批。

省级人民政府兽医行政管理部门负责对其他新兽药临床试验审批。

县级以上地方人民政府兽医行政管理部门负责本辖区新兽药研制活动的监督管理工作。

第二章　临床前研究管理

第四条　新兽药临床前研究包括药学、药理学和毒理学研究，具体研究项目如下：

生物制品（包括疫苗、血清制品、诊断制品、微生态制品等）：菌毒种、细胞株、生物组织等起始材料的系统鉴定、保存条件、遗传稳定性、实验室安全和效力试验及免疫学研究等；

其他兽药（化学药品、抗生素、消毒剂、生化药品、放射性药品、外用杀虫剂）：生产工艺、结构确证、理化性质及纯度，剂型选择、处方筛选、检验方法、质量指标，稳定性，药理学、毒理学等；

中药制剂（中药材、中成药）：除具备其他兽药的研究项目外，还应当包括原药材的来源、加工及炮制等。

第五条　研制新兽药，应当进行安全性评价。新兽药的安全性评价系指在临床前研究阶段，通过毒理学研究等对一类新化学药品和抗生素对靶动物和人的健康影响进行风险评估的过程，包括急性毒性、亚慢性毒性、致突变、生殖毒性（含致畸）、慢性毒性（含致癌）试验以及用于食用动物时日允许摄入量（ADI）和最高残留限量（MRL）的确定。

承担新兽药安全性评价的单位应当符合《兽药非临床研究质量管理规范》的要求，执行《兽药非临床研究质量管理规范》，并参照农业部发布的有关技术指导原则进行试验。采用指导原则以外的其他方法和技术进行试验的，应当提交能证明其科学性的资料。

第六条 研制新兽药需要使用一类病原微生物的，应当按照《病原微生物实验室生物安全管理条例》和《高致病性动物病原微生物实验室生物安全管理审批办法》等有关规定，在实验室阶段前取得实验活动批准文件，并在取得《高致病性动物病原微生物实验室资格证书》的实验室进行试验。

申请使用一类病原微生物时，除提交《高致病性动物病原微生物实验室生物安全管理审批办法》要求的申请资料外，还应当提交研制单位基本情况、研究目的和方案、生物安全防范措施等书面资料。必要时，农业部指定参考试验室对病原微生物菌（毒）种进行风险评估和适用性评价。

第七条 临床前药理学与毒理学研究所用化学药品、抗生素，应当经过结构确证确认为所需要的化合物，并经质量检验符合拟定质量标准。

第三章 临床试验审批

第八条 申请人进行临床试验，应当在试验前提出申请，并提交下列资料：

（一）《新兽药临床试验申请表》一份；

（二）申请报告一份，内容包括研制单位基本情况；新兽药名称、来源和特性；

（三）属于其他新兽药临床试验，还应当提供符合《兽药临床试验质量管理规范》要求的兽药安全评价实验室出具的安全性评价试验报告原件一份，或者提供国内外相关药理学和毒理学文献资料；

（四）委托试验合同书正本一份；

（五）本办法第四条规定的有关资料一份；

（六）试制产品生产工艺、质量标准（草案）、试制研究总结报告及检验报告。

属于生物制品的新兽药临床试验，还应当提供生物安全防范基本条件、菌（毒、虫）种名称、来源和特性方面的资料。

属于其他新兽药临床试验，还应当提供农业部认定的兽药安全评价实验室出具的安全性评价试验报告原件一份，或者提供国内外相关药理学和毒理学文献资料。

第九条 属于生物制品的新兽药临床试验，应当向农业部提出申请；其他新兽药临床试验，应当向所在地省级人民政府兽医行政管理部门提出申请。

农业部或者省级人民政府兽医行政管理部门收到新兽药临床试验申请后，应当对临床前研究结果的真实性和完整性，以及临床试验方案进行审查。必要时，可以派至少2人对申请人临床前研究阶段的原始记录、试验条件、生产工艺以及试制情况进行现场核查，并形成书面核查报告。

第十条 农业部或者省级人民政府兽医行政管理部门应当自受理申请之日起60个工作日内做出是否批准的决定，确定试验区域和试验期限，并书面通知申请人。省级人民政府兽医行政管理部门做出批准决定后，应当及时报农业部备案。

第四章 监督管理

第十一条 临床试验批准后应当在2年内实施完毕。逾期未完成的，可以延期一年，但应当经原批准机关批准。

临床试验批准后变更申请人的，应当重新申请。

第十二条 兽药临床试验应当执行《兽药临床试验质量管理规范》。

第十三条 兽药临床试验应当参照农业部发布的兽药临床试验技术指导原则进行。采用指导原则以外的其他方法和技术进行试验的，应当提交能证明其科学性的资料。

第十四条 临床试验用兽药应当在取得《兽药GMP证书》的企业制备，制备过程应当执行《兽药生产质量管理规范》。

根据需要，农业部或者省级人民政府兽医行政管理部门可以对制备现场进行考察。

第十五条 申请人对临床试验用兽药和对照用兽药的质量负责。临床试验用兽药和对照用兽药应当经中国兽医药品监察所或者农业部认定的其他兽药检验机构进行检验，检验合格的方可用于试验。

临床试验用兽药标签应当注明批准机关的批准文件号，兽药名称、含量、规格、试制日期、有效期、试制批号、试制企业名称等，并注明"供临床试验用"字样。

第十六条 临床试验用兽药仅供临床试验使用，不得销售，不得在未批准区域使用，不得超过批准期限使用。

第十七条 临床试验需要使用放射元素标记药物的，试验单位应当有严密的防辐射措施，使用放射元素标记药物的动物处理应当符合环保要求。

因试验死亡的临床试验用食用动物及其产品不得作为动物性食品供人消费，应当作无害化处理；临床试验用食用动物及其产品供人消费的，应当提供符合《兽药非临床研究质量管理规范》和《兽药临床试验质量管理规范》要求的兽药安全性评价实验室出具的对人安全并超过休药期的证明。

第十八条 临床试验应当根据批准的临床试验方案进行。如需变更批准内容的，申请人应向原批准机关报告变更后的试验方案，并说明依据和理由。

第十九条 临床试验的受试动物数量应当根据临床试验的目的，符合农业部规定的最低临床试验病例数要求或相关统计学的要求。

第二十条 因新兽药质量或其他原因导致临床试验过程中试验动物发生重大动物疫病的，试验单位和申请人应当立即停止试验，并按照国家有关动物疫情处理规定处理。

第二十一条 承担临床试验的单位和试验者应当密切注意临床试验用兽药不良反应事件的发生，并及时记录在案。

临床试验过程中发生严重不良反应事件的，试验者应当在24小时内报告所在地省级人民政府兽医行政管理部门和申请人，并报农业部。

第二十二条 临床试验期间发生下列情形之一的，原批准机关可以责令申请人修改试验方案、暂停或终止试验：

（一）未按照规定时限报告严重不良反应事件的；

（二）已有证据证明试验用兽药无效的；

（三）试验用兽药出现质量问题的；

（四）试验中出现大范围、非预期的不良反应或严重不良反应事件的；

（五）试验中弄虚作假的；

（六）违反《兽药临床试验质量管理规范》其他情形的。

第二十三条 对批准机关做出责令修改试验方案、暂停或终止试验的决定有异议的，申请人可以在5个工作日内向原批准机关提出书面意见并说明理由。原批准机关应当在

10 个工作日内做出最后决定，并书面通知申请人。

临床试验完成后，申请人应当向原批准机关提交批准的临床试验方案、试验结果及统计分析报告，并附原始记录复印件。

第五章　罚　则

第二十四条　违反本办法第十五条第一款规定，临床试验用兽药和对照用兽药未经检验，或者检验不合格用于试验的，试验结果不予认可。

第二十五条　违反本办法第十七条第二款规定，依照《兽药管理条例》第六十三条的规定予以处罚。

第二十六条　申请人申请新兽药临床试验时，提供虚假资料和样品的，批准机关不予受理或者对申报的新兽药临床试验不予批准，并对申请人给予警告，一年内不受理该申请人提出的该新兽药临床试验申请；已批准进行临床试验的，撤销该新兽药临床试验批准文件，终止试验，并处 5 万元以上 10 万元以下罚款，三年内不受理该申请人提出的该新兽药临床试验申请。

农业部对提供虚假资料和样品的申请人建立不良行为记录，并予以公布。

第二十七条　兽药安全性评价单位、临床试验单位未按照《兽药非临床研究质量管理规范》或《兽药临床试验质量管理规范》规定实施兽药研究试验的，依照《兽药管理条例》第五十九条的规定予以处罚。

农业部对提供虚假试验结果和对试验结果弄虚作假的试验单位和责任人，建立不良行为记录，予以公布，并撤销相应试验的资格。

第二十八条　违反本办法的其他行为，依照《兽药管理条例》和其他行政法规予以处罚。

第六章　附　则

第二十九条　境外企业不得在中国境内进行新兽药研制所需的临床试验和其他动物试验。

根据进口兽药注册审评的要求，需要进行临床试验的，由农业部指定的单位承担，并将临床试验方案和与受委托单位签订的试验合同报农业部备案。

第三十条　本办法自 2005 年 11 月 1 日起施行。

兽药注册办法

中华人民共和国农业部令第 44 号

（2004 年 11 月 24 日农业部令第 44 号公布。）

第一章 总 则

第一条 为保证兽药安全、有效和质量可控，规范兽药注册行为，根据《兽药管理条例》，制定本办法。

第二条 在中华人民共和国境内从事新兽药注册和进口兽药注册，应当遵守本办法。

第三条 农业部负责全国兽药注册工作。

农业部兽药审评委员会负责新兽药和进口兽药注册资料的评审工作。

中国兽医药品监察所和农业部指定的其他兽药检验机构承担兽药注册的复核检验工作。

第二章 新兽药注册

第四条 新兽药注册申请人应当在完成临床试验后，向农业部提出申请，并按《兽药注册资料要求》提交相关资料。

第五条 联合研制的新兽药，可以由其中一个单位申请注册或联合申请注册，但不得重复申请注册；联合申请注册的，应当共同署名作为该新兽药的申请人。

第六条 申请新兽药注册所报送的资料应当完整、规范，数据必须真实、可靠。引用文献资料应当注明著作名称、刊物名称及卷、期、页等；未公开发表的文献资料应当提供资料所有者许可使用的证明文件；外文资料应当按照要求提供中文译本。

申请新兽药注册时，申请人应当提交保证书，承诺对他人的知识产权不构成侵权并对可能的侵权后果负责，保证自行取得的试验数据的真实性。

申报资料含有境外兽药试验研究资料的，应当附具境外研究机构提供的资料项目、页码情况说明和该机构经公证的合法登记证明文件。

第七条 有下列情形之一的新兽药注册申请，不予受理：

（一）农业部已公告在监测期，申请人不能证明数据为自己取得的兽药；

（二）经基因工程技术获得，未通过生物安全评价的灭活疫苗、诊断制品之外的兽药；

（三）申请材料不符合要求，在规定期间内未补正的；

（四）不予受理的其他情形。

第八条 农业部自收到申请之日起 10 个工作日内，将决定受理的新兽药注册申请资料送农业部兽药审评委员会进行技术评审，并通知申请人提交复核检验所需的连续 3 个生产批号的样品和有关资料，送指定的兽药检验机构进行复核检验。

申请的新兽药属于生物制品的，必要时，应对有关种毒进行检验。

第九条 农业部兽药审评委员会应当自收到资料之日起 120 个工作日内提出评审意见，报送农业部。

评审中需要补充资料的，申请人应当自收到通知之日起 6 个月内补齐有关数据；逾期未补正的，视为自动撤回注册申请。

第十条 兽药检验机构应当在规定时间内完成复核检验，并将检验报告书和复核意见送达申请人，同时报农业部和农业部兽药审评委员会。

初次样品检验不合格的，申请人可以再送样复核检验一次。

第十一条 农业部自收到技术评审和复核检验结论之日起 60 个工作日内完成审查；必要时，可派员进行现场核查。审查合格的，发给《新兽药注册证书》，并予以公告，同时发布该新兽药的标准、标签和说明书。不合格的，书面通知申请人。

第十二条 新兽药注册审批期间，新兽药的技术要求由于相同品种在境外获准上市而发生变化的，按原技术要求审批。

第三章　进口兽药注册

第十三条 首次向中国出口兽药，应当由出口方驻中国境内的办事机构或由其委托的中国境内代理机构向农业部提出申请，填写《兽药注册申请表》，并按《兽药注册资料要求》提交相关资料。

申请向中国出口兽用生物制品的，还应当提供菌（毒、虫）种、细胞等有关材料和资料。

第十四条 申请兽药制剂进口注册，必须提供用于生产该制剂的原料药和辅料、直接接触兽药的包装材料和容器合法来源的证明文件。原料药尚未取得农业部批准的，须同时申请原料药注册，并应当报送有关的生产工艺、质量指标和检验方法等研究资料。

第十五条 申请进口兽药注册所报送的资料应当完整、规范，数据必须真实、可靠。引用文献资料应当注明著作名称、刊物名称及卷、期、页等；外文资料应当按照要求提供中文译本。

第十六条 农业部自收到申请之日起 10 个工作日内组织初步审查，经初步审查合格的，予以受理，书面通知申请人。

予以受理的，农业部将进口兽药注册申请资料送农业部兽药审评委员会进行技术评审，并通知申请人提交复核检验所需的连续 3 个生产批号的样品和有关资料，送指定的兽药检验机构进行复核检验。

第十七条 有下列情形之一的进口兽药注册申请，不予受理：

（一）农业部已公告在监测期，申请人不能证明数据为自己取得的兽药；

（二）经基因工程技术获得，未通过生物安全评价的灭活疫苗、诊断制品之外的兽药；

（三）我国规定的一类疫病以及国内未发生疫病的活疫苗；

（四）来自疫区可能造成疫病在中国境内传播的兽用生物制品；

（五）申请资料不符合要求，在规定期间内未补正的；

（六）不予受理的其他情形。

第十八条 进口兽药注册的评审和检验程序适用本办法第九条和第十条的规定。

第十九条 申请进口注册的兽用化学药品，应当在中华人民共和国境内指定的机构进行相关临床试验和残留检测方法验证；必要时，农业部可以要求进行残留消除试验，以确定休药期。

申请进口注册的兽药属于生物制品的，农业部可以要求在中华人民共和国境内指定的机构进行安全性和有效性试验。

第二十条 农业部自收到技术评审和复核检验结论之日起60个工作日内完成审查；必要时，可派员进行现场核查。审查合格的，发给《进口兽药注册证书》，并予以公告；中国香港、澳门和台湾地区的生产企业申请注册的兽药，发给《兽药注册证书》。审查不合格的，书面通知申请人。

农业部在批准进口兽药注册的同时，发布经核准的进口兽药标准和产品标签、说明书。

第二十一条 农业部对申请进口注册的兽药进行风险分析，经风险分析存在安全风险的，不予注册。

第四章 兽药变更注册

第二十二条 已经注册的兽药拟改变原批准事项的，应当向农业部申请兽药变更注册。

第二十三条 申请人申请变更注册时，应当填写《兽药变更注册申请表》，报送有关资料和说明。涉及兽药产品权属变化的，应当提供有效证明文件。

进口兽药的变更注册，申请人还应当提交生产企业所在国家（地区）兽药管理机构批准变更的文件。

第二十四条 农业部对决定受理的不需进行技术审评的兽药变更注册申请，自收到申请之日起30个工作日内完成审查。审查合格的，批准变更注册。

需要进行技术审评的兽药变更注册申请，农业部将受理的材料送农业部兽药审评委员会评审，并通知申请人提交复核检验所需的连续3个生产批号的样品和有关资料，送指定的兽药检验机构进行复核检验。

第二十五条 兽药变更注册申请的评审、检验的程序、时限和要求适用本办法新兽药注册和进口兽药注册的规定。

申请修改兽药标准变更注册的，兽药检验机构应当进行标准复核。

第二十六条 农业部自收到技术评审和复核检验结论之日起30个工作日内完成审查，审查合格的，批准变更注册。审查不合格的，书面告知申请人。

第五章 进口兽药再注册

第二十七条 《进口兽药注册证书》和《兽药注册证书》的有效期为5年。有效期届满需要继续进口的，申请人应当在有效期届满6个月前向农业部提出再注册申请。

第二十八条 申请进口兽药再注册时，应当填写《兽药再注册申请表》，并按《兽药注册资料要求》提交相关资料。

第二十九条 农业部在受理进口兽药再注册申请后，应当在20个工作日内完成审查。符合规定的，予以再注册。不符合规定的，书面通知申请人。

第三十条 有下列情形之一的，不予再注册：
（一）未在有效期届满 6 个月前提出再注册申请的；
（二）未按规定提交兽药不良反应监测报告的；
（三）经农业部安全再评价被列为禁止使用品种的；
（四）经考查生产条件不符合规定的；
（五）经风险分析存在安全风险的；
（六）我国规定的一类疫病以及国内未发生疫病的活疫苗；
（七）来自疫区可能造成疫病在中国境内传播的兽用生物制品；
（八）其他依法不予再注册的。

第三十一条 不予再注册的，由农业部注销其《进口兽药注册证书》或《兽药注册证书》，并予以公告。

第六章 兽药复核检验

第三十二条 申请兽药注册应当进行兽药复核检验，包括样品检验和兽药质量标准复核。

第三十三条 从事兽药复核检验的兽药检验机构，应当符合兽药检验质量管理规范。

第三十四条 申请人应当向兽药检验机构提供兽药复核检验所需要的有关资料和样品，提供检验用标准物质和必需材料。

申请兽药注册所需的 3 批样品，应当在取得《兽药 GMP 证书》的车间生产。每批的样品应为拟上市销售的 3 个最小包装，并为检验用量的 3～5 倍。

第三十五条 兽药检验机构进行兽药质量标准复核时，除进行样品检验外，还应当根据该兽药的研究数据、国内外同类产品的兽药质量标准和国家有关要求，对该兽药的兽药质量标准、检验项目和方法等提出复核意见。

第三十六条 兽药检验机构在接到检验通知和样品后，应当在 90 个工作日内完成样品检验，出具检验报告书；需用特殊方法检验的兽药应当在 120 个工作日内完成。

需要进行样品检验和兽药质量标准复核的，兽药检验机构应当在 120 个工作日内完成；需用特殊方法检验的兽药应当在 150 个工作日内完成。

第七章 兽药标准物质的管理

第三十七条 中国兽医药品监察所负责标定和供应国家兽药标准物质。

中国兽医药品监察所可以组织相关的省、自治区、直辖市兽药监察所、兽药研究机构或兽药生产企业协作标定国家兽药标准物质。

第三十八条 申请人在申请新兽药注册和进口兽药注册时，应当向中国兽医药品监察所提供制备该兽药标准物质的原料，并报送有关标准物质的研究资料。

第三十九条 中国兽医药品监察所对兽药标准物质的原料选择、制备方法、标定方法、标定结果、定值准确性、量值溯源、稳定性及分装与包装条件等资料进行全面技术审核；必要时，进行标定或组织进行标定，并做出可否作为国家兽药质量标准物质的推荐结论，报国家兽药典委员会审查。

第四十条 农业部根据国家兽药典委员会的审查意见批准国家兽药质量标准物质，并发布兽药标准物质清单及质量标准。

第八章 罚 则

第四十一条 申请人提供虚假的资料、样品或者采取其他欺骗手段申请注册的,农业部对该申请不予批准,对申请人给予警告,申请人在一年内不得再次申请该兽药的注册。

申请人提供虚假的资料、样品或者采取其他欺骗手段取得兽药注册证明文件的,按《兽药管理条例》第五十七条的规定给予处罚,申请人在三年内不得再次申请该兽药的注册。

第四十二条 其他违反本办法规定的行为,依照《兽药管理条例》的有关规定进行处罚。

第九章 附 则

第四十三条 属于兽用麻醉药品、兽用精神药品、兽医医疗用毒性药品、放射性药品的新兽药和进口兽药注册申请,除按照本办法办理外,还应当符合国家其他有关规定。

第四十四条 根据动物防疫需要,农业部对国家兽医参考实验室推荐的强制免疫用疫苗生产所用菌(毒)种的变更实行备案制,不需进行变更注册。

第四十五条 本办法自 2005 年 1 月 1 日起施行。

兽药注册评审工作程序

(2021年1月21日农业农村部公告第392号发布，2021年4月15日起施行。)

为规范兽药注册评审工作，根据《兽药管理条例》《兽药注册办法》等有关规定，制定本工作程序。

一、职责分工

（一）农业农村部畜牧兽医局主管全国兽药注册评审工作。

（二）农业农村部兽药评审中心（以下简称"评审中心"）负责兽药注册申请的技术评审、现场核查、技术评审标准制修订以及注册评审资料的档案保存等工作；制定并公布开展评审专家咨询工作原则以及对生产用菌毒种进行检验的指导原则；接受申请人有关咨询。

（三）中国兽医药品监察所（以下简称"中监所"）负责拟定制定并公布兽药注册复核检验规则，组织开展样品检验工作，出具检验报告书，并对质量标准草案能否控制产品质量、检验方法是否具有可操作性等提出复核意见；负责菌毒种检验工作；接受申请人有关咨询。

（四）专家职责。评审中心专家应为评审中心人员并由评审中心确定，负责对申请注册兽药的安全性、有效性、质量可控性等提出评审意见，兽药注册评审专家库中的其他专家根据评审中心要求参与技术审查并提出咨询意见。

二、评审工作方式

（一）一般评审。常规兽药注册均采取一般评审方式。

（二）优先评审。符合以下情形的兽药，采取优先评审方式：针对口蹄疫、高致病性禽流感、猪瘟、新城疫、布鲁氏菌病、狂犬病、包虫病、猪繁殖与呼吸综合征等优先防治的疫病，可实现鉴别诊断的且具有配套诊断方法或制品的疫苗；临床急需、市场短缺的赛马和宠物专用兽药以及特种经济动物、蜂、蚕和水产养殖用兽药；未在中国境内外上市销售的创新兽用化学药品；重大动物疫病防疫急需兽药等。评审中心对符合上述情形的兽药注册申请，第一时间进行评审，第一时间报出评审意见和评审结论；中监所第一时间安排复核检验。优先评审技术要求不降低，评审步骤不减少，评审流程同一般评审。

（三）应急评价。对重大动物疫病应急处置所需的兽药，农业农村部可启动应急评价。评审中心按照农业农村部畜牧兽医局要求开展应急评价，重点把握兽药产品安全性、有效性、质量可控性，非关键资料可暂不提供。经评价建议可应急使用的，农业农村部畜牧兽医局根据评审中心评价意见提出审核意见，报分管部领导批准后发布技术标准文件。有关兽药生产企业按《兽药产品批准文号管理办法》规定申请临时兽药产品批准文号。

（四）备案审查。根据动物防疫需要，强制免疫用疫苗生产所用菌毒种的变更可采取备案审查方式。具体评审流程和要求见《高致病性禽流感和口蹄疫疫苗生产毒种变更备案工作程序》及变更技术资料要求。

三、一般评审工作流程和要求

（一）申报资料接收和受理。农业农村部政务服务大厅（以下简称"政务服务大厅"）接收兽药注册申报资料。评审中心按照农业农村部行政审批办事指南的办事条件、兽药注册资料相关要求，对接收的申报资料进行形式审查，并将形式审查意见报农业农村部畜牧兽医局和政务服务大厅。政务服务大厅根据形式审查意见办理予以受理或不予受理手续，并书面通知申请人和评审中心。申请人应在受理后登录农业农村部兽药评审系统提交电子申报资料。

（二）申报资料技术评审。评审中心收到受理的申报资料后，应在法定评审时限内提出评审结论，并报农业农村部畜牧兽医局。评审中心应建立实施评审中心专家主审与兽药注册评审专家库其他专家咨询相结合的兽药注册评审工作机制。评审过程通常分为初次评审和复评审，原则上，对每个兽药注册申请的评审，初次评审和复评审均不超过一次。经初次评审即可得出评审结论的，可不进行复评审。

评审中心专家对受理的申报资料进行技术评审，提出评审意见。根据工作需要，并按照开展评审专家咨询工作原则，可咨询兽药注册评审专家库中其他专家的意见。咨询时可采取现场或远程咨询会、函审/网审咨询等方式。参加技术评审的所有评审专家均应提出书面审查意见。召开评审专家咨询会时，由评审中心专家任产品主审专家，介绍注册资料和审查意见，并提出需要咨询的事项和问题。评审中心咨询专家意见时，按照评审中心制定的专家选取原则从兽药注册评审专家库中遴选专家，对于涉及到不同专业的品种或有疑难问题的品种，可分别或同时向不同专业的专家进行咨询。根据需要，也可向专家库以外的专家进行咨询。评审专家咨询会议由评审中心有关人员主持。评审中心可根据注册申请人的申请安排沟通交流。

评审中应按照兽药注册资料要求、指导原则、技术规范以及相关技术评审标准对申报资料进行科学评审。原则上，初次评审应一次性提出全面审查意见，并明确是否进行验证试验、复核检验和现场核查等。申请的兽药属于疫苗的，基于风险管理原则，必要时可提出对生产用菌毒种进行检验的要求。评审中心可根据注册申请人的申请安排沟通交流。根据初次评审意见，申请人一次性提交补充资料。收到申请人的补充资料后，评审中心进行复评审。

如初次评审意见要求开展验证试验、复核检验、现场核查等，应在收到有关报告后一并进行复评审。

未能一次性提交补充资料或者补充资料明显不符合评审意见要求的，予以退审。对拟退审的，评审中心应将退审意见反馈申请人。如申请人有异议，应在收到意见后10个工作日内以书面形式提出，逾期未提出视为无异议。

（三）兽药质量标准复核和样品注册检验。技术评审期间需开展兽药质量标准复核和样品检验的，申请人应在收到评审中心复核检验通知后6个月内，向中监所提交复核检验所需样品及相关资料和材料。产品复核检验质量标准经申请人确认后，不得修改。中监所根据评审意见，按照《兽药注册办法》等相关规定开展兽药质量标准复核和样品检验工作，并在法定检验时限内完成，将检验报告书和复核意见送达申请人，同时报评审中心。

中监所在收到评审中心复核检验通知后或者发出第一次复核检验不合格报告后6个月内，未收到申请人复核样品、相关资料或材料不全导致无法开展检验的，中监所应向评审中心说明具体情况，评审中心根据说明对该项注册申请按自动撤回处理。第二次送样的复核检验应重新进行检验计时。

根据评审意见对疫苗菌毒种进行检验的，可与产品复核检验同步进行。中监所将菌毒种检验结果和结论报农业农村部畜牧兽医局和评审中心。

（四）补充资料及提交有关物质等。技术评审期间需补充资料、确认技术标准、提交标准物质以及菌毒种和细胞等的，评审中心以书面形式通知申请人。申请人按照评审意见应在规定时限内一次性提交补充资料、确认技术标准、向中监所提交标准物质等。

（五）审批。农业农村部畜牧兽医局根据评审中心的技术评审意见和结论以及中监所的复核检验结论，提出审批方案。建议予以批准的，报分管部领导审批，并根据分管部领导审批意见印发公告、制作注册证书等；建议不予批准的，由农业农村部畜牧兽医局局长审签。

（六）办结。政务服务大厅根据审批结论办结，并书面通知申请人。

（七）有关要求。农业农村部畜牧兽医局应加强兽药注册评审和检验工作的管理和指导。评审中心、中监所应加强内部管理，健全完善兽药注册评审和检验工作机制，制定并公开技术评审标准、工作制度和规范等，明确内部各环节办理时限，细化兽药注册评审承办人、评审中心专家的工作职责和要求；建立完善沟通交流和咨询机制，根据要求组织召开评审意见答疑会。评审专家应按照《农业部兽药评审专家管理办法》有关规定履行职责和义务，保守申报单位的商业秘密，严格执行回避制度，严格遵守评审纪律和廉洁规定。

应急评价和备案审查的技术评价工作方式参照一般评审执行。

四、暂停评审计时

评审过程中需暂停评审计时的，按以下程序办理。

（一）申请人应自收到注册申请事项受理通知后20个工作日内，向评审中心提交注册评审纸质材料10份，评审中心收到材料和资料后，告知政务服务大厅启动评审计时。

（二）根据评审意见，需申请人提交补充资料和复核检验样品、检验用标准物质等材料和资料时，评审中心向政务服务大厅提出暂停评审计时6个月（132个工作日）申请。政务服务大厅收到申请人提交的补充资料，以及已向中监所提交了复核检验样品等证明后，恢复评审计时。使用水貂、狐狸等季节性生产的动物进行检验的制品，确因动物供应原因不能完成检验而影响送样的，申请人可提前向农业农村部畜牧兽医局提出延期申请，中监所根据批准的延期时限向政务服务大厅提出暂停检验计时申请。

（三）在开展复核检验期间，因检验用动物、特殊检验设施与设备或标准物质无法获得等特殊原因造成复核检验无法进行且申请人不能提供有效帮助的，中监所应向政务服务大厅提出暂停计时申请。待检验条件成熟时，中监所告知政务服务大厅恢复计时。

（四）需进行现场核查的，评审中心向政务服务大厅提出暂停评审计时40个工作日申请。评审中心应在 35 个工作日内组织完成现场核查，并在完成现场核查后 5 个工作日内向政务服务大厅提出恢复评审计时申请。进口兽药注册需进行现场核查的，核查工作时限根据实际需要确定。

（五）需申请人确认生产与检验规程、质量标准、标签、说明书等标准性文件的，评审中心向政务服务大厅提出暂停评审计时 60 个工作日申请。申请人应在 60 个工作日内完成确认工作，政务服务大厅收到申请人无异议的确认函后恢复评审计时。

（六）进口兽药注册期间，需申请人在中国境内进行临床验证试验或兽药残留检测方法验证试验时，评审中心向政务服务大厅提出暂停评审计时 6 个月（132 个工作日）申请。申请人应在 6 个月（132 个工作日）内完成相关试验，政务服务大厅收到申请人临床验证试验结果报告原件或兽药残留检测方法验证试验报告原件后，恢复评审计时。

（七）受动物疫病防控政策或兽药管理政策调整等因素影响需暂停计时的，农业农村部畜牧兽医局致函农业农村部法规司暂停评审计时，并明确暂停计时时间。

（八）对有规定时限的所有情形，如提交补充资料、菌毒种、复核检验样品、确认标准、提交验证试验报告等，申请人逾期未完成的，均作为自动撤回申请处理。但因不可抗力原因造成无法在规定时限内完成的，申请人可提前向农业农村部畜牧兽医局提出延期申请，评审中心（中监所）根据批准的延期时限向政务服务大厅提出暂停评审（检验）计时申请。

兽药产品批准文号管理办法

中华人民共和国农业部令 2015 年第 4 号

（2015 年 12 月 3 日农业部令 2015 年第 4 号公布，2019 年 4 月 25 日农业农村部令 2019 年第 2 号、2022 年 1 月 7 日农业农村部令 2022 年第 1 号修订。）

第一章 总 则

第一条 为加强兽药产品批准文号的管理，根据《兽药管理条例》，制定本办法。

第二条 兽药产品批准文号的申请、核发和监督管理适用本办法。

第三条 兽药生产企业生产兽药，应当取得农业农村部核发的兽药产品批准文号。

兽药产品批准文号是农业农村部根据兽药国家标准、生产工艺和生产条件批准特定兽药生产企业生产特定兽药产品时核发的兽药批准证明文件。

第四条 农业农村部负责全国兽药产品批准文号的核发和监督管理工作。

县级以上地方人民政府兽医主管部门负责本行政区域内的兽药产品批准文号的监督管理工作。

第二章 兽药产品批准文号的申请和核发

第五条 申请兽药产品批准文号的兽药，应当符合以下条件：

（一）在《兽药生产许可证》载明的生产范围内；

（二）申请前三年内无被撤销该产品批准文号的记录。

申请兽药产品批准文号连续 2 次复核检验结果不符合规定的，1 年内不再受理该兽药产品批准文号的申请。

第六条 申请本企业研制的已获得《新兽药注册证书》的兽药产品批准文号，且新兽药注册时的复核样品系申请人生产的，申请人应当向农业农村部提交下列资料：

（一）《兽药产品批准文号申请表》一式一份；

（二）《新兽药注册证书》复印件一式一份；

（三）复核检验报告复印件一式一份；

（四）标签和说明书样本一式二份；

（五）产品的生产工艺、配方等资料一式一份。

农业农村部自受理之日起 5 个工作日内将申请资料送中国兽医药品监察所进行专家评审，并自收到评审意见之日起 15 个工作日内作出审批决定。符合规定的，核发兽药产品批准文号，批准标签和说明书；不符合规定的，书面通知申请人，并说明理由。

申请本企业研制的已获得《新兽药注册证书》的兽药产品批准文号，但新兽药注册时的复核样品非申请人生产的，分别按照本办法第七条、第九条规定办理，申请人无需提交知识产权转让合同或授权书复印件。

第七条 申请他人转让的已获得《新兽药注册证书》或《进口兽药注册证书》的生物制品类兽药产品批准文号的，申请人应当向农业农村部提交本企业生产的连续三个批次的样品和下列资料：

（一）《兽药产品批准文号申请表》一式一份；

（二）《新兽药注册证书》复印件一式一份；

（三）标签和说明书样本一式二份；

（四）所提交样品的自检报告一式一份；

（五）产品的生产工艺、配方等资料一式一份；

（六）知识产权转让合同或授权书一式一份（首次申请提供原件，换发申请提供复印件并加盖申请人公章）。

提交的样品应当由省级兽药检验机构现场抽取，并加贴封签。

农业农村部自受理之日起5个工作日内将样品及申请资料送中国兽医药品监察所按规定进行复核检验和专家评审，并自收到检验结论和评审意见之日起15个工作日内作出审批决定。符合规定的，核发兽药产品批准文号，批准标签和说明书；不符合规定的，书面通知申请人，并说明理由。

第八条 申请第六条、第七条规定之外的生物制品类兽药产品批准文号的，申请人应当向农业农村部提交本企业生产的连续三个批次的样品和下列资料：

（一）《兽药产品批准文号申请表》一式一份；

（二）标签和说明书样本一式二份；

（三）所提交样品的自检报告一式一份；

（四）产品的生产工艺、配方等资料一式一份；

（五）菌（毒、虫）种合法来源证明复印件（加盖申请人公章）一式一份。

提交的样品应当由省级兽药检验机构现场抽取，并加贴封签。

农业农村部自受理之日起5个工作日内将样品及申请资料送中国兽医药品监察所按规定进行复核检验和专家评审，并自收到检验结论和评审意见之日起15个工作日内作出审批决定。符合规定的，核发兽药产品批准文号，批准标签和说明书；不符合规定的，书面通知申请人，并说明理由。

第九条 申请他人转让的已获得《新兽药注册证书》或《进口兽药注册证书》的非生物制品类的兽药产品批准文号的，申请人应当向所在地省级人民政府兽医主管部门提交本企业生产的连续三个批次的样品和下列资料：

（一）《兽药产品批准文号申请表》一式二份；

（二）《新兽药注册证书》复印件一式二份；

（三）标签和说明书样本一式二份；

（四）所提交样品的批生产、批检验原始记录复印件及自检报告一式二份；

（五）产品的生产工艺、配方等资料一式二份；

（六）知识产权转让合同或授权书一式二份（首次申请提供原件，换发申请提供复印件并加盖申请人公章）。

省级人民政府兽医主管部门自收到有关资料和样品之日起5个工作日内将样品送省级

兽药检验机构进行复核检验，并自收到复核检验结论之日起10个工作日内完成初步审查，将审查意见和复核检验报告及全部申请材料一式一份报送农业农村部。

农业农村部自收到省级人民政府兽医主管部门审查意见之日起5个工作日内送中国兽医药品监察所进行专家评审，并自收到评审意见之日起10个工作日内作出审批决定。符合规定的，核发兽药产品批准文号，批准标签和说明书；不符合规定的，书面通知申请人，并说明理由。

第十条 申请第六条、第九条规定之外的非生物制品类兽药产品批准文号的，农业农村部逐步实行比对试验管理。

实行比对试验管理的兽药品种目录及比对试验的要求由农业农村部制定。开展比对试验的检验机构应当遵守兽药非临床研究质量管理规范和兽药临床试验质量管理规范，其名单由农业农村部公布。

第十一条 第十条规定的兽药尚未列入比对试验品种目录的，申请人应当向所在地省级人民政府兽医主管部门提交下列资料：

（一）《兽药产品批准文号申请表》一式二份；

（二）标签和说明书样本一式二份；

（三）产品的生产工艺、配方等资料一式二份；

（四）《现场核查申请单》一式二份。

省级人民政府兽医主管部门应当自收到有关资料之日起5个工作日内组织对申请资料进行审查。符合规定的，应当与申请人商定现场核查时间，并自商定的现场核查日期起5个工作日内组织完成现场核查；核查结果符合要求的，当场抽取三批样品，加贴封签后送省级兽药检验机构进行复核检验。

省级人民政府兽医主管部门自资料审查、现场核查或复核检验完成之日起10个工作日内将上述有关审查意见、复核检验报告及全部申请材料一式一份报送农业农村部。

农业农村部自收到省级人民政府兽医主管部门审查意见之日起5个工作日内，将申请资料送中国兽医药品监察所进行专家评审，并自收到评审意见之日起10个工作日内作出审批决定。符合规定的，核发兽药产品批准文号，批准标签和说明书；不符合规定的，书面通知申请人，并说明理由。

第十二条 第十条规定的兽药已列入比对试验品种目录的，按照第十一条规定提交申请资料、进行现场核查、抽样和复核检验，但抽取的三批样品中应当有一批在线抽样。

省级人民政府兽医主管部门自收到复核检验结论之日起10个工作日内完成初步审查。通过初步审查的，通知申请人将相关药学研究资料及加贴封签的在线抽样样品送至其自主选定的比对试验机构。比对试验机构应当严格按照药物比对试验指导原则开展比对试验，并将比对试验报告分送省级人民政府兽医主管部门和申请人。

省级人民政府兽医主管部门将现场核查报告、复核检验报告、比对试验方案、比对试验协议、比对试验报告、相关药学研究资料及全部申请资料一式一份报农业农村部。

农业农村部自收到申请资料之日起5个工作日内送中国兽医药品监察所进行专家评审，并自收到评审意见之日起10个工作日内作出审批决定。符合规定的，核发兽药产品批准文号，批准标签和说明书；不符合规定的，书面通知申请人，并说明理由。

第十三条 资料审查、现场核查、复核检验或比对试验不符合要求的，省级人民政府兽医主管部门可根据申请人意愿将申请资料退回申请人。

第十四条 实行比对试验管理的兽药品种目录发布前已获得兽药产品批准文号的兽药，应当在规定期限内按照本办法第十二条规定补充比对试验并提供相关材料，未在规定期限内通过审查的，依照《兽药管理条例》第六十九条第一款第二项规定撤销该产品批准文号。

第十五条 农业农村部在核发新兽药的兽药产品批准文号时，可以设立不超过5年的监测期。在监测期内，不批准其他企业生产或者进口该新兽药。

生产企业应当在监测期内收集该新兽药的疗效、不良反应等资料，并及时报送农业农村部。

兽药监测期届满后，其他兽药生产企业可根据本办法第七、九或十二条的规定申请兽药产品批准文号，但应当提交与知识产权人签订的转让合同或授权书，或者对他人专利权不构成侵权的声明。

第十六条 有下列情形之一的，兽药生产企业应当按照本办法第八条或第十一条规定重新申请兽药产品批准文号，兽药产品已进行过比对试验且结果符合规定的，不再进行比对试验：

（一）迁址重建的；

（二）异地新建车间的；

（三）其他改变生产场地的情形。

第十七条 兽药产品批准文号有效期届满需要继续生产的，兽药生产企业应当在有效期届满前6个月内按原批准程序申请兽药产品批准文号的换发。

同一兽药生产许可证下同一生产地址原生产车间生产的兽药产品申请批准文号换发，在兽药产品批准文号有效期内，经省级以上人民政府兽医主管部门监督抽检不合格1批次以上的，应当进行复核检验，其他情形不需要进行复核检验。

已进行过比对试验且结果符合规定的兽药产品，兽药产品批准文号换发时不再进行比对试验。

第十八条 对有证据表明存在安全性隐患的兽药产品，农业农村部暂停受理该兽药产品批准文号的申请；已受理的，中止该兽药产品批准文号的核发。

第十九条 对国内突发重大动物疫病防控急需的兽药产品，必要时农业农村部可以核发临时兽药产品批准文号。

临时兽药产品批准文号有效期不超过2年。

第二十条 兽药检验机构应当自收到样品之日起90个工作日内完成检验，对样品应当根据规定留样观察。样品属于生物制品的，检验期限不得超过120个工作日。

中国兽医药品监察所专家评审时限不得超过30个工作日；实行比对试验的，专家评审时限不得超过90个工作日。

第三章　兽药现场核查和抽样

第二十一条 省级人民政府兽医主管部门负责组织现场核查和抽样工作，应当根据工作需要成立2~4人组成的现场核查抽样组。

第二十二条 现场核查抽样人员进行现场抽样，应当按照兽药抽样相关规定进行，保证抽样的科学性和公正性。

样品应当按检验用量和比对试验方案载明数量的 3～5 倍抽取，并单独封签。《兽药封签》由抽样人员和被抽样单位有关人员签名，并加盖抽样单位兽药检验抽样专用章和被抽样单位公章。

第二十三条 现场核查应当包括以下内容：

（一）管理制度制定与执行情况；

（二）研制、生产、检验人员相关情况；

（三）原料购进和使用情况；

（四）研制、生产、检验设备和仪器状况是否符合要求；

（五）研制、生产、检验条件是否符合有关要求；

（六）相关生产、检验记录；

（七）其他需要现场核查的内容。

现场核查人员可以对研制、生产、检验现场场地、设备、仪器情况和原料、中间体、成品、研制记录等照相或者复制，作为现场核查报告的附件。

第四章　监督管理

第二十四条 县级以上地方人民政府兽医主管部门应当对辖区内兽药生产企业进行现场检查。

现场检查中，发现兽药生产企业有下列情形之一的，由县级以上地方人民政府兽医主管部门依法作出处理决定，应当撤销、吊销、注销兽药产品批准文号或者兽药生产许可证的，及时报发证机关处理：

（一）生产条件发生重大变化的；

（二）没有按照《兽药生产质量管理规范》的要求组织生产的；

（三）产品质量存在隐患的；

（四）其他违反《兽药管理条例》及本办法规定情形的。

第二十五条 县级以上地方人民政府兽医主管部门应当对上市兽药产品进行监督检查，发现有违反本办法规定情形的，依法作出处理决定，应当撤销、吊销、注销兽药产品批准文号或者兽药生产许可证的，及时报发证机关处理。

第二十六条 买卖、出租、出借兽药产品批准文号的，按照《兽药管理条例》第五十八条规定处罚。

第二十七条 有下列情形之一的，由农业农村部注销兽药产品批准文号，并予以公告：

（一）兽药生产许可证有效期届满未申请延续或者申请后未获得批准的；

（二）兽药生产企业停止生产超过 6 个月或者关闭的；

（三）核发兽药产品批准文号所依据的兽药国家质量标准被废止的；

（四）应当注销的其他情形。

第二十八条 生产的兽药有下列情形之一的，按照《兽药管理条例》第六十九条第一款第二项的规定撤销兽药产品批准文号：

（一）改变组方添加其他成分的；

（二）除生物制品以及未规定上限的中药类产品外，主要成分含量在兽药国家标准150%以上，或主要成分含量在兽药国家标准120%以上且累计2批次的；

（三）主要成分含量在兽药国家标准50%以下，或主要成分含量在兽药国家标准80%以下且累计2批次以上的；

（四）其他药效不确定、不良反应大以及可能对养殖业、人体健康造成危害或者存在潜在风险的情形。

第二十九条 申请人隐瞒有关情况或者提供虚假材料、样品申请兽药产品批准文号的，农业农村部不予受理或者不予核发兽药产品批准文号；申请人1年内不得再次申请该兽药产品批准文号。

第三十条 申请人提供虚假资料、样品或者采取其他欺骗手段取得兽药产品批准文号的，根据《兽药管理条例》第五十七条的规定予以处罚，申请人3年内不得再次申请该兽药产品批准文号。

第三十一条 发生兽药知识产权纠纷的，由当事人按照有关知识产权法律法规解决。知识产权管理部门生效决定或人民法院生效判决认定侵权行为成立的，由农业农村部依法注销已核发的兽药产品批准文号。

第五章 附 则

第三十二条 兽药产品批准文号的编制格式为兽药类别简称+企业所在地省（自治区、直辖市）序号+企业序号+兽药品种编号。

格式如下：

（一）兽药类别简称。药物饲料添加剂的类别简称为"兽药添字"；血清制品、疫苗、诊断制品、微生态制品等类别简称为"兽药生字"；中药材、中成药、化学药品、抗生素、生化药品、放射性药品、外用杀虫剂和消毒剂等类别简称为"兽药字"；原料药简称为"兽药原字"；农业农村部核发的临时兽药产品批准文号简称为"兽药临字"。

（二）企业所在地省（自治区、直辖市）序号用2位阿拉伯数字表示，由农业农村部规定并公告。

（三）企业序号按省排序，用3位阿拉伯数字表示，由省级人民政府兽医主管部门发布。

（四）兽药品种编号用4位阿拉伯数字表示，由农业农村部规定并公告。

第三十三条 本办法自2016年5月1日起施行，2004年11月24日农业部公布的《兽药产品批准文号管理办法》（农业部令第45号）同时废止。

兽药标签和说明书管理办法

中华人民共和国农业部令第 22 号

(2002 年 10 月 31 日农业部令第 22 号公布，2004 年 7 月 1 日农业部令第 38 号、2007 年 11 月 8 日农业部令第 6 号、2017 年 11 月 30 日农业部令 2017 年第 8 号修订。)

第一章 总 则

第一条 为加强兽药监督管理，规范兽药标签和说明书的内容、印制、使用活动，保障兽药使用的安全有效，根据《兽药管理条例》，制定本办法。

第二条 农业部主管全国的兽药标签和说明书的管理工作，县级以上地方人民政府畜牧兽医行政管理部门主管所辖地区的兽药标签和说明书的管理工作。

第三条 凡在中国境内生产、经营、使用的兽药的标签和说明书必须符合本办法的规定。

第二章 兽药标签的基本要求

第四条 兽药产品（原料药除外）必须同时使用内包装标签和外包装标签。

第五条 内包装标签必须注明兽用标识、兽药名称、适应症（或功能与主治）、含量/包装规格、批准文号或《进口兽药登记许可证》证号、生产日期、生产批号、有效期、生产企业信息等内容。

安瓿、西林瓶等注射或内服产品由于包装尺寸的限制而无法注明上述全部内容的，可适当减少项目，但至少须标明兽药名称、含量规格、生产批号。

第六条 外包装标签必须注明兽用标识、兽药名称、主要成分、适应症（或功能与主治）、用法与用量、含量/包装规格、批准文号或《进口兽药登记许可证》证号、生产日期、生产批号、有效期、停药期、贮藏、包装数量、生产企业信息等内容。

第七条 兽用原料药的标签必须注明兽药名称、包装规格、生产批号、生产日期、有效期、贮藏、批准文号、运输注意事项或其他标记、生产企业信息等内容。

第八条 对贮藏有特殊要求的必须在标签的醒目位置标明。

第九条 兽药有效期按年月顺序标注。年份用四位数表示，月份用两位数表示，如"有效期至 2002 年 09 月"，或"有效期至 2002.09"。

第三章 兽药说明书的基本要求

第十条 兽用化学药品、抗生素产品的单方、复方及中西复方制剂的说明书必须注明以下内容：兽用标识、兽药名称、主要成分、性状、药理作用、适应症（或功能与主治）、用法与用量、不良反应、注意事项、停药期、外用杀虫药及其他对人体或环境有毒有害的废弃包装的处理措施、有效期、含量/包装规格、贮藏、批准文号、生产企业信息等。

第十一条 中兽药说明书必须注明以下内容：兽用标识、兽药名称、主要成分、性状、功能与主治、用法与用量、不良反应、注意事项、有效期、规格、贮藏、批准文号、生产企业信息等。

第十二条 兽用生物制品说明书必须注明以下内容：兽用标识、兽药名称、主要成分及含量（型、株及活疫苗的最低活菌数或病毒滴度）、性状、接种对象、用法与用量（冻干疫苗须标明稀释方法）、注意事项（包括不良反应与急救措施）、有效期、规格（容量和头份）、包装、贮藏、废弃包装处理措施、批准文号、生产企业信息等。

第四章 兽药标签和说明书的管理

第十三条 兽药标签和说明书应当经农业部批准后方可使用。农业部制定兽药标签和说明书编写细则、范本，作为兽药标签和说明书编制、审批和监督执法的依据。

第十四条 兽药标签和说明书必须按照本规定的统一要求印制，其文字及图案不得擅自加入任何未经批准的内容。

第十五条 兽药标签和说明书的内容必须真实、准确，不得虚假和夸大，也不得印有任何带有宣传、广告色彩的文字和标识。

第十六条 兽药标签和说明书的内容不得超出或删减规定的项目内容；不得印有未获批准的专利、兽药 GMP、商标等标识。

第十七条 兽药标签和说明书所用文字必须是中文，并使用国家语言文字工作委员会公布的现行规范化汉字。根据需要可有外文对照。

第十八条 兽药标签或最小销售包装上应当按照农业部的规定印制兽药产品电子追溯码，电子追溯码以二维码标注；已获批准的专利产品，可标注专利标记和专利号，并标明专利许可种类；注册商标应印制在标签和说明书的左上角或右上角；已获兽药 GMP 合格证的，必须按照兽药 GMP 标识使用有关规定正确地使用兽药 GMP 标识。

第十九条 兽药标签和说明书的字迹必须清晰易辨，兽用标识及外用药标识应清楚醒目，不得有印字脱落或粘贴不牢等现象，并不得用粘贴、剪切的方式进行修改或补充。

第二十条 兽药标签和说明书内容对产品作用与用途项目的表述不得违反法定兽药标准的规定，并不得有扩大疗效和应用范围的内容；其用法与用量、停药期、有效期等项目内容必须与法定兽药标准一致，并使用符合兽药国家标准要求的规范性用语。

第二十一条 兽药标签和说明书上必须标识兽药通用名称，可同时标识商品名称。商品名称不得与通用名称连写，两者之间应有一定空隙并分行。通用名称与商品名称用字的比例不得小于 1∶2（指面积），并不得小于注册商标用字。

第二十二条 兽药最小销售单元的包装必须印有或贴有符合外包装标签规定内容的标签并附有说明书。兽药外包装箱上必须印有或粘贴有外包装标签。

第二十三条 凡违反本办法规定的，按照《兽药管理条例》有关规定进行处罚。兽药产品标签未按要求使用电子追溯码的，按照《兽药管理条例》第六十条第二款处罚。

第五章 附 则

第二十四条 本办法下列用语的含义是：

兽药通用名：国家标准、农业部行业标准、地方标准及进口兽药注册的正式品名。

兽药商品名：系指某一兽药产品的专有商品名称。

内包装标签：系指直接接触兽药的包装上的标签。

外包装标签：系指直接接触内包装的外包装上的标签。

兽药最小销售单元：系指直接供上市销售的兽药最小包装。

兽药说明书：系指包含兽药有效成分、疗效、使用以及注意事项等基本信息的技术资料。

生产企业信息：包括企业名称、邮编、地址、电话、传真、电子邮址、网址等。

第二十五条 本办法由农业部负责解释。

第二十六条 本办法自2003年3月1日起施行。

兽药标签和说明书编写细则

中华人民共和国农业部公告第 242 号

为贯彻落实《兽药标签和说明书管理办法》（农业部第 22 号令，以下简称 22 号令），保证清理整顿兽药标签和说明书工作的质量与进度，针对近期各地普遍反映的问题，我部组织制定了《兽药标签和说明书编写细则》（见附件），现予发布，请各地遵照执行，并就有关事项通知如下：

一、严格兽药标签和说明书管理是保证安全合理用药，保证动物性食品安全的重要举措，各地要高度重视，积极组织实施农业部第 22 号令和第 233 号公告，认真做好兽药标签和说明书的规范化管理工作，按我部安排的时间进度认真做好违规标签和说明书的清理工作。

二、各地不得以任何借口曲解、变更《兽药标签和说明书编写细则》标准规定要求，不得通过兽药名称夸大疗效、误导消费；不得擅自增加适应症和减少不良反应内容；不得在标签或包装上印制不健康、误导消费的背景图案和成分；不得印制未经批准的文字、图案；一个产品仅限使用一种标签和说明书。

三、凡生产省级兽药管理部门批准生产的产品，生产企业应按照《兽药标签和说明书编写细则》的要求将草拟的产品标签和说明书草案报所在省兽药管理机关审查批准。凡生产我部批准生产的兽药产品，生产企业应按照《兽药标签和说明书编写细则》的要求将草拟的产品标签和说明书草案，报送农业部兽药审评委员会办公室（传真：010－68977536，E－mailCVP@ivdc.gov.cn），由该办公室组织进行审查，审查合格后报我部畜牧兽医局批准。

二〇〇三年一月二十二日

附件

兽药标签和说明书编写细则

一、有关标识

1. 兽用标识　所有兽药（包括蚕用、水产用、蜂用等）必须标识汉字"兽用"，其字体应与兽药通用名相仿。

2. 外用药标识　所有外用兽药（包括消毒防腐剂、杀虫剂等）必须标识汉字"外用药"，字体应与兽药通用名相仿。

3. 专利标识　已获专利的，可标识专利标记、专利号、专利许可种类，其字体不得大于兽药通用名。

4. 兽药 GMP 标识　已取得《兽药 GMP 合格证》的，可在产品标签或说明书上标识"兽药 GMP 验收通过企业"或"兽药 GMP 验收通过车间"字样，并标注合格证证号，其字体不得大于兽药通用名。

二、兽药名称

1. 兽药通用名

兽药通用名必须采用法定兽药质量标准（兽药国家标准、专业标准、地方标准）名称，剂型名称应与现行《兽药典》一致。

2. 商品名

系指兽药管理部门批准的某一兽药产品的专有商品名称，其命名原则按照《关于加强兽药名称管理的通知》（农牧发〔1998〕3号）执行。商品名实行企业自愿原则，一个产品仅准予使用一个商品名，不得同时使用两个或两个以上商品名。

三、性状

性状是记载兽药产品的色泽和外表的感观描述，所有产品性状的描述方式必须严格按照兽药国家标准、专业标准、地方标准的有关规定执行。

四、药理作用

包括药效学和药动学等。

药效学：包括药理作用和主要作用机制。

药动学：包括吸收、分布、蛋白结合率、代谢、作用开始时间、血药峰值、达峰时间、峰值持续时间、时效、$T_{1/2}$（半衰期）及排泄（包括透析时的排泄概况）等。重点写血药浓度变化、峰浓度、峰时及有效浓度维持时间。如有药动学参数资料，可列出靶动物的消除半衰期（$T_{1/2}$）、表观分布容积（V_d）、生物利用度（F）等。

药物相互作用：列出具有兽医临床意义的药物相互作用，包括药剂学、药效学和药动学方面的药物相互作用。应以相互作用的重要性依次排列（1）、（2）、（3）。

注：目前本项目尚不明确的，可暂不标注。

五、适应症或功能与主治

依照法定兽药质量标准或兽药管理部门批准的适应症（或功能与主治）书写，不得擅自扩大应用范围。含有同一有效成分的地方兽药标准产品，以兽药国家标准和专业标准有关内容为准，编制时要注意其疾病、病理学、症状的文字规范化，并注意区分治疗××疾病、缓解××疾病或作为××疾病的辅助治疗的不同。

注：对于症状的描述必须与病因学（纯中药制剂产品除外）结合进行，不得将疾病临床症状作为唯一表述方式。

六、用法与用量

必须依照法定兽药质量标准编写，含有同一有效成分的地方兽药标准产品，以兽药国家标准和专业标准有关内容为准，须明确、详细地列出该药的给药方法及给药剂量。

常用给药方法：方法排序为：内服、混饲、混饮、皮下注射、肌肉注射、静脉滴注、外用、喷雾吸入等。

动物排列顺序为：马、牛、羊、猪、犬、猫、兔、禽（鸡、鸭、鹅等）、野生动物、水生动物、蚕、蜂等。

幼畜表述方式：驹、犊、羔羊、仔猪、雏鸡（鸭、鹅等）。

用药剂量：应准确地列出用药的剂量、计量方法、用药次数以及疗程期限，并特别注意与制剂规格的关系。

用量在 0.1g 以上的，用"g"表示，用量在"0.1g"以下的，用"mg"表示，溶液以"L"、"mL"表示。同一品种项下，不宜出现两种计量单位。

按体重计算给药剂量时，以"××动物（或其他动物）每 1kg 体重××g（或 mg）"表示。

通过混饲、混饮给药时，以"每 1 000kg 饲料（或 1L 水）××g（或 mg）表示"。必要时，用法与用量除单位含量外，还应使用"一次×片"；"一次×支"；"一日×次"等表示方式。

七、不良反应

系指靶动物在常规剂量下出现的与治疗无关的副作用、毒性和过敏反应，可按其严重程度、发生的频率或症状的系统性列出。如明确无影响，应注明"无"。

注：目前本项目尚不明确的，可暂不标注。

八、注意

系指使用该兽药时必须注意的问题，如影响兽药疗效的因素；需要慎用的情况；用药对于临床检验指标的影响等。

以 1，2，3，——表示排列次序。内容及排列次序依此为：使用兽药前，需特殊处理的事项；禁忌症；禁用、慎用畜种；中毒与解救；使用者注意事项；外用杀虫剂及其他对人体或环境有毒有害的废弃包装的处理措施等。

九、停药期

以法定兽药质量标准规定的停药期为准，法定兽药质量标准未规定的，食品动物的肉、脂肪和内脏执行 28 天停药期；奶执行 7 天停药期；蛋执行 7 天停药期；水产品执行 500 度日（水温×天数＝500）停药期。

十、有效期

指该兽药被批准的使用期限，以法定兽药质量标准规定的有效期为准。法定兽药质量标准未规定的品种，企业可根据产品稳定性试验结果确定临时有效期，但最长时间不得超过2年。

注：凡法定兽药质量标准未明确有效期的，各生产企业应在2003年底前按照《兽药稳定性试验技术规范》完成有关试验，提出有效期申请，报省级兽药管理部门核准，并报农业部兽药审评委员会办公室备案。

十一、规格

列出经批准生产的本产品的含量规格。制剂的含量规格是指每片（针剂为每支、预混剂为每个包装）含主药的量，液体制剂应注明每支的容量。

注：主要成分标注要求

1. 化学药品及抗生素制剂产品，必须标注所有有效成分及含量；

2. 纯中兽药制剂产品，必须标注成方中前五味（五味以下的全部标注）主药成分，含量表示方法按照现行《兽药典》执行。

3. 中西复方制剂产品，必须标注成方中前五味主药成分和西药成分、含量。

十二、包装

包装是指每个包装内所含产品的片数、支数、公斤数或包数、盒数等。

十三、贮藏

系指产品的保存条件（如温度、干湿、明暗），其表示方法按现行《兽药典》要求摘抄。对有特殊要求的，须在醒目位置上标明。

注：1. 由于包装材料或尺寸的原因，致使产品最小销售单元的包装不宜分别标识标签和说明书内容的，可以将外包装标签和说明书内容进行合并，但项目及内容不得少于合并前的所有项目内容。

2. 标签和说明书中同一项目的表述内容须一致。

兽药生产质量管理规范

中华人民共和国农业农村部令 2020 年第 3 号

(2002 年 3 月 19 日农业部令第 11 号公布。2017 年 11 月 30 日农业部令 2017 年第 8 号、2020 年 4 月 21 日农业农村部令 2020 年第 3 号修订。)

第一章 总 则

第一条 为加强兽药生产质量管理,根据《兽药管理条例》,制定兽药生产质量管理规范(兽药 GMP)。

第二条 本规范是兽药生产管理和质量控制的基本要求,旨在确保持续稳定地生产出符合注册要求的兽药。

第三条 企业应当严格执行本规范,坚持诚实守信,禁止任何虚假、欺骗行为。

第二章 质量管理

第一节 原则

第四条 企业应当建立符合兽药质量管理要求的质量目标,将兽药有关安全、有效和质量可控的所有要求,系统地贯彻到兽药生产、控制及产品放行、贮存、销售的全过程中,确保所生产的兽药符合注册要求。

第五条 企业高层管理人员应当确保实现既定的质量目标,不同层次的人员应当共同参与并承担各自的责任。

第六条 企业配备的人员、厂房、设施和设备等条件,应当满足质量目标的需要。

第二节 质量保证

第七条 企业应当建立质量保证系统,同时建立完整的文件体系,以保证系统有效运行。

企业应当对高风险产品的关键生产环节建立信息化管理系统,进行在线记录和监控。

第八条 质量保证系统应当确保:

(一)兽药的设计与研发体现本规范的要求;

(二)生产管理和质量控制活动符合本规范的要求;

(三)管理职责明确;

(四)采购和使用的原辅料和包装材料符合要求;

(五)中间产品得到有效控制;

(六)确认、验证的实施;

（七）严格按照规程进行生产、检查、检验和复核；
（八）每批产品经质量管理负责人批准后方可放行；
（九）在贮存、销售和随后的各种操作过程中有保证兽药质量的适当措施；
（十）按照自检规程，定期检查评估质量保证系统的有效性和适用性。

第九条 兽药生产质量管理的基本要求：
（一）制定生产工艺，系统地回顾并证明其可持续稳定地生产出符合要求的产品；
（二）生产工艺及影响产品质量的工艺变更均须经过验证；
（三）配备所需的资源，至少包括：
1．具有相应能力并经培训合格的人员；
2．足够的厂房和空间；
3．适用的设施、设备和维修保障；
4．正确的原辅料、包装材料和标签；
5．经批准的工艺规程和操作规程；
6．适当的贮运条件。
（四）应当使用准确、易懂的语言制定操作规程；
（五）操作人员经过培训，能够按照操作规程正确操作；
（六）生产全过程应当有记录，偏差均经过调查并记录；
（七）批记录、销售记录和电子追溯码信息应当能够追溯批产品的完整历史，并妥善保存、便于查阅；
（八）采取适当的措施，降低兽药销售过程中的质量风险；
（九）建立兽药召回系统，确保能够召回已销售的产品；
（十）调查导致兽药投诉和质量缺陷的原因，并采取措施，防止类似投诉和质量缺陷再次发生。

第三节　质量控制

第十条 质量控制包括相应的组织机构、文件系统以及取样、检验等，确保物料或产品在放行前完成必要的检验，确认其质量符合要求。

第十一条 质量控制的基本要求：
（一）应当配备适当的设施、设备、仪器和经过培训的人员，有效、可靠地完成所有质量控制的相关活动；
（二）应当有批准的操作规程，用于原辅料、包装材料、中间产品和成品的取样、检查、检验以及产品的稳定性考察，必要时进行环境监测，以确保符合本规范的要求；
（三）由经授权的人员按照规定的方法对原辅料、包装材料、中间产品和成品取样；
（四）检验方法应当经过验证或确认；
（五）应当按照质量标准对物料、中间产品和成品进行检查和检验；
（六）取样、检查、检验应当有记录，偏差应当经过调查并记录；
（七）物料和成品应当有足够的留样，以备必要的检查或检验；除最终包装容器过大的成品外，成品的留样包装应当与最终包装相同。最终包装容器过大的成品应使用材质和结构一样的市售模拟包装。

第四节 质量风险管理

第十二条 质量风险管理是在整个产品生命周期中采用前瞻或回顾的方式，对质量风险进行识别、评估、控制、沟通、审核的系统过程。

第十三条 应当根据科学知识及经验对质量风险进行评估，以保证产品质量。

第十四条 质量风险管理过程所采用的方法、措施、形式及形成的文件应当与存在风险的级别相适应。

第三章 机构与人员

第一节 原则

第十五条 企业应当建立与兽药生产相适应的管理机构，并有组织机构图。

企业应当设立独立的质量管理部门，履行质量保证和质量控制的职责。质量管理部门可以分别设立质量保证部门和质量控制部门。

第十六条 质量管理部门应当参与所有与质量有关的活动，负责审核所有与本规范有关的文件。质量管理部门人员不得将职责委托给其他部门的人员。

第十七条 企业应当配备足够数量并具有相应能力（含学历、培训和实践经验）的管理和操作人员，应当明确规定每个部门和每个岗位的职责。岗位职责不得遗漏，交叉的职责应当有明确规定。每个人承担的职责不得过多。

所有人员应当明确并理解自己的职责，熟悉与其职责相关的要求，并接受必要的培训，包括上岗前培训和继续培训。

第十八条 职责通常不得委托给他人。确需委托的，其职责应委托给具有相当资质的指定人员。

第二节 关键人员

第十九条 关键人员应当为企业的全职人员，至少包括企业负责人、生产管理负责人和质量管理负责人。

质量管理负责人和生产管理负责人不得互相兼任。企业应当制定操作规程确保质量管理负责人独立履行职责，不受企业负责人和其他人员的干扰。

第二十条 企业负责人是兽药质量的主要责任人，全面负责企业日常管理。为确保企业实现质量目标并按照本规范要求生产兽药，企业负责人负责提供并合理计划、组织和协调必要的资源，保证质量管理部门独立履行其职责。

第二十一条 生产管理负责人

（一）资质

生产管理负责人应当至少具有药学、兽医学、生物学、化学等相关专业本科学历（中级专业技术职称），具有至少三年从事兽药（药品）生产或质量管理的实践经验，其中至少有一年的兽药（药品）生产管理经验，接受过与所生产产品相关的专业知识培训。

（二）主要职责

1. 确保兽药按照批准的工艺规程生产、贮存，以保证兽药质量；

2. 确保严格执行与生产操作相关的各种操作规程；
3. 确保批生产记录和批包装记录已经指定人员审核并送交质量管理部门；
4. 确保厂房和设备的维护保养，以保持其良好的运行状态；
5. 确保完成各种必要的验证工作；
6. 确保生产相关人员经过必要的上岗前培训和继续培训，并根据实际需要调整培训内容。

第二十二条 质量管理负责人

（一）资质

质量管理负责人应当至少具有药学、兽医学、生物学、化学等相关专业本科学历（中级专业技术职称），具有至少五年从事兽药（药品）生产或质量管理的实践经验，其中至少一年的兽药（药品）质量管理经验，接受过与所生产产品相关的专业知识培训。

（二）主要职责

1. 确保原辅料、包装材料、中间产品和成品符合工艺规程的要求和质量标准；
2. 确保在产品放行前完成对批记录的审核；
3. 确保完成所有必要的检验；
4. 批准质量标准、取样方法、检验方法和其他质量管理的操作规程；
5. 审核和批准所有与质量有关的变更；
6. 确保所有重大偏差和检验结果超标已经过调查并得到及时处理；
7. 监督厂房和设备的维护，以保持其良好的运行状态；
8. 确保完成各种必要的确认或验证工作，审核和批准确认或验证方案和报告；
9. 确保完成自检；
10. 评估和批准物料供应商；
11. 确保所有与产品质量有关的投诉已经过调查，并得到及时、正确的处理；
12. 确保完成产品的持续稳定性考察计划，提供稳定性考察的数据；
13. 确保完成产品质量回顾分析；
14. 确保质量控制和质量保证人员都已经过必要的上岗前培训和继续培训，并根据实际需要调整培训内容。

第三节 培训

第二十三条 企业应当指定部门或专人负责培训管理工作，应当有批准的培训方案或计划，培训记录应当予以保存。

第二十四条 与兽药生产、质量有关的所有人员都应当经过培训，培训的内容应当与岗位的要求相适应。除进行本规范理论和实践的培训外，还应当有相关法规、相应岗位的职责、技能的培训，并定期评估培训实际效果。应对检验人员进行检验能力考核，合格后上岗。

第二十五条 高风险操作区（如高活性、高毒性、传染性、高致敏性物料的生产区）的工作人员应当接受专门的专业知识和安全防护要求的培训。

第四节　人员卫生

第二十六条　企业应当建立人员卫生操作规程，最大限度地降低人员对兽药生产造成污染的风险。

第二十七条　人员卫生操作规程应当包括与健康、卫生习惯及人员着装相关的内容。企业应当采取措施确保人员卫生操作规程的执行。

第二十八条　企业应当对人员健康进行管理，并建立健康档案。直接接触兽药的生产人员上岗前应当接受健康检查，以后每年至少进行一次健康检查。

第二十九条　企业应当采取适当措施，避免体表有伤口、患有传染病或其他疾病可能污染兽药的人员从事直接接触兽药的生产活动。

第三十条　参观人员和未经培训的人员不得进入生产区和质量控制区，特殊情况确需进入的，应当经过批准，并对进入人员的个人卫生、更衣等事项进行指导。

第三十一条　任何进入生产区的人员均应当按照规定更衣。工作服的选材、式样及穿戴方式应当与所从事的工作和空气洁净度级别要求相适应。

第三十二条　进入洁净生产区的人员不得化妆和佩带饰物。

第三十三条　生产区、检验区、仓储区应当禁止吸烟和饮食，禁止存放食品、饮料、香烟和个人用品等非生产用物品。

第三十四条　操作人员应当避免裸手直接接触兽药以及与兽药直接接触的容器具、包装材料和设备表面。

第四章　厂房与设施

第一节　原则

第三十五条　厂房的选址、设计、布局、建造、改造和维护必须符合兽药生产要求，应当能够最大限度地避免污染、交叉污染、混淆和差错，便于清洁、操作和维护。

第三十六条　应当根据厂房及生产防护措施综合考虑选址，厂房所处的环境应当能够最大限度地降低物料或产品遭受污染的风险。

第三十七条　企业应当有整洁的生产环境；厂区的地面、路面等设施及厂内运输等活动不得对兽药的生产造成污染；生产、行政、生活和辅助区的总体布局应当合理，不得互相妨碍；厂区和厂房内的人、物流走向应当合理。

第三十八条　应当对厂房进行适当维护，并确保维修活动不影响兽药的质量。应当按照详细的书面操作规程对厂房进行清洁或必要的消毒。

第三十九条　厂房应当有适当的照明、温度、湿度和通风，保生产和贮存的产品质量以及相关设备性能不会直接或间接地受到影响。

第四十条　厂房、设施的设计和安装应当能够有效防止昆虫或其他动物进入。应当采取必要的措施，避免所使用的灭鼠药、杀虫剂、烟熏剂等对设备、物料、产品造成污染。

第四十一条　应当采取适当措施，防止未经批准人员的进入。生产、贮存和质量控制区不得作为非本区工作人员的直接通道。

第四十二条　应当保存厂房、公用设施、固定管道建造或改造后的竣工图纸。

第二节 生产区

第四十三条 为降低污染和交叉污染的风险,厂房、生产设施和设备应当根据所生产兽药的特性、工艺流程及相应洁净度级别要求合理设计、布局和使用,并符合下列要求:

(一)应当根据兽药的特性、工艺等因素,确定厂房、生产设施和设备供多产品共用的可行性,并有相应的评估报告;

(二)生产青霉素类等高致敏性兽药应使用相对独立的厂房、生产设施及专用的空气净化系统,分装室应保持相对负压,排至室外的废气应经净化处理并符合要求,排风口应远离其他空气净化系统的进风口。如需利用停产的该类车间分装其他产品时,则必须进行清洁处理,不得有残留并经测试合格后才能生产其他产品;

(三)生产高生物活性兽药(如性激素类等)应使用专用的车间、生产设施及空气净化系统,并与其他兽药生产区严格分开;

(四)生产吸入麻醉剂类兽药应使用专用的车间、生产设施及空气净化系统;配液和分装工序应保持相对负压,其空调排风系统采用全排风,不得利用回风方式;

(五)兽用生物制品应按微生物类别、性质的不同分开生产。强毒菌种与弱毒菌种、病毒与细菌、活疫苗与灭活疫苗、灭活前与灭活后、脱毒前与脱毒后其生产操作区域和储存设备等应严格分开;

生产兽用生物制品涉及高致病性病原微生物、有感染人风险的人兽共患病病原微生物以及芽孢类微生物的,应在生物安全风险评估基础上,至少采取专用区域、专用设备和专用空调排风系统等措施,确保生物安全。有生物安全三级防护要求的兽用生物制品的生产,还应符合相关规定;

(六)用于上述第(二)、(三)、(四)、(五)项的空调排风系统,其排风应当经过无害化处理;

(七)生产厂房不得用于生产非兽药产品;

(八)对易燃易爆、腐蚀性强的消毒剂(如固体含氯制剂等)生产车间和仓库应设置独立的建筑物。

第四十四条 生产区和贮存区应当有足够的空间,确保有序地存放设备、物料、中间产品和成品,避免不同产品或物料的混淆、交叉污染,避免生产或质量控制操作发生遗漏或差错。

第四十五条 应当根据兽药品种、生产操作要求及外部环境状况等配置空气净化系统,使生产区有效通风,并有温度、湿度控制和空气净化过滤,保证兽药的生产环境符合要求。

洁净区与非洁净区之间、不同级别洁净区之间的压差应当不低于10帕斯卡。必要时,相同洁净度级别的不同功能区域(操作间)之间也应保持适当的压差梯度,并应有指示压差的装置和(或)设置监控系统。

兽药生产洁净室(区)分为A级、B级、C级和D级4个级别。生产不同类别兽药的洁净室(区)设计应当符合相应的洁净度要求,包括达到"静态"和"动态"的标准。

第四十六条 洁净区的内表面(墙壁、地面、天棚)应当平整光滑、无裂缝、接口严密、无颗粒物脱落,避免积尘,便于有效清洁,必要时应当进行消毒。

第四十七条 各种管道、工艺用水的水处理及其配套设施、照明设施、风口和其他公用设施的设计和安装应当避免出现不易清洁的部位，应当尽可能在生产区外部对其进行维护。

与无菌兽药直接接触的干燥用空气、压缩空气和惰性气体应经净化处理，其洁净程度、管道材质等应与对应的洁净区的要求相一致。

第四十八条 排水设施应当大小适宜，并安装防止倒灌的装置。含高致病性病原微生物以及有感染人风险的人兽共患病病原微生物的活毒废水，应有有效的无害化处理设施。

第四十九条 制剂的原辅料称量通常应当在专门设计的称量室内进行。

第五十条 产尘操作间（如干燥物料或产品的取样、称量、混合、包装等操作间）应当保持相对负压或采取专门的措施，防止粉尘扩散、避免交叉污染并便于清洁。

第五十一条 用于兽药包装的厂房或区域应当合理设计和布局，以避免混淆或交叉污染。如同一区域内有数条包装线，应当有隔离措施。

第五十二条 生产区应根据功能要求提供足够的照明，目视操作区域的照明应当满足操作要求。

第五十三条 生产区内可设中间产品检验区域，但中间产品检验操作不得给兽药带来质量风险。

第三节 仓储区

第五十四条 仓储区应当有足够的空间，确保有序存放待验、合格、不合格、退货或召回的原辅料、包装材料、中间产品和成品等各类物料和产品。

第五十五条 仓储区的设计和建造应当确保良好的仓储条件，并有通风和照明设施。仓储区应当能够满足物料或产品的贮存条件（如温湿度、避光）和安全贮存的要求，并进行检查和监控。

第五十六条 如采用单独的隔离区域贮存待验物料或产品，待验区应当有醒目的标识，且仅限经批准的人员出入。

不合格、退货或召回的物料或产品应当隔离存放。

如果采用其他方法替代物理隔离，则该方法应当具有同等的安全性。

第五十七条 易燃、易爆和其他危险品的生产和贮存的厂房设施应符合国家有关规定。兽用麻醉药品、精神药品、毒性药品的贮存设施应符合有关规定。

第五十八条 高活性的物料或产品以及印刷包装材料应当贮存于安全的区域。

第五十九条 接收、发放和销售区域及转运过程应当能够保护物料、产品免受外界天气（如雨、雪）的影响。接收区的布局和设施，应当能够确保物料在进入仓储区前可对外包装进行必要的清洁。

第六十条 贮存区域应当设置托盘等设施，避免物料、成品受潮。

第六十一条 应当有单独的物料取样区，取样区的空气洁净度级别应当与生产要求相一致。如在其他区域或采用其他方式取样，应当能够防止污染或交叉污染。

第四节 质量控制区

第六十二条 质量控制实验室通常应当与生产区分开。根据生产品种，应有相应符合无菌检查、微生物限度检查和抗生素微生物检定等要求的实验室。生物检定和微生物实验室还应当彼此分开。

第六十三条 实验室的设计应当确保其适用于预定的用途，并能够避免混淆和交叉污染，应当有足够的区域用于样品处置、留样和稳定性考察样品的存放以及记录的保存。

第六十四条 有特殊要求的仪器应当设置专门的仪器室，使灵敏度高的仪器免受静电、震动、潮湿或其他外界因素的干扰。

第六十五条 处理生物样品等特殊物品的实验室应当符合国家的有关要求。

第六十六条 实验动物房应当与其他区域严格分开，其设计、建造应当符合国家有关规定，并设有专用的空气处理设施以及动物的专用通道。如需采用动物生产兽用生物制品，生产用动物房必须单独设置，并设有专用的空气处理设施以及动物的专用通道。

生产兽用生物制品的企业应设置检验用动物实验室。同一集团控股的不同生物制品生产企业，可由每个生产企业分别设置检验用动物实验室或委托集团内具备相应检验条件和能力的生产企业进行有关动物实验。有生物安全三级防护要求的兽用生物制品检验用实验室和动物实验室，还应符合相关规定。

生产兽用生物制品外其他需使用动物进行检验的兽药产品，兽药生产企业可采取自行设置检验用动物实验室或委托其他单位进行有关动物实验。接受委托检验的单位，其检验用动物实验室必须具备相应的检验条件，并应符合相关规定要求。采取委托检验的，委托方对检验结果负责。

第五节　辅助区

第六十七条 休息室的设置不得对生产区、仓储区和质量控制区造成不良影响。

第六十八条 更衣室和盥洗室应当方便人员进出，并与使用人数相适应。盥洗室不得与生产区和仓储区直接相通。

第六十九条 维修间应当尽可能远离生产区。存放在洁净区内的维修用备件和工具，应当放置在专门的房间或工具柜中。

第五章　设　备

第一节　原则

第七十条 设备的设计、选型、安装、改造和维护必须符合预定用途，应当尽可能降低产生污染、交叉污染、混淆和差错的风险，便于操作、清洁、维护以及必要时进行的消毒或灭菌。

第七十一条 应当建立设备使用、清洁、维护和维修的操作规程，以保证设备的性能，应按规程使用设备并记录。

第七十二条 主要生产和检验设备、仪器、衡器均应建立设备档案，内容包括：生产厂家、型号、规格、技术参数、说明书、设备图纸、备件清单、安装位置及竣工图，以及检修和维修保养内容及记录、验证记录、事故记录等。

第二节 设计和安装

第七十三条 生产设备应当避免对兽药质量产生不利影响。与兽药直接接触的生产设备表面应当平整、光洁、易清洗或消毒、耐腐蚀，不得与兽药发生化学反应、吸附兽药或向兽药中释放物质而影响产品质量。

第七十四条 生产、检验设备的性能、参数应能满足设计要求和实际生产需求，并应当配备有适当量程和精度的衡器、量具、仪器和仪表。相关设备还应符合实施兽药产品电子追溯管理的要求。

第七十五条 应当选择适当的清洗、清洁设备，并防止这类设备成为污染源。

第七十六条 设备所用的润滑剂、冷却剂等不得对兽药或容器造成污染，与兽药可能接触的部位应当使用食用级或级别相当的润滑剂。

第七十七条 生产用模具的采购、验收、保管、维护、发放及报废应当制定相应操作规程，设专人专柜保管，并有相应记录。

第三节 使用、维护和维修

第七十八条 主要生产和检验设备都应当有明确的操作规程。

第七十九条 生产设备应当在确认的参数范围内使用。

第八十条 生产设备应当有明显的状态标识，标明设备编号、名称、运行状态等。运行的设备应当标明内容物的信息，如名称、规格、批号等，没有内容物的生产设备应当标明清洁状态。

第八十一条 与设备连接的主要固定管道应当标明内容物名称和流向。

第八十二条 应当制定设备的预防性维护计划，设备的维护和维修应当有相应的记录。

第八十三条 设备的维护和维修应保持设备的性能，并不得影响产品质量。

第八十四条 经改造或重大维修的设备应当进行再确认，符合要求后方可继续使用。

第八十五条 不合格的设备应当搬出生产和质量控制区，如未搬出，应当有醒目的状态标识。

第八十六条 用于兽药生产或检验的设备和仪器，应当有使用和维修、维护记录，使用记录内容包括使用情况、日期、时间、所生产及检验的兽药名称、规格和批号等。

第四节 清洁和卫生

第八十七条 兽药生产设备应保持良好的清洁卫生状态，不得对兽药的生产造成污染和交叉污染。

第八十八条 生产、检验设备及器具均应制定清洁操作规程，并按照规程进行清洁和记录。

第八十九条 已清洁的生产设备应当在清洁、干燥的条件下存放。

第五节 检定或校准

第九十条 应当根据国家标准及仪器使用特点对生产和检验用衡器、量具、仪表、记录和控制设备以及仪器制定检定（校准）计划，检定（校准）的范围应当涵盖实际使用范围。应按计划进行检定或校准，并保存相关证书、报告或记录。

第九十一条 应当确保生产和检验使用的衡器、量具、仪器仪表经过校准，控制设备得到确认，确保得到的数据准确、可靠。

第九十二条 仪器的检定和校准应当符合国家有关规定，应保证校验数据的有效性。

自校仪器、量具应制定自校规程，并具备自校设施条件，校验人员具有相应资质，并做好校验记录。

第九十三条 衡器、量具、仪表、用于记录和控制的设备以及仪器应当有明显的标识，标明其检定或校准有效期。

第九十四条 在生产、包装、仓储过程中使用自动或电子设备的，应当按照操作规程定期进行校准和检查，确保其操作功能正常。校准和检查应当有相应的记录。

第六节 制药用水

第九十五条 制药用水应当适合其用途，并符合《中华人民共和国兽药典》的质量标准及相关要求。制药用水至少应当采用饮用水。

第九十六条 水处理设备及其输送系统的设计、安装、运行和维护应当确保制药用水达到设定的质量标准。水处理设备的运行不得超出其设计能力。

第九十七条 纯化水、注射用水储罐和输送管道所用材料应当无毒、耐腐蚀；储罐的通气口应当安装不脱落纤维的疏水性除菌滤器；管道的设计和安装应当避免死角、盲管。

第九十八条 纯化水、注射用水的制备、贮存和分配应当能够防止微生物的滋生。纯化水可采用循环，注射用水可采用70℃以上保温循环。

第九十九条 应当对制药用水及原水的水质进行定期监测，并有相应的记录。

第一百条 应当按照操作规程对纯化水、注射用水管道进行清洗消毒，并有相关记录。发现制药用水微生物污染达到警戒限度、纠偏限度时应当按照操作规程处理。

第六章 物料与产品

第一节 原则

第一百零一条 兽药生产所用的原辅料、与兽药直接接触的包装材料应当符合兽药标准、药品标准、包装材料标准或其他有关标准。兽药上直接印字所用油墨应当符合食用标准要求。

进口原辅料应当符合国家相关的进口管理规定。

第一百零二条 应当建立相应的操作规程，确保物料和产品的正确接收、贮存、发放、使用和销售，防止污染、交叉污染、混淆和差错。

物料和产品的处理应当按照操作规程或工艺规程执行，并有记录。

第一百零三条 物料供应商的确定及变更应当进行质量评估，并经质量管理部门批准后方可采购。必要时对关键物料进行现场考查。

第一百零四条 物料和产品的运输应当能够满足质量和安全的要求，对运输有特殊要求的，其运输条件应当予以确认。

第一百零五条 原辅料、与兽药直接接触的包装材料和印刷包装材料的接收应当有操作规程，所有到货物料均应当检查，确保与订单一致，并确认供应商已经质量管理部门批准。

物料的外包装应当有标签，并注明规定的信息。必要时应当进行清洁，发现外包装损坏或其他可能影响物料质量的问题，应当向质量管理部门报告并进行调查和记录。

每次接收均应当有记录，内容包括：

（一）交货单和包装容器上所注物料的名称；
（二）企业内部所用物料名称和（或）代码；
（三）接收日期；
（四）供应商和生产商（如不同）的名称；
（五）供应商和生产商（如不同）标识的批号；
（六）接收总量和包装容器数量；
（七）接收后企业指定的批号或流水号；
（八）有关说明（如包装状况）；
（九）检验报告单等合格性证明材料。

第一百零六条 物料接收和成品生产后应当及时按照待验管理，直至放行。

第一百零七条 物料和产品应当根据其性质有序分批贮存和周转，发放及销售应当符合先进先出和近效期先出的原则。

第一百零八条 使用计算机化仓储管理的，应当有相应的操作规程，防止因系统故障、停机等特殊情况而造成物料和产品的混淆和差错。

第二节 原辅料

第一百零九条 应当制定相应的操作规程，采取核对或检验等适当措施，确认每一批次的原辅料准确无误。

第一百一十条 一次接收数个批次的物料，应当按批取样、检验、放行。

第一百一十一条 仓储区内的原辅料应当有适当的标识，并至少标明下述内容：

（一）指定的物料名称或企业内部的物料代码；
（二）企业接收时设定的批号；
（三）物料质量状态（如待验、合格、不合格、已取样）；
（四）有效期或复验期。

第一百一十二条 只有经质量管理部门批准放行并在有效期或复验期内的原辅料方可使用。

第一百一十三条 原辅料应当按照有效期或复验期贮存。贮存期内，如发现对质量有不良影响的特殊情况，应当进行复验。

第三节 中间产品

第一百一十四条 中间产品应当在适当的条件下贮存。

第一百一十五条 中间产品应当有明确的标识，并至少标明下述内容：

（一）产品名称或企业内部的产品代码；

（二）产品批号；
（三）数量或重量（如毛重、净重等）；
（四）生产工序（必要时）；
（五）产品质量状态（必要时，如待验、合格、不合格、已取样）。

第四节　包装材料

第一百一十六条　与兽药直接接触的包装材料以及印刷包装材料的管理和控制要求与原辅料相同。

第一百一十七条　包装材料应当由专人按照操作规程发放，并采取措施避免混淆和差错，确保用于兽药生产的包装材料正确无误。

第一百一十八条　应当建立印刷包装材料设计、审核、批准的操作规程，确保印刷包装材料印制的内容与畜牧兽医主管部门核准的一致，并建立专门文档，保存经签名批准的印刷包装材料原版实样。

第一百一十九条　印刷包装材料的版本变更时，应当采取措施，确保产品所用印刷包装材料的版本正确无误。应收回作废的旧版印刷模版并予以销毁。

第一百二十条　印刷包装材料应当设置专门区域妥善存放，未经批准，人员不得进入。切割式标签或其他散装印刷包装材料应当分别置于密闭容器内储运，以防混淆。

第一百二十一条　印刷包装材料应当由专人保管，并按照操作规程和需求量发放。

第一百二十二条　每批或每次发放的与兽药直接接触的包装材料或印刷包装材料，均应当有识别标志，标明所用产品的名称和批号。

第一百二十三条　过期或废弃的印刷包装材料应当予以销毁并记录。

第五节　成品

第一百二十四条　成品放行前应当待验贮存。

第一百二十五条　成品的贮存条件应当符合兽药质量标准。

第六节　特殊管理的物料和产品

第一百二十六条　兽用麻醉药品、精神药品、毒性药品（包括药材）和放射类药品等特殊药品，易制毒化学品及易燃、易爆和其他危险品的验收、贮存、管理应当执行国家有关规定。

第七节　其他

第一百二十七条　不合格的物料、中间产品和成品的每个包装容器或批次上均应当有清晰醒目的标志，并在隔离区内妥善保存。

第一百二十八条　不合格的物料、中间产品和成品的处理应当经质量管理负责人批准，并有记录。

第一百二十九条　产品回收需经预先批准，并对相关的质量风险进行充分评估，根据评估结论决定是否回收。回收应当按照预定的操作规程进行，并有相应记录。回收处理后的产品应当按照回收处理中最早批次产品的生产日期确定有效期。

第一百三十条 制剂产品原则上不得进行重新加工。不合格的制剂中间产品和成品一般不得进行返工。只有不影响产品质量、符合相应质量标准，且根据预定、经批准的操作规程以及对相关风险充分评估后，才允许返工处理。返工应当有相应记录。

第一百三十一条 对返工或重新加工或回收合并后生产的成品，质量管理部门应当评估对产品质量的影响，必要时需要进行额外相关项目的检验和稳定性考察。

第一百三十二条 企业应当建立兽药退货的操作规程，并有相应的记录，内容至少应包括：产品名称、批号、规格、数量、退货单位及地址、退货原因及日期、最终处理意见。同一产品同一批号不同渠道的退货应当分别记录、存放和处理。

第一百三十三条 只有经检查、检验和调查，有证据证明退货产品质量未受影响，且经质量管理部门根据操作规程评价后，方可考虑将退货产品重新包装、重新销售。评价考虑的因素至少应当包括兽药的性质、所需的贮存条件、兽药的现状、历史，以及销售与退货之间的间隔时间等因素。对退货产品质量存有怀疑时，不得重新销售。

对退货产品进行回收处理的，回收后的产品应当符合预定的质量标准和第一百二十九条的要求。

退货产品处理的过程和结果应当有相应记录。

第七章　确认与验证

第一百三十四条 企业应当确定需要进行的确认或验证工作，以证明有关操作的关键要素能够得到有效控制。确认或验证的范围和程度应当经过风险评估来确定。

第一百三十五条 企业的厂房、设施、设备和检验仪器应当经过确认，应当采用经过验证的生产工艺、操作规程和检验方法进行生产、操作和检验，并保持持续的验证状态。

第一百三十六条 企业应当制定验证总计划，包括厂房与设施、设备、检验仪器、生产工艺、操作规程、清洁方法和检验方法等，确立验证工作的总体原则，明确企业所有验证的总体计划，规定各类验证应达到的目标、验证机构和人员的职责和要求。

第一百三十七条 应当建立确认与验证的文件和记录，并能以文件和记录证明达到以下预定的目标：

（一）设计确认应当证明厂房、设施、设备的设计符合预定用途和本规范要求；

（二）安装确认应当证明厂房、设施、设备的建造和安装符合设计标准；

（三）运行确认应当证明厂房、设施、设备的运行符合设计标准；

（四）性能确认应当证明厂房、设施、设备在正常操作方法和工艺条件下能够持续符合标准；

（五）工艺验证应当证明一个生产工艺按照规定的工艺参数能够持续生产出符合预定用途和注册要求的产品。

第一百三十八条 采用新的生产处方或生产工艺前，应当验证其常规生产的适用性。生产工艺在使用规定的原辅料和设备条件下，应当能够始终生产出符合注册要求的产品。

第一百三十九条 当影响产品质量的主要因素，如原辅料、与药品直接接触的包装材料、生产设备、生产环境（厂房）、生产工艺、检验方法等发生变更时，应当进行确认或验证。必要时，还应当经畜牧兽医主管部门批准。

第一百四十条 清洁方法应当经过验证，证实其清洁的效果，以有效防止污染和交叉污染。清洁验证应当综合考虑设备使用情况、所使用的清洁剂和消毒剂、取样方法和位置以及相应的取样回收率、残留物的性质和限度、残留物检验方法的灵敏度等因素。

第一百四十一条 应当根据确认或验证的对象制定确认或验证方案，并经审核、批准。确认或验证方案应当明确职责，验证合格标准的设立及进度安排科学合理，可操作性强。

第一百四十二条 确认或验证应当按照预先确定和批准的方案实施，并有记录。确认或验证工作完成后，应当对验证结果进行评价，写出报告（包括评价与建议），并经审核、批准。验证的文件应存档。

第一百四十三条 应当根据验证的结果确认工艺规程和操作规程。

第一百四十四条 确认和验证不是一次性的行为。首次确认或验证后，应当根据产品质量回顾分析情况进行再确认或再验证。关键的生产工艺和操作规程应当定期进行再验证，确保其能够达到预期结果。

第八章　文件管理

第一节　原则

第一百四十五条 文件是质量保证系统的基本要素。企业应当有内容正确的书面质量标准、生产处方和工艺规程、操作规程以及记录等文件。

第一百四十六条 企业应当建立文件管理的操作规程，系统地设计、制定、审核、批准、发放、收回和销毁文件。

第一百四十七条 文件的内容应当覆盖与兽药生产有关的所有方面，包括人员、设施设备、物料、验证、生产管理、质量管理、销售、召回和自检等，以及兽药产品赋电子追溯码（二维码）标识制度，保证产品质量可控并有助于追溯每批产品的历史情况。

第一百四十八条 文件的起草、修订、审核、批准、替换或撤销、复制、保管和销毁等应当按照操作规程管理，并有相应的文件分发、撤销、复制、收回、销毁记录。

第一百四十九条 文件的起草、修订、审核、批准均应当由适当的人员签名并注明日期。

第一百五十条 文件应当标明题目、种类、目的以及文件编号和版本号。文字应当确切、清晰、易懂，不能模棱两可。

第一百五十一条 文件应当分类存放、条理分明，便于查阅。

第一百五十二条 原版文件复制时，不得产生任何差错；复制的文件应当清晰可辨。

第一百五十三条 文件应当定期审核、修订；文件修订后，应当按照规定管理，防止旧版文件的误用。分发、使用的文件应当为批准的现行文本，已撤销的或旧版文件除留档备查外，不得在工作现场出现。

第一百五十四条 与本规范有关的每项活动均应当有记录，记录数据应完整可靠，以保证产品生产、质量控制和质量保证、包装所赋电子追溯码等活动可追溯。记录应当留有填写数据的足够空格。记录应当及时填写，内容真实，字迹清晰、易读，不易擦除。

第一百五十五条 应当尽可能采用生产和检验设备自动打印的记录、图谱和曲线图等，并标明产品或样品的名称、批号和记录设备的信息，操作人应当签注姓名和日期。

第一百五十六条 记录应当保持清洁，不得撕毁和任意涂改。记录填写的任何更改都应当签注姓名和日期，并使原有信息仍清晰可辨，必要时，应当说明更改的理由。记录如需重新誊写，则原有记录不得销毁，应当作为重新誊写记录的附件保存。

第一百五十七条 每批兽药应当有批记录，包括批生产记录、批包装记录、批检验记录和兽药放行审核记录以及电子追溯码标识记录等。批记录应当由质量管理部门负责管理，至少保存至兽药有效期后一年。质量标准、工艺规程、操作规程、稳定性考察、确认、验证、变更等其他重要文件应当长期保存。

第一百五十八条 如使用电子数据处理系统、照相技术或其他可靠方式记录数据资料，应当有所用系统的操作规程；记录的准确性应当经过核对。

使用电子数据处理系统的，只有经授权的人员方可输入或更改数据，更改和删除情况应当有记录；应当使用密码或其他方式来控制系统的登录；关键数据输入后，应当由他人独立进行复核。

用电子方法保存的批记录，应当采用磁带、缩微胶卷、纸质副本或其他方法进行备份，以确保记录的安全，且数据资料在保存期内便于查阅。

第二节 质量标准

第一百五十九条 物料和成品应当有经批准的现行质量标准；必要时，中间产品也应当有质量标准。

第一百六十条 物料的质量标准一般应当包括：

（一）物料的基本信息：

1. 企业统一指定的物料名称或内部使用的物料代码；
2. 质量标准的依据。

（二）取样、检验方法或相关操作规程编号；

（三）定性和定量的限度要求；

（四）贮存条件和注意事项；

（五）有效期或复验期。

第一百六十一条 成品的质量标准至少应当包括：

（一）产品名称或产品代码；

（二）对应的产品处方编号（如有）；

（三）产品规格和包装形式；

（四）取样、检验方法或相关操作规程编号；

（五）定性和定量的限度要求；

（六）贮存条件和注意事项；

（七）有效期。

第三节 工艺规程

第一百六十二条 每种兽药均应当有经企业批准的工艺规程，不同兽药规格的每种包装形式均应当有各自的包装操作要求。工艺规程的制定应当以注册批准的工艺为依据。

第一百六十三条 工艺规程不得任意更改。如需更改，应当按照相关的操作规程修订、审核、批准，影响兽药产品质量的更改应当经过验证。

第一百六十四条 制剂的工艺规程内容至少应当包括：

（一）生产处方：

1. 产品名称；

2. 产品剂型、规格和批量；

3. 所用原辅料清单（包括生产过程中使用，但不在成品中出现的物料），阐明每一物料的指定名称和用量；原辅料的用量需要折算时，还应当说明计算方法。

（二）生产操作要求：

1. 对生产场所和所用设备的说明（如操作间的位置、洁净度级别、温湿度要求、设备型号等）；

2. 关键设备的准备（如清洗、组装、校准、灭菌等）所采用的方法或相应操作规程编号；

3. 详细的生产步骤和工艺参数说明（如物料的核对、预处理、加入物料的顺序、混合时间、温度等）；

4. 中间控制方法及标准；

5. 预期的最终产量限度，必要时，还应当说明中间产品的产量限度，以及物料平衡的计算方法和限度；

6. 待包装产品的贮存要求，包括容器、标签、贮存时间及特殊贮存条件；

7. 需要说明的注意事项。

（三）包装操作要求：

1. 以最终包装容器中产品的数量、重量或体积表示的包装形式；

2. 所需全部包装材料的完整清单，包括包装材料的名称、数量、规格、类型；

3. 印刷包装材料的实样或复制品，并标明产品批号、有效期打印位置；

4. 需要说明的注意事项，包括对生产区和设备进行的检查，在包装操作开始前，确认包装生产线的清场已经完成等；

5. 包装操作步骤的说明，包括重要的辅助性操作和所用设备的注意事项、包装材料使用前的核对；

6. 中间控制的详细操作，包括取样方法及标准；

7. 待包装产品、印刷包装材料的物料平衡计算方法和限度。

第四节 批生产与批包装记录

第一百六十五条 每批产品均应当有相应的批生产记录，记录的内容应确保该批产品的生产历史以及与质量有关的情况可追溯。

第一百六十六条 批生产记录应当依据批准的现行工艺规程的相关内容制定。批生产记录的每一工序应当标注产品的名称、规格和批号。

第一百六十七条 原版空白的批生产记录应当经生产管理负责人和质量管理负责人审核和批准。批生产记录的复制和发放均应当按照操作规程进行控制并有记录，每批产品的生产只能发放一份原版空白批生产记录的复制件。

第一百六十八条 在生产过程中，进行每项操作时应当及时记录，操作结束后，应当由生产操作人员确认并签注姓名和日期。

第一百六十九条 批生产记录的内容应当包括：

（一）产品名称、规格、批号；

（二）生产以及中间工序开始、结束的日期和时间；

（三）每一生产工序的负责人签名；

（四）生产步骤操作人员的签名；必要时，还应当有操作（如称量）复核人员的签名；

（五）每一原辅料的批号以及实际称量的数量（包括投入的回收或返工处理产品的批号及数量）；

（六）相关生产操作或活动、工艺参数及控制范围，以及所用主要生产设备的编号；

（七）中间控制结果的记录以及操作人员的签名；

（八）不同生产工序所得产量及必要时的物料平衡计算；

（九）对特殊问题或异常事件的记录，包括对偏离工艺规程的偏差情况的详细说明或调查报告，并经签字批准。

第一百七十条 产品的包装应当有批包装记录，以便追溯该批产品包装操作以及与质量有关的情况。

第一百七十一条 批包装记录应当依据工艺规程中与包装相关的内容制定。

第一百七十二条 批包装记录应当有待包装产品的批号、数量以及成品的批号和计划数量。原版空白的批包装记录的审核、批准、复制和发放的要求与原版空白的批生产记录相同。

第一百七十三条 在包装过程中，进行每项操作时应当及时记录，操作结束后，应当由包装操作人员确认并签注姓名和日期。

第一百七十四条 批包装记录的内容包括：

（一）产品名称、规格、包装形式、批号、生产日期和有效期；

（二）包装操作日期和时间；

（三）包装操作负责人签名；

（四）包装工序的操作人员签名；

（五）每一包装材料的名称、批号和实际使用的数量；

（六）包装操作的详细情况，包括所用设备及包装生产线的编号；

（七）兽药产品赋电子追溯码标识操作的详细情况，包括所用设备、编号。电子追溯码信息以及对两级以上包装进行赋码关联关系信息等记录可采用电子方式保存；

（八）所用印刷包装材料的实样，并印有批号、有效期及其他打印内容；不易随批包装记录归档的印刷包装材料可采用印有上述内容的复制品；

（九）对特殊问题或异常事件的记录，包括对偏离工艺规程的偏差情况的详细说明或调查报告，并经签字批准；

（十）所有印刷包装材料和待包装产品的名称、代码，以及发放、使用、销毁或退库的数量、实际产量等的物料平衡检查。

第五节 操作规程和记录

第一百七十五条 操作规程的内容应当包括：题目、编号、版本号、颁发部门、生效日期、分发部门以及制定人、审核人、批准人的签名并注明日期，标题、正文及变更历史。

第一百七十六条 厂房、设备、物料、文件和记录应当有编号（代码），并制定编制编号（代码）的操作规程，确保编号（代码）的唯一性。

第一百七十七条 下述活动也应当有相应的操作规程，其过程和结果应当有记录：

（一）确认和验证；

（二）设备的装配和校准；

（三）厂房和设备的维护、清洁和消毒；

（四）培训、更衣、卫生等与人员相关的事宜；

（五）环境监测；

（六）虫害控制；

（七）变更控制；

（八）偏差处理；

（九）投诉；

（十）兽药召回；

（十一）退货。

第九章　生产管理

第一节　原则

第一百七十八条 兽药生产应当按照批准的工艺规程和操作规程进行操作并有相关记录，确保兽药达到规定的质量标准，并符合兽药生产许可和注册批准的要求。

第一百七十九条 应当建立划分产品生产批次的操作规程，生产批次的划分应当能够确保同一批次产品质量和特性的均一性。

第一百八十条 应当建立编制兽药批号和确定生产日期的操作规程。每批兽药均应当编制唯一的批号。除另有法定要求外，生产日期不得迟于产品成型或灌装（封）前经最后混合的操作开始日期，不得以产品包装日期作为生产日期。

第一百八十一条 每批产品应当检查产量和物料平衡，确保物料平衡符合设定的限度。如有差异，必须查明原因，确认无潜在质量风险后，方可按照正常产品处理。

第一百八十二条 不得在同一生产操作间同时进行不同品种和规格兽药的生产操作，除非没有发生混淆或交叉污染的可能。

第一百八十三条 在生产的每一阶段，应当保护产品和物料免受微生物和其他污染。

第一百八十四条 在干燥物料或产品，尤其是高活性、高毒性或高致敏性物料或产品的生产过程中，应当采取特殊措施，防止粉尘的产生和扩散。

第一百八十五条 生产期间使用的所有物料、中间产品的容器及主要设备、必要的操作室应当粘贴标签标识，或以其他方式标明生产中的产品或物料名称、规格和批号，如有必要，还应当标明生产工序。

第一百八十六条 容器、设备或设施所用标识应当清晰明了，标识的格式应当经企业相关部门批准。除在标识上使用文字说明外，还可采用不同颜色区分被标识物的状态（如待验、合格、不合格或已清洁等)。

第一百八十七条 应当检查产品从一个区域输送至另一个区域的管道和其他设备连接，确保连接正确无误。

第一百八十八条 每次生产结束后应当进行清场，确保设备和工作场所没有遗留与本次生产有关的物料、产品和文件。下次生产开始前，应当对前次清场情况进行确认。

第一百八十九条 应当尽可能避免出现任何偏离工艺规程或操作规程的偏差。一旦出现偏差，应当按照偏差处理操作规程执行。

第二节 防止生产过程中的污染和交叉污染

第一百九十条 生产过程中应当尽可能采取措施，防止污染和交叉污染，如：

（一）在分隔的区域内生产不同品种的兽药；

（二）采用阶段性生产方式；

（三）设置必要的气锁间和排风；空气洁净度级别不同的区域应当有压差控制；

（四）应当降低未经处理或未经充分处理的空气再次进入生产区导致污染的风险；

（五）在易产生交叉污染的生产区内，操作人员应当穿戴该区域专用的防护服；

（六）采用经过验证或已知有效的清洁和去污染操作规程进行设备清洁；必要时，应当对与物料直接接触的设备表面的残留物进行检测；

（七）采用密闭系统生产；

（八）干燥设备的进风应当有空气过滤器，且过滤后的空气洁净度应当与所干燥产品要求的洁净度相匹配，排风应当有防止空气倒流装置；

（九）生产和清洁过程中应当避免使用易碎、易脱屑、易发霉器具；使用筛网时，应当有防止因筛网断裂而造成污染的措施；

（十）液体制剂的配制、过滤、灌封、灭菌等工序应当在规定时间内完成；

（十一）软膏剂、乳膏剂、凝胶剂等半固体制剂以及栓剂的中间产品应当规定贮存期和贮存条件。

第一百九十一条 应当定期检查防止污染和交叉污染的措施并评估其适用性和有效性。

第三节 生产操作

第一百九十二条 生产开始前应当进行检查，确保设备和工作场所没有上批遗留的产品、文件和物料，设备处于已清洁及待用状态。检查结果应当有记录。

生产操作前，还应当核对物料或中间产品的名称、代码、批号和标识，确保生产所用物料或中间产品正确且符合要求。

第一百九十三条 应当由配料岗位人员按照操作规程进行配料，核对物料后，精确称量或计量，并作好标识。

第一百九十四条 配制的每一物料及其重量或体积应当由他人进行复核，并有复核记录。

第一百九十五条 每批产品的每一生产阶段完成后必须由生产操作人员清场，并填写清场记录。清场记录内容包括：操作间名称或编号、产品名称、批号、生产工序、清场日期、检查项目及结果、清场负责人及复核人签名。清场记录应当纳入批生产记录。

第一百九十六条 包装操作规程应当规定降低污染和交叉污染、混淆或差错风险的措施。

第一百九十七条 包装开始前应当进行检查，确保工作场所、包装生产线、印刷机及其他设备已处于清洁或待用状态，无上批遗留的产品和物料。检查结果应当有记录。

第一百九十八条 包装操作前，还应当检查所领用的包装材料正确无误，核对待包装产品和所用包装材料的名称、规格、数量、质量状态，且与工艺规程相符。

第一百九十九条 每一包装操作场所或包装生产线，应当有标识标明包装中的产品名称、规格、批号和批量的生产状态。

第二百条 有数条包装线同时进行包装时，应当采取隔离或其他有效防止污染、交叉污染或混淆的措施。

第二百零一条 产品分装、封口后应当及时贴签。

第二百零二条 单独打印或包装过程中在线打印、赋码的信息（如产品批号或有效期）均应当进行检查，确保其准确无误，并予以记录。如手工打印，应当增加检查频次。

第二百零三条 使用切割式标签或在包装线以外单独打印标签，应当采取专门措施，防止混淆。

第二百零四条 应当对电子读码机、标签计数器或其他类似装置的功能进行检查，确保其准确运行。检查应当有记录。

第二百零五条 包装材料上印刷或模压的内容应当清晰，不易褪色和擦除。

第二百零六条 包装期间，产品的中间控制检查应当至少包括以下内容：

（一）包装外观；
（二）包装是否完整；
（三）产品和包装材料是否正确；
（四）打印、赋码信息是否正确；
（五）在线监控装置的功能是否正常。

第二百零七条 因包装过程产生异常情况需要重新包装产品的，必须经专门检查、调查并由指定人员批准。重新包装应当有详细记录。

第二百零八条 在物料平衡检查中，发现待包装产品、印刷包装材料以及成品数量有显著差异时，应当进行调查，未得出结论前，成品不得放行。

第二百零九条 包装结束时，已打印批号的剩余包装材料应当由专人负责全部计数销毁，并有记录。如将未打印批号的印刷包装材料退库，应当按照操作规程执行。

第十章　质量控制与质量保证

第一节　质量控制实验室管理

第二百一十条 质量控制实验室的人员、设施、设备和环境洁净要求应当与产品性质和生产规模相适应。

第二百一十一条 质量控制负责人应当具有足够的管理实验室的资质和经验，可以管理同一企业的一个或多个实验室。

第二百一十二条 质量控制实验室的检验人员至少应当具有药学、兽医学、生物学、化学等相关专业大专学历或从事检验工作 3 年以上的中专、高中以上学历，并经过与所从事的检验操作相关的实践培训且考核通过。

第二百一十三条 质量控制实验室应当配备《中华人民共和国兽药典》、兽药质量标准、标准图谱等必要的工具书，以及标准品或对照品等相关的标准物质。

第二百一十四条 质量控制实验室的文件应当符合第八章的原则，并符合下列要求：

（一）质量控制实验室应当至少有下列文件：

1. 质量标准；

2. 取样操作规程和记录；

3. 检验操作规程和记录（包括检验记录或实验室工作记事簿）；

4. 检验报告或证书；

5. 必要的环境监测操作规程、记录和报告；

6. 必要的检验方法验证方案、记录和报告；

7. 仪器校准和设备使用、清洁、维护的操作规程及记录。

（二）每批兽药的检验记录应当包括中间产品和成品的质量检验记录，可追溯该批兽药所有相关的质量检验情况；

（三）应保存和统计（宜采用便于趋势分析的方法）相关的检验和监测数据（如检验数据、环境监测数据、制药用水的微生物监测数据）；

（四）除与批记录相关的资料信息外，还应当保存与检验相关的其他原始资料或记录，便于追溯查阅。

第二百一十五条 取样应当至少符合以下要求：

（一）质量管理部门的人员可进入生产区和仓储区进行取样及调查；

（二）应当按照经批准的操作规程取样，操作规程应当详细规定：

1. 经授权的取样人；

2. 取样方法；

3. 取样用器具；

4. 样品量；

5. 分样的方法；

6. 存放样品容器的类型和状态；

7. 实施取样后物料及样品的处置和标识；

8. 取样注意事项，包括为降低取样过程产生的各种风险所采取的预防措施，尤其是无菌或有害物料的取样以及防止取样过程中污染和交叉污染的取样注意事项；

9. 贮存条件；

10. 取样器具的清洁方法和贮存要求。

（三）取样方法应当科学、合理，以保证样品的代表性；

（四）样品应当能够代表被取样批次的产品或物料的质量状况，为监控生产过程中最重要的环节（如生产初始或结束），也可抽取该阶段样品进行检测；

（五）样品容器应当贴有标签，注明样品名称、批号、取样人、取样日期等信息；

（六）样品应当按照被取样产品或物料规定的贮存要求保存。

第二百一十六条 物料和不同生产阶段产品的检验应当至少符合以下要求：

（一）企业应当确保成品按照质量标准进行全项检验；

（二）有下列情形之一的，应当对检验方法进行验证：

1. 采用新的检验方法；
2. 检验方法需变更的；
3. 采用《中华人民共和国兽药典》及其他法定标准未收载的检验方法；
4. 法规规定的其他需要验证的检验方法。

（三）对不需要进行验证的检验方法，必要时企业应当对检验方法进行确认，确保检验数据准确、可靠；

（四）检验应当有书面操作规程，规定所用方法、仪器和设备，检验操作规程的内容应当与经确认或验证的检验方法一致；

（五）检验应当有可追溯的记录并应当复核，确保结果与记录一致。所有计算均应当严格核对；

（六）检验记录应当至少包括以下内容：

1. 产品或物料的名称、剂型、规格、批号或供货批号，必要时注明供应商和生产商（如不同）的名称或来源；
2. 依据的质量标准和检验操作规程；
3. 检验所用的仪器或设备的型号和编号；
4. 检验所用的试液和培养基的配制批号、对照品或标准品的来源和批号；
5. 检验所用动物的相关信息；
6. 检验过程，包括对照品溶液的配制、各项具体的检验操作、必要的环境温湿度；
7. 检验结果，包括观察情况、计算和图谱或曲线图，以及依据的检验报告编号；
8. 检验日期；
9. 检验人员的签名和日期；
10. 检验、计算复核人员的签名和日期。

（七）所有中间控制（包括生产人员所进行的中间控制），均应当按照经质量管理部门批准的方法进行，检验应当有记录；

（八）应当对实验室容量分析用玻璃仪器、试剂、试液、对照品以及培养基进行质量检查；

（九）必要时检验用实验动物应当在使用前进行检验或隔离检疫。

第二百一十七条 质量控制实验室应当建立检验结果超标调查的操作规程。任何检验结果超标都必须按照操作规程进行调查，并有相应的记录。

第二百一十八条 企业按规定保存的、用于兽药质量追溯或调查的物料、产品样品为留样。用于产品稳定性考察的样品不属于留样。

留样应当至少符合以下要求：

（一）应当按照操作规程对留样进行管理；

（二）留样应当能够代表被取样批次的物料或产品；

（三）成品的留样：

1. 每批兽药均应当有留样；如果一批兽药分成数次进行包装，则每次包装至少应当保留一件最小市售包装的成品；

2. 留样的包装形式应当与兽药市售包装形式相同，大包装规格或原料药的留样如无法采用市售包装形式的，可采用模拟包装；

3. 每批兽药的留样量一般至少应当能够确保按照批准的质量标准完成两次全检（无菌检查和热原检查等除外）；

4. 如果不影响留样的包装完整性，保存期间内至少应当每年对留样进行一次目检或接触观察，如发现异常，应当调查分析原因并采取相应的处理措施；

5. 留样观察应当有记录；

6. 留样应当按照注册批准的贮存条件至少保存至兽药有效期后一年；

7. 企业终止兽药生产或关闭的，应当告知当地畜牧兽医主管部门，并将留样转交授权单位保存，以便在必要时可随时取得留样。

（四）物料的留样：

1. 制剂生产用每批原辅料和与兽药直接接触的包装材料均应当有留样。与兽药直接接触的包装材料（如安瓿瓶），在成品已有留样后，可不必单独留样；

2. 物料的留样量应当至少满足鉴别检查的需要；

3. 除稳定性较差的原辅料外，用于制剂生产的原辅料（不包括生产过程中使用的溶剂、气体或制药用水）的留样应当至少保存至产品失效后。如果物料的有效期较短，则留样时间可相应缩短；

4. 物料的留样应当按照规定的条件贮存，必要时还应当适当包装密封。

第二百一十九条 试剂、试液、培养基和检定菌的管理应当至少符合以下要求：

（一）商品化试剂和培养基应当从可靠的、有资质的供应商处采购，必要时应当对供应商进行评估；

（二）应当有接收试剂、试液、培养基的记录，必要时，应当在试剂、试液、培养基的容器上标注接收日期和首次开口日期、有效期（如有）；

（三）应当按照相关规定或使用说明配制、贮存和使用试剂、试液和培养基。特殊情况下，在接收或使用前，还应当对试剂进行鉴别或其他检验；

（四）试液和已配制的培养基应当标注配制批号、配制日期和配制人员姓名，并有配制（包括灭菌）记录。不稳定的试剂、试液和培养基应当标注有效期及特殊贮存条件。标准液、滴定液还应当标注最后一次标化的日期和校正因子，并有标化记录；

（五）配制的培养基应当进行适用性检查，并有相关记录。应当有培养基使用记录；

（六）应当有检验所需的各种检定菌，并建立检定菌保存、传代、使用、销毁的操作规程和相应记录；

（七）检定菌应当有适当的标识，内容至少包括菌种名称、编号、代次、传代日期、传代操作人；

（八）检定菌应当按照规定的条件贮存，贮存的方式和时间不得对检定菌的生长特性有不利影响。

第二百二十条 标准品或对照品的管理应当至少符合以下要求：

（一）标准品或对照品应当按照规定贮存和使用；

（二）标准品或对照品应当有适当的标识，内容至少包括名称、批号、制备日期（如有）、有效期（如有）、首次开启日期、含量或效价、贮存条件；

（三）企业如需自制工作标准品或对照品，应当建立工作标准品或对照品的质量标准以及制备、鉴别、检验、批准和贮存的操作规程，每批工作标准品或对照品应当用法定标准品或对照品进行标化，并确定有效期，还应当通过定期标化证明工作标准品或对照品的效价或含量在有效期内保持稳定。标化的过程和结果应当有相应的记录。

第二节 物料和产品放行

第二百二十一条 应当分别建立物料和产品批准放行的操作规程，明确批准放行的标准、职责，并有相应的记录。

第二百二十二条 物料的放行应当至少符合以下要求：

（一）物料的质量评价内容应当至少包括生产商的检验报告、物料入库接收初验情况（是否为合格供应商、物料包装完整性和密封性的检查情况等）和检验结果；

（二）物料的质量评价应当有明确的结论，如批准放行、不合格或其他决定；

（三）物料应当由指定的质量管理人员签名批准放行。

第二百二十三条 产品的放行应当至少符合以下要求：

（一）在批准放行前，应当对每批兽药进行质量评价，并确认以下各项内容：

1. 已完成所有必需的检查、检验，批生产和检验记录完整；

2. 所有必需的生产和质量控制均已完成并经相关主管人员签名；

3. 确认与该批相关的变更或偏差已按照相关规程处理完毕，包括所有必要的取样、检查、检验和审核；

4. 所有与该批产品有关的偏差均已有明确的解释或说明，或者已经过彻底调查和适当处理；如偏差还涉及其他批次产品，应当一并处理。

（二）兽药的质量评价应当有明确的结论，如批准放行、不合格或其他决定；

（三）每批兽药均应当由质量管理负责人签名批准放行；

（四）兽用生物制品放行前还应当取得批签发合格证明。

第三节 持续稳定性考察

第二百二十四条 持续稳定性考察的目的是在有效期内监控已上市兽药的质量，以发现兽药与生产相关的稳定性问题（如杂质含量或溶出度特性的变化），并确定兽药能够在标示的贮存条件下，符合质量标准的各项要求。

第二百二十五条 持续稳定性考察主要针对市售包装兽药，但也需兼顾待包装产品。此外，还应当考虑对贮存时间较长的中间产品进行考察。

第二百二十六条 持续稳定性考察应当有考察方案，结果应当有报告。用于持续稳定性考察的设备（即稳定性试验设备或设施）应当按照第七章和第五章的要求进行确认和维护。

第二百二十七条 持续稳定性考察的时间应当涵盖兽药有效期，考察方案应当至少包括以下内容：

（一）每种规格、每种生产批量兽药的考察批次数；

（二）相关的物理、化学、微生物和生物学检验方法，可考虑采用稳定性考察专属的检验方法；

（三）检验方法依据；

（四）合格标准；

（五）容器密封系统的描述；

（六）试验间隔时间（测试时间点）；

（七）贮存条件（应当采用与兽药标示贮存条件相对应的《中华人民共和国兽药典》规定的长期稳定性试验标准条件）；

（八）检验项目，如检验项目少于成品质量标准所包含的项目，应当说明理由。

第二百二十八条 考察批次数和检验频次应当能够获得足够的数据，用于趋势分析。通常情况下，每种规格、每种内包装形式至少每年应当考察一个批次，除非当年没有生产。

第二百二十九条 某些情况下，持续稳定性考察中应当额外增加批次数，如重大变更或生产和包装有重大偏差的兽药应当列入稳定性考察。此外，重新加工、返工或回收的批次，也应当考虑列入考察，除非已经过验证和稳定性考察。

第二百三十条 应当对不符合质量标准的结果或重要的异常趋势进行调查。对任何已确认的不符合质量标准的结果或重大不良趋势，企业都应当考虑是否可能对已上市兽药造成影响，必要时应当实施召回，调查结果以及采取的措施应当报告当地畜牧兽医主管部门。

第二百三十一条 应当根据获得的全部数据资料，包括考察的阶段性结论，撰写总结报告并保存。应当定期审核总结报告。

第四节 变更控制

第二百三十二条 企业应当建立变更控制系统，对所有影响产品质量的变更进行评估和管理。

第二百三十三条 企业应当建立变更控制操作规程，规定原辅料、包装材料、质量标准、检验方法、操作规程、厂房、设施、设备、仪器、生产工艺和计算机软件变更的申请、评估、审核、批准和实施。质量管理部门应当指定专人负责变更控制。

第二百三十四条 企业可以根据变更的性质、范围、对产品质量潜在影响的程度进行变更分类（如主要、次要变更）并建档。

第二百三十五条 与产品质量有关的变更由申请部门提出后，应当经评估、制定实施计划并明确实施职责，由质量管理部门审核批准后实施，变更实施应当有相应的完整记录。

第二百三十六条 改变原辅料、与兽药直接接触的包装材料、生产工艺、主要生产设备以及其他影响兽药质量的主要因素时，还应当根据风险评估对变更实施后最初至少三个批次的兽药质量进行评估。如果变更可能影响兽药的有效期，则质量评估还应当包括对变更实施后生产的兽药进行稳定性考察。

第二百三十七条 变更实施时，应当确保与变更相关的文件均已修订。

第二百三十八条 质量管理部门应当保存所有变更的文件和记录。

第五节 偏差处理

第二百三十九条 各部门负责人应当确保所有人员正确执行生产工艺、质量标准、检验方法和操作规程，防止偏差的产生。

第二百四十条 企业应当建立偏差处理的操作规程，规定偏差的报告、记录、评估、调查、处理以及所采取的纠正、预防措施，并保存相应的记录。

第二百四十一条 企业应当评估偏差对产品质量的潜在影响。质量管理部门可以根据偏差的性质、范围、对产品质量潜在影响的程度进行偏差分类（如重大、次要偏差），对重大偏差的评估应当考虑是否需要对产品进行额外的检验以及产品是否可以放行，必要时，应当对涉及重大偏差的产品进行稳定性考察。

第二百四十二条 任何偏离生产工艺、物料平衡限度、质量标准、检验方法、操作规程等的情况均应当有记录，并立即报告主管人员及质量管理部门，重大偏差应当由质量管理部门会同其他部门进行彻底调查，并有调查报告。偏差调查应当包括相关批次产品的评估，偏差调查报告应当由质量管理部门的指定人员审核并签字。

第二百四十三条 质量管理部门应当保存偏差调查、处理的文件和记录。

第六节 纠正措施和预防措施

第二百四十四条 企业应当建立纠正措施和预防措施系统，对投诉、召回、偏差、自检或外部检查结果、工艺性能和质量监测趋势等进行调查并采取纠正和预防措施。调查的深度和形式应当与风险的级别相适应。纠正措施和预防措施系统应当能够增进对产品和工艺的理解，改进产品和工艺。

第二百四十五条 企业应当建立实施纠正和预防措施的操作规程，内容至少包括：

（一）对投诉、召回、偏差、自检或外部检查结果、工艺性能和质量监测趋势以及其他来源的质量数据进行分析，确定已有和潜在的质量问题；

（二）调查与产品、工艺和质量保证系统有关的原因；

（三）确定需采取的纠正和预防措施，防止问题的再次发生；

（四）评估纠正和预防措施的合理性、有效性和充分性；

（五）对实施纠正和预防措施过程中所有发生的变更应当予以记录；

（六）确保相关信息已传递到质量管理负责人和预防问题再次发生的直接负责人；

（七）确保相关信息及其纠正和预防措施已通过高层管理人员的评审。

第二百四十六条 实施纠正和预防措施应当有文件记录，并由质量管理部门保存。

第七节 供应商的评估和批准

第二百四十七条 质量管理部门应当对生产用关键物料的供应商进行质量评估，必要时会同有关部门对主要物料供应商（尤其是生产商）的质量体系进行现场质量考查，并对质量评估不符合要求的供应商行使否决权。

第二百四十八条 应当建立物料供应商评估和批准的操作规程，明确供应商的资质、选择的原则、质量评估方式、评估标准、物料供应商批准的程序。

如质量评估需采用现场质量考查方式的，还应当明确考查内容、周期、考查人员的组成及资质。需采用样品小批量试生产的，还应当明确生产批量、生产工艺、产品质量标准、稳定性考察方案。

第二百四十九条 质量管理部门应当指定专人负责物料供应商质量评估和现场质量考查，被指定的人员应当具有相关的法规和专业知识，具有足够的质量评估和现场质量考查的实践经验。

第二百五十条 现场质量考查应当核实供应商资质证明文件。应当对其人员机构、厂房设施和设备、物料管理、生产工艺流程和生产管理、质量控制实验室的设备、仪器、文件管理等进行检查，以全面评估其质量保证系统。现场质量考查应当有报告。

第二百五十一条 必要时，应当对主要物料供应商提供的样品进行小批量试生产，并对试生产的兽药进行稳定性考察。

第二百五十二条 质量管理部门对物料供应商的评估至少应当包括：供应商的资质证明文件、质量标准、检验报告、企业对物料样品的检验数据和报告。如进行现场质量考查和样品小批量试生产的，还应当包括现场质量考查报告，以及小试产品的质量检验报告和稳定性考察报告。

第二百五十三条 改变物料供应商，应当对新的供应商进行质量评估；改变主要物料供应商的，还需要对产品进行相关的验证及稳定性考察。

第二百五十四条 质量管理部门应当向物料管理部门分发经批准的合格供应商名单，该名单内容至少包括物料名称、规格、质量标准、生产商名称和地址、经销商（如有）名称等，并及时更新。

第二百五十五条 质量管理部门应当与主要物料供应商签订质量协议，在协议中应当明确双方所承担的质量责任。

第二百五十六条 质量管理部门应当定期对物料供应商进行评估或现场质量考查，回顾分析物料质量检验结果、质量投诉和不合格处理记录。如物料出现质量问题或生产条件、工艺、质量标准和检验方法等可能影响质量的关键因素发生重大改变时，还应当尽快进行相关的现场质量考查。

第二百五十七条 企业应当对每家物料供应商建立质量档案，档案内容应当包括供应商资质证明文件、质量协议、质量标准、样品检验数据和报告、供应商检验报告、供应商评估报告、定期的质量回顾分析报告等。

第八节 产品质量回顾分析

第二百五十八条 企业应当建立产品质量回顾分析操作规程，每年对所有生产的兽药按品种进行产品质量回顾分析，以确认工艺稳定可靠性，以及原辅料、成品现行质量标准的适用性，及时发现不良趋势，确定产品及工艺改进的方向。

企业至少应当对下列情形进行回顾分析：

（一）产品所用原辅料的所有变更，尤其是来自新供应商的原辅料；

（二）关键中间控制点及成品的检验结果以及趋势图；

（三）所有不符合质量标准的批次及其调查；

（四）所有重大偏差及变更相关的调查、所采取的纠正措施和预防措施的有效性；

（五）稳定性考察的结果及任何不良趋势；

（六）所有因质量原因造成的退货、投诉、召回及调查；
（七）当年执行法规自查情况；
（八）验证评估概述；
（九）对该产品该年度质量评估和总结。

第二百五十九条 应当对回顾分析的结果进行评估，提出是否需要采取纠正和预防措施，并及时、有效地完成整改。

第九节 投诉与不良反应报告

第二百六十条 应当建立兽药投诉与不良反应报告制度，设立专门机构并配备专职人员负责管理。

第二百六十一条 应当主动收集兽药不良反应，对不良反应应当详细记录、评价、调查和处理，及时采取措施控制可能存在的风险，并按照要求向企业所在地畜牧兽医主管部门报告。

第二百六十二条 应当建立投诉操作规程，规定投诉登记、评价、调查和处理的程序，并规定因可能的产品缺陷发生投诉时所采取的措施，包括考虑是否有必要从市场召回兽药。

第二百六十三条 应当有专人负责进行质量投诉的调查和处理，所有投诉、调查的信息应当向质量管理负责人通报。

第二百六十四条 投诉调查和处理应当有记录，并注明所查相关批次产品的信息。

第二百六十五条 应当定期回顾分析投诉记录，以便发现需要预防、重复出现以及可能需要从市场召回兽药的问题，并采取相应措施。

第二百六十六条 企业出现生产失误、兽药变质或其他重大质量问题，应当及时采取相应措施，必要时还应当向当地畜牧兽医主管部门报告。

第十一章 产品销售与召回

第一节 原则

第二百六十七条 企业应当建立产品召回系统，必要时可迅速、有效地从市场召回任何一批存在安全隐患的产品。

第二百六十八条 因质量原因退货和召回的产品，均应当按照规定监督销毁，有证据证明退货产品质量未受影响的除外。

第二节 销售

第二百六十九条 企业应当建立产品销售管理制度，并有销售记录。根据销售记录，应当能够追查每批产品的销售情况，必要时应当能够及时全部追回。

第二百七十条 每批产品均应当有销售记录。销售记录内容应当包括：产品名称、规格、批号、数量、收货单位和地址、联系方式、发货日期、运输方式等。

第二百七十一条 产品上市销售前，应将产品生产和入库信息上传到国家兽药产品追溯系统。销售出库时，需向国家兽药产品追溯系统上传产品出库信息。

第二百七十二条 兽药的零头可直接销售,若需合箱,包装只限两个批号为一个合箱,合箱外应当标明全部批号,并建立合箱记录。

第二百七十三条 销售记录应当至少保存至兽药有效期后一年。

第三节 召回

第二百七十四条 应当制定召回操作规程,确保召回工作的有效性。

第二百七十五条 应当指定专人负责组织协调召回工作,并配备足够数量的人员。如产品召回负责人不是质量管理负责人,则应当向质量管理负责人通报召回处理情况。

第二百七十六条 召回应当随时启动,产品召回负责人应当根据销售记录迅速组织召回。

第二百七十七条 因产品存在安全隐患决定从市场召回的,应当立即向当地畜牧兽医主管部门报告。

第二百七十八条 已召回的产品应当有标识,并单独、妥善贮存,等待最终处理决定。

第二百七十九条 召回的进展过程应当有记录,并有最终报告。产品销售数量、已召回数量以及数量平衡情况应当在报告中予以说明。

第二百八十条 应当定期对产品召回系统的有效性进行评估。

第十二章 自 检

第一节 原则

第二百八十一条 质量管理部门应当定期组织对企业进行自检,监控本规范的实施情况,评估企业是否符合本规范要求,并提出必要的纠正和预防措施。

第二节 自检

第二百八十二条 自检应当有计划,对机构与人员、厂房与设施、设备、物料与产品、确认与验证、文件管理、生产管理、质量控制与质量保证、产品销售与召回等项目定期进行检查。

第二百八十三条 应当由企业指定人员进行独立、系统、全面的自检,也可由外部人员或专家进行独立的质量审计。

第二百八十四条 自检应当有记录。自检完成后应当有自检报告,内容至少包括自检过程中观察到的所有情况、评价的结论以及提出纠正和预防措施的建议。有关部门和人员应立即进行整改,自检和整改情况应当报告企业高层管理人员。

第十三章 附 则

第二百八十五条 本规范为兽药生产质量管理的基本要求。对不同类别兽药或生产质量管理活动的特殊要求,列入本规范附录,另行以公告发布。

第二百八十六条 本规范中下列用语的含义是:

(一)包装材料,是指兽药包装所用的材料,包括与兽药直接接触的包装材料和容器、

印刷包装材料,但不包括运输用的外包装材料;

(二)操作规程,是指经批准用来指导设备操作、维护与清洁、验证、环境控制、生产操作、取样和检验等兽药生产活动的通用性文件,也称标准操作规程;

(三)产品生命周期,是指产品从最初的研发、上市直至退市的所有阶段;

(四)成品,是指已完成所有生产操作步骤和最终包装的产品;

(五)重新加工,是指将某一生产工序生产的不符合质量标准的一批中间产品的一部分或全部,采用不同的生产工艺进行再加工,以符合预定的质量标准;

(六)待验,是指原辅料、包装材料、中间产品或成品,采用物理手段或其他有效方式将其隔离或区分,在允许用于投料生产或上市销售之前贮存、等待作出放行决定的状态;

(七)发放,是指生产过程中物料、中间产品、文件、生产用模具等在企业内部流转的一系列操作;

(八)复验期,是指原辅料、包装材料贮存一定时间后,为确保其仍适用于预定用途,由企业确定的需重新检验的日期;

(九)返工,是指将某一生产工序生产的不符合质量标准的一批中间产品、成品的一部分或全部返回到之前的工序,采用相同的生产工艺进行再加工,以符合预定的质量标准;

(十)放行,是指对一批物料或产品进行质量评价,作出批准使用或投放市场或其他决定的操作;

(十一)高层管理人员,是指在企业内部最高层指挥和控制企业、具有调动资源的权力和职责的人员;

(十二)工艺规程,是指为生产特定数量的成品而制定的一个或一套文件,包括生产处方、生产操作要求和包装操作要求,规定原辅料和包装材料的数量、工艺参数和条件、加工说明(包括中间控制)、注意事项等内容;

(十三)供应商,是指物料、设备、仪器、试剂、服务等的提供方,如生产商、经销商等;

(十四)回收,是指在某一特定的生产阶段,将以前生产的一批或数批符合相应质量要求的产品的一部分或全部,加入到另一批次中的操作;

(十五)计算机化系统,是指用于报告或自动控制的集成系统,包括数据输入、电子处理和信息输出;

(十六)交叉污染,是指不同原料、辅料及产品之间发生的相互污染;

(十七)校准,是指在规定条件下,确定测量、记录、控制仪器或系统的示值(尤指称量)或实物量具所代表的量值,与对应的参照标准量值之间关系的一系列活动;

(十八)阶段性生产方式,是指在共用生产区内,在一段时间内集中生产某一产品,再对相应的共用生产区、设施、设备、工器具等进行彻底清洁,更换生产另一种产品的方式;

(十九)洁净区,是指需要对环境中尘粒及微生物数量进行控制的房间(区域),其建筑结构、装备及其使用应当能够减少该区域内污染物的引入、产生和滞留;

(二十)警戒限度,是指系统的关键参数超出正常范围,但未达到纠偏限度,需要引

起警觉,可能需要采取纠正措施的限度标准;

(二十一)纠偏限度,是指系统的关键参数超出可接受标准,需要进行调查并采取纠正措施的限度标准;

(二十二)检验结果超标,是指检验结果超出法定标准及企业制定标准的所有情形;

(二十三)批,是指经一个或若干加工过程生产的、具有预期均一质量和特性的一定数量的原辅料、包装材料或成品。为完成某些生产操作步骤,可能有必要将一批产品分成若干亚批,最终合并成为一个均一的批。在连续生产情况下,批必须与生产中具有预期均一特性的确定数量的产品相对应,批量可以是固定数量或固定时间段内生产的产品量。例如:口服或外用的固体、半固体制剂在成型或分装前使用同一台混合设备一次混合所生产的均质产品为一批;口服或外用的液体制剂以灌装(封)前经最后混合的药液所生产的均质产品为一批;

(二十四)批号,是指用于识别一个特定批的具有唯一性的数字和(或)字母的组合;

(二十五)批记录,是指用于记述每批兽药生产、质量检验和放行审核的所有文件和记录,可追溯所有与成品质量有关的历史信息;

(二十六)气锁间,是指设置于两个或数个房间之间(如不同洁净度级别的房间之间)的具有两扇或多扇门的隔离空间。设置气锁间的目的是在人员或物料出入时,对气流进行控制。气锁间有人员气锁间和物料气锁间;

(二十七)确认,是指证明厂房、设施、设备能正确运行并可达到预期结果的一系列活动;

(二十八)退货,是指将兽药退还给企业的活动;

(二十九)文件,包括质量标准、工艺规程、操作规程、记录、报告等;

(三十)物料,是指原料、辅料和包装材料等。例如:化学药品制剂的原料是指原料药;生物制品的原料是指原材料;中药制剂的原料是指中药材、中药饮片和外购中药提取物;原料药的原料是指用于原料药生产的除包装材料以外的其他物料;

(三十一)物料平衡,是指产品或物料实际产量或实际用量及收集到的损耗之和与理论产量或理论用量之间的比较,并考虑可允许的偏差范围;

(三十二)污染,是指在生产、取样、包装或重新包装、贮存或运输等操作过程中,原辅料、中间产品、成品受到具有化学或微生物特性的杂质或异物的不利影响;

(三十三)验证,是指证明任何操作规程(方法)、生产工艺或系统能够达到预期结果的一系列活动;

(三十四)印刷包装材料,是指具有特定式样和印刷内容的包装材料,如印字铝箔、标签、说明书、纸盒等;

(三十五)原辅料,是指除包装材料之外,兽药生产中使用的任何物料;

(三十六)中间控制,也称过程控制,是指为确保产品符合有关标准,生产中对工艺过程加以监控,以便在必要时进行调节而做的各项检查。可将对环境或设备控制视作中间控制的一部分。

第二百八十七条 本规范自 2020 年 6 月 1 日起施行。具体实施要求另行公告。

兽药经营质量管理规范

中华人民共和国农业部令 2010 年第 3 号

（2010 年 1 月 15 日农业部令 2010 年第 3 号公布，2017 年 11 月 30 日农业部令 2017 年第 8 号部分修订。）

第一章　总　则

第一条　为加强兽药经营质量管理，保证兽药质量，根据《兽药管理条例》，制定本规范。

第二条　本规范适用于中华人民共和国境内的兽药经营企业。

第二章　场所与设施

第三条　兽药经营企业应当具有固定的经营场所和仓库，其面积应当符合省、自治区、直辖市人民政府兽医行政管理部门的规定。经营场所和仓库应当布局合理，相对独立。

经营场所的面积、设施和设备应当与经营的兽药品种、经营规模相适应。兽药经营区域与生活区域、动物诊疗区域应当分别独立设置，避免交叉污染。

第四条　兽药经营企业的经营地点应当与《兽药经营许可证》载明的地点一致。《兽药经营许可证》应当悬挂在经营场所的显著位置。

变更经营地点的，应当申请换发兽药经营许可证。

变更经营场所面积的，应当在变更后 30 个工作日内向发证机关备案。

第五条　兽药经营企业应当具有与经营的兽药品种、经营规模适应并能够保证兽药质量的常温库、阴凉库（柜）、冷库（柜）等仓库和相关设施、设备。

仓库面积和相关设施、设备应当满足合格兽药区、不合格兽药区、待验兽药区、退货兽药区等不同区域划分和不同兽药品种分区、分类保管、储存的要求。

变更仓库位置，增加、减少仓库数量、面积以及相关设施、设备的，应当在变更后 30 个工作日内向发证机关备案。

第六条　兽药直营连锁经营企业在同一县（市）内有多家经营门店的，可以统一配置仓储和相关设施、设备。

第七条　兽药经营企业的经营场所和仓库的地面、墙壁、顶棚等应当平整、光洁，门、窗应当严密、易清洁。

第八条　兽药经营企业的经营场所和仓库应当具有下列设施、设备：

（一）与经营兽药相适应的货架、柜台；

（二）避光、通风、照明的设施、设备；

(三) 与储存兽药相适应的控制温度、湿度的设施、设备;
(四) 防尘、防潮、防霉、防污染和防虫、防鼠、防鸟的设施、设备;
(五) 进行卫生清洁的设施、设备等;
(六) 实施兽药电子追溯管理的相关设备。

第九条 兽药经营企业经营场所和仓库的设施、设备应当齐备、整洁、完好,并根据兽药品种、类别、用途等设立醒目标志。

第三章 机构与人员

第十条 兽药经营企业直接负责的主管人员应当熟悉兽药管理法律、法规及政策规定,具备相应兽药专业知识。

第十一条 兽药经营企业应当配备与经营兽药相适应的质量管理人员。有条件的,可以建立质量管理机构。

第十二条 兽药经营企业主管质量的负责人和质量管理机构的负责人应当具备相应兽药专业知识,且其专业学历或技术职称应当符合省、自治区、直辖市人民政府兽医行政管理部门的规定。

兽药质量管理人员应当具有兽药、兽医等相关专业中专以上学历,或者具有兽药、兽医等相关专业初级以上专业技术职称。经营兽用生物制品的,兽药质量管理人员应当具有兽药、兽医等相关专业大专以上学历,或者具有兽药、兽医等相关专业中级以上专业技术职称,并具备兽用生物制品专业知识。

兽药质量管理人员不得在本企业以外的其他单位兼职。

主管质量的负责人、质量管理机构的负责人、质量管理人员发生变更的,应当在变更后30个工作日内向发证机关备案。

第十三条 兽药经营企业从事兽药采购、保管、销售、技术服务等工作的人员,应当具有高中以上学历,并具有相应兽药、兽医等专业知识,熟悉兽药管理法律、法规及政策规定。

第十四条 兽药经营企业应当制定培训计划,定期对员工进行兽药管理法律、法规、政策规定和相关专业知识、职业道德培训、考核,并建立培训、考核档案。

第四章 规章制度

第十五条 兽药经营企业应当建立质量管理体系,制定管理制度、操作程序等质量管理文件。

质量管理文件应当包括下列内容:
(一) 企业质量管理目标;
(二) 企业组织机构、岗位和人员职责;
(三) 对供货单位和所购兽药的质量评估制度;
(四) 兽药采购、验收、入库、陈列、储存、运输、销售、出库等环节的管理制度;
(五) 环境卫生的管理制度;
(六) 兽药不良反应报告制度;
(七) 不合格兽药和退货兽药的管理制度;

（八）质量事故、质量查询和质量投诉的管理制度；
（九）企业记录、档案和凭证的管理制度；
（十）质量管理培训、考核制度；
（十一）兽药产品追溯管理制度。

第十六条 兽药经营企业应当建立下列记录：
（一）人员培训、考核记录；
（二）控制温度、湿度的设施、设备的维护、保养、清洁、运行状态记录；
（三）兽药质量评估记录；
（四）兽药采购、验收、入库、储存、销售、出库等记录；
（五）兽药清查记录；
（六）兽药质量投诉、质量纠纷、质量事故、不良反应等记录；
（七）不合格兽药和退货兽药的处理记录；
（八）兽医行政管理部门的监督检查情况记录；
（九）兽药产品追溯记录。

记录应当真实、准确、完整、清晰，不得随意涂改、伪造和变造。确需修改的，应当签名、注明日期，原数据应当清晰可辨。

第十七条 兽药经营企业应当建立兽药质量管理档案，设置档案管理室或者档案柜，并由专人负责。

质量管理档案应当包括：
（一）人员档案、培训档案、设备设施档案、供应商质量评估档案、产品质量档案；
（二）开具的处方、进货及销售凭证；
（三）购销记录及本规范规定的其他记录。

质量管理档案不得涂改，保存期限不得少于2年；购销等记录和凭证应当保存至产品有效期后一年。

第五章 采购与入库

第十八条 兽药经营企业应当采购合法兽药产品。兽药经营企业应当对供货单位的资质、质量保证能力、质量信誉和产品批准证明文件进行审核，并与供货单位签订采购合同。

第十九条 兽药经营企业购进兽药时，应当依照国家兽药管理规定、兽药标准和合同约定，对每批兽药的包装、标签、说明书、质量合格证等内容进行检查，符合要求的方可购进。必要时，应当对购进兽药进行检验或者委托兽药检验机构进行检验，检验报告应当与产品质量档案一起保存。

兽药经营企业应当保存采购兽药的有效凭证，建立真实、完整的采购记录，做到有效凭证、账、货相符。采购记录应当载明兽药的通用名称、商品名称、批准文号、批号、剂型、规格、有效期、生产单位、供货单位、购入数量、购入日期、经手人或者负责人等内容。

第二十条 兽药入库时，应当进行检查验收，将兽药入库的信息上传兽药产品追溯系统，并做好记录。

有下列情形之一的兽药，不得入库：

（一）与进货单不符的；

（二）内、外包装破损可能影响产品质量的；

（三）没有标识或者标识模糊不清的；

（四）质量异常的；

（五）其他不符合规定的。

兽用生物制品入库，应当由两人以上进行检查验收。

第六章　陈列与储存

第二十一条　陈列、储存兽药应当符合下列要求：

（一）按照品种、类别、用途以及温度、湿度等储存要求，分类、分区或者专库存放；

（二）按照兽药外包装图示标志的要求搬运和存放；

（三）与仓库地面、墙、顶等之间保持一定间距；

（四）内用兽药与外用兽药分开存放，兽用处方药与非处方药分开存放；易串味兽药、危险药品等特殊兽药与其他兽药分库存放；

（五）待验兽药、合格兽药、不合格兽药、退货兽药分区存放；

（六）同一企业的同一批号的产品集中存放。

第二十二条　不同区域、不同类型的兽药应当具有明显的识别标识。标识应当放置准确、字迹清楚。

不合格兽药以红色字体标识；待验和退货兽药以黄色字体标识；合格兽药以绿色字体标识。

第二十三条　兽药经营企业应当定期对兽药及其陈列、储存的条件和设施、设备的运行状态进行检查，并做好记录。

第二十四条　兽药经营企业应当及时清查兽医行政管理部门公布的假劣兽药，并做好记录。

第七章　销售与运输

第二十五条　兽药经营企业销售兽药，应当遵循先产先出和按批号出库的原则。兽药出库时，应当进行检查、核对，建立出库记录，并将出库信息上传兽药产品追溯系统。兽药出库记录应当包括兽药通用名称、商品名称、批号、剂型、规格、生产厂商、数量、日期、经手人或者负责人等内容。

有下列情形之一的兽药，不得出库销售：

（一）标识模糊不清或者脱落的；

（二）外包装出现破损、封口不牢、封条严重损坏的；

（三）超出有效期限的；

（四）其他不符合规定的。

第二十六条　兽药经营企业应当建立销售记录。销售记录应当载明兽药通用名称、商品名称、批准文号、批号、有效期、剂型、规格、生产厂商、购货单位、销售数量、销售日期、经手人或者负责人等内容。

第二十七条　兽药经营企业销售兽药，应当开具有效凭证，做到有效凭证、账、货、记录相符。

第二十八条　兽药经营企业销售兽用处方药的，应当遵守兽用处方药管理规定；销售兽用中药材、中药饮片的，应当注明产地。

第二十九条　兽药拆零销售时，不得拆开最小销售单元。

第三十条　兽药经营企业应当按照兽药外包装图示标志的要求运输兽药。有温度控制要求的兽药，在运输时应当采取必要的温度控制措施，并建立详细记录。

第八章　售后服务

第三十一条　兽药经营企业应当按照兽医行政管理部门批准的兽药标签、说明书及其他规定进行宣传，不得误导购买者。

第三十二条　兽药经营企业应当向购买者提供技术咨询服务，在经营场所明示服务公约和质量承诺，指导购买者科学、安全、合理使用兽药。

第三十三条　兽药经营企业应当注意收集兽药使用信息，发现假、劣兽药和质量可疑兽药以及严重兽药不良反应时，应当及时向所在地兽医行政管理部门报告，并根据规定做好相关工作。

第九章　附　则

第三十四条　兽药经营企业经营兽用麻醉药品、精神药品、易制毒化学药品、毒性药品、放射性药品等特殊药品，还应当遵守国家其他有关规定。

第三十五条　动物防疫机构依法从事兽药经营活动的，应当遵守本规范。

第三十六条　各省、自治区、直辖市人民政府兽医行政管理部门可以根据本规范，结合本地实际，制定实施细则，并报农业部备案。

第三十七条　本规范自2010年3月1日起施行。本规范施行前已开办的兽药经营企业，应当自本规范施行之日起24个月内达到本规范的要求，并依法申领兽药经营许可证。

兽用生物制品经营管理办法

中华人民共和国农业农村部令 2021 年第 2 号

（2021 年 3 月 17 日农业农村部令 2021 年第 2 号公布。）

第一条 为了加强兽用生物制品经营管理，保证兽用生物制品质量，根据《兽药管理条例》，制定本办法。

第二条 在中华人民共和国境内从事兽用生物制品的分发、经营和监督管理，应当遵守本办法。

第三条 本办法所称兽用生物制品，是指以天然或者人工改造的微生物、寄生虫、生物毒素或者生物组织及代谢产物等为材料，采用生物学、分子生物学或者生物化学、生物工程等相应技术制成的，用于预防、治疗、诊断动物疫病或者有目的地调节动物生理机能的兽药，主要包括血清制品、疫苗、诊断制品和微生态制品等。

第四条 兽用生物制品分为国家强制免疫计划所需兽用生物制品（以下简称国家强制免疫用生物制品）和非国家强制免疫计划所需兽用生物制品（以下简称非国家强制免疫用生物制品）。

国家强制免疫用生物制品品种名录由农业农村部确定并公布。非国家强制免疫用生物制品是指农业农村部确定的强制免疫用生物制品以外的兽用生物制品。

第五条 农业农村部负责全国兽用生物制品的监督管理工作。县级以上地方人民政府畜牧兽医主管部门负责本行政区域内兽用生物制品的监督管理工作。

第六条 兽用生物制品生产企业可以将本企业生产的兽用生物制品销售给各级人民政府畜牧兽医主管部门或养殖场（户）、动物诊疗机构等使用者，也可以委托经销商销售。

发生重大动物疫情、灾情或者其他突发事件时，根据工作需要，国家强制免疫用生物制品由农业农村部统一调用，生产企业不得自行销售。

第七条 从事兽用生物制品经营的企业，应当依法取得《兽药经营许可证》。《兽药经营许可证》的经营范围应当具体载明国家强制免疫用生物制品、非国家强制免疫用生物制品等产品类别和委托的兽用生物制品生产企业名称。经营范围发生变化的，应当办理变更手续。

第八条 兽用生物制品生产企业可自主确定、调整经销商，并与经销商签订销售代理合同，明确代理范围等事项。

经销商只能经营所代理兽用生物制品生产企业生产的兽用生物制品，不得经营未经委托的其他企业生产的兽用生物制品。经销商可以将所代理的产品销售给使用者和获得生产企业委托的其他经销商。

第九条 省级人民政府畜牧兽医主管部门对国家强制免疫用生物制品可以依法组织实行政府采购、分发。

承担国家强制免疫用生物制品政府采购、分发任务的单位，应当建立国家强制免疫用生物制品贮存、运输、分发等管理制度，建立真实、完整的分发和冷链运输记录，记录应当保存至制品有效期满 2 年后。

第十条 向国家强制免疫用生物制品生产企业或其委托的经销商采购自用的国家强制免疫用生物制品的养殖场（户），在申请强制免疫补助经费时，应当按要求将采购的品种、数量、生产企业及经销商等信息提供给所在地县级地方人民政府畜牧兽医主管部门。

养殖场（户）应当建立真实、完整的采购、贮存、使用记录，并保存至制品有效期满 2 年后。

第十一条 兽用生物制品生产、经营企业应当遵守兽药生产质量管理规范和兽药经营质量管理规范各项规定，建立真实、完整的贮存、销售、冷链运输记录，经营企业还应当建立真实、完整的采购记录。贮存记录应当每日记录贮存设施设备温度；销售记录和采购记录应当载明产品名称、产品批号、产品规格、产品数量、生产日期、有效期、供货单位或收货单位和地址、发货日期等内容；冷链运输记录应当记录起运和到达时的温度。

第十二条 兽用生物制品生产、经营企业自行配送兽用生物制品的，应当具备相应的冷链贮存、运输条件，也可以委托具备相应冷链贮存、运输条件的配送单位配送，并对委托配送的产品质量负责。冷链贮存、运输全过程应当处于规定的贮藏温度环境下。

第十三条 兽用生物制品生产、经营企业以及承担国家强制免疫用生物制品政府采购、分发任务的单位，应当按照兽药产品追溯要求及时、准确、完整地上传制品入库、出库追溯数据至国家兽药追溯系统。

第十四条 县级以上地方人民政府畜牧兽医主管部门应当依法加强对兽用生物制品生产、经营企业和使用者监督检查，发现有违反《兽药管理条例》和本办法规定情形的，应当依法做出处理决定或者报告上级畜牧兽医主管部门。

第十五条 各级畜牧兽医主管部门、兽药检验机构、动物卫生监督机构、动物疫病预防控制机构及其工作人员，不得参与兽用生物制品生产、经营活动，不得以其名义推荐或者监制、监销兽用生物制品和进行广告宣传。

第十六条 养殖场（户）、动物诊疗机构等使用者采购的或者经政府分发获得的兽用生物制品只限自用，不得转手销售。

养殖场（户）、动物诊疗机构等使用者转手销售兽用生物制品的，或者兽用生物制品经营企业超出《兽药经营许可证》载明的经营范围经营兽用生物制品的，属于无证经营，按照《兽药管理条例》第五十六条的规定处罚；属于国家强制免疫用生物制品的，依法从重处罚。

第十七条 兽用生物制品生产、经营企业未按照要求实施兽药产品追溯，以及未按照要求建立真实、完整的贮存、销售、冷链运输记录或未实施冷链贮存、运输的，按照《兽药管理条例》第五十九条的规定处罚。

第十八条 进口兽用生物制品的经营管理，还应当适用《兽药进口管理办法》。

第十九条 本办法自 2021 年 5 月 15 日起施行。农业部 2007 年 3 月 29 日发布的《兽用生物制品经营管理办法》（农业部令第 3 号）同时废止。

兽药进口管理办法

2007年7月31日农业部、海关总署令第2号

（2007年7月31日农业部、海关总署令第2号公布，2019年4月25日农业农村部令2019年第2号、2022年1月7日农业农村部令2022年第1号修订。）

第一章 总 则

第一条 为了加强进口兽药的监督管理，规范兽药进口行为，保证进口兽药质量，根据《中华人民共和国海关法》和《兽药管理条例》，制定本办法。

第二条 在中华人民共和国境内从事兽药进口、进口兽药的经营和监督管理，应当遵守本办法。

进口兽药实行目录管理。《进口兽药管理目录》由农业农村部会同海关总署制定、调整并公布。

第三条 农业农村部负责全国进口兽药的监督管理工作。

县级以上地方人民政府兽医主管部门负责本行政区域内进口兽药的监督管理工作。

第四条 兽药应当从具备检验能力的兽药检验机构所在地口岸进口（以下简称兽药进口口岸）。兽药检验机构名单由农业农村部确定并公布。

第二章 兽药进口申请

第五条 兽药进口应当办理《进口兽药通关单》。《进口兽药通关单》由中国境内代理商向兽药进口口岸所在地省级人民政府兽医主管部门申请。申请时，应当提交下列材料：

（一）兽药进口申请表；

（二）代理合同（授权书）和购货合同复印件；

（三）工商营业执照复印件；兽药生产企业申请进口本企业生产所需原料药的，提交工商营业执照复印件；

（四）产品出厂检验报告；

（五）装箱单、提运单和货运发票复印件；

（六）产品中文标签、说明书式样。

申请兽用生物制品《进口兽药通关单》的，还应当向兽药进口口岸所在地省级人民政府兽医主管部门提交生产企业所在国家（地区）兽药管理部门出具的批签发证明。

第六条 兽药进口口岸所在地省级人民政府兽医主管部门应当自收到申请之日起2个工作日内完成审查。审查合格的，发给《进口兽药通关单》；不合格的，书面通知申请人，并说明理由。

《进口兽药通关单》主要载明代理商名称、有效期限、兽药进口口岸、海关商品编码、

商品名称、生产企业名称、进口数量、包装规格等内容。

兽药进口口岸所在地省级人民政府兽医主管部门应当在每月上旬将上月核发的《进口兽药通关单》报农业农村部备案。

第七条 进口少量科研用兽药，应当向农业农村部申请，并提交兽药进口申请表和科研项目的立项报告、试验方案等材料。

进口注册用兽药样品、对照品、标准品、菌（毒、虫）种、细胞的，应当向农业农村部申请，并提交兽药进口申请表。

农业农村部受理申请后组织风险评估，并自收到评估结论之日起5个工作日内完成审查。审查合格的，发给《进口兽药通关单》；不合格的，书面通知申请人，并说明理由。

第八条 国内急需的兽药，由农业农村部指定单位进口，并发给《进口兽药通关单》。

第九条 《进口兽药通关单》实行一单一关，在30日有效期内只能一次性使用，内容不得更改，过期应当重新办理。

第三章 进口兽药经营

第十条 境外企业不得在中国境内直接销售兽药。

进口的兽用生物制品，由中国境内的兽药经营企业作为代理商销售，但外商独资、中外合资和合作经营企业不得销售进口的兽用生物制品。

兽用生物制品以外的其他进口兽药，由境外企业依法在中国境内设立的销售机构或者符合条件的中国境内兽药经营企业作为代理商销售。

第十一条 境外企业在中国境内设立的销售机构、委托的代理商及代理商确定的经销商，应当取得《兽药经营许可证》，并遵守农业农村部制定的兽药经营质量管理规范。

销售进口兽用生物制品的《兽药经营许可证》，应当载明委托的境外企业名称及委托销售的产品类别等内容。

第十二条 进口兽药销售代理商由境外企业确定、调整，并报农业农村部备案。

境外企业应当与代理商签订进口兽药销售代理合同，明确代理范围等事项。

第十三条 进口兽用生物制品，除境外企业确定的代理商及代理商确定的经销商外，其他兽药经营企业不得经营。

第十四条 进口的兽药标签和说明书应当用中文标注。

第十五条 养殖户、养殖场、动物诊疗机构等使用者采购的进口兽药只限自用，不得转手销售。

第四章 监督管理

第十六条 进口列入《进口兽药管理目录》的兽药，进口单位进口时，需持《进口兽药通关单》向海关申报，海关按货物进口管理的相关规定办理通关手续。

进口单位办理报关手续时，因企业申报不实或者伪报用途所产生的后果，由进口单位承担相应的法律责任。

第十七条 经批准以加工贸易方式进口兽药的，海关按照有关规定实施监管。进口料件或加工制成品属于兽药且无法出口的，应当按照本办法规定办理《进口兽药通关单》，海关凭《进口兽药通关单》办理内销手续。未取得《进口兽药通关单》的，由加工贸易企业所在地省级人民政府兽医主管部门监督销毁，海关凭有关证明材料办理核销手续。销毁所需费用由加工贸易企业承担。

第十八条 以暂时进口方式进口的不在中国境内销售的兽药，不需要办理《进口兽药通关单》。暂时进口期满后应当全部复运出境，因特殊原因确需进口的，依照本办法和相关规定办理进口手续后方可在境内销售。无法复运出境又无法办理进口手续的，经进口单位所在地省级人民政府兽医主管部门批准，并商进境地直属海关同意，由所在地省级人民政府兽医主管部门监督销毁，海关凭有关证明材料办理核销手续。销毁所需费用由进口单位承担。

第十九条 从境外进入保税区、出口加工区及其他海关特殊监管区域和保税监管场所的兽药及海关特殊监管区域、保税监管场所之间进出的兽药，免予办理《进口兽药通关单》，由海关按照有关规定实施监管。

从保税区、出口加工区及其他海关特殊监管区域和保税监管场所进入境内区外的兽药，应当办理《进口兽药通关单》。

第二十条 兽用生物制品进口后，代理商应当向农业农村部指定的检验机构申请办理审查核对和抽查检验手续。未经审查核对或者抽查检验不合格的，不得销售。

其他兽药进口后，由兽药进口口岸所在地省级人民政府兽医主管部门通知兽药检验机构进行抽查检验。

第二十一条 县级以上地方人民政府兽医主管部门应当将进口兽药纳入兽药监督抽检计划，加强对进口兽药的监督检查，发现违反《兽药管理条例》和本办法规定情形的，应当依法作出处理决定。

第二十二条 禁止进口下列兽药：

（一）经风险评估可能对养殖业、人体健康造成危害或者存在潜在风险的；

（二）疗效不确定、不良反应大的；

（三）来自疫区可能造成疫病在中国境内传播的兽用生物制品；

（四）生产条件不符合规定的；

（五）标签和说明书不符合规定的；

（六）被撤销、吊销《进口兽药注册证书》的；

（七）《进口兽药注册证书》有效期届满的；

（八）未取得《进口兽药通关单》的；

（九）农业农村部禁止生产、经营和使用的。

第二十三条 提供虚假资料或者采取其他欺骗手段取得进口兽药证明文件的，按照《兽药管理条例》第五十七条的规定处罚。

伪造、涂改进口兽药证明文件进口兽药的，按照《兽药管理条例》第四十七条、第五十六条的规定处理。

第二十四条 买卖、出租、出借《进口兽药通关单》的，按照《兽药管理条例》第五十八条的规定处罚。

第二十五条 养殖户、养殖场、动物诊疗机构等使用者将采购的进口兽药转手销售的，或者代理商、经销商超出《兽药经营许可证》范围经营进口兽用生物制品的，属于无证经营，按照《兽药管理条例》第五十六条的规定处罚。

第二十六条 兽药进口构成走私或者违反海关监管规定的，由海关根据《中华人民共和国海关法》及其相关法律、法规的规定处理。

第五章 附 则

第二十七条 兽用麻醉药品、精神药品、毒性药品和放射性药品等特殊药品的进口管理，除遵守本办法的规定外，还应当遵守国家关于麻醉药品、精神药品、毒性药品和放射性药品的管理规定。

第二十八条 本办法所称进口兽药证明文件，是指《进口兽药注册证书》、《进口兽药通关单》等。

第二十九条 兽药进口申请表可以从农业农村部官方网站下载。

第三十条 本办法自 2008 年 1 月 1 日起施行。海关总署发布的《海关总署关于验放进口兽药的通知》(〔88〕署货字第 725 号)、《海关总署关于明确进口人畜共用兽药有关验放问题的通知》(署法发〔2001〕276 号)、中华人民共和国海关总署公告 2001 年第 7 号同时废止。

关于发布《进口兽药管理目录》的公告

2022年1月28日农业农村部、海关总署公告第507号

根据《兽药管理条例》和《兽药进口管理办法》规定，农业农村部会同海关总署修订了《进口兽药管理目录》，现予发布，自2022年2月10日起施行。《中华人民共和国农业农村部、中华人民共和国海关总署第369号》同时废止。

兽药进口单位进口兽药时，应向农业农村部或省级人民政府畜牧兽医主管部门申请《进口兽药通关单》。进口单位凭《进口兽药通关单》向海关办理进口手续。

特此公告。

附件：进口兽药管理目录

附件

进口兽药管理目录

序号	兽药名称	税则号列	商品编号
1	兽用血清制品	3002.1200	30021200.30
2	兽用疫苗	3002.4200	30024200.00
3	兽用免疫学体内诊断制品（已配剂量的）	3002.1500	30021500.40
4	其他兽用体内诊断制品（已配剂量的）	3004.9090	30049090.84
5	兽用体外诊断制品（用于一、二、三类动物疫病诊断的诊断试剂盒、试纸条）	3822.1900	38221900.10
6	兽用已配剂量的阿莫西林制剂	3004.1012	30041012.10
7	兽用已配剂量的普鲁卡因青霉素制剂	3004.1019	30041019.10
8	兽用已配剂量的奈夫西林钠制剂	3004.1019	30041019.10
9	兽用已配剂量的苄星氯唑西林制剂	3004.1019	30041019.10
10	兽用已配剂量的头孢氨苄制剂	3004.2019	30042019.20
11	兽用已配剂量的头孢噻呋钠制剂	3004.2019	30042019.20
12	兽用已配剂量的头孢噻呋晶体制剂	3004.2019	30042019.20
13	兽用已配剂量的盐酸头孢噻呋制剂	3004.2019	30042019.20
14	兽用已配剂量的硫酸头孢喹肟制剂	3004.2019	30042019.20

（续表）

序号	兽药名称	税则号列	商品编号
15	兽用已配剂量的头孢维星钠制剂	3004.2019	30042019.20
16	兽用已配剂量的土霉素制剂	3004.2090	30042090.20
17	兽用已配剂量的延胡索酸泰妙菌素制剂	3004.2090	30042090.20
18	兽用已配剂量的泰拉霉素制剂	3004.2090	30042090.20
19	兽用已配剂量的替米考星制剂	3004.2090	30042090.20
20	兽用已配剂量的泰乐菌素制剂	3004.2090	30042090.20
21	兽用已配剂量的泰万菌素制剂	3004.2090	30042090.20
22	兽用已配剂量的氟苯尼考制剂	3004.2090	30042090.20
23	兽用已配剂量的硫酸双羟链霉素制剂	3004.2090	30042090.20
24	兽用已配剂量的硫酸庆大霉素制剂	3004.2090	30042090.20
25	兽用已配剂量的阿维拉霉素制剂	3004.2090	30042090.20
26	兽用已配剂量的维吉尼亚霉素制剂	3004.2090	30042090.20
27	兽用已配剂量的莫能菌素制剂	3004.2090	30042090.20
28	兽用已配剂量的盐霉素制剂	3004.2090	30042090.20
29	兽用已配剂量的拉沙洛西钠制剂	3004.2090	30042090.20
30	兽用已配剂量的甲基盐霉素制剂	3004.2090	30042090.20
31	兽用已配剂量的倍他米松戊酸酯制剂	3004.3200	30043200.61
32	兽用已配剂量的氢化可的松醋丙酯制剂	3004.3200	30043200.61
33	兽用已配剂量的醋酸曲普瑞林制剂	3004.3900	30043900.40
34	兽用已配剂量的乙酸地洛瑞林制剂	3004.3900	30043900.40
35	兽用血促性素、绒促性素制剂	3004.3900	30043900.40
36	兽用黄体酮制剂	3004.3900	30043900.40
37	兽用垂体促卵泡素制剂	3004.3900	30043900.40
38	兽用已配剂量的氨基丁三醇前列腺素制剂	3004.3900	30043900.40
39	兽用已配剂量的氯前列醇钠制剂	3004.3900	30043900.40
40	兽用已配剂量的烯丙孕素制剂	3004.3900	30043900.40
41	兽用已配剂量的吡虫啉制剂	3004.4900	30044900.80
42	兽用已配剂量的磺胺嘧啶制剂	3004.9010	30049010.10
43	兽用已配剂量的马来酸奥拉替尼制剂	3004.9090	30049010.10
44	兽用已配剂量的二嗪农制剂	3004.9090	30049090.84
45	兽用已配剂量的双甲脒制剂	3004.9090	30049090.84
46	兽用已配剂量的辛硫磷制剂	3004.9090	30049090.84

(续表)

序号	兽药名称	税则号列	商品编号
47	兽用已配剂量的溴氰菊酯制剂	3004.9090	30049090.84
48	兽用已配剂量的氟氯苯氰菊酯制剂	3004.9090	30049090.84
49	兽用已配剂量的烯啶虫胺制剂	3004.9090	30049090.84
50	兽用已配剂量的非泼罗尼制剂	3004.9090	30049090.84
51	兽用已配剂量的米尔贝肟制剂	3004.9090	30049090.84
52	兽用已配剂量的双羟萘酸噻嘧啶制剂	3004.9090	30049090.84
53	兽用已配剂量的非班太尔制剂	3004.9090	30049090.84
54	兽用已配剂量的吡喹酮制剂	3004.9090	30049090.84
55	兽用已配剂量的芬苯达唑制剂	3004.9090	30049090.84
56	兽用已配剂量的伊维菌素制剂	3004.9090	30049090.84
57	兽用已配剂量的莫昔克丁制剂	3004.9090	30049090.84
58	兽用已配剂量的赛拉菌素制剂	3004.9090	30049090.84
59	兽用已配剂量的多杀霉素制剂	3004.9090	30049090.84
60	兽用已配剂量的加米霉素制剂	3004.9090	30049090.84
61	兽用已配剂量的多拉菌素制剂	3004.9090	30049090.84
62	兽用已配剂量的恩诺沙星制剂	3004.9090	30049090.84
63	兽用已配剂量的马波沙星制剂	3004.9090	30049090.84
64	兽用已配剂量的右旋糖酐铁制剂	3004.9090	30049090.84
65	兽用已配剂量的布他磷制剂	3004.9090	30049090.84
66	兽用已配剂量的盐酸替来他明制剂	3004.9090	30049090.84
67	兽用已配剂量的盐酸阿替美唑制剂	3004.9090	30049090.84
68	兽用已配剂量的枸橼酸马罗匹坦制剂	3004.9090	30049090.84
69	兽用已配剂量的西米考昔制剂	3004.9090	30049090.84
70	兽用已配剂量的非罗考昔制剂	3004.9090	30049090.84
71	兽用已配剂量的替米沙坦制剂	3004.9090	30049090.84
72	兽用已配剂量的匹莫苯丹制剂	3004.9090	30049090.84
73	兽用已配剂量的硝碘酚腈制剂	3004.9090	30049090.84
74	兽用已配剂量的氟尼辛葡甲胺制剂	3004.9090	30049090.84
75	兽用已配剂量的美洛昔康制剂	3004.9090	30049090.84
76	兽用已配剂量的托芬那酸制剂	3004.9090	30049090.84
77	兽用已配剂量的卡洛芬制剂	3004.9090	30049090.84
78	兽用已配剂量的氟雷拉纳制剂	3004.9090	30049090.84

（续表）

序号	兽药名称	税则号列	商品编号
79	兽用已配剂量的阿福拉纳制剂	3004.9090	30049090.84
80	兽用已配剂量的尼卡巴嗪制剂	3004.9090	30049090.84
81	兽用已配剂量的托曲珠利制剂	3004.9090	30049090.84
82	兽用已配剂量的奥美拉唑制剂	3004.9090	30049090.84
83	兽用已配剂量的盐酸贝那普利制剂	3004.9090	30049090.84
84	兽用已配剂量的碱式碳酸铋制剂	3004.9090	30049090.84
85	兽用已配剂量的泰地罗新制剂	3004.9090	30049090.84
86	兽用已配剂量的克霉唑制剂	3004.9090	30049090.84
87	兽用已配剂量的碘，戊二醛，癸甲溴铵，甲醛，过硫酸氢钾复合物消毒剂，复方煤焦油酸溶液消毒防腐药	3808.9400	38089400.40
88	兽用已配剂量的氯已定制剂	3808.9400	38089400.40

兽药质量监督抽查检验管理办法

农业农村部公告第 645 号

第一章 总 则

第一条 为规范兽药质量监督抽查检验工作，根据《中华人民共和国农产品质量安全法》《兽药管理条例》，制定本办法。

第二条 农业农村主管部门在中华人民共和国境内组织开展兽药质量监督抽查检验相关工作，适用本办法。

兽药质量监督抽查检验是落实兽药监督管理的重要措施，应当遵循科学、规范、合法、公正的基本原则。

第三条 农业农村部负责组织全国兽药质量监督抽查检验工作，制定国家年度兽药质量监督抽查检验计划，根据需要对全国生产、经营、使用环节的兽药组织开展抽查检验，指导协调地方兽药质量监督抽查检验工作。

省级农业农村主管部门负责本行政区域兽药质量监督抽查检验工作，承担农业农村部下达的监督抽查检验任务，制定实施本行政区域年度兽药质量监督抽查检验计划；组织查处监督抽查检验结果不符合规定的兽药和发现的违法违规行为。

市县级农业农村主管部门负责本行政区域内兽药质量监督抽查工作，承担上级农业农村主管部门下达的监督抽查检验任务；查处监督抽查检验结果不符合规定的兽药和发现的违法违规行为。

第四条 兽药检验机构承担兽药质量监督抽查的检验任务。中国兽医药品监察所负责全国兽药质量监督抽查检验信息采集、统计分析和信息系统建设维护等工作。

第五条 兽药质量监督抽查检验所需费用（包括样品的购买和邮寄费用、检验费用、人员差旅费用等），由下达计划任务或组织实施相应任务的农业农村主管部门从各级财政列支。

第二章 兽药抽样

第六条 各级农业农村主管部门负责组织抽样工作，或者委托具有相应资质和能力的兽药检验机构进行抽样。

第七条 抽样人员应当熟悉兽药管理规定，具有相应的兽药专业知识，掌握抽样工作程序和抽样操作技术，并经相关培训。

第八条 现场抽样人员不得少于2人，抽样时应当向被抽样单位说明抽样任务来源，并出示执法证件或抽样通知、抽查检验计划等相关文件。

第九条 抽样场所由抽样人员根据被抽样单位的类型确定。兽药生产企业的抽样场所一般为兽药成品库（区），兽药经营企业的抽样场所一般为兽药仓库和经营场所，养殖场、动物诊疗机构等兽药使用单位的抽样场所一般为药房。

对明确标识为待验、退货或不符合规定的兽药不予抽样。

第十条 坚持抽查检验和监督检查相结合，在抽样过程中发现违法违规线索时，及时报告抽样所在地农业农村部门依法进行调查处理；发现未赋兽药追溯二维码、兽药追溯二维码无法识读或查询不到追溯信息的兽药，依据《兽药管理条例》及配套规章有关规定进行处理，不得上市销售，并进行抽查检验，农业农村主管部门凭检验结果依法进行处理。

第十一条 被抽样单位应当配合抽样人员进行抽样，并根据抽查检验工作要求，提供生产、经营资质证明性材料和抽取样品的合格证明、生产销售和库存量、购货凭证、供货单位等资料。

被抽样单位为兽药经营企业和兽药使用单位的，抽样人员应当复印购货发票、收据或结算单等购货凭证，留存备查，并对现场核实复印资料负保密义务。

第十二条 具体抽样数量根据检验需求确定，原则上应当为监督抽查检验所需量的3倍。抽取同一企业相同品种原则上每次不超过3批次。

第十三条 抽样人员在抽样时，应当对兽药贮藏条件和温湿度记录等开展现场核查，发现未按批准的贮藏要求进行存储等影响兽药质量问题的，应当固定证据，继续抽取样品送检，并由被抽样单位所在地有关监管部门依法进行处置。

第十四条 抽样时，抽样人员应当检查所抽样品的外观、贮藏条件和有效期等情况，确定通用名称、生产批号、批准文号、数量、包装状况等信息准确无误，并通过国家兽药产品追溯系统核实样品。对经营、使用环节抽样，应当核实供货单位信息。对近效期的兽药，应当能满足检验、结果确认和复检等工作时限需要，否则不得抽样。

第十五条 抽样时，原则上应当抽取兽药的最小独立包装。对于包装规格较大的兽药，在保证取样条件符合要求的前提下，可从原包装中抽取适量样品，抽样操作应当规范、迅速、安全，样品和被拆包装的兽药应当尽快密封，不得影响兽药质量。

第十六条 抽样人员应当准确、规范、完整地填写农业农村部规定的兽药质量监督抽查抽样单（附件1）和兽药样品封签（附件2），由抽样人员和被抽样方负责人签名，并加盖抽样单位和被抽样单位公章。

抽样单一式3份，1份交被抽样方作抽样凭证，1份封存于样品包装内，1份由抽样单位保存备查。

采用电子化信息系统填写抽样单的，兽药质量监督抽查抽样单和兽药样品封签上应当有抽样人员和被抽样方负责人的电子签名。

第十七条 抽样人员应当使用兽药样品封签签封样品。样品一般分成3份，1份作为检验样品，2份作为兽药检验机构的留样。

第十八条 抽样单位应当按规定时限将样品、兽药质量监督抽查抽样单等相关资料送达或寄送至承担检验任务的兽药检验机构。抽取的样品应当按照其规定的贮藏条件进行储运，特殊管理兽药的储运按照有关规定执行。

第十九条 抽样人员在抽样过程中不得有下列行为：

（一）样品签封后擅自拆封或更换样品；

（二）泄露被抽样单位商业秘密；

(三) 其他影响抽样公正性的行为。

第三章 兽药检验

第二十条 兽药检验机构应当对检验工作负责, 坚持科学、独立、客观、公正原则, 按照兽药质量标准和检验技术要求开展检验。

第二十一条 兽药检验机构接收样品时应当检查、记录样品的外观、状态、兽药样品封签有无破损及其他可能对检验结果或者综合判定产生影响的情况, 并在确认样品与兽药质量监督抽查抽样单的记录相符、兽药样品封签完整等情况下予以收检。

有下列情形之一的, 兽药检验机构可拒绝接收:

(一) 样品包装破损、污染的;

(二) 样品封签不完整或未在规定签封部位签封, 可能影响样品公正性的;

(三) 兽药质量监督抽查抽样单填写信息不准确、不完整, 或与样品实物明显不符的;

(四) 样品批号或品种混淆的;

(五) 包装容器不符合规定、可能影响检验结果的;

(六) 有证据证明储运条件不符合规定, 可能影响样品质量的;

(七) 样品数量明显不符合检验要求的;

(八) 品种类别与当次抽查检验工作任务不符的;

(九) 样品效期不能满足检验等工作时限需要的;

(十) 其他可能影响样品质量和检验结果情形的。

兽药检验机构拒绝接收样品的, 兽药检验机构应当以书面形式向抽样单位说明理由, 退回样品, 并及时向质量监督抽查检验任务下达单位报告。

第二十二条 兽药检验机构应当对签收样品逐一登记并加贴标识, 分别用于检验、留样, 留样应当按贮藏要求妥善保存。

兽药检验机构自收到样品之日起, 兽用生物制品类样品应当在60个工作日内出具检验报告, 按照有关规定需重检的应当在90个工作日内出具检验报告; 非兽用生物制品类样品应当在30个工作日内出具检验报告; 因特殊原因需延期的, 应当报下达监督抽查检验任务的农业农村主管部门批准。

第二十三条 兽药质量检验结果符合规定的样品, 留存期应当为检验报告发出之日起3个月; 检验结果不符合规定的样品, 应当保存至有效期结束, 但最长不超过2年。

第二十四条 兽药检验机构原则上不得将承担的兽药检验任务委托给其他检验机构; 对不具备资质的检验项目或因其他不可抗力因素导致无法按时完成检验任务的, 报下达监督抽查检验任务的农业农村主管部门批准后, 可委托具有相应资质的其他检验机构承担。

第二十五条 兽药检验机构应当对出具的兽药质量检验报告负法律责任, 检验报告应当格式规范、内容真实齐全、数据准确、结论明确。

检验原始记录、检验报告的保存期限不得少于6年。

第二十六条 兽药检验机构应当具备健全的质量管理体系; 应当加强对检验人员、仪器设备、实验物料、检测方法、检测环境等质量要素的管理, 强化检验过程质量控制; 做到原始记录详细、准确、完整, 保证检验结果准确、检验过程可追溯。

第二十七条 兽药检验机构和检验人员在检验过程中, 不得有下列行为:

（一）更换样品；
（二）隐瞒、篡改检验数据或出具虚假检验报告；
（三）泄露当事人技术秘密；
（四）擅自发布抽查检验信息；
（五）其他影响检验结果公正性的行为。

第二十八条 兽药检验机构在检验过程中发现下列情形时，应当立即向下达监督抽查检验任务的农业农村主管部门报告，不得迟报漏报：
（一）兽药存在严重质量安全风险需采取控制措施的；
（二）涉嫌存在非法添加其他药物成分的；
（三）涉嫌存在违法违规生产行为的；
（四）同一企业3批次以上产品检验结果不符合规定的；
（五）其他可能存在严重风险隐患的情形。

第二十九条 兽药检验机构应当按照规定时间报送检验报告。检验结果不符合规定的，应当在自检验报告签发盖章之日起5个工作日内将报告送被抽样单位所在地省级农业农村主管部门。省级农业农村主管部门收到检验报告之日起5个工作日内，应当通知被抽样单位。

从经营、使用环节抽查检验的兽药，检验结果为违法添加其他药物成分或产品有效成分含量为0等严重不符合规定的情形，兽药检验机构还应当将检验报告发送标称兽药生产企业所在地省级农业农村主管部门。农业农村主管部门收到检验报告之日起5个工作日内送达标称兽药生产企业。

第三十条 被抽样单位或标称兽药生产企业收到检验结果不符合规定检验报告后，应当对抽查检验结果等情况进行确认，对检验结果有异议的，可以自收到检验报告之日起7个工作日内，向实施检验的兽药检验机构或其上级农业农村主管部门设立的兽药检验机构申请复检，说明复检理由。未确认也未申请复检的，视为认可检验结果。

第三十一条 申请复检的，应当一次性交齐以下资料：
（一）加盖申请单位公章的复检申请书；
（二）申请复检的项目及理由；
（三）兽药检验机构出具的检验报告复印件。

第三十二条 兽药检验机构应当自收到复检申请后7个工作日内作出是否受理的决定，如不受理应当出具不予受理复检的书面意见，逾期未回复的视为受理。

涉及下列情形的，不予复检：
（一）兽药国家标准中规定不得复试或重检的检验项目；
（二）重（装）量差异、最低装量、无菌、热原、细菌内毒素、微生物限度等不宜复检的检验项目；
（三）无正当理由未在规定期限内提出复检申请或已进行过复检的；
（四）其他不能复检的情形。

第三十三条 受理复检申请的兽药检验机构应当及时安排复检，检验时限等检验要求与首次检验要求一致。自复检报告签发盖章之日起5个工作日内，将检验报告发送申请复检单位、下达监督抽查检验任务的农业农村主管部门、被抽样单位所在地省级农业农村主管部门，必要时还应当发送标称兽药生产企业所在地省级农业农村主管部门。因特殊原因需要延期的，应当报下达监督抽查检验任务的农业农村主管部门批准。

复检机构出具的复检结论为最终检验结论。

第三十四条 复检费用按照国家有关法律法规和相关部门规定执行。

第四章 监督管理

第三十五条 抽样单位在抽样的同时，应当对被抽样兽药生产企业、经营企业、使用单位实施监督检查，对发现的假、劣兽药及其他违法违规行为进行调查处理，或者交由所在地农业农村主管部门调查处理。

第三十六条 抽样地农业农村主管部门、标称兽药生产企业所在地省级农业农村主管部门依法、依职责，对不符合规定兽药涉及的相关责任单位进行调查处理，符合立案条件的要按规定进行立案查处；对于符合农业农村部规定的兽药严重违法行为从重处罚情形的，应当予以从重处罚。涉嫌犯罪的，依法移交司法机关处理。

第三十七条 标称兽药生产企业否认其生产的，标称兽药生产企业所在地和被抽样单位所在地省级农业农村主管部门应当分别组织对标称生产企业和被抽样单位进行调查核实，核实结果报农业农村部。

第三十八条 确认为假、劣兽药的或查明属于假、劣兽药的，被抽样单位或标称兽药生产企业不得擅自转移、使用、销毁该批次兽药及相关材料，并履行以下义务：

（一）召回已销售的假、劣兽药，并在农业农村主管部门监督下销毁假、劣兽药；

（二）立即深入进行自查，开展质量调查和风险评估；

（三）根据调查评估情况采取必要的风险控制措施，实施整改。

第三十九条 农业农村部建立兽药生产企业重点监控制度，对监督抽查检验中发现存在严重违法等情形的企业实施重点监控，监控期 1 年。

重点监控期间，农业农村主管部门应加大监督检查和抽查力度。

第四十条 农业农村主管部门应当监督有关企业和单位做好问题兽药处置、原因分析及整改等工作。

自实施重点监控之日起，兽药生产企业应当停止生产抽查检验结果不符合规定的兽药产品；属于兽用生物制品的，还应当暂停该产品的批签发。

省级农业农村主管部门应当对实施重点监控的兽药生产企业整改情况进行核查，并报农业农村部审核。审核通过后，恢复该兽药产品的生产以及批签发活动。

第四十一条 省级以上农业农村主管部门应当根据监督抽查检验结果和风险监测情况，采取相应的风险控制和监管措施，并根据需要组织开展跟踪抽查检验。

第四十二条 从事兽药生产、经营、使用活动的单位或个人，不得干扰、阻挠或拒绝抽查检验工作，不得转移、藏匿兽药，不得拒绝提供证明材料或故意提供虚假资料，否则应当承担相应的法律责任。无正当理由拒绝接受兽药质量监督抽查检验的，农业农村部和被抽样单位所在地省级农业农村主管部门应当将其列入失信企业名单。

第四十三条 农业农村主管部门根据兽药质量监督抽查检验结果对有关单位进行处罚和信息公开后，因抽样、检验、复检等工作出现差错导致有关单位正当利益受损的，由相关抽样、检验、复检机构承担相应法律责任。

第五章 信息公开

第四十四条 组织兽药质量监督抽查检验的省级以上农业农村主管部门应当根据兽药质量监督抽查检验结果，按照有关规定公开兽药质量监督抽查检验情况。

第四十五条 兽药质量监督抽查检验情况公开内容应当包括抽查检验兽药的通用名称、抽样环节、被抽样单位、标称生产企业、生产批号、批准文号、检验机构、检验结论、不符合规定项目等。对有证据证实导致兽药质量不符合规定原因的，可以在公开信息中备注说明。

省级以上农业农村主管部门公开监督抽查检验结果不当的，发布部门应当自确认有关情况公开不当之日起5日内，在原公开信息范围内予以更正。

第四十六条 农业农村主管部门应当及时公开抽样过程中发现的假、劣兽药等信息，评估本行政区域兽药质量信息，为加强兽药质量监管提供依据。

第六章 附　则

第四十七条 本办法下列术语的含义是：

（一）复检，是指当事人对兽药检验机构出具的检验报告提出异议，由原兽药检验机构或者上级农业农村主管部门设立的兽药检验机构，对监督抽查检验抽取样品的留样采用相同检验方法进行的检测。

（二）包装，是指兽药容器密封系统或包装系统，由包含保护剂型的所有包装组件组成。

（三）兽药样品封签，是指粘贴在抽查兽药样品外包装上表示封闭的标签。

第四十八条 因专项检查、风险监测、案件查处等工作需要开展抽样、检验的，不受抽样数量、地点、样品状态等限制，具体程序可参考本办法。

第四十九条 中国兽医药品监察所负责制定发布抽样技术指南。省级农业农村主管部门可结合本地实际情况，根据本办法制定实施细则。

第五十条 本办法自发布之日起实施。

附件 1

兽药质量监督抽查抽样单

(样式)

抽样单编号：_____

通用名称			商品名称	
产品批准文号		含量规格		
生产批号		包装规格		
生产日期	年　月　日	有效期至	年　月　日	
标称生产企业名称		兽药追溯二维码	是否标示：□有，□无； 能否追溯：□能，□不能。	
样品标示贮藏条件		样品存放现场是否与标示一致	□是，□否。	
生产/购进数		抽样基数		
监督抽样依据		抽样数量		
购买渠道		购买凭据	□发票，□收据，□合同。	
抽样环节	①生产环节（□成品库，□原料库）； ②经营企业（□门市，□库房，□互联网经营的线下库房，□其他____）； ③使用环节（□养殖场（户）的药房，□动物诊疗机构的药房，□其他____）。			
联系方式	被抽样单位名称：_____ 被抽样单位地址：_____ 联系电话：_____ 邮政编码：_____ 联系人：_____			
抽样单位（盖章）： 抽样人（至少2人签名）：_____ ____年____月____日			被抽样单位（盖章）： 经手人（签名）：_____ ____年____月____日	
备　　注				

注：此单一式3份，1份抽样单位留存；1份交被抽样单位；1份随样品。

附件 2

兽药样品封签

（样式）

兽药样品封签

抽样单编号：

_____

样品标识贮存条件

□常温 □阴凉 □冷藏

□冷冻 □避光 □____

抽样日期：

_____

抽样单位（盖章）

抽样人：_____

被抽样单位（盖章）

经手人：_____

兽用处方药和非处方药管理办法

中华人民共和国农业部令2013年第2号

(2013年9月11日农业部令2013年第2号公布。)

第一条 为加强兽药监督管理，促进兽医临床合理用药，保障动物产品安全，根据《兽药管理条例》，制定本办法。

第二条 国家对兽药实行分类管理，根据兽药的安全性和使用风险程度，将兽药分为兽用处方药和非处方药。

兽用处方药是指凭兽医处方笺方可购买和使用的兽药。

兽用非处方药是指不需要兽医处方笺即可自行购买并按照说明书使用的兽药。

兽用处方药目录由农业部制定并公布。兽用处方药目录以外的兽药为兽用非处方药。

第三条 农业部主管全国兽用处方药和非处方药管理工作。

县级以上地方人民政府兽医行政管理部门负责本行政区域内兽用处方药和非处方药的监督管理，具体工作可以委托所属执法机构承担。

第四条 兽用处方药的标签和说明书应当标注"兽用处方药"字样，兽用非处方药的标签和说明书应当标注"兽用非处方药"字样。

前款字样应当在标签和说明书的右上角以宋体红色标注，背景应当为白色，字体大小根据实际需要设定，但必须醒目、清晰。

第五条 兽药生产企业应当跟踪本企业所生产兽药的安全性和有效性，发现不适合按兽用非处方药管理的，应当及时向农业部报告。

兽药经营者、动物诊疗机构、行业协会或者其他组织和个人发现兽用非处方药有前款规定情形的，应当向当地兽医行政管理部门报告。

第六条 兽药经营者应当在经营场所显著位置悬挂或者张贴"兽用处方药必须凭兽医处方购买"的提示语。

兽药经营者对兽用处方药、兽用非处方药应当分区或分柜摆放。兽用处方药不得采用开架自选方式销售。

第七条 兽用处方药凭兽医处方笺方可买卖，但下列情形除外：

（一）进出口兽用处方药的；

（二）向动物诊疗机构、科研单位、动物疫病预防控制机构和其他兽药生产企业、经营者销售兽用处方药的；

（三）向聘有依照《执业兽医管理办法》规定注册的专职执业兽医的动物饲养场（养殖小区）、动物园、实验动物饲育场等销售兽用处方药的。

第八条 兽医处方笺由依法注册的执业兽医按照其注册的执业范围开具。

第九条 兽医处方笺应当记载下列事项：

（一）畜主姓名或动物饲养场名称；

（二）动物种类、年（日）龄、体重及数量；

（三）诊断结果；

（四）兽药通用名称、规格、数量、用法、用量及休药期；

（五）开具处方日期及开具处方执业兽医注册号和签章。

处方笺一式三联，第一联由开具处方药的动物诊疗机构或执业兽医保存，第二联由兽药经营者保存，第三联由畜主或动物饲养场保存。动物饲养场（养殖小区）、动物园、实验动物饲育场等单位专职执业兽医开具的处方签由专职执业兽医所在单位保存。

处方笺应当保存二年以上。

第十条 兽药经营者应当对兽医处方笺进行查验，单独建立兽用处方药的购销记录，并保存二年以上。

第十一条 兽用处方药应当依照处方笺所载事项使用。

第十二条 乡村兽医应当按照农业部制定、公布的《乡村兽医基本用药目录》使用兽药。

第十三条 兽用麻醉药品、精神药品、毒性药品等特殊药品的生产、销售和使用，还应当遵守国家有关规定。

第十四条 违反本办法第四条规定的，依照《兽药管理条例》第六十条第二款的规定进行处罚。

第十五条 违反本办法规定，未经注册执业兽医开具处方销售、购买、使用兽用处方药的，依照《兽药管理条例》第六十六条的规定进行处罚。

第十六条 违反本办法规定，有下列情形之一的，依照《兽药管理条例》第五十九条第一款的规定进行处罚：

（一）兽药经营者未在经营场所明显位置悬挂或者张贴提示语的；

（二）兽用处方药与兽用非处方药未分区或分柜摆放的；

（三）兽用处方药采用开架自选方式销售的；

（四）兽医处方笺和兽用处方药购销记录未按规定保存的。

第十七条 违反本办法其他规定的，依照《中华人民共和国动物防疫法》、《兽药管理条例》有关规定进行处罚。

第十八条 本办法自 2014 年 3 月 1 日起施行。

兽医处方格式及应用规范

中华人民共和国农业部公告第2450号

（2016年10月8日农业部公告第2450号。）

为加强兽医处方管理，规范兽医执业行为，根据《中华人民共和国动物防疫法》及《执业兽医管理办法》《动物诊疗机构管理办法》《兽用处方药和非处方药管理办法》，我部制定了《兽医处方格式及应用规范》，自发布之日起执行。凡与本规范不符的处方笺自2017年1月1日起不得使用。

特此公告。

附件：兽医处方格式及应用规范

兽医处方格式及应用规范

为规范兽医处方管理，根据《中华人民共和国动物防疫法》及《执业兽医管理办法》《动物诊疗机构管理办法》《兽用处方药和非处方药管理办法》，制定本规范。

一、基本要求

1. 本规范所称兽医处方，是指执业兽医师在动物诊疗活动中开具的，作为动物用药凭证的文书。

2. 执业兽医师根据动物诊疗活动的需要，按照兽药使用规范，遵循安全、有效、经济的原则开具兽医处方。

3. 执业兽医师在注册单位签名留样或者专用签章备案后，方可开具处方。兽医处方经执业兽医师签名或者盖章后有效。

4. 执业兽医师利用计算机开具、传递兽医处方时，应当同时打印出纸质处方，其格式与手写处方一致；打印的纸质处方经执业兽医师签名或盖章后有效。

5. 兽医处方限于当次诊疗结果用药，开具当日有效。特殊情况下需延长有效期的，由开具兽医处方的执业兽医师注明有效期限，但有效期最长不得超过3天。

6. 除兽用麻醉药品、精神药品、毒性药品和放射性药品外，动物诊疗机构和执业兽医师不得限制动物主人持处方到兽药经营企业购药。

二、处方笺格式

兽医处方笺规格和样式（见附件）由农业部规定，从事动物诊疗活动的单位应当按照规定的规格和样式印制兽医处方笺或者设计电子处方笺。兽医处方笺规格如下：

1. 兽医处方笺一式三联，可以使用同一种颜色纸张，也可以使用三种不同颜色纸张。

2. 兽医处方笺分为两种规格，小规格为：长 210mm、宽 148mm；大规格为：长 296mm、宽 210mm。

三、处方笺内容

兽医处方笺内容包括前记、正文、后记三部分，要符合以下标准：

1. 前记：对个体动物进行诊疗的，至少包括动物主人姓名或者动物饲养单位名称、档案号、开具日期和动物的种类、性别、体重、年（日）龄。

对群体动物进行诊疗的，至少包括饲养单位名称、档案号、开具日期和动物的种类、数量、年（日）龄。

2. 正文：包括初步诊断情况和 Rp（拉丁文 Recipe "请取"的缩写）。Rp 应当分列兽药名称、规格、数量、用法、用量等内容；对于食品动物还应当注明休药期。

3. 后记：至少包括执业兽医师签名或盖章和注册号、发药人签名或盖章。

四、处方书写要求

兽医处方书写应当符合下列要求：

1. 动物基本信息、临床诊断情况应当填写清晰、完整，并与病历记载一致。

2. 字迹清楚，原则上不得涂改；如需修改，应当在修改处签名或盖章，并注明修改日期。

3. 兽药名称应当以兽药国家标准载明的名称为准。兽药名称简写或者缩写应当符合国内通用写法，不得自行编制兽药缩写名或者使用代号。

4. 书写兽药规格、数量、用法、用量及休药期要准确规范。

5. 兽医处方中包含兽用化学药品、生物制品、中成药的，每种兽药应当另起一行。

6. 兽药剂量与数量用阿拉伯数字书写。剂量应当使用法定计量单位：质量以千克（kg）、克（g）、毫克（mg）、微克（μg）、纳克（ng）为单位；容量以升（L）、毫升（mL）为单位；有效量单位以国际单位（IU）、单位（U）为单位。

7. 片剂、丸剂、胶囊剂以及单剂量包装的散剂、颗粒剂分别以片、丸、粒、袋为单位；多剂量包装的散剂、颗粒剂以 g 或 kg 为单位；单剂量包装的溶液剂以支、瓶为单位，多剂量包装的溶液剂以 mL 或 L 为单位；软膏及乳膏剂以支、盒为单位；单剂量包装的注射剂以支、瓶为单位，多剂量包装的注射剂以 mL 或 L，g 或 kg 为单位，应当注明含量；兽用中药自拟方应当以剂为单位。

8. 开具处方后的空白处应当划一斜线，以示处方完毕。

9. 执业兽医师注册号可采用印刷或盖章方式填写。

五、处方保存

1. 兽医处方开具后，第一联由从事动物诊疗活动的单位留存，第二联由药房或者兽药经营企业留存，第三联由动物主人或者饲养单位留存。

2. 兽医处方由处方开具、兽药核发单位妥善保存二年以上。保存期满后，经所在单位主要负责人批准、登记备案，方可销毁。

附件：兽医处方笺样式

附件

兽医处方笺样式

×××××××处方笺	
动物主人/饲养单位＿＿＿＿＿＿＿＿＿　　档案号＿＿＿＿＿＿＿ 动物种类＿＿＿＿＿　动物性别＿＿＿＿＿　体重/数量＿＿＿＿＿ 年（日）龄＿＿＿＿＿＿　开具日期＿＿＿＿＿＿＿	第一联　从事动物诊疗活动的单位留存
诊断：　　　　　　　　　　　　　Rp:	
执业兽医师＿＿＿＿＿＿　注册号＿＿＿＿＿＿　发药人＿＿＿＿＿＿	

注："×××××××处方笺"中，"×××××××"为从事动物诊疗活动的单位名称。

关于兽药严重违法行为从重处罚情形的公告

中华人民共和国农业农村部公告第 97 号

为加强兽药管理，严厉打击兽药违法行为，保障动物产品质量安全，根据《兽药管理条例》有关规定，现就兽药严重违法行为从重处罚情形，公告如下。

一、无兽药生产许可证生产兽药，有下列情形之一的，按照《兽药管理条例》第五十六条"情节严重的"规定处理，按上限罚款，并没收生产设备：

（一）生产的兽药添加国家禁止使用的药品和其他化合物，或添加人用药品等农业农村部未批准使用的其他成分的；

（二）生产的兽药累计 2 批次以上或货值金额 2 万元以上的；

（三）生产兽用疫苗的；

（四）其他情节严重的情形。

二、持有兽药生产、经营许可证的兽药生产、经营者有下列情形之一的，按照《兽药管理条例》第五十六条"情节严重的"规定处理，按上限罚款，并吊销兽药生产、经营许可证：

（一）生产的兽药添加国家禁止使用的药品和其他化合物，或添加人用药品等农业农村部未批准使用的其他成分的；

（二）生产的兽药擅自改变组方添加其他兽药成分累计 2 批次以上的；

（三）生产未取得兽药产品批准文号兽用疫苗的，或生产未取得兽药产品批准文号的其他兽药产品累计 2 批次以上的；

（四）生产兽用疫苗擅自更换菌（毒、虫）种，或者非法添加其他菌（毒、虫）种的；

（五）生产主要成分含量在国家标准上限 150% 以上或下限 50% 以下的劣兽药累计 3 个品种以上或 5 批次以上的；

（六）生产的兽用疫苗未经批签发或批签发不合格即销售累计 2 批次以上的；

（七）生产假兽药货值金额 5 万元以上的；

（八）兽药经营者未审核并保存兽药批准证明文件材料以及购买凭证，经营假、劣兽药货值金额 2 万元以上的。

三、持有兽药生产、经营许可证的兽药生产、经营者有下列情形之一的，按照《兽药管理条例》第五十九条"情节严重的"规定处理，吊销兽药生产、经营许可证：

（一）兽药生产者未在批准的兽药 GMP 车间生产兽药累计 2 批次以上的；

（二）未在批准的生产线生产兽药累计 2 批次以上的；

（三）兽药出厂前未按规定进行质量检验，或检验不合格即出厂销售累计 5 批次以上的；

（四）无兽药生产、检验记录或编造、伪造生产、检验记录累计 3 批次以上的；

（五）编造、伪造兽用疫苗批签发材料累计 3 批次以上的；

（六）监督检查和飞行检查发现兽药生产者有 2 个以上关键项不符合兽药 GMP 要求的。

四、兽药生产、经营者将原料药销售给养殖场（户）的，按照《兽药管理条例》第六十七条"情节严重的"规定处理，没收违法所得，按上限罚款，并吊销兽药生产、经营许可证。

五、生产或进口的兽药有下列情形之一的，按照《兽药管理条例》第六十九条规定处理，撤销兽药产品批准文号或者吊销进口兽药注册证书：

（一）抽查检验连续 2 次或累计 3 批次以上不合格的；

（二）改变组方添加其他兽药成分的；

（三）主要成分含量在国家标准上限 150% 以上或下限 50% 以下的；

（四）主要成分含量在国家标准上限 120% 以上或下限 80% 以下，累计 2 批次以上的；

（五）擅自改变工艺对产品质量产生严重不良影响的；

（六）进口兽用疫苗无进口兽药通关单、未经批签发或批签发不合格即销售的。

生产的兽药同时存在前款情形 2 种以上的，按照《兽药管理条例》第五十六条"情节严重的"规定处理，按上限罚款，并依法吊销兽药生产许可证。

六、兽药产品标签和说明书未经批准擅自修改，限期改正后再犯的，属于《兽药管理条例》第六十条"逾期不改正"的情形，按生产、经营假兽药处罚。

七、兽药使用单位违反国家有关兽药安全使用规定，明知是假兽用疫苗或者应当经审查批准而未经审查批准即生产、进口的兽用疫苗，仍非法使用的，按照《兽药管理条例》第六十二条处理，按上限罚款；给他人造成损失的，依法承担赔偿责任。

八、有本公告第一、二、三条规定违法情形的，对生产、经营者主要负责人和直接负责的主管人员按照《兽药管理条例》第五十六条规定处理，终身不得从事兽药的生产、经营活动。

九、兽药违法行为涉嫌犯罪的，移送司法机关追究刑事责任。

十、本公告涉及从重处罚的"兽药"不包括兽用诊断制品；所称的"累计"计算时间为 2 年内。

十一、本公告自公布之日起施行，原农业部公告第 2071 号同时废止。

农业农村部
2018 年 12 月 4 日

农业农村部关于印发《全国兽用抗菌药使用减量化行动方案（2021—2025年）》的通知

农牧发〔2021〕31号

各省、自治区、直辖市农业农村（农牧）、畜牧兽医厅（局、委），新疆生产建设兵团农业农村局：

为切实加强兽用抗菌药综合治理，有效遏制动物源细菌耐药、整治兽药残留超标，全面提升畜禽绿色健康养殖水平，促进畜牧业高质量发展，有力维护畜牧业生产安全、动物源性食品安全、公共卫生安全和生物安全，我部制定了《全国兽用抗菌药使用减量化行动方案（2021—2025年）》，现印发你们，请结合实际认真组织实施，确保如期完成各项工作目标任务。

农业农村部
2021年10月21日

全国兽用抗菌药使用减量化行动方案（2021—2025年）

根据《中华人民共和国生物安全法》《中华人民共和国乡村振兴促进法》《兽药管理条例》规定，以及《国务院办公厅关于促进畜牧业高质量发展的意见》《食用农产品"治违禁 控药残 促提升"三年行动方案》等文件要求，在全国兽用抗菌药使用减量化行动试点工作基础上，制定本行动方案。

一、行动目标

以生猪、蛋鸡、肉鸡、肉鸭、奶牛、肉牛、肉羊等畜禽品种为重点，稳步推进兽用抗菌药使用减量化行动（以下简称"减抗"）行动，切实提高畜禽养殖环节兽用抗菌药安全、规范、科学使用的能力和水平，确保"十四五"时期全国产出每吨动物产品兽用抗菌药的使用量保持下降趋势，肉蛋奶等畜禽产品的兽药残留监督抽检合格率稳定保持在98%以上，动物源细菌耐药趋势得到有效遏制。

到 2025 年末，50% 以上的规模养殖场实施养殖减抗行动，建立完善并严格执行兽药安全使用管理制度，做到规范科学用药，全面落实兽用处方药制度、兽药休药期制度和"兽药规范使用"承诺制度。

二、行动任务

（一）强化兽用抗菌药全链条监管

1. 加强兽用抗菌药生产经营监管。严格实施《兽药生产质量管理规范（2020 年修订）》，严禁兽药生产经营企业制售促生长类抗菌药物饲料添加剂。加大兽用抗菌药质量监督抽检力度，实施"检打联动"，严查隐性添加禁用成分或其他成分。严格落实兽药二维码追溯制度，确保兽药产品全部赋码上市，兽药生产经营企业产品入库、出库追溯数据全部准确上传至国家兽药产品追溯系统。加强原料药管理，防止非法流入养殖环节。强化兽药网络销售平台监督，会同工业和信息化部门严厉打击通过互联网违法销售假劣兽药行为。

2. 加强兽用抗菌药使用监管。加强饲料生产经营企业监管，完善饲料中非法添加兽药成分检测方法标准，组织开展非法添加药物及违禁物质专项监测，严肃查处违法违规行为。加强养殖场（户）用药监管，除允许在商品饲料中使用的抗球虫类和中药类药物以外，严禁在自配料中添加其他任何兽药。压实养殖场（户）规范用药主体责任，督促指导养殖场（户）建立完善兽药采购、存储、使用等管理制度，严格执行兽药使用记录制度、兽用处方药制度、兽药休药期制度等安全使用规定，准确真实记录兽药使用情况，严禁超范围、超剂量用药。创新兽药使用管理制度，建立实施养殖场（户）"兽药规范使用"承诺制，将其作为自主开具食用农产品达标合格证的重要依据。在养殖场（户）出售畜禽及其产品时，有关部门要按照动物产地检疫规程等规定，对用药记录等养殖档案进行查验核对。加大惩戒力度，对违规用药行为依法从重处罚，涉嫌犯罪的，移交公安部门立案查处。

（二）加强兽用抗菌药使用风险控制

3. 监测兽用抗菌药使用量。充分利用国家兽药产品追溯系统，监测分析兽用抗菌药应用种类、数量、流向等情况，分析变化趋势，及时提出针对性预防措施。

4. 实施畜禽产品兽药残留监控。结合辖区内生产实际，制定实施年度畜禽产品兽药残留监控计划，加大检测力度，及时掌握风险因子，控制残留风险。

5. 开展动物源细菌耐药性监测。建立完善动物源细菌耐药性监测实验室，健全动物源细菌耐药性监测体系。制定实施年度动物源细菌耐药性监测计划，组织开展耐药性监测，提升耐药性风险管控能力。

（三）支持兽用抗菌药替代产品应用

6. 促进兽用中药产业健康发展。创新完善兽用中药准入政策，建立符合兽用中药特点和产业发展实际的注册制度。支持对疗效确切的传统兽用中药进行"二次开发"，简化源自经典名方的复方制剂注册审批。将兽用中药生产企业纳入农业产业化龙头企业支持范围，享受农产品加工相关支持政策。

7. 遴选推广替代产品。组织相关教学科研单位、减抗达标养殖场（户）等，开展安全高效低残留兽用抗菌药替代产品筛选评价工作，引导养殖场（户）正确选用替代产品。

支持绿色养殖技术推广和产品研发，鼓励各地统筹基层动物防疫补助经费等相关项目资金，对推广使用兽用中药等替代产品力度大、成效好的养殖场（户）给予奖励。

（四）加强兽用抗菌药使用减量化技术指导服务

8. 强化从业人员宣传教育。强化养殖主体、畜牧兽医技术服务人员的培训教育，将兽用抗菌药减量使用相关技术规范纳入高素质农民培育项目课程体系，并作为乡村兽医、基层动物防疫队伍培训的重要内容。充分利用各种媒体，科普宣传规范用药知识、轮换用药原则、精准用药方法等，提高从业人员规范用药意识和水平。

9. 开展技术服务。实施"科学使用兽用抗菌药"公益接力行动，发挥中国兽药协会、中国畜牧业协会以及地方相关行业组织的作用，组织引导兽药生产经营企业和养殖龙头企业，以公司带农户方式，邀请专家进村入户进行现场技术指导，逐场逐户推广普及科学用药知识和技术，力争"十四五"末实现对规模养殖场技术指导服务全覆盖。

（五）构建兽用抗菌药使用减量化激励机制

10. 开展养殖场（户）减抗成效评价。各地在我部减抗试点评价标准基础上，建立健全本地养殖减抗评价指标体系，组织开展减抗成效评价工作，发布达标养殖场（户）名单，并作为创建国家级畜禽标准化示范场的重要参考。允许省级以上评价达标的减抗养殖场（户）使用我部确定的"兽用抗菌药使用减量化达标场"标识（另行发布）。

11. 推广养殖减抗典型模式。及时总结提炼不同畜禽品种养殖减抗经验做法，遴选一批养殖场（户）减抗典型案例，以多种方式宣传推介，充分发挥示范引领作用。

12. 开展养殖减抗先进县评选。鼓励有条件的地方按照本方案要求，整县、整乡（镇）开展减抗工作，并对推进工作较好、完成质量较高的地方或养殖场，给予适当奖励。农业农村部将对工作开展有力、养殖减抗效果突出的县（市、区）给予通报表扬，并在媒体公布宣传。将兽用抗菌药使用减量工作情况纳入国务院食品安全工作评议考核，并作为国家农产品质量安全县创建的重要指标。

三、实施要求

（一）工作部署。2021年11月开始在全国范围启动实施。各省份结合本地实际，制定本辖区减抗行动实施方案，做到分级分类、由易到难、有序安排，并于2021年年底前将实施方案报我部畜牧兽医局。各县（市、区）制定具体工作方案，以规模养殖场为单元建立台账，明确具体责任人、联络人。

（二）组织实施。各省份要按照本辖区减抗行动实施方案有序推进减抗工作，建立工作情况调度制度，加强督促检查，发现问题，及时推动解决，并于每年11月底前将畜禽养殖减抗工作实施进展情况报我部畜牧兽医局。

（三）抓好落实。根据本辖区养殖实际情况，参照《兽用抗菌药使用减量化指导原则》（附件），指导推动养殖场（户）实施养殖减抗，明确减抗目标任务。各地也可根据实际情况，组织实施标准更高、内容更加丰富的行动措施，推动实现全域减抗目标。坚持问题导向，集中力量有重点组织开展促生长类抗菌药物饲料添加剂退出、兽药二维码追溯等系列整治活动，推动解决突出问题，严厉打击相关违法违规行为，形成有力震慑。

四、保障措施

（一）强化组织领导。各地要高度重视，切实加强组织领导，把开展减抗行动摆在重要位置，成立减抗行动实施领导小组，加强组织协调、技术指导，并集合资源、集成技术、集聚力量，统筹推进各项政策措施落实落地。

（二）强化政策支持。我部将按照《全国动植物保护能力提升工程建设规划（2017—2025年）》积极支持兽药残留、动物源细菌耐药性监测相关项目建设。各地要积极争取发展改革、财政、科技等部门支持，加大对减抗行动相关重点任务的支持力度，确保各项措施落地见效。有条件的地方，推动建立实施兽用中药等兽用抗菌药替代产品补贴制度。在涉农项目申请等方面，对减抗达标养殖场（户）给予政策倾斜。

（三）强化技术支撑。充分发挥全国兽药残留与耐药性控制专家委员会和有关教学科研单位的技术优势，为畜禽养殖减抗行动提供专业指导，承担兽用抗菌药耐药性风险评估任务，提供风险管理和政策建议。加强抗菌药物替代研发、细菌耐药机制研究、耐药检测方法与标准研究等工作。支持各地成立兽用抗菌药使用减量化专家指导组，重点开展技术咨询、现场指导、监测跟踪、评估论证等工作。

附件：兽用抗菌药使用减量化指导原则

附件

兽用抗菌药使用减量化指导原则

养殖场（户）应根据畜禽养殖环节动物疫病发生流行特点和预防、诊断、治疗的实际需要，树立健康养殖、预防为主、综合治理的理念，从"养、防、规、慎、替"五个方面，建立完善管理制度、采取有效管控措施、狠抓落实落地，提高饲养管理和生物安全防护水平，推动实现本场（户）养殖减抗目标。

一是"养"，即精准把好养殖管理"三个关口"。把好饲养模式关，明确不同畜禽品种的饲养方式，精细管理饲养环境条件；把好种源关，有条件的应选取优良品种和品牌厂家的畜禽，要按批次严格检查检测苗种健康状况，防止携带垂直传播的病原微生物；把好营养关，根据畜禽不同阶段的营养需求，制定科学合理的饲料配方，保证营养充足均衡，实现提高畜禽个体抵抗力和群体健康水平的目的。

二是"防"，即全面防范动物疫病发生传播风险。落实动物防疫主体责任，牢固树立生物安全理念，着力改善养殖场所物理隔离、消毒设施等动物防疫条件，严格执行生物安全防护制度和措施，按计划积极实施疫病免疫和消杀灭源，从源头减少病毒性、细菌性等动物疫病影响。

三是"规"，即严格规范使用兽用抗菌药。严格执行兽药安全使用各项规定，严禁使用禁止使用的药品和其他化合物、停用兽药、人用药品、假劣兽药；严格执行兽用处方药、休药期等制度，按照兽药标签说明书标注事项，对症治疗、用法正确、用量准确，实现"用好药"。

四是"慎"，即科学审慎使用兽用抗菌药。高度重视细菌耐药问题，清楚掌握兽用抗菌药类别，坚持审慎用药、分级分类用药原则，根据执业兽医治疗意见、药敏试验检测结果等，精准选择敏感性强、效果好的兽用抗菌药产品；谨慎联合使用抗菌药，能用一种抗菌药治疗绝不同时使用多种抗菌药；分类分级选择用药品种，能用一般级别抗菌药治疗绝不使用更高级别抗菌药，能用窄谱抗菌药就不用广谱抗菌药；增加动物个体精准治疗用药，减少动物群体预防治疗用药，实现"少用药"。

五是"替"，即积极应用兽用抗菌药替代产品。以高效、休药期短、低残留的兽药品种，逐步替代低效、休药期长、易残留的兽药品种。根据养殖管理和防疫实际，推广应用兽用中药、微生态制剂等无残留的绿色兽药，替代部分兽用抗菌药品种，并逐步提高使用比例，实现畜禽产品生态绿色。

农业农村部办公厅关于开展规范畜禽养殖用药专项整治行动的通知

农办牧〔2023〕7号

各省、自治区、直辖市农业农村（农牧）、畜牧兽医厅（局、委），新疆生产建设兵团农业农村局，中国兽医药品监察所：

为扎实推进兽药残留超标源头治理，有效防范动物源细菌耐药风险，按照《遏制微生物耐药国家行动计划（2022—2025年）》《食用农产品"治违禁 控药残 促提升"三年行动方案》《全国兽用抗菌药使用减量化行动方案（2021—2025年）》，我部决定开展规范畜禽养殖用药专项整治行动。现将有关事项通知如下。

一、工作目标

坚持集中整治与宣传教育相结合、日常监管与规范指导相结合的工作原则，全面系统检查指导畜禽养殖用药情况，依法严厉打击使用原料药、化学中间体、人用药品、"自家苗"、假兽药等违法行为，有力整治超范围用药、超剂量用药、超时限用药、用药记录不规范等违规行为，有效落实兽用处方药制度、休药期制度等兽药安全使用规定，进一步规范畜禽养殖用药行为。

二、工作任务

（一）整治违规销售原料药等行为。以原料药、兽用活疫苗经营企业为重点，随机调取产品出库信息并追溯核实购买对象有关情况，通过核查兽药二维码追溯信息，督促经营企业压实追溯责任，及时上传兽药出库销售去向信息和购买对象信息。发现将原料药销售给畜禽养殖主体、未按温湿度要求存储运输疫苗、未按规定上传入库出库信息、兽药拆零销售等违规行为，依法严肃查处。

（二）整治兽药标签和说明书夸大疗效等行为。以兽药经营企业和规模养殖场为重点，检查经营门店和库房、养殖场兽药库房，随机抽查陈列或存储的兽药产品，重点核查产品标签说明书，发现以下违规行为，一律严肃查处。一是以中药材为主要成分、标示为饲料原料或饲料添加剂产品的，凡标注了预防、治疗和诊断动物疾病的，依法按假兽药处理；二是未标注生产日期、无产品质量合格证、未标注生产厂家的"三无产品"，依法查封扣押，现场抽取样品进行检测，发现含有兽药（药物）成分的，按假兽药处理；三是标明的适应症（作用用途、功能主治）超出规定范围的，标注兽药成分的种类、名称与兽药标准不符的，依法按假兽药处理；四是不标明有效成分的，不标明或者更改有效期、产品批号的，依法按劣兽药处理；五是标注的用法用量与批准内容不一致的，不标明或者更改休药期的，依法按有关规定处理。

（三）整治兽药使用记录不规范等行为。以规模养殖场、养殖合作社、畜禽诊疗单位、乡村兽医为重点，检查养殖档案、诊疗记录和用药记录等，核对兽用处方笺信息是否完整、准确，督促落实好兽用处方药管理制度；聚焦兽药通用名称、产品批准文号、休药期等关键信息，逐项核对《畜禽养殖场（户）兽药使用记录》填写是否正确，督促指导规范填写每项记录信息，其格式按农牧便函〔2022〕177号执行。调取养殖主体食用农产品承诺达标合格证出具信息，核对兽药使用与承诺内容是否一致；发现未建立使用记录、填写信息不规范等违规行为，责令限期整改。

（四）强化规范用药宣传教育。以养殖场（户）、乡村兽医等为重点，通过基层喜闻乐见的方式，组织开展规范用药宣传教育，让广大养殖者和兽医技术人员掌握相关知识、理解政策、付诸实践。结合各地养殖实际，成立专家技术服务团，深入畜禽养殖一线，指导规范用药和减量使用兽用抗菌药。号召兽药生产经营和使用单位积极参与"科学使用兽用抗菌药"公益接力行动，鼓励相关行业组织、技术联盟发挥自身优势，广泛普及安全规范用药技术知识，履行社会责任，引导全行业树立规范用药的良好风尚。

三、时间安排

专项整治行动实施时间为2023年3月上旬至12月31日，分为4个阶段。

（一）部署阶段（3月上旬至3月31日）。省级农业农村部门按照本通知要求，结合辖区实际，研究制定实施方案，并做好宣传动员等具体工作。

（二）自查阶段（4月1日至6月30日）。各级农业农村部门积极履行告知义务，将有关要求及时传达至本辖区的兽药生产企业、经营企业和使用单位，督促其对标整治任务开展自查。

（三）检查阶段（7月1日至10月31日）。省级农业农村部门组织开展专项检查，对标整治任务逐项进行集中排查，发现违法违规情形，按照《兽药管理条例》和农业农村部有关规定处理。涉及外埠兽药产品的，应及时将违法信息通报兽药生产企业所在地省级农业农村部门，依法严肃处理。

（四）总结阶段（11月1日至12月31日）。省级农业农村部门要及时总结基层经验做法，及时改进监管措施，推动提升畜禽养殖规范用药的能力和水平。同时，我部将组织开展交叉互查和抽查工作，促进经验交流和措施落实，巩固专项整治行动成果。

四、有关要求

（一）加强组织领导。规范畜禽养殖用药专项整治行动已列入国务院食安委2023年食品安全重点工作安排，省级农业农村部门要高度重视，切实加强组织领导，明确目标、压实责任、强化督促指导、狠抓措施落实，确保取得实效。

（二）加强技术服务。中国兽医药品监察所要发挥技术支撑作用，结合养殖"减抗"技术指导，成立专家服务团，帮助解决各地在实施专项整治行动中的问题，指导基层科学开展兽用抗菌药使用减量化行动。省级农业农村部门也可根据辖区实际，相应成立专家服务团，开展技术服务。

（三）加强信息报送。省级农业农村部门要加强工作调度和总结，及时报送工作进展、经验做法、典型案件、存在问题等情况，同时于12月15日前报送专项整治行动总结及整治工作情况汇总表。

联系人及电话：农业农村部畜牧兽医局冯华兵 010-59192819。

附件：规范畜禽养殖用药专项整治行动工作情况汇总表

农业农村部办公厅
2023 年 2 月 25 日

附件

规范畜禽养殖用药专项整治行动工作情况汇总表

填报单位：（公章）　　　　　　　　　　　　　　　　　　　　填报人：

专项整治行动检查对象数量（个）			出动监督检查人员（人次）	问题处理（个）			处罚有关情况	
兽药经营企业	畜禽疾病诊疗（单位和个人）	规模养殖场（合作社）		发现问题	问题整改	案件查处	货值金额（万元）	罚没金额（万元）

农业农村部办公厅关于建立兽药行政许可联络员制度的通知

农办牧〔2023〕27号

各省、自治区、直辖市农业农村（农牧）、畜牧兽医厅（局、委），新疆生产建设兵团农业农村局，中国兽医药品监察所（农业农村部兽药评审中心）：

为进一步优化兽药行政许可服务，加强兽药行政许可申报前的咨询服务、申请中的技术交流、许可文件送达和意见建议征询，不断提高兽药行政许可事项办理效率，我部决定建立兽药行政许可联络员制度。现就有关事项通知如下。

一、申请人兽药行政许可联络员

申请人（包括新兽药研制单位、向中国出口兽药企业的代理机构、兽药生产企业、兽药安全性评价单位、兽药临床试验单位）根据业务需要，确定1～2名熟悉兽药专业知识、政策法规的工作人员作为本单位办理兽药行政许可的联络员。联络员经授权代表申请人办理兽药行政许可相关业务，包括提交申请资料、接收受理和办结通知书、领取许可证明文件证照等；负责对接我部兽药许可事项办理部门、技术审查部门开展沟通交流，包括政策解答、问题研讨、了解进展、咨询交流等，同时接收有关部门的信息询问和业务联系。申请人应当加强联络员的业务培训和监督管理，严格遵守兽药管理相关法规制度，严格执行兽药行政许可办理有关技术规范要求。

申请人按要求填写《申请人兽药行政许可联络员信息表》（附件1），并加盖单位公章，报省级农业农村部门备案。向中国出口兽药的企业在中国设立的销售机构或委托的代理商，还应当依据《兽药进口管理办法》第十三条规定，填写《进口兽药销售代理商信息表》（附件2），并加盖企业公章，于2023年11月底前报我部畜牧兽医局备查。上述有关信息发生变动的，应在10个工作日内重新报备。

二、省级主管部门兽药行政许可联络员

省级农业农村部门确定1名承担兽药行政许可办理的工作人员，作为本单位联络员，接收我部兽药行政许可有关意见，协调解决省级初审有关问题，及时向我部反馈兽药行政许可初审进展和对策建议，做好与申请人的沟通协调。

三、部级主管部门兽药行政许可沟通咨询机制

中国兽医药品监察所（农业农村部兽药评审中心）要建立完善部级兽药行政许可技术审查沟通咨询机制，针对不同许可事项指定专人作为技术审查联络员，负责及时了解、记录和解答申请人有关问题咨询，组织做好兽药评审咨询日服务活动，不断提高服务能力和

水平。

我部将在一体化政务服务平台和中国兽药信息网公布兽药行政许可政策制度、技术审查等咨询电话信息，建立进口兽药代理商信息数据库，供申请人和社会公众查询。

四、有关工作要求

请省级农业农村部门将本通知要求传达至本辖区有关申请人，核实申请人联络员信息，形成申请人联络员汇总表（附件3），加盖单位公章，于2023年11月底前将汇总表以及省级联络员信息报我部畜牧兽医局，同时发送电子版。

联系方式：农业农村部畜牧兽医局药政药械处，010-59192819，电子邮箱：syjyzyxc@agri.gov.cn。

附件：1. 申请人兽药行政许可联络员信息表（略）
   2. 进口兽药销售代理商信息表（略）
   3. 申请人联络员信息汇总表（略）

农业农村部办公厅
2023年9月15日

(五) 转基因管理

农业转基因生物安全管理条例

中华人民共和国国务院令 2001 年第 304 号

(2001 年 5 月 23 日中华人民共和国国务院令第 304 号公布。根据 2011 年 1 月 8 日《国务院关于废止和修改部分行政法规的决定》第一次修订，根据 2017 年 10 月 7 日《国务院关于修改部分行政法规的决定》第二次修订。)

第一章 总 则

第一条 为了加强农业转基因生物安全管理，保障人体健康和动植物、微生物安全，保护生态环境，促进农业转基因生物技术研究，制定本条例。

第二条 在中华人民共和国境内从事农业转基因生物的研究、试验、生产、加工、经营和进口、出口活动，必须遵守本条例。

第三条 本条例所称农业转基因生物，是指利用基因工程技术改变基因组构成，用于农业生产或者农产品加工的动植物、微生物及其产品，主要包括：

（一）转基因动植物（含种子、种畜禽、水产苗种）和微生物；

（二）转基因动植物、微生物产品；

（三）转基因农产品的直接加工品；

（四）含有转基因动植物、微生物或者其产品成分的种子、种畜禽、水产苗种、农药、兽药、肥料和添加剂等产品。

本条例所称农业转基因生物安全，是指防范农业转基因生物对人类、动植物、微生物和生态环境构成的危险或者潜在风险。

第四条 国务院农业行政主管部门负责全国农业转基因生物安全的监督管理工作。

县级以上地方各级人民政府农业行政主管部门负责本行政区域内的农业转基因生物安全的监督管理工作。

县级以上各级人民政府有关部门依照《中华人民共和国食品安全法》的有关规定，负责转基因食品安全的监督管理工作。

第五条 国务院建立农业转基因生物安全管理部际联席会议制度。

农业转基因生物安全管理部际联席会议由农业、科技、环境保护、卫生、外经贸、检验检疫等有关部门的负责人组成，负责研究、协调农业转基因生物安全管理工作中的重大问题。

第六条 国家对农业转基因生物安全实行分级管理评价制度。

农业转基因生物按照其对人类、动植物、微生物和生态环境的危险程度，分为Ⅰ、Ⅱ、Ⅲ、Ⅳ四个等级。具体划分标准由国务院农业行政主管部门制定。

第七条 国家建立农业转基因生物安全评价制度。

农业转基因生物安全评价的标准和技术规范，由国务院农业行政主管部门制定。

第八条 国家对农业转基因生物实行标识制度。

实施标识管理的农业转基因生物目录，由国务院农业行政主管部门商国务院有关部门制定、调整并公布。

第二章 研究与试验

第九条 国务院农业行政主管部门应当加强农业转基因生物研究与试验的安全评价管理工作，并设立农业转基因生物安全委员会，负责农业转基因生物的安全评价工作。

农业转基因生物安全委员会由从事农业转基因生物研究、生产、加工、检验检疫以及卫生、环境保护等方面的专家组成。

第十条 国务院农业行政主管部门根据农业转基因生物安全评价工作的需要，可以委托具备检测条件和能力的技术检测机构对农业转基因生物进行检测。

第十一条 从事农业转基因生物研究与试验的单位，应当具备与安全等级相适应的安全设施和措施，确保农业转基因生物研究与试验的安全，并成立农业转基因生物安全小组，负责本单位农业转基因生物研究与试验的安全工作。

第十二条 从事Ⅲ、Ⅳ级农业转基因生物研究的，应当在研究开始前向国务院农业行政主管部门报告。

第十三条 农业转基因生物试验，一般应当经过中间试验、环境释放和生产性试验三个阶段。中间试验，是指在控制系统内或者控制条件下进行的小规模试验。环境释放，是指在自然条件下采取相应安全措施所进行的中规模的试验。生产性试验，是指在生产和应用前进行的较大规模的试验。

第十四条 农业转基因生物在实验室研究结束后，需要转入中间试验的，试验单位应当向国务院农业行政主管部门报告。

第十五条 农业转基因生物试验需要从上一试验阶段转入下一试验阶段的，试验单位应当向国务院农业行政主管部门提出申请；经农业转基因生物安全委员会进行安全评价合格的，由国务院农业行政主管部门批准转入下一试验阶段。

试验单位提出前款申请，应当提供下列材料：

（一）农业转基因生物的安全等级和确定安全等级的依据；

（二）农业转基因生物技术检测机构出具的检测报告；

（三）相应的安全管理、防范措施；

（四）上一试验阶段的试验报告。

第十六条 从事农业转基因生物试验的单位在生产性试验结束后，可以向国务院农业行政主管部门申请领取农业转基因生物安全证书。

试验单位提出前款申请，应当提供下列材料：

（一）农业转基因生物的安全等级和确定安全等级的依据；

（二）生产性试验的总结报告；

（三）国务院农业行政主管部门规定的试验材料、检测方法等其他材料。

国务院农业行政主管部门收到申请后，应当委托具备检测条件和能力的技术检测机构进行检测，并组织农业转基因生物安全委员会进行安全评价；安全评价合格的，方可颁发农业转基因生物安全证书。

第十七条 转基因植物种子、种畜禽、水产苗种，利用农业转基因生物生产的或者含有农业转基因生物成分的种子、种畜禽、水产苗种、农药、兽药、肥料和添加剂等，在依照有关法律、行政法规的规定进行审定、登记或者评价、审批前，应当依照本条例第十六条的规定取得农业转基因生物安全证书。

第十八条 中外合作、合资或者外方独资在中华人民共和国境内从事农业转基因生物研究与试验的，应当经国务院农业行政主管部门批准。

第三章　生产与加工

第十九条 生产转基因植物种子、种畜禽、水产苗种，应当取得国务院农业行政主管部门颁发的种子、种畜禽、水产苗种生产许可证。

生产单位和个人申请转基因植物种子、种畜禽、水产苗种生产许可证，除应当符合有关法律、行政法规规定的条件外，还应当符合下列条件：

（一）取得农业转基因生物安全证书并通过品种审定；

（二）在指定的区域种植或者养殖；

（三）有相应的安全管理、防范措施；

（四）国务院农业行政主管部门规定的其他条件。

第二十条 生产转基因植物种子、种畜禽、水产苗种的单位和个人，应当建立生产档案，载明生产地点、基因及其来源、转基因的方法以及种子、种畜禽、水产苗种流向等内容。

第二十一条 单位和个人从事农业转基因生物生产、加工的，应当由国务院农业行政主管部门或者省、自治区、直辖市人民政府农业行政主管部门批准。具体办法由国务院农业行政主管部门制定。

第二十二条 从事农业转基因生物生产、加工的单位和个人，应当按照批准的品种、范围、安全管理要求和相应的技术标准组织生产、加工，并定期向所在地县级人民政府农业行政主管部门提供生产、加工、安全管理情况和产品流向的报告。

第二十三条 农业转基因生物在生产、加工过程中发生基因安全事故时，生产、加工单位和个人应当立即采取安全补救措施，并向所在地县级人民政府农业行政主管部门报告。

第二十四条 从事农业转基因生物运输、贮存的单位和个人，应当采取与农业转基因生物安全等级相适应的安全控制措施，确保农业转基因生物运输、贮存的安全。

第四章　经　营

第二十五条 经营转基因植物种子、种畜禽、水产苗种的单位和个人，应当取得国务院农业行政主管部门颁发的种子、种畜禽、水产苗种经营许可证。

经营单位和个人申请转基因植物种子、种畜禽、水产苗种经营许可证，除应当符合有关法律、行政法规规定的条件外，还应当符合下列条件：

（一）有专门的管理人员和经营档案；

（二）有相应的安全管理、防范措施；

（三）国务院农业行政主管部门规定的其他条件。

第二十六条　经营转基因植物种子、种畜禽、水产苗种的单位和个人，应当建立经营档案，载明种子、种畜禽、水产苗种的来源、贮存，运输和销售去向等内容。

第二十七条　在中华人民共和国境内销售列入农业转基因生物目录的农业转基因生物，应当有明显的标识。

列入农业转基因生物目录的农业转基因生物，由生产、分装单位和个人负责标识；未标识的，不得销售。经营单位和个人在进货时，应当对货物和标识进行核对。经营单位和个人拆开原包装进行销售的，应当重新标识。

第二十八条　农业转基因生物标识应当载明产品中含有转基因成分的主要原料名称；有特殊销售范围要求的，还应当载明销售范围，并在指定范围内销售。

第二十九条　农业转基因生物的广告，应当经国务院农业行政主管部门审查批准后，方可刊登、播放、设置和张贴。

第五章　进口与出口

第三十条　从中华人民共和国境外引进农业转基因生物用于研究、试验的，引进单位应当向国务院农业行政主管部门提出申请；符合下列条件的，国务院农业行政主管部门方可批准：

（一）具有国务院农业行政主管部门规定的申请资格；

（二）引进的农业转基因生物在国（境）外已经进行了相应的研究、试验；

（三）有相应的安全管理、防范措施。

第三十一条　境外公司向中华人民共和国出口转基因植物种子、种畜禽、水产苗种和利用农业转基因生物生产的或者含有农业转基因生物成分的植物种子、种畜禽、水产苗种、农药、兽药、肥料和添加剂的，应当向国务院农业行政主管部门提出申请；符合下列条件的，国务院农业行政主管部门方可批准试验材料入境并依照本条例的规定进行中间试验、环境释放和生产性试验：

（一）输出国家或者地区已经允许作为相应用途并投放市场；

（二）输出国家或者地区经过科学试验证明对人类、动植物、微生物和生态环境无害；

（三）有相应的安全管理、防范措施。

生产性试验结束后，经安全评价合格，并取得农业转基因生物安全证书后，方可依照有关法律、行政法规的规定办理审定、登记或者评价、审批手续。

第三十二条　境外公司向中华人民共和国出口农业转基因生物用作加工原料的，应当向国务院农业行政主管部门提出申请，提交国务院农业行政主管部门要求的试验材料、检测方法等材料；符合下列条件，经国务院农业行政主管部门委托的、具备检测条件和能力的技术检测机构检测确认对人类、动植物、微生物和生态环境不存在危险，并经安全评价合格的，由国务院农业行政主管部门颁发农业转基因生物安全证书：

（一）输出国家或者地区已经允许作为相应用途并投放市场的；
（二）输出国家或者地区经过科学试验证明对人类、动植物、微生物和生态环境无害；
（三）有相应的安全管理、防范措施。

第三十三条 从中华人民共和国境外引进农业转基因生物的，或者向中华人民共和国出口农业转基因生物的，引进单位或者境外公司应当凭国务院农业行政主管部门颁发的农业转基因生物安全证书和相关批准文件，向口岸出入境检验检疫机构报检；经检疫合格后，方可向海关申请办理有关手续。

第三十四条 农业转基因生物在中华人民共和国过境转移的，应当遵守中华人民共和国有关法律、行政法规的规定。

第三十五条 国务院农业行政主管部门应当自收到申请人申请之日起270日内作出批准或者不批准的决定，并通知申请人。

第三十六条 向中华人民共和国境外出口农产品，外方要求提供非转基因农产品证明的，由口岸出入境检验检疫机构根据国务院农业行政主管部门发布的转基因农产品信息，进行检测并出具非转基因农产品证明。

第三十七条 进口农业转基因生物，没有国务院农业行政主管部门颁发的农业转基因生物安全证书和相关批准文件的，或者与证书、批准文件不符的，作退货或者销毁处理。进口农业转基因生物不按照规定标识的，重新标识后方可入境。

第六章　监督检查

第三十八条 农业行政主管部门履行监督检查职责时，有权采取下列措施：
（一）询问被检查的研究、试验、生产、加工、经营或者进口、出口的单位和个人、利害关系人、证明人，并要求其提供与农业转基因生物安全有关的证明材料或者其他资料；
（二）查阅或者复制农业转基因生物研究、试验、生产、加工、经营或者进口、出口的有关档案、账册和资料等；
（三）要求有关单位和个人就有关农业转基因生物安全的问题作出说明；
（四）责令违反农业转基因生物安全管理的单位和个人停止违法行为；
（五）在紧急情况下，对非法研究、试验、生产、加工、经营或者进口、出口的农业转基因生物实施封存或者扣押。

第三十九条 农业行政主管部门工作人员在监督检查时，应当出示执法证件。

第四十条 有关单位和个人对农业行政主管部门的监督检查，应当予以支持、配合，不得拒绝、阻碍监督检查人员依法执行职务。

第四十一条 发现农业转基因生物对人类、动植物和生态环境存在危险时，国务院农业行政主管部门有权宣布禁止生产、加工、经营和进口，收回农业转基因生物安全证书，销毁有关存在危险的农业转基因生物。

第七章　罚　则

第四十二条 违反本条例规定，从事Ⅲ、Ⅳ级农业转基因生物研究或者进行中间试验，未向国务院农业行政主管部门报告的，由国务院农业行政主管部门责令暂停研究或者中间试验，限期改正。

第四十三条 违反本条例规定，未经批准擅自从事环境释放、生产性试验的，已获批准但未按照规定采取安全管理、防范措施的，或者超过批准范围进行试验的，由国务院农业行政主管部门或者省、自治区、直辖市人民政府农业行政主管部门依据职权，责令停止试验，并处1万元以上5万元以下的罚款。

第四十四条 违反本条例规定，在生产性试验结束后，未取得农业转基因生物安全证书，擅自将农业转基因生物投入生产和应用的，由国务院农业行政主管部门责令停止生产和应用，并处2万元以上10万元以下的罚款。

第四十五条 违反本条例第十八条规定，未经国务院农业行政主管部门批准，从事农业转基因生物研究与试验的，由国务院农业行政主管部门责令立即停止研究与试验，限期补办审批手续。

第四十六条 违反本条例规定，未经批准生产、加工农业转基因生物或者未按照批准的品种、范围、安全管理要求和技术标准生产、加工的，由国务院农业行政主管部门或者省、自治区、直辖市人民政府农业行政主管部门依据职权，责令停止生产或者加工，没收违法生产或者加工的产品及违法所得；违法所得10万元以上的，并处违法所得1倍以上5倍以下的罚款；没有违法所得或者违法所得不足10万元的，并处10万元以上20万元以下的罚款。

第四十七条 违反本条例规定，转基因植物种子、种畜禽、水产苗种的生产、经营单位和个人，未按照规定制作、保存生产、经营档案的，由县级以上人民政府农业行政主管部门依据职权，责令改正，处1000元以上1万元以下的罚款。

第四十八条 违反本条例规定，未经国务院农业行政主管部门批准，擅自进口农业转基因生物的，由国务院农业行政主管部门责令停止进口，没收已进口的产品和违法所得；违法所得10万元以上的，并处违法所得1倍以上5倍以下的罚款；没有违法所得或者违法所得不足10万元的，并处10万元以上20万元以下的罚款。

第四十九条 违反本条例规定，进口、携带、邮寄农业转基因生物未向口岸出入境检验检疫机构报检的，由口岸出入境检验检疫机构比照进出境动植物检疫法的有关规定处罚。

第五十条 违反本条例关于农业转基因生物标识管理规定的，由县级以上人民政府农业行政主管部门依据职权，责令限期改正，可以没收非法销售的产品和违法所得，并可以处1万元以上5万元以下的罚款。

第五十一条 假冒、伪造、转让或者买卖农业转基因生物有关证明文书的，由县级以上人民政府农业行政主管部门依据职权，收缴相应的证明文书，并处2万元以上10万元以下的罚款；构成犯罪的，依法追究刑事责任。

第五十二条 违反本条例规定，在研究、试验、生产、加工、贮存、运输、销售或者进口、出口农业转基因生物过程中发生基因安全事故，造成损害的，依法承担赔偿责任。

第五十三条 国务院农业行政主管部门或者省、自治区、直辖市人民政府农业行政主管部门违反本条例规定核发许可证、农业转基因生物安全证书以及其他批准文件的，或者核发许可证、农业转基因生物安全证书以及其他批准文件后不履行监督管理职责的，对直接负责的主管人员和其他直接责任人员依法给予行政处分；构成犯罪的，依法追究刑事责任。

第八章 附 则

第五十四条 本条例自公布之日起施行。

农业部办公厅关于《农业转基因生物安全管理条例》有关规定解释意见的函

农办政函〔2008〕21号

辽宁省农村经济委员会：

你委《关于〈农业转基因生物安全管理条例〉有关规定适用问题的请示》（辽农〔2008〕82号）收悉。经研究，我部认为：

一、根据《农业转基因生物安全管理条例》第二十八条规定，经营单位和个人在进货时，应当对货物和农业转基因生物标识进行核对。经营单位和个人拆开原包装进行销售且未重新标识的，可以依据本条例第五十二条的规定进行处理。

二、《农业转基因生物安全管理条例》第四十七条和五十二条规定的"违法所得"是指违法产品的销售收入，第五十条规定的"违法所得"是指违法进口产品的货值金额。

农业部办公厅
2008年4月21日

农业转基因生物安全评价管理办法

中华人民共和国农业部令 2002 年第 8 号

（2002 年 1 月 5 日农业部令第 8 号公布，2004 年 7 月 1 日农业部令第 38 号、2016 年 7 月 25 日农业部令 2016 年第 7 号、2017 年 11 月 30 日农业部令 2017 年第 8 号、2022 年 1 月 21 日农业农村部令 2022 年第 2 号修订。）

第一章 总 则

第一条 为了加强农业转基因生物安全评价管理，保障人类健康和动植物、微生物安全，保护生态环境，根据《农业转基因生物安全管理条例》（简称《条例》），制定本办法。

第二条 在中华人民共和国境内从事农业转基因生物的研究、试验、生产、加工、经营和进口、出口活动，依照《条例》规定需要进行安全评价的，应当遵守本办法。

第三条 本办法适用于《条例》规定的农业转基因生物，即利用基因工程技术改变基因组构成，用于农业生产或者农产品加工的植物、动物、微生物及其产品，主要包括：

（一）转基因动植物（含种子、种畜禽、水产苗种）和微生物；

（二）转基因动植物、微生物产品；

（三）转基因农产品的直接加工品；

（四）含有转基因动植物、微生物或者其产品成分的种子、种畜禽、水产苗种、农药、兽药、肥料和添加剂等产品。

第四条 本办法评价的是农业转基因生物对人类、动植物、微生物和生态环境构成的危险或者潜在的风险。安全评价工作按照植物、动物、微生物三个类别，以科学为依据，以个案审查为原则，实行分级分阶段管理。

第五条 根据《条例》第九条的规定设立国家农业转基因生物安全委员会，负责农业转基因生物的安全评价工作。国家农业转基因生物安全委员会由从事农业转基因生物研究、生产、加工、检验检疫、卫生、环境保护等方面的专家组成，每届任期五年。

农业农村部设立农业转基因生物安全管理办公室，负责农业转基因生物安全评价管理工作。

第六条 从事农业转基因生物研究与试验的单位是农业转基因生物安全管理的第一责任人，应当成立由单位法定代表人负责的农业转基因生物安全小组，负责本单位农业转基因生物的安全管理及安全评价申报的审查工作。

从事农业转基因生物研究与试验的单位，应当制定农业转基因生物试验操作规程，加强农业转基因生物试验的可追溯管理。

第七条 农业农村部根据农业转基因生物安全评价工作的需要，委托具备检测条件和能力的技术检测机构对农业转基因生物进行检测，为安全评价和管理提供依据。

第八条 转基因植物种子、种畜禽、水产种苗，利用农业转基因生物生产的或者含有农业转基因生物成分的种子、种畜禽、水产种苗、农药、兽药、肥料和添加剂等，在依照有关法律、行政法规的规定进行审定、登记或者评价、审批前，应当依照本办法的规定取得农业转基因生物安全证书。

第二章 安全等级和安全评价

第九条 农业转基因生物安全实行分级评价管理。

按照对人类、动植物、微生物和生态环境的危险程度，将农业转基因生物分为以下四个等级：

安全等级Ⅰ：尚不存在危险；

安全等级Ⅱ：具有低度危险；

安全等级Ⅲ：具有中度危险；

安全等级Ⅳ：具有高度危险。

第十条 农业转基因生物安全评价和安全等级的确定按以下步骤进行：

（一）确定受体生物的安全等级；

（二）确定基因操作对受体生物安全等级影响的类型；

（三）确定转基因生物的安全等级；

（四）确定生产、加工活动对转基因生物安全性的影响；

（五）确定转基因产品的安全等级。

第十一条 受体生物安全等级的确定

受体生物分为四个安全等级：

（一）符合下列条件之一的受体生物应当确定为安全等级Ⅰ：

1. 对人类健康和生态环境未曾发生过不利影响；

2. 演化成有害生物的可能性极小；

3. 用于特殊研究的短存活期受体生物，实验结束后在自然环境中存活的可能性极小。

（二）对人类健康和生态环境可能产生低度危险，但是通过采取安全控制措施完全可以避免其危险的受体生物，应当确定为安全等级Ⅱ。

（三）对人类健康和生态环境可能产生中度危险，但是通过采取安全控制措施，基本上可以避免其危险的受体生物，应当确定为安全等级Ⅲ。

（四）对人类健康和生态环境可能产生高度危险，而且在封闭设施之外尚无适当的安全控制措施避免其发生危险的受体生物，应当确定为安全等级Ⅳ。包括：

1. 可能与其他生物发生高频率遗传物质交换的有害生物；

2. 尚无有效技术防止其本身或其产物逃逸、扩散的有害生物；

3. 尚无有效技术保证其逃逸后，在对人类健康和生态环境产生不利影响之前，将其捕获或消灭的有害生物。

第十二条 基因操作对受体生物安全等级影响类型的确定

基因操作对受体生物安全等级的影响分为三种类型，即：增加受体生物的安全性；不影响受体生物的安全性；降低受体生物的安全性。

类型 1 增加受体生物安全性的基因操作

包括：去除某个（些）已知具有危险的基因或抑制某个（些）已知具有危险的基因表达的基因操作。

类型 2 不影响受体生物安全性的基因操作

包括：

1. 改变受体生物的表型或基因型而对人类健康和生态环境没有影响的基因操作；

2. 改变受体生物的表型或基因型而对人类健康和生态环境没有不利影响的基因操作。

类型 3 降低受体生物安全性的基因操作

包括：

1. 改变受体生物的表型或基因型，并可能对人类健康或生态环境产生不利影响的基因操作；

2. 改变受体生物的表型或基因型，但不能确定对人类健康或生态环境影响的基因操作。

第十三条 农业转基因生物安全等级的确定

根据受体生物的安全等级和基因操作对其安全等级的影响类型及影响程度，确定转基因生物的安全等级。

（一）受体生物安全等级为Ⅰ的转基因生物

1. 安全等级为Ⅰ的受体生物，经类型 1 或类型 2 的基因操作而得到的转基因生物，其安全等级仍为Ⅰ。

2. 安全等级为Ⅰ的受体生物，经类型 3 的基因操作而得到的转基因生物，如果安全性降低很小，且不需要采取任何安全控制措施的，则其安全等级仍为Ⅰ；如果安全性有一定程度的降低，但是可以通过适当的安全控制措施完全避免其潜在危险的，则其安全等级为Ⅱ；如果安全性严重降低，但是可以通过严格的安全控制措施避免其潜在危险的，则其安全等级为Ⅲ；如果安全性严重降低，而且无法通过安全控制措施完全避免其危险的，则其安全等级为Ⅳ。

（二）受体生物安全等级为Ⅱ的转基因生物

1. 安全等级为Ⅱ的受体生物，经类型 1 的基因操作而得到的转基因生物，如果安全性增加到对人类健康和生态环境不再产生不利影响的，则其安全等级为Ⅰ；如果安全性虽有增加，但对人类健康和生态环境仍有低度危险的，则其安全等级仍为Ⅱ。

2. 安全等级为Ⅱ的受体生物，经类型 2 的基因操作而得到的转基因生物，其安全等级仍为Ⅱ。

3. 安全等级为Ⅱ的受体生物，经类型 3 的基因操作而得到的转基因生物，根据安全性降低的程度不同，其安全等级可为Ⅱ、Ⅲ或Ⅳ，分级标准与受体生物的分级标准相同。

（三）受体生物安全等级为Ⅲ的转基因生物

1. 安全等级为Ⅲ的受体生物，经类型 1 的基因操作而得到的转基因生物，根据安全性增加的程度不同，其安全等级可为Ⅰ、Ⅱ或Ⅲ，分级标准与受体生物的分级标准相同。

2. 安全等级为Ⅲ的受体生物，经类型 2 的基因操作而得到的转基因生物，其安全等级仍为Ⅲ。

3. 安全等级为Ⅲ的受体生物，经类型 3 的基因操作得到的转基因生物，根据安全性降低的程度不同，其安全等级可为Ⅲ或Ⅳ，分级标准与受体生物的分级标准相同。

（四）受体生物安全等级为Ⅳ的转基因生物

1. 安全等级为Ⅳ的受体生物，经类型1的基因操作而得到的转基因生物，根据安全性增加的程度不同，其安全等级可为Ⅰ、Ⅱ、Ⅲ或Ⅳ，分级标准与受体生物的分级标准相同。

2. 安全等级为Ⅳ的受体生物，经类型2或类型3的基因操作而得到的转基因生物，其安全等级仍为Ⅳ。

第十四条 农业转基因产品安全等级的确定

根据农业转基因生物的安全等级和产品的生产、加工活动对其安全等级的影响类型和影响程度，确定转基因产品的安全等级。

（一）农业转基因产品的生产、加工活动对转基因生物安全等级的影响分为三种类型：

类型1 增加转基因生物的安全性；

类型2 不影响转基因生物的安全性；

类型3 降低转基因生物的安全性。

（二）转基因生物安全等级为Ⅰ的转基因产品

1. 安全等级为Ⅰ的转基因生物，经类型1或类型2的生产、加工活动而形成的转基因产品，其安全等级仍为Ⅰ。

2. 安全等级为Ⅰ的转基因生物，经类型3的生产、加工活动而形成的转基因产品，根据安全性降低的程度不同，其安全等级可为Ⅰ、Ⅱ、Ⅲ或Ⅳ，分级标准与受体生物的分级标准相同。

（三）转基因生物安全等级为Ⅱ的转基因产品

1. 安全等级为Ⅱ的转基因生物，经类型1的生产、加工活动而形成的转基因产品，如果安全性增加到对人类健康和生态环境不再产生不利影响的，其安全等级为Ⅰ；如果安全性虽然有增加，但是对人类健康或生态环境仍有低度危险的，其安全等级仍为Ⅱ。

2. 安全等级为Ⅱ的转基因生物，经类型2的生产、加工活动而形成的转基因产品，其安全等级仍为Ⅱ。

3. 安全等级为Ⅱ的转基因生物，经类型3的生产、加工活动而形成的转基因产品，根据安全性降低的程度不同，其安全等级可为Ⅱ、Ⅲ或Ⅳ，分级标准与受体生物的分级标准相同。

（四）转基因生物安全等级为Ⅲ的转基因产品

1. 安全等级为Ⅲ的转基因生物，经类型1的生产、加工活动而形成的转基因产品，根据安全性增加的程度不同，其安全等级可为Ⅰ、Ⅱ或Ⅲ，分级标准与受体生物的分级标准相同。

2. 安全等级为Ⅲ的转基因生物，经类型2的生产、加工活动而形成的转基因产品，其安全等级仍为Ⅲ。

3. 安全等级为Ⅲ的转基因生物，经类型3的生产、加工活动而形成转基因产品，根据安全性降低的程度不同，其安全等级可为Ⅲ或Ⅳ，分级标准与受体生物的分级标准相同。

（五）转基因生物安全等级为Ⅳ的转基因产品

1. 安全等级为Ⅳ的转基因生物，经类型1的生产、加工活动而得到的转基因产品，根据安全性增加的程度不同，其安全等级可为Ⅰ、Ⅱ、Ⅲ或Ⅳ，分级标准与受体生物的分级标准相同。

2. 安全等级为Ⅳ的转基因生物，经类型2或类型3的生产、加工活动而得到的转基因产品，其安全等级仍为Ⅳ。

第三章　申报和审批

第十五条　凡在中华人民共和国境内从事农业转基因生物安全等级为Ⅲ和Ⅳ的研究以及所有安全等级的试验和进口的单位以及生产和加工的单位和个人，应当根据农业转基因生物的类别和安全等级，分阶段向农业转基因生物安全管理办公室报告或者提出申请。

第十六条　农业农村部依法受理农业转基因生物安全评价申请。申请被受理的，应当交由国家农业转基因生物安全委员会进行安全评价。国家农业转基因生物安全委员会每年至少开展两次农业转基因生物安全评审。农业农村部收到安全评价结果后按照《中华人民共和国行政许可法》和《条例》的规定作出批复。

第十七条　从事农业转基因生物试验和进口的单位以及从事农业转基因生物生产和加工的单位和个人，在向农业转基因生物安全管理办公室提出安全评价报告或申请前应当完成下列手续：

（一）报告或申请单位和报告或申请人对所从事的转基因生物工作进行安全性评价，并填写报告书或申报书；

（二）组织本单位转基因生物安全小组对申报材料进行技术审查；

（三）提供有关技术资料。

第十八条　在中华人民共和国从事农业转基因生物实验研究与试验的，应当具备下列条件：

（一）在中华人民共和国境内有专门的机构；

（二）有从事农业转基因生物实验研究与试验的专职技术人员；

（三）具备与实验研究和试验相适应的仪器设备和设施条件；

（四）成立农业转基因生物安全管理小组。

鼓励从事农业转基因生物试验的单位建立或共享专门的试验基地。

第十九条　报告农业转基因生物实验研究和中间试验以及申请环境释放、生产性试验和安全证书的单位应当按照农业农村部制定的农业转基因植物、动物和微生物安全评价各阶段的报告或申报要求、安全评价的标准和技术规范，办理报告或申请手续（见附录Ⅰ、Ⅱ、Ⅲ、Ⅳ）。

第二十条　从事安全等级为Ⅰ和Ⅱ的农业转基因生物实验研究，由本单位农业转基因生物安全小组批准；从事安全等级为Ⅲ和Ⅳ的农业转基因生物实验研究，应当在研究开始前向农业转基因生物安全管理办公室报告。

研究单位向农业转基因生物安全管理办公室报告时应当提供以下材料：

（一）实验研究报告书；

（二）农业转基因生物的安全等级和确定安全等级的依据；

(三) 相应的实验室安全设施、安全管理和防范措施。

第二十一条 在农业转基因生物（安全等级Ⅰ、Ⅱ、Ⅲ、Ⅳ）实验研究结束后拟转入中间试验的，试验单位应当向农业转基因生物安全管理办公室报告。

试验单位向农业转基因生物安全管理办公室报告时应当提供下列材料：

(一) 中间试验报告书；

(二) 实验研究总结报告；

(三) 农业转基因生物的安全等级和确定安全等级的依据；

(四) 相应的安全研究内容、安全管理和防范措施。

第二十二条 在农业转基因生物中间试验结束后拟转入环境释放的，或者在环境释放结束后拟转入生产性试验的，试验单位应当向农业转基因生物安全管理办公室提出申请，经国家农业转基因生物安全委员会安全评价合格并由农业农村部批准后，方可根据农业转基因生物安全审批书的要求进行相应的试验。

试验单位提出前款申请时，应当按照相关安全评价指南的要求提供下列材料：

(一) 安全评价申报书；

(二) 农业转基因生物的安全等级和确定安全等级的依据；

(三) 有检测条件和能力的技术检测机构出具的检测报告；

(四) 相应的安全研究内容、安全管理和防范措施；

(五) 上一试验阶段的试验总结报告。

申请生产性试验的，还应当按要求提交农业转基因生物样品、对照样品及检测方法。

第二十三条 在农业转基因生物安全审批书有效期内，试验单位需要改变试验地点的，应当向农业转基因生物安全管理办公室报告。

第二十四条 在农业转基因生物试验结束后拟申请安全证书的，试验单位应当向农业转基因生物安全管理办公室提出申请。

试验单位提出前款申请时，应当按照相关安全评价指南的要求提供下列材料：

(一) 安全评价申报书；

(二) 农业转基因生物的安全等级和确定安全等级的依据；

(三) 中间试验、环境释放和生产性试验阶段的试验总结报告；

(四) 按要求提交农业转基因生物样品、对照样品及检测所需的试验材料、检测方法，但按照本办法第二十二条规定已经提交的除外；

(五) 其他有关材料。

农业农村部收到申请后，应当组织农业转基因生物安全委员会进行安全评价，并委托具备检测条件和能力的技术检测机构进行检测；安全评价合格的，经农业农村部批准后，方可颁发农业转基因生物安全证书。

第二十五条 农业转基因生物安全证书应当明确转基因生物名称（编号）、规模、范围、时限及有关责任人、安全控制措施等内容。

从事农业转基因生物生产和加工的单位和个人以及进口的单位，应当按照农业转基因生物安全证书的要求开展工作并履行安全证书规定的相关义务。

第二十六条 从中华人民共和国境外引进农业转基因生物，或者向中华人民共和国出口农业转基因生物的，应当按照《农业转基因生物进口安全管理办法》的规定提供相应的安全评价材料，并在申请安全证书时按要求提交农业转基因生物样品、对照样品及检测方法。

第二十七条　农业转基因生物安全评价受理审批机构的工作人员和参与审查的专家，应当为申报者保守技术秘密和商业秘密，与本人及其近亲属有利害关系的应当回避。

第四章　技术检测管理

第二十八条　农业农村部根据农业转基因生物安全评价及其管理工作的需要，委托具备检测条件和能力的技术检测机构进行检测。

第二十九条　技术检测机构应当具备下列基本条件：
（一）具有公正性和权威性，设有相对独立的机构和专职人员；
（二）具备与检测任务相适应的、符合国家标准（或行业标准）的仪器设备和检测手段；
（三）严格执行检测技术规范，出具的检测数据准确可靠；
（四）有相应的安全控制措施。

第三十条　技术检测机构的职责任务：
（一）为农业转基因生物安全管理和评价提供技术服务；
（二）承担农业农村部或申请人委托的农业转基因生物定性定量检验、鉴定和复查任务；
（三）出具检测报告，做出科学判断；
（四）研究检测技术与方法，承担或参与评价标准和技术法规的制修订工作；
（五）检测结束后，对用于检测的样品应当安全销毁，不得保留；
（六）为委托人和申请人保守技术秘密和商业秘密。

第五章　监督管理与安全监控

第三十一条　农业农村部负责农业转基因生物安全的监督管理，指导不同生态类型区域的农业转基因生物安全监控和监测工作，建立全国农业转基因生物安全监管和监测体系。

第三十二条　县级以上地方各级人民政府农业农村主管部门按照《条例》第三十八条和第三十九条的规定负责本行政区域内的农业转基因生物安全的监督管理工作。

第三十三条　有关单位和个人应当按照《条例》第四十条的规定，配合农业农村主管部门做好监督检查工作。

第三十四条　从事农业转基因生物试验、生产的单位，应当接受农业农村主管部门的监督检查，并在每年3月31日前，向试验、生产所在地省级和县级人民政府农业农村主管部门提交上一年度试验、生产总结报告。

第三十五条　从事农业转基因生物试验和生产的单位，应当根据本办法的规定确定安全控制措施和预防事故的紧急措施，做好安全监督记录，以备核查。

安全控制措施包括物理控制、化学控制、生物控制、环境控制和规模控制等（见附录Ⅳ）。

第三十六条　安全等级Ⅱ、Ⅲ、Ⅳ的转基因生物，在废弃物处理和排放之前应当采取可靠措施将其销毁、灭活，以防止扩散和污染环境。发现转基因生物扩散、残留或者造成危害的，必须立即采取有效措施加以控制、消除，并向当地农业农村主管部门报告。

第三十七条 农业转基因生物在贮存、转移、运输和销毁、灭活时，应当采取相应的安全管理和防范措施，具备特定的设备或场所，指定专人管理并记录。

第三十八条 发现农业转基因生物对人类、动植物和生态环境存在危险时，农业农村部有权宣布禁止生产、加工、经营和进口，收回农业转基因生物安全证书，由货主销毁有关存在危险的农业转基因生物。

第六章 罚 则

第三十九条 违反本办法规定，从事安全等级Ⅲ、Ⅳ的农业转基因生物实验研究或者从事农业转基因生物中间试验，未向农业农村部报告的，按照《条例》第四十二条的规定处理。

第四十条 违反本办法规定，未经批准擅自从事环境释放、生产性试验的，或已获批准但未按照规定采取安全管理防范措施的，或者超过批准范围和期限进行试验的，按照《条例》第四十三条的规定处罚。

第四十一条 违反本办法规定，在生产性试验结束后，未取得农业转基因生物安全证书，擅自将农业转基因生物投入生产和应用的，按照《条例》第四十四条的规定处罚。

第四十二条 假冒、伪造、转让或者买卖农业转基因生物安全证书、审批书以及其他批准文件的，按照《条例》第五十一条的规定处罚。

第四十三条 违反本办法规定核发农业转基因生物安全审批书、安全证书以及其他批准文件的，或者核发后不履行监督管理职责的，按照《条例》第五十三条的规定处罚。

第七章 附 则

第四十四条 本办法所用术语及含义如下：

一、基因，系控制生物性状的遗传物质的功能和结构单位，主要指具有遗传信息的DNA片段。

二、基因工程技术，包括利用载体系统的重组DNA技术以及利用物理、化学和生物学等方法把重组DNA分子导入有机体的技术。

三、基因组，系指特定生物的染色体和染色体外所有遗传物质的总和。

四、DNA，系脱氧核糖核酸的英文名词缩写，是贮存生物遗传信息的遗传物质。

五、农业转基因生物，系指利用基因工程技术改变基因组构成，用于农业生产或者农产品加工的动植物、微生物及其产品。

六、目的基因，系指以修饰受体细胞遗传组成并表达其遗传效应为目的的基因。

七、受体生物，系指被导入重组DNA分子的生物。

八、种子，系指农作物和林木的种植材料或者繁殖材料，包括籽粒、果实和根、茎、苗、芽、叶等。

九、实验研究，系指在实验室控制系统内进行的基因操作和转基因生物研究工作。

十、中间试验，系指在控制系统内或者控制条件下进行的小规模试验。

十一、环境释放，系指在自然条件下采取相应安全措施所进行的中规模的试验。

十二、生产性试验，系指在生产和应用前进行的较大规模的试验。

十三、控制系统，系指通过物理控制、化学控制和生物控制建立的封闭或半封闭操作体系。

十四、物理控制措施，系指利用物理方法限制转基因生物及其产物在实验区外的生存及扩散，如设置栅栏，防止转基因生物及其产物从实验区逃逸或被人或动物携带至实验区外等。

十五、化学控制措施，系指利用化学方法限制转基因生物及其产物的生存、扩散或残留，如生物材料、工具和设施的消毒。

十六、生物控制措施，系指利用生物措施限制转基因生物及其产物的生存、扩散或残留，以及限制遗传物质由转基因生物向其他生物的转移，如设置有效的隔离区及监控区、清除试验区附近可与转基因生物杂交的物种、阻止转基因生物开花或去除繁殖器官、或采用花期不遇等措施，以防止目的基因向相关生物的转移。

十七、环境控制措施，系指利用环境条件限制转基因生物及其产物的生存、繁殖、扩散或残留，如控制温度、水份、光周期等。

十八、规模控制措施，系指尽可能地减少用于试验的转基因生物及其产物的数量或减小试验区的面积，以降低转基因生物及其产物广泛扩散的可能性，在出现预想不到的后果时，能比较彻底地将转基因生物及其产物消除。

第四十五条 本办法由农业农村部负责解释。

第四十六条 本办法自 2002 年 3 月 20 日起施行。1996 年 7 月 10 日农业部发布的第 7 号令《农业生物基因工程安全管理实施办法》同时废止。

附录Ⅰ　转基因植物安全评价（略）
附录Ⅱ　转基因动物安全评价（略）
附录Ⅲ　转基因微生物安全评价（略）
附录Ⅳ　农业转基因生物及其产品安全控制措施（略）

农业转基因生物加工审批办法

中华人民共和国农业部令第 59 号

（2006 年 1 月 27 日农业部令第 59 号公布，2019 年 4 月 25 日农业农村部令 2019 年第 2 号修订。）

第一条 为了加强农业转基因生物加工审批管理，根据《农业转基因生物安全管理条例》的有关规定，制定本办法。

第二条 本办法所称农业转基因生物加工，是指以具有活性的农业转基因生物为原料，生产农业转基因生物产品的活动。

前款所称农业转基因生物产品，是指《农业转基因生物安全管理条例》第三条第（二）、（三）项所称的转基因动植物、微生物产品和转基因农产品的直接加工品。

第三条 在中华人民共和国境内从事农业转基因生物加工的单位和个人，应当取得加工所在地省级人民政府农业行政主管部门颁发的《农业转基因生物加工许可证》（以下简称《加工许可证》）。

第四条 从事农业转基因生物加工的单位和个人，除应当符合有关法律、法规规定的设立条件外，还应当具备下列条件：

（一）与加工农业转基因生物相适应的专用生产线和封闭式仓储设施；

（二）加工废弃物及灭活处理的设备和设施；

（三）农业转基因生物与非转基因生物原料加工转换污染处理控制措施；

（四）完善的农业转基因生物加工安全管理制度。包括：

1. 原料采购、运输、贮藏、加工、销售管理档案；

2. 岗位责任制度；

3. 农业转基因生物扩散等突发事件应急预案；

4. 农业转基因生物安全管理小组，具备农业转基因生物安全知识的管理人员、技术人员。

第五条 申请《加工许可证》应当向省级人民政府农业行政主管部门提出，并提供下列材料：

（一）农业转基因生物加工许可证申请表（见附件）；

（二）农业转基因生物加工安全管理制度文本；

（三）农业转基因生物安全管理小组人员名单和专业知识、学历证明；

（四）农业转基因生物安全法规和加工安全知识培训记录；

（五）农业转基因生物产品标识样本。

第六条 省级人民政府农业行政主管部门应当自受理申请之日起 20 个工作日内完成审查。审查符合条件的，发给《加工许可证》，并及时向农业部备案；不符合条件的，应当书面通知申请人并说明理由。

省级人民政府农业行政主管部门可以根据需要组织专家小组对申请材料进行评审，专家小组可以进行实地考察，并在农业行政主管部门规定的期限内提交考察报告。

第七条 《加工许可证》有效期为三年。期满后需要继续从事加工的，持证单位和个人应当在期满前六个月，重新申请办理《加工许可证》。

第八条 从事农业转基因生物加工的单位和个人变更名称的，应当申请换发《加工许可证》。

从事农业转基因生物加工的单位和个人有下列情形之一的，应当重新办理《加工许可证》：

（一）超出原《加工许可证》规定的加工范围的；

（二）改变生产地址的，包括异地生产和设立分厂。

第九条 违反本办法规定的，依照《农业转基因生物安全管理条例》的有关规定处罚。

第十条 《加工许可证》由农业部统一印制。

第十一条 本办法自2006年7月1日起施行。

农业转基因生物进口安全管理办法

中华人民共和国农业部令 2002 年第 9 号

（2002 年 1 月 5 日农业部令第 9 号公布，2004 年 7 月 1 日农业部令第 38 号、2017 年 11 月 30 日农业部令 2017 年第 8 号修订。）

第一章 总 则

第一条 为了加强对农业转基因生物进口的安全管理，根据《农业转基因生物安全管理条例》（简称《条例》）的有关规定，制定本办法。

第二条 本办法适用于在中华人民共和国境内从事农业转基因生物进口活动的安全管理。

第三条 农业部负责农业转基因生物进口的安全管理工作。国家农业转基因生物安全委员会负责农业转基因生物进口的安全评价工作。

第四条 对于进口的农业转基因生物，按照用于研究和试验的、用于生产的以及用作加工原料的三种用途实行管理。

第二章 用于研究和试验的农业转基因生物

第五条 从中华人民共和国境外引进安全等级Ⅰ、Ⅱ的农业转基因生物进行实验研究的，引进单位应当向农业转基因生物安全管理办公室提出申请，并提供下列材料：

（一）农业部规定的申请资格文件；

（二）进口安全管理登记表（见附件）；

（三）引进农业转基因生物在国（境）外已经进行了相应的研究的证明文件；

（四）引进单位在引进过程中拟采取的安全防范措施。

经审查合格后，由农业部颁发农业转基因生物进口批准文件。引进单位应当凭此批准文件依法向有关部门办理相关手续。

第六条 从中华人民共和国境外引进安全等级Ⅲ、Ⅳ的农业转基因生物进行实验研究的和所有安全等级的农业转基因生物进行中间试验的，引进单位应当向农业部提出申请，并提供下列材料：

（一）农业部规定的申请资格文件；

（二）进口安全管理登记表（见附件）；

（三）引进农业转基因生物在国（境）外已经进行了相应研究或试验的证明文件；

（四）引进单位在引进过程中拟采取的安全防范措施；

（五）《农业转基因生物安全评价管理办法》规定的相应阶段所需的材料。

经审查合格后，由农业部颁发农业转基因生物进口批准文件。引进单位应当凭此批准文件依法向有关部门办理相关手续。

第七条 从中华人民共和国境外引进农业转基因生物进行环境释放和生产性试验的，引进单位应当向农业部提出申请，并提供下列材料：

（一）农业部规定的申请资格文件；

（二）进口安全管理登记表（见附件）；

（三）引进农业转基因生物在国（境）外已经进行了相应的研究的证明文件；

（四）引进单位在引进过程中拟采取的安全防范措施；

（五）《农业转基因生物安全评价管理办法》规定的相应阶段所需的材料。

经审查合格后，由农业部颁发农业转基因生物安全审批书。引进单位应当凭此审批书依法向有关部门办理相关手续。

第八条 从中华人民共和国境外引进农业转基因生物用于试验的，引进单位应当从中间试验阶段开始逐阶段向农业部申请。

第三章 用于生产的农业转基因生物

第九条 境外公司向中华人民共和国出口转基因植物种子、种畜禽、水产苗种和利用农业转基因生物生产的或者含有农业转基因生物成分的植物种子、种畜禽、水产苗种、农药、兽药、肥料和添加剂等拟用于生产应用的，应当向农业部提出申请，并提供下列材料：

（一）进口安全管理登记表（见附件）；

（二）输出国家或者地区已经允许作为相应用途并投放市场的证明文件；

（三）输出国家或者地区经过科学试验证明对人类、动植物、微生物和生态环境无害的资料；

（四）境外公司在向中华人民共和国出口过程中拟采取的安全防范措施；

（五）《农业转基因生物安全评价管理办法》规定的相应阶段所需的材料。

第十条 境外公司在提出上述申请时，应当在中间试验开始前申请，经审批同意，试验材料方可入境，并依次经过中间试验、环境释放、生产性试验三个试验阶段以及农业转基因生物安全证书申领阶段。

中间试验阶段的申请，经审查合格后，由农业部颁发农业转基因生物进口批准文件，境外公司凭此批准文件依法向有关部门办理相关手续。环境释放和生产性试验阶段的申请，经安全评价合格后，由农业部颁发农业转基因生物安全审批书，境外公司凭此审批书依法向有关部门办理相关手续。安全证书的申请，经安全评价合格后，由农业部颁发农业转基因生物安全证书，境外公司凭此证书依法向有关部门办理相关手续。

第十一条 引进的农业转基因生物在生产应用前，应取得农业转基因生物安全证书，方可依照有关种子、种畜禽、水产苗种、农药、兽药、肥料和添加剂等法律、行政法规的规定办理相应的审定、登记或者评价、审批手续。

第四章 用作加工原料的农业转基因生物

第十二条 境外公司向中华人民共和国出口农业转基因生物用作加工原料的，应当向农业部申请领取农业转基因生物安全证书。

第十三条 境外公司提出上述申请时，应当按照相关安全评价指南的要求提供下列材料：

（一）进口安全管理登记表（见附件）；

（二）安全评价申报书（见《农业转基因生物安全评价管理办法》附录Ⅴ）；

（三）输出国家或者地区已经允许作为相应用途并投放市场的证明文件；

（四）输出国家或者地区经过科学试验证明对人类、动植物、微生物和生态环境无害的资料；

（五）按要求提交农业转基因生物样品、对照样品及检测所需的试验材料、检测方法；

（六）境外公司在向中华人民共和国出口过程中拟采取的安全防范措施。

农业部收到申请后，应当组织农业转基因生物安全委员会进行安全评价，并委托具备检测条件和能力的技术检测机构进行检测；安全评价合格的，经农业部批准后，方可颁发农业转基因生物安全证书。

第十四条 在申请获得批准后，再次向中华人民共和国提出申请时，符合同一公司、同一农业转基因生物条件的，可简化安全评价申请手续，并提供以下材料：

（一）进口安全管理登记表（见附件）；

（二）农业部首次颁发的农业转基因生物安全证书复印件；

（三）境外公司在向中华人民共和国出口过程中拟采取的安全防范措施。经审查合格后，由农业部颁发农业转基因生物安全证书。

第十五条 境外公司应当凭农业部颁发的农业转基因生物安全证书，依法向有关部门办理相关手续。

第十六条 进口用作加工原料的农业转基因生物如果具有生命活力，应当建立进口档案，载明其来源、贮存、运输等内容，并采取与农业转基因生物相适应的安全控制措施，确保农业转基因生物不进入环境。

第十七条 向中国出口农业转基因生物直接用作消费品的，依照向中国出口农业转基因生物用作加工原料的审批程序办理。

第五章　一般性规定

第十八条 农业部应当自收到申请人申请之日起270日内做批准或者不批准的决定，并通知申请人。

第十九条 进口农业转基因生物用于生产或用作加工原料的，应当在取得农业部颁发的农业转基因生物安全证书后，方能签订合同。

第二十条 进口农业转基因生物，没有国务院农业行政主管部门颁发的农业转基因生物安全证书和相关批准文件的，或者与证书、批准文件不符的，作退货或者销毁处理。

第二十一条 本办法由农业部负责解释。

第二十二条 本办法自2002年3月20日起施行。

注：附件略

农业转基因生物标识管理办法

中华人民共和国农业部令2002年第10号

（2002年1月5日农业部令第10号公布；2004年7月1日农业部令第38号第一次修订；2017年11月30日农业部令2017年第8号第二次修订。）

第一条 为了加强对农业转基因生物的标识管理，规范农业转基因生物的销售行为，引导农业转基因生物的生产和消费，保护消费者的知情权，根据《农业转基因生物安全管理条例》（简称《条例》）的有关规定，制定本办法。

第二条 国家对农业转基因生物实行标识制度。实施标识管理的农业转基因生物目录，由国务院农业行政主管部门商国务院有关部门制定、调整和公布。

第三条 在中华人民共和国境内销售列入农业转基因生物标识目录的农业转基因生物，必须遵守本办法。

凡是列入标识管理目录并用于销售的农业转基因生物，应当进行标识；未标识和不按规定标识的，不得进口或销售。

第四条 农业部负责全国农业转基因生物标识的监督管理工作。

县级以上地方人民政府农业行政主管部门负责本行政区域内的农业转基因生物标识的监督管理工作。

国家质检总局负责进口农业转基因生物在口岸的标识检查验证工作。

第五条 列入农业转基因生物标识目录的农业转基因生物，由生产、分装单位和个人负责标识；经营单位和个人拆开原包装进行销售的，应当重新标识。

第六条 标识的标注方法：

（一）转基因动植物（含种子、种畜禽、水产苗种）和微生物，转基因动植物、微生物产品，含有转基因动植物、微生物或者其产品成分的种子、种畜禽、水产苗种、农药、兽药、肥料和添加剂等产品，直接标注"转基因××"。

（二）转基因农产品的直接加工品，标注为"转基因××加工品（制成品）"或者"加工原料为转基因××"。

（三）用农业转基因生物或用含有农业转基因生物成分的产品加工制成的产品，但最终销售产品中已不再含有或检测不出转基因成分的产品，标注为"本产品为转基因××加工制成，但本产品中已不再含有转基因成分"或者标注为"本产品加工原料中有转基因××，但本产品中已不再含有转基因成分"。

第七条 农业转基因生物标识应当醒目，并和产品的包装、标签同时设计和印制。

难以在原有包装、标签上标注农业转基因生物标识的，可采用在原有包装、标签的基础上附加转基因生物标识的办法进行标注，但附加标识应当牢固、持久。

第八条 难以用包装物或标签对农业转基因生物进行标识时，可采用下列方式标注：

（一）难以在每个销售产品上标识的快餐业和零售业中的农业转基因生物，可以在产品展销（示）柜（台）上进行标识，也可以在价签上进行标识或者设立标识板（牌）进行标识。

（二）销售无包装和标签的农业转基因生物时，可以采取设立标识板（牌）的方式进行标识。

（三）装在运输容器内的农业转基因生物不经包装直接销售时，销售现场可以在容器上进行标识，也可以设立标识板（牌）进行标识。

（四）销售无包装和标签的农业转基因生物，难以用标识板（牌）进行标注时，销售者应当以适当的方式声明。

（五）进口无包装和标签的农业转基因生物，难以用标识板（牌）进行标注时，应当在报检（关）单上注明。

第九条　有特殊销售范围要求的农业转基因生物，还应当明确标注销售的范围，可标注为"仅限于××销售（生产、加工、使用）"。

第十条　农业转基因生物标识应当使用规范的中文汉字进行标注。

第十一条　销售农业转基因生物的经营单位和个人在进货时，应当对货物和标识进行核对。

第十二条　违反本办法规定的，按《条例》第五十条规定予以处罚。

第十三条　本办法由农业部负责解释。

第十四条　本办法自 2002 年 3 月 20 日起施行。

附件

第一批实施标识管理的农业转基因生物目录

1. 大豆种子、大豆、大豆粉、大豆油、豆粕
2. 玉米种子、玉米、玉米油、玉米粉（含税号为 11022000、11031300、11042300 的玉米粉）
3. 油菜种子、油菜籽、油菜籽油、油菜籽粕
4. 棉花种子
5. 番茄种子、鲜番茄、番茄酱

进出境转基因产品检验检疫管理办法

海关总署令第 262 号

（2004 年 5 月 24 日国家质量监督检验检疫总局令第 62 号公布，根据 2018 年 3 月 6 日国家质量监督检验检疫总局令第 196 号《国家质量监督检验检疫总局关于废止和修改部分规章的决定》第一次修正，根据 2018 年 4 月 28 日海关总署令第 238 号《海关总署关于修改部分规章的决定》第二次修正，根据 2018 年 11 月 23 日海关总署令第 243 号《海关总署关于修改部分规章的决定》第三次修正，根据 2023 年 4 月 15 日海关总署令第 262 号《海关总署关于修改部分规章的决定》第四次修正。）

第一章 总 则

第一条 为加强进出境转基因产品检验检疫管理，保障人体健康和动植物、微生物安全，保护生态环境，根据《中华人民共和国进出口商品检验法》《中华人民共和国食品安全法》《中华人民共和国进出境动植物检疫法》及其实施条例、《农业转基因生物安全管理条例》等法律法规的规定，制定本办法。

第二条 本办法适用于对通过各种方式（包括贸易、来料加工、邮寄、携带、生产、代繁、科研、交换、展览、援助、赠送以及其他方式）进出境的转基因产品的检验检疫。

第三条 本办法所称"转基因产品"是指《农业转基因生物安全管理条例》规定的农业转基因生物及其他法律法规规定的转基因生物与产品。

第四条 海关总署负责全国进出境转基因产品的检验检疫管理工作，主管海关负责所辖地区进出境转基因产品的检验检疫以及监督管理工作。

第二章 进境检验检疫

第五条 海关总署对进境转基因动植物及其产品、微生物及其产品和食品实行申报制度。

第六条 货主或者其代理人在办理进境报检手续时，应当在《入境货物报检单》的货物名称栏中注明是否为转基因产品。申报为转基因产品的，除按规定提供有关单证外，还应当取得法律法规规定的主管部门签发的《农业转基因生物安全证书》或者相关批准文件。海关对《农业转基因生物安全证书》电子数据进行系统自动比对验核。

第七条 对列入实施标识管理的农业转基因生物目录（国务院农业行政主管部门制定并公布）的进境转基因产品，如申报是转基因的，海关应当实施转基因项目的符合性检测，如申报是非转基因的，海关应进行转基因项目抽查检测；对实施标识管理的农业转基因生物目录以外的进境动植物及其产品、微生物及其产品和食品，海关可根据情况实施转基因项目抽查检测。

海关按照国家认可的检测方法和标准进行转基因项目检测。

第八条 经转基因检测合格的，准予进境。如有下列情况之一的，海关通知货主或者其代理人作退货或者销毁处理：

（一）申报为转基因产品，但经检测其转基因成分与《农业转基因生物安全证书》不符的；

（二）申报为非转基因产品，但经检测其含有转基因成分的。

第九条 进境供展览用的转基因产品，须凭法律法规规定的主管部门签发的有关批准文件进境，展览期间应当接受海关的监管。展览结束后，所有转基因产品必须作退回或者销毁处理。如因特殊原因，需改变用途的，须按有关规定补办进境检验检疫手续。

第三章　过境检验检疫

第十条 过境转基因产品进境时，货主或者其代理人须持规定的单证向进境口岸海关申报，经海关审查合格的，准予过境，并由出境口岸海关监督其出境。对改换原包装及变更过境线路的过境转基因产品，应当按照规定重新办理过境手续。

第四章　出境检验检疫

第十一条 对出境产品需要进行转基因检测或者出具非转基因证明的，货主或者其代理人应当提前向所在地海关提出申请，并提供输入国家或者地区官方发布的转基因产品进境要求。

第十二条 海关受理申请后，根据法律法规规定的主管部门发布的批准转基因技术应用于商业化生产的信息，按规定抽样送转基因检测实验室作转基因项目检测，依据出具的检测报告，确认为转基因产品并符合输入国家或者地区转基因产品进境要求的，出具相关检验检疫单证；确认为非转基因产品的，出具非转基因产品证明。

第五章　附　则

第十三条 对进出境转基因产品除按本办法规定实施转基因项目检测和监管外，其他检验检疫项目内容按照法律法规和海关总署的有关规定执行。

第十四条 承担转基因项目检测的实验室必须通过国家认证认可监督管理部门的能力验证。

第十五条 对违反本办法规定的，依照有关法律法规的规定予以处罚。

第十六条 本办法由海关总署负责解释。

第十七条 本办法自公布之日起施行。

农业转基因生物(植物、动物、动物用微生物)安全评价指南

农办科〔2017〕5号

各有关单位:

为进一步规范农业转基因生物安全评价工作,根据《农业转基因生物安全管理条例》和《农业转基因生物安全评价管理办法》,我部修订了《转基因植物安全评价指南》《动物用转基因微生物安全评价指南》,制定了《转基因动物安全评价指南》,并经2017年农业部第1次常务会议批准,现予印发,请遵照执行。

附件:1. 转基因植物安全评价指南
      2. 转基因动物安全评价指南
      3. 动物用转基因微生物安全评价指南

农业部办公厅
2017年1月23日

附件1

转基因植物安全评价指南

本指南适用于《农业转基因生物安全管理条例》规定的农业转基因植物,即利用基因工程技术改变基因组构成,用于农业生产或者农产品加工的植物及其产品。

一、总体要求

(一)分子特征

从基因水平、转录水平和翻译水平,考察外源插入序列的整合和表达情况。

1. 表达载体相关资料

(1)载体构建的物理图谱

详细注明表达载体所有元件名称、位置和酶切位点。

(2)目的基因

详细描述目的基因的供体生物、结构(包括基因中的酶切位点)、功能和安全性。

供体生物:如 Bt 基因 $crylA$ 来源于苏云金芽孢杆菌××菌株。

结构:完整的 DNA 序列和推导的氨基酸序列。

功能：生物学功能及性状，如抗鳞翅目昆虫。

安全性：从供体生物特性、安全使用历史、基因结构、功能及有关安全性试验数据等方面综合评价目的基因的安全性。

（3）其他主要元件

启动子：供体生物来源、大小、DNA序列（或文献）、功能、安全应用记录。

终止子：供体生物来源、大小、DNA序列（或文献）、功能、安全应用记录。

标记基因：供体生物来源、大小、DNA序列（或文献）、功能、安全应用记录。

报告基因：供体生物来源、大小、DNA序列（或文献）、功能、安全应用记录。

其他序列：来源（如人工合成或供体生物名称）、名称、大小、DNA序列（或文献）、功能、安全应用记录。

2. 外源插入序列在植物基因组中的整合情况

采用转化体特异性PCR、Southern杂交、序列测定等方法，分析外源插入序列在植物基因组中的整合情况，包括目的基因和标记基因的拷贝数，标记基因、报告基因或其他调控序列等删除情况，整合位点等。

外源插入序列的转化体特异性PCR检测：具有序列名称、引物序列、扩增产物长度、PCR条件、扩增产物电泳图谱（含图题、分子量标准、阴性对照、阳性对照、泳道标注）。

外源插入序列的Southern杂交：采用两种以上限制性内切酶分别消化植物基因组总DNA，获得能明确整合拷贝数的、具有转化体特异性的分子杂交图谱。文字描述至少包括探针序列位置、内切酶名称、特异性条带的大小、图题、分子量标准、阴性对照、阳性对照、泳道标注。

序列测定：采用基因组测序方法，获得能明确外源序列插入位点、整合拷贝数、具有转化体特异性的核酸序列。提供测序所用的材料、方法、测序深度、数据质量、序列分析方法、原始数据、分析结论等。

外源插入序列的全长DNA序列：实际插入受体植物基因组的全长DNA序列和插入位点的两端边界序列（大于300bp）。提供转化体特异性PCR验证时相应引物名称、序列及其扩增产物长度。

3. 外源插入序列的表达情况

（1）转录水平表达（RNA）

采用RT-PCR或Northern杂交等方法，分析主要插入序列（如目的基因、标记基因等）的转录表达情况，包括表达的主要组织和器官（如根、茎、叶、果实、种子等）。

RT-PCR检测：引物序列、扩增产物长度、RT-PCR条件、扩增产物电泳图谱（含图题、分子量标准、阴性对照、阳性对照、泳道标注）。

Northern杂交：探针序列位置、特异性条带的大小、Northern杂交条件、杂交图谱（含图题、分子量标准、阴性对照、阳性对照、泳道标注）。

（2）翻译水平表达（蛋白质）

采用ELISA或Western杂交等方法，分析主要插入序列（如目的基因、标记基因等）的蛋白质表达情况，包括表达的主要组织和器官（如根、茎、叶、种子等）。

ELISA检测：描述定量检测的具体方法，包括相关抗体、阴性对照、阳性对照、光密度测定结果、标准曲线等。

Western 免疫印记：相关抗体名称、特异性蛋白条带的大小、Western 免疫印记条件、免疫印记图谱（含图题、分子量标准、阴性对照、阳性对照、泳道标注、样品和阳性对照的加样量）。

（二）遗传稳定性

1. 目的基因整合的稳定性

用 Southern 或转化体特异性 PCR 手段检测目的基因在转化体中的整合情况，明确转化体中目的基因的拷贝数以及在后代中的分离情况，提供不少于 3 代的试验数据。

2. 目的基因表达的稳定性

用 Northern，Real-time PCR，RT-PCR，Western 等手段提供目的基因在转化体不同世代在转录（RNA）和（或）翻译（蛋白质）水平表达的稳定性（包括不同发育阶段和不同器官部位的表达情况），提供不少于 3 代的试验数据。

3. 目标性状表现的稳定性

用适宜的观察手段考察目标性状在转化体不同世代的表现情况，提供不少于 3 代的试验数据。

（三）环境安全

1. 生存竞争能力

提供与受体或亲本植物比较，转基因植物种子数量、重量、活力和休眠性，越冬越夏能力，抗病虫能力，生长势，生育期，落粒性，自生苗等试验数据和结论。

若受体植物为多年生（如饲草、制种用的草坪草）、无性繁殖或目标性状增强生存竞争力（如抗旱、耐盐等），应根据个案分析的原则提出有针对性的补充资料。

2. 基因漂移的环境影响

（1）受体物种的相关资料

如果存在可交配的野生近缘种，提供野生近缘种的地理分布范围、发生频率、生物学特性（生育期、生长习性、开花期、繁殖习性、种子及无性繁殖器官的传播途径等）以及与野生近缘种的亲缘关系（包括基因组类型、与栽培种的天然异交结实性、杂种 F1 的育性及其后代的生存能力和结实能力）的资料。

如果存在同一物种的可交配植物类型，需提供同一物种植物类型的分布及其危害情况的资料。

（2）外源基因漂移风险

对于存在可交配的野生近缘种或存在同一物种可交配的植物类型，无相关数据和资料的，应设计试验评估外源基因漂移风险及可能造成的生态后果，如基因漂移频率、外源基因在野生近缘种中表达情况、目的基因是否改变野生近缘种的生态适合度等试验。有相关数据和资料的，可提供转基因植物与受体植物花粉颗粒大小和花粉萌发率等试验结果，根据试验结果和已有的数据资料评估外源基因漂移风险及可能造成的后果。

3. 功能效率评价

提供转基因植物的功能效率评价报告。如为有害生物抗性转基因植物，则需要提供对靶标生物的抗性效率试验数据。如为耐除草剂转基因植物，则需要提供对目标除草剂耐受性试验数据。

抗性效率指抗有害生物转基因植物所产生的抗性物质对靶标生物综合作用的结果，一般通过转基因植物与受体植物在靶标生物数量变化、危害程度、植物长势及产量等方面的差别进行评价。抗病虫转基因植物需提供在室内和田间试验条件下，转基因植物对靶标生物的抗性生测报告、靶标生物在转基因植物及受体植物田季节性发生危害情况和种群动态的试验数据与结论。

4. 有害生物抗性转基因植物对非靶标生物的影响

根据转基因植物与外源基因表达蛋白特点和作用机制，有选择地提供对相关非靶标植食性生物、有益生物（如天敌昆虫、资源昆虫和传粉昆虫等）、受保护的物种等潜在影响的评估报告。

对于已有充分试验资料的蛋白质，如果外源基因表达蛋白与该蛋白质等同，可根据已有数据评估对相关非靶标生物的影响。

5. 对生态系统群落结构和有害生物地位演化的影响

根据转基因植物与外源基因表达蛋白的特异性和作用机理，有选择地提供对相关动物群落、植物群落和微生物群落结构和多样性的影响，以及转基因植物生态系统下病虫害等有害生物地位演化的风险评估报告等。

6. 靶标生物的抗性风险

靶标生物的抗性是指靶标生物由于连续多代取食转基因植物，敏感个体被淘汰，抗性较强的个体存活、繁殖，逐渐发展成高抗性种群的现象。抗病虫转基因植物需提供对靶标生物的作用机制和特点等资料，转基因植物商业化种植前靶标生物的敏感性基线数据，抗性风险评估依据和结论，拟采取的抗性监测方案和治理措施等。

（四）食用安全

按照个案分析的原则，评价转基因植物与非转基因植物的相对安全性。

传统非转基因对照物选择：无性繁殖的转基因植物，以非转基因植物亲本为对照物；有性繁殖的转基因植物，以遗传背景与转基因植物有可比性的非转基因植物为对照物。对照物与转基因植物的种植环境（时间和地点）应具有可比性。

1. 新表达物质毒理学评价

（1）新表达蛋白质资料

提供新表达蛋白质（包括目的基因和标记基因所表达的蛋白质）的分子和生化特征等信息，包括分子量、氨基酸序列、翻译后的修饰、功能叙述等资料。表达的产物若为酶，应提供酶活性、酶活性影响因素（如 pH、温度、离子强度）、底物特异性、反应产物等。

提供新表达蛋白质与已知毒蛋白质和抗营养因子（如蛋白酶抑制剂、植物凝集素等）氨基酸序列相似性比较的资料。

提供新表达蛋白质热稳定性试验资料，体外模拟胃液蛋白消化稳定性试验资料，必要时提供加工过程（热、加工方式）对其影响的资料。

若用体外表达的蛋白质作为安全性评价的试验材料，需提供体外表达蛋白质与植物中新表达蛋白质等同性分析（如分子量、蛋白测序、免疫原性、蛋白活性等）的资料。

（2）新表达蛋白质毒理学试验

当新表达蛋白质无安全食用历史，安全性资料不足时，必须提供经口急性毒性资料，28 天喂养试验毒理学资料视该蛋白质在植物中的表达水平和人群可能摄入水平而定，必要时应进行免疫毒性检测评价。如果不提供新表达蛋白质的经口急性毒性和28天喂养试验资料，则应说明理由。

对于已有充分毒理学试验资料的蛋白质，如果外源基因表达蛋白与该蛋白质等同，可提供相关数据资料。

（3）新表达非蛋白质物质的评价

新表达的物质为非蛋白质，如脂肪、碳水化合物、核酸、维生素及其他成分等，其毒理学评价可能包括毒物代谢动力学、遗传毒性、亚慢性毒性、慢性毒性/致癌性、生殖发育毒性等方面。采取个案分析的原则确定需开展的毒理学试验。对于已有充分试验资料的非蛋白质物质，可提供相关数据资料。

（4）摄入量估算

应提供外源基因表达物质在植物可食部位的表达量，根据典型人群的食物消费量，估算人群最大可能摄入水平，包括同类转基因植物总的摄入水平、摄入频率等信息。进行摄入量评估时需考虑加工过程对转基因表达物质含量的影响，并应提供表达蛋白质的测定方法。

2. 致敏性评价

外源基因插入产生新蛋白质，或改变代谢途径产生新蛋白质的，应对该蛋白质的致敏性进行评价。

提供基因供体是否含有致敏原、插入基因是否编码致敏原、新蛋白质在植物食用和饲用部位表达量的资料。

提供新表达蛋白质与已知致敏原氨基酸序列的同源性分析比较资料。

提供新表达蛋白质热稳定性试验资料，体外模拟胃液蛋白消化稳定性试验资料。对于已有充分新表达蛋白质热稳定性和体外模拟胃液蛋白消化稳定性等试验资料的蛋白质，如果外源基因表达蛋白与该蛋白质等同，可提供相关数据资料。

对于供体含有致敏原的，或新蛋白质与已知致敏原具有序列同源性的，应提供与已知致敏原为抗体的血清学试验资料。

受体植物本身含有致敏原的，应提供致敏原成分含量分析的资料。

3. 关键成分分析

提供受试物基本信息，包括名称、来源、所转基因和转基因性状、种植时间、地点和特异气候条件、储藏条件等资料。受试物应为转基因植物可食部位的初级农产品，如大豆、玉米、棉籽、水稻种子等。同一种植地点至少三批不同种植时间的样品，或三个不同种植地点的样品。

提供同一物种对照物各关键成分的天然变异阈值及文献资料等。

（1）营养素。包括蛋白质、脂肪、碳水化合物、纤维素、矿物质、维生素等，必要时提供蛋白质中氨基酸和脂肪中饱和脂肪酸、单不饱和脂肪酸、多不饱和脂肪酸含量分析的资料。矿物质和维生素的测定应选择在该植物中具有显著营养意义或对人群营养素摄入水平贡献较大的矿物质和维生素进行测定。

（2）天然毒素及有害物质。植物中对健康可能有影响的天然存在的有害物质，根据不同植物进行不同的毒素分析，如棉籽中棉酚、油菜籽中硫代葡萄糖苷和芥酸等。

（3）抗营养因子。对营养素的吸收和利用有影响、对消化酶有抑制作用的一类物质。

如大豆胰蛋白酶抑制剂、大豆凝集素、大豆寡糖等；玉米中植酸；油菜籽中单宁等。

（4）其他成分。如水分、灰分、植物中的其他固有成分。

（5）非预期成分。因转入外源基因可能产生的新成分。

4. 全食品安全性评价

大鼠 90 天喂养试验资料。必要时提供大鼠慢性毒性试验和生殖毒性试验及其他动物喂养试验资料。

5. 营养学评价

如果转基因植物在营养、生理作用等方面有改变的，应提供营养学评价资料。

（1）提供动物体内主要营养素的吸收利用资料。

（2）提供人群营养素摄入水平的资料以及最大可能摄入水平对人群膳食模式影响评估的资料。

6. 生产加工对安全性影响的评价

应提供与非转基因对照物相比，生产加工、储存过程是否可改变转基因植物产品特性的资料，包括加工过程对转入 DNA 和蛋白质的降解、消除、变性等影响的资料，如油的提取和精炼、微生物发酵、转基因植物产品的加工、储藏等对植物中表达蛋白含量的影响。

7. 按个案分析的原则需要进行的其他安全性评价

对关键成分有明显改变的转基因植物，需提供其改变对食用安全性和营养学评价资料。

二、阶段要求

转基因植物安全评价应按照《农业转基因生物安全评价管理办法》的规定撰写申报书，并参照如下要求提供各阶段安全评价材料。以下规定是申请该阶段时所需材料的基本要求。

根据安全评价需要和转基因植物的特殊性，农业转基因生物技术检测机构的检测指标增减遵循个案分析的原则确定。检测指标暂无农业转基因生物技术检测机构开展检测的，由农业部指定相关机构进行检测。

（一）申请实验研究

1. 外源基因：包括目的基因、标记基因、报告基因以及启动子、终止子和其他调控序列。外源基因名称应当是按国际通行规则正式命名的名称或 Genbank 中的序列号，未正式命名或无 Genbank 序列号的应提供基因序列。

2. 转基因性状：包括产量性状改良、品质性状改良、生理性状改良、杂种优势改良、抗逆、抗病、抗虫、耐除草剂、生物反应器、其他十种类型。

产量性状改良：指改良株高、株型、籽粒数量、籽粒大小、棉铃数量等。

品质性状改良：指改良淀粉成分、蛋白成分、微量元素含量、疏甙含量、芥酸含量、饱和脂肪酸含量、纤维品质、含油量等。

生理性状改良：指改良生育期、光合效率、营养物质利用率、种子储藏活力、根系活力等。

杂种优势改良：指雄性不育、育性恢复以及改良育性恢复能力等。

抗逆：指改良抗旱性、耐涝性、耐寒性、耐盐性等。

3. 实验转基因植物材料数量

一份申报书中只能包含同一物种的受体生物和相同的转基因性状。

4. 实验年限

一般为一至两年。

（二）申请中间试验

1. 提供外源插入序列的分子特征资料。

2. 提供每一个转化体的转基因植株自交或杂交代别，及相应代别目的基因和标记基因 PCR 检测或转化体特异性 PCR 检测的资料。

3. 按《转基因植物及其产品食用安全性评价导则》（NY/T 1101—2006）提供受体植物、基因供体生物的安全性评价资料。

4. 提供新表达蛋白质的分子和生化特征等信息，以及提供新表达蛋白质与已知毒蛋白质、抗营养因子和致敏原氨基酸序列相似性比较的资料。

5. 提供抗虫植物表达蛋白质和已商业化种植的转基因抗虫植物对靶标害虫作用机制的分析资料，评估交互抗性的风险。

（三）申请环境释放

1. 申请中间试验提供的相关资料，以及中间试验结果的总结报告。

2. 详细说明中间试验所采用的具体试验材料，包括培育过程、材料数量及农艺性状等资料。

3. 提供转化体外源插入序列整合进植物基因组的资料，并注明供试材料的名称和代别。如，目的基因和标记基因整合进植物基因组的 Southern 杂交图和插入拷贝数，或能明确目的基因和标记基因在植物基因组中插入位点和拷贝数的序列测定结果，或转化体特异性 PCR 检测图等。

4. 提供目的基因在转录水平或翻译水平表达的资料。

5. 提供转化体遗传稳定性的资料，包括目的基因和标记基因整合的稳定性、表达的稳定性和表现性状的稳定性。

6. 对于抗病虫转基因植物，提供目标蛋白的测定方法，植物不同发育阶段目标蛋白在各器官中的含量，以及对靶标生物的田间抗性效率。

7. 新蛋白质（包括目的基因和标记基因所表达的蛋白质）在植物食用和饲用部位表达含量的资料。

8. 提供靶标害虫对新抗虫植物和已商业化种植的抗虫植物交互抗性的研究资料。

9. 提供对可能影响的非靶标生物的室内生物测定资料。抗虫转基因植物提供至少 1 种非靶标植食性生物和至少 2 种有益生物的室内生物测定资料。抗病转基因植物提供至少 3 种非靶标微生物的室内生物测定资料。

10. 提供目标性状和功能效率的评价资料。如，抗虫植物应明确靶标生物种类并提供室内或田间生测报告；耐除草剂植物应提供至少 3 个浓度梯度（推荐剂量中剂量的 1 倍、2 倍和 4 倍）的目标除草剂耐受性试验数据。

11. 对耐除草剂转基因植物，提供对至少 3 种其他常用（非目标）除草剂（主要包括受体植物常规使用的除草剂和转基因植物敏感的除草剂）耐受性的试验数据。

(四)申请生产性试验

分为两种类型,一是转化体申请生产性试验,二是取得农业转基因生物安全证书的2个及以上转化体杂交获得的转化体组合申请生产性试验。

1. 转化体申请生产性试验

(1)应在试验植物的主要适宜生态区(见附表)进行。

(2)提供所申报转基因植物样品、对照样品及检测方法。样品要求:(种子纯度大于99%);方法要求:提供外源插入序列信息及转化体特异性核酸检测方法等。

(3)申请环境释放提供的相关资料,以及环境释放结果的总结报告。

(4)详细说明环境释放试验所采用的具体试验材料,包括培育过程、材料数量及农艺性状等资料。

(5)提供转化体外源插入序列整合进植物基因组的资料,并注明供试材料的名称和代别。包括外源片段(如转化载体骨架、目的基因和标记基因等)整合进植物基因组的Southern杂交图和插入拷贝数,或能明确外源片段在植物基因组中插入位点和拷贝数的序列测定结果;以及转化体特异性PCR检测图。

(6)提供目的基因和标记基因翻译水平表达的资料,或目标基因(被RNAi等方法所干涉的基因)在转录水平或翻译水平表达的资料。

(7)提供该转化体至少2代的遗传稳定性资料,包括目的基因整合的稳定性、表达的稳定性和表现性状的稳定性。

(8)提供该转化体个体生存竞争能力的资料。

(9)提供该转基因植物基因漂移的资料。

(10)提供目标性状和功能效率的评价资料。如,抗虫植物应提供靶标生物在转基因植物及受体植物田季节性发生危害情况和种群动态的试验数据。

(11)提供靶标生物对抗病虫转基因植物的抗性风险评价资料。

(12)提供对非靶标生物、对生态系统群落结构和有害生物地位演化影响的评价资料。

(13)提供新表达蛋白质体外模拟胃液蛋白消化稳定性、热稳定性试验资料。

(14)必要时提供全食品毒理学评价资料。

(15)提供有检测条件和能力的技术检测机构出具的检测报告,包括:①确认转化体身份的核酸检测;②抗病虫等转基因植物对特定非靶标生物的影响、转基因抗旱(逆)植物的生存竞争力等;③新表达产物在植物食用和饲用部位的表达含量;④新表达蛋白质体外模拟胃液蛋白消化稳定性等。

2. 用取得农业转基因生物安全证书的2个及以上转化体杂交获得的转化体组合申请生产性试验

(1)应在试验植物的主要适宜生态区(见附表)进行。

(2)提供所申报转化体组合样品、对照样品及检测方法。样品要求:种子(纯度大于99%);方法要求:提供外源插入序列信息及转化体特异性核酸检测方法等。

(3)已取得农业转基因生物安全证书的转化体综合评价报告及相关附件资料。

(4)提供亲本名称及其选育过程的资料。

(5)提供外源插入序列整合进植物基因组的资料,并注明供试材料的名称和代别。如,外源片段(如转化载体骨架、目的基因和标记基因等)整合进植物基因组的Southern

杂交图和插入拷贝数，或能明确外源片段在植物基因组中插入位点和拷贝数的序列测定结果，或转化体特异性 PCR 检测图等。

（6）提供目的基因在转录水平或翻译水平表达的资料。

（7）提供转化体组合目标性状的分析资料，包括目标性状之间的相互作用。

（五）申请安全证书

分为农业转基因生物安全证书（生产应用）和农业转基因生物安全证书（进口用作加工原料）两种类型。其中，农业转基因生物安全证书（生产应用）包括转化体申请生产证书，以及用取得农业转基因生物安全证书的转化体与常规品种杂交获得的衍生品系申请安全证书两种情况。

类型 1：申请农业转基因生物安全证书（生产应用）

1. 转化体申请安全证书

（1）汇总以往各试验阶段的资料，提供环境安全和食用安全综合评价报告。每个主要适宜生态区至少设 1 个生产性试验点，环境释放和生产性试验的试验点累计不少于 6 个，试验点间距离不少于 300 公里。

（2）提供转化体外源插入序列整合进植物基因组的资料。包括能明确外源片段（如转化载体骨架、目的基因和标记基因等）整合拷贝数并具有转化体特异性的分子杂交图谱，整合进植物基因组的外源片段的全长 DNA 序列和插入位点两端的边界序列，以及转化体特异性 PCR 检测图等。

（3）提供该转化体至少 3 代的遗传稳定性资料，包括目的基因整合的遗传稳定性、表达的稳定性和表现性状的稳定性。

（4）提供该转化体个体生存竞争能力、自然延续或建立种群能力的资料。

（5）提供该转基因植物基因漂移的资料。

（6）提供至少 2 代对目标性状和功能效率的田间评价资料。

（7）提供对至少 6 种非靶标生物影响的评价资料。

（8）提供至少 2 代对生物多样性影响的评价资料，以及对生态系统群落结构和有害生物地位演化影响的风险评估报告。

（9）提供靶标生物对转基因植物所产生抗病/虫物质的敏感性基线资料，抗性风险评估的依据和结论；拟采取的靶标生物综合治理策略、抗性监测方案和治理措施等。

（10）提供完整的毒性、致敏性、营养成分、抗营养因子、耐除草剂作物目标除草剂的残留量等食用安全资料。

（11）如为续申请，则需要提供上次批准期限内的商业化种植数据和环境影响监测报告，耐除草剂作物应提供目标除草剂残留量数据。

对于首次申请安全证书的，具备检测条件和能力的技术检测机构对部分重要指标进行验证检测。

2. 用取得农业转基因生物安全证书的 2 个及以上转化体杂交获得的转化体组合申请安全证书

（1）申请生产性试验提供的相关资料，以及生产性试验的总结报告。每个主要适宜生态区至少设 1 个生产性试验点，试验点间距离不少于 300 公里。

（2）提供亲本名称及其选育过程的资料。

（3）提供外源插入序列整合进植物基因组的资料。包括能明确外源片段（如转化载体骨架、目的基因和标记基因等）整合拷贝数并具有转化体特异性的分子杂交图谱，或能明确外源片段在植物基因组中插入位点和拷贝数的序列测定结果；整合进植物基因组的外源片段的全长 DNA 序列和插入位点两端的边界序列；以及转化体特异性 PCR 检测图。

（4）提供目的基因和标记基因翻译水平表达的资料，或目标基因（被 RNAi 等方法所干涉的基因）在转录水平或翻译水平表达的资料。

（5）提供遗传稳定性的资料，包括目的基因整合的稳定性、表达的稳定性和表现性状的稳定性。

（6）提供目标性状和功能效率的评价资料。

（7）提供靶标生物对转基因植物所产生抗病/虫物质的敏感性基线资料，抗性风险评估的依据和结论；拟采取的靶标生物综合治理策略、抗性监测方案和治理措施等。

（8）提供关键成分分析的资料。

（9）如为续申请，则需要提供上次批准期限内的商业化种植数据和环境影响监测报告，耐除草剂作物应提供目标除草剂残留量数据。

对于首次申请安全证书的，具备检测条件和能力的技术检测机构对部分重要指标进行验证检测。

类型 2：申请农业转基因生物安全证书（进口用作加工原料）

（1）提供所申报转基因植物样品、对照样品及检测方法。样品要求：种子（单一纯合体的，纯度大于 99%）；方法要求：提供外源插入序列信息及转化体特异性核酸检测方法等。

（2）提供环境安全和食用安全综合评价报告。

（3）提供外源插入序列整合进植物基因组的资料。包括能明确外源片段（如转化载体骨架、目的基因和标记基因等）整合拷贝数并具有转化体特异性的分子杂交图谱，或能明确外源片段在植物基因组中插入位点和拷贝数的序列测定结果；整合进植物基因组的外源片段的全长 DNA 序列和插入位点两端的边界序列；以及转化体特异性 PCR 检测图等。

（4）提供完整的毒性、致敏性、营养成分、抗营养因子、耐除草剂作物目标除草剂的残留量等食用安全资料。

（5）输出国家或者地区经过科学试验证明对人类、动植物、微生物和生态环境无害的资料。

对于首次申请安全证书的，具备检测条件和能力的技术检测机构对部分重要指标进行验证检测。

三、附则

本指南自 2023 年 6 月 30 日起施行。

附表：主要转基因农作物适宜生态区类型（参考）

附表

主要转基因农作物适宜生态区类型
（参考）

作物	适宜生态区类型
水稻	华南稻区
	华中稻区
	西南高原稻区
	华北稻区
	东北稻区
	西北稻区
玉米	北方春玉米区
	黄淮海夏玉米区
	西南玉米区
	南方玉米区
	西北玉米区
大豆	北方春大豆区
	黄淮海夏大豆区
	南方大豆区
棉花	黄河流域棉区
	长江流域棉区
	西北内陆棉区

附件 2

转基因动物安全评价指南

转基因动物是指通过显微注射、电穿孔、粒子轰击、细胞转化、病毒导入等基因操作技术，将外源片段导入受体或定向改造受体基因得到的用于农业生产或者农产品加工的动物及其产品，包括用于如下用途的畜禽、水生动物和节肢动物等。

（一）产量性状改良：改良生长发育速度、消化吸收率和饲料转化率等；

（二）品质性状改良：改良营养成分、减少致敏原、用于观赏等；

（三）繁殖性状改良：调控动物的繁殖力和性别；

（四）抗逆：改良动物对环境条件、疾病和化学物质的抗性；

（五）环境指示：对环境质量变化有指示性作用；

（六）生物反应器：药用、工业用以及用于功能性食品的动物。

一、总体要求

（一）分子特征

从基因水平、转录水平和翻译水平，考察外源基因或片段的整合和表达情况。

1. 表达载体相关资料

（1）目的基因与载体构建的物理图谱

详细注明表达载体所有组件名称、位置和酶切位点。

（2）目的基因或片段

详细描述目的基因或片段的供体生物、结构（包括基因中的酶切位点）、功能和安全性。

供体生物：如 Fat1 基因来源于线虫。

结构：完整的 DNA 或 cDNA 序列和推导的氨基酸序列。

功能：生物学功能，如提高猪肉中 ω-3 脂肪酸的含量。

安全性：从供体生物特性、安全使用历史、基因结构、功能及有关安全性试验数据等方面综合评价目的基因或片段的安全性。

（3）表达载体其他主要组件

启动子：供体生物来源、大小、DNA 序列（或文献）、功能、安全应用记录。

终止子：供体生物来源、大小、DNA 序列（或文献）、功能、安全应用记录。

标记基因：供体生物来源、大小、DNA 序列（或文献）、功能、安全应用记录。

报告基因：供体生物来源、大小、DNA 序列（或文献）、功能、安全应用记录。

其他表达调控序列或转座序列：来源（如人工合成或供体生物名称）、名称、大小、DNA 序列（或文献）、功能、安全应用记录。

2. 目的基因在动物基因组中的整合情况

采用 PCR、Southern 杂交等方法，分析外源插入序列在动物基因组中的整合情况，包括目的基因和标记基因的拷贝数，标记基因、报告基因或其他调控序列删除情况，整合位点等。

外源插入序列的 PCR 检测：应有序列名称、引物序列、扩增产物大小、PCR 条件、扩增产物电泳图谱（含图题、分子量标准、阴性对照、阳性对照、泳道标注等）。

外源插入序列的 Southern 杂交：采用两种以上限制性内切酶分别消化动物基因组总 DNA，获得能明确整合拷贝数的、具有特异性条带的分子杂交图谱。文字表述至少包括探针序列位置、内切酶名称、特异性条带的大小、图题、分子量标准、阴性对照、阳性对照、泳道标注。

外源插入序列的全长 DNA 序列分析：实际插入受体动物基因组的全长 DNA 序列和插入位点的两端边界序列（大于 300bp）。提供特异性 PCR 验证时相应引物名称、序列及其扩增产物大小。

3. 外源插入序列在动物体中的表达情况

（1）转录水平（RNA）

采用 RT-PCR 或 Northern 杂交等方法，分析主要插入序列（如目的基因、标记基因等）的转录表达情况，包括表达的主要组织、器官（如乳腺、肝、肺、肾、肌肉等）和细胞。

RT-PCR 检测：引物序列、扩增产物大小、RT-PCR 条件、扩增产物电泳图谱（含图题、分子量标准、阴性对照、阳性对照、泳道标注）。

Northern 杂交：探针序列位置、特异性条带的大小、Northern 杂交条件、杂交图谱（含图题、分子量标准、阴性对照、阳性对照、泳道标注）。

（2）翻译水平（蛋白质）

采用 Western-Blot、ELISA 等免疫血清学方法，从蛋白质水平分析外源基因或片段（如目的基因、标记基因等）的表达情况，包括表达的主要组织、器官（如乳腺、肝、肺、肾、肌肉等）和细胞。

Western-Blot 检测：描述相关抗体名称、特异性条带的大小、Western-Blot 条件、Western-Blot 图谱（含图题、分子量标准、阴性对照、阳性对照、泳道标注、样品和阳性对照的加样量）。

ELISA 检测：描述定量检测的具体方法，包括相关抗体、阴性对照、阳性对照、光密度测定结果、标准曲线等。

4. 其他

以育种为目的且与食用相关的转基因动物，应在环境释放阶段提供已删除标记基因和报告基因的试验资料。

（二）遗传稳定性

主要考察转基因动物世代之间目的基因的整合与表达情况。

1. 目的基因整合的稳定性

用 Southern、PCR 等方法检测目的基因在转基因动物中的整合情况，明确转基因动物中目的基因的拷贝数以及在后代中的分离情况，提供不少于连续 2 代的试验数据。

2. 目的基因表达的稳定性

用 Northern、RT-PCR、Western-Blot 等方法分析目的基因在转基因动物不同世代在转录（RNA）和（或）翻译（蛋白质）水平表达的稳定性（包括不同生长阶段与不同组织、器官和细胞的表达情况），提供不少于连续 2 代的试验数据。

3. 目标性状表现的稳定性

用适宜的观察手段考察目标性状在转基因动物不同世代的表现情况，提供不少于连续 2 代的试验数据。

（三）健康状况

用一般指标、生理学指标以及其他适合的指标评价转基因动物的健康状况。

1. 一般指标

包括行为（精神、反应、采食等）、外貌特征（头、体表器官、毛色、皮肤、肢体、关节、体尺指标等）等。

2. 生理学指标

包括常规生理指标、血液指标、生化指标等，必要时提供解剖学指标。

3. 其他指标

根据转基因动物与外源基因的特点，确定适合的特异性指标。

4. 水生生物、节肢动物等转基因动物还应根据个案分析的原则提交有针对性的试验数据。

（四）功能效率评价

提供常规条件下转基因动物目标性状有效性的试验数据。对于为人类提供产品的转基因动物还应提供产肉（瘦肉率、背膘厚、肌内脂肪等）、产奶（产奶量、奶品质）、产蛋（蛋产量、蛋品质）、产毛（毛产量、毛品质）等生产性能的试验数据。

（五）环境适应性

对转基因畜禽，评价其在常规饲养条件下的存活能力（存活率、存活时间），生长发育速度（初生重、成年体重、日增重、生长率等），繁殖能力（例如发情周期、妊娠、精液品质、产仔数、产仔成活率等），对疾病的抵抗能力（发病率、死亡率）以及对温度、湿度等物理因素的适应能力。

对转基因水生动物，评价其在常规养殖条件下的存活能力（存活率、存活时间），运动转移能力，生长发育速度（不同发育阶段的体重和生长率等），摄食能力（食量、食谱和捕食、防御等），繁殖能力，对疾病的抵抗能力（发病率、死亡率），以及对温度、盐度、pH 值、可溶性氧等物理因素的适应能力。

对转基因节肢动物，评价每个虫态的历期和存活率，性成熟的历期和存活率，交配优势和产卵量，雄性育性和交配率，运动能力，寄主范围，危害或寄生能力，对杀虫剂的敏感性，以及对温度、湿度等物理因素的适应能力。

（六）转基因动物逃逸（释放）及其对环境的影响

1. 转基因动物逃逸的可能性

评价转基因动物繁殖和生长发育阶段的安全控制措施，分析转基因动物的逃逸以及逃逸后捕捉的可能性。

2. 转基因动物存活的可能性

评价转基因动物逃逸后可能进入生态环境的状况和转基因动物的适应性，分析转基因动物逃逸后存活的可能性。

3. 转基因动物扩散的可能性

评价转基因动物逃逸后在自然环境中繁殖的可能性。如果存在可交配的动物类型，分析转基因动物与其交配繁殖的可能性。特别是，如果存在可交配的野生型动物，提供野生型动物的分布状况和生物学特性，分析转基因动物与野生型动物交配繁殖的可能性。

4. 转基因动物对环境的影响

分析转基因动物逃逸（释放）对环境的影响，包括对野生型动物的适应性和入侵性的影响，以及其他相关影响等。

（七）食用安全

1. 表达产物毒理学评价

（1）表达产物资料

提供表达产物（包括目的基因和标记基因所表达的产物）的分子和生化特征等信息，包括分子量、氨基酸序列、结构、翻译后的修饰、功能等资料。表达产物若为酶，应提供酶活性、酶活性影响因素（如 pH、温度、离子浓度）、底物特异性、反应产物等。

表达产物在动物可食部位的表达量，根据典型人群的食物消费量，估算人群最大可能接触水平。进入摄入量评估时需考虑加工过程对表达产物含量的影响。

提供基因供体是否含有已知毒蛋白和抗营养因子的资料。

提供新表达产物与已知毒蛋白和抗营养因子氨基酸序列相似性比较的资料。

提供新表达产物热稳定性试验资料,体外模拟胃液蛋白消化稳定性试验资料,必要时提供加工过程(冷、热、加工方式)对其影响的资料。

若用体外表达的产物作为安全性评价的试验材料,需提供体外表达产物与动物表达产物的等同性分析(如分子量、结构、氨基酸序列、免疫原性、蛋白活性等)的资料。

(2)新表达产物毒理学试验

当新表达产物无安全食用历史,安全性资料不足时,必须提供经口急性毒性资料,28天喂养试验毒理学资料视该产物在动物中的表达水平和人群可能摄入水平而定,必要时应进行免疫毒性检测评价。若不提供新表达产物的经口急性毒性和28天喂养试验资料,则应说明理由。

新表达产物毒理学试验还包括代谢动力学、遗传毒性、亚慢性毒性、慢性毒性/致癌性、生殖发育毒性等方面。具体需进行的毒理学试验,采取个案分析的原则。

2. 致敏性评价

外源基因插入产生新蛋白质,或改变代谢途径产生新蛋白质的,应对其蛋白质的致敏性进行评价。

提供基因供体是否含有已知致敏原的资料。

提供新表达蛋白质与已知致敏原氨基酸序列的同源性分析比较资料。

提供新表达蛋白质热稳定性试验资料,体外模拟胃液蛋白消化稳定性试验资料。

对于供体含有致敏原的,或新蛋白质与已知致敏原具有序列同源性的,应提供与已知致敏原相关的血清学试验资料。

必要时利用相应的动物模型对其致敏性进行评价。

3. 关键成分分析

提供转基因动物肉、乳、蛋等可食部分的主要营养成分,以及可能的有害物质、抗营养因子等的检测数据。

4. 全食品安全评价

提供大鼠90天喂养试验资料。必要时提供大鼠慢性毒性试验和生殖毒性试验及其他动物喂养试验资料。

5. 营养学评价

如果转基因动物在营养、生理作用等方面有改变,应提供营养学评价资料。包括试验动物体内主要营养素的吸收利用资料、人群营养素摄入水平的资料以及最大可能摄入水平对人群膳食模式影响评估的资料。

6. 生产加工对安全性影响的评价

应提供与非转基因对照相比,生产加工、贮运过程是否可改变转基因动物产品特性的资料,包括加工过程中对转入蛋白质的降解、消除、变性等影响的资料。

7. 其他

按个案分析的原则,对转基因动物可能导致的兽药残留、重金属、毒素等主要污染物的蓄积进行评价。

二、阶段要求

转基因动物安全评价，应按照《农业转基因生物安全评价管理办法》的规定撰写申报书，并参照如下要求提供各阶段安全评价材料，以下规定是申请该阶段时所需材料的基本要求。

根据安全评价需要和转基因动物的特殊性，农业转基因生物技术检测机构的检测指标增减遵循个案分析的原则确定。

检测指标暂无农业转基因生物技术检测机构开展检测的，由农业部指定相关机构进行检测。

（一）申请实验研究

1. 外源基因：包括目的基因、标记基因、报告基因以及启动子、终止子和其他调控序列。外源基因名称应当是按国际通行规则正式命名的名称或 GenBank 中的序列号，未正式命名或无 Gen-Bank 序列号的应提供基因序列。

2. 目标性状：包括产量性状改良、品质性状改良、繁殖性状改良、抗逆、环境指示、生物反应器、其他七种类型。

产量性状改良：改良生长发育速度、消化吸收率和饲料转化率等；

品质性状改良：改良营养成分、减少致敏原、用于观赏等；

繁殖性状改良：调控动物的繁殖力和性别；

抗逆：改良动物对环境条件、疾病和化学物质的抗性；

环境指示：对环境质量变化有指示性作用；

生物反应器：药用、工业用以及用于功能性食品的动物。

3. 实验转基因动物材料数量：一份申报书中只能包含同一物种的受体生物和相同的转基因性状。

4. 实验年限：一般为一至两年。

（二）申请中间试验

1. 提供外源插入序列的分子特征资料。

2. 提供每个转基因动物个体的代别，及相应代别目的基因和标记基因 PCR 检测的资料。

3. 提供基因供体是否含有毒蛋白、致敏原和抗营养因子的资料。

4. 提供表达产物的分子和生化特征等信息，以及提供新表达产物与已知毒蛋白质和抗营养因子氨基酸序列相似性比较的资料。

5. 提供转基因动物一般健康和性能的资料。

（三）申请环境释放

1. 转基因动物具有一定的群体规模，提供详细的群体建立报告。

2. 申请中间试验提供的相关资料，以及中间试验结果的总结报告。

3. 提供每个转基因动物中目的基因和标记基因整合进动物基因组的 Southern 杂交图和插入拷贝数，或提供每个转基因动物的特异性 PCR 检测图，并注明转基因个体的代别和编号。

4. 提供目的基因在转录水平或翻译水平表达的资料。

5. 提供转基因个体遗传稳定性的资料，包括目的基因和标记基因整合的稳定性、表达的稳定性和表型性状的稳定性。

6. 提供转基因动物健康状况的资料。

7. 提供转基因动物功能效率评价的资料。

8. 提供表达产物在转基因动物食用部位表达量的资料。

（四）申请生产性试验

分为两种类型，一是转基因动物申请生产性试验，二是用取得农业转基因生物安全证书的转基因动物与常规品种杂交获得的含有转基因成分的动物申请生产性试验。

1. 转基因动物申请生产性试验

（1）提供所申报转基因动物样品、对照样品及检测方法。样品要求：动物血样或动物组织。方法要求：提供外源插入序列信息及转化体特异性核酸检测方法等。

（2）申请环境释放提供的相关资料，以及环境释放结果的总结报告。

（3）提供转基因动物外源插入序列（如转化载体骨架、目的基因和标记基因等）整合进动物基因组的 Southern 杂交图和插入拷贝数，或提供转化体特异性 PCR 检测图，并注明供试材料的名称和代别。

（4）提供目的基因和标记基因翻译水平表达的资料，或目标基因（被 RNAi 等方法所干涉的基因）在转录水平或翻译水平表达的资料。

（5）提供该转基因动物遗传稳定性的资料，包括目的基因和标记基因整合的稳定性、表达的稳定性和表现性状的稳定性。

（6）提供转基因动物健康状况的资料。

（7）提供转基因动物功能效率评价的资料。

（8）提供转基因动物环境适应性的资料。

（9）提供关键成分分析的资料。

（10）提供新表达蛋白体外模拟胃液蛋白消化稳定性试验资料。

（11）必要时提供全食品毒理学评价资料。

（12）提供农业转基因生物技术检测机构出具的检测报告，包括确认转化体身份的核酸检测。

2. 用取得农业转基因生物安全证书的转基因动物与常规品种杂交获得的含有转基因成分的动物申请生产性试验

（1）提供所申报转基因动物样品、对照样品及检测方法。样品要求：动物血样或动物组织。方法要求：提供外源插入序列信息及转化体特异性核酸检测方法等。

（2）已取得农业转基因生物安全证书的转化体综合评价报告及相关附件资料。

（3）提供亲本名称及其选育过程的资料。

（4）提供外源插入序列（如转化载体骨架、目的基因和标记基因等）整合进植物基因组的 Southern 杂交图和插入拷贝数，或提供特异性 PCR 检测图，并注明供试材料的名称和代别。

（五）申请安全证书

分为两种类型，一是转基因动物申请安全证书，二是用取得农业转基因生物安全证书的转基因动物与常规品种杂交获得的含有转基因成分的动物申请安全证书。

1. 转基因动物申请安全证书

（1）汇总以往各试验阶段的资料，提供环境安全和食用安全综合评价报告。

（2）提供外源插入序列整合进动物基因组的资料。包括能明确外源片段（如转化载体骨架、目的基因和标记基因等）整合拷贝数并具有转化体特异性的分子杂交图谱，整合进动物基因组的外源片段的全长 DNA 序列和插入位点两端的边界序列，以及特异性 PCR 检测图等。

（3）提供转基因动物遗传稳定性不少于连续 2 代的资料，包括目的基因整合的稳定性、表达的稳定性和表现性状的稳定性。

（4）提供不少于连续 2 代转基因动物健康状况的资料。

（5）提供不少于连续 2 代转基因动物功能效率评价的资料。

（6）提供不少于连续 2 代转基因动物环境适应性的资料。

（7）提供转基因动物的逃逸（释放）及其对环境影响的资料。

（8）提供完整的食用安全资料。

（9）提供农业转基因生物技术检测机构出具的检测报告，包括：①转化体的分子特征；②新表达蛋白质与已知毒蛋白质、抗营养因子和致敏原氨基酸序列相似性比较；③急性毒性试验、营养成分分析、大鼠 90 天喂养等。

（10）如为续申请，则需要提供上次批准期限内的转基因动物商业化养殖数量、规模及生产性能数据。

2. 用取得农业转基因生物安全证书的转基因动物与常规品种杂交获得的含有转基因成分的动物申请安全证书

（1）申请生产性试验提供的相关资料，以及生产性试验的总结报告。

（2）提供亲本名称及其选育过程的资料。

（3）提供外源插入序列整合进动物基因组的资料。包括能明确外源片段（如转化载体骨架、目的基因和标记基因等）整合拷贝数并具有转化体特异性的分子杂交图谱，整合进动物基因组的外源片段的全长 DNA 序列和插入位点两端的边界序列，或转化体特异性 PCR 检测图等。

（4）提供目的基因和标记基因翻译水平表达的资料，或目标基因（被 RNAi 等方法所干涉的基因）在转录水平或翻译水平表达的资料。

（5）提供遗传稳定性的资料，包括目的基因整合的稳定性、表达的稳定性和表现性状的稳定性。

（6）提供功能效率评价的资料。

（7）如为续申请，则需要提供上次批准期限内的转基因动物商业化养殖数量、规模及生产性能数据。

附件 3
动物用转基因微生物安全评价指南

一、定义和分类

动物用转基因微生物,是指利用基因工程技术改变基因组构成,在农业生产或者农产品加工中用于动物的重组微生物及其产品。动物用转基因微生物主要分为基因工程亚单位疫苗、基因工程重组活载体疫苗、基因缺失疫苗、核酸疫苗、基因工程激素类疫苗及治疗制剂、饲料用转基因微生物、基因工程抗原与诊断试剂盒等。

(一)基因工程亚单位疫苗

是指利用细菌、病毒、哺乳动物细胞、酵母、植物等体系表达的病原微生物保护性抗原蛋白制备的疫苗。该疫苗可以是纯化的抗原蛋白,也可以是未纯化的灭活混合物,其特点是含有目的抗原蛋白,无复制特性。

(二)基因工程重组活载体疫苗

是指利用基因重组技术将病原微生物的保护性抗原蛋白基因插入到低毒或无毒的细菌、病毒、支原体等载体微生物基因组中获得的活载体疫苗。该疫苗的特点是在体内可复制,且低毒或无毒。

(三)基因缺失疫苗

是指利用同源重组技术将病原微生物的致病或(和)毒力相关的、且复制非必需的基因或基因片段全部或部分删除后获得的低毒或无毒微生物制备的疫苗。该疫苗的特点是带有基因缺失的遗传标记,可以据此区分疫苗毒株和野生毒株。

(四)核酸疫苗

是指将病原微生物的主要保护性抗原基因插入到真核表达质粒(含真核启动子)中形成 DNA 重组体,纯化获得的重组质粒即为核酸疫苗。核酸疫苗的特点是质粒 DNA,而非蛋白,质粒 DNA 进入细胞后表达抗原蛋白,可以诱导机体免疫反应。

(五)基因工程激素类疫苗及治疗制剂

是指利用基因工程技术体外表达的激素(如生长激素、生长抑素等)、细胞因子(如干扰素、白细胞介素、肿瘤坏死因子等)和其他具有重要生物活性的因子。这些制剂的特点是和正常动物体内相应因子的生物学功能相似或相同,在机体内可发挥调节、干扰、或增强相应的生理功能。

(六)饲料用转基因微生物

是指利用细菌、病毒、哺乳动物细胞、酵母、植物等体系表达的功能性蛋白或肽类(如植酸酶、抗菌肽等)作为饲料添加剂。转基因微生物产品可以是纯化蛋白、活性转基因微生物或灭活转基因微生物。

(七)基因工程抗原与诊断试剂盒

是指利用基因工程技术,通过细菌、病毒、哺乳动物细胞、酵母、植物等体系表达的病原微生物功能蛋白,以此蛋白作为诊断抗原建立诊断方法,并组装诊断试剂盒。此类制剂的特点是不含有病原微生物,只含有病原微生物的一种或几种蛋白;不用于动物体内,只用于体外检测。

(八) 其他

无法纳入上述 7 类的其他动物用转基因微生物,如利用反向遗传操作技术体系构建的疫苗。

二、申报程序

(一) 基本要求

1. 根据《农业转基因生物安全管理条例》和《农业转基因生物安全评价管理办法》规定,农业转基因生物安全评价试验,一般应当经过中间试验、环境释放、生产性试验三个阶段。

2. 中外合作、合资或者外方独资在中华人民共和国境内从事农业转基因生物研究与试验的,应当在实验研究开始前向农业部申请。

3. 首次申请农业转基因生物生产性试验和安全证书的,应提供所申报转基因微生物活性样品及检测方法。样品要求：病毒（10^2 $TCID_{50}$/mL 以上）各 3 管,细菌（10^3 CFU/mL 以上）各 3 管。方法要求：提供外源插入基因或缺失基因的检测方法。

4. 农业转基因生物试验结束后,可以申请农业转基因生物安全证书。在申请安全证书时提交的资料中,应包括由农业转基因生物技术检测机构出具的检测报告：确认动物用转基因微生物身份的核酸检测。

5. 不同类别动物用转基因微生物的申报程序可参照如下要求进行。

(二) 各类动物用转基因微生物申报要求

1. 基因工程亚单位疫苗

(1) 利用基因工程技术表达的抗原并经纯化后制备的基因工程亚单位疫苗,在中间试验结束后,可直接申请安全证书。

(2) 利用基因工程技术表达的抗原未经纯化后制备的基因工程亚单位疫苗,在中间试验和环境释放结束后,依据安全评价情况,可直接申请安全证书。

2. 基因工程重组活载体疫苗

(1) 利用已知的、安全的载体与已知的、安全的外源基因构建的基因工程重组活载体疫苗,在中间试验和环境释放结束后,可直接申请安全证书。

(2) 利用新型的、安全性不明的载体或外源基因制备的基因工程重组活载体疫苗,应按中间试验、环境释放、生产性试验、安全证书四个阶段申报安全评价。

3. 基因缺失疫苗

(1) 基因缺失活疫苗应按中间试验、环境释放、生产性试验、安全证书四个阶段申报安全评价。

(2) 基因缺失灭活疫苗在中间试验结束后,可直接申请安全证书。

4. 核酸疫苗

应按中间试验、环境释放、生产性试验、安全证书四个阶段申报安全评价。

5. 基因工程激素类疫苗及治疗制剂

(1) 表达蛋白作为激素使用的,在中间试验和环境释放结束后,依据安全评价情况,可直接申请安全证书。

（2）以核酸疫苗应用的激素应按中间试验、环境释放、生产性试验、安全证书四个阶段申报安全评价。

（3）用活载体表达的激素应按中间试验、环境释放、生产性试验、安全证书四个阶段申报安全评价。

（4）以纯化表达蛋白使用且安全的基因工程治疗制剂（如细胞因子和其他具有重要生物活性的因子），在中间试验结束后，可直接申请安全证书。

6. 饲料用转基因微生物

（1）利用转基因微生物的表达产物（如植酸酶、抗菌肽）或代谢物，以及转基因微生物灭活制备的产品，在中间试验和环境释放结束后，依据安全评价情况，可直接申请安全证书。

（2）利用活性转基因微生物制备的产品，应按中间试验、环境释放、生产性试验、安全证书四个阶段申报安全评价。

7. 基因工程抗原与诊断试剂盒

中间试验结束后，可直接申请安全证书。

8. 其他

（1）利用反向遗传操作技术体系构建的基因组序列与原毒株一致且无基因插入或缺失的弱毒活疫苗，在中间试验结束后，可直接申请安全证书。

（2）利用反向遗传操作技术体系构建的经基因缺失、插入或重组制备的活疫苗，应按中间试验、环境释放、生产性试验、安全证书四个阶段申报安全评价。

（3）凡是经过基因操作的毒株，终产品为灭活的，在中间试验结束后，可直接申请安全证书。

三、总体要求

（一）分子特征

从基因水平和翻译水平，考察外源基因插入和表达情况。

1. 表达载体相关情况

（1）目的基因与载体构建的物理图谱

详细注明表达载体所有元件名称、位置和酶切位点。

（2）目的基因

详细描述目的基因的供体微生物、结构（包括基因中的酶切位点）、功能和安全性。

供体微生物：如 VP1 基因来源于口蹄疫病毒××毒株。

结构：完整的 DNA 或 cDNA 序列和推导的氨基酸序列。

功能：生物学功能，如免疫原性、致病性。

安全性：从供体微生物特性、安全使用历史、基因结构、功能及有关安全性试验数据等方面综合评价目的基因的安全性。

（3）表达载体其他主要元件

启动子：供体（微）生物来源、大小、DNA 序列（或文献）、功能、安全应用记录。

标记基因和（或）报告基因：供体（微）生物来源、大小、DNA 序列（或文献）、功能、安全应用记录。

其他表达调控序列：来源（如人工合成或供体生物名称）、名称、大小、DNA 序列（或文献）、功能、安全应用记录。

2. 目的基因在微生物基因组中的插入或缺失情况

采用 PCR 扩增外源基因片段，进行扩增产物的序列测定，分析外源基因片段的插入情况或分析微生物基因缺失情况。

3. 目的基因在微生物体中的表达情况

采用 Western–Blot 等血清学方法，从蛋白质水平分析外源基因的表达情况。

（二）遗传稳定性

评价转基因微生物菌（毒）种的遗传稳定性和目的基因在转基因微生物中表达的稳定性。

1. 目的基因整合的稳定性

用 Southern 或 PCR 技术检测目的基因在转基因微生物菌（毒）种中的整合情况，提供不少于 5 代的试验数据。

2. 目的基因表达的稳定性

用 Western–Blot 等血清学方法分析目的基因在转基因微生物菌（毒）种中蛋白水平表达的稳定性，提供不少于 5 代的试验数据。

（三）转基因微生物的生物学特性

转基因微生物的生长或培养特性、理化特性（细菌）、致病性与免疫特性。

（四）转基因微生物对动物的安全性

转基因微生物对靶动物和非靶动物的安全性、高剂量使用对靶动物的安全性、对妊娠动物的安全性。

（五）转基因微生物对人类的安全性

评价转基因微生物对人类的感染性和致病性。以提供资料为主，涉及人兽共患病病原应提供在历史上有无对人类感染或致病记录，必要时应提供人体细胞、特定模型动物和灵长类动物感染性试验报告。

（六）转基因微生物对生态环境的安全性

评价转基因微生物在应用环境中的存活情况，在靶动物之间的水平和垂直传播能力，以及与其他相近微生物发生遗传重组的可能性，对动物体内正常菌群和环境微生物的影响。

四、各类动物用转基因微生物安全评价要求

动物用转基因微生物安全评价应按照《农业转基因生物安全评价管理办法》的规定撰写申报书，并参照如下要求提供各类动物用转基因微生物安全评价材料。

申请动物用转基因微生物实验研究的，项目名称应包含目的基因名称、受体微生物名称、实验研究所在省（市、自治区）名称和实验研究阶段等内容，如"表达新城疫病毒 HA 基因的重组鸡痘病毒基因工程疫苗在江苏省的实验研究"。一份申报书只能包含同一种受体微生物和相同的基因。外源基因包括目的基因、标记基因、报告基因以及启动子、终止子和其他调控序列。外源基因名称应当是按国际通行规则正式命名的名称或

GenBank 中的序列号，未正式命名或无 GenBank 序列号的应提供基因序列。实验年限一般为一至两年。

（一）基因工程亚单位疫苗

1. 申请中间试验

（1）提供前期研究报告，包括表达载体的构建、外源基因的表达和蛋白纯化工艺等。

（2）评价产品对靶动物的安全性，重点是产品用于靶动物后的临床反应。

2. 申请环境释放

（1）提交中间试验阶段安全性试验的总结报告。

（2）未经纯化的产品用于靶动物后，产品中抗性质粒在环境中的转移情况。

3. 申请安全证书

提交各阶段的安全评价试验总结报告。

（二）基因工程重组活载体疫苗

1. 申请中间试验

（1）提供前期研究报告，包括重组活载体疫苗的构建、外源基因的表达、重组微生物的遗传稳定性、生物学特性等。

（2）评价产品对靶动物致病性，以及产品用于非靶动物后的临床反应。

2. 申请环境释放

（1）提交中间试验阶段安全性试验的总结报告。

（2）评价疫苗毒株的水平传播和垂直传播能力；检测疫苗毒株在应用环境中的存活能力，以及疫苗毒株在靶动物的存留和排毒情况。

（3）涉及人兽共患病病原的产品，还应评价产品对人类的安全性，以及疫苗毒株与其他微生物发生遗传重组的可能性。

3. 申请生产性试验

（1）提交中间试验和环境释放阶段安全性试验的总结报告。

（2）继续检测疫苗毒株在应用环境中的存活能力，以及疫苗毒株在靶动物的存留和排毒情况。

4. 申请安全证书

提交各阶段的安全评价试验总结报告。

（三）基因缺失疫苗

1. 申请中间试验

（1）提供前期研究报告，包括基因缺失疫苗的构建、遗传稳定性和生物学特性等。

（2）基因缺失活疫苗：评价基因缺失疫苗毒株对靶动物致病性，以及用于非靶动物后的临床反应；提供实验室内基因缺失毒株与野生毒株重组获得缺失致病基因能力的研究报告。

（3）基因缺失灭活疫苗：评价产品对靶动物的安全性，重点是产品用于靶动物后的临床反应。

2. 申请环境释放

（1）提交中间试验阶段安全性试验的总结报告。

（2）评价基因缺失疫苗毒株在靶动物体内的增殖、分布和存活情况；评价基因缺失疫苗毒株水平传播和垂直传播能力。

（3）涉及人兽共患病病原的产品，还应评价产品对人类的安全性，以及疫苗毒株与其他微生物发生遗传重组的可能性。

3. 申请生产性试验

（1）提交中间试验和环境释放阶段安全性试验的总结报告。

（2）继续观察基因缺失疫苗毒株的水平传播和垂直传播能力。监测缺失毒株与野生毒株重组获得缺失致病基因的能力。

4. 申请安全证书

提交各阶段的安全评价试验总结报告。

（四）核酸疫苗

1. 申请中间试验

（1）提供前期研究报告，包括核酸疫苗的构建、外源基因的表达、制备工艺等。

（2）评价核酸疫苗质粒 DNA 在靶动物注射部位存留情况，以及在靶动物体内相关组织分布情况；监测靶动物血液中质粒 DNA 的存在和持续时间；评价重组质粒与宿主细胞染色体（基因组）的整合情况。

2. 申请环境释放

（1）提供中间试验阶段安全性试验的总结报告。

（2）监测靶动物粪便中核酸疫苗质粒 DNA 的存在；检测重组质粒 DNA 抗性基因向环境微生物（如以大肠杆菌作为指示菌）中转移的可能性。

3. 申请生产性试验

（1）提供中间试验和环境释放阶段安全性试验的总结报告。

（2）继续检测重组质粒 DNA 抗性基因向环境微生物（如以大肠杆菌作为指示菌）中转移的可能性。

4. 申请安全证书

提交各阶段的安全评价试验总结报告。

（五）基因工程激素类疫苗及治疗制剂

1. 申请中间试验

（1）提供前期研究报告，包括表达载体构建、外源基因的表达、重组微生物的遗传稳定性等。

（2）在实验室可控条件下，检测靶动物的临床安全性、生理学和病理学变化；监测产品在体内的代谢（消长规律）。

（3）以核酸疫苗应用的应评价质粒 DNA 在靶动物注射部位存留情况，以及在体内相关组织分布情况；监测靶动物血液中质粒 DNA 的存在和持续时间；评价重组质粒与宿主细胞染色体（基因组）的整合情况。

2. 申请环境释放

（1）提交中间试验阶段安全性试验的总结报告。

（2）分析靶动物的食用安全性；检测靶动物的生理学和病理学变化。

（3）以核酸疫苗应用的应监测靶动物粪便中核酸疫苗质粒 DNA 的存在；检测重组质粒 DNA 抗性基因向环境微生物（如以大肠杆菌作为指示菌）中转移的可能性。

（4）以活载体疫苗应用的应评价疫苗毒株的水平传播和垂直传播能力；检测疫苗毒株在应用环境中的存活能力，以及疫苗毒株在靶动物的存留和排毒情况。涉及人兽共患病病原的产品，还应评价产品对人类的安全性，以及疫苗毒株与其他微生物发生遗传重组的可能性。

3. 申请生产性试验

（1）提交中间试验和环境释放阶段安全性试验的总结报告。

（2）继续检测靶动物的生理学和病理学变化。

（3）以核酸疫苗应用的继续检测重组质粒 DNA 抗性基因向环境微生物（如以大肠杆菌作为指示菌）中转移的可能性。

（4）以活载体疫苗应用的继续检测疫苗毒株在应用环境中的存活能力，以及疫苗毒株在靶动物的存留和排毒情况。

4. 申请安全证书

提交各阶段的安全评价试验总结报告。

（六）饲料用转基因微生物

1. 申请中间试验

（1）提供前期研究报告，包括重组微生物的构建、外源基因的表达、遗传稳定性等。

（2）在实验室可控条件下，检测产品对靶动物的安全性，重点是产品用于靶动物后的临床反应，以及产品的食用安全性（如分析产品对小鼠的急性毒性）。

2. 申请环境释放

（1）提交中间试验阶段安全性试验的总结报告。

（2）检测产品对靶动物的安全性；分析产品中抗性质粒在环境中的转移情况。

（3）以活载体微生物应用的应评价重组微生物的水平传播和垂直传播能力；检测重组微生物在应用环境中的存活能力，以及重组微生物在靶动物的存留和排毒情况。涉及人兽共患病病原的产品，还应评价产品对人类的安全性，以及重组微生物与其他微生物发生遗传重组的可能性。

3. 申请生产性试验

（1）提交中间试验和环境释放阶段安全性试验的总结报告。

（2）继续检测产品对靶动物的安全性。继续分析产品中抗性质粒在环境中的转移情况。

（3）以活载体微生物应用的继续检测重组微生物在应用环境中的存活能力，以及重组微生物在靶动物的存留和排毒情况。

4. 申请安全证书

提交各阶段的安全评价试验总结报告。

（七）基因工程抗原与诊断试剂盒

1. 申请中间试验

提供前期研究报告，包括表达载体的构建、外源基因的表达、蛋白纯化工艺等。

2. 申请安全证书

提交中间试验安全评价总结报告。

（八）其他

1. 利用反向遗传操作技术体系构建的基因组序列与原毒株一致而且无基因插入或缺失的弱毒活疫苗，中间试验仅进行基因操作评价。

2. 利用反向遗传操作技术体系构建的经基因缺失、插入或重组制备的活疫苗，按基因缺失疫苗安全评价要求进行评价。

3. 凡是经过基因操作的毒株，终产品为灭活的，按基因工程亚单位疫苗安全评价要求进行评价。

（六）水产养殖管理

水产养殖质量安全管理规定

中华人民共和国农业部令2003年第31号

（2003年7月24日农业部令第31号公布。）

第一章 总 则

第一条 为提高养殖水产品质量安全水平，保护渔业生态环境，促进水产养殖业的健康发展，根据《中华人民共和国渔业法》等法律、行政法规，制定本规定。

第二条 在中华人民共和国境内从事水产养殖的单位和个人，应当遵守本规定。

第三条 农业部主管全国水产养殖质量安全管理工作。

县级以上地方各级人民政府渔业行政主管部门主管本行政区域内水产养殖质量安全管理工作。

第四条 国家鼓励水产养殖单位和个人发展健康养殖，减少水产养殖病害发生；控制养殖用药，保证养殖水产品质量安全；推广生态养殖，保护养殖环境。

国家鼓励水产养殖单位和个人依照有关规定申请无公害农产品认证。

第二章 养殖用水

第五条 水产养殖用水应当符合农业部《无公害食品海水养殖用水水质》（NY 5052—2001）或《无公害食品淡水养殖用水水质》（NY 5051—2001）等标准，禁止将不符合水质标准的水源用于水产养殖。

第六条 水产养殖单位和个人应当定期监测养殖用水水质。

养殖用水水源受到污染时，应当立即停止使用；确需使用的，应当经过净化处理达到养殖用水水质标准。

养殖水体水质不符合养殖用水水质标准时，应当立即采取措施进行处理。经处理后仍达不到要求的，应当停止养殖活动，并向当地渔业行政主管部门报告，其养殖水产品按本规定第十三条处理。

第七条 养殖场或池塘的进排水系统应当分开。水产养殖废水排放应当达到国家规定的排放标准。

第三章 养殖生产

第八条 县级以上地方各级人民政府渔业行政主管部门应当根据水产养殖规划要求，

合理确定用于水产养殖的水域和滩涂，同时根据水域滩涂环境状况划分养殖功能区，合理安排养殖生产布局，科学确定养殖规模、养殖方式。

第九条 使用水域、滩涂从事水产养殖的单位和个人应当按有关规定申领养殖证，并按核准的区域、规模从事养殖生产。

第十条 水产养殖生产应当符合国家有关养殖技术规范操作要求。水产养殖单位和个人应当配置与养殖水体和生产能力相适应的水处理设施和相应的水质、水生生物检测等基础性仪器设备。

水产养殖使用的苗种应当符合国家或地方质量标准。

第十一条 水产养殖专业技术人员应当逐步按国家有关就业准入要求，经过职业技能培训并获得职业资格证书后，方能上岗。

第十二条 水产养殖单位和个人应当填写《水产养殖生产记录》（格式见附件1），记载养殖种类、苗种来源及生长情况、饲料来源及投喂情况、水质变化等内容。《水产养殖生产记录》应当保存至该批水产品全部销售后2年以上。

第十三条 销售的养殖水产品应当符合国家或地方的有关标准。不符合标准的产品应当进行净化处理，净化处理后仍不符合标准的产品禁止销售。

第十四条 水产养殖单位销售自养水产品应当附具《产品标签》（格式见附件2），注明单位名称、地址，产品种类、规格，出池日期等。

第四章　渔用饲料和水产养殖用药

第十五条 使用渔用饲料应当符合《饲料和饲料添加剂管理条例》和农业部《无公害食品渔用饲料安全限量》（NY 5072—2002）。鼓励使用配合饲料。限制直接投喂冰鲜（冻）饵料，防止残饵污染水质。

禁止使用无产品质量标准、无质量检验合格证、无生产许可证和产品批准文号的饲料、饲料添加剂。禁止使用变质和过期饲料。

第十六条 使用水产养殖用药应当符合《兽药管理条例》和农业部《无公害食品渔药使用准则》（NY 5071—2002）。使用药物的养殖水产品在休药期内不得用于人类食品消费。

禁止使用假、劣兽药及农业部规定禁止使用的药品、其他化合物和生物制剂。原料药不得直接用于水产养殖。

第十七条 水产养殖单位和个人应当按照水产养殖用药使用说明书的要求或在水生生物病害防治员的指导下科学用药。

水生生物病害防治员应当按照有关就业准入的要求，经过职业技能培训并获得职业资格证书后，方能上岗。

第十八条 水产养殖单位和个人应当填写《水产养殖用药记录》（格式见附件3），记载病害发生情况，主要症状，用药名称、时间、用量等内容。《水产养殖用药记录》应当保存至该批水产品全部销售后2年以上。

第十九条 各级渔业行政主管部门和技术推广机构应当加强水产养殖用药安全使用的宣传、培训和技术指导工作。

第二十条 农业部负责制定全国养殖水产品药物残留监控计划，并组织实施。

县级以上地方各级人民政府渔业行政主管部门负责本行政区域内养殖水产品药物残留的监控工作。

第二十一条 水产养殖单位和个人应当接受县级以上人民政府渔业行政主管部门组织的养殖水产品药物残留抽样检测。

第五章 附 则

第二十二条 本规定用语定义：

健康养殖指通过采用投放无疫病苗种、投喂全价饲料及人为控制养殖环境条件等技术措施，使养殖生物保持最适宜生长和发育的状态，实现减少养殖病害发生、提高产品质量的一种养殖方式。

生态养殖指根据不同养殖生物间的共生互补原理，利用自然界物质循环系统，在一定的养殖空间和区域内，通过相应的技术和管理措施，使不同生物在同一环境中共同生长，实现保持生态平衡、提高养殖效益的一种养殖方式。

第二十三条 违反本规定的，依照《中华人民共和国渔业法》、《兽药管理条例》和《饲料和饲料添加剂管理条例》等法律法规进行处罚。

第二十四条 本规定由农业部负责解释。

第二十五条 本规定自 2003 年 9 月 1 日起施行。

农业农村部关于加强水产养殖用投入品监管的通知

农渔发〔2021〕1号

各省、自治区、直辖市及计划单列市农业农村（农牧、畜牧兽医）厅（局、委），福建省海洋与渔业局、青岛市海洋发展局、厦门市海洋发展局、深圳市海洋渔业局，新疆生产建设兵团农业农村局：

为加强水产养殖用兽药、饲料和饲料添加剂等投入品管理，依法打击生产、进口、经营和使用假、劣水产养殖用兽药、饲料和饲料添加剂等违法行为，保障养殖水产品质量安全，加快推进水产养殖业绿色发展，根据《渔业法》《农产品质量安全法》《兽药管理条例》《饲料和饲料添加剂管理条例》《农药管理条例》《水产养殖质量安全管理规定》等法律法规和规章有关规定，现就加强水产养殖用投入品监管有关事项通知如下。

一、准确把握水产养殖用兽药、饲料和饲料添加剂含义

各级地方农业农村（畜牧兽医、渔业）主管部门要准确把握水产养殖用兽药、饲料和饲料添加剂的含义及管理范畴，依法履行监管职责。依照《兽药管理条例》第七十二条规定，用于预防、治疗、诊断水产养殖动物疾病或者有目的地调节水产养殖动物生理机能的物质，主要包括：血清制品、疫苗、诊断制品、微生态制品、中药材、中成药、化学药品、抗生素、生化药品、放射性药品及外用杀虫剂、消毒剂等，应按兽药监督管理。依照《饲料和饲料添加剂管理条例》第二条规定，经工业化加工、制作的供水产养殖动物食用的产品，包括单一饲料、添加剂预混合饲料、浓缩饲料、配合饲料和精料补充料，应按饲料监督管理；在水产养殖用饲料加工、制作、使用过程中添加的少量或者微量物质，包括营养性饲料添加剂和一般饲料添加剂，应按饲料添加剂监督管理。各地对无法界定的相关产品，应及时向上级主管部门请求明确。

二、强化水产养殖用兽药、饲料和饲料添加剂等投入品管理

各地要依法加强对水产养殖用兽药、饲料和饲料添加剂的生产、进口、经营和使用等环节的管理，压实属地责任，形成监管合力。水产养殖用投入品，应当按照兽药、饲料和饲料添加剂管理的，无论冠以"××剂"的名称，均应依法取得相应生产许可证和产品批准文号，方可生产、经营和使用。水产养殖用兽药的研制、生产、进口、经营、发布广告和使用等行为，应严格依照《兽药管理条例》监督管理。未经审查批准，不得生产、进口、经营水产养殖用兽药和发布水产养殖用兽药广告。市售所谓"水质改良剂""底质改良剂""微生态制剂"等产品中，用于预防、治疗、诊断水产养殖动物疾病或者有目的地调节水产养殖动物生理机能的，应按照兽药监督管理。禁止生产、进口、经营和使用假、

劣水产养殖用兽药，禁止使用禁用药品及其他化合物、停用兽药、人用药和原料药。水产养殖用饲料和饲料添加剂的审定、登记、生产、经营和使用等行为，应严格按照《饲料和饲料添加剂管理条例》监督管理。依照《农药管理条例》有关规定，水产养殖中禁止使用农药。

三、整治水产养殖用兽药、饲料和饲料添加剂相关违法行为

我部决定2021—2023年连续三年开展水产养殖用兽药、饲料和饲料添加剂相关违法行为的专项整治，各级地方农业农村（畜牧兽医、渔业）主管部门要将专项整治列入重点工作，落实责任，常抓不懈。县级以上地方农业农村（畜牧兽医、渔业）主管部门要设立有奖举报电话，加大对生产、进口、经营和使用假、劣水产养殖用兽药，未取得许可证明文件的水产养殖用饲料、饲料添加剂，以及使用禁用药品及其他化合物、停用兽药、人用药、原料药和农药等违法行为的打击力度，重点查处故意以所谓"非药品""动保产品""水质改良剂""底质改良剂""微生态制剂"等名义生产、经营和使用假兽药，逃避兽药监管的违法行为。县级以上地方农业农村（畜牧兽医、渔业）主管部门以及农业综合执法机构、渔政执法机构要依法、依职能，对生产、进口、经营和使用假、劣水产养殖用兽药，以及未取得许可证明文件的水产养殖用饲料、饲料添加剂，使用禁用药品及其他化合物、停用兽药、人用药、原料药和农药等违法行为实施行政处罚，涉嫌违法犯罪的，依法移送司法机关处理。各地要强化对专项整治工作的监督和考核，我部将对各地工作情况进行督导检查。

四、试行水产养殖用投入品使用白名单制度

我部决定在全国试行水产养殖用投入品使用白名单制度。白名单制度是指：将国务院农业农村主管部门批准的水产养殖用兽药、饲料和饲料添加剂，及其制定的饲料原料目录和饲料添加剂品种目录所列物质纳入水产养殖用投入品白名单，实施动态管理。水产养殖生产过程中除合法使用水产养殖用兽药、饲料和饲料添加剂等白名单投入品外，不得非法使用其他投入品，否则依法予以查处或警示。对发现养殖者使用白名单以外投入品养殖食用水产养殖动物的，由地方各级农业农村（渔业）主管部门以及农业综合执法机构、渔政执法机构依法、依职能进行查处，涉嫌犯罪的移交司法机关追究刑事责任；同时各级地方农业农村（渔业）主管部门公开发布其养殖产品可能存在质量安全风险隐患的警示信息。

五、提升普法宣传教育和行政审批服务水平

县级以上地方农业农村（畜牧兽医、渔业）主管部门，要积极为兽药、饲料和饲料添加剂生产、经营企业在相关行政审批业务，以及水产养殖者在规范使用兽药、饲料和饲料添加剂等方面提供服务，优化审批流程，引导其规范生产、经营和使用。要进一步加强法律普及和政策宣传工作，地方相关行政管理人员应准确把握兽药含义，不被部分生产者宣传的所谓"非药品""动保产品""水质改良剂""底质改良剂""微生态制剂"等名称蒙蔽。要在兽药、饲料和饲料添加剂生产（进口）企业、经营门店和水产养殖场等场所广泛开展宣传。教育相关企业不生产、进口和经营假、劣水产养殖用兽药，以及未取得许可证明文件的水产养殖用饲料和饲料添加剂。教育养殖者应使用国家批准的水产养殖用兽药、

饲料和饲料添加剂，使用自行配制饲料严格遵守国务院农业农村主管部门制定的自行配制饲料使用规范。教育养殖者应认准兽药标签上的兽药产品批准文号（进口兽药注册证书号）和二维码标识，饲料和饲料添加剂的产品标签、生产许可证、质量标准、质量检验合格证等信息，拒绝购买和使用禁用药品及其他化合物，停用兽药，假、劣兽药，人用药，原料药，农药和未赋兽药二维码的兽药，以及禁用的、无产品标签等信息的饲料和饲料添加剂。相关行业协会要加强行业自律，教育相关企业杜绝生产假、劣兽药等违法行为，依法科学规范生产、销售和使用水产养殖用投入品。

各省、自治区、直辖市及计划单列市和新疆生产建设兵团的工作实施方案，请于2021年3月31日前同时报我部畜牧兽医局、渔业渔政管理局。2021—2023年，每年开展专项整治和白名单制度试行等工作情况的总结，请于当年11月30日前同时报我部畜牧兽医局、渔业渔政管理局。工作中如有问题和建议，请及时与我部相关司局联系。

畜牧兽医局联系电话：010-59191430（兽药），010-59192831（饲料）

渔业渔政管理局联系电话：010-59192976

农业农村部

2021年1月6日

实施水产养殖用投入品使用白名单制度工作规范（试行）

农办渔〔2021〕8号

按照《农业农村部关于加强水产养殖用投入品监管的通知》（农渔发〔2021〕1号）有关要求，为更好地指导各地试行水产养殖用投入品使用白名单制度（以下称"白名单制度"），根据相关法律法规和规章有关规定，特制定本工作规范。

一、白名单制度主要内容

白名单制度分为三项主要内容。一是明确白名单制度适用范围。投入品使用环节适用，供有关监管者、使用者和社会公众等查询。二是加强执法监督。依法加强对水产养殖用投入品使用环节的监督执法，加大对违法使用投入品行为查处力度。三是发布警示信息。对监管中发现养殖过程使用白名单以外投入品或养殖水产品质量存在安全风险隐患的，依法发布相关信息。

二、水产养殖用投入品使用白名单查询方法

白名单制度将国务院农业农村主管部门依法批准使用的水产养殖用兽药，国务院农业农村主管部门制定的《饲料原料目录》和《饲料添加剂品种目录》所列适用于水产养殖动物的物质，依法获得生产许可的企业生产的饲料和饲料添加剂产品等，纳入水产养殖用投入品使用白名单，实施动态管理。监管部门、执法机构、养殖用户和社会公众等均可通过查询农业农村部规范性文件和相关官方网站，咨询业务主管部门等方式，核实相关产品或物质是否在水产养殖用投入品使用白名单内。查询方式如下。

（一）水产养殖用兽药查询方法。可以通过中国兽药信息网（www.ivdc.org.cn）"国家兽药基础数据"中"兽药产品批准文号数据"，以及"国家兽药综合查询App"手机软件等方式查询。

（二）水产养殖用饲料和饲料添加剂查询方法。可以通过农业农村部官方网站（www.moa.gov.cn）等方式查询。《饲料原料目录》和《饲料添加剂品种目录》以国务院农业农村主管部门制定公布的最新版本为准。

按照《国务院关于取消和下放一批行政许可事项的决定》（国发〔2019〕6号）要求，添加剂预混合饲料、混合型饲料添加剂产品批准文号核发取消，改为产品配方备案。添加剂预混合饲料、混合型饲料添加剂产品配方备案信息和其他饲料添加剂产品批准文号等信息，可向省级饲料主管部门咨询。

三、加强水产养殖用投入品使用环节监督执法有关要求

各地要结合水产养殖用兽药、饲料和饲料添加剂相关违法行为三年专项整治，不断加大对使用假劣水产养殖用兽药，未取得许可证明文件的水产养殖用饲料、饲料添加剂，以及禁用药品及其他化合物、停用兽药、人用药、原料药和农药等违法行为的打击力度，重点查处故意以所谓"非药品""动保产品""水质改良剂""底质改良剂""微生态制剂"等名义使用假兽药的违法行为。县级以上地方农业农村（渔业）部门要依法、依职能，对水产养殖用投入品使用环节违法行为实施行政处罚，涉嫌犯罪的移交司法机关追究刑事责任。

四、养殖水产品质量安全风险隐患警示信息发布有关要求

各省、自治区、直辖市、计划单列市和新疆生产建设兵团农业农村（渔业）部门，应依法发布养殖水产品质量安全状况信息和养殖水产品质量监督检查情况，按照白名单制度有关要求，发布养殖水产品质量安全风险隐患警示信息。具体要求如下。

（一）信息发布主体。各省、自治区、直辖市、计划单列市和新疆生产建设兵团农业农村（渔业）部门负责汇总发布。省级农业农村（渔业）部门可以安排相关市级、县级农业农村（渔业）部门同时发布信息，但不可替代省级主管部门发布。

（二）信息发布范围。在省级农业农村（渔业）部门官方网站发布，同时在本辖区主要报刊、网站等便于公众知晓的媒体进行宣传，在相关水产养殖生产单位所在的县、乡、村进行张贴公示。相关信息通报同级市场监督管理部门，并建议在省会主要水产品批发市场张贴公示。

（三）信息发布频度。每季度至少发布一次，各地可以增加公布频次。

（四）信息公示格式。《养殖水产品质量安全风险隐患警示信息公示（基本格式）》见附件，各地可在基本格式基础上，依法增加信息公示的内容。

五、其他工作要求

县级以上地方农业农村（渔业）部门要进一步加强相关法律政策的宣传培训，将宣传与执法有机结合，重点教育水产养殖生产单位技术负责人以及执业兽医、水产技术推广人员等相关从业人员依法使用（或指导使用）国家批准的水产养殖用兽药、饲料和饲料添加剂，指导其认准兽药的产品批准文号（进口兽药注册证书号）和二维码标识，饲料和饲料添加剂生产许可证号等信息，拒绝购买和使用禁用药品及其他化合物、停用兽药、假劣兽药、人用药、原料药、农药和未赋兽药二维码的兽药，以及无产品标签等信息的饲料和饲料添加剂。

各省、自治区、直辖市及计划单列市和新疆生产建设兵团可依照本工作规范要求，结合本地实际，制定本地区更为细化的工作规范。地方各级农业农村（渔业）部门要进一步加强工作组织领导，细化责任分工，强化督导考核，狠抓制度落实，及时总结经验，确保取得成效。各地在试行白名单制度工作中如有问题和建议，由省级农业农村（渔业）部门汇总后，及时向农业农村部反映。

工作联系电话：010-59192976。

附件：养殖水产品质量安全风险隐患警示信息公示（基本格式）

附件

养殖水产品质量安全风险隐患警示信息公示
（基本格式）

　　____年____月至____年____月间，_____（主管部门以及执法机构），依照相关法律法规的规定，对____家水产养殖生产单位进行了执法检查。

　　一、执法人员发现共有____家水产养殖生产单位存在违法使用_____（具体情节）行为，经调查取证，已对其依法作出行政处罚，罚款金额共计人民币_____万元，相关养殖水产品_____千克已进行无害化处理，已无质量安全风险隐患。其中，_____宗案件涉嫌犯罪，已移交当地司法机关追究刑事责任，相关水产养殖单位名单如下：

违法水产养殖单位名单

序号	水产养殖单位全称	所在地（详细填写**市**县**镇**村）	备注
1			
2			
3			

　　二、执法人员发现共有____家水产养殖生产单位存在使用合法水产养殖用兽药、饲料和饲料添加剂以外，未经批准水产养殖用投入品的情况，可能导致其养殖水产品存在质量安全风险隐患，应予以进一步关注，相关水产养殖单位名单如下：

使用未经批准水产养殖用投入品的水产养殖单位名单

序号	水产养殖单位全称	所在地（详细填写**市**县**镇**村）	养殖品种	备注
1				
2				

(续表)

序号	水产养殖单位全称	所在地（详细填写**市**县**镇**村）	养殖品种	备注
3				

依照《中华人民共和国农产品质量安全法》第七条和《政府信息公开条例》第九条和第十条等规定，将上述养殖水产品质量安全状况和监督检查信息公示，接受社会各方面监督。

工作联系电话：

省级农业农村（渔业）部门
年　　月　　日

四、标准及标准目录

GB 10648—2013《饲料标签》 国家标准第 1 号修改单

针对标准文本中涉及"药物饲料添加剂"的相关内容进行修改。

1. 删除前言中"修改了药物饲料添加剂的定义（见 3.18）"、第 1 章范围中"、药物饲料添加剂"字样及 3.18。

2. 将 5.13.2.1 修改为"加入允许添加的抗球虫类药物的，应在产品名称下方以醒目字体标明'本产品含有允许添加的抗球虫类药物'字样；加入允许添加的中药类药物的，应在产品名称下方以醒目字体标明'本产品含有允许添加的中药类药物'字样；同时加入允许添加的抗球虫和中药类药物的，应在产品名称下方以醒目字体标明'本产品含有允许添加的抗球虫和中药类药物'字样"。

3. 将 4.4、5.13.2、5.13.2.2、5.13.2.3 及附录 A 的 A.1.3 中"药物饲料添加剂"修改为"抗球虫和/或中药类药物"。

饲料标签

GB 10648—2013

前 言

本标准的全部技术内容为强制性。

本标准按照 GB/T 1.1—2009 给出的规则起草。

本标准代替 GB 10648—1999《饲料标签》。

本标准与 GB 10648—1999 相比，主要技术内容差异如下：

——修订完善了标准的适用范围（见第 1 章）。

——增加了饲料、饲料原料、饲料添加剂等术语的定义（见 3.2～3.15）；修改了药物饲料添加剂的定义（见 3.18）；删除了"保质期"的术语和定义；用"净含量"代替"净重"（见 3.17），并规定了净含量的标示要求（见 5.7）。

——增加了标签中不得标示具有预防或者治疗动物疾病作用的内容的规定（见 4.4）。

——增加了产品名称应采用通用名称的要求，并规定了各类饲料的通用名称的表述方式和标示要求（见 5.2）。

——规定了产品成分分析保证值应符合产品所执行的标准的要求（见 5.3.1）。

——将饲料产品成分分析保证值项目分为"饲料和饲料原料产品成分分析保证值项目"和"饲料添加剂产品成分分析保证值项目"两部分；将饲料添加剂产品分为"矿物质微量元素饲料添加剂、酶制剂饲料添加剂、微生物饲料添加剂、混合型饲料添加剂、其他饲料添加剂"；对饲料和饲料原料产品成分分析保证值项目、饲料添加剂产品成分分析保证值项目进行了修订、补充和完善；增加了饲料原料产品成分分析保证值项目为《饲料原料目录》中强制性标识项目的规定；增加了液态饲料添加剂、液态添加剂预混合饲料不需标示水分的规定；增加了执行企业标准的饲料添加剂和进口饲料添加剂应标明卫生指标的规定（见表 1、表 2）。

——修订、补充和完善了原料组成应标明的内容（见 5.4）。

——增加了饲料添加剂、微量元素预混合饲料和维生素预混合饲料应标明推荐用量及注意事项的规定（见 5.6）。

——规定了进口产品的中文标签标明的生产日期应与原产地标签上标明的生产日期一致（见 5.8.2）。

——保质期增加了一种表示方法，并要求进口产品的中文标签标明的保质期应与原产地标签上标明的保质期一致（见 5.9）。

——将贮存条件及方法单独作为一条列出（见 5.10）。

——用"许可证明文件编号"代替"生产许可证和产品批准文号"（见 5.11）。

——增加了动物源性饲料（见5.13.1）、委托加工产品（见5.13.3）、定制产品（见5.13.4）、进口产品（见5.13.5）和转基因产品（见5.13.6）的特殊标示规定。

——补充规定了标签不得被遮掩，应在不打开包装的情况下，能看到完整的标签内容（见6.2）。

——附录A增加了酶制剂饲料添加剂和微生物饲料添加剂产品成分分析保证值的计量单位。

本标准由全国饲料工业标准化技术委员会（SAC/T 76）归口。

本标准起草单位：中国饲料工业协会、全国饲料工业标准化技术委员会秘书处。

本标准主要起草人：王黎文、沙玉圣、粟胜兰、武玉波、杨清峰、李祥明、严建刚。

本标准所代替标准的历次版本发布情况为：

——GB 10648—1988、GB 10648—1993、GB 10648—1999。

饲料标签

1 范围

本标准规定了饲料、饲料添加剂和饲料原料标签标示的基本原则、基本内容和基本要求。

本标准适用于商品饲料、饲料添加剂和饲料原料（包括进口产品），不包括可饲用原粮、药物饲料添加剂和养殖者自行配制使用的饲料。

2 规范性引用文件

下列文件对于本文件的应用是必不可少的。凡是注日期的引用文件，仅注日期的版本适用于本文件。凡是不注日期的引用文件，其最新版本（包括所有的修改单）适用于本文件。

GB/T 10647 饲料工业术语

GB 13078 饲料卫生标准

3 术语和定义

GB/T 10647 中界定的以及下列术语和定义适用于本文件。

3.1 饲料标签 feed label

以文字、符号、数字、图形说明饲料、饲料添加剂和饲料原料内容的一切附签或其他说明物。

3.2 饲料原料 feed material

来源于动物、植物、微生物或者矿物质，用于加工制作饲料但不属于饲料添加剂的饲用物质。

3.3 饲料 feed

经工业化加工、制作的供动物食用的产品，包括单一饲料、添加制预混合饲料、浓缩饲料、配合饲料和精料补充料。

3.4 单一饲料 single feed

来源于一种动物、植物、微生物或者矿物质，用于饲料产品生产的饲料。

3.5 添加剂预混合饲料 feed additive premix

由两种（类）或者两种（类）以上营养性饲料添加剂为主，与载体或者稀释剂按照定比例配制的饲料，包括复合预混合饲料、微量元素预混合饲料、维生素预混合饲料。

3.6 复合预混合饲料 premix

以矿物质微量元素、维生素、氨基酸中任何两类或两类以上的营养性饲料添加剂为主，与其他饲料添加剂、载体和（或）稀释剂按一定比例配制的均匀混合物，其中营养性饲料添加剂的含量能够满足其适用动物特定生理阶段的基本营养需求，在配合饲料、精料补充料或动物饮用水中的添加量不低于0.1%且不高于10%。

3.7 维生素预混合饲料 vitamin premix

两种或两种以上维生素与载体和（或）稀释剂按一定比例配制的均匀混合物，其中维生素含量应满足其适用动物特定生理阶段的维生素需求，在配合饲料、精料补充料或动物饮用水中的添加量不低于0.01%且不高于10%。

3.8 微量元素预混合饲料 trace mineral premix

两种或两种以上矿物质微量元素与载体和（或）稀释剂按一定比例配制的均匀混合物，其中矿物质微量元素含量能够满足其适用动物特定生理阶段的微量元素需求，在配合饲料、精料补充料或动物饮用水中的添加量不低于0.1%且不高于10%。

3.9 浓缩饲料 concentrate feed

主要由蛋白质、矿物质和饲料添加剂按照一定比例配制的饲料。

3.10 配合饲料 formula feed；complete feed

根据养殖动物营养需要，将多种饲料原料和饲料添加剂按照一定比例配制的饲料。

3.11 精料补充料 supplementary concentrate

为补充草食动物的营养，将多种饲料原料和饲料添加剂按照一定比例配制的饲料。

3.12 饲料添加剂 feed additive

在饲料加工、制作、使用过程中添加的少量或者微量物质，包括营养性饲料添加剂和一般饲料添加剂。

3.13 混合型饲料添加剂 feed additive blender

由一种或一种以上饲料添加剂与载体或稀释剂按一定比例混合，但不属于添加剂预混合饲料的饲料添加剂产品。

3.14 许可证明文件 official approval document

新饲料、新饲料添加剂证书，饲料、饲料添加剂进口登记证，饲料、饲料添加剂生产许可证以及饲料添加剂、添加剂预混合饲料产品批准文号的统称。

3.15 通用名称 common name

能反映饲料、饲料添加剂和饲料原料的真实属性并符合相关法律法规和标准规定的产品名称。

3.16 产品成分分析保证值 guaranteed analysis of product

在产品保质期内采用规定的分析方法能得到的、符合标准要求的产品成分值。

3.17 净含量 net content

去除包装容器和其他所有包装材料后内装物的量。

3.18 药物饲料添加剂 medical feed additive

为预防、治疗动物疾病而掺入载体或者稀释剂的兽药的预混合物质。

4 基本原则

4.1 标示的内容应符合国家相关法律法规和标准的规定。

4.2 标示的内容应真实、科学、准确。

4.3 标示内容的表述应通俗易懂。不得使用虚假、夸大或容易引起误解的表述，不得以欺骗性表述误导消费者。

4.4 不得标示具有预防或者治疗动物疾病作用的内容。但饲料中添加药物饲料添加剂的，可以对所添加的药物饲料添加剂的作用加以说明。

5 应标示的基本内容

5.1 卫生要求

饲料、饲料添加剂和饲料原料应符合相应卫生要求。饲料和饲料原料应标有"本产品符合饲料卫生标准"字样，以明示产品符合 GB 13078 的规定。

5.2 产品名称

5.2.1 产品名称应采用通用名称。

5.2.2 饲料添加剂应标注"饲料添加剂"字样，其通用名称应与《饲料添加剂品种目录》中的通用名称一致。饲料原料应标注"饲料原料"字样，其通用名称应与《饲料原料目录》中的原料名称一致，新饲料、新饲料添加剂和进口饲料、进口饲料添加剂的通用名称应与农业部相关公告的名称一致。

5.2.3 混合型饲料添加剂的通用名称表述为"混合型饲料添加剂+《饲料添加剂品种目录》中规定的产品名称或类别"，如"混合型饲料添加剂 乙氧基喹啉""混合型饲料添加剂 抗氧化剂"。如果产品涉及多个类别，应逐一标明；如果产品类别为"其他"，应直接标明产品的通用名称。

5.2.4 饲料（单一饲料除外）的通用名称应以配合饲料、浓缩饲料、精料补充料、复合预混合饲料、微量元素预混合饲料或维生素预混合饲料中的一种表示，并标明饲喂对象。可在通用名称前（或后）标示膨化、颗粒、粉状、块状、液体、浮性等物理状态或加工方法。

5.2.5 在标明通用名称的同时，可标明商品名称，但应放在通用名称之后，字号不得大于通用名称。

5.3 产品成分分析保证值

5.3.1 产品成分分析保证值应符合产品所执行的标准的要求。

5.3.2 饲料和饲料原料产品成分分析保证值项目的标示要求，见表1。

表1 饲料和饲料原料产品成分分析保证值项目的标示要求

序号	产品类别	产品成分分析保证值项目	备注
1	配合饲料	粗蛋白质、粗纤维、粗灰分、钙、总磷、氯化钠、水分、氨基酸	水产配合饲料还应标明粗脂肪，可以不标明氯化钠和钙
2	浓缩饲料	粗蛋白质、粗纤维、粗灰分、钙、总磷、氯化钠、水分、氨基酸	
3	精料补充料	粗蛋白质、粗纤维、粗灰分、钙、总磷、氯化钠、水分、氨基酸	
4	复合预混合饲料	微量元素、维生素和（或）氨基酸及其他有效成分、水分	

(续表)

序号	产品类别	产品成分分析保证值项目	备注
5	微量元素预混合饲料	微量元素、水分	
6	维生素预混合饲料	维生素、水分	
7	饲料原料	《饲料原料目录》规定的强制性标识项目	

序号1、2、3、4、5、6产品成分分析保证值项目中氨基酸、维生素及微量元素的具体种类应与产品所执行的质量标准一致。

液态添加剂预混合饲料不需标示水分。

5.3.3 饲料添加剂产品成分分析保证值项目的标示要求，见表2。

表2 饲料添加剂产品成分分析保证值项目的标示要求

序号	产品类别	产品成分分析保证值项目	备注
1	矿物质微量元素饲料添加剂	有效成分、水分、粒（细）度	若无粒（细）度要求时，可以不标
2	酶制剂饲料添加剂	有效成分、水分	
3	微生物饲料添加剂	有效成分、水分	
4	混合型饲料添加剂	有效成分、水分	
5	其他饲料添加剂	有效成分、水分	

执行企业标准的饲料添加剂产品和进口饲料添加剂产品，其产品成分分析保证值项目还应标示卫生指标。

液态饲料添加剂不需标示水分。

5.4 原料组成

5.4.1 配合饲料、浓缩饲料、精料补充料应标明主要饲料原料名称和（或）类别、饲料添加剂名称和（或）类别；添加剂预混合饲料、混合型饲料添加剂应标明饲料添加剂名称、载体和（或）稀释剂名称；饲料添加剂若使用了载体和（或）稀释剂的，应标明载体和（或）稀释剂的名称。

5.4.2 饲料原料名称和类别应与《饲料原料目录》一致，饲料添加剂名称和类别应与《饲料添加剂品种目录》一致。

5.4.3 动物源性蛋白质饲料、植物性油脂、动物性油脂若添加了抗氧化剂，还应标明抗氧化剂的名称。

5.5 产品标准编号

5.5.1 饲料和饲料添加剂产品应标明产品所执行的产品标准编号。

5.5.2 实行进口登记管理的产品，应标明进口产品复核检验报告的编号；不实行进口登记管理的产品可不标示此项。

5.6 使用说明

配合饲料、精料补充料应标明饲喂阶段。浓缩饲料、复合预混合饲料应标明添加比例或推荐配方及注意事项。饲料添加剂、微量元素预混合饲料和维生素预混合饲料应标明推荐用量及注意事项。

5.7 净含量

5.7.1 包装类产品应标明产品包装单位的净含量；罐装车运输的产品应标明运输单位的净含量。

5.7.2 固态产品应使用质量标示；液态产品、半固态或粘性产品可用体积或质量标示。

5.7.3 以质量标示时，净含量不足 1kg 的，以克（g）作为计量单位；净含量超过 1kg（含 1kg）的，以千克（kg）作为计量单位。以体积标示时，净含量不足 1L 的，以毫升（mL 或 ml）作为计量单位；净含量超过 1L（含 1L）的，以升（L 或 l）作为计量单位。

5.8 生产日期

5.8.1 应标明完整的年、月、日。

5.8.2 进口产品中文标签标明的生产日期应与原产地标签上标明的生产日期一致。

5.9 保质期

5.9.1 用"保质期为＿＿天（日）或＿＿月或＿＿年"或"保质期至：＿＿年＿＿月＿＿日"表示。

5.9.2 进口产品中文标签标明的保质期应与原产地标签上标明的保质期一致。

5.10 贮存条件及方法

应标明贮存条件及贮存方法。

5.11 行政许可证明文件编号

实行行政许可管理的饲料和饲料添加剂产品应标明行政许可证明文件编号。

5.12 生产者、经营者的名称和地址

5.12.1 实行行政许可管理的饲料和饲料添加剂产品，应标明与行政许可证明文件一致的生产者名称、注册地址、生产地址及其邮政编码、联系方式；不实行行政许可管理的，应标明与营业执照一致的生产者名称、注册地址、生产地址及其邮政编码、联系方式。

5.12.2 集团公司的分公司或生产基地，除标明上述相关信息外，还应标明集团公司的名称、地址和联系方式。

5.12.3 进口产品应标明与进口产品登记证一致的生产厂家名称，以及与营业执照一致的在中国境内依法登记注册的销售机构或代理机构名称、地址、邮政编码和联系方式等。

5.13 其他

5.13.1 动物源性饲料

5.13.1.1 动物源性饲料应标明源动物名称。

5.13.1.2 乳和乳制品之外的动物源性饲料应标明"本产品不得饲喂反刍动物"字样。

5.13.2 加入药物饲料添加剂的饲料产品

5.13.2.1 应在产品名称下方以醒目字体标明"本产品加入药物饲料添加剂"字样。

5.13.2.2 应标明所添加药物饲料添加剂的通用名称。

5.13.2.3 应标明本产品中药物饲料添加剂的有效成分含量、休药期及注意事项。

5.13.3 委托加工产品

除标明本章规定的基本内容外,还应标明委托企业的名称、注册地址和生产许可证编号。

5.13.4 定制产品

5.13.4.1 应标明"定制产品"字样。

5.13.4.2 除标明本章规定的基本内容外,还应标明定制企业的名称、地址和生产许可证编号。

5.13.4.3 定制产品可不标示产品批准文号。

5.13.5 进口产品

进口产品应用中文标明原产国名或地区名。

5.13.6 转基因产品

转基因产品的标示应符合相关法律法规的要求。

5.13.7 其他内容

可以标明必要的其他内容,如:产品批号、有效期内的质量认证标志等。

6 基本要求

6.1 印制材料应结实耐用;文字、符号、数字、图形清晰醒目,易于辨认。

6.2 不得与包装物分离或被遮掩;应在不打开包装的情况下,能看到完整的标签内容。

6.3 罐装车运输产品的标签随发货单一起传送。

6.4 应使用规范的汉字,可以同时使用有对应关系的汉语拼音及其他文字。

6.5 应采用国家法定计量单位。产品成分分析保证值常用计量单位参见附录A。

6.6 一个标签只能标示一个产品。

附录 A
(资料性附录)
产品成分分析保证值常用计量单位

A.1 饲料产品成分分析保证值计量单位

A.1.1 粗蛋白质、粗纤维、粗脂肪、粗灰分、总磷、钙、氯化钠、水分、氨基酸的含量,以百分含量(%)表示。

A.1.2 微量元素的含量,以每千克(升)饲料中含有某元素的质量表示,如:g/kg、mg/kg、μg/kg,或 g/L、mg/L、μg/L。

A.1.3 药物饲料添加剂和维生素含量,以每千克(升)饲料中含药物或维生素的质量,或以表示生物效价的国际单位(IU)表示,如:g/kg、mg/kg、μg/kg、IU/kg,或 g/L、mg/L、μg/L、IU/L。

A.2 饲料添加剂产品成分分析保证值计量单位

A.2.1 酶制剂饲料添加剂的含量,以每千克(升)产品中含酶活性单位表示,或以每克(毫升)产品中含酶活性单位表示,如:U/kg、U/L,或 U/g、U/mL。

A.2.2 微生物饲料添加剂的含量,以每千克(升)产品中含微生物的菌落数或个数表示,或以每克(毫升)产品中含微生物的菌落数或个数表示,如:CFU/kg、个/kg、CFU/L、个/L,或 CFU/g、个/g、CFU/mL、个/mL。

饲料卫生标准

GB 13078—2017

前 言

本标准的全部技术内容为强制性。

本标准按照 GB/T 1.1—2009 给出的规则起草。

本标准代替 GB 13078—2001《饲料卫生标准》及其第 1 号修改单、GB 13078.1—2006《饲料卫生标准 饲料中亚硝酸盐允许量》、GB 13078.2—2006《饲料卫生标准 饲料中赭曲霉毒素 A 和玉米赤霉烯酮的允许量》、GB 13078.3—2007《配合饲料中脱氧雪腐镰刀菌烯醇的允许量》、GB 21693—2008《配合饲料中 T-2 毒素的允许量》，与原标准相比，除编辑性修改外，主要技术内容差异如下：

——调整了标准的适用范围，修改为"本标准适用于表 1 中所列的饲料原料和饲料产品，不适用于宠物饲料产品和饲料添加剂产品"，删除了有关饲料添加剂产品的内容。

——增加了伏马毒素、多氯联苯、六氯苯 3 个项目的限量规定。

——规范了限量值的有效数字。

——扩大了各项目限量值的覆盖面并统一按饲料原料、添加剂预混合饲料、浓缩饲料、精料补充料、配合饲料的顺序列示，进一步细化了各项目在不同饲料原料和饲料产品（不同年龄和动物类别）中的限量水平，其中：

总砷：修改了总砷的限量，删除了原标准对有机胂制剂的例外性规定；增加了在"干草及其加工产品""棕榈仁饼（粕）""藻类及其加工产品""甲壳类动物及其副产品（虾油除外）鱼虾粉、水生软体动物及其副产品（油脂除外）""其他水生动物源性饲料原料（不含水生动物油脂）"中的限量，并将"鱼粉"并入"其他水生动物源性饲料原料（不含水生动物油脂）"；增加了在"其他矿物质饲料原料""油脂"和"其他饲料原料"中的限量，并将"沸石粉、膨润土、麦饭石"并入"其他矿物质饲料原料"；将"猪、家禽添加剂预混合饲料"扩展为"添加剂预混合饲料"；将"猪、家禽浓缩饲料"和"牛、羊精料补充料"分别扩展为"浓缩饲料"和"精料补充料"，删除原标准有关按比例折算的说明；增加了在"水产配合饲料"和"狐狸、貉、貂配合饲料"中的限量，并将"猪、家禽配合饲料"扩展为"其他配合饲料"。

铅：在饲料原料中的限量分别按"单细胞蛋白饲料原料""矿物质饲料原料""饲草、粗饲料及其加工产品""其他饲料原料"列示，不再单独列示"骨粉、肉骨粉、鱼粉、石粉"；将"产蛋鸡、肉用仔鸡复合预混合饲料、仔猪、生长肥育猪复合预混合饲料"扩展为"添加剂预混合饲料"；将"产蛋鸡、肉用仔鸡浓缩饲料""仔猪、生长肥育猪浓缩饲料"扩展为"浓缩饲料"，将"奶牛、肉牛精料补充料"扩展为"精料补充料"；将"生长鸭、产蛋鸭、肉鸭配合饲料、鸡配合饲料、猪配合饲料"扩展为"配合饲料"。

汞：将"鱼粉"扩展为"鱼、其他水生生物及其副产品类饲料原料"，增加了在"其他饲料原料"中的限量，在"石粉"中的限量不再单独列示；增加了在"水产配合饲料"中的限量；将"鸡配合饲料、猪配合饲料"扩展为"其他配合饲料"。

镉：将"米糠"扩展为"植物性饲料原料"，增加了在"藻类及其加工产品"和"水生软体动物及其副产品"中的限量，并将"鱼粉"扩展为"其他动物源性饲料原料"，增加了在"其他矿物质饲料原料"中的限量；增加了在"添加剂预混合饲料""浓缩饲料""犊牛、羔羊精料补充料""其他精料补充料"中的限量，增加了在"虾、蟹、海参、贝类配合饲料""水产配合饲料（虾、蟹、海参、贝类配合饲料除外）"中的限量，将"鸡配合饲料、猪配合饲料"扩展为"其他配合饲料"。

铬：删除了在"皮革蛋白粉"中的限量；增加了在"饲料原料""猪用添加剂预混合饲料"和"其他添加剂预混合饲料""猪用浓缩饲料""其他浓缩饲料"中的限量；将"猪、鸡配合饲料"扩展为"配合饲料"，限量值降至 5 mg/kg。

氟：在饲料原料中的限量分别按"甲壳类动物及其副产品""其他动物源性饲料原料""蛭石""其他矿物质饲料原料"和"其他饲料原料"列示，不再单独列示"鱼粉""石粉""骨粉、肉骨粉"；将"猪、禽添加剂预混合饲料"扩展为"添加剂预混合饲料"，限量值降至 800 mg/kg；将"猪、禽浓缩饲料"扩展为"浓缩饲料"，限量值统一规定为 500 mg/kg，删除原标准有关按比例折算的说明；将"牛（奶牛、肉牛）精料补充料"扩展为"牛、羊精料补充料"；将"肉用仔鸡、生长鸡配合饲料"表述为"肉用仔鸡、育雏鸡、育成鸡配合饲料"，限量不变；将"生长鸭、肉鸭配合饲料"和"产蛋鸭配合饲料"合并为"鸭配合饲料"，限量值统一为 200 mg/kg；增加了在"水产配合饲料"和"其他配合饲料"中的限量。

亚硝酸盐：增加了在"火腿肠粉等肉制品生产过程中获得的前食品和副产品""其他饲料原料"中的限量，将"玉米""饼粕类、麦麸、次粉、米糠""草粉"和"肉粉、肉骨粉"并入"其他饲料原料"，限量值统一规定为 15 mg/kg；将"鸡、鸭、猪浓缩饲料""牛（奶牛、肉牛）精料补充料"和"鸭配合饲料"分别扩展为"浓缩饲料""精料补充料"和"配合饲料"。

黄曲霉毒素 B_1：在饲料原料中的限量分别按照"玉米加工产品、花生饼（粕）""植物油脂（玉米油、花生油除外）""玉米油、花生油"和"其他植物性饲料原料"列示，将"玉米""棉籽饼（粕）、菜籽饼（粕）""豆粕"并入"其他植物性饲料原料"；规定了在"仔猪、雏禽浓缩饲料"、"肉用仔鸭后期、生长鸭、产蛋鸭浓缩饲料"和"其他浓缩饲料"中的限量；增加了在"犊牛、羔羊精料补充料""泌乳期精料补充料"和"其他精料补充料"中的限量；规定了在"仔猪、雏禽配合饲料""肉用仔鸭后期、生长鸭、产蛋鸭配合饲料"中的限量，增加了在"其他配合饲料"中的限量。

赭曲霉毒素 A：将"玉米"扩展为"谷物及其加工产品"。

玉米赤霉烯酮：增加了在"玉米及其加工产品（玉米皮、喷浆玉米皮、玉米浆干粉除外）""玉米皮、喷浆玉米皮、玉米浆干粉、玉米酒糟类产品"和"其他植物性饲料原料"中的限量；增加了在"犊牛、羔羊、泌乳期精料补充料"中的限量；将原标准"配合饲料"分别按照"仔猪配合饲料""青年母猪配合饲料""其他猪配合饲料"和"其他配合饲料"列示。

脱氧雪腐镰刀菌烯醇：增加了在"植物性饲料原料""犊牛、羔羊、泌乳期精料补充料"和"其他精料补充料"中的限量；将"家禽配合饲料"并入"其他配合饲料"。

T-2毒素：增加了在"植物性饲料原料"中的限量；将"猪配合饲料"和"禽配合饲料"表述为"猪、禽配合饲料"，限量值降至 0.5 mg/kg。

氰化物：增加了在"亚麻籽【胡麻籽】"和"其他饲料原料"中的限量；将"胡麻饼、粕"改为"亚麻籽【胡麻籽】饼、亚麻籽【胡麻籽】粕"；将"木薯干"扩展为"木薯及其加工产品"；将"雏鸡配合饲料"单独列示并将限量值降至 10 mg/kg，将"鸡配合饲料、猪配合饲料"扩展为"其他配合饲料"。

游离棉酚：分别规定了在"棉籽油""棉籽""脱酚棉籽蛋白、发酵棉籽蛋白""其他棉籽加工产品"和"其他饲料原料"中的限量，不再单独规定在"棉籽饼、粕"中的限量；增加了在"犊牛精料补充料""其他牛精料补充料"和"羔羊精料补充料""其他羊精料补充料"中的限量；将"生长肥育猪配合饲料"扩展为"猪（仔猪除外）、兔配合饲料"，将"肉用仔鸡、生长鸡配合饲料"扩展为"家禽（产蛋禽除外）配合饲料"；将"产蛋鸡配合饲料"和"仔猪配合饲料"并入"其他畜禽配合饲料"；增加了在"植食性、杂食性水产动物配合饲料"和"其他水产配合饲料"中的限量。

异硫氰酸酯：将"菜籽饼、粕"扩展为"菜籽及其加工产品"，增加了在"其他饲料原料"中的限量；增加了在"犊牛、羔羊精料补充料"和"其他牛、羊精料补充料"中的限量，将"鸡配合饲料、生长育肥猪配合饲料"扩展为"猪（仔猪除外）、家禽配合饲料"，增加了在"水产配合饲料"和"其他配合饲料"中的限量。

噁唑烷硫酮：增加了在"菜籽及其加工产品"中的限量，将"产蛋鸡配合饲料"扩展为"产蛋禽配合饲料"，将"肉用仔鸡、生长鸡配合饲料"扩展为"其他家禽配合饲料"，增加了在"水产配合饲料"中的限量。

六六六（HCH）：明确了限量值以 α-HCH、β-HCH、γ-HCH 之和计，将"米糠、小麦麸、大豆饼粕、鱼粉"扩展为"谷物及其加工产品（油脂除外）、油料籽实及其加工产品（油脂除外）、鱼粉"，增加了在"油脂"中的限量，将原标准中"肉用仔鸡、生长鸡配合饲料、产蛋鸡配合饲料"和"生长肥育猪配合饲料"并入"添加剂预混合饲料、浓缩饲料、精料补充料、配合饲料"，限量值降至 0.2 mg/kg。

滴滴涕（DDT）：明确了限量值以 p,p'-DDE、o,p'-DDT、p,p'-DDD、p,p'-DDT 之和计，将"米糠、小麦麸、大豆饼粕、鱼粉"扩展为"谷物及其加工产品（油脂除外）、油料籽实及其加工产品（油脂除外）、鱼粉"；增加了在"油脂"中的限量，将原标准中"鸡配合饲料、猪配合饲料"并入"添加剂预混合饲料、浓缩饲料、精料补充料、配合饲料"，限量值降至 0.05 mg/kg。

霉菌总数：将"玉米""小麦麸、米糠"扩展为"谷物及其加工产品"；将"豆饼（粕）、棉籽饼（粕）、菜籽饼（粕）"扩展为"饼粕类饲料原料（发酵产品除外）"，限量值降至 4×10^3 CFU/g；增加了在"乳制品及其加工副产品"中的限量；将在"鱼粉"中的限量值降至 1×10^4 CFU/g；增加了在"其他动物源性饲料原料"中的限量并将"肉骨粉"并入其中；删除了原标准中在配合饲料、浓缩饲料及精料补充料中的限量。

细菌总数：将"鱼粉"扩展为"动物源性饲料原料"。

沙门氏菌：将"饲料"扩展为"饲料原料和饲料产品"。

——增加和修改了部分项目的试验方法：油脂中六六六、滴滴涕的试验方法采用 GB/T 5009.19，六氯苯的试验方法采用 SN/T 0127，多氯联苯的试验方法采用 GB 5009.190，伏马毒素的试验方法采用 NY/T 1970；黄曲霉毒素 B_1 的试验方法改为 NY/T 2071，脱氧雪腐镰刀菌烯醇的试验方法改为 GB/T 30956，赭曲霉毒素 A 的试验方法改为 GB/T 30957，玉米赤霉烯酮和 T-2 毒素的试验方法改为 NY/T 2071。

本标准由全国饲料工业标准化技术委员会（SAC/TC 76）提出并归口。

本标准主要起草单位：中国饲料工业协会、全国饲料工业标准化技术委员会秘书处、国家饲料质量监督检验中心（武汉）、中国农业科学院北京畜牧兽医研究所、中国农业大学、国家粮食局科学研究院、江苏省微生物研究所、全国饲料工业标准化技术委员会水产饲料分技术委员会秘书处。

本标准主要起草人：沙玉圣、王黎文、武玉波、杨林、佟建明、张丽英、李爱科、宓晓黎、粟胜兰、于福清、王荃、黄智成、黄婷、董晓芳、张艳。

本标准所代替标准的历次版本发布情况为：

——GB 13078—1991、GB 13078—2001；
——GB 13078.1—2006；
——GB 13078.2—2006；
——GB 13078.3—2007；
——GB 21693—2008。

饲料卫生标准

1 范围

本标准规定了饲料原料和饲料产品中的有毒有害物质及微生物的限量及试验方法。
本标准适用于表 1 中所列的饲料原料和饲料产品。
本标准不适用于宠物饲料产品和饲料添加剂产品。

2 规范性引用文件

下列文件对于本文件的应用是必不可少的。凡是注日期的引用文件，仅注日期的版本适用于本文件。凡是不注日期的引用文件，其最新版本（包括所有的修改单）适用于本文件。

GB/T 5009.19　食品中有机氯农药多组分残留量的测定
GB 5009.190　食品安全国家标准　食品中指示性多氯联苯含量的测定
GB/T 13079　饲料中总砷的测定
GB/T 13080　饲料中铅的测定　原子吸收光谱法
GB/T 13081　饲料中汞的测定
GB/T 13082　饲料中镉的测定方法
GB/T 13083　饲料中氟的测定　离子选择性电极法
GB/T 13084　饲料中氰化物的测定
GB/T 13085　饲料中亚硝酸盐的测定　比色法
GB/T 13086　饲料中游离棉酚的测定方法
GB/T 13087　饲料中异硫氰酸酯的测定方法
GB/T 13088—2006　饲料中铬的测定
GB/T 13089　饲料中噁唑烷硫酮的测定方法
GB/T 13090　饲料中六六六、滴滴涕的测定
GB/T 13091　饲料中沙门氏菌的检测方法
GB/T 13092　饲料中霉菌总数的测定
GB/T 13093　饲料中细菌总数的测定
GB/T 30956　饲料中脱氧雪腐镰刀菌烯醇的测定　免疫亲和柱净化-高效液相色谱法
GB/T 30957　饲料中赭曲霉毒素 A 的测定　免疫亲和柱净化-高效液相色谱法
NY/T 1970　饲料中伏马毒素的测定
NY/T 2071　饲料中黄曲霉毒素、玉米赤霉烯酮和 T-2 毒素的测定　液相色谱-串联质谱法

SN/T 0127 进出口动物源性食品中六六六、滴滴涕和六氯苯残留量的检测方法 气相色谱-质谱法

3 要求

饲料卫生指标及试验方法见表1。

表1 饲料卫生指标及试验方法

序号	项目		产品名称	限量	试验方法	备注
无机污染物						
1	总砷 mg/kg	饲料原料	干草及其加工产品	≤4	GB/T 13079	
			棕榈仁饼（粕）	≤4		
			藻类及其加工产品	≤40		
			甲壳类动物及其副产品（虾油除外）、鱼虾粉、水生软体动物及其副产品（油脂除外）	≤15		
			其他水生动物源性饲料原料（不含水生动物油脂）	≤10		
			肉粉、肉骨粉	≤10		
			石粉	≤2		
			其他矿物质饲料原料	≤10		
			油脂	≤7		
			其他饲料原料	≤2		
		饲料产品	添加剂预混合饲料	≤10		
			浓缩饲料	≤4		
			精料补充料	≤4		
			水产配合饲料	≤10		
			狐狸、貉、貂配合饲料	≤10		
			其他配合饲料	≤2		
2	铅 mg/kg	饲料原料	单细胞蛋白饲料原料	≤5	GB/T 13080	
			矿物质饲料原料	≤15		
			饲草、粗饲料及其加工产品	≤30		
			其他饲料原料	≤10		
		饲料产品	添加剂预混合饲料	≤40		
			浓缩饲料	≤10		
			精料补充料	≤8		
			配合饲料	≤5		

(续表)

序号	项目		产品名称	限量	试验方法	备注
3	汞 mg/kg	饲料原料	鱼、其他水生生物及其副产品类饲料原料	≤0.5	GB/T 13081	
			其他饲料原料	≤0.1		
		饲料产品	水产配合饲料	≤0.5		
			其他配合饲料	≤0.1		
4	镉 mg/kg	饲料原料	藻类及其加工产品	≤2	GB/T 13082	
			植物性饲料原料	≤1		
			水生软体动物及其副产品	≤75		
			其他动物源性饲料原料	≤2		
			石粉	≤0.75		
			其他矿物质饲料原料	≤2		
		饲料产品	添加剂预混合饲料	≤5		
			浓缩饲料	≤1.25		
			犊牛、羔羊精料补充料	≤0.5		
			其他精料补充料	≤1		
			虾、蟹、海参、贝类配合饲料	≤2		
			水产配合饲料（虾、蟹、海参、贝类配合饲料除外）	≤1		
			其他配合饲料	≤0.5		
5	铬 mg/kg	饲料原料		≤5	GB/T 13088—2006（原子吸收光谱法）	
		饲料产品	猪用添加剂预混合饲料	≤20		
			其他添加剂预混合饲料	≤5		
			猪用浓缩饲料	≤6		
			其他浓缩饲料	≤5		
			配合饲料	≤5		

（续表）

序号	项目		产品名称	限量	试验方法	备注
6	氟 mg/kg	饲料原料	甲壳类动物及其副产品	≤3 000	GB/T 13083	
			其他动物源性饲料原料	≤500		
			蛭石	≤3 000		
			其他矿物质饲料原料	≤400		
			其他饲料原料	≤150		
		饲料产品	添加剂预混合饲料	≤800		
			浓缩饲料	≤500		
			牛、羊精料补充料	≤50		
			猪配合饲料	≤100		
			肉用仔鸡、育雏鸡、育成鸡配合饲料	≤250		
			产蛋鸡配合饲料	≤350		
			鸭配合饲料	≤200		
			水产配合饲料	≤350		
			其他配合饲料	≤150		
7	亚硝酸盐（以$NaNO_2$计）mg/kg	饲料原料	火腿肠粉等肉制品生产过程中获得的前食品和副产品	≤80	GB/T 13085	
			其他饲料原料	≤15		
		饲料产品	浓缩饲料	≤20		
			精料补充料	≤20		
			配合饲料	≤15		
真菌毒素						
8	黄曲霉毒素B_1 μg/kg	饲料原料	玉米加工产品、花生饼（粕）	≤50	NY/T 2071	
			植物油脂（玉米油、花生油除外）	≤10		
			玉米油、花生油	≤20		
			其他植物性饲料原料	≤30		
		饲料产品	仔猪、雏禽浓缩饲料	≤10		
			肉用仔鸭后期、生长鸭、产蛋鸭浓缩饲料	≤15		
			其他浓缩饲料	≤20		
			犊牛、羔羊精料补充料	≤20		
			泌乳期精料补充料	≤10		
			其他精料补充料	≤30		
			仔猪、雏禽配合饲料	≤10		
			肉用仔鸭后期、生长鸭、产蛋鸭配合饲料	≤15		
			其他配合饲料	≤20		
9	赭曲霉毒素A μg/kg	饲料原料	谷物及其加工产品	≤100	GB/T 30957	
		饲料产品	配合饲料	≤100		

（续表）

序号	项目		产品名称	限量	试验方法	备注
10	玉米赤霉烯酮 mg/kg	饲料原料	玉米及其加工产品（玉米皮、喷浆玉米皮、玉米浆干粉除外）	≤0.5	NY/T 2071	
			玉米皮、喷浆玉米皮、玉米浆干粉、玉米酒糟类产品	≤1.5		
			其他植物性饲料原料	≤1		
		饲料产品	犊牛、羔羊、泌乳期精料补充料	≤0.5		
			仔猪配合饲料	≤0.15		
			青年母猪配合饲料	≤0.1		
			其他猪配合饲料	≤0.25		
			其他配合饲料	≤0.5		
11	脱氧雪腐镰刀菌烯醇（呕吐毒素）mg/kg	饲料原料	植物性饲料原料	≤5	GB/T 30956	
		饲料产品	犊牛、羔羊、泌乳期精料补充料	≤1		
			其他精料补充料	≤3		
			猪配合饲料	≤1		
			其他配合饲料	≤3		
12	T-2毒素 mg/kg		植物性饲料原料	≤0.5	NY/T 2071	
			猪、禽配合饲料	≤0.5		
13	伏马毒素（B_1+B_2）mg/kg	饲料原料	玉米及其加工产品、玉米酒糟类产品、玉米青贮饲料和玉米秸秆	≤60	NY/T 1970	
		饲料产品	犊牛、羔羊精料补充料	≤20		
			马、兔精料补充料	≤5		
			其他反刍动物精料补充料	≤50		
			猪浓缩饲料	≤5		
			家禽浓缩饲料	≤20		
			猪、兔、马配合饲料	≤5		
			家禽配合饲料	≤20		
			鱼配合饲料	≤10		
天然植物毒素						
14	氰化物（以HCN计）mg/kg	饲料原料	亚麻籽【胡麻籽】	≤250	GB/T 13084	
			亚麻籽【胡麻籽】饼、亚麻籽【胡麻籽】粕	≤350		
			木薯及其加工产品	≤100		
			其他饲料原料	≤50		
		饲料产品	雏鸡配合饲料	≤10		
			其他配合饲料	≤50		

(续表)

序号	项目		产品名称	限量	试验方法	备注
15	游离棉酚 mg/kg	饲料原料	棉籽油	≤200	GB/T 13086	
			棉籽	≤5 000		
			脱酚棉籽蛋白、发酵棉籽蛋白	≤400		
			其他棉籽加工产品	≤1 200		
			其他饲料原料	≤20		
		饲料产品	猪（仔猪除外）、兔配合饲料	≤60		
			家禽（产蛋禽除外）配合饲料	≤100		
			犊牛精料补充料	≤100		
			其他牛精料补充料	≤500		
			羔羊精料补充料	≤60		
			其他羊精料补充料	≤300		
			植食性、杂食性水产动物配合饲料	≤300		
			其他水产配合饲料	≤150		
			其他畜禽配合饲料	≤20		
16	异硫氰酸酯（以丙烯基异硫氰酸酯计）mg/kg	饲料原料	菜籽及其加工产品	≤4 000	GB/T 13087	
			其他饲料原料	≤100		
		饲料产品	犊牛、羔羊精料补充料	≤150		
			其他牛、羊精料补充料	≤1 000		
			猪（仔猪除外）、家禽配合饲料	≤500		
			水产配合饲料	≤800		
			其他配合饲料	≤150		
17	唑烷硫酮（以5-乙烯基-唑2-硫酮计）mg/kg	饲料原料	菜籽及其加工产品	≤2 500	GB/T 13089	
		饲料产品	产蛋禽配合饲料	≤500		
			其他家禽配合饲料	≤1 000		
			水产配合饲料	≤800		
有机氯污染物						
18	多氯联苯（PCB，以PCB28、PCB52、PCB101、PCB138、PCB153、PCB180之和计）μg/kg	饲料原料	植物性饲料原料	≤10	GB 5009.190	
			矿物质饲料原料	≤10		
			动物脂肪、乳脂和蛋脂	≤10		
			其他陆生动物产品，包括乳、蛋及其制品	≤10		
			鱼油	≤175		
			鱼和其他水生动物及其制品（鱼油、脂肪含量大于20%的鱼蛋白水解物除外）	≤30		
			脂肪含量大于20%的鱼蛋白水解物	≤50		
		饲料产品	添加剂预混合饲料	≤10		
			水产浓缩饲料、水产配合饲料	≤40		
			其他浓缩饲料、精料补充料、配合饲料	≤10		

(续表)

序号	项目		产品名称	限量	试验方法	备注
19	六六六（HCH，以 α-HCH、β-HCH、γ-HCH 之和计）mg/kg	饲料原料	谷物及其加工产品（油脂除外）、油料籽实及其加工产品（油脂除外）、鱼粉	$\leqslant 0.05$	GB/T 13090	
			油脂	$\leqslant 2.0$	GB/T 5009.19	
			其他饲料原料	$\leqslant 0.2$	GB/T 13090	
		饲料产品	添加剂预混合饲料、浓缩饲料、精料补充料、配合饲料	$\leqslant 0.2$		
20	滴滴涕（以 p,p'-DDE、o,p'-DDT、p,p'-DDD、p,p'-DDT 之和计）mg/kg	饲料原料	谷物及其加工产品（油脂除外）、油料籽实及其加工产品（油脂除外）、鱼粉	$\leqslant 0.02$	GB/T 13090	
			油脂	$\leqslant 0.5$	GB/T 5009.19	
			其他饲料原料	$\leqslant 0.05$	GB/T 13090	
		饲料产品	添加剂预混合饲料、浓缩饲料、精料补充料、配合饲料	$\leqslant 0.05$		
21	六氯苯（HCB）mg/kg	饲料原料	油脂	$\leqslant 0.2$	SN/T 0127	
			其他饲料原料	$\leqslant 0.01$		
		饲料产品	添加剂预混合饲料、浓缩饲料、精料补充料、配合饲料	$\leqslant 0.01$		
微生物污染物						
22	霉菌总数 CFU/g	饲料原料	谷物及其加工产品	$<4\times10^4$	GB/T 13092	
			饼粕类饲料原料（发酵产品除外）	$<4\times10^3$		
			乳制品及其加工副产品	$<1\times10^3$		
			鱼粉	$<1\times10^4$		
			其他动物源性饲料原料	$<2\times10^4$		
23	细菌总数 CFU/g		动物源性饲料原料	$<2\times10^6$	GB/T 13093	
24	沙门氏菌（25g 中）		饲料原料和饲料产品	不得检出	GB/T 13091	

表中所列限量，除特别注明外均以干物质含量 88% 为基础计算（霉菌总数、细菌总数、沙门氏菌除外）。
饲料原料单独饲喂时，应按相应配合饲料限量执行。

饲料加工系统粉尘防爆安全规程

GB 19081—2008

前 言

本标准修订并代替 GB 19081—2003《饲料加工系统粉尘防爆安全规则》。

本标准中 4.10、6.2.3、6.3.1、7.2.1、7.2.4、7.3.1、7.3.4、7.3.5、7.4.6、7.5.3、7.5.7、8.2.2、8.2.4、8.4、8.8、8.9.3、8.10、9.3、9.8 为推荐性的，其余为强制性的。

本标准与 GB 19081—2003《饲料加工系统粉尘防爆安全规程》的主要技术变化是：
——增加了粉碎机的喂料系统可设置吸铁及重力沉降机构；
——增加了对磁选设备的要求；
——增加了对烘干机系统的要求；
——对术语的定义、条文内容进行了修改和完善；
——除尘与气力输送系统两章合并，内容作了调整。

本标准由国家安全生产监督管理总局提出。

本标准由全国安全生产标准化技术委员会粉尘防爆分技术委员会（SAC/TC 288/SC 5）归口。

本标准起草单位：河南工业大学、武汉安全环保研究院、国家粮食储备局无锡科技研究院、国家粮食储备局郑州科研研究院、北京国家粮食储备局科研设计院。

本标准主要起草人周乃如、朱凤德、王卫国、王永昌、齐志高、李堃、林西、王志、谷庆红。

本标准所代替标准的历次版本发布情况为：
——GB 19081—2003。

饲料加工系统粉尘防爆安全规程

1 范围

本标准规定了饲料加工系统粉尘防爆安全的基本要求。

本标准适用于饲料加工系统粉尘防爆的设计、施工、运行和管理。

2 规范性引用文件

下列文件中的条款通过本标准的引用而成为本标准的条款。凡是注日期的引用文件，其随后所有的修改单（不包括勘误的内容）或修订版均不适用于本标准，然而，鼓励根据本标准达成协议的各方研究是否可使用这些文件的最新版本。凡是不注日期的引用文件，其最新版本适用于本文件。

GB 15577　粉尘防爆安全规程

GB/T 15604　粉尘防爆术语

GB/T 15605　粉尘爆炸泄压指南

GB 17440　粮食加工、储运系统粉尘防爆安全规程

GB/T 17919　粉尘爆炸危险场所用收尘器防爆导则

GB 50016　建筑设计防火规范

GB 50057　建筑防雷设计规范

GB 50058　爆炸和火灾危险环境电力装置设计规范

3 术语和定义

GB/T 15604 确定的以及下列术语和定义适用于本标准。

3.1 饲料 feed

能提供动物所需营养素，促进动物生长、生产和健康，且在合理使用下安全、有效的可饲物质。

3.2 饲料加工 feed processing

通过特定的加工工艺和设备将饲料原料制成饲料成品或半成品的过程。

3.3 饲料加工系统 feed processing system

由若干饲料加工设备，按工艺要求组成若干加工工段，组合在建（构）筑物内的部分。

3.4 饲料粉尘 feed dust

在空气中依靠自身重量可沉降下来，但也可持续悬浮在空气中一段时间的固体饲料微

小颗粒。

3.5 筒仓 silos

储存散粒物料的立式筒形封闭构筑物。

3.6 饲料加工车间 feed processing workshop

用来将饲料原料加工成饲料产品的车间。

4 一般规定

4.1 企业负责人应清楚所包括的粉尘爆炸危险场所，同时应根据本标准并结合本单位实际情况制定粉尘防爆实施细则和安全检查规范。

4.2 系统作业人员应先接受粉尘防爆安全知识培训。

4.3 应定期检查防火、防爆等相关设施，确保工作状态良好。

4.4 通风除尘、泄爆、防爆设施，未经安全主管部门同意，不得拆除、更改及停止使用。

4.5 系统内应杜绝非生产性明火出现，饲料加工车间内不应存放易燃、易爆物品。

4.6 应在粉碎系统前安装除去物料中的金属杂志及其他杂物的装置。

4.7 在系统作业时需进行检修维护作业时，应采用防爆手工工具。

4.8 防热表面应符合下列规定：

——干燥设备应采用隔热保温层；

——所有设备轴承应防尘密封，润滑状态良好。

4.9 防静电接地应符合 GB 15577 的要求。

4.10 积尘清扫应符合下列规定：

——应建立定期清扫制度，及时清扫饲料加工设备转动、发热等部位的积尘；

——宜采用负压吸尘装置进行清扫作业，不宜采用压缩空气进行清扫作业。

4.11 饲料加工系统内的设备停机后及检修前，应先彻底清除设备内部积料和设备外部积尘。

4.12 应根据粉尘防爆实施细则和安全检查规范定期做防爆安全检查。

5 明火作业

5.1 系统运行时，不应实施明火作业。

5.2 应根据具体情况划分防火防爆作业区域，并明确各区域办理明火作业的审批权限。

5.3 实施明火作业前，应经单位安全或消防部门的批准，明火作业现场应有专人监护并配备充足的灭火器材。

5.4 待作业线完全停机并采取可靠的安全措施以后，方可进行焊接或切割。

5.5 防火防爆作业区域的建筑物，明火作业处 10 m 半径范围内均应清扫干净，用水淋湿地面并打开所有门窗。

5.6 在与密闭容器相连的管道上作业时应采取以下措施：

——有隔离阀门的应确保阀门严密关闭；

——无隔离阀门的应拆除动火点两侧的管道并封闭管口或用隔离板将管道隔离。

5.7 仓顶部明火作业点 10 m 半径范围内的所有仓顶孔、通风除尘口均应加盖并用阻燃材料覆盖。

5.8 料仓明火作业前,应排放仓内剩余物料,清除仓内积尘。

5.9 明火作业后,应随时监测直至作业部件降到室温。

5.10 焊接完毕,应待工件完全冷却后,方可进行涂漆等作业。

6 建(构)筑物

6.1 通则

饲料加工系统建筑防火设计应符合 GB 50016 的相关规定。

6.2 建筑结构

6.2.1 饲料加工车间建筑布局应符合防火间距要求。

6.2.2 每个筒仓应设人孔或清扫口,并应能防止仓内粉尘逸出。

6.2.3 进粮房宜用敞开式或半敞开式。

6.2.4 仓库、饲料加工车间地面、墙壁、屋顶应平整,易于清扫。

6.2.5 饲料加工车间的耐火等级、层数、占地面积、防火间距、泄爆安全疏散通道等应符合 GB 50016 中相关条款。

6.2.6 饲料加工车间及立筒仓工作塔,应设独立的消防楼梯间,楼梯间与车间的连接门,应为防火门。

6.2.7 窗口作为泄爆口时应采用向外开启式。

6.3 总平面防火和消防

6.3.1 当饲料加工车间与原料库、副料库、成品库等建筑群集中布置时,饲料加工车间应设在平面的一边或一角,不宜布置在平面中央。

6.3.2 饲料加工车间和筒仓四周应设环形消防通道,通道宽度不小于 4 m。

6.3.3 厂区附近设水泵接合器和地上消防栓,室外消防栓间距不超过 120 m,消防栓数量应符合 GB 50016 的有关规定。

6.3.4 饲料加工车间、筒仓进粮房、筒仓底层、成品库、原料库、副料库等部位应在相应的独立通道内或附近区域设置消防栓。室内外消防用水量应符合 GB 50016 的有关规定。

7 电气设计

7.1 饲料粉尘爆炸危险场所的划分

饲料粉尘爆炸危险场所的划分如表1所示。

表 1 饲料车间粉尘爆炸危险场所的划分

粉尘环境	20 区	21 区	22 区	非危险区
密封料仓	√			
原料仓、筒仓		√		
饲料加工车间中的待粉碎仓、配料仓、待制粒仓、粉料成品仓等料仓成品颗粒料仓机内		√		
提升机内部		√		

(续表)

粉尘环境	20区	21区	22区	非危险区
脉冲除尘器内部	√			
离心式除尘器内部	√			
卸粮坑		√		
粉碎机		√		
风机房			√	
分配器		√		
成品库（包装）			√	
控制室（有墙或弹簧密封门与粉尘爆炸危险区隔离）				√

7.2 一般要求

7.2.1 电气设备及线路宜在无粉尘爆炸危险的区域内设置和敷设；在无法避免的情况下，应符合 GB 50058 有关规定。

7.2.2 饲料加工的生产作业应符合工艺作业要求、保障安全生产的电气联锁。电气联锁应包括：
——生产作业线之间的起动，停车及作业时的电气联锁；
——生产作业线的紧急停车。

7.2.3 布置于粉尘爆炸性危险场所的电气线路及用电设备应装设短路、过负载保护。

7.2.4 控制室宜对所有工艺作业进行控制，并应具有对现场运行设备工况的监控功能。

7.2.5 总控室与各楼层应设有信号联络。

7.3 电气设备

7.3.1 照明灯具应根据危险场所的划分选型，饲料加工车间照明宜采用分区域集中控制。

7.3.2 用于20区、21区的设备、设施检查的移动灯具应采用粉尘防爆型，其防爆型式应与使用场所的环境相适应。

7.3.3 易发生电火花的电气设备应布置在爆炸性粉尘区域以外。

7.3.4 20区、21区内不宜使用移动式电气设备、若必须使用移动式电气设备时，导线应选用双层绝缘的橡套软电缆，其主芯截面不小于 2.5 mm^2。

7.3.5 配电柜和控制柜宜集中在控制室内，控制室用墙体和弹簧门与生产车间隔开。

7.3.6 在20区、21区和22区安装的电气设备，温度组别见表2。

表2 筒仓、饲料加工车间安装电气设备的温度组别

温度组别	T2

7.3.7 20区、21区和22区的电气设备应按表3选用。

表 3　电气设备选用

危险场所	20 区	21 区	22 区
防爆电气标志 A 型	DIP A20 T_A, T2	DIP A21 T_A, T2	DIP A22 T_A, T2
防爆电气标志 B 型	DIP A20 T_B, T2	DIP A21 T_B, T2	DIP A22 T_B, T2

7.4　电气线路

7.4.1　电气线路应符合 GB 17440 规定。

7.4.2　电气线路应在爆炸危险性较小的环境内或远离粉尘释放源的地方敷设。

7.4.3　存在易爆炸粉尘的环境内，低压电力、照明电路用的绝缘导线和电缆的额定电压应符合 GB 50058 的要求。

7.4.4　爆炸性粉尘环境内的绝缘导线和电缆的选择应符合 GB 50058 的要求。

7.4.5　粉尘爆炸危险场所内电气线路采用绝缘线时应用钢管配线。

7.4.6　采用电缆架桥方式敷设时，可采用非铠装电缆，且采取必要的防鼠措施。

7.4.7　爆炸性粉尘区域内的电气线路不允许有中间接头。电气管线、电缆桥架穿越墙体及楼板时，孔洞应用非燃性填料严密堵塞。

7.5　防雷与接地

7.5.1　饲料粉尘爆炸危险场所防雷与接地设计应符合 GB 50057 的相关规定。

7.5.2　饲料加工车间的防雷应按第二类防雷建筑物设防，其他建筑物按第三类设防。

7.5.3　粉尘爆炸危险区域建筑物可采用建筑（构筑）物的结构钢筋组成防雷装置。

7.5.4　20 区、21 区内的电气设备应采用 TN-S 接地制式。

7.5.5　设备金属外壳、机架、管道等应可靠接地，连接处有绝缘时应做跨接，形成良好的通路，不得中断。

7.5.6　接地极、引下线、接闪器间由下至上应有可靠和符合规范的焊接，以构成一个良好的电气通路，防止雷电引发粉尘爆炸。

7.5.7　电力系统的工作接地、保护接地与防雷电接地以及自动控制系统接地宜合并设置联合接地，接地电阻值应取其中最小值。

8　工艺设计和设备

8.1　一般规定

8.1.1　工艺设计时应考虑生产车间内各种通道最小宽度为：
　　——非操作通道　500 mm；
　　——操作通道　800 mm；
　　——主要通道　1 000 mm。

8.1.2　在室内不应使用敞开式溜管（槽）和设备。

8.1.3　工艺设备运行时应避免因发生断裂、扭曲、碰撞、摩擦等引起火花。

8.2　斗式提升机

8.2.1　斗式提升机应设置打滑、跑偏等安全保护装置，当发生故障时应能立即自动启动紧急联锁停机装置，停机反应时间不大于 1 s。

8.2.2　斗式提升机机筒的外壳、机头、机座和连接管应密封、不漏尘，而且密封件应采用阻燃材料制作。畚斗宜用工程塑料制作。

8.2.3　斗式提升机，机筒的外壳、机头、机座等均应可靠接地，连接处有绝缘时应做跨接，形成良好的通路，不得中断。

8.2.4　斗式提升机应设泄爆口，泄爆口位置、泄爆面积应符合 GB/T 15605 的相关规定，机头顶部泄爆口宜引出室外，导管长度不应超过 3 m。

8.2.5　提升机机头处应有检查口。

8.2.6　提升机驱动轮应覆胶，畚斗带应具有阻燃、防静电性能。

8.2.7　机座处应设清料口，并可用于检查机座、底轮、畚斗和畚斗带。

8.2.8　提升机出口处应设吸风口并接除尘系统。

8.3　溜管、管件、缓冲斗

溜管、管件、缓冲斗的连接应采用装配式，但安装后应密闭。

8.4　缓冲装置

输送物料的溜管，在弯头处宜设缓冲装置。

8.5　螺旋输送机和埋刮板输送机

螺旋输送机和埋刮板输送机不应向外泄漏粉尘。在出料口发生堵塞或刮板链条发生断裂时，应能立即自动停机，断链停机时间不大于 1 s 并报警。

8.6　出仓机

出仓机进料口与料仓连接时，应做好密封防粉尘泄漏处理，在连接法兰处需衬有非金属密封垫片并用螺栓紧固，插板闸门应开启方便。出仓机出料口的联接及软管连接处亦均应密封良好。

8.7　磁选设备

磁选设备应定期检测，确保清除金属杂质的效果。

8.8　粉碎机

粉碎机的喂料系统宜设置吸铁及重力沉降机构。

8.9　配料秤、混合机和缓冲斗

8.9.1　配料秤、混合机和缓冲斗之间应设置连通管相连，保证混合机进料时压力能释放，工作室能封闭气流，卸料时与缓冲斗实现压力平衡。

8.9.2　不小于 2 t/批的混合机应增设独立防喷灰装置。

8.9.3　配料秤、混合机和缓冲斗之间的闸门宜用密封闸门，配料秤秤斗的软连接，应保持良好状态，不得破损。

8.10　空气压缩机

空气压缩机宜使用螺杆式、滑片式空压机。

8.11　加热装置

8.11.1　使用空气、蒸汽或热传导液体蒸汽的热传导装置应安装减压阀。

8.11.2　热传导介质的加热器和泵应设置在独立而无爆炸危险场所的房间或有阻燃（或不可燃）结构的建筑物内。

8.11.3　热交换器的隔热层应由不可燃材料制作，且应有用于清洁和维修的合适手孔。

8.11.4　热交换器应放在合适地点，按一定方式排列阻止易燃粉尘进入感应圈或其他热表面。

8.11.5 热传导系统的加热装置应装有可靠的温度控制装置。

8.12 烘干机

8.12.1 燃油或燃气式烘干机的燃烧室应装有可靠的温度报警装置。

8.12.2 烘干室应装有最低水分报警装置。

8.12.3 烘干机内部积料应定期清理。

9 除尘与气力输送系统

9.1 应以"密闭为主,吸风为辅"的原则,根据工艺要求,配备完善的除尘系统。

9.2 应按吸出粉尘性质相似的原则,合理组合除尘系统。

9.3 饲料加工系统宜采用多个独立除尘系统实施粉尘控制,投料口应设独立除尘系统。

9.4 除尘系统所有产尘点应设吸风罩,吸风罩应尽量接近尘源。

9.5 应合理选择除尘系统设计参数,为防止管道阻塞,管道风速应为 14~20 m/s。

9.6 除尘系统风管的设计,应尽量缩短水平风管的长度,减少弯头数量,水平管道应采用法兰连接,便于拆装清扫。

9.7 除尘系统每一吸风口风管适当位置,应安装风量调节装置。

9.8 每个筒仓顶部宜设通风排气孔或安装小型仓顶除尘装置。

9.9 气力输送设施应由非燃或阻燃材料制成。

9.10 正压气力输送设备应为密闭型,以防止粉尘外泄。

9.11 除尘与气力输送系统中的脉冲袋式除尘器应符合 GB/T 17919 的相关规定。

9.12 除尘与负压气力输送系统中的脉冲袋式除尘器滤袋在每次停车后应清理干净。清掉后的粉尘应从灰斗排除干净。

9.13 除尘与气力输送系统中的脉冲袋式除尘器应按设专用泄爆口,泄爆口位置、泄爆面积应符合 GB/T 15605 的相关规定。

9.14 除尘与负压气力输送系统中的风机应位于最后一个除尘器之后。

9.15 当出现火警时,应迅速关闭除尘、气力输送系统。

9.16 需要停车时,应按由前到后的原则,依次停止风机、关风器、脉冲除尘器等。

全国一体化政务服务平台 电子证照 饲料和饲料添加剂进口登记证

C 0273—2021

前　　言

本文件按照 GB/T 1.1—2020《标准化工作导则 第 1 部分：标准化文件的结构和起草规则》的规定起草。

请注意本文件的某些内容可能涉及专利。本文件的发布机构不承担识别专利的责任。

本文件由中华人民共和国农业农村部提出。

本文件由国务院办公厅电子政务办公室归口。

本文件起草单位：农业农村部畜牧兽医局、农业农村部法规司、国务院办公厅电子政务办公室、全国一体化政务服务和监管平台运营中心、中国电子技术标准化研究院。

本文件主要起草人：辛国昌、黄庆生、李大鹏、胡翊坤、关龙、杨迎康、谢秀兰、刘晓露、焦京琳、赵恩泽、刘兆光、冯慧、于冰、薛欣欣、李鹭、饶晓燕、程书娟、陈宏曲、尹智刚、王齐春、陈治佳、孙富安、姜舟、徐云、李景曦、李恒训、周磊、卢伟明、杨光、李晓纬、王晓燕、刘荣江河、陈亚军。

全国一体化政务服务平台 电子证照
饲料和饲料添加剂进口登记证

1 范围

本文件规定了饲料和饲料添加剂进口登记证电子证照的证照类型要求、证照信息项、编目要求、样式要求及管理与应用要求。

本文件适用于饲料和饲料添加剂进口登记证电子证照的生成、处理、共享交换和应用。

2 规范性引用文件

下列文件中的内容通过文中的规范性引用而构成本文件必不可少的条款。其中，注日期的引用文件，仅该日期对应的版本适用于本文件；不注日期的引用文件，其最新版本（包括所有的修改单）适用于本文件。

GB/T 7408 数据元和交换格式 信息交换 日期和时间表示法
GB/T 27766—2011 二维条码 网格矩阵码
GB 32100 法人和其他组织统一社会信用代码编码规则
GB/T 33190—2016 电子文件存储与交换格式 版式文档
GB/T 33481—2018 党政机关电子印章应用规范
GB/T 35275—2017 信息安全技术 SM2密码算法加密签名消息语法规范
GB/T 36901—2018 电子证照 总体技术架构
GB/T 36902—2018 电子证照 目录信息规范
GB/T 36903—2018 电子证照 元数据规范
GB/T 36904—2018 电子证照 标识规范
GB/T 36905—2018 电子证照 文件技术要求
GB/T 36906—2018 电子证照 共享服务接口规范
GB/T 38540—2020 信息安全技术 安全电子签章密码技术规范
ZWFW C 0123—2018 国家政务服务平台 证照类型代码及目录信息

3 术语和定义

GB/T 36901—2018界定的术语和定义适用于本文件。

4 证照类型要求

根据 GB/T 36902—2018 中第 7 章及 ZWFW C 0123—2018 的相关要求，饲料和饲料添加剂进口登记证的证照定义机构是农业农村部，饲料和饲料添加剂进口登记证的证照类型信息由农业农村部统一固定赋值及管理，见表 1。

表 1 饲料和饲料添加剂进口登记证证照类型信息取值

序号	名称	短名	取值
1	证照类型名称	ZZLXMC	固定为"饲料和饲料添加剂进口登记证"
2	证照类型代码	ZZLXDM	固定为"1111000000000132664061"
3	证照定义机构	ZZDYJG	固定为"中华人民共和国农业农村部"
4	证照定义机构代码	ZZDYJGDM	固定为"1110000000000132664"
5	证照定义机构级别	ZZDYJGJB	固定为"国家级"
6	关联事项名称	GLSXMC	固定为"进口饲料和饲料添加剂登记"
7	关联事项代码	GLSXDM	固定为"000120133001"
8	持证主体类别	CZZTLB	固定为"法人或其他组织"
9	有效期限范围	YXQXFW	固定为"5 年"
10	证照颁发机构级别	ZZBFJGJB	固定为"国家级"

5 证照信息项

5.1 信息模型

饲料和饲料添加剂进口登记证的信息包括基础信息、持证人信息、商品信息和管理信息等，其信息模型见图 1。

5.2 基础信息

5.2.1 证照名称

中文名称：证照名称；

英文名称：certificate name；

缩 写 名：ZZMC；

说　　明：依据国家或行业相关规定而确定的证照命名，通常与所属证照类型的类型名称相同；

数据类型及格式：C26；

值　　域：固定为"饲料和饲料添加剂进口登记证"；

约束条件：必选；

取值示例：饲料和饲料添加剂进口登记证。

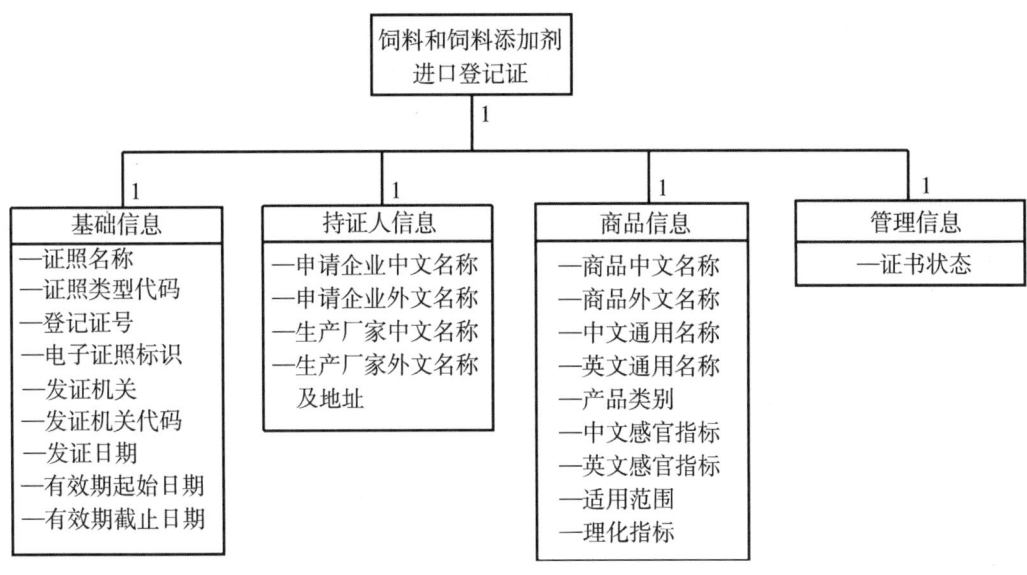

图 1　饲料和饲料添加剂进口登记证信息模型

5.2.2　证照类型代码

中文名称：证照类型代码；

英文名称：certificate type code；

缩 写 名：ZZLXDM；

说　　明：证照类型的代码，便于被引用或精确统计；

数据类型及格式：C21；

值　　域：固定为"111000000000132664061"；

约束条件：必选；

取值示例：111000000000132664061。

5.2.3　登记证号

中文名称：登记证号；

英文名称：license number；

缩 写 名：DJZH；

说　　明：饲料和饲料添加剂进口登记证的唯一编号，该编号需显示在照面上；

数据类型及格式：C..23；

值　　域：编码规则应符合附录 A.1；

约束条件：必选；

取值示例：（2021）外饲准字 331 号。

5.2.4　电子证照标识

中文名称：电子证照标识；

英文名称：electronical certificate identifier；

缩 写 名：DZZZBZ；

说　　明：由电子证照系统按规则自动生成的唯一标识；

数据类型及格式：C70；

值　　域：按照 GB/T 36904—2018 定义的规则生成，应符合附录 A.2；

约束条件：必选；

取值示例：1.2.156.3005.2 ******。

5.2.5　发证机关

中文名称：发证机关；

英文名称：issuing authority；

缩　写　名：FZJG；

说　　明：颁发并管理该饲料和饲料添加剂进口登记证的行政主管部门名称；

数据类型及格式：C..80；

值　　域：自由文本；

约束条件：必选；

取值示例：中华人民共和国农业农村部。

5.2.6　发证机关代码

中文名称：发证机关代码；

英文名称：issuing authority code；

缩　写　名：FZJGDM；

说　　明：发证机关的统一社会信用代码；

数据类型及格式：C18；

值　　域：应符合 GB 32100 要求；

约束条件：可选；

取值示例：111000000000132664。

5.2.7　发证日期

中文名称：发证日期；

英文名称：licence date；

缩　写　名：FZRQ；

说　　明：颁发该饲料和饲料添加剂进口登记证的日期，按公元纪年精确至月。用于照面或登记表单展示时，用阿拉伯数字将年、月标全；

数据类型及格式：YYYYMM；

值　　域：应符合 GB/T 7408 要求；

约束条件：必选；

取值示例：202102，中文展现为"2021 年 02 月"，英文展现为"Feb.2021"。

5.2.8　有效期起始日期

中文名称：有效期起始日期；

英文名称：certificate effective date；

缩　写　名：YXQQSRQ；

说　　明：证照有效期的起始日期，按公元纪年精确至月。用于照面或登记表单展示时，用阿拉伯数字将年、月标全；

数据类型及格式：YYYYMM；

值　　域：符合 GB/T 7408 要求；

约束条件：必选；

取值示例：202102，中文展现为"2021 年 02 月"，英文展现为"Feb.2021"。

5.2.9　有效期截止日期

中文名称：有效期截止日期；

英文名称：certificate expiring date；

缩　写　名：YXQJZRQ；

说　　明：证照有效期的终止日期，按公元纪年精确至月。用于照面或登记表单展示时，用阿拉伯数字将年、月标全；

数据类型及格式：YYYYMMDD；

值　　域：符合 GB/T 7408 要求；

约束条件：必选；

取值示例：202602，中文展现为"2026 年 02 月"，英文展现为"Feb.2026"。

5.3　持证人信息

5.3.1　申请企业中文名称

中文名称：申请企业中文名称；

英文名称：applicant company Chinese name；

缩　写　名：SQQYZWMC；

说　　明：申请企业的中文名称；

数据类型及格式：C..100；

值　　域：自由文本；

约束条件：必选；

取值示例：×国×××饲料添加剂有限公司。

5.3.2　申请企业外文名称

中文名称：申请企业外文名称；

英文名称：applicant company foreign name；

缩　写　名：SQQYYWMC；

说　　明：申请企业的外文名称；

数据类型及格式：C..200；

值　　域：自由文本；

约束条件：必选；

取值示例：******* Feed Additives Co.，Ltd.，Germany。

5.3.3　生产厂家中文名称

中文名称：生产厂家中文名称；

英文名称：manufactory Chinese name；

缩　写　名：SCCJZWMC；

说　　明：产品的生产企业名称；

数据类型及格式：C..120；

值　　域：自由文本；

约束条件：必选；

取值示例：×国×××饲料添加剂有限公司。

5.3.4　生产厂家外文名称及地址

中文名称：生产厂家外文名称及地址；

英文名称：manufactory and address；

缩　写　名：SCCJWWMCJDZ；

说　　明：产品的生产企业的外文名称和生产地址；

数据类型及格式：C..400；

值　　域：自由文本；

约束条件：必选；

取值示例：******* Feed Additives Co., Ltd., waffufer *****, ********, Germany。

5.4　商品信息

5.4.1　商品中文名称

中文名称：商品中文名称；

英文名称：trade name Chinese；

缩　写　名：SPZWMC；

说　　明：在中国销售时拟使用的中文商品名称；

数据类型及格式：C..100；

值　　域：自由文本；

约束条件：必选；

取值示例：饲料级烟酰胺。

5.4.2　商品英文名称

中文名称：商品英文名称；

英文名称：trade name English；

缩　写　名：SPYWMC；

说　　明：商品的英文名称；

数据类型及格式：C..200；

值　　域：自由文本；

约束条件：必选；

取值示例：Feed Grade Niacinamide。

5.4.3　中文通用名称

中文名称：中文通用名称；

英文名称：common name Chinese；

缩　写　名：ZWTYMC；

说　　明：产品的中文通用名称；

数据类型及格式：C..100；

值　　域：自由文本；

约束条件：必选；

取值示例：饲料添加剂　甘氨酸铜络（螯）合物。

5.4.4　英文通用名称

中文名称：英文通用名称；

英文名称：common name English；

缩 写 名：YWTYMC；

说　　明：产品的英文通用名称；

数据类型及格式：C..200；

值　　域：自由文本；

约束条件：必选；

取值示例：Feed Additive Copper Glycine Complex（or Chelate）。

5.4.5　产品类别

中文名称：产品类别；

英文名称：product classification；

缩 写 名：CPLB；

说　　明：产品的类别名称；

数据类型及格式：C..80；

值　　域：自由文本；

约束条件：可选；

取值示例：饲料添加剂。

5.4.6　中文感官指标

中文名称：中文感官指标；

英文名称：sensory index Chinese；

缩 写 名：ZWGGZB；

说　　明：产品感官指标的中文描述；

数据类型及格式：C..200；

值　　域：自由文本；

约束条件：必选；

取值示例：深灰至蓝色自由颗粒，具有特殊气味。

5.4.7　英文感官指标

中文名称：英文感官指标；

英文名称：sensory index English；

缩 写 名：YWGGZB；

说　　明：产品感官指标的英文描述；

数据类型及格式：C..400；

值　　域：自由文本；

约束条件：必选；

取值示例：Dark－grey to Blueish Granulate, Free－flowing with Characteristic Odor。

5.4.8 适用范围

中文名称：适用范围；

英文名称：scope of application；

缩　写　名：SYFW；

说　　　明：产品的适用范围、用法、添加量和注意事项等；

数据类型及格式：C..200；

值　　　域：自由文本；

约束条件：必选；

取值示例：适用于养殖动物，添加量遵照《饲料添加剂安全使用规范》执行。

5.4.9 理化指标

中文名称：理化指标；

英文名称：physicochemical indexes；

缩　写　名：LHZB；

说　　　明：产品的理化指标及各类参数值；

数据类型及格式：C..400；

值　　　域：自由文本；

约束条件：必选；

取值示例：总甘氨酸≥60.0%，水分≤10.0%，螯合率≥98%，铜≥29.0%，须符合饲料添加剂强制性要求。

5.5 管理信息

5.5.1 证书状态

中文名称：证书状态；

英文名称：certificate state；

缩　写　名：ZSZT；

说　　　明：证书是否有效的状态标识；

数据类型及格式：C..10；

值　　　域：可取值为"正常""失效"等；

约束条件：可选；

取值示例：正常。

6 编目要求

按照 GB/T 36902—2018，农业农村部向国家政务服务平台提交饲料和饲料添加剂进口登记证的证照目录时，应按照电子证照国家标准编制证照目录。

证照目录中的数据项应包括证照类型名称、证照类型代码、证照定义机构、证照定义机构代码、关联事项名称、关联事项代码、持证主体类别、有效期限范围、证照颁发机构级别、证照名称、证照编号、证照标识、证照颁发机构、证照颁发机构代码、证照颁发日期、持证主体、证照有效期起始日期、证照有效期截止日期等。其中，有关电子饲料和饲料添加剂进口登记证类型的信息已在第4章中规定。其他与具体证照相关的各信息项的短名、固定值或对应元数据项，见表2。

表 2　饲料和饲料添加剂进口登记证的编目规则

GB/T 36903—2018 规定的指标项		本文件规定的指标项	
元数据名称	元数据短名	固定值或对应信息项	约束
证照名称	ZZMC	取值于 5.2.1 "证照名称"项	必选
证照类型代码	ZZLXDM	取值于 5.2.2 "证照类型代码"项	必选
证照编号	ZZBH	取值于 5.2.3 "登记证号"项	必选
证照标识	ZZBS	取值于 5.2.4 "电子证照标识"项	必选
证照颁发机构	ZZBFJG	取值于 5.2.5 "发证机关"项	必选
证照颁发机构代码	ZZBFJGDM	取值于 5.2.6 "发证机关代码"项	可选
证照颁发日期	ZZBFRQ	取值于 5.2.7 "发证日期"项	必选
持证主体	CZZT	取值于 5.3.1 "申请企业中文名称"项	必选
证照有效期起始时间	ZZYXQQSSJ	取值于 5.2.8 "有效期起始日期"项	可选
证照有效期截止时间	ZZYXQJZSJ	取值于 5.2.9 "有效期截止日期"项	可选
其他元数据按照本文件第 5 章所规定信息项缩写名之前增加 "KZ_" 前缀确定			

7　样式要求

7.1　模板要求

7.1.1　幅面要求

饲料和饲料添加剂进口登记证幅面尺寸为 297（宽）mm×210（高）mm，横版，见图 2。

饲料和饲料添加剂进口登记证底面为粉白色（颜色值为♯FBFAE6），证书四周围绕双矩形边框，边框颜色为棕褐色（颜色值为♯B2A775）。外边框尺寸为 278（宽）×188（高）mm，线宽 10pt；内边框尺寸为 262mm（宽）×172mm（高），线宽 6pt；内外边框框线中心点上下、左右相距 9mm、8mm。内外边框在版本水平方向居中对齐，边框上下左右分别留有 9.25mm、9.25mm、7.75mm、7.75mm 宽的空白区域。正面文字为黑色。

"进口登记证"字型为黑体，大小为 58pt，上距页面上边缘 22mm，水平方向在页面宽度范围内居中，宽 186mm，内容在宽度范围内均匀分布。

"REGISTERED LICENSE"字型为 Times New Roman，大小为 29pt，加粗，上距页面上边缘 46mm，水平方向在页面宽度范围内居中，宽 120mm，内容在宽度范围内均匀分布。

"登记证号："字型为楷体，大小为 14pt，加粗，上距页面上边缘 60.25mm，左距页面左边缘 101.75mm，宽 27.5mm，内容在宽度范围内均匀分布。

"License No.："字型为 Times New Roman，大小为 14pt，加粗，上距页面上边缘 66.5mm，左距页面左边缘 99.25mm，宽 29.5mm，内容在宽度范围内均匀分布。

"（）""外饲准字""号"共处 1 行排版，字体大小为 14pt，上距页面上边缘 65mm，左距页面左边缘分别为 133.5mm、150.5mm、182.25mm，宽分别为 20mm、22mm、

图 2　饲料和饲料添加剂进口登记证样式

6mm;"（）""外饲准字"在宽度范围内均匀分布,"号"在宽度范围内水平居中对齐;"（）"字型为 Times New Roman,"外饲准字""号"字型为楷体。

"经试验、审查,该产品安全、有效,准予在中华人民共和国登记,特此发证。"分 3 行排版,行间距 34pt,字型为楷体,大小为 25pt,首行上距页面上边缘 79mm,左距页面左边缘分别为 41mm、23.25mm、23.25mm,宽分别为 101mm、119mm、90.5mm,内容在宽度范围内水平靠左对齐,第 1、2 行字符间距紧缩-0.4pt,第 3 行字符间距紧缩-0.8pt。

"This is to certify that through test""and examination, the following Product""is verified safe and effective, and is""hereby registered by the People's""Republic of China."分 5 行排版,行间距 34pt,字型为 Times New Roman,大小为 20pt,首行上距页面上边缘 117mm,左距页面左边缘分别为 41mm、23mm、23mm、23mm、23mm,宽分别为 101mm、119mm、119mm、119mm、55.5mm,内容在宽度范围内均匀分布。

"有效日期:"字型为楷体,大小为 12pt,加粗,上距页面下边缘 33mm,左距页面左边缘 41mm,宽 24.5mm,内容在宽度范围内均匀分布。

"自""年""月""至""年""月"共处 1 行排版,字型为楷体,大小为 12pt,垂直方向上与"有效日期:"居中对齐,上距页面下边缘 33mm,左距页面左边缘分别为 63.5mm、80mm、91.5mm、96mm、112mm、124mm,宽 6mm,内容在宽度范围内水平居中对齐。

"Valid:"字型为 Times New Roman,大小为 12pt,加粗,上距页面下边缘 27.25mm,左距页面左边缘 41.25mm,宽 13mm,内容在宽度范围内均匀分布。

"from""to"共处 1 行排版,字型为 Times New Roman,大小为 12pt,垂直方向上与"Valid:"居中对齐,上距页面下边缘 27.25mm,左距页面左边缘分别为 54.25mm、85mm,宽分别为 10.5mm、5mm,内容在宽度范围内均匀分布。

登记内容动态排版，填充要求见 7.2.2，图 2 为示例效果，仅供参考。

"发证日期："字型为楷体，大小为 12pt，加粗，上距页面下边缘 33mm，左距页面右边缘 83.5mm，宽 23mm，内容在宽度范围内均匀分布。

"年""月"共处 1 行排版，字型为楷体，大小为 10pt，垂直方向上与"发证日期："居中对齐，上距页面下边缘 33mm，左距页面右边缘分别为 54.75mm、44.75mm，宽 5mm，内容在宽度范围内水平居中对齐。

"Date："字型为 Times New Roman，大小为 12pt，加粗，上距页面下边缘 27mm，左距页面右边缘 72.25mm，宽 11.5mm，内容在宽度范围内均匀分布。

7.1.2 二维码

二维码（含二维码白边）在照面上的显示区域尺寸为 25mm×25mm，所在外接矩形左上角距页面上边缘 47.5mm，距页面左边缘 42.5mm。

二维码编码的内容可包含"电子证照标识""证照类型代码""登记证号""申请企业中文名称""生产厂家中文名称""商品中文名称""发证机关""发证日期""有效期起始日期""有效期截止日期"等数据信息，使用"^"连接。

二维码的码制应符合 GB/T 27766—2011，编码后的图像应使用黑白二值图表示，并使用 JBIG2 等图像文件格式。

7.1.3 电子印章

饲料和饲料添加剂进口登记证电子证照上的电子签章应符合如下要求：

a) 电子印章的印模（印文和大小）应与印章治安管理部门备案的保持一致；

b) 盖章后印模图像的外接矩形左上角距离页面右边缘 85mm，距页面下边缘 70.5mm，预留盖章位置大小为 50mm×50mm；

c) 电子印章应在全国一体化政务服务平台注册；

d) 电子签章在照片中的呈现位置应与签署方署名对应；

e) 形成电子签章的过程应符合 GB/T 33481—2018、GB/T 38540—2020 的要求。

7.2 填充要求

7.2.1 登记证号

"登记证号"分 2 个可变区域，取值 5.2.3 信息项对应 A.1 中部分码位的值，字型为宋体，大小为 14pt，颜色为黑色；每个可变区域上距页面上边缘均为 65mm，左距页面左边缘分别为 137.75mm、171.5mm，宽度为 11.5mm，高均为 5mm；相关内容在可变区域内水平垂直居中对齐，不可换行。

第 1 个可变域取值 A.1 中的"发证年度号"；第 2 个可变域取值 A.1 中的"序列号"。

7.2.2 登记内容

"申请企业"到"理化指标"为一个整体，各信息项根据实际内容的多少于一个大可变区域内动态排版显示，以各信息项名称与取值为一段换行显示；该可变区域顶距页面上边缘 77.25mm，左距页面右边缘 141.75mm，宽 118mm，高 100mm；相关内容在可变区域内水平靠左对齐，垂直顶端对齐；当内容较多时，可适当缩小字号，调整行间距和字间距以满足信息正常显示的需要。

可变区域内取值格式为"申请企业：'申请企业中文名称'Applicant Company：'申请企业外文名称'生产厂家：'生产厂家中文名称'Manufacturer & Address：'生产厂家

外文名称及地址'商品名称：'商品中文名称'Trade Name：'商品英文名称'通用名称：'中文通用名称'Common Name：'英文通用名称'感官指标：'中文感官指标'Seneory Index：'英文感官指标'适用范围：'适用范围'理化指标：'理化指标'"（单引号内为 5.3.1、5.3.2、5.3.3、5.3.4、5.4.1、5.4.2、5.4.3、5.4.4、5.4.6、5.4.7、5.4.8 和 5.4.9 信息项对应取值）。固定部分中文名称字型为宋体，大小为 12pt，加粗；英文名称字型为 Times New Roman，大小为 11pt，加粗。各取值的中文内容部分字型为楷体，大小为 12pt；外文内容部分字型为 Times New Roman，大小为 11pt。申请企业、生产厂家、商品名称对应的取值可能会涉及英文字符，字型为 Times New Roman，大小为 12pt。

7.2.3　有效日期

"有效日期"对应 5.2.8 和 5.2.9 信息项的中文取值，字型为 Times New Roman，大小为 12pt，颜色为黑色；"有效日期"按起始"年""月"和截止"年""月"分成 4 个可变区域，每个可变区域上距页面下边缘均为 33mm，左距页面左边缘分别为 69.75mm、85.75mm、102mm、118mm，宽度分别为 10mm、6mm、10mm、6mm，高均为 4mm；相关内容在可变区域内水平垂直居中对齐，不可换行。

起始"年"内为 5.2.8 信息项取值的 4 位年份数值，"月"内为 5.2.8 信息项取值的 2 位月份数值；截止"年"内为 5.2.9 信息项取值的 4 位年份数值；"月"内为 5.2.9 信息项取值的 2 位月份数值。

"Valid"对应 5.2.8 和 5.2.9 信息项的英文取值，字型为 Times New Roman，大小为 12pt，颜色为黑色；"Valid"按起始"from""to"分成 2 个可变区域，每个可变区域上距页面下边缘均为 27.25mm，左距页面左边缘分别为 64.75mm、89.75mm，宽均为 20mm，高为 3.5mm；相关内容在可变区域内水平垂直居中对齐，不可换行。

7.2.4　发证日期

"发证日期"对应 5.2.7 信息项的取值，字型为 Times New Roman，大小为 12pt，颜色为黑色；"发证日期"按"年""月"分成 2 个可变区域，每个可变区域上距页面下边缘均为 33mm，左距页面右边缘分别为 64mm、50.25mm，宽度分别为 10mm、6mm，高均为 4mm；相关内容在可变区域内水平垂直居中对齐，不可换行。

"年"内为 5.2.7 信息项取值的 4 位年份数值；"月"内为 5.2.7 信息项取值的 2 位月份数值。

"Date"对应 5.2.7 信息项的英文取值，字型为 Times New Roman，大小为 12pt，加粗，颜色为黑色；可变区域上距页面下边缘 27mm，左距页面右边缘 61.25mm，宽均为 16mm，高为 3.5mm；相关内容在可变区域内水平垂直居中对齐，不可换行。

8　管理与应用要求

8.1　验证和应用要求

饲料和饲料添加剂进口登记证的使用要求包括但不限于以下内容：

a) 持证人可通过"国家政务服务平台"查看本单位的证件信息；

b) 持证人可通过"国家政务服务平台"出示本单位的证件代替出示实体证照；

c) 持证人可通过二维码方式授权他人下载存留本单位证件的加注件；

d) 查验时，可通过扫描证照上的二维码访问官方网站查询证书的底账；

e) 应用软件或软件可通过扫描持证人出示的授权二维码下载其证照加注件。

8.2 文件和接口要求

除证照检索、信息项比对、目录归集等需求外，饲料和饲料添加剂进口登记证电子证照相关信息应以电子证照文件为单元进行交换、使用和归档，具体要求如下：

a) 电子证照文件应使用 GB/T 33190—2016 规定的格式承载，其样式符合第 7 章的规定；

b) 电子证照文件应符合 GB/T 36905—2018 要求，并包含第 4 章规定的机读信息；

c) 电子证照文件中的电子签章数据符合 GB/T 38540—2020，数字签名数据符合 GB/T 35275—2017；

d) 照面样式中的二维码应是"查询二维码"，扫描可查询对应电子证照的有关数据信息；

e) 通过电子证照共享服务提供电子证照文件下载时，应使用加注件形式，不应提供原件下载；

f) 电子证照共享服务的接口应符合 GB/T 36906—2018 的要求。

8.3 变更管理要求

饲料和饲料添加剂进口登记证电子证照登记信息发生变化的，通过查询证书关联信息可追溯饲料和饲料添加剂进口登记证电子证照信息变更的历史记录。

8.4 证照类型注册

饲料和饲料添加剂进口登记证电子证照的业务信息应在以下节点注册，由其向外提供统一的更新服务：

a) 全国一体化政务服务平台国家节点；

b) 国家规定的其他节点。

附录 A
（规范性）
编码规则

A.1 证书编号的编码规则

饲料和饲料添加剂进口登记证的证书编号由左括号、发证年度号、右括号、外饲登记标识、序列号、文号标识组成，见图 A.1：

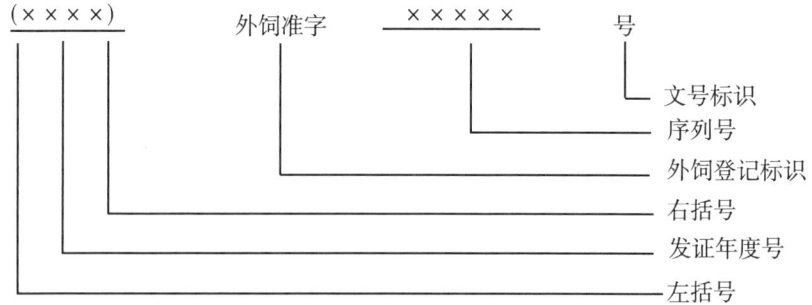

图 A.1 饲料和饲料添加剂进口登记证编号编码结构

图 A.1 中，各部分取值规则说明如下：

左括号固定值为"（"；

发证年度号，4 位数字，取发证时间所在年度号，格式为 YYYY；

右括号，固定值为"）"；

外饲登记标识，表示饲料和饲料添加剂进口登记证，固定值为"外饲准字"；

序列号，3～5 位数字，证书年度流水号，从 00001～99999 依次顺序取值，当流水号小于 4 位时，仅显示后 3 位；

文号标识，固定值为"号"。

A.2 证照标识的编码规则

按照 GB/T 36904—2018 规定的编码规则，饲料和饲料添加剂进口登记证证照标识由电子证照根代码、证照类型代码、颁发机构代码、证照编号、版本号和校验位组成，其结构见图 A.2。

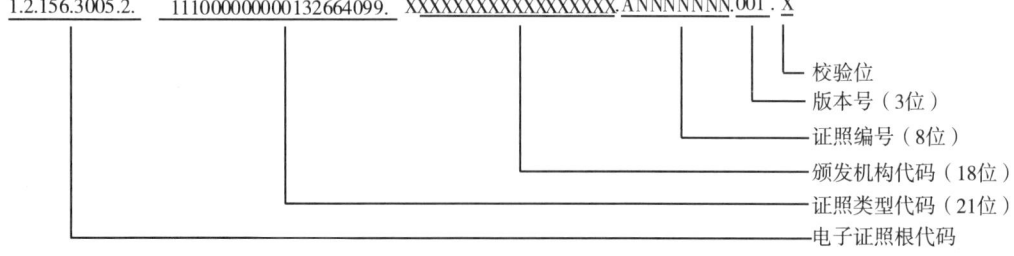

图 A.2 饲料和饲料添加剂进口登记证电子证照标识编码结构

图 A.2 中，各部分取值规则说明如下：

电子证照根代码，固定为"1.2.156.3005.2"；

证照类型代码，取值见 5.2.2；

颁发机构代码，取值见 5.2.6；

证照编号，取值为 A.1 中的"发证年度号"+"序列号"；

版本号，初次批准时为"001"，以后每次更新时，此值增加 1；

校验位，按照 GB/T 36904—2018 规定的规则计算。

参考文献

[1] 进口饲料和饲料添加剂登记管理办法（农业部令 2014 年 第 2 号）

饲料产品标准和检测方法标准目录

饲料相关标准目录

一、基础规范标准（25项）

序号	标准编号	标准名称
1	GB/T 10647—2008	饲料工业术语
2	GB 10648—2013	饲料标签
3	GB 13078—2017	饲料卫生标准
4	GB/T 14699.1—2005	饲料 采样
5	GB/T 18695—2012	饲料加工设备 术语
6	GB/T 18823—2010	饲料检测结果判定的允许误差
7	GB 19081—2008	饲料加工系统粉尘防爆安全规程
8	GB/T 20195—2006	动物饲料 试样的制备
9	GB/T 20803—2006	饲料配料系统通用技术规范
10	GB/T 22005—2009	饲料和食品链的可追溯性 体系设计与实施的通用原则和基本要求
11	GB/T 22545—2008	宠物干粮食品辐照杀菌技术规范
12	GB/T 23184—2008	饲料企业 HACCP 安全管理体系指南
13	GB/T 24352—2020	饲料加工设备图形符号
14	GB/T 30472—2013	饲料加工成套设备技术规范
15	GB/T 34636—2017	饲料加工设备交叉污染防控技术规范
16	GB/Z 23738—2009	GB/T 22000—2006 在饲料加工企业的应用指南
17	GB/Z 25008—2010	饲料和食品链的可追溯性 体系设计与实施指南
18	NY 644—2002	饲料粉碎机安全技术要求
19	NY/T 932—2005	饲料企业 HACCP 管理通则
20	NY/T 1448—2007	饲料辐照杀菌技术规范

(续表)

序号	标准编号	标准名称
21	SN/T 3087—2012	出口饲料生产、加工、存放企业注册登记规程
22	SN/T 3490—2013	出口饲料生产、加工、存放企业检验检疫监管规程
23	SN/T 4352—2015	饲用血液制品检验检疫监管规程
24	SN/T 4605—2016	进口饲料添加剂 L—赖氨酸盐酸盐、DL—蛋氨酸监督检验规程
25	SBJ 05—1993	饲料厂工程设计规范

二、产品标准（238项）

序号	标准编号	标准名称
通则（13项）		
1	GB/T 19424—2018	天然植物饲料原料通用要求
2	GB/T 21543—2021	饲料添加剂 调味剂 通用要求
3	GB/T 22141—2018	混合型饲料添加剂酸化剂通用要求
4	GB/T 22142—2008	饲料添加剂 有机酸通用要求
5	GB/T 22143—2008	饲料添加剂 无机酸通用要求
6	GB/T 22144—2008	天然矿物质饲料通则
7	GB/T 23181—2008	微生物饲料添加剂通用要求
8	GB/T 31215—2014	混合型饲料添加剂 甜味剂通用要求
9	GB/T 36863—2018	混合型饲料添加剂防霉剂通用要求
10	NY/T 722—2003	饲料用酶制剂通则
11	NY/T 1444—2007	微生物饲料添加剂技术通则
12	SC/T 1077—2004	渔用配合饲料通用技术要求
13	MT/T 745—1997	饲料添加剂用腐殖酸钠技术条件
饲料原料标准（65项）		
1	GB/T 17243—1998	饲料用螺旋藻粉
2	GB/T 17890—2008	饲料用玉米
3	GB/T 19164—2021	鱼粉
4	GB/T 19541—2017	饲料原料 豆粕
5	GB/T 20193—2006	饲料用骨粉及肉骨粉
6	GB/T 20411—2006	饲料用大豆

（续表）

序号	标准编号	标准名称
7	GB/T 20715—2006	犊牛代乳粉
8	GB/T 21264—2007	饲料用棉籽粕
9	GB/T 21695—2008	饲料级　沸石粉
10	GB/T 23736—2009	饲料用菜籽粕
11	GB/T 23875—2009	饲料用喷雾干燥血球粉
12	GB/T 25866—2010	玉米干全酒糟（玉米DDGS）
13	GB/T 33914—2017	饲料原料　喷雾干燥猪血浆蛋白粉
14	GB/T 36860—2018	饲料原料　干黄酒糟
15	NY/T 115—2021	饲料原料　高粱
16	NY/T 116—2023	饲料原料　稻谷
17	NY/T 117—2021	饲料原料　小麦
18	NY/T 118—2021	饲料原料　皮大麦
19	NY/T 119—2021	饲料原料　小麦麸
20	NY/T 120—2014	饲料用木薯干
21	NY/T 121—1989	饲料用甘薯干
22	NY/T 122—1989	饲料用米糠
23	NY/T 123—2019	饲料原料　米糠饼
24	NY/T 124—2019	饲料原料　米糠粕
25	NY/T 125—1989	饲料用菜籽饼
26	NY/T 126—2005	饲料用菜籽粕
27	NY/T 127—1989	饲料用向日葵仁粕
28	NY/T 128—1989	饲料用向日葵仁饼
29	NY/T 129—2023	饲料原料　棉籽饼
30	NY/T 130—2023	饲料原料　大豆饼
31	NY/T 132—2019	饲料原料　花生饼
32	NY/T 133—1989	饲料用花生粕
33	NY/T 134—1989	饲料用黑大豆
34	GB/T 20411—2006	饲料用大豆
35	NY/T 136—1989	饲料用豌豆
36	NY/T 137—1989	饲料用柞蚕蛹粉
37	NY/T 138—1989	饲料用蚕豆
38	NY/T 139—1989	饲料用木薯叶粉

(续表)

序号	标准编号	标准名称
39	NY/T 140—2001	饲料用苜蓿干草粉
40	NY/T 141—1989	饲料用白三叶草粉
41	NY/T 142—1989	饲料用甘薯叶粉
42	NY/T 143—1989	饲料用蚕豆茎叶粉
43	NY/T 210—1992	饲料用裸大麦
44	NY/T 211—2023	饲料原料　小麦次粉
45	NY/T 212—2021	饲料原料　碎米
46	NY/T 213—1992	饲料用粟（谷子）
47	NY/T 215—1992	饲料用胡麻籽粕
48	NY/T 216—2023	饲料原料　亚麻籽饼
49	NY/T 217—1992	饲料用亚麻仁粕
50	NY/T 218—1992	饲料用桑蚕蛹
51	NY/T 417—2000	饲料用低硫苷菜籽饼（粕）
52	NY/T 685—2003	饲料用玉米蛋白粉
53	NY/T 915—2017	饲料原料　水解羽毛粉
54	NY/T 1563—2007	饲料级　乳清粉
55	NY/T 1580—2007	饲料稻
56	NY/T 1748—2009	饲用甜菜
57	NY/T 2218—2022	饲料原料　发酵豆粕
58	NY/T 3135—2017	饲料原料　干啤酒糟
59	SC/T 3504—2006	饲料用鱼油
60	LS/T 3407—1994	饲料用血粉
61	LS/T 3411—2017	中国好粮油　饲用玉米
62	LY/T 1638—2005	针叶饲料粉
63	LY/T 1282—1998	针叶维生素粉
64	SB/T 10998—2013	饲料用桑叶粉
65	QB/T 1940—1994	饲料酵母
饲料添加剂标准（104 项）		
1	GB/T 7292—1999	饲料添加剂　维生素 A 乙酸酯微粒
2	GB 7293—2017	饲料添加剂　DL-α-生育酚乙酸酯（粉）
3	GB 7294—2017	饲料添加剂　亚硫酸氢钠甲萘醌（维生素 K_3）
4	GB 7295—2018	饲料添加剂　盐酸硫胺（维生素 B_1）

(续表)

序号	标准编号	标准名称
5	GB 7296—2018	饲料添加剂　硝酸硫胺（维生素 B_1）
6	GB/T 7297—2006	饲料添加剂　维生素 B_2（核黄素）
7	GB 7298—2017	饲料添加剂　维生素 B_6（盐酸吡哆醇）
8	GB/T 7299—2006	饲料添加剂　D-泛酸钙
9	GB 7300—2017	饲料添加剂　烟酸
10	GB 7301—2017	饲料添加剂　烟酰胺
11	GB/T 7302—2008	饲料添加剂　叶酸
12	GB 7303—2018	饲料添加剂　L-抗坏血酸（维生素 C）
13	GB 9454—2017	饲料添加剂　DL-α-生育酚乙酸酯
14	GB/T 9455—2009	饲料添加剂　维生素 AD_3 微粒
15	GB 9840—2017	饲料添加剂　维生素 D_3（微粒）
16	GB/T 9841—2006	饲料添加剂　维生素 B_{12}（氰钴胺）粉剂
17	GB/T 17810—2009	饲料级 DL-蛋氨酸
18	GB/T 18632—2010	饲料添加剂　80%核黄素（维生素 B_2）微粒
19	GB 7300.902—2022	饲料添加剂　第9部分：着色剂 β,β-胡萝卜素-4,4-二酮（斑螯黄）
20	GB 7300.901—2019	饲料添加剂　第9部分：着色剂 β-胡萝卜素粉
21	GB 7300.103—2020	饲料添加剂　第1部分：氨基酸、氨基酸盐及其类似物 蛋氨酸羟基类似物
22	GB 7300.201—2019	饲料添加剂　第2部分：维生素及类维生素 L-抗坏血酸-2-磷酸酯盐
23	GB 20802—2017	饲料添加剂　蛋氨酸铜络（螯）合物
24	GB 21034—2017	饲料添加剂　蛋氨酸羟基类似物钙盐
25	GB 7300.203—2020	饲料添加剂　第2部分：维生素及类维生素　甜菜碱
26	GB/T 21516—2008	饲料添加剂　10%β-阿朴-8′-胡萝卜素酸乙酯（粉剂）
27	GB/T 21517—2008	饲料添加剂　叶黄素
28	GB 21694—2017	饲料添加剂　蛋氨酸锌络（螯）合物
29	GB/T 21696—2008	饲料添加剂　碱式氯化铜
30	GB 7300.101—2019	饲料添加剂　第1部分：氨基酸、氨基酸盐及其类似物 L-苏氨酸
31	GB/T 21996—2008	饲料添加剂　甘氨酸铁络合物
32	GB/T 22145—2008	饲料添加剂　丙酸
33	GB 22489—2017	饲料添加剂　蛋氨酸锰络（螯）合物

(续表)

序号	标准编号	标准名称
34	GB/T 22546—2008	饲料添加剂 碱式氯化锌
35	GB 7300.501—2021	饲料添加剂 第5部分：微生物 酿酒酵母
36	GB 22548—2017	饲料添加剂 磷酸二氢钙
37	GB 22549—2017	饲料添加剂 磷酸氢钙
38	GB/T 23180—2008	饲料添加剂 2％d-生物素
39	GB 23386—2017	饲料添加剂 维生素A棕榈酸酯（粉）
40	GB/T 23735—2009	饲料添加剂 乳酸锌
41	GB/T 23745—2009	饲料添加剂 10％虾青素
42	GB/T 23746—2009	饲料级糖精钠
43	GB/T 23747—2009	饲料添加剂 低聚木糖
44	GB/T 23876—2009	饲料添加剂 L-肉碱盐酸盐
45	GB/T 23878—2009	饲料添加剂 大豆磷脂
46	GB/T 23879—2009	饲料添加剂 肌醇
47	GB/T 23880—2009	饲料添加剂 氯化钠
48	GB/T 24832—2009	饲料添加剂 半胱胺盐酸盐β环糊精微粒
49	GB/T 25174—2010	饲料添加剂 4′,7-二羟基异黄酮
50	GB/T 25247—2010	饲料添加剂 糖萜素
51	GB/T 25735—2010	饲料添加剂 L-色氨酸
52	GB/T 25865—2010	饲料添加剂 硫酸锌
53	GB/T 26441—2010	饲料添加剂 没食子酸丙酯
54	GB/T 26442—2010	饲料添加剂 亚硫酸氢烟酰胺甲萘醌
55	GB/T 27983—2011	饲料添加剂 富马酸亚铁
56	GB/T 27984—2011	饲料添加剂 丁酸钠
57	GB 32449—2015	饲料添加剂 硫酸镁
58	GB 34456—2017	饲料添加剂 磷酸二氢钠
59	GB 34457—2017	饲料添加剂 磷酸三钙
60	GB 34458—2017	饲料添加剂 磷酸氢二钾
61	GB 34459—2017	饲料添加剂 硫酸铜
62	GB 34460—2017	饲料添加剂 L-抗坏血酸钠
63	GB 34461—2017	饲料添加剂 L-肉碱
64	GB 34462—2017	饲料添加剂 氯化胆碱
65	GB 34463—2017	饲料添加剂 L-抗坏血酸钙

(续表)

序号	标准编号	标准名称
66	GB 34464—2017	饲料添加剂　二甲基嘧啶醇亚硫酸甲萘醌
67	GB 34465—2017	饲料添加剂　硫酸亚铁
68	GB 34466—2017	饲料添加剂　L-赖氨酸盐酸盐
69	GB 34467—2017	饲料添加剂　柠檬酸钙
70	GB 34468—2017	饲料添加剂　硫酸锰
71	GB 34469—2017	饲料添加剂　β-胡萝卜素（化学合成）
72	GB 34470—2017	饲料添加剂　磷酸二氢钾
73	GB 36897—2018	饲料添加剂　L-精氨酸
74	GB 36898—2018	饲料添加剂　D-生物素
75	NY 39—1987	饲料级　L-赖氨酸盐酸盐
76	NY 47—1987	饲料级亚硒酸钠
77	NY 399—2000	饲料级甜菜碱盐酸盐
78	NY/T 723—2003	饲料级碘酸钾
79	NY/T 916—2004	饲料添加剂　吡啶甲酸铬
80	NY/T 917—2004	饲料级　磷酸脲
81	NY/T 920—2004	饲料级　富马酸
82	NY/T 930—2006	饲料级甲酸
83	NY/T 931—2005	饲料用乳酸钙
84	NY/T 1028—2006	饲料添加剂　左旋肉碱
85	NY/T 1246—2006	饲料添加剂　维生素 D_3（胆钙化醇）油
86	NY/T 1421—2007	饲料级双乙酸钠
87	NY/T 1447—2007	饲料添加剂　苯甲酸
88	NY/T 1461—2007	饲料微生物添加剂　地衣芽孢杆菌
89	NY/T 1462—2007	饲料添加剂　β-阿朴-8′-胡萝卜素醛（粉剂）
90	NY/T 1497—2007	饲料添加剂　大蒜素（粉剂）
91	NY/T 1498—2008	饲料添加剂　蛋氨酸铁
92	NY/T 1969—2010	饲料添加剂　产朊假丝酵母
93	NY/T 2131—2012	饲料添加剂　枯草芽孢杆菌
94	HG/T 2418—2011	饲料级　碘酸钙
95	HG/T 2792—2011	饲料级　氧化锌
96	HG/T 2860—2011	饲料级　磷酸二氢钾
97	HG/T 2935—2006	饲料级　硫酸亚铁

(续表)

序号	标准编号	标准名称
98	HG/T 2941—2004	饲料级　氯化胆碱
99	HG/T 3774—2005	饲料级　磷酸氢二铵
100	HG/T 3775—2005	饲料级　硫酸钴
101	HG/T 3776—2005	饲料级　磷酸一二钙
102	HG/T 3972—2007	饲料级　碳酸氢钠
103	LY/T 1175—1995	粉状松针膏饲料添加剂
104	QB/T 2355—2005	饲料磷酸氢钙（骨制）
其他饲料产品标准（56项）		
1	GB/T 5915—2020	仔猪、生长育肥猪配合饲料
2	GB/T 5916—2020	产蛋鸡和肉鸡配合饲料
3	GB/T 20804—2006	奶牛复合微量元素维生素预混合饲料
4	GB/T 20807—2006	绵羊用精饲料
5	GB/T 22544—2008	蛋鸡复合预混合饲料
6	GB/T 22919.1—2008	水产配合饲料　第1部分：斑节对虾配合饲料
7	GB/T 22919.2—2008	水产配合饲料　第2部分：军曹鱼配合饲料
8	GB/T 22919.3—2008	水产配合饲料　第3部分：鲈鱼配合饲料
9	GB/T 22919.4—2008	水产配合饲料　第4部分：美国红鱼配合饲料
10	GB/T 22919.5—2008	水产配合饲料　第5部分：南美白对虾配合饲料
11	GB/T 22919.6—2008	水产配合饲料　第6部分：石斑鱼配合饲料
12	GB/T 22919.7—2008	水产配合饲料　第7部分：刺参配合饲料
13	GB/T 23185—2008	宠物食品　狗咬胶
14	GB/T 31216—2014	全价宠物食品　犬粮
15	GB/T 31217—2014	全价宠物食品　猫粮
16	GB/T 32140—2015	中华鳖配合饲料
17	GB/T 36205—2018	草鱼配合饲料
18	GB/T 36206—2018	大黄鱼配合饲料
19	GB/T 36782—2018	鲤鱼配合饲料
20	GB/T 36862—2018	青鱼配合饲料
21	NY/T 903—2004	肉用仔鸡、产蛋鸡浓缩饲料和微量元素预混合饲料
22	NY/T 1029—2006	仔猪、生长肥育猪维生素预混合饲料
23	NY/T 1245—2006	奶牛用精饲料
24	NY/T 1344—2007	山羊用精饲料

(续表)

序号	标准编号	标准名称
25	NY/T 1820—2009	肉种鸭配合饲料
26	NY/T 2072—2011	乌鳢配合饲料
27	NY/T 2693—2015	斑点叉尾鮰配合饲料
28	NY/T 2999—2016	羔羊代乳料
29	NY/T 3000—2016	黄颡鱼配合饲料
30	LS/T 3401—1992	后备母猪、妊娠猪、哺乳母猪、种公猪配合饲料
31	LS/T 3403—1992	水貂配合饲料
32	LS/T 3404—1992	长毛兔配合饲料
33	LS/T 3405—1992	肉牛精料补充料
34	LS/T 3406—1992	肉用仔鹅精料补充料
35	LS/T 3408—1995	肉兔配合饲料
36	SC/T 1004—2010	鳗鲡配合饲料
37	SC/T 1024—2002	草鱼配合饲料
38	SC/T 1025—2004	罗非鱼配合饲料
39	SC/T 1026—2002	鲤鱼配合饲料
40	SC/T 1030.7—1999	虹鳟养殖技术规范 配合颗粒饲料
41	SC/T 1047—2001	中华鳖配合饲料
42	SC/T 1056—2002	蛙类配合饲料
43	SC/T 1066—2003	罗氏沼虾配合饲料
44	SC/T 1072—2006	长吻鮠配合饲料
45	SC/T 1073—2004	青鱼配合饲料
46	SC/T 1074—2022	团头鲂配合饲料
47	SC/T 1076—2004	鲫鱼配合饲料
48	SC/T 1078—2022	中华绒螯蟹配合饲料
49	SC/T 2002—2002	对虾配合饲料
50	SC/T 2006—2001	牙鲆配合饲料
51	SC/T 2007—2001	真鲷配合饲料
52	SC/T 2012—2002	大黄鱼配合饲料
53	SC/T 2029—2008	鲈鱼配合饲料
54	SC/T 2031—2020	大菱鲆配合饲料
55	SC/T 2037—2006	刺参配合饲料
56	SC/T 2053—2006	鲍配合饲料

三、检测方法标准（273 项）

序号	标准编号	标准名称
1	GB/T 5917.1—2008	饲料粉碎粒度测定　两层筛筛分法
2	GB/T 5918—2008	饲料产品混合均匀度的测定
3	GB/T 6432—2018	饲料中粗蛋白的测定　凯氏定氮法
4	GB/T 6433—2006	饲料中粗脂肪的测定
5	GB/T 6434—2022	饲料中粗纤维的含量测定
6	GB/T 6435—2014	饲料中水分的测定
7	GB/T 6436—2018	饲料中钙的测定
8	GB/T 6437—2018	饲料中总磷的测定　分光光度法
9	GB/T 6438—2007	饲料中粗灰分的测定
10	GB/T 6439—2007	饲料中水溶性氯化物的测定
11	GB/T 8381.2—2005	饲料中志贺氏菌的检测方法
12	GB/T 8381.3—2005	饲料中林可霉素的测定
13	GB/T 8381.4—2005	配合饲料中T-2毒素的测定　薄层色谱法
14	GB/T 8381.6—2005	配合饲料中脱氧雪腐镰刀菌烯醇的测定　薄层色谱法
15	GB/T 8381.7—2009	饲料中喹乙醇的测定　高效液相色谱法
16	GB/T 8381.9—2005	饲料中氯霉素的测定　气相色谱法
17	GB/T 8381.10—2005	饲料中磺胺喹噁啉的测定　高效液相色谱法
18	GB/T 8381.11—2005	饲料中盐酸氨丙啉的测定　高效液相色谱法
19	GB/T 8622—2006	饲料用大豆制品中尿素酶活性的测定
20	GB/T 10649—2008	微量元素预混合饲料混合均匀度的测定
21	GB/T 13079—2022	饲料中总砷的测定
22	GB/T 13080—2018	饲料中铅的测定　原子吸收光谱法
23	GB/T 13081—2022	饲料中汞的测定
24	GB/T 13082—2021	饲料中镉的测定
25	GB/T 13083—2018	饲料中氟的测定　离子选择性电极法
26	GB/T 13084—2006	饲料中氰化物的测定
27	GB/T 13085—2018	饲料中亚硝酸盐的测定　比色法
28	GB/T 13086—2020	饲料中游离棉酚的测定方法
29	GB/T 13087—2020	饲料中异硫氰酸酯的测定方法

(续表)

序号	标准编号	标准名称
30	GB/T 13088—2006	饲料中铬的测定
31	GB/T 13089—2020	饲料中噁唑烷硫酮的测定方法
32	GB/T 13090—2006	饲料中六六六、滴滴涕的测定
33	GB/T 13091—2018	饲料中沙门氏菌的测定
34	GB/T 13092—2006	饲料中霉菌总数测定方法
35	GB/T 13093—2023	饲料中细菌总数的测定
36	GB/T 13882—2010	饲料中碘的测定　硫氰酸铁-亚硝酸催化动力学法
37	GB/T 13883—2023	饲料中硒的测定
38	GB/T 13884—2018	饲料中钴的测定　原子吸收光谱法
39	GB/T 13885—2017	饲料中钙、铜、铁、镁、锰、钾、钠和锌含量的测定　原子吸收光谱法
40	GB/T 14698—2017	饲料原料显微镜检查方法
41	GB/T 14700—2018	饲料中维生素 B_1 的测定
42	GB/T 14701—2019	饲料中维生素 B_2 的测定
43	GB/T 14702—2018	添加剂预混合饲料中维生素 B_6 的测定　高效液相色谱法
44	GB/T 15399—2018	饲料中含硫氨基酸的测定　离子交换色谱法
45	GB/T 15400—2018	饲料中色氨酸的测定
46	GB/T 17480—2008	饲料中黄曲霉毒素 B_1 的测定　酶联免疫吸附法
47	GB/T 17481—2008	预混料中氯化胆碱的测定
48	GB/T 17776—2016	饲料中硫的测定　硝酸镁法
49	GB/T 17777—2009	饲料中钼的测定　分光光度法
50	GB/T 17778—2005	预混合饲料中 d-生物素的测定
51	GB/T 17811—2008	动物性蛋白质饲料胃蛋白酶消化率的测定　过滤法
52	GB/T 17812—2008	饲料中维生素 E 的测定　高效液相色谱法
53	GB/T 17813—2018	添加剂预混合饲料中烟酸与叶酸的测定　高效液相色谱法
54	GB/T 17814—2022	饲料中丁基羟基茴香醚、二丁基羟基甲苯、特丁基对苯二酚、乙氧基喹啉和没食子酸丙酯的测定
55	GB/T 17815—2018	饲料中丙酸、丙酸盐的测定
56	GB/T 17816—1999	饲料中总抗坏血酸的测定　邻苯二胺荧光法
57	GB/T 17817—2010	饲料中维生素 A 的测定　高效液相色谱法
58	GB/T 17818—2010	饲料中维生素 D_3 的测定　高效液相色谱法
59	GB/T 17819—2017	添加剂预混合饲料中维生素 B_{12} 的测定　高效液相色谱法

(续表)

序号	标准编号	标准名称
60	GB/T 18246—2019	饲料中氨基酸的测定
61	GB/T 18397—2014	复合预混合饲料中泛酸的测定　高效液相色谱法
62	GB/T 18633—2018	饲料中钾的测定　火焰光度法
63	GB/T 18634—2009	饲用植酸酶活性的测定　分光光度法
64	GB/T 18868—2002	饲料中水分、粗蛋白质、粗纤维、粗脂肪、赖氨酸、蛋氨酸快速测定　近红外光谱法
65	GB/T 18869—2019	饲料中大肠菌群的测定
66	GB/T 18872—2017	饲料中维生素 K_3 的测定　高效液相色谱法
67	GB/T 18969—2003	饲料中有机磷农药残留量的测定　气相色谱法
68	GB/T 19371.2—2007	饲料中蛋氨酸羟基类似物的测定　高效液相色谱法
69	GB/T 19372—2003	饲料中除虫菊酯类农药残留量测定　气相色谱法
70	GB/T 19373—2003	饲料中氨基甲酸酯类农药残留量测定　气相色谱法
71	GB/T 19423—2020	饲料中尼卡巴嗪的测定
72	GB/T 19539—2004	饲料中赭曲霉毒素 A 的测定
73	GB/T 19540—2004	饲料中玉米赤霉烯酮的测定
74	GB/T 19542—2007	饲料中磺胺类药物的测定　高效液相色谱法
75	GB/T 19684—2005	饲料中金霉素的测定　高效液相色谱法
76	GB/T 20189—2006	饲料中莱克多巴胺的测定　高效液相色谱法
77	GB/T 20190—2006	饲料中牛羊源性成分的定性检测　定性聚合酶链式反应（PCR）法
78	GB/T 20191—2006	饲料中嗜酸乳杆菌的微生物学检验
79	GB/T 20194—2018	动物饲料中淀粉含量的测定　旋光法
80	GB/T 20196—2006	饲料中盐霉素的测定
81	GB/T 20363—2006	饲料中苯巴比妥的测定
82	GB/T 20805—2006	饲料中酸性洗涤木质素（ADL）的测定
83	GB/T 20806—2022	饲料中中性洗涤纤维（NDF）的测定
84	GB/T 21033—2007	饲料中免疫球蛋白 IgG 的测定　高效液相色谱法
85	GB/T 21036—2007	饲料中盐酸多巴胺的测定　高效液相色谱法
86	GB/T 21037—2007	饲料中三甲氧苄胺嘧啶的测定　高效液相色谱法
87	GB/T 21100—2007	动物源性饲料中骆驼源性成分定性检测方法　PCR 方法
88	GB/T 21101—2007	动物源性饲料中猪源性成分定性检测方法　PCR 方法
89	GB/T 21102—2007	动物源性饲料中兔源性成分定性检测方法　实时荧光 PCR 方法

(续表)

序号	标准编号	标准名称
90	GB/T 21103—2007	动物源性饲料中哺乳动物源性成分定性检测方法 实时荧光 PCR 方法
91	GB/T 21104—2007	动物源性饲料中反刍动物源性成分（牛、羊、鹿）定性检测方法 PCR 方法
92	GB/T 21105—2007	动物源性饲料中狗源性成分定性检测方法 PCR 方法
93	GB/T 21106—2007	动物源性饲料中鹿源性成分定性检测方法 PCR 方法
94	GB/T 21107—2007	动物源性饲料中马、驴源性成分定性检测方法 PCR 方法
95	GB/T 21108—2007	饲料中氯霉素的测定 高效液相色谱串联质谱法
96	GB/T 21514—2008	饲料中脂肪酸含量的测定
97	GB/T 21542—2008	饲料中恩拉霉素的测定 微生物学法
98	GB/T 21995—2008	饲料中硝基咪唑类药物的测定 液相色谱-串联质谱法
99	GB/T 22146—2008	饲料中洛克沙胂的测定 高效液相色谱法
100	GB/T 22147—2008	饲料中沙丁胺醇、莱克多巴胺和盐酸克仑特罗的测定 液相色谱质谱联用法
101	GB/T 22259—2008	饲料中土霉素的测定 高效液相色谱法
102	GB/T 22260—2023	饲料中蛋白质同化激素的测定 液相色谱-串联质谱法
103	GB/T 22261—2008	饲料中维吉尼亚霉素的测定 高效液相色谱法
104	GB/T 22262—2008	饲料中氯羟吡啶的测定 高效液相色谱法
105	GB/T 23187—2008	饲料中叶黄素的测定 高效液相色谱法
106	GB/T 23385—2009	饲料中氨苄青霉素的测定 高效液相色谱法
107	GB/T 23710—2009	饲料中甜菜碱的测定 离子色谱法
108	GB/T 23737—2009	饲料中游离刀豆氨酸的测定 离子交换色谱法
109	GB/T 23741—2009	饲料中 4 种巴比妥类药物的测定
110	GB/T 23742—2009	饲料中盐酸不溶灰分的测定
111	GB/T 23743—2009	饲料中凝固酶阳性葡萄球菌的微生物学检验 Baird-parker 琼脂培养基计数法
112	GB/T 23744—2009	饲料中 36 种农药多残留测定 气相色谱-质谱法
113	GB/T 23873—2009	饲料中马杜霉素铵的测定
114	GB/T 23874—2009	饲料添加剂木聚糖酶活力的测定 分光光度法
115	GB/T 23877—2009	饲料酸化剂中柠檬酸、富马酸和乳酸的测定 高效液相色谱法
116	GB/T 23881—2009	饲用纤维素酶活性的测定 滤纸法
117	GB/T 23882—2009	饲料中 L-抗坏血酸-2-磷酸酯的测定 高效液相色谱法

(续表)

序号	标准编号	标准名称
118	GB/T 23883—2009	饲料中蓖麻碱的测定　高效液相色谱法
119	GB/T 23884—2021	动物源性饲料中生物胺的测定　高效液相色谱法
120	GB/T 24318—2009	杜马斯燃烧法测定饲料原料中总氮含量及粗蛋白质的计算
121	GB/T 26425—2010	饲料中产气荚膜梭菌的检测
122	GB/T 26426—2010	饲料中副溶血性弧菌的检测
123	GB/T 26427—2010	饲料中蜡样芽孢杆菌的检测
124	GB/T 26428—2010	饲用微生物制剂中枯草芽孢杆菌的检测
125	GB/T 27985—2011	饲料中单宁的测定　分光光度法
126	GB/T 28642—2012	饲料中沙门氏菌的快速检测方法　聚合酶链式反应（PCR）法
127	GB/T 28643—2012	饲料中二噁英及二噁英类多氯联苯的测定　同位素稀释-高分辨气相色谱/高分辨质谱法
128	GB/T 28715—2012	饲料添加剂酸性、中性蛋白酶活力的测定　分光光度法
129	GB/T 28716—2012	饲料中玉米赤霉烯酮的测定　免疫亲和柱净化-高效液相色谱法
130	GB/T 28717—2012	饲料中丙二醛的测定　高效液相色谱法
131	GB/T 28718—2012	饲料中T-2毒素的测定　免疫亲和柱净化-高效液相色谱法
132	GB/T 30945—2014	饲料中泰乐菌素的测定　高效液相色谱法
133	GB/T 30955—2014	饲料中黄曲霉毒素 B_1、B_2、G_1、G_2 的测定　免疫亲和柱净化-高效液相色谱法
134	GB/T 30956—2014	饲料中脱氧雪腐镰刀菌烯醇的测定　免疫亲和柱净化-高效液相色谱法
135	GB/T 30957—2014	饲料中赭曲霉毒素A的测定　免疫亲和柱净化-高效液相色谱法
136	GB/T 32141—2015	饲料中挥发性盐基氮的测定
137	GB/T 34269—2017	饲料原料显微镜检查图谱
138	GB/T 34270—2017	饲料中多氯联苯与六氯苯的测定　气相色谱法
139	GB/T 34271—2017	饲料中油脂的皂化值的测定
140	GB/T 36858—2018	饲料中黄曲霉毒素 B_1 的测定　高效液相色谱法
141	GB/T 36859—2018	饲料中尿素含量的测定
142	GB/T 36861—2018	饲料添加剂β-甘露聚糖酶活力的测定　分光光度法
143	农业部783号公告-4-2006	饲料中替米考星的测定　高效液相色谱法
144	农业部783号公告-5-2006	饲料中二硝托胺的测定　高效液相色谱法

(续表)

序号	标准编号	标准名称
145	农业部783号公告-6-2006	饲料中碘化酪蛋白的测定　液相色谱质谱联用法
146	农业部1063号公告-4-2008	饲料中纳多洛尔的测定　高效液相色谱法
147	农业部1063号公告-5-2008	饲料中9种糖皮质激素的测定　液相色谱-串联质谱法
148	农业部1063号公告-6-2008	饲料中13种β-受体激动剂的测定　液相色谱-串联质谱法
149	农业部1063号公告-7-2008	饲料中8种β-受体激动剂的测定　气相色谱-质谱法
150	农业部1068号公告-2-2008	饲料中5种糖皮质激素的测定　高效液相色谱法
151	农业部1068号公告-3-2008	饲料中10种蛋白质同化激素的测定　液相色谱-串联质谱法
152	农业部1068号公告-4-2008	饲料中氯米芬的测定　高效液相色谱法
153	农业部1068号公告-5-2008	饲料中阿那曲唑的测定　高效液相色谱法
154	农业部1068号公告-6-2008	饲料中雷洛西芬的测定　高效液相色谱法
155	农业部1068号公告-7-2008	饲料中士的宁的测定　气相色谱-质谱法
156	农业部1486号公告-1-2010	饲料中苯乙醇胺A的测定　高效液相色谱-串联质谱法
157	农业部1486号公告-2-2010	饲料中可乐定和赛庚啶的测定　液相色谱-串联质谱法
158	农业部1486号公告-3-2010	饲料中安普霉素的测定　高效液相色谱法
159	农业部公告第197号-1-2019	饲料中硝基咪唑类药物的测定　液相色谱-质谱法
160	农业部1486号公告-5-2010	饲料中阿维菌素药物的测定　液相色谱-质谱法
161	农业部1486号公告-6-2010	饲料中雷琐酸内酯类药物的测定　气相色谱-质谱法
162	农业部1486号公告-7-2010	饲料中9种磺胺类药物的测定　高效液相色谱法
163	农业部1486号公告-8-2010	饲料中硝基呋喃类药物的测定　高效液相色谱法
164	农业部1486号公告-9-2010	饲料中氯烯雌醚的测定　高效液相色谱法
165	农业部1486号公告-10-2010	饲料中三唑仑的测定　气相色谱-质谱法
166	农业部1629号公告-1-2011	饲料中16种β-受体激动剂的测定　液相色谱-串联质谱法
167	农业部1629号公告-2-2011	饲料中利血平的测定　高效液相色谱法
168	农业部1730号公告-1-2012	饲料中8种苯并咪唑类药物的测定　液相色谱-串联质谱法和液相色谱法
169	农业部1862号公告-1-2012	饲料中巴氯芬的测定　液相色谱-串联质谱法
170	农业部1862号公告-2-2012	饲料中唑吡旦的测定　高效液相色谱法/液相色谱-串联质谱法
171	农业部1862号公告-3-2012	饲料中万古霉素的测定　液相色谱-串联质谱法
172	农业部1862号公告-4-2012	饲料中5种聚醚类药物的测定　液相色谱-串联质谱法
173	农业部1862号公告-5-2012	饲料中地克珠利的测定　液相色谱-串联质谱法
174	农业部1862号公告-6-2012	饲料中噁喹酸的测定　高效液相色谱法

(续表)

序号	标准编号	标准名称
175	农业部 1879 号公告-2-2012	饲料中磺胺氯吡嗪钠的测定 高效液相色谱法
176	农业部 2086 号公告-1-2014	饲料中左炔诺孕酮的测定 高效液相色谱法
177	农业部 2086 号公告-2-2014	饲料中醋酸氯地孕酮的测定 高效液相色谱法
178	农业部 2086 号公告-3-2014	饲料中匹莫林的测定 高效液相色谱法
179	农业部 2086 号公告-4-2014	饲料中氟喹诺酮类药物的测定 液相色谱-串联质谱法
180	农业部 2086 号公告-5-2014	饲料中卡巴氧、乙酰甲喹、喹烯酮和喹乙醇的测定 液相色谱-串联质谱法
181	农业部 2086 号公告-6-2014	饲料中硫酸粘杆菌素的测定 液相色谱-串联质谱法
182	农业部 2086 号公告-7-2014	饲料中大观霉素的测定
183	农业部 2224 号公告-1-2015	饲料中赛地卡霉素的测定 高效液相色谱法
184	农业部 2224 号公告-2-2015	饲料中炔雌醇的测定 高效液相色谱法
185	农业部 2224 号公告-3-2015	饲料中雌二醇的测定 液相色谱-串联质谱法
186	农业部 2224 号公告-4-2015	饲料中苯丙酸诺龙的测定 高效液相色谱法
187	农业部 2349 号公告-1-2015	饲料中妥曲珠利的测定 高效液相色谱法
188	农业部 2349 号公告-2-2015	饲料中赛杜霉素钠的测定 柱后衍生高效液相色谱法
189	农业部 2349 号公告-3-2015	饲料中巴氯芬的测定 高效液相色谱法
190	农业部 2349 号公告-4-2015	饲料中可乐定和赛庚啶的测定 高效液相色谱法
191	农业部 2349 号公告-5-2015	饲料中磺胺类和喹诺酮类药物的测定 液相色谱-串联质谱法
192	农业部 2349 号公告-6-2015	饲料中硝基咪唑类、硝基呋喃类和喹噁啉类药物的测定 液相色谱-串联质谱法
193	农业部 2349 号公告-7-2015	饲料中司坦唑醇的测定 液相色谱-串联质谱法
194	农业部 2349 号公告-8-2015	饲料中二甲氧苄氨嘧啶、三甲氧苄氨嘧啶和二甲氧甲基苄氨嘧啶的测定 液相色谱-串联质谱法
195	农业部 2483 号公告-1-2016	饲料中炔雌醚的测定 高效液相色谱法
196	农业部 2483 号公告-2-2016	饲料中苯巴比妥钠的测定 高效液相色谱法
197	农业部 2483 号公告-3-2016	饲料中炔雌醚的测定 液相色谱-串联质谱法
198	农业部 2483 号公告-4-2016	饲料中苯巴比妥钠的测定 液相色谱-串联质谱法
199	农业部 2483 号公告-5-2016	饲料中牛磺酸的测定 高效液相色谱法
200	农业部 2483 号公告-6-2016	饲料中金刚烷胺和金刚乙胺的测定 液相色谱-串联质谱法
201	农业部 2483 号公告-7-2016	饲料中甲硝唑、地美硝唑和异丙硝唑的测定 高效液相色谱法

(续表)

序号	标准编号	标准名称
202	农业部 2483 号公告-8-2016	饲料中氯霉素、甲砜霉素和氟苯尼考的测定　液相色谱-串联质谱法
203	农业农村部公告第 600 号	动物毛发中克仑特罗、莱克多巴胺、沙丁胺醇和苯乙醇胺 A 的测定　液相色谱-串联质谱法
204	NY 438—2001	饲料中盐酸克仑特罗的测定
205	NY/T 724—2022	饲料中拉沙洛西钠的测定　高效液相色谱法
206	NY/T 725—2003	饲料中莫能菌素的测定　高效液相色谱法
207	NY/T 726—2003	饲料中杆菌肽锌的测定　高效液相色谱法
208	NY/T 727—2003	饲料中呋喃唑酮的测定　高效液相色谱法
209	农业部公告第 316 号—2—2020	饲料中盐酸氯苯胍的测定　高效液相色谱法
210	NY/T 911—2020	饲料添加剂　β-葡聚糖酶活力的测定　分光光度法
211	NY/T 912—2020	饲料添加剂　纤维素酶活力的测定　分光光度法
212	NY/T 914—2022	饲料中氢化可的松的测定
213	NY/T 918—2004	饲料中雌二醇的测定　高效液相色谱法
214	NY/T 919—2020	饲料中苯并（a）芘的测定
215	NY/T 934—2005	饲料中地西泮的测定　高效液相色谱法
216	NY/T 936—2005	饲料中二甲硝咪唑的测定　高效液相色谱法
217	NY/T 937—2005	饲料中西马特罗的测定　高效液相色谱法
218	NY/T 1030—2006	饲料中沙丁胺醇的测定　气相色谱-质谱法
219	NY/T 1032—2006	饲料中胆固醇的测定　气相色谱法
220	NY/T 1033—2006	饲料中西马特罗的测定　气相色谱/质谱法
221	NY/T 1258—2007	饲料中苏丹红染料的测定　高效液相色谱法
222	NY/T 1345—2007	添加剂预混合饲料中肌醇的测定
223	NY/T 1372—2007	饲料中三聚氰胺的测定
224	NY/T 1423—2007	鱼粉和反刍动物精料补充料中肉骨粉快速定性检测　近红外反射光谱法
225	NY/T 1457—2007	饲料中氟哌酸的测定　高效液相色谱法
226	NY/T 1458—2007	饲料中盐酸异丙嗪、盐酸氯丙嗪、地西泮、盐酸硫利达嗪和奋乃静的同步测定　高效液相色谱法和液相色谱质谱联用法
227	NY/T 1459—2022	饲料中酸性洗涤纤维的测定
228	NY/T 1460—2007	饲料中盐酸克仑特罗的测定　酶联免疫吸附法
229	NY/T 1463—2007	饲料中安眠酮的测定　高效液相色谱法

(续表)

序号	标准编号	标准名称
230	NY/T 1619—2008	饲料中甜菜碱的测定　离子色谱法
231	NY/T 1756—2012	饲料中孔雀石绿的测定
232	NY/T 1757—2009	饲料中苯骈二氮杂䓬类药物的测定　液相色谱-串联质谱法
233	NY/T 1799—2009	菜籽饼粕及其饲料中噁唑烷硫酮的测定　紫外分光光度法
234	NY/T 1819—2009	饲料中胆碱的测定　离子色谱法
235	NY/T 1902—2010	饲料中单核细胞增生李斯特氏菌的微生物学检验
236	NY/T 1944—2010	饲料中钙的测定　原子吸收分光光谱法
237	NY/T 1945—2010	饲料中硒的测定　微波消解-原子荧光光谱法
238	NY/T 1946—2010	饲料中牛羊源性成分检测　实时荧光聚合酶链反应法
239	NY/T 1970—2010	饲料中伏马毒素的测定
240	NY/T 2071—2011	饲料中黄曲霉毒素、玉米赤霉烯酮和T-2毒素的测定　液相色谱-串联质谱法
241	NY/T 2130—2012	饲料中烟酰胺的测定　高效液相色谱法
242	NY/T 2297—2012	饲料中苯甲酸和山梨酸的测定　高效液相色谱法
243	NY/T 2548—2014	饲料中黄曲霉毒素B_1的测定　时间分辨荧光免疫层析法
244	NY/T 2549—2014	饲料中黄曲霉毒素B_1的测定　免疫亲和荧光光度法
245	NY/T 2550—2014	饲料中黄曲霉毒素B_1的测定　胶体金法
246	NY/T 2656—2014	饲料中罗丹明B和罗丹明6G的测定　高效液相色谱法
247	NY/T 2694—2015	饲料添加剂　氨基酸锰及蛋白锰络（螯）合强度的测定
248	NY/T 2770—2015	有机铬添加剂（原粉）中有机形态铬的测定
249	NY/T 2895—2016	饲料中叶酸的测定　高效液相色谱法
250	NY/T 2896—2022	饲料中斑蝥黄的测定　高效液相色谱法
251	NY/T 2897—2016	饲料中β-阿朴-8′-胡萝卜素醛的测定　高效液相色谱法
252	NY/T 2898—2016	饲料中串珠镰刀菌素的测定　高效液相色谱法
253	NY/T 3001—2016	饲料中氨基酸的测定　毛细管电泳法
254	NY/T 3002—2016	饲料中动物源性成分检测　显微镜法
255	NY/T 3136—2017	饲用调味剂中香兰素、乙基香兰素、肉桂醛、桃醛、乙酸异戊酯、γ-壬内酯、肉桂酸甲酯、大茴香脑的测定　气相色谱法
256	NY/T 3137—2017	饲料中香芹酚和百里香酚的测定　气相色谱法
257	NY/T 3138—2017	饲料中艾司唑仑的测定　高效液相色谱法
258	NY/T 3139—2017	饲料中左旋咪唑的测定　高效液相色谱法

(续表)

序号	标准编号	标准名称
259	NY/T 3140—2017	饲料中苯乙醇胺 A 的测定　高效液相色谱法
260	NY/T 3141—2017	饲料中 2,6-二甲基-3,5-二乙酯基-1,4-二氢吡啶的测定　液相色谱-串联质谱法
261	NY/T 3142—2017	饲料中溴吡斯的明的测定　液相色谱-串联质谱法
262	NY/T 3143—2017	鱼粉中脲醛聚合物快速检测方法
263	NY/T 3144—2017	饲料原料　血液制品中 18 种 β-受体激动剂的测定　液相色谱-串联质谱法
264	NY/T 3145—2017	饲料中 22 种 β-受体激动剂的测定　液相色谱-串联质谱法
265	NY/T 3147—2017	饲料中肾上腺素和异丙肾上腺素的测定　液相色谱-串联质谱法
266	NY/T 3318—2018	饲料中钙、钠、磷、镁、钾、铁、锌、铜、锰、钴和钼的测定　原子发射光谱法
267	NY/T 3319—2018	植物性料原料中镉的测定　直接进样原子荧光法
268	NY/T 3320—2018	饲料中苏丹红等 8 种脂溶性色素的测定　液相色谱-串联质谱法
269	NY/T 3321—2018	饲料中 L-肉碱的测定
270	NY/T 3322—2018	饲料中柠檬黄等 7 种水溶性色素的测定　高效液相色谱法
271	SB/T 10775—2012	动物饲料中沙丁胺醇的快速筛查　胶体金免疫层析法
272	SB/T 10778—2012	动物饲料中莱克多巴胺的快速筛查　胶体金免疫层析法
273	SB/T 10781—2012	动物饲料中盐酸克仑特罗的快速筛查　胶体金免疫层析法

四、评价方法标准（21 项）

序号	标准编号	标准名称
1	GB/T 6971—2007	饲料粉碎机　试验方法
2	GB/T 21035—2007	饲料安全性评价　喂养致畸试验
3	GB/T 22487—2008	水产饲料安全性评价　急性毒性试验规程
4	GB/T 22488—2008	水产饲料安全性评价　亚急性毒性试验规程
5	GB/T 23179—2008	饲料毒理学评价　亚急性毒性试验
6	GB/T 23182—2008	饲料中兽药及其他化学物检测试验规程
7	GB/T 23186—2009	水产饲料安全性评价　慢性毒性试验规程
8	GB/T 23387—2009	饲草营养品质评定　GI 法
9	GB/T 23388—2009	水产饲料安全性评价　残留和蓄积试验规程

(续表)

序号	标准编号	标准名称
10	GB/T 23389—2009	水产饲料安全性评价　繁殖试验规程
11	GB/T 23390—2009	水产配合饲料环境安全性评价规程
12	GB/T 26437—2010	畜禽饲料有效性与安全性评价　强饲法测定鸡饲料表观代谢能技术规程
13	GB/T 26438—2010	畜禽饲料有效性与安全性评价　全收粪法测定猪饲料表观消化能　技术规程
14	GB/Z 31812—2015	饲料原料和饲料添加剂水产靶动物有效性评价试验技术指南
15	GB/Z 31813—2015	饲料原料和饲料添加剂畜禽靶动物有效性评价试验技术指南
16	NY/T 1023—2006	饲料加工成套设备　质量评价技术规范
17	NY/T 1024—2006	饲料混合机质量评价技术规范
18	NY/T 1031—2006	饲料安全性评价　亚急性毒性试验
19	NY/T 1554—2007	饲料粉碎机质量评价技术规范
20	NY/T 2713—2015	水产动物表观消化率测定方法
21	LY/T 1176—1995	粉状松针膏饲料添加剂的试验方法

五、其他相关标准（59项）

序号	标准编号	标准名称
1	GB/T 601—2016	化学试剂　标准滴定溶液的制备
2	GB/T 602—2002	化学试剂　杂质测定用标准溶液的制备
3	GB/T 603—2002	化学试剂　试验方法中所用制剂及制品的制备
4	GB/T 606—2003	化学试剂　水分测定通用方法　卡尔·费休法
5	GB 1886.174—2016	食品安全国家标准　食品添加剂　食品工业用酶制剂
6	GB 4789.26—2013	食品安全国家标准　食品微生物学检验　商业无菌检验
7	GB/T 5009.19—2008	食品中有机氯农药　多组分残留量的测定
8	GB/T 5009.162—2008	动物性食品中有机氯农药和拟除虫菊酯农药多组分残留量的测定
9	GB 5009.190—2014	食品安全国家标准　食品中指示性多氯联苯含量的测定
10	GB 5009.208—2016	食品安全国家标准　食品中生物胺的测定
11	GB 5009.227—2016	食品安全国家标准　食品中过氧化值的测定
12	GB 5009.228—2016	食品安全国家标准　食品中挥发性盐基氮的测定

(续表)

序号	标准编号	标准名称
13	GB 5009.229—2016	食品安全国家标准 食品中酸价的测定
14	GB/T 5532—2022	动植物油脂 碘值的测定
15	GB/T 6003.1—2022	试验筛 技术要求和检验 第1部分：金属丝编织网试验筛
16	GB/T 6005—2008	试验筛 金属丝编织网、穿孔板和电成型薄板 筛孔的基本尺寸
17	GB/T 9728—2007	化学试剂 硫酸盐测定通用方法
18	GB/T 9729—2007	化学试剂 氯化物测定通用方法
19	GB 14924.1—2001	实验动物 配合饲料通用质量标准
20	GB 14924.2—2001	实验动物 配合饲料卫生标准
21	GB 14924.3—2010	实验动物 配合饲料营养成分
22	GB/T 14924.9—2001	实验动物 配合饲料 常规营养成分的测定
23	GB/T 14924.10—2008	实验动物 配合饲料 氨基酸的测定
24	GB/T 14924.11—2001	实验动物 配合饲料 维生素的测定
25	GB/T 14924.12—2001	实验动物 配合饲料 矿物质和微量元素的测定
26	GB/T 23372—2009	食品中无机砷的测定 液相色谱-电感耦合等离子体质谱法
27	GB/T 33411—2016	酶联免疫分析试剂盒通则
28	GB/T 34240—2017	实验动物 饲料生产
29	SN/T 0127—2011	进出口动物源性食品中六六六、滴滴涕和六氯苯残留量的检测方法 气相色谱-质谱法
30	SN/T 0476—2010	进出口卤虫卵检验方法
31	SN/T 0535—2016	进出口饲料中棉酚的测定
32	SN/T 0798—1999	进出口粮油、饲料检验 检验名词术语
33	SN/T 0799.1—2016	进出口粮油、饲料检验 第1部分：检验一般规则
34	SN/T 0800.1—2016	进出口粮油、饲料检验 抽样和制样方法
35	SN/T 0800.4—2015	出口粮食、饲料检验 第4部分：尿素酶活性测定方法
36	SN/T 0800.7—2016	出口粮食、油料及饲料不完善粒检验方法
37	SN/T 0800.8—1999	出口粮食、饲料粗纤维含量检验方法
38	SN/T 0800.10—2019	进出口粮食、饲料 大豆粉吸水率检验方法
39	SN/T 0800.11—1999	进出口粮食、饲料含盐量检验方法
40	SN/T 0800.14—1999	进出口粮食、饲料发芽势、发芽率检验方法
41	SN/T 0800.17—1999	进出口粮食、饲料类型纯度及互混检验方法
42	SN/T 0800.18—1999	进出口粮食、饲料杂质检验方法
43	SN/T 0800.20—2002	进出境饲料检疫规程

(续表)

序号	标准编号	标准名称
44	SN/T 0848—2000	进出口骨肉粉中磷的测定方法
45	SN/T 0861—2000	进出口鱼粉中乙氧三甲喹啉测定方法
46	SN/T 1019—2017	出口宠物食品检验检疫规程　狗咬胶
47	SN/T 1116—2002	进出口饲料中克伦特罗、沙丁胺醇残留量的检验方法
48	SN/T 1204—2016	植物及其加工产品中转基因成分实时荧光PCR定性检验方法
49	SN/T 3136—2012	出口花生、谷类及其制品中黄曲霉毒素、赭曲霉毒素、伏马毒素B_1、脱氧雪腐镰刀菌烯醇、T-2毒素、HT-2毒素的测定
50	SN/T 5046—2018	进出口饲料中丁基羟基茴香醚的测定　气相色谱-质谱法
51	NY/T 140—2002	苜蓿干草粉质量分级
52	NY/T 471—2023	绿色食品　饲料及饲料添加剂使用准则
53	NY/T 728—2003	禾本科牧草干草质量分级
54	NY/T 763—2004	猪肉、猪肝、猪尿抽样方法
55	NY/T 1574—2007	豆科牧草干草质量分级
56	NY 5032—2006	无公害食品　畜禽饲料和饲料添加剂使用准则
57	NY 5072—2002	无公害食品　渔用配合饲料安全限量
58	HG/T 3278—2018	腐殖酸钠
59	SC/T 3011—2001	水产品中盐分的测定